B. Segre (Ed.)

Geometria aritmetica e algebrica

Lectures given at the
Centro Internazionale Matematico Estivo (C.I.M.E.),
held in Varenna (Como), Italy,
May 21-30, 1957

Springer

C.I.M.E. Foundation
c/o Dipartimento di Matematica "U. Dini"
Viale Morgagni n. 67/a
50134 Firenze
Italy
cime@math.unifi.it

ISBN 978-3-642-10925-6   e-ISBN: 978-3-642-10927-0
DOI:10.1007/978-3-642-10927-0
Springer Heidelberg Dordrecht London New York

©Springer-Verlag Berlin Heidelberg 2011
Reprint of the 1st ed. C.I.M.E., Florence, 1957
With kind permission of C.I.M.E.

Printed on acid-free paper

Springer.com

CENTRO INTERNATIONALE MATEMATICO ESTIVO
(C.I.M.E)

Reprint of the 1ˢᵗ ed.- Varenna, Italy, May 21-30, 1957

GEOMETRIA ARTIMETICA E ALGEBRICA

AVVERTENZA

Il Ciclo sulla "Geometria aritmetica e algebrica" comprende oltre il corso del Prof. L.Roth e la conferenza del Prof.B. Segre, due conferenze del Prof. P.Kustaanheimo (pubblicate con i titoli : "On the relation of congruence in finite geometries" e "On the relation of order in finite geometries" nei Rendiconti di Matematica e sue applicazioni vol.16 (1957) pp.286-291 e pp.292-296) e il corso del Prof. E.Kähler (che sarà pubblicato negli Annali di Matematica).

A

FRANCESCO SEVERI

E ALLA MEMORIA

DI

GUIDO CASTELNUOVO e FEDERIGO ENRIQUES

INDICE

Capitolo V

LO SPAZIO DI UNA VARIETÀ

Capitolo VI

FIGURE IN UNA VARIETÀ

Capitolo VII

VARIETÀ ESTENSIONI

Capitolo VIII

DIVISORI

Capitolo IX

LA TOTALE INTEGRITÀ DI UN CORPO

CAPITOLO X

FUNZIONI MODULARI ED IL CALCOLO ZETA

Geometria Aritmetica.

Memoria di Erich Kähler (a Leipzig, Germania)

INTRODUZIONE

Il titolo «Geometria aritmetica» annuncia una sintesi di geometria algebrica ed aritmetica, nella quale domina la nozione algebrica «corpo» a misura, chè altre nozioni importanti o magari più ampie, come per es. «numero
intero», «spazio», «anello», assumono il carattere di concetti derivati o
ausiliari.

Tale preponderanza di un concetto astratto non induce una rinuncia
all'intuizione. Anzi, derivandosi essa dal fatto, che lo strumento proprio della
teoria dei corpi, cioè l'algebra locale, presta una immagine matematica della
polarità «soggetto-oggetto», essa indirizza la parola all'intuizione in un
affare più profondo di quello meramente geometrico, e del resto non si
allontana troppo dallo spirito della geometria, se invece della variabilità del
luogo in uno spazio si studia la variabilità dell'aspetto di un medesimo
oggetto.

Comunque sia, che siffatta geometria aritmetica permetta un giorno di
trascendere l'odierna situazione della fisica o no, ad ogni modo essa servirà
allo sviluppo della matematica stessa, come si mostra in particolare nella
sua parte aritmetica.

Distinguendo come aritmetici i corpi generabili con un numero finito
di elementi, definiamo l'aritmetica quale teoria dei corpi aritmetici, e il semplice problema di trovare gli elementi di un corpo aritmetico osservabili in
tutte le sue prospettive abbastanza ampie, conduce ai numeri interi, i quali
pertanto rispondono a una questione fondamentale che si pone, qualora si
voglia ascendere dalla moltitudine degli aspetti di un oggetto alla conoscenza
dell'oggetto in sè. La stessa questione, resa più efficace coi mezzi del calcolo
differenziale, diventa allora l'origine dell'aritmetica infinitesimale.

Benchè i corpi aritmetici stiano nel centro dell'interesse, non trascureremo
lo studio dei corpi relativamente algebrici, cioè generabili sopra un dato corpo
con un numero finito di elementi, ottenendo così, che anche la geometria
algebrica propria sia compresa nelle nostre considerazioni.

Siccome la nozione aritmetica di « integrità » viene subordinata al tema principale, sarà altresì subordinata la nozione geometrica di « varietà », intendendola come un principio di selezione fra le prospettive di un medesimo oggetto.

Volendo rilevare che il concetto di « corpo » ha due aspetti che si corrispondono come il mondo visibile e il mondo udibile, distingueremo lo spazio di una varietà da questa stessa. Nel caso classico di dimensione aritmetica 1, dove lo spazio della varietà si riduce a un insieme finito di punti, non si riconosce ancora la superiorità della dualità « varietà-spazio » sopra l'unità forzata dall'interpretazione di quei punti come divisori all'infinito, ma dalla dimensione aritmetica 2 in poi quella dualità si rivela, e cioè particolarmente nell'esistenza di due tipi di funzioni trascendenti. Mentre la definizione dell'una classe di funzioni, che chiameremo modulari, si appoggia sulla premessa di uno spazio, si definiranno le altre funzioni, estendendo mediante una geometria delle figure aritmetiche la nozione delle funzioni zeta, senza riferimento a uno spazio. Certo ci sarà un profondo legame fra le funzioni modulari ed il calcolo zeta, e appunto per preparare la costruzione di tale ponte grandioso, è necessario di distinguere nettamente le due rive da congiungere.

La presente memoria è cresciuta dalle 60 pagine che scrissi nel 1953 a Roma immediatamente in connessione con le mie successive conferenze fatte all'Istituto di Alta Matematica. In quelle settimane e altre, che mercè a un gentile invito dell'illustre Presidente dell'Istituto potevo passare alla fonte della geometria algebrica, rinacquero in me le grandi impressioni ricevute durante il mio Rockefeller-fellowship, riunendosi alle idee aritmetiche provocate intanto dalla tradizione tedesca. Scrivendo quelle pagine, non potevo terminare finchè fosse segnata la base di ulteriore lavoro nella forma presente, che anche tiene conto delle necessità di una introduzione sotto un'idea dominante in un campo complesso poco conosciuto nella sua totalità e unità.

Trattandosi di un insieme d'idee fissato nei suoi tratti essenziali qualche anno avanti la guerra, non saprei bene giudicare l'influenza della vasta letteratura nata intanto nel campo della geometria algebrica astratta, e il dovere di darne una bibliografia in qualche modo completa mi costringerebbe a rimandare la pubblicazione del lavoro per un tempo indeterminato. Prego pertanto di accettare questa Memoria malgrado la scarsezza delle dovute citazioni le quali d'altronde probabilmente nasconderebbero il fatto che una sola tendenza filosofica è stata il vero motore della catena dei miei ragionamenti.

Quanto alla mia dipendenza dalla grande tradizione italiana, credo confessarla meglio, dedicando il mio lavoro alla trinità dei Maestri riconosciuta in tutto il mondo come l'avanguardia della geometria algebrica.

CAPITOLO I

IL CALCOLO DIFFERENZIALE

§ 1. Corrispondenze infinitesimali e differenziali.

1. Conveniamo di usare le abbreviazioni seguenti:

Se M designa un insieme di elementi di un anello R, commutativo o no, col simbolo

$$[M]$$

si rappresenterà sempre il sottoanello di R generato dall'insieme M.

Nel caso in cui R sia commutativo e che l'anello $[M]$ non sia costituito solamente con zero o con elementi che sono divisori dello zero in R, desigueremo con

$$(M)$$

l'anello costituito da tutti i quozienti $\frac{a}{b}$ di elementi qualsiansi di $[M]$, però tali che il denominatore b non sia nè zero nè divisore dello zero in R.

Scriveremo ρ, σ, τ, ecc. per gli isomorfismi ed omomorfismi, usando questi simboli come esponenti. Si avranno dunque le relazioni

$$(a + b)^\rho = a^\rho + b^\rho, \qquad (a \cdot b)^\rho = a^\rho \cdot b^\rho$$

purchè si tratti di un omomorfismo ρ di un anello. Nel caso in cui si possa applicare l'omomorfismo τ dopo aver applicato un omomorfismo σ definiamo con

$$(a^\sigma)^\tau = a^{\sigma\tau}$$

il prodotto di questi omomorfismi σ, τ.

Parlando di anello intenderemo sempre, se non è detto altro, di parlare di anello commutativo.

2. Precisiamo la nozione di *elemento infinitesimale* usando l'attributo « infinitesimale » come sinonimo del termine « nilpotent » dell'algebra astratta. Un elemento x di un anello commutativo è dunque infinitesimale e precisamente *di grado n*, allora e soltanto allora che la potenza x^n è zero, mentre nessuna potenza di x con esponente minore di n è zero. È appunto questa proprietà che caratterizza l'uso delle quantità infinitesimali nell'analisi. (Nel caso di un anello non-commutativo un elemento x dovrà essere chiamato infinitesimale soltanto se l'ideale bilaterale generato da x è costituito da elementi nilpotenti).

3. Un anello A sarà detto *infinitamente vicino* ad un anello B allora e soltanto allora che tutti e due siano sottoanelli di un medesimo anello R ed esista un isomorfismo σ di A su B tale che valgano in R le relazioni

$$(x^\sigma - x)(y^\sigma - y) = 0 \qquad \text{per } x, y \text{ elementi qualunque di } A.$$

Se l'anello R è tale che generalmente da $2z = 0$ può dedursi $z = 0$, la condizione or ora espressa si semplifica nella

$$(x^\sigma - x)^2 = 0 \qquad \text{per } x \text{ qualunque di } A,$$

il che dice precisamente che tutti i « *differenziali* » $x^\sigma - x$ sono infinitesimali di grado minore o uguale a 2.

4. Chiameremo *corrispondenza infinitesimale h-upla di A* ogni anello

$$(2) \qquad\qquad [A,\ A^{\sigma_1},\ A^{\sigma_2}, \dots, A^{\sigma_h}]$$

generato da A e da anelli A^{σ_i} infinitamente vicini ad A, riservando tale denominazione solamente a questo caso. Notiamo per precisione che la vicinanza infinitesimale di cui sopra è da intendersi entro l'anello (2).

Ponendo

$$x^{\sigma_i} = x + d_i x$$

si hanno le relazioni

$$d_i x \cdot d_i y = 0$$

esprimenti la vicinanza infinita di A^{σ_i} ad A e le equazioni

$$(x + y) + d_i(x + y) = (x + d_i x) + (y + d_i y)$$
$$(x \cdot y) + d_i(x \cdot y) = (x + d_i x) \cdot (y + d_i y)$$

esprimenti che σ_i è un omorfismo di A.

L'anello (2) potendosi evidentemente generare da A e dagli insiemi $d_i A$ di tutti i cosidetti differenziali $d_i x$, possiamo affermare:

Una corrispondenza infinitesimale h-upla di A è un anello

$$(3) \qquad\qquad [A,\ d_1 A,\ d_2 A, \dots, d_h A]$$

generato da A e da elementi $d_i x$ fra i quali sussistono le relazioni

$$(4) \qquad\qquad d_i(x + y) - d_i x - d_i y \quad\ = 0$$
$$(5) \qquad\qquad d_i(x \cdot y) - x \cdot d_i y - y \cdot d_i x = 0 \quad \text{(per } x,\, y \text{ qualunque di } A).$$
$$(6) \qquad\qquad\qquad\qquad d_i x \cdot d_i y = 0$$

Partendo da questa osservazione costruiamo ora un sopra-anello

$$(7) \qquad\qquad [A,\ d_1 A,\ d_2 A, \dots, d_h A]$$

di A associando ad ogni elemento x di A, h simboli

$$d_1 x,\ d_2 x, \dots, d_h x$$

3 — 4

e generando con loro (il cui insieme sia denotato con d_1A, d_2A, ... d_hA come prima) un anello (7) definito dalle equazioni (4), (5), (6), tale cioè che le relazioni seguenti dalle (4), (5), (6) mediante le *operazioni ideali* (cioè la moltiplicazione con elementi qualsiasi dell'anello e la sottrazione) siano le sole relazioni sussistenti fra i simboli d_ix, il che è sempre possibile nell'algebra, dato che essa non si preoccupa della qualità degli oggetti dei suoi calcoli.

Dimostriamo ora che tale anello è una corrispondenza infinitesimale h-upla di A.

Dalle sole equazione (4), (5), (6) segue che l'associazione σ_i definita da

$$x \to x + d_ix \qquad (x \text{ qualunque di } A)$$

è un omomorfismo del sottoanello A di (7) su un sottoanello A^{σ_i} di (7).

Poichè l'ipotesi $x^{\sigma_i} = 0$, cioè $x + d_ix = 0$, conduce alla conclusione $x = 0$, è chiaro che σ_i è pure isomorfismo. Esprimendo le equazioni (6) la vicinanza infinita dei sottoanelli A^{σ_i} ad A, e potendosi l'anello (7) generare mediante gli anelli A, A^{σ_1}, A^{σ_2}, ..., A^{σ_h}, è dimostrato ormai che si tratta veramente di una corrispondenza infinitesimale h-upla di A.

5. La corrispondenza or ora costruita è *generica* nel senso, che ogni altra corrispondenza infinitesimale h-upla di A

$$(8) \qquad [A, A^{\tau_1}, A^{\tau_2}, ..., A^{\tau_h}]$$

può derivarsi da quella mediante un omomorfismo ρ avente l'effetto

$$x^\rho = x, \quad (x^{\sigma_i})^\rho = x^{\tau_i} \qquad (\text{per } x \text{ qualunque di } A \text{ e } i = 1, 2, ..., h)$$

e inducente isomorfismi degli anelli A^{σ_i} sugli anelli A^{τ_i}. Ciò risulta immediatamente dal fatto che in una corrispondenza infinitesimale h-upla di A qualsiasi, come (8), valgono per le differenze $x^{\tau_i} - x$ (dopo averle designate con d_ix) le medesime relazioni (4), (5), (6) delle quali ci siamo serviti nella costruzione dell'anello (7), mentre può ben darsi che ne sussistano delle altre, indipendenti da loro.

6. È chiaro che tutte le corrispondenze infinitesimali generiche di un medesimo anello A delle diverse moltiplicità possono essere interpretate come sottoanelli di una stessa *corrispondenza infinitesimale generica infinita di A*. È ciò che faremo, chiamando questa corrispondenza semplicemente *la corrispondenza infinitesimale di A*.

7. Notiamo che ogni permutazione π tra gli infiniti indici di differenziazione 1, 2, ... della corrispondenza infinitesimale

$$(9) \qquad [A, A^{\sigma_1}, A^{\sigma_2}, A^{\sigma_3}, ...] = [A, d_1A, d_2A, d_3A, ...]$$

induce un automorfismo π di questo anello.

4 — 7

Chiamiamo *forma differenziale di grado h* di A ogni elemento di (9) che ammette un'espressione del tipo

$$F = \Sigma\, nd_1 a \dots d_h b + \Sigma\, e \cdot d_1 f \dots d_h g$$

dove $a, \dots, b, e, f, \dots, g$ designano elementi qualunque di A, mentre n denota un numero intero razionale indicante che trattasi dell'n-plo dell'espressione ad esse seguente. (La necessità di ammettere una parte costituita da n-pli della specie ora descritta derivasi dalla generalità delle nostre ipotesi che non presuppongono che l'anello A abbia un elemento 1).

Designando con πF il risultato dell'applicazione dell'automorfismo suddetto π sull'elemento F, cioè

$$\pi F = \Sigma\, nd_{\pi(1)}a \dots d_{\pi(h)}b + \Sigma\, e \cdot d_{\pi(1)}f \dots d_{\pi(h)}g,$$

possiamo dire che ogni elemento della corrispondenza infinitesimale di A (come del resto di ciascuna corrispondenza infinitesimale di A) è una somma di termini del tipo πF.

8. Una corrispondenza infinitesimale h-upla o infinita di A è detta *corrispondenza differenziale h-upla* o infinita di A allora e soltanto allora che in essa anche gli anelli A^{σ_i} siano infinitamente vicini mutualmente e precisamente A^{σ_i} ad A^{σ_j} mediante l'isomorfismo associante x^{σ_i} ad x^{σ_j} per x qualunque di A.

La vicinanza infinita di A^{σ_i} ad A^{σ_j} si esprime con le equazioni

$$(x^{\sigma_i} - x^{\sigma_j})(y^{\sigma_i} - y^{\sigma_j}) = 0 \qquad \text{(per } x,\, y \text{ qualunque di } A\text{)}$$

le quali si semplificano, tenuto conto delle relazioni (4), (5), (6), in

$$(10) \qquad\qquad d_i x d_j y + d_i y d_j x = 0 \qquad \text{(per } x,\, y \text{ qualunque di } A\text{)}.$$

9. Come nel caso delle corrispondenze semplicemente infinitesimali si costruisce la *corrispondenza differenziale h-upla generica di A* quale anello

$$(11) \qquad\qquad [A,\, d_1 A,\, d_2 A, \dots, d_h A]$$

generato da A e (in generale) da infiniti simboli $d_1 x, d_2 x, \dots, d_h x$ (con x qualunque di A) legati solamente dalle relazioni (4), (5), (6), (10) e da quelle che ne conseguono mediante le operazioni ideali.

Per intravedere che con questo veramente si ottiene una corrispondenza differenziale di A basta valersi del fatto constatato in 4, e cioè che le equazioni (4), (5), (6) esprimono che l'anello (11) può generarsi da A ed esemplari A^{σ_i} omomorfi ad A mediante gli omomorfismi σ_i definiti da

$$x^{\sigma_i} = x + d_i x \qquad\qquad (x \text{ qualunque di } A),$$

7 — 9

i quali, benchè siano aggiunte adesso le relazioni (10), si riconoscono subito essere isomorfismi, cosicchè anche le associazioni

$$x + d_i x \longrightarrow x + d_j x \qquad\qquad (x \text{ qualunque di } A)$$

definiscono isomorfismi e precisamente quelli realizzanti la vicinanza infinita di A^{σ_i} ad A^{σ_j}.

L'attributo « *generica* » sta anche in questo caso per indicare che ogni corrispondenza differenziale h-upla di A

$$[A, \ A^{\tau_1}, \dots, \ A^{\tau_h}]$$

si deduce dalla corrispondenza suddetta mediante un omomorfismo ρ avente l'effetto

$$x^\rho = x, \qquad (x^{\sigma_i})^\rho = x^{\tau_i}, \qquad\qquad (x \text{ qualunque di } A).$$

La corrispondenza differenziale infinita generica di A

$$(12) \qquad\qquad [A, \ d_1 A, \ d_2 A, \ d_3 A, \dots],$$

che chiameremo semplicemente *la corrispondenza differenziale di A*, contiene come sottoanelli corrispondenze differenziali, generiche di A di tutte le molteplicità, cosicchè la sua considerazione ne rende superfluo lo studio.

10. *Gli isomorfismi $x \longrightarrow x + d_i x$ di A su A^{σ_i} possono essere estesi di modo che essi divengano automorfismi* (che saranno designati cogli stessi simboli σ_i) *della corrispondenza differenziale di A.*

Difatti, postulando

$$(d_j x)^{\sigma_i} = d_j x \qquad (\text{per } x \text{ qualunque di } A \text{ e } i, j = 1, 2, 3, \dots)$$

oltre a $x^{\sigma_i} = x + d_i x$, si è costretti a stabilire, per un elemento

$$X = \Sigma \pi F \quad (\text{con } F = \Sigma \, n d_i a \dots d_h b + \Sigma \, e \cdot d_i f \dots d_h g) \quad (\text{ved. 7}),$$

$$(13) \qquad X^{\sigma_i} = \Sigma \, (\pi F)^{\sigma_i} \quad \text{con } (\pi F)^{\sigma_i} = \Sigma \, n d_{\pi(1)} a \dots d_{\pi(h)} b + \Sigma \, e^{\sigma_i} \cdot d_{\pi(1)} f \dots d_{\pi(h)} g.$$

Ora, serviamoci di questa condizione necessaria per definire l'estensione σ_i dell'isomorfismo σ_i con la formula (13), o piuttosto con la formula

$$d_i X = \Sigma \, d_i \pi F \quad \text{con} \quad d_i \pi F = \Sigma \, d_i e \cdot d_{\pi(1)} f \dots d_{\pi(h)} g,$$

introducendo dapprima un'estensione dell'operazione d_i alla corrispondenza totale.

Proviamo anzitutto l'univocità dell'operazione d_i così generalizzata.

Se $X = \Sigma \pi G$ è un'altra espressione del medesimo elemento X di (12), la differenza $\Sigma \pi F - \Sigma \pi G$ può essere ridotta a zero in conseguenza delle relazioni (4), (5), (6), (10), il che significa che essa può scriversi senza nessuna ipotesi sui simboli (e cioè colla sola applicazione delle regole delle tre prime operazioni fondamentali dell'aritmetica sui simboli che si presentano nel calcolo) come una somma di termine della forma

$$\pm (d_i(x + y) - d_i x - d_i y) \cdot d_{k_1} z_1 \ldots d_{k_h} z_h ,$$
$$\pm (d_i(x \cdot y) - x \cdot d_i y - y \cdot d_i x) \cdot d_{k_1} z_1 \ldots d_{k_h} z_h ,$$
$$\pm (d_i x \cdot d_i y) \cdot d_{k_1} z_1 \ldots d_{k_h} z_h ,$$
$$\pm (d_i x \cdot d_j y + d_i y \cdot d_j x) \cdot d_{k_1} z_1 \ldots d_{k_h} z_h ,$$
$$a \cdot (d_i(x + y) - d_i x - d_i y) \cdot d_{k_1} z_1 \ldots d_{k_h} z_h ,$$

$$\cdot \; \cdot \; \cdot \; \cdot \; \cdot \; \cdot \; \cdot \; \cdot \; \cdot \; \cdot \; \cdot \; \cdot \; \cdot$$

(con $x, y, a, z_1, \ldots, z_h$ qualunque di A)

(dove $h \geq 0$ e nel caso $h = 0$ si omettano le parti $d_{k_1} z_1 \ldots d_{k_h} z_h$).

Ora, applicando a questi termini l'operazione d_i non si ottengono che espressioni annullantisi in conseguenza delle equazioni (4), (5), (6), (10) (il che, del resto, non si verificherebbe se non fossero a disposizione le equazioni (10) che distinguono la corrispondenza differenziale dalla corrispondenza soltanto infinitesimale).

Poichè è dimostrato ormai che l'operazione d_i è univoca, si constatano subito le relazioni

$$d_i(X + Y) = d_i X + d_i Y, \quad d_i(X \cdot Y) = X \cdot d_i Y + Y \cdot d_i X$$

come valide per elementi qualsiansi X, Y di (12), le quali, prese insieme con le relazioni evidenti $d_i X \cdot d_i Y = 0$ mostrano che con

$$X^{\sigma_i} = X + d_i X \qquad (X \text{ qualunque di (12)})$$

è definito un automorfismo σ_i della corrispondenza generica di A avente entro l'anello A lo stesso effetto dell'isomorfismo σ_i donde siamo partiti.

11. Osserviamo ancora (benchè non avremo occasione di valercene) che, dalle equazioni evidenti $d_i(d_j x) = 0$ (per x qualunque di A) segue

$$d_i(d_j X) = 0 \qquad \text{per } X \text{ qualunque di (12)}$$

oppure

$$(X^{\sigma_j} - X)^{\sigma_i} - (X^{\sigma_j} - X) = 0 \quad \text{cioè} \quad X^{\sigma_j \sigma_i} - X = (X^{\sigma_i} - X) + (X^{\sigma_j} - X),$$

il che mostra che *gli automorfismi* σ_i *generano un gruppo abeliano di automorfismi*

$$\sigma_1^{m_1} \cdot \sigma_2^{m_2} \cdot \sigma_3^{m_3} \ldots$$

della corrispondenza differenziale dell'anello A, *che risultano infinitesimali in forza delle equazioni generali*

$$X^{\sigma_1^{m_1} \cdot \sigma_2^{m_2} \cdots} - X = \sum_i m_i(X^{\sigma_i} - X) = \sum m_i d_i X.$$

10 — 11

12. Confrontando le relazioni

$$d_i x \cdot d_j y + d_i y \cdot d_j x = 0$$

$$d_i(\Sigma\, n d_{\iota} a \ldots d_h b + \Sigma\, e \cdot d_\iota f \ldots d_h g) = \Sigma\, d_i e \cdot d_\iota f \ldots d_h g$$

$$d_i(d_j X) = 0$$

con le regole

$$dx\,dy + dy\,dx = 0$$

$$d(\Sigma\, n d a \ldots d b + \Sigma\, e \cdot d f \ldots d g) = \Sigma\, d e\, d f \ldots d g$$

$$d(dX) = 0$$

del calcolo esterno, si rivela un intimo legame **fra la corrispondenza diffe-renziale di** *A* ed *il calcolo delle forme differenziali esterne* di *A*, il quale *può essere addirittura considerato come stretta concentrazione dei calcoli da eseguire nella corrispondenza differenziale di un anello.*

Se nelle nostre applicazioni del calcolo esterno scriviamo

$$\Sigma^{\bullet} n d a \ldots d b + \Sigma\, e \cdot d f \ldots d g$$

e

$$d(\Sigma\, n d a \ldots d b + \Sigma\, e \cdot d f \ldots d g),$$

allora sono, purchè non sia detto altro, da intendersi gli elementi

$$\Sigma\, n d_{\iota} a \ldots d_h b + \Sigma\, e \cdot d_\iota f \ldots d_h g$$

e rispettivamente

$$d_1(\Sigma\, n d_2 a \ldots d_{h+1} b + \Sigma\, e \cdot d_2 f \ldots d_{h+1} g).$$

Calcolando allora il prodotto $\xi \wedge \eta$ di forme esterne

$$\xi = \Sigma\, n d a \ldots d b + \Sigma\, e \cdot d f \ldots d g$$

$$\eta = \Sigma\, n' d a' \ldots d b' + \Sigma\, e' \cdot d f' \ldots d g'$$

nel modo

$$\xi \wedge \eta = \Sigma\, (n \cdot n') d a \ldots d b\, d a' \ldots d b' + \Sigma\, n e' \cdot d a \ldots d b\, d f' \ldots d g' +$$

$$\Sigma\, n' e \cdot d f \ldots d g\, d a' \ldots d b' + \Sigma\, e \cdot e' \cdot d f \ldots d g\, d f' \ldots d g',$$

le equazioni note

$$\xi \wedge \eta = (-1)^{h \cdot h'} \eta \wedge \xi, \qquad d(\xi \wedge \eta) = d\xi \wedge \eta + (-1)^h \xi \wedge d\eta$$

$$d(d\xi) = 0 \qquad\qquad (h,\, h' \text{ designando i gradi delle forme } \xi,\, \eta)$$

rimangono valide anche nell'interpretazione suddetta delle forme esterne come elementi della corrispondenza differenziale.

12

§ 2. Equazioni differenziali di un anello.

13. La corrispondenza differenziale di un anello A

$$[A,\; d_1 A,\; d_2 A,\; d_3 A,\; \ldots]$$

è definita come sopra–anello di A dalle equazioni seguenti:

$$
\begin{aligned}
&(1) && d_i(x +'y) - d_i x - d_i y && = 0 \\
&(2) && d_i(x \cdot y) - x \cdot d_i y - y \cdot d_i x && = 0 \\
&(3) && d_i x \cdot d_i y && = 0 \\
&(4) && d_i x \cdot d_j y + d_i y \cdot d_j x && = 0
\end{aligned}
\qquad (x,\, y \text{ essendo elementi qualunque di } A)
$$

Un'equazione pfaffiana

$$\Sigma\, n\,da + \Sigma\, e \cdot df = 0 \qquad (a,\, e,\, f \in A;\; n \text{ numeri interi})$$

che, dopo avere aggiunto un qualsiasi indice i al segno d, diviene una conseguenza delle regole di differenziazione, cioè delle equazioni (1), (2), è chiamata *un'equazione differenziale di A*, riservando questa espressione al caso suddetto. Osserviamo, per essere precisi, che con « *equazione conseguenza delle equazioni* (1), (2) » si intende ogni equazione il cui membro sinistro si deduce dai membri sinistri delle equazioni (1), (2) mediante le operazioni ideali (ved. 4).

Poichè la corrispondenza differenziale di A differisce dalla corrispondenza semplicemente infinitesimale di A soltanto per le equazioni (4), è chiaro che si otterrebbe lo stesso concetto di equazione differenziale di A partendo dalla corrispondenza infinitesimale di A.

Con l'espressione « *le equazioni differenziali di A* » intendiamo sempre un sistema di equazioni differenziali di A tale che ne conseguano le regole di differenziazione (mediante le operazioni ideali). Per es. le regole di differenziazione stesse sono le equazioni differenziali di A. Propriamente non è corretto dire *le* equazioni differenziali di A, perchè esse non sono determinate univocamente dalla definizione data. Ma, poichè nella meccanica e nell'analisi si usa il termine « le equazioni differenziali » nello stesso senso impreciso senza rischio di esser malintesi, mi pare lecito e opportuno usarlo nel medesimo senso in questo caso, che del resto comprende il caso dell'analisi.

Per dare un esempio di un'equazione differenziale che vale in ogni anello A avente un elemento 1, scriviamo l'equazione

$$d1 = 0$$

che si dimostra coi seguenti calcoli:

$$d1 = d(1 \cdot 1) = 1 \cdot d1 + 1 \cdot d1 = 2 \cdot d1, \qquad d(1^2 \cdot 1) = 1^2 \cdot d1 + 1 \cdot d1^2 = 3 \cdot d1.$$

13

In questo caso vale anche l'equazione differenziale

$$dx - 1 \cdot dx = 0 \qquad \text{(per } x \text{ qualunque di } A).$$

Avremo spesso occasione di applicare l'osservazione seguente

Se in un anello qualsiasi A il simbolo $f(x_1, \ldots, x_m)$ designa un'espressione

$$(5) \qquad \sum_{i_1, \ldots, i_m} a_{i_1 \ldots i_m} \cdot x_1^{i_1} \ldots x_m^{i_m} \qquad \text{(con } a_{i_1 \ldots i_m} \in A)$$

e se f_{x_ν} denotono le « *derivate parziali* »

$$f_{x_\nu} = \sum_{i_1, \ldots, i_m} i_\nu \, a_{i_1 \ldots i_m} \cdot x_1^{i_1} \ldots x_\nu^{i_\nu - 1} \ldots x_m^{i_m}$$

mentre δf significa la « *variazione* » di f

$$\delta f = \sum_{i_1, \ldots, i_m} (da_{i_1 \ldots i_m}) \cdot x_1^{i_1} \ldots x_m^{i_m},$$

si ha l'equazione differenziale

$$df - \sum_\nu f_{x_\nu} \cdot dx_\nu - \delta f = 0.$$

Notiamo ancora che, se f, g sono polinomi come (5), e se esiste in A il quoziente

$$\frac{f(x_1, \ldots, x_m)}{g(x_1, \ldots, x_m)}$$

(il che presuppone che g non sia zero o divisore dello zero in A) avremo l'equazione differenziale

$$d\left(\frac{f}{g}\right) - \sum_\nu \left(\frac{f}{g}\right)_{x_\nu} \cdot dx_\nu - \delta\left(\frac{f}{g}\right) = 0$$

con

$$\left(\frac{f}{g}\right)_{x_\nu} = \frac{g \cdot f_{x_\nu} - f \cdot g_{x_\nu}}{g^2}, \quad \delta\left(\frac{f}{g}\right) = \frac{g \cdot \delta f - f \cdot \delta g}{g^2}.$$

§ 3. Differenti relativi.

14. Se A_0 è sottoanello di un anello A, definiamo la *differenziazione relativa* $\dfrac{d}{A_0}$ *di A rispetto ad A_0* aggiungendo semplicemente alle equazioni differenziali (assolute) di A le equazioni

$$dx_0 = 0 \qquad \text{(per ogni } x_0 \in A_0).$$

13 — 14

Sotto l'ipotesi che l'A–modulo

$$A \cdot \frac{d}{A_0} A$$

delle forme pfaffiane

$$\Sigma\, x \cdot \frac{d}{A_0} y \qquad\qquad\qquad (x,\ y \in A)$$

abbia una base finita :

$$A \cdot \frac{d}{A_0} A = A \cdot \omega_1 + A \cdot \omega_2 + \ldots + A \cdot \omega_m\,;$$

e che A possegga un elemento 1 si può definire una serie di ideali

$$(1) \qquad\qquad \eth_0\!\left(\frac{A}{A_0}\right) \subset \eth_1\!\left(\frac{A}{A_0}\right) \subset \eth_2\!\left(\frac{A}{A_0}\right) \subset \ldots,$$

che si chiamano i *differenti di A rispetto ad A_0*.

Il *differente di ordine n*

$$\eth_n\!\left(\frac{A}{A_0}\right)$$

è definito per $n < m$ quale ideale generato in A da tutti i determinanti

$$(2) \qquad
\begin{vmatrix}
a_{i_1}^{(1)} & a_{i_2}^{(1)} & \ldots & a_{i_{m-n}}^{(1)} \\
a_{i_1}^{(2)} & a_{i_2}^{(2)} & \ldots & a_{i_{m-n}}^{(2)} \\
\cdot\ \cdot\ \cdot & \cdot\ \cdot\ \cdot & & \cdot\ \cdot\ \cdot \\
a_{i_1}^{(m-n)} & a_{i_2}^{(m-n)} & \ldots & a_{i_{m-n}}^{(m-n)}
\end{vmatrix},$$

che possono formarsi colle matrici $(a_i^{(k)})$ di tutti i sistemi

$$a_1^{(1)} \cdot \omega_1 + \quad \ldots \quad + a_m^{(1)} \cdot \omega_m = 0$$
$$\cdot\ \cdot\ \cdot\ \cdot\ \cdot\ \cdot\ \cdot\ \cdot\ \cdot\ \cdot\ \cdot\ \cdot\ \cdot\ \cdot\ \cdot$$
$$a_1^{(m-n)} \cdot \omega_1 + \ldots + a_m^{(m-n)} \cdot \omega_m = 0$$

di $m - n$ equazioni differenziali relative di A. Per $n \geq m$ si definisce

$$\eth_n\!\left(\frac{A}{A_0}\right) = A.$$

Dal teorema di Laplace segue che tutti questi determinanti sono combinazioni lineari (mediante fattori appartenenti ad A) di determinanti $(m - n - 1)$-pli che servono alla formazione di $\eth_{n+1}\!\left(\frac{A}{A_0}\right)$, donde si deduce il

14

fatto già indicato in (1)

$$\mathfrak{d}_n\!\left(\frac{A}{A_0}\right) \subset \mathfrak{d}_{n+1}\!\left(\frac{A}{A_0}\right).$$

TEOREMA di FITTING. - *La definizione dei differenti* $\mathfrak{d}_n\!\left(\frac{A}{A_0}\right)$ *è indipendente dalla scelta della base* ω_1, ω_2, ..., ω_m *di* $A \cdot \dfrac{d}{A_0} A$.

DIMOSTRAZIONE. - I. Se un sistema Σ di equazioni differenziali relative di A è tale che ogni equazione differenziale relativa del tipo

$$\sum_{i=1}^{m} a_i \cdot \omega_i = 0$$

si deriva da equazioni

$$\sum_{i=1}^{m} a_i^{(k)} \cdot \omega_i = 0$$

appartenenti al sistema Σ nel modo seguente

$$a_i = \sum_k c_k \cdot a_i^{(k)} \qquad (c_k \in A, \; i = 1, 2, ..., m)$$

diremo (e solamente in questo caso) che Σ è *sistema base per le equazioni differenziali relative.*

Ora è chiaro che basta, per generare l'ideale $\mathfrak{d}_n\!\left(\frac{A}{A_0}\right)$, costruire tutti i determinanti (2) che si ottengono partendo solamente da equazioni differenziali prese da un sistema base.

II. Se ω è un elemento qualunque di $A \cdot \dfrac{d}{A_0} A$, anche

(3) $$\omega_1, \; \omega_2, \; ..., \; \omega_m, \; \omega$$

è base di quel modulo. Prendendo un sistema base qualsiasi per le equazioni differenziali relative di A scritte con ω_1, ω_2, ..., ω_m insieme con l'equazione

(4) $$a_1 \cdot \omega_1 + ... + a_m \cdot \omega_m + \omega = 0,$$

che si deriva dal fatto che ω può esprimersi mediante le forme ω_i, otteniamo un sistema base per le equazioni differenziali relative di A scritte con la nuova base del modulo $A \cdot \dfrac{d}{A_0} A$. Difatti ogni equazione differenziale relativa del tipo

$$b_1 \cdot \omega_1 + ... + b_m \cdot \omega_m + b \cdot \omega = 0$$

si può scrivere quale b-upla della (4) più una equazione differenziale in cui non entrano che le forme ω_1, ..., ω_m.

14

Non conoscendo ancora la indipendenza dei differenti scriviamo $\eth_{n}'\left(\dfrac{A}{A_0}\right)$ per il differente calcolato mediante la base (3). Per ottenerlo dobbiamo formare tutti i determinanti di ordine $(m+1)$-n analoghi a quelli (2).

Ora, se nella loro formazione non interviene l'equazione (4), nascono solamente determinanti appartenenti all'ideale $\eth_{n-1}\left(\dfrac{A}{A_0}\right) \subset \eth_n\left(\dfrac{A}{A_0}\right)$.

Altrimenti essi sono della forma

(5)
$$\begin{vmatrix} a_{i_1} & a_{i_2} & \dots & a_{i_{m-n}} & 1 \\ \hline a_{i_1}^{(1)} & a_{i_2}^{(1)} & \dots & a_{i_{m-n}}^{(1)} & 0 \\ \cdots\cdots\cdots\cdots\cdots\cdots & & & & 0 \\ a_{i_1}^{(m-n)} & a_{i_2}^{(m-n)} & \dots & a_{i_{m-n}}^{(m-n)} & 0 \end{vmatrix}$$

dove la parte segnata da linee interviene già nella formazione di $\eth_n\left(\dfrac{A}{A_0}\right)$.

È chiaro pertanto che tutti i determinanti che servono alla generazione di $\eth_n'\left(\dfrac{A}{A_0}\right)$ trovansi già nell'ideale $\eth_n\left(\dfrac{A}{A_0}\right)$, e ciò mostra che

$$\eth_n'\left(\frac{A}{A_0}\right) \subset \eth_n\left(\frac{A}{A_0}\right).$$

Ma, siccome si può scegliere (5) tale che esso sia un qualsiasi determinante generante $\eth_n\left(\dfrac{A}{A_0}\right)$, vale anche la: $\eth_n\left(\dfrac{A}{A_0}\right) \subset \eth_n'\left(\dfrac{A}{A_0}\right)$.

Questo fatto

$$\eth_n\left(\frac{A}{A_0}\right) = \eth_n'\left(\frac{A}{A_0}\right)$$

è evidentemente vero anche per $n \geq m$.

III. Supponiamo ora che

$$\tilde{\omega}_1, \ \tilde{\omega}_2, \dots, \ \tilde{\omega}_q$$

sia una base qualunque del modulo $A \cdot \dfrac{d}{A_0} A$. Designamo con

$$\eth_n\left(\frac{A}{A_0}\right), \quad \eth_n'\left(\frac{A}{A_0}\right), \quad \eth_n''\left(\frac{A}{A_0}\right)$$

i differenti di ordine n calcolati rispettivamente con le basi

$$\omega_1, \ \omega_2, \dots, \ \omega_m$$
$$\omega_1, \ \omega_2, \dots, \ \omega_m, \ \tilde{\omega}_1, \ \tilde{\omega}_2, \dots, \ \tilde{\omega}_q$$
$$\tilde{\omega}_1, \ \tilde{\omega}_2, \dots, \ \tilde{\omega}_q$$

14

del modulo $A \cdot \dfrac{d}{A_0} A$. L'applicazione successiva di quel che abbiamo dimostrato in II. mostra

$$\text{tanto} \quad \eth_n\!\left(\frac{A}{A_0}\right) = \eth_n{}'\!\left(\frac{A}{A_0}\right) \qquad \text{quanto} \quad \eth_n{}''\!\left(\frac{A}{A_0}\right) = \eth_n{}'\!\left(\frac{A}{A_0}\right)$$

e perciò

$$\eth_n\!\left(\frac{A}{A_0}\right) = \eth_n{}''\!\left(\frac{A}{A_0}\right)$$

c. d. d.

15. *Sotto l'ipotesi che* $A_0 \subset A$, $\bar{A}_0 \subset \bar{A}$, *siano sottoanelli di un medesimo anello* R *tali che ogni elemento di* $\bar{A}_0$, $\bar{A}$ *possa rappresentarsi nella forma* $\dfrac{x}{y}$ *con* $x, y \in A_0$, *risp. con* $x, y \in A$, *in cui* $y \neq 0$ *non è divisore dello zero in* R, *vale*

$$\eth_n\!\left(\frac{\bar{A}}{\bar{A}_0}\right) = \eth_n\!\left(\frac{A}{A_0}\right) \cdot \bar{A} \qquad\qquad (n = 0,\ 1,\ 2, \ldots)$$

$\left(\text{cioè l'ideale } \eth_n\!\left(\dfrac{\bar{A}}{\bar{A}_0}\right) \text{ può essere generato dall'ideale } \eth_n\!\left(\dfrac{A}{A_0}\right)\right).$

Dimostrazione. – I. Abbiamo già osservato in 13 che vale l'equazione differenziale

$$(6) \qquad\qquad d\!\left(\frac{x}{y}\right) - \frac{y \cdot dx - x \cdot dy}{y^2} = 0$$

per ogni quoziente $\dfrac{x}{y}$ del tipo suddetto.

Dimostriamo ora che si ottengono le equazioni differenziali di $\bar{A}$ scrivendo le equazioni (6), limitandosi però per ciascun elemento $\dfrac{x}{y}$ di $\bar{A}$ ad una sola rappresentazione $\dfrac{x}{y}$, ed aggiungendo le equazioni differenziali di A.

Infatti queste ultime equazioni garantiscono che l'equazione

$$d\!\left(\frac{x'}{y'}\right) - \frac{y' \cdot dx' - x' \cdot dy'}{y'^2} = 0$$

derivata da un'altra espressione $\dfrac{x'}{y'} = \dfrac{x}{y}$ dello stesso elemento $\dfrac{x}{y}$ dia per $d\!\left(\dfrac{x}{y}\right)$ il medesimo risultato di (6). Basta, per vederlo, effettuare il calcolo seguente.

14 — 15

unicamente fondato sulle equazione differenziali di A

$$x \cdot y' = x' \cdot y, \qquad x \cdot dy' - y \cdot dx' = x' \cdot dy - y' \cdot dx,$$

$$\frac{yy'}{(yy')^2} \cdot (x \cdot dy' - y \cdot dx') = \frac{yy'}{(yy')^2} \cdot (x' \cdot dy - y' \cdot dx)$$

e pertanto, essendo $x \cdot y' = x' \cdot y$,

$$\frac{y' \cdot dx' - x' \cdot dy}{y'^2} = \frac{y \cdot dx - x \cdot dy}{y^2} \, .$$

Un simile calcolo mostra allora che le regole di differenziazione in $\bar{A}$ sono conseguenze delle sole equazioni differenziali di A, purchè si prendano per i $d\left(\dfrac{x}{y}\right)$ le espressioni date dalla (6).

II. Poichè le equazioni differenziali di $\bar{A}$ sono costituite, oltre che da quelle esprimenti che $\bar{A} \cdot d\bar{A} = \bar{A} \cdot dA$ (cioè che i differenziali degli elementi di A formano base del modulo $\bar{A} \cdot d\bar{A}$), solamente dalle equazioni differenziali di A, e poichè d'altra parte le equazioni $d\bar{A}_0 = 0$, che caratterizzano il passaggio dalla differenziazione assoluta di $\bar{A}$ a quella relativa rispetto ad $\bar{A}_0$, seguono già stabilendo solamente che $dA_0 = 0$, è chiaro che si ottiene una base per le equazioni differenziali caratterizzanti il modulo $\bar{A} \cdot \dfrac{d}{\bar{A}_0} \bar{A}$ scrivendo semplicemente le equazioni differenziali caratterizzanti il modulo $A \cdot \dfrac{d}{A_0} A$, cambiandovi però il segno $\dfrac{d}{A_0}$ con $\dfrac{d}{A_0}$.

Ora tale base di equazioni serve a calcolare sia una base dell'ideale $\mathfrak{d}_n\left(\dfrac{\bar{A}}{\bar{A}_0}\right)$ che una base dell'ideale $\mathfrak{d}_n\left(\dfrac{A}{A_0}\right)$. C. d. d.

CAPITOLO II

CORPI ALGEBRICI

§ 1. Le equazioni differenziali dei corpi algebrici.

16. Contrariamente all'uso consueto, adopero il termine « *algebrico* » nel significato seguente: chiamo algebrico ogni oggetto dell'algebra (anello, corpo, corpo relativo, gruppo, modulo, ecc.), che può essere generato da un numero finito di elementi mediante le operazioni che servono alla sua definizione.

Dunque un corpo K è detto algebrico (o meglio *aritmetico*) allora e soltanto allora che ogni elemento di K può essere ottenuto da certi elementi

15 — 16

$x_1, x_2, \ldots, x_m$ di K mediante le quattro operazioni fondamentali dell'aritmetica, il che si esprime (ved. 1) con l'equazione

$$K = (x_1, \, x_2, \ldots, \, x_m).$$

Un corpo K sarà chiamato *algebrico sopra un suo sottocorpo* k precisamente quando K può essere generato nel modo seguente

$$(1) \qquad K = (k, \, x_1, \, x_2, \ldots, \, x_m),$$

cioè quando ogni elemento di K può essere rappresentato come quoziente

$$(2) \qquad \frac{f(x_1, \, x_2, \ldots, \, x_m)}{g(x_1, \, x_2, \ldots, \, x_m)}$$

dove f, g sono polinomi cogli argomenti $x_1, x_2, \ldots, x_m$ e con coefficienti appartenenti al sottocorpo k.

17. Siano

$$(3) \qquad \begin{aligned} f_1(x_1, \, x_2, \ldots, \, x_m) &= 0 \\ f_2(x_1, \, x_2, \ldots . \, x_m) &= 0 \\ \cdot \; \cdot \; \cdot \; \cdot \; \cdot \; \cdot \; \cdot \; \cdot \; \cdot \; \cdot \; \cdot \; \cdot & \\ f_h(x_1, \, x_2, \ldots, \, x_m) &= 0 \end{aligned}$$

equazioni definenti il corpo (1) *sopra* k, cioè equazioni tali che ogni relazione $f(x_1, x_2, \ldots, x_m) = 0$ consegua da loro mediante le operazioni ideali.

Le equazioni differenziali del corpo $K = (k, \, x_1, \, x_2, \ldots, \, x_m)$ *definito sopra* k *dalle equazioni* (3) *si ottengono aggiungendo alle relazioni*

$$df_i = 0 \quad cioè \quad \sum_{\nu=1}^{m} (f_i)_{x_\nu} \cdot dx_\nu + \delta f_i = 0, \qquad (i = 1, \, 2, \ldots, \, h)$$

le equazioni differenziali di k *e quelle*

$$(4) \qquad d\left(\frac{f}{g}\right) - \sum_{\nu=1}^{m} \left(\frac{f}{g}\right)_{x_\nu} \cdot dx_\nu - \delta\left(\frac{f}{g}\right) = 0$$

riducenti i differenziali di elementi qualunque $\dfrac{f}{g}$ *di* K *a forme pfaffiane del modulo*

$$K \cdot dx_1 + K \cdot dx_2 + \ldots + K \cdot dx_m + K \cdot dk.$$

Dimostrazione. – I. Le operazioni suddette sono equazioni differenziali di K. (Ved. 13)

II. Le relazioni $df_i = 0$ garantiscono che le equazioni (4) dànno per le diverse forme (2) dello stesso elemento di K la medesima forma pfaffiana. Soddisfacendo evidentemente le derivate parziali $\left(\dfrac{f}{g}\right)_{x_\nu}$ e le variazioni $\delta\left(\dfrac{f}{g}\right)$

16 — 17

alle regole

$$(u + v)_{x_\nu} = u_{x_\nu} + v_{x_\nu}, \qquad (u \cdot v)_{x_\nu} = u \cdot v_{x_\nu} + v \cdot u_{x_\nu},$$

$$\delta(u + v) = \delta u + \delta v, \qquad \delta(u \cdot v) = u \cdot \delta v + v \cdot \delta u,$$

se si tiene conto delle equazioni differenziali di k, è chiaro ormai che con le espressioni $d\left(\dfrac{f}{g}\right)$ calcolate dalle equazioni (4) sono soddisfatte le regole di differenziazione in K.

C. d. d. (Ved. 13)

18. *Le equazioni differenziali relative di K quale sopracorpo di k definito dalle relazioni $f_i = 0$ si ottengono aggiungendo alle equazioni*

$$(5) \qquad \frac{d}{k} f_i = 0 \quad \text{cioè} \quad \sum_{\nu=1}^{m} (f_i)_{x_\nu} \cdot \frac{d}{k} x_\nu = 0 \qquad (i = 1, 2, \ldots, h)$$

le relazioni

$$\frac{d}{k}\left(\frac{f}{g}\right) - \sum_{\nu=1}^{m} \left(\frac{f}{g}\right)_{x_\nu} \cdot \frac{d}{k} x_\nu = 0$$

equivalenti al fatto che

$$K \cdot \frac{d}{k} K = K \cdot \frac{d}{k} x_1 + K \cdot \frac{d}{k} x_2 + \ldots + K \cdot \frac{d}{k} x_m .$$

Ciò segue immediatamente dall'enunciato precedente.

Se nelle nostre applicazioni di questo teorema, citando le equazioni differenziali relative di un corpo K, scriviamo solamente le relazioni (5), vogliamo esprimere con ciò che queste relazioni costituiscono un sistema base per le equazioni differenziali relative nel senso esposto in 14, prendendo

$$\frac{d}{k} x_1, \quad \frac{d}{k} x_2, \ldots, \quad \frac{d}{k} x_m$$

come base del K-modulo $K \cdot \dfrac{d}{k} K$.

§ 2. Separabilità e inseparabilità relative.

19. La *inseparabilità sopra k* di un corpo K algebrico sopra k è definita come la differenza

$$\text{rango } K \cdot \frac{d}{k} K - \dim \frac{K}{k}$$

fra il rango del K-modulo $K \cdot \dfrac{d}{k} K$ (che chiameremo talvolta semplicemente

17 — 19

il *rango di K sopra k*) e la *dimensione di K sopra k* (cioè il numero massimo di elementi di K algebricamente indipendenti sopra k). Dal teorema seguente risulterà subito che questa differenza non è mai negativa.

20. *Per ogni corpo K_0 intermedio fra K e k vale la disuguaglianza*

$$\text{inseparabilità } \frac{K_0}{k} \leq \text{inseparabilità } \frac{K}{k}.$$

DIMOSTRAZIONE. – Ammettiamo senza dimostrazione il fatto (del resto facile a dimostrarsi) che il corpo K_0 è algebrico sopra k come K.

I. Consideriamo dapprima il caso in cui $K = (K_0, x)$.

Se x è algebricamente indipendente sopra K_0, le equazioni differenziali di K sono costituite solamente dalle equazioni differenziali di K_0 e da quelle equivalenti al fatto che $K \cdot dK = K \cdot dx + K \cdot dK_0$. Ne risulta $K \cdot \frac{d}{k} K = K \cdot \frac{d}{k} x + K \cdot \frac{d}{k} K_0$ (con $\frac{d}{k} x$ linearmente indipendente da tutti i differenziali relativi di elementi di K_0) e rango $K \cdot \frac{d}{k} K_0 = $ rango $K_0 \cdot \frac{d_0}{k} K_0$ designando con d_0 la differenziazione in K_0. Da ciò segue rango $\frac{K}{k} = $ rango $\frac{K_0}{k} + 1$, il che mostra insieme con $\dim \frac{K}{k} = \dim \frac{K_0}{k} + 1$ la coincidenza delle inseparabilità di K sopra k e di K_0 sopra k.

Se invece $\dim \frac{K}{K_0} = 0$, il corpo K può essere definito sopra K_0 mediante una sola equazione $f(x) = 0$, così che le equazioni differenziali relative di K rispetto a k sono costituite in questo caso oltre che dalle equazioni differenziali relative di K_0 e dalle equazioni esprimenti che $K \cdot \frac{d}{k} K = K \cdot \frac{d}{k} x + K \cdot \frac{d}{k} K_0$ dalla sola equazione

$$f_x \cdot \frac{d}{k} x + \dots = 0$$

dove i punti sostituiscono una combinazione lineare di differenziali relativi di elementi di K_0. Il rango $K \cdot \frac{d}{k} K_0$ è dunque maggiore di 1 o uguale al rango $K_0 \cdot \frac{d}{k} K_0$ secondo che l'equazione suddetta sia soddisfatta identicamente o no, il che dimostra il teorema anche per il caso $\dim \frac{K}{K_0} = 0$.

II. Ci riferiamo ora al caso generale in cui $K = (K_0, x_1, x_2, \dots, x_m)$. Denotando con K_i i corpi $K_i = (K_0, x_1, \dots, x_i)$ e con d_i la differenziazione in

19 — 20

questi corpi (il quale simbolo non si deve confondere col d_i usato nella definizione delle corrispondenze infinitesimali o differenziali), possiamo scrivere, per quanto abbiamo dimostrato nella parte I, le disuguaglianze

$$\text{rango } K_{i+1} \cdot \frac{d_{i+1}}{k} K_{i+1} - \dim \frac{K_{i+1}}{k} \geq \text{rango } K_i \cdot \frac{d_i}{k} K_i - \dim \frac{K_i}{k},$$

essendo, come presuppone il caso I, $K_{i+1} = (K_i, x_{i+1})$. Dall'addizione di queste disuguaglianze risulta

$$\text{rango } K_m \cdot \frac{d_m}{k} K_m - \dim \frac{K_m}{k} \geq \text{rango } K_0 \cdot \frac{d_0}{k} K_0 - \dim \frac{K_0}{k},$$

c. d. d.

Prendendo $K_0 = k$ si constata che *la inseparabilità* $\dfrac{K}{k}$ *è sempre non-negativa.*

21. Definizione. - K è detto *separabile sopra* k quando la inseparabilità $\dfrac{K}{k}$ è zero, altrimenti esso è chiamato *inseparabile sopra* k.

Se K è separabile sopra K_0 e se K_0 è separabile sopra k, anche K è separabile sopra k.

Dimostrazione. - Essendo K separabile sopra K_0 abbiamo

$$K \cdot \frac{d}{k} K = K \cdot \frac{d}{k} x_1 + \dots + K \cdot \frac{d}{k} x_m + K \cdot \frac{d}{k} K_0 \quad \text{con} \quad m = \dim \frac{K}{K_0}$$

e per analoga ragione

$$K_0 \cdot \frac{d_0}{k} K_0 = K_0 \cdot \frac{d_0}{k} y_1 + \dots + K_0 \cdot \frac{d_0}{k} y_n \quad \text{con} \quad n = \dim \frac{K_0}{k}.$$

Ora, siccome evidentemente ogni equazione differenziale relativa di K_0 vale anche entro il corpo K, avremo

$$K \cdot \frac{d}{k} K_0 = K \cdot \frac{d}{k} y_1 + \dots + K \cdot \frac{d}{k} y_n$$

e pertanto

$$K \cdot \frac{d}{k} K = K \cdot \frac{d}{k} x_1 + \dots + K \cdot \frac{d}{k} x_m + K \cdot \frac{d}{k} y_1 + \dots + K \cdot \frac{d}{k} y_n$$

che mostra rango $K \cdot \dfrac{d}{k} K \leq m + n = \dim \dfrac{K}{k}$ e con ciò la separabilità di K sopra k, c. d. d.

22. *Se un corpo $K = (K_1, K_2)$ può essere generato mediante i suoi sottocorpi K_1, K_2 supposti algebrici e separabili sopra k, e se vale*

$$\dim \frac{K}{k} = \dim \frac{K_1}{k} + \dim \frac{K_2}{k},$$

anch'esso è separabile sopra k.

20 — 22

Da

$$K_1 \cdot \frac{d_1}{k} K_1 = \sum_{i=1}^{m} K_1 \cdot \frac{d_1}{k} x_i \qquad \text{con} \qquad m = \dim \frac{K_1}{k}$$

$$K_2 \cdot \frac{d_2}{k} K_2 = \sum_{j=1}^{n} K_2 \cdot \frac{d_2}{k} y_j \qquad \text{con} \qquad n = \dim \frac{K_2}{k}$$

segue infatti

$$K \cdot \frac{d}{k} K = \sum_i K \cdot \frac{d}{k} x_i + \sum_j K \cdot \frac{d}{k} y_j$$

e pertanto la separabilità di K sopra k, essendo $m + n$ la dimensione di K sopra k.

23. *Un corpo K del tipo (k, x) è inseparabile sopra k allora e soltanto allora che esso sia definito sopra k mediante un'equazione*

$$f(x) = 0 \qquad \text{con} \qquad f_x(x) = 0$$

senza che il polinomio $f(X)$ si annulli identicamente.

Infatti si ha

$$K \cdot \frac{d}{k} K = K \cdot \frac{d}{k} x, \qquad f_x(x) \cdot \frac{d}{k} x = 0$$

e tutte le equazioni differenziali relative sono conseguenze di queste relazioni.

24 *Se un elemento x di un corpo $K \supset k$ soddisfa ad un'equazione del tipo*

$$x^{p^\lambda} - a = 0 \qquad\qquad (a \in k),$$

$p \neq 0$ essendo la caratteristica di k, il corpo (k, x) è inseparabile sopra k purchè x non sia elemento di k.

Ciò risulta dal teorema precedente e dal fatto che un tale polinomio $X^{p^\lambda} - a$, *se è riducibile, non può essere che una potenza* $(X^{p^\mu} - b)^{p^{\lambda-\mu}}$, *$(b \in k)$, di un polinomio dello stesso tipo.*

25. Definizione. - Un corpo K algebrico sopra $k \neq K$ è detto *puramente inseparabile sopra k* allora e soltanto allora che ogni elemento x di K soddisfa a un'equazione del tipo $x^{p^\lambda} - a = 0$ con $a \in k$, essendo $p \neq 0$ la caratteristica del corpo. Il fatto che veramente in tale caso K sia anche semplicemente inseparabile risulta da ciò che in K esiste almeno un elemento x, tale che il corpo (k, x) è $\neq k$ e pertanto (ved. **24**) inseparabile sopra k, mentre se K fosse separabile sopra k, anche (k, x) dovrebbe essere separabile sopra k (teorema **20**).

26. *In un corpo K algebrico e 0-dimensionale sopra k esiste sempre un massimo corpo intermedio separabile K_0, su cui K, se non è uguale a K_0, è puramente inseparabile.*

22 — 26

Dal teorema 22 segue infatti che la totalità dei sotto-corpi di K separabili sopra k genera un massimo corpo K_0 separabile sopra k. Se, nel caso $K_0 \neq K$, il corpo K non fosse puramente inseparabile sopra K_0 allora potrebbe facilmente trovarsi un elemento $x \subset\!\!\!|\!\!= K_0$ tale che $(K_0; x)$ fosse separabile sopra K_0 e dunque (ved. 21) separabile anche sopra k.

§ 3. Dipendenza lineare di differenziali e dipendenza algebrica di elementi.

Il noto legame fra la dipendenza analitica di funzioni e la dipendenza lineare dei loro differenziali totali ritrovasi pure partendo dal nostro punto di vista álgebrico.

27. *Se in un corpo algebrico e separabile su* k *sono linearmente indipendenti i differenziali relativi* $\dfrac{d}{k}x_1, \dfrac{d}{k}x_2, \ldots, \dfrac{d}{k}x_m$ $(x_i \in K)$, *allora sono algebricamente indipendenti sopra* k *gli elementi* $x_1, x_2, \ldots, x_m$.

Dimostrazione. - Essendo il corpo $(k, x_1, \ldots, x_m) = K_0$ separabile sopra k (teorema 20) avremo $\dim \dfrac{K_0}{k} = \text{rango } K_0 \cdot \dfrac{d_0}{k} K_0$, da cui, tenuto conto che $m \geq \text{rango } K_0 \cdot \dfrac{d_0}{k} K_0 \geq \text{rango } K \cdot \dfrac{d}{k} K_0 = m$, segue $\dim \dfrac{K_0}{k} = m$, c. d. d.

28. *Se in un corpo* K *algebrico, separabile e* n-*dimensionale sopra* k *sono linearmente indipendenti i differenziali relativi* $\dfrac{d}{k}x_1, \dfrac{d}{k}x_2, \ldots, \dfrac{d}{k}x_n$, *esso è separabile e* 0-*dimensionale su* $(k, x_1, x_2, \ldots, x_n)$.

Dimostrazione. - Si osservi dapprima che $(k, x_1, \ldots, x_n) = K_0$ è n-dimensionale su k (ved. 27). Designando y un elemento qualunque di K, il corpo $(k, x_1, \ldots, x_n, y) = K_1$ è separabile sopra k (teorema 20). Se dunque $f(x_1, \ldots, x_n, y) = 0$ definisce K_1 sopra K_0, nella relazione

$$f_\nu \cdot \frac{d_1}{k}y + \sum_{i=1}^{n} f_{x_i} \cdot \frac{d_1}{k}x_i = 0,$$

che definisce il modulo

$$K_1 \cdot \frac{d_1}{k} K_1 = K_1 \cdot \frac{d_1}{k}y + \sum_{i=1}^{n} K_1 \cdot \frac{d_1}{k}x_i,$$

non possono essere zero tutte le $n+1$ derivate parziali. Se fosse $f_\nu = 0$, si otterrebbe da quella relazione una dipendenza lineare fra i differenziali $\dfrac{d_1}{k}x_i$ che varrebbe anche per i $\dfrac{d}{k}x$. Ne segue $f_\nu \neq 0$, il che esprime la separabilità di $(k, x_1, \ldots, x_n, y)$ sopra K_0. Dal teorema 22 risulta che K, potendo

26 — 28

esso generarsi sopra K_0 mediante un numero finito di tali corpi $(k, x_1, ..., x_n, y)$, è separabile sopra il corpo n-dimensionale K_0. C. d. d.

29 È noto il teorema dell'esistenza di un elemento primitivo:

Se in un corpo $(k, x_1, ..., x_m)$, 0-dimensionale su k, sono separabili sopra k i corpi (k, x_i), $(i = 1, 2, ..., m - 1)$, esiste un elemento z tale che $(k, x_1, ..., x_m) = (k, z)$.

Ne segue immediatamente:

30. *Sotto le ipotesi del teorema* **28** *esiste un elemento y tale che $K = (k, x_1, ..., x_n, y)$ sia definito da $f(x_1, ..., x_n, y) = 0$, con $f_y \neq 0$.*

31. *Nel caso di un corpo K algebrico sopra k di caratteristica 0 la dipendenza lineare di differenziali relativi a k corrisponde precisamente alla dipendenza algebrica sopra k degli elementi differenziati.*

DIMOSTRAZIONE. – Per il teorema **27** basta dimostrare la indipendenza lineare dei differenziali $\frac{d}{k} x_1, ..., \frac{d}{k} x_m$ di elementi $x_1, ..., x_m$ algebricamente indipendenti.

Possiamo sempre assumere che $x_1, ..., x_m$ siano contenuti in un sistema $x_1, ..., x_n$ di n elementi algebricamente indipendenti su k, designando con n la dimensione di K sopra k. Dal teorema **29** segue allora che si ha $K = (k, x_1 ..., x_n, y)$ con

$$f_y \cdot \frac{d}{k} y + \sum_{i=1}^{n} f_{x_i} \cdot \frac{d}{k} x_i = 0, \quad f_y \neq 0.$$

Essendo

$$K \cdot \frac{d}{k} K = K \cdot \frac{d}{k} y + \sum_{i=1}^{n} K \cdot \frac{d}{k} x_i, \qquad \text{rango } K \cdot \frac{d}{k} K = \dim \frac{K}{k} = n,$$

è chiaro ormai che i differenziali $\frac{d}{k} x_i$ $(i = 1, ..., m)$ debbono essere linearmente indipendenti. C. d. d.

32. Ricordiamo la definizione: Un corpo k è chiamato perfetto se, essendo $p \neq 0$ la sua caratteristica, l'insieme k^p delle p-esime potenze degli elementi di k coincide con k oppure se la sua caratteristica è 0.

Ogni corpo K algebrico su un corpo perfetto k è separabile sopra k.

DIMOSTRAZIONE. – Basta considerare il caso di caratteristica $p \neq 0$.

Poichè in questo caso è supposto ogni elemento a di k essere della forma $a = b^p$, si ha $da = p b^{p-1} \cdot db = 0$ cosicchè la differenziazione assoluta di K coincide con quella di K sopra k.

28 — 32

Siano $x_1, x_2, \ldots, x_m$ elementi di K algebricamente dipendenti sopra k e $f(x_1, x_2, \ldots, x_m) = 0$ una relazione di grado minimo. Nell'equazione differenziale $\sum_{i=1}^{m} f_{x_i} \cdot dx_i = 0$ non possono essere zero tutti i coefficienti f_{x_i}:

nè identicamente,

perché allora $f(x_1, x_2, \ldots, x_m) = 0$ sarebbe della forma

$$\sum a_{n_1 n_2 \ldots n_m} \cdot x_1^{p n_1} \cdot x_2^{p n_2} \cdot \ldots \cdot x_m^{p n_m} = 0$$

oppure, essendo $a_{n_1 n_2 \ldots n_m} = b_{n_1 n_2 \ldots n_m}^{p}$ con $b_{n_1 n_2 \ldots n_m} \in k$, della forma

$$(\sum b_{n_1 n_2 \ldots n_m} \cdot x_1^{n_1} \cdot x_2^{n_2} \ldots x_m^{n_m})^p = 0,$$

che condurrebbe ad una relazione

$$\sum b_{n_1 n_2 \ldots n_m} \cdot x_1^{n_1} \cdot x_2^{n_2} \ldots x_m^{n_m} = 0$$

di grado minore di quello di $f = 0$,

nè in altro modo,

perché in tal caso una almeno delle equazioni $f_{x_i} = 0$ costituirebbe altresì una relazione di grado minore di quello di $f = 0$.

Da ciò risulta che $dx_1, dx_2, \ldots, dx_m$ sono linearmente dipendenti.

Ora, se K è n-dimensionale sopra k, $n + 1$ elementi di K sono sempre algebricamente dipendenti sopra k. Non esistendo dunque in K più che n differenziali assoluti ($=$ relativi) linearmente indipendenti, è chiaro ormai che K è separabile sopra k. C. d. d.

33. Poiché il corpo primo di un corpo K, cioè il sottocorpo (1) di K generato dall'elemento 1 di K, è sempre perfetto, e poiché i corpi aritmetici possono definirsi anche quali corpi algebrici sopra il loro corpo primo, possiamo, in conseguenza del teorema 30 e della dimostrazione 32, constatare:

In un corpo aritmetico K segue sempre dalla dipendenza algebrica di elementi di K la dipendenza lineare dei loro differenziali. Se $\dim K = n$, $K \cdot dK = K \cdot dx_1 + \ldots + K \cdot dx_n$, esiste un elemento y di K tale che $K = (x_1, \ldots x_n, y)$ sia definito da $f(x_1, \ldots, x_n, y) = 0$ con $f_y \neq 0$.

34. Nel caso in cui la caratteristica sia $p \neq 0$, non c'è da aspettarsi un'analogia diretta col teorema 31, dato che è zero il differenziale di ogni p-esima potenza x^p $(x \in K)$. Però si ottiene un'analogia indiretta intercalando il corpo K^p costituito dalle p-esime potenze di tutti gli elementi di K. Il fatto che questo insieme K^p è un corpo, risulta dalle identità $(x + y)^p = x^p + y^p$, $(x \cdot y)^p = x^p \cdot y^p$ che mostrano inoltre che con $x \to x^p$ $(x \in K)$ è definito un isomorfismo di K su K^p.

32 — 34

Per stabilire quell'analogia annunciata, dimostriamo dapprima:

35. *Se per un corpo K, algebrico e puramente inseparabile su k, vale* $K \cdot \frac{d}{k} K = \sum_{i=1}^{m} K \cdot \frac{d}{k} x_i$, *il corpo K può generarsi nel modo seguente* $K = (k, x_1, x_2, \ldots, x_m)$.

DIMOSTRAZIONE. – Ponendo $(k, x_1, x_2, \ldots, x_m) = K_0$ si deduce dall'ipotesi del teorema

$$K \cdot \frac{d}{K_0} K = \sum_{i=1}^{m} K \cdot \frac{d}{K_0} x_i = 0$$

il che esprime K essere 0-dimensionale e separabile su K_0. Secondo il teorema 30 vale dunque $K = (K_0, y)$. Ma essendo K puramente inseparabile sopra k, l'elemento y soddisfa ad un'equazione $y^{p^\lambda} - a = 0$ con $a \in k \subset K_0$. L'osservazione 24 mostra allora $y \subset K_0$ cioè $K = K_0$, perché altrimenti K sarebbe inseparabile sopra K_0. C. d. d.

36. *Nel caso in cui K sia di caratteristica $p \neq 0$ e algebrico sopra k, le due affermazioni*

$$\frac{d}{k} z \subset K \cdot \frac{d}{k} x_1 + \ldots + K \cdot \frac{d}{k} x_m \quad e \quad z \subset (k, K^p, x_1, x_2, \ldots, x_m)$$

sono equivalenti.

DIMOSTRAZIONE. – I. Da $z \subset (k, K^p, x_1, x_2, \ldots, x_m)$ segue

$$\frac{d}{k} z \subset K \cdot \frac{d}{k} K^p + \sum_{i=1}^{m} K \cdot \frac{d}{k} x_i \quad \text{e perciò} \quad \frac{d}{k} z \subset \sum_{i=1}^{m} K \cdot \frac{d}{k} x_i,$$

essendo $dx^p = 0$ per x qualunque di K.

II. Viceversa, supponiamo

$$(*) \qquad \frac{d}{k} z = \sum_{i=1}^{m} a_i \cdot \frac{d}{k} x_i \qquad (a_i \in K).$$

Possiamo limitarci al caso in cui i differenziali $\frac{d}{k} x_i$ siano linearmente indipendenti.

Il corpo K, algebrico su k, è algebrico e anche puramente inseparabile su $K_0 = (k, K^p)$ poiché per x qualunque di K vale $x^p \subset K_0$.

Se supponiamo dunque

$$(**) \qquad K \cdot \frac{d}{K_0} K = \sum_{i=1}^{n} K \cdot \frac{d}{K_0} z_i, \qquad \left(n = \text{rango } K \cdot \frac{d}{K_0} K \right)$$

il teorema precedente mostra che $K = (K_0, z_1, z_2, \ldots, z_n)$.

35 — 36

Ponendo $(K_0, z_1, z_2, \ldots, z_h) = K_h$, $(0 \leq h \leq n)$, avremo

$$(*\ ^*_*)\qquad K_h = K_{h-1} + K_{h-1} \cdot z_h + \ldots + K_{h-1} \cdot z_h^{p-1}$$

(il che significa che ogni elemento di K_h è combinazione lineare di $1, z_h, \ldots, z_h^{p-1}$ con coefficienti appartenenti a K_{h-1}), essendo

$$(^\circ)\qquad z_h^p - a_h = 0 \quad \text{con} \quad a_h \in K_0 \subset K_{h-1}.$$

L'applicazione successiva delle $(*\ ^*_*)$ conduce alla conclusione

$$(^{\circ\circ})\qquad K = \sum_{0 \leq m_i < p} K_0 \cdot z_1^{m_1} z_2^{m_2} \ldots z_n^{m_n}.$$

Supposto che valga una relazione

$$(_\circ^\circ{}_\circ)\qquad \sum_{0 \leq m_i < p} a_{m_1 m_2 \ldots m_n} \cdot z_1^{m_1} z_2^{m_2} \ldots z_n^{m_n} = 0 \quad \text{con} \quad a_{m_1 m_2 \ldots m_n} \in K_0$$

senza che siano zero tutti i coefficienti $a_{m_1 m_2 \ldots m_n}$, scegliamo $h \leq n$ tale che nella $(_\circ^\circ{}_\circ)$ non siano effettivamente presenti le z_l con $l > h$ mentre vi sia presente la z_h. Allora la $(_\circ^\circ{}_\circ)$ esprimerebbe che z_h soddisfa rispetto a K_{h-1}, ad un'equazione di grado minore di p cosicchè l'equazione $(^\circ)$ sarebbe riducibile e pertanto (ved. 24) $z_h \subset K_{h-1}$. L'elemento z_h sarebbe dunque superfluo nel generare il corpo $K : (K_0, z_1, \ldots, z_{h-1}, z_{h\ 1}, \ldots, z_n)$ e si avrebbe

$$\text{rango } K \cdot \frac{d}{K_0} K \leq n - 1$$

contro l'ipotesi $(^*_*{}^*)$.

Avendo dimostrato che la $(_\circ^\circ{}_\circ)$ è possibile solamente se tutti i coefficienti $a_{m_1 m_2 \ldots m_n}$ sono zero, se ne conclude che nell'espressione

$$(^+)\qquad z = \sum_{0 \leq m_i < p} c_{m_1 m_2 \ldots m_n} \cdot z_1^{m_1} \cdot z_2^{m_2} \ldots z_n^{m_n}, \quad (c_{m_1 m_2 \ldots m_n} \in K_0)$$

con cui, secondo $(^{\circ\circ})$, può scriversi l'elemento z considerato nell'ipotesi $(*)$, i coefficienti $c_{m_1 m_2 \ldots m_n}$ sono determinati univocamente da z.

Ora è chiaro che la differenziazione di K rispetto a k coincide con quella di K rispetto a $K_0 = (k, K^p)$, dato che i differenziali degli elementi di K^p sono automaticamente zero. L'ipotesi che i differenziali

$$(^{++})\qquad \frac{d}{k} x_i = \frac{d}{K_0} x_i \qquad\qquad (i = 1, 2, \ldots, m)$$

siano linearmente indipendenti ci permette di supporre in $(**)$ $z_i = x_i$ per $i = 1, 2, \ldots, m$.

Dalla $(^+)$ segue

$$\frac{d}{K_0} z = \sum_{i=1}^{n} \Big(\sum_{0 \leq m_v < p} m_i c_{m_1 \ldots m_i \ldots m_n} \cdot z_1^{m_1} \ldots z_i^{m_i - 1} \ldots z_n^{m_n} \Big) \cdot \frac{d}{K_0} z_i.$$

36

Tenendo conto di (*), (++) e della indipendenza lineare dei $\dfrac{d}{K_0} z_i$ $(i = 1, 2, \dots, m)$ se ne deducono le relazioni

$$\sum_{0 \le m_v < p} m_i c_{m_1 \dots m_i \dots m_n} \cdot z_1^{m_1} \dots z_i^{m_i-1} \dots z_n^{m_n} = 0 \qquad \text{per} \quad i > m$$

che alla loro volta dànno $m_i c_{m_1 \dots m_i \dots m_n} = 0$ per $i > m$, dimostrando così (si osservi che $m_i < p =$ caratteristica di K) che in (+) non entrano effettivamente che gli elementi $z_i = x_i$ $(i \le m)$.

Ma ciò è proprio quello che volevasi dimostrare.

37. *Se un corpo K è algebrico su k con $\dim \dfrac{K}{k} = n$ e inseparabilità relativa $i > 0$, esso può generarsi su k con $n + i$, ma non con meno elementi.*

DIMOSTRAZIONE. – I. Sia

(*)
$$K \cdot \frac{d}{k} K = \sum_{h=1}^{n+i} K \cdot \frac{d}{k} x_h .$$

Ponendo $(k, x_1, \dots, x_{n+i}) = K_1$ si ha $K \cdot \dfrac{d}{K_1} K = 0$, cioè che K è 0-dimensionale e separabile su K_1. Ne segue che fra gli elementi $x_1, \dots, x_{n+i}$ debbono trovarsi n elementi algebricamente indipendenti sopra k. Supponiamo per esempio che $K_2 = (k, x_1, \dots, x_n)$ sia n-dimensionale sopra k. Esiste allora (ved. 26) fra K e K_2 un massimo corpo intermedio separabile $K_3 = (K_2, y)$. Essendo K puramente inseparabile sopra K_3 e valendo, di seguito all'ipotesi (*)

$$K \cdot \frac{d}{K_3} K = \sum_{h=n+1}^{n+i} K \cdot \frac{d}{K_3} x_h$$

il corpo K può generarsi (ved. 35) nel modo seguente

(**)
$$K = (K_3, x_{n+1}, \dots, x_{n+i}) = (K_2, y, x_{n+1}, \dots, x_{n+i}).$$

Poiché i corpi (K_2, y) e (K_2, x_{n+1}) sono 0-dimensionali sopra K_2 mentre uno di essi è separabile, si può applicare il teorema 29 scrivendo $(K_2, y, x_{n+1}) = (K_2, z)$ cosicché da (**) risulta

$$K = (K_2, z, x_{n+2}, \dots, x_{n+i}) = (k, x_1, \dots, x_n, z, x_{n+2}, \dots, x_{n+i}).$$

II. Se è possibile generare il corpo K con m elementi $y_1, \dots, y_m$ sopra k: $K = (k, y_1, \dots, y_m)$, si ha $K \cdot \dfrac{d}{k} K = \sum_{i=1}^{m} K \cdot \dfrac{d}{k} y_i$ e perciò $m \ge \operatorname{rango} K \cdot \dfrac{d}{k} K = n + i$.

C. d. d.

$$36 - 37$$

§ 4. Corpi galoisiani.

38. DEFINIZIONE. – *Comporre un corpo $K \supset k$ con un corpo $K_1 \supset k$ sopra* k significa: generare un corpo (K, K_1^σ) da K e da un corpo K_1^σ, il quale sia isomorfo a K_1 mediante un *isomorfismo sopra* k, cioè un isomorfismo σ tale che sia $a^\sigma = a$ per ogni $a \in k$.

39. *Ogni sopracorpo K di k può essere composto sopra k con un qualsiasi corpo K_1 algebrico rispetto a k.*

DIMOSTRAZIONE. – I. Sia $K_1 = (k, x_1, x_2, ..., x_m)$. Formiamo gli anelli $A_0 = k[X_1, X_2, ..., X_m]$ e $A = K[X_1, X_2, ..., X_m]$ dei polinomi in m variabili $X_1, X_2, ..., X_m$ con coefficienti appartenenti a k, risp. a K e chiamiamo $\mathfrak{f}$ l'ideale primo di tutti i polinomi $f(X_1, X_2, ..., X_m) \in A_0$ con la proprietà $f(x_1, x_2, ..., x_m) = 0$.

L'ideale $\mathfrak{f} \cdot A = \mathfrak{f} \cdot K$ generato da $\mathfrak{f}$ in A è costituito da tutte le somme $\sum_i C_i \cdot f_i$ (con $C_i \in K$, $f_i \in \mathfrak{f}$).

Sia $g(X_1, X_2, ..., X_m) = \sum_i C_i \cdot f_i$ un qualsiasi elemento dell'intersezione $\mathfrak{f} \cdot A \cap A_0$ dell'ideale $\mathfrak{f} \cdot A$ con l'anello A_0. Designando con $P_1, P_2, ..., P_N$ i diversi prodotti delle potenze delle $X_1, X_2, ..., X_m$ che entrano in almeno uno dei polinomi f_i, g e ponendo $g = \sum_j b_j \cdot P_j$, $f_i = \sum_j a_{ij} \cdot P_j$ si ottengono le relazioni $b_j = \sum_i C_i \cdot a_{ij}$ $(j = 1, 2, ..., N)$. Ora è noto che un sistema $b_j = \sum_i \xi_i \cdot a_{ij}$ $(j = 1, 2, ..., N)$ di equazioni lineari con coefficienti in k che ammetta una soluzione $\xi_i = C_i$ in un sopracorpo K di k ammette necessariamente anche una soluzione $\xi_i = c_i$ in k. Avremo allora $b_j = \sum_i c_i \cdot a_{ij}$ e quindi $g(X_1, X_2, ..., X_m) = \sum_i c_i \cdot f_i$. Ne risulta

$$(*) \qquad\qquad \mathfrak{f} \cdot A \cap A_0 = \mathfrak{f}.$$

II. Sia $\mathfrak{f} \cdot A = \mathfrak{q}_1 \cap \mathfrak{q}_2 \cap ... \cap \mathfrak{q}_h$ la decomposizione dell'ideale $\mathfrak{f} \cdot A$ in ideali primari appartenenti agli ideali primi $\mathfrak{F}_i \supset \mathfrak{f}$. Allora $\mathfrak{F}_i \cap A_0 \supset \mathfrak{f}$. Se fosse $\mathfrak{F}_i \cap A_0 \neq \mathfrak{f}$ per tutti gli indici i si potrebbero scegliere $f_i \in \mathfrak{F}_i \cap A_0$ tali che $f_i \not\subset \mathfrak{f}$ cosicché per L abbastanza grande varrebbero le due affermazioni contradittorie $(f_1 \cdot f_2 ... f_h)^L \subset \mathfrak{f} \cdot A \cap A_0 = \mathfrak{f}$ (ved. $(*)$) e $(f_1 \cdot f_2 ... \cdot f_h)^L \not\subset \mathfrak{f}$, essendo $\mathfrak{f}$ ideale primo.

Supponiamo dunque per esempio

$$(**) \qquad\qquad \mathfrak{F}_1 \cap A_0 = \mathfrak{f}.$$

L'ideale primo $\mathfrak{F}_1$ definisce allora un sopracorpo $(K, y_1, y_2, ..., y_m)$ di K caratterizzato dalle equazioni

$$F(y_1, y_2, ..., y_m) = 0 \quad \text{(allora e soltanto allora che sia } F(X) \in \mathfrak{F}_1)$$

38 — 39

e questo corpo contiene $(k, y_1, y_2, \ldots, y_m)$ isomorfo a K_1 mediante l'isomorfismo σ definito da $a^\sigma = a$ $(a \in k)$, $x_i^\sigma = y_i$ $(i = 1, 2, \ldots, m)$. Infatti l'ipotesi (**) garantisce che le equazioni definenti questo sottocorpo $(k, y_1, y_2, \ldots, y_m)$ di $(K, y_1, y_2, \ldots, y_m)$ sopra k coincidono formalmente con le equazioni che definiscono K_1 sopra k.

Il corpo $(K, y_1, y_2, \ldots, y_m) = (K, K_1^\sigma)$ è una delle possibili composizioni di K con K_1 sopra k. C. d. d.

40. Come risultato accessorio del ragionamento precedente notiamo per applicazioni ulteriori il lemma seguente:

Supponendo K sopracorpo di k, $A_0 =$ anello $k[X_1, X_2, \ldots, X_m]$ dei polinomi in $X_1, X_2, \ldots, X_m$ sopra k, $A =$ anello $K[X_1, X_2, \ldots, X_m]$ dei polinomi in $X_1, X_2, \ldots, X_m$ sopra K e designando per ogni ideale $\mathfrak{f}$ in A_0 con $\mathfrak{f} \cdot A$ l'ideale generato da $\mathfrak{f}$ in A, si ha

$$\mathfrak{f} \cdot A \cap A_0 = \mathfrak{f}.$$

41. *Ogni isomorfismo σ di un corpo k può estendersi in modo che esso diventi isomorfismo di un dato corpo $(k, x_1, x_2, \ldots, x_m)$ algebrico sopra k.*

Dimostrazione. - Riprendiamo le notazioni della dimostrazione 39. Ponendo

$$(\Sigma\, a_{i_1 i_2 \ldots i_m} \cdot X_1^{i_1} \cdot X_2^{i_2} \ldots X_m^{i_m})^\sigma = \Sigma\, a_{i_1 i_2 \ldots i_m}^\sigma \cdot X_1^{i_1} \cdot X_2^{i_2} \ldots X_m^{i_m}$$

$$(a_{i_1 i_2 \ldots i_m} \text{ elementi qualunque di } k)$$

si definisce un isomorfismo σ di $A_0 = k[X_1, X_2, \ldots, X_m]$ sull'anello $A_0^\sigma = k^\sigma[X_1, X_2, \ldots, X_m]$ dei polinomi di X con coefficienti in k^σ.

All'ideale primo $\mathfrak{f} \neq A_0$ corrisponde allora un ideale primo $\mathfrak{f}^\sigma \neq A_0^\sigma$ cosicché le equazioni

$$f^\sigma(y_1, y_2, \ldots, y_m) = 0 \quad \text{(allora e soltanto allora che sia } f^\sigma(X) \in \mathfrak{f}^\sigma)$$

definiscono un corpo $(k^\sigma, y_1, y_2, \ldots, y_m)$ isomorfo a $(k, x_1, x_2, \ldots, x_m)$ mediante l'associazione

$$\left(\frac{\Sigma\, a_{i_1 i_2 \ldots i_m} \cdot x_1^{i_1} \cdot x_2^{i_2} \ldots x_m^{i_m}}{\Sigma\, b_{i_1 i_2 \ldots i_m} \cdot x_1^{i_1} \cdot x_2^{i_2} \ldots x_m^{i_m}} \right)^\sigma = \frac{\Sigma\, a_{i_1 i_2 \ldots i_m}^\sigma \cdot y_1^{i_1} \cdot y_2^{i_2} \ldots y_m^{i_m}}{\Sigma\, b_{i_1 i_2 \ldots i_m}^\sigma \cdot y_1^{i_1} \cdot y_2^{i_2} \ldots y_m^{i_m}}.$$

Che tale associazione stabilisca un isomorfismo si verifica subito tenendo conto delle relazioni $f^\sigma(y_1, y_2, \ldots, y_m) = 0$ e dell'isomorfismo $A_0 \to A_0^\sigma$.

42. *Fra le composizioni sopra k di un corpo $K \supset k$ con un corpo K_1 algebrico e n-dimensionale sopra k ce n'è una che è n-dimensionale sopra K.*

39 — 42

DIMOSTRAZIONE. - I. Nel caso particolare $K_1 = (k, x_1, x_2, \ldots, x_n)$, dall'ipotesi dim $\dfrac{K_1}{k} = n$, col ragionamento **39** si conclude che l'ideale ivi designato con $\mathfrak{f}$ è 0, cosicché si può prendere $\mathscr{F}_1 = 0$ ottenendo con questo un corpo $(K, K_1^\sigma) = (K, y_1, y_2, \ldots, y_n)$ n-dimensionale sopra K.

II. Nel caso generale $K_1 = (k, x_1, x_2, \ldots, x_m)$ possiamo supporre che $K_0 = (k, x_1, x_2, \ldots, x_n)$ sia n-dimensionale sopra k. Secondo I esiste allora una composizione (K, K_0^σ) di K con K_0 sopra k con dim $\dfrac{(K, K_0^\sigma)}{K} = n$.

Estendendo, come descrive **41**, l'isomorfismo $K_0 \to K_0^\sigma$ al corpo $K_1 = (K_0, x_{n+1}, \ldots, x_m)$ si ottiene un sopracorpo $K_1^\sigma = (K_0^\sigma, y_{n+1}, \ldots, y_m)$ di K_0^σ con cui può essere composto (K, K_0^σ) sopra K_0^σ. Siccome in tale composizione $((K, K_0^\sigma), (K_1^\sigma)^\tau) = (K, K_1^{\sigma\tau})$ il prodotto $\sigma\tau$ è isomorfismo sopra k come i suoi fattori σ, τ, si tratta di una composizione sopra k. Quale sopracorpo di (K, K_0^σ) essa è almeno n-dimensionale sopra K mentre è chiaro d'altra parte, che non esistono composizioni sopra k di K con K_1 la cui dimensione sopra K superi quella di K_1 sopra k.

43. DEFINIZIONE. - Un corpo K è detto *galoisiano sopra* k allora e soltanto allora che esso sia algebrico su k e che la composizione di K con K sopra k dia sempre K.

Ne segue subito, che *un corpo galoisiano sopra k è necessariamente 0-dimensionale sopra k*. Infatti, il teorema precedente comporta l'esistenza di una composizione di K con K sopra k avente la dimensione relativa $2 \cdot \dim \dfrac{K}{k}$.

44. *La composizione sopra k di un corpo K galoisiano sopra k con un corpo intermedio fra k e K dà sempre K.*

DIMOSTRAZIONE. - Sia $k \subset K_0 \subset K$ e (K, K_0^σ) composizione di K con K_0 sopra k. K essendo algebrico su K_0, l'isomorfismo $K_0 \to K_0^\sigma$ può essere esteso (ved. **41**) al corpo totale K, dando così un corpo $K^\sigma \supset K_0^\sigma$. Esiste allora una composizione $((K, K_0^\sigma), (K^\sigma)^\tau) = (K, K^{\sigma\tau})$ di (K, K_0^σ) con K^σ sopra K_0^σ che è altresì composizione di K con K sopra k, perché $\sigma\tau$ lascia fissi gli elementi di k. Dall'ipotesi che K sia galoisiano sopra k segue $(K, K^{\sigma\tau}) = K$ e tanto più $(K, K_0^\sigma) = K$, c. d. d.

45. *La composizione sopra k di un corpo K_1 galoisiano sopra k con un corpo K_2 galoisiano sopra k è galoisiano sopra k e determinata univocamente a meno di isomorfismi sopra K_1.*

DIMOSTRAZIONE. - Siano $K = (K_1, K_2^\sigma)$, $K' = (K_1, K_2^\tau)$ composizioni di K_1 con K_2 sopra k e (K', K^ρ) una composizione qualunque di K' con K sopra

42 — 45

K_1. Vale allora $(K', K^\rho) = ((K_1, K_2{}^\tau), (K_1, K_2{}^{\sigma\rho})) = (K_1, (K_2{}^\tau, K_2{}^{\sigma\rho}))$. L'isomorfismo τ^{-1} di $K_2{}^\tau$ su K_2 può estendersi (ved. **41**) al corpo $(K_2{}^\tau, K_2{}^{\sigma\rho})$ dando $(K_2{}^\tau, K_2{}^{\sigma\rho})^{\tau^{-1}} = (K_2, K_2{}^{\sigma\rho\tau^{-1}}) = K_2$ giacché K_2 è galoisiano sopra k mentre $\sigma\rho\tau^{-1}$ è isomorfismo sopra k. Abbiamo dunque $(K_2{}^\tau, K_2{}^{\sigma\rho}) = K_2{}^\tau$ e pertanto $(K', K^\rho) = (K_1, K_2{}^\tau)$ ovvero $(K', K^\rho) = K'$.

Prendendo $K' = K$ si trova $(K, K^\rho) = K$, il che significa, data l'arbitrarietà nella scelta di ρ, che K è galoisiano sopra k.

Per K' qualunqe da $(K', K^\rho) = K'$ segue subito

$$(*) \qquad\qquad K' \supset K^\rho$$

cosicché $\operatorname{grado} \dfrac{K'}{k} \geq \operatorname{grado} \dfrac{K^\rho}{k} = \operatorname{grado} \dfrac{K}{k}$. Per la simmetria del ragionamento si ha anche $\operatorname{grado} \dfrac{K}{k} \geq \operatorname{grado} \dfrac{K'}{k}$ e quindi nella $(*)$ vale il segno di uguale. Ma $K' = K^\rho$ dice appunto, che K' è isomorfo a K sopra K_1.

C. d. d.

46. *Se gli isomorfismi* σ, τ *di un corpo* K *agiscono entro a un medesimo corpo* K', *(cioè* K^σ, $K^\tau \subset K'$*), e hanno lo stesso effetto dentro un sottocorpo* K_0 *di* K *su cui* K *è puramente inseparabile, essi coincidono.*

DIMOSTRAZIONE. – Sia p la caratteristica di K e z un elemento qualunque di K. Esiste una potenza $p^m = q$ tale che z^q appartiene al sottocorpo K_0, cosicché vale

$$(z^q)^\sigma = (z^q)^\tau \quad \text{e pertanto} \quad 0 = (z^\sigma)^q - (z^\tau)^q = (z^\sigma - z^\tau)^q$$

cioè $z^\sigma - z^\tau = 0$, c. d. d.

47. *Da ogni corpo* K *algebrico e 0-dimensionale sopra* k, *per mezzo di successive composizioni sopra* k *con* K, *si ottiene alla fine un corpo galoisiano sopra* k *determinato univocamente da* K *e* k *a meno di isomorfismi sopra* K. *Ogni sopracorpo di* K *galoisiano sopra* k *contiene un tale corpo galoisiano determinato da* K *sopra* k.

DIMOSTRAZIONE. – I. Sia $K^* = (k, x)$, definito da $f(x) = 0$, il massimo corpo intermedio fra K e k separabile sopra k (ved. **26**), e sia n il grado di K^* sopra k.

Partendo da $K = K_0$ e componendo successivamente con K sopra k, si costruiscano i corpi K_0, K_1, K_2, ... di modo che sia $K_{i+1} = (K_i, K^{\sigma_{i+1}}) \neq K_i$.

Dall'ipotesi $x^{\sigma_i} = x^{\sigma_j}$ segue $z^{\sigma_i} = z^{\sigma_j}$ per z qualunque di K^* e quindi (ved. **46**), essendo K puramente inseparabile sopra K^*, $z^{\sigma_i} = z^{\sigma_j}$ per z qualunque di K, cioè $i = j$. L'equazione $f(x^{\sigma_i}) = 0$ di grado n mostra allora che quella costruzione finisce al massimo dopo $n - 1$ passi.

45 — 47

Sia K_m $(m \geq 0)$ l'ultimo corpo in questa serie cosicché sappiamo:

$$(*) \qquad (K_m, K^\tau) = K_m$$

comunque sia scelta la composizione di K_m con K sopra k. Ne risulta subito K_m essere galoisiano sopra k. Infatti ogni composizione

$$(K_m, K_m^\rho) = (K_m, K^\rho, K^{\sigma_1\rho}, \dots, K^{\sigma_m\rho})$$

di K_m con sè stesso sopra k coincide per la $(*)$ con K_m.

II. Siano $K_I = (K, K^{\sigma_1}, \dots, K^{\sigma_p})$, $K_{II} = (K. K^{\tau_1}, \dots, K^{\tau_q})$ corpi galoisiani ottenuti da K per mezzo di composizioni successive con K sopra k. Componendoli sopra K si ottiene un corpo $(K_I, K_{II}^\rho) = (K_I, K^\rho, K^{\tau_1\rho}, \dots, K^{\tau_q\rho})$ in cui $(K_I, K^\rho) = K_I$, $(K_I, K^{\tau_i\rho}) = K_I$, essendo K_I galoisiano sopra k e K intermedio fra k e K_I (ved. 44). Vale dunque $(K_I, K_{II}^\rho) = K_I$ cioè

$$K_{II}^\rho \subset K_I, \qquad \text{grado } \frac{K_{II}}{k} = \text{grado } \frac{K_{II}^\rho}{k} \leq \text{grado } \frac{K_I}{k}$$

e per la simmetria del ragionamento

$$\text{grado } \frac{K_I}{k} \leq \text{grado } \frac{K_{II}}{k}$$

cosicché $K_{II}^\rho = K_I$ come afferma il teorema.

III. Supponendo in II che K_I sia un sopracorpo qualunque di K, galoisiano sopra k, e K_{II} stia a indicare lo stesso corpo detto prima, si ritrova $K_{II}^\rho \subset K_I$, il che costituisce l'ultima affermazione del teorema.

48. *Un corpo K algebrico e 0-dimensionale sopra k è galoisiano sopra k allora e soltanto allora che ogni polinomio $f(X)$ irriducibile in $k[X]$ e annullantesi in K sia prodotto di fattori lineari in $K[X]$.*

DIMOSTRAZIONE. - I. Sia $f(x) = 0$ con $x \in K$, e designi $g(X)$ un fattore irriducibile nella decomposizione di $f(X)$ in $K[X]$. Il corpo (K, y) definito sopra K da $g(y) = 0$ è composizione $(K, (k, y)) = (K, (k, x)^\sigma)$ sopra k di K con (k, x) perché (k, y), definito sopra k da $f(y) = 0$, è isomorfo a (k, x) sopra k. Se dunque K è galoisiano sopra k, per il teorema 44 $(K, y) = K$, cioè $g(X)$ è lineare.

II. Viceversa, supponiamo che ogni polinomio irriducibile in $k[X]$ avente uno zero in K si spezzi dentro all'anello $K[X]$ in fattori lineari. Sotto l'ipotesi che $K = (k, x_1, x_2, \dots, x_m)$ sia 0-dimensionale sopra k si hanno equazioni $f_i(x_i) = 0$ con $f_i(X)$ irriducibili in $k[X]$. Per ogni composizione $(K, K^\sigma) = (K, x_1^\sigma, x_2^\sigma, \dots, x_m^\sigma)$ di K con K sopra k vale allora $f_i(x_i^\sigma) = 0$ donde si conclude $x_i^\sigma \in K$ perché $f_i(x_i) = 0$ induce la riducibilità completa di $f_i(X)$ in $K[X]$. Valendo dunque $(K, K^\sigma) = K$, il corpo K è galoisiano sopra k.

$$47 - 48$$

49. *Il numero degli automorfismi relativi di un corpo K algebrico e 0-dimensionale sopra k non supera il grado $\dfrac{K_0}{k}$ del massimo corpo intermedio K_0 separabile sopra k. Esso uguaglia questo grado nel caso di K galoisiano sopra k e soltanto allora.*

DIMOSTRAZIONE. - Sia $K_0 = (k, x)$ definito sopra k da $f(x) = x^n + \ldots = 0$.

I. Secondo **46** ogni automorfismo σ di K sopra k è individuato dal suo effetto su K_0 che a sua volta è determinato da x^σ. Ora, $f(x) = 0$ comporta $f(x^\sigma) = 0$ e perciò l'esistenza di un divisore $X - x^\sigma$ di $f(X)$ in $K[X]$. Quindi, il numero degli automorfismi relativi di K non può essere maggiore del grado n di $f(X)$.

II. Se ci sono precisamente n automorfismi σ_1, $\sigma_2, \ldots, \sigma_n$ di K sopra k, si conoscono n divisori diversi $X - x^{\sigma_i}$ di $f(X)$ cosicché

$$f(X) = \prod_{i=1}^{n} (X - x^{\sigma_i}).$$

Sia (K, K^τ) la composizione di K con sè stesso sopra k. Da $f(x^\tau) = 0$ segue $\prod (x^\tau - x^{\sigma_i}) = 0$ nel corpo (K, K^τ) e quindi $x^\tau = x^{\sigma_i}$, cioè $\tau = \sigma_i$, $K^\tau = K^{\sigma_i} = K$, e ciò mostra che K è galoisiano sopra k.

III. Supponendo, viceversa, K galoisiano sopra k, da $f(x) = 0$ in K segue (ved. **48**) la riducibilità completa $f(X) = \prod_i (X - x_i)$ in $K[X]$, da $f_x(x) \neq 0$ (ved. **23**) segue poi $f_x(x_i) \neq 0$ e quindi $x_i \neq x_j$ per $i \neq j$. Gli isomorfismi σ_i di K_0 sopra k definiti da

$$(\sum_m a_m \cdot x^m)^{\sigma_i} = \sum_m a_m \cdot x_i^m \qquad\qquad (a_m \in k)$$

sono dunque distinti. Ora, essendo (ved. **22**) il corpo $(K_0, K_0^{\sigma_i}) \subset K$ separabile sopra k come K_0 e $K_0^{\sigma_i}$, si ha $(K_0, K_0^{\sigma_i}) = K_0$. Quegli isomorfismi σ_i sono pertanto automorfismi di K_0. Estendendoli (ved. **41**) a K e componendo K sopra $K_0 = K_0^{\sigma_i}$ con K^{σ_i}, si ottiene un corpo $(K, K^{\sigma_i \tau})$ che in quanto è composizione di K sopra k con K coincide con K. Ciò dimostra che $\sigma_i \tau$ sono automorfismi di K sopra k, i quali sono distinti, avendo essi in K_0 lo stesso effetto degli automorfismi σ_i ivi distinti.

§ 5. La teoria di Galois.

50. Conveniamo d'intendere, qualunque siano i corpi $K \supset k$, con

$$\frac{K}{k}$$

l'insieme, evidentemente *gruppo*, degli automorfismi di K sopra k.

49 — 50

Si verificano allora subito le relazioni

$$\frac{K}{k_1} \subset \frac{K}{k_2} \quad \text{per } k_1 \supset k_2,$$

$$\frac{K}{k^\sigma} = \sigma^{-1}\frac{K}{k}\sigma, \quad \text{se } \sigma \text{ è automorfismo di } K.$$

Analogamente intendiamo, se G designa un gruppo di automorfismi di un corpo K, con

$$\frac{K}{G}$$

l'insieme, evidentemente *corpo*, degli elementi di K invarianti di fronte a tutti gli automorfismi appartenenti a G.

Alle relazioni suddette corrispondono allora le formule

$$\frac{K}{G_1} \subset \frac{K}{G_2} \quad \text{per } G_1 \supset G_2,$$

$$\frac{K}{\sigma^{-1}G\sigma} = \left(\frac{K}{G}\right)^\sigma, \quad \text{se } \sigma \text{ è automorfismo di } K.$$

51. Ogni elemento di G lasciando fissi gli elementi di $\dfrac{K}{G}$, si ha

$$\frac{K}{\left(\dfrac{K}{G}\right)} \supset G.$$

Ogni elemento di k essendo invariante di fronte a tutti gli elementi di $\dfrac{K}{k}$, si ha

$$\frac{K}{\left(\dfrac{K}{k}\right)} \supset k.$$

52. *Se K è galoisiano e separabile sopra k, esso è galoisiano e separabile sopra ogni K_0 intermedio fra K e k, e l'ordine del gruppo $\dfrac{K}{K_0}$ coincide col grado di K su K_0.*

DIMOSTRAZIONE. - Ogni composizione (K, K^σ) di K con K sopra K_0 è anche composizione di K con K sopra k e pertanto uguale a K, cioè K è galoisiano sopra K_0.

La separabilità di K sopra k permette di supporre che $K = (k, x)$ sia definito da $f(x) = 0$ con $f_x(x) \neq 0$, allora $K = (K_0, x)$ sarà definito sopra K_0

50 — 52

da un'equazione $g(x) = 0$ il cui membro sinistro corrisponde a un divisore $g(X) \in K_0[X]$ di $f(X) = g(X) \cdot h(X)$. Da $f_x(x) = g_x(x) \cdot h(x)$ segue $g_x(x) \neq 0$ cioè la separabilità di K sopra K_0.

Essendo dunque K stesso il massimo corpo intermedio fra K e K_0 separabile sopra K_0, il teorema **49** ci permette di concludere che il numero degli automorfismi di K sopra K_0 uguaglia il grado di K sopra K_0.

53. *Per ogni corpo K_0 intermedio di un corpo K galoisiano e separabile sopra k vale*

$$\frac{K}{\left(\dfrac{K}{K_0}\right)} = K_0.$$

Di fatto, secondo **51** si ha

$$K_1 = \frac{K}{\left(\dfrac{K}{K_0}\right)} \supset K_0, \text{ e quindi } \text{grado}\,\frac{K}{K_1} \leq \text{grado}\,\frac{K}{K_0} \;;$$

si ha altresì, ponendo $\dfrac{K}{K_0} = G$,

$$\frac{K}{K_1} = \frac{K}{\left(\dfrac{K}{G}\right)} \supset G, \text{ e quindi, tenuto conto del teorema } \mathbf{52},$$

$$\text{grado}\,\frac{K}{K_1} = \text{ordine}\,\frac{K}{K_1} \geq \text{ordine}\; G = \text{grado}\,\frac{K}{K_0};$$

il che mostra $K_1 = K_0$, c. d. d.

54. *Se K è galoisiano e separabile sopra k, vale per ogni sottogruppo G di $\dfrac{K}{k}$*

$$(*) \qquad\qquad \frac{K}{\left(\dfrac{K}{G}\right)} = G,$$

e il polinomio $g(X) = \displaystyle\prod_{\sigma \in G} (X - x^\sigma)$ è irriducibile in $\dfrac{K}{G}[X]$.

DIMOSTRAZIONE. - L'equazione $g(x) = 0$ mostra che il grado di K relativo al corpo $\dfrac{K}{G}$ non supera l'ordine del gruppo G. D'altro canto si ricava dalla ipotesi $G \subset \dfrac{K}{k}$ che il corpo $\dfrac{K}{G}$ è intermedio fra k e K cosicchè quel grado re-

52 — 54

lativo coincide (ved. **52**) con l'ordine del gruppo

$$\frac{K}{\left(\dfrac{K}{\bar G}\right)} \supset G \qquad\qquad \text{(ved. 51)}.$$

Avendo dimostrato

$$\text{ordine } G \geq \text{grado } \frac{K}{\left(\dfrac{K}{\bar G}\right)} = \text{ordine } \frac{K}{\left(\dfrac{K}{\bar G}\right)} \geq \text{ordine } G$$

risulta verificata tanto l'eguaglianza (*) quanto la irriducibilità dell'equazione $g(x) = 0$ sopra $\dfrac{K}{G}$.

55. Introduciamo in analogia ai simboli $[M]$, (M) definiti in **1** il simbolo

$$\{ M \}$$

intendendo con ciò, qualora M designi un sottoinsieme di un gruppo G, il gruppo generato da M in G, cioè il minimo sottogruppo di G contenente l'insieme M.

56. *Se K è galoisiano e separabile sopra k, e K_1, K_2 sono corpi intermedi fra K e k, si hanno le relazioni*

$$\frac{K}{K_1 \cap K_2} = \left\{ \frac{K}{K_1},\ \frac{K}{K_2} \right\}, \qquad \frac{K}{(K_1,\ K_2)} = \frac{K}{K_1} \cap \frac{K}{K_2}.$$

Dimostrazione. - I. Da $K_1 \cap K_2 \subset K_i$ segue (ved. **50**)

$$\frac{K}{K_1 \cap K_2} \supset \frac{K}{K_i} \ (i = 1,\ 2) \text{ e quindi } \frac{K}{K_1 \cap K_2} \supset \left\{ \frac{K}{K_1},\ \frac{K}{K_2} \right\}$$

mentre da $\left\{ \dfrac{K}{K_1},\ \dfrac{K}{K_2} \right\} \supset \dfrac{K}{K_i}$ si conclude, tenuto conto di **53**,

$$\frac{K}{\left\{ \dfrac{K}{K_1},\ \dfrac{K}{K_2} \right\}} \subset \frac{K}{\left(\dfrac{K}{K_i}\right)} = K_i, \quad \text{cioè } \frac{K}{\left\{ \dfrac{K}{K_1},\ \dfrac{K}{K_2} \right\}} \subset K_1 \cap K_2,$$

donde si trae con **54** e **50**

$$\left\{ \frac{K}{K_1},\ \frac{K}{K_2} \right\} \supset \frac{K}{K_1 \cap K_2}$$

che, insieme con l'affermazione poc'anzi ottenuta, dimostra la prima delle relazioni asserite.

54 — 56

II. - Da $(K_1, K_2) \supset K_i$ segue

$$\frac{K}{(K_1, K_2)} \subset \frac{K}{K_1} \cap \frac{K}{K_2}.$$

Ogni elemento di $\dfrac{K}{K_1} \cap \dfrac{K}{K_2}$ lascia fisso ogni elemento di (K_1, K_2), cioè

$$\frac{K}{K_1} \cap \frac{K}{K_2} \subset \frac{K}{(K_1, K_2)}.$$

Con ciò è chiara la seconda relazione del teorema.

57. *Ogni corpo (K_1, K) generato da un corpo K_1 galoisiano e separabile sopra k con un corpo qualunque $K \supset k$ è galoisiano e separabile sopra K. Si ottiene ogni automorfismo di (K_1, K) sopra K dall'estensione di un automorfismo di K_1 sopra $K_1 \cap K$. Identificando un automorfismo di K_1 ogni volta con la sua estensione si stabilisce l'identità*

$$\frac{(K_1, K)}{K} = \frac{K}{K_1 \cap K}$$

DIMOSTRAZIONE. - I. Se K_1 è galoisiano sopra k, tutte le composizioni $((K_1, K), (K_1, K)^\tau) = (K_1, K_1^\tau, K)$ di (K_1, K) con sè stesso sopra K coincidono con (K_1, K) perché $(K_1, K_1^\tau) = K_1$. Dunque (K_1, K) è galoisiano sopra K.

II. Supposto K_1 separabile sopra k, sia $K_1 = (k, x)$ definito da $f(x) = 0$ con $f_x(x) \neq 0$. Allora $(K_1, K) = (K, x)$ è definito sopra K da un'equazione $g(x) = 0$ con $g_x(x) \neq 0$ perché $g(X)$ è divisore di $f(X)$. Ne risulta che (K_1, K) è separabile sopra K.

III. Ogni automorfismo $\sigma \in \dfrac{(K_1, K)}{K}$ è isomorfismo di K_1 sopra k e pertanto $(K_1, K_1^\sigma) = K_1$, essendo K_1 galoisiano sopra k. Ponendo, come in II, $K_1 = (k, x)$, si ricava da

$$(\sum_m a_m \cdot x^m)^\sigma = \sum_m a_m \cdot (x^\sigma)^m \qquad (a_m \in K)$$

che σ è individuato dal suo effetto quale automorfismo di K_1 e costituisce pertanto l'unica estensione di tale automorfismo al corpo (K_1, K). In questo senso possiamo dire

(*) $$\frac{(K_1, K)}{K} \subset \frac{K_1}{K_1 \cap K}.$$

Se si applica il teorema **54** al caso $G = \dfrac{(K_1, K)}{K}$, cioè (ved. **53**) $\dfrac{(K_1, K)}{G} = K$, si riconosce che il polinomio

$$\prod_{\sigma \, \varepsilon \, \frac{(K_1, K)}{K}} (X - x^\sigma) = g(X)$$

56 — 57

è irriducibile in $K[X]$ e tanto più in $(K_1 \cap K)[X]$, anello cui esso appartiene essendo $x^\sigma \in K_1$. L'equazione $g(x) = 0$ definente (K_1, K) sopra K definisce dunque altresì il corpo $K_1 = (k, x)$ sopra $K_1 \cap K$, il che mostra la coincidenza dei due gradi relativi corrispondenti. Ma essendo questi anche (ved. **52**) gli ordini dei gruppi (*), si ha l'uguaglianza fra i due membri della (*). C. d. d.

58. *Un corpo K_0, intermedio fra un corpo K galoisiano e separabile sopra k ed il corpo k, è galoisiano sopra k allora e soltanto allora che il gruppo $\dfrac{K}{K_0}$ sia invariante in $\dfrac{K}{k}$. Associando a ogni automorfismo di K_0 sopra k l'insieme delle sue estensioni a K, si stabilisce un isomorfismo fra $\dfrac{K_0}{k}$ e il gruppo fattoriale $\dfrac{K}{k} \Big/ \dfrac{K}{K_0}$.*

DIMOSTRAZIONE. - I. Se K_0 è galoisiano sopra k, vale $(K_0, K_0^\sigma) = K_0$ oppure $K_0^\sigma = K_0$ per ogni $\sigma \in \dfrac{K}{k}$. Applicando la relazione

$$(*) \qquad\qquad \sigma^{-1} \frac{K}{K_0} \sigma = \frac{K}{K_0^\sigma} \qquad\qquad \text{(ved. 50)}$$

si trova $\sigma^{-1} \dfrac{K}{K_0} \sigma = \dfrac{K}{K_0}$ per ogni $\sigma \in \dfrac{K}{k}$.

II. Supponendo, viceversa, che $\dfrac{K}{K_0}$ sia invariante nel gruppo $\dfrac{K}{k}$, cioè che valga $\sigma^{-1} \dfrac{K}{K_0} \sigma = \dfrac{K}{K_0}$ per ogni $\sigma \in \dfrac{K}{k}$, si conclude, tenuto conto della relazione (*) che $K_0^\sigma = K_0$, cioè σ induce un automorfismo di K_0 sopra k. Ora l'ipotesi, che due elementi σ, τ di $\dfrac{K}{k}$ abbiano lo stesso effetto su tutti gli elementi di K_0, equivale evidentemente a $\tau \in \dfrac{K}{K_0} \sigma$. Dunque, il numero degli automorfismi di K_0 sopra k, determinati dagli elementi del gruppo $\dfrac{K}{k}$, è uguale all'ordine del gruppo fattoriale $\dfrac{K}{k} \Big/ \dfrac{K}{K_0}$. Essendo questo numero il massimo possibile, cioè uguale al grado di K_0 sopra k (ved. **52**), si riconosce non soltanto che K_0 è galoisiano sopra k (ved. **49**), ma altresì che t u t t i gli automorfismi di K_0 sopra k sono forniti dagli automorfismi di K sopra k.

III. Gli elementi di $\dfrac{K}{k}$ appartenenti ad un medesimo elemento $\dfrac{K}{K_0} \sigma$ del gruppo fattoriale $\dfrac{K}{k} \Big/ \dfrac{K}{K_0}$ sono proprio quelli che estendono l'elemento σ, considerato come automorfismo di K_0, al corpo totale K.

57 — 58

§ 6. Norma e traccia.

59. DEFINIZIONE. - Se A è sopra-anello di un corpo k e possiede quale k-modulo una base finita $A = \sum_{i=1}^{n} k \cdot z_i$, per ogni elemento x di A si definiscono la *norma* e la *traccia* relative con le formule

$$N_{\underline{A}_k} x = |a_{ij}|, \qquad T_{\underline{A}_k} x = \sum_{i=1}^{n} a_{ii}$$

partendo dalle espressioni

$$x \cdot z_i = \sum_{j=1}^{n} a_{ij} \cdot z_j \qquad\qquad (a_{ij} \in k)$$

dei prodotti $x \cdot z_i$ mediante una *k-base minima* (cioè tale che n sia minimo).

Sono evidenti tanto la indipendenza di questa definizione dalla scelta della base minima di A quanto il sussistere delle relazioni

$$N_{\underline{A}_k}(x \cdot y) = N_{\underline{A}_k} x \cdot N_{\underline{A}_k} y, \qquad T_{\underline{A}_k}(x + y) = T_{\underline{A}_k} x + T_{\underline{A}_k} y$$

per elementi qualunque x, y di A.

60. *Se l'elemento x di A genera un sottocorpo (k, x) di A definito da*

$$x^m - c_1 \cdot x^{m-1} + \dots + (-1)^m c_m = 0, \quad (c_i \in k)$$

si ha, designando con h il rango di A quale (k, x)-modulo,

$$N_{\underline{A}_k} x = c_m^h, \qquad T_{\underline{A}_k} x = h \cdot c_1.$$

DIMOSTRAZIONE. - Sia $A = \sum_{i=1}^{h} (k, x) \cdot z_i$ cosicché gli elementi $z_i \cdot x^j$ con $i = 1, 2, \dots, h$, $j = 0, 1, 2, \dots, m-1$ costituiscono una k-base indipendente di A. Moltiplicando questi elementi per x si ottengono le equazioni

$$x \cdot z_i \qquad = 0 \cdot z_i + 1 \cdot z_i \cdot x + 0 \cdot z_i \cdot x^2 + \dots + 0 \cdot z_i \cdot x^{m-1}$$
$$x \cdot z_i \cdot x \quad = 0 \cdot z_i + 0 \cdot z_i \cdot x + 1 \cdot z_i \cdot x^2 + \dots + 0 \cdot z_i \cdot x^{m-1}$$
$$\dots \dots \dots \dots \dots \dots \dots \dots \dots \dots \dots \dots$$
$$x \cdot z_i \cdot x^{m-1} = (-1)^{m-1} c_m \cdot z_i + \dots \dots \dots + c_1 \cdot z_i \cdot x^{m-1}$$

dalle quali seguono subito le formule suddette.

61. *Se il corpo K_0 è intermedio fra k ed il corpo K algebrico e 0-dimensionale sopra k, per ogni elemento x di K valgono le relazioni*

$$N_{\underline{K}_k} x = N_{\underline{K_0}_k}(N_{\underline{K}_{K_0}} x), \qquad T_{\underline{K}_k} x = T_{\underline{K_0}_k}(T_{\underline{K}_{K_0}} x).$$

59 — 61

DIMOSTRAZIONE. - I. Le formule

$$N_{\underset{\overline{k}}{K}}x = c_m^p, \quad \left(p = \text{grado}\ \frac{K}{(k,\ x)}\right), \qquad N_{\underset{k}{(K_0,\ x)}}x = c_m^q, \quad \left(q = \text{grado}\ \frac{(K_0,\ x)}{(k,\ x)}\right)$$

risultanti dall'applicazione del teorema precedente ai casi $A = K$ e $A = (K_0,\ x)$ dànno

$$N_{\underset{\overline{k}}{K}}x = (N_{\underset{k}{(K_0,\ x)}}x)^r \quad \text{e similmente} \quad T_{\underset{\overline{k}}{K}}x = r \cdot T_{\underset{k}{(K_0,\ x)}}x$$

con $r = \text{grado}\ \dfrac{K}{(K_0,\ x)}$.

II. Sia $x^n - C_1 \cdot x^{n-1} + \ldots + (-1)^n C_n = 0$, $(C_i \in K_0)$ irriducibile sopra K_0, cosicché (ved. 60)

$$N_{\underset{K_0}{(K_0,\ x)}}x = C_n, \qquad T_{\underset{K_0}{(K_0,\ x)}}x = C_1.$$

Mediante una k-base indipendente $v_1,\ v_2, \ldots,\ v_h$ di K_0 si formi la k-base $v_i \cdot x^j$ $(i = 1\ 2, \ldots,\ h,\ j = 1,\ 2, \ldots,\ n-1)$ di $(K_0,\ x)$. Ponendo

$$C_1 \cdot v_i = \sum_j a_{ij} \cdot v_j, \qquad C_n \cdot v_i = \sum_j b_{ij} \cdot v_j, \qquad (a_{ij},\ b_{ij} \in k)$$

si trova

$$x \cdot v_i \cdot x^{n-1} = \sum_j a_{ij} \cdot v_j \cdot x^{n-1} + (-1)^{n-1} \sum_j b_{ij} \cdot v_j + \ldots$$

$$x \cdot v_i \qquad = 1 \cdot v_i \cdot x$$

$$\cdots \cdots \cdots \cdots \cdots \cdots \cdots \cdots \cdots \cdots$$

$$x \cdot v_i \cdot x^{n-2} = 1 \cdot v_i \cdot x^{n-1}$$

donde si ottiene

(*)
$$N_{\underset{k}{(K_0,\ x)}}x = |\, b_{ij}\,| = N_{\underset{k}{K_0}}(C_n) = N_{\underset{k}{K_0}}(N_{\underset{K_0}{(K_0,\ x)}}x)$$

$$T_{\underset{k}{(K_0,\ x)}}x = \sum a_{ii} = T_{\underset{k}{K_0}}(C_1) = T_{\underset{k}{K_0}}(T_{\underset{K_0}{(K_0,\ x)}}x).$$

Valendosi delle formule ottenute in I e di quelle che se ne deducono dalla sostituzione di K_0 a k, si riconosce, che basta elevare alla r-esima potenza i membri dell'equazione (*) per dimostrare la prima delle relazioni asserite. In modo analogo si constata la seconda di quelle relazioni.

62. *Se K è algebrico, 0-dimensionale e separabile sopra k e se K^* designa il corpo galoisiano determinato da K sopra k (secondo il teorema 47), il*

61 — 62

gruppo $\dfrac{K^*}{K}$ *ha l'indice* $n = grado \ \dfrac{K}{k}$ *sotto* $\dfrac{K^*}{k}$ *e, ponendo*

$$\frac{K^*}{k} = \sum_{i=1}^{n} \frac{K^*}{K} \sigma_i,$$

sussistono per ogni $x \in K$ *le relazioni* $N_{\frac{K}{k}}x = \prod_{i=1}^{n} x^{\sigma_i}, \ T_{\frac{K}{k}}x = \sum_{i=1}^{n} x^{\sigma_i}.$

DIMOSTRAZIONE. - Dal teorema 22 segue che K^* è separabile sopra k. Dunque (ved. 52) ordine $\dfrac{K^*}{k} = grado \ \dfrac{K^*}{k}$, ordine $\dfrac{K^*}{K} = grado \ \dfrac{K^*}{K}$, il che mostra $n = grado \ \dfrac{K}{k}$.

Sia $f(x) = 0$ con $f(X) = X^m - c_1 \cdot X^{m-1} + \ldots + (-1)^m c_m$ irriducibile in $k[X]$. Allora (ved. 60)

$$(*) \qquad N_{\frac{K}{k}}x = c_m^h, \ T_{\frac{K}{k}}x = h \cdot c_1 \ \text{con} \ h = grado \ \frac{K}{(k, x)}.$$

Siccome gli elementi $x^{\sigma_1}, x^{\sigma_2}, \ldots, x^{\sigma_n}$ subiscono, nell'applicare un automorfismo $\tau \in \dfrac{K^*}{k}$, semplicemente una permutazione, i coefficienti del polinomio

$g(X) = \prod_{i=1}^{n} (X - x^{\sigma_i})$ sono invarianti rispetto al gruppo $\dfrac{K^*}{k}$ e pertanto (ved. 53) elementi di k. Essendo $f(X)$ irriducibile in $k[X]$ e $f(x^{\sigma_i}) = 0$ per $i = 1, 2, \ldots, n$, questo $f(X)$ è il solo divisore irriducibile di $g(X)$ in $k[X]$, cioè $g(X) = f(X)^h$ con $h = n : m = grado \ \dfrac{K}{(k, x)}$.

Dal confronto dell'espressione $g(X) = X^n - (\sum_i x^{\sigma_i}) \cdot X^{n-1} + \ldots + (-1)^n \prod_i x^{\sigma_i}$ con $g(X) = f(X)^h = X^n - h \cdot c_1 \cdot X^{n-1} + \ldots + (-1)^n c_m^h$ si ottengono, tenuto conto di (*), subito le relazioni asserite nel teorema.

CAPITOLO III

PROSPETTIVE DI UN OGGETTO

§ 1. Le nozioni fondamentali.

63. Osservando che un corpo nella sua totalità non ammette che due tipi di omomorfismi, gli isomorfismi e le riduzioni di tutti i suoi elementi a zero, si è condotti a riprodurre matematicamente la situazione generale, che nella realtà gli oggetti si osservano prospettivamente, cioè per mezzo degli aspetti che essi presentano nelle diverse loro prospettive. Si arriva così a un

62 — 63

6

gruppo di definizioni contenuto nel seguente confronto di espressioni e locuzioni da considerare come sinonime:

Omomorfismo $A \rightarrow A/\mathrm{o} \neq \mathrm{o}$ determinato da un ideale o.	*Percezione* di A con l'*origine* o.
L'elemento $x + \mathrm{o}$ di $A/\mathrm{o} \neq \mathrm{o}$ contenente l'elemento x di A.	La *percezione di* x in A/o.
$x \in A \neq 0$ e $x \cdot a \neq 0$ per ogni elemento $a \neq 0$ di A.	x è *attivo in* A.
$x \in A \neq 0$ e $a \cdot x \neq 0$ per ogni elemento $a \neq 0$ di A.	x è *reattivo in* A.
A è anello commutativo e ha elementi attivi in A.	L'anello A è *oggettivo*.
R è il completo anello quoziente dell'anello oggettivo A, cioè la totalità dei quozienti $\dfrac{a}{b}$ con $a, b \in A$, b attivo in A.	R è *l'oggetto* di A, in segni: $R = (A)$.
L'origine o della percezione $A \rightarrow A/\mathrm{o}$ contiene l'origine di ogni percezione di A.	La percezione $A \rightarrow A/\mathrm{o}$ è *centrale*.
L'anello S ha elemento 1 e ammette la percezione centrale $S \rightarrow S/\mathbb{P}$.	S è *aspetto* presentato dalla *prospettiva* $\mathbb{P}$ al *soggetto* $S/\mathbb{P}$.
$R = (S)$, cioè R è l'oggetto dell'aspetto S (e « della prospettiva $\mathbb{P}$ »).	S è *aspetto di* R, $\mathbb{P}$ è *prospettiva di* R (e di nessun altro anello).

Conveniamo di denotare conseguentemente gli aspetti con

$$S, \; s, \; S', \; s_1, \; \text{ecc.}$$

mentre i corrispondenti simboli

$$\mathbb{P}, \; \mathfrak{p}, \; \mathbb{P}', \; \mathfrak{p}_1, \; \text{ecc.}$$

indicano rispettivamente tanto le prospettive che presentano quegli aspetti, quanto *le origini di queste prospettive*, cioè i nuclei degli omomorfismi

$$S \rightarrow S/\mathbb{P}, \quad s \rightarrow s/\mathfrak{p}, \quad S' \rightarrow S'/\mathbb{P}', \quad s_1 \rightarrow s_1/\mathfrak{p}_1, \; \text{ecc.}$$

64. *Il soggetto $S/\mathbb{P}$ di una prospettiva $\mathbb{P}$ è* i n d i v i d u o *nel senso, che esso ha elemento uno e non ammette altra percezione che l'identità. Nel caso di S commutativo il soggetto $S/\mathbb{P}$ è corpo.*

63 — 64

Dimostrazione. - La percezione $1 + \mathfrak{P}$ dell'unità 1 di S in $S/\mathfrak{P}$ è l'elemento uno di $S/\mathfrak{P}$.

Ogni ideale $\mathfrak{a}$ di $S/\mathfrak{P}$ può derivarsi da un ideale $\mathfrak{A} \supset \mathfrak{P}$ in quanto esso consiste di tutti gli elementi $a + \mathfrak{P}$ con $a \in \mathfrak{A}$. Ma siccome $\mathfrak{P}$ contiene (ved. 63) ogni ideale di S diverso da S, si troverà $\mathfrak{A} = \mathfrak{P}$, cioè $\mathfrak{a}$ è lo zero di $S/\mathfrak{P}$, purchè non sia $\mathfrak{a} = S \mathfrak{P}$.

L'ideale generato da un elemento $c + \mathfrak{P} \neq \mathfrak{P}$ del centro di $S/\mathfrak{P}$ è l'insieme $c \cdot S + \mathfrak{P}/\mathfrak{P}$ degli elementi $c \cdot x + \mathfrak{P}$ con $x \in S$. Ora l'ideale $c \cdot S$ di S non è contenuto in $\mathfrak{P}$ e pertanto è uguale a S. Esiste dunque $a + \mathfrak{P} \in S/\mathfrak{P}$ tale che $(a + \mathfrak{P}) \cdot (c + \mathfrak{P}) = 1 + \mathfrak{P}$, e questo $a + \mathfrak{P}$, appartiene evidentemente al centro di $S/\mathfrak{P}$ come $c + \mathfrak{P}$. Ne segue, che *il centro di $S/\mathfrak{P}$ è corpo*.

65. *Se un aspetto S contiene* (vuol dire: come sottoanello) *un aspetto s, si ha* $\mathfrak{p} \supset \mathfrak{P} \cap s$, *purché non sia* $s \subset \mathfrak{P}^m$ *per m qualunque*.

Invero, da $s \subset S$ segue $\mathfrak{P} \cap s$ essere ideale in s e pertanto (ved. 63) o $\mathfrak{P} \cap s \subset \mathfrak{p}$, o $\mathfrak{P} \cap s = s$. Nel secondo caso l'elemento uno e di s è contenuto in $\mathfrak{P}$ e quindi $e = e^m \subset \mathfrak{P}^m$, cioè $s \subset \mathfrak{P}^m$.

66. Definizione. - Un aspetto S è *estensione dell'aspetto s*, la prospettiva $\mathfrak{P}$ è *estensione della prospettiva* $\mathfrak{p}$, allora e soltanto allora che sia

$$S \supset s, \quad \mathfrak{P} \cap s = \mathfrak{p}.$$

Il procedimento di estensione è evidentemente transitivo.

67. *Perché un aspetto S contenente l'aspetto s sia estensione di s è necessario e sufficente che l'associazione*

$$(*) \qquad\qquad x + \mathfrak{p} \to x + \mathfrak{P} \qquad\qquad (x \in s)$$

stabilisca un isomorfismo del soggetto $s/\mathfrak{p}$ su un sottoanello $s + \mathfrak{P}/\mathfrak{P}$ di $S/\mathfrak{P}$.

Dimostrazione. - I. Dall'ipotesi $\mathfrak{P} \cap s = \mathfrak{p}$, $S \supset s$ segue, che per due elementi x, y di s percipiti uguali in $s/\mathfrak{p}$ si ha $x + \mathfrak{P} = y + \mathfrak{P}$. L'associazione $(*)$ opera dunque univocamente in $s/\mathfrak{p}$ e cioè come un omomorfismo. Siccome da $x + \mathfrak{P} = \mathfrak{P}$, $x \in s$ segue $x \subset \mathfrak{P} \cap s = \mathfrak{p}$ oppure $x + \mathfrak{p} = \mathfrak{p}$, si tratta di un isomorfismo.

II. Supponiamo, viceversa, che $(*)$ definisca un isomorfismo di $s/\mathfrak{p}$ nell'anello $S/\mathfrak{P}$. L'univocità dell'associazione $(*)$ esige, che l'ipotesi x, $y \in s$, $x - y \subset \mathfrak{p}$, equivalga a x, $y \in s$, $x - y \subset \mathfrak{P}$, il che esprime precisamente $\mathfrak{P} \cap s = \mathfrak{p}$, cioè S contenente s è estensione di s.

64 — 67

§ 2. Aspetti commutativi.

Se non è detto altro, limiteremo le considerazioni ulteriori al caso di aspetti commutativi.

68. *Perché un anello commutativo A sia aspetto, è necessario e sufficiente, che esso ammetta una percezione A/o tale, che da $x \in A$, $x \subset\!\!\!\!\!\!- \mathrm{o}$ segua sempre l'esistenza di $x^{-1} \in A$. L'ideale o è allora l'origine della prospettiva presentante l'aspetto A.*

DIMOSTRAZIONE. – I. Siano S aspetto commutativo e $x \in S$, $x \subset\!\!\!\!\!\!- \mathfrak{p}$. L'ideale $x \cdot S$ generato da x in S coincide allora con S, poiché esso non è contenuto in $\mathfrak{p}$. Esiste dunque $y \in S$ soddisfacente a $x \cdot y = 1 \in S$.

II. Supponiamo, viceversa, che ogni $x \in A \neq \mathrm{o}$ non appartenente a o ammetta $x^{-1} \in A$. Siccome allora tale x genera sempre l'ideale $x \cdot A = A$, si conclude che ogni ideale diverso da A è contenuto in o. Mentre ciò significa che $A \to A/\mathrm{o}$ è percezione centrale, l'ipotesi $\mathrm{o} \neq A$ implica l'esistenza dell'elemento $1 = x \cdot x^{-1}$ in A.

69. *Ogni elemento x di un aspetto commutativo S, attivo nel soggetto $S/\mathfrak{p}$, cioè $x \subset\!\!\!\!\!\!- \mathfrak{p}$ è attivo anche in S.*

Difatti, l'ipotesi che x sia attivo in $S/\mathfrak{p}$, significa $x \subset\!\!\!\!\!\!- \mathfrak{p}$, poiché nel caso commutativo $S/\mathfrak{p}$ è corpo (ved. **64**). Il teorema precedente mostra allora che $x \cdot y = 0$ con $y \in S$ induce $y = x^{-1} \cdot x \cdot y = 0$, c. d. d.

70. *Se l'aspetto commutativo S contiene l'aspetto s, l'elemento uno E di S coincide con quello e di s, purché non sia $s \subset \mathfrak{p}^m$ per m qualunque. Vale in particolare $E = e$ nel caso di S estensione di s.*

Invero, le relazioni $E \cdot e = e$, $e \cdot e = e$ inducono $(E - e) \cdot e = 0$ e quindi (ved. **69**) $E - e = 0$ qualora non sia $e \subset \mathfrak{p}$, cioè $s \subset \mathfrak{p}^m$ con m qualunque. Nel caso di S estensione di s la possibilità $e \subset \mathfrak{p}$ si esclude a causa di $e \subset\!\!\!\!\!\!- \mathfrak{p} = \mathfrak{p} \cap s$.

71. DEFINIZIONE. – Un anello commutativo A è detto *base dell'aspetto S* oppure *base della prospettiva* $\mathfrak{p}$ allora e soltanto allora che

    1) A sia sottoanello di S,

    2) Ogni elemento di S sia quoziente $\dfrac{a}{b}$ con $a, b \in A$, $b \subset\!\!\!\!\!\!- \mathfrak{p}$.

L'ideale intersezione $\mathfrak{p} \cap A$ sarà chiamato *l'ideale individuante S (o $\mathfrak{p}$) in A.*

Questo insieme $\mathfrak{p} \cap A$ è base dell'ideale $\mathfrak{p}$, il che esprimiamo scrivendo

$$[\mathfrak{p} \cap A] \cdot S = \mathfrak{p}.$$

68 — 71

Notiamo a proposito il fatto generale

$$[\mathfrak{C} \cap A] \cdot S = \mathfrak{C}$$

valido per ogni ideale $\mathfrak{C}$ in S. Invero, ogni $x \in \mathfrak{C}$ è quoziente $\dfrac{a}{b}$ con $a,\ b \in A$, $b \sqsubset\!\!\!\!= \mathfrak{P}$, cioè $b^{-1} \in S$, mentre $a = b \cdot x \subset \mathfrak{C} \cap A$.

72. *Perché un ideale* $\mathfrak{c}$ *di un anello commutativo* A *individui una prospettiva di base* A *è necessario e sufficiente, che esso sia primo* $\neq A$ *e contenga tutti gli elementi di* A *inattivi in* A. *Per la prospettiva* $\mathfrak{P}$ *individuata da* $\mathfrak{c}$ *valgono le relazioni*

$$\mathfrak{P} \cap A = \mathfrak{c}, \qquad \mathfrak{P} = \mathfrak{c} \cdot S.$$

Dimostrazione. – I. L'intersezione $\mathfrak{P} \cap A$ dell'origine $\mathfrak{P}$ di una prospettiva $\mathfrak{P}$ di base A con A è ideale primo (ved. **64**) in $A \subset S$, diverso da A perché (ved. **71**) $A \cdot S = [S \cap A] \cdot S = S \neq \mathfrak{P} = [\mathfrak{P} \cap A] \cdot S$. Gli elementi di A inattivi in A sono inattivi in S e pertanto (ved. **69**) elementi di $\mathfrak{P}$ o anche di $\mathfrak{P} \cap A$. L'ideale $\mathfrak{P} \cap A$ soddisfa dunque alle condizioni chiamate necessarie nel teorema suddetto.

II. Sia, viceversa, $\mathfrak{c} \neq A$ un ideale primo di A contenente tutti gli elementi inattivi in A. Esiste allora l'oggetto (A) di A, il quale comprende l'insieme S di tutti i quozienti $\dfrac{a}{b}$ con $a,\ b \in A$, $b \sqsubset\!\!\!\!= \mathfrak{c}$. Essendo $\mathfrak{c}$ primo, questo S risulta anello e la totalità $\mathfrak{P}$ dei quozienti $\dfrac{c}{b}$ con $b \in A$, $c \in \mathfrak{c}$, $b \sqsubset\!\!\!\!= \mathfrak{c}$ è ideale in S diverso da S, poiché $\mathfrak{c} \neq A$ e $\dfrac{a}{b} \subset \mathfrak{P}$ $(a,\ b \in A,\ b \sqsubset\!\!\!\!= \mathfrak{c})$ induce $\dfrac{a}{b} = \dfrac{c}{b'}$ con $c \in \mathfrak{c}$, $b' \in A$, $b' \sqsubset\!\!\!\!= \mathfrak{c}$ e quindi $b' \cdot a \subset \mathfrak{c}$ cioè $a \in \mathfrak{c}$. Oltre la conseguenza $\mathfrak{P} = \mathfrak{c} \cdot S$ ne ricavamo, che da $\dfrac{a}{b} \sqsubset\!\!\!\!= \mathfrak{P}$ segue $\dfrac{b}{a} \in S$. Soddisfatte le premesse del teorema **68**, si conclude ormai che $\mathfrak{P}$ è l'origine di una prospettiva $\mathfrak{P}$ presentante l'aspetto S. Abbiamo già notato $\mathfrak{P} = \mathfrak{c} \cdot S$. Siccome da $\dfrac{c}{b} = a \in A$ $(b \in A$, $b \sqsubset\!\!\!\!= \mathfrak{c}$, $c \in \mathfrak{c})$ si trae $a \cdot b \subset \mathfrak{c}$, cioè $a \subset \mathfrak{c}$, vale $\mathfrak{P} \cap A = \mathfrak{c}$, il che mostra che l'anello A è base della prospettiva $\mathfrak{P}$, mentre $\mathfrak{c}$ è l'ideale individuante $\mathfrak{P}$.

73. *Ogni sottoanello* $A \sqsubset\!\!\!\!= \mathfrak{P}$ *di un aspetto* S *è base di una prospettiva* $\mathfrak{P}_0$ *individuata da* $\mathfrak{P}_0 \cap A = \mathfrak{P} \cap A$, *la quale è la sola prospettiva di base* A *di cui* $\mathfrak{P}$ *sia estensione.*

Dimostrazione. – $\mathfrak{P} \cap A \neq A$ è ideale primo in $A \subset S$. Essendo ogni elemento inattivo in A pure inattivo in S e pertanto (ved. **69**) contenuto in $\mathfrak{P} \cap A$, questo ideale individua (ved. **72**) una prospettiva $\mathfrak{P}_0$ di base A.

71 — 73

Da $\mathfrak{P}_0 \cap A = \mathfrak{P} \cap A$ segue $S_0 \subset S$ e perciò (ved. **65**) $\mathfrak{P} \cap S_0 \subset \mathfrak{P}_0$, perché l'altra possibilità ammessa in **65**, cioè $S_0 \subset \mathfrak{P}$, darebbe $A = S_0 \cap A \subset \mathfrak{P} \cap A \neq A$. Confrontando questo risultato con $\mathfrak{P}_0 = [\mathfrak{P} \cap A] \cdot S_0 \subset \mathfrak{P} \cap S_0$ si ottengono le relazioni $\mathfrak{P} \cap S_0 = \mathfrak{P}_0$, $S \supset S_0$ qualificanti S come estensione di S_0. $\mathfrak{P}_0$ è l'unica prospettiva di base A che ammetta $\mathfrak{P}$ come estensione, poiché la condizione $\mathfrak{P} \cap S_0 = \mathfrak{P}_0$, $S \supset S_0 \supset A$ determina l'ideale $\mathfrak{P}_0 \cap A = \mathfrak{P} \cap S_0 \cap A = \mathfrak{P} \cap A$ individuante $\mathfrak{P}_0$ in A.

74. *Ogni anello A intermedio fra un aspetto s e una estensione S di s è base di una sola prospettiva $\mathfrak{P}_0$ intermedia fra $\mathfrak{p}$ e $\mathfrak{P}$ nel senso, che $\mathfrak{P}_0$ sia estensione di $\mathfrak{p}$, mentre $\mathfrak{P}$ sia estensione di $\mathfrak{P}_0$. $\mathfrak{P}_0$ è individuata dall'ideale $\mathfrak{P} \cap A$.*

DIMOSTRAZIONE. - Da $A \supset s$ e $\mathfrak{P} \cap s = \mathfrak{p} \neq s$ segue $A \subset \!\!\!\!| \, \mathfrak{P}$, cosicché esiste (ved. **73**) $\mathfrak{P}_0$ di base A, unica in quanto estensibile a $\mathfrak{P}$. Allora $\mathfrak{P}_0 \cap A = \mathfrak{P} \cap A$ induce $\mathfrak{P}_0 \cap s = \mathfrak{P} \cap s = \mathfrak{p}$, cioè che $\mathfrak{P}_0$ è estensione di $\mathfrak{p}$.

75. *Se $A_0 \subset A$ sono sottoanelli di un aspetto S tali che ogni elemento di A sia quoziente $\dfrac{a}{b}$ con $a, b \in A_0$, $b \subset \!\!\!\!| \, \mathfrak{P}$, mentre A è base di $\mathfrak{P}$, allora l'anello A_0 è anche esso base di $\mathfrak{P}$.*

DIMOSTRAZIONE. - Ogni $x \in S$ è quoziente $x = \dfrac{a}{b}$ con $a, b \in A$, $b \subset \!\!\!\!| \, \mathfrak{P}$. Siano $a = \dfrac{a_0'}{a_0}$, $b = \dfrac{b_0'}{b_0}$ con $a_0, a_0', b_0, b_0' \in A_0$, $a_0, b_0 \subset \!\!\!\!| \, \mathfrak{P}$. Allora $a_0 \cdot b_0' = a_0 \cdot b \cdot b_0$ non appartiene all'origine $\mathfrak{P}$, essendo questa ideale primo. Dunque $x = \dfrac{a_0' \cdot b_0}{a_0 \cdot b_0'}$ con $a_0' \cdot b_0, a_0 \cdot b_0' \in A_0$, $a_0 \cdot b_0' \subset \!\!\!\!| \, \mathfrak{P}$, c. d. d.

§ 3. Estensione di una prospettiva con dati elementi.

76. *Estendere* una prospettiva $\mathfrak{p}$ (un aspetto s) *con dati elementi $x, y, \ldots$* di un anello A contenente s, significa: estendere $\mathfrak{p}$ (risp. s) in modo tale, che il sottoanello $[s, x, y, \ldots]$ di A generato da $s, x, y, \ldots$ sia base dell'estensione.

Per poter affermare che una prospettiva $\mathfrak{p}$ può essere estesa con dati elementi $x, y, \ldots$ basta constatare l'esistenza di una estensione S di s contenente gli elementi $x, y, \ldots$. Infatti tale S conterrà l'anello $A = [s, x, y, \ldots]$, che individua, secondo **74**, una estensione di s con $x, y, \ldots$.

77. *Se la prospettiva $\mathfrak{P}'$ è estensione della prospettiva $\mathfrak{P}$ con l'insieme E', mentre $\mathfrak{P}$ è estensione di una prospettiva $\mathfrak{p}$ con l'insieme E, allora $\mathfrak{P}'$ è estensione di $\mathfrak{p}$ con $E \cup E'$.*

73 — 77

Dimostrazione. - L'anello $[S, E']$, base di $\mathbb{P}'$, è la totalità delle somme

(*) $$ a + \Sigma\, e' \cdot b \quad \text{con} \quad a,\, b \in S,\quad e' \in [E']. $$

Poiché $\mathbb{P}$ estende $\mathfrak{p}$ con E, ogni elemento di S è quoziente $\dfrac{x}{y}$ con x, y appartenenti a $[s, E]$, $y \subset\!\!\!\!\mid\; \mathbb{P}$. Ne risulta per (*) un'espressione come quoziente il cui numeratore è elemento di $[s, E, E']$, mentre il denominatore giace in $[s, E]$ senza appartenere a $\mathbb{P}$ oppure a $\mathbb{P}'$, valendo $\mathbb{P}' \cap S = \mathbb{P}$. Siccome ogni elemento z di S' è quoziente di espressioni del tipo (*) con denominatori non appartenenti a $\mathbb{P}'$, risulta ormai per z una espressione $\dfrac{x}{y}$ con x, $y \in [s, E, E']$, $y \subset\!\!\!\!\mid\; \mathbb{P}'$, c. d. d.

78. *Non è mai possibile estendere una prospettiva $\mathfrak{p}$ con l'inverso x^{-1} di un elemento dell'origine $\mathfrak{p}$ di $\mathfrak{p}$.*

Infatti, se fosse S una estensione di s con x^{-1}, si avrebbe, designando con 1 l'elemento uno comune (ved. **70**) a s e S,

$$ 1 = x \cdot x^{-1} \subset \mathfrak{p} \cdot S \subset \mathbb{P}, $$

il che è impossibile.

79. *Perché una prospettiva $\mathfrak{p}$ possa essere estesa con dati elementi x, y, ... è necessario e sufficiente, che l'elemento uno di s sia pure elemento uno di $A = [s, x, y, ...]$ e che l'ideale $\mathfrak{p} \cdot A + A' \cdot A$ generato in A dall'origine $\mathfrak{p}$ e dall'insieme A' degli elementi di A inattivi in A sia diverso da A.*

Dimostrazione. - I. Se $\mathbb{P}$ estende $\mathfrak{p}$ con x, y, ... , l'elemento uno di $S \supset A$ coincide (ved. **70**) con quello di s. Gl'insiemi $\mathfrak{p}$ e A' generano dunque in A l'ideale $\mathfrak{p} \cdot A + A' \cdot A$, il quale a causa di $\mathfrak{p} = \mathbb{P} \cap s$, $A' \subset \mathbb{P}$ (ved. **69**) è contenuto in $\mathbb{P}$ e pertanto è diverso da A.

II. Supponiamo, viceversa, che l'elemento uno di s sia l'elemento 1 di A e sia anche $\mathfrak{p} \cdot A + A' \cdot A \neq A$.

Un teorema generale di Krull (fondato sul postulato di selezione ed immediato, se si sostituisce a quel postulato il lemma di Zorn) insegna, che ogni ideale diverso dall'anello totale è contenuto in un ideale primo altresì diverso dall'anello totale. Esiste dunque in A un ideale primo $\mathfrak{c} \neq A$ contenente $\mathfrak{p} \cdot A + A' \cdot A \supset A'$. Soddisfacendo $\mathfrak{c}$ alle premesse del teorema **72**, si ottiene una prospettiva $\mathbb{P}$ di base A individuata da $\mathbb{P} \cap A = \mathfrak{c}$ cosicché $\mathbb{P} \cap s = \mathfrak{c} \cap s \supset \mathfrak{p}$ mentre si ha $\mathbb{P} \cap s \subset \mathfrak{p}$ in conseguenza di $s \subset S$ (ved. **65**), poiché $s \subset \mathbb{P}$ si esclude, essendo $1 \in s$ anche elemento uno di $A \subset S$. Abbiamo quindi $\mathbb{P} \cap s = \mathfrak{p}$, $S \supset s$, e ciò mostra che la prospettiva $\mathbb{P}$ di base $A = [s, x, y, ...]$ è estensione di $\mathfrak{p}$.

77 — 79

80. Il teorema precedente si semplifica nel caso di a n e l l i p r i m a r i caratterizzati dal fatto, che in essi tutti gli elementi inattivi sono infinitesimali (ved. 2).

Perchè una prospettiva $\mathfrak{p}$ *possa essere estesa con dati elementi* x, y, ... *di un anello primario contenente* s, *è necessario e sufficiente, che l'ideale* $\mathfrak{p} \cdot A$ *generato dall'origine* $\mathfrak{p}$ *in* $A = [s, x, y, ...]$ *sia diverso da* A.

DIMOSTRAZIONE. – I. La condizione è necessaria in quanto contenuta in quella del teorema precedente.

II. Per mostrare la sua sufficienza osserviamo anzitutto che l'elemento uno e di s è anche elemento uno di A. Infatti, per z qualunque di A segue da $e \cdot (z - e \cdot z) = 0$ che $z - e \cdot z = 0$, giacché $e = e^m$, in quanto non infinitesimale, è attivo in A.

Dall'ipotesi $\mathfrak{p} \cdot A \neq A$ deduciamo come in **79** l'esistenza di un ideale primo $\mathfrak{c} \neq A$ contenente $\mathfrak{p} \cdot A \supset \mathfrak{p}$. Soddisfacendo ogni elemento i di A inattivo in A ad una equazione $i^m = 0$, tale i sarà contenuto in $\mathfrak{c}$. Di nuovo sono verificate le premesse del teorema **72**, il quale mostra che esiste una prospettiva $\mathbb{P}$ di base A con $\mathbb{P} \cap A = \mathfrak{c} \supset \mathfrak{p}$ e quindi $\mathbb{P} \cap s \supset \mathfrak{p}$, mentre $\mathbb{P} \cap s \subset \mathfrak{p}$ si verifica come alla fine della dimostrazione precedente.

§ 4. Integrità relativa.

81. Ricordiamo che la totalità degli elementi infinitesimali di un anello commutativo A è un ideale chiamato il *radicale* di A.

È chiaro che fra il radicale $\mathfrak{v}_0$ di un sottoanello A_0 di un anello commutativo A e quello $\mathfrak{v}$ di A stesso sussiste la relazione

$$(*) \qquad \mathfrak{v} \cap A_0 = \mathfrak{v}_0 .$$

Dal fatto evidente che il radicale di un anello primario è ideale primo deduciamo subito che *ogni oggetto primario è aspetto presentato da una prospettiva la cui origine è il radicale dell'oggetto*. Infatti, ogni elemento x di un oggetto primario R non appartenente al radicale di R ammette, essendo esso attivo in R, un inverso $x^{-1} \in R$. Verificate le premesse del teorema **68**, si deduce subito la osservazione suddetta.

Tenendo conto della relazione (*) si può dire ormai che *ogni oggetto primario, in quanto aspetto, è estensione di ogni suo sotto-oggetto*.

Le considerazioni seguenti che mirano ad inquadrare la nozione aritmetica di « integrità » nel prospettivismo, si limitano al caso di anelli primari. Giova ricordare, a proposito, che nel caso di tali anelli A_0, A si può sempre concludere da $A_0 \subset A$ il fatto $(A_0) \subset (A)$ per gli oggetti corrispondenti (A_0), (A).

82. DEFINIZIONE. – Un elemento x di un'oggetto primario R contenente l'anello A è detto *integro in R sopra A* allora e soltanto allora che ogni aspetto intermedio fra A ed R possa essere esteso con x.

80 – 82

La totalità $I\left(\dfrac{R}{A}\right)$ *degli elementi integri in* R *sopra* A *è anello* che diciamo *la integrità di* R *sopra* A.

DIMOSTRAZIONE. - Sia s un aspetto intermedio fra A e R qualsiasi.

Da x, $y \in I\left(\dfrac{R}{A}\right)$ segue tanto l'esistenza di una estensione S di s con x quanto l'esistenza di una estensione S' di S con y. Essendo S' anche estensione di s, e valendo $x-y \in S'$, $x \cdot y \in S'$ esiste (ved. 76) una estensione di s con $x - y$ ed una estensione di s con $x \cdot y$. Tenuto conto dell'arbitrarietà della scelta di s, ne segue $x-y$ e $x \cdot y$ essere elementi di $I\left(\dfrac{R}{A}\right)$.

83. *Ogni aspetto intermedio tra* A *ed* R *può essere esteso con l'integrità* $I\left(\dfrac{R}{A}\right)$ *di* R *sopra* A. (R supposto primario).

DIMOSTRAZIONE. - Supponiamo che l'aspetto s, intermedio tra A ed R, non possa essere esteso con $I = I\left(\dfrac{R}{A}\right)$. Vale allora $1 \in \mathfrak{p} \cdot [s, I]$ (ved. 80, 1 designa l'elemento uno di R e pertanto di s), il che corrisponde ad una equazione

$$(*) \qquad 1 = \sum_{i=1}^{n} p_i \cdot x_i \quad \text{con } p_i \in \mathfrak{p}, \quad x_i \in I,$$

dato che ogni elemento di $[s, I]$ è della forma $\Sigma a \cdot y$ (con $a \in s$, $y \in I$).

Ora da $x_1 \in I\left(\dfrac{R}{A}\right)$ segue l'esistenza di una estensione S_1 di s con x_1, e di nuovo si conclude da $x_2 \in I\left(\dfrac{R}{A}\right)$ l'esistenza di una estensione S_2 di S_1 (e quindi di s) con x_2, ecc. finchè si ottiene un aspetto S_n, estensione di s con x_1, x_2, ..., x_n (ved. 77), il che contraddice all'equazione (*) esprimente proprio l'impossibilità di estendere s con x_1, x_2, ..., x_n (ved. 80). Questa contraddizione dimostra il teorema.

84. *L'integrità di* R *sopra l'integrità di* R *sopra* A *è l'integrità di* R *sopra* A. (R supposto primario).

DIMOSTRAZIONE. - I. Dal fatto generale evidente $I\left(\dfrac{R}{A}\right) \supset A$ segue

$$I' = I\left(\frac{R}{I\left(\frac{R}{A}\right)}\right) \supset I\left(\frac{R}{A}\right).$$

II. Siano x elemento qualunque di I' e s aspetto intermedio fra A ed R qualsiasi.

82 — 84

7

Secondo il teorema precedente esiste una estensione S di s con $I\!\left(\dfrac{R}{A}\right)$. L'ipotesi $x \in I'$ garantisce poi l'esistenza di un'estensione S' di S (e perciò di s) contenente x, cosicchè esiste anche (ved. 76) una estensione di s con x. Dato l'arbitrarietà della scelta di x e di s se ne deduce $I' \subset I\!\left(\dfrac{R}{A}\right)$. Con I e II è dimostrato il teorema.

85. Notiamo che l'integrità $I\!\left(\dfrac{R}{A}\right)$ coincide sempre con l'integrità di R sopra l'anello $[1, A]$, perchè ogni aspetto intermedio fra A ed R è anche intermedio tra $[1, A]$ e R, essendo l'elemento 1 di R necessariamente anche elemento di s. È opportuno dunque limitarsi al caso che 1 sia contenuto in A.

86. *Perchè un elemento x di un oggetto primario $R \supset A \supset 1$ sia integro in R sopra A è necessario e sufficiente che x soddisfi ad un'equazione del tipo*

$$(*) \qquad x^n + a_1 \cdot x^{n-1} + \ldots + a_n = 0 \qquad con \; a_i \in A$$

Dimostrazione. – I. Supponiamo x integro in R sopra A e attivo in R, e ricerchiamo, se sia possibile

$$x^{-1} \cdot [x^{-1},\, A] \neq [x^{-1},\, A].$$

Ci sarebbe allora in $[x^{-1},\, A]$ un ideale primo $\mathfrak{c} \neq [x^{-1},\, A]$ tale che $x^{-1} \cdot [x^{-1},\, A] \subset \mathfrak{c}$, e questo ideale, che ovviamente contiene tutti gli elementi inattivi, cioè infinitesimali, individuerebbe, secondo 72, una prospettiva $\mathfrak{p}$ di base $[x^{-1},\, A]$ con origine $\mathfrak{p}$ contenente x^{-1}. Ma $\mathfrak{p} \supset x^{-1}$ contraddirebbe (ved. 78) l'ipotesi che x sia integro in R sopra A. Vale dunque

$$x^{-1} \cdot [x^{-1},\, A] = [x^{-1},\, A]$$

ed in particolare $1 \in x^{-1} \cdot [x^{-1},\, A]$, donde si deduce un'equazione del tipo (*).

Se l'elemento x supposto integro in R sopra A è inattivo in R, cioè infinitesimale, esso soddisfa ad un'equazione $x^m = 0$ che è del tipo suddetto.

II. Supponiamo viceversa che x soddisfi ad un'equazione del tipo (*) e sia s un qualunque aspetto intermedio fra A ed R.

Da (*) segue che $[s,\, x] = \displaystyle\sum_{i=0}^{n-1} s \cdot x^i$. Scegliamo x_i ($i = 1,\, 2, \ldots,\, h$) fra $x^0 (= 1)$, $x, \ldots,\, x^{n-1}$ di modo che sia

$$(**) \qquad [s,\, x] = \sum_{i=1}^{h} s \cdot x_i \quad e \quad x_1 \subset\!\!\!\!\!- \sum_{i=2}^{h} s \cdot x_i .$$

84 – 86

Se non si potesse estendere s con x, si avrebbe (ved. 80) $[s, x] = \mathfrak{p} \cdot [s, x]$ e perciò, tenuto conto di (**), per es.

$$x_1 = \sum_{i=1}^{h} p_i \cdot x_i \quad (p_i \in \mathfrak{p}) \quad \text{cioè} \quad x_1 = \sum_{i=2}^{h} \frac{p_i}{1 - p_1} \cdot x_i$$

contro l'ipotesi (**), perchè $\dfrac{p_i}{1 - p_1} \in s$.

Con ciò è dimostrato che x, soddisfacente a (*), è integro in R sopra A.

87. *Supponendo che R_0 sia sotto-oggetto dell'oggetto primario R, mentre $A \supset A_0$ siano sottoanelli di R_0, si ottengono le relazioni*

$$I\left(\frac{R}{A}\right) \supset I\left(\frac{R_0}{A}\right) = I\left(\frac{R}{A}\right) \cap R_0 \ \text{ come conseguenza di } \ R \supset R_0 \supset A \supset 1,$$

$$I\left(\frac{R}{A}\right) \supset I\left(\frac{R}{A_0}\right) \ \text{ come conseguenza di } \ R \supset A \supset A_0 \supset 1.$$

Infatti, dal teorema precedente risulta che l'equazione che caratterizza un elemento di R_0 (di R) come integro in R_0 (in R) sopra A (sopra A_0) lo caratterizza altresì come integro in R sopra A.

88. Definizione. – Un anello A è detto *integrità in R* (integralmente chiuso in R) allora e soltanto allora, che R sia un'oggetto primario contenente A tale che

$$I\left(\frac{R}{A}\right) = A.$$

Dal teorema 84 segue che l'integrità di R sopra un qualsiasi sotto-anello di R è integrità in R.

L'integrità di un oggetto primario R sopra l'anello [1] generato dall'elemento 1 sarà detta semplicemente l'*integrità di R* e designata con $I(R)$ invece di $I\left(\frac{R}{[1]}\right)$. Essa è sottoanello di ogni integrità in R.

§ 5. Estensioni proiettive.

89. *Se un aspetto s, contenuto in un oggetto primario R, non può essere esteso con l'elemento x di R, l'inverso x^{-1} di x è integro sopra s e si ha $x^{-1} \in \mathfrak{P}$ per ogni estensione S di s che contiene x^{-1}.*

Dimostrazione. – Dall'ipotesi segue (ved. 80) $1 \subset \mathfrak{p} \cdot [s, x]$ equivalente ad un'equazione del tipo

$$1 = p_0 + p_1 \cdot x + \ldots + p_n \cdot x^n \quad (\text{con } p_i \in \mathfrak{p}).$$

86 — 89

Siccome l'elemento x non può essere integro sopra s (ved. 82) e perciò nemmeno infinitesimale, esiste l'elemento $x^{-1} \in R$ per il quale l'equazione precedente ci dà

$$(x^{-1})^n + \frac{p_1}{p_0 - 1} \cdot (x^{-1})^{n-1} + \dots + \frac{p_n}{p_0 - 1} = 0 \quad \left(\frac{p_i}{p_0 - 1} \in \mathfrak{p} \right),$$

cioè che x^{-1} è integro sopra s (teorema 86) e da $x^{-1} \in S$, $\mathfrak{P} \cap s = \mathfrak{p}$ segue
$(x^{-1})^n \subset \mathfrak{P}$ e quindi $x^{-1} \subset \mathfrak{P}$. C.d.d.

90. *Se* x_1, $x_2, \dots, x_h$ *sono elementi non infinitesimali di un oggetto primario*
R, *ogni aspetto* s *contenuto in* R *può essere esteso con uno degli insiemi*

$$\frac{x_1}{x_m}, \frac{x_2}{x_m}, \dots, \frac{x_h}{x_m} \qquad (m = 1, 2, \dots, h).$$

DIMOSTRAZIONE. – Per $h = 1$ questo sistema è costituito solamente dal-
l'elemento 1 contenuto in ogni aspetto $s \subset R$.

Supponiamo che il teorema sia già dimostrato per $h < n$ e consideriamo
il caso $h = n$.

Sappiamo dunque che s può essere esteso con uno degli insiemi E_j:

$$\frac{x_1}{x_j}, \frac{x_2}{x_j}, \dots, \frac{x_{n-1}}{x_j} \qquad (j = 1, 2, \dots, n - 1).$$

Sia s' estensione di s con E_j. Secondo 89 esiste un'estensione S di s' o
con $\dfrac{x_n}{x_j}$ o con $\dfrac{x_j}{x_n}$ cosicché S contiene nel primo caso

(*)
$$\frac{x_i}{x_j} \quad (i = 1, 2, \dots, n)$$

nel secondo caso

(**)
$$\frac{x_i}{x_j} \cdot \frac{x_j}{x_n} = \frac{x_i}{x_n} \quad (i = 1, 2, \dots, n).$$

Essendo S anche estensione di s, si conclude ormai (ved. 76) che esiste
anche un'estensione di s con (*) o con (**). C. d. d.

§ 6. Prospettive chiuse.

91. DEFINIZIONI. – Una estensione di una prospettiva o di un aspetto si
dice *interna* quando l'oggetto dell'estensione coincide con quello dell'aspetto
esteso. Altrimenti essa si chiama *esterna*.

89 — 91

Una prospettiva (un aspetto) sarà detta (detto) *chiusa (chiuso)* allora e soltanto allora che essa (esso) non ammetta estensione interna nel senso proprio.

Ricordiamo che un anello A è chiamato *noetheriano* precisamente allora che ogni ideale di A abbia base finita. Vale allora il teorema di Lasker-Noether secondo il quale ogni ideale $\mathfrak{a}$ di A è intersezione ridotta

$$\mathfrak{a} = \mathfrak{q}_1 \cap \mathfrak{q}_2 \cap \ldots \cap \mathfrak{q}_h \qquad (h \geq 1)$$

di ideali primari $\mathfrak{q}_i$ tali che gl'ideali primi associati $\mathfrak{p}_i$ sono diversi fra di loro. Quest'ultimi ideali $\mathfrak{p}_i$ sono determinati univocamente dall'ideale $\mathfrak{a}$. Li chiameremo, ed essi soli, *i divisori primi di* $\mathfrak{a}$.

92. *Per ogni aspetto noetheriano s vale* $\underset{n=1,\,\ldots\,\infty}{\cap} \mathfrak{p}^n = 0$ (Teorema di Krull).

Dimostrazione. – Siano $\underset{n=1,\,\ldots\,\infty}{\cap} \mathfrak{p}^n = \mathfrak{d} = \mathfrak{q} \cap \mathfrak{a}$ e $\mathfrak{d} \cdot \mathfrak{p} = \mathfrak{q}' \cap \mathfrak{a}'$, dove $\mathfrak{q}$, $\mathfrak{q}'$ abbiano il solo divisore primo $\mathfrak{p}$, il quale non sia divisore primo di $\mathfrak{a}$, $\mathfrak{a}'$. Siccome nessuno dei divisori primi di $\mathfrak{a}'$ contiene $\mathfrak{p}$, da $\mathfrak{d} \cdot \mathfrak{p} \subset \mathfrak{a}'$ segue che $\mathfrak{d} \subset \mathfrak{a}'$. Ora, essendo $\mathfrak{d}$ contenuto in ogni potenza di $\mathfrak{p}$, $\mathfrak{d}$ è anche contenuto nell'ideale primario $\mathfrak{q}'$ e pertanto in $\mathfrak{q}' \cap \mathfrak{a}' = \mathfrak{d} \cdot \mathfrak{p}$. Mediante una base d_1, d_2, $\ldots$, d_h dell'ideale $\mathfrak{d}$ si ottengono da $\mathfrak{d} \subset \mathfrak{d} \cdot \mathfrak{p}$ le equazioni $d_i = \underset{j}{\Sigma}\, p_{ij} \cdot d_j$ $(i = 1, 2, \ldots, h)$ con $p_{ij} \in \mathfrak{p}$, dalle quali segue $d_i = 0$ $(i = 1, 2, \ldots, h)$, cioè $\mathfrak{d} = 0$, poiché il determinante $|\, \delta_{ij} - p_{ij}\,|$ non appartiene all'origine $\mathfrak{p}$.

93. *Un aspetto noetheriano s di un corpo è chiuso allora e soltanto allora che l'origine $\mathfrak{p}$ sia ideale principale.*

Dimostrazione. – I. Sia $\mathfrak{p}$ prospettiva chiusa del corpo $k = (s)$.

Se $s = k$, l'ideale $\mathfrak{p}$ è zero (ved. 78) e perciò ideale principale.

Se $s \neq k$, l'ideale $\mathfrak{p}$ è $\neq 0$ cosicché possiamo supporre, essendo s noetheriano, $\mathfrak{p} = p_1 \cdot s + p_2 \cdot s + \ldots + p_h \cdot s$ $(h \geq 1)$, dove tutti i $p_i \in \mathfrak{p}$ sono $\neq 0$ e pertanto non-infinitesimali. Il teorema 90 garantisce allora l'esistenza di una estensione S di s con, per es.,

$$\frac{p_1}{p_m}, \frac{p_2}{p_m}, \ldots, \frac{p_h}{p_m}.$$

Ma, trattandosi di un'estensione interna dell'aspetto chiuso s, deve essere $S = s$ e quindi $\dfrac{p_i}{p_m} = a_i \in s$, il che dimostra $\mathfrak{p} = p_m \cdot s$.

II. Supponiamo viceversa $\mathfrak{p} = p \cdot s$.

Il caso $\mathfrak{p} = 0$ corrisponde all'aspetto $s = k$, che veramente è chiuso.

91 — 93

Se $\mathfrak{p} \neq 0$, definiamo per ogni $x \in s$ diverso da zero, quale *ordine di x nella prospettiva* $\mathfrak{p}$, un numero intero $n = n(x) \geq 0$ mediante le condizioni $x \in \mathfrak{p}^n$, $x \subset\!\!\!\!|\; \mathfrak{p}^{n+1}$ ($\mathfrak{p}^0 = s$), le quali si possono sempre soddisfare, e cioè con un solo n, in forza del teorema 92. Vale allora la relazione

$$(*) \qquad\qquad x = a \cdot p^n \qquad\qquad (a \in s,\ a \subset\!\!\!\!|\; \mathfrak{p}$$

che, del resto, caratterizza l'ordine $n = n(x)$. Ne segue la formula

$$(**) \qquad\qquad n(x \cdot y) = n(x) + n(y).$$

Se per $z \in k$, $z \neq 0$ si definisce *l'ordine di z nella prospettiva* $\mathfrak{p}$ mediante l'equazione $n(z) = n(x) - n(y)$, partendo da una rappresentazione $z = \dfrac{x}{y}$ con $x,\ y \in s$, questo numero $n(z)$ è indipendente dalla scelta di $x,\ y \in s$ e le formule $(*)$, $(**)$ si estendono a tutti gli elementi $x,\ y \neq 0$ del corpo k.

Ora si constata subito che

$$(^+) \qquad x \in \mathfrak{p} \text{ equivale a } x = 0 \text{ o } n(x) > 0;\ x \in s \text{ equivale a } x = 0 \text{ o } n(x) \geq 0.$$

Ne segue che per ogni elemento x di k non appartenente ad s vale: $n(x^{-1}) = -n(x) > 0$, cioè $x^{-1} \subset \mathfrak{p}$, cosicché x non può appartenere (ved. 78) neanche ad un'estensione di s.

Con ciò l'aspetto s è dimostrato essere chiuso.

94. *Ogni ideale in un aspetto noetheriano chiuso s di un corpo è potenza di $\mathfrak{p}$ purché esso non sia 0 o s.*

DIMOSTRAZIONE. - Si scelga $a \neq 0$ nell'ideale $\mathfrak{a} \neq 0$, s di s in modo che il suo ordine $n(a) = m$ sia minimo fra gli ordini degli elementi diversi da zero di $\mathfrak{a}$. Ponendo $\mathfrak{p} = p \cdot s$ si ha allora $n(x \cdot p^{-m}) = n(x) - m \geq 0$ per ogni elemento $x \neq 0$ di $\mathfrak{a}$, cioè $x \in p^m \cdot s$ e pertanto $\mathfrak{a} \subset \mathfrak{p}^m$, mentre $n(p^m \cdot a^{-1}) = 0$ mostra $p^m \subset a \cdot s$ e quindi $\mathfrak{p}^m \subset \mathfrak{a}$.

95. *Un anello A noetheriano il cui oggetto $(A) = k$ sia corpo è aspetto chiuso allora e soltanto allora che da $x \in k$, $x \subset\!\!\!\!|\; A$ segua sempre $x^{-1} \subset A$.*

DIMOSTRAZIONE. - I. In un aspetto chiuso s segue (ved. $(^+)$) da $x \in (s)$, $x \subset\!\!\!\!|\; s$, che l'ordine $n(x)$ è negativo e pertanto $n(x^{-1}) > 0$, cioè $x^{-1} \subset \mathfrak{p} \subset s$.

II. Supponiamo che A sia noetheriano e che $x \in k$, $x \subset\!\!\!\!|\; A$ abbiano sempre come conseguenza $x^{-1} \subset A$.

Sia $\mathfrak{o}$ l'insieme di tutti gli elementi $x \in A$ che generano in A un ideale $x \cdot A$ non contenente l'elemento 1 di k. Possiamo affermare allora:

1) Da $x \in \mathfrak{o}$, $z \in A$ segue $x \cdot z \subset \mathfrak{o}$, perché altrimenti $x \cdot z \cdot A$ e ancor più $x \cdot A \supset x \cdot z \cdot A$ conterrebbero l'elemento 1.

93 — 95

2) Da $x \in \mathfrak{o}$, $y \in \mathfrak{o}$ segue $x - y \subset \mathfrak{o}$. Ciò è chiaro nel caso in cui $x = 0$ oppure $y = 0$. Se però $x \neq 0$, $y \neq 0$, concludiamo dall'ipotesi fatta su A che $\frac{x}{y} \subset A$ o $\frac{y}{x} \subset A$. Supponiamo $\frac{y}{x} = a \subset A$. Vale allora $(x - y) \cdot A = x \cdot (1 - a) \cdot A \subset x \cdot A =\!|\!\supset 1$ e quindi $(x - y) \cdot A =\!|\!\supset 1$, cioè $x - y \subset \mathfrak{o}$.

Con le osservazioni 1) e 2) è dimostrato che $\mathfrak{o}$ è ideale.

Evidentemente $A \supset 1 \subset\!|\!= \mathfrak{o}$. Se $x \in k$ non è elemento dell'ideale $\mathfrak{o}$, vale $x \cdot A \supset 1$ e perciò $x^{-1} \in A$. Sono soddisfatte dunque le premesse del teorema 68 e quindi A è aspetto di $(A) = k$ in una prospettiva con l'origine $\mathfrak{p} = \mathfrak{o}$. Ponendo $\mathfrak{p} = p_1 \cdot s + \ldots + p_h \cdot s$ supponiamo che h sia il numero minimo degli elementi base di $\mathfrak{p}$. Se fosse $h > 1$, si concluderebbe dalle nostre ipotesi o $\frac{p_2}{p_1} \subset s$ oppure $\frac{p_1}{p_2} \subset s$, cioè che o p_2 oppure p_1 sarebbero superflui nella base di $\mathfrak{p}$. Essendo dunque $\mathfrak{p} = p_1 \cdot s$ è chiaro ormai che l'anello $A = s$ è aspetto chiuso (ved. **93**).

96. Conveniamo di usare come sinonime le espressioni « aspetto chiuso noetheriano non totale di un corpo » e « *aspetto perfetto* », data l'importanza e la preponderanza di tali aspetti e delle prospettive corrispondenti che pure chiameremo perfette.

Le prospettive perfette sono massimali nel senso precisato dal teorema seguente:

Se un aspetto S di un corpo k contiene un aspetto perfetto s di k si ha o $S = k$ o $S = s$.

Dimostrazione. - L'insieme $\mathfrak{P} \cap s$ è, in conseguenza dell'ipotesi $s \subset S$, ideale e cioè ideale primo in s, il quale (ved. **94**) non può essere che $\mathfrak{p}$ o 0, perché il fatto $1 \subset\!|\!= \mathfrak{P}$ impedisce che esso sia s. Nel caso $\mathfrak{P} \cap s = 0$ si ha $S \supset (s) = k$. L'altra possibilità $\mathfrak{P} \cap s = \mathfrak{p}$ caratterizza S come estensione di s, cosicché S deve coincidere con s, essendo s chiuso. C. d. d.

97. *Se s_1, $s_2, \ldots, s_h$ sono aspetti perfetti di un medesimo corpo k, per qualunque $a_i \in s_i$ e qualunque potenze $\mathfrak{p}_i{}^n$ esiste $x \in s_1 \cap s_2 \cap \ldots \cap s_h$ tale che valgono simultaneamente le equazioni*

$$x \equiv a_i \quad \text{in} \quad s_i / \mathfrak{p}_i{}^{n_i} \qquad\qquad (i = 1, \, 2, \ldots, \, h).$$

Dimostrazione. - I. Supponiamo dapprima

$$n_1 = n_2 = \ldots = n_h = 1, \qquad a_1 = 1, \, a_2 = \ldots = a_h = 0,$$

e dimostriamo il teorema in questo caso speciale per induzione rispetto ad h.

Per $h = 2$ segue dal teorema precedente $s_1 \subset\!|\!= s_2$, $s_2 \subset\!|\!= s_1$, cosicché esistono $x_1 \in s_1$, $x_2 \in s_2$ tali che $x_1 \subset\!|\!= s_2$, $x_2 \subset\!|\!= s_1$. Esprimendo allora x_1^{-1}, x_2^{-1} nel

95 — 97

modo (*) definito in **93**, si verificano subito le equazioni

$$\frac{x_2}{x_1 + x_2} \equiv 1 \text{ in } s_1/\mathfrak{p}_1, \qquad \frac{x_2}{x_1 + x_2} \equiv 0 \text{ in } s_2/\mathfrak{p}_2$$

che dimostrano il teorema nel caso speciale $h = 2$.

Supponendo che sia già provato quel teorema speciale per meno di h prospettive, possiamo affermare l'esistenza di elementi x_i $(i = 1, 2, \dots, h-1)$ con le proprietà

$$x_i \in s_1 \cap s_2 \cap \dots \cap s_{h-1}, \qquad x_i \equiv \delta_{ij} \text{ in } s_j/\mathfrak{p}_j \qquad (i, j = 1, 2, \dots, h-1).$$

Se $x_1 \subset\!\!\!\!\!= s_h$, l'ordine di

$$x = \frac{x_1}{x_1{}^L + x_2 + \dots + x_{h-1}} \qquad (\text{con } 1 < L > \text{ ordine di } x_i{}^{-1} \text{ in } \mathfrak{p}_h, \ i \neq 1)$$

in $\mathfrak{p}_h$ sarà positivo, cosicché x soddisfa alle condizioni proposte

$$(*) \qquad\qquad x \equiv 1 \text{ in } s_1/\mathfrak{p}_1, \qquad x \equiv 0 \text{ in } s_i/\mathfrak{p}_i \qquad\qquad (i = 2, \dots, h).$$

Se però $x_1 \subset s_h$, si prenda $z \in s_1 \cap s_3 \cap s_4 \cap \dots \cap s_h$ con $z \equiv 1$ in $s_1/\mathfrak{p}_1$, $z \equiv 0$ in $s_i/\mathfrak{p}_i$ $(i = 3, 4, \dots, h)$ e si formi $x = z \cdot x_1{}^L$. Scegliendo L in modo tale che sia $(L + \text{ ordine di } z \text{ in } \mathfrak{p}_2) > 0$, si ottiene anche in questo caso una soluzione delle equazioni (*).

II. Siano ora $a_i \in s_i$ qualunque. Secondo I esistono elementi x_i appartenenti a $s_1 \cap s_2 \cap \dots \cap s_h$ tali che valgono le equazioni $x_i \equiv \delta_{ij}$ in $s_j/\mathfrak{p}_j$. Scegliendo allora l'esponente L in

$$x = \sum_{i=1}^{h} a_i \cdot (1 - (1 - x_i)^L)^L$$

in modo che siano soddisfatte le disuguaglianze

$$L \geq n_j, \qquad (L + \text{ ordine di } a_i \text{ in } \mathfrak{p}_j) \geq n_j \qquad (i \neq j)$$

questo x sarà la soluzione alla quale allude il teorema da dimostrare.

§ 7. Integrità di corpi.

98. *Se A è anello noetheriano con elemento 1, ogni sotto-A-modulo di un A-modulo algebrico è algebrico.*

DIMOSTRAZIONE. - Ricordiamo che secondo **16** l'algebricità di un A-modulo M significa l'esistenza di una A-base finita di M. Sia dunque $M = \sum_{i=1}^{n} A \cdot u_i$. L'insieme $\mathfrak{a}_h$ dei coefficienti a_h nelle somme $\sum_{i=h}^{n} a_i \cdot u_i$ (con $a_i \in A$) appartenenti a un dato sotto-A-modulo M_0 di M è ideale in A e per-

97 — 98

tanto A-modulo algebrico: $\mathfrak{a}_h = \overset{n_h}{\underset{i=1}{\Sigma}} a_{hi} \cdot A$. Esistono allora elementi $v_{hi} = a_{hi} \cdot$

$\cdot u_h + \dots$ di M_0, la cui totalità costituisce evidentemente una A-base di M_0.

99. *Se S_0 è aspetto perfetto, ogni S_0-modulo algebrico di un sopracorpo di S_0 ammette una S_0-base linearmente indipendente.*

DIMOSTRAZIONE. - Sia $M = \overset{n}{\underset{i=1}{\Sigma}} S_0 \cdot u_i$ un S_0-modulo contenuto nel corpo K

e supponiamo $\overset{n}{\underset{i=1}{\Sigma}} a_i \cdot u_i = 0$ $(a_i \in S_0)$ senza che siano zero tutti i coefficienti a_i.

Ponendo $\mathfrak{p}_0 = p_0 \cdot S_0$ e scegliendo $p_0{}^m$ con esponente massimo tale che

$p_0{}^{-m} \cdot a_i = b_i \in S_0$ $(i = 1, 2, \dots, n)$, si avrà anche $\overset{n}{\underset{i=1}{\Sigma}} b_i \cdot u_i = 0$, poiché M è

contenuto in un corpo. Possiamo supporre per es. $b_1 \subset\!\!|= \mathfrak{p}_0$. Allora

$u_1 = \overset{n}{\underset{i=2}{\Sigma}} - b_i \cdot b_1{}^{-1} \cdot u_i \subset \overset{n}{\underset{i=2}{\Sigma}} S_0 \cdot u_i$ è superfluo nella base di M. Ecco un proce-

dimento per trovare una S_0-base linearmente indipendente di M.

100. *Se il corpo $K = (A, x)$ definito da $f(x) = x^n + a_1 \cdot x^{n-1} + \dots + a_n = 0$ $(a_i \in A)$ sopra il corpo $k = (A)$ generato dall'anello $A \supset 1$ è separabile sopra k, per $z \in K$ le due affermazioni*

$$T_{\underset{k}{K}}(z \cdot [A, x]) \subset A \quad e \quad z \in \frac{[A, x]}{f_x(x)}$$

sono equivalenti.

DIMOSTRAZIONE. - Trattandosi in quel che segue sempre dello stesso tipo di traccia, scriveremo semplicemente T invece di $T_{\underset{k}{K}}$.

Notiamo anzitutto che

(*) $T(z \cdot [A, x]) \subset A$ equivale a $T(z \cdot x^i) = c_i \in A$ $(i = 0, 1, \dots, n-1)$.

Infatti, da $[A, x] = \overset{n-1}{\underset{i=0}{\Sigma}} A \cdot x^i$ segue $T(z \cdot [A, x]) = \overset{n-1}{\underset{i=0}{\Sigma}} A \cdot T(z \cdot x^i)$.

I. Scegliendo gli automorfismi σ_i del corpo galoisiano K^* determinato da K sopra k come in **62**, le condizioni (*) si traducono nelle

(**) $\overset{n}{\underset{j=1}{\Sigma}} z^{\sigma_j} \cdot x_j{}^i = c_i$ $(i = 0, 1, \dots, n-1)$

dove $x_j = x^{\sigma_j}$.

Ora, dall'identità in $K^*[X]$

$$\frac{f(X) - f(x)}{X - x} = \overset{n-1}{\underset{i=0}{\Sigma}} g_i(x) \cdot X^i, \qquad (g_i(x) \in [A, x])$$

98 — 100

8

si trae

$$\sum_{i=0}^{n-1} g_i(x) \cdot x_j{}^i = \begin{cases} f_x(x) \text{ per } x_j = x, \\ 0 \quad \text{ per } x_j \neq x, \end{cases}$$

cosicché da (**) risulta

$$z \cdot f_x(x) = \sum_{i=0}^{n-1} c_i \cdot g_i(x) \in [A,\ x].$$

II. Avendo il polinomio

$$X^r - \sum_{j=1}^{n} \frac{f(X)}{X - x_j} \cdot \frac{x_j{}^r}{f_x(x_j)} \in K^*[X],$$

gli zeri $X = x_j$ $(j = 1, 2, \ldots, n)$, esso è identicamente zero per $r < n$.
Il suo coefficiente di X^{n-1} fornisce dunque le relazioni

$$\sum_{j=1}^{n} \frac{x_j{}^r}{f_x(x_j)} = T\!\left(\frac{x^r}{f_x(x)}\right) = \begin{cases} 0 \text{ per } 0 \leq r < n - 1, \\ 1 \text{ per } r = n - 1. \end{cases}$$

Se ora

$$z \in \frac{[A,\ x]}{f_x(x)},$$

si deduce da $z \cdot x^i \cdot f_x(x) = \sum_{r=0}^{n-1} b_r \cdot x^r$ (con $b_r \in A$) che $T(z \cdot x^i) = b_{n-1}$ cioè $T(z \cdot x^i) \in A$ e ciò per la (*), dimostra che $T(z \cdot [A,\ x]) \subset A$.

101. *Ogni isomorfismo σ di un oggetto R muta un aspetto S di R in un aspetto S^σ di R^σ, un aspetto chiuso in un aspetto chiuso, l'integrità $I\!\left(\dfrac{R}{A}\right)$ di R (supposto primario) sopra un sottoanello $A \supset 1$ nell'integrità di R^σ sopra A^σ.*

Ciò risulta subito dal carattere invariantivo di fronte a isomorfismi delle definizioni alle quali si riferisce questo teorema.

102. *Sia $A \supset 1$ integrità in $k = (A)$ e $K = (A,\ x)$ definito sopra k da $f(x) = x^n + a_1 \cdot x^{n-1} + \ldots + a_n = 0$ $(a_i \in A)$, separabile sopra k. Allora*

$$(*) \qquad\qquad I\!\left(\frac{K}{A}\right) \subset \frac{[A,\ x]}{f_x(x)}.$$

DIMOSTRAZIONE. – Riprendiamo le notazioni usate nella dimostrazione del teorema 100.

Se $z \in I\!\left(\dfrac{K}{A}\right)$, anche $z \cdot y \in I\!\left(\dfrac{K}{A}\right)$ per ogni $y \in [A,\ x]$, essendo x integro so-pra A. Da $z \cdot y \in I\!\left(\dfrac{K^*}{A}\right)$ (ved. 87) deduciamo allora (ved. 101) $z^{\sigma_i} \cdot y^{\sigma_i} \in I\!\left(\dfrac{K^*}{A}\right)$ e

$$100 - 102$$

quindi $T(z \cdot y) \subset I\left(\dfrac{K^*}{A}\right) \frown k = A$. Invero, $I\left(\dfrac{K^*}{A}\right) \frown k$, che secondo 87 coincide con $I\left(\dfrac{k}{A}\right)$, è l'integrità A stessa. Avendo dimostrato $T(z \cdot [A, \ x]) \subset A$, basta tener conto di 100, per trovare (*).

103. *Se il corpo K è algebrico, 0-dimensionale e separabile sopra K_0, l'integrità di K sopra un qualsiasi aspetto perfetto S_0 di K_0 ha una S_0-base costituita da $n = $ grado $\dfrac{K}{K_0}$ elementi linearmente indipendenti sopra K_0.*

DIMOSTRAZIONE. – L'anello S_0 è integrità in K_0, perchè S_0 non ammette (ved 91, 96) estensione interna oltre S_0 (ved 82).

Applicando poi il teorema precedente, dopo aver generato il corpo K nel modo $K = (S_0, \ x)$ con $f(x) = x^n + a_1 \cdot x^{n-1} + \dots + a_n = 0$ $(a_i \in S_0)$, il che sempre è possibile, troviamo

$$I\left(\frac{K}{S_0}\right) \subset \sum_{i=0}^{n-1} S_0 \cdot \frac{x^i}{f_x(x)} \ .$$

Ma $I\left(\dfrac{K}{S_0}\right)$, che ovviamente è sotto-S_0-modulo del membro destro, ha una S_0-base linearmente indipendente (ved. 98, 99). Il numero di questi elementi base non può essere minore di n, poichè ogni elemento z di K diventa integro sopra S_0 per moltiplicazione con coefficiente $c_0 \neq 0$ di un'equazione $c_0 \cdot z^m + c_1 \cdot z^{m-1} + \dots + c_m = 0$ (con $c_i \in S_0$) soddisfatta da z.

104. *Sotto l'ipotesi che il corpo K di caratteristica $p \neq 0$ sia algebrico e 0-dimensionale sopra l'oggetto (S_0) dell'aspetto perfetto S_0 e che l'S_0-modulo $S_0^{p^{-1}}$ sia algebrico, l'integrità di K sopra S_0 ha una S_0-base costituita da $n = $ grado $\dfrac{K}{(S_0)}$ elementi linearmente indipendenti.*

DIMOSTRAZIONE. – Sia K_1 il massimo corpo intermedio separabile di K sopra (S_0). Esiste allora (ved. 26) una potenza p^m tale che $K^{p^m} \subset K_1$ e quindi

$$I\left(\frac{K}{S_0}\right)^{p^m} \subset I\left(\frac{K}{S_0}\right) \frown K_1 = I\left(\frac{K_1}{S_0}\right), \quad \text{cioè} \quad I\left(\frac{K}{S_0}\right) \subset I\left(\frac{K_1}{S_0}\right)^{p^{-m}}$$

Secondo l'ipotesi sia $S_0^{p^{-1}} = \Sigma\, S_0 \cdot v_i$. Da ciò si deduce successivamente $S_0^{p^{-2}} = \Sigma\, S_0^{p^{-1}} \cdot v_i^{p^{-1}} = \Sigma\, S_0 \cdot v_i \cdot v_j^{p^{-1}}$, ecc. finchè si ottiene

$$S_0^{p^{-m}} = \Sigma\, S_0 \cdot v_i \cdot v_j^{p^{-1}} \dots v_k^{p^{-(m-1)}},$$

102 — 104

mentre la separabilità di K_1 sopra (S_0) permette di supporre

$$I\left(\frac{K_1}{S_0}\right) = \Sigma\, S_0 \cdot u_l, \quad \text{cioè} \quad I\left(\frac{K_1}{S_0}\right)^{p^{-m}} = \Sigma\, S_0^{p^{-m}} \cdot u_l^{p^{-m}}.$$

Essendo dunque

$$I\left(\frac{K}{S_0}\right) \subset \Sigma\, S_0 \cdot v_i \cdot v_j^{p^{-1}} \cdot \ldots \cdot v_k^{p^{-(m-1)}} \cdot u_l^{p^{-m}}$$

anche l'S_0-modulo a sinistra sarà (ved. 98) algebrico. La sua S_0-base, resa indipendente secondo **99**, è costituita da n elementi, poichè $S_0 \cdot z \cap I\left(\frac{K}{S_0}\right) \neq 0$ per ogni $z \in K$ (ved. la fine di **103**). C. d. d.

105. *L'integrità assoluta $I(K)$ di un corpo K algebrico 0-dimensionale di caratteristica 0 e grado assoluto n è modulo generato da n elementi linearmente indipendenti sopra il corpo primo.*

DIMOSTRAZIONE. - Possiamo supporre $K = (x)$ definito da $x^n + \ldots + a_n = = f(x) = 0$ con $a_l \in [1]$ (ved. **33**). Allora (ved. **102**)

$$I(K) \subset \sum_{m=0}^{n-1} [1] \cdot \frac{x^m}{f_x(x)}.$$

La dimostrazione del teorema **98** fornisce una base del modulo $I(K)$ costituita da n elementi, mentre il fatto: $z \cdot [1] \cap I(K) \neq 0$ (per $z \neq 0$ qualunque di K), mostra che quegli elementi base sono linearmente indipendenti sopra (1).

106. Per ogni prospettiva perfetta $\mathbb{D}$ definiamo, qualunque sia il numero intero n, la potenza $\mathbb{D}^n$ della sua origine $\mathbb{D} = p \cdot S$ stabilendo, che $\mathbb{D}^n$ significhi l'S-modulo $p^n \cdot S$ generato in K da p^n, il che ovviamente non dipende dalla scelta dell'elemento base p di $\mathbb{D}$. Per conformità con $\underset{n=1,\ldots\infty}{\cap} \mathbb{D}^n = 0$ (ved. **92**) poniamo $\mathbb{D}^{+\infty} = 0$.

107. *Se il corpo K è algebrico e 0-dimensionale sopra l'oggetto (S_0) dell'aspetto perfetto S_0, si definisca per ogni $z \in K$ l'ordine $n = n(z)$ di z in $\mathbb{D}_0$ postulando $n(0) = +\infty$ e per $z \neq 0$:*

$$(*) \qquad\qquad z \subset \mathbb{D}_0^n \cdot I\left(\frac{K}{S_0}\right), \qquad z \subset\!\!\!|\!\!= \mathbb{D}_0^{n+1} \cdot I\left(\frac{K}{S_0}\right).$$

*Questo ordine coincide per $z \neq 0$, $z \in (S_0)$ con quello definito in **93** e soddisfa*

104 — 107

alle relazioni

$$n(z_1 + z_2) \geq min\,(n(z_1),\ n(z_2)) \quad per \quad z_1,\ z_2 \in K,$$
$$n(z \cdot z_0) = n(z) + n(z_0) \quad per \quad z \in K,\ z_0 \in (S_0).$$

DIMOSTRAZIONE. - Siccome in ogni aspetto perfetto S_0 vale il teorema dell'unicità, a meno di unità, della decomposizione degli elementi $\neq 0$ in fattori primi, un noto teorema afferma la medesima unicità per l'anello $S_0[X]$ dei polinomi sopra S_0.

Supponendo dunque come in (*) $z \cdot p_0^{-n} \subset I\left(\dfrac{K}{S_0}\right)$ (con $p_0 \cdot S_0 = \mathbb{P}_0$), si trova un'unica equazione

$$(z \cdot p_0^{-n})^m + b_1 \cdot (z \cdot p_0^{-n})^{m-1} + \ldots + b_m = 0 \quad (con\ b_i \in S_0)$$

con $X^m + b_1 \cdot X^{m-1} + \ldots + b_m$ irriducibile in $S_0[X]$ e quindi in $(S_0)[X]$. Allora

$$z^m + b_1 \cdot p_0^{n} \cdot z^{m-1} + \ldots + b_m \cdot p_0^{mn} = 0$$

è l'equazione irriducibile a cui soddisfa z sopra il corpo (S_0), donde segue che gli elementi $b_h \cdot p_0^{hn}$ di (S_0) sono determinati da z. Uno almeno di questi, sia $b_h \cdot p_0^{hn}$, è diverso da 0 se $z \neq 0$. Designando il suo ordine, calcolato secondo **93**, con m_h, si ha $n \cdot h \leq m_h$, dato che l'ordine di $b_h \in S_0$ è 0 o positivo. Con ciò è dimostrato l'esistenza di un numero n soddisfacente alle condizioni (*) nel caso $z \neq 0$.

I. Se in particolare $z \in (S_0)$, si deduce da

$$p_0^{-n} \cdot z \subset I\left(\frac{K}{S_0}\right) \frown (S_0) = I\left(\frac{(S_0)}{S_0}\right) = S_0, \quad p_0^{-n-1} \cdot z \subset\!\!\!\!\!\not=\ S_0$$

che in tale caso n coincide con l'ordine di z introdotto in **93**.

II. Sia $n(z_1) = n_1 \geq n_2 = n(z_2)$ (supposto $z_1 \cdot z_2 \neq 0$). Da

$$z_1 \subset \mathbb{P}_0^{n_1} \cdot I\left(\frac{K}{S_0}\right) \subset \mathbb{P}_0^{n_2} \cdot I\left(\frac{K}{S_0}\right), \quad z_2 \subset \mathbb{P}_0^{n_2} \cdot I\left(\frac{K}{S_0}\right)$$

segue

$$z_1 + z_2 \subset \mathbb{P}_0^{n_2} \cdot I\left(\frac{K}{S_0}\right)$$

e quindi $n(z_1 + z_2) \geq n_2 = min\,(n(z_1),\ n(z_2))$.

III. Sia $n(z) = n$ e $n(z_0) = m$ Allora

$$z \cdot z_0 \subset \mathbb{P}_0^{n+m} \cdot I\left(\frac{K}{S_0}\right).$$

Se fosse

$$z \cdot z_0 \subset \mathbb{P}_0^{n+m+1} \cdot I\left(\frac{K}{S_0}\right),$$

107

si avrebbe

$$z \subset z_0^{-1} \cdot \mathbb{P}_0^{n+m+1} \cdot I\left(\frac{K}{S_0}\right) = \mathbb{P}_0^{n+1} \cdot I\left(\frac{K}{S_0}\right)$$

contrariamente al significato di n. Dunque $n(z \cdot z_0) = n + m$.

    C. d. d.

108. *Se il corpo K è algebrico e 1-dimensionale sopra k mentre $x \in K$ è algebricamente indipendente sopra k, si ha*

$$I\left(\frac{K}{[k,\ x]}\right) = \sum_{i=1}^{g} [k,\ x] \cdot z_i \qquad con\ g = grado\, \frac{K}{(k,\ x)}.$$

(Teorema di F. K. SCHMIDT).

DIMOSTRAZIONE. – Sia $\mathbb{P}_0$ la prospettiva perfetta di base $[k,\ x^{-1}]$ individuata dall'ideale $x^{-1} \cdot [k,\ x^{-1}]$, e si indichi con $n(z)$ l'ordine di $z \in K$ in $\mathbb{P}_0$.

I. Dimostriamo dapprima che per ogni $z \in I\left(\frac{K}{[k,\ x]}\right)$ quest'ordine non supera 0, purchè non sia $z = 0$.

Infatti, se $n(z) > 0$, si ha (ved. 107) $z \subset x^{-1} \cdot I\left(\frac{K}{S_0}\right)$ cosicchè vale una equazione

(*) $(z \cdot x)^m + a_1 \cdot (z \cdot x)^{m-1} + \ldots + a_m = 0$ $(a_i \in S_0)$

con $X^m + a_1 \cdot X^{m-1} + \ldots + a_m$ irriducibile in $S_0[X]$ e quindi irriducibile in $K_0[X]$, dove K_0 designa il corpo $(k,\ x)$. Ma d'altra parte si deduce dall'ipotesi fatta su z l'esistenza di un'equazione irriducibile in $K_0[X]$

$$z^m + b_1 \cdot z^{m-1} + \ldots + b_m = 0 \quad con\ b_i \in [k,\ x]$$

la quale fornisce dal confronto con (*) le relazioni $b_i = a_i \cdot x^{-i}$ che, essendo $n(a_i) \geq 0$, mostrano $n(b_i) = n(a_i) + i \geq i \geq 1$, cioè $b_i \subset \mathbb{P}_0$. Basta ora osservare che $\mathbb{P}_0 \cap [k,\ x] = 0$ per provare che $z = 0$.

II. Come alla fine di **103** si assicura l'esistenza di g elementi di $I\left(\frac{K}{[k,\ x]}\right)$ linearmente indipendenti sopra K_0.

Si scelgono ora successivamente gli elementi $z_1,\ z_2, \ldots,\ z_g$ di $I\left(\frac{K}{[k,\ x]}\right)$ di modo che essi siano linearmente indipendenti sopra K_0 e valga la

(**) $n(z_i) \geq n(z)$ per ogni $z \in I\left(\frac{K}{[k,\ x]}\right),\ z \subset \sum_{j=1}^{i-1} K_0 \cdot z_j,$

il che evidentemente riesce finchè i sia $\leq g$. Invero per $i < g$ esiste uno z_{i+1}

107 — 108

linearmente indipendente da $z_1, ..., z_i$ soddisfacente la (**), perchè gli ordini $n(z)$ degli elementi di $I\left(\frac{K}{[k,\ x]}\right)$ diversi da 0 hanno secondo I un limite superiore ≤ 0.

Risulta subito

$$(^+) \qquad n(z_1) \geq n(z_2) \geq ... \geq n(z_g).$$

III. Ogni $z \in I\left(\frac{K}{[k,\ x]}\right)$ determina univocamente $a_i \in K_0$ tali che $z = \overset{g}{\underset{i=1}{\Sigma}}\, a_i \cdot z_i$.

Allora $a_i = b_i + c_i$ con $b_i \in [k,\ x]$, $c_i \in \mathbb{p}_0$, e quindi anche $\Sigma\, b_i \cdot z_i \in I\left(\frac{K}{[k,\ x]}\right)$. Se fosse $\Sigma\, c_i \cdot z_i \neq 0$, potremmo supporre $c_h \neq 0$, $c_i = 0$ per $i > h$ e pertanto (ved. 107), tenuto conto di $(^+)$,

$$n\left(\overset{h}{\underset{i=1}{\Sigma}}\, c_i \cdot z_i\right) \geq \min n(c_i \cdot z_i) \geq 1 + n(z_h),$$

essendo $n(c_i \cdot z_i) = n(c_i) + n(z_i)$ (ved. 107) e $n(c_i) \geq 1$ a causa di $c_i \subset \mathbb{p}_0$. Ma ciò contraddirebbe alla scelta di z_h, il quale deve realizzare il massimo ordine fra gli elementi non appartenenti a $\overset{h-1}{\underset{j=1}{\Sigma}}\, K_0 \cdot z_j$. Vale dunque $\underset{i}{\Sigma}\, c_i \cdot z_i = 0$, cioè $z = \Sigma\, b_i \cdot z_i$, il che mostra $I\left(\frac{K}{[k,\ x]}\right) \subset \underset{i}{\Sigma}\, [k,\ x] \cdot z_i$, mentre l'inverso di questa situazione è ovvio.

Il teorema or ora dimostrato ammette la seguente generalizzazione pure trovata da F. K. Schmidt:

Se K e $K_0 = (k, x_1, ..., x_n) \subset K$ sono algebrici e n-dimensionali sopra k, l'integrità di K relativa a $[k, x_1, ..., x_n]$ ha $[k, x_1, ..., x_n]$-base finita.

Dimostrazione. – Supponendo il teorema dimostrato per dimensioni minori di n, possiamo affermare, data una qualunque K_0-base indipendente $z_1, ..., z_m$ di $K = \overset{m}{\underset{i=1}{\Sigma}}\, K_0 \cdot z_i$, l'esistenza di polinomi $f, g \neq 0$, $\in [k, x_1, ..., x_n]$ con le proprietà

$$f \cdot I\left(\frac{K}{[(k,\ x_1),\ x_2, .., x_n]}\right) \subset \overset{m}{\underset{i=1}{\Sigma}}\, [(k, x_1), x_2, ..., x_n] \cdot z_i,$$

$$g \cdot I\left(\frac{K}{[(k,\ x_2, ..., x_n),\ x_1]}\right) \subset \overset{m}{\underset{i=1}{\Sigma}}\, [(k, x_2, ..., x_n), x_1] \cdot z_i,$$

dalle quali segue per ogni elemento y di

$$I\left(\frac{K}{[k,\ x_1, ..., x_n]}\right) \subset I\left(\frac{K}{[(k,\ x_1),\ x_2, ..., x_n]}\right) \cap I\left(\frac{K}{[(k,\ x_2, ..., x_n),\ x_1]}\right)$$

108

una relazione

$$f \cdot g \cdot y = \sum_{i=1}^{m} a_i \cdot z_i \qquad \text{con } a_i \in [k, x_1, \dots, x_n],$$

perchè $[(k, x_1), x_2, \dots, x_n] \cap [(k, x_2, \dots, x_n), x_1] = [k, x_1, \dots, x_n]$.

Essendo quindi l'integrità di K relativa a $[k, x_1, \dots, x_n]$ un sotto-$[k, x_1, \dots, x_n]$-modulo di

$$\sum_{i=1}^{m} [k, x_1, \dots, x_n] \cdot \frac{z_i}{f \cdot g},$$

avrà anche essa una $[k, x_1, \dots, x]$-base finita (ved. 98).

CAPITOLO IV

VARIETÀ

§ 1. Varietà in generale.

109. *Se A è base della prospettiva* $\mathbb{P}$, *ogni elemento di A attivo in A è attivo anche in S e l'oggetto di A può essere identificato con quello di S*, (identificazione, che sempre supponiamo eseguita).

Dimostrazione. – I. Sia $a \in A$ attivo in A e $a \cdot x = 0$ con $x \in S$. Essendo A base di $\mathbb{P}$, esiste $a' \in A$ tale che $a' \subset\!\mid= \mathbb{P}$ e $x \cdot a' = a'' \in A$. Allora $a \cdot a'' = 0$ e quindi $a'' = 0$, il che implica $x = 0$, poichè $a' \subset\!\mid= \mathbb{P}$ garantisce che a' è attivo in S (ved. 69).

Da ciò segue che ogni elemento $\dfrac{a}{b}$ ($a, b \in A$, b attivo in A) dell'oggetto (A) di A rappresenta anche un elemento dell'oggetto (S) di S. Identificando l'elemento $\dfrac{a}{b}$ di (A) con l'elemento $\dfrac{a}{b}$ di (S), si definisce (A) come sottoanello di (S).

II. Ogni elemento x di (S) è quoziente $\dfrac{a}{b} : \dfrac{c}{d}$ con $a, b, c, d \in A$; $b, d \subset\!\mid= \mathbb{P}$, $\dfrac{c}{d}$ attivo in S. Allora anche $b \cdot c = b \cdot d \cdot \dfrac{c}{d}$ è attivo in S, cosicchè esiste un elemento $y = \dfrac{a \cdot d}{b \cdot c}$ di $(A) \subset (S)$ soddisfacente in (S) all'equazione $y \cdot \dfrac{c}{d} = \dfrac{a \cdot d \cdot c}{b \cdot c \cdot d} = \dfrac{a}{b}$ e perciò uguale a x.

Con questo è dimostrato che il sottoanello (A) di (S) riempie tutto l'oggetto (S).

110. Definizione. – Una *varietà* è un insieme di prospettive (oppure di aspetti) soddisfacente alle condizioni seguenti:

108 — 110

I) *Due prospettive qualunque appartenenti ad una medesima varietà hanno base comune.*

II) *Se l'aspetto s appartiene ad una varietà, ogni prospettiva di base s appartiene altresì a questa varietà.*

Stabiliamo che il solo soddisfare a queste condizioni qualifica un insieme di prospettive come varietà.

Dalla prima proprietà delle varietà segue subito, tenuto conto del teorema **109**:

Tutte le prospettive costituenti una varietà sono prospettive di un medesimo oggetto

che chiameremo *l'oggetto della varietà*, mentre la varietà stessa sarà detta semplicemente u n a *varietà del suo oggetto*. Diciamo « una », perchè uno stesso oggetto ammette in generale una infinità di varietà.

Una varietà sarà chiamata *prima, primaria, non–primaria* secondochè il suo oggetto sia corpo, oggetto primario, anello non–primario.

111. *Due prospettive appartenenti ad una stessa varietà non ammettono mai una estensione comune.*

DIMOSTRAZIONE. - Se $\mathbb{P}$ è estensione tanto di $\mathfrak{p}_1$ quanto di $\mathfrak{p}_2$, valgono le relazioni $\mathbb{P} \cap s_1 = \mathfrak{p}_1$, $\mathbb{P} \cap s_2 = \mathfrak{p}_2$, $S \supset s_1$, $S \supset s_2$ che dànno

$$\mathfrak{p}_1 \cap s_1 \cap s_2 = \mathbb{P} \cap s_1 \cap s_2 = \mathfrak{p}_2 \cap s_1 \cap s_2.$$

Supposto che $\mathfrak{p}_1$, $\mathfrak{p}_2$ appartengano ad una stessa varietà, esse avranno base comune per la quale sempre può scegliersi l'intersezione $s_1 \cap s_2$. Le relazioni suddette mostrano allora, in quanto esprimono la coincidenza degli ideali che individuano $\mathfrak{p}_1$, $\mathfrak{p}_2$ in $s_1 \cap s_2$, che si tratta di una sola prospettiva $\mathfrak{p}_1 = \mathfrak{p}_2$.

112. *Per due prospettive* $\mathfrak{p}_1$, $\mathfrak{p}_2$ *appartenenti ad una stessa varietà, da* $\mathfrak{p}_2 \cap s_1 \subset \mathfrak{p}_1$ *segue sempre* $s_1 \subset s_2$ *e viceversa.*

DIMOSTRAZIONE. - Ogni $x \in s_1$ è quoziente $\dfrac{a}{b}$ con a, $b \in s_1 \cap s_2$, $b \subset\!\!\!\!\!\!|= \mathfrak{p}_1$ (ved. 110 I). Da $\mathfrak{p}_2 \cap s_1 \subset \mathfrak{p}_1$ segue che b non appartiene nemmeno a $\mathfrak{p}_2 \cap s_1$ e che perciò $\dfrac{a}{b}$ è anche un elemento di s_2.

La proposizione reciproca, cioè il fatto che da $s_1 \subset s_2$ segua $\mathfrak{p}_2 \cap s_1 \subset \mathfrak{p}_1$, è conseguenza del teorema **65**, non potendosi verificare il caso $s_1 \subset \mathfrak{p}_2$, perchè allora l'elemento 1 di $s_1 \subset s_2$, che coincide con l'elemento 1 di s_2, (essendo questo l'elemento 1 dell'oggetto della varietà), sarebbe contenuto in $\mathfrak{p}_2$.

110 — 112

È utile, a proposito del teorema or ora dimostrato, rappresentare gli aspetti e le origini corrispondenti, che in certo senso sono gli orizzonti delle prospettive, come se si trattasse di campi e dei loro contorni:

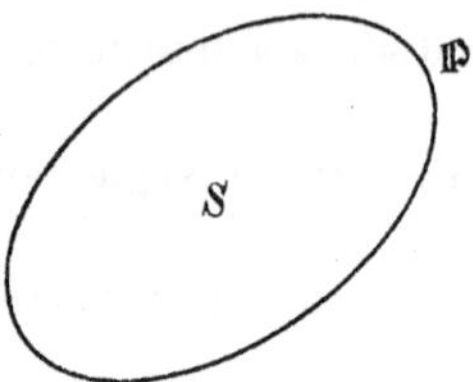

Il teorema suddetto dice allora che nel caso di prospettive appartenenti alla stessa varietà si hanno necessariamente le situazioni:

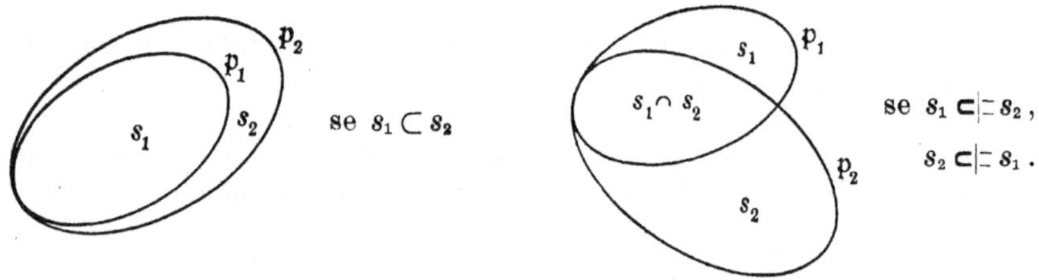

113. Se M designa un insieme di prospettive, semplifichiamo la locuzione dicendo $s \in M$ invece di dire che la prospettiva presentante s appartiene a M.

Ogni insieme M di prospettive, tale che due qualunque fra le prospettive di M abbiano base comune, diventa varietà aggiungendovi tutte le prospettive che hanno come base un aspetto appartenente a M.

DIMOSTRAZIONE. – Siano $\mathbb{P}_1$, $\mathbb{P}_2$ prospettive qualunque aventi come basi gli aspetti s_1, risp. s_2 appartenenti a M. Poichè $\mathfrak{p}_1$, $\mathfrak{p}_2$ hanno base comune $A \subset s_1 \cap s_2$, ogni elemento di s_1 è quoziente $\frac{a}{b}$ con a, $b \in s_1 \cap s_2$, $b \subset\!\!\!|\!\!= \mathfrak{p}_1$. Ma essendo s_1 base di $\mathbb{P}_1$ e pertanto $\mathbb{P}_1 \cap s_1 \neq s_1$, si ha $\mathfrak{p}_1 \supset \mathbb{P}_1 \cap s_1$ e quindi $b \subset\!\!\!|\!\!= \mathbb{P}_1$. Sono verificate dunque le premesse del teorema 75 da cui segue che $s_1 \cap s_2$ è base di $\mathbb{P}_1$ (e per ragione simile di $\mathbb{P}_2$).

L'insieme M' ottenuto da M nella maniera suddetta ha dunque la proprietà I caratteristica per le varietà.

Sia ora $\mathbb{P}_2$ una prospettiva qualunque avente come base un aspetto $S_1 \in M'$. Esiste allora un aspetto $s \in M$, base di $\mathbb{P}_1$. Ancor qui valgono le

112 — 113

premesse del teorema **75**, essendo ogni elemento di S_1 quoziente $\dfrac{a}{b}$ con $a, b \in s$, $b \subset\!\!\!\!= \mathbb{P}_1 \supset \mathbb{P}_2 \cap S_1 \supset \mathbb{P}_2 \cap s$, cioè $b \subset\!\!\!\!= \mathbb{P}_2$. Ne concludiamo che $s \in M$ è base anche della prospettiva $\mathbb{P}_2$, cosicchè questa appartiene all'insieme M'.

Verificata anche la seconda proprietà caratteristica delle varietà, è dimostrato il teorema.

114. *Ogni anello A diverso dall'ideale generato dai suoi elementi inattivi è base di una varietà, e cioè della totalità $V(A)$ delle prospettive di base A.*

DIMOSTRAZIONE. - L'ipotesi che l'ideale $\mathfrak{a}$ generato da tutti gli elementi inattivi di A sia $\neq A$ garantisce l'esistenza di un ideale primo $\mathfrak{c} \neq A$ contenente tutti gli elementi inattivi di A, e questo $\mathfrak{c}$ individua (ved. **72**) una prospettiva di base A.

I. Due qualunque prospettive appartenenti a $V(A)$ hanno la base comune A.

II. Ogni prospettiva $\mathbb{P}_2$ avente come base un aspetto $S_1 \in V(A)$ ha altresì la base A (ved. **75**), essendo ogni elemento di S_1 quoziente $\dfrac{a}{b}$ con $a, b \in A$, $b \subset\!\!\!\!= \mathbb{P}_1 \supset \mathbb{P}_2 \cap S_1 \supset \mathbb{P}_2 \cap A$, cioè $b \subset\!\!\!\!= \mathbb{P}_2$, il che mostra $S_2 \in V(A)$. C. d. d.

§ 2. La sintesi di varietà.

115. Per preparare la nozione di sintesi di varietà ci vuole qualche osservazione sull'attività di anelli.

Se A_0 è sottoanello di A, può ben darsi che un elemento di A_0 attivo in A_0 sia inattivo in A.

Chiameremo un anello A_0 **attivo in** A se A_0 è un sottoanello di A avente almeno un elemento attivo in A_0 e ogni elemento di A_0 attivo in A_0 è attivo anche in A. È chiaro che ogni elemento attivo in un anello è attivo anche nell'oggetto di questo.

Nel caso di un anello A_0 attivo in A s'identifichi sempre l'elemento $\dfrac{a}{b}$ ($a, b \in A_0$, b attivo in A_0) dell'oggetto (A_0) con l'elemento $\dfrac{a}{b}$ dell'oggetto (A). Possiamo dire allora:

L'oggetto di un anello attivo in A è attivo nell'oggetto di A.

Invero, da $\dfrac{a}{b} \cdot \dfrac{x}{y} = 0$ ($x, y \in A$, y attivo in A) segue $a \cdot x = 0$ e quindi $x = 0$, cioè $\dfrac{x}{y} = 0$, se $\dfrac{a}{b}$ è attivo in (A_0), cioè a attivo in A_0 e quindi in A.

113 — 115

Siccome gli elementi inattivi di un anello primario A sono infinitesimali, essi sono inattivi in ogni sottoanello di A a cui appartengono. Dunque:

Ogni sottoanello oggettivo (ved. 63) *di un anello primario A è attivo in A.*

Il teorema 109 insegna che la base di una prospettiva $\mathfrak{p}$ è attiva nell'aspetto S e pertanto anche nell'oggetto (S).

Notiamo ancora che l'elemento uno e_1 di un oggetto R_1 attivo in un oggetto R coincide con l'elemento uno e di R, poichè da $e_1 \cdot e_1 = e_1 = e_1 \cdot e$ segue $(e_1 - e) \cdot e_1 = 0$ e quindi $e_1 - e = 0$, essendo e_1, in quanto attivo in R_1, anche attivo in R. Ne concludiamo:

Se l'oggetto dell'aspetto s è attivo nell'oggetto dell'aspetto S, la situazione $s \subset S$ induce $\mathfrak{p} \cap s \subset \mathfrak{p}$,

perchè l'altra possibilità $s \subset \mathfrak{p}$ (ved. 65) si esclude, essendo l'elemento uno di s anche quello di (s) e pertanto di (S).

Diremo che due oggetti R_1, R_2 *concorrono* allora e soltanto allora che essi sono attivi in un medesimo anello. Esiste allora anche *la sintesi degli oggetti R_1, R_2*, cioè l'oggetto (R_1, R_2) generato da R_1, R_2 nell'oggetto di quel sopra-anello di R_1, R_2. Queste osservazioni si estendono subito al caso che siano dati più di due oggetti con sopra-anello comune.

116. Se $\mathfrak{p}_1$, $\mathfrak{p}_2$, ... sono prospettive di oggetti R_1, R_2, ... concorrenti, designiamo con $E(\mathfrak{p}_1, \mathfrak{p}_2, ...)$ l'insieme delle estensioni comuni di $\mathfrak{p}_1$, $\mathfrak{p}_2$, ... di base $[s_1, s_2, ...]$ oppure l'insieme vuoto quando non esistono tali estensioni.

Se V_1, V_2 sono varietà di oggetti R_1, R_2 concorrenti, la riunione

$$(V_1, V_2) = \bigcup_{\mathfrak{p}_1 \varepsilon V_1,\ \mathfrak{p}_2 \varepsilon V_2} E(\mathfrak{p}_1, \mathfrak{p}_2)$$

supposta non vuota è varietà della sintesi (R_1, R_2) di quegli oggetti.

Dimostrazione. – I. Siano $\mathfrak{p} \in E(\mathfrak{p}_1, \mathfrak{p}_2)$, $\mathfrak{p}' \in E(\mathfrak{p}_1', \mathfrak{p}_2')$ prospettive qualunque fra (V_1, V_2).

Essendo V_i varietà, ogni elemento di s_i è quoziente $\dfrac{a_i}{b_i}$ con a_i, b_i appartenenti a $s_i \cap s_i'$, $b_i \subset\!\!\!|\ \mathfrak{p}_i$. Ne segue che gli elementi di $[s_1, s_2]$ ammettono una rappresentazione $\dfrac{a}{b}$ con a, $b \in [s_1 \cap s_1', s_2 \cap s_2']$, dove il denominatore b è prodotto di elementi dei tipi b_1, b_2. Ora $S \supset s_i$ induce (ved. 115) $\mathfrak{p} \cap s_i \subset \mathfrak{p}_i$, cioè $b_i \subset\!\!\!|\ \mathfrak{p}$, il che mostra che b, in quanto prodotto di elementi b_i, non appartiene all'ideale primo $\mathfrak{p}$. Sono soddisfatte dunque le premesse per applicare il teorema 75 al caso $A = [s_1, s_2]$, $A_0 = [s_1 \cap s_1', s_2 \cap s_2']$, deducendone che l'anello $[s_1 \cap s_1', s_2 \cap s_2']$ è base di $\mathfrak{p}$ e per ragioni di simmetria anche di $\mathfrak{p}'$.

II. Sia $\mathfrak{p}'$ prospettiva di base $S \in (V_1, V_2)$, valendo $\mathfrak{p} \in E(\mathfrak{p}_1, \mathfrak{p}_2)$.

115 — 116

Per ogni elemento $\frac{a}{b}$ (con a, $b \in [s_1, s_2]$, $b \subset|= \mathfrak{P}$) di S si ha pure $b \subset|= \mathfrak{P}'$, essendo $\mathfrak{P}' \cap S \subset \mathfrak{P}$ in conseguenza di $(S) = (S')$, $S \subset S'$ (ved. 109, 115). Ne concludiamo per il teorema 75 che l'anello $[s_1, s_2]$ è base di $\mathfrak{P}'$. Ora $\mathfrak{P}'$ è estensione delle prospettive $\mathfrak{P}_1$, $\mathfrak{P}_2$ individuate da $\mathfrak{P}'$ in s_1, risp. s_2 (ved. 73), mentre l'anello $[S_1, S_2] \supset [s_1, s_2]$ è base di $\mathfrak{P}'$. Ciò mostra, tenuto conto di $\mathfrak{P}_i \in V_i$, che la prospettiva $\mathfrak{P}'$ appartiene all'insieme (V_1, V_2).

Verificate per (V_1, V_2) le proprietà caratteristiche delle varietà, è dimostrato il teorema.

Questa varietà (V_1, V_2), e cioè essa sola, sarà chiamata *la sintesi delle varietà* V_1, V_2.

117. *Se le varietà* V_1, V_2 *possono generarsi nel modo*

$$V_1 = \bigcup_i V(A_i), \qquad V_2 = \bigcup_k V(B_k)$$

mediante gli anelli A_i, B_k *attivi in un medesimo oggetto* R *e contenenti l'elemento uno di questo, allora*

$$(V_1, V_2) = \bigcup_{i, k} V([A_i, B_k]).$$

Dimostrazione. – I. Sia $\mathfrak{P} \in E(\mathfrak{p}_1, \mathfrak{p}_2)$ con $\mathfrak{p}_1 \in V(A_i)$, $\mathfrak{p}_2 \in V(B_k)$. Allora ogni elemento di s_1 è quoziente $\frac{a}{b}$ con a, $b \in A_i$, $b \subset|= \mathfrak{p}_1 = \mathfrak{P} \cap s_1$ e quindi $b \subset|= \mathfrak{P}$. Poichè per analoga ragione ogni elemento di s_2 è quoziente $\frac{a}{b}$ con a, $b \in B_k$, $b \subset|= \mathfrak{P}$, gli elementi di $[s_1, s_2]$ sono quozienti $\frac{a}{b}$ con a, $b \in [A_i, B_k]$, $b \subset|= \mathfrak{P}$. Dunque (ved. 75) $\mathfrak{P} \in V([A_i, B_k])$.

II. Se viceversa $\mathfrak{P} \in V([A_i, B_k])$, siano $\mathfrak{p}_1$, $\mathfrak{p}_2$ le prospettive individuate da $\mathfrak{P}$ in A_i, risp. in B_k. Essendo $\mathfrak{P}$ estensione di $\mathfrak{p}_1$, $\mathfrak{p}_2$ (ved. 73), mentre $[s_1, s_2] \supset [A_i, B_k]$ è base di $\mathfrak{P}$, questa prospettiva appartiene all'insieme $E(\mathfrak{p}_1, \mathfrak{p}_2)$ e quindi alla varietà (V_1, V_2).

§ 3. Varietà chiuse.

118. Stabiliamo che siano equivalenti le locuzione qui confrontate:

Gli anelli A, A', ... sono *compatibili*.

A, A', ... sono sottoanelli di un medesimo anello primario.

La varietà V è *chiusa*.

Ogni aspetto compatibile con l'oggetto della varietà primaria V ammette estensione comune ad un aspetto appartenente alla V.

116 — 118

<table>
<tr>
<td>

La varietà V è *chiusa sopra l'anello* A.

</td>
<td>

Ogni aspetto contenente A e compatibile con l'oggetto primario di V ammette estensione comune ad un aspetto appartenente alla V.

</td>
</tr>
</table>

La chiusura di una varietà senza riferimento ad un anello equivale evidentemente alla chiusura sopra l'anello generato dall'elemento uno.

119. *L'integrità* $I\left(\dfrac{R}{A}\right)$ *di un oggetto primario sopra un suo sottoanello* A *è base di una varietà chiusa sopra* A.

DIMOSTRAZIONE. - Sia $S \supset A$ aspetto qualunque compatibile con l'oggetto $R' \subset R$ della varietà $V\left(I\left(\dfrac{R}{A}\right)\right)$.

Esiste (ved. **76** e **83**) una estensione $\mathfrak{P}_1$ di $\mathfrak{P}$ con $I\left(\dfrac{R}{A}\right) = I\left(\dfrac{R}{A}\right) \cap R' = I\left(\dfrac{R'}{A}\right) \subset I\left(\dfrac{(S, R')}{A}\right)$ (ved. **87**) e tale $\mathfrak{P}_1$ è pure estensione della prospettiva $\mathfrak{p} \in V\left(I\left(\dfrac{R}{A}\right)\right)$ che essa individua in $I\left(\dfrac{R}{A}\right)$.

120. *Se l'oggetto* R *della varietà* V *chiusa sopra* A *contiene l'anello* A, *gli elementi comuni a tutti gli aspetti appartenenti alla* V *sono integri sopra* A:

$$\bigcap_{S \,\varepsilon\, V} S \subset I\left(\frac{R}{A}\right).$$

DIMOSTRAZIONE. - Se un elemento x di $\bigcap\limits_{S \,\varepsilon\, V} S$ non fosse integro sopra A, esisterebbe (ved. **82**) un aspetto S_1 intermedio fra A ed R non estendibile con x. Questo S_1 potrebbe però essere esteso con x^{-1} in modo da ottenere una estensione S_2 con la proprietà $x^{-1} \subset \mathfrak{P}_2$ (ved. **89**). Ma S_2 conterrebbe l'anello A sopra cui la varietà V è chiusa e ammetterebbe perciò una estensione S_3 comune ad un aspetto $S \in V$, il che è impossibile, perchè si avrebbe $x^{-1} \subset \mathfrak{P}_2 = \mathfrak{P}_3 \cap S_2$ insieme con $x \subset S \subset S_3$.

121. *Se gli oggetti* R_1, R_2 *delle varietà* V_1, V_2 *chiuse sopra* A *sono compatibili, la sintesi* (V_1, V_2) *è varietà chiusa sopra* A.

DIMOSTRAZIONE. - Sia $S \supset A$ aspetto compatibile con la sintesi $(R_1, R_2) = R$ degli oggetti R_1, R_2.

Poichè V_1 è chiusa sopra A, mentre S è compatibile con $R_1 \subset R$, la prospettiva $\mathfrak{P}$ ammette una estensione $\mathfrak{P}'$ comune ad una prospettiva $\mathfrak{p}_1$ appartenente alla V_1. Possiamo supporre $\mathfrak{P}'$ di base $[s_1, S] \subset (R, S)$.

Essendo anche V_2 chiusa sopra A mentre $S' \supset S \supset A$ è compatibile con $R_2 \subset R$ a causa di $S' \subset (R, S)$, esiste una estensione $\mathfrak{P}''$ di $\mathfrak{P}'$ comune ad una prospettiva $\mathfrak{p}_2 \in V_2$.

Allora $S'' \supset [s_1, s_2]$, cosicchè $\mathfrak{P}''$ individua in $[s_1, s_2]$ una prospettiva $\mathfrak{P}'''$

118 — 121

che è estensione di $\mathfrak{p}_1$, $\mathfrak{p}_2$ (ved. **74**) di base $[s_1, s_2]$ e appartiene pertanto alla sintesi (V_1, V_2).

Dunque $\mathfrak{P}$ ha l'estensione $\mathfrak{P}''$ comune alla $\mathfrak{P}''' \in (V_1, V_2)$. C. d. d.

122. *Se* x_1, x_2, ..., x_m *sono elementi non infinitesimali di un oggetto primario, la riunione*

$$V = \bigcup_{i=1, 2, \ldots, m} V(A_i)$$

delle varietà $V(A_i)$ *di base* $A_i = \left[\dfrac{x_1}{x_i}, \dfrac{x_2}{x_i}, \ldots, \dfrac{x_m}{x_i} \right]$ *è varietà chiusa.*

DIMOSTRAZIONE. - I. Due prospettive $\mathfrak{P}$, $\mathfrak{P}'$ appartenenti alla stessa $V(A_i)$ (ved. **114**) hanno la base comune A_i.

Supponiamo dunque $\mathfrak{P} \in V(A_i)$, $\mathfrak{P}' \in V(A_k)$, $\mathfrak{P} \sqsubseteq V(A_k)$, $\mathfrak{P}' \sqsubseteq V(A_i)$.

La situazione $A_i \subset S'$ esigerebbe

$$\frac{x_k}{x_i} \sqsubseteq \mathfrak{P}' \quad \text{a causa di} \quad 1 = \frac{x_k}{x_i} \cdot \frac{x_i}{x_k} \subset \frac{x_k}{x_i} \cdot S'.$$

Ma allora, scrivendo $\dfrac{x_j}{x_k} = \dfrac{x_j}{x_i} : \dfrac{x_k}{x_i}$, si otterrebbe ogni elemento di A_k nella forma $\dfrac{a}{b}$ con $a, b \in A_i$, $b \sqsubseteq \mathfrak{P}'$ cosicchè (ved. **75**) A_i sarebbe base di $\mathfrak{P}'$, cioè $\mathfrak{P}' \in V(A_i)$.

Dunque $A_i \sqsubseteq S'$. Allora $\dfrac{x_i}{x_k} \subset \mathfrak{P}'$, perchè $\dfrac{x_i}{x_k} \sqsubseteq \mathfrak{P}'$ darebbe $\dfrac{x_j}{x_k} : \dfrac{x_i}{x_k} = \dfrac{x_j}{x_i} \subset S'$, cioè $A_i \subset S'$. Quindi

$$\frac{x_k}{x_i + x_k} = \left(1 + \frac{x_i}{x_k} \right)^{-1} \sqsubseteq \mathfrak{P}'.$$

Se dunque si scrive

$$\frac{x_j}{x_k} = \frac{x_j}{x_i + x_k} : \frac{x_k}{x_i + x_k},$$

ogni elemento di A_k diventa quoziente $\dfrac{a}{b}$ con a, b appartenenti ad

$$A = \left[\frac{x_1}{x_i + x_k}, \frac{x_2}{x_i + x_k}, \ldots, \frac{x_m}{x_i + x_k} \right]$$

mentre $b \sqsubseteq \mathfrak{P}'$, cosicchè secondo **75** l'anello A è base di $\mathfrak{P}'$. La simmetria delle ipotesi e del ragionamento mostra che A è anche base di $\mathfrak{P}$.

II. Siccome ogni componente $V(A_i)$ dell'insieme V soddisfa alla seconda delle condizioni caratteristiche per le varietà, lo stesso vale di V.

III. Sia ora s aspetto qualunque compatibile con l'oggetto della varietà V.

Secondo **90** esiste un'estensione S di s con uno degli anelli A_i e tale prospettiva $\mathfrak{P}$ è estensione comune a $\mathfrak{p}$ e alla prospettiva $\mathfrak{p}' \in V(A_i) \subset V$ individuata da $\mathfrak{P}$ in A_i.

Si è dunque dimostrato che l'insieme V, riconosciuto in I e II come varietà, è una varietà chiusa.

121 — 122

§ 4. Varietà algebriche.

123. DEFINIZIONE. – Una varietà V chiamasi *algebrica* (sopra A) allora e soltanto allora che essa sia la riunione

$$V = \bigcup_i V(A_i)$$

di un numero finito di varietà $V(A_i)$ di basi $A_i \supset 1$ algebriche (sopra A).

Per mettere in rilievo l'importanza aritmetica delle varietà che sono algebriche senza riferimento ad un anello, chiameremo tali varietà anche *varietà aritmetiche*.

Risulta subito da quella definizione e dal teorema **117** che *la sintesi di varietà algebriche (sopra A) è varietà algebrica (sopra A)*.

Varietà algebriche importantissime sono le varietà proiettive definite nel teorema che segue:

124. *Se l'anello $A \supset 1$ e gli elementi $x_1, x_2, \ldots, x_m$ sono attivi in un medesimo oggetto primario, l'insieme*

$$\bigcup_{i=1, 2, \ldots, m} V\left(\left[A, \frac{x_1}{x_i}, \frac{x_2}{x_i}, \ldots, \frac{x_m}{x_i}\right]\right)$$

è una varietà algebrica chiusa sopra A, che chiamasi la varietà proiettiva generata da $x_1, x_2, \ldots, x_m$ sopra A.

DIMOSTRAZIONE. – Essendo l'anello A attivo e primario, esso è base di una varietà $V_1 = V(A)$, chiusa sopra A, perchè ogni aspetto $S \supset A$ compatibile con (A) è da sè stesso estensione di un aspetto $s \in V(A)$ e cioè di quello individuato da $\mathfrak{p}$ in A.

D'altro canto il teorema **122** dice che

$$V_2 = \bigcup_i V\left(\left[\frac{x_1}{x_i}, \frac{x_2}{x_i}, \ldots, \frac{x_m}{x_i}\right]\right)$$

è varietà semplicemente chiusa e quindi, a maggior ragione, chiusa sopra l'anello A. Siccome esistono aspetti che contengono A, la chiusura della V_2 sopra A garantisce l'esistenza della sintesi (V_1, V_2), la quale secondo **117** coincide con l'insieme menzionato nel teorema da dimostrare. Dall'osservazione **121** segue poi la chiusura della varietà (V_1, V_2), mentre la sua algebricità è ovvia.

125. Per preparare lo studio di importanti varietà algebriche classiche dobbiamo premettere la nota dimostrazione di un teorema con cui EMMY NOETHER ha posto nuovo fondamento alla teoria degli ideali nell'integrità dei corpi aritmetici classici.

123 – 125

DEFINIZIONE. - Un aspetto S è detto *immediato* allora e soltanto allora che la varietà $V(S)$ di base S non contenga che S e l'oggetto di S supposto diverso da S. Una prospettiva è immediata se essa presenta un aspetto immediato.

Se un sottoanello noetheriano A di un corpo è integrità, ogni prospettiva immediata di base A è perfetta.

DIMOSTRAZIONE. - Sia $\mathfrak{p} \in V(A)$ prospettiva immediata e sia $p \neq 0$ elemento qualunque dell'ideale primo $\mathfrak{p} \cap A$.

L'ideale $p \cdot A$ generato da questo p in A è intersezione

$$p \cdot A = \mathfrak{q}_1 \cap \mathfrak{q}_2 \cap ... \cap \mathfrak{q}_h$$

di ideali primari. Se nessuno dei divisori primi di $p \cdot A$ fosse contenuto in $\mathfrak{p}$, essi conterrebbero ciascuno un elemento $x_i \subset\!\mid= \mathfrak{p}$ e ne deriverebbe $(x_1 \cdot x_2 \cdot ... \cdot x_h)^L \subset\!\mid= \mathfrak{p}$, mentre invece per L abbastanza grande vale $(x_1 \cdot x_2 \cdot ... \cdot x_h)^L \subset \subset p \cdot A \subset \mathfrak{p}$. Si può dunque assumere che, p. es., il divisore primo associato a $\mathfrak{q}_1$ sia contenuto in $\mathfrak{p}$ e perciò uguale a $\mathfrak{p} \cap A$, essendo s immediato e $p \cdot A \neq 0$. (Se $\mathfrak{p} \cap A$ contenesse un altro ideale primo $\mathfrak{c}$ oltre che $\mathfrak{p} \cap A$ o 0, questo $\mathfrak{c}$ individuerebbe un aspetto $s' \in V(s)$ intermedio fra s e (s) e diverso da questi). Vale allora $[\mathfrak{p} \cap A]^L \subset \mathfrak{q}_1$ per L abbastanza grande.

Supponendo, il che è lecito, che sia $\mathfrak{q}_2 \cap ... \cap \mathfrak{q}_h \neq p \cdot A$, possiamo scegliere $m > 0$ tale che sia $[\mathfrak{p} \cap A]^m \cdot [\mathfrak{q}_2 \cap ... \cap \mathfrak{q}_h] \subset p \cdot A$ ed esista un elemento $q \in [\mathfrak{p} \cap A]^{m-1} \cdot [\mathfrak{q}_2 \cap ... \cap \mathfrak{q}_h]$ non contenuto in $p \cdot A$. Per il quoziente $\dfrac{q}{p} \in (A)$ vale allora

$$(*) \qquad \frac{q}{p} \cdot [\mathfrak{p} \cap A] \subset A, \quad \text{ma} \ \frac{q}{p} \subset\!\mid= A.$$

II. Consideriamo A-moduli in (A) e designamo, se $\mathfrak{a}$, $\mathfrak{b}$ denotano tali moduli, con $\mathfrak{a} \cdot \mathfrak{b}$ l'A-modulo costituito da tutte le somme $\Sigma a \cdot b$ con $a \in \mathfrak{a}$, $b \in \mathfrak{b}$. Evidentemente, tutti gli ideali di A sono A-moduli in (A) e se $\mathfrak{a}$, $\mathfrak{b}$ sono ideali in A, la definizione suddetta di $\mathfrak{a} \cdot \mathfrak{b}$ coincide con quella di moltiplicazione di ideali.

L'insieme $\mathfrak{x}$ di tutti gli elementi x di (A) soddisfacenti alla condizione $x \cdot [\mathfrak{p} \cap A] \subset A$ è ovviamente un A-modulo in (A) contenente l'anello $A \supset 1$. Dunque l'A-modulo $\mathfrak{x} \cdot [\mathfrak{p} \cap A]$ è ideale contenente $\mathfrak{p} \cap A$. Dall'ipotesi che questo ideale coincida con $\mathfrak{p} \cap A$, risulterebbe, mediante una base p_i $(i = 1, 2, ..., n)$ di $\mathfrak{p} \cap A$, per ogni $x \in \mathfrak{x}$ un sistema di equazioni

$$x \cdot p_i = \sum_j c_{ij} p_j \qquad (i = 1, 2, ..., n; \ c_{ij} \in A)$$

dal quale si dedurrebbe l'annullarsi del determinante $|\ x \cdot \delta_{ij} - c_{ij}\ |$, il che

125

10

qualificherebbe x come integro sopra A e perciò come elemento di A, essendo A integrità. Ma $x \subset A$ contraddirebbe al fatto $\dfrac{q}{p} \subset x$, $\dfrac{q}{p} \subset\!\!\!= A$ prima constatato in (*).

III. Sappiamo dunque

$$\mathfrak{p} \cap A \subset x \cdot [\mathfrak{p} \cap A] \subset A, \qquad \mathfrak{p} \cap A \neq x \cdot [\mathfrak{p} \cap A].$$

Passando dagli A-moduli agli s-moduli generati da loro otteniamo

$$[\mathfrak{p} \cap A] \cdot s = \mathfrak{p} \ \text{(ved. 72)}; \quad x \cdot s = \mathfrak{y} \supset s \ \text{perchè} \ x \supset A; \ \mathfrak{y} \cdot \mathfrak{p} \subset s.$$

L'esistenza di un elemento z di $x \cdot [\mathfrak{p} \cap A] \subset A$ non contenuto in $\mathfrak{p} \cap A$ garantisce che l'ideale $\mathfrak{y} \cdot \mathfrak{p}$ contiene $z \cdot z^{-1} = 1$ e coincide perciò con s. Ora da $\mathfrak{y} \cdot \mathfrak{p} = s$ segue $\mathfrak{p}^2 \neq \mathfrak{p}$, perchè $\mathfrak{p}^2 = \mathfrak{p}$ darebbe $\mathfrak{p} = \mathfrak{y} \cdot \mathfrak{p} \cdot \mathfrak{p} = \mathfrak{y} \cdot \mathfrak{p} = s$. Esiste dunque $p \in \mathfrak{p}$ tale che sia $p \subset\!\!\!= \mathfrak{p}^2$. Allora $p \cdot \mathfrak{y} \subset \mathfrak{p} \cdot \mathfrak{y} = s$, cosicchè $p \cdot \mathfrak{y}$ è ideale in s. Se fosse $p \cdot \mathfrak{y} \neq s$ risulterebbe $p \cdot \mathfrak{y} \subset \mathfrak{p}$ e pertanto $p \cdot s = p \cdot \mathfrak{y} \cdot \mathfrak{p} \subset \mathfrak{p}^2$ contro l'ipotesi $p \subset\!\!\!= \mathfrak{p}^2$. Si ha dunque $p \cdot \mathfrak{y} = s$ e quindi $p \cdot \mathfrak{y} \cdot \mathfrak{p} = \mathfrak{p}$, cioè $p \cdot s = \mathfrak{p}$, il che mostra (ved. 93) che l'aspetto s, noetheriano come A, è chiuso e in quanto aspetto non totale di un corpo, perfetto.

126. *Se un aspetto S di un corpo K algebrico e 0-dimensionale sopra il corpo K_0 contiene questo sottocorpo K_0, esso è totale.*

Infatti, $x \in \mathfrak{P}$ soddisfa, come ogni elemento di K, ad una equazione $a_0 + a_1 \cdot x + \dots + x^n = 0$ (con $a_i \in K_0$) irriducibile sopra K_0. Da $K_0 \subset S$, $x \subset \mathfrak{P}$ risulta $a_0 \subset \mathfrak{P}$ e quindi $a_0 = 0$, perchè altrimenti $1 = a_0 \cdot a_0^{-1}$ sarebbe contenuto in $\mathfrak{P} \cdot K_0 \subset \mathfrak{P}$. Ma $a_0 = 0$ e l'irriducibilità della equazione suddetta esigono $n = 1$, cioè $x = 0$.

127. *Se un aspetto non totale S di un corpo K algebrico e 0-dimensionale sopra un corpo k contiene un aspetto perfetto s di questo sottocorpo, esso è immediato.*

DIMOSTRAZIONE. - Sia S_1 aspetto qualunque $\in V(S)$. Allora $\mathfrak{P}_1 \cap s$ e ideale primo $\neq s$ in s e pertanto o 0 o $\mathfrak{p}$ (ved. 94).

I. Se $\mathfrak{P}_1 \cap s = 0$, l'oggetto $(s) = k$ di s è contenuto in S_1 e per l'osservazione precedente S_1 non può essere che totale: $S_1 = K$.

II. Se $\mathfrak{P}_1 \cap s = \mathfrak{p} = p \cdot s$, consideriamo per $x \in \mathfrak{P}$ una delle equazioni $a_0 + a_1 \cdot x + \dots + a_n \cdot x^n = 0$ (con $a_i \in s$, $a_n \neq 0$) soddisfatte da x. Possiamo supporre che non tutti i coefficienti a_i siano contenuti in $p \cdot s$. Sia dunque $a_i \subset p \cdot s$ per $i > h$, però $a_h \subset\!\!\!= p \cdot s$. Allora

$$x^h + \frac{a_{h-1}}{a_h} \cdot x^{h-1} + \dots + \frac{a_0}{a_h} \subset \mathfrak{P}_1 \qquad \left(\frac{a_i}{a_h} \in s \right)$$

e pertanto $h > 0$.

Sia $x^m + c_1 x^{m-1} + \ldots + c_m \equiv 0$ in $S_1/\mathfrak{P}_1$ (con $c_i \in s$) equazione di grado minimo cui soddisfa x in $S_1/\mathfrak{P}_1$. Da $S \subset S_1$ segue $\mathfrak{P}_1 \cap S \subset \mathfrak{P}$ e quindi $c_m \subset$ $\subset \mathfrak{P}_1 \cap S + \mathfrak{P} \subset \mathfrak{P}$, cioè $c_m \subset \mathfrak{P} \cap s \subset \mathfrak{p} = \mathfrak{P}_1 \cap s \subset \mathfrak{P}_1$. Si deriva dunque da quella equazione $(x^{m-1} + \ldots) \cdot x \subset \mathfrak{P}_1$. Ma, essendo supposto m minimo, si ha $x^{m-1} \ldots \subset\!\!\!\!| \; \mathfrak{P}_1$, cosicchè deve essere $x \subset \mathfrak{P}_1$, cioè $\mathfrak{P} \subset \mathfrak{P}_1 \cap S$ data l'arbitrarietà nella scelta di $x_i \in \mathfrak{P}$.

Tenuto conto del fatto $\mathfrak{P}_1 \cap S \subset \mathfrak{P}$, si conclude $\mathfrak{P}_1 \cap S = \mathfrak{P}$, cioè $\mathfrak{P}_1 = \mathfrak{P}$, c. d. d.

128. *Ogni insieme di prospettive perfette di uno stesso corpo K, preso insieme con la prospettiva totale di K è varietà di K.*

DIMOSTRAZIONE. - Siano $\mathfrak{P}_1$, $\mathfrak{P}_2$ prospettive perfette di K e z elemento qualunque di S_1. Secondo 97 esiste $p_2 \in S_1 \cap S_2$ tale che $p_2 \equiv 1$ in $S_1/\mathfrak{P}_1$, $p_2 \equiv 0$ in $S_2/\mathfrak{P}_2$. Scelto m così grande che $z \cdot p_2{}^m \subset S_2$, si ha $z \cdot p_2{}^m \subset S_1 \cap S_2$ e quindi $z = \dfrac{a}{b}$ con a, $b \in S_1 \cap S_2$, $b = p_2{}^m \subset\!\!\!\!| \; \mathfrak{P}_1$. Dunque $S_1 \cap S_2$ è base comune a $\mathfrak{P}_1$ e a $\mathfrak{P}_2$. Il resto del teorema è chiaro.

129. *Gli aspetti chiusi di un corpo K algebrico e 1-dimensionale sopra k, che contengono k, sono perfetti o K, e la loro totalità è varietà algebrica chiusa sopra k.*

DIMOSTRAZIONE. - I. Sia $x \in K$ algebricamente indipendente sopra k. Allora le integrità

$$A = I\left(\frac{K}{A_0}\right), \quad B = I\left(\frac{K}{B_0}\right) \quad \text{con} \quad A_0 = [k, \, x], \quad B_0 = [k, \, x^{-1}]$$

sono basi di varietà $V(A)$, $V(B)$ di K, algebriche sopra k per il teorema 108.

Dimostriamo in primo luogo che queste varietà sono costituite soltanto da prospettive chiuse di K.

Ogni $\mathfrak{P} \in V(A)$ individua in A_0 una prospettiva $\mathfrak{P}_0$ perfetta o totale, perchè l'ideale $\mathfrak{P}_0 = [\mathfrak{P} \cap A_0] \cdot S_0$ è principale (ved. 93), essendo ogni ideale in $A_0 = [k, \, x]$ di tale carattere. Dal teorema 127 segue poi che $S \supset S_0$, se non totale, è immediato e pertanto (ved. 125) perfetto.

Lo stesso vale di $V(B)$.

II. Sia $S \supset k$ aspetto qualunque compatibile con K. Esiste allora una estensione S' di S con x o con x^{-1}. (Ved. 89).

Nel primo caso si può estendere $S' \supset A_0$ con $A = I\left(\dfrac{K}{A_0}\right) \subset I\left(\dfrac{(K, \, S)}{A_0}\right)$ (ved. 83, 76, 87), e tale estensione S'' estende pure (ved. 73) l'aspetto S''' indivi-

127 — 129

duato da $\mathbb{P}''$ in A. Dunque $\mathbb{P}$ ammette estensione $\mathbb{P}''$ comune ad una prospettiva $\mathbb{P}'''$ appartenente alla $V(A)$.

Nel secondo caso $\mathbb{P}$ ammette estensione comune ad una prospettiva dell'insieme $V(B)$.

Se in particolare $\mathbb{P}$ è prospettiva chiusa qualsiasi di K con $S \supset k$, si ha nel primo caso $\mathbb{P} = \mathbb{P}' = \mathbb{P}''$ e $\mathbb{P}'' = \mathbb{P}'''$, perchè secondo I tutte le prospettive appartenenti alla $V(A)$ sono chiuse.

Valendo lo stesso nel secondo caso, è dimostrato ormai che

$$V = V(A) \cup V(B)$$

è la totalità delle prospettive chiuse di K in quanto sono totali rispetto a k.

   III. Questo insieme V è varietà (ved. 128), algebrica sopra k secondo I, e chiusa sopra k secondo II.

   C. d. d.

130. *La totalità delle prospettive chiuse di un corpo aritmetico K di dimensione e caratteristica 0 è varietà algebrica chiusa la cui base è l'integrità di K.*

Dimostrazione. - I. L'integrità $I = I(K) = I\left(\dfrac{K}{[1]}\right)$ di K è anello algebrico. (Ved. **105**).

   II. Ogni $\mathbb{P} \in V(I)$ è estensione della prospettiva $\mathbb{P}_0$ individuata da $\mathbb{P}$ nell'anello [1] dei numeri interi razionali. Siccome l'ideale $\mathbb{P} \cap [1]$ è principale, lo stesso vale di $\mathbb{P}_0 = [\mathbb{P}_0 \cap [1]] \cdot S_0$ cosicchè la prospettiva $\mathbb{P}_0$ è perfetta o totale. Nel primo caso si conclude con **127** che $\mathbb{P}$ è immediata e quindi (ved. **125**) perfetta. Nel secondo caso risulta dal teorema **126** che $\mathbb{P}$ è totale. Ad ogni modo tutte le prospettive appartenenti alla $V(I)$ sono chiuse.

   III. Viceversa ogni aspetto chiuso S di K contiene I, perchè S può estendersi (ved. **83**) con I. La prospettiva $\mathbb{P}$ individua dunque in I una prospettiva $\mathbb{P}' \in V(I)$, della quale $\mathbb{P}$ è estensione (ved. **73**), ma, per II, quella prospettiva $\mathbb{P}'$ è chiusa e pertanto uguale alla data $\mathbb{P}$.

La chiusura della varietà $V(I)$ consegue dal teorema **119**.

131. *L'integrità di un corpo aritmetico K di dimensione 0 è la totalità degli elementi comuni a tutti gli aspetti chiusi di K.*

Dimostrazione. - Ogni aspetto S di un corpo K di caratteristica $p \neq 0$ contiene il corpo primo $(1) = [1]$. Se dunque K è aritmetico di dimensione 0, concludiamo con l'osservazione **126** che S deve essere totale. Ma $S = K$ è anche l'integrità di tale corpo.

129 — 131

Nel caso di caratteristica 0 ricaviamo dal teorema precedente che gli elementi dell'integrità $I(K)$ sono comuni a tutti gli aspetti chiusi di K, e il teorema **120** ci dice che non ci sono altri elementi comuni a quegli aspetti.

CAPITOLO V

LO SPAZIO DI UNA VARIETÀ

§ 1. Punti e i loro intorni.

132. Definizione. – Un *punto di un'oggetto* è un omomorfismo di un aspetto S di questo oggetto nel corpo C dei numeri complessi. Esso continua la prospettiva $S \to S/\mathfrak{p}$ con un isomorfismo del soggetto $S/\mathfrak{p}$ nel corpo C. Ogni omomorfismo di S in C risultante nel modo suddetto dalla prospettiva $\mathfrak{p}$ sarà chiamato un punto dell'oggetto (S) *portato dalla prospettiva* $\mathfrak{p}$ (oppure: portato dall'aspetto S).

Aspetti S che si presentano a soggetti $S/\mathfrak{p}$ di caratteristica $p \neq 0$ non portano punti. Gli altri ne portano tanti quanti ne porta il soggetto $S/\mathfrak{p}$ stesso, considerato come aspetto totale.

Ogni omomorfismo σ di un anello A nel corpo C determina un punto, purchè esso riduca a zero tutti gli elementi inattivi in A senza annullare tutto l'anello. Invero, l'insieme $\mathfrak{c}$ degli elementi annullati da σ è ideale primo soddisfacente alle premesse del teorema **72**, il quale mostra che A è base di una prospettiva $\mathfrak{p}$. Estendendo quell'omomorfismo σ all'aspetto S con la formula evidentemente univoca

$$\left(\frac{a}{b}\right)^\sigma = \frac{a^\sigma}{b^\sigma} \qquad (a,\ b \in A,\ b \not\subseteq \mathfrak{c}),$$

si ottiene un punto portato dalla prospettiva $\mathfrak{p}$.

Colla frase «*base di un punto* P» intenderemo «base di una prospettiva portante il punto P».

I punti saranno designati con lettere latine P, Q, p, q, ecc. Benchè rappresentino omomorfismi scriveremo

$$z(P)$$

(invece di z^P come sarebbe in accordo con la convenzione fatta in 1) per *il valore dell'elemento z nel punto P*, cioè per il numero complesso risultante dall'applicazione dell'omomorfismo P all'elemento z che si deve supporre appartenga all'aspetto S portante il punto P.

131 — 132

Conformemente a questa convenzione denoteremo un punto P più precisamente con $A(P)$, se importa sapere che A è base del punto P.

La totalità dei punti portati dalle prospettive costituenti una varietà è *lo spazio della varietà*.

Abbreviamo il termine « punto dello spazio della varietà V » dicendo semplicemente « *punto della varietà V* ».

133. Lo spazio di una varietà V diventa topologico con la

DEFINIZIONE. - Un *intorno del punto P* si definisce, mediante una base $A \supset 1$ del punto P sottomessa alla condizione $V(A) \subset V$, quale insieme dei punti $A(Q)$ soddisfacenti a un sistema finito di disuguaglianze

$$(*) \qquad | x_i(Q) - x_i(P) | < r_i \qquad (i = 1, 2, ..., m)$$

formato con elementi qualunque $x_1, x_2, ..., x_m$ di A e numeri positivi r_1, $r_2, ..., r_m$ qualsiasi.

Questo intorno sarà designato con

$$U(P, A, x_1, x_2, ..., x_m, r_1, r_2, ..., r_m)$$

qualora si debbano conoscere, oltre l'anello A, che chiameremo *la base dell'intorno*, anche le disuguaglianze (*).

Parlando d'intorno di un punto intendiamo sempre un insieme del tipo suddetto.

L'esistenza di un intorno per un dato punto P segue dal fatto che l'aspetto S portante il punto P soddisfa alla condizione $V(S) \subset V$ e può pertanto servire di base per un intorno di P. Comunque sia l'intorno di un punto P, sempre questo vi appartiene.

Se U, U' sono intorni di uno stesso punto P, l'uno definito da (*), l'altro definito con la base B e le disuguaglianze

$$(**) \qquad | y_j(Q) - y_j(P) | < r_j' \qquad (j = 1, 2, ..., n),$$

formiamo l'anello $[A, B]$ generato da A e B entro all'oggetto $(A) = (B)$ della varietà V. Esso è base di una varietà $V([A, B])$ che secondo 117 coincide con la sintesi delle varietà $V(A)$, $V(B)$. Ogni prospettiva $\mathbb{p}$ appartenente a questa sintesi estende una prospettiva $\mathbb{p}_1 \in V(A) \subset V$ e una prospettiva $\mathbb{p}_2 \in V(B) \subset V$, il che esige $\mathbb{p}_1 = \mathbb{p}_2$, perchè si tratta di prospettive appartenenti alla medesima varietà V (ved. 111). Essendo $[s_1, s_2]$ base di $\mathbb{p}$, si ha $\mathbb{p} = \mathbb{p}_1 = \mathbb{p}_2$, cioè $V([A, B]) \subset V(A) \cap V(B) \subset V$. Questa situazione e il fatto che $[A, B]$ è base di P come A e B, permettono di definire un intorno U''

132 — 133

di P mediante la base $[A, B]$ riunendo le disuguaglianze (*), (**) in un solo sistema

$$| x_i(Q) - x_i(P) | < r_i, \quad | y_j(Q) - y_j(P) | < r_j' \quad (i = 1, \dots, m; \, j = 1, \dots, n)$$

il quale preso insieme con $V([A, B]) \subset V(A) \cap V(B)$ garantisce evidentemente che sia $U'' \subset U \cap U'$.

È soddisfatto dunque anche il secondo dei cinque assiomi stabiliti da HAUSDORFF per la nozione di intorno.

Per verificare anche il terzo di questi assioni basta osservare che per ogni punto $P' \subset U(P, A, x_1, x_2, \dots, x_m, r_1, r_2, \dots, r_m)$ si ha

$$U(P', A, x_1, x_2, \dots, x_m, r_1', \dots, r'_m) \subset U(P, A, x_1, x_2, \dots, x_m, r_1, \dots, r_m)$$

purchè si scelgano $r_i' < r_i - | x_i(P') - x_i(P) | \quad (i = 1, 2, \dots, m)$.

Volendo verificare il quarto assioma, cioè quello che esprime la separabilità nello spazio, supporremo che siano P, Q punti diversi dello spazio della varietà V.

Poichè l'intersezione $S_1 \cap S_2$ degli aspetti S_1, S_2 (uguali o no) portanti i punti P, Q è base comune a questi punti, esiste $z \in S_1 \cap S_2$ tale che sia $| z(P) - z(Q) | = 2r > 0$. È ovvio che gli intorni $U(P, S_1, z, r)$ e $U(Q, S_2, z, r)$ allora non hanno punti in comune.

Quanto al quinto assioma di HAUSDORFF, il cosidetto primo assioma della numerabilità, dobbiamo, per poterlo verificare introdurre un'ipotesi ulteriore riguardo agli intorni considerati.

134. Concentrandoci sullo scopo proprio della geometria aritmetica, cioè sullo studio delle varietà aritmetiche, distingueremo quali *intorni aritmetici* appunto quegli intorni di un punto, la cui base è anello aritmetico.

Lo spazio di una varietà aritmetica soddisfa a tutti i cinque assiomi di Hausdorff, purchè lo si renda topologico con intorni aritmetici.

DIMOSTRAZIONE. - Sia

$$V = \bigcup_{i=1, 2, \dots, h} V(A_i) \qquad (A_i \supset 1)$$

varietà aritmetica, essendo aritmetiche le basi A_i delle varietà parziali $V(A_i)$.

I. Ogni punto P della V ha come base uno degli anelli A_i che pure può servire di base per un intorno aritmetico di P.

II. La dimostrazione data in 133 per il secondo assioma rimane valida nel caso presente, dato che l'anello $[A, B]$ è aritmetico se lo sono A e B.

133 — 134

III. Si trasporta subito altresì la verifica data in **133** del terzo assioma di Hausdorff.

IV. Ci vuole tuttavia un facile complemento alla dimostrazione dell'assiome della separabilità.

Siano A base aritmetica di P portato da S_1, B base aritmetica di Q ($\neq P$) portato da S_2. Scelto $z \in S_1 \cap S_2$ con $|z(P) - z(Q)| = 2r > 0$, scriviamolo come quoziente $z = \dfrac{c}{a}$ con $a, c \in A$, $a \subset\!\!\!\mid \mathbb{D}_1$. Per $A' = [A, a^{-1}]$ vale allora $\mathbb{D}_1 \in V(A') \subset V(A) \subset V$, perchè da $\mathbb{D}' \in V(A')$ segue $a^{-1} \subset S'$, cioè $a \subset\!\!\!\mid \mathbb{D}'$, il che mostra secondo **75** che anche A è base di $\mathbb{D}'$. Poichè inoltre $z \in A'$, si può costruire l'intorno aritmetico

(*) $$U(P, A', z, r).$$

Applicando un simile ragionamento alla base B del punto Q si ottiene mediante un anello aritmetico $B' \supset B \supset z$ con $V(B') \subset V$ un intorno

$$U(Q, B', z, r),$$

il quale per la scelta di r non ha punti comuni coll'intorno (*).

V. Per un punto qualunque P portato dall'aspetto $S \in V$ si costruisca mediante una base $A = [1, x_1, x_2, \ldots, x_m]$ con $V(A) \subset V$ la successione numerabile d'intorni

$$U_N = U\left(P, A, x_1, x_2, \ldots, x_m, \frac{1}{N}, \frac{1}{N}, \ldots, \frac{1}{N}\right) \quad (N = 1, 2, \ldots).$$

Se ora

$$U = U(P, B, y_1, y_2, \ldots, y_n, r_1, r_2, \ldots, r_n),$$

con $B = [1, z_1, z_2, \ldots, z_h]$, è intorno aritmetico qualsiasi di P, si ponga

$$y_i = \frac{b_i}{a}, \quad z_j = \frac{c_j}{a} \quad \text{con } a, b_i, c_j \in A, \ a \subset\!\!\!\mid \mathbb{D}.$$

Essendo gli elementi di A polinomi nelle $x_1, x_2, \ldots, x_m$, che intervengono nelle disuguaglianze

$$|x_i(Q) - x_i(P)| < \frac{1}{N}, \quad (i = 1, 2, \ldots, m)$$

descriventi l'intorno U_N, dalla continuità delle funzioni razionali segue la possibilità di scegliere N così grande, che sia

(**) $$|a(Q)| > \frac{1}{2} \cdot |a(P)| (\neq 0), \quad |y_i(Q) - y_i(P)| < r_i \quad (i = 1, 2, \ldots, n)$$

per ogni $Q \in U_N$.

134

Allora $a \subset \mathbb{P}'$ per tutte le prospettive $\mathbb{P}'$ portanti punti di U_N, così che $B \subset S'$, cioè $\mathbb{P}' \in V(B)$. Infatti, $\mathbb{P}'$ è estensione della prospettiva $\mathbb{P}'' \in V(B)$ individuata da $\mathbb{P}' \cap B$ (ved. **73**) e pertanto (ved. **111**) uguale a $\mathbb{P}''$.

Il fatto che tutti i punti $Q \in U_N$ siano portati da prospettive che appartengono alla $V(B)$, e soddisfino alle disuguaglianze (**) conduce alla conclusione

$$U_N \subset U(P, B, y_1, y_2, ..., y_n, r_1, r_2, ..., r_n)$$

che esprime proprio l'assioma da verificare.

§ 2. Sovrapposizione di punti.

135. DEFINIZIONE. - Un punto P è *sovrapposto al punto p* allora e soltanto allora che la prospettiva $\mathbb{P}$ portante P sia estensione della prospettiva $\mathfrak{p}$ portante p e che valga $x(P) = x(p)$ per ogni $x \in s$.

La sovrapposizione di punti è ovviamente transitiva come l'estensione di prospettive.

Chiameremo *prospettive aritmetiche* quelle prospettive che ammettono una base aritmetica. Partendo dal fatto evidente che il corpo $s(p)$ dei valori complessi $z(p)$ in un punto p portato da una prospettiva aritmetica $\mathfrak{p}$ è un insieme numerabile, possiamo dimostrare:

Se la prospettiva $\mathbb{P}$ è estensione della prospettiva aritmetica $\mathfrak{p}$ con un numero finito di elementi, ad ogni punto p portato da $\mathfrak{p}$ è sovrapposto almeno un punto P portato da $\mathbb{P}$.

DIMOSTRAZIONE. - Risulti $\mathbb{P}$ dall'estensione di $\mathfrak{p}$ con $x_1, x_2, ..., x_m$.

Allora $S/\mathbb{P}$ $K = (k, u_1, u_2, ..., u_m)$ con $k = s + \mathbb{P}/\mathbb{P}$ isomorfo a $s/\mathfrak{p}$ (ved. **67**) e $u_i = x_i + \mathbb{P}$. L'ipotesi che $s/\mathfrak{p}$ sia isomorfo al sottocorpo $s(p)$ del corpo C dei numeri complessi garantisce che $S/\mathbb{P}$ è di caratteristica 0 e pertanto separabile sopra k. Ponendo $\dim \dfrac{K}{k} = h$, possiamo presupporre la numerazione degli x_i tale che sia $K = (k, u_1, u_2, ..., u_h, v)$ con $v = y + \mathbb{P}$, definito sopra $K_0 = (k, u_1, u_2, ..., u_h)$ dall'equazione

$$f(v, u_1, u_2, ..., u_h) = v^n + c_1 \cdot v^{n-1} + ... + c_n = 0, \quad (c_i \in K_0).$$

Per dimostrare il teorema basta realizzare gli elementi di K con numeri complessi in modo tale che ne risulti un isomorfismo di K in C estendente l'isomorfismo $k \to s(p)$ dato col punto p.

Il fatto suddetto che $s(p)$ è insieme numerabile permette di dimostrare successivamente l'esistenza di numeri complessi a_i tali che $a_1, a_2, ..., a_l$ siano algebricamente indipendenti sopra $s(p)$.

Invero, se sono già trovati $l(\geq 0)$ tali numeri, è chiaro che il corpo $(s(p), a_1, a_2, ..., a_l)$ generato da essi sopra $s(p)$ è pure un insieme numerabile, cosicché, qualora non si potesse trovare un numero a_{l+1} algebricamente

134 — 135

II

indipendente sopra quel corpo, la totalità C dei numeri complessi sarebbe numerabile.

Dopo aver scelto $a_1, a_2, \ldots, a_h$ nel modo suddetto, si definisca

(*)
$$z(P) = \frac{\Sigma\, a_{i_1 \ldots i_h}(p) \cdot a_1{}^{i_1} \ldots a_h{}^{i_h}}{\Sigma\, b_{i_1 \ldots i_h}(p) \cdot a_1{}^{i_1} \ldots a_h{}^{i_h}}$$

se

$$z + \mathbb{P} = \frac{\Sigma\, (a_{i_1 \ldots i_h} + \mathbb{P}) \cdot u_1{}^{i_1} \ldots u_h{}^{i_h}}{\Sigma\, (b_{i_1 \ldots i_h} + \mathbb{P}) \cdot u_1{}^{i_1} \ldots u_h{}^{i_h}} \qquad (\text{con } a_{i_1 \ldots i_h},\ b_{i_1 \ldots i_h} \in \mathfrak{s})$$

e generalmente

(**)
$$z(P) = \Sigma\, z_i(P) \cdot b^i,$$

con $b \in C$ ottenuto dalla soluzione dell'equazione

$$\bar{f}(b) = b^n + c_1(P) \cdot b^{n-1} + \ldots + c_n(P) = 0,$$

se

$$z + \mathbb{P} = \Sigma \cdot (z_i + \mathbb{P}) \cdot v^i \qquad (\text{con } z_i + \mathbb{P} \in K_0).$$

La indipendenza algebrica dei numeri $a_1, \ldots, a_h$ sopra $\mathfrak{s}(p)$ rende possibile senza eccezione la definizione (*) che ovviamente fornisce un isomorfismo

(***)
$$z + \mathbb{P} \to z(P)$$

di K_0 in C avente in $\mathfrak{s}$ l'effetto $z(P) = z(p)$. La scelta di b assicura quindi che l'estensione (**) di (***) al corpo K conservi il carattere di isomorfismo in C.

L'omomorfismo or ora definito $z \to z(P)$ è un punto P portato dalla prospettiva $\mathbb{P}$ e sovrapposto al punto p.

136. *Se la prospettiva $\mathbb{P}$ è estensione della prospettiva $\mathfrak{p}$ con un insieme finito di elementi tali che sia*

$$dim\, \frac{S/\mathbb{P}}{\mathfrak{s} + \mathbb{P}/\mathbb{P}} = 0, \qquad grado\, \frac{S/\mathbb{P}}{\mathfrak{s} + \mathbb{P}/\mathbb{P}} = n,$$

ad ogni punto p portato da $\mathfrak{p}$ sono sovrapposti precisamente n punti portati da $\mathbb{P}$.

Dimostrazione. – Possiamo riprendere la dimostrazione del teorema precedente, poichè l'ipotesi ivi fatta, che $\mathfrak{p}$ sia prospettiva aritmetica diventa irrilevante nel caso che sia $h = 0$.

Per completare la dimostrazione bisogna soltanto mostrare, che ci sono proprio n soluzioni b dell'equazione $\bar{f}(b) = 0$ di grado n.

Dall'irriducibilità del polinomio $f(v)$ in $k[v]$ consegue un'identità $f(v) \cdot g(v) + f'(v) \cdot h(v) = c \neq 0$ con $g(v), h(v) \in k[v]$, $c \in k$, designando con $f'(v)$ la derivata di $f(v)$. Se si applica ai coefficienti di quei polinomi l'isomorfismo

135 — 136

$k \to s(p)$, si ottiene una simile identità $\bar{f}(v) \cdot \bar{g}(v) + \bar{f}'(v) \cdot \bar{h}(v) = c(p) \neq 0$ nell'anello $s(p)[v]$, la quale mostra $\bar{f}'(b) \neq 0$ e con ciò la semplicità di ogni soluzione b di $\bar{f}(b) = 0$.

137. L'applicabilità del teorema precedente è ristretta dall'ipotesi che la dimensione di $S/\mathfrak{P}$ sopra $s + \mathfrak{P}/\mathfrak{P}$ sia 0. È utile perciò osservare che

Se $\mathfrak{P}$ estende $\mathfrak{p}$ con $x_1, x_2, \ldots, x_m$, esiste anche un'estensione $\mathfrak{P}'$ di $\mathfrak{p}$ con $x_1, x_2, \ldots, x_m$ dentro S (cioè $S' \subset S$) tale che sia $S'/\mathfrak{P}'$ 0-dimensionale sopra $s + \mathfrak{P}'/\mathfrak{P}'$.

DIMOSTRAZIONE. – Il teorema è vero se $K = S/\mathfrak{P}$ è 0-dimensionale sopra $k = s + \mathfrak{P}/\mathfrak{P}$. Supponiamolo dimostrato per $\dim \dfrac{K}{k} < n$ e consideriamo il caso $\dim \dfrac{K}{k} = n > 0$.

La numerazione degli x_i può essere presupposta tale che $u_i = x_i + \mathfrak{P}$ $(i = 1, 2, \ldots, n)$ siano algebricamente indipendenti sopra k. Designando con h il grado di K sopra $K_0 = (k, u_1, \ldots, u_n)$ si può scrivere

$$K = \sum_{i=1}^{h} K_0 \cdot v_i \quad \text{con} \quad v_i = y_i + \mathfrak{P}, \quad y_i \in A = [s, x_1, x_2, \ldots, x_m], \quad y_1 = 1.$$

Esiste $c \in A_0 = [s, x_1, \ldots, x_n]$, $c \not\in \mathfrak{P}$ tale che

$$c \cdot x_i \subset \sum_{l=1}^{h} A_0 \cdot y_l + \mathfrak{P} \qquad (i = 1, 2, \ldots, m)$$

$$c \cdot y_i \cdot y_j \subset \sum_{l=1}^{h} A_0 \cdot y_l + \mathfrak{P} \qquad (i, j = 1, 2, \ldots, h).$$

Per ogni $g \in A$ vale allora una relazione

$$(*) \qquad c^N \cdot g \subset \sum_{l=1}^{h} A_0 \cdot y_l + \mathfrak{P} \qquad \text{con } N \text{ abbastanza grande.}$$

Si scelga ora $f \in A_0$ tale che i polinomi $\bar{f}(u_1, \ldots, u_n) = f + \mathfrak{P}$ e $\bar{c}(u_1, \ldots, u_n) = c + \mathfrak{P}$ siano relativamente primi in $k[u_1, \ldots, u_n]$, $\bar{f}$ essendo $\not\in k$.

Vale allora $c^L \not\in f \cdot A + \mathfrak{P}$ per ogni esponente $L \geq 0$. Invero, se fosse $c^L \subset f \cdot g + \mathfrak{P}$ con $g \in A$, si troverebbe, ponendo secondo $(*)$, con N abbastanza grande, $c^N \cdot g \subset \sum_{i=1}^{h} f_i \cdot y_i + \mathfrak{P}$, una relazione

$$c^{L+N} \subset \sum_{i=1}^{h} f \cdot f_i \cdot y_i + \mathfrak{P}, \quad \text{oppure} \quad c^{L+N} = \sum_{i=1}^{h} \bar{f} \cdot \bar{f}_i \cdot v_i$$

con $\bar{f}_i \in k[u_1, \ldots, u_n]$. Per l'indipendenza lineare dei v_i sopra K_0 dovrebbe essere allora $c^{L+N} = \bar{f} \cdot \bar{f}_1$, il che è escluso dall'ipotesi che $\bar{f}$ sia primo rispetto a $\bar{c}$.

136 — 137

È dimostrato in particolare che l'ideale $\mathfrak{a} = f \cdot A + \mathfrak{P} \cap A$ è diverso dall'anello intero A.

Poichè l'anello $A/\mathfrak{a}$, in quanto omomorfo a $A/\mathfrak{P} \cap A \simeq A + \mathfrak{P}/\mathfrak{P} = k[u_1, \ldots, u_m]$, è noetheriano, si può parlare dei divisori primi di $\mathfrak{a}$ (ved. 91). Se questi, tutti quanti contenessero c, si avrebbe per L abbastanza grande $c^L \subset f \cdot A + \mathfrak{P}$, il che abbiamo visto non può accadere.

Sia dunque $\mathfrak{c}$ divisore primo di $\mathfrak{a}$ non contenente c. Dato che $\mathfrak{P} \cap A \subset \mathfrak{c}$ e che $\mathfrak{P} \cap A$ individua una prospettiva $\mathfrak{P}$, quell'ideale primo $\mathfrak{c}$ comprende tutti gli elementi di A inattivi in A e individua pertanto una prospettiva $\mathfrak{P}''$ di base A (ved. 72).

Da $\mathfrak{P}'' \cap A = \mathfrak{c} \supset \mathfrak{a} \supset \mathfrak{P} \cap A$ segue $S'' \subset S$. Ponendo $S''/\mathfrak{P}'' = K''$, $s + \mathfrak{P}''/\mathfrak{P}'' = k''$, $x_i + \mathfrak{P}'' = u_i''$, $(k'', u_1'', \ldots, u_n'') = K_0''$, $y_i + \mathfrak{P}'' = v_i''$, e tenendo conto di (*) e di $c \not\in \mathfrak{P}''$, si può scrivere

$$A + \mathfrak{P}''/\mathfrak{P}'' = \sum_{i=1}^{h} K_0'' \cdot v_i'', \text{ cioè } K'' = \sum_{i=1}^{h} K_0'' \cdot v_i'',$$

essendo $A + \mathfrak{P}''/\mathfrak{P}''$ anello e K'' il suo corpo quoziente. Dunque K'' è 0-dimensionale sopra K_0'', che, essendo $f \subset \mathfrak{P}''$, è al più $(n-1)$-dimensionale sopra k''. Il fatto che sia $\dim \dfrac{K''}{k''} < n$, permette di applicare un procedimento di induzione e di derivarne l'esistenza di una estensione $\mathfrak{P}'$ di $\mathfrak{p}$ con $x_1, x_2, \ldots, x_m$ soddisfacente alle condizioni $S' \subset S'' \subset S$, $\dim \dfrac{K'}{k'} = 0$ per $K' = S'/\mathfrak{P}'$ e $k' = s + \mathfrak{P}'/\mathfrak{P}'$, c. d. d.

138. Ogni aspetto capace di portare un punto contiene il corpo primo (1). Se dunque si tratta solamente dello spazio di una varietà V, basta sostituire alla V il sistema parziale $(V, (1))$ di V costituito dalle prospettive $\mathfrak{P} \in V$ che presentano aspetti contenenti il corpo (1). Designamolo con $(V,(1))$, poichè esso si verifica subito essere la sintesi di V e della varietà (1), che consiste soltanto dell'aspetto totale del corpo (1).

Dato che i valori degli elementi del corpo primo in un punto P non dipendono da P, si può dire, che lo spazio di una varietà, cioè ogni punto di questo spazio, è sovrapposto all'unico punto portato dal corpo primo.

§ 3. Lo spazio di una varietà algebrica chiusa.

139. *La totalità dei punti dello spazio di una varietà algebrica e chiusa sopra un corpo k che sono sovrapposti a un medesimo punto p portato da k. è spazio compatto di Hausdorff, purchè si definisca la topologia con intorni di base algebrica sopra k.*

137 — 139

Dimostrazione. - Sia $V = V(A) \cup V(B) \cup ... \cup V(C)$ con

$$A = [k, x_1, x_2, ..., x_m], \qquad B = [k, y_1, y_2, ..., y_n]$$
$$.............. \qquad C = [k, z_1, z_2, ..., z_q]$$

varietà algebrica chiusa sopra k, e designi $V(p)$ la totalità dei punti di V sovrapposti a p.

I. Fondandosi la topologia di $V(p)$ su intorni del tipo

$$U(P, G, u_1, u_2, ..., u_h, r_1, r_2, ..., r_h) \cap V(p) \qquad \text{(ved. 133)}$$

con G algebrico sopra k, ci si può valere della dimostrazione del teorema **134** per provare che anche $V(p)$ è spazio di Hausdorff. Basta sostituire agli anelli aritmetici, ivi considerati, dappertutto anelli algebrici sopra k, aggiungendo altresì la condizione $v(Q) = v(p)$ per $v \in k$ esprimente la limitazione $Q \in V(p)$.

II. Quanto alla compattezza di $V(p)$ dimostriamo anzitutto, che per ogni sistema $x_i, y_j, ..., z_l$ scelto fra gli elementi generanti le basi $A, B, ..., C$ vale, presupposto che esso consti solamente di elementi non infinitesimali, una relazione del tipo

$$f_{ij...l}(x_i^{-1}, y_j^{-1}, ..., z_l^{-1}) = 1$$

il cui membro sinistro è formato mediante un polinomio $f_{ij...l}(u, v, ..., w)$ fra l'anello $k[u, v, ..., w]$ con la proprietà $f_{ij...l}(0, 0, ..., 0) = 0$.

Invero, il sussistere di tale relazione equivale al fatto che l'anello $G = [k, x_i^{-1}, y_j^{-1}, .., z_l^{-1}]$ coincide col suo ideale

$$\mathfrak{g} = x_i^{-1} \cdot G + y_j^{-1} \cdot G + ... + z_l^{-1} \cdot G,$$

fatto che consegue dalla chiusura della varietà V:

Se fosse $\mathfrak{g} \neq G$, si troverebbe un ideale primo $\mathfrak{c} \supset \mathfrak{g}$ diverso da G, il quale, dato che G è primario come l'oggetto della V (ved. 118), conterrebbe tutti gli elementi inattivi di G e individuerebbe pertanto (ved. 72) una prospettiva $\mathfrak{P}$ di base G, il che è impossibile, perchè $\mathfrak{P}$ dovrebbe ammettere per la $S \supset k$ e per la chiusura relativa di V, una estensione $\mathfrak{P}''$ comune ad una prospettiva $\mathfrak{P}' \in V$, sia $\mathfrak{P}' \in V(A)$, cosicchè si otterrebbero le conseguenze inconciliabili $x_i^{-1} \subset \mathfrak{g} \subset \mathfrak{c} \subset \mathfrak{P} \subset \mathfrak{P}''$ e $x_i \subset S' \subset S''$.

III. Dimostriamo ormai che ogni $\mathfrak{p} \in V$ ammette una estensione $\mathfrak{P}$ tale che

    (1) se non $\mathfrak{p} \in V(A)$, si trova un x_i con la proprietà $x_i^{-1} \subset \mathfrak{P}$,

    (2) se non $\mathfrak{p} \in V(B)$, si trova un y_j con la proprietà $y_j^{-1} \subset \mathfrak{P}$,

    . . . .

    (h) se non $\mathfrak{p} \in V(C)$, si trova uno z_l con la proprietà $z_l^{-1} \subset \mathfrak{P}$.

139

Supponiamo di aver già costruito una estensione $\mathfrak{P}$ di $\mathfrak{p}$ che soddisfi ad $h' < h$ di quelle h condizioni, mentre non sia ancora verificata per es. la (1).

Se esiste un'estensione $\mathfrak{P}'$ di $\mathfrak{P}$ con $x_1, x_2, \ldots, x_m$, si ha $S' \supset A$ e l'ideale $\mathfrak{P}' \cap A$ individua (ved. **73**) una prospettiva $\mathfrak{p}' \in V(A)$ che non può essere che $\mathfrak{p}$, dato che $\mathfrak{P}'$ è estensione di $\mathfrak{p} \in V$ e di $\mathfrak{p}' \in V(A) \subset V$ (ved. **111**). In questo caso $\mathfrak{p}$ appartiene a $V(A)$.

Se però $\mathfrak{P}$ non può essere estesa con $x_1, x_2, \ldots, x_m$, si scelgano gli elementi $x_1, x_2, \ldots, x_i$ in modo che esista un'estensione $\mathfrak{P}'$ di $\mathfrak{P}$ con $x_1, x_2, \ldots, x_{i-1}$ ($\mathfrak{P} = \mathfrak{P}'$ qualora sia $i = 1$), ma che sia impossibile estendere $\mathfrak{P}'$ con x_i. L'esistenza di tale sistema segue dalle osservazioni **77** e **76**. Sostituendo allora a $\mathfrak{P}'$ la sua estensione $\mathfrak{P}''$ con x_i^{-1} (ved. **89**), si verificano con questa $\mathfrak{P}''$ invece di $\mathfrak{P}$, essendo $\mathfrak{P} \subset \mathfrak{P}' \subset \mathfrak{P}''$, le h' condizioni soddisfatte già dalla prima scelta di $\mathfrak{P}$, e di più la condizione (1).

La prospettiva $\mathfrak{P}$ soddisfacente tutte le h condizioni (1), (2), $\ldots$, (h) che si ottiene alla fine con questo procedimento, estende $\mathfrak{p}$ con un insieme finito di elementi. Passando da questa $\mathfrak{P}$ a una prospettiva $\mathfrak{P}'$ del tipo descritto in **137**, quelle h condizioni, essendo $S' \subset S$, cioè $\mathfrak{P} \cap S' \subset \mathfrak{P}'$, sono soddisfatte anche da $\mathfrak{P}'$ oltre che da $\mathfrak{P}$. Possiamo dunque supporre che l'estensione $\mathfrak{P}$ di $\mathfrak{p}$ soddisfi oltre alle condizioni (1), (2), $\ldots$, (h) anche a quella che segue

$$(*) \qquad \dim \frac{S/\mathfrak{P}}{s + \mathfrak{P}/\mathfrak{P}} = 0.$$

IV. Designamo con $\bar{f}_{ij\ldots l}(u, v, \ldots, w)$ il polinomio $\in k(p)\,[u, v, \ldots, w]$ che si ottiene dal polinomio $f_{ij\ldots l}(u, v, \ldots, w) \in k[u, v, \ldots, w]$ (ved. II) con l'applicazione dell'isomorfismo $k \to k(p)$ definente il punto p.

La proprietà $f_{ij\ldots l}(0, 0, \ldots, 0) = 0$ garantisce l'esistenza di un numero positivo M tale, che per tutti i sistemi $x_i, y_j, \ldots, z_l$ privi di elementi infinitesimali valga

$$(**) \qquad |\bar{f}_{ij\ldots l}(u, v, \ldots, w)| < 1 \qquad \text{per} \qquad |u| < \frac{1}{M},\ |v| < \frac{1}{M}, \ldots, |w| < \frac{1}{M}.$$

Tale scelta di M permette di asserire che ogni punto P di $V(p)$ soddisfa uno dei sistemi di disuguaglianze

$$
\begin{aligned}
(1') &\quad |x_i(P)| \leq M &\quad (i = 1, 2, \ldots, m)\\
(2') &\quad |y_j(P)| \leq M &\quad (j = 1, 2, \ldots, n)\\
&\quad \cdot\ \cdot\ \cdot\ \cdot\ \cdot\ \cdot\ \cdot\ \cdot\ \cdot\ \cdot\ \cdot\ \cdot &\\
(h') &\quad |z_l(P)| \leq M &\quad (l = 1, 2, \ldots, q).
\end{aligned}
$$

Per dimostrarlo estendiamo la prospettiva $\mathfrak{p} \in V$ portante P a una prospettiva $\mathfrak{P}$ avente le proprietà (1), (2), $\ldots$, (h) e (*) studiate in III. Secondo **136** esiste allora un punto $\bar{P}$ sovrapposto a P e portato dalla $\mathfrak{P}$.

139

Il non verificarsi di uno determinato fra i sistemi $(1')$, $(2')$, ..., (h'), sia di $(1')$, può avere soltanto queste due ragioni:

o $\mathfrak{p} \in V(A)$, mentre per un x_i vale $\mid x_i(P) \mid = \mid x_i(\bar{P}) \mid > M$,

o $\mathfrak{p} \subset\!\!\!\!\!= V(A)$, mentre per un x_i vale $x_i^{-1}(\bar{P}) = 0$.

Notiamo che anche nel primo caso quel x_i non è infinitesimale, perchè da $x_i{}^r = 0$ seguirebbe $x_i(P)^r = 0$, cioè $x_i(P) = 0$.

Supposto che non si verifichi nessuno dei sistemi $(1')$, $(2')$, ..., (h'), scegliamo lo x_i suddetto e y_j, ..., z_l in modo simile. Essendo il sistema x_i, y_j, ..., z_l privo di elementi infinitesimali, esso entra in una relazione

$$(***) \qquad f_{ij\ldots l}(x_i^{-1}, \ y_j^{-1}, \ldots, \ z_l^{-1}) = 1.$$

Capiti $\mid x_i(\bar{P}) \mid > M$ o capiti $x_i^{-1}(\bar{P}) = 0$, certo sarà $x_i^{-1} \subset S$ e per analoga ragione $y_j^{-1} \subset S, .., z_l^{-1} \subset S$, sicchè [dalla $(***)$ si può dedurre la relazione

$$\bar{f}_{ij\ldots l}(x_i^{-1}(\bar{P}), \ y_j^{-1}(\bar{P}), \ldots, \ z_l^{-1}(\bar{P})) = 1.$$

Però il fatto

$$\mid x_i^{-1}(\bar{P}) \mid < \frac{1}{M}, \quad \mid y_j^{-1}(\bar{P}) \mid < \frac{1}{M}, \ldots, \quad \mid z_l^{-1}(\bar{P}) \mid < \frac{1}{M}$$

rende impossibile tale equazione, dato che il polinomio $\bar{f}_{ij\ldots l}$ ha la proprietà $(**)$.

V. Sia
$$(^+) \qquad\qquad P_1'', \ P_2'', \ P_3'', \ldots$$

una qualunque successione infinita di punti di $V(p)$ supposti distinti fra di loro. Siccome per ogni punto P_i'' è valido uno dei sistemi $(1')$, $(2')$, ..., (h'), dalla $(^+)$ si può estrarre una successione parziale P_1', P_2', P_3', ..., egualmente infinita e tale che tutti i punti P_r' soddisfino allo stesso sistema di disuguaglianze. sia:

$$\mid x_i(P_r') \mid \leq M \qquad (i = 1, 2, \ldots, m).$$

Passando di nuovo ad una successione parziale infinita P_1, P_2, P_3, ... si procura che esistano i limiti

$$\lim_{r \to \infty} x_i(P_r) = c_i \qquad (i = 1, 2, \ldots, m).$$

Associando ora a ogni elemento

$$z = \Sigma \, a_{i_1 i_2 \ldots i_m} \cdot x_1{}^{i_1} \cdot x_2{}^{i_2} \ldots x_m{}^{i_m} \qquad (a_{i_1 i_2 \ldots i_m} \in k)$$

di A il valore

$$z(P_0) = \Sigma \, a_{i_1 i_2 \ldots i_m}(p) \cdot c_1{}^{i_1} \cdot c_2{}^{i_2} \ldots c_m{}^{i_m},$$

139

si definisce un omomorfismo dell'anello A nel corpo C dei numeri complessi, epperò un punto $P_0 \in V(p)$ di base A. Per provarlo, basta mostrare l'univocità di quell'associazione:

Da ogni relazione

$$\Sigma\, b_{i_1 i_2 \dots i_m} \cdot x_1^{i_1} \cdot x_2^{i_2} \dots x_m^{i_m} = 0 \qquad (b_{i_1 i_2 \dots i_m} \in k)$$

fra $x_1, x_2, \dots, x_m$ sopra k si derivano le analoghe relazioni

$$\Sigma\, b_{i_1 i_2 \dots i_m}(p) \cdot x_1(P_r)^{i_1} \cdot x_2(P_r)^{i_2} \cdot \dots \cdot x_m(P_r)^{i_m} = 0 \quad (r = 1, 2, 3, \dots),$$

dalle quali si trae

$$\Sigma\, b_{i_1 i_2 \dots i_m}(p) \cdot c_1^{i_1} \cdot c_2^{i_2} \dots c_m^{i_m} = 0$$

e con ciò la indipendenza di $z(P_0)$ dall'espressione di $z \in A$ come polinomio di $x_1, x_2, \dots, x_m$ sopra k.

Il punto P_0 è punto di accumulazione dell'insieme $(^+)$, perchè ogni intorno di P_0 in $V(p)$ contiene (ved. **139** I e **134** V) un intorno

$$U\!\left(P_0,\ A,\ x_1,\ x_2,\dots,\ x_m,\ \frac{1}{N},\ \frac{1}{N},\dots,\ \frac{1}{N}\right) \cap V(p)$$

che dal canto suo contiene l'infinità dei punti P_r soddisfacenti alle disuguaglianze

$$|\, x_i(P_r) - x_i(P_0) \,| < \frac{1}{N} \quad (i = 1, 2, \dots, m).$$

Con ciò è dimostrata la compattezza dello spazio $V(p)$.

§ 4. Il grado di un corpo.

140. *Se un sistema*

$$F_i(x_1, x_2, \dots, x_m) = 0 \quad (i = 1, 2, \dots, h)$$

di equazioni algebriche sopra k, (cioè $F_i(X_1, X_2, \dots, X_m) \in k[X_1, X_2, \dots, X_m]$) ammette una soluzione $x_i = c_i$ $(i = 1, 2, \dots, m)$ in un sopracorpo K di k (cioè $c_i \in K$ e $F_i(c_1, c_2, \dots, c_m) = 0$), la quale soddisfa a una disuguaglianza $G(x_1, \dots, x_m) \neq 0$ algebrica sopra k, (cioè $G(X_1, \dots, X_m) \in k[X_1, \dots, X_m]$, $G(c_1, \dots, c_m) \neq 0$), esso ammette altresì una soluzione in un corpo finito sopra k, soddisfacente a quella stessa disuguaglianza.

DIMOSTRAZIONE. - Nel corpo $(k, X_1, \dots, X_m)$ m-dimensionale sopra k costruiamo l'anello $A = [k, X_1, \dots, X_m, Y]$ con $Y = G(X_1, \dots, X_m)^{-1}$ e lo prendiamo come base di una prospettiva $\mathbb{P}$ individuata dall'ideale di tutti gli elementi annullati dalla sostituzione $X_i \to c_i$ $(i = 1, \dots, m)$. Questa $\mathbb{P}$ estende la prospettiva totale $\mathfrak{p}$ del corpo k con $X_1, \dots, X_m, Y$, giacchè $\mathbb{P} \cap k = 0$. Secondo il teorema **137** esiste pertanto una estensione S' di

139 — 140

$s = \underset{\cdot}{} k$ contenuta in S, avente la stessa base A e soddisfacente alla condizione

$$\dim \frac{S'/\mathbb{P}'}{k + \mathbb{P}'/\mathbb{P}'} = 0.$$

Ora l'isomorfismo di $k + \mathbb{P}'/\mathbb{P}'$ su k può estendersi (ved. 41) al corpo $S'/\mathbb{P}'$, ottenendo così un corpo k' algebrico e 0-dimensionale sopra k. Se $e_1, \ldots, e_m$ designano gli elementi di k' che corrispondono in quell'isomorfismo a $X_1 + \mathbb{P}', \ldots, X_m + \mathbb{P}'$, si hanno le relazioni $F_i(e_1, \ldots, e_m) = 0$, poichè l'ipotesi $F_i(c_1, \ldots, c_m) = 0$ induce $F_i(X_1, \ldots, X_m) \subset \mathbb{P} \cap A \subset \mathbb{P}' \cap A$, e la disuguaglianza $G(e_1, \ldots, e_m) \neq 0$, poichè $Y \cdot G(X_1, \ldots, X_m) = 1$ esclude $G(X_1, \ldots, X_m) \subset \mathbb{P}'$.

141. *Se un polinomio* $f(X_1, \ldots, X_m)$ *irriducibile in* $k[X_1, \ldots, X_m]$ *è riducibile in un sopracorpo* K *di* k, *(cioè quale elemento di* $K[X_1, \ldots, X_m]$*), esso è riducibile già in un corpo algebrico e 0-dimensionale sopra* k.

DIMOSTRAZIONE. – Sia $f(X_1, \ldots, X_m) = \overset{N}{\underset{0}{\Sigma}} a_{i_1 \ldots i_m} \cdot X_1^{i_1} \ldots X_m^{i_m}, \ (a_{i_1 \ldots i_m} \in k)$, e

(*) $$f(X_1, \ldots, X_m) = G(X_1, \ldots, X_m) \cdot H(X_1, \ldots, X_m)$$

con $G(X_1, \ldots, X_m) = \Sigma B_{i_1 \ldots i_m} \cdot X_1^{i_1} \ldots X_m^{i_m}$, $H(X_1, \ldots, X_m) = \Sigma C_{i_1 \ldots i_m} \cdot X_1^{i_1} \ldots X_m^{i_m}$
$(B_{i_1 \ldots i_m}, C_{i_1 \ldots i_m} \in K)$.

Scriviamo il sistema di relazioni

(**) $$a_{i_1 \ldots i_m} = \Sigma B_{j_1 \ldots j_m} \cdot C_{i_1 - j_1 \ldots i_m - j_m} \quad (0 \leq i_1, \ldots, i_m \leq N)$$

equivalenti a (*) e aggiungiamo tutte le equazioni

(***) $$B_{h_1 \ldots h_m} = 0, \quad C_{l_1 \ldots l_m} = 0,$$

in quanto siano vere per indici non maggiori di N.

Considerando (**) e (***) come sistema di equazioni algebriche sopra k con le $2(N+1)^m$ incognite B, C, si conclude per il teorema precedente che esistono elementi $b_{i_1 \ldots i_m}$, $c_{i_1 \ldots i_m}$ di un corpo k' finito sopra k, legati dalle relazioni

$$a_{i_1 \ldots i_m} = \Sigma b_{j_1 \ldots j_m} \cdot c_{i_1 - j_1 \ldots i_m - j_m}; \quad b_{h_1 \ldots h_m} = 0, \quad c_{l_1 \ldots l_m} = 0,$$

le prime delle quali equivalgono al fatto

(+) $$f(X_1, \ldots, X_m) = g(X_1, \ldots, X_m) \cdot h(X_1, \ldots, X_m),$$

per $g(X_1, \ldots, X_m) = \Sigma b_{i_1 \ldots i_m} \cdot X_1^{i_1} \ldots X_m^{i_m}$, $h(X_1, \ldots, X_m) = \Sigma c_{i_1 \ldots i_m} \cdot X_1^{i_1} \ldots X_m^{i_m}$, mentre le altre garantiscono che i gradi dei polinomi g, h non superano i gradi di G, H. Ove dunque si supponga (*) essere decomposizione effettiva di f in $K[X_1, \ldots, X_m]$ si avrà in (+) una decomposizione effettiva di f in $k'[X_1, \ldots, X_m]$. C. d. d.

140 – 141

I2

142. La totalità degli elementi di un corpo K algebricamente dipendenti da un suo sottocorpo k è l'integrità $I\left(\dfrac{K}{k}\right)$ di K sopra k (ved. **86**). Essa è corpo e cioè il massimo corpo intermedio fra k e K che sia 0–dimensionale sopra k.

Il grado relativo a k dell'integrità $I\left(\dfrac{K}{k}\right)$ sarà detto semplicemente *il grado di K sopra k*. Tale uso del termine «grado» è lecito, perchè coincide con quello classico nel caso di $\dim \dfrac{K}{k} = 0$ e si conviene negli altri casi. Ammettiamo che il grado di K sopra k sia infinito e ciò si verifica appunto allora che l'integrità $I\left(\dfrac{K}{k}\right)$ non sia algebrica sopra k.

Il grado di K sopra k certo è finito, se K è algebrico sopra k, poichè in tal caso ogni corpo intermedio fra k e K è algebrico.

Se k' è corpo intermedio fra k e K e 0–dimensionale sopra k, ogni elemento di K algebricamente dipendente da k' dipende pure algebricamente da k, e viceversa. Ne risulta la validità della formula classica

$$\operatorname{grado}\frac{K}{k} = \operatorname{grado}\frac{K}{k'} \cdot \operatorname{grado}\frac{k'}{k} \quad \text{nel caso di } \dim \frac{k'}{k} = 0.$$

Un elemento z di K si dice *separabile sopra* k allora e soltanto allora che il corpo (k, z) sia 0–dimensionale e separabile sopra k.

La totalità $I_s\left(\dfrac{K}{k}\right)$ degli elementi separabili sopra k di K è corpo intermedio fra k e l'integrità $I\left(\dfrac{K}{k}\right)$ (ved. **22** e **26**), che chiameremo *l'integrità separabile di K sopra k*. Il suo grado relativo a k sarà detto *il grado di separabilità di K sopra k* e designato con

$$\operatorname{grado}_s \frac{K}{k},$$

mentre il fattore complementare a questo nel grado di K sopra k, cioè il grado di $I\left(\dfrac{K}{k}\right)$ sopra $I_s\left(\dfrac{K}{k}\right)$, si chiamerà *il grado di inseparabilità di K sopra k*. Questo grado, il quale evidentemente è 1 nel caso di caratteristica 0 e potenza $p^m (m \geq 0)$ di p o infinito se la caratteristica di k è $p \neq 0$, sarà designato con

$$\operatorname{grado}_i \frac{K}{k},$$

sicchè avremo la relazione

$$\operatorname{grado}\frac{K}{k} = \operatorname{grado}_s \frac{K}{k} \cdot \operatorname{grado}_i \frac{K}{k}.$$

142

143. *Da* $\mathrm{grado}_s \dfrac{K}{k} = 1$ *segue* $\mathrm{grado}_s \dfrac{(K, K_0)}{K_0} = 1$ *per ogni corpo* (K, K_0) *generato da K e un corpo K_0 algebrico e 0-dimensionale sopra k.*

DIMOSTRAZIONE. - Basta evidentementi limitarsi al caso di un corpo $K_0 = (k, x)$ definito sopra k da $f(x) = x^n + \ldots = 0$.

Si tratta di mostrare che ogni $z \in (K, x)$, separabile sopra (k, x), è elemento di (k, x).

Designando con q il minimo numero positivo per il quale $y = x^q$ è separabile sopra K, avremo

$$(*) \qquad z^q = c_0 + c_1 \cdot y + \ldots + c_{m-1} \cdot y^{m-1} \quad \text{con} \quad c_i \in K, \; m = \mathrm{grado} \frac{(K, y)}{K},$$

dove i coefficienti c_i si calcolano, nel corpo galoisiano determinato da (K, x) sopra K (ved. 47), razionalmente mediante z^q, y ed i loro coniugati sopra k. Ne risulta che $(k, c_0, c_1, \ldots, c_{m-1}) \subset K$ è 0-dimensionale sopra k. Se non fosse $c_i^{q^L} \in k$ $(i = 0, 1, \ldots, m - 1)$ per L abbastanza grande, il grado di separabilità di K sopra k (per mezzo di 23 e 24) risulterebbe maggiore di 1. Da $(*)$ segue dunque $z^{q^{1+L}} \subset (k, x)$ e quindi $z \subset (k, x)$ perchè altrimenti z non sarebbe separabile sopra (k, x) (ved. 24). C. d. d.

144. *Se* $\mathrm{grado}_s \dfrac{K}{k} = 1$, *la composizione di un corpo K_0, finito sopra k, con K sopra k è unica a meno di isomorfismi sopra K_0.*

DIMOSTRAZIONE. - I. Sia in primo luogo $K_0 = (k, x)$ definito sopra k da $f(x) = x^m + \ldots = 0$, e supponiamo la composizione $K' = (K^\sigma, x)$ di K_0 con K sopra k definita sopra K^σ da $g^\sigma(x) = x^n + a_1^\sigma \cdot x^{n-1} + \ldots + a_n^\sigma = 0$ con $a_i \in K$, sicchè $g(X) = X^n + a_1 \cdot X^{n-1} + \ldots + a_n$ è divisore di $f(X)$ irriducibile in $K[X]$.

Potendosi trovare un'estensione K'' di K' tale che $g^\sigma(X)$ sia prodotto di fattori lineari $X - b_i$ con $b_i \in K''$, i coefficienti a_i^σ dipendono, in K'' e perciò anche in K', algebricamente da k, valendo $f(b_i) = 0$. Ciò significa $a_i^\sigma \in I\left(\dfrac{K^\sigma}{k}\right) = \left(I\left(\dfrac{K}{k}\right)\right)^\sigma$, epperò $a_i \in I\left(\dfrac{K}{k}\right)$. Dall'ipotesi fatia rispetto a K segue dunque $a_i^{p^L} \in k$ $(i = 1, \ldots, n)$ con L abbastanza grande. (Si prenderà 1 invece di p^L, se la caratteristica p di k è 0). La p^L-esima potenza di $g(X)$ è perciò elemento di $k[X]$, che si riconosce subito essere divisibile per $f(X)$. Infatti, $(a_i^\sigma)^{p^L} = (a_i^{p^L})^\sigma = a_i^{p^L}$ mostra $(g(X))^{p^L} = (g^\sigma(X))^{p^L}$, sicchè $(g(x))^{p^L} = 0$, mentre $f(x) = 0$ e $f(X)$ è irriducibile in $k[X]$. La decomposizione completa di $f(X)$ in $K[X]$ sarà dunque del tipo $f(X) = g(X)^M$, il che prova che $g(X)$ è determinato univocamente da $f(X)$ e K. Si stabilisce allora un isomorfismo sopra K_0 fra

143 — 144

due qualunque composizioni (K^σ, x), (K^τ, x) di K_0 con K sopra k, associando all'elemento $\Sigma A_i^\sigma \cdot x^i$ di (K^σ, x) (ove $A_i \in K$) l'elemento $\Sigma A_i^\tau \cdot x^i$ di (K^τ, x).

II. Consideriamo ormai il caso generale di $K_0 = (k, x_1, x_2, \ldots, x_m)$ 0-dimensionale sopra k.

Se $K' = (K^\sigma, x_1, x_2, \ldots, x_m)$ e $K'' = (K^\tau, x_1, x_2, \ldots, x_m)$ sono due composizioni di K_0 con K sopra k, supponiamo di aver già stabilito un isomorfismo ρ sopra $k_q = (k, x_1, \ldots, x_q)$ di $K'_q = (K^\sigma, x_1, \ldots, x_q)$ su $K''_q = (K^\tau, x_1, \ldots, x_q)$ e di aver già provato che $\mathrm{grado}_s \dfrac{K'_q}{k_q} = 1$.

I corpi $K'_{q+1} = (K'_q, x_{q+1})$ e $K''_{q+1} = (K''_q, x_{q+1})$ sono composizioni sopra k_q di $(k_q, x_{q+1}) = k_{q+1}$ con K'_q, essendo $K''_q = K_q'^\rho$. Secondo 1. esiste dunque un isomorfismo sopra k_{q+1} di K'_{q+1} su K''_{q+1}, e secondo **143** si ha $\mathrm{grado}_s \dfrac{K'_{q+1}}{k_{q+1}} = 1$.

Questo procedimento finisce col dimostrare che $K'_m = K'$ è isomorfo, sopra $k_m = K_0$, a $K''_m = K''$, c. d. d.

145. *Se il grado di separabilità sopra k del corpo $K = (k, x_1, \ldots, x_m)$ definito da $f(x_1, \ldots, x_m) = 0$ è 1, il polinomio $f(X_1, \ldots, X_m) \in k[X_1, \ldots, X_m]$ è potenza*

$$f(X_1, \ldots, X_m) = g(X_1, \ldots, X_m)^q \qquad \begin{cases} q = 1 & \text{se car. } k = 0, \\ q = p^n & \text{se car. } k = p \neq 0, \end{cases}$$

di un polinomio $g(X_1, \ldots, X_m) \in k^{q^{-1}}[X_1, \ldots, X_m]$ assolutamente irriducibile.

DIMOSTRAZIONE. – Sia $q \geq 1$ la massima potenza della caratteristica p di k tale che $f \in k[X_1^q, \ldots, X_m^q]$ se $p \neq 0$, e sia $q = 1$ nel caso di car. $k = 0$. Avremo allora $f(X_1 \ldots, X_m) = g(X_1, \ldots, X_m)^q$ con $g(X_1, \ldots, X_m) \in k'[X_1, \ldots, X_m]$, designando con k' il corpo generato sopra k dalle q-esime radici dei coefficienti di f.

Dall'ipotesi $g = g_1 \cdot g_2$ con $g_i \in k'[X_1, \ldots, X_m]$, si deduce $f = g^q = g_1^q \cdot g_2^q$ con $g_i^q \in k[X_1, \ldots X_m]$ essendo $k'^q \subset k$, sicchè per l'irriducibilità di f in k si ha, ad es., $g_2^q \in k$ e pertanto $g_2 \in k'$. Dunque g è irriducibile in k'.

Qualora g non sia assolutamente irriducibile, esso è riducibile in un corpo k'' finito sopra k' (ved. **141**). Sia g' divisore irriducibile di g in k''. Applicando il ragionamento suddetto a g' e continuando, se necessario, in questo modo, si riconosce l'esistenza di un divisore $h(X_1, \ldots, X_m)$ di g, assolutamente irriducibile, con coefficienti appartenenti a un corpo K_0 finito sopra k.

L'equazione $h(y_1, \ldots, y_m) = 0$ definisce allora un corpo $(K_0, y_1, \ldots, y_m)$ $(m-1)$-dimensionale sopra K_0. Tenendo conto della $f(y_1, \ldots, y_m) = 0$ ne concludiamo, che $f(X_1, \ldots, X_m)$ divide ogni polinomio $F(X_1, \ldots, X_m) \in k[X_1, \ldots, X_m]$, avente la proprietà $F(y_1, \ldots, y_m) = 0$, sicchè il sottocorpo $(k, y_1, \ldots, y_m)$

144 — 145

di $(K_0, y_1, \dots, y_m)$ è definito da $f(y_1, \dots, y_m) = 0$ e quindi isomorfo a K sopra k: $(k, y_1, \dots y_m) = K^\sigma$.

Quel corpo $(K_0, y_1, \dots, y_m)$ è dunque composizione (K_0, K^σ) di K_0 con K sopra k. Dall'ipotesi $\mathrm{grado}_s \dfrac{K}{k} = 1$ segue (ved. **144**), che tale composizione è unica a meno di isomorfismi sopra K_0, sicchè $h(X_1, \dots, X_m)$ deve essere l'unico divisore irriducibile di f in $K_0[X_1, \dots, X_m]$ e quindi vale $g = c \cdot h^r$ con $c \in K_0$. Se fosse $r > 1$, si dedurrebbero da $h(y_1, \dots, y_m) = 0$ le relazioni $g_{y_i}(y_1, \dots, y_m) = c \cdot r \cdot h(y_1, \dots, y_m)^{r-1} \cdot h_{y_i}(y_1, \dots, y_m) = 0$, $(i = 1, \dots m)$, le quali equivarrebbero, per la $g(y_1, \dots, y_m) = 0$ e per l'irriducibilità di g in k', alle equazioni $g_{X_i}(X_1, \dots, X_m) = 0$, $(i = 1, \dots, m)$, esprimenti che $g \subset k'[X_1{}^p, \dots, X_m{}^p]$ nel caso di car. $k = p$, risp. che $g \in k'$ per car. $k = 0$, il che contraddirebbe alla definizione di q.

Avendo provato $g = c \cdot h$, abbiamo dimostrato l'irriducibilità assoluta del polinomio $g(X_1, \dots, X_m)$.

146. Se (C, K^σ) è composizione di un corpo C con un corpo K, e soltanto in tal caso, diremo che l'isomorfismo σ è (o piuttosto determina) una *posizione di K rispetto a C*, riguardando come uguali due posizioni σ, τ di K rispetto a C allora e soltanto allora che esista un isomorfismo ρ sopra C della composizione (C, K^σ) sulla composizione (C, K^τ) tale, che

$$x^{\sigma\rho} = x^\tau \quad \text{per ogni} \quad x \in K.$$

Si constata subito il carattere riflessivo, simmetrico e transitivo di questa nozione di uguaglianza.

147. *Sotto le ipotesi*

$\quad K$ *algebrico e n-dimensionale sopra* k, $\mathrm{grado}_s \dfrac{K}{k} = g$,

$\quad C$ *algebricamente chiuso sopra* k,

esistono precisamente g posizioni di K rispetto a C tali che in ogni composizione n-dimensionale sopra C di C con K sopra k il corpo K abbia una di quelle g posizioni.

Dimostrazione. - I. Sia $I_s\left(\dfrac{K}{k}\right) = (k, z)$ definito da $h(z) = z^g + \dots = 0$.

Partendo da n elementi $x_1, \dots, x_n$ algebricamente indipendenti sopra k costruiamo il massimo corpo K_0 intermedio fra $(k, z, x_1, \dots, x_n) = K'$ e K, separabile sopra K' (ved. **26**). Possiamo supporre $K_0 = (K', x_0)$ definito sopra (k, z) da $f(x_0, x_1, \dots, x_n) = 0$ con $f(X_0, X_1, \dots, X) \in (k, z)[X_0, X_1, \dots, X_n]$. Allora

$$(k, z) = I_s\left(\dfrac{K}{k}\right) \supset I_s\left(\dfrac{K_0}{k}\right) = I_s\left(\dfrac{K_0}{(k, z)}\right) \supset (k, z) \quad \text{(ved. \textbf{21}),}$$

145 — 147

cioè $I_s\left(\dfrac{K_0}{(k,\ z)}\right) = (k,\ z)$, donde segue, secondo **145**,

$$(*) \qquad f(X_0, X_1, \ldots, X_n) = g(X_0, X_1, \ldots, X_n)^q$$

con $g(X_0, X_1, \ldots X_n) \in k'[X_0, X_1, \ldots, X_n]$ assolutamente irriducibile e k' generato sopra $(k,\ z)$ dalle q-esime radici dei coefficienti di f.

II. Dall'ipotesi fatta su C segue l'esistenza di g elementi $z_i \in C$ tali che $h(Z) = \overset{g}{\underset{i=1}{\Pi}} (Z - z_i)$. Si definiscano allora gli isomorfismi relativi a k σ_i di $(k,\ z)$ in C, ponendo $z^{\sigma_i} = z_i$. Tale σ_i si estende in modo unico al corpo k' (ved. **41**, **46**). Siano $f_i(X_0, X_1, \ldots, X_n)$ e $g_i(X_0, X_1, \ldots, X_n)$ i polinomi risultanti dall'applicazione di σ_i ai coefficienti di f, risp. g.

$g_i(X_0, X_1, \ldots, X_n)$ è irriducibile in C, perchè altrimenti esso sarebbe riducibile in un corpo k_i algebrico sopra (k, z_i) (ved. **141**), donde si dedurrebbe mediante un isomorfismo di k_i (ved. **41**) su un sopracorpo di $(k,\ z)$ la riducibilità di $g(X_0, X_1, \ldots, X_n)$. Per simile ragione f_i è irriducibile in $(k,\ z_i)[X_0, X_1, \ldots, X_n]$.

L'equazione $g_i(y_0, y_1, \ldots, y_n) = 0$ definisce dunque un corpo $(C,\ y_0, y_1, \ldots, y_n)$ n-dimensionale sopra C che contiene un sottocorpo $(k,\ z_i,\ y_0, y_1, \ldots, y_n)$ definito sopra (k, z_i) da $f_i(y_0, y_1, \ldots, y_n) = 0$. Ne segue l'esistenza di un isomorfismo relativo a k ρ_i di K_0 su $(k,\ z_i,\ y_0, y_1, \ldots, y_n)$ avente l'effetto $u^{\rho_i} = u^{\sigma_i}$ per $u \in (k,\ z)$, $x_l^{\rho_i} = y_l$ ($l = 0, 1, \ldots, n$), sicchè $(C,\ y_0, y_1, \ldots, y_n)$ diventa composizione $(C,\ K_0^{\rho_i})$ sopra k. Dopo aver esteso ρ_i al corpo K (ved. **41**), si può comporre $(C,\ K_0^{\rho_i})$ con K^{ρ_i} sopra $K_0^{\rho_i}$ ottenendo così una composizione $(C,\ K^{\tau_i})$ di C con K sopra k, dove $u^{\rho_i} = u^{\sigma_i} = u^{\tau_i}$ per $u \in (k,\ z)$.

Questi $\tau_1, \tau_2, \ldots, \tau_g$ determinano (ved. **146**) g posizioni di K rispetto a C, distinte, perchè l'ipotesi che esista un isomorfismo ρ relativo a C soddisfacente a $x^{\tau_i \rho} = x^{\tau_j}$ per ogni $x \in K$ darebbe $z^{\tau_i} = (z^{\tau_i})^\rho = z^{\tau_j}$ essendo $z^{\tau_i} = z^{\sigma_i} = z_i \in C$, e quindi $j = i$.

III. Se $(C,\ K^\tau)$ è composizione qualunque n-dimensionale sopra C di C con K sopra k, si avrà $h(z^\tau) = 0$ e quindi $z^\tau = z_i$ per un certo i. Allora $f_i(x_0{}^\tau, x_1{}^\tau, \ldots, x_n{}^\tau) = 0$ e, secondo $(*)$, $g_i(x_0{}^\tau, x_1{}^\tau, \ldots, x_n{}^\tau) = 0$, il che mostra l'esistenza di un isomorfismo ρ relativo a C di $(C,\ K_0^{\tau_i})$ su $(C,\ K_0^\tau)$ soddisfacente a

$$(**) \qquad a^{\tau_i \rho} = a^\tau \quad \text{per ogni } a \in K_0.$$

Dopo aver esteso questo ρ al corpo $(C,\ K^{\tau_i})$ (ved. **41**), si componga $(C,\ K^\tau)$ con $(C,\ K^{\tau_i})^\rho$ sopra $(C,\ K_0^{\tau_i})^\rho = (C,\ K_0^\tau)$. In tale composizione $(C,\ K^\tau,\ (C,\ K^{\tau_i})^{\rho\sigma})$ si avrà, secondo $(**)$,

$$(***) \qquad a^\tau = a^{\tau_i \rho} = a^{\tau_i \rho\sigma} \quad \text{per ogni } a \in K_0,$$

mentre $c = c^\rho = c^{\rho\sigma}$ per ogni $c \in C$. Ora, essendo K puramente inseparabile

147

sopra K_0, ogni $x \in K$ soddisfa ad un'equazione del tipo $x^{p^L} = a \in K_0$, donde si deriva con (***) che $(x^{p^L})^\tau = (x^{p^L})^{\tau_i \rho \sigma}$, cioè $x^\tau = x^{\tau_i \rho \sigma}$, sicchè per l'isomorfismo $\rho \sigma$ le posizioni τ e τ_i sono uguali. C. d. d.

§ 5. Analisi degli spazi aritmetici.

148. DEFINIZIONI. – Il termine « *spazio aritmetico (primo)* » abbia lo stesso significato della frase « spazio di una varietà aritmetica (prima) ».

Per fissare l'uso dell'attributo « analitico » stabiliamo di considerare come equivalenti le proposizioni ed espressioni confrontate in quel che segue:

La *varietà V* è *analitica*	Ogni aspetto $S \in V$ contiene il corpo C dei numeri complessi
Il *punto P* è *analitico*	P è punto di una varietà analitica tale che sia $c(P) = c$ per ogni $c \in C$
Spazio analitico	La totalità dei punti analitici di una varietà analitica
Corpo analitico n-dimensionale	Sopracorpo di C di dimensione relativa n
Realizzazione analitica di un corpo n-dimensionale K	Composizione (C, K^σ) di C con K, n-dimensionale sopra C
Uguaglianza delle realizzazioni analitiche (C, K^σ), (C, K^τ) di K	Coincidenza delle posizioni σ, τ di K rispetto a C (ved. **146**).

149. Ogni punto P di una varietà V di base aritmetica $[x_1, \dots, x_m] = A$ annulla gli elementi inattivi di A, perchè l'origine $\mathbb{P}$ della prospettiva portante P contiene tutti questi elementi (ved. **132** e **69**). Esso annulla pertanto anche l'ideale $\mathfrak{a}$ generato dagli elementi inattivi e per questo altresì uno almeno dei divisori primi di $\mathfrak{a}$ (ved. **91**). Se dunque $\mathbb{P}, \mathbb{P}', \dots$ designano le prospettive individuate (ved. **72**) da questi divisori primi, possiamo dire, che ogni punto dello spazio della V è punto di una delle varietà prime

$$V([x_1 + \mathbb{P}, \dots, x_m + \mathbb{P}]) \quad \text{del corpo } S/\mathbb{P},$$
$$V([x_1 + \mathbb{P}', \dots, x_m + \mathbb{P}']) \quad \text{del corpo } S'/\mathbb{P}',$$

. . . .

Lo studio degli spazi aritmetici si riduce dunque allo studio degli spazi aritmetici primi.

150. Per costruire lo spazio $S(V)$ di una varietà prima V di base $[1, x_1, \dots, x_m]$ basta (ved. **138**) limitarsi alla varietà parziale $(V, (1))$ di base algebrica $A = [(1), x_1, \dots, x_m]$.

147 — 150

Se m supera la dimensione n del corpo $K = (x_1, \ldots, x_m)$, sia $f(X_1, \ldots, X_m)$ un polinomio $\in$ (1) $[X_1, \ldots, X_m]$ di grado h tale che $f(x_1, \ldots, x_m) = 0$. Qualora la potenza X_m^h non entri in f, si sostituiscano a $x_1, \ldots, x_m$ elementi $y_1, \ldots, y_m$ dati da $x_i = \Sigma\, a_{ij} \cdot y_j$ con $a_{ij} \in (1)$, $|\, a_{ij}\, | \neq 0$, e soddisfacenti a una relazione di grado h del tipo

$$f(\underset{j}{\Sigma}\, a_{1j} \cdot y_j, \ldots, \underset{j}{\Sigma}\, a_{mj} \cdot y_j) = g(y_1, \ldots, y_m) = b \cdot y_m^h + \ldots = 0 \text{ con } b \neq 0.$$

Poichè $[(1), x_1, \ldots, x_m] = [(1), y_1, \ldots, y_m]$, possiamo presupporre che già x_m sia integro rispetto a $[(1), x_1, \ldots, x_{m-1}]$.

Nel caso di $n < m - 1$ possiamo ugualmente fare in modo che x_{m-1} sia integro rispetto a $[(1), x_1, \ldots, x_{m-2}]$. Continuando così si giustifica l'ipotesi, che, generalmente, per $l \geq n$, l'elemento x_{l+1} sia integro sopra $[(1), x_1, \ldots, x_l]$, sicchè, secondo 84, $x_{n+1}, \ldots, x_m$ sono integri sopra l'anello $A_0 = [(1), x_1, \ldots, x_n]$.

151. Sia h il grado di K sopra $K_0 = (x_1, \ldots, x_n)$, e designi K^* il corpo galoisiano determinato da K sopra K_0 (ved. **47**). Scegliendo gli automorfismi $\sigma_1, \ldots, \sigma_h$ in modo che sia (ved. **62**)

$$\frac{K^*}{K_0} = \Sigma\, \frac{K^*}{K}\, \sigma_i,$$

formiamo in un corpo $(K^*, y_{n+1}, \ldots, y_m, u_{n+1}, \ldots, u_m) = \bar{K}$, $2(m - n)$-dimensionale sopra K^*, il prodotto

$$\overset{h}{\underset{i=1}{\Pi}}\, (u_{n+1} \cdot (y_{n+1} - x_{n+1}^{\sigma_i}) + \ldots + u_m \cdot (y_m - x_m^{\sigma_i})) =$$

$$= F(\overset{m}{\underset{j=n+1}{\Sigma}}\, u_j \cdot y_j, \; x_1, \ldots, x_n\, \vert\, u_{n+1}, \ldots, u_m) = \Phi(x_1, \ldots, x_n, y_{n+1}, \ldots, y_m\, \vert\, u_{n+1}, \ldots, u_m).$$

L'importanza di questo polinomio risulta dal teorema che segue:

152. *Perchè esista un punto P della varietà $V([1, x_1, \ldots, x_m])$ con la proprietà $x_i(P) = c_i$ $(i = 1, \ldots, m)$ è necessario e sufficiente, che i numeri complessi c_i soddisfino all'equazione*

(*) $$\Phi(c_1, \ldots, c_n, c_{n+1}, \ldots, c_m\, \vert\, u_{n+1}, \ldots, u_m) = 0.$$

Dimostrazione. - I. Dall'equazione evidente

$$\Phi(x_1, \ldots, x_n, x_{n+1}, \ldots x_m\, \vert\, u_{n+1}, \ldots, u_m) = 0$$

segue la necessità della condizione (*).

II. Dati m numeri complessi c_i soddisfacenti alla (*), cerchiamo un punto P^* di base $B = [A^{\sigma_1}, A^{\sigma_2}, \ldots, A^{\sigma_h}]$ sovrapposto al punto P_0 di base A_0 dato da $x_i(P_0) = c_i$, $(i = 1, \ldots, n)$. Di tali punti ne esistono certamente perchè

150 — 152

la prospettiva $\mathbb{P}_0$ portante P_0 può estendersi (ved. 82) con tutti 'gli elementi $x_i^{\sigma_j}$ $(i = n + 1, \ldots, m; \; j = 1. \ldots, h)$ ovviamente integri sopra A_0 '(ved. 150), e tale estensione $\mathbb{P}^*$ porta (ved. 136) un punto P^* sovrapposto a P_0.

Ora, siccome l'omomorfismo $S^* \to S^*(P^*) \subset C$ si estende ad un omomorfismo di $S^*[y_{n+1}, \ldots, y_m, u_{n+1}, \ldots, u_m]$ in $C[y_{n+1}, \ldots, y_m, u_{n+1}, \ldots, u_m]$, tenuto conto di $x_i(P^*) = x_i(P_0) = c_i$ $(i = 1, \ldots, n)$ e per l'equazione che definisce Φ, avremo la relazione

$$\Phi(c_1, \ldots, c_n, y_{n+1}, \ldots, y_m \mid u_{n+1}, \ldots, u_m) =$$

$$\prod_{i=1}^{h} (u_{n+1} \cdot (y_{n+1} - x_{n+1}^{\sigma_i}(P^*)) + \ldots + u_m \cdot (y_m - x_m^{\sigma_i}(P^*))),$$

dalla quale deduciamo, ponendo $y_i = c_i$ $(i = n + 1, \ldots, m)$, che almeno uno dei fattori al membro destro si annulla sotto questa ipotesi. Sia per es. $c_{n+1} = x_{n+1}^{\sigma_1}(P^*), \ldots, c_m = x_m^{\sigma_1}(P^*)$. Dato che $A \to A^{\sigma_1}$ è un isomorfismo, mentre $A^{\sigma_1} \to A^{\sigma_1}(P^*)$ è un omomorfismo, postulando $z(P) = z^{\sigma_1}(P^*)$ per ogni $z \in A$, si definisce un punto P di base A con $x_i(P) = c_i$ $(i = 1, \ldots, m)$. C. d. d.

153. Esistono (ved. 29) elementi $e_i \in (1)$ tali che $z = \sum_{n+1}^{m} e_i \cdot x_i$ genera K sopra $K_0 = (x_1, \ldots, x_n)$. Poichè h è il grado di K sopra K_0, l'equazione

$$F(z, x_1, \ldots, x_n \mid e_{n+1}, \ldots, e_m) = z^h + \ldots = 0$$

definisce K sopra K_0, sicchè il discriminante $D(x_1, \ldots, x_n)$ del polinomio di Z $F(Z, x_1, \ldots, x_n \mid e_{n+1}, \ldots, e_m) = F(Z, x_1, \ldots, x_n)$ è diverso da zero.

Partendo dalle conseguenze

$$(*) \qquad x_i = \sum_{j=0}^{h-1} \frac{g_{ij}(x_1, \ldots, x_n)}{g(x_1, \ldots, x_n)} \cdot z^j \qquad (\text{con } g, g_{ij} \in [1, x_1, \ldots, x_n])$$

di $x_i \in (x_1, \ldots, x_n, z)$, possiamo definire con

$$y_i^\rho = \sum_{j=}^{h-1} \frac{g_{ij}(x_1, \ldots, x_n)}{g(x_1, \ldots, x_n)} \cdot Z^j, \qquad u_i^\rho = u_i$$

sopra K_0 un omomorfismo ρ di $K_0[y_{n+1}, \ldots, y_m, u_{n+1}, \ldots, u_m]$ in $K_0[Z, u_{n+1}, \ldots, u_m]$ che muta $\Phi(x_1, \ldots, x_n, y_{n+1}, \ldots, y_m \mid u_{n+1}, \ldots, u_m) = \Phi(x, y \mid u)$ in un polinomio $\Phi^\rho(Z, x_1, \ldots, x_n \mid u_{n+1}, \ldots, u_m)$ con la proprietà

$$\Phi^\rho(z, x_1, \ldots, x_n \mid u_{n+1}, \ldots, u_m) = \Phi(x_1, \ldots, x_n, x_{n+1}, \ldots, x_m \mid u_{n+1}, \ldots, u_m) = 0$$

e pertanto della forma

$$\Phi^\rho(Z, x_1, \ldots, x_n \mid u_{n+1}, \ldots, u_m) = F(Z, x_1, \ldots, x_n) \cdot G$$

con

$$g(x_1, \ldots, x_n)^v \cdot G \in (1)[x_1, \ldots, x_n, Z, u_{n+1}, \ldots, u_m] \qquad (v \text{ abbastanza grande})$$

152 — 153

Se, infatti, la divisione di Φ^ρ con F darebbe un resto $H(Z, x, u) \neq 0$, l'equazione $H(z, x_1, \ldots, x_n, u_{n+1}, \ldots, u_m) = 0$ esprimerebbe una dipendenza algebrica di $u_{n+1}, \ldots, u_m$ sopra K contraria all'ipotesi (ved. 151).

154. Volendo applicare i metodi della continuazione analitica, designeremo generalmente con

$$[[z_1, \ldots, z_n]] \quad \text{o semplicemente con} \quad [[z]]$$

l'anello delle serie di potenze

$$\sum_0^\infty c_{m_1 \ldots m_n} \cdot z_1^{m_1} \ldots z_n^{m_n} \qquad (c_{m_1 \ldots m_n} \in C)$$

convergenti nel senso particolare, che esista un sistema $c_1, \ldots, c_n$ di numeri complessi con $\prod_i c_i \neq 0$, tale che la serie converge per $z_i = c_i$.

Esploreremo la connessione dello spazio $S(V)$ della varietà V di base $[1, x_1, \ldots, x_m]$ mediante la proiezione di questo spazio nello spazio $S(V_0)$ della varietà V_0 di base $[1, x_1, \ldots, x_n]$, il quale può essere identificato con lo spazio $2n$-dimensionale C^n di n variabili complessi $x_1, \ldots, x_n$. La proiezione di un punto $P \in S(V)$ è il punto $P_0 \in C^n = S(V_0)$ definito da $x_i(P_0) = x_i(P)$ $(i = 1, \ldots, n)$.

Supponiamo noto il fatto che l'insieme aperto $'C^n$ dei punti $P_0 \in C^n$ in cui un dato polinomio $f(x_1, \ldots, x_n) \in C[x_1, \ldots, x_n]$ non si annulli, è connesso e che la sua aderenza è lo spazio intero C^n, ed applichiamolo al caso $f(x_1, \ldots, x_n) = g(x_1, \ldots, x_n) \cdot D(x_1, \ldots, x_n)$ (ved. 153).

La condizione $D(a_1, \ldots, a_n) \neq 0$ garantisce che ci sono appunto h serie diverse $\zeta^{(\nu)} \in [[x_1 - a_1, \ldots, x_n - a_n]] = [[x - a]]$ $(\nu = 1, \ldots, h)$ soddisfacenti a

$$(*) \qquad F(\zeta^{(\nu)}, x_1, \ldots, x_n) = 0,$$

mentre da $g(a_1, \ldots, a_n) \neq 0$ segue la possibilità di considerare

$$(**) \qquad \sum_{j=0}^{h-1} \frac{g_{ij}(x_1, \ldots, x_n)}{g(x_1, \ldots, x_n)} \cdot (\zeta^{(\nu)})^j = \xi_i^{(\nu)} \quad (n + 1 \leq i \leq m)$$

come elementi di $[[x - a]]$. Queste serie $\xi_{n+1}^{(\nu)}, \ldots, \xi_m^{(\nu)}$ soddisfano all'equazione

$$(***) \qquad \Phi(x_1, \ldots, x_n, \xi_{n+1}^{(\nu)}, \ldots, \xi_m^{(\nu)} \mid u_{n+1}, \ldots, u_m) = 0,$$

poichè la sostituzione $y_{n+1} \to \xi_{n+1}^{(\nu)}, \ldots, y_m \to \xi_m^{(\nu)}$ in $\Phi(x, y \mid u)$ può effettuarsi sostituendo $\zeta^{(\nu)}$ a Z nei membri dell'ultima equazione di **153**.

Considerando $\Phi(x, y \mid u) = F(\sum_i u_i \cdot y_i, x_1, \ldots, x_n \mid u_{n+1}, \ldots, u_m)$ (ved. 151) come elemento di $[[x - a]] [y_{n+1}, \ldots, y_m, u_{n+1}, \ldots, u_m]$ (anello dei polinomi di y, u con coefficienti $\in [[x - a]]$), otteniamo la decomposizione

$$\binom{**}{**} \qquad \Phi(x, y \mid u) = \prod_{\nu=1}^{h} \left(\sum_{i=n+1}^{m} u_i \cdot (y_i - \xi_i^{(\nu)}) \right)$$

153 — 154

giacchè (***) significa

$$(^+) \qquad F(\textstyle\sum_i u_i \cdot \xi_i^{(\nu)}, \; x_1, \dots, x_n \mid u_{n+1}, \dots, u_m) = 0,$$

il che mostra $F(Z, x_1, \dots, x_n \mid u_{n+1}, \dots, u_m) \in [[x - a]][Z, u_{n+1}, \dots, u_m]$ essere divisibile con ciascuno degli h fattori diversi $Z - \sum_i u_i \cdot \xi_i^{(\nu)}$.

155. *Se w designa un cammino, cioè un'applicazione continua*

$$w: \qquad\qquad t \to \{x_1(t), \dots, x_n(t)\}$$

dell'intervallo $0 \leq t \leq 1$ nello spazio C^n, e se $\xi \in [[x_1 - x_1(0), \dots, x_n - x_n(0)]]$ può prolungarsi analiticamente lungo w, scriveremo ξw per la serie $\in [[x_1 - x_1(1), \dots, x_n - x_n(1)]]$ risultante da questo prolungamento.

Le definizioni (*), (**) (ved. **154**) di $\zeta^{(\nu)}$, $\xi^{(\nu)}$ mostrano l'esistenza di $\zeta^{(\nu)}w$, $\xi_i^{(\nu)}w$ per ogni cammino w in $'C^n$. Il prolungamento analitico di un elemento $f \in [[x - a]][y_{n+1}, \dots, y_m, u_{n+1}, \dots, u_m]$ per es. di $\sum_i u_i \cdot (y_i - \xi_i^{(\nu)})$ sarà definito da

$$(\textstyle\sum_i u_i \cdot (y_i - \xi_i^{(\nu)}))w = \sum_i u_i \cdot (y_i - \xi_i^{(\nu)}w)$$

e similmente nel caso di altri f.

Sia

$$\left(\begin{smallmatrix}*\\*\end{smallmatrix}\right) \qquad\qquad \Phi(x, y \mid u) = \prod_{i=1}^{l} \Phi_i(x, y \mid u)$$

la decomposizione di Φ considerato come elemento di $[[x - a]][y, u]$, la quale risulta dalla $\left(\begin{smallmatrix}*\\*\end{smallmatrix}\right)$ riunendo in un solo fattore Φ_i tutte le espressioni $\sum_i u_i \cdot (y_i - \xi_i^{(\nu)})$ che sono prolungamenti analitici l'una dell'altra. Allora $\Phi_i w$ non dipende che dal termine del cammino w, poichè, se w' è un altro cammino partente da $\{a_1, \dots, a_n\}$ con lo stesso termine come w, avremo $\Phi_i w' w^{-1} = \Phi_i$, giacchè $w' w^{-1}$ non fa che permutare i fattori lineari (in u) riuniti in Φ_i. Possiamo quindi interpretare le espressioni Φ_i come polinomi di y, u con coefficienti funzioni olomorfe ed uniformi in $'C^n$.

Le conseguenze

$$\left(\begin{smallmatrix}*\\*\\*\end{smallmatrix}\right) \qquad \begin{aligned} &F(\xi_{n+1}^{(\nu)}w, \; x_1, \dots, x_n \mid 1, 0, \dots, 0) = 0, \\ &F(\xi_{n+2}^{(\nu)}w, \; x_1, \dots, x_n \mid 0, 1, \dots, 0) = 0, \\ &\qquad\cdots\cdots\cdots\cdots\cdots\cdots \end{aligned}$$

dell'equazione ($^+$) mostrano che i coefficienti dei polinomi (di y, u) Φ_i restano limitati in ogni insieme compatto dello spazio C^n e sono pertanto funzioni interi di $x_1, \dots, x_n$. Per verificare di più il loro carattere razionale giova estendere lo spazio C^n allo spazio proiettivo complesso. Trascrivendo le equazioni $\left(\begin{smallmatrix}*\\*\\*\end{smallmatrix}\right)$ di maniera che vi entrino le coordinate locali x_1^{-1}, $x_2 \cdot x_1^{-1}$,

154 — 155

..., $x_n \cdot x_1^{-1}$ di un intorno U di un punto P dell'iperpiano $x_1^{-1} = 0$, si può trovare un esponente q tale che le equazioni trascritte assumano la forma

$$G_1(x_1^{-q} \cdot \xi_{n+1}^{(\nu)}w, \; x_1^{-1}, \; x_2 \cdot x_1^{-1}, \; ..., \; x_n \cdot x_1^{-1}) = 0$$

$$G_2(x_1^{-q} \cdot \xi_{n+2}^{(\nu)}w, \; x_1^{-1}, \; x_2 \cdot x_1^{-1}, \; ..., \; x_n \cdot x_1^{-1}) = 0$$

$$\cdots\cdots\cdots\cdots\cdots\cdots\cdots$$

dove i G_i denotano polinomi degli $n + 1$ argomenti indicati, con coefficiente 1 per la più alta potenza del primo argomento. Da queste relazioni segue una limitazione di $|\, x_1^{-q} \cdot \xi_i^{(\nu)}w \,|$ in un intorno $V \subset U$ di P, il che basta per poter affermare il carattere meromorfo dei coefficienti di Φ_i in V epperò (secondo un teorema di Hartogs) in tutto l'iperpiano infinito.

È opportuno ormai interpretare i fattori Φ_i della decomposizione $\binom{*}{*}$ come sviluppi di polinomi $\in C[x, y, u]$ (che ugualmente designeremo con Φ_i) secondo le potenze di $x_1 - a_1, ..., x_n - a_n$, e leggere quella equazione come esprimente una decomposizione di $\Phi(x, y \mid u)$ nell'anello $C[x, y, u]$.

156. *I polinomi Φ_i sono irriducibili in $C[x, y, u]$.*

Per dimostrarlo consideriamo, che è lecito, $C[x, y, u]$ come sottoanello di $[[x - a]][y, u]$, valendoci del fatto che anche in questo anello la decomposizione in fattori primi è unica a meno di unità. Il confronto delle due decomposizioni $\binom{**}{**}$ e $\binom{*}{*}$ di $\Phi(x, y \mid u)$ mostra allora che ciascun divisore primo ψ di Φ_i in $C[x, y, u]$ deve ridursi in $[[x - a]][y, u]$ a un prodotto di fattori $\sum_j u_j \cdot (y_j - \xi_j^{(\nu)})$ e di un'unità $c \in [[x - a]]$. Supponiamo p. es.

$$\psi = c \cdot \prod_{\nu=1}^{\lambda} (\sum_j u_j \cdot (y_j - \xi_j^{(\nu)})).$$

Siccome il coefficiente c di $u_1^{\lambda} \cdot y_1^{\lambda}$ nel membro destro deve coincidere col corrispondente coefficiente di ψ che è polinomio, esisterà il prolungamento analitico $cw = c$ di c lungo ciascun cammino w in $'C^n$ che parte da $\{a_1, ..., a_n\}$ e vi ritorna. Ne concludiamo

$$\psi w = \psi = c \cdot \prod_{\nu=1}^{\lambda} (\sum_j u_j \cdot (y_j - \xi_j^{(\nu)}w))$$

epperò la divisibilità di ψ con ciascuno dei fattori riuniti in Φ_i, dato che w può sceglersi di modo che $\sum_j u_j \cdot (y_j - \xi_j^{(1)}w)$ diventi un qualunque di quei fattori. Avremo quindi $\psi = c \cdot c' \cdot \Phi_i(x, y \mid u)$ con $c' \in [[x - a]]$. Il confronto dei termini con uguale prodotto di potenze di y, u, p. es. con $u_1^{\lambda} \cdot y_1^{\lambda}$, insegna che $c \cdot c'$ è polinomio $\in C[x_1, ..., x_n]$ e pertanto un numero complesso, giacchè ψ è supposto irriducibile. C. d. d.

155 — 156

157. Per dimostrare che il numero l dei fattori primi Φ_i nella decomposizione $\binom{*}{*}$ di Φ in $C[x,\ y,\ u]$ coincide col grado g di K, occorre provare l'osservazione che segue:

Il corpo $((x_1 - a_1, \ldots, x_n - a_n)) = ((x - a))$ *generato dall'anello* $[[x - a]]$ *contiene* $g = grado\ K$ *realizzazioni analitiche diverse di* K (ved. **147**). *Ciascuno dei* h *sistemi* $\xi_{n+1}^{(\nu)}, \ldots, \xi_m^{(\nu)}$ (ved. **154**) *individua una tale realizzazione* $(C,\ K^\tau)$ *la cui situazione in* $((x - a))$ *è data con*

$$x_i^\tau = a_i + (x_i - a_i), \quad (i = 1, \ldots, n), \qquad x_j^\tau = \xi_j^{(\nu)}, \quad (j = n + 1, \ldots, m).$$

DIMOSTRAZIONE. - I. Se $f(x_1, \ldots, x_n, y_{n+1}, \ldots, y_m) \in (1)[x_1, \ldots, x_n, y_{n+1}, \ldots, y_m]$ è tale che $f(x_1, \ldots, x_n, x_{n+1}, \ldots, x_m) = 0$, l'omomorfismo ρ definito in **153** conduce (come nel caso del polinomio Φ^ρ in **153**) a una relazione

$$f(x_1, \ldots, x_n, y_{n+1}^\rho, \ldots, y_m^\rho) = F(Z, x_1, \ldots, x_n) \cdot G \text{ con } g(x_1, \ldots, x_n)^v \cdot G \subset (1)[Z, x_1, \ldots, x_n].$$

Ottenendosi le serie $\xi_{n+1}^{(\nu)}, \ldots, \xi_m^{(\nu)}$ dalla sostituzione di $\zeta^{(\nu)}$ a Z (ved. **154**), esse annullano l'espressione $f(x_1, \ldots, x_n, \xi_{n+1}^{(\nu)}, \ldots, \xi_m^{(\nu)})$. Ciò dimostra che $f(x_1, \ldots, x_m) = 0$ induce $f(x_1^\tau, \ldots, x_m^\tau) = 0$.

Sia invece $g(x_1, \ldots, x_n, y_{n+1}, \ldots, y_m) \in (1)[x_1, \ldots, x_n, y_{n+1}, \ldots, y_m]$ tale che $g(x_1, \ldots, x_m) \neq 0$. Allora

$$\frac{1}{g(x_1, \ldots, x_m)} = \frac{h(x_1, \ldots, x_m)}{l(x_1, \ldots, x_n)} \quad \text{con } h(x,\ y) \in (1)[x,\ y],\ l(x) \in (1)[x].$$

poichè $K = (x_1, \ldots, x_m)$ è finito sopra $K_0 = (x_1, \ldots, x_n)$.

La relazione $l(x_1, \ldots, x_n) = h(x_1, \ldots, x_m) \cdot g(x_1, \ldots x_m)$ induce $l(x_1^\tau, \ldots, x_n^\tau) = h(x_1^\tau, \ldots, x_m^\tau) \cdot g(x_1^\tau, \ldots, x_m^\tau)$ e quindi $g(x_1^\tau, \ldots, x_m^\tau) \neq 0$, essendo $l(x_1^\tau, \ldots, x_n^\tau) = l(x_1, \ldots, x_n) \neq 0$.

Queste osservazioni provano che la sostituzione di x_i^τ a x_i (per $i = 1, \ldots, m$) stabilisce un isomorfismo di K su un sottocorpo $K^\tau = (x_1^\tau, \ldots, x_m^\tau)$ di $((x - a))$, sicchè il corpo $(C,\ K^\tau)$, evidentemente n-dimensionale sopra C, è realizzazione analitica di K dentro $((x - a))$.

II. - Sia $(C,\ K^\tau) = (C,\ x_1^\tau, \ldots, x_m^\tau)$ una qualunque realizzazione analitica di K.

L'isomorfismo σ di $(C,\ x_1^\tau, \ldots, x_n^\tau)$ su $(C,\ K_0) = (C,\ x_1, \ldots, x_n)$ definito sopra C da $x_i^{\tau\sigma} = x_i$ $(i = 1, \ldots, n)$ può estendersi (ved. **41**) a tutto il corpo $(C,\ K^\tau)$. Otteniamo così un corpo $(C,\ K^{\tau\sigma})$ contenente il corpo K in una posizione $\tau\sigma$ rispetto a C (ved. **146**) che è uguale alla posizione τ, poichè σ è isomorfismo sopra C.

Il corpo $(C,\ x_1, \ldots, x_n)$ può essere interpretato come sottocorpo di $((x - a))$, identificando ogni quoziente

$$\frac{f(x_1, \ldots, x_n)}{g(x_1, \ldots, x_n)} \quad \text{(con } f,\ g \in C[x_1, \ldots, x_n],\ g \neq 0)$$

157

al quoziente degli sviluppi di f, g, secondo le potenze di $x_1 - a_1, \ldots, x_n - a_n$. Avendo ormai i corpi $((x - a))$ e $(C, K^{\tau\sigma})$ il sottocorpo comune (C, K_0), essi ammettono una composizione

$$(((x - a)), \; K^{\tau\sigma\rho})$$

di $((x - a))$ con $(C, K^{\tau\sigma})$ sopra (C, K_0). Dall'applicazione di $\tau\sigma\rho$ all'equazione $\Phi(x_1, \ldots, x_m \mid u_{n+1}, \ldots, u_m) = 0$ (ved. 151) segue

$$\Phi(x_1, \ldots, x_n, x_{n+1}^{\tau\sigma\rho}, \ldots, x_m^{\tau\sigma\rho} \mid u_{n+1}, \ldots, u_m) = 0$$

epperò

$$\prod_{\nu=1}^{h} \left(\sum_{j=n+1}^{m} u_j \cdot (x_j^{\tau\sigma\rho} - \xi_j^{(\nu)}) \right) = 0,$$

tenuto conto della decomposizione $\binom{**}{**}$ (ved. 154) di $\overset{\centerdot}{\Phi}$. Ne concludiamo $x_i^{\tau\sigma\rho} = \xi_i^{(\nu)}$ $(i = n + 1, \ldots, m)$ per certo ν, sicchè la realizzazione analitica $(C, K^{\tau\sigma\rho})$ di K, che ovviamente contiene K nella stessa posizione rispetto a C come la data (C, K^τ), è sottocorpo di $((x - a))$.

158. *La decomposizione completa*

$$\Phi(x, y \mid u) = \prod_j \Phi_j(x, y \mid u)$$

di Φ in $C[x, y, u]$ consiste di appunto $g = grado \; K$ fattori primi Φ_j. Ogni realizzazione analitica (C, K^τ) di K annulla nel senso

(O) $$\Phi_i(x_1^\tau, \ldots, x_m^\tau \mid u_{n+1}, \ldots, u_m) = 0$$

uno ed uno solo dei fattori Φ_j. Realizzazioni analitiche diverse annullano fattori diversi.

Dimostrazione. - I. Se $\Phi_i = \prod_{\nu=1}^{\lambda} (\sum_j u_j \cdot (y_j - \xi_j^{(\nu)}))$, si ha (O) per la realizzazione analitica (C, K^τ) di K data da $x_j^\tau = x_j$ $(j = 1, \ldots, n)$, $x_l^\tau = \xi_l^{(1)}$ $(l = n + 1, \ldots, m)$.

II. - Partendo da una data realizzazione analitica (C, K^τ) di K, si troverà (ved. 157) un isomorfismo σ sopra C tale che $x_j^{\tau\sigma} = x_j$ $(j = 1, \ldots, n)$ $x_l^{\tau\sigma} = \xi_l^{(\nu)}$ $(l = n + 1, \ldots, m)$ con un certo ν. Se Φ_1 è quello dei fattori Φ_i che contiene il divisore $\sum u_l \cdot (y_l - \xi_l^{(\nu)})$, avremo

$$\Phi_1(x_1^{\tau\sigma}, \ldots, x_m^{\tau\sigma} \mid u_{n+1}, \ldots, u_m) = 0, \quad \Phi_i(x_1^{\tau\sigma}, \ldots, x_m^{\tau\sigma} \mid u_{n+1}, \ldots, u_m) \neq 0 \; (i \neq 1)$$

epperò

$$\Phi_1(x_1^\tau, \ldots, x_m^\tau \mid u_{n+1}, \ldots, u_m) = 0, \quad \Phi_i(x_1^\tau, \ldots, x_m^\tau \mid u_{n+1} \ldots, u_m) \neq 0 \; (i \neq 1)$$

poichè σ è isomorfismo sopra C.

157 — 158

III. - Se due realizzazioni analitiche (C, K^τ), $(C, K^{\tau'})$ annullano lo stesso fattore $\Phi_i = \overset{\lambda}{\underset{\nu=1}{\Pi}}(\Sigma_j u_j \cdot (y_j - \xi_j^{(\nu)}))$, si cerchino secondo 157 gli isomorfismi σ, σ' relativi a C tali che $x_j^{\tau\sigma} = x_j^{\tau'\sigma'} = x_j$ $(j = 1, \ldots, n)$, $x_l^{\tau\sigma} = \xi_l^{(\mu)}$, $x_l^{\tau'\sigma'} = \xi_l^{(\nu)}$ $(l = n + 1, \ldots, m)$. Dall'ipotesi che quelle realizzazioni di K annullino Φ_i deduciamo, applicando gli isomorfismi σ, σ', le relazioni $\Phi_i(x_1^{\tau\sigma}, \ldots, x_m^{\tau\sigma} \mid u_{n+1}, \ldots, u_m) = \Phi_i(x_1^{\tau'\sigma'}, \ldots, x_m^{\tau'\sigma'} \mid u_{n+1}, \ldots, u_m) = 0$, che mostrano μ, $\nu \leq \lambda$ e pertanto (ved. 155) l'esistenza di un cammino chiuso w in $'C^n$, tale che $\xi_l^{(\nu)} = \xi_l^{(\mu)}w$ $(l = n + 1, \ldots, m)$. Ora, siccome ciascuna relazione $f(x_1, \ldots, x_{n}, \xi_{n+1}^{(\mu)}, \ldots, \xi_m^{(\mu)}) = 0$ (con $f(x_1, \ldots, x_{n'}, y_{n+1}, \ldots, y_m) \in C[x, y]$ induce $f(x_1, \ldots, x_n, \xi_{n+1}^{(\mu)}w, \ldots, \xi_m^{(\mu)}w) = 0$ e viceversa, si stabilisce un isomorfismo ρ relativo a C ponendo $(x_j^{\tau\sigma})^\rho = x_j^{\tau\sigma}w$ $(j = 1, \ldots, m)$. Ma ciò significa, dato che $x_j^{\tau\sigma}w = x_j^{\tau'\sigma'}$, l'uguaglianza $\tau\sigma\rho = \tau'\sigma'$, cioè che τ e τ' dànno una medesima posizione di K rispetto a C (ved. 146).

159. *La decomposizione completa*

$$\Phi(x, y \mid u) = \underset{i=1, \ldots, g}{\Pi} \Phi_i(x, y \mid u)$$

del polinomio Φ *in* $C[x, y, u]$ *dà luogo a una decomposizione dello spazio* $S(V)$ *della varietà* $V = V([1, x_1, \ldots, x_m])$ *in* $g = $ *grado* K *parti* R_i *$2n$-dimensional-mente connesse e definite da*

$$P \in R_i \longleftrightarrow \Phi_i(x_1(P), \ldots, x_m(P) \mid u_{n+1}, \ldots, u_m) = 0.$$

Se (C, K^{τ_i}) *è la realizzazione analitica di* K *soddisfacente a*

$$\Phi_i(x_1^{\tau_i}, \ldots, x_m^{\tau_i} \mid u_{n+1}, \ldots, u_m) = 0,$$

la parte R_i *può essere interpretata come lo spazio analitico* $A(V_i)$ *della varietà* $V_i = V([C, x_1^{\tau_i}, \ldots, x_m^{\tau_i}])$ *di* (C, K^{τ_i}), *identificando i punti* $P \in A(V_i)$ *e* $P' \in R_i$ *allora e soltanto allora che siano*

$$(*) \qquad x_j^{\tau_i}(P) = x_j(P') \quad (j = 1, \ldots, m).$$

Dimostrazione. - I. Sia P' un punto qualunque di R_i, e supponiamo p. es.

$$(**) \qquad \Phi_i(x, y \mid u) = \overset{\lambda}{\underset{\nu=1; j}{\Pi}}(\Sigma u_j \cdot (y_j - \xi_j^{(\nu)})).$$

Richiamandoci al fatto che l'insieme $'C^n$ (ved. 154) è connesso e che la sua aderenza è tutto lo spazio C^n, scegliamo un cammino

$$w: \quad t \to \{ x_1(t), \ldots, x_n(t) \} \text{ con } x_j(0) = a_j, \ x_j(1) = x_j(P') \ (j = 1, \ldots, n)$$

$$\text{e } \{ x_1(t), \ldots, x_n(t) \} \in 'C^n \text{ per } 0 \leq t < 1.$$

158 — 159

Sia $w^{(s)}\colon t \to \{\, x_1(s\cdot t),\,\ldots,\, x_n(s\cdot t)\,\}$ il cammino $w = w^{(1)}$ ristretto all'intervallo $0 \le t \le s$ (≤ 1). Esistono allora per $s < 1$ i prolungamenti analitici $\xi_{n+1}^{(\nu)}w^{(s)},\,\ldots,\, \xi_m^{(\nu)}w^{(s)}$ con $\nu = 1,\,\ldots,\, \lambda$, i cui primi coefficienti siano rispettivamente $x_{n+1}^{(\nu)}(s),\,\ldots,\, x_m^{(\nu)}(s)$ $(\in C)$. Da $\Phi_i(x_1,\,\ldots,\, x_n,\, \xi_{n+1}^{(\nu)},\,\ldots,\, \xi_m^{(\nu)} \mid u_{n+1},\,\ldots,\, u_m) = 0$ segue

$$\Phi_i(x_1,\,\ldots,\, x_n,\, \xi_{n+1}^{(\nu)}w^{(s)},\,\ldots,\, \xi_m^{(\nu)}w^{(s)} \mid u_{n+1},\,\ldots,\, u_m) = 0,$$

sicchè la realizzazione analitica $(C,\ K^{\tau_\nu(\varkappa)}) \subset ((x_1 - x_1(s),\,\ldots,\, x_n - x_n(s)))$ data da $x_j{}^{\tau_\nu(s)} = x_j$ $(j = 1,\,\ldots,\, n)$, $x_l{}^{\tau_\nu(s)} = \xi_l^{(\nu)}w^{(s)}$ $(l = n+1,\,\ldots,\, m)$ (ved. **157**) è uguale (ved. **158**) alla $(C,\ K^{\tau_i})$, cioè $\tau_\nu(s) = \tau_i \cdot \sigma_\nu(s)$ con $\sigma_\nu(s)$ isomorfismo sopra C.

Ora, tenuto conto che l'operazione $\rho(s)$, la quale consiste nell'associare a ogni serie $\in [[x - x(s)]]$ il suo primo coefficente, è un omomorfismo dell'anello $[[x - x(s)]]$ nel corpo C, si può definire un omomorfismo (sopra C) di $[C,\ x_1^{\tau_i},\,\ldots,\, x_m^{\tau_i}]$ su C epperò un punto $P_\nu(s)$ dello spazio analitico $A(V_i)$, ponendo

$$\left(\begin{smallmatrix}*\\*\\*\end{smallmatrix}\right) \quad x_j^{\tau_i}(P_\nu(s)) = x_j(s) \;(j = 1,\,\ldots,\, n), \quad x_l^{\tau_i}(P_\nu(s)) = x_l^{\tau_i\sigma_\nu(s)\rho(s)} = x_l^{(\nu)}(s) \;(l = n+1,\,\ldots,\, m).$$

Le equazioni $\left(\begin{smallmatrix}*\\*\\*\end{smallmatrix}\right)$ di **155** conducono alle conseguenze

$$F(x_{n+1}^{(\nu)}(s),\, x_1(s),\,\ldots,\, x_n(s) \mid 1,\, 0,\,\ldots,\, 0) = 0$$

$$F(x_{n+2}^{(\nu)}(s),\, x_1(s),\,\ldots,\, x_n(s) \mid 0,\, 1,\,\ldots,\, 0) = 0$$

$$\cdots\cdots\cdots\cdots\cdots\cdots\cdots$$

le quali permettono, data la continuità dei $x_j(s)$ $(j = 1,\,\ldots.\, n)$ per $0 \le s \le 1$, di definire $x_l^{(\nu)}(1)$ come $\lim_{s\to 1} x_l^{(\nu)}(s)$. Dalla decomposizione

$$(^+) \qquad \Phi_i(x,\, y \mid u) = \prod_{\nu=1}^{\lambda} (\textstyle\sum_l u_l \cdot (y_l - \xi_l^{(\nu)}w^{(s)})),$$

che segue da $(**)$, deduciamo

$$(^{++}) \quad \Phi_i(x_1(s),\,\ldots,\, x_n(s),\, y_{n+1},\,\ldots,\, y_m \mid u_{n+1},\,\ldots,\, u_m) = \prod_{\nu=1}^{\lambda} (\textstyle\sum_l u_l \cdot (y_l - x_l^{(\nu)}(s)))$$

dapprima per $0 \le s < 1$, e in conseguenza della definizione di $x_l(1)$ avremo altresì

$$\Phi_i(x_1(1),\,\ldots,\, x_n(1),\, y_{n+1},\,\ldots,\, y_m \mid u_{n+1},\,\ldots,\, u_m) = \prod_{\nu=1}^{\lambda} (\textstyle\sum_l u_l \cdot (y_l - x_l^{(\nu)}(1))).$$

Tenute presenti le ipotesi $x_j(P') = x_j(1)$ $(j = 1,\,\ldots,\, n)$, $P' \in R_i$, risulta zero per il membro sinistro dell'ultima equazione, quando vi s'introducono $x_l(P')$ invece di y_l $(l = n+1,\,\ldots,\, m)$. Il membro destro insegna allora $x_l(P') = x_l^{(\nu)}(1)$

159

$(l = n + 1, ..., m)$ per un certo ν, epperò

$$x_j(P') = \lim_{s \to 1} x_j^{\tau_i}(P_\nu(s)) \quad (j = 1, ..., m).$$

Ciò mostra l'esistenza di un punto limite $P \in A(V_i)$ della sequenza di punti $P_\nu(s) \in A(V_i)$ ottenuta per $s \to 1$, di un punto cioè, che soddisfa alle condizioni $x_j^{\tau_i}(P) = x_j(P')$ $(j = 1, ..., m)$.

Possiamo pertanto definire un' applicazione ρ_i di R_i in $A(V_i)$ che fa corrispondere a ogni punto $P' \in R_i$ il punto $P \in A(V_i)$ univocamente determinato dalle relazioni $(*)$.

II. - Ogni punto $P \in A(V_i)$ soddisfa a

$$\Phi_i(x_1^{\tau_i}(P), ..., x_m^{\tau_i}(P) \mid u) = 0 \text{ e quindi a } \Phi(x_1^{\tau_i}(P), ..., x_m^{\tau_i}(P) \mid u) = 0.$$

Esso determina pertanto (ved. 152) un punto $P' \in R_i$ con $x_j(P') = x_j^{\tau_i}(P)$ $(j = 1, ..., m)$. Quell'applicazione $\rho_i : R_i \to A(V_i)$ fa quindi corrispondere a R_i *tutto* lo spazio $A(V_i)$. Di più, essa è biunivoca e continua purchè si costituiscano in R_i la topologia indotta da quella di $S(V)$ e in $A(V_i)$ la topologia indotta da quella dello spazio di $V([C, x_1^{\tau_i}, ..., x_m^{\tau_i}])$ nel sottoinsieme dei suoi punti analitici. (Ved. 148).

Invero, la ρ_i fa corrispondere ai punti Q' di un intorno $U' \subset R_i$ definito da $Q' \in U' \leftrightarrow \mid x_j(Q') - x_j(P') \mid < r_j$ $(j = 1, ..., m)$ i punti Q di un intorno $U \subset A(V_i)$ definito da $Q \in U \leftrightarrow \mid x_j^{\tau_i}(Q) - x_j^{\tau_i}(P) \mid < r_j$ $(j = 1, ..., m)$.

Dunque, identificando i punti $P' \in R_i$ e $P \in A(V_i)$ che si corrispondono in questo omeomorfismo $\rho_i : P' \to P$, si procura che lo spazio analitico $A(V_i)$ diventi sottospazio dello spazio della varietà V.

III. - Riprenderemo il ragionamento I per dimostrare che la parte R_i di $S(V)$ oppure lo spazio $A(V_i)$ è $2n$-dimensionalmente connesso.

Se $a_l^{(\nu)}$ $(l = n + 1, ..., m)$ designano i primi coefficienti delle serie $\xi_l^{(\nu)}$, avremo

$$\Phi_i(a_1, ..., a_n, y_{n+1}, ..., y_m \mid u) = \prod_{\nu=1}^{\lambda} (\Sigma_l u_l \cdot (y_l - a_l^{(\nu)})),$$

donde segue (ved. 152) che ci sono appunto λ punti $P_\nu' \in R_i$ $(\nu = 1, ..., \lambda)$ che hanno la proiezione $\{a_1, ..., a_n\}$ in $'C^n$. La definizione di Φ_i (ved. 155) garantisce l'esistenza di un cammino w in $'C^n$ avente l'effetto $\xi_l^{(\mu)} = \xi_l^{(\nu)}w$ $(l = n + 1, ..., m)$. Applicando a questo cammino w le considerazioni I otteniamo una sequenza continua di punti $P_\nu(s) \in A(V_i)$ $(0 \leq s \leq 1)$ ciascuno dei quali ha un intorno $2n$-dimensionale $U(s) \subset A(V_i)$ dato da

$$Q \in U(s) \leftrightarrow \mid x_j^{\tau_i}(Q) - x_j(s) \mid < r_j \ (j = 1, ..., n), \ x_l^{\tau_i}(Q) = \xi_l^{(\nu)}w^{(s)}(Q) \ (l > n)$$

(ved. $\binom{*}{**}$), dove i numeri positivi r_j siano scelti in modo tale che si possono calcolare i valori $\xi_l^{(\nu)}w^{(s)}(Q)$ delle serie $\xi_l^{(\nu)}w^{(s)}$ per l'argomento $\{x_1^{\tau_i}(Q), ..., x_n^{\tau_i}(Q)\}$.

159

Il cammino $t \to P_\nu(t)$ congiunge dentro $A(V_i)$ il punto $P_\nu(0)$ identico (ved. II) a P_ν' con il punto $P_\mu(0)$ identico a P_μ'.

Se ora P' è punto qualsiasi di R_i, avremo nel cammino $t \to P_\nu(t)$ studiato in I una congiunzione di uno di quei punti $P_1', \ldots, P_\lambda'$ con P', dove ogni punto $P_\nu(t)$ oltre forse $P_\nu(1) = P'$ ha un intorno $2n$-dimensionale in $A(V_i) = R_i$.

Lo spazio $A(V_i)$ è quindi l'aderenza di un insieme aperto $2n$-dimensionale connesso. (Ved. 165).

160. Benchè il teorema **159** si riferisca ad una base speciale $x_1, \ldots, x_m$ dell'anello $[1, x_1, \ldots, x_m]$ base della varietà V, il suo risultato essenziale può formularsi senza riferimento alla scelta speciale (ved. **150**) degli x_i.

Lo spazio $S(V)$ di una varietà $V = V(B)$ di base aritmetica B si decompone in g parti $2n$-dimensionalmente connessi R_i $(i = 1, \ldots, g)$, se il corpo $K = (B)$ è di grado g e di dimensione n. Queste parti R_i s'identificano coi g spazi analitici $A(V[C, B^{\tau_i}])$ di basi $[C, B^{\tau_i}]$ corrispondenti a g realizzazioni analitiche diverse (C, K^{τ_i}) $(i = 1, \ldots, g)$ del corpo K, stabilendo che $P \in A(V[C, B^{\tau_i}])$ sia identico a $P' \in R_i$ allora e soltanto allora che valga $x^{\tau_i}(P) = x(P')$ per ogni $x \in B$.

161. Notiamo *la relazione generale*

$$V(B') \cap V(B'') = V([B', B'']) \qquad\qquad (B', B'' \supset 1)$$

valida purchè $V(B')$ e $V(B'')$ siano varietà parziali di una medesima varietà V.

Dimostrazione. - Ogni $\mathbb{P} \in V(B') \cap V(B'')$ ha la base $[B', B''] \subset S$ e appartiene pertanto alla $V([B', B''])$.

Viceversa, sia $\mathbb{P}$ prospettiva qualunque di base $[B', B'']$. Essa può considerarsi come estensione comune di una $\mathbb{P}' \in V(B')$ individuata da $\mathbb{P}' \cap B' = \mathbb{P} \cap B'$ e di una $\mathbb{P}'' \in V(B'')$ individuata da $\mathbb{P}'' \cap B'' = \mathbb{P} \cap B''$ (ved. 73) Appartenendo $\mathbb{P}'$ e $\mathbb{P}''$ ad una medesima varietà V, esse non ammettono estensione comune che quando sia $\mathbb{P}' = \mathbb{P}''$. Ma allora $B'' \subset S'' = S'$, sicchè $\mathbb{P}$ in quanto estensione di $\mathbb{P}'$ con B'' (ved. 76) coincide con $\mathbb{P}' = \mathbb{P}''$. Ne segue $\mathbb{P} \in V(B') \cap V(B'')$. C. d. d.

162 Designando generalmente lo spazio analitico di una varietà analitica V con $A(V)$, avremo la relazione

$$A(V' \cup V'') = A(V') \cup A(V''),$$

purchè V', V'' e $V' \cup V''$ siano varietà analitiche.

163. Sia ora $V = \bigcup_{j=1, \ldots, q} V(B_j)$ (con $B_j \supset 1$) varietà aritmetica chiusa del

159 — 163

corpo $K = (B_j)$. Partendo da una realizzazione analitica (C, K^τ) di K formiamo l'insieme

$$(C, V^\tau) = \bigcup_{j=1,\ldots,q} V([C, B_j^\tau])$$

che subito si riconosce come varietà (chiusa sopra C).

Infatti, il corpo C è tal quale varietà chiusa sopra C, mentre la varietà prima $V^\tau = \bigcup_{j=1,\ldots,q} V(B_j^\tau)$, se essa è chiusa senza riferimento a un sottoanello di K, è tanto più chiusa sopra C (ved. **118**). Il teorema **117** insegna poi che (C, V^τ) è proprio la sintesi delle varietà C e V^τ, la quale risulta chiusa sopra C, qualora V^τ oppure V sia chiusa (ved. **121**).

Secondo **162** avremo

$$(*) \qquad A((C, V^\tau)) = \bigcup_{j=1,\ldots,q} A(V([C, B_j^\tau])),$$

dove ogni $A(V([C, B_j^\tau]))$ è $2n$-dimensionalmente connesso (ved. **160**). Da

$$A(V([C, B_j^\tau])) \cap A(V([C, B_k^\tau])) = A(V([C, B_j^\tau]) \cap V([C, B_k^\tau]))$$

segue (ved. **161**)

$$(**) \qquad A(V([C, B_j^\tau])) \cap A(V([C, B_k^\tau])) = A(V([C, B_j^\tau, B_k^\tau])),$$

e siccome $A(V([C, B_j^\tau, B_k^\tau]))$ è lo spazio analitico dedotto dalla varietà aritmetica $V([B_j, B_k])$ a partire dalla realizzazione analitica (C, K^τ) di K, sarà $2n$-dimensionalmente connesso anche l'intersezione $(**)$ e quindi tutto lo spazio $A((C, V^\tau))$.

164. Possiamo ora estendere il teorema **160** al caso generale di uno spazio aritmetico:

Lo spazio $S(V)$ di una varietà aritmetica V di un corpo n-dimensionale K di grado g si decompone

$$S(V) = \bigcup_{i=1,\ldots,g} A((C, V^{\tau_i}))$$

in g parti $2n$-dimensionalmente connesse che s'identificano con gli spazi analitici $A((C, V^{\tau_i}))$ corrispondenti a g realizzazioni analitiche diverse (C, K^{τ_i}) di K, stabilendo che il punto $P \in S(V)$ portato dalla prospettiva $\mathbb{P}$ sia identico al punto $P_i \in A((C, V^{\tau_i}))$ allora e soltanto allora che valga

$$(*) \qquad x(P) = x^{\tau_i}(P_i) \quad \text{per ogni} \quad x \in S.$$

Dimostrazione. - Sia $V = \bigcup_{j=1,\ldots,q} V(B_j)$ con $B_j \supset 1$ anello aritmetico. Allora

$$(**) \qquad S(V) = \bigcup_{j=1,\ldots,q} S(V(B_j)),$$

163 — 164

mentre secondo **160** si può mettere

$$\left(\begin{smallmatrix} & * \\ * & * \end{smallmatrix}\right) \qquad S(V(B_j)) = \bigcup_{i=1,\ldots,g} A(V([C,\ B_j^{\tau_i}])),$$

ponendo $P \in S(V(B_j))$ uguale a $P_i \in A(V([C,\ B_j^{\tau_i}]))$ allora e soltanto allora che sia $x(P) = x^{\tau_i}(P_i)$ per ogni $x \in B_j$. Scrivendo questa condizione nella forma equivalente $(*)$, la si rende indipendente dalla scelta dalle varietà parziali $V(B_j)$. Da $(**)$ e $\left(\begin{smallmatrix} & * \\ * & * \end{smallmatrix}\right)$ risulta, tenuto conto di **163** $(*)$, la decomposizione di $S(V)$ nelle parti $A((C,\ V^{\tau_i}))$.

165. L'affermazione che questi spazi analitici $A((C,\ V^{\tau_i}))$ sono $2n$-dimensionalmente connessi, significa:

Se si rende $A((C,\ V^{\tau_i}))$ topologico con la nozione « intorno » introdotta in **133** e **139** I, questo spazio è l'aderenza di un suo sotto–insieme connesso, in cui ogni punto ha un intorno omeomorfo all'interno di una sfera $2n$-dimensionale.

Può darsi che la dimostrazione **159** III, sulla quale si appoggia essenzialmente quella conclusione, non lasci in modo sufficiente intravedere, che l'intorno $U(s)$ di $P_\nu(s)$ ivi usato sia davvero in accordo con quella topologia, purchè si scelgano i numeri positivi $r_1,\ldots,\ r_n$ abbastanza piccoli, e perciò sarà utile completare quella dimostrazione in tale riguardo.

Secondo le definizioni date in **133** e **139** I, si ottiene certo un intorno $U(s)$ di $P_\nu(s)$ stabilendo

$$(*) \qquad Q \in U(s) \longleftrightarrow |\ x_j^{\tau_i}(Q) - x_j^{\tau_i}(P_\nu(s))\ | < r_j' \qquad (j = 1,\ldots,\ m)$$

con $r_1',\ldots,\ r_m'$ positivi qualsiansi. Poichè il punto $\{\ x_1(s),\ldots,\ x_n(s)\ \}$ è supposto appartenere all'insieme $'C^n$, dove $D(x_1(s),\ldots,\ x_n(s)) \neq 0$ (ved. **154**), possiamo scegliere $r_1',\ldots,\ r_n'$ e $r > 0$ così piccoli, che le disuguaglianze

$$|\ x_j^{\tau_i}(Q) - x_j^{\tau_i}(P_\nu(s))\ | < r_j' \qquad (j = 1,\ldots,\ n)$$

garantiscono

$$\left|\ \sum_{l=n+1}^{m} e_l \cdot \xi_l^{(\nu)} w^{(s)}(Q) - \sum_{l=n+1}^{m} e_l \cdot \xi_l^{(\mu)} w^{(s)}(Q)\ \right| > r \qquad (\text{ved. } \mathbf{153})$$

per $\mu = 1,\ldots,\ h$, $\mu \neq \nu$. Dato che, secondo $(^+)$ **159**, il sistema dei numeri complessi $x_{n+1}^{\tau_i}(Q),\ldots,\ x_m^{\tau_i}(Q)$ non può essere che uno dei sistemi $\xi_{n+1}^{(\mu)} w^{(s)}(Q),\ldots,$ $\xi_m^{(\mu)} w^{(s)}(Q)$ $(\mu = 1,\ldots,\ \lambda)$, basta prendere $r'_{n+1},\ldots,\ r'_m > 0$ in modo tale che $\sum_{l=n+1}^{m} |\ e_l\ | \cdot r_l' < \dfrac{r}{2}$, per rendere la definizione $(*)$ di $U(s)$ equivalente a quella data in **159** III con certi $r_i < r_i'$.

164 — 165

166. Dobbiamo ammettere che le g parti $A((C, V^{\tau_i}))$, in cui si spezza lo spazio $S(V)$ considerato in **164**, abbiano punti comuni. C'è però un caso importante e generale, in cui quelle g parti certo sono sconnesse l'una con l'altra.

L'integrità $I(K)$ del corpo K di una varietà aritmetica prima V è base di una varietà $V(I(K))$ chiusa (ved. **83** e **118**). La sua sintesi $(V(I(K)), V)$ con V (ved. **116**) contiene dunque di ogni prospettiva appartenente alla V almeno una estensione. Essa è chiusa, quando V è chiusa (ved. **121**).

Chiameremo *integra* una varietà aritmetica prima V proprio allora che sia $V = (V(I(K)), V)$, cioè che ogni aspetto appartenente alla V contenga l'integrità del corpo della V.

In questo caso è ovvio, quelle $g = \text{grado } K$ parti $A((C, V^{\tau_i}))$ non hanno punti comuni, giacchè un elemento $x \in I(K)$ generante il corpo $I\left(\dfrac{K}{(1)}\right) = (\iota(K))$ (ved. **142**) assume nelle g realizzazioni analitiche di K g valori complessi distinti $x^{\tau_1}, x^{\tau_2}, \ldots, x^{\tau_g}$, sicchè $A((C, V^{\tau_i}))$, è identico con la totalità dei punti $P \in S(V)$ per i quali $x(P) = x^{\tau_i}$. Lo spazio della varietà $V(I(K))$ consiste di g punti $p_1, \ldots, p_g$ determinati da $x(p_i) = x^{\tau_i}$, e $A((C, V^{\tau_i}))$ è la totalità dei punti di $S(V)$ sovrapposti a p_i (ved. **135**). Ricordiamo che nel caso di una varietà chiusa V tutti questi spazi parziali $A((C, V^{\tau_i}))$ sono compatti (ved. **139**).

167. Concludiamo con l'osservazione che l'analisi effettuata in **150** fino a **156** si trasporta facilmente al caso di una varietà $V([C, x_1, \ldots, x_m])$ analitica e algebrica. Il polinomio $\Phi(x, y \mid u)$ corrispondente sarà irriducibile in $C[x, y, u]$ e si dimostra come in **159** III e **165**, che lo spazio analitico di una varietà prima algebrica sopra C è $2n$-dimensionalmente connesso, se il suo oggetto è corpo analitico n-dimensionale.

CAPITOLO VI

FIGURE IN UNA VARIETÀ

§ 1. Il calcolo delle figure.

168. *Un ideale* $\mathfrak{a}(s) \neq s$ *di un aspetto commutativo s determina un aspetto* $s/\mathfrak{a}(s)$ *con l'origine* $\mathfrak{p}/\mathfrak{a}(s)$.

Invero, da $\mathfrak{a}(s) \neq s$ segue $\mathfrak{a}(s) \subset \mathfrak{p}$, sicchè $\mathfrak{p}/\mathfrak{a}(s) = \mathfrak{p} + \mathfrak{a}(s)/\mathfrak{a}(s)$ è ideale $\neq s/\mathfrak{a}(s)$ in $s/\mathfrak{a}(s)$. Se $x + \mathfrak{a}(s)$ con $x \in s$ non appartiene a $\mathfrak{p}/\mathfrak{a}(s)$, si ha $x \subset\!\!\!\!\!| \; \mathfrak{p}$ e quindi con $x^{-1} + \mathfrak{a}(s) \in s/\mathfrak{a}(s)$ un inverso di $x + \mathfrak{a}(s)$ in $s/\mathfrak{a}(s)$. (Ved. **68**).

166 — 168

169. Definizioni. - In una varietà V è data una *figura* $\mathfrak{a}$ allora e soltanto allora che a ogni aspetto $s \in V$ sia associato come *ideale di* $\mathfrak{a}$ *in* s (in $\mathfrak{p}$) un ideale $\mathfrak{a}(s) \subset s$ in modo tale, che sempre vale

$$(*) \qquad\qquad \mathfrak{a}(S) = \mathfrak{a}(s) \cdot S \quad \text{per} \quad s \subset S \in V,$$

(cioè che l'ideale $\mathfrak{a}(S)$ ha la base $\mathfrak{a}(s)$).

Una figura $\mathfrak{a}$ *passa* per ogni prospettiva $\mathfrak{p} \in V$, dove $\mathfrak{a}(s) \neq s$, presentandovi l'aspetto $s/\mathfrak{a}(s)$ (ved. **168**) come il *suo aspetto*. Essa non passa per le altre prospettive $\mathfrak{p} \in V$.

170. Quanto all'applicazione della condizione $(*)$ giova rammentare, che in una varietà la situazione $s \subset S$ sempre equivale a $\mathfrak{p} \cap s \subset \mathfrak{p}$ (ved. **112**) oppure a $S \in V(s)$, cioè che S ha la base s. (Ved. **110 I**). La varietà parziale $V(s)$ di V sarà talvolta chiamata la *stella* di s (di $\mathfrak{p}$).

Tenuto conto di $S \in V(s)$, si deduce da $(*)$ che ogni $x \in \mathfrak{a}(S)$ è quoziente

$$x = \frac{a}{m} \quad \text{con} \quad a \in \mathfrak{a}(s), \ m \in s, \ m \subset\!\!\!\!\!- \ \mathfrak{p},$$

e che viceversa ogni tale quoziente è elemento dell'ideale $\mathfrak{a}(S)$.

171. Il calcolo degli ideali si trasporta subito alle figure esprimendo così importanti operazioni geometriche.

La *intersezione di figure* $\mathfrak{a}, \mathfrak{b}, \dots, \mathfrak{c}$ in V è definita come la figura

$$\mathfrak{a} + \mathfrak{b} + \dots + \mathfrak{c}$$

con gli ideali

$$(\mathfrak{a} + \mathfrak{b} + \dots + \mathfrak{c})(s) = \mathfrak{a}(s) + \mathfrak{b}(s) + \dots + \mathfrak{c}(s)$$

che di conseguenza a

$$(\mathfrak{a} + \mathfrak{b} + \dots + \mathfrak{c})(S) = \mathfrak{a}(S) + \mathfrak{b}(S) + \dots + \mathfrak{c}(S) = \mathfrak{a}(s) \cdot S + \mathfrak{b}(s) \cdot S + \dots + \mathfrak{c}(s) \cdot S =$$
$$= (\mathfrak{a}(s) + \mathfrak{b}(s) + \dots + \mathfrak{c}(s)) \cdot S$$

davvero soddisfano alla condizione caratteristica per le figure.

La *unione di figure* $\mathfrak{a}, \mathfrak{b}, \dots, \mathfrak{c}$ in V è la figura

$$\mathfrak{a} \cap \mathfrak{b} \cap \dots \cap \mathfrak{c}$$

definita da

$$(\mathfrak{a} \cap \mathfrak{b} \cap \dots \cap \mathfrak{c})(s) = \mathfrak{a}(s) \cap \mathfrak{b}(s) \cap \dots \cap \mathfrak{c}(s).$$

È ovvio, che $s \subset S \in V$ induce

$$(\mathfrak{a} \cap \mathfrak{b} \cap \dots \cap \mathfrak{c})(s) \cdot S \subset \mathfrak{a}(s) \cdot S \cap \mathfrak{b}(s) \cdot S \cap \dots \cap \mathfrak{c}(s) \cdot S =$$
$$= \mathfrak{a}(S) \cap \mathfrak{b}(S) \cap \dots \cap \mathfrak{c}(S) = (\mathfrak{a} \cap \mathfrak{b} \cap \dots \cap \mathfrak{c})(S).$$

169 — 171

Per dimostrare la situazione inversa, osserviamo che ogni elemento x di $(\mathfrak{a} \cap \mathfrak{b} \cap \ldots \cap \mathfrak{c})(S) = \mathfrak{a}(S) \cap \mathfrak{b}(S) \cap \ldots \cap \mathfrak{c}(S)$ ammette (ved. 170) le rappre-sentazioni $x = \dfrac{a}{m} = \dfrac{b}{n} = \ldots = \dfrac{c}{p}$ con $a \in \mathfrak{a}(s)$, $b \in \mathfrak{b}(s), \ldots, c \in \mathfrak{c}(s)$; $m, n, \ldots, p \in s$, $\mathfrak{c} \not\subset \mathbb{P}$, le quali dànno $x = \dfrac{d}{m \cdot n \ldots p}$ con $m \cdot n \ldots p \not\subset \mathbb{P}$, cioè $\dfrac{1}{m \cdot n \ldots p} \in S$ e $d \in \mathfrak{a}(s) \cap \mathfrak{b}(s) \cap \ldots \cap \mathfrak{c}(s)$, il che mostra $\mathfrak{a}(S) \cap \mathfrak{b}(S) \cap \ldots \cap \mathfrak{c}(S) \subset (\mathfrak{a}(s) \cap \mathfrak{b}(s) \cap \ldots \cap \mathfrak{c}(s)) \cdot S$, c. d. d.

Il *prodotto di figure* $\mathfrak{a}, \mathfrak{b}, \ldots, \mathfrak{c}$ in V è la figura

$$\mathfrak{a} \cdot \mathfrak{b} \cdot \ldots \cdot \mathfrak{c}$$

definita da

$$(\mathfrak{a} \cdot \mathfrak{b} \cdot \ldots \cdot \mathfrak{c})(s) = \mathfrak{a}(s) \cdot \mathfrak{b}(s) \cdot \ldots \cdot \mathfrak{c}(s).$$

La condizione caratteristica per figura si verifica subito con la regola di moltiplicazione di ideali mediante le loro basi.

La figura $\mathfrak{a} \cdot \mathfrak{a} \cdot \ldots \cdot \mathfrak{a}$ sarà scritta $\mathfrak{a}^m$, se m è il numero dei « fattori » $\mathfrak{a}$ di tale prodotto.

172. Meno importante ma utile in qualche dimostrazione è la *divisione*

$$\mathfrak{a} : \mathfrak{b}$$

di figure $\mathfrak{a}, \mathfrak{b}$ in V, cioè l'operazione che associa a ogni aspetto $s \in V$ l'ideale

$$(\mathfrak{a} : \mathfrak{b})(s) = \mathfrak{a}(s) : \mathfrak{b}(s)$$

cioè la totalità dei $c \in s$ con $c \cdot \mathfrak{b}(s) \subset \mathfrak{a}(s)$.

Non possiamo garantire in generale che si ottenga così una figura in V. Pur verificandosi subito

$$(\mathfrak{a} : \mathfrak{b})(s) \cdot S \subset (\mathfrak{a} : \mathfrak{b})(S)$$

come conseguenza di $(\mathfrak{a} : \mathfrak{b})(s) \cdot \mathfrak{b}(S) = (\mathfrak{a} : \mathfrak{b})(s) \cdot \mathfrak{b}(s) \cdot S \subset \mathfrak{a}(s) \cdot S = \mathfrak{a}(S)$, dobbia-mo ricorrere all'*ipotesi che ogni aspetto fra V sia noetheriano*, per poter verificàre la situazione inversa di quegli ideali.

Se $b_1, b_2, \ldots, b_h$ è base dell'ideale $\mathfrak{b}(s)$, si può caratterizzare $(\mathfrak{a} : \mathfrak{b})(S) = \mathfrak{a}(S) : \mathfrak{b}(S)$ quale totalità dei quozienti $\dfrac{c}{n}$ con $c, n \in s$, $n \not\subset \mathbb{P}$ (ved. 170) che soddisfano a

$$\frac{c}{n} \cdot b_i \subset \mathfrak{a}(S) \ (i = 1, \ldots, h), \text{ cioè } \frac{c \cdot b_i}{n} = \frac{a_i}{m} \text{ con } a_i \in \mathfrak{a}(s), \ m \in s, \ \mathfrak{c} \not\subset \mathbb{P}.$$

Ne segue $(m \cdot c) \cdot b_i \in \mathfrak{a}(s)$, cioè $m \cdot c \in \mathfrak{a}(s) : \mathfrak{b}(s)$ e $\dfrac{c}{n} \in (\mathfrak{a}(s) : \mathfrak{b}(s)) \cdot \dfrac{1}{mn} \subset (\mathfrak{a} : \mathfrak{b})(s) \cdot S$

171 — 172

e quindi

$$(\mathfrak{a} : \mathfrak{b})(S) \subset (\mathfrak{a} \cdot \mathfrak{b})(s) \cdot S.$$

173. *Relazioni di situazione fra figure* in una varietà V si derivano da analoghe relazioni fra ideali.

Diremo che *la figura* $\mathfrak{a}$ *contiene la figura* $\mathfrak{b}$ e scriveremo

$$\mathfrak{a} \geq \mathfrak{b} \qquad (\text{oppure } \mathfrak{b} \leq \mathfrak{a})$$

allora e soltanto allora che sia

$$\mathfrak{a}(s) \subset \mathfrak{b}(s) \quad \text{per ogni} \quad s \in V.$$

La transitività di questa relazione è ovvia. Poichè l'uguaglianza di figure $\mathfrak{a}$, $\mathfrak{b}$ equivale alla coincidenza $\mathfrak{a}(s) = \mathfrak{b}(s)$ dei loro ideali in tutte le prospettive $\mathfrak{p} \in V$, si ha $\mathfrak{a} = \mathfrak{b}$, quando $\mathfrak{a} \geq \mathfrak{b}$ e $\mathfrak{a} \leq \mathfrak{b}$.

Scriveremo $\mathfrak{a} > \mathfrak{b}$, se $\mathfrak{a} \geq \mathfrak{b}$ senza che sia $\mathfrak{a} = \mathfrak{b}$.

Notiamo le relazioni generali

$$\mathfrak{a} \frown \mathfrak{b} \geq \mathfrak{a}, \qquad \mathfrak{a} \cdot \mathfrak{b} \geq \mathfrak{a} \frown \mathfrak{b}, \qquad \mathfrak{a} + \mathfrak{b} \leq \mathfrak{a}$$

e le relazioni

$$\mathfrak{a} : \mathfrak{b} \leq \mathfrak{a}, \qquad (\mathfrak{a} : \mathfrak{b}) \cdot \mathfrak{b} \geq \mathfrak{a}$$

valide qualora $\mathfrak{a} : \mathfrak{b}$ sia definita come figura in V. Da $\mathfrak{a} \geq \mathfrak{b}$ segue

$$\mathfrak{a} \cdot \mathfrak{c} \geq \mathfrak{b} \cdot \mathfrak{c}, \qquad \mathfrak{a} \frown \mathfrak{c} \geq \mathfrak{b} \frown \mathfrak{c}, \qquad \mathfrak{a} + \mathfrak{c} \geq \mathfrak{b} + \mathfrak{c}.$$

174. *Per ogni ideale* $\mathfrak{a}(S)$ *in un aspetto* S *di base* A *vale*

$$\mathfrak{a}(S) = [\mathfrak{a}(S) \frown A] \cdot S$$

poichè ciascun $x \in \mathfrak{a}(S)$ è quoziente $x = \dfrac{a}{m}$ con a, $m \in A$, $m \mathrel{\subset\!\!\!\!\!=} \mathbb{P}$ e $a = x \cdot$ $\cdot \, m \subset \mathfrak{a}(S) \frown A$, $m^{-1} \subset S$.

§ 2. Figure prime e primarie.

175. *Se* $\mathfrak{q}$ *è ideale* $\mathfrak{p}$-*primario dell'anello* A, *l'ideale* $\mathfrak{q} \cdot S$ *generato da esso in un aspetto* S *di base* A *è* $\mathfrak{p} \cdot S$-*primario.*

DIMOSTRAZIONE. - Nel caso $\mathfrak{p} \mathrel{\subset\!\!\!\!\!=} \mathbb{P}$ sarà anche $\mathfrak{q} \mathrel{\subset\!\!\!\!\!=} \mathbb{P}$ e quindi $\mathfrak{p} \cdot S = S$, $\mathfrak{q} \cdot S = S$. Sia ora $\mathfrak{p} \subset \mathbb{P}$ e designamo con b, c, m, n, r elementi di A.

I. Da $\dfrac{b}{m} \dfrac{c}{n} = \dfrac{q}{r}$ con m, n, $r \mathrel{\subset\!\!\!\!\!=} \mathbb{P}$, $q \in \mathfrak{q}$ segue $b \cdot c \subset \mathfrak{q}$, poichè $r \mathrel{\subset\!\!\!\!\!=} \mathfrak{p}$.

Se dunque $\dfrac{c}{n} \mathrel{\subset\!\!\!\!\!=} \mathfrak{q} \cdot S$, cioè $c \mathrel{\subset\!\!\!\!\!=} \mathfrak{q}$, si avrà $b^h \subset \mathfrak{q}$ e $\left(\dfrac{b}{m}\right)^h \subset \mathfrak{q} \cdot S$ con certo h.

172 — 175

II. $\left(\dfrac{b}{m}\right)^{h} \subset \mathfrak{q} \cdot S$ con $m \subset\!|= \mathbb{P}$, equivale a $b^{h} \cdot r \subset \mathfrak{q}$ con $r \subset\!|= \mathbb{P}$ epperò $r \subset\!|= \mathfrak{p}$, cioè a $b^{h} \subset \mathfrak{q}$.

176. *Se $\mathbb{Q}$ è ideale $\mathbb{P}$-primario in un sopra-anello di A, l'ideale $\mathbb{Q} \cap A$ è $[\mathbb{P} \cap A]$-primario in A.*

I. Da $b \cdot c \subset \mathbb{Q} \cap A$, $c \subset\!|= \mathbb{Q} \cap A$, $b, c \in A$ segue $b \cdot c \subset \mathbb{Q}$, $c \subset\!|= \mathbb{Q}$ e quindi $b^{h} \subset \mathbb{Q} \cap A$ con certo h.

II. $b^{h} \subset \mathbb{Q} \cap A$, $b \in A$, equivale a $b^{h} \subset \mathbb{Q}$, $b \in A$ cioè $b \subset \mathbb{P} \cap A$.

177. Definizione. – Una figura $\mathfrak{a}$ nella varietà V è detta *figura primaria* o piuttosto *figura $\mathbb{P}$-primaria* allora e soltanto allora, che ci sia un aspetto $S \in V$ e un ideale $\mathbb{P}$-primario $\mathbb{Q} \subset S$ tale che

$$\mathfrak{a}(s) = \mathbb{Q} \cap s \quad \text{per} \quad s \subset S, \qquad \mathfrak{a}(s) = s \quad \text{per} \quad s \subset\!|= S.$$

Questa definizione si giustifica con la verifica di

$$(*) \qquad\qquad \mathfrak{a}(S') = \mathfrak{a}(s) \cdot S' \quad \text{per} \quad s \subset S' \in V.$$

I. Se $S' \subset S$, si ha $\mathfrak{a}(S') = \mathbb{Q} \cap S'$, $\mathfrak{a}(s) = \mathbb{Q} \cap s$ e quindi (ved. **174**) la relazione $\mathbb{Q} \cap S' = [\mathbb{Q} \cap s] \cdot S'$ equivalente a $(*)$.

II. Se $S' \subset\!|= S$, si ha $\mathfrak{a}(S') = S'$ e per $s \subset\!|= S$ anche $\mathfrak{a}(s) \cdot S' = S'$.

Per $s \subset S$ osserviamo che da $S' \subset\!|= S$ segue $\mathbb{P} \cap s \subset\!|= \mathbb{P}' \cap s$, poichè s è base di S e S'. Se fosse $\mathbb{Q} \cap s \subset \mathbb{P}' \cap s$, anche $\mathbb{P} \cap s$ sarebbe $\subset \mathbb{P}' \cap s$. Esiste dunque $q \in \mathbb{Q} \cap s$, $q \subset\!|= \mathbb{P}'$ e quindi $1 = q \cdot \dfrac{1}{q} \subset [\mathbb{Q} \cap s] \cdot S'$, cioè $\mathfrak{a}(s) \cdot S' = S'$. C. d. d.

Quando $\mathbb{Q} = \mathbb{P}$ e soltanto nel caso di tale figura primaria parleremo di una *figura prima*.

Figure primarie saranno spesso designate con lo stesso segno come l'ideale primario che serve alla loro definizione.

178. Per riservare, a quanto sia possibile, i segni $\mathbb{P}$, $\mathfrak{p}$, $\mathbb{P}'$ ecc. come simboli di prospettive e delle loro origini, passeremo ogni volta che un ideale primo di un anello A sia diverso da A e contenga tutti gli elementi inattivi di A alla prospettiva $\mathbb{P}$ individuata da esso (ved. **72**) e lo scriveremo come intersezione $\mathbb{P} \cap A$ dell'origine di quella prospettiva con l'anello A.

Un ideale $[\mathbb{P} \cap s]$-primario $\mathfrak{q}$ di un aspetto $s \in V$ individua una figura $\mathbb{P}$-primaria $\mathbb{Q}$ con $\mathbb{Q}(S) = \mathfrak{q} \cdot S$, che fra tutte le figure $\mathfrak{a}$ soddisfacenti alla condizione $\mathfrak{a}(s) = \mathfrak{q}$ è minima.

175 — 178

15

DIMOSTRAZIONE. - L'ideale $\mathfrak{q} \cdot S$ è $\mathfrak{P}$-primario in S (ved. 175) di seguito a $[\mathfrak{P} \cap s] \cdot S = \mathfrak{P}$ (ved. 72 o 174). Esso individua pertanto (ved. 177) una figura $\mathfrak{P}$-primaria $\mathfrak{Q}$ con $\mathfrak{Q}(s) = \mathfrak{q} \cdot S \cap s$.

Ogni $x \in \mathfrak{q} \cdot S$ è quoziente $\dfrac{q}{m}$ con $q \in \mathfrak{q}$, $m \in s$, $m \subset\!\!\!|\!\!= \mathfrak{P} \cap s$. Se di più $x \in s$, si conclude da $m \cdot x \subset \mathfrak{q}$, $m \subset\!\!\!|\!\!= \mathfrak{P} \cap s$, che $x \subset \mathfrak{q}$, poichè $\mathfrak{q}$ è $[\mathfrak{P} \cap s]$-primario. Dunque $\mathfrak{q} \cdot S \cap s \subset \mathfrak{q} \subset \mathfrak{q} \cdot S \cap s$ e quindi $\mathfrak{Q}(s) = \mathfrak{q}$.

Se una figura $\mathfrak{a}$ in V soddisfa inoltre a $\mathfrak{a}(s) = \mathfrak{q}$, si ha $\mathfrak{a}(S) = \mathfrak{a}(s) \cdot S = \mathfrak{q} \cdot S$ e perciò

$$\mathfrak{a}(S') \subset \mathfrak{a}(S) \cap S' = \mathfrak{q} \cdot S \cap S' = \mathfrak{Q}(S') \quad \text{se} \quad S' \subset S,$$

$$\mathfrak{a}(S') \subset S' = \mathfrak{Q}(S') \quad \text{se} \quad S' \subset\!\!\!|\!\!= S,$$

il che mostra $\mathfrak{a} \geq \mathfrak{Q}$.

179. *Una figura $\mathfrak{P}$-primaria $\mathfrak{Q}$ è individuata da un qualsiasi suo ideale* $\mathfrak{Q}(s) \neq s$.

Sia $\mathfrak{Q}(s') \neq s'$, cioè $s' \subset S$ e $\mathfrak{Q}(s') = \mathfrak{Q}(S) \cap s'$. La figura $\mathfrak{Q}'$ individuata da questo ideale $[\mathfrak{P} \cap s']$-primario (ved. 176) è $\mathfrak{P}$-primaria (ved. 178) con $\mathfrak{Q}'(S) = \mathfrak{Q}(s') \cdot S = \mathfrak{Q}(S)$, donde segue $\mathfrak{Q}' = \mathfrak{Q}$.

§ 3. Figura individuata da un suo ideale.

180. *Da $s \in V(A)$, $S \in V(s)$ segue $S \in V(A)$.*

Invero, ogni $x \in s$ è quoziente $\dfrac{a}{b}$ con a, $b \in A$, $b \subset\!\!\!|\!\!= \mathfrak{p}$ e quindi $b \subset\!\!\!|\!\!= \mathfrak{P} \cap s \subset \mathfrak{p}$. Applicando l'osservazione 75, si trova A essere base di $\mathfrak{P}$.

181. *Ogni ideale $\mathfrak{a}_0$ di un singolo aspetto $s_0 \in V$ individua una figura $(\mathfrak{a}_0)$ in V definita da*

$$(\mathfrak{a}_0)(s) = [\mathfrak{a}_0 \cap s] \cdot s$$

DIMOSTRAZIONE. - Dobbiamo verificare $[\mathfrak{a}_0 \cap s] \cdot S = [\mathfrak{a}_0 \cap S] \cdot S$ per $S \in V(s) \subset V$. Siccome $s \cap s_0$ è base di s (ved. 110) e quindi di S (ved. 180) ogni $a_0 \in \mathfrak{a}_0 \cap S$ è quoziente $a_0 = \dfrac{a}{b}$ con a, $b \in s \cap s_0$, $a = a_0 \cdot b \subset \mathfrak{a}_0 \cap s$, $b^{-1} \subset S$, il che mostra $\mathfrak{a}_0 \cap S \subset [\mathfrak{a}_0 \cap s] \cdot S$, mentre $[\mathfrak{a}_0 \cap s] \cdot S \subset [\mathfrak{a}_0 \cap S] \cdot S$ è chiaro da se.

182. *La figura $(\mathfrak{q})$ individuata secondo 181 da un ideale $[\mathfrak{P} \cap s]$-primario $\mathfrak{q}$ di $s \in V$ coincide con la figura $\mathfrak{P}$-primaria $\mathfrak{Q}$ definita in 178.*

178 — 182

DIMOSTRAZIONE. – I. Per $S' \subset S$ si ha (ved. **177** e **178**) $\mathbb{Q}(S') = \mathfrak{q} \cdot S \cap S'$, $\mathbb{Q}(s) = \mathfrak{q} \cdot S \cap s = \mathfrak{q}$, $\mathbb{Q}(S') \cap s = \mathfrak{q} \cdot S \cap S' \cap s = \mathfrak{q} \cap S'$, sicchè (ved. **174**)

$$\mathbb{Q}(S') = [\mathbb{Q}(S') \cap s] \cdot S' = [\mathfrak{q} \cap S'] \cdot S' = (\mathfrak{q})(S'),$$

perchè $S' \cap s$ è base di S'.

II. Per $S' \subseteq S$ si deduce da $\mathbb{p} \cap S' \subseteq \mathbb{p}'$ (ved. **112**), che vi è $x \in \mathbb{p} \cap S'$ non appartenente a $\mathbb{p}'$. Scrivendo $x = \dfrac{a}{b}$ con a, $b \in S' \cap s$, $b \subseteq \mathbb{p}'$, anche $a = b \cdot x \subseteq \mathbb{p}'$, ma $a \in \mathbb{p} \cap s$, poichè $b \in s \subset S$. Con L abbastanza grande avremo $a^L \subset \mathfrak{q} \cap S'$, pur essendo $a^L \subseteq \mathbb{p}'$, donde segue $1 = a^L \cdot a^{-L} \subset [\mathfrak{q} \cap S'] \cdot S' = (\mathfrak{q})(S')$, cioè $(\mathfrak{q})(S') = S'$ come $\mathbb{Q}(S') = S'$.

183. *Se ciascun aspetto in una varieta* $p\,r\,i\,m\,a\,r\,i\,a$ *V è* $n\,o\,e\,t\,h\,e\,r\,i\,a\,n\,o$, *si ha*

$$\mathfrak{a}(s) = [\mathfrak{a}(s) \cap \mathfrak{a}(s')] \cdot s$$

per ogni figura $\mathfrak{a}$ *in V e s, s' qualunque* $\in V$ (ved. **110**).

DIMOSTRAZIONE. – Siccome s' è noetheriano e primario, ogni divisore primo $\neq s'$ di $\mathfrak{a}(s')$ (ved. **91**) individua una prospettiva $\in V(s') \subset V$. Sia

$$\mathfrak{a}(s') = \bigcap_j \mathfrak{q}_j$$

la decomposizione noetheriana di $\mathfrak{a}(s')$ supposto $\neq s'$, e designi $\mathbb{p}_j$ la prospettiva individuata dall'ideale primo corrispondente all'ideale primario $\mathfrak{q}_j$.

I. Se $S_i \supseteq s$, anche $\mathfrak{p} \supseteq \mathbb{p}_i \cap s$ (ved. **112**), sicchè esiste $p_i \in \mathbb{p}_i \cap s$, $p_i \subseteq \mathfrak{p}$. Scrivendo, il che è lecito a causa di $s \in V(s \cap s')$, $p_i = \dfrac{a_i}{b_i}$ con a_i, $b_i \in s' \cap s$, $b_i \subseteq \mathfrak{p}$, anche $a_i = b_i \cdot p_i \subseteq \mathfrak{p}$, ma $\in \mathbb{p}_i \cap s'$. Con L abbastanza grande sarà

$$x = (\prod_{S_i \supseteq s} a_i)^L \subset \bigcap_{S_i \supseteq s} \mathfrak{q}_i, \quad x \subseteq \mathfrak{p}.$$

II. Se $S_k \supset s$, avremo $S_k \in V(s \cap s')$ (ved. **180**) in conseguenza a $S_k \in V(s)$, $s \in V(s \cap s')$ (ved. **110**). Allora (ved. **174**)

$$[\mathfrak{a}(s) \cap s'] \cdot s \cdot S_k = \mathfrak{a}(s) \cdot S_k = \mathfrak{a}(S_k) = \mathfrak{a}(s') \cdot S_k \subset \mathfrak{q}_k \cdot S_k$$

e quindi

$$\mathfrak{a}(s) \cap s' \subset \mathfrak{q}_k \cdot S_k \cap s' = \mathfrak{q}_k,$$

essendo $\mathfrak{q}_k \cdot S_k \cap s'$ l'ideale in s' della figura primaria individuata da $\mathfrak{q}_k$ (ved. **178**).

182 — 183

Da I e II segue $x \cdot [\mathfrak{a}(s) \cap s'] \subset \underset{s_i = |\supset s}{\cap} \mathfrak{q}_i \; \underset{s_k \supset s}{\cap} \; \mathfrak{q}_k = \mathfrak{a}(s')$ o piuttosto

$x \cdot [\mathfrak{a}(s) \cap s'] \subset \mathfrak{a}(s') \cap \mathfrak{a}(s)$ e pertanto $\mathfrak{a}(s) \cap s' \subset [\mathfrak{a}(s') \cap \mathfrak{a}(s)] \cdot s$, il che mostra

$$\mathfrak{a}(s) = [\mathfrak{a}(s) \cap s'] \cdot s \subset [\mathfrak{a}(s) \cap \mathfrak{a}(s')] \cdot s \subset \mathfrak{a}(s).$$

Nel caso $\mathfrak{a}(s') = s'$ si osservi $\mathfrak{a}(s) = [\mathfrak{a}(s) \cap s'] \cdot s$ (ved. **174**).

184. *Se ciascun aspetto in una varietà* **p r i m a r i a** *V è* **n o e t h e - r i a n o**, *la figura* $(\mathfrak{a}_0)$ *individuata da un suo ideale* $(\mathfrak{a}_0)(s_0) = \mathfrak{a}_0$ *è minima fra tutte le figure* $\mathfrak{a}$ *con* $\mathfrak{a}(s_0) = \mathfrak{a}_0$.

Invero, tenuto conto del teorema precedente, si conclude da $\mathfrak{a}(s_0) = \mathfrak{a}_0$ che $\mathfrak{a}(s) = [\mathfrak{a}(s_0) \cap \mathfrak{a}(s)] \cdot s \subset [\mathfrak{a}_0 \cap s] \cdot s = (\mathfrak{a}_0)(s)$ per ogni $s \in V$, il che significa $\mathfrak{a} \geq (\mathfrak{a}_0)$.

185. *Se ciascun aspetto in una varietà* **p r i m a r i a** *V è* **n o e t h e · r i a n o**, *per le figure* $(\mathfrak{a}_0)$, $(\mathfrak{b}_0)$ *individuate da ideali* $\mathfrak{a}_0$, $\mathfrak{b}_0$ *di un medesimo aspetto* $s_0 \in V$ *valgono le relazioni*

$$(\mathfrak{a}_0) \geq (\mathfrak{b}_0), \quad se \quad \mathfrak{a}_0 \subset \mathfrak{b}_0, \quad e \quad (\mathfrak{a}_0) \cap (\mathfrak{b}_0) = (\mathfrak{a}_0 \cap \mathfrak{b}_0) \quad sempre.$$

DIMOSTRAZIONE. - I. Da $\mathfrak{a}_0 \subset \mathfrak{b}_0$ segue (ved. **181**)

$$(\mathfrak{a}_0)(s) = [\mathfrak{a}_0 \cap s] \cdot s \subset [\mathfrak{b}_0 \cap s] \cdot s = (\mathfrak{b}_0)(s)$$

cioè $(\mathfrak{a}_0) \geq (\mathfrak{b}_0)$.

II. - Siano $\mathfrak{a}_0$, $\mathfrak{b}_0$ ideali qualunque di s_0. Applicando il risultato I si trova $(\mathfrak{a}_0 \cap \mathfrak{b}_0) \geq (\mathfrak{a}_0)$, $(\mathfrak{a}_0 \cap \mathfrak{b}_0) \geq (\mathfrak{b}_0)$ e pertanto $(\mathfrak{a}_0 \cap \mathfrak{b}_0) \geq (\mathfrak{a}_0) \cap (\mathfrak{b}_0)$. Ma $(\mathfrak{a}_0 \cap \mathfrak{b}_0)(s_0) = \mathfrak{a}_0 \cap \mathfrak{b}_0 = (\mathfrak{a}_0)(s_0) \cap (\mathfrak{b}_0)(s_0)$ mostra $(\mathfrak{a}_0 \cap \mathfrak{b}_0) \leq (\mathfrak{a}_0) \cap (\mathfrak{b}_0)$, poichè $(\mathfrak{a}_0 \cap \mathfrak{b}_0)$ è minima fra le figure aventi in s_0 lo stesso ideale (ved. **184**).

Osserveremo che la conclusione:

$$da \; \mathfrak{a}_0 \subset \mathfrak{b}_0 \; segue \; (\mathfrak{a}_0) \geq (\mathfrak{b}_0)$$

è indipendente da qualsiasi ipotesi sulla varietà.

§ 4. Prospettive essenziali di una figura.

186. Ogni prospettiva $\mathfrak{p} \in V$ in cui una data figura $\mathfrak{a}$ presenta un suo aspetto (ved. **169**), sarà detta *prospettiva di* $\mathfrak{a}$. Le altre prospettive, cioè quelle $\mathfrak{p}$ con $\mathfrak{a}(s) = s$, non sono prospettive di $\mathfrak{a}$.

La figura prima $(\mathfrak{p})$ individuata (ved. **178** e **182**) dall'origine $\mathfrak{p}$ di una prospettiva $\mathfrak{p}$ di $\mathfrak{a}$ si chiamerà *figura prima di* $\mathfrak{a}$. Tale figura $(\mathfrak{p})$ è contenuta in $\mathfrak{a}$, poichè $(\mathfrak{p})(s') = \mathfrak{p} \cap s' \supset \mathfrak{a}(s) \cap s' \supset \mathfrak{a}(s')$, se $s' \subset s$, e $(\mathfrak{p})(s') = s' \supset \mathfrak{a}(s')$ se $s' \subset|= s$. Viceversa, se una figura prima $(\mathfrak{p})$ è contenuta in $\mathfrak{a}$, l'ideale $\mathfrak{p} = (\mathfrak{p})(s) \supset \mathfrak{a}(s)$ è origine di una prospettiva $\mathfrak{p}$ di $\mathfrak{a}$. Le figure prime $(\mathfrak{p})$ di una figura $\mathfrak{a}$ sono dunque caratterizzate da $\mathfrak{a} \geq (\mathfrak{p})$.

183 — 186

187. Scriveremo $S \geq s$ per esprimere $S \in V(s)$, mentre $S > s$ significhi $S \in V(s)$, $S \neq s$.

L'ideale $\mathfrak{a}(s)$ di una figura $\mathfrak{a}$ è contenuto in tutti gli ideali $\mathfrak{a}(S)$ di $\mathfrak{a}$ nella stella $V(s)$ di s. Allora e soltanto allora che

$$s \bigcap_{S>s} \mathfrak{a}(S) \;\; \supset \mathfrak{a}(s)$$

sia diverso da $\mathfrak{a}(s)$, diremo, che la prospettiva $\mathfrak{p}$ è *prospettiva essenziale di* $\mathfrak{a}$ (che l'aspetto s è essenziale per $\mathfrak{a}$).

Sono essenziali per es. le *prospettive estreme* $\mathfrak{p}$ di una figura $\mathfrak{a}$ caratterizzate da

$$\mathfrak{a}(s) \neq s, \quad \mathfrak{a}(S) = S \quad \text{per} \quad S \in V(s), \quad S \neq s.$$

Gli aspetti s corrispondenti e cioè solamente essi saranno detti estremi per $\mathfrak{a}$.

188. *La sola prospettiva essenziale di una figura $\mathfrak{p}$-primaria $\mathfrak{Q}$ è la sua sola prospettiva estrema $\mathfrak{p}$.*

Difatti, si trova (ved. 177)

$$\text{per } s \subset S, \; s \neq S: \quad \mathfrak{Q}(s) \subset s \bigcap_{S'>s} \mathfrak{Q}(S') \;\; \subset s \cap \mathfrak{Q}(S) = \mathfrak{Q}(s),$$

$$\text{per } s \subset\!\!\!| \, S \quad\quad : \quad \mathfrak{Q}(s) = s = s \bigcap_{S'>s} \mathfrak{Q}(S'),$$

$$\text{per } s = S \quad\quad : \quad \mathfrak{Q}(s) \neq s \bigcap_{S'>s} \mathfrak{Q}(S') = s.$$

189. *La condizione necessaria e sufficiente perchè un aspetto s noetheriano e primario sia essenziale per una figura $\mathfrak{a}$ è che $\mathfrak{p}$ sia divisore primo dell'ideale $\mathfrak{a}(s)$.*

Dimostrazione. - Sia $\mathfrak{a}(s) = \bigcap_i \mathfrak{q}_i$ una decomposizione noetheriana r i d o t t a di $\mathfrak{a}(s)$, e designi $\mathfrak{Q}_i = (\mathfrak{q}_i)$ la figura $\mathfrak{p}_i$-primaria individuata dall'ideale $\mathfrak{q}_i$. Avendo le figure $\mathfrak{a}$ e $\bigcap_i \mathfrak{Q}_i$ in s lo stesso ideale, esse coincidono in tutta la stella $V(s)$, cioè

$$\mathfrak{a}(S) = \bigcap_i \mathfrak{Q}_i(S) \quad \text{per} \quad S \in V(s).$$

Ora

$$s \bigcap_{S>s} \mathfrak{Q}_i(S) = \mathfrak{Q}_i(s) = \mathfrak{q}_i \quad\text{o}\quad = s,$$

secondo che $\mathfrak{p}_i$ sia $\neq \mathfrak{p}$ o $\mathfrak{p}$ (ved. 188), epperò

$$s \bigcap_{S>s} \mathfrak{a}(S) \neq \mathfrak{a}(s) \quad\text{o}\quad = \mathfrak{a}(s)$$

secondo che $\mathfrak{p}$ si trovi fra i divisori primi $\mathfrak{p}_i \cap s$ di $\mathfrak{a}(s)$ o no.

187 — 189

190. *Le prospettive essenziali di* $\mathfrak{a}$ *appartenenti alla stella* $V(s)$ *di un aspetto noetheriano e primario* s *sono appunto quelle individuate dai divisori primi di* $\mathfrak{a}(s)$.

DIMOSTRAZIONE. – Riprendiamo le notazioni di 189.

Dalla decomposizione noetheriana ridotta

$$(*) \qquad \mathfrak{a}(s) = \bigcap_i \mathfrak{q}_i = \bigcap_i \mathfrak{Q}_i(s),$$

segue, tenuto conto di $\mathfrak{Q}_i(S) = S$ per $S \subseteq S_i$, la decomposizione

$$\mathfrak{a}(S) = \bigcap_{S_i \supset S} \mathfrak{Q}_i(S)$$

n o e t h e r i a n a, poichè $\mathfrak{Q}_i(S) = \mathfrak{q}_i \cdot S_i \cap S$ è $[\mathfrak{P}_i \cap S]$-primario, r i d o t t'a, perchè una riduzione

$$\bigcap_{S_i \supset S} \mathfrak{Q}_i(S) = \bigcap{}' \mathfrak{Q}_i(S)$$

(il membro destro contenendo meno termini del membro sinistro) indurrebbe una riduzione

$$\bigcap_{S_i \supset S} \mathfrak{q}_i = s \bigcap_{S_i \supset S} \mathfrak{Q}_i(S) = s \bigcap{}' \mathfrak{Q}_i(S) = \bigcap{}' \mathfrak{q}_i$$

applicabile in $(*)$.

Nel caso di $S = S_k$ si trova $\mathfrak{P}_k$ fra i divisori primi $\mathfrak{P}_i \cap S_k$ di $\mathfrak{a}(S_k)$, sicchè la prospettiva $\mathfrak{P}_k$ è essenziale per $\mathfrak{a}$ (ved. 189). Se S differisce da ogni S_i, nessuno degli ideali $\mathfrak{P}_i \cap S$ è $\mathfrak{P}$, e la prospettiva $\mathfrak{P}$ è inessenziale per la figura $\mathfrak{a}$ (ved. 189).

191. *Tutte le prospettive essenziali di una figura* $(\mathfrak{a}_0)$ *individuata da un ideale* $\mathfrak{a}_0$ *di un aspetto noetheriano e primario* s_0 *trovansi nella stella* $V(s_0)$.

Da $\mathfrak{a}_0 = \bigcap \mathfrak{q}_i$ segue (ved. 185) $(\mathfrak{a}_0) = \bigcap (\mathfrak{q}_i)$. Se $\mathfrak{q}_i$ è $[\mathfrak{P}_i \cap s_0]$-primario, la figura $(\mathfrak{q}_i)$ è $\mathfrak{P}_i$-primaria e

$$s \bigcap_{S > s} (\mathfrak{q}_i)(S) = (\mathfrak{q}_i)(s) \quad \text{per} \quad s \neq S_i \in V(s_0),$$

donde si deduce per $s \subseteq V(s_0)$:

$$s \bigcap_{S > s} (\mathfrak{a}_0)(S) = \bigcap_i s \bigcap_{S > s} (\mathfrak{q}_i)(S) = \bigcap_i (\mathfrak{q}_i)(s) = (\mathfrak{a}_0)(s),$$

c. d. d.

190 — 191

192. *Se l'ideale in s di una figura* $\mathfrak{a}$ *è* $\mathfrak{p}$*-primario, la prospettiva* $\mathfrak{p}$ *è estrema per* $\mathfrak{a}$.

L'ideale $\mathfrak{a}(s)$ individua una figura $\mathfrak{p}$-primaria $(\mathfrak{a}(s)) = \mathfrak{q}$, la cui sola prospettiva estrema è $\mathfrak{p}$, e, avendo le figure $\mathfrak{a}$ e $\mathfrak{q}$ in $V(s)$ gli stessi ideali, quella prospettiva è estrema anche per $\mathfrak{a}$ (ved. 188 e 187).

193. *La condizione necessaria e sufficiente perchè un aspetto noetheriano e primario s sia estremo per la figura* $\mathfrak{a}$, *è il sussistere di una relazione*

$$(*) \qquad\qquad \mathfrak{p}^l \subset \mathfrak{a}(s) \subset \mathfrak{p} \qquad con\ certo\ l$$

oppure il carattere $\mathfrak{p}$*-primario dell'ideale* $\mathfrak{a}(s)$.

Dimostrazione. - Dall'osservazione precedente segue che il carattere $\mathfrak{p}$-primario di $\mathfrak{a}(s)$ è sufficiente.

Supponiamo, viceversa, che $\mathfrak{p}$ sia prospettiva estrema di $\mathfrak{a}$. Se $\mathfrak{a}(s)$ non fosse $\mathfrak{p}$-primario, esso avrebbe un divisore primo $\mathbb{P} \cap s \neq \mathfrak{p}$ e l'ideale $\mathfrak{a}(S) = \mathfrak{a}(s) \cdot S$ sarebbe contenuto in $[\mathbb{P} \cap s] \cdot S = \mathbb{P}$, contrario all'ipotesi che $\mathfrak{p}$ sia estrema per $\mathfrak{a}$ (ved. 187).

Il sussistere di una relazione $(*)$ equivale al carattere $\mathfrak{p}$-primario di $\mathfrak{a}(s)$. Difatti, sia $x \cdot y \subset \mathfrak{a}(s)$, $y \subset\!\!\!\!\!|\ \mathfrak{a}(s)$, $x,\ y \in s$. Allora $x \subset \mathfrak{p}$ epperò $x^l \subset \mathfrak{a}(s)$, perchè altrimenti $y = x^{-1} \cdot x \cdot y \subset \mathfrak{a}(s)$. Dunque $\mathfrak{a}(s)$ è primario in conseguenza di $(*)$. La stessa relazione mostra immediatamente che $\mathfrak{p}$ è l'ideale primo associato all'ideale primario $\mathfrak{a}(s)$.

194. *Le prospettive estreme di* $\mathfrak{a} \cap \mathfrak{b}$ *coincidono con quelle di* $\mathfrak{a} \cdot \mathfrak{b}$ *e trovansi fra quelle di* $\mathfrak{a}$ *e di* $\mathfrak{b}$. *Ogni prospettiva estrema di una di queste che è estrema o non prospettiva dell'altra, è estrema per* $\mathfrak{a} \cap \mathfrak{b}$. *Le altre prospettive estreme di* $\mathfrak{a}$ *o di* $\mathfrak{b}$ *non sono estreme per* $\mathfrak{a} \cap \mathfrak{b}$.

Dimostrazione. - I. Se $\mathfrak{p}$ è prospettiva estrema di $\mathfrak{a} \cap \mathfrak{b}$, si ha $(\mathfrak{a} \cap \mathfrak{b})(s) = \mathfrak{a}(s) \cap \mathfrak{b}(s) \subset \mathfrak{p}$ e quindi $\mathfrak{a}(s) \subset \mathfrak{p}$ o $\mathfrak{b}(s) \subset \mathfrak{p}$, sicchè $\mathfrak{p}$ è prospettiva di $\mathfrak{a}$ o di $\mathfrak{b}$, e cioè estrema, poichè da $\mathfrak{a}(S) \cap \mathfrak{b}(S) = S$ per $S \in V(s)$ segue $\mathfrak{a}(S) = \mathfrak{b}(S) = S$.

II. - Supposta $\mathfrak{p}$ prospettiva estrema di tutte e due le figure $\mathfrak{a}$, $\mathfrak{b}$ o estrema per l'una, sia $\mathfrak{a}$, e non prospettiva dell'altra, si avrà $\mathfrak{a}(s) \subset \mathfrak{p}$, $\mathfrak{a}(S) = \mathfrak{b}(S) = S$ e pertanto $\mathfrak{a}(s) \cap \mathfrak{b}(s) \subset \mathfrak{p}$, $\mathfrak{a}(S) \cap \mathfrak{b}(S) = S$, il che caratterizza $\mathfrak{p}$ come prospettiva estrema di $\mathfrak{a} \cap \mathfrak{b}$.

III. - Applicando lo stesso ragionamento alla figura $\mathfrak{a} \cdot \mathfrak{b}$, si trova altresì che appunto le prospettive nominate in II sono estreme per $\mathfrak{a} \cdot \mathfrak{b}$. C. d. d.

192 — 194

§ 5. Cono tangente.

195. Il numero minimo ($\leq \infty$) di elementi costituenti una base dell'origine $\mathfrak{p}$ di una prospettiva $\mathfrak{p}$ sarà chiamato *l'ampiezza* della prospettiva, mentre tale base stessa sarà distinta come *base minima* di $\mathfrak{p}$ dalle basi di $\mathfrak{p}$ aventi più elementi di quanto indica l'ampiezza di $\mathfrak{p}$. Volendo dire che l'ampiezza di una prospettiva è finita, diremo semplicemente che la prospettiva è *finita*.

La condizione necessaria e sufficiente perchè assegnati elementi $p_i \in \mathfrak{p}$ $(i = 1, \dots, h)$ costituiscano una base minima di una prospettiva finita $\mathfrak{p}$ è

$$(*) \quad \text{che } \mathfrak{p} = \sum_i p_i \cdot s + \mathfrak{p}^2, \text{ e che da } \sum_i c_i \cdot p_i \subset \mathfrak{p}^2, \; c_i \in s \text{ segua sempre } c_i \subset \mathfrak{p}.$$

Dimostrazione. – I. La prima delle condizioni ($*$) equivale all'esprimere che $p_1, \dots, p_h$ è base dell'ideale $\mathfrak{p}$. Se, invero, q_i $(i = 1, \dots, m)$ è base qualunque di $\mathfrak{p}$, sussisteranno relazioni $q_i = \sum_j b_{ij} \cdot p_j + \sum_{jl} c_{ijl} q_j q_l$ $(i = 1, \dots, m)$ con $b_{ij}, c_{ijl} \in s$, le quali, scritte nella forma $\sum_k a_{ik} \cdot q_k = \sum_j b_{ij} \cdot p_j$ con $a_{ik} - \delta_{ik} \subset \mathfrak{p}$ e quindi $|a_{ik}| \equiv 1 \bmod \mathfrak{p}$, mostrano $q_i \subset \sum p_j \cdot s$.

II. – La seconda condizione ($*$) è necessaria affinchè $p_1, \dots, p_h$ sia base minima. Supposto p. es. $\sum_{i=1}^{h} c_i \cdot p_i \subset \mathfrak{p}^2$ con $c_1 \subset\mkern-12mu\not\mkern2mu \mathfrak{p}$, si troverebbe $p_1 \subset \sum_{i=2}^{h} s \cdot p_i + \mathfrak{p}^2$ e quindi, tenuto conto del risultato I, $\mathfrak{p} = \sum_{i=2}^{h} p_i \cdot s$, sicchè $p_1, \dots, p_h$ non è base minima di $\mathfrak{p}$.

III. – Soddisfatte le condizioni ($*$), supponiamo $q_1, \dots, q_m$ sia una base minima di $\mathfrak{p}$. Allora $p_i = \sum_j a_{ij} \cdot q_j$ con $a_{ij} \in s$. Se fosse $m < h$, ci sarebbero $c_i \in s$ tali che $\sum_{i=1}^{h} c_i \cdot a_{ij} \subset \mathfrak{p}$ $(j = 1, 2, \dots, m)$ senza che siano tutti i c_i elementi di $\mathfrak{p}$. La relazione $\sum_i c_i \cdot p_i \subset \mathfrak{p}^2$ però contradirebbe all'ipotesi ($*$). Dunque $m \geq h$, cioè $p_1, \dots, p_h$ è base minima di $\mathfrak{p}$.

196. In corrispondenza a una base minima $p_1, \dots, p_h$ di $\mathfrak{p}$ costruiamo l'anello

$$s/\mathfrak{p}[u_1, \dots, u_h] \qquad (= s/\mathfrak{p}[u])$$

dei polinomi in h argomenti liberi $u_1, \dots, u_h$ con coefficienti $\in s/\mathfrak{p}$. Scriveremo talvolta un elemento $\varphi(u_1, \dots, u_h) = \sum \alpha_{i_1 \dots i_h} \cdot u_1^{i_1} \dots u_h^{i_h}$ $(\alpha_{i_1 \dots i_h} \in s/\mathfrak{p})$ di $s/\mathfrak{p}[u]$ come elemento $f(u_1, \dots, u_h) + \mathfrak{p}[u_1, \dots, u_h]$ di

$$s[u_1, \dots, u_h]/\mathfrak{p}[u_1, \dots, u_h]$$

195 — 196

scegliendo $f(u_1, \dots, u_h) = \Sigma\, a_{i_1 \dots i_h} \cdot u_1{}^{i_1} \dots u_h{}^{i_h}$ di modo che $\alpha_{i_1 \dots i_h} = a_{i_1 \dots i_h} + \mathfrak{p}$. Se in particolare $\varphi(u)$ è forma di grado m sceglieremo anche $f(u)$ omogeneo di grado m.

DEFINIZIONE. – Una forma $\varphi(u_1, \dots, u_h) \in s/\mathfrak{p}[u]$ di grado m *tange* l'elemento $x \in s$ allora se oltanto allora che, scrivendo $\varphi(u_1, \dots, u_h) = f(u_1, \dots, u_h) + \mathfrak{p}[u_1, \dots, u_h]$ con $f \in s[u_1 \dots, u_h]$ di grado m, vale

$$f(p_1, \dots, p_h) \subset x + \mathfrak{p}^{m+1}.$$

È ovvio che il sussistere di tale relazione è indipendente dalla scelta della forma $f(u)$ di grado m rappresentante la forma $\varphi(u)$.

Si constata subito: Se $\varphi(u)$ di grado m tange x, $\psi(u)$ di grado n tange y, allora $\varphi(u) \cdot \psi(u)$ tange $x \cdot y$ e, nel caso di $m = n$, $\varphi(u) \pm \psi(u)$ tange $x \pm y$. Infatti, ponendo $\varphi(u) = f(u) + \mathfrak{p}[u]$, $\psi(u) = g(u) + \mathfrak{p}[u]$, si deduce da $f(p) \subset x + \mathfrak{p}^{m+1}$, $g(p) \subset y + \mathfrak{p}^{n+1}$, che $f(p) \cdot g(p) \subset x \cdot y + \mathfrak{p}^{m+n+1}$, $f(p) \pm g(p) \subset x \pm y + \mathfrak{p}^{m+1}$.

197. L'ideale $\overline{\mathfrak{a}(s)}$ generato in $s/\mathfrak{p}[u]$ dalle forme che tangono elementi di un dato ideale $\mathfrak{a}(s)$ in s, è omogeneo nel senso, che i componenti omogenei $f^{(m)}(u)$ di un polinomio qualunque $f(u) = \underset{m}{\Sigma}\, f^{(m)}(u)$ appartenente all'ideale sono essi pure elementi dell'ideale. Ora, da una rappresentazione $f^{(m)}(u) = \underset{i}{\Sigma}\, a_i(u) \cdot b_i(u)$ con $a_i(u)$ di grado n_i tangente $a_i \in \mathfrak{a}(s)$, $b_i(u)$ di grado $m - n_i$ tangente $b_i \in s$, segue (ved. **196**) che $f^{(m)}(u)$ tange $\underset{i}{\Sigma}\, a_i \cdot b_i \in \mathfrak{a}(s)$, il che mostra:

Tutte le forme contenute nell'ideale $\overline{\mathfrak{a}(s)}$ generato dalle forme tangenti elementi di un dato ideale $\mathfrak{a}(s)$ *tangono elementi di* $\mathfrak{a}(s)$.

Come ogni ideale $\mathfrak{a}$ di un anello A individua nella varietà $V(A)$ di base A una figura $(\mathfrak{a})$ definita da

$$(\mathfrak{a})(S) = \mathfrak{a} \cdot S \quad \text{per ogni} \quad \mathbb{p} \in V(A),$$

così quell'ideale $\overline{\mathfrak{a}(s)}$ individua nella *varietà affine*

$$V(s/\mathfrak{p}[u_1, \dots, u_h])$$

una figura $\overline{(\mathfrak{a}(s))}$ che chiameremo *il cono tangente della figura* $\mathfrak{a}$ *in* $\mathfrak{p}$, se $\mathfrak{a}(s)$ è l'ideale in s di una figura $\mathfrak{a}$ (come sempre può supporsi secondo **181**).

198. La definizione del cono tangente dipende dalla scelta della base minima $p_1, \dots, p_h$ di $\mathfrak{p}$. Sia $q_1, \dots, q_h$ un'altra base minima di $\mathfrak{p}$ legata a quella mediante le relazioni $p_i = \underset{k}{\Sigma}\, a_{ik} \cdot q_k$, $q_i = \underset{k}{\Sigma}\, b_{ik} \cdot p_k$, $a_{ik}, b_{ik} \in s$. Fra gli anelli

$$s/\mathfrak{p}[u_1, \dots, u_h] \quad \text{e} \quad s/\mathfrak{p}[v_1, \dots, v_h]$$

196 — 198

16

associati a quelle due basi si può stabilire una corrispondenza affine ponendo

$$(*) \qquad u_i = \sum_k \alpha_{ik} \cdot v_k, \qquad\qquad (**) \qquad v_i = \sum_k \beta_{ik} \cdot u_h$$

con $\alpha_{ik} = a_{ik} + \mathfrak{p}$, $\beta_{ik} = b_{ik} + \mathfrak{p}$, e $\sum_l \alpha_{il} \cdot \beta_{lk} = \delta_{ik}$, dato che secondo 195 vale $\sum_l a_{il} \cdot b_{lk} - d_{ik} \subset \mathfrak{p}$, con $d_{ik} = 0$ o 1, secondochè $i \neq k$ o $= k$.

Ogni forma di grado m $\varphi(u_1, \ldots, u_h) = f(u_1, \ldots, u_h) + \mathfrak{p}[u_1, \ldots, u_h]$ tangente $x \in s$ mutasi dopo la sostituzione $(*)$ in una forma

$$\psi(v_1, \ldots, v_h) = \varphi(\sum_k \alpha_{1k} \cdot v_k, \ldots, \sum_k \alpha_{hk} \cdot v_k)$$

tangente x, poichè

$$\psi(v_1, \ldots, v_h) = f(\sum_k a_{1k} \cdot v_k, \ldots, \sum_k a_{hk} \cdot v_k) + \mathfrak{p}[v_1, \ldots, v_h]$$

e

$$f(\sum_k a_{1k} \cdot q_k, \ldots, \sum_k a_{hk} \cdot q_k) = f(p_1, \ldots, p_h) \subset x + \mathfrak{p}^{m+1}.$$

Viceversa, dal fatto che $(**)$ è l'inversione di $(*)$ risulta che ogni forma $\psi(v_1, \ldots, v_h)$ tangente x si ottiene da una forma $\varphi(u_1, \ldots, u_h)$ tangente x mediante la sostituzione $(*)$, sicchè possiamo dire:

Il cono tangente $\overline{(\mathfrak{a}(s))}$ di una figura $\mathfrak{a}$ in una prospettiva $\mathfrak{p}$ subisce la trasformazione affine biunivoca $u_i = \sum_k (a_{ik} + \mathfrak{p}) \cdot v_k$, se si passa, ponendo $p_i = \sum_k a_{ik} \cdot q_k$, da una base minima p_i dell'ideale $\mathfrak{p}$ a un'altra q_i.

§ 6. Ideali omogenei.

199. Il presentarsi di ideali omogenei nella definizione dei coni tangenti ci induce a richiamare talune proprietà di siffatti ideali.

Designeremo in quel che segue con $\mathfrak{a}$, $\mathfrak{b}$, $\mathfrak{q}$, ecc. ideali (omogenei o no) in un anello $A = k[u_1, \ldots, u_h]$ di polinomi sopra un corpo k, che subito estendiamo a un corpo $K = (k, t)$ 1-dimensionale sopra k. L'estensione di A all'anello $A \cdot K = K[u_1, \ldots, u_h]$ conduce a estensioni $\mathfrak{a} \cdot K$ degli ideali $\mathfrak{a}$ dalle quali si ritrovano questi nel modo $\mathfrak{a} \cdot K \cap A = \mathfrak{a}$ (ved. 40). Notiamo che gli elementi di $\mathfrak{a} \cdot K$ possono si scrivere nella forma $\frac{1}{f(t)} \sum a_i \cdot t^i$ con $f(t) \in [k, t]$, $a_i \in \mathfrak{a}$. Ne segue subito, che sempre $\mathfrak{b} \cdot K \cap \mathfrak{c} \cdot K = [\mathfrak{b} \cap \mathfrak{c}] \cdot K$. Invero, ogni $x \in \mathfrak{b} \cdot K \cap \mathfrak{c} \cdot K$ ammette le rappresentazioni $x = \frac{1}{f(t)} \sum b_i \cdot t^i = \frac{1}{f(t)} \sum_i c_i \cdot t^i$, dalle quali si trae $b_i = c_i \in \mathfrak{b} \cap \mathfrak{c}$.

Se $\mathfrak{q}$ è $\mathfrak{p}$-primario, $\mathfrak{q} \cdot K$ è $\mathfrak{p} \cdot K$-primario.

198 — 199

DIMOSTRAZIONE. – Sia $f(t) \cdot (\Sigma_i a_i \cdot t^i) \cdot (\Sigma_i b_i \cdot t^i) \subset \mathfrak{q} \cdot [k,\, t]$, $\Sigma b_i \cdot t^i \mathrel{\not\subset} \mathfrak{q} \cdot [k,\, t]$ con $f(t) = t^l + \dots \in [k,\, t]$, a_i, $b_i \in A$.

Volendo dimostrare dapprima $\Sigma a_i \cdot t^i \subset \mathfrak{p} \cdot [k,\, t]$, possiamo supporre $\Sigma b_i \cdot t^i =$ $= b_n \cdot t^n + \dots$ con $b_n \mathrel{\not\subset} \mathfrak{q}$ e che si sappia già $a_i \subset \mathfrak{p}$ per $i < m$. Scriviamo $\Sigma a_i \cdot t^i = - P + a_m \cdot t^m + \dots$ con $P \in \mathfrak{p} \cdot [k,\, t]$ e formiamo

$$(X - P) \cdot (\overset{r}{\underset{i=1}{\Sigma}} P^{r-i} \cdot X^{i-1}) = X^r - P^r \subset X^r + \mathfrak{q} \cdot [k,\, t]$$

con $X = a_m \cdot t^m + \dots$ e un esponente r per il quale $\mathfrak{p}^r \subset \mathfrak{q}$.

Moltiplicando la relazione presupposta con $\Sigma_i P^{r-i} \cdot X^{i-1}$ si ottiene

$$X^r \cdot f(t) \cdot (\Sigma_i b_i \cdot t^i) = a_m^r \cdot b_n \cdot t^{mr+n+l} + \dots \subset \mathfrak{q} \cdot [k,\, t]$$

donde si deduce $a_m^r \cdot b_n \subset \mathfrak{q}$ e quindi $a_m \subset \mathfrak{p}$ e in conseguenza $\Sigma a_i \cdot t^i \subset \mathfrak{p} \cdot [k,\, t]$, $(\Sigma_i a_i \cdot t^i)^r \subset \mathfrak{q} \cdot [k,\, t]$, proprietà qualificante $\mathfrak{q} \cdot K$ come ideale primario.

Se un elemento $Z = \dfrac{1}{f(t)} \cdot \Sigma c_i \cdot t^i$ con $c_i \in A$ soddisfa a $Z^j \subset \mathfrak{q} \cdot K$, si ha $g(t) \cdot (\Sigma c_i \cdot t^i)^j \subset \mathfrak{p} \cdot [k,\, t]$ epperò $c_i \in \mathfrak{p}$ per ogni indice, cioè $Z \in \mathfrak{p} \cdot K$, mentre viceversa da $Z \in \mathfrak{p} \cdot K$ sempre segue $Z^r \subset \mathfrak{q} \cdot K$. (Si osservi che $g(t) \in [k,\, t]$ non è contenuto nell'ideale $\mathfrak{p} \cdot [k,\, t]$ primo in $[A,\, t]$).

Da una decomposizione noetheriana ridotta $\mathfrak{a} = \cap \mathfrak{q}_i$ *segue la decomposizione noetheriana ridotta* $\mathfrak{a} \cdot K = \cap \mathfrak{q}_i \cdot K$.

Il sussistere dell'equazione $\mathfrak{a} \cdot K = \cap \mathfrak{q}_i \cdot K$ e il fatto che $\mathfrak{q}_i \cdot K$ è $\mathfrak{p}_i \cdot K$-primario, se $\mathfrak{q}_i$ è $\mathfrak{p}_i$-primario, sono già dimostrati. I $\mathfrak{p}_i \cdot K$ sono diversi fra di loro, poichè l'uguaglianza $\mathfrak{p}_i \cdot K = \mathfrak{p}_j \cdot K$ darebbe $\mathfrak{p}_i = \mathfrak{p}_i \cdot K \cap A = \mathfrak{p}_j \cdot K \cap A = \mathfrak{p}_j$ (ved. 40). Similmente si otterrebbe da una riducibilità dell'intersezione $\cap \mathfrak{q}_i \cdot K$ una riduzione di $\cap \mathfrak{q}_i$. C. d. d.

200. *I divisori primi di un ideale omogeneo sono omogenei.*

DIMOSTRAZIONE. – Ponendo $u_i^\tau = t \cdot u_i$ $(i = 1, \dots, h)$, $c^\tau = c$ per $c \in K$, si definisce un automorfismo τ dell'anello $A \cdot K$ che muta in sè ogni ideale $\mathfrak{a} \cdot K$ estensione di un ideale omogeneo $\mathfrak{a}$.

Supposto $\mathfrak{a}$ omogeneo e $\mathfrak{a} = \cap \mathfrak{q}_i$ con $\mathfrak{q}_i$ $\mathfrak{p}_i$-primario una sua decomposizione noetheriana ridotta, avremo

$$\cap \mathfrak{q}_i \cdot K = \mathfrak{a} \cdot K = (\mathfrak{a} \cdot K)^\tau = \cap (\mathfrak{q}_i \cdot K)^\tau,$$

dove $(\mathfrak{q}_i \cdot K)^\tau$ è $(\mathfrak{p}_i \cdot K)^\tau$-primario. Poichè gli ideali primi $(\mathfrak{p}_i \cdot K)^\tau$ sono distinti come i $\mathfrak{p}_i \cdot K$ e l'ultimo membro dell'equazione suddetta è intersezione ridotta come il suo primo membro, essendo τ automorfismo di A, ogni $(\mathfrak{p}_i \cdot K)^\tau$ deve coincidere con un $\mathfrak{p}_i \cdot K$. Sia

$$(*) \qquad\qquad (\mathfrak{p}_i \cdot K)^\tau = \mathfrak{p}_j \cdot K$$

199 — 200

e $p(u) = \sum_m p^{(m)}(u)$ (con $p^{(m)}$ omogeneo di grado m) un elemento qualunque di $\mathfrak{p}_i$. Da (*) segue una relazione $f(t) \cdot \sum_m t^m \cdot p^{(m)}(u) \subset \mathfrak{p}_j \cdot [k, t]$, donde si trae successivamente

$$(**) \qquad\qquad p^{(0)}(u) \in \mathfrak{p}_j, \quad p^{(1)}(u) \in \mathfrak{p}_j, \text{ ecc.,}$$

il che mostra $\mathfrak{p}_i \subset \mathfrak{p}_j$. Scrivendo ora l'equazione (*) nella forma $(\mathfrak{p}_j \cdot K)^{\tau-1} = \mathfrak{p}_i \cdot K$, si può ripetere il ragionamento precedente facendo fare a t^{-1} la parte di t. Se ne ricava $\mathfrak{p}_j \subset \mathfrak{p}_i$ e quindi $\mathfrak{p}_i = \mathfrak{p}_j$. Dal risultato (**) segue poi l'omogeneità dell'ideale $\mathfrak{p}_i$. C. d. d.

201. Se con $\varphi(\mathfrak{a}, m)$ si designa il rango del k-modulo $M(\mathfrak{a})$ delle forme di grado m in un ideale omogeneo $\mathfrak{a}$, si avrà la relazione

$$\varphi(\mathfrak{a} + \mathfrak{b}, m) = \varphi(\mathfrak{a}, m) + \varphi(\mathfrak{b}, m) - \varphi(\mathfrak{a} \cap \mathfrak{b}, m)$$

per ideali omogenei $\mathfrak{a}$, $\mathfrak{b}$ qualunque. Ciò risulta dal fatto che si possono trovare basi indipendenti $\{ A_1, \ldots, A_\alpha, C_1, \ldots, C_\gamma \}$ di $M(\mathfrak{a})$, $\{ B_1, \ldots, B_\beta, C_1, \ldots, C_\gamma \}$ di $M(\mathfrak{b})$, che comprendono una data base indipendente $\{ C_1, \ldots, C_\gamma \}$ di $M(\mathfrak{a} \cap \mathfrak{b})$ e forniscono pertanto la base indipendente $\{ A_1, \ldots, A_\alpha, B_1, \ldots, B_\beta, C_1, \ldots, C_\gamma \}$ di $M(\mathfrak{a} + \mathfrak{b})$.

Col numero $\varphi(A, m) = \binom{m + h - 1}{h - 1}$ delle forme linearmente indipendenti di grado m in $A = k[u_1, \ldots, u_h]$ si calcola la *funzione caratteristica* $\chi(\mathfrak{a}, m)$ di un ideale omogeneo $\mathfrak{a}$:

$$\chi(\mathfrak{a}, m) = \sum_{l=0}^{m} (\varphi(A, l) - \varphi(\mathfrak{a}, l)) = \binom{m + h}{h} - \sum_{l=0}^{m} \varphi(\mathfrak{a}, l),$$

la quale, secondo un classico teorema di HILBERT può rappresentarsi per valori abbastanza grandi di m come polinomio in m.

Volendo riprodurre la dimostrazione data da VAN DER WAERDEN per il teorema, che il grado di quel polinomio $\chi(\mathfrak{a}, m)$ uguaglia la dimensione della figura $(\mathfrak{a})$ individuata dall'ideale $\mathfrak{a}$ nella varietà $V(A)$, ci bisogna premettere qualche osservazione sulla nozione di dimensione nel caso di figure in varietà algebriche.

202. La *dimensione* (sopra k) *di una figura* $\mathfrak{a}$ *in una varietà* V *algebrica* sopra k è la massima fra le dimensioni

$$\dim \frac{S/\mathbb{P}}{k + \mathbb{P}/\mathbb{P}}$$

per tutte le prospettive $\mathbb{P} \in V$ di $\mathfrak{a}$.

$$200 - 202$$

Una prospettiva $\mathbb{P}$ di $\mathfrak{a}$ per la quale è raggiunto quel massimo, è necessariamente estrema, come risulta dall'osservazione più generale, che *per due prospettive* $\mathbb{P}$, $\mathbb{P}'$ *in una varietà algebrica sopra k sempre vale*

$$m = \dim \frac{S/\mathbb{P}}{k + \mathbb{P}/\mathbb{P}} < \dim \frac{S'/\mathbb{P}'}{k + \mathbb{P}'/\mathbb{P}'} = n, \ se \ S \subset S' \neq S.$$

Dimostrazione. - Sia $A = [k, x_1, \ldots, x_h]$ base di $\mathbb{P}$ e perciò anche di $\mathbb{P}'$ (ved. 170 e 180). Allora $\mathbb{P}' \cap A \subset \mathbb{P} \cap A \neq \mathbb{P}' \cap A$ di seguito a $S \subset S' \neq S$. A ogni dipendenza algebrica

$$f(x_1, \ldots, x_h) \subset \mathbb{P}' \quad (f(X_1, \ldots, X_h) \in k[X_1, \ldots, X_h])$$

fra $x_1 + \mathbb{P}', \ldots, x_h + \mathbb{P}' \in S'/\mathbb{P}'$ sopra $k + \mathbb{P}'/\mathbb{P}'$ corrisponde una relazione analoga $f(x_1, \ldots, x_h) \subset \mathbb{P}$ fra $x_1 + \mathbb{P}, \ldots, x_h + \mathbb{P} \in S/\mathbb{P}$ sopra $k + \mathbb{P}/\mathbb{P}$, donde segue $m \leq n$.

Siano $y_1 + \mathbb{P}, \ldots, y_n + \mathbb{P}$ n qualunque fra gli elementi $x_1 + \mathbb{P}, \ldots, x_h + \mathbb{P}$. Volendo dimostrare che essi dipendono algebricamente sopra $k + \mathbb{P}/\mathbb{P}$ e che pertanto $m < n$, basta considerare, secondo quel che si è detto sopra, il caso in cui $y_1 + \mathbb{P}', \ldots, y_n + \mathbb{P}'$ sono algebricamente indipendenti sopra $k + \mathbb{P}'/\mathbb{P}'$. Scelto $p \in \mathbb{P} \cap A$, $p \subset \neq \mathbb{P}'$ si avrà quindi una dipendenza algebrica $f(p^{-1}, y_1, \ldots, y_n) \subset \mathbb{P}'$ $(f(Z, Y_1, \ldots, Y_n) \in k[Z, Y_1, \ldots, Y_n])$ di $p^{-1} + \mathbb{P}'$ da $y_1 + \mathbb{P}', \ldots, y_n + \mathbb{P}'$ sopra $k + \mathbb{P}'/\mathbb{P}'$, dalla quale si trae, moltiplicandola con una potenza $p^r \subset A$, una relazione

$$g(y_1, \ldots, y_n) \subset \mathbb{P}' + p \cdot A, \quad \text{cioè} \quad \subset \mathbb{P}' \cap A + \mathbb{P} \cap A \subset \mathbb{P} \cap A$$

(con $g(Y_1, \ldots, Y_n) \in k[Y_1, \ldots, Y_n]$), che è proprio la dipendenza accennata degli elementi $y_1 + \mathbb{P}, \ldots, y_n + \mathbb{P}$. C. d. d.

Da questa osservazione segue in particolare, che per una figura $\mathbb{P}$-primaria $\mathbb{Q}$

$$\dim \mathbb{Q} = \dim \mathbb{P} = \dim \frac{S/\mathbb{P}}{k + \mathbb{P}/\mathbb{P}}.$$

La dimensione di una figura $\mathfrak{a}$ qualunque è quindi la massima fra le dimensioni delle figure prime di $\mathfrak{a}$ (ved. 186).

Conseguenza immediata della definizione è il fatto che da $\mathfrak{a} \geq \mathfrak{b}$ segue $\dim \mathfrak{a} \geq \dim \mathfrak{b}$.

203. Consideriamo il caso della varietà $V(A)$ di base $A = k[u_1, \ldots, u_h]$ e di una figura $(\mathfrak{a})$ in $V(A)$ definita mediante un ideale $\mathfrak{a}$ in A ponendo

$$(\mathfrak{a})(S) = \mathfrak{a} \cdot S \quad \text{per ogni} \quad \mathbb{P} \in V(A),$$

202 — 203

come accade nella definizione del cono tangente (ved. 197). Se $\mathfrak{a} = \bigcap_i \mathfrak{q}_i$ con $\mathfrak{q}_i$ ideale $[\mathfrak{p}_i \cap A]$-primario è decomposizione noetheriana ridotta di $\mathfrak{a}$ e si designa con $\mathfrak{p}$ una prospettiva qualunque di $(\mathfrak{a})$, si deduce dalla relazione

$$(\Pi_i[\mathfrak{p}_i \cap A])^L \subset \mathfrak{a} \subset \mathfrak{p} \cap A \qquad \text{(con } L \text{ abbastanza grande)},$$

che uno degli ideali primi $\mathfrak{p}_i \cap A$, sia $\mathfrak{p}_1 \cap A$, è contenuto in $\mathfrak{p} \cap A$ e che quindi $S \subset S_1$, cioè $\dim \mathfrak{p} \leq \dim \mathfrak{p}_1$ per le figure prime corrispondenti (ved. 202). Ne segue che la dimensione della figura $(\mathfrak{a})$ uguaglia la dimensione di una delle figure prime $\mathfrak{p}_i = (\mathfrak{p}_i \cap A)$ individuate dai divisori primi dell'ideale $\mathfrak{a}$. (Si osserverà che difatti ogni figura $(\mathfrak{p} \cap A)$ è prima (ved. 177), essendo $[\mathfrak{p} \cap A] \cdot S \cap s = \mathfrak{p} \cap s = [\mathfrak{p} \cap A] \cdot s$ per ciascun $s \subset S$ in $V(A)$ (ved. 174), osservazione però irrilevante per le conclusioni).

204. Supponiamo $\mathfrak{a}$ omogeneo, sicchè anche gli ideali $\mathfrak{p}_i \cap A$ sono omogenei (ved. 200). Fra questi divisori primi di $\mathfrak{a}$ può trovarsi l'ideale $\mathfrak{u} = \overset{h}{\underset{i=1}{\Sigma}} u_i \cdot A$. Se si è costruita una forma $f \in A$ che non appartiene a nessuno degli ideali $\mathfrak{p}_i \cap A$ diversi da $\mathfrak{u}$, la dimensione della figura $(\mathfrak{b})$ definita mediante l'ideale $\mathfrak{b} = \mathfrak{a} + f \cdot A$ invece di $\mathfrak{a}$ nel modo suddetto è minore di quella di $(\mathfrak{a})$, purchè questa sia positiva.

Sia, invero, $\mathfrak{p}$ figura prima di $(\mathfrak{b})$, cioè $\mathfrak{b} \subset \mathfrak{p} \cap A$, la cui dimensione uguaglia quella di $(\mathfrak{b})$. Siccome $\mathfrak{p} \leq (\mathfrak{b}) \leq (\mathfrak{a})$ è anche prospettiva di $(\mathfrak{a})$, si avrà $S \subset S_i$ per certo i (ved. 203).

Se $\dim \mathfrak{p} = 0$, si ha $\dim(\mathfrak{a}) > 0 = \dim \mathfrak{p} = \dim(\mathfrak{b})$, come vogliamo dimostrare.

Se $\dim \mathfrak{p} > 0$, anche $\dim \mathfrak{p}_i \geq \dim \mathfrak{p} > 0$, sicchè $\mathfrak{p}_i \cap A$ è diverso da $\mathfrak{u}$ e quindi $f \subset\!\!\!/\ \mathfrak{p}_i \cap A$. Ma $f \subset \mathfrak{b} \subset \mathfrak{p} \cap A$ epperò $S \neq S_i$, mentre $S \subset S_i$. Ciò mostra $\dim(\mathfrak{b}) = \dim \mathfrak{p} < \dim \mathfrak{p}_i \leq \dim(\mathfrak{a})$ c. d. d.

205. L'esistenza di una forma f del tipo suddetto si dimostrerebbe facilmente, se non ci importasse in riguardo alla dimostrazione del teorema di HILBERT l'ipotesi che f sia lineare. Per realizzare questa premessa senza ipotesi ristrettiva sul corpo k, estendiamo k a $K = (k, t)$ come in 199. La funzione caratteristica $\chi(\mathfrak{a} \cdot K, m)$ dell'ideale $\mathfrak{a} \cdot K$ estensione di $\mathfrak{a}$ coincide con quella $\chi(\mathfrak{a}, m)$ di $\mathfrak{a}$, poichè una k-base indipendente del k-modulo $M(\mathfrak{a})$ delle forme di grado l in $\mathfrak{a}$ è altresì K-base i n d i p e n d e n t e del K-modulo delle forme di grado l in $\mathfrak{a} \cdot K$, come si vede con un ragionamento già usato in 39 I.

La figura $(\mathfrak{a} \cdot K)$ definita in $V(A \cdot K)$ ponendo

$$(\mathfrak{a} \cdot K)(S) = \mathfrak{a} \cdot K \cdot S \ (= \mathfrak{a} \cdot S) \qquad \text{per ogni} \qquad \mathfrak{p} \in V(A \cdot K)$$

203 — 205

ha la stessa dimensione sopra K come la figura $(\mathfrak{a})$ sopra k. Cio si riconosce dalla decomposizione noetheriana ridotta (ved. **199**) $\mathfrak{a} \cdot K = \bigcap_i \mathfrak{q}_i \cdot K$ mostrando, che la dimensione sopra K di ognuna delle figure prime $\mathbb{P}_i' = ([\mathbb{P}_i \cap A] \cdot K)$ individuate nel modo suddetto dai divisori primi $[\mathbb{P}_i \cap A] \cdot K$ di $\mathfrak{a} \cdot K$ coincide con la dimensione della figura corrispondente $\mathbb{P}_i = (\mathbb{P}_i \cap A)$.

È chiaro che la dimensione (uguale a dim $\mathbb{P}_i'$) di un corpo $(K, x_1, \dots, x_h)$ definito sopra K dalle equazioni

$$f(x_1, \dots, x_h) = 0 \qquad (\text{con } f(u_1, \dots, u_h) \in \mathbb{P}_i \cap A)$$

non supera la dimensione (uguale a dim $\mathbb{P}_i$) di un corpo $K_1 = (k, x_1, \dots, x_h)$ definito sopra k dalle medesime relazioni. Quindi

$$(*) \qquad\qquad \dim \mathbb{P}_i' \leq \dim \mathbb{P}_i.$$

D'altra parte sappiamo (ved. **42**) che esiste una composizione sopra k (K, K_1^σ) di K con K_1, la cui dimensione relativa a K raggiunge quella di K_1 sopra k, cioè dim $\mathbb{P}_i$. Ora, l'ideale $\mathbb{P}' \cap A \cdot K$ in $K[u_1, \dots, u_h] = A \cdot K$ costituito dai polinomi $F(u_1, \dots, u_h)$ formanti i membri sinistri delle relazioni

$$F(x_1^\sigma, \dots, x_h^\sigma) = 0$$

che definiscono (K, K_1^σ) sopra K, contiene $[\mathbb{P}_i \cap A] \cdot K = \mathbb{P}_i' \cap A \cdot K$, il che mostra $S' \subset S_i'$ e

$$(\dim \mathbb{P}_i =) \dim \frac{S'/\mathbb{P}'}{K + \mathbb{P}'/\mathbb{P}'} \leq \dim \frac{S_i'/\mathbb{P}_i'}{K + \mathbb{P}_i'/\mathbb{P}_i'} \quad (= \dim \mathbb{P}_i'),$$

cioè, tenuto conto di $(*)$, l'uguaglianza dim $\mathbb{P}_i = $ dim $\mathbb{P}_i'$ e in conseguenza

$$\dim (\mathfrak{a}) = \dim (\mathfrak{a} \cdot K).$$

Osserviamo infine, che la forma lineare $f = \overset{h}{\underset{n=1}{\Sigma}} u_n \cdot t^n \in A \cdot K$ non appartiene a nessuno degli ideali primi $[\mathbb{P}_i \cap A] \cdot K$ diversi da $\mathfrak{u} \cdot K$.

Invero, l'ipotesi $f \subset [\mathbb{P}_i \cap A] \cdot K$ equivale a una relazione

$$(c_\nu \cdot t^\nu + \dots) \cdot (u_1 \cdot t + u_2 \cdot t^2 + \dots) = \underset{l}{\Sigma} p_l \cdot t^l \quad \text{con } c_\nu, c_{\nu+1}, \dots \in k, \quad p_l \in \mathbb{P}_i \cap A$$

dalla quale si deduce successivamente $u_1 \in \mathbb{P}_i \cap A$, $u_2 \in \mathbb{P}_i \cap A, \dots$, cioè $\mathbb{P}_i \cap A = \mathfrak{u}$.

206. **Teorema di Hilbert.** – *La funzione caratteristica* $\chi(\mathfrak{a}, m)$ *di un ideale omogeneo* $\mathfrak{a}$ *in un anello* $A = k[u_1, \dots, u_h]$ *è per m abbastanza grande un polinomio in m il cui grado è la dimensione della figura* $(\mathfrak{a})$ *definita da*

$$(\mathfrak{a})(S) = \mathfrak{a} \cdot S \quad \text{per ogni} \quad \mathbb{P} \in V(A).$$

205 — 206

Dimostrazione. - Riprendiamo le notazioni di 203 e 205: $\mathfrak{a} = \cap\, \mathfrak{q}_i$, $\mathfrak{q}_i$ è $[\mathbb{P}_i \cap A]$-primario, f una forma lineare $\mathrel{c}\!\!\models \mathbb{P}_i \cap A$, se $\mathbb{P}_i \cap A \neq \mathfrak{u}$

Risulta dalle osservazioni precedenti, che nel caso che non si riesca a trovare una forma lineare f del tipo suddetto, basterebbe estendere k a $K = (k, t)$ e dimostrare il teorema di Hilbert per l'ideale $\mathfrak{a} \cdot K$ in $A \cdot K$, nel qual caso certo esiste una forma lineare soddisfacente alle condizioni proposte, mentre le uguaglianza $\chi(\mathfrak{a} \cdot K, m) = \chi(\mathfrak{a}, m)$, $\dim(\mathfrak{a} \cdot K) = \dim(\mathfrak{a})$ assicurano la completa equivalenza del nuovo contenuto del teorema con quel che si è proposto a dimostrare.

I. - Se $\dim(\mathfrak{a}) = 0$, ognuna delle figure prime $\mathbb{P}_i$ ha la dimensione 0. Valgono dunque relazioni $f_j(u_j) \subset \mathbb{P}_i \cap A$ (con $f_j(U) \in k[U]$) per $j = 1, \ldots, h$ che si semplificano in equazioni del tipo $u_j{}^m \in \mathbb{P}_i \cap A$, essendo $\mathbb{P}_i \cap A$ omogeneo (ved. 200). Quindi $\mathfrak{u} \subset \mathbb{P}_i \cap A \subset \mathfrak{u}$, cioè $\mathfrak{a}$ è $\mathfrak{u}$-primario e si ha con un certo $l : \mathfrak{u}^l \subset \mathfrak{a} \subset \mathfrak{u}$. Allora $\varphi(\mathfrak{a}, m) = \varphi(A, m)$ per $m \geq l$, sicchè $\chi(\mathfrak{a}, m)$ risulta costante per $m \geq l$. Il teorema è dunque vero per $\dim(\mathfrak{a}) = 0$.

II. - Supponiamolo dimostrato per $\dim(\mathfrak{a}) < n$ e consideriamo il caso di $\dim(\mathfrak{a}) = n$. Scegliendo la forma lineare f nel modo suddetto, avremo $\dim(\mathfrak{a} + f \cdot A) < n$, sicchè può affermarsi che $\chi(\mathfrak{a} + f \cdot A, m)$ è per m abbastanza grande, ad esempio per $m > m_1$, polinomio in m di grado $= \dim(\mathfrak{a} + f \cdot A) < n$.

Ora (ved. 201)

$$(*) \qquad \varphi(\mathfrak{a} + f \cdot A, m) = \varphi(\mathfrak{a}, m) + \varphi(f \cdot A, m) - \varphi(\mathfrak{a} \cap f \cdot A, m)$$

e $\varphi(f \cdot A, m) = \varphi(A, m-1)$, mentre $\varphi(\mathfrak{a} \cap f \cdot A, m)$ si determina nel modo seguente:

Se uno degli ideali $\mathfrak{q}_i$ è $\mathfrak{u}$-primario, sia r un esponente tale che $\mathfrak{u}^r \subset \mathfrak{q}_i \subset \mathfrak{u}$ per questo $\mathfrak{q}_i$, altrimenti si prenda $r = -1$. Poichè le forme $x \cdot f \in \mathfrak{a} \cap A \cdot f$ soddisfano a $x \cdot f \subset \mathfrak{q}_i$, mentre $f \mathrel{c}\!\!\models \mathbb{P}_i \cap A$ per $\mathbb{P}_i \cap A \neq \mathfrak{u}$, si ha $x \subset \mathfrak{q}_i$. Se il grado m di $x \cdot f$ supera r, si avrà inoltre $x \subset \mathfrak{q}_i$ per $\mathbb{P}_i \cap A = \mathfrak{u}$ e quindi $x \in \mathfrak{a}$, cioè $\varphi(\mathfrak{a} \cap A \cdot f, m) = \varphi(\mathfrak{a}, m-1)$ per $m > r$.

Ciò posto, si ottiene da $(*)$

$$\varphi(\mathfrak{a} + A \cdot f, m) = \varphi(\mathfrak{a}, m) - \varphi(\mathfrak{a}, m-1) + \varphi(A, m-1)$$

e pertanto

$$\chi(\mathfrak{a} + A \cdot f, m) = \sum_{l=r+1}^{m} (\varphi(A, l) - \varphi(\mathfrak{a} + A \cdot f, l)) + c'' =$$

$$= c'' + \sum_{r+1}^{m} (\varphi(A, l) - \varphi(\mathfrak{a}, l)) - \sum_{r+1}^{m} (\varphi(A, l-1) - \varphi(\mathfrak{a}, l-1))$$

$$= \chi(\mathfrak{a}, m) - \chi(\mathfrak{a}, m-1) + c$$

206

e finalmente

$$\chi(\mathfrak{a},\ m) = c \cdot m + c' + \sum_{r+1}^{m} \chi(\mathfrak{a} + A \cdot f,\ l).$$

Essendo $\chi(\mathfrak{a} + f \cdot A,\ m)$ per $m > m_1$ polinomio di grado $m < n$, la sua sommazione estesa da $m = r + 1$ fino a un $m > m_0 =$ massimo di $r + 1$ e m_1 darà per $\chi(\mathfrak{a},\ m)$ una espressione come polinomio di grado $\leq n = \dim(\mathfrak{a})$.

III. Per dimostrare che il grado di questo polinomio è appunto n, osserviamo che fra gli elementi $u_1, \ldots;\ u_h$ debbono trovarsi n, siano $u_1, \ldots,\ u_n$ tali che

$$(**) \qquad\qquad \mathfrak{a} \frown k[u_1, \ldots,\ u_{..}] = 0.$$

Se infatti ciò non si verificasse, se cioè per n qualunque presi $u_{i_1}, \ldots,\ u_{i_n}$ si trovasse un polinomio $g(u_{i_1}, \ldots,\ u_{i_n}) \neq 0$, $\in \mathfrak{a}$, si avrebbe per ogni $\mathbb{p}_i$ la dipendenza algebrica

$$g(u_{i_1}, \ldots,\ u_{i_n}) \subset \mathbb{p}_i \frown A$$

fra $u_{i_1} + \mathbb{p}_i, \ldots,\ u_{i_n} + \mathbb{p}_i$ contrario all'ipotesi che per un $\mathbb{p}_i$ almeno sia $\dim \mathbb{p}_i = n$.

Ora da $(**)$ segue, che ci sono almeno $\binom{l + n - 1}{n - 1}$ forme di grado l linearmente indipendenti dalle $\varphi(\mathfrak{a},\ l)$ forme di grado l in $\mathfrak{a}$, cioè

$$\varphi(A,\ l) = \binom{l + h - 1}{h - 1} \geq \varphi(\mathfrak{a},\ l) + \binom{l + n - 1}{n - 1}$$

e quindi

$$\chi(\mathfrak{a},\ m) = \sum_{l=0}^{m} (\varphi(A,\ l) - \varphi(\mathfrak{a},\ l)) \geq \sum_{l=0}^{m} \binom{l + n - 1}{n - 1} = \binom{m + n}{n},$$

sicchè il grado del polinomio $\chi(\mathfrak{a},\ m)$ non può essere minore di $n = \dim(\mathfrak{a})$.

§ 7. Funzione caratteristica di una figura.

207. DEFINIZIONI. - La funzione caratteristica $\chi(\mathfrak{a}(s),\ m)$ di una figura $\mathfrak{a}$ in una varietà V associa a ogni prospettiva $\mathfrak{p} \in V$ e ogni numero intero $m \geq 0$, il valore

$$\chi(\mathfrak{a}(s),\ m) = \chi(\overline{\mathfrak{a}(s)},\ m)$$

della funzione caratteristica (ved. **201**) dell'ideale $\overline{\mathfrak{a}(s)}$ che individua il cono tangente $(\mathfrak{a}(s))$ (ved. **197**) di $\mathfrak{a}$ in $\mathfrak{p}$.

$$206 - 207$$

Dall'osservazione **198** risulta che $\chi(\mathfrak{a}(s),\ m)$ non dipende dall'arbitrio nella scelta della base minima dell'ideale $\mathfrak{p}$.

La *dimensione in* $\mathfrak{p}$ *di una figura* $\mathfrak{a}$ è la dimensione del suo cono tangente in $\mathfrak{p}$ e quindi ugualmente indipendente dalla base minima di $\mathfrak{p}$.

208. Considerando gli ideali in un aspetto s come gruppi additivi che ammettono gli elementi di s come omomorfismi in sè (endomorfismi), si può applicare il teorema di JORDAN-HÖLDER-SCHREIER 'alle sequenze

$$\text{I} \qquad\qquad \mathfrak{a} = \mathfrak{a}_0 \subset \mathfrak{a}_1 \subset \mathfrak{a}_2 \subset \ldots \subset \mathfrak{a}_l = \mathfrak{b}$$

di ideali $\mathfrak{a}_i$ in s e affermare che la lunghezza l di una tale seguenza fra $\mathfrak{a}$ e $\mathfrak{b}$ è indipendente dalla scelta particolare dei membri intermedi $\mathfrak{a}_i$, purchè la sequenza sia *irriducibile* nel senso, che $\mathfrak{a}_i \neq \mathfrak{a}_{i+1}$ e che non esista un ideale intermedio fra $\mathfrak{a}_i$ e $\mathfrak{a}_{i+1}$ diverso da questi.

Riprodurremo la dimostrazione di questo teorema seguendo un'idea di ZASSENHAUS:

Sia

$$\text{II} \qquad\qquad \mathfrak{a} = \mathfrak{a}'_0 \subset \mathfrak{a}'_1 \subset \ldots \subset \mathfrak{a}'_m = \mathfrak{b}$$

una sequenza qualunque fra $\mathfrak{a}$ e $\mathfrak{b} \supset \mathfrak{a}$ con $\mathfrak{a}'_k \neq \mathfrak{a}'_{k+1}$.

Intercalando entro $\mathfrak{a}_i$ e $\mathfrak{a}_{i+1}$ la sequenza

$$\mathfrak{a}_i = \mathfrak{a}_i + \mathfrak{a}_{i+1} \cap \mathfrak{a}'_0 \subset \mathfrak{a}_i + \mathfrak{a}_{i+1} \cap \mathfrak{a}'_1 \subset \ldots \subset \mathfrak{a}_i + \mathfrak{a}_{i+1} \cap \mathfrak{a}'_m = \mathfrak{a}_{i+1}$$

e entro $\mathfrak{a}'_k$ e $\mathfrak{a}'_{k+1}$ la sequenza

$$\mathfrak{a}'_k = \mathfrak{a}'_k + \mathfrak{a}'_{k+1} \cap \mathfrak{a}_0 \subset \mathfrak{a}'_k + \mathfrak{a}'_{k+1} \cap \mathfrak{a}_1 \subset \ldots \subset \mathfrak{a}'_k + \mathfrak{a}'_{k+1} \cap \mathfrak{a}_l = \mathfrak{a}'_{k+1},$$

si ottengono due sequenze I', II' costituite tutte e due da $l \cdot m + 1$ termini (distinti o no).

Se $\mathfrak{a}_i + \mathfrak{a}_{i+1} \cap \mathfrak{a}'_k = \mathfrak{a}_i + \mathfrak{a}_{i+1} \cap \mathfrak{a}'_{k+1}$, ogni $x \in \mathfrak{a}_{i+1} \cap \mathfrak{a}'_{k+1}$ è somma $x = a_i + a'_k$ con $a'_k \in \mathfrak{a}'_k \subset \mathfrak{a}'_{k+1}$; $a_i \in \mathfrak{a}_i$ e $a_i = x - a'_k \in \mathfrak{a}'_{k+1}$, cioè $a_i \in \mathfrak{a}'_{k+1} \cap \mathfrak{a}_i$, sicchè $\mathfrak{a}'_k + \mathfrak{a}'_{k+1} \cap \mathfrak{a}_i = \mathfrak{a}'_k + \mathfrak{a}'_{k+1} \cap \mathfrak{a}_{i+1}$. La sequenza II' contiene quindi al più tanti termini distinti quanti ne contiene I', cioè al più $l+1$ termini distinti, data la irriducibilità della sequenza I. Ne risulta $m \leq l$, poichè anche la sequenza II non può avere più di $l+1$ termini distinti. Se in particolare II è irriducibile, si può invertire il ragionamento e dimostrare $m = l$, cioè il fatto che la lunghezza di una sequenza irriducibile fra $\mathfrak{a}$ e $\mathfrak{b}$ dipende unicamente da questi ideali finali.

$$\mathbf{207 - 208}$$

Per ogni coppia di ideali $\mathfrak{a} \subset \mathfrak{b}$ ($\subset \mathfrak{s}$) definiamo il simbolo

$$\begin{pmatrix} \mathfrak{a} \\ \mathfrak{b} \end{pmatrix}$$

come la lunghezza di una sequenza irriducibile fra $\mathfrak{a}$ e $\mathfrak{b}$, qualora ce ne esista, e come $+\infty$, se tale sequenza non esiste.

Vale allora

$$(*) \qquad \begin{pmatrix} \mathfrak{a} \\ \mathfrak{b} \end{pmatrix} + \begin{pmatrix} \mathfrak{b} \\ \mathfrak{c} \end{pmatrix} = \begin{pmatrix} \mathfrak{a} \\ \mathfrak{c} \end{pmatrix} \quad \text{per} \quad \mathfrak{a} \subset \mathfrak{b} \subset \mathfrak{c} (\subset \mathfrak{s}),$$

poichè nel caso in cui $\begin{pmatrix} \mathfrak{a} \\ \mathfrak{b} \end{pmatrix}$ e $\begin{pmatrix} \mathfrak{b} \\ \mathfrak{c} \end{pmatrix}$ sono finiti si ottiene una sequenza irriducibile fra $\mathfrak{a}$ e $\mathfrak{c}$, continuando una sequenza irriducibile fra $\mathfrak{a}$ e $\mathfrak{b}$ con una sequenza irriducibile fra $\mathfrak{b}$ e $\mathfrak{c}$, mentre in ciascun altro caso si ottengono sequenze fra $\mathfrak{a}$ e $\mathfrak{c}$ con tanti termini distinti quanti se ne vuole.

Se $\begin{pmatrix} \mathfrak{a} \\ \mathfrak{s} \end{pmatrix}$ è finito, si ha

$$(**) \qquad \begin{pmatrix} \mathfrak{a} \\ \mathfrak{b} \end{pmatrix} = \begin{pmatrix} \mathfrak{a} \\ \mathfrak{s} \end{pmatrix} - \begin{pmatrix} \mathfrak{b} \\ \mathfrak{s} \end{pmatrix}.$$

209. Quanto al calcolo del simbolo $\begin{pmatrix} \mathfrak{a} \\ \mathfrak{s} \end{pmatrix}$ giova osservare

$$\left(\frac{\mathfrak{a}}{\mathfrak{a} + x \cdot \mathfrak{s}} \right) = 1, \text{ se } x \cdot \mathfrak{p} \subset \mathfrak{a}, \ x \ \mathsf{c}{\not=} \mathfrak{a} \ .$$

Se, infatti, $c = a + x \cdot e$ con $a \in \mathfrak{a}$, $e \in \mathfrak{s}$ è elemento $\mathsf{c}{\not=} \mathfrak{a}$ di un ideale $\mathfrak{c}$ intermedio fra $\mathfrak{a}$ e $\mathfrak{a} + x \cdot \mathfrak{s}$, si conclude da $x \cdot \mathfrak{p} \subset \mathfrak{a}$, che $e \ \mathsf{c}{\not=} \mathfrak{p}$ e quindi $x = (c - a) \cdot e^{-1} \in \mathfrak{c} + \mathfrak{a} = \mathfrak{c}$, cioè $\mathfrak{c} = \mathfrak{a} + x \cdot \mathfrak{s}$.

210. *La funzione caratteristica di una figura* $\mathfrak{a}$ *è*

$$\chi(\mathfrak{a}(\mathfrak{s}),\ m) = \left(\frac{\mathfrak{a}(\mathfrak{s}) + \mathfrak{p}^{m+1}}{\mathfrak{s}} \right).$$

DIMOSTRAZIONE. – Secondo la relazione 208 $(*)$ si ha

$$(*) \qquad \left(\frac{\mathfrak{a}(\mathfrak{s}) + \mathfrak{p}^{m+1}}{\mathfrak{s}} \right) = \sum_{l=0}^{m} \left(\frac{\mathfrak{a}(\mathfrak{s}) + \mathfrak{p}^{l+1}}{\mathfrak{a}(\mathfrak{s}) + \mathfrak{p}^{l}} \right).$$

Introducendo le notazioni di **196**, scegliamo una base indipendente

$$(**) \qquad f_i(u_1, \ldots, u_h) + \mathfrak{p}[u_1, \ldots, u_h] \in \mathfrak{s}/\mathfrak{p}[u_1, \ldots, u_h]$$

208 — 210

$(i = 1, ..., \varphi(A, l))$ dell' $s/\mathfrak{p}$-modulo delle forme di grado l tale, che le $\varphi(\overline{\mathfrak{a}(s)}, m) = \alpha$ prime di queste forme costituiscano una base indipendente dell' $s/\mathfrak{p}$-modulo delle forme di grado l tangenti elementi di $\mathfrak{a}(s)$.

Allora

$$(^{+}) \qquad\qquad \mathfrak{p} \cdot f_{i+1}(p_1, ..., p_h) \subset \mathfrak{p}^{l+1}$$

e per $i \geq \alpha$

$$(^{++}) \qquad f_{i+1}(p_1, ..., p_h) \subset\!\!\!\!= \sum_{j=\alpha+1}^{i} f_j(p_1, ..., p_h) \cdot s + \mathfrak{a}(s) + \mathfrak{p}^{l+1},$$

poichè una relazione

$$f_{i+1}(p) - \sum_{j=\alpha+1}^{i} f_j(p) \cdot c_j \subset \mathfrak{a}(s) + \mathfrak{p}^{l+1} \qquad (\text{con } c_j \in s)$$

significherebbe che la forma

$$f_{i+1}(u) - \sum_{j=\alpha+1}^{i} f_j(u) \cdot c_j + \mathfrak{p}[u] \quad \in s/\mathfrak{p}[u_1, ..., u_h]$$

tange un elemento di $\mathfrak{a}(s)$ contrario all'ipotesi sulla base $(**)$.

Mediante gli ideali

$$\mathfrak{a}_i = \mathfrak{a}(s) + \mathfrak{p}^{l+1} + \sum_{j=\alpha+1}^{i} f_j(p_1, ..., p_h) \cdot s \qquad (i \geq \alpha)$$

si calcola

$$(_{+}{}^{+}{}_{+}) \qquad \left(\frac{\mathfrak{a}(s) + \mathfrak{p}^{l+1}}{\mathfrak{a}(s) + \mathfrak{p}^{l}} \right) = \sum_{i=\alpha}^{\varphi(A, l)-1} \left(\frac{\mathfrak{a}_i}{\mathfrak{a}_{i+1}} \right) = \varphi(A, l) - \alpha = \varphi(A, l) - \varphi(\overline{\mathfrak{a}(s)}, l)$$

giacchè secondo $(^{+})$ e $(^{++})$

$$\left(\frac{\mathfrak{a}_i}{\mathfrak{a}_{i+1}} \right) = \left(\frac{\mathfrak{a}_i}{\mathfrak{a}_i + f_{i+1}(p) \cdot s} \right) = 1$$

(ved. **209**). Da $(*)$ e $(_{+}{}^{+}{}_{+})$ segue il teorema da dimostrare.

211. *Per ideali qualunque* $\mathfrak{a}, \mathfrak{b}$ *in* s *vale*

$$\left(\frac{\mathfrak{b}}{\mathfrak{a} + \mathfrak{b}} \right) = \left(\frac{\mathfrak{a} \cap \mathfrak{b}}{\mathfrak{a}} \right),$$

conseguenza immediata dell' s-isomofismo σ fra gli s-moduli

$$\mathfrak{a}/\mathfrak{a} \cap \mathfrak{b} \quad e \quad \mathfrak{a} + \mathfrak{b}/\mathfrak{b}$$

210 — 211

definito da

$$(a + \mathfrak{a} \frown \mathfrak{b})^\sigma = a + \mathfrak{b} \qquad (a \in \mathfrak{a}).$$

Invero, questo isomorfismo σ e il suo inverso stabiliscono una corrispondenza biunivoca fra le seguenze di ideali entro $\mathfrak{a} \frown \mathfrak{b}$ e $\mathfrak{a}$ e quelle entro $\mathfrak{b}$ e $\mathfrak{a} + \mathfrak{b}$.

Se $\left(\dfrac{\mathfrak{a} \frown \mathfrak{b}}{s} \right)$ è finito, si può dedurre dalla relazione suddetta l'equazione (ved. 208 $(**)$)

$$(*) \qquad \left(\frac{\mathfrak{a} \frown \mathfrak{b}}{s} \right) - \left(\frac{\mathfrak{a}}{s} \right) = \left(\frac{\mathfrak{b}}{s} \right) - \left(\frac{\mathfrak{a} + \mathfrak{b}}{s} \right).$$

212. Le funzioni caratteristiche delle figure $\mathfrak{a}$, $\mathfrak{b}$, $\mathfrak{a} + \mathfrak{b}$, $\mathfrak{a} \frown \mathfrak{b}$ *in una varietà soddisfano alla disuguaglianza*

$$\chi((\mathfrak{a} \frown \mathfrak{b})(s), \, m) \geq \chi(\mathfrak{a}(s), \, m) + \chi(\mathfrak{b}(s), \, m) - \chi((\mathfrak{a} + \mathfrak{b})(s), \, m).$$

Applicando la relazione **211** $(*)$ agli ideali $\mathfrak{a}(s) + \mathfrak{p}^{m+i}$ e $\mathfrak{b}(s) + \mathfrak{p}^{m+i}$ invece di $\mathfrak{a}$, $\mathfrak{b}$, e tenendo conto della conseguenza

$$\left(\frac{\mathfrak{a}(s) + \mathfrak{p}^{m+i} \frown \mathfrak{b}(s) + \mathfrak{p}^{m+i}}{s} \right) \leq \left(\frac{\mathfrak{a}(s) \frown \mathfrak{b}(s) + \mathfrak{p}^{m+i}}{s} \right)$$

di $\mathfrak{a}(s) + \mathfrak{p}^{m+i} \frown \mathfrak{b}(s) + \mathfrak{p}^{m+i} \supset \mathfrak{a}(s) \frown \mathfrak{b}(s) + \mathfrak{p}^{m+i}$, si trova la disuguaglianza

$$\left(\frac{\mathfrak{a}(s) \frown \mathfrak{b}(s) + \mathfrak{p}^{m+i}}{s} \right) \geq \left(\frac{\mathfrak{a}(s) + \mathfrak{p}^{m+i}}{s} \right) + \left(\frac{\mathfrak{b}(s) + \mathfrak{p}^{m+i}}{s} \right) - \left(\frac{\mathfrak{a}(s) + \mathfrak{b}(s) + \mathfrak{p}^{m+i}}{s} \right)$$

equivalente a quella da dimostrare (ved. **210**).

§ 8. Subordinazione di prospettive.

213. DEFINIZIONE. - Una prospettiva $\mathfrak{p}$ è *subordinata* a una prospettiva $\mathfrak{P}$ allora e soltanto allora che $\mathfrak{P}$ appartiene alla stella $V(s)$ di $\mathfrak{p}$, pur essendo essa diversa da $\mathfrak{p}$. Diremo anche, che in questo caso l'aspetto s è subordinato all'aspetto S.

La subordinazione di prospettive è transitiva, cioè, se $\mathfrak{p}$ è subordinata a $\mathfrak{P}$, mentre $\mathfrak{P}$ è subordinata a $\mathfrak{P}'$, anche $\mathfrak{p}$ è subordinata a $\mathfrak{P}'$. Infatti da $S \in V(s)$, $S' \in V(S)$ segue $S' \in V(s)$ (ved. **180**).

Questa transitività permette di definire una *subordinazione di* $\mathfrak{p}$ *sotto* $\mathfrak{P}$ quale seguenza di prospettive

$$(*) \qquad \mathfrak{p} = \mathfrak{p}_0, \; \mathfrak{p}_1, \; \mathfrak{p}_2, \ldots, \; \mathfrak{p}_l = \mathfrak{P}$$

dove ciascuna $\mathfrak{p}_i$ è subordinata alla seguente $\mathfrak{p}_{i+1}$.

211 — 213

Chiamando il numero l delle prospettive subordinate a $\mathfrak{P}$ in una subordinazione di $\mathfrak{p}$ sotto $\mathfrak{P}$ il *grado della subordinazione*, possiamo definire *l'ordine di $\mathfrak{p}$ sotto* $\mathfrak{P}$ come il massimo grado di subordinazione, che si possa stabilire per $\mathfrak{p}$ sotto $\mathfrak{P}$. Scriveremo

$$\operatorname{ord}\frac{\mathfrak{P}}{\mathfrak{p}}$$

per designare questo ordine.

Dalla transitività delle subordinazioni segue

$$\operatorname{ord}\frac{\mathfrak{P}}{\mathfrak{p}} + \operatorname{ord}\frac{\mathfrak{P}'}{\mathfrak{P}} \leq \operatorname{ord}\frac{\mathfrak{P}'}{\mathfrak{p}}.$$

Ammettiamo che l'ordine di una prospettiva $\mathfrak{p}$ sotto un'altra sia $+\infty$.

Nel caso in cui l'oggetto di un aspetto s (ved. **63**) è esso stesso aspetto e cioè l'aspetto totale — ciò che certo avviene, quando s è primario — diremo che la prospettiva $\mathfrak{p}$ (l'aspetto s) è *di l-esimo ordine* allora e soltanto allora che il suo ordine sotto la prospettiva totale sia l. Le prospettive di primo ordine sono quindi proprio le prospettive immediate (ved. **125**).

214. Se la prospettiva $\mathfrak{p}$ subordinata a $\mathfrak{P}$ appartiene alla varietà V — ad ogni modo essa appartiene alla varietà $V(s)$ — anche $\mathfrak{P}$ appartiene alla V, e le figure prime $\mathfrak{p}$, $\mathfrak{P}$ individuate in V dalle origini $\mathfrak{p}$, $\mathfrak{P}$ delle prospettive $\mathfrak{p}$, $\mathfrak{P}$ (ved. **177** e **182**) stanno nella relazione $\mathfrak{p} < \mathfrak{P}$, che viceversa esprime una subordinazione della prospettiva $\mathfrak{p}$ sotto la prospettiva $\mathfrak{P}$. Infatti, $\mathfrak{P} \in V(s)$ equivale a $\mathfrak{P} \cap s \subset \mathfrak{p}$ e quindi a $\mathfrak{P}(s) \neq s$, cioè $\mathfrak{P} \geq \mathfrak{p}$ (ved. **186**).

Ne segue che una subordinazione di $\mathfrak{p}$ sotto $\mathfrak{P}$ di grado l equivale a una sequenza

$$\mathfrak{p} = \mathfrak{p}_0 < \mathfrak{p}_1 < \mathfrak{p}_2 < \dots < \mathfrak{p}_l = \mathfrak{P}$$

di figure prime $\mathfrak{p}_i$ di una varietà qualsiasi comprendente la $\mathfrak{p}$.

215. *Un omomorfismo τ di un anello A stabilisce una corrispondenza biunivoca τ fra gli ideali di A contenenti il nucleo $\mathfrak{u}$ di τ e gli ideali di A^τ. Se $\mathfrak{a} \supset \mathfrak{u}$ è $\mathfrak{b}$-primario, anche $\mathfrak{a}^\tau$ è $\mathfrak{b}^\tau$-primario e viceversa.*

È chiaro che $\mathfrak{a}^\tau$ è ideale in A^τ, se $\mathfrak{a}$ è ideale in A. Nel caso $\mathfrak{a} \supset \mathfrak{u}$ l'immagine reciproco $(\mathfrak{a}^\tau)^{\tau^{-1}}$ coincide con $\mathfrak{a}$, e per ogni ideale $\mathfrak{b}$ in A^τ la totalità $\mathfrak{b}^{\tau^{-1}}$ degli elementi $x \in A$ con $x^\tau \subset \mathfrak{b}$ è ideale $\supset \mathfrak{u}$ in A.

L'isomorfismo τ di $A/\mathfrak{u}$ su A^τ induce nel caso di ideali $\mathfrak{b} \supset \mathfrak{a} \supset \mathfrak{u}$ un isomorfismo di $A/\mathfrak{a}$ su $A^\tau/\mathfrak{a}^\tau$ e di $\mathfrak{b}/\mathfrak{a}$ su $\mathfrak{b}^\tau/\mathfrak{a}^\tau$. Siccome l'ipotesi che $\mathfrak{a}$ sia $\mathfrak{b}$-primario significa che $\mathfrak{b}/\mathfrak{a}$ è la totalità degli elementi inattivi (ved. **63**) di $A/\mathfrak{a}$ e che tutti questi sono infinitesimali (ved. **2**) queste proprietà si trasportano ad $A^\tau/\mathfrak{a}^\tau$ e $\mathfrak{b}^\tau/\mathfrak{a}^\tau$ e viceversa. C. d. d.

213 — 215

216 *Gli aspetti $s/\mathbb{Q}(s)$ di una figura $\mathbb{P}$-primaria $\mathbb{Q}$ in una varietà V possono essere interpretati come aspetti*

$$(*) \qquad\qquad s^\tau = s + \mathbb{Q}(S)/\mathbb{Q}(S)$$

di $S\,\mathbb{Q}(S)$ mediante l'isomorfismo τ di $s/\mathbb{Q}(s)$ su $(*)$ indotto dall'omomorfismo naturale τ di S su $S/\mathbb{Q}(S)$, e la totalità di questi aspetti s^τ è una varietà che denoteremo con

$$V/\mathbb{Q}.$$

DIMOSTRAZIONE. - I. $s/\mathbb{Q}(s)$ è aspetto della figura $\mathbb{Q}$ solamente se $\mathbb{Q}(s) \neq s$, cioè se $S \in V(s) \subset V$ (ved. **177**). Da $\mathbb{Q}(s) = \mathbb{Q}(S) \cap s$ segue allora che l'omomorfismo $x + \mathbb{Q}(s) \rightarrow x + \mathbb{Q}(S) = x^\tau$ $(x \in s)$, indotto da τ in $s/\mathbb{Q}(s)$ di seguito a $\mathbb{Q}(s) \subset \mathbb{Q}(S)$, è un isomorfismo.

II. Sia $s \in V$, $s \subset S$ e $x^\tau \subset\!\!\!\!\models \mathfrak{p}^\tau = \mathfrak{p} + \mathbb{Q}(S)$ $(x \in s)$. Allora $x \subset\!\!\!\!\models \mathfrak{p}$, $x^{-1} \in s$, e $(x^\tau)^{-1} \in s^\tau$. Tenuto conto di $\mathfrak{p}^\tau \neq s^\tau$, conseguenza di $[\mathfrak{p} + \mathbb{Q}(S)] \cap s = \mathfrak{p} + \mathbb{Q}(S) \cap s = \mathfrak{p}$, si conclude, che s^τ è aspetto con l'origine $\mathfrak{p}^\tau = \mathfrak{p} + \mathbb{Q}(S)$.

III. Se A è base di $s \subset S$ e $x = \dfrac{a}{b}$ con $a, b \in A$, $b \subset\!\!\!\!\models \mathfrak{p}$ è elemento qualunque di s, si ha $x^\tau \cdot b^\tau = a^\tau$ con $b^\tau \subset\!\!\!\!\models \mathfrak{p}^\tau$, poichè altrimenti sarebbe $b \in [\mathfrak{p} + \mathbb{Q}(S)] \cap s = \mathfrak{p}$. Ciò mostra che A^τ è base dell'aspetto s^τ.

Siccome per $s_1, s_2 \in V$ l'intersezione $s_1 \cap s_2$ è base comune di s_1 e s_2, nel caso di $s_1 \subset S$, $s_2 \subset S$ l'anello $(s_1 \cap s_2)^\tau \subset s_1^\tau \cap s_2^\tau$ sarà base comune di s_1^τ e s_2^τ.

IV. Sia $s \in V$, $s \subset S$, mentre S' sia un aspetto qualunque di base s^τ. Applicando l'osservazione **215** al caso di $A = s$, $\mathfrak{u} = \mathbb{Q}(S) \cap s = \mathbb{Q}(s)$ e scrivendo σ per l'omorfismo indotto da τ in s, si trova che l'ideale primo $\mathbb{P}' \cap s^\tau$ individuante $\mathbb{P}'$ (ved. **72**) corrisponde a un ideale primo $[\mathbb{P}' \cap s^\tau]^{\sigma-1} \supset \mathbb{Q}(s)$ di s, il quale in quanto ideale primo contiene $\mathbb{P} \cap s$, poichè $\mathbb{Q}(s) = \mathbb{Q}(S) \cap s$ è $[\mathbb{P} \cap s]$-primario (ved. **176**). Ora, siccome $\mathbb{P}$ contiene tutti gli elementi inattivi di S in S (ved. **63** e **69**) e quindi $\mathbb{P} \cap s$ quelli di s in s, l'ideale primo $[\mathbb{P}' \cap s^\tau]^{\sigma-1}$ (che a causa di $1^\tau \subset\!\!\!\!\models \mathbb{P}'$ è $\neq s$) individua (ved. **72**) una prospettiva $\mathbb{P}_1$ di base s, subordinata a $\mathbb{P}$, poichè $\mathbb{P}_1 \cap s = [\mathbb{P}' \cap s^\tau]^{\sigma-1} \supset \mathbb{P} \cap s$ induce $S_1 \subset S$ mentre $S_1 \in V$. Da $[\mathbb{P}_1 \cap s]^\tau = \mathbb{P}' \cap s^\tau$, $S_1 \in V(s)$, $S' \in V(s^\tau)$ segue $S' = S_1^\tau \in V/\mathbb{Q}$.

Con III e IV è dimostrato che l'insieme $V/\mathbb{Q}$ è una varietà.

217. *A ogni figura $\mathfrak{a}$ in una varietà V corrisponde una figura $\mathfrak{a}/\mathbb{Q}$ nella varietà $V/\mathbb{Q}$ isolata secondo* **216** *da una figura $\mathbb{P}$-primaria $\mathbb{Q}$ in V. Questa corrispondenza mantiene le relazioni di situazione (ved.* **173***) e è biunivoca per le figure $\mathfrak{a} \leq \mathbb{Q}$. Se $\mathfrak{a} \leq \mathbb{Q}$ è $\mathfrak{p}$-primaria, la figura $\mathfrak{a}/\mathbb{Q}$ è $\mathfrak{p}/\mathbb{Q}$-primaria e viceversa.*

216 — 217

Dimostrazione. - τ designi l'omomorfismo $S \to S/\mathbb{Q}(S)$.

I. A ogni $s^\tau \in V/\mathbb{Q}$ corrisponde un solo aspetto $s \subset S$ in V, poichè da $s_1{}^\tau = s_2{}^\tau \in V/\mathbb{Q}$ segue $\mathfrak{p}_1{}^\tau = \mathfrak{p}_2{}^\tau$ e quindi $\mathfrak{p}_2 \subset \mathfrak{p}_1 + \mathbb{Q}(S)$, $\mathfrak{p}_2 \cap s_1 \subset [\mathfrak{p}_1 + \mathbb{Q}(S)] \cap s_1 = \mathfrak{p}_1 + \mathbb{Q}(s_1) \subset \mathfrak{p}_1 + \mathbb{P} \cap s_1 = \mathfrak{p}_1$, cioè $s_1 \subset s_2$ (ved. 112) e similmente si dimostra $s_2 \subset s_1$.

Se ora $s_1{}^\tau$, $s_2{}^\tau$ sono aspetti $\in V/\mathbb{Q}$ nella situazione $s_1{}^\tau \subset s_2{}^\tau$, cioè $s_2{}^\tau \in V(s_1{}^\tau)$, si deduce col ragionamento 216 IV l'esistenza di un $S_1 \in V(s_1)$ con $S_1{}^\tau = s_2{}^\tau$ cioè $S_1 = s_2$, il che mostra $s_1 \subset s_2$.

II. L'immagine $(\mathfrak{a}(s))^\tau$ dell'ideale in $s \subset S$ di una figura $\mathfrak{a}$ in V è l'ideale di una figura $\mathfrak{a}^\tau = \mathfrak{a}/\mathbb{Q}$ in $V/\mathbb{Q}$, poichè secondo I da $s_1{}^\tau \subset s_2{}^\tau \subset V/\mathbb{Q}$ segue $s_1 \subset s_2 \subset S$ e quindi $\mathfrak{a}^\tau(s_2{}^\tau) = (\mathfrak{a}(s_2))^\tau = (\mathfrak{a}(s_1) \cdot s_2)^\tau = \mathfrak{a}^\tau(s_1{}^\tau) \cdot s_2{}^\tau$.

Siccome $\mathfrak{a} \geq \mathfrak{b}$ equivale a $\mathfrak{a}(s) \subset \mathfrak{b}(s)$ per ogni $s \in V$, si ha $\mathfrak{a}^\tau(s^\tau) \subset \mathfrak{b}^\tau(s^\tau)$ per ogni s^τ e quindi $\mathfrak{a}/\mathbb{Q} \geq \mathfrak{b}/\mathbb{Q}$.

L'uguaglianza $\mathfrak{a}/\mathbb{Q} = \mathfrak{b}/\mathbb{Q}$ sotto le condizioni $\mathfrak{a} \leq \mathbb{Q}$, $\mathfrak{b} \leq \mathbb{Q}$ significa $\mathfrak{a}(s) + \mathbb{Q}(S) = \mathfrak{b}(s) + \mathbb{Q}(S)$ per ogni $s \subset S$ e quindi $\mathfrak{a}(s) \subset [\mathfrak{b}(s) + \mathbb{Q}(S)] \cap s = \mathfrak{b}(s) + \mathbb{Q}(s) = \mathfrak{b}(s)$, e per la stessa ragione anche $\mathfrak{b}(s) \subset \mathfrak{a}(s)$, mentre per $s \subseteq S$ vale $\mathfrak{a}(s) = \mathfrak{b}(s) = s$. Ciò mostra che le figure $\mathfrak{a}$ e $\mathfrak{b}$ coincidono.

III. Se $\mathfrak{a} \leq \mathbb{Q}$ è $\mathfrak{p}$-primario, si conclude da $\mathbb{Q}(s) \subset \mathfrak{a}(s) \neq s$ che $s \subset S$, $\mathfrak{p} \leq \mathbb{Q}$. Poichè l'ideale $\mathfrak{p}$-primario $\mathfrak{a}(s)$ contiene il nucleo $\mathbb{Q}(s) = \mathbb{Q}(S) \cap s$ dell'omomorfismo τ ristretto a s, la sua immagine $(\mathfrak{a}(s))^\tau = \mathfrak{a}^\tau(s^\tau)$ è $\mathfrak{p}^\tau$-primaria (ved. 215). Per ogni $s_1{}^\tau \subset s^\tau$ si ha $s_1 \subset s$ e quindi $\mathfrak{a}(s_1) = \mathfrak{a}(s) \cap s_1$. Se $x_1{}^\tau$ con $x_1 \in s_1$ è elemento di $(\mathfrak{a}(s))^\tau \cap s_1{}^\tau$, si ha $x_1 \subset \mathfrak{a}(s) + \mathbb{Q}(S)$ oppure $x_1 \subset \mathfrak{a}(s) + \mathbb{Q}(S) \cap s = \mathfrak{a}(s)$, $x_1 \subset \mathfrak{a}(s) \cap s_1 = \mathfrak{a}(s_1)$, cioè $\mathfrak{a}^\tau(s^\tau) \cap s_1{}^\tau \subset (\mathfrak{a}(s_1))^\tau = \mathfrak{a}^\tau(s_1{}^\tau) \subset \mathfrak{a}^\tau(s^\tau) \cap s_1{}^\tau$ e quindi $\mathfrak{a}^\tau(s_1{}^\tau) = \mathfrak{a}^\tau(s^\tau) \cap s_1{}^\tau$, mentre nel caso di $s_1 \subseteq s$ si ha $\mathfrak{a}^\tau(s_1{}^\tau) = (\mathfrak{a}(s_1))^\tau = s_1{}^\tau$. Cio mostra che $\mathfrak{a}^\tau$ è figura $\mathfrak{p}^\tau$-primaria.

IV. Se $\mathfrak{a}^\tau = \mathfrak{a}/\mathbb{Q}$ con $\mathfrak{a} \leq \mathbb{Q}$ è figura $\mathfrak{p}^\tau$-primaria, si deduce dal fatto, che $\mathfrak{a}(s)$ contiene il nucleo $\mathbb{Q}(s) = \mathbb{Q}(S) \cap s$ di τ ristretto ad s, che $\mathfrak{a}(s)$ è $\mathfrak{p}$-primario, poichè $(\mathfrak{a}(s))^\tau = \mathfrak{a}^\tau(s^\tau)$ è $\mathfrak{p}^\tau$-primario (ved. 215).

Per ogni $s_1 \subset s \subset S$ si ha $(\mathfrak{a}(s) \cap s_1)^\tau \subset (\mathfrak{a}(s))^\tau \cap s_1{}^\tau = \mathfrak{a}^\tau(s_1{}^\tau) = (\mathfrak{a}(s_1))^\tau$ e quindi $\mathfrak{a}(s) \cap s_1 \subset \mathfrak{a}(s_1) + \mathbb{Q}(S) \cap s_1 = \mathfrak{a}(s_1) \subset \mathfrak{a}(s) \cap s_1$, cioè $\mathfrak{a}(s) \cap s_1 = \mathfrak{a}(s_1)$, mentre per $s_1 \subseteq s$, $s_1 \subset S$ anche $s_1{}^\tau \subseteq s^\tau$ e quindi $\mathfrak{a}^\tau(s^\tau{}_1) = s_1{}^\tau$, $1 \subset \mathfrak{a}(s_1) + \mathbb{Q}(S) \cap s_1 = \mathfrak{a}(s_1)$, cioè $\mathfrak{a}(s_1) = s_1$.

Queste proprietà caratterizzano $\mathfrak{a}$ come figura $\mathfrak{p}$-primaria.

218. *Se τ designa l'omomorfismo $S \to S/\mathbb{Q}(S)$ corrispondente a una figura $\mathbb{P}$-primaria $\mathbb{Q}$ in una varietà V, si ha per tutte le figure $\mathfrak{a}$, $\mathfrak{b} \leq \mathbb{Q}$*

$$(\mathfrak{a} + \mathfrak{b})^\tau = \mathfrak{a}^\tau + \mathfrak{b}^\tau, \qquad (\mathfrak{a} \cdot \mathfrak{b})^\tau = \mathfrak{a}^\tau \cdot \mathfrak{b}^\tau, \qquad (\mathfrak{a} \cap \mathfrak{b})^\tau = \mathfrak{a}^\tau \cap \mathfrak{b}^\tau$$

$$\chi(\mathfrak{a}^\tau(s^\tau),\; \mathfrak{m}) = \chi(\mathfrak{a}(s),\; \mathfrak{m}). \qquad \dim \frac{\mathfrak{a}^\tau}{\mathfrak{p}^\tau} = \dim \frac{\mathfrak{a}}{\mathfrak{p}}, \quad \text{(ved. 207)}$$

217 - 218

e per prospettive $\mathfrak{p}$, $\mathfrak{p}'$ *subordinate a* $\mathfrak{P}$ *o uguali a* $\mathfrak{P}$:

$$\operatorname{ord}\frac{\mathfrak{p}'}{\mathfrak{p}} = \operatorname{ord}\frac{\mathfrak{p}'^{\tau}}{\mathfrak{p}^{\tau}}\ .$$

Dimostrazione. - I. Ovviamente

$$\mathfrak{a}^{\tau}(s^{\tau}) \dotplus \mathfrak{b}^{\tau}(s^{\tau}) = (\mathfrak{a}(s))^{\tau} \dotplus (\mathfrak{b}(s))^{\tau} = (\mathfrak{a}(s) \dotplus \mathfrak{b}(s))^{\tau} = ((\mathfrak{a} \dotplus \mathfrak{b})(s))^{\tau} = (\mathfrak{a} \dotplus \mathfrak{b})^{\tau}(s^{\tau}),$$

il che dimostra le due prime affermazioni. Quanto alla terza, si osservi che $(\mathfrak{a} \cap \mathfrak{b})^{\tau}(s^{\tau}) = ((\mathfrak{a} \cap \mathfrak{b})(s))^{\tau} \subset (\mathfrak{a}(s))^{\tau} \cap (\mathfrak{b}(s))^{\tau} = \mathfrak{a}^{\tau}(s^{\tau}) \cap \mathfrak{b}^{\tau}(s^{\tau}) = (\mathfrak{a}^{\tau} \cap \mathfrak{b}^{\tau})(s^{\tau})$, e che viceversa ogni $x^{\tau} \in (\mathfrak{a}(s))^{\tau} \cap (\mathfrak{b}(s))^{\tau}$ (con $x \in s$) soddisfa alla relazione $x \subset \mathfrak{a}(s) +$ $+ \mathbb{Q}(S) \cap s = \mathfrak{a}(s) + \mathbb{Q}(s) = \mathfrak{a}(s)$ e similmente a $x \subset \mathfrak{b}(s)$, sicchè $(\mathfrak{a}(s))^{\tau} \cap (\mathfrak{b}(s))^{\tau} \subset$ $\subset (\mathfrak{a}(s) \cap \mathfrak{b}(s))^{\tau} = (\mathfrak{a} \cap \mathfrak{b})^{\tau}(s^{\tau})$.

II. Per calcolare $\chi(\mathfrak{a}^{\tau}(s^{\tau}),\ m)$ mediante la formula

$$\chi(\mathfrak{a}^{\tau}(s^{\tau}),\ m) = \left(\frac{\mathfrak{a}^{\tau}(s^{\tau}) + (\mathfrak{p}^{\tau})^{m+1}}{s^{\tau}}\right)$$

(ved. 210), si costruirà una sequenza irriducibile (ved. 208 e 215)

$$(*) \qquad \mathfrak{a}^{\tau}(s^{\tau}) + (\mathfrak{p}^{\tau})^{m+1} = \mathfrak{a}^{\tau}{}_0 \subset \mathfrak{a}^{\tau}{}_1 \subset \ldots \subset \mathfrak{a}^{\tau}{}_{\chi} = s^{\tau},$$

dove $\mathfrak{a}_{\iota}$ designano ideali in s contenenti il nucleo $\mathbb{Q}(s) = \mathbb{Q}(S) \cap s$ dell' omomorfismo τ ristretto a s. Secondo 215 la sequenza

$$(**) \qquad \mathfrak{a}(s) + \mathfrak{p}^{m+1} = \mathfrak{a}_0 \subset \mathfrak{a}_1 \subset \ldots \subset \mathfrak{a}_{\chi} = s$$

consiste di tanti termini distinti quanti nè ha $(*)$. La stessa osservazione 215 mostra pure che, se la sequenza $(**)$ non fosse irriducibile, anche la $(*)$ non sarebbe irriducibile. Dunque $(**)$ ha la lunghezza $\chi(\mathfrak{a}(s),\ m)$.

III. L'ultima affermazione, che si riferisce agli ordini di subordinazione, risulta dal fatto (ved. 214), che alle subordinazioni di figure prime subordinate o uguali alla figura prima $\mathfrak{P}$ corrispondono biunivocamente (ved. 217) le subordinazioni di figure prime subordinate o uguali alla figura $\mathfrak{P}^{\tau}$.

219. *Le prospettive estreme di una figura* $\mathfrak{a} = (a \cdot s)$ *individuata da un ideale principale* $\mathfrak{a}(s) = a \cdot s \neq 0$, $\neq s$ *in un aspetto noetheriano primario* s *sono immediate* (Teorema di Krull).

Dimostrazione. - Ogni prospettiva estrema $\mathfrak{P}$ di $\mathfrak{a}$ appartiene alla stella $V(s)$ (ved. 191 e 187), e si ha (ved. 193) $\mathfrak{P}' \subset a \cdot S \subset \mathfrak{P}$, sicchè $\left(\dfrac{a \cdot S}{S}\right) \leq \left(\dfrac{\mathfrak{P}'}{S}\right)$ è finito.

Sia $\mathfrak{P}$ subordinata a $\mathfrak{P}_1$, cioè $\mathfrak{P} \supset \mathfrak{P}_1 \cap S \neq \mathfrak{P}$ e quindi a $\subset\!\!\!= \mathfrak{P}_1$, poichè altrimenti $\mathfrak{P}' \subset a \cdot S \subset \mathfrak{P}_1$, cioè $\mathfrak{P} \subset \mathfrak{P}_1 \cap S$. Volendo dimostrare che $\mathfrak{P}_1$ è la

218 — 219

18

prospettiva totale, formiamo la sequenza di ideali

$$\mathfrak{P}_1 \cap S + a \cdot S \supset \mathfrak{P}_1^2 \cap S + a \cdot S \supset \mathfrak{P}_1^3 \cap S + a \cdot S \supset \dots,$$

nella quale si trovano al più $\left(\dfrac{a \cdot S}{S}\right)$ ideali distinti. Esiste quindi un esponente n tale che per ogni $m > n$ sia $\mathfrak{P}_1^n \cap S + a \cdot S = \mathfrak{P}_1^m \cap S + a \cdot S$ e pertanto

$$(*) \qquad \mathfrak{P}_1^n \cap S \subset \mathfrak{P}_1^m \cap S + a \cdot S$$

La totalità degli elementi $b \in S$ con la proprietà $a \cdot b + \mathfrak{P}_1^m \cap S \subset \mathfrak{P}_1^n \cap S$ è $\mathfrak{P}_1^n \cap S$, giacchè $a \cdot b \subset \mathfrak{P}_1^n$, $a \subset\!\!\!| \ \mathfrak{P}_1$ induce $b \subset \mathfrak{P}_1^n$. Ne segue, tenuto conto di $(*)$,

$$(**) \qquad \mathfrak{P}_1^n \cap S = \mathfrak{P}_1^m \cap S + a \cdot [\mathfrak{P}_1^n \cap S].$$

Mediante una S-base $q_1, \dots, q_h$ di $\mathfrak{P}_1^n \cap S$ si deriva da $(**)$ un sistema di congruenze

$$q_i - a \cdot \sum_{j=1}^{h} c_{ij} \cdot q_j \subset \mathfrak{P}_1^m \cap S \qquad (i = 1, \dots, h), \qquad (c_{ij} \in S)$$

che a causa di $|\, \delta_{ij} - a \cdot c_{ij}\,| \equiv 1 \pmod{\mathfrak{P}}$ dà $q_i \subset \mathfrak{P}_1^m \cap S$ $(i = 1, \dots h)$ cioè $\mathfrak{P}_1^n \cap S \subset \mathfrak{P}_1^m$ per ogni $m > n$ e quindi (ved. 92) $\mathfrak{P}_1^n \cap S = 0$ o finalmente (ved. 174) $\mathfrak{P}_1^n = 0$, $\mathfrak{P}_1 = 0$, c. d. d.

220. *Se le prospettive* $\mathfrak{P}_i \in V(s)$ $(i = 1, \dots, h)$ *non sono subordinate o uguali alla* $\mathfrak{P} \in V(s)$, *c'è un* $p \in \mathfrak{P} \cap s$ *con* $p \subset\!\!\!| \ \mathfrak{P}_i$ $(i = 1, \dots, h)$.

La numerazione delle $\mathfrak{P}_i$ può essere supposta tale che $S_1 =\!|\supset S_i$ $(i > 1)$, $S_2 =\!|\supset S_i$ $(i > 2)$, ecc., cioè tale che $\mathfrak{P}_i \cap s \subset\!\!\!| \ \mathfrak{P}_j \cap s$ per $i < j$.

Sia già costruito $p_m \in \mathfrak{P} \cap s$ $(m \geq 0)$ di maniera che $p_m \subset\!\!\!| \ \mathfrak{P}_i$ $(i \leq m)$. Se $p_m \subset\!\!\!| \ \mathfrak{P}_{m+1}$, si prenderà $p_{m+1} = p_m$, se però $p_m \subset \mathfrak{P}_{m+1}$, si cerchino $p_i' \in \mathfrak{P}_i \cap s$ $(i \leq m)$ con $p_i' \subset\!\!\!| \ \mathfrak{P}_{m+1}$ e $p_0' \in \mathfrak{P} \cap s$, $p_0' \subset\!\!\!| \ \mathfrak{P}_{m+1}$. Allora $p_{m+1} = p_m + \prod\limits_{i=0}^{m} p_i' \in \mathfrak{P} \cap s$, $\subset\!\!\!| \ \mathfrak{P}_i$ $(i \leq m)$, $\subset\!\!\!|\overline{} \ \mathfrak{P}_{m+1}$.

221. *Date le figure prime* $\mathfrak{p}_i$ $(i = 1, \dots, h)$ *nella stella* $V(s)$ *di un aspetto noetheriano primario* s *e una subordinazione*

$$(\mathfrak{p} \leq) \mathfrak{P}_1 < \mathfrak{P}_2 < \dots < \mathfrak{P}_n \ non \ totale$$

con $\mathfrak{p}_i \not\leq \mathfrak{P}_1$ $(i = 1, \dots, h)$, *esiste sempre una subordinazione*

$$(\mathfrak{p} \leq) \mathfrak{P}_1 < \mathfrak{P}_2' < \dots < \mathfrak{P}_n' \ non \ totale$$

con $\mathfrak{p}_i \not\leq \mathfrak{P}_j'$ $(i = 1, \dots, h, \ j = 2, \dots, n)$.

Dimostrazione. - Designi $\mathfrak{P}_{n+1}$ la prospettiva totale.

219 — 221

Se $\mathfrak{p}_i \nleq \mathfrak{P}_2$ $(i = 1, \ldots, h)$, si prenderà $\mathfrak{P}_2' = \mathfrak{P}_2$. Altrimenti supponiamo p. es. $\mathfrak{p}_k \leq \mathfrak{P}_2$,

Secondo l'ipotesi $\mathfrak{P}_1 \ngeq \mathfrak{p}_i$ $(i = 1, \ldots, h)$ esiste (ved. 220) $P_1 \in \mathfrak{P}_1 \cap s$, $P_1 \nsubseteq \mathfrak{p}_i$ $(i = 1, \ldots, h)$. L'ideale $P_1 \cdot s$ generato da questo elemento in s individua (ved. 181) una figura $(P_1 \cdot s)$ in $V(s)$, la cui intersezione

$$\mathfrak{a} = (P_1 \cdot s) + \mathfrak{P}_3 \geq \mathfrak{P}_1$$

con $\mathfrak{P}_3$ non passa per nessuna delle figure $\mathfrak{p}_i$ poichè

$$(*) \qquad \mathfrak{p}_i(s) = \mathfrak{p}_i \cap s \nsupseteq P_1 \subset \mathfrak{a}(s).$$

L'omomorfismo $\tau: S_3 \to S_3/\mathfrak{P}_3$ muta $\mathfrak{a}$ in una figura $\mathfrak{a}^\tau$ per la quale l'ideale $\mathfrak{a}^\tau(s^\tau) = P_1^\tau \cdot s^\tau$ è principale $\neq 0$ giacchè $\mathfrak{P}_3 \geq \mathfrak{P}_2 \geq \mathfrak{p}_k$ induce $\mathfrak{P}_3 \cap s \subset \mathfrak{P}_2 \cap s \subset \mathfrak{p}_k \cap s \nsupseteq P_1$. Quindi, se $\mathfrak{P}_2' \in V(S_1)$ è prospettiva estrema di $\mathfrak{a}$ e pertanto (ved. 217) $\mathfrak{P}_2'^\tau \in V(S_1^\tau)$ prospettiva estrema di $\mathfrak{a}^\tau$, si ha (ved. 218 e 219)

$$\operatorname{ord} \frac{\mathfrak{P}_3}{\mathfrak{P}_2'} = \operatorname{ord} \frac{\mathfrak{P}_3^\tau}{\mathfrak{P}_2'^\tau} = 1,$$

donde segue, tenuto conto di $\operatorname{ord} \dfrac{\mathfrak{P}_3}{\mathfrak{P}_1} \geq 2$, che $\mathfrak{P}_2' \neq \mathfrak{P}_1$.

Sostituendo $\mathfrak{P}_2'$ a $\mathfrak{P}_2$, si ottiene quindi una subordinazione

$$(**) \qquad (\mathfrak{p} \leq)\mathfrak{P}_1 < \mathfrak{P}_2' < \ldots < \mathfrak{P}_n$$

in cui oltre $\mathfrak{p}_i \nleq \mathfrak{P}_1$ $(i = 1, \ldots, h)$ vale $\mathfrak{p}_i \nleq \mathfrak{P}_2'$ $(i = 1, \ldots, h)$, dato che $\mathfrak{p}_i(s) \nsupseteq \mathfrak{P}_2'(s)$ a causa di $\mathfrak{p}_i(s) \nsupseteq P_1 \subset \mathfrak{a}(s) \subset \mathfrak{P}_2'(s)$ (ved. (*)).

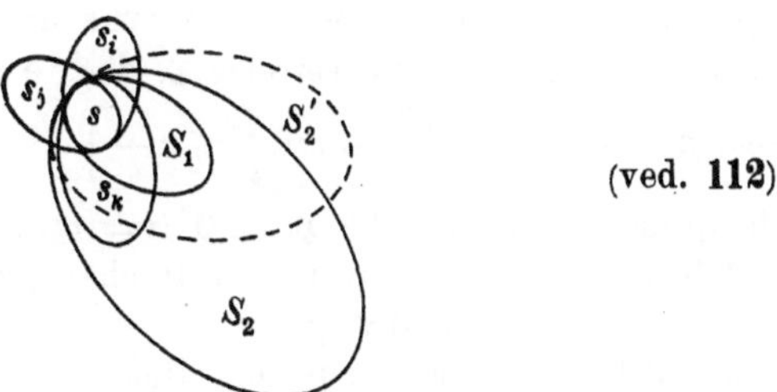

(ved. 112)

Il fatto $\mathfrak{P}_2' < \mathfrak{P}_3$ garantisce che anche nel caso di $n = 2$ l'ultima figura prima nella sequenza $(**)$ è non-totale. Se $n > 2$, si continui il procedimento suddetto facendo fare a $\mathfrak{P}_2'$ la parte di $\mathfrak{P}_1$ nelle premesse del ragionamento.

222. *In una varietà primaria V ogni prospettiva $\mathfrak{p}$ di una figura $\mathfrak{b}$ con s noetheriano è uguale o subordinata a una prospettiva estrema di $\mathfrak{b}$.*

221 — 222

DIMOSTRAZIONE. - Ogni divisore primo (ved. 91) $\mathfrak{p}_i \frown s$ dell'ideale $\mathfrak{b}(s)$, che è minimale nel senso che esso non contiene un altro divisore primo di $\mathfrak{b}(s)$, individua una prospettiva estrema $\mathfrak{p}_i$ di $\mathfrak{b}$.

Infatti, per ogni $S \in V(s_i)$ con $\mathfrak{b}(S) \neq S$ vale per L abbastanza grande

$$(\Pi\,[\mathfrak{p}_j \frown s])^L \subset \mathfrak{b}(s) \subset \mathbb{P} \frown s,$$

purchè si estenda il prodotto nel membro a sinistra a tutti i divisori primi di $\mathfrak{b}(s)$. Ne risulta $\mathfrak{p}_j \frown s \subset \mathbb{P} \frown s$ per certo j, mentre $S \in V(s_i)$ induce $\mathbb{P} \frown s \subset$ $\subset \mathfrak{p}_i \frown s$ e quindi $\mathfrak{p}_j \frown s \subset \mathfrak{p}_i \frown s$, cioè $\mathfrak{p}_j \frown s = \mathfrak{p}_i \frown s = \mathbb{P} \frown s$, $\mathfrak{p}_i = \mathbb{P}$, poichè $\mathfrak{p}_i \frown s$ è minimale.

Ciò mostra che $\mathfrak{p}$ è subordinata o uguale a una prospettiva estrema e cioè $\mathfrak{p}_i$.

223. *Ogni prospettiva estrema di una figura* $\mathfrak{a} = (\sum_{i=1}^{r} a_i \cdot s_0)$ *individuata da un ideale generato da* r *elementi di un aspetto noetheriano primario* s_0 *è di ordine* $\leq r$ *sotto la prospettiva totale* $\mathbb{P}$.

DIMOSTRAZIONE. - Il teorema è gia dimostrato nel caso di $r = 1$ (ved. **219**). Supponiamolo verificato per ideali generati da meno di r (>1) elementi, sicchè possiamo affermare che per le prospettive estreme $\mathfrak{p}_i$ ($i = 1, ..., h$) della figura

$$\mathfrak{b} = (\sum_{i=1}^{r-1} a_i \cdot s_0)$$

vale ord $\dfrac{\mathbb{P}}{\mathfrak{p}_i} \leq r - 1$.

Sia $\mathfrak{p}$ una qualunque prospettiva estrema di $\mathfrak{a} = \mathfrak{b} + (a_r \cdot s_0)$.

Se una delle figure prime estreme $\mathfrak{p}_i$ di $\mathfrak{b}$ è subordinata o uguale alla $\mathfrak{p}$, si ha (ved. **213** e **214**) ord $\dfrac{\mathbb{P}}{\mathfrak{p}} \leq$ ord $\dfrac{\mathbb{P}}{\mathfrak{p}_i} \leq r - 1$.

Basta quindi supporre che $\mathfrak{p}_i \not\leq \mathfrak{p}$ ($i = 1, ..., h$). Siano appunto $\mathfrak{p}_i$ con $i = 1, ..., l$ le figure prime estreme di $\mathfrak{b}$ che appartengono alla stella di $\mathfrak{p}$ cioè quelle soddisfacenti a $\mathfrak{p} \leq \mathfrak{p}_i$.

Secondo **191** la prospettiva $\mathfrak{p}$ appartiene alla stella $V(s_0)$.

Volendo dimostrare

$$(*) \qquad\qquad \text{ord}\,\frac{\mathfrak{p}_i}{\mathfrak{p}} \leq 1, \qquad (i = 1, ..., l),$$

osserviamo che la figura $\mathfrak{a}^{\tau_i}$, ottenuta dalla figura $\mathfrak{a}$ applicando l'omomorfismo $\tau_i: s_i \rightarrow s_i/\mathfrak{p}_i$, è individuata da un ideale principale:

222 — 223

$\mathfrak{a}^{\tau_i} = (a_{r}{}^{\tau_i} \cdot s_0{}^{\tau_i})$, il che prova secondo **219** che $\operatorname{ord} \dfrac{\mathfrak{p}_i{}^{\tau_i}}{\mathfrak{p}^{\tau_i}} \leq 1$, dato che $\mathfrak{p}^{\tau_i}$ è pro-spettiva estrema di $\mathfrak{a}^{\tau_i}$ (ved. **217**). Il fatto $\operatorname{ord} \dfrac{\mathfrak{p}_i{}^{\tau_i}}{\mathfrak{p}^{\tau_i}} = \operatorname{ord} \dfrac{\mathfrak{p}_i}{\mathfrak{p}}$ (ved. **218**) dimo-stra allora (*).

Possiamo supporre $\operatorname{ord} \dfrac{\mathbb{p}}{\mathfrak{p}} = m > 1$, poichè nel caso di $m \leq 1 < r$ il teo-rema da dimostrare è verificato.

Partendo da una subordinazione

$$(\mathfrak{p}_0 \leq)\mathfrak{p} < \mathbb{p}_1' < \dots < \mathbb{p}'_{m-1} < \mathbb{p}$$

costruiamo secondo **221** una subordinazione

$$(\mathfrak{p}_0 \leq)\mathfrak{p} < \mathbb{p}_1 < \dots < \mathbb{p}_{m-1} < \mathbb{p}$$

dove oltre $\mathfrak{p}_i \nleqq \mathfrak{p}$ $(i = 1, \dots, l)$ vale anche $\mathfrak{p}_i \nleqq \mathbb{p}_j$ $(i = 1, \dots, l; \ j = 1, \dots, m-1)$.

L'omomorfismo $\tau: S_{m-1} \to S_{m-1}/\mathbb{p}_{m-1}$ muta $\mathfrak{b}$ in una figura

$$\mathfrak{b}^\tau = (\overset{r-1}{\underset{i=1}{\Sigma}} a_i{}^\tau \cdot s_0)$$

alla quale è applicabile l'ipotesi di induzione. Ora nella subordinazione (ved. **217**)

$$\mathfrak{p}^\tau < \mathbb{p}_1{}^\tau < \dots < \mathbb{p}^\tau{}_{m-1} \text{ totale}$$

la prospettiva $\mathfrak{p}^\tau$ è estrema per $\mathfrak{b}^\tau$, poichè ogni prospettiva $\bar{\mathfrak{p}}^\tau \geq \mathfrak{p}^\tau$ di $\mathfrak{b}^\tau$ ri-sulta da una prospettiva $\bar{\mathfrak{p}} \geq \mathfrak{p}$ di $\mathfrak{b}$, e, essendo $\mathfrak{p}_1, \dots, \mathfrak{p}_l$ tutte le prospet-tive estreme di $\mathfrak{b}$ nella stella di $\mathfrak{p}$, si avrà $\mathfrak{p} \leq \bar{\mathfrak{p}} \leq \mathfrak{p}_i$ per certo $i \leq l$ (ved. **222**), donde segue (ved. (*)) $\bar{\mathfrak{p}} = \mathfrak{p}$ o $\bar{\mathfrak{p}} = \mathfrak{p}_i$. Ma $\bar{\mathfrak{p}} = \mathfrak{p}_i$ si esclude a causa di $\mathfrak{p}_i \nleqq \mathbb{p}_{m-1}$, $\bar{\mathfrak{p}} \leq \mathbb{p}_{m-1}$.

Avendo dimostrato che $\mathfrak{p}^\tau$ è estrema per $\mathfrak{b}^\tau$, possiamo affermare $m - 1 \leq$ $\leq r - 1$, giacchè la figura $\mathfrak{b}^\tau$ è individuata da un ideale generato da $r - 1$ elementi, e $m \leq r$ è ciò che si voleva dimostrare.

224. Per preparare la dimostrazione di un importante teorema di KRULL sugli ordini relativi delle prospettive di una figura, estendiamo la nozione di *ordine $n(x)$ di un elemento* $x \in s$ *nella prospettiva* $\mathfrak{p}$ (ved. **93** II) al caso di un aspetto noetheriano s qualunque con la definizione

$$x \subset \mathfrak{p}^{n(x)}, \qquad x \not\subset \mathfrak{p}^{n(x)+1} \qquad \text{se} \qquad x \neq 0, \qquad \text{e} \qquad n(0) = +\infty$$

lecita secondo **92**.

Se $n(x) \leq n(y)$, si ha $x \pm y \subset \mathfrak{p}^{n(x)}$ e quindi generalmente

$$(*) \qquad\qquad n(x + y) \geq \min (n(x), \ n(y)).$$

223 — 224

Per $n(x) < n(y)$ vale di più $x \pm y \subset x + \mathfrak{p}^{n(x)+1} \subset\!\!|\ \mathfrak{p}^{n(x)+1}$, donde segue

$$(**) \qquad n(x+y) = \min(n(x),\, n(y)), \qquad \text{se} \qquad n(x) \neq n(y).$$

Subito si riconosce

$$n(x \cdot y) \geq n(x) + n(y).$$

Riprendendo la denotazioni usate in **195** e **196**, conveniamo di designare per $x \neq 0$, $x \in s$ con $\bar{x}$ una qualunque delle forme tangenti x che non toccano lo zero. Allora $x \subset \mathfrak{p}^n$, se n è il grado di $\bar{x} = f(u_1, \ldots, u_h) + \mathfrak{p}[u_1, \ldots, u_h]$, ma $x \subset\!\!|\ \mathfrak{p}^{n+1}$, poichè da $f(p_1, \ldots, p_h) \subset x + \mathfrak{p}^{n+1}$ e $x \subset \mathfrak{p}^{n+1}$ seguirebbe $f(p_1, \ldots, p_h) \subset \mathfrak{p}^{n+1}$, cioè che $\bar{x}$ tangerebbe lo zero.

Ciò mostra che il grado di $\bar{x}$ è l'ordine $n(x)$ di x.

Poichè la differenza di due forme del medesimo grado tangenti (che toccano) lo stesso elemento x tocca lo zero (ved. **196**), la forma $\bar{x}$ non è definita che a meno di una forma tangente lo zero, il che esprimeremo scrivendo le relazioni fra forme tangenti come congruenze modulo l'ideale $\bar{0}$ delle forme tangenti lo zero. Avremo per es.

$$
(^{*}_{**}) \qquad
\begin{aligned}
\overline{x+y} - \bar{x} - \bar{y} &\subset \bar{0} && \text{se} && n(x) = n(y) = n(x+y) \\
\overline{x+y} - \bar{y} &\subset \bar{0} && \text{se} && n(x) > n(y) = n(x+y) \\
\bar{x} \cdot \bar{y} - \overline{x \cdot y} &\subset 0 && \text{se} && n(x) + n(y) = n(x \cdot y) \\
\bar{x} \cdot \bar{y} &\subset \bar{0} && \text{se} && n(x) + n(y) < n(x \cdot y).
\end{aligned}
$$

Notiamo ancora, che se due elementi $x,\, y \in s$ sono toccati da un medesimo elemento $f(u_1, \ldots, u_h) + \mathfrak{p}[u_1, \ldots, u_h] \in s/\mathfrak{p}[u_1, \ldots, u_h] = A$ supposto di grado n, si dedurrà da $f(p_1, \ldots, p_h) \subset x + \mathfrak{p}^{n+1}$, $f(p_1, \ldots, p_h) \subset y + \mathfrak{p}^{n+1}$, che $x - y \subset \mathfrak{p}^{n+1}$, cioè che $n(x - y) > n$.

225. *Se $\bar{x}$ non appartiene ai divisori primi $\neq \mathfrak{u}$ dell'ideale $\overline{\mathfrak{a}(s)}$, si ha $\mathfrak{u}^l \cdot \overline{\mathfrak{a}(s)} + x \cdot s \subset \overline{\mathfrak{a}(s)} + \bar{x} \cdot A \subset \overline{\mathfrak{a}(s)} + x \cdot s$ con certo esponente l.*

Dimostrazione. - La seconda parte del teorema è ovvia.

Per dimostrare la prima parte, definiamo per ogni $y \in \mathfrak{a}(s) + x \cdot s$ diverso da 0 un rango $r(y) = n(y) - n(c)$ $(\geq -\infty)$ calcolato mediante una rappresentazione $y = a + x \cdot c$ con $a \in \mathfrak{a}(s)$, $c \in s$ tale che $n(c)$ $(\leq \infty)$ sia massimo.

Dimostreremo con induzione secondo $r(y)$ il fatto

$$(*) \qquad\qquad \mathfrak{u}^q \cdot \bar{y} \subset \overline{\mathfrak{a}(s)} + \bar{x} \cdot A \qquad \text{con un certo esponente } q,$$

che evidentemente equivale a quel che si è proposto di dimostrare.

Se $r(y) < 0$, l'ordine $n(x \cdot c) \geq n(c)$ supera quello di $n(y)$, sicchè (ved. **224** $(**)$) $n(a + x \cdot c) = n(a) < n(x \cdot c)$ e pertanto (ved. **224** $(^{*}_{**})$) $\bar{y} - \bar{a} \subset \bar{0} \subset \overline{\mathfrak{a}(s)}$, cioè $\bar{y} \subset \overline{\mathfrak{a}(s)}$ in accordo con $(*)$.

224 — 225

Supponendo verificato $(*)$ nel caso di $r(y) < k \, (\geq 0)$ consideriamo un elemento $y = a + x \cdot c$ con $r(y) = n(y) - n(c) = k$.

Se $n(x \cdot c) = n(x) + n(c)$, mentre $n(a) \neq n(x \cdot c)$, avremo (ved. **224** $(**)$) o $n(a + x \cdot c) = n(a)$ o $n(a + x \cdot c) = n(x \cdot c)$ e quindi (ved. **224** $(\overset{*}{_{**}})$) o $\bar{y} - \bar{a} \subset \bar{0} \subset \overline{\mathfrak{a}(s)}$ o $\bar{y} - \overline{x \cdot c} \subset \bar{0} \subset \overline{\mathfrak{a}(s)}$, sicchè in tutti e due i casi

$$(**) \qquad\qquad y \subset \overline{\mathfrak{a}(s)} + \bar{x} \cdot A,$$

dato che $\overline{x \cdot c} - \bar{x} \cdot \bar{c} \subset \bar{0} \subset \overline{\mathfrak{a}(s)}$.

Nel caso di $n(x \cdot c) = n(x) + n(c)$, $n(a) = n(x \cdot c)$ dobbiamo distinguere la possibilità $\bar{y} - \bar{a} - \bar{x} \cdot \bar{c} \subset \bar{0} \subset \overline{\mathfrak{a}(s)}$, in cui è soddisfatta $(**)$, dall'altra $\bar{a} + \bar{x} \cdot \bar{c} \subset \bar{0} \subset \overline{\mathfrak{a}(s)}$, cioè $\bar{x} \cdot \bar{c} \subset \overline{\mathfrak{a}(s)}$, la quale altresì capita ognivolta che sia $n(x \cdot c) > n(x) + n(c)$, poichè allora $\bar{x} \cdot \bar{c} \subset \bar{0} \subset \overline{\mathfrak{a}(s)}$ (ved. **224** $(\overset{*}{_{**}})$).

Ci rimane quindi solamente a ricercare le conseguenze di $\bar{x} \cdot \bar{c} \subset \overline{\mathfrak{a}(s)}$.

Poichè $\bar{x}$ è supposto non appartenere ai divisori primi $\neq \mathfrak{u}$ di $\overline{\mathfrak{a}(s)}$, si può concludere dapprima

$$\left(\overset{*}{_{**}}\right) \qquad\qquad \mathfrak{u}^e \cdot \bar{c} \subset \overline{\mathfrak{a}(s)} \qquad\qquad \text{con certo esponente } e.$$

Con un procedimento da descrivere dopo (ved. **226**) si scelga una forma $\varphi \in A$ non appartenente a nessuno dei divisori primi $\neq \mathfrak{u}$ di $\overline{\mathfrak{a}(s)} + \bar{x} \cdot A$. Supponendo il suo grado abbastanza alto, avremo secondo $\left(\overset{*}{_{**}}\right)$ $\varphi \cdot \bar{c} \subset \overline{\mathfrak{a}(s)}$, sicchè esiste $a' \in \mathfrak{a}(s)$ tatto da $\varphi \cdot c$.

La forma φ può essere supposta $\mathsf{c}|\!\!\!= \bar{0}$, sicchè esiste $f \in s$ con $\bar{f} = \varphi$. Invero, nel caso di $\overline{\mathfrak{a}(s)} + \bar{x} \cdot A$ $\mathfrak{u}$-primario la forma φ è del tutto arbitraria, mentre nell'altro caso si ha $\varphi \mathsf{c}|\!\!\!= \overline{\mathfrak{a}(s)} + \bar{x} \cdot A \supset \bar{0}$.

Siccome la forma $\bar{f} \cdot \bar{c}$ tange $f \cdot c$ e a', avremo (ved. **224** fine)

$$n(f \cdot c - a') > \text{grado } \bar{f} \cdot \bar{c} = n(f) + n(c),$$

il che mostra che l'elemento

$$f \cdot y = (f \cdot a + x \cdot a') + (f \cdot c - a') \cdot x \in \mathfrak{a}(s) + x \cdot s$$

ha un rango $r(f \cdot y) \leq n(f \cdot y) - n(f \cdot c - a') < n(f \cdot y) - n(f) - n(c)$ minore di $r(y) = n(y) - n(c)$, purché sia

$$(+) \qquad\qquad n(f \cdot y) = n(f) + n(y) \qquad (\text{cioè } \overline{f \cdot y} - \bar{f} \cdot \bar{y} \subset \bar{0}).$$

Applicando l'ipotesi di induzione a questo caso, si trova $\overline{f \cdot y} \cdot \mathfrak{u}^m \subset \overline{\mathfrak{a}(s)} + \bar{x} \cdot A$ e quindi $\bar{f} \cdot \mathfrak{u}^m \cdot \bar{y} \subset \overline{\mathfrak{a}(s)} + \bar{x} \cdot A$ con certo m, dal che si deduce una relazione del tipo $(*)$ di seguito all'ipotesi sulla forma $\bar{f} = \varphi$.

Qualora però la relazione $(+)$ non sia soddisfatta, si deriverà da $\bar{f} \cdot \bar{y} \subset \bar{0} \subset \overline{\mathfrak{a}(s)} + \bar{x} \cdot A$ (ved. **224** $\left(\overset{*}{_{**}}\right)$) la conclusione $(*)$.

225

226. Per completare la dimostrazione precedente dobbiamo ancora provare che, dato un insieme finito $\mathfrak{p}_1$, $\mathfrak{p}_2$, ..., $\mathfrak{p}_n$ di ideali (omogenei (ved. **200**) $\neq \mathfrak{u}$) $\neq A$ nell'anello $A = k[u_1, ..., u_h]$, c'è sempre un polinomio (omogeneo) non appartenente a $\mathfrak{p}_1$, $\mathfrak{p}_2$, ..., $\mathfrak{p}_n$.

Possiamo supporre $\mathfrak{p}_i \subset\mid= \mathfrak{p}_j$ per $i < j$. Trovato un polinomio (omogeneo) f_l tale che $f_l \subset\mid= \mathfrak{p}_i$ ($i \leq l$, $l \geq 1$), prenderemo $f_{l+1} = f_l$, se $f_l \subset\mid= \mathfrak{p}_{l+1}$, e

$$f_{l+1} = f_l{}^m + \left(\prod_{i=1}^{l} p_i \right)^q \cdot p, \quad \text{se} \quad f_l \subset \mathfrak{p}_{l+1}, \qquad (\text{con } p \subset\mid= \mathfrak{p}_{l+1})$$

scegliendo $p_i \in \mathfrak{p}_i$, $p_i \subset\mid= \mathfrak{p}_{l+1}$ ($i \leq l$) (omogenei), mentre gli esponenti m, q possono scegliersi arbitrariamente (da rendere f_{l+1} omogeneo di grado maggiore di un numero dato). Il fattore p, superfluo nella considerazione precedente, si prenderà $\in \mathfrak{p}$, qualora si voglia, dato un ideale $\mathfrak{p} \subset\mid= \mathfrak{p}_i$ ($i = 1, ..., n$), procurare che sia $f_n \in \mathfrak{p}$.

227. Definiremo provvisoriamente l'ordine di una figura $\mathfrak{a}$ in $\mathfrak{p}$, scritto $\operatorname{ord} \dfrac{\mathfrak{a}}{\mathfrak{p}}$, come il massimo degli $\operatorname{ord} \dfrac{\mathfrak{P}}{\mathfrak{p}}$ per tutte le prospettive $\mathfrak{P}$ di $\mathfrak{a}$ nella stella di $\mathfrak{p}$.

Scrivendo $\dim \dfrac{\mathfrak{a}}{\mathfrak{p}}$ per la dimensione di $\mathfrak{a}$ in $\mathfrak{p}$, cioè per la dimensione del cono tangente $\overline{(\mathfrak{a}(s))}$ della figura $\mathfrak{a}$ in $\mathfrak{p}$, (ved. **207**), affermiamo dapprima che nel caso di s noetheriano

$$\operatorname{ord} \frac{\mathfrak{a}}{\mathfrak{p}} \leq \dim \frac{\mathfrak{a}}{\mathfrak{p}}.$$

DIMOSTRAZIONE. – Data una figura $(\mathfrak{a})$ individuata in una varietà $V(A)$ da un ideale omogeneo $\mathfrak{a}$ dell'anello $A = k[u_1, ..., u_h]$ (ved. **203**), si può scegliere (ved. **226**), se $\dim(\mathfrak{a}) > 0$, cioè se $\mathfrak{a}$ non è $\mathfrak{u}$-primario, una forma $f \in A$ che non appartiene ai divisori primi $\neq \mathfrak{u}$ di $\mathfrak{a}$. La figura $(\mathfrak{a} + f \cdot A)$ individuata in $V(A)$ dall'ideale $\mathfrak{a} + f \cdot A$ sarà allora di dimensione minore di $\dim(\mathfrak{a})$ (ved. **204**). Segue da questa osservazione, che nel caso di $\dim(\mathfrak{a}) = n$ possono trovarsi n forme $f_1, ..., f_n \in A$ tali, che la figura $(\mathfrak{a} + \sum_{i=1}^{n} f_i \cdot A)$ sia 0-dimensionale, il che equivale all'essere $\mathfrak{u}$-primario dell'ideale $\mathfrak{a} + \sum_{i=1}^{n} f_i \cdot A$.

Applicando questo al cono tangente $\overline{(\mathfrak{a}(s))}$ di una figura $\mathfrak{a}$ in una varietà V, supponendo cioè trovate $n = \dim \dfrac{\mathfrak{a}}{\mathfrak{p}}$ forme $f_i \in A$ tali che $\overline{\mathfrak{a}(s)} + \sum_{i=1}^{n} f_i \cdot A$ sia ideale $\mathfrak{u}$-primario, scegliamo elementi $x_i \in s$ toccati da quelle f_i e ne costruiamo la figura $\mathfrak{b}$ individuata dall'ideale $\mathfrak{b}(s) = \mathfrak{a}(s) + \sum_{i=1}^{n} x_i \cdot s$.

226 – 227

Vale allora

$$\mathfrak{u}^q \subset \overline{\mathfrak{a}(s)} + \sum_{i=1}^{n} f_i \cdot A \subset \overline{\mathfrak{b}(s)} \qquad \text{per un certo } q.$$

sicchè (ved. 201) la funzione caratteristica

$$\chi(\overline{\mathfrak{b}(s)},\ m) = \chi(\mathfrak{b}(s),\ m) = \left(\frac{\mathfrak{b}(s) + \mathfrak{p}^{m+1}}{s} \right)$$

(ved. 207, 210) è costante per $m \geq q$, fatto equivalente all'equazione

$$\mathfrak{b}(s) + \mathfrak{p}^{q+1} = \mathfrak{b}(s) + \mathfrak{p}^{q+2}.$$

Ora $s/\mathfrak{b}(s)$ è aspetto noetheriano con l'origine $\mathfrak{p}' = \mathfrak{p}/\mathfrak{b}(s)$ (ved. 168) e l'ultima equazione esprime $\mathfrak{p}'^{q+1} = \mathfrak{p}'^{q+2}$, cioè $\mathfrak{p}'^{q+1} = \bigcap\limits_{i=1,\dots,\infty} \mathfrak{p}'^t = 0$ (ved. 92) e quindi $\mathfrak{p}^{q+1} \subset \mathfrak{b}(s)$. Ne segue che $\mathfrak{b}(s)$ è $\mathfrak{p}$-primario e pertanto $\mathfrak{p}$ prospettiva estrema di $\mathfrak{b}$ (ved. 192).

Sia $\mathfrak{P} \geq \mathfrak{p}$ prospettiva di $\mathfrak{a}$ tale che $\operatorname{ord} \dfrac{\mathfrak{P}}{\mathfrak{p}} = \operatorname{ord} \dfrac{\mathfrak{a}}{\mathfrak{p}}$, e designi τ l'omorfismo $S \to S/\mathfrak{P}$. Essendo la figura $\mathfrak{b}^\tau$ individuata da un ideale $\sum\limits_{i=1}^{n} x_i{}^\tau \cdot s^\tau$ generato da n elementi, la sua prospettiva estrema $\mathfrak{p}^\tau$ é di ordine $\leq n$ sotto la prospettiva totale $\mathfrak{P}^\tau$ (ved. 223). Quindi

$$n \geq \operatorname{ord} \frac{\mathfrak{P}^\tau}{\mathfrak{p}^\tau} = \operatorname{ord} \frac{\mathfrak{a}}{\mathfrak{p}} \qquad \text{(ved. 218) \quad c. d. d.}$$

228. Per poter dimostrare la disuguaglianza inversa, osserviamo dapprima: *Se $x \in \mathfrak{p}$ è tale che $\bar{x}$ non appartiene ai divisori primi $\neq \mathfrak{u}$ di $\overline{\mathfrak{a}(s)}$, si ha*

$$\dim \frac{\mathfrak{a} + (x \cdot s)}{\mathfrak{p}} = \dim \frac{\mathfrak{a}}{\mathfrak{p}} - 1.$$

Dimostrazione. - Qualora $\mathfrak{u}$ sia divisore primo di $\overline{\mathfrak{a}(s)}$, supponiamo $\mathfrak{u}^l$ contenuto nel componente $\mathfrak{u}$-primario di $\overline{\mathfrak{a}(s)}$ in una decomposizione noetheriana di $\overline{\mathfrak{a}(s)}$, mentre altrimenti si prenda $l = 0$.

Dall'ipotesi su $\bar{x}$ segue allora, che per una forma $f \in A$ di grado $\geq l + $ grado $\bar{x}$ le condizioni $f \in \overline{\mathfrak{a}(s)} \cap \bar{x} \cdot A$ e $f \in \bar{x} \cdot \overline{\mathfrak{a}(s)}$ sono equivalenti (ved. 206 II.), sicchè vale $\varphi(\overline{\mathfrak{a}(s)} \cap \bar{x} \cdot A,\ m) = \varphi(\overline{\mathfrak{a}(s)},\ m - g)$ per $m \geq l + g$, se g è il grado di $\bar{x}$ (ved. 201), e pertanto

$$\varphi(\overline{\mathfrak{a}(s)} + \bar{x} \cdot A,\ m) = \varphi(\overline{\mathfrak{a}(s)},\ m) + \varphi(\bar{x} \cdot A,\ m) - \varphi(\overline{\mathfrak{a}(s)} \cap \bar{x} \cdot A,\ m)$$

$$= \varphi(\overline{\mathfrak{a}(s)},\ m) - \varphi(\overline{\mathfrak{a}(s)},\ m - g) + \varphi(A,\ m - g),$$

227 — 228

dal che si deduce (ved. **206** II.)

$$\chi(\overline{\mathfrak{a}(s)} + \bar{x} \cdot A, \; m) = \chi(\overline{\mathfrak{a}(s)}, \; m) - \chi(\overline{\mathfrak{a}(s)}, \; m - g) + c$$

con c indipendente da $m \geq l + g$.

Essendo quindi il grado del polinomio (per m abbastanza grande) $\chi(\overline{\mathfrak{a}(s)} + \bar{x} \cdot A, \; m)$ minore di 1 del grado di $\chi(\overline{\mathfrak{a}(s)}. \; m)$, possiamo concludere (ved. **206**) che la dimensione della figura $(\overline{\mathfrak{a}(s)} + \bar{x} \cdot A)$ in $V(A)$ è minore di 1 della dimensione del cono tangente $(\overline{\mathfrak{a}(s)})$. Ora dal teorema **225** segue una situazione

$$(\mathfrak{u}^r) \cdot (\overline{\mathfrak{a}(s) + x \cdot s}) \geq (\overline{\mathfrak{a}(s)} + \bar{x} \cdot A) \geq \overline{(\mathfrak{a}(s) + x \cdot s)}$$

di quella figura $(\overline{\mathfrak{a}(s)} + \bar{x} \cdot A)$, la cui dimensione ne risulta uguale a

$$\dim (\overline{\mathfrak{a}(s)} + \bar{x} \cdot A) = \dim (\overline{\mathfrak{a}(s) + x \cdot s}) = \dim \frac{\mathfrak{a} + (x \cdot s)}{\mathfrak{p}} \quad (\text{ved. } \mathbf{202}, \; \mathbf{194} \text{ e } \mathbf{227}),$$

mentre la stessa dimensione è già determinata come $\dim (\overline{\mathfrak{a}(s)}) - 1 = \dim \dfrac{\mathfrak{a}}{\mathfrak{p}} - 1$.

229. L'uguaglianza $\operatorname{ord} \dfrac{\mathfrak{a}}{\mathfrak{p}} = \dim \dfrac{\mathfrak{a}}{\mathfrak{p}}$ è verificata per $\dim \dfrac{\mathfrak{a}}{\mathfrak{p}} = 0$ in **227**. Supponendola dimostrata per $\dim \dfrac{\mathfrak{a}}{\mathfrak{p}} < n$, consideriamo il caso di $\dim \dfrac{\mathfrak{a}}{\mathfrak{p}} = n > 0$.

Possiamo presupporre la numerazione degli elementi $u_1, \dots, u_h$ siffatta che

$$(*) \qquad\qquad \overline{\mathfrak{a}(s)} \frown s/\mathfrak{p}[u_1, \dots, u_n] = 0 \qquad (\text{ved. } \mathbf{206} \text{ III.}).$$

Siano $\mathfrak{p}_i \frown s = \mathfrak{p}_i(s)$ $(i = 1, \dots, l)$ i divisori primi di $\mathfrak{a}(s)$, sicchè

$$\left(\prod_{i=1}^{l} \mathfrak{p}_i(s) \right)^L \subset \mathfrak{a}(s)$$

per L abbastanza grande. Tenuto conto che generalmente $\overline{\mathfrak{b}(s)} \cdot \overline{\mathfrak{c}(s)} \subset \overline{\mathfrak{b}(s) \cdot \mathfrak{c}(s)}$ (ved. **196** fine), ne deduciamo

$$\left(\prod_{i=1}^{l} \overline{\mathfrak{p}_i(s)} \right)^L \subset \overline{\mathfrak{a}(s)}.$$

La supposizione che tutti gli ideali $\overline{\mathfrak{p}_i(s)}$ abbiano un elemento $\neq 0$ di $s/\mathfrak{p}[u_1, \dots, u_n]$ contraddirebbe quindi all'ipotesi $(*)$. Sia per es.

$$\overline{\mathfrak{p}_1(s)} \frown s/\mathfrak{p}[u_1, \dots, u_n] = 0$$

e pertanto (ved. **206** III.)

$$(**) \qquad\qquad \binom{m+n}{n} \leq \chi(\overline{\mathfrak{p}_1(s)}, \; m) = \chi(\mathfrak{p}_1(s), \; m),$$

228 — 229

il che induce che il grado della funzione caratteristica $\chi(\mathfrak{p}_1(s), m)$ che a sua volta uguaglia la dimensione $\dim \dfrac{\mathfrak{p}_1}{\mathfrak{p}}$ del cono tangente $\overline{(\mathfrak{p}_1(s))}$, è almeno n, mentre $\mathfrak{p}_1(s) = \mathfrak{p}_1 \cap s \supset \mathfrak{a}(s)$ induce $\overline{\mathfrak{p}_1(s)} \supset \overline{\mathfrak{a}(s)}$, $\dim \dfrac{\mathfrak{p}_1}{\mathfrak{p}} \leq \dim \dfrac{\mathfrak{a}}{\mathfrak{p}} = n$, sicchè finalmente risulta

$$\left(\begin{smallmatrix}*\\**\end{smallmatrix}\right) \qquad\qquad \dim \frac{\mathfrak{p}_1}{\mathfrak{p}} = n.$$

Si scelga ora $x \in \mathfrak{p}$ in modo tale che $\bar{x}$ non appartenga ai divisori primi $\neq \mathfrak{u}$ di $\overline{\mathfrak{p}_1(s)}$. Allora (ved. **228**)

$$(\dotplus) \qquad\qquad \dim \frac{\mathfrak{p}_1 + (x \cdot s)}{\mathfrak{p}} = \dim \frac{\mathfrak{p}_1}{\mathfrak{p}} - 1 = n - 1,$$

sicchè l'ipotesi di induzione è applicabile:

$$(\dotplus\dotplus) \qquad\qquad \operatorname{ord} \frac{\mathfrak{p}_1 + (x \cdot s)}{\mathfrak{p}} = \dim \frac{\mathfrak{p}_1 + (x \cdot s)}{\mathfrak{p}} = n - 1.$$

Ma $x \subset\!\!\mid\!\!\raise1pt\hbox{$=$}\, \mathfrak{p}_1(s)$, poichè $\bar{x} \subset\!\!\mid\!\!\raise1pt\hbox{$=$}\, \overline{\mathfrak{p}_1(s)}$ a causa di $\dim(\overline{\mathfrak{p}_1(s)}) = n > 0$. Ogni prospettiva $\mathfrak{p}_0 \geq \mathfrak{p}$ di $\mathfrak{p}_1 + (x \cdot s)$ è quindi subordinata a $\mathfrak{p}_1$, donde si trae $\operatorname{ord} \dfrac{\mathfrak{p}_1}{\mathfrak{p}} \geq \operatorname{ord} \dfrac{\mathfrak{p}_0}{\mathfrak{p}} + 1$ e in particolare, tenuto conto di $(\dotplus\dotplus)$,

$$\operatorname{ord} \frac{\mathfrak{p}_1}{\mathfrak{p}} \geq \operatorname{ord} \frac{\mathfrak{p}_1 + (x \cdot s)}{\mathfrak{p}} + 1 = n = \dim \frac{\mathfrak{a}}{\mathfrak{p}},$$

dopo aver scelto $\mathfrak{p}_0$ in guisa che $\operatorname{ord} \dfrac{\mathfrak{p}_0}{\mathfrak{p}}$ sia massimo (ved. **227** def.).

Ciò mostra

$$\operatorname{ord} \frac{\mathfrak{a}}{\mathfrak{p}} \geq \operatorname{ord} \frac{\mathfrak{p}_1}{\mathfrak{p}} \geq \dim \frac{\mathfrak{a}}{\mathfrak{p}},$$

mentre in **227** è stata dimostrata la disuguaglianza inversa.

230. Avendo provato l'uguaglianza di $\operatorname{ord} \dfrac{\mathfrak{a}}{\mathfrak{p}}$ e $\dim \dfrac{\mathfrak{a}}{\mathfrak{p}}$, preferiremo adoperare solamente la nozione $\dim \dfrac{\mathfrak{a}}{\mathfrak{p}}$ tenendo però in mente le sue proprietà finora dimostrate e ricapitolate in quel che segue:

La dimensione $n = \dim \dfrac{\mathfrak{a}}{\mathfrak{p}}$ *del cono tangente* $\overline{(\mathfrak{a}(s))}$ *di una figura* $\mathfrak{a}$ *in una prospettiva* $\mathfrak{p}$ *(con s noetheriano) uguaglia il grado della funzione caratteristica*

$$\left(\frac{\mathfrak{a}(s) + \mathfrak{p}^{m+1}}{s}\right) = \chi(\mathfrak{a}(s), m) = \chi(\overline{\mathfrak{a}(s)}, m)$$

229 — 230

di $\mathfrak{a}$ *e indica il massimo del grado di subordinazione*

$$\mathfrak{p} < \mathfrak{P}_1 < \mathfrak{P}_2 < \ldots < \mathfrak{P}_n \; (\leq \mathfrak{a})$$

di $\mathfrak{p}$ *sotto le prospettive di* $\mathfrak{a}$.

Infatti, ord $\dfrac{\mathfrak{a}}{\mathfrak{p}} = n$ significa che n è il massimo di ord $\dfrac{\mathfrak{P}}{\mathfrak{p}}$ per le prospettive $\mathfrak{P} \geq \mathfrak{p}$ di $\mathfrak{a}$ (ved. **227** def.), mentre ord $\dfrac{\mathfrak{P}}{\mathfrak{p}} = n$ esprime l'esistenza e la massimalità di una sequenza

$$\mathfrak{p} < \mathfrak{P}_1 < \mathfrak{P}_2 < \ldots < \mathfrak{P}_n = \mathfrak{P}.$$

231. Ponendo $0(s) = 0$ per ogni prospettiva $\mathfrak{p}$ in una varietà V, si definisce *la figura totale* della varietà V. La dimensione in $\mathfrak{p}$ di questa figura 0 è uguale al grado della funzione caratteristica

$$\chi(0(s), \; m) = \left(\dfrac{\mathfrak{p}^{m+1}}{s} \right)$$

e in accordo con una definizione data prima (ved. **213**) per il caso di s primario la chiameremo semplicemente *l'ordine della prospettiva* $\mathfrak{p}$. Poichè

$$\left(\dfrac{\mathfrak{p}^{m+1}}{s} \right) \leq \binom{m+h}{h},$$

se h designa l'ampiezza della prospettiva (ved. **201**), l'ordine di una prospettiva non supera mai la sua ampiezza.

232. *Per ideali* $\mathfrak{a}$, $\mathfrak{b} = \overset{l}{\underset{i=1}{\Sigma}} b_i \cdot s$ *in un aspetto qualunque* s *vale*

$$\left(\dfrac{\mathfrak{a} + \mathfrak{b}^{n+1}}{s} \right) \leq \binom{n+l}{l} \left(\dfrac{\mathfrak{a} + \mathfrak{b}}{s} \right).$$

Dimostrazione. - Se $\left(\dfrac{\mathfrak{a} + \mathfrak{b}}{s} \right)$ è infinito, anche $\left(\dfrac{\mathfrak{a} + \mathfrak{b}^{n+1}}{s} \right) \geq \left(\dfrac{\mathfrak{a} + \mathfrak{b}}{s} \right)$ è infinito. Sia $\left(\dfrac{\mathfrak{a} + \mathfrak{b}}{s} \right) = N$ finito, sicchè esiste una sequenza irriducibile (ved. **208**)

$$\mathfrak{a} + \mathfrak{b} = c_0 \subset c_1 \subset \ldots \subset c_N = s$$

di ideali in s, per i quali si può supporre $c_j = c_{j-1} + c_j \cdot s$, $\mathfrak{p} \cdot c_j \subset c_{j-1}$.

Designando con $B_i \left(i = 1, \ldots, \binom{m+l-1}{l-1} = M \right)$ una s-base di $\mathfrak{b}^m$, si formino gli ideali

$$\mathfrak{b}_{ij} = \mathfrak{a} + \mathfrak{b}^{m+1} + \underset{k<i}{\Sigma} B_k \cdot s + B_i \cdot c_j \quad (0 < i \leq M, \; 0 \leq j \leq N).$$

230 — 232

Allora (ved. 209)

$$\left(\frac{\mathfrak{b}_{i,\,j-1}}{\mathfrak{b}_{i,\,j}}\right) = \left(\frac{\mathfrak{b}_{i,\,j-1}}{\mathfrak{b}_{i,\,j-1} + c_j \cdot B_i \cdot s}\right) \le 1,$$

poichè $c_j \cdot B_i \cdot \mathfrak{p} \subset c_{j-1} \cdot B_i \subset \mathfrak{b}_{i,\,j-1}$, D'altronde $\mathfrak{b}_{i,\,N} = \mathfrak{b}_{i+1,\,0}$ $(0 < i < M)$.
Ne segue

$$\left(\frac{\mathfrak{a} + \mathfrak{b}^{m+1}}{\mathfrak{a} + \mathfrak{b}^m}\right) = \sum_{i=1}^{M} \sum_{j=1}^{N} \left(\frac{\mathfrak{b}_{i,\,j-1}}{\mathfrak{b}_{i,\,j}}\right) \le N \cdot M \doteq N \cdot \left(\begin{matrix} m+l-1 \\ l-1 \end{matrix}\right)$$

e quindi

$$\left(\frac{\mathfrak{a} + \mathfrak{b}^{n+1}}{s}\right) \le N \cdot \sum_{m=0}^{n} \left(\begin{matrix} m+l-1 \\ l-1 \end{matrix}\right) = N \cdot \left(\begin{matrix} n+l \\ l \end{matrix}\right) \qquad \text{c. d. d.}$$

233. *Per ogni aspetto noetheriano* s *vale*

$$\dim \frac{\mathfrak{a} + \left(\sum\limits_{i=1}^{r} \mathfrak{b}_i \cdot s\right)}{\mathfrak{p}} \ge \dim \frac{\mathfrak{a}}{\mathfrak{p}} - r \quad (b_i \in \mathfrak{p}).$$

Dimostrazione. — Se $\mathfrak{a}(s) + \sum\limits_{i=1}^{r} \mathfrak{b}_i \cdot s = \mathfrak{c}(s) \subset \mathfrak{p}$ non è $\mathfrak{p}$-primario, sarà

$\dim \dfrac{\mathfrak{c}}{\mathfrak{p}} > 0$ (ved. **230**) e quindi $\overline{\mathfrak{c}(s)}$ non $\mathfrak{u}$-primario. Esiste allora una forma

$f \in s/\mathfrak{p}[u_1, \ldots, u_h]$ non contenuta nei divisori primi $\neq \mathfrak{u}$ di $\overline{\mathfrak{c}(s)}$ (ved. **226**), e, scegliendo $b_{r+1} \in s$ in guisa che $\bar{b}_{r+1} = f$ (ved. **224**), il che è possibile giacchè $f \subset\!\!\!|= \overline{\mathfrak{c}(s)} \supset \bar{0}$ garantisce che f non tocca lo zero, avremo (ved. **228**)

$$\dim \frac{\mathfrak{a} + \left(\sum\limits_{i=1}^{r+1} \mathfrak{b}_i \cdot s\right)}{\mathfrak{p}} = \dim \frac{\mathfrak{a} + \left(\sum\limits_{i=1}^{r} \mathfrak{b}_i \cdot s\right)}{\mathfrak{p}} - 1 \,.$$

Così proseguendo, si troveranno sempre $l \ge r$ elementi $b_i \in s$ $(i = 1, \ldots, l)$ tali che

$$(*) \qquad \dim \frac{\mathfrak{a} + \left(\sum\limits_{i=1}^{l} \mathfrak{b}_i \cdot s\right)}{\mathfrak{p}} = \dim \frac{\mathfrak{a} + \left(\sum\limits_{i=1}^{r} \mathfrak{b}_i \cdot s\right)}{\mathfrak{p}} - (l-r) = 0$$

e pertanto $\mathfrak{q} = \mathfrak{a}(s) + \sum\limits_{i=1}^{l} \mathfrak{b}_i \cdot s = \mathfrak{a}(s) + \mathfrak{b}$ dev'essere $\mathfrak{p}$-primario. Ciò dà luogo all'applicazione del teorema precedente:

$$(**) \qquad \left(\frac{\mathfrak{a}(s) + \mathfrak{p}^{m+1}}{s}\right) \le \left(\frac{\mathfrak{a}(s) + \mathfrak{q}^{m+1}}{s}\right) = \left(\frac{\mathfrak{a}(s) + \mathfrak{b}^{m+1}}{s}\right) \le \left(\frac{\mathfrak{a}(s) + \mathfrak{b}}{s}\right)\left(\begin{matrix} m+l \\ l \end{matrix}\right).$$

$$\mathbf{232 - 233}$$

Ma tenuto conto che il membro sinistro (uguale a $\chi(a(s),\, m)$) è per m abbastanza grande polinomio di grado $\dim \dfrac{a}{p}$, si ricava da $(**)$ la disuguaglianza $\dim \dfrac{a}{p} \le l$, mentre $(*)$ fornisce il valore di l espresso mediante l'altra dimensione che entra nella disuguaglianza da dimostrare.

§ 9. Prospettive regolari.

234. DEFINIZIONE. – Una prospettiva p e il corrispondente aspetto s diconsi *regolari* allora e soltanto allora, che s sia noetheriano e che la funzione caratteristica

$$\chi(O(s),\, m) = \left(\frac{p^{m+1}}{s} \right) \quad \text{sia} \quad = \binom{m+h}{h}$$

con h fisso. Da $\left(\dfrac{p^2}{s} \right) = 1 + h$ segue che h è l'ampiezza della prospettiva (ved. **195**), sicchè si possono altresì caratterizzare le prospettive regolari come quelle per le quali l'ampiezza raggiunge il minimo e cioè l'ordine della prospettiva (ved. **231**). Si trova infatti, applicando la relazione

$$\chi(O(s),\, m) = \binom{m+h}{h} - \overset{m}{\underset{l=0}{\Sigma}} \; \varphi(\overline{O(s)},\, l) \qquad \text{(ved. 201),}$$

che l'esistenza di una sola forma di grado $g \ge 1$ che tocchi lo zero induce $\varphi(\overline{O(s)},\, l) \ge \binom{l-g+h-1}{h-1}$ e pertanto l'inferiorità del grado di

$$\chi(O(s),\, m) \le \binom{m+h}{h} - \binom{m-g+h}{h}$$

all'ampiezza h.

La non–esistenza di forme tangenti lo zero caratterizza secondo la relazione suddetta ugualmente le prospettive regolari.

Traducendo questo fatto si può dire in modo più semplice:

La condizione necessaria e sufficiente affinchè un aspetto noetheriano s sia regolare è l'esistenza di una base $p_1,\dots,\, p_h$ dell'ideale p tale, che da

$$\underset{i_1+\dots+i_h=m}{\Sigma} a_{i_1\dots i_h} \cdot p_1^{i_1} \dots p_h^{i_h} \subset p^{m+1}, \qquad (a_{i_1\dots i_h} \in s)$$

segua sempre $a_{i_1\dots i_h} \subset p$.

235. La non–esistenza di forme che tocchino lo zero rende univoco il simbolo $\bar{x}$ definito in **224** per ogni $x \in s$ diverso da zero, dandogli il significato del-

233 — 235

l'unica forma tangente x. Conveniamo di porre $\bar{x}=0$ e $n(x)=+\infty$, se $x=0$. Le relazioni stabilite in **224** diventano allora le uguaglianze

$$\overline{x+y} = \bar{x} + \bar{y} \qquad\qquad \text{valida per} \quad n(x) = n(y)$$

$$\overline{x+y} = \qquad \bar{y} \qquad\qquad \text{valida per} \quad n(x) > n(y)$$

$$\overline{x \cdot y} = \bar{x} \cdot \bar{y}, \quad n(x\cdot y) = n(x) + n(y) \quad \text{valide sempre,}$$

dalle quali segue in particolare, che un aspetto regolare non ha divisori dello zero.

Come per le prospettive perfette (ved. **96**), che ovviamente sono regolari, può estendersi la nozione di *ordine di un elemento in* $\mathfrak{p}$ a tutti gli elementi del corpo (s), ponendo $n(z) = n(x) - n(y)$, se $z = \dfrac{x}{y}$ con $x, y \in s$. È proprio l'ultima delle relazioni suddette che assicura la indipendenza di $n(z)$ dalla scelta di x, y in quel quoziente.

Le relazioni $n(x \cdot y) = n(x) + n(y)$, $n(x + y) \geq \min(n(x), n(y))$ valida sempre, $n(x + y) = \min(n(x), n(y))$ valida per $n(x) \neq n(y)$ (ved. **224**) si estendono allora a tutti gli elementi $x, y \in (s)$.

236. *Per ogni ideale* $\mathfrak{a}(s)$ *in un aspetto noetheriano* s *vale*

$$\bigcap_{m=1,\ldots,\infty} [\mathfrak{a}(s) + \mathfrak{p}^m] = \mathfrak{a}(s).$$

Infatti, per $\mathfrak{a}(s) = s$ i due membri di questa equazione sono s, e per $\mathfrak{a}(s) \neq s$ si osserverà che $s/\mathfrak{a}(s)$ è aspetto (ved. **168**) noetheriano con l'origine $\mathfrak{p}/\mathfrak{a}(s)$. L'affermazione suddetta equivale pertanto al teorema di Krull (ved. **92**) applicato all'aspetto $s/\mathfrak{a}(s)$.

237. *Ogni aspetto regolare* s *è integrità*:

$$s = I\!\left(\frac{(s)}{s}\right)$$

(Teorema di Krull).

Dimostrazione. - Sia $x = \dfrac{a}{b}$ con a, b elementi qualunque di (s), ma integro sopra s. Supponiamo già dimostrato $a \subset b \cdot s + \mathfrak{p}^m$ come si verifica per $m = 0$ ponendo $\mathfrak{p}^0 = s$.

Partendo da $a \subset b \cdot c + \mathfrak{p}^m$ con $c \in s$, formiamo l'elemento

$$y = x - c = \frac{e}{b} \quad \text{con} \quad e = a - b \cdot c \subset \mathfrak{p}^m.$$

235 — 237

Essendo y integro sopra s come x, l'anello $[s, y]$ ha s-base finita, sia $[s, y] = \sum_{i=0}^{q} s \cdot y^i$. Siccome allora $y^l \subset \sum_{i=0}^{q} s \cdot y^i$ con q fisso, comunque sia l, si avrà $e^l = b^{l-q} \cdot g_l$ con $g_l \in s$, e quindi (ved. 235) $\bar{e}^l = \bar{b}^{l-q} \cdot \bar{g}_l$. Sia $\bar{p} \in [s/\mathfrak{p} [u_1 \dots, u_h]]$ fattore primo di $\bar{b}$, la molteplicità del quale sia β per $\bar{b}$ e ε per $\bar{e}$. Valendo $l \cdot \varepsilon \geq (l - q) \cdot \beta$ per ogni $l \geq q$, dev'essere $\varepsilon \geq \beta$ cioè $\bar{e}$ divisibile per $\bar{b}$: $\bar{e} = \bar{b} \cdot \bar{g}$ con $g \in s$. Ora $e \subset \mathfrak{p}^m$ mostra che $\bar{e} = \bar{b} \cdot \bar{g}$ è di grado $\geq m$, sicchè gli elementi $b \cdot g$ ed e, in quanto toccati da una medesima forma di grado $\geq m$, differiscono per un elemento $e - b \cdot g$ di ordine $n(e - b \cdot g) > m$ (ved. 224 fine).

Da $e - b \cdot g \subset \mathfrak{p}^{m+1}$ segue $x - c - g = \dfrac{e}{b} - g \subset \dfrac{1}{b} \cdot \mathfrak{p}^{m+1}$ e quindi $a \subset (c + g) \cdot b + \mathfrak{p}^{m+1}$.

Avendo dimostrato $a \subset \bigcap_{m=1,\dots,\infty} [b \cdot s + \mathfrak{p}^m]$ per ogni m, possiamo concludere (ved. 236) $a \subset b \cdot s$, cioè $x \subset s$, c. d. d.

238. Avremo bisogno di un complemento alle costruzioni date in **220** e **226**:

Dato un insieme finito $\mathfrak{p}, \mathfrak{p}_1, \dots, \mathfrak{p}_n$ di ideali primi in un anello in cui $\bigcap_{m=1,\dots,\infty} \mathfrak{p}^m = 0$, si può trovare sotto l'ipotesi $\mathfrak{p} \subset\!\!\!|\!= \mathfrak{p}_i$ $(i = 1, \dots, n)$, e comunque sia l'esponente e, un elemento $f \in \mathfrak{p}^e$, $f \subset\!\!\!|\!= \mathfrak{p}^{e+1}$, $f \subset\!\!\!|\!= \mathfrak{p}_i$ $(i = 1, \dots, n)$.

La premessa $\bigcap_{m=1,\dots,\infty} \mathfrak{p}^m = 0$ garantisce $\mathfrak{p}^e \neq \mathfrak{p}^{e+1}$, poichè altrimenti $\mathfrak{p}^e = 0 \subset \mathfrak{p}_i$ e quindi $\mathfrak{p} \subset \mathfrak{p}_i$. Possiamo presupporre $\mathfrak{p}_i \subset\!\!\!|\!= \mathfrak{p}_j$ per $i < j$.

Esiste $g \in \mathfrak{p}^e$, $g \subset\!\!\!|\!= \mathfrak{p}^{e+1}$. Se $g \subset\!\!\!|\!= \mathfrak{p}_1$, si prenda $f_1 = g$, se però $g \subset \mathfrak{p}_1$, si scelga $p \in \mathfrak{p}$, $p \subset\!\!\!|\!= \mathfrak{p}_1$ e si formi $f_1 = g + p^{e+1}$ per garantire $f_1 \subset\!\!\!|\!= \mathfrak{p}_1$, $f_1 \subset \mathfrak{p}^e$, $f_1 \subset\!\!\!|\!= \mathfrak{p}^{e+1}$.

Avendo già costruito $f_l \in \mathfrak{p}^e$ tale che $f_l \subset\!\!\!|\!= \mathfrak{p}^{e+1}$, $f_l \subset\!\!\!|\!= \mathfrak{p}_i$ $(i = 1, \dots, l)$, si ponga $f_{l+1} = f_l$, se $f_l \subset\!\!\!|\!= \mathfrak{p}_{l+1}$. Altrimenti si scelgano $p \in \mathfrak{p}$, $p \subset\!\!\!|\!= \mathfrak{p}_{l+1}$, $p_i \in \mathfrak{p}_i$, $p_i \subset\!\!\!|\!= \mathfrak{p}_{l+1}$ $(i = 1, \dots, l)$ e si formi $f_{l+1} = f_l + \left(\prod_{i=1}^{l} p_i \right) \cdot p^{e+1}$.

239. *Se un ideale* $\mathfrak{a} = \sum_{i=1}^{n} a_i \cdot s$ *generato da* n *elementi* a_i *di un aspetto regolare* s *di ordine* n *è* $\mathfrak{p}$-*primario, da ogni relazione* $\sum_{i=1}^{n} a_i \cdot c_i = 0$ $(c_i \in s)$ *si possono derivare le rappresentazioni*

$$c_i = \sum_{j=1}^{n} b_{ij} \cdot a_j \quad (i = 1, \dots, n) \quad con \quad b_{ij} + b_{ji} = 0, \quad b_{ii} = 0, \quad (b_{ij} \in s)$$

dei coefficienti di quella relazione. (Teorema di LASKER).

DIMOSTRAZIONE. - Nel caso di una prospettiva regolare di ordine 1, cioè di una prospettiva perfetta (ved. **96**), l'ideale $a_1 \cdot s$ è $\mathfrak{p}$-primario solamente se $a_1 \neq 0$, sicchè $a_1 \cdot c_1 = 0$ esige $c_1 = 0$ come afferma il teorema. Suppo-

237 — 239

niamo dimostrato il teorema per prospettive regolari di ordine minore di n (≥ 2).

I. Per ogni prospettiva $\mathfrak{p}_j \neq \mathfrak{p}$ della figura $\mathfrak{b} = \left(\overset{n-1}{\underset{i=1}{\Sigma}} a_i \cdot s \right)$ in $V(s)$ vale $\operatorname{ord} \dfrac{\mathfrak{p}_j}{\mathfrak{p}} = 1$, dato che l'omomorfismo $\tau: s_j \rightarrow s_j/\mathfrak{p}_j$ muta (ved. 217) la figura $(\mathfrak{a})$ in una figura $(a_n^\tau \cdot s^\tau)$ individuata da un ideale principale per la quale $\mathfrak{p}^\tau$ è prospettiva estrema come $\mathfrak{p}$ per $(\mathfrak{a})$ (ved. 193 e 219).

Si scelga ora (ved. 238) $p \in \mathfrak{p}$, $p \not\subset\!\!\!= \mathfrak{p}^2$ di maniera che p non appartenga a nessuno dei divisori primi $\mathfrak{p}_j \cap s \neq \mathfrak{p}$ di $\mathfrak{b}(s)$. Allora ogni prospettiva della figura $\mathfrak{b} + (p \cdot s)$ in $V(s)$ è subordinata a una di quelle $\mathfrak{p}_j$ (ved. 222 e 189) e quindi uguale a $\mathfrak{p}$, dato che $\operatorname{ord} \dfrac{\mathfrak{p}_j}{\mathfrak{p}} = 1$. Ne risulta che $\mathfrak{b}(s) + p \cdot s = \overset{n-1}{\underset{i=1}{\Sigma}} a_i \cdot s + p \cdot s$ è $\mathfrak{p}$-primario (ved. 193).

II. Con induzione secondo m mostreremo:

Da $\overset{n-1}{\underset{i=1}{\Sigma}} a_i \cdot c_i + p^m \cdot c = 0$ segue $c \in \overset{n-1}{\underset{i=1}{\Sigma}} a_i \cdot s$, il che è ovvio per $m = 0$.

L'aspetto $s/p \cdot s$ (ved. 168) è regolare di ordine $n - 1$, poichè, supponendo, come è lecito, $p = p_{\scriptscriptstyle n}$, si conclude da

$$\underset{i_1 + \ldots + i_{n-1} = v}{\Sigma} c_{i_1 \ldots i_{n-1}} \cdot p_1^{i_1} \ldots p_{n-1}^{i_{n-1}} \subset \mathfrak{p}^{v+1} + p \cdot s, \qquad c_{i_1 \ldots i_{n-1}} \in s,$$

che $c_{i_1 \ldots i_{n-1}} \subset \mathfrak{p}$ (ved. 234). Applicando la prima ipotesi di induzione all'equazione $\overset{n-1}{\underset{i=1}{\Sigma}} a_i \cdot c_i \equiv 0$ in $s/p \cdot s$, otteniamo $c_i = \overset{n-1}{\underset{j=1}{\Sigma}} b_{ij} \cdot a_j + e_i \cdot p$ con $b_{ij} + b_{ji} = = e_{ij} \cdot p$, $b_{ii} = e_{ii} \cdot p$; b_{ij}, e_{ij}, $e_i \in s$, dove possiamo supporre, cangiando gli e_i, che e_{ij} siano $= 0$. La data equazione si riduce allora a $\overset{n-1}{\underset{i=1}{\Sigma}} a_i \cdot e_i \cdot p + p^m \cdot c = 0$ e quindi a $\overset{n-1}{\underset{i=1}{\Sigma}} a_i \cdot e_i + p^{m-1} \cdot c = 0$, dalla quale si può concludere, secondo l'altra ipotesi di induzione, $c \in \overset{n-1}{\underset{i=1}{\Sigma}} a_i \cdot s$.

III. Da $\overset{n}{\underset{i=1}{\Sigma}} a_i \cdot c_i = 0$ segue $c_n \subset \overset{n-1}{\underset{i=1}{\Sigma}} a_i \cdot s$, giacchè $\mathfrak{p}^L \subset \overset{n}{\underset{i=1}{\Sigma}} a_i \cdot s$ per L abbastanza grande fornisce $p^L = \overset{n}{\underset{i=1}{\Sigma}} a_i \cdot b_i$ con $b_i \in s$, dal che si deduce l'equazione $\overset{n-1}{\underset{i=1}{\Sigma}} a_i \cdot (b_i \cdot c_n - c_i \cdot b_n) - p^L \cdot c_n = 0$ a cui si applica l'osservazione II.

IV. Da $\overset{r}{\underset{i=1}{\Sigma}} a_i \cdot c_i = 0$ segue $c_r \subset \overset{r-1}{\underset{i=1}{\Sigma}} a_i \cdot s$.

Per provare questo, osserviamo dapprima che $\mathfrak{p}^L \subset \overset{n}{\underset{i=1}{\Sigma}} a_i \cdot s$ fornisce

$$\mathfrak{p}^{(n-r)\cdot m \cdot L} \subset \left(\overset{n}{\underset{i=1}{\Sigma}} a_i \cdot s\right)^{(n-r)\cdot m} \subset \overset{r}{\underset{i=1}{\Sigma}} a_i \cdot s + \overset{n}{\underset{i=r+1}{\Sigma}} a_i{}^m \cdot s.$$

il che qualifica il membro destro come ideale $\mathfrak{p}$-primario e permette quindi di applicare l'osservazione III all'equazione $\overset{r}{\underset{i=1}{\Sigma}} a_i \cdot c_i + \overset{n}{\underset{i=r+1}{\Sigma}} a_i{}^m \cdot 0 = 0$ e di concluderne $c_r \subset \overset{r-1}{\underset{i=1}{\Sigma}} a_i \cdot s + \overset{n}{\underset{i=r+1}{\Sigma}} a_i{}^m \cdot s \subset \overset{r-1}{\underset{i=1}{\Sigma}} a_i \cdot s + \mathfrak{p}^m$ con m qualunque e pertanto (ved. **236**) $c_r \subset \overset{r-1}{\underset{i=1}{\Sigma}} a_i \cdot s$.

V. Dall'equazione proposta $\overset{n}{\underset{i=1}{\Sigma}} a_i \cdot c_i = 0$ dedurremo ora con induzione secondo $n - m$ la validità di una rappresentazione

$$C^{(m)}: \qquad c_i = \overset{n}{\underset{j=1}{\Sigma}} b_{ij} \cdot a_j \quad \text{con} \quad b_{ij} + b_{ji} = 0, \ b_{ii} = 0 \quad \text{per} \quad i, j > m,$$

la quale per $n - m = 1$ è conseguenza immediata del risultato III., mentre essa coincide per $n - m = n$ con quella da dimostrare.

Dalla validità di $C^{(m)}$ si deriva

$$0 = \overset{n}{\underset{i=1}{\Sigma}} a_i \cdot c_i = \overset{m}{\underset{i=1}{\Sigma}} a_i \cdot c_i + \overset{n}{\underset{i=m+1}{\Sigma}} \overset{n}{\underset{j=1}{\Sigma}} b_{ij} \cdot a_i \cdot a_j$$

$$= \overset{m}{\underset{i=1}{\Sigma}} a_i \cdot c_i + \overset{n}{\underset{i=m+1}{\Sigma}} \overset{m}{\underset{j=1}{\Sigma}} b_{ij} \cdot a_i \cdot a_j = \overset{m}{\underset{i=1}{\Sigma}} a_i \cdot (c_i + \overset{n}{\underset{j=m+1}{\Sigma}} b_{ji} \cdot a_j).$$

Applicando IV, se ne trae $c_m + \overset{n}{\underset{j=m+1}{\Sigma}} b_{jm} \cdot a_j = \overset{m-1}{\underset{l=1}{\Sigma}} b_{ml} \cdot a_l$ con $b_{ml} \in s$, il che può scriversi $c_m = \overset{n}{\underset{j=1}{\Sigma}} b_{mj} \cdot a_j$ purchè si definisca $b_{mj} + b_{jm} = 0$ per $j > m$, $b_{mm} = 0$.

Avendo mostrato con ciò come si completa il sistema $C^{(m)}$ al sistema $C^{(m+1)}$, otteniamo finalmente $C^{(0)}$, c. d. d.

240. *Se* $\dim \dfrac{\left(\overset{r}{\underset{i=1}{\Sigma}} a_i \cdot s\right)}{\mathfrak{p}} \leq n - r$ *in una prospettiva regolare* $\mathfrak{p}$ *di ordine* n, *da* $\overset{r}{\underset{i=1}{\Sigma}} a_i \cdot c_i = 0$ $(c_i \in s)$ *si può concludere* $c_r \subset \overset{r-1}{\underset{i=1}{\Sigma}} a_i \cdot s$.

DIMOSTRAZIONE. - Il teorema **233** insegna che in quella disuguaglianza non si può trattare che di uguaglianza.

239 — 240

Per $n - r = 0$ il teorema da dimostrare è contenuto in **239**.

Se $n - r > 0$, il cono tangente $\overline{(\mathfrak{a}(s))}$ della figura $\mathfrak{a} = \left(\sum\limits_{i=1}^{r} a_i \cdot s \right)$ è di dimensione ≥ 1 (ved. **230**) e l'applicazione successiva dell'osservazione **228** permette di trovare (come in **233**) $n - r$ elementi $a_i \ (i > r)$ di s e più precisamente di $\mathfrak{p}$, tali che $\dim \dfrac{\left(\sum\limits_{i=1}^{n} a_i \cdot s \right)}{\mathfrak{p}} = 0$, e pertanto (ved. **239** IV)

$$\dim \dfrac{\left(\sum\limits_{i=1}^{r} a_i \cdot s + \sum\limits_{i > r} a_i{}^L \cdot s \right)}{\mathfrak{p}} = 0, \quad \text{comunque sia } L \geq 1.$$

Scrivendo la data equazione $\sum\limits_{i=1}^{r} a_i \cdot c_i = 0$ nella forma $\sum\limits_{i=1}^{r} a_i \cdot c_i + \sum\limits_{i > r} a_i{}^L \cdot 0 = 0$, si trova, applicando il teorema **239**, $c_r \subset \sum\limits_{i=1}^{r-1} a_i \cdot s + \sum\limits_{i > r} a_i{}^L \cdot s \subset \sum\limits_{i=1}^{r-1} a_i \cdot s + \mathfrak{p}^L$

$(L = 1, 2, \ldots)$, cioè (ved. **236**) $c_r \subset \sum\limits_{i=1}^{r-1} a_i \cdot s$.

241. *Se* $\dim \dfrac{\left(\sum\limits_{i=1}^{r} a_i \cdot s \right)}{\mathfrak{p}} \leq n - r$ *in una prospettiva regolare di ordine* n, *per ogni divisore primo* $\mathfrak{P} \cap s$ *dell'ideale* $\sum\limits_{i=1}^{r} a^i \cdot s$ *vale* $\operatorname{ord} \dfrac{\mathfrak{P}}{\mathfrak{p}} = n - r$.

DIMOSTRAZIONE. - Quella dimensione è uguale a $n - r$ (ved. **233**).

Siano $\mathfrak{P}_i \cap s \ (i = 1, \ldots)$ i divisori primi di $\mathfrak{a}(s) = \sum\limits_{i=1}^{r} a_i \cdot s$ con $\dim \dfrac{\mathfrak{P}_i}{\mathfrak{p}} = n - r$ e $\mathfrak{p}_j \cap s$ gli altri, cioè quelli con $\dim \dfrac{\mathfrak{p}_j}{\mathfrak{p}} < n - r$, qualora ce ne esistano. Se fosse $\mathfrak{p}_j \cap s \subset \mathfrak{P}_i \cap s$, si avrebbe $\mathfrak{P}_i \leq \mathfrak{p}_j$ e perciò $\operatorname{ord} \dfrac{\mathfrak{p}_j}{\mathfrak{p}} \geq \operatorname{ord} \dfrac{\mathfrak{P}_i}{\mathfrak{p}} = n - r$. Esistono quindi $p_j \in \mathfrak{p}_j \cap s$, $p_j \subset\mid= \mathfrak{P}_i \ (i = 1, \ldots)$ (ved. **238**).

Sia $\mathfrak{a}(s) = \mathfrak{A}(s) \cap \mathfrak{a}'(s)$, dove $\mathfrak{A}(s)$ è intersezione di ideali $[\mathfrak{P}_i \cap s]$-primarii, $\mathfrak{a}'(s)$ è intersezione di ideali $[\mathfrak{p}_j \cap s]$-primarii. Per L abbastanza grande sarà $x = (\Pi\limits_{j} p_j)^L \subset \mathfrak{a}'(s)$. Secondo **230** esiste una prospettiva $\mathfrak{p}_0 \in V(s)$ di $\mathfrak{b} = (x \cdot s + \sum\limits_{i=1}^{r} a_i \cdot s)$ con $\operatorname{ord} \dfrac{\mathfrak{p}_0}{\mathfrak{p}} = \dim \dfrac{\mathfrak{b}}{\mathfrak{p}}$. Allora $\mathfrak{p}_0 \leq \mathfrak{b} \leq \mathfrak{a}$ induce (ved. **222** e **189**) $\mathfrak{p}_0 \leq \mathfrak{P}_i$ o $\mathfrak{p}_0 \leq \mathfrak{p}_j$ per un certo indice. Escludendosi $\mathfrak{p}_0 = \mathfrak{P}_i$ a causa di $\mathfrak{P}_i(s) = \mathfrak{P}_i \cap s =\mid\supset x \subset \mathfrak{b}(s) \subset \mathfrak{p}_0(s)$, rimangono le alternative

$$\mathfrak{p}_0 < \mathfrak{P}_i \quad \text{e quindi} \quad \dim \dfrac{\mathfrak{b}}{\mathfrak{p}} = \operatorname{ord} \dfrac{\mathfrak{p}_0}{\mathfrak{p}} < \operatorname{ord} \dfrac{\mathfrak{P}_i}{\mathfrak{p}} = n - r$$

$$\text{o} \quad \mathfrak{p}_0 \leq \mathfrak{p}_j \quad \text{e quindi} \quad \dim \dfrac{\mathfrak{b}}{\mathfrak{p}} = \operatorname{ord} \dfrac{\mathfrak{p}_0}{\mathfrak{p}} \leq \operatorname{ord} \dfrac{\mathfrak{p}_j}{\mathfrak{p}} < n - r,$$

240 — 241

sicchè in ogni caso è soddisfatta la premessa

$$\mathrm{dim}\, \frac{(x \cdot s + \overset{r}{\underset{i=1}{\Sigma}} a_i \cdot s)}{\mathfrak{p}} \leq n - (r+1)$$

per l'applicabilità del teorema 240 all'ideale $x \cdot s + \overset{r}{\underset{i=1}{\Sigma}} a_i \cdot s$.

Ora $x \cdot \mathfrak{A}(s) \subset \mathfrak{A}(s) = \overset{r}{\underset{i=1}{\Sigma}} a_i \cdot s$ mostra che ogni $c \in \mathfrak{A}(s)$ soddisfa ad un'equazione $x \cdot c + \overset{r}{\underset{i=1}{\Sigma}} a_i \cdot c_i = 0$ e appartiene perciò all'ideale $\overset{r}{\underset{i=1}{\Sigma}} a_i \cdot s = \mathfrak{A}(s)$. Vale quindi $\mathfrak{A}(s) = \mathfrak{A}(s)$ c. d. d.

242. *Se* $A = [k, x_1, ..., x_m] = k[x_1, ..., x_m]$ *genera un corpo* m-*dimensionale sopra* k, *ogni prospettiva* $\mathfrak{p}$ *di base* A *è regolare di ordine*

$$\mathrm{ord}\, \frac{0}{\mathfrak{p}} = m - \mathrm{dim}\, \frac{s/\mathfrak{p}}{k + \mathfrak{p}/\mathfrak{p}}.$$

Dimostrazione. - I. Sia r la dimensione di $s/\mathfrak{p}$ sopra il suo sottocorpo $(k + \mathfrak{p})/\mathfrak{p}$ $(r \geq 0)$, e supponiamo la numerazione degli x_i siffatta, che gli elementi $x_i + \mathfrak{p}$ $(i \leq r)$ siano algebricamente indipendenti sopra $(k + \mathfrak{p})/\mathfrak{p}$. Allora $\mathfrak{p} \cap [k, x_1, ..., x_r] = 0$ mostra che $\mathfrak{p}$ è estensione (ved. 73) della prospettiva totale del corpo $k_r = (k, x_1, ..., x_r)$. Se

$$\mathrm{grado}\, \frac{(k + \mathfrak{p}, x_1 + \mathfrak{p}, ..., x_l + \mathfrak{p})}{(k + \mathfrak{p}, x_1 + \mathfrak{p}, ..., x_{l-1} + \mathfrak{p})} = n_l \quad (l > r),$$

ci sono $p_l \in [k_r, x_{r+1}, ..., x_l] \cap \mathfrak{p}$ di grado n_l rispetto a x_l, colle quali si verifica, ponendo $[k_r; x_{r+1}, ..., x_m] = A'$

$$A' = \underset{l>r}{\Sigma}\, p_l \cdot A' + \underset{i_{r+1}<n_{r+1}, ..., i_m<n_m}{\Sigma} x_{r+1}^{i_{r+1}} ... x_m^{i_m} \cdot k_r$$

e pertanto $\mathfrak{p} \cap A' = \underset{l>r}{\Sigma}\, p_l \cdot A'$ e finalmente

(*) $$\mathfrak{p} = \underset{l>r}{\Sigma}\, p_l \cdot s,$$

poichè il numero $\underset{l}{\Pi}\, n_l$ dei prodotti $x_{r+1}^{i_{r+1}} ... x_m^{i_m}$ è uguale al grado di $s/\mathfrak{p}$ sopra $(k_r + \mathfrak{p})/\mathfrak{p}$. Ne segue (ved. 231)

$$\mathrm{ord}\, \frac{0}{\mathfrak{p}} \leq m - r.$$

241 — 242

II. Siano $f_i(X) = X^m + \ldots \in k_r[X]$ tali che $f_i(x_i) \subset \mathfrak{p}$ $(i > r)$, e sia $(K, \bar{k})$ una estensione del corpo $K = (k_r, x_{r+1}, \ldots, x_m)$ con un sopracorpo $\bar{k}$ finito di k_r, in cui tutti quei polinomi si decompongono totalmente:

$$f_i(X) = \prod_{\lambda=1}^{m_i} (X - \xi_i^{(\lambda)}) \qquad (i > r), \; \xi_i^{(\lambda)} \in \bar{k}.$$

Poichè $\bar{k}$ è contenuto nell'integrità di $(K, \bar{k})$ sopra k_r (ved. 82), si può estendere s con $\bar{k}$ (ved. 83 e 76) e in tale estensione $\bar{s}$ sarà $x_i - \xi_i \subset \bar{\mathfrak{p}}$, ove ξ_i designa uno degli elementi $\xi_i^{(\lambda)}$. Ne segue $\bar{\mathfrak{p}} = \Sigma \, \bar{s} \cdot (x_i - \xi_i)$. Se in una relazione

$$(**) \qquad \sum_{i_{r+1}+\ldots+i_m=n} c_{i_{r+1}\ldots i_m} \cdot (x_{r+1} - \xi_{r+1})^{i_{r+1}} \ldots (x_m - \xi_m)^{i_m} \subset \bar{\mathfrak{p}}^{n+1}, \quad (c_{i_{r+1}\ldots i_m} \in \bar{s})$$

non fossero tutti i $c_{i_{r+1}\ldots i_m} \subset \bar{\mathfrak{p}}$, si potrebbe, tenendo conto di $\bar{s}/\bar{\mathfrak{p}} = (\bar{k} + \bar{\mathfrak{p}})/\bar{\mathfrak{p}}$, $\bar{s} \in V([\bar{k}, x_{r+1}, \ldots, x_m])$ (ved. 180), dedurre da $(**)$ una dipendenza algebrica fra $x_{r+1}, \ldots, x_m$ sopra $\bar{k}$ che contraddirebbe al fatto che $(K, \bar{k})$ è $(m-r)$-dimensionale sopra $\bar{k}$ come K sopra $\bar{k}_r$.

Contenendo l'ideale $\mathfrak{p} \cdot \bar{s}$ gli ideali $f_i(x_i) \cdot \bar{s} = (x_i - \xi_i)^{m_i} \cdot \bar{s}$, esso contiene $\bar{\mathfrak{p}}^L$ con $L = \sum\limits_{i>r} m_i$ e $\left(\dfrac{\mathfrak{p} \cdot \bar{s}}{\bar{s}}\right) \leq \left(\dfrac{\bar{\mathfrak{p}}^L}{\bar{s}}\right)$ risulta finito.

Se ora $\bar{\mathfrak{p}}^{n+1} = \mathfrak{a}_0 \subset \mathfrak{a}_1 \subset \ldots \subset \mathfrak{a}_q = \bar{s}$ è una sequenza irriducibile (ved. 208) di ideali misurante $q = \left(\dfrac{\bar{\mathfrak{p}}^{n+1}}{\bar{s}}\right)$, mentre $\mathfrak{p} \cdot \bar{s} = \mathfrak{b}_0 \subset \mathfrak{b}_1 \subset \ldots \subset \mathfrak{b}_h = \bar{s}$ misura $\left(\dfrac{\mathfrak{p} \cdot \bar{s}}{\bar{s}}\right)$ e se supponiamo, come è lecito, $\mathfrak{a}_i = \mathfrak{a}_{i-1} + a_i \cdot s$ con $a_i \cdot \mathfrak{p} \subset \mathfrak{a}_{i-1}$, $\mathfrak{b}_j = \mathfrak{b}_{j-1} + \overline{b_j \cdot \bar{s}}$ con $b_j \cdot \bar{\mathfrak{p}} \subset \mathfrak{b}_{j-1}$, otteniamo

$$\left(\!{}^{*}_{**}\!\right) \qquad \left(\frac{\bar{\mathfrak{p}}^{n+1}}{\bar{s}}\right) = \sum_{i=1}^{q} \sum_{j=0}^{h-1} \left(\frac{\mathfrak{a}_{i-1} \cdot \bar{s} + a_i \cdot \mathfrak{b}_j}{\mathfrak{a}_{i-1} \cdot \bar{s} + a_i \cdot \mathfrak{b}_{j+1}}\right)$$

poichè $\mathfrak{a}_{i-1} \cdot \bar{s} + a_i \cdot \mathfrak{b}_h = \mathfrak{a}_{i-1} \cdot \bar{s} + a_i \cdot \bar{s} = \mathfrak{a}_i \cdot \bar{s} = \mathfrak{a}_i \cdot \bar{s} + a_{i+1} \cdot \mathfrak{b}_0$.

Ma $\mathfrak{a}_{i-1} \cdot \bar{s} + a_i \cdot \mathfrak{b}_{j+1} = \mathfrak{a}_{i-1} \cdot \bar{s} + a_i \cdot \mathfrak{b}_j + a_i \cdot b_{j+1} \cdot \bar{s}$ con $a_i \cdot b_{j+1} \cdot \bar{\mathfrak{p}} \subset a_i \cdot \mathfrak{b}_j$ mostra (ved. 209) che ogni termine della somma $\left(\!{}^{*}_{**}\!\right)$ è ≤ 1, sicchè risulta

$$\left(\frac{\bar{\mathfrak{p}}^{n+1}}{\bar{s}}\right) = \binom{n + m - r}{m - r} \leq \left(\frac{\mathfrak{p} \cdot \bar{s}}{\bar{s}}\right)\left(\frac{\mathfrak{p}^{n+1}}{s}\right).$$

Da questa disuguaglianza segue che il grado della funzione caratteristica $\left(\dfrac{\mathfrak{p}^{n+1}}{s}\right)$ è almeno $m - r$, sicchè dall'uguaglianza (ved. 230) di quel grado con l'ord $\dfrac{0}{\mathfrak{p}}$ e dal risultato I si deriva ord $\dfrac{0}{\mathfrak{p}} = m - r$, come afferma il teorema da dimostrare. L'equazione $(*)$ mostra che l'ampiezza della prospettiva $\mathfrak{p}$ non supera $m - r$ e raggiunge quindi il minimo caratteristico per prospettive regolari (ved. **234**).

243. *Se* $A = [k, x_1, \ldots, x_m] = k[x_1, \ldots, x_m]$ *genera un corpo m-dimensionale sopra k, si conclude da* $\dim\left(\sum\limits_{i=1}^{r} f_i \cdot A\right) \leq m - r$, $f_i \in A$, *che*

$$\dim \frac{S/\mathbb{P}}{(k + \mathbb{P})/\mathbb{P}} = m - r$$

per ogni divisore primo $\mathbb{P} \frown A$ *dell'ideale* $\sum\limits_{i=1}^{r} f_i \cdot A$.

Dimostrazione. - I. Siano $\mathfrak{p} \leq \mathbb{P}$ prospettive qualunque $\in V(A)$. Mediante una subordinazione $\mathfrak{p} < \mathbb{P}_1 < \ldots < \mathbb{P}_l = \mathbb{P}$ $\left(l = \operatorname{ord} \dfrac{\mathbb{P}}{\mathfrak{p}}\right)$ si deduce secondo **202**:

$$\dim \frac{S/\mathbb{P}}{(k + \mathbb{P})/\mathbb{P}} - \dim \frac{s/\mathfrak{p}}{(k + \mathfrak{p})/\mathfrak{p}} \geq l = \operatorname{ord} \frac{\mathbb{P}}{\mathfrak{p}}.$$

II. Secondo **233** vale

$$(*) \qquad \dim \frac{\left(\sum\limits_{i=1}^{r} f_i \cdot A\right)}{\mathfrak{p}} \geq \operatorname{ord} \frac{0}{\mathfrak{p}} - r.$$

Ora il membro sinistro è (ved. **230**) il massimo fra gli $\operatorname{ord} \dfrac{\mathbb{P}}{\mathfrak{p}}$ per tutte le prospettive $\mathbb{P} \geq \mathfrak{p}$ della figura $\left(\sum\limits_{i=1}^{r} f_i \cdot A\right)$, sicchè esiste $\mathbb{P} \geq \mathfrak{p}$ con $\operatorname{ord} \dfrac{\mathbb{P}}{\mathfrak{p}} \geq \operatorname{ord} \dfrac{0}{\mathfrak{p}} - r$, cioè (ved. I) $\dim \dfrac{S/\mathbb{P}}{(k + \mathbb{P})/\mathbb{P}} - \dim \dfrac{s/\mathfrak{p}}{(k + \mathfrak{p})/\mathfrak{p}} \geq \operatorname{ord} \dfrac{0}{\mathfrak{p}} - r$ oppure (ved. **242**)

$$\dim \frac{S/\mathbb{P}}{(k + \mathbb{P})/\mathbb{P}} \geq m - r,$$

mentre l'ipotesi $\dim\left(\sum\limits_{i=1}^{r} f_i \cdot A\right) \leq m - r$ induce (ved. **202**) la validità della disuguaglianza inversa. È dimostrato con ciò, che in $(*)$ vale il segno $=$. Essendo questa equazione equivalente con $\dim \dfrac{\left(\sum\limits_{i=1}^{r} f_i \cdot s\right)}{\mathfrak{p}} = \operatorname{ord} \dfrac{0}{\mathfrak{p}} - r$, essa permette di applicare il teorema **241** e di concluderne (ved. **190**) per ogni prospettiva essenziale $\mathbb{P} \geq \mathfrak{p}$ di $\left(\sum\limits_{i=1}^{r} f_i \cdot s\right)$

$$\operatorname{ord} \frac{\mathbb{P}}{\mathfrak{p}} = \operatorname{ord} \frac{0}{\mathfrak{p}} - r$$

e quindi (ved. I)

$$\dim \frac{S/\mathbb{P}}{(k + \mathbb{P})/\mathbb{P}} \geq \dim \frac{s/\mathfrak{p}}{(k + \mathfrak{p})/\mathfrak{p}} + \operatorname{ord} \frac{0}{\mathfrak{p}} - r = m - r \quad \text{(ved. **242**)}$$

242 — 243

e precisamente

$$\dim \frac{S/\mathfrak{P}}{(k+\mathfrak{P})/\mathfrak{P}} \mp m - r$$

in conseguenza dell'ipotesi sulla $\dim \left(\sum_{r=1}^{r} f_i \cdot A \right)$.

III. La dimostrazione sarà completa, quando avremo provato che ogni divisore primo $\mathfrak{P} \frown A$ dell'ideale $\sum_{i=1}^{r} f_i \cdot A$ corrisponde a una prospettiva essenziale $\mathfrak{P}$ della figura $\left(\sum_{i=1}^{r} f_i \cdot A \right)$, cioè a un divisore primo $\mathfrak{P} \frown s$ di $\sum_{i=1}^{r} f_i \cdot s$. Ma questo fatto risulta da osservazioni più generali che sarà utile esporre nella loro generalità in quel che segue:

244. *Per ideali* $\mathfrak{a}$, $\mathfrak{b}$, $\mathfrak{q}_i$ *in un anello primario A valgono le regole:*

I. $\mathfrak{a} \cdot S \frown \mathfrak{b} \cdot S = [\mathfrak{a} \frown \mathfrak{b}] \cdot S$ *per ogni* $S \in V(A)$.

II. $A \underset{i=1,2,\ldots}{\frown} \mathfrak{q}_i \cdot S = \underset{S_j \supset S}{\frown} \mathfrak{q}_j$ *se* $\mathfrak{q}_i$ *è* $[\mathfrak{P}_i \frown A]$-*primario.*

III. *Perchè* $\mathfrak{P} \frown A$ *sia divisore primo di* $\mathfrak{a}$, *è necessario e sufficiente che* $\mathfrak{P}$ *sia divisore primo di* $\mathfrak{a} \cdot S$ *oppure che* $\mathfrak{P}$ *sia prospettiva essenziale della figura* $(\mathfrak{a})$ *(ved. 189).*

DIMOSTRAZIONE. - I. Essendo ogni $x \in \mathfrak{a} \cdot S \frown \mathfrak{b} \cdot S$ quoziente $x = \dfrac{a}{m} =$

$= \dfrac{b}{n} = \dfrac{a \cdot n}{m \cdot n}$ con $a \in \mathfrak{a}$, $b \in \mathfrak{b}$, $a \cdot n = b \cdot m \in \mathfrak{a} \frown \mathfrak{b}$, $m \cdot n \subset\!\!\!\mid \mathfrak{P}$, si ha $\mathfrak{a} \cdot S \frown$ $\frown \mathfrak{b} \cdot S \subset [\mathfrak{a} \frown \mathfrak{b}] \cdot S \subset \mathfrak{a} \cdot S \frown \mathfrak{b} \cdot S$.

II. Ponendo $\underset{i=1,\ldots}{\frown} \mathfrak{q}_i = \mathfrak{a}$, avremo secondo I $\mathfrak{a} \cdot S = \underset{i=1,\ldots}{\frown} \mathfrak{q}_i \cdot S$. Per ogni $S_k =\!\mid\!\supset S$, cioè $\mathfrak{P}_k \frown A \subset\!\!\!\mid \mathfrak{P} \frown A$, si scelga $p_k \in \mathfrak{P}_k \frown A$, $p_k \subset\!\!\!\mid \mathfrak{P} \frown A$. Allora $(\Pi p_k)^L \cdot \underset{S_j \supset S}{\frown} \mathfrak{q}_j \subset \mathfrak{a}$ per L abbastanza grande e quindi $\underset{S_j \supset S}{\frown} \mathfrak{q}_j \subset \mathfrak{a} \cdot S \frown A$.

D'altra parte vale $\mathfrak{a} \cdot S \frown A \subset \underset{S_j \supset S}{\frown} \mathfrak{q}_j \cdot S \frown A = \underset{S_j \supset S}{\frown} \mathfrak{q}_j$, poichè ogni $x \in$

$\in [\mathfrak{q}_j \cdot S \frown A]$ è quoziente $\dfrac{u}{v}$ con $u \in \mathfrak{q}_j$, $v \in A$, $v \subset\!\!\!\mid \mathfrak{P} \frown A \supset \mathfrak{P}_j \frown A$, sicchè $x \cdot v \subset \mathfrak{q}_j$ induce $x \subset \mathfrak{q}_j$.

III. Se $\mathfrak{a} = \frown \mathfrak{q}_i$ come in II ne deriviamo secondo **174** I, II che $\mathfrak{a} \cdot S = [\mathfrak{a} \cdot S \frown A] \cdot S = [\underset{S_j \supset S}{\frown} \mathfrak{q}_j] \cdot S = \underset{S_j \supset S}{\frown} \mathfrak{q}_j \cdot S$. Dall'ipotesi

$$(*) \qquad \underset{S_j > S}{\frown} \mathfrak{q}_j \cdot S = \mathfrak{a} \cdot S,$$

cioè che $\mathfrak{P}$ sia inessenziale per $(\mathfrak{a})$ (ved. **187**),

243 — 244

si deduce, intersecando con A:

$$\mathop{\cap}_{S_j>S} \mathfrak{q}_j \cdot S \cap A = \mathop{\cap}_{S_j>S} \mathfrak{q}_j = \mathfrak{a} \cdot S \cap A = \mathop{\cap}_{S_j \supset S} \mathfrak{q}_j ,$$

cioè che $\mathfrak{P} \cap A$ non è divisore primo di $\mathfrak{a}$, e viceversa, da

$$\mathop{\cap}_{S_j>S} \mathfrak{q}_j = \mathop{\cap}_{S_j \supset S} \mathfrak{q}_j \qquad \text{segue } (*), \text{ c. d. d.}$$

245. *Se* $\mathfrak{p}$ *è regolare, si ha*

$$\operatorname{ord}\frac{\mathfrak{P}}{\mathfrak{p}} + \operatorname{ord}\frac{0}{\mathfrak{P}} = \operatorname{ord}\frac{0}{\mathfrak{p}}$$

per ogni $\mathfrak{P} \geq \mathfrak{p}$. (Teorema di KRULL)

DIMOSTRAZIONE. – Adopereremo la notazioni di **196**, scrivendo però $h = n = \operatorname{ord}\dfrac{0}{\mathfrak{p}}$, e determineremo, se $\operatorname{ord}\dfrac{\mathfrak{P}}{\mathfrak{p}} = r < n$, successivamente le forme $f_i \in \overline{\mathfrak{P}(s)}$ $(i = 1, \dots, n - r)$ in modo tale che f_i non sia contenuta nei divisori primi di $\underset{j<i}{\Sigma} f_j \cdot A$, e che $\dim(\underset{j\leq m}{\Sigma} f_j \cdot A)$ sia $= n - m$.

Avendo già scelto f_i $(i < m \geq 1)$ sotto queste condizioni, osserviamo che secondo **243** si può concludere da $\dim(\underset{j<m}{\Sigma} f_j \cdot A) = n - m + 1$ che per ogni divisore primo $\mathfrak{P}' \cap A$ di $\underset{j<m}{\Sigma} f_j \cdot A$ vale

$$(*) \qquad\qquad \dim \frac{S'/\mathfrak{P}'}{(k+\mathfrak{P}')/\mathfrak{P}'} = n - m + 1,$$

mentre ogni divisore primo $\mathfrak{p}' \cap A$ di $\overline{\mathfrak{P}(s)}$ sodisfa a

$$(**) \qquad\qquad \dim \frac{s'/\mathfrak{p}'}{(k+\mathfrak{p}')/\mathfrak{p}'} \leq r ,$$

sicchè per $r < n - m + 1$, cioè $m - 1 < n - r$, è garantito $\mathfrak{p}' \cap A \subsetneqq \mathfrak{P}' \cap A$. Invero, altrimenti sarebbe $s' \supset S'$, il che contraddirebbe secondo **202** a $(*)$ e $(**)$. Ciò permette di applicare il procedimento esposto in **226** per costruire in corrispondenza a ogni divisore primo $\mathfrak{p}' \cap A$ di $\overline{\mathfrak{P}(s)}$ una forma $p' \in \mathfrak{p}' \cap A$ non contenuta nei divisori primi $\mathfrak{P}' \cap A$ di $\underset{j<m}{\Sigma} f_j \cdot A$. Una potenza $f_m = (\Pi p')^L$ abbastanza alta del prodotto di quelle forme p' sarà elemento di $\overline{\mathfrak{P}(s)}$ non contenuto nei divisori primi di $\underset{j<m}{\Sigma} f_j \cdot A$, premessa sufficiente per poter affermare (ved. **204**), che $\dim(\underset{j\leq m}{\Sigma} f_j \cdot A) < \dim(\underset{j<m}{\Sigma} f_j \cdot A) = n - m + 1$ e quindi (ved. **243**)

$$(\overset{*}{**}) \qquad\qquad \dim(\underset{j\leq m}{\Sigma} f_j \cdot A) = n - m.$$

244 — 245

160

Da $f_i \in \overline{\mathbb{P}(s)}$ segue l'esistenza di elementi $x_i \in \mathbb{P}(s)$ con $\bar{x}_i = f_i$. Ponendo $\mathfrak{b}(s) = \sum\limits_{i=1}^{n-r-1} x_i \cdot s \ (= 0, \text{ se } n-r=1)$, si deduce da $\overline{\mathfrak{b}(s)} \supset \sum\limits_{i=1}^{n-r-1} f_i \cdot A$, tenuto conto di $\binom{*}{**}$, che $\dim \dfrac{\mathfrak{b}}{\mathfrak{p}} = \dim(\overline{\mathfrak{b}(s)}) \le \dim\left(\sum\limits_{i=1}^{n-r-1} f_i \cdot A\right) = n - (n-r-1) = r+1$ e quindi (ved. 241) $\operatorname{ord}\dfrac{\mathbb{P}_1}{\mathfrak{p}} = r+1$, per ogni divisore primo $\mathbb{P}_1 \cap s$ di $\mathfrak{b}(s)$.

Da $\mathfrak{b}(s) \subset \mathbb{P}(s)$ segue che almeno uno dei divisori primi di $\mathfrak{b}(s)$, sia $\mathbb{P}_1 \cap s$, è contenuto in $\mathbb{P}(s)$.

Avendo dimostrato che, data una prospettiva $\mathbb{P} \ge \mathfrak{p}$ con $\operatorname{ord}\dfrac{\mathbb{P}}{\mathfrak{p}} < n$, può trovarsi $\mathbb{P}_1 \supset \mathbb{P}$ tale che $\operatorname{ord}\dfrac{\mathbb{P}_1}{\mathfrak{p}} = \operatorname{ord}\dfrac{\mathbb{P}}{\mathfrak{p}} + 1$, è provata l'esistenza di una subordinazione $\mathbb{P} < \mathbb{P}_1 < \dots < \mathbb{P}_{n-r}$, la quale insegna

$$\operatorname{ord}\frac{0}{\mathbb{P}} \ge n-r = \operatorname{ord}\frac{0}{\mathfrak{p}} - \operatorname{ord}\frac{\mathbb{P}}{\mathfrak{p}}$$

e quindi (ved. 213) l'uguaglianza.

246. Definizione. - La *dimensione aritmetica*

$$\dim_a K$$

di un corpo K si definisce mediante la *dimensione algebrica*

$$\dim K = \dim\frac{K}{(1)} \ (\le \infty)$$

di K, cioè il massimo numero di elementi algebricamente indipendenti in K, ponendo

$$\dim_a K = \begin{cases} \dim K & , \text{ se } \operatorname{car} K = p \neq 0, \\ \dim K + 1, & \text{ se } \operatorname{car} K = 0. \end{cases}$$

247. *Se* $A = [1, x_1, \dots, x_m]$ *genera un corpo* K *di dimensione algebrica* m, *ogni prospettiva* $\mathfrak{p}$ *di base* A *è regolare di*

$$\operatorname{ord}\frac{0}{\mathfrak{p}} = \dim_a K - \dim_a s/\mathfrak{p}.$$

Dimostrazione. - Sia $\operatorname{car} s/\mathfrak{p} = p \ (= 0 \text{ o } \neq 0)$, $\dim s/\mathfrak{p} = r \ (\ge 0)$, e supponiamo la numerazione degli x_i siffata che $x_i + \mathfrak{p} \ (i \le r)$ siano algebricamente indipendenti. Allora $\mathfrak{p} \cap [1, x_1, \dots, x_r] = \mathfrak{p} \cdot [1, x_1, \dots, x_r] \ (= 0, \text{ se } \operatorname{car} K = p \neq 0)$ mostra che $\mathfrak{p}$ è estensione di una prospettiva $\mathfrak{p}_0$ di base

245 — 247

21

$[1, x_1, \ldots, x_r]$ con $\mathfrak{p}_0 = p \cdot s_0$ (ved. 73). Se

$$(*) \qquad \text{grado } \frac{(x_1 + \mathfrak{p}, \ldots, x_l + \mathfrak{p})}{(x_1 + \mathfrak{p}, \ldots, x_{l-1} + \mathfrak{p})} = n_l \qquad (l > r),$$

si troveranno $f_l(x_{r+1}, \ldots, x_l) \in [s_0, x_{r+1}, \ldots, x_l] \cap \mathfrak{p}$ di grado n_l rispetto a x_l, con le quali si verifica, ponendo $[s_0, x_{r+1}, \ldots, x_m] = A'$,

$$A' = \underset{l>r}{\Sigma} f_l \cdot A' + \underset{i_{r+1} < n_{r+1}, \ldots, i_m < n_m}{\Sigma} x_{r+1}^{i_{r+1}} \cdot \ldots x_m^{i_m} \cdot s_0$$

e quindi

$$\mathfrak{p} \cap A' = \underset{l>r}{\Sigma} f_l \cdot A' + p \cdot A',$$

dato che $(*)$ induce grado $\dfrac{s/\mathfrak{p}}{s_0 + \mathfrak{p}/\mathfrak{p}} = \underset{l}{\Pi} n_l$ e di seguito a questo:

$$\underset{i_{r+1} < n_{r+1}, \ldots, i_m < n_m}{\Sigma} s_0 \cdot x_{r+1}^{i_{r+1}} \ldots x_m^{i_m} \cap \mathfrak{p} = p \underset{i_{r+1} < n_{r+1}, \ldots, i_m < n_m}{\Sigma} s_0 \cdot x_{r+1}^{i_{r+1}} \ldots x_m^{i_m},$$

purchè si presupponga $f_l = x_l^{n_l} + \ldots$. Essendo A' base di $\mathfrak{p}$, se ne deduce $\mathfrak{p} = \underset{l>r}{\Sigma} f_l \cdot s + p \cdot s$, il che mostra (ved. 231)

$$(**) \qquad \text{ord } \frac{0}{\mathfrak{p}} \lessgtr \dim_a K - \dim_a s/\mathfrak{p} .$$

L'ideale primo $p \cdot A$ in A individua una prospettiva $\mathbb{P} \in V(A)$ con

$$\dim S/\mathbb{P} = m, \quad \mathbb{P} \geq \mathfrak{p}.$$

Applicando l'omomorfismo $\tau: S \to S/\mathbb{P}$ alla varietà $V(A)$, si ottiene (ved. 216) una varietà $V(A)/\mathbb{P} = V(A^\tau)$, la cui base $A^\tau = [1^\tau, x_1^\tau, \ldots, x_m^\tau]$ genera un corpo m-dimensionale sopra (1^τ), sicchè si può valersi dell'osservazione 242:

$$\text{ord } \frac{\mathbb{P}^\tau}{\mathfrak{p}^\tau} = m - \dim s^\tau/\mathfrak{p}^\tau.$$

(Nel caso di car $s/\mathfrak{p} = 0$ si osserverà che $[(1^\tau), x_1^\tau, \ldots, x_m^\tau]$ è base di $\mathfrak{p}^\tau$). Ma $s^\tau/\mathfrak{p}^\tau = s + \mathbb{P}/\mathfrak{p} + \mathbb{P}$ è isomorfo a $s/\mathfrak{p}$ giacchè $x + \mathbb{P} \to x + \mathfrak{p}$ $(x \in s)$ definisce di seguito a $\mathbb{P} \cap s \subset \mathfrak{p}$ un omomorfismo col nucleo $\mathfrak{p} + \mathbb{P}$. Dunque

$$\text{ord } \frac{\mathbb{P}}{\mathfrak{p}} = \text{ord } \frac{\mathbb{P}^\tau}{\mathfrak{p}^\tau} = m - \dim s/\mathfrak{p} = m - r$$

e pertanto ord $\dfrac{0}{\mathfrak{p}} \geq$ ord $\dfrac{0}{\mathbb{P}} +$ ord $\dfrac{\mathbb{P}}{\mathfrak{p}} \geq \dim_a K - \dim_a s/\mathfrak{p}$, dal che si deduce, tenuto conto di $(**)$, l'uguaglianza da dimostrare.

Il fatto $\mathfrak{p} = \underset{l=r+1}{\overset{m}{\Sigma}} f_l \cdot s + p \cdot s$, preso insieme con ord $\dfrac{0}{\mathfrak{p}} = \dim_a K - \dim_a s/\mathfrak{p}$, mostra anche la regolarità di $\mathfrak{p}$. (Ved. 234).

247

248. *In una varietà aritmetica vale sempre*

$$\operatorname{ord}\frac{\mathbb{P}}{\mathfrak{p}} = \dim_a S/\mathbb{P} - \dim_a s/\mathfrak{p}.$$

DIMOSTRAZIONE. – Applicando l'omomorfismo $\tau : S \to S/\mathbb{P}$ si trova

$$\operatorname{ord}\frac{\mathbb{P}^\tau}{\mathfrak{p}^\tau} = \operatorname{ord}\frac{\mathbb{P}}{\mathfrak{p}}, \quad (S^\tau) = S^\tau/\mathbb{P}^\tau \cong S/\mathbb{P}, \quad s^\tau/\mathfrak{p}^\tau \cong s/\mathfrak{p}$$

e $V/\mathbb{P}$ sarà varietà aritmetica, se V è tale. Ne segue che il teorema sarà dimostrato in generale, qualora si sia verificato il caso particolare

$$\operatorname{ord}\frac{0}{\mathfrak{p}_0} = \dim_a K - \dim_a s_0/\mathfrak{p}_0$$

per ogni prospettiva $\mathfrak{p}_0$ di base aritmetica di un corpo K_0.

Partendo da una base $B = [e, y_1, ..., y_m]$ di $\mathfrak{p}_0$, ove e designi l'elemento uno di K_0, formiamo un anello $A = [1, x_1, ..., x_m]$, base di un corpo K di dimensione aritmetica $m + 1$, dal quale anello si ottenga B mediante un omomorfismo σ definito da $1^\sigma = e$, $x_i^\sigma = y_i$ $(i = 1, ..., m)$.

Essendo il nucleo di σ ideale primo $\neq A$ in A, esso individua una prospettiva $\mathbb{P}$ di base A. Designi σ anche l'estensione di quell'omomorfismo a tutto l'anello S, sicche l'ideale $\mathbb{P}$ è il nucleo tanto di $\sigma : S \to K_0$ quanto di $\tau : S \to S/\mathbb{P}$.

Sappiamo (ved. **216** e **217**) che gli aspetti $s \subset V(A)$ subordinati a S stanno in corrispondenza biunivoca con gli aspetti $s^\tau \in V(A)/\mathbb{P}$ del corpo $S/\mathbb{P}$, i quali a loro volta sono isomorfi agli aspetti $s_0 = s^\sigma \in V(B)$ del corpo $K_0 = S^\sigma$ mediante l'isomorfismo $\tau^{-1}\sigma$ di $S/\mathbb{P}$ su $(S^\tau)^{\tau^{-1}\sigma} = K_0$. Se quindi $s \subset S$ in $V(A)$ è tale che $s^\sigma = s_0$, avremo

$$(*) \qquad \operatorname{ord}\frac{0}{\mathfrak{p}_0} = \operatorname{ord}\frac{\mathbb{P}^\sigma}{\mathfrak{p}^\sigma} = \operatorname{ord}\frac{\mathbb{P}^\tau}{\mathfrak{p}^\tau} = \operatorname{ord}\frac{\mathbb{P}}{\mathfrak{p}} \qquad \text{(ved. 218)}.$$

Soddisfacendo la varietà $V(A)$ alle ipotesi del teorema **247**, la prospettiva $\mathfrak{p}$ è regolare (come del resto anche $\mathbb{P}$) e secondo **245** vale

$$\operatorname{ord}\frac{\mathbb{P}}{\mathfrak{p}} + \operatorname{ord}\frac{0}{\mathbb{P}} = \operatorname{ord}\frac{0}{\mathfrak{p}}.$$

Tenuto conto che $S/\mathbb{P} \cong K_0$ e (di seguito a $\mathbb{P} \cap s \subset \mathfrak{p}$) $s/\mathfrak{p} \cong s + \mathbb{P}/\mathfrak{p} + \mathbb{P} = s^\tau/\mathfrak{p}^\tau = s^\sigma/\mathfrak{p}^\sigma = s_0/\mathfrak{p}_0$, possiamo ricavare dalle relazioni (ved. **247**)

$$\operatorname{ord}\frac{0}{\mathbb{P}} = m + 1 - \dim_a S/\mathbb{P} = m + 1 - \dim_a K_0,$$

$$\operatorname{ord}\frac{0}{\mathfrak{p}} = m + 1 - \dim_a s/\mathfrak{p} = m + 1 - \dim_a s_0/\mathfrak{p}_0,$$

248

e da $(*)$ l' uguaglianza

$$\operatorname{ord} \frac{0}{\mathfrak{p}_0} = \dim_a K_0 - \dim_a s_0/\mathfrak{p}_0$$

da dimostrare.

249. *In una varietà algebrica sopra un corpo k vale sempre*

$$\operatorname{ord} \frac{\mathbb{P}}{\mathfrak{p}} = \dim \frac{S/\mathbb{P}}{k + \mathbb{P}/\mathbb{P}} - \dim \frac{s/\mathfrak{p}}{k + \mathfrak{p}/\mathfrak{p}}.$$

La dimostrazione di questa osservazione differisce da quella or ora esposta solamente in questo, che si sostituiscono a B e A anelli algebrici sopra k e si tiene conto di **242** invece di **247**.

CAPITOLO VII

VARIETÀ ESTENSIONI

§ 1. Proprietà fondamentali.

250. Definizione. - Una varietà primaria V_1 dicesi *estensione di una varietà* V_0 o più semplicemente (situata) *sopra* V_0, allora e soltanto allora che siano soddisfatte le due condizioni che seguono:

I. - Ogni prospettiva $\mathbb{P}_1 \in V_1$ estende una prospettiva $\mathbb{P}_0 \in V_0$.

II. - Ogni aspetto S che sia estensione di un aspetto $S_0 \in V_0$ e compatibile (ved. **118**) con l'oggetto della V_1, ammette una estensione comune ad un aspetto $S_1 \in V_1$.

Designando generalmente l'oggetto di una varietà V con (V), possiamo notare come conseguenza della condizione I: $(V_1) \supset (V_0)$.

La prospettiva $\mathbb{P}_0 \in V_0$ associata secondo I a una data $\mathbb{P}_1 \in V_1$ è unica poichè altrimenti due prospettive diverse in V_0 avrebbero l'estensione comune $\mathbb{P}_1$ (ved. **111**). La diremo *la proiezione di* $\mathbb{P}_1$ *in* V_0 oppure la prospettiva *sotto* $\mathbb{P}_1$ in V_0.

Scrivendo generalmente

$\mathbb{P} \to \mathfrak{p}$ o $S \to s$ per esprimere che $\mathbb{P}$ è estensione di $\mathfrak{p}$

$V \to V_0$ per esprimere che V è estensione di V_0

possiamo riprodurre la situazione descritta nella condizione II col diagramma

$$\begin{array}{ccc} \mathbb{P}' \to & \mathbb{P}_1 \in V_1 \\ \downarrow \quad & \downarrow \quad \downarrow \\ \mathbb{P} \to & \mathbb{P}_0 \in V_0 \end{array}$$

in cui la parte $\mathbb{P}_1 \to \mathbb{P}_0$ risulta dalla condizione I, tenuto conto del teorema **111**.

248 — 250

La totalità delle prospettive $\mathbb{P}_1 \in V_1$ che si proiettano in una data $\mathbb{P}_0 \in V_0$ sarà chiamata *l'estensione completa di $\mathbb{P}_0$ in V_1*. Il diagramma precedente mostra che ad ogni $S \to S_0 \in V_0$ compatibile con (V_1) corrisponde una prospettiva appartenente alla completa estensione di $\mathbb{P}_0$ in V_1, mentre viceversa basta prendere $\mathbb{P} = \mathbb{P}_1$ per ottenere che una qualunque prospettiva $\mathbb{P}_1$ appartenente alla completa estensione di $\mathbb{P}_0$ risulti applicando la condizione II.

Notiamo finalmente che, parlando di varietà estensioni, sottintenderemo sempre, che si tratti di varietà primarie.

251. *Il procedimento di estendere varietà è transitivo.*

DIMOSTRAZIONE. - I. Sotto le ipotesi $V_2 \to V_1$, $V_1 \to V_0$ si ottengono successivamente, partendo da una data $\mathbb{P}_2 \in V_2$, le situazioni

$$\mathbb{P}_2 \to \mathbb{P}_1 \in V_1, \quad \mathbb{P}_1 \to \mathbb{P}_0 \in V_0$$

che dànno (ved. 66) $\mathbb{P}_2 \to \mathbb{P}_0$ come esige la condizione I.

II. - Dato un $S \to S_0 \in V_0$ compatibile con $(V_2) \supset (V_1)$, si costruirà, di seguito a $V_1 \to V_0$, la configurazione

$$\begin{array}{ccc} S' & \to & S_1 \in V_1 \,. \\ \downarrow & & \downarrow \\ S & \to & S_0 \in V_0 \end{array}$$

dove si può supporre (ved. 74) $S' \in V([S, S_1])$ e quindi $S' \subset (S, (V_1)) \subset (S, (V_2))$ compatibile con (V_2). L'ipotesi $V_2 \to V_1$ permette poi di costruire

$$\begin{array}{ccc} S'' & \to & S_2 \in V_2 \\ \downarrow & & \downarrow \\ S' & \to & S_1 \in V_1 \end{array} \,, \quad \text{la cui conseguenza} \quad \begin{array}{ccc} S'' & \to & S_2 \in V_2 \\ \downarrow & & \\ S & \to & S_0 \in V_0 \end{array}$$

verifica la seconda proprietà caratteristica per la situazione $V_2 \to V_0$.

252. *Ogni varietà estensione di una varietà V_0 chiusa (sopra l'anello A) è chiusa (sopra A).*

DIMOSTRAZIONE. - Sia $S \, (\supset A)$ aspetto compatibile con l'oggetto della V_1 supposta estensione di V_0. Siccome V_0 è chiusa (sopra A), mentre S è compatibile con $(V_0) \subset (V_1)$, esiste (ved. 118) una estensione

$$\begin{array}{ll} S' \to S & \quad S' \in V([S, S_0]) \\ \searrow & \\ \quad S_0 \in V_0 & \end{array}$$

$$\textbf{250 — 252}$$

contenuta in $(S, (V_0)) \subset (S, (V_1))$, sicchè la condizione II caratteristica per varietà estensioni garantisce una situazione

$$\begin{array}{c} S'' \\ \downarrow \; \searrow S_1 \in V_1, \\ S' \end{array} \quad \text{la quale induce la situazione} \quad \begin{array}{c} S'' \\ \downarrow \; \searrow S_1 \in V_1 \\ S \end{array}$$

tipica per la chiusura di V_1 (sopra A).

253. *La sintesi (V_0, V_1) di una varietà V_0 con una varietà chiusa V_1 è varietà estensione di V_0.*

DIMOSTRAZIONE. – I. Essendo ogni $\mathfrak{P}_2 \in V_2 = (V_0, V_1)$ estensione

$$\begin{array}{c} \mathfrak{P}_2 \\ \swarrow \quad \searrow \\ \mathfrak{P}_0 \in V_0 \quad \mathfrak{P}_1 \in V_1 \end{array}$$

(ved. **116**), è soddisfatta la condizione I necessaria per la situazione $V_2 \to V_0$.

II. Supposto $S \to S_0 \in V_0$ compatibile con $(V_2) \supset (V_1)$, troveremo una configurazione

$$\begin{array}{c} \mathfrak{P}' \\ \swarrow \quad \searrow \\ \mathfrak{P} \qquad \mathfrak{P}_1 \in V_1 \\ \swarrow \\ \mathfrak{P}_0 \end{array}$$

di seguito alla chiusura della V_1 (ved. **118**). Da $S' \to S_0$, $S' \to S_1$ segue (ved. **74**) l'esistenza di una prospettiva $\mathfrak{P}_2 \leftarrow \mathfrak{P}'$ di base $[S_0, S_1] \subset S'$ nella situazione

$$\begin{array}{c} \mathfrak{P}' \\ \downarrow \\ \mathfrak{P}_2 \\ \swarrow \quad \searrow \\ \mathfrak{P}_0 \qquad \mathfrak{P}_1 \end{array}$$

e quindi appartenente alla $V_2 = (V_0, V_1)$, sicchè risulta la validità del diagramma

$$\begin{array}{c} \mathfrak{P}' \\ \swarrow \quad \searrow \\ \mathfrak{P} \qquad \mathfrak{P}_2 \in V_2 \\ \swarrow \\ \mathfrak{P}_0 \end{array}$$

richiesta dalla condizione II di **250**.

254. *Se un aspetto $s_0 \in V_0 \to V$ è contenuto in un $S \in V$, esso è contenuto anche nella proiezione S_0 di S in V_0.*

252 — 254

Invero, la prospettiva $\mathbb{P} \in V$ individua (ved. 73) in $s_0 \subset S$ una prospettiva $\mathbb{P}_0$ di cui $\mathbb{P}$ è estensione, sicchè $S_0 \supset s_0$ è la proiezione di S.

COROLLARIO. - Da $s \subset S$ in V segue $s_0 \subset S_0$ per le proiezioni $s_0 \leftarrow s$, $S_0 \leftarrow S$ in $V_0 \quad V$.

255. Ogni figura $\mathfrak{a}$ in una varietà V_0 si estende in modo unico a una figura $\mathfrak{a}$ in una varietà estensione $V \rightarrow V_0$, ponendo

$$\mathfrak{a}(S) = \mathfrak{a}(S_0) \cdot S, \quad \text{se} \quad S \rightarrow S_0.$$

Invero, da $s \subset S$ in V segue (ved. 254) $s_0 \subset S_0$ per le corrispondenti proiezioni, sicchè si può concludere $\mathfrak{a}(S_0) = \mathfrak{a}(s_0) \cdot S_0$, essendo $\mathfrak{a}$ figura in V_0. Ciò mostra che $\mathfrak{a}(s) = \mathfrak{a}(s_0) \cdot s$ e $\mathfrak{a}(S) = \mathfrak{a}(S_0) \cdot S$ stanno nella relazione $\mathfrak{a}(S) = = \mathfrak{a}(s) \cdot S$ caratteristica per gli ideali di una figura in V.

Designeremo di solito la *figura estensione* che in questo modo si deriva da una data figura in V_0 con lo stesso segno come questa.

Si verifica subito, che ciascuna delle relazioni

$$\mathfrak{a} \leq \mathfrak{b}, \quad \mathfrak{a} + \mathfrak{b} = \mathfrak{c}, \quad \mathfrak{a} \cdot \mathfrak{b} = \mathfrak{c}$$

rimane valida per le figure estensioni $\mathfrak{a}$, $\mathfrak{b}$, $\mathfrak{c}$ in $V \rightarrow V_0$, qualora essa sia vera per le figure $\mathfrak{a}$, $\mathfrak{b}$, $\mathfrak{c}$ in V_0.

Quanto alla relazione $\mathfrak{a} \cap \mathfrak{b} = \mathfrak{c}$ in V_0, essa certo induce $\mathfrak{a} \cap \mathfrak{b} \leq \mathfrak{c}$ in $V \rightarrow V_0$, poichè per $s \quad s_0$ vale $\mathfrak{a}(s) \cap \mathfrak{b}(s) = \mathfrak{a}(s_0) \cdot s \cap \mathfrak{b}(s_0) \cdot s \supset [\mathfrak{a}(s_0) \cap \mathfrak{b}(s_0)] \cdot \cdot s = \mathfrak{c}(s)$, ma non si può garantire uguaglianza nel caso generale.

§ 2. Estensioni complete.

256. DEFINIZIONE. - Conviene definire anche nel caso in cui V_i designi un sistema qualunque, varietà o no, di prospettive di un medesimo oggetto primario (V_i) la situazione

$$V_1 \text{ è completa estensione di } V_0 \text{ (scriviamo: } V_1 \rightarrow V_0)$$

come quella, nella quale siano soddisfatte le condizioni I e II stabilite in **250** per le varietà, aggiungendo però la postulazione (implicita nel caso di varietà) che ogni $\mathbb{P}_1 \in V_1$ non estenda che una sola $\mathbb{P}_0 \in V_0$.

Questa definizione è d'accordo con quella data in **250** per il caso particolare dell'estensione completa contenuta in una varietà V_1 di una prospettiva $\mathbb{P}_0$ contenuta in una varietà $V_0 \leftarrow V_1$.

Notiamo ancora: se una estensione completa $\underset{i}{\cup} \mathfrak{p}_i$ di una prospettiva $\mathfrak{p}_0$ è contenuta in una varietà V_1, essa è unica (e coincide pertanto nel caso di $\mathfrak{p}_0 \in V_0 \leftarrow V_1$ con quella definita in **250**, fine). Infatti se anche $\underset{j}{\cup} \mathfrak{p}_j' \subset V_1$ è

254 — 256

completa estensione di $\mathfrak{p}_0$, si conclude da $\mathfrak{p}_i \rightarrow \mathfrak{p}_0$ l'esistenza di $\mathfrak{p}_i \leftarrow \mathfrak{p} \rightarrow \mathfrak{p}_j'$, il che esige (ved. **111**) $\mathfrak{p}_i = \mathfrak{p}_j'$, e viceversa da $\mathfrak{p}_i' \rightarrow \mathfrak{p}_0$ si conclude $\mathfrak{p}_i' = \mathfrak{p}_k$.

257. Volendo stabilire taluni teoremi su estensioni complete, premetteremo una serie di lemmi riferentisi al simbolo $\left(\dfrac{\mathfrak{a}}{\mathfrak{b}}\right)$, che definiamo ormai, estendendo le considerazioni di **208**, per s-moduli qualunque $\mathfrak{a} \subset \mathfrak{b}$ come la lunghezza l di una sequenza $\mathfrak{a} = \mathfrak{a}_0 \subset \mathfrak{a}_1 \subset \dots \subset \mathfrak{a}_l = \mathfrak{b}$ di s-moduli $\mathfrak{a}_i$, irriducibile nel senso che sia $\mathfrak{a}_i \neq \mathfrak{a}_{i+1}$ $(i > 0)$ e che non esista un s-modulo intermedio fra $\mathfrak{a}_i$ e $\mathfrak{a}_{i+1}$ diverso da questi. Sarà necessario talvolta di rilevare l'ipotesi che $\mathfrak{a}$ e $\mathfrak{b}$ sono da considerare come s-moduli, scrivendo $\left(\dfrac{\mathfrak{a}}{\mathfrak{b}}\right)_s$ invece di $\left(\dfrac{\mathfrak{a}}{\mathfrak{b}}\right)$.

La condizione necessaria e sufficiente affinchè una sequenza $\mathfrak{a}_0 \subset \mathfrak{a}_1 \subset \dots \subset \mathfrak{a}_l$ sia irriducibile è

$$(*) \qquad a_{i+1} = \mathfrak{a}_i + a_{i+1} \cdot s \quad \text{con} \quad a_{i+1} \subseteq\!\!\!| \ \mathfrak{a}_i, \quad a_{i+1} \cdot \mathfrak{p} \subset \mathfrak{a}_i .$$

L'esistenza di $a_{i+1} \in \mathfrak{a}_{i+1}$, $a_{i+1} \subseteq\!\!\!| \ \mathfrak{a}_i$, è necessario per $\mathfrak{a}_{i+1} \neq \mathfrak{a}_i$. Se fosse $a_{i+1} \cdot \mathfrak{p} \subseteq\!\!\!| \ \mathfrak{a}_i$, si avrebbe $\mathfrak{a}_i \underset{\neq}{\subset} \mathfrak{a}_i + a_{i+1} \cdot \mathfrak{p} \underset{\neq}{\subset} \mathfrak{a}_i + a_{i+1} \cdot s \subset \mathfrak{a}_{i+1}$ e quindi una sequenza riducibile. L'affermazione reciproca si dimostra letteralmente come in **209**.

258. *Per s-moduli $\mathfrak{a} \subset \mathfrak{b}$ vale nel caso di $\mathfrak{p} \rightarrow \mathfrak{p}_0$:* $\left(\dfrac{\mathfrak{a}}{\mathfrak{b}}\right)_{s_0} = \left(\dfrac{\mathfrak{p}}{s}\right)_{s_0} \cdot \left(\dfrac{\mathfrak{a}}{\mathfrak{b}}\right)$. *Se $\mathfrak{a} \subset \mathfrak{p}$ e l'ideale $\mathfrak{a} \cap s_0$ è primo mentre $\left(\dfrac{\mathfrak{a}}{s}\right)_{s_0}$ è finito, l'anello $s/\mathfrak{a}$ è $s_0/\mathfrak{p}_0$-modulo di rango $\left(\dfrac{\mathfrak{a}}{s}\right)_{s_0}$.*

DIMOSTRAZIONE. - I. Siano $\mathfrak{a} = \mathfrak{a}_0 \subset \mathfrak{a}_1 \subset \dots \subset \mathfrak{a}_l$ con $\mathfrak{a}_{i+1} = \mathfrak{a}_i + a_{i+1} \cdot s$ sequenza irriducibile di s-moduli, e $\mathfrak{y} = \mathfrak{y}_0 \subset \mathfrak{y}_1 \subset \dots \subset \mathfrak{y}_f = s$ con $\mathfrak{y}_{j+1} = \mathfrak{y}_j + y_{j+1} \cdot s_0$ sequenza irriducibile di s_0-moduli. Ponendo

$$\mathfrak{a}_{ij} = \mathfrak{a}_i + a_{i+1} \cdot \mathfrak{y}_j \qquad (0 \le i < l, \ 0 \le j \le f)$$

si ha $\mathfrak{a}_{i, j+1} = \mathfrak{a}_{ij} + a_{i+1} \cdot y_{j+1} \cdot s_0$ e $a_{i+1} \cdot y_{j+1} \cdot \mathfrak{p}_0 \subset a_{i+1} \cdot \mathfrak{y}_j \subset \mathfrak{a}_{ij}$, mentre $a_{i+1} \cdot y_{j+1} \subset \mathfrak{a}_{ij}$ darebbe $a_{i+1} \cdot (y_{j+1} + \underset{h \le j}{\Sigma} y_h \cdot c_h) \subset \mathfrak{a}_i$, $(c_l \in s_0)$ e quindi $y_{j+1} + \underset{h \le j}{\Sigma} y_h \cdot c_h \subset \mathfrak{p}$ contrario all'ipotesi $\mathfrak{y}_{j+1} \neq \mathfrak{y}_j$. Ciò mostra $\left(\dfrac{\mathfrak{a}_{ij}}{\mathfrak{a}_{i, j+1}}\right)_{s_0} = 1$ e quindi, tenuto conto di $\mathfrak{a}_{if} = \mathfrak{a}_{i+1, 0} = \mathfrak{a}_{i+1}$,

$$(*) \qquad \left(\dfrac{\mathfrak{a}}{\mathfrak{a}_l}\right)_{s_0} = \sum_{i=0}^{l-1} \sum_{j=0}^{f-1} \left(\dfrac{\mathfrak{a}_{ij}}{\mathfrak{a}_{i, j+1}}\right)_{s_0} = l \cdot f .$$

256 — 258

Se $\left(\dfrac{\mathfrak{a}}{\mathfrak{b}}\right)$ è finito, si può prendere $\mathfrak{a}_l = \mathfrak{b}$, cioè $l = \left(\dfrac{\mathfrak{a}}{\mathfrak{b}}\right)_s$, e allora (*) constata la prima delle formule da dimostrare. Qualora però $\left(\dfrac{\mathfrak{a}}{\mathfrak{b}}\right)_s$ sia infinito, l può essere scelto quanto grande si voglia, il che dimostra che in questo caso anche $\left(\dfrac{\mathfrak{a}}{\mathfrak{b}}\right)_{s_0}$ è infinito.

II. Per dimostrare la seconda affermazione, osserviamo che nel caso di $\left(\dfrac{\mathfrak{a}}{s}\right)_{s_0} = l$ finito $\neq 0$ si ha $s = \mathfrak{a} + \sum\limits_{i=1}^{l} a_i \cdot s_0$ $(a_i \in s)$, sicchè $s/\mathfrak{a}$ risulta $s_0 + \mathfrak{a}/\mathfrak{a}$-modulo con l elementi base $a_i + \mathfrak{a}$. Ora $\mathfrak{a} \subset \mathfrak{p}$ implica $\mathfrak{a} \cap s_0 \subset \mathfrak{p} \cap s_0 = \mathfrak{p}_0$, sicchè

$$(**) \qquad\qquad x_0 + \mathfrak{a} \to x_0 + \mathfrak{p}_0 \qquad (x_0 \in s_0)$$

definisce un omomorfismo di $s_0 + \mathfrak{a}/\mathfrak{a}$ sul corpo $s_0/\mathfrak{p}_0$.

Siccome l'ipotesi che $\left(\dfrac{\mathfrak{a}}{s}\right)_{s_0}$ sia finito induce $\mathfrak{a} \supset \mathfrak{p}^m$ con un certo m, l'ideale primo $\mathfrak{a} \cap s_0$ conterrà $\mathfrak{p}^m \cap s_0 \supset (\mathfrak{p} \cap s_0)^m = \mathfrak{p}_0{}^m$ e coincide pertanto con $\mathfrak{p}_0$. Trattandosi quindi in (**) di un isomorfismo, possiamo stabilire

$$(x_0 + \mathfrak{p}_0) \cdot (z + \mathfrak{a}) = (x_0 + \mathfrak{a}) \cdot (z + \mathfrak{a}) \quad \text{per ogni} \quad x_0 \in s_0,\ z \in s$$

con l'effetto, che $s/\mathfrak{a}$ diventa $s_0/\mathfrak{p}_0$-modulo con la base $a_i + \mathfrak{a}$ $(i = 1, \ldots, l)$, che subito si verifica essere indipendente, dato che una relazione lineare $(a_{i+1} + \mathfrak{a}) + \sum\limits_{j \leq i} (c_j + \mathfrak{p}_0) \cdot (a_j + \mathfrak{a}) = \mathfrak{a}$ equivarrebbe alla seguente: $a_{i+1} + \sum\limits_{j \leq i} c_j \cdot a_j \subset \mathfrak{a}$, esclusa dall'ipotesi $\left(\dfrac{\mathfrak{a}}{s}\right)_{s_0} = l$.

259. **Definizioni.** – Gli oggetti primarii potendosi considerare come aspetti (ved. 81), scriveremo talvolta S, s, ecc. per tali oggetti e, di seguito a questo, $\mathfrak{P}$, $\mathfrak{p}$, ecc. per i loro radicali. Il fatto, ugualmente constatato in **81**, che un oggetto primario è estensione di ogni sua sotto-oggetto, ci permette di generalizzare la nozione di *grado relativo* al caso di oggetti primarii $S \supset s$ con la definizione

$$\text{grado}\,\frac{S}{s} = \left(\frac{\mathfrak{P}}{S}\right)_s = \text{grado}\,\frac{S/\mathfrak{P}}{s + \mathfrak{P}/\mathfrak{P}}\,,$$

aggiungendo però due altre nozioni, superflue nel caso di corpi, e cioè il *rango relativo* definito da

$$\text{rango}\,\frac{S}{s} = \left(\frac{0}{S}\right)_s$$

258 — 259

e la *molteplicità* di S

$$\text{molt. } S = \left(\frac{0}{S}\right)_S$$

legate a quella mediante la relazione

$$\text{rango} \frac{S}{s} = \text{grado} \frac{S}{s} \cdot \text{molt. } S$$

che subito segue dall'applicazione di **258**.

Sarà utile notare che ogni elemento di un oggetto primario di rango r relativo a un suo sotto-oggetto s soddisfa ad un'equazione algebrica di grado r con coefficienti in s, il primo coefficiente essendo 1.

260. *Se l'oggetto* (s) *è primario di rango* $\dfrac{(s)}{(s_0)}$ *finito,* s_0 *essendo perfetto,. e se l'anello* A *intermedio fra* s *e* (s) *ha* s-*base finita, allora vale*

$$\left(\frac{\mathfrak{p}_0 \cdot A}{A}\right)_{s_0} = \left(\frac{\mathfrak{p}_0 \cdot s}{s}\right)_{s_0} \quad \text{supposto finito.}$$

DIMOSTRAZIONE. - I. Se $\left(\dfrac{\mathfrak{p}_0 \cdot s}{s}\right)$ è finito, sicchè $s = \sum\limits_{i=1}^{h} s_0 \cdot y_i + \mathfrak{p}_0 \cdot s$ (e quindi $s = \sum\limits_{i=1}^{h} s_0 \cdot y_i + \mathfrak{p}_0{}^m \cdot s$), anche A avrà s_0-base finita mod $\mathfrak{p}_0 \cdot A$:

$$(*) \qquad A = \sum_{i=1}^{n} s_0 \cdot z_i + \mathfrak{p}_0 \cdot A \text{ (e quindi } A = \sum_{i=1}^{n} s_0 \cdot z_i + \mathfrak{p}_0{}^m \cdot A).$$

Qualora in una relazione $\sum\limits_{i=1}^{n} c_i \cdot z_i \subset \mathfrak{p}_0 \cdot A$ $(c_i \in s_0)$ sia p. es. $c_1 \subset\!\!\!| \ \mathfrak{p}_0$, l'elemento z_1 sarà superfluo in quella base. Supponendo n minimo, possiamo affermare che da

$$(**) \qquad\qquad \sum_{i=1}^{n} c_i \cdot z_i \subset \mathfrak{p}_0{}^m \cdot A \ (c_i \in s_0) \text{ segue } c_i \subset \mathfrak{p}_0{}^m \qquad (i = 1, \ldots, n).$$

Infatti, si conclude dapprima, ponendo $\mathfrak{p}_0 = p_0 \cdot s_0$, che ogni $c_i = p_0 \cdot c_i$ con $c_i' \in s_0$. Poichè p_0 è attivo in $A \subset (s)$, si ottiene $\sum\limits_{i=1}^{n} c_i' \cdot z_i \subset \mathfrak{p}_0{}^{m-1} \cdot A$, e proseguendo in questo modo si dimostra $(**)$.

Mediante gli s_0-moduli

$$\mathfrak{a}_{ik} = \mathfrak{p}_0{}^m \cdot A + \sum_{j<i} s_0 \cdot z_j + \mathfrak{p}_0{}^k \cdot z_i \subset \mathfrak{a}_{i,\,k-1} = \mathfrak{a}_{ik} + \mathfrak{p}_0{}^{k-1} \cdot z_i \cdot s_0 \qquad \begin{matrix} (1 \leq i \leq n) \\ (1 \leq k \leq m) \end{matrix}$$

259 — 260

dove $\mathfrak{a}_{i0} = \mathfrak{a}_{i+1,m}$, si calcola (ved. 257)

$$\left(\frac{\mathfrak{p}_0{}^m \cdot A}{A}\right)_{s_0} = m \cdot n \, ,$$

dato che $p_0{}^{k-1} \cdot z_i \cdot \mathfrak{p}_0 \subset \mathfrak{a}_{ik}$ e che $p_0{}^{k-1} \cdot z_i \subset \mathfrak{a}_{ik}$ equivarrebbe a una relazione $(p_0{}^{k-1} + p_0{}^k \cdot c) \cdot z_i + \sum_{j<i} c_j \cdot z_j \subset \mathfrak{p}_0{}^m \cdot A$ (con $c, \ c_j \in s_0$) impossibile secondo (∗∗).

Supponendo anche h minimo, potremo applicare (∗∗) al caso di $A = s$, $n = h$, $z_i = y_i$, trovando in particolare $h = \left(\dfrac{\mathfrak{p}_0 \cdot s}{s}\right)_{s_0}$.

II. Sia $b \in s$ non-infinitesimale e $e_0 + e_1 \cdot b + \ldots + e_l \cdot b^l = 0$ $(e_i \in s_0, \ e_l \neq 0)$ con $l \left(\leq \text{rango } \dfrac{(s)}{(s_0)}\right)$ minimo. Allora $c' = -e_1 - \ldots - e_l \cdot b^{l-1} \neq 0$ e quindi $b \cdot c' = = e_0 \neq 0$. Ne concludiamo che per ogni $b \in s$ non-infinitesimale si troverà $c \in s$ tale che $b \cdot c = p_0{}^r$.

Applicando questa osservazione al numeratore comune b degli elementi base $w_i = \dfrac{a_i}{b}$ $(i = 1, \ldots, q)$, $(a_i \in s)$, dell'anello $A = \sum\limits_{i=1}^{q} s \cdot w_i$, avremo

$$(\overset{*}{\underset{*}{*}}) \qquad\qquad\qquad p_0{}^r \cdot A \subset s.$$

III. L'ipotesi $A \supset s = \sum\limits_{i=1}^{h} s_0 \cdot y_i + \mathfrak{p}_0{}^m \cdot s$ permette di scrivere (ved. I) $A = \sum\limits_{i=1}^{h+n} s_0 \cdot y_i + \mathfrak{p}_0{}^m \cdot A$ con $y_{h+i} = z_i$. Mediante gli s_0-moduli

$$\mathfrak{a}_{ik} = \mathfrak{p}_0{}^m \cdot A + \sum_{j<i} s_0 \cdot y_j + p_0{}^k \cdot y_i \subset \mathfrak{a}_{i,k-1} = \mathfrak{a}_{ik} + p_0{}^{k-1} \cdot y_i \cdot s_0$$

$(1 \leq i \leq h + n, \ 1 \leq k \leq m)$ soddisfacenti alle relazioni $\mathfrak{a}_{i0} = \mathfrak{a}_{i+1,m}$ si ottiene

$$\left(\frac{\mathfrak{p}_0{}^m \cdot A}{A}\right)_{s_0} = \sum_{i=1}^{h} \sum_{k=1}^{m} \left(\frac{\mathfrak{a}_{ik}}{\mathfrak{a}_{i,k-1}}\right)_{s_0} + \sum_{i=h+1}^{h+n} \sum_{k=1}^{m} \left(\frac{\mathfrak{a}_{ik}}{\mathfrak{a}_{i,k-1}}\right)_{s_0}.$$

Ora, ogni termine di queste somme è ≤ 1, quelli della seconda somma essendo 0 per $k > r$, poichè secondo $(\overset{*}{\underset{*}{*}})$

$$p_q{}^{k-1} \cdot y_i \subset p_0{}^{k-r-1} \cdot s \subset \sum_{j=1}^{h} s_0 \cdot y_j + \mathfrak{p}_0{}^m \cdot s \subset \mathfrak{a}_{ik} \quad \text{per} \quad i > h.$$

Ne risulta (ved. I.)

$$(+) \qquad\qquad\qquad \left(\frac{\mathfrak{p}_0{}^m \cdot A}{A}\right)_{s_0} = m \cdot n \leq m \cdot h + r \cdot n.$$

260

Dall'altra parte si osservi, che $\mathfrak{a}_{ik} = \mathfrak{a}_{i,k-1}$ è impossibile per $i \leq h$, $k \leq m - r$ poichè allora si avrebbe una relazione $(p_0^{k-1} + c \cdot p_0^k) \cdot y_i + \sum_{j<i} c_j \cdot y_j \subset \subset \mathfrak{p}_0^m \cdot A \subset \mathfrak{p}_0^{m-r} \cdot s$ $(c, c_j \in s_0)$, la quale esigerebbe secondo (∗∗) (applicato al caso di $A = s$), che $k - 1 \geq m - r$. Quindi $\left(\dfrac{\mathfrak{a}_{ik}}{\mathfrak{a}_{i,k-1}}\right) = 1$ per $i \leq h$, $k \leq m - r$, epperò

$$(++) \qquad \left(\frac{\mathfrak{p}_0^m \cdot A}{A}\right)_{s_0} \geq h \cdot (m - r),$$

sicchè, dato l'arbitrarietà di m, da (+) e (++) segue

$$n = \left(\frac{\mathfrak{p}_0 \cdot A}{A}\right)_{s_0} = h = \left(\frac{\mathfrak{p}_0 \cdot s}{s}\right)_{s_0}$$

c. d. d.

261. *Se per un sopra-anello primario A di un aspetto s_0* $\left(\dfrac{\mathfrak{p}_0 \cdot A}{A}\right)_{s_0}$ *è finito, si ha*

$$\left(\frac{\mathfrak{p}_0 \cdot A}{A}\right)_{s_0} = \sum_{s} \left(\frac{\mathfrak{p}_0 \cdot s}{s}\right)_{s_0},$$

la somma estesa a tutte le estensioni $s \to s_0$ di base A.

DIMOSTRAZIONE. – I. Poichè $\left(\dfrac{\mathfrak{p}_0 \cdot A}{A}\right)_{s_0}$ è finito, si ha

$$(*) \qquad A = \sum_{i=1}^{n} s_0 \cdot w_i + \mathfrak{p}_0 \cdot A,$$

e l'anello $A/\mathfrak{p}_0 \cdot A$ è noetheriano.

Sia $\mathfrak{c} \supset \mathfrak{p}_0 \cdot A$ ideale primo e designi x un elemento di A non contenuto in $\mathfrak{c}$. Questo x soddisfa, come ogni elemento di A, a una congruenza $|x \cdot \delta_{ij} - a_{ij}| \subset \mathfrak{p}_0 \cdot A \subset \mathfrak{c} (a_{ij} \in s_0)$, conseguenza di $x \cdot w_i \subset \sum_{j=1}^{n} a_{ij} \cdot w_j + \mathfrak{p} \cdot A$, la quale, scritta nella forma $\sum_{i=0}^{n} a_i \cdot x^i \subset \mathfrak{c}$, $(a_i \in s_0, a_n = 1)$, fornisce

$$(**) \qquad x^m \cdot (a_m + \ldots) \subset \mathfrak{c},$$

se a_m è il primo coefficiente a_i non contenuto in $\mathfrak{p}_0$. Da (∗∗) e $x \not\subset \mathfrak{c}$ segue $a_m + \ldots \subset \mathfrak{c}$ cioè $a_m \subset \mathfrak{c} + x \cdot A$ e finalmente $A = \mathfrak{c} + x \cdot A$.

Ciò dimostra che ogni ideale primo $\mathfrak{c} \supset \mathfrak{p}_0 \cdot A$ è massimale.

$$260 - 261$$

II. Sia $\mathfrak{p}_0 \cdot A = \underset{i=1,\dots,h}{\cap} \mathfrak{q}_i$ decomposizione noetheriana con $\mathfrak{q}_i$ $\mathfrak{c}_i$–primario. Allora $\mathfrak{c}_i + \mathfrak{c}_j = A$ secondo I (per $i \neq j$) e quindi

$$\sum_{i=1}^{h} \mathfrak{a}_i = A \quad \text{se} \quad \mathfrak{a}_i = \underset{j \neq i}{\cap} \mathfrak{q}_j.$$

Si scelgano $e_i \in \mathfrak{a}_i$ soddisfacenti a $\sum_{i=1}^{h} e_i = 1$, sicchè $A = \sum_{i=1}^{h} A \cdot e_i$. Sia

$$(\textstyle{\overset{*}{\underset{*}{}}}) \qquad A \cdot e_i = \sum_{j=1}^{n_i} s_0 \cdot z_{ij} + \mathfrak{p}_0 \cdot A \cap A \cdot e_i$$

con $z_{ij} \in A \cdot e_i$ $(j=1,\dots,n_i)$ linearmente indipendenti mod $\mathfrak{p}_0 \cdot A \cap A \cdot e_i$ sopra s_0. Allora $A = \underset{i,j}{\Sigma} s_0 \cdot z_{ij} + \mathfrak{p}_0 \cdot A$ e

$$(+) \qquad \text{da } \underset{i,j}{\Sigma} a_{ij} \cdot z_{ij} \subset \mathfrak{p}_0 \cdot A \quad (a_{ij} \in s_0) \quad \text{segue } a_{ij} \subset \mathfrak{p}_0,$$

poichè $z_{lj} \subset \mathfrak{a}_l \subset \mathfrak{q}_i$ per $l \neq i$ induce $\underset{j}{\Sigma} a_{ij} \cdot z_{ij} \subset \mathfrak{q}_i$, e quindi, di seguito a $z_{ij} \subset \mathfrak{q}_l$ $(l \neq i)$, $\underset{j}{\Sigma} a_{ij} \cdot z_{ij} \subset \mathfrak{p}_0 \cdot A$, cioè finalmente $a_{ij} \subset \mathfrak{p}_0$ a causa dell'indipendenza lineare mod $\mathfrak{p}_0 \cdot A \cap A \cdot e_i$ di $z_{i1}, \dots, z_{in_i}$.

Dall'osservazione (+) si deduce

$$(++) \qquad \left(\frac{\mathfrak{p}_0 \cdot A}{A}\right)_{s_0} = \underset{i}{\Sigma} n_i.$$

III. Designi $\mathfrak{p}_i$ la prospettiva di base A, individuata da $\mathfrak{c}_i = \mathfrak{p}_i \cap A$. Essendo $1 = \underset{i}{\Sigma} e_i$, mentre $e_l \subset \mathfrak{q}_i \subset \mathfrak{p}_i$ $(l \neq i)$, sarà $e_i \subset\!\!\!\!/ \, \mathfrak{p}_i$, e da $e_i \cdot e_l \subset \underset{j}{\cap} \mathfrak{q}_j = \mathfrak{p}_0 \cdot A$ segue $e_l \subset \mathfrak{p}_0 \cdot s_i$ e pertanto

$$(\textstyle{\overset{+}{\underset{+}{+}}}) \qquad A = \underset{j}{\Sigma} A \cdot e_j = A \cdot e_i + \mathfrak{p}_0 \cdot s_i.$$

Ora, $s_i \in V(A)$ induce $s_i / \mathfrak{p}_i = (A + \mathfrak{p}_i / \mathfrak{p}_i) = A + \mathfrak{p}_i / \mathfrak{p}_i$ poichè quest'ultimo anello ha $s_0 + \mathfrak{p}_i / \mathfrak{p}_i$–base finita. Tenuto conto di $\mathfrak{p}_i = \mathfrak{c}_i \cdot s_i$, si deriva da $s_i = A + \mathfrak{p}_i$, successivamente:

$$s_i = A + \mathfrak{c}_i \cdot [A + \mathfrak{p}_i] = A + \mathfrak{p}_i^2 = \dots = A + \mathfrak{p}_i^L \qquad (L \text{ qualunque}),$$

e siccome per L abbastanza grande sarà $\mathfrak{c}_i^L \subset \mathfrak{q}_i$, $e_i \cdot \mathfrak{c}_i^L \subset \mathfrak{p}_0 \cdot A$ e quindi $\mathfrak{p}_i^L \subset \mathfrak{p}_0 \cdot s_i$, avremo secondo $(\overset{+}{\underset{+}{+}})$ e $(\overset{*}{\underset{*}{}})$:

$$(\text{o}) \qquad s_i = A + \mathfrak{p}_0 \cdot s_i = A \cdot e_i + \mathfrak{p}_0 \cdot s_i = \sum_{j=1}^{n_i} s_0 \cdot z_{ij} + \mathfrak{p}_0 \cdot s_i.$$

Se fosse $\mathfrak{p}_0 \cdot s_i + \underset{j<l}{\Sigma} s_0 \cdot z_{ij} = \mathfrak{p}_0 \cdot s_i + \underset{j \leq l}{\Sigma} s_0 \cdot z_{ij}$, si troverebbe $z_{il} = \underset{j<l}{\Sigma} b_j \cdot z_{ij} + \mathfrak{p}_0 \cdot \dfrac{b}{a}$ con $b_j \in s_0$, $p_0 \in \mathfrak{p}_0$, $a, b \in A$, $a \subset\!\!\!\!/ \, \mathfrak{p}_i$, cioè $a \cdot (z_{il} - \underset{j<l}{\Sigma} b_j \cdot z_{ij}) \subset \mathfrak{p}_0 \cdot A \subset \mathfrak{q}_i$,

261

173

$a \subset \mid = c_i = p_i \cap A$, il che esigerebbe, dato che q_i è c_i-primario, $z_{il} - \sum_{j<l} b_j \cdot z_{ij} \subset q_i$ epperò $\subset p_0 \cdot A$, poichè $z_{ij} \subset q_l$ $(l \neq i)$. Ma ciò contraddirebbe all'osservazione (+).

Da (o) segue ormai $\left(\dfrac{p_0 \cdot s_i}{s_i}\right)_{s_0} = n_i$ e quindi, tenuto conto di (++),

$$\left(\frac{p_0 \cdot A}{A}\right) = \sum_{i=1}^{h} \left(\frac{p_0 \cdot s_i}{s_i}\right)_{s_0}.$$

IV. L'ipotesi $s \to s_0$, $s \in V(A)$ induce $p \cap A \supset p_0 \cdot A$ epperò $p \cap A \supset c_i$ con un certo i, ma essendo $c_i = p_i \cap A$ massimale, (ved. I.), esso coincide con $p \cap A$, sicchè p è identico a p_i. Viceversa, ogni p_i estende p_0, poichè $s_0 \neq p_i \cap s_0 \supset p_0$ esige $p_i \cap s_0 = p_0$.

262. *Se l'anello primario $A \supset s$ ha s-base finita, esiste un numero finito di estensioni di p con A, e la loro totalità è completa estensione di p.*

Dimostrazione. – La prima affermazione risulta dall'applicazione del teorema precedente a p invece di p_0.

Ogni aspetto $S' \to s$ compatibile con l'oggetto (A) di A ammette una estensione S'' con A, dato che gli elementi di A sono integri sopra s (ved. **83** e **76**). Secondo **74** si troverà allora la situazione

$$\begin{array}{ccc} & \mathbb{P}'' & \\ \nearrow & & \nwarrow \\ \mathbb{P}' & & \mathbb{P} \in V(A) \\ \searrow & & \swarrow \\ & p & \end{array}$$

caratterizzante la totalità delle prospettive $\mathbb{P}$ soddisfacenti a $\mathbb{P} \to p$, $\mathbb{P} \in V(A)$ quale completa estensione di p.

263. *Se l'integrità $I\left(\dfrac{K}{s}\right)$ di un corpo K relativa ad un aspetto perfetto s ha s-base finita e K è finito sopra (s), ogni estensione $\mathbb{P}$ di p soddisfacente a $K \supset S \supset I\left(\dfrac{K}{s}\right)$, è prospettiva perfetta di base $I\left(\dfrac{K}{s}\right)$, e la varietà $V\left(I\left(\dfrac{K}{s}\right)\right)$ estende la stella $V(s)$:*

$$(*) \qquad V\left(I\left(\frac{K}{s}\right)\right) \to V(s).$$

Dimostrazione. – I. Sia $\mathbb{P} \to p$ con $K \supset S \supset I\left(\dfrac{K}{s}\right)$, quale prospettiva certo esiste secondo **83**, e designi $\mathbb{P}' \to \mathbb{P}$ la prospettiva individuata da $\mathbb{P}$ in $I\left(\dfrac{K}{s}\right)$. Allora $\mathbb{P}'$ è perfetta (ved. **125** e **127**) e quindi uguale alla $\mathbb{P}$ che pertanto appartiene alla varietà $V\left(I\left(\dfrac{K}{s}\right)\right)$.

261 — 263

II. Ogni $\mathfrak{P} \in V\left(I\left(\dfrac{K}{s}\right)\right)$ soddisfa a $\mathfrak{P} \cap s = \mathfrak{p}$ o 0, poichè in s non ci sono altri ideali primi diversi da s. Ne risulta, che tutte le prospettive nella varietà $V\left(I\left(\dfrac{K}{s}\right)\right)$ sono estensioni dell'una o dell'altra fra le due prospettive di cui è costituita la stella $V(s)$.

III. Se $S' \to s' \in V(s)$ è compatibile con K, esso ammette (ved. **83**) di seguito a $s \subset s' \subset K$ una estensione S'' con $I\left(\dfrac{K}{s}\right)$, la quale estende (ved. **73**) un aspetto $S \in V\left(I\left(\dfrac{K}{s}\right)\right)$.

Le osservazioni II e III dimostrano (∗).

264. La transitività del procedimento di estensione dimostrata in **251** per il caso di varietà, non si può garantire generalmente, quando si tratta semplicemente di sistemi di prospettive di un medesimo oggetto primario. Questo fatto rende utile una nozione più debole di quella designata con $V_1 \to V_0$ in **256**.

Scriveremo

$$V_1 \to V_0$$

per indicare, che il sistema V_1 soddisfa in riguardo al sistema V_0 alle condizioni I e II stabilite in **250**, ma che si rinuncia alla postulazione (fatta nel caso $V_1 \to V_0$), che ogni $\mathfrak{P}_1 \in V_1$ estenda solamente una $\mathfrak{P}_0 \in V_0$. Vale allora la transitività

$$Da\ V_2 \to V_1,\ V_1 \to V_0\ segue\ V_2 \to V_0,$$

che si dimostra letteralmente come in **251**, sostituendovi il segno $\to$ al segno $\to$, ovunque questo combini sistemi di prospettive.

Il teorema **111** permette di affermare:

Se $V_1 \to V_0$ e V_0 è *contenuto in una varietà*, allora $V_1 \to V_0$. Sarà utile notare ancora:

$$Da\ V_i \to V_i'\ (i = 1,\ 2,\ ...)\ segue\ \bigcup_i V_i \to \bigcup_i V_i'\ purchè$$

$$(V_i) = (V_j),\ (V_i') = (V_j'),\ (i,\ j = 1,\ 2,\ ...).$$

Avvertiamo finalmente, per evitare un eventuale equivoco, che il simbolo $\mathfrak{P} \to \mathfrak{p}$ designa generalmente che la prospettiva $\mathfrak{P}$ è estensione di $\mathfrak{p}$, e che l'altra possibilità d'intendere questo simbolo, e cioè che $\mathfrak{P}$ sia completa estensione di $\mathfrak{p}$, non vale che quando ciò sia detto espressamente.

265. *Applicando un omomorfismo* $\tau : S \to S/\mathfrak{Q}$ *determinato da un ideale* $\mathfrak{P}$-*primario* $\mathfrak{Q}$, *agli aspetti* s, s', S *supposti nella relazione*

$$s \in V(A),\quad S \in V(s),\quad S \in V(s'),\quad s \to s',$$

263 — 265

si ottengono aspetti s^τ, s'^τ, di S^τ nella relazione

$$s^\tau \in V(A^\tau), \quad S^\tau \in V(s^\tau), \quad S^\tau \in V(s'^\tau), \quad s^\tau \longrightarrow s'^\tau.$$

DIMOSTRAZIONE. – Secondo **216** II sono s^τ, s'^τ aspetti di S^τ, e **216** III insegna $s^\tau \in V(A^\tau)$, $S^\tau \in V(s^\tau)$, $S^\tau \in V(s'^\tau)$.

Da $1^\tau \subseteq \mathfrak{p}^\tau$ segue $s'^\tau \neq \mathfrak{p}^\tau \cap s'^\tau$, mentre $\mathfrak{p} \cap s' = \mathfrak{p}'$ fornisce $\mathfrak{p}^\tau \cap s'^\tau \supset$
$\supset [\mathfrak{p} \cap s']^\tau = \mathfrak{p}'^\tau$, sicchè $\mathfrak{p}^\tau \cap s'^\tau$ non può essere che $\mathfrak{p}'^\tau$.

266. Per indicare , che una prospettiva abbia base aritmetica (risp. algebrica sopra un anello A), la chiameremo *prospettiva aritmetica* (risp. *prospettiva algebrica sopra A*), e similmente diremo l'aspetto corrispondente.

Se una completa estensione $\underset{i=1,\ldots,h}{\cup} \mathfrak{p}_i$ *di una prospettiva perfetta* $\mathfrak{p}_0$ *è contenuta in una varietà algebrica sopra* s_0, *il cui oggetto S sia primario di rango finito sopra il corpo* (s_0), *e se l'integrità relativa* $I\left(\dfrac{S^\tau}{s_0^\tau}\right)$ *del corpo S^τ ottenuto da S mediante l'omomorfismo* $\tau: S \longrightarrow S/\mathfrak{p}$ *ha s_0^τ-base finita, il che certo capita, quando* $\mathfrak{p}_0$ *è aritmetica o che S^τ sia separabile sopra* (s_0^τ), *allora esiste un anello A in S, di base finita sopra s_0 e tale, che la varietà $V(A)$ contiene una completa estensione di* $\underset{i}{\cup} \mathfrak{p}_i$ *e quindi di* $\mathfrak{p}_0$.

DIMOSTRAZIONE. – I. Sia $I\left(\dfrac{S^\tau}{s_0^\tau}\right) = \overset{n}{\underset{i=1}{\Sigma}} s_0^\tau \cdot z_i^\tau$ con $z_i \in S$.

Siccome ogni $x \in \overset{n}{\underset{i=1}{\Sigma}} s_0 \cdot z_i + \mathfrak{p}$ soddisfa ad una congruenza

$$x^n + a_1 \cdot x^{n-1} + \ldots + a_n \subset \mathfrak{p} \qquad \text{(con } a_i \in s_0\text{)},$$

esso soddisferà anche ad un'equazione

$$(x^n + a_1 \cdot x^{n-1} + \ldots + a_n)^L = 0 \qquad (L \text{ abbastanza grande)}.$$

Ne risulta, che l'anello $B = [s_0, z_1, \ldots, z_n]$ ha s_0-base finita, sicchè l'anello $[s_i, B]$ avrà s_i-base finita. Esiste quindi una estensione completa $\underset{j}{\cup} \mathfrak{p}_{ij}$ di $\mathfrak{p}_i$ con la base $[s_i, B]$ (ved. **262**). L'unione $\underset{i,j}{\cup} \mathfrak{p}_{ij}$ di queste estensioni è allora completa estensione di $\underset{i}{\cup} \mathfrak{p}_i$ e quindi (ved. **264**) di $\mathfrak{p}_0$, poichè $\underset{i,j}{\cup} \mathfrak{p}_{ij} \longrightarrow \underset{i}{\cup} \mathfrak{p}_i$ e quest'ultimo sistema è contenuto in una varietà (ved. **264**).

Avremo la situazione

$$
\begin{array}{ccc}
 & \mathfrak{p}_{ij} & \\
\swarrow & & \searrow \\
\mathfrak{p}_i & & \mathfrak{p}'_{ij} \in V(B). \\
\searrow & & \swarrow \\
 & \mathfrak{p}_0 &
\end{array}
$$

dalla quale si deduce, applicando l'omomorfismo τ, (ved. **265**), $\mathfrak{p}_{ij}^\tau \longrightarrow \mathfrak{p}_{ij}'^\tau \in V(B^\tau)$.

$$\textbf{265 — 266}$$

Ora, essendo s'^{τ}_{ij} perfetto in conseguenza a $B^{\tau} = \sum_{l=1}^{n} s_0{}^{\tau} \cdot z_l{}^{\tau} = I\left(\dfrac{S^{\tau}}{s_0{}^{\tau}}\right)$ (ved. **263**), si trova $s^{\tau}_{ij} = s'^{\tau}_{ij}$, cioè $s_{ij} \subset s'_{ij} + \mathbf{\wp}$ e finalmente

$$(*) \qquad\qquad s_i \subset s'_{ij} + \mathbf{\wp}.$$

II. Supposte le prospettive $\mathbf{p}_i$ algebriche sopra s_0, sia

$$(**) \qquad\qquad s_i = V([s_0,\, x_{i1},\, \ldots,\, x_{im}]).$$

Secondo $(*)$ e $s'_{ij} \in V(B)$ avremo

$$\left(\overset{*}{_{**}}\right) \qquad x_{ij} - \frac{a_{ij}}{b_{ij}} = p_{ij} \subset \mathbf{\wp}, \quad \text{con} \quad a_{ij},\, b_{ij} \in B,\ b_{ij} \mathrel{\mathsf{c}\!\!\models} \mathbf{p}'_{ij} = \mathbf{p}_{ij} \cap s'^{i}_{j}$$

e quindi $b_{ij} \mathrel{\mathsf{c}\!\!\models} \mathbf{p}_{ij}$.

L'anello A generato da s_0 e da tutti gli elementi z_i, p_{ij} ovviamente integri sopra s_0, ha s_0-base finita, e ogni $\mathbf{p}_{ij}$ può estendersi con $A \subset I\left(\dfrac{S}{s_0}\right)$ (ved. **83** e **76**), precisamente a una sola prospettiva $\bar{\mathbf{p}}_{ij}$. Invero, ogni ideale primo $\mathbf{c} \supset \mathbf{p}_{ij} \cdot [s_{ij},\, A]$ (ved. **80**) contiene tutti gli elementi (infinitesimali) p_{kl}, sicchè esso è identico all'ideale generato da $\mathbf{p}_{ij}$ e da quelli p_{kl}, dato che questo ideale è massimale.

Tenuto conto di **262**, ne segue $\bar{\mathbf{p}}_{ij} \to \mathbf{p}_{ij}$ e quindi $\bigcup_{i,\,j} \bar{\mathbf{p}}_{ij} \to \bigcup_{i,\,j} \mathbf{p}_{ij}$ e finalmente $\bigcup_{i,\,j} \bar{\mathbf{p}}_{ij} \to \bigcup_{i} \mathbf{p}_i$ (ved. **264**).

Concludiamo dapprima da $(**)$, che ogni elemento della base $[s_{ij},\, A]$ di $\bar{\mathbf{p}}_{ij}$ è quoziente $\dfrac{u}{v}$ con $u \in [s_0,\, x_{i1},\, \ldots,\, x_{im},\, A]$, $v \in [s_0,\, x_{i1},\, \ldots,\, x_{im}]$ $v \mathrel{\mathsf{c}\!\!\models} \mathbf{p}_{ij} = \bar{\mathbf{p}}_{ij} \cap s_{ij}$ e quindi $v \mathrel{\mathsf{c}\!\!\models} \bar{\mathbf{p}}_{ij}$. Applicando **75** possiamo dedurne, che $[s,\, x_{i1},\, \ldots,\, x_{im},\, A]$ è base di $\bar{\mathbf{p}}_{ij}$. Ora $\left(\overset{*}{_{**}}\right)$ insegna, che ogni x_{ij} è quoziente $\dfrac{u}{v}$ con $u \in A$, $v \in B \subset A$, $v \mathrel{\mathsf{c}\!\!\models} \mathbf{p}_{ij} = \bar{\mathbf{p}}_{ij} \cap s_{ij}$, cioè $v \mathrel{\mathsf{c}\!\!\models} \bar{\mathbf{p}}_{ij}$, sicchè nuova applicazione di **75** dimostra, che A è base di $\bar{\mathbf{p}}_{ij}$.

Il fatto $V(A) \supset \bigcup_{i,\,j} \bar{\mathbf{p}}_{ij} \to \bigcup_{i} \mathbf{p}_i$ è quel che volevasi dimostrare.

III. Se il corpo S^{τ} è separabile sopra $(s_0{}^{\tau})$, si ricava da **103** che

$$(+) \qquad\qquad I\left(\frac{S^{\tau}}{s_0{}^{\tau}}\right) \text{ ha } s_0{}^{\tau}\text{-base finita.}$$

Quando però S^{τ} è inseparabile sopra $(s_0{}^{\tau})$, la stessa proprietà $(+)$ può affermarsi almeno nel caso in cui $\mathbf{p}_0$ sia aritmetica. Si osservi all'uopo, che da $s_0 \in V([1, x_1, \ldots, x_m])$ si deduce per ogni $y \in s_0^{\tau p^{-1}}$ una rappresentazione

$$y = \frac{f(x_1^{\tau p^{-1}}, \ldots, x_m^{\tau p^{-1}})}{g(x_1^{\tau p^{-1}}, \ldots, x_m^{\tau p^{-1}})} = \frac{f(x_1^{\tau p^{-1}}, \ldots, x_m^{\tau p^{-1}}) \cdot g(x_1^{\tau p^{-1}}, \ldots, x_m^{\tau p^{-1}})^{p-1}}{g(x_1^{\tau}, \ldots, x_m^{\tau})}$$

$$(p = \operatorname{car} S^\tau, \; g(x_1, \ldots, x_m) \subseteq\!\!\!|\, = \mathfrak{p}_0)$$

con $f(X), g(X) \in [1, X_1, \ldots, X_m]$, dalla quale segue che $s_0^{\tau p^{-1}} = [s_0, x_1^{\tau p^{-1}}, \ldots$
$\ldots, x_m^{\tau p^{-1}}]$ ha s_0^{τ}-base finita e che quindi sono soddisfatte le premesse
del teorema 104.

267. *Sotto le ipotesi del teorema* **266** *vale la relazione*

$$\sum_{i=1}^{h} \left(\frac{\mathfrak{p}_0 \cdot s_i}{s_i}\right)_{s_0} = \operatorname{rango} \frac{S}{(s_0)}$$

oppure (ved. 258)

$$\sum_{i=1}^{h} \left(\frac{\mathfrak{p}_0 \cdot s_i}{s_i}\right) \cdot \operatorname{grado} \frac{s_i/\mathfrak{p}_i}{s_0 + \mathfrak{p}_i/\mathfrak{p}_i} = \left(\frac{0}{S}\right) \cdot \operatorname{grado} \frac{S}{(s_0)}.$$

DIMOSTRAZIONE. - I. Sia $s \to s_0$ aspetto qualunque in S di base algebrica
sopra s_0. Poichè S è di rango finito sopra (s_0), il corpo S^τ è finito sopra (s_0^τ),
e siccome s_0^τ è perfetto, l'aspetto $s^\tau \supset s_0^\tau$, sarà immediato (ved. 218):

$$(*) \qquad\qquad \operatorname{ord} \frac{\mathfrak{P}}{\mathfrak{p}} = \operatorname{ord} \frac{\mathfrak{P}^\tau}{\mathfrak{p}^\tau} = 1.$$

Ora $\mathfrak{p}_0 \cdot S = S$ mostra, che $\mathfrak{P} \cap s$ non è divisore primo dell'ideale $\mathfrak{p}_0 \cdot s$.
Rimanendo quindi solamente $\mathfrak{p}$ come divisore primo di $\mathfrak{p}_0 \cdot s$, questo ideale
è $\mathfrak{p}$-primario e $\left(\dfrac{\mathfrak{p}_0 \cdot s}{s}\right)$ risulta finito.

Con una base $B = [s_0, x_1, \ldots, x_m]$ di $\mathfrak{p}$ si calcola

$$s/\mathfrak{p} = (s_0 + \mathfrak{p}/\mathfrak{p}; \; x_1 + \mathfrak{p}, \ldots, x_m + \mathfrak{p}).$$

Se questo corpo non fosse 0-dimensionale sopra $s_0 + \mathfrak{p}/\mathfrak{p}$, si troverebbe
(ved. **137**) una estensione $\mathfrak{p}' \to \mathfrak{p}_0$ di base $B = [s_0, x_1, \ldots, x_m]$ per la quale
$\mathfrak{p}' \cap B \supset_{\mp} \mathfrak{p} \cap B$, cioè $\operatorname{ord} \dfrac{\mathfrak{p}}{\mathfrak{p}'} \geq 1$ e quindi $\operatorname{ord} \dfrac{\mathfrak{P}}{\mathfrak{p}'} \geq 2$, mentre $(*)$ si applica
anche a $\mathfrak{p}'$ invece di $\mathfrak{p}$. Ne segue che $s/\mathfrak{p}$ è algebrico e 0-dimensionale
sopra $s_0 + \mathfrak{p}/\mathfrak{p}$ e quindi

$$\left(\frac{\mathfrak{p}_0 \cdot s}{s}\right)_{s_0} = \left(\frac{\mathfrak{p}_0 \cdot s}{s}\right) \cdot \operatorname{grado} \frac{s/\mathfrak{p}}{s_0 + \mathfrak{p}/\mathfrak{p}} \text{ è finito.}$$

266 — 267

II. Sia $A \supset s_0$ un anello in S con s_0-base finita e tale, che

$$V(A) \supset \bigcup_{i,j} \mathfrak{p}_{ij} \to \bigcup_{i} \mathfrak{p}_i \to \mathfrak{p}_0 \qquad \text{(con } \mathfrak{p}_{ij} \to \mathfrak{p}_i\text{)}.$$

Essendo allora $\left(\dfrac{\mathfrak{p}_0 \cdot A}{A}\right)_{s_0}$ finito, si può applicare il teorema 261:

$$(**) \qquad \left(\frac{\mathfrak{p}_0 \cdot A}{A}\right)_{s_0} = \sum_{\substack{s \to s_0 \\ s \in V(A)}} \left(\frac{\mathfrak{p}_0 \cdot s}{s}\right)_{s_0} = \sum_{ij} \left(\frac{\mathfrak{p}_0 \cdot s_{ij}}{s_{ij}}\right)_{s_0} \qquad \text{(ved. 256 fine).}$$

Siccome l'anello $A_i = [s_i, A]$ intermedio fra s_i e $(s_i) = S$ ha s_i-base finita, avremo secondo 260

$$\left(\begin{smallmatrix}*\\**\end{smallmatrix}\right) \qquad \left(\frac{\mathfrak{p}_0 \cdot A_i}{A_i}\right)_{s_0} = \left(\frac{\mathfrak{p}_0 \cdot s_i}{s_i}\right)_{s_0},$$

dato che il membro a destra è finito (ved. I).

III. Quest'ultimo fatto induce pure che s_i ha s_0-base finita $\mathrm{mod}\, \mathfrak{p}_0 \cdot s_i$ e quindi A_i ha s_0-base finita $\mathrm{mod}\, \mathfrak{p}_0 \cdot A_i$, il che permette di applicare 261 anche all'anello A_i trovando così

$$(+) \qquad \left(\frac{\mathfrak{p}_0 \cdot A_i}{A_i}\right)_{s_0} = \sum_{\substack{s \to s_0 \\ s \in V(A_i)}} \left(\frac{\mathfrak{p}_0 \cdot s}{s}\right)_{s_0}.$$

Dimostreremo che questa somma si estende precisamente a tutte le prospettive $\mathfrak{p}_{ij}$ $(j = 1, 2, ...)$.

Secondo 74 possiamo dedurre da $s \to s_0$, $s \in V(A_i)$ la configurazione

$$\begin{array}{ccc} & \mathfrak{p} \in V(A_i) & \\ \swarrow & & \searrow \\ \mathfrak{p}' \in V(s_i) & & \mathfrak{p}'' \in V(A) \\ \searrow & & \swarrow \\ & \mathfrak{p}_0 & \end{array}$$

nella quale $\mathfrak{p}''$ non può essere che una delle prospettive $\mathfrak{p}_{kj}$, dato che $\bigcup_{i,j} \mathfrak{p}_{ij}$ comprende tutte le estensioni di $\mathfrak{p}_0$ contenute in $V(A)$ (ved. 256 fine).

Essendo ogni base di $\mathfrak{p}_i$ anche base di $\mathfrak{p}' \in V(s_i)$ (ved. 180), la prospettiva $\mathfrak{p}' \to \mathfrak{p}_0$ soddisfa alle premesse di I e si ha $\mathrm{ord}\, \dfrac{\mathbb{p}}{\mathfrak{p}'} = 1$, il che, preso insieme con $\mathrm{ord}\, \dfrac{\mathbb{p}}{\mathfrak{p}_i} = 1$, $\mathfrak{p}' \geq \mathfrak{p}_i$, mostra $\mathfrak{p}' = \mathfrak{p}_i$. Abbiamo quindi la situazione

$$\begin{array}{ccc} & \mathfrak{p} & \\ \swarrow & & \searrow \\ \mathfrak{p}_i & & \mathfrak{p}_{kj} \to \mathfrak{p}_k, \end{array}$$

$$267$$

dalla quale si ricava $k = i$, giacchè $\mathfrak{p}_i$, $\mathfrak{p}_k$ appartengono a una medesima varietà (ved. 111). Ne segue che $\mathfrak{p} \in V(A_i)$ estende $\mathfrak{p}_{ij}$. Ora $s_{ij} \supset s_i$, $s_{ij} \in V(A)$ mostrano $s_{ij} \in V(A_i)$, sicchè $\mathfrak{p}$ deve essere identica alla $\mathfrak{p}_{ij}$.

Viceversa, ogni $\mathfrak{p}_{ij}$ soddisfa alle condizioni $s_{ij} \rightarrow s_0$, $s_{ij} \in V(A_i)$ poste in $(+)$ per s.

L'equazione $(+)$ equivale dunque a

$$\left(\frac{\mathfrak{p}_0 \cdot A_i}{A_i}\right)_{s_0} = \sum_j \left(\frac{\mathfrak{p}_0 \cdot s_{ij}}{s_{ij}}\right)_{s_0} \quad \text{oppure (ved. } \left(\begin{smallmatrix} * \\ * * \end{smallmatrix}\right) \text{) a} \quad \left(\frac{\mathfrak{p}_0 \cdot s_i}{s_i}\right)_{s_0} = \sum_j \left(\frac{\mathfrak{p}_0 \cdot s_{ij}}{s_{ij}}\right)_{s_0},$$

e la relazione $(* *)$ assume la forma

$$\left(\frac{\mathfrak{p}_0 \cdot A}{A}\right)_{s_0} = \sum_i \left(\frac{\mathfrak{p}_0 \cdot s_i}{s_i}\right)_{s_0}.$$

IV. Dimostreremo ora che

$$\left(\frac{\mathfrak{p}_0 \cdot A}{A}\right)_{s_0} = (s_0)\text{-rango dell'anello } [A, (s_0)] = A \cdot (s_0).$$

Scrivendo h per questo numero, avremo $A = \overset{h}{\underset{i=1}{\Sigma}} s_0 \cdot a_i + \mathfrak{p}_0 \cdot A$ (ved. **257**). Mediante una s_0–base di $A = \overset{m}{\underset{l=1}{\Sigma}} s_0 \cdot b_l$ se ne deducono equazioni del tipo $b_i = \overset{h}{\underset{j=1}{\Sigma}} c_{ij} \cdot a_j + \overset{m}{\underset{l=1}{\Sigma}} p_{il} \cdot b_l$ $(i = 1, \ldots, m)$ con $c_{ij} \in s_0$, $p_{il} \in \mathfrak{p}_0$, le quali si risolvono nella forma $b_i \subset \underset{j}{\Sigma} s_0 \cdot a_j$ e insegnano pertanto $A = \overset{h}{\underset{i=1}{\Sigma}} s_0 \cdot a_i$. Supposto che gli elementi a_i non siano linearmente indipendenti, avremmo una relazione $\overset{h}{\underset{i=1}{\Sigma}} c_i \cdot a_i = 0$ con $c_i \in \mathfrak{p}_0^v = p_0^v \cdot s_0$ $(i = 1, \ldots, h)$ e p. es. $c_1 \subset\!\!\!|= \mathfrak{p}_0^{v+1}$. Dopo la divisione con $p_0^v (\subset\!\!\!|= \mathfrak{P})$ otterremmo $a_1 \subset \underset{i>1}{\Sigma} s_0 \cdot a_i$ e quindi $A = \underset{i>1}{\Sigma} s_0 \cdot a_i$ contrario all'ipotesi $\left(\frac{\mathfrak{p}_0 \cdot A}{A}\right)_{s_0} = h$.

V. Rimane solamente a dimostrare $A \cdot (s_0) = S$.

Ogni elemento $z \in S$ è quoziente $\dfrac{u}{v}$ con $u \cdot v \in A$, $v \subset\!\!\!|= \mathfrak{P}$, dato che $S = (s_i) = (s_{ij}) = (A)$. L'$(s_0)$–modulo $v \cdot A \cdot (s_0) \subset A \cdot (s_0)$ ha lo stesso rango h dell'(s_0)–modulo $A \cdot (s_0)$, poichè 1) da $A \cdot (s_0) = \overset{h}{\underset{i=1}{\Sigma}} (s_0) \cdot a_i$ segue $v \cdot A \cdot (s_0) = \overset{h}{\underset{i=1}{\Sigma}} (s_0) \cdot a_i \cdot v$ e 2) una dipendenza lineare $\overset{h}{\underset{i=1}{\Sigma}} c_i \cdot a_i \cdot v = 0$ $(c_i \in (s_0))$ indurrebbe $\overset{h}{\underset{i=1}{\Sigma}} c_i \cdot a_i = 0$ di seguito a $v \subset\!\!\!|= \mathfrak{P}$. Vale dunque $v \cdot A \cdot (s_0) = A \cdot (s_0)$, il che mostra $v \cdot A \cdot (s_0) \supset 1$, cioè $v^{-1} \subset A \cdot (s_0)$, e finalmente $z = u \cdot v^{-1} \subset A \cdot (s_0)$.

267

268. Come corollario di **267** IV e V, utile in altre applicazioni, notiamo

Se s_0 è perfetto e A un s_0-modulo con s_0-base finita, allora da $A = \sum_{i=1}^{n} s_0 \cdot a_i + \mathfrak{p}_0 \cdot A$ si può concludere $A = \sum_{i=1}^{n} s_0 \cdot a_i$, e nel caso in cui A sia sopra-anello primario di s_0 vale $(A) = A \cdot (s_0)$.

§ 3. Anelli individuali.

269. Ogni percezione $A/\mathfrak{c}$ di un anello A (ved. **63**) è il principio di una sequenza

$$A/\mathfrak{c}, \ A/\mathfrak{c}^2, \ A/\mathfrak{c}^3, \ \dots$$

di percezioni $A/\mathfrak{c}^{n+1}$ di *precisione* n infinitamente crescente. Questa ascesa di anelli sbocca in un anello

$$A/\mathfrak{c}^{\infty}$$

individuale alla percezione $A/\mathfrak{c}$, definito nel modo seguente:

Ogni sequenza infinita del tipo

$$(*) \qquad a_0 + \mathfrak{c} \supset a_1 + \mathfrak{c}^2 \supset a_2 + \mathfrak{c}^3 \supset a_3 + \mathfrak{c}^4 \supset \dots \qquad (a_n \in A)$$

determina un elemento α di $A/\mathfrak{c}^{\infty}$, e viceversa. L'$(n+1)$-mo termine della sequenza, in quanto determinato da α e dalla precisione n, sarà designato con

$$(\alpha)_n$$

e si dira *la n-esima approssimazione di α.*

I calcoli in $A/\mathfrak{c}^{\infty}$ si effettuano mediante le approssimazioni:

$$(\alpha + \beta)_n = (\alpha)_n + (\beta)_n, \quad (\alpha \cdot \beta)_n = (\alpha)_n \cdot (\beta)_n .$$

Un elemento $a \in A$ *approssima* $\alpha \in A/\mathfrak{c}^{\infty}$ *con la precisione* n allora e soltanto allora che $a + \mathfrak{c}^{n+1} = (\alpha)_n$.

Ogni elemento a di A approssima uno ed un solo elemento α di $A/\mathfrak{c}^{\infty}$ con precisione infinita, e cioè quello dato dalla sequenza

$$(**) \qquad a + \mathfrak{c} \supset a + \mathfrak{c}^2 \supset a + \mathfrak{c}^3 \supset a + \mathfrak{c}^4 \dots$$

che chiameremo *l'idea di a in* $A/\mathfrak{c}^{\infty}$.

Le idee in $A/\mathfrak{c}^{\infty}$ di elementi di A costituiscono un sotto-anello di $A/\mathfrak{c}^{\infty}$ omomorfo all'anello A mediante l'associazione

$$A \ni a \to \alpha \in A/\mathfrak{c}^{\infty} \text{ con } (\alpha)_n = a + \mathfrak{c}^{n+1}.$$

Allora e soltanto allora che questo omomorfismo sia un isomorfismo, l'anello A diventa sotto-anello di $A/\mathfrak{c}^{\infty}$, identificando ogni elemento di A con la sua idea, identificazione che in tal caso sempre tacitamente supponiamo effettuata. La condizione necessaria e sufficiente affinchè sia $A \subset A/\mathfrak{c}^{\infty}$, è $\bigcap\limits_{n=1,2,\ldots,\infty} c^n = 0$, come si verifica p. es. quando esiste un aspetto noetheriano S di base A soddisfacente a $\mathfrak{p} \supset c$ (ved. 92).

Dare un elemento di A/c^∞ significa, dare le sue approssimazioni. Conviene ricordare, che con la n-esima approssimazione di un elemento si conoscono anche tutte le sue approssimazioni di precisione minore di n, valendo $(\alpha)_m = (\alpha)_n + c^{m+1}$ per $m \leq n$.

270. L'anello $s/\mathfrak{p}^\infty$ individuale al soggetto $s/\mathfrak{p}$ di una prospettiva $\mathfrak{p}$ sarà detto *l'individualità di $s/\mathfrak{p}$* (o semplicemente di $\mathfrak{p}$ oppure di s).

L'individualita $s/\mathfrak{p}^\infty$ è aspetto s^*, l'origine del quale è la totalità $\mathfrak{p}^*$ degli elementi approssimati da elementi di $\mathfrak{p}$.

DIMOSTRAZIONE I. - Gli elementi $\xi \in s/\mathfrak{p}^\infty$ approssimati da elementi di $\mathfrak{p}$ sono proprio quelli soddisfacenti a $(\xi)_0 = \mathfrak{p}$. Ora, da $(\xi)_0 = \mathfrak{p}$, $(\eta)_0 = \mathfrak{p}$ segue $(\xi - \eta)_0 = (\xi)_0 - (\eta)_0 = \mathfrak{p}$, e $(\xi \cdot \zeta)_0 = (\xi)_0 \cdot (\zeta)_0 = \mathfrak{p}$ per ogni $\zeta \in s/\mathfrak{p}^\infty$, il che verifica $\mathfrak{p}^*$ quale ideale in $s/\mathfrak{p}^\infty$. L'idea di 1, cioè l'elemento approssimato da 1 con infinita precisione, non appartiene a $\mathfrak{p}^*$.

II. Per ogni $\xi \in s/\mathfrak{p}^\infty$, $\xi \subseteq\!\!\!\!| \mathfrak{p}^*$, dimostriamo l'esistenza di un inverso $\eta \in s/\mathfrak{p}^\infty$, costruendo successivamente le sue approssimazioni

$$(*) \qquad y_0 + \mathfrak{p} \supset y_1 + \mathfrak{p}^2 \supset y_2 + \mathfrak{p}^3 \supset \ldots \supset y_{n-1} + \mathfrak{p}^n.$$

Sia $(\xi)_m = x_m + \mathfrak{p}^{m+1}$ $(x_m \in s)$. Da $\xi \subseteq\!\!\!\!| \mathfrak{p}^*$ segue $x_0 \subseteq\!\!\!\!| \mathfrak{p}$ e quindi l'esistenza di $x_0^{-1} = y_0 \in s$.

Avendo già costruito la sequenza $(*)$ in modo tale che $x_m \cdot y_m = 1$, deduciamo da $x_{n-1} \cdot y_{n-1} = 1$ e $x_n \subset x_{n-1} + \mathfrak{p}^n$, che $x_n \cdot y_{n-1} = 1 + p$ con $p \in \mathfrak{p}^n$ sicchè $y_n = (1+p)^{-1} \cdot y_{n-1} \in s$ soddisfa a $x_n \cdot y_n = 1$ e a $y_n + \mathfrak{p}^{n+1} \subset y_{n-1} + \mathfrak{p}^n$ e approssima pertanto η con la precisione $n + 1$.

Con I e II è dimostrato il teorema.

Sapendo ormai, che l'ideale $\mathfrak{p}^*$ è origine di una prospettiva $s^* \to s^*/\mathfrak{p}^*$ ammetteremo anche per questa la denominazione « la individualità di $\mathfrak{p}$ ».

Nell'individualità s^* di una qualunque prospettiva $\mathfrak{p}$ vale

$$\bigcap\limits_{i=1,2,\ldots\infty} \mathfrak{p}^{*n} = 0.$$

271. Conveniamo di designare le idee di elementi di s (ved. **269**) con gli stessi segni come questi, comunque sia s sotto-anello di s^* o semplicemente segno di un sotto-anello di s^* omomorfo all'aspetto s.

Se l'ideale $\mathfrak{p}$ ha base finita, la totalità degli elementi di s^* approssimati dallo zero con la precisione $m - 1$ è $\mathfrak{p}^m \cdot s^*$. In particolare

$$\mathfrak{p}^* = \mathfrak{p} \cdot s^* \quad \text{e} \quad s^* = s + \mathfrak{p}^m \cdot s^* \quad \text{con } m \text{ qualunque.}$$

269 — 271

Dimostrazione. - Sia $\mathfrak{p}^m = \sum\limits_{i=1}^{H} P_i \cdot s$. Dato un elemento $\xi \in s^*$ approssimato dallo zero con la precisione $m-1$, cioè soddisfacente a $(\xi)_{m-1} = \mathfrak{p}^m$, supponiamo già determinati $x_{il} \in s$ $(i = 1, \ldots, H,\ 0 \le l \le n-m)$ tali che

$$x_{i\,0} + \mathfrak{p} \supset x_{i\,1} + \mathfrak{p}^2 \supset x_{i\,2} + \mathfrak{p}^3 \supset \ldots \supset x_{i,\,n-m} + \mathfrak{p}^{n-m+1}$$

e $(\xi)_n = \sum\limits_{i=1}^{H} x_{i,\,n-m} \cdot P_i + \mathfrak{p}^{n+1}$. Di seguito a $(\xi)_n = (\xi)_{m-1} + \mathfrak{p}^{n+1} = \mathfrak{p}^{n+1}$ si prendano $x_{i,\,n-m} = 0$ per $n < m$ (ved. 269 fine).

Il fatto $(\xi)_{n+1} \subset (\xi)_n$ permette di scrivere $(\xi)_{n+1} = x + \mathfrak{p}^{n+2}$ con $x = \sum\limits_{i=1}^{H} x_{i,\,n-m} \cdot P_i + \sum\limits_{i=1}^{H} p_i \cdot P_i$ con $p_i \in \mathfrak{p}^{n+1-m}$. Se quindi si pongono

$$x_{i,\,n-m+1} = x_{i,\,n-m} + p_i \qquad\qquad (i = 1, \ldots, H),$$

questi elementi soddisfano tanto a $x_{i,\,n-m} + \mathfrak{p}^{n-m+1} \supset x_{i,\,n-m+1} + \mathfrak{p}^{n-m+2}$ quanto a $(\xi)_{n+1} = \sum\limits_{i=1}^{H} x_{i,\,n-m+1} \cdot P_i + \mathfrak{p}^{n+2}$.

Con questo procedimento si ottengono le approssimazioni $(\xi_i)_n = x_{i_n} + \mathfrak{p}^{n+1}$ di elementi $\xi_i \in s^*$ soddisfacenti a

$$(\xi)_n = \sum\limits_{i} x_{i,\,n-m} \cdot P_i + \mathfrak{p}^{n+1} \supset \text{epperò} = \sum\limits_{i} (\xi_i)_n \cdot (P_i)_n \text{ per ogni } n,$$

sicchè $\xi = \sum\limits_{i} \xi_i \cdot P_i \subset \mathfrak{p}^m \cdot s^*$. Viceversa, dalla regola $(\alpha \cdot \beta)_n = (\alpha)_n \cdot (\beta)_n$ e dal fatto $(\mathfrak{p})_n = \mathfrak{p}$ segue $(\mathfrak{p}^m \cdot s^*)_n \subset \mathfrak{p}^m + \mathfrak{p}^{n+1}$ e quindi $(\xi)_{m-1} = \mathfrak{p}^m$ per ogni $\xi \in \mathfrak{p}^m \cdot s^*$.

È dimostrato con ciò, che la totalità degli elementi $\xi \in s^*$ soddisfacenti a $(\xi)_{m-1} = \mathfrak{p}^m$ è $\mathfrak{p}^m \cdot s^*$.

Applicando questo risultato al caso $m = 1$, otteniamo $\mathfrak{p}^* = \mathfrak{p} \cdot s^*$.

Poichè per ogni $\xi \in s^*$ vale $(\xi)_0 = x + \mathfrak{p}$ con $x \in s$, avremo $(\xi - x)_0 = \mathfrak{p}$ e quindi $\xi - x \in \mathfrak{p} \cdot s^*$. Ciò dimostra $s^* = s + \mathfrak{p} \cdot s^*$ e con questo la relazione più generale $s^* = s + \mathfrak{p}^m \cdot s^*$ dove m è qualunque.

272. *Se l'ideale $\mathfrak{p}$ ha base finita, l'anello s^* è noetheriano.*

Dimostrazione. - I. Sia $\mathfrak{p} = \sum\limits_{i=1}^{h} p_i \cdot s$ e quindi $\mathfrak{p}^* = \sum\limits_{i} p_i \cdot s^*$.

Da una relazione $\sum\limits_{i} \gamma_i \cdot p_i \subset \mathfrak{p}^{*2} = \mathfrak{p}^2 \cdot s^*$ $(\gamma_i \in s^*)$ segue $(\sum\limits_{i} \gamma_i \cdot p_i)_1 = \sum\limits_{i} (\gamma_i)_1 \cdot (p_i)_1 = \mathfrak{p}^2$ e pertanto, ponendo $(\gamma_i)_1 = c_i + \mathfrak{p}^2$ $(c_i \in s)$, $\sum\limits_{i} c_i \cdot p_i \subset \mathfrak{p}^2$. Ne risulta nel caso che $p_1, \ldots, p_h$ sia base minima di $\mathfrak{p}$, come presupporremo, che si avrà $c_i \subset \mathfrak{p}$, $(\gamma_i)_0 = (\gamma_i)_1 + \mathfrak{p} = \mathfrak{p}$ e perciò $\gamma_i \subset \mathfrak{p}^*$, sicchè $p_1, \ldots, p_h$ è anche base minima di $\mathfrak{p}^*$.

271 — 272

II. Di seguito a $s^* = s + \mathfrak{p}^*$ possiamo identificare i corpi $s/\mathfrak{p}$ e $s^*/\mathfrak{p}^*$ mediante l'isomorfismo $\xi + \mathfrak{p}^* \to (\xi)_0$ $(\xi \in s^*)$ e estendere questa identificazione agli anelli

$$s/\mathfrak{p}[u_1, \ldots, u_h] = s[u]/\mathfrak{p}[u] \to s^*/\mathfrak{p}^*[u_1, \ldots, u_h] = s^*[u]/\mathfrak{p}^*[u] = s[u] + \mathfrak{p}^*[u]/\mathfrak{p}^*[u],$$

coi quali si costruiscono secondo **196** le forme tangenti in $\mathfrak{p}$ risp. in $\mathfrak{p}^*$.

Diremo conseguentemente: la forma $f(u_1,\ldots, u_h) + \mathfrak{p}^*[u_1,\ldots, u_h]$ (con $f(u) \in s[u]$ omogeneo di grado m) tocca $\xi \in s^*$ allora e soltanto allora che in s^* vale $f(p_1, \ldots, p_h) \subset \xi + \mathfrak{p}^{*m+1}$ oppure, calcolando le approssimazioni di precisione m, $f(p_1, \ldots, p_h) + \mathfrak{p}^{m+1} = (f(p_1, \ldots p_h))_m \subset$ epperò $= (\xi)_m$. Viceversa, da $(\xi)_m = = f(p_1, \ldots, p_h) + \mathfrak{p}^{m+1}$ si deduce $(f(p_1, \ldots, p_h) - \xi)_m = \mathfrak{p}^{m+1}$ e quindi (ved. **271**) $f(p_1, \ldots, p_h) - \xi \subset \mathfrak{p}^{m+1} \cdot s^*$. Ne risulta, che $f(u_1, \ldots, u_h) + \mathfrak{p}^*[u_1, \ldots, u_h]$ (con $f(u) \in s[u]$ di grado m) tocca $\xi \in s^*$ allora e soltanto allora che $f(p_1, \ldots, p_h)$ approssima ξ con la precisione m.

III. Sia ora $\mathfrak{a}(s^*)$ un ideale qualunque in s^* e designi $\overline{\mathfrak{a}(s^*)}$ l'ideale tangente $\mathfrak{a}(s^*)$, cioè generato in $s^*/\mathfrak{p}^*[u] = s/\mathfrak{p}[u]$ dalle forme tangenti elementi di $\mathfrak{a}(s^*)$ (ved. **197**). Se le forme

$$(*) \qquad a_i(u_1, \ldots, u_h) + \mathfrak{p}^*[u_1, \ldots, u_h] \quad \text{(con } a_i(u) \in s[u] \text{ di grado } m_i)$$

$(i = 1, \ldots, l)$ costituiscono una base dell'ideale $\overline{\mathfrak{a}(s^*)}$, gli elementi $\alpha_i \in \mathfrak{a}(s^*)$ approssimati da $a_i(p_1, \ldots, p_h)$ con la precisione m_i, cioè soddisfacenti a

$$(**) \qquad a_i(p_1, \ldots, p_h) \subset \alpha_i + \mathfrak{p}^{m_i+1} \cdot s^*,$$

costituiranno una base dell'ideale $\mathfrak{a}(s^*)$.

Sia, infatti, α un elemento qualunque di $\mathfrak{a}(s^*)$, e supponiamo già costruite le sequenze

$$x_{i0} + \mathfrak{p} \supset x_{i1} + \mathfrak{p}^2 \subset \ldots \supset x_{i,\,n-m_i} + \mathfrak{p}^{n-m_i+1} \quad (n \geq m_i,\ x_{ij} \in s)$$

$(i = 1, \ldots, l)$ in modo tale che

$$\left(\begin{smallmatrix} * \\ * \\ * \end{smallmatrix}\right) \qquad (\alpha)_n = \sum_{i=1}^{l} (x_{i,\,n-m_i})_n \cdot (\alpha_i)_n \qquad (x_{ij} = 0 \ \text{ per } j < 0).$$

Poichè $(\alpha)_0 \neq \mathfrak{p}$ indurrebbe $\alpha \not\subset \mathfrak{p}^*$ e quindi $\mathfrak{a}(s^*) = s^* = 1 \cdot s^*$, possiamo limitarci al caso di $(\alpha)_0 = \mathfrak{p}$ e prendere $x_{i0} = 0$.

Da $(\alpha - \sum_i x_{i,\,n-m_i} \cdot \alpha_i)_n = (\alpha)_n - \sum_i (x_{i,\,n-m_i})_n \cdot (\alpha_i)_n = \mathfrak{p}^{n+1}$ segue (ved. **271**)

$$(+) \qquad (\mathfrak{a}(s^*) \ni)\ \ \alpha - \sum_i x_{i,\,n-m_i} \cdot \alpha_i \subset \mathfrak{p}^{n+1} \cdot s^* = \mathfrak{p}^{*n+1}$$

e quindi l'esistenza di una forma $a(u_1, \ldots, u_h) + \mathfrak{p}^*[u_1, \ldots, u_h] \in \overline{\mathfrak{a}(s^*)}$ (con

272

$a(u) \in s[u])$ di grado $n + 1$ tangente il membro sinistro di $(+)$ e soddisfacente perciò a

$$(++) \qquad a(p_1, \ldots, p_h) \subset \alpha - \sum_i x_{i, n - m_i} \cdot \alpha_i + \mathfrak{p}^{n+2} \cdot s^*.$$

Ora, dato che le forme $(*)$ costituiscono una base dell'ideale $\overline{\mathfrak{a}(s^*)}$, avremo una relazione $a(u_1, \ldots, u_h) \subset \sum_i b_i(u_1, \ldots, u_h) \cdot a_i(u_1, \ldots, u_h) + \mathfrak{p}^*[u_1, \ldots, u_h]$ (con $b_i(u) \in s[u]$ di grado $n - m_i + 1$), dalla quale segue mediante $(**)$: $a(p_1, \ldots, p_h) - \sum_i b_i(p_1, \ldots, p_h) \cdot \alpha_i \subset \mathfrak{p}^{n+2} \cdot s^*$ oppure, tenuto conto di $(++)$,

$$\alpha - \sum (x_{i, n - m_i} + b_i(p_1, \ldots, p_h)) \cdot \alpha_i \subset \mathfrak{p}^{n+2} \cdot s^*,$$

sicchè ponendo $x_{i, n - m_i + 1} = x_{i, n - m_i} + b_i(p_1, \ldots, p_h)$ $(i = 1, \ldots, l)$, troviamo

$$(\alpha)_{n+1} = \sum (x_{i, n - m_i + 1})_{n+1} \cdot (\alpha_i)_{n+1},$$

in analogia a $\binom{*}{**}$, e nello stesso tempo

$$x_{i, n - m_i} + \mathfrak{p}^{n - m_i + 1} \supset x_{i, n - m_i + 1} + \mathfrak{p}^{n - m_i + 2}.$$

Ciò descrive un procedimento infinitamente continuabile che definisce elementi $\xi_i \in s^*$ con le approssimazioni $(\xi_i)_n = x_{i,} + \mathfrak{p}^{n+1}$.

Da $(**)$ e $\xi_i - x_{i, n - m_i} \subset \mathfrak{p}^{n - m_i + 1} \cdot s^*$ segue $\alpha_i \cdot \xi_i - \alpha_i \cdot x_{i, n - m_i} \subset \mathfrak{p}^{n+1} \cdot s^*$ e quindi

$$(\alpha)_n = \sum_i (x_{i, n - m_i})_n \cdot (\alpha_i)_n = \sum_i (\alpha_i)_n \cdot (\xi_i)_n$$

per n qualunque, fatto equivalente a $\alpha = \sum \alpha_i \cdot \xi_i$, c. d. d.

273. *Se l'ideale* $\mathfrak{p}$ *ha base finita, per ogni ideale* $\mathfrak{a}$ *in* s *con* $\left(\dfrac{\mathfrak{a}}{s}\right)$ *finito vale*

$$(*) \qquad \left(\frac{\mathfrak{a}}{s}\right) = \left(\frac{\mathfrak{a} \cdot s^*}{s^*}\right).$$

Quindi, s^* *è regolare (perfetto), se* s *è regolare (perfetto).*

DIMOSTRAZIONE. - I. Con

$$(**) \qquad \xi + \mathfrak{p}^{m+1} \cdot s^* \to (\xi)_m$$

si definisce un isomorfismo di $s^*/\mathfrak{p}^{m+1} \cdot s^*$ su $s/\mathfrak{p}^{m+1}$, poichè $(\mathfrak{p}^{m+1} \cdot s^*)_m = \mathfrak{p}^{m+1}$ e, viceversa, da $(\xi)_m = \mathfrak{p}^{m+1}$ segue $\xi \in \mathfrak{p}^{m+1} \cdot s^*$ (ved. **271**).

II. Dall'ipotesi, che $\left(\dfrac{\mathfrak{a}}{s}\right)$ sia finito, si deriva l'esistenza di una potenza $\mathfrak{p}^{m+1} \subset \mathfrak{a}$. Contenendo allora l'ideale $\mathfrak{a} \cdot s^*$ il nucleo $\mathfrak{p}^{m+1} \cdot s^*$ dell'isomorfismo $(**)$, si stabilisce (ved. **215**) con $(**)$ una corrispondenza biunivoca fra gli ideali contenenti $\mathfrak{a} \cdot s^*$ di s^* e quelli di $s/\mathfrak{p}^{m+1}$ contenenti $(\mathfrak{a} \cdot s^*)_m =$

272 — 273

$= \mathfrak{a} + \mathfrak{p}^{m+1}/\mathfrak{p}^{m+1} = \mathfrak{a}/\mathfrak{p}^{m+1}$, i quali, dal conto loro, corrispondono biunivoca-mente agli ideali in s contenenti $\mathfrak{a}$. Le sequenze irriducibili di ideali misu-ranti (secondo **208**) i numeri $\left(\dfrac{\mathfrak{a} \cdot s^*}{s^*}\right)$ e $\left(\dfrac{\mathfrak{a}}{s}\right)$ sono pertanto costituite dal mede-simo numero di termini, come afferma (∗).

III. Poichè la regolarità di s significa (ved. **234**): s è noetheriano e $\left(\dfrac{\mathfrak{p}^{m+1}}{s}\right) = \left(\dfrac{m + h}{h}\right)$, essa si trasporta, di seguito a **272** e l'uguaglianza (∗), subito all'anello s^*. Se s è perfetto, si ha regolarità e $h = 1$, proprietà che altresì subito si trasportano a s^*.

Viceversa, se s^* è regolare (perfetto), si può affermare, che s è regolare (perfetto), purchè si sappia s essere noetheriano.

274. *Per s noetheriano vale $s^* \cap (s) = s$.*

DIMOSTRAZIONE. - Sia $x = \dfrac{a}{b}$ con a, $b \in s \subset s^*$ elemento qualunque di (s). Se $x \subset s^*$, si ha $a = x \cdot b$ e quindi $(a)_n = (x)_n \cdot (b)_n$ per ogni n. Ne segue $a \subset b \cdot s + \mathfrak{p}^{n+1}$ epperò (ved. **236**), $a \subset b \cdot s$, cioè $x \in s$, c. d. d.

275. *L'individualità s_0^* di un aspetto perfetto s_0 è sotto-anello dell'indi-vidualità s^* di una qualsiasi sua estensione s noetheriana.*

DIMOSTRAZIONE. - Se a ogni $\xi_0 \in s_0^*$, determinato da $(\xi_0)_n = x_n + \mathfrak{p}_0^{n+1}$ $(x_n \in s_0)$ si associa l'elemento $\xi \in s$ determinato da $(\xi)_n = x_n + \mathfrak{p}^{n+1}$, si defi-nisce (di seguito a $\mathfrak{p}_0 \subset \mathfrak{p}$) un omomorfismo di s_0^* in s^*. Il nucleo $\mathfrak{n}$ di questo omomorfismo è 0 o $\mathfrak{p}_0^{*v}$ $(v \geq 0)$, dato che in s_0^*, che sappiamo essere perfetto (ved. **273**), non ci sono altri ideali (ved. **94**). Ad ogni modo sarà $\mathfrak{n} = a \cdot s_0^*$ con $a \in s_0$. Ora, $a + \mathfrak{p}^{n+1} = \mathfrak{p}^{n+1}$ $(n = 1, 2, ...)$ induce (ved. **92**) $a = 0$, sicchè non può trattarsi che di un isomorfismo. Basta identificare ogni $\xi_0 \in s_0^*$ con il $\xi \in s^*$ risultante da ξ_0 mediante questo isomorfismo, per rendere s_0^* sotto-anello di s^*, identificazione che sempre tacitamente effettueremo.

276. *Per un sopra-anello noetheriano e primario A di un aspetto per-fetto s_0 segue da*

$$(∗) \qquad A = \sum_{i=1}^{n} s_0 \cdot y_i + \mathfrak{p}_0 \cdot A, \qquad n = \left(\dfrac{\mathfrak{p}_0 \cdot A}{A}\right)_{s_0},$$

che

$$A/(\mathfrak{p}_0 \cdot A)^{\infty} = \sum_{i=1}^{n} s_0^* \cdot y_i \supset s_0^*, \qquad n = (s_0^*)\text{-rango di } (A/(\mathfrak{p}_0 \cdot A)^{\infty})$$

e

$$(A/(\mathfrak{p}_0 \cdot A)^{\infty}) = \sum_{i=1}^{n} (s_0^*) \cdot y_i = A \cdot (s_0^*).$$

273 — 276

Dimostrazione. - I. Da $\sum_i c_i \cdot y_i \subset \mathfrak{p}_0^m \cdot A$, $c_i \in s_0$ segue $c_i \subset \mathfrak{p}_0^m$.

Ciò risulta per $m = 1$ immediatamente dall'ipotesi (*) e si dimostra per $m > 1$ con induzione secondo m, valendosi del fatto, che $\mathfrak{p}_0 = p_0 \cdot s_0$ e p_0 è non-infinitesimale.

II. Conseguenza diretta di (*) è $A = \sum_{i=1}^{n} s_0 \cdot y_i + \mathfrak{p}_0^{m+1} \cdot A$ con m qualunque, donde si deduce per ogni elemento

$$\xi: \quad x_0 + \mathfrak{p}_0 \cdot A \supset x_1 + (\mathfrak{p}_0 \cdot A)^2 \supset \ldots \supset x_m + (\mathfrak{p}_0 \cdot A)^{m+1} \supset \ldots$$

di $B = A/(\mathfrak{p}_0 \cdot A)^\infty$ una rappresentazione

$$(\xi)_m = x_m + \mathfrak{p}_0^{m+1} \cdot A = \sum_{i=1}^{n} c_{mi} \cdot y_i + \mathfrak{p}_0^{m+1} \cdot A$$

dove $c_{mi} \in s_0$ secondo I è unico mod $\mathfrak{p}_0^{m+1}$. Ora, inducendo $(\xi)_{m+1} + \mathfrak{p}_0^{m+1} \cdot A = (\xi)_m$ l'uguaglianza $\sum_{i=1}^{n} c_{m+1, i} \cdot y_i + \mathfrak{p}_0^{m+1} \cdot A = \sum_{i=1}^{n} c_{m, i} \cdot y_i + \mathfrak{p}_0^{m+1} \cdot A$, si avrà $c_{m+1, i} - c_{m, i} \subset \mathfrak{p}_0^{m+1}$, sicchè

$$(**) \qquad (\gamma_i)_m = c_{mi} + \mathfrak{p}_0^{m+1} \cdot A \qquad (m = 1, 2, \ldots)$$

definiscono elementi γ_i di B, coi quali si scrive

$$\left(\begin{smallmatrix}*\\ *\,*\end{smallmatrix}\right) \qquad \xi = \sum_{i=1}^{n} \gamma_i \cdot y_i,$$

designata con y_i l'idea di y_i in $B = A/(\mathfrak{p}_0 \cdot A)^\infty$.

III. Associando a ogni elemento

$$(+) \qquad x_0 + \mathfrak{p}_0 \supset x_1 + \mathfrak{p}_0^2 \supset \ldots \supset x_m + \mathfrak{p}_0^{m+1} \supset \ldots \qquad (x_m \in s_0)$$

di $s_0{}^*$ l'elemento

$$x_0 + (\mathfrak{p}_0 \cdot A) \supset x_1 + (\mathfrak{p}_0 \cdot A)^2 \supset \ldots \supset x_m + (\mathfrak{p}_0 \cdot A)^{m+1} \supset \ldots$$

di B, si definisce un omomorfismo di $s_0{}^*$ in B. Se il nucleo di questo omomorfismo non fosse 0, esso sarebbe (ved. 273 e 94) $\mathfrak{p}_0^{*v} = p_0^v \cdot s_0{}^*$ $(v \geq 0)$, ma l'idea di $p_0^v \in s_0 \subset A$ in B certo è diversa da zero, dato che di seguito al carattere primario di A esiste (ved. 72) una prospettiva $\mathfrak{P}$ di base A soddisfacente a $\mathfrak{P} \supset \mathfrak{p}_0 \cdot A$ (ved. 269). Trattandosi quindi di un isomorfismo, identificheremo $s_0{}^*$ con la sua immagine ottenuta mediante quell'isomorfismo realizzando così $B \supset s_0{}^*$.

Il risultato $\left(\begin{smallmatrix}*\\ *\,*\end{smallmatrix}\right)$ insegna ormai $B = \sum_{i=1}^{n} s_0{}^* \cdot y_i$.

IV. Da una relazione $\sum_i \gamma_i \cdot y_i = 0$ si deriva, ponendo (**),

$$\sum_{i=1}^{n} c_{mi} \cdot y_i \subset \mathfrak{p}_0^{m+1} \cdot A, \text{ e quindi } c_{mi} \subset \mathfrak{p}_0^{m+1}, \text{ cioè } \gamma_i = 0.$$

276

Ne segue subito, che nessuno degli elementi di s_0^* è divisore dello zero in B, sicchè l'oggetto (B) di questo anello contiene $[(s_0^*), B] = (s_0^*) \cdot B = \sum_{i=1}^{n} (s_0^*) \cdot y_i = C$. Se $\beta \in B$ è attivo in B (ved. 63), l'ideale $\beta \cdot C$ in C si verifica subito avere l'(s_0^*)-rango uguale a n e coincidere pertanto con C. Ciò prova $\beta^{-1} \subset C$ e con questo l'uguaglianza $(B) = C = \sum_{i=1}^{n} (s_0) \cdot y_i$.

277. *Per ogni estensione $s \to s_0$ noetheriana e primaria di un aspetto perfetto s_0 segue da $s = \sum_{i=1}^{n} s_0 \cdot y_i + \mathfrak{p}_0 \cdot s$, $n = \left(\dfrac{\mathfrak{p}_0 \cdot s}{s}\right)_{s_0}$, che*

$$s^* = \sum_{i=1}^{n} s_0^* \cdot y_i, \quad (s^*) = \sum_{i=1}^{n} (s_0^*) \cdot y_i,$$

gli elementi y_i essendo linearmente indipendenti sopra (s_0^*).

DIMOSTRAZIONE. - I. Dall'ipotesi, che $\left(\dfrac{\mathfrak{p}_0 \cdot s}{s}\right)_{s_0}$ sia finito, segue che la funzione caratteristica

$$\left(\frac{\mathfrak{p}_0 \cdot s + \mathfrak{p}^{m+1}}{s}\right) \leq \left(\frac{\mathfrak{p}_0 \cdot s}{s}\right)$$

(ved. 210) è di grado 0 e che quindi (ved. 230 e 193) $\mathfrak{p}_0 \cdot s$ è $\mathfrak{p}$-primario. Partendo da una relazione $\mathfrak{p}^e \subset \mathfrak{p}_0 \cdot s$, associamo a ogni elemento

$$\xi: \quad x_0 + \mathfrak{p}_0 \cdot s \supset x_1 + \mathfrak{p}_0^2 \cdot s \supset \dots \supset x_m + \mathfrak{p}_0^{m+1} \cdot s \supset \dots$$

di $s/(\mathfrak{p}_0 \cdot s)^\infty$ l'elemento

$$x_0 + \mathfrak{p} \supset x_1 + \mathfrak{p}^2 \supset \dots \supset x_m + \mathfrak{p}^{m+1} \supset \dots$$

di s^* in modo evidentemente univoco e tale, che si definisce un omomorfismo, il cui nucleo è costituito dagli elementi ξ con $(\xi)_m \subset \mathfrak{p}^{m+1} + \mathfrak{p}_0^{m+1} \cdot s/\mathfrak{p}_0^{m+1} \cdot s$. Da $(\xi)_m = (\xi)_{me+e} + \mathfrak{p}_0^{m+1} \cdot s$ e $(\xi)_{me+e} \subset \mathfrak{p}_0^{m+1} \cdot s$ segue $(\xi)_m = \mathfrak{p}_0^{m+1} \cdot s$, cioè $\xi = 0$. Si tratta quindi di un isomorfismo, il quale di nuovo ci servirà a identificare quell'elemento ξ con la sua immagine in s^*.

Tutto l'anello s^* risulta in questo modo da $s/(\mathfrak{p}_0 \cdot s)^\infty$, poichè, dato $\eta \in s^*$, si trova, ponendo $(\xi)_m = (\eta)_{mc+e} + \mathfrak{p}_0^{m+1} \cdot s$ un elemento ξ di $s/(\mathfrak{p}_0 \cdot s)^\infty$, al quale corrisponde sotto quell'isomorfismo un $\zeta \in s^*$ con $(\zeta)_m = (\eta)_{me+e} + \mathfrak{p}^{m+1} \subset (\eta)_m$ e quindi uguale a η.

II. Poichè all'anello $s/(\mathfrak{p}_0 \cdot s)^\infty$ si applica il teorema 276, avremo $s/(\mathfrak{p}_0 \cdot s)^\infty = \sum_{i=1}^{n} s_0^* \cdot y_i$, dove s_0^* designa (ved. 276 III) l'immagine di s_0^* ottenuta dall'identificazione dell'elemento

$$\xi_0: \quad x_0 + \mathfrak{p}_0 \supset x_1 + \mathfrak{p}_0^2 \supset \dots \supset x_m + \mathfrak{p}_0^{m+1} \supset \dots \qquad (x_i \in s_0)$$

276 — 277

di s_0^* all'elemento

$$x_0 + \mathfrak{p}_0 \cdot s \supset x_1 + \mathfrak{p}_0^2 \cdot s \supset \dots \supset x_m + \mathfrak{p}_0^{m+1} \cdot s \supset \dots$$

di $s/(\mathfrak{p}_0 \cdot s)^\infty$, che appunto corrisponde all'elemento

$$x_0 + \mathfrak{p} \supset x_1 + \mathfrak{p}^2 \supset \dots \supset x_m + \mathfrak{p}^{m+1} \supset \dots$$

da associare a ξ_0 secondo il procedimento generale esposto in 275.

Essendo questa identificazione d'accordo con quella descritta in I., essa riduce le affermazioni da dimostrare a quelle provate in 276.

278. *Se per un sopra-anello primario e noetheriano A di un aspetto perfetto s_0 il numero $\left(\dfrac{\mathfrak{p}_0 \cdot A}{A}\right)_{s_0}$ è finito, l'anello individuale*

$$\mathfrak{A} = A/(\mathfrak{p}_0 \cdot A)^\infty = s_1^* + s_2^* \dots + s_h^*$$

è somma diretta delle individualità s_i^* delle estensioni $s_i \to s_0$ di base A, (le quali individualità suppongonsi immerse in $\mathfrak{A}$ mediante gli isomorfismi associanti le approssimazioni $a_{\cdot} + \mathfrak{p}_i^{n+1} \to a_n \cdot e_i^{(n)} + \mathfrak{p}_0^{n+1} \cdot A$ $(a_n \in A)$.

DIMOSTRAZIONE. - I. Soddisfatte le premesse del teorema **261**, possiamo valerci delle denominazioni vi usate:

$$\mathfrak{p}_0 \cdot A = \bigcap_{i=1,\dots,h} \mathfrak{q}_i = \prod_{i=1}^{h} \mathfrak{q}_i, \quad \mathfrak{q}_i \text{ è } [\mathfrak{p}_i \cap A]\text{-primario}, \quad \mathfrak{q}_i + \mathfrak{q}_j = A, \ (i \neq j),$$

$$(*) \qquad A = \sum_{i=1}^{h} \left(\sum_{j=1}^{n_i} s_0 \cdot z_{ij} \right) + \mathfrak{p}_0 \cdot A, \quad z_{ij} \in \prod_{l \neq i} \mathfrak{q}_l, \ \sum_{i=1}^{h} n_i = \left(\frac{\mathfrak{p}_0 \cdot A}{A} \right)_{s_0},$$

$$(**) \qquad s_i = \sum_{j=1}^{n_i} s_0 \cdot z_{ij} + \mathfrak{p}_0 \cdot s_i, \quad n_i = \left(\frac{\mathfrak{p}_0 \cdot s_i}{s_i} \right)_{s_0}.$$

II. Di seguito a $(*)$ possiamo applicare il teorema **276** e ricavarne

$$\mathfrak{A} = A/(\mathfrak{p}_0 \cdot A)^\infty = \sum_{i,j} s_0^* \cdot \zeta_{ij}$$

dove ζ_{ij}, definiti da $(\zeta_{ij})_n = z_{ij} + \mathfrak{p}_0^{n+1} \cdot A$, sono linearmente indipendenti sopra l'individualità s_0^* immersa in $\mathfrak{A}$ mediante l'isomorfismo associante le approssimazioni $a_n + \mathfrak{p}_0^{n+1}$ e $a_n + \mathfrak{p}_0^{n+2} \cdot A$ $(a_n \in s_0)$.

III. Da $\mathfrak{q}_i + \mathfrak{q}_j = A$ $(i \neq j)$ segue $\mathfrak{q}_i^m + \mathfrak{q}_j^m = A$ e, ponendo $\prod_{i \neq j} \mathfrak{q}_j = \mathfrak{u}_i$, $\sum_{i=1}^{h} \mathfrak{u}_i = A$, donde risulta l'esistenza di elementi $e_i^{(n)} \subset \mathfrak{u}_i^{n+1}$ con le proprietà

$$\left(\begin{smallmatrix} * \\ * * \end{smallmatrix}\right) \qquad 1 = \sum_{i=1}^{h} e_i^{(n)}, \quad e_i^{(n)} \cdot e_j^{(n)} \subset \mathfrak{p}_0^{n+1} \cdot A \ (i \neq j)$$

$$e_i^{(n)} - e_i^{(n+1)} = - \sum_{j \neq i} (e_j^{(n)} - e_j^{(n+1)}) \subset \mathfrak{p}_0^{n+1} \cdot A, \quad e^{(n)} \subset \mathfrak{p}_j^{n+1} \ (i \neq j),$$

277 — 278

le quali permettono di definire con $(\varepsilon_i)_n = e_i^{(n)} + \mathfrak{p}_0^{n+1} \cdot A$ $(n = 0, 1, 2, ...)$ elementi ε_i soddisfacenti alle relazioni

$$(+) \qquad \sum_{i=1}^{h} \varepsilon_i = 1, \quad \varepsilon_i \cdot \varepsilon_j = 0 \ (i = j), \quad \varepsilon_i \cdot \varepsilon_i = \varepsilon_i .$$

Si osservi ora, che da $z_{ij} \subset \mathfrak{u}_i$ si deriva $z_{ij} \cdot e_i^{(n)} \subset \mathfrak{p}_0 \cdot A$ $(i \neq 1)$. Ponendo per $l \neq i$ $(\alpha_{ijl})_n = p_0^{-1} \cdot z_{ij} \cdot e_l^{(n+1)} + \mathfrak{p}_0^{n+1} \cdot A$, $(\mathfrak{p}_0 = p_0 \cdot s_0)$, si definiscono, pertanto e di seguito a $\binom{*}{**}$, elementi $\alpha_{ijl} \in \mathfrak{A}$ per cui vale $(p_0 \cdot \alpha_{ijl})_n = z_{ij} \cdot e_l^{(n+1)} + \mathfrak{p}_0^{n+1} \cdot A = z_{ij} \cdot e_l^{(n)} + \mathfrak{p}_0^{n+1} \cdot A = (\zeta_{ij} \cdot \varepsilon_l)_n$, cioè $\zeta_{ij} \cdot \varepsilon_l = p_0 \cdot \alpha_{ijl}$ $(i \neq l)$, donde si deriva, tenuto conto di $\mathfrak{A} = \sum_{i,j} s_0^* \cdot \zeta_{ij} = \sum_{i,j,l} s_0^* \cdot \zeta_{ij} \cdot \varepsilon_l$, la relazione $\mathfrak{A} = \sum_{i,j} s_0^* \cdot \zeta_{ij} \cdot \varepsilon_i + \mathfrak{p}_0^* \cdot \mathfrak{A}$ che a sua volta induce (ved. 268)

$$(++) \qquad \mathfrak{A} = \sum_{i,j} s_0^* \cdot \zeta_{ij} \cdot \varepsilon_i .$$

IV. Di seguito a $(**)$ possiamo applicare il teorema 277 e ricavarne

$$\binom{+}{++} \qquad s_i^* = \sum_{j=1}^{n_i} s_0^* \cdot z_{ij} ,$$

dove z_{ij}, considerati come elementi di s_i^*, sono definiti da $(z_{ij})_n = z_{ij} + \mathfrak{p}_i^{n+1}$ e linearmente indipendenti sopra l'individualità s_0^* immersa in s_i^* mediante l'isomorfismo σ associante le approssimazioni $x_n + \mathfrak{p}_0^{n+1}$ e $x_n + \mathfrak{p}_i^{n+1}$ $(x_n \in s_0)$.

Questo σ può estendersi a tutto l'anello $\mathfrak{A}$, definendo l'estensione σ_i di σ con l'effetto

$$\sigma_i : \qquad (\alpha)_n = a_n + \mathfrak{p}_0^{n+1} \cdot A \rightarrow a_n + \mathfrak{p}_i^{n+1} \qquad (\alpha \in \mathfrak{A}, \ a_n \in A).$$

Da $(\varepsilon_j)_n = e_j^{(n)} + \mathfrak{p}_0^{n+1} \cdot A \subset \mathfrak{p}_i^{n+1}$ $(j \neq i)$ segue allora, che σ_i annulla ε_j $(j \neq i)$ e muta pertanto $\varepsilon_i = 1 - \sum_{j \neq i} \varepsilon_j$ nell'elemento uno di s_i^*. L'immagine

$$(\mathsf{O}) \qquad \mathfrak{A}^{\sigma_i} = \sum_{i,j} s_0^* \cdot \zeta_{ij}^{\sigma_i} \cdot \varepsilon_i^{\sigma_i} = \sum_{j=1}^{n_i} s_0^* \cdot z_{ij}$$

è quindi tutto l'anello s_i^* dato da $\binom{+}{++}$.

Le relazioni $(+)$ mostrano che $\mathfrak{A} \cdot \varepsilon_i$ è sotto-anello di $\mathfrak{A}$ e uguale a

$$\mathfrak{A} \cdot \varepsilon_i = \sum_{j=1}^{n_i} s_0^* \cdot \zeta_{ij} \cdot \varepsilon_i$$

secondo $(++)$, mentre (O) insegna $(\mathfrak{A} \cdot \varepsilon_i)^{\sigma_i} = s_i^*$.

Poichè $(\sum_j \gamma_{ij} \cdot \zeta_{ij} \cdot \varepsilon_i)^{\sigma_i} = \sum_j \gamma_{ij} \cdot z_{ij}$ $(\gamma_{ij} \in s_0^*)$, l'omomorfismo σ_i ristretto a $\mathfrak{A} \cdot \varepsilon_i$, è isomorfismo di $\mathfrak{A} \cdot \varepsilon_i$ su s_i^*, il quale fa corrispondere le approssimazioni

$$a \cdot e_i^{(n)} + \mathfrak{p}_0^{n+1} \cdot A \quad \text{e} \quad a_n + \mathfrak{p}_i^{n+1},$$

sicchè la decomposizione $\mathfrak{A} = \sum_i \mathfrak{A} \cdot \varepsilon_i$ può interpretarsi nel senso $\mathfrak{A} = \sum s_i^*$ esposto nel teorema da dimostrare. L'affermazione, che questa somma è

278

diretta, significa, che ogni elemento $\alpha \in \mathfrak{A}$ è somma $\Sigma \alpha_i$ con $\alpha_i \in \mathfrak{A} \cdot \varepsilon_i$, nella quale α_i è unico di seguito alla conseguenza $\alpha \cdot \varepsilon_i = \alpha_i$ di tale decomposizione. Essa significa di più la validità delle regole

$$(\Sigma_i \alpha_i) \dotplus (\Sigma_i \beta_i) = \Sigma_i (\alpha_i \dotplus \beta_i) \qquad (\alpha_i, \beta_i \in \mathfrak{A} \cdot \varepsilon_i).$$

· **279.** Agli anelli $\mathfrak{A}$, s_i^* considerati nel teorema precedente si applicano le osservazioni **276**, risp. **277**, che insegnano

$$(\mathfrak{A}) = \sum_{i,j} (s_0^*) \cdot \zeta_{ij} \cdot \varepsilon_i, \quad (s_i^*) = \sum_{j=1}^{n_i} (s_0^*) \cdot z_{ij},$$

nelle quali relazioni si consideri l'individualità s_0^* come sotto-anello comune di quegli anelli, identificando gli elementi aventi in $\mathfrak{A}$ le approssimazioni $a_n + \mathfrak{p}_0^{n+1} \cdot A$, in s_i^* le approssimazioni $a_n + \mathfrak{p}_i^{n+1}$ $(a_n \in A)$.

Gli anelli suddetti ammettono il calcolo delle norme e traccie relative al loro sotto-corpo comune (s_0^*) (ved. **59**).

Valendosi della decomposizione $\alpha = \alpha \cdot (\Sigma \varepsilon_i) = \sum_i \alpha \cdot \varepsilon_i$ di un elemento qualunque di $(\mathfrak{A})$, si ottengono relazioni del tipo

$$(*) \qquad \alpha \cdot \zeta_{ij} \cdot \varepsilon_i = \sum_{l=1}^{n_i} \gamma_{ijl} \cdot \zeta_{il} \cdot \varepsilon_i \qquad (j = 1, 2, ..., n_i, \ i = 1, 2, ..., h),$$

dalle quali si derivano, applicando l'isomorfismo σ_i introdotto in **278 IV**, o piuttosto la sua estensione a $(\mathfrak{A})$, le relazioni

$$(**) \qquad \alpha \cdot z_{ij} = \sum_{l=1}^{n_i} \gamma_{ijl} \cdot z_{il} \qquad\qquad \text{valide in } (s_i^*).$$

Calcolato secondo **59** mediante le formule $(**)$, la norma $N\alpha$ di α in (s_i^*) relativa a (s_0^*) sarà l'i-esimo fra i determinanti parziali

$$\begin{vmatrix} \gamma_{i11} & \gamma_{i12} & \gamma_{i1n_i} \\ \cdot & \cdot & \cdot \\ \gamma_{in_i 1} & \cdot & \gamma_{in_i n_i} \end{vmatrix} \qquad (i = 1, 2, ..., h),$$

in cui si spezza il determinante fornito da $(*)$ per la norma $N\alpha$ di α in $(\mathfrak{A})$ relativa a (s_0^*). Ciò dimostra il teorema seguente:

Sotto le premesse del teorema **278** *valgono per ogni* $\alpha \in (\mathfrak{A})$ *le formule*

$$N_{\frac{(\mathfrak{A})}{(s_0^*)}} \alpha = \prod_{i=1}^{h} N_{\frac{(s_i^*)}{(s_0^*)}} \alpha \quad , \quad T_{\frac{(\mathfrak{A})}{(s_0^*)}} \alpha = \sum_{i=1}^{h} T_{\frac{(s_i^*)}{(s_0^*)}} \alpha$$

(purchè s'identifichino gli elementi $\alpha \in s_0^*$, s^i, $\mathfrak{A}$ definiti rispettivamente da $(\alpha)_n = a_n + \mathfrak{p}_0^{n+1}$, $a_n + \mathfrak{p}_i^{n+1}$, $a_n + \mathfrak{p}_0^{n+1} \cdot A$, $(a_n \in s_0)$).

278 — 279

280. *Sia s_0 perfetto e S oggetto primario e finito sopra il corpo (s_0) (cioè di rango $\dfrac{S}{(s_0)}$ finito), mentre $\mathfrak{p}$ sia prospettiva non–totale di S, algebrica sopra s_0 (ved. 266). Se $\mathfrak{p}_i$ ($i = 1, \ldots, h$) sono tutte le estensioni di $\mathfrak{p}$ con un dato insieme finito E di elementi di S, integri sopra s, allora valgono le regole:*

$$N_{\frac{(s^*)}{(s_0^*)}} \xi = \prod_{i=1}^{h} N_{\frac{(s_i^*)}{(s_0^*)}} \xi \quad , \quad T_{\frac{(s^*)}{(s_0^*)}} \xi = \sum_{i=1}^{h} T_{\frac{(s_i^*)}{(s_0^*)}} \xi$$

per ogni $\xi \in (s^*)$, *(purchè s'identifichino gli elementi ξ di s_0^*, s^*, s_i^* definiti rispettivamente da $(\xi)_n = x_n + \mathfrak{p}_0{}^{n+1}$, $x_n + \mathfrak{p}^{n+1}$, $x_n + \mathfrak{p}_i{}^{n+1}$, $x_n \in s_0$).*

Dimostrazione – I. Dalle ipotesi su $\mathfrak{p}$ e $\mathfrak{p}_0$ segue $\mathfrak{p} \to \mathfrak{p}_0$. Il ragionamento 267 I. si applica al caso presente $s \to s_0$ e dimostra che $\left(\dfrac{\mathfrak{p}_0 \cdot s}{s}\right)_{s_0} = q$ è finito, sicchè $s = \sum\limits_{i=1}^{q} s_0 \cdot y_i + \mathfrak{p}_0 \cdot s$ e in conseguenza (ved. 277)

$$(*) \qquad (s^*) = \sum_{i=1}^{q} (s_0^*) \cdot y_i = s \cdot (s_0^*).$$

Essendo l'anello $A = [s, E]$ un s-modulo finito, esso avrà di seguito a $\left(\dfrac{\mathfrak{p}_0 \cdot s}{s}\right)_{s_0}$ finito una s_0–basè finita $\bmod \mathfrak{p}_0 \cdot A$ e permette pertanto l'applicazione dei teoremi 276 e 279, dei quali l'uno insegna

$$(**) \qquad \mathfrak{A} = A/(\mathfrak{p}_0 \cdot A)^{\infty} = A \cdot s_0^* \quad , \quad (\mathfrak{A}) = A \cdot (s_0^*)$$

mentre l'altro fornisce

$$\left({}^*_{**}\right) \qquad N_{\frac{(\mathfrak{A})}{(s_0^*)}} \xi = \prod_{i=1}^{h} N_{\frac{(s_i^*)}{(s_0^*)}} \xi \qquad \text{per} \quad \xi \in (\mathfrak{A})$$

(e la corrispondente formula riguardo alle traccie), perchè, come dimostreremo in II., $\mathfrak{p}_i$ ($i = 1, \ldots, h$) sono appunto tutte le estensioni di $\mathfrak{p}_0$ aventi la base A.

II. Si tratta di dimostrare, che $V(A) \supset \mathfrak{p}' \to \mathfrak{p}_0$ equivale a $V(A) \supset \mathfrak{p}' \to \mathfrak{p}$.

Sia $V(A) \supset \mathfrak{p}' \to \mathfrak{p}_0$. Se l'insieme $\mathfrak{p}' \cap s \supset \mathfrak{p}' \cap s_0 = \mathfrak{p}_0 \neq 0$ che di seguito a $A \supset s$ è ideale primo in s, non fosse $\mathfrak{p}$, esso individuerebbe (ved. 73) una prospettiva $\mathfrak{p}'' > \mathfrak{p}$ non totale, contrario al fatto $\operatorname{ord} \dfrac{\mathfrak{p}}{\mathfrak{p}} = 1$ (ved. 267 I). Quindi $V(A) \supset \mathfrak{p}' \to \mathfrak{p}_0$ induce $V(A) \supset \mathfrak{p}' \to \mathfrak{p}$, e l'inverso risulta da $\mathfrak{p} \to \mathfrak{p}_0$.

III. Supposto il rango $\dfrac{S}{(s_0)}$ finito, vale $S = (s) = s \cdot (s_0)$, (come si vede p. es. con le conclusioni esposte in 267 V).

Se fosse $p_0{}^{-r} \cdot s \subset A$ per ogni $r > 0$, sarebbe $(s_0) \cdot s \subset A \subset S = (s_0) \cdot s$, il

280

che si esclude a causa di $A \subset I\left(\dfrac{S}{s}\right) \neq S$. (Si osservi p. es. $p_0^{-1} \mathrel{c\!\mid\!=} I\left(\dfrac{S}{s}\right)$). Esiste dunque una potenza $p_0{}^r$ tale che

$$(+) \qquad\qquad p_0{}^r \cdot A \subset s$$

IV. L'ideale $\mathfrak{p}_0 \cdot s$ individua in $V(s)$ una figura $(\mathfrak{p}_0 \cdot s)$, di cui $\mathfrak{p}$ certo non è prospettiva, perchè $\mathfrak{p}_0 \cdot s \mathrel{c\!=} \mathfrak{p}$. Ne risulta, che $\mathfrak{p}$, in quanto prospettiva immediata (ved. II), è la sola prospettiva di $(\mathfrak{p}_0 \cdot s)$, sicchè l'ideale $\mathfrak{p}_0 \cdot s$ è primario e pertanto superiore a una potenza $\mathfrak{p}^e$:

$$(++) \qquad\qquad \mathfrak{p}_0 \cdot s \supset \mathfrak{p}^e.$$

V. le relazioni $(+)$ è $(++)$ permettono di interpretare s^* come sotto-anello di $\mathfrak{A}$.

All'uopo si associ a $\xi \in s^*$ definito da $(\xi)_n = x_n + \mathfrak{p}^{n+1}$ $(x_n \in s)$ l'elemento $\alpha \in \mathfrak{A}$ definito da $(\alpha)_n = x_{ne+e} + \mathfrak{p}_0{}^{n+1} \cdot A$.

Da $(++)$ segue, che α è determinato da ξ in modo unico, sicchè si tratta di un omomorfismo, mentre $(+)$ insegna che $\alpha = 0$, equivalente a $x_{ne+e} \subset \mathfrak{p}_0{}^{n+1} \cdot A$, induce $x_{ne+e} \cdot p_0{}^r \subset \mathfrak{p}_0{}^{n+1} \cdot s$, cioè $x_{ne+e} \subset \mathfrak{p}_0{}^{n+1-r} \cdot s$, $(\xi)_n = (\xi)_{ne+e+nr} + \mathfrak{p}^{n+1} \subset \mathfrak{p}_0{}^{n+r+1-r} \cdot s + \mathfrak{p}^{n+1}$, equivalente a $\xi = 0$. Identificando l'immagine α di ξ sotto quell'omomorfismo, ormai riconosciuto quale isomorfismo, con ξ, si rende s^* sotto-anello di $\mathfrak{A}$.

VI. Ciò posto, concludiamo da $(+)$ che $A \cdot (s_0{}^*) \subset s \cdot (s_0{}^*)$, mentre $A \supset s$ induce la situazione inversa e con ciò (ved. $(*)$ e $(**)$)

$$(\mathfrak{A})\dot{} = A \cdot (s_0{}^*) = s \cdot (s_0{}^*) = (s^*),$$

il che significa, tenuto conto di $\binom{\ *}{**}$, le formule da dimostrare.

L'applicazione di queste formule presuppone l'interpretazione di $\xi \in (\mathfrak{A}) = = s \cdot (s_0{}^*)$ come elemento di $(s_i{}^*)$, definita in 279, la quale identifica ogni elemento $x \in s$ (avente in $\mathfrak{A}$ le approssimazioni $(x)_n = x + \mathfrak{p}_0{}^{n+1} \cdot A$) all'elemento $x \in s_i$ dato da $(x)_n = x + \mathfrak{p}_i{}^{n+1}$, cioè all'idea di x in $s_i{}^*$. Poichè l'immersione di s^* in $\mathfrak{A}$, descritta in V, altresì identifica x con la sua idea rispettiva, la validità di quelle formule è completamente definita, dicendo, che l'argomento ξ sia ogni volta quell'elemento $\Sigma\, c_l \cdot y_l$ $(c_l \in (s_0{}^*))$ del rispettivo oggetto $(s_i{}^*)$, che si ottiene da una (qualsiasi) espressione $\underset{i}{\Sigma}\, c_l \cdot y_l$ dell'elemento $\xi \in (s^*) = \Sigma\, (s_0{}^*) \cdot y_l$, sostituendo a $y_l \in s$ la sua idea in $s_i{}^*$.

281. *Sotto le premesse del teorema 280 vale*

$$\left(\frac{\mathfrak{p}_0 \cdot s}{s}\right)_{s_0} = \overset{h}{\underset{i=1}{\Sigma}} \left(\frac{\mathfrak{p}_0 \cdot s_i}{s_i}\right)_{s_0}.$$

280 — 281

25

DIMOSTRAZIONE. - Se $s = \sum_i s_0 \cdot y_i + \mathfrak{p}_0 \cdot r$ con $n = \left(\dfrac{\mathfrak{p}_0 \cdot s}{s}\right)_{s_0}$, avremo

(ved. **277**) $s = \sum_i s_0^* \cdot y_i$ con $y_1, \ldots, y_n$ linearmente indipendenti sopra (s_0^*). Quindi

$$N_{\underset{(s_0^*)}{(s^*)}}\, p_0 = p_0{}^n, \quad N_{\underset{(s_0^*)}{(s_i^*)}}\, p_0 = p_0{}^{n_i}, \quad n_i = \left(\frac{\mathfrak{p}_0 \cdot s_i}{s_i}\right)_{s_0},$$

donde si deriva con la regola dimostrata in **280** $p_0{}^n = \prod_i p_0{}^{n_i}$ e con ciò la relazione da dimostrare.

282. *Se una estensione completa* $\underset{i=1,\ldots,h}{\cup} \mathfrak{p}_i \to \mathfrak{p}_0$ *di una prospettiva perfetta* $\mathfrak{p}_0$ *è contenuta in una varietà aritmetica* V, *il cui oggetto* S *è primario e finito sopra* (s_0), *allora valgono le regole*

$$N_{\underset{(s)}{S}}\, x = \prod_i N_{\underset{(s_0^*)}{(s_i^*)}}\, x, \quad T_{\underset{(s)}{S}}\, x = \sum_i T_{\underset{(s_0^*)}{(s_i^*)}}\, x$$

per ogni $x \in S$. *Le stesse relazioni valgono sotto le premesse più generali del teorema* **266**.

DIMOSTRAZIONE. - Soddisfatte le premesse di **266** che sono anche quelle di **267**, possiamo riprendere le notazioni usate in **267**.

Il teorema **266** assicura l'esistenza di un anello $A \supset s_0$ di s_0-base finita, col quale si costruiscono le situazioni

$$(*) \qquad\qquad V(A) \supset \underset{i,j}{\cup} \mathfrak{p}_{ij} \to \mathfrak{p}_0$$

$$(**) \qquad\qquad V(A_i) \supset \underset{j}{\cup} \mathfrak{p}_{ij} \to \mathfrak{p}_i \qquad\qquad (A_i = [A, s_i]).$$

I. Siccome $\underset{i,j}{\cup} \mathfrak{p}_{ij}$ è la totalità delle estensioni di $\mathfrak{p}_0$ aventi la base A (ved. **250** fine), il quale anello è del tipo presupposto in **279**, avremo, ponendo $A/(\mathfrak{p}_0 \cdot A)^\infty = \mathfrak{A}$, le formule

$$\left(\overset{*}{\underset{*}{*}}\right) \qquad N_{\underset{(s_0^*)}{(\mathfrak{A})}}\, \alpha = \prod_{i,j} N_{\underset{(s_0^*)}{(s_{ij}^*)}}\, \alpha, \quad T_{\underset{(s_0^*)}{(\mathfrak{A})}}\, \alpha = \sum_{i,j} T_{\underset{(s_0^*)}{(s_{ij}^*)}}\, \alpha$$

per ogni $\alpha \in (\mathfrak{A}) = A \cdot (s_0^*)$, nelle quali si calcolano le norme e traccie, sostituendo a ogni elemento di A la sua idea nella rispettiva individualità s_{ij}^*.

II. Poichè l'anello A è generato da s_0 e un insieme finito di elementi integri sopra s_0, e quindi sopra s_i, le prospettive $\mathfrak{p}_{ij}$ $(j = 1, 2, \ldots)$ costituiscono

281 — 282

una completa (ved. **262**) estensione di $\mathfrak{p}_i$ soddisfacente alle premesse del teorema **280**, sicchè valgono le relazioni

$$\underset{j}{\Pi}\, \underset{\overline{(s_0{}^*)}}{N_{(s_{ij}{}^*)}}\, \alpha = \underset{\overline{(s_0{}^*)}}{N_{(s_i{}^*)}}\, \alpha, \qquad \underset{j}{\Sigma}\, \underset{\overline{(s_0{}^*)}}{T_{(s_{ij}{}^*)}}\, \alpha = \underset{\overline{(s_0{}^*)}}{T_{(s_i{}^*)}}\, \alpha$$

per ogni $\alpha \in (s_i{}^*)$, mediante le quali le formule $\binom{*}{**}$ si semplificano in

$$(+) \qquad \underset{\overline{(s_0)}}{N_{(\mathfrak{A})}}\, \alpha = \underset{i}{\Pi}\, \underset{\overline{(s_0)}}{N_{(s_i{}^*)}}\, \alpha, \qquad \underset{\overline{(s_0)}}{T_{(\mathfrak{A})}}\, \alpha = \underset{i}{\Sigma}\, \underset{\overline{(s_0)}}{T_{(s_i{}^*)}}\, \alpha$$

III. In quanto s_0-modulo, l'anello A ha una s_0-base linearmente indipendente (ved. **99**), e questa sarà, secondo l'osservazione **268**, anche linearmente indipendente mod $\mathfrak{p}_0 \cdot A$, sicchè essa serve a calcolare col procedimento esposto in **59** le norme e traccie, tanto in S relativamente a (s_0), quanto in $(\mathfrak{A})$ relativamente a $(s_0{}^*)$, essendo essa anche $s_0{}^*$-base linearmente indipendente di $\mathfrak{A}$. (Ved. **276**).

Qualora x sia elemento di S, come presuppone il teorema da dimostrare, troveremo quindi

$$(++) \qquad \underset{\overline{(s)}}{N_S}\, x = \underset{\overline{(s_{0*})}}{N_{(\mathfrak{A})}}\, x, \qquad \underset{\overline{(s)}}{T_S}\, x = \underset{\overline{(s_0{}^*)}}{T_{(\mathfrak{A})}}\, x$$

in un senso tale, che per $x \in A$ i membri destri sono le idee dei membri sinistri di queste equazioni. Da (+) e (++) seguono le relazioni asserite nel teorema suddetto,

§ 4. Differenti relative.

283. Una varietà V estensione di una varietà V_0 (ved. **250**) sarà distinta come *estensione algebrica* della V_0, allora e soltanto allora, che ogni prospettiva $\mathfrak{p} \in V$ ha una base anello algebrico sopra la proiezione $S_0 \leftarrow S$ dell'aspetto S.

Rammentiamo che varietà estensioni si considerano soltanto nel caso di varietà primarie. Se S è l'oggetto di tale varietà V, chiameremo $S/\mathfrak{p}$, cioè il soggetto della prospettiva totale di V, il *corpo della varietà* V, e la caratteristica di questo sarà detta *la caratteristica della varietà*.

Una varietà aritmetica è ovviamente estensione algebrica di ogni varietà, di cui essa sia semplicemente estensione.

284. Sia V varietà estensione algebrica della varietà V_0.

I differenti relativi n-esimi

$$\mathfrak{d}_n\!\left(\frac{s_0}{s}\right) \qquad V \ni s \rightarrow s_0 \in V_0$$

282 — 284

sono gli ideali

$$\eth_n \frac{V}{V_0}(s)$$

di una figura $\eth_n \dfrac{V}{V_0}$ *in* V, *che diremo* **l a   n - e s i m a   d i f f e r e n t e   d i**
V   r e l a t i v a   a l l a V_0.

DIMOSTRAZIONE. - Da $S \supset s$ in V segue $S_0 \supset s_0$ per le corrispondenti
proiezioni $S_0 \leftarrow S$, $s_0 \leftarrow s$ in V_0 (ved. **254**).

Di seguito a $S_0 \in V(s_0)$, $S \in V(s)$ sono soddisfatte le premesse del teorema
15 per $A_0 = s_0$, $\overline{A}_0 = S_0$, $A = s$, $\overline{A} = S$, sicchè possiamo ricavarne la relazione

$$\eth_n \frac{V}{V_0}(S) = \eth_n \left(\frac{S}{S_0}\right) = \eth_n \left(\frac{s}{s_0}\right) \cdot S = \eth_n \frac{V}{V_0}(s) \cdot S$$

caratterizzante l'insieme degli ideali suddetti quale totalità degli ideali di
una figura.

Nel caso di una varietà V aritmetica definiamo anche *la n-esima diffe-*
rente (assoluta)

$$\eth_n V,$$

la quale, in quanto figura, è definita da

$$\eth_n V(s) = \eth_n(s),$$

dove $\eth_n(s)$ designa l'n-esimo differente assoluto, cioè basantesi (ved. **14**) sulla
differenziazione assoluta.

Dato che la differenziazione assoluta di un aspetto s coincide con quella
relativa al suo sotto-anello [1], la n-esima differente $\eth_n V$ di una varietà
primaria, aritmetica e chiusa, può interpretarsi come differente relativa
alla varietà $V([1])$. Invero, $V \rightarrow V([1])$, poichè la prima condizione per varietà
estensioni (ved. **250**) è soddisfatta (ved. **73**) di seguito al fatto $[1] \subset s$ per ogni
$s \in V$, mentre la seconda condizione si verifica in base alla chiusura della V.

285. La relazione generale

$$\eth_0 \left(\frac{s}{s_0}\right) \subset \eth_1 \left(\frac{s}{s_0}\right) \subset \eth_2 \left(\frac{s}{s_0}\right) \cdots$$

fra i differenti (ved. **14**) induce la relazione

$$\eth_0 \frac{V}{V_0} \geq \eth_1 \frac{V}{V_0} \geq \eth_2 \frac{V}{V_0} \geq \cdots$$

delle differenti.

284 — 285

Se S designa l'aspetto totale della varietà V supposta primaria, la proiezione $S_0 \leftarrow S$ sarà l'aspetto totale di $V_0 \leftarrow V$, giacchè l'ideale $\mathfrak{P}_0 = \mathfrak{P} \cap S_0$ è costituito solamente da elementi infinitesimali. Nel caso di una varietà V prima, cioè quando S e S_0 sono corpi, si calcolano (ved. **19**) per i differenti $\vartheta_n\!\left(\dfrac{S}{S_0}\right)$ gli ideali 0, se $n < \dim \dfrac{S}{S_0} + \text{insep.}\, \dfrac{S}{S_0}$, e S, se n è maggiore di questa somma. Infatti, le equazioni differenziali relative a S_0 del corpo S (algebrico sopra S_0, poichè V è supposta (ved. **284**) algebrica sopra la V_0) si riducono (ved. **18**) a quelle esprimenti, che $S \cdot \dfrac{d}{S_0} S$ ha una S-base costituita da $r = \dim \dfrac{S}{S_0} + \text{insep.}\, \dfrac{S}{S_0}$ differenziali linearmente indipendenti. Applicando questa osservazione alle differenti, possiamo constatare:

Nel caso in cui gli oggetti di $V \rightarrow V_0$ *sono corpi* $K \supset K_0$, *la prima differente relativa* $\vartheta_n \dfrac{V}{V_0}$ *non totale è quella dell'ordine*

$$n = \dim \frac{K}{K_0} + \text{insep.}\, \frac{K}{K_0}\,.$$

286. Rammentiamo che la corrispondenza infinitesimale generica $[A,\, dA]$ di un anello A (ved. **4**), che supponiamo dotato di un elemento 1, si costruisce in tre passi:

1) A ogni $x \in A$ si associa precisamente un simbolo Δx, la totalità dei quali si designi con ΔA.

.2) Nell'anello $A[\Delta A]$ dei polinomi con coefficienti appartenenti all'anello A e con argomenti presi dall'insieme ΔA si genera un ideale $\mathfrak{d}$ con tutti i polinomi dei tipi

$$\Delta(x + y) - \Delta x - \Delta y$$

$$\Delta(x \cdot y) - x \cdot \Delta y - y \cdot \Delta x \qquad\qquad (x,\, y \in A)$$

$$\Delta x \cdot \Delta y.$$

3) Identificando gli elementi $x + \mathfrak{d}$, $\Delta x + \mathfrak{d}$ di $A[\Delta A]/\mathfrak{d}$ con x, risp. con dx, si ottiene

$$[A,\, dA] \cong A[\Delta A]/\mathfrak{d}.$$

Semplificheremo il linguaggio, descrivendo questo procedimento nel modo seguente: Si aggiungono all'anello A i simboli $dx (x \in A)$ legati solamente dalle relazioni

$$d(x + y) - dx - dy \quad\;\; = 0$$

$$d(x \cdot y) - x \cdot dy - y \cdot dx = 0 \qquad\qquad (x,\, y \in A)$$

$$dx \cdot dy \qquad\qquad\;\;\; = 0.$$

285 — 286

287. *Se l'anello A^σ risulta dall'anello $A \supset 1$ mediante l'omomorfismo σ col nucleo $\mathfrak{n}$, si può estendere σ a un omomorfismo σ di $[A,\, dA]$ su $[A^\sigma,\, d^\sigma A^\sigma]$, avente il nucleo $\mathfrak{N} = \mathfrak{n} \cdot [A,\, dA] + d\mathfrak{n} \cdot [A,\, dA]$.*

DIMOSTRAZIONE. – Considerando gli elementi di A come simboli di elementi di A^σ, il che esige

$$(*) \qquad\qquad n \equiv 0 \ \text{ in } A^\sigma \ (n \in \mathfrak{n}),$$

possiamo definire la corrispondenza infinitesimale generica $[A^\sigma,\, d^\sigma A^\sigma]$ quale anello generato sopra A^σ dagli elementi $d^\sigma x$ $(x \in A)$ legati solamente dalle relazioni

$$\begin{aligned}
d^\sigma(x+y) - d^\sigma x - d^\sigma y &\equiv 0 \\
(**) \qquad\qquad d^\sigma(x \cdot y) - x \cdot d^\sigma y - y \cdot d^\sigma x &\equiv 0 \\
d^\sigma x \cdot d^\sigma y &\equiv 0
\end{aligned}$$

alle quali debbono aggiungersi le equazioni

$$\left(\overset{*}{\underset{*}{*}}\right) \qquad\qquad d^\sigma x \equiv d^\sigma y \qquad\qquad (per \ x^\sigma = y^\sigma)$$

ottenute dal primo passo della costruzione descritta in **286.**

Ora, le prime delle relazioni $(**)$ permettono di sostituire alle $\left(\overset{*}{\underset{*}{*}}\right)$ le equazioni

$$(+) \qquad\qquad d^\sigma n \equiv 0, \qquad\qquad (n \in \mathfrak{n}),$$

sicchè l'anello $[A^\sigma,\, d^\sigma A^\sigma]$ si presenta definito dalle relazioni $(**)$ prese insieme col sistema

$$(++) \qquad\qquad n \equiv 0, \ d^\sigma n \equiv 0 \qquad\qquad (n \in \mathfrak{n}).$$

L'anello $[A,\, d^\sigma A]$ definito da $(**)$ è isomorfo alla corrispondenza infinitesimale generica $[A,\, dA]$, sicchè l'aggiunzione delle relazioni $(**)$ alle $(++)$ definisce un anello isomorfo a

$$[A,\, dA]/\mathfrak{N}$$

c. d. d.

288. *Per calcolare un differente $\mathfrak{d}_n\!\left(\dfrac{s}{s_0}\right)$, si può valersi della relazione*

$$\mathfrak{d}_n\!\left(\frac{s}{s_0}\right) + \mathfrak{p}^m = \mathfrak{d}_n\!\left(\frac{s/\mathfrak{p}^{m+1}}{s_0 + \mathfrak{p}^{m+1}/\mathfrak{p}^{m+1}}\right) + \mathfrak{p}^m,$$

considerando il differente al membro destro come ideale in s.

DIMOSTRAZIONE. – Se $[s,\, ds] = s + \sum\limits_{i=1}^{h} s \cdot dx_i + s \cdot ds_0$, definita in quanto s-sopramodulo di $s \cdot ds_0$ dalle relazioni

$$(*) \qquad\qquad \sum_{j=1}^{h} a_{ij} \cdot dx_j \subset s \cdot ds_0 \qquad\qquad (i=1,\, 2,\, ...),\ (a_{ij} \in s),$$

287 — 288

è la corrispondenza infinitesimale generica di s, l'anello infinitesimale $[s^\sigma, d^\sigma s^\sigma]$ corrispondente all'anello $s^\sigma = s/\mathfrak{p}^{m+1}$ si definisce (ved. 287) aggiungendo alle relazioni (∗) le congruenze

$$p \equiv 0, \quad dp \equiv 0 \qquad \text{(per ogni } p \in \mathfrak{p}^{m+1})$$

delle quali le ultime assumono (di seguito alle regole di differenziazione contenute nelle (∗)) tutte quante la forma

$$\sum_{j=1}^{h} b_j \cdot dx_j \subset s \cdot ds_0 \qquad\qquad (b_j \in \mathfrak{p}^m).$$

Volendo calcolare il differente $\eth_n\left(\dfrac{s}{s_0}\right)$, si formano tutti i determinanti dell'ordine $h - n$ della matrice (a_{ij}). Il differente al membro destro della relazione da dimostrare si ottiene similmente dalla matrice (a_{ij}) completata da righe del tipo $b_1\, b_2 \dots b_h$, eseguendo però i calcoli solamente modulo $\mathfrak{p}^{m+1}$. Siccome questa seconda matrice differisce dalla prima solamente con righe costituite da elementi $\equiv 0 \bmod \mathfrak{p}^m$, i due differenti nella relazione suddetta sono uguali $\bmod \mathfrak{p}^m$.

289. Per poter applicare l'osservazione precedente al calcolo dei differenti, ricerchiamo più in dettaglio la struttura degli anelli $s/\mathfrak{p}^{m+1}$ considerati come sopra-anelli di $s_0 + \mathfrak{p}^{m+1}/\mathfrak{p}^{m+1}$, presupponendo che

$$s/\mathfrak{p} \text{ sia algebrico sopra } s_0 + \mathfrak{p}/\mathfrak{p}$$

e che gli ideali $\mathfrak{p}$, $\mathfrak{p}_0$ abbiano basi finite.

I. Sia

$$s/\mathfrak{p} = (s_0 + \mathfrak{p}/\mathfrak{p},\ x_1 + \mathfrak{p},\ \dots,\ x_m + \mathfrak{p})$$

definito sopra $s_0 + \mathfrak{p}/\mathfrak{p}$ dalle relazioni

$$(1) \qquad\qquad f_i(x_1, \dots, x_m) \subset \mathfrak{p} \qquad (f_i(X_1, \dots, X_m) \in s_0[X_1, \dots, X_m] = s_0[X])$$

$(i = 1, \dots l)$, e designi $M(X) \subset s_0[X]$ un sistema moltiplicativo (come p. es. la totalità dei $g(X) \in s_0[X]$ soddisfacenti a $g(x_1, \dots, x_m) \subset\!\!\!\!\!| \ \mathfrak{p}$) tale, che ogni elemento di $s/\mathfrak{p}$ ammetta una rappresentazione

$$\frac{f(x_1, \dots, x_m)}{g(x_1, \dots, x_m)} + \mathfrak{p} \qquad \text{(con } f(X) \in s_0[X],\ g(X) \in M(X)).$$

Se $\mathfrak{p} = \sum\limits_{i=1}^{h} p_i \cdot s$, estendiamo $s_0[X]$ a un anello $s_0[X_1, \dots, X_m, u_1, \dots, u_h] = s_0[X, u]$ di polinomi a $m + h$ argomenti liberi e ne forniamo l'anello

$$A = \frac{s_0[X, u]}{M(X)} \qquad \text{(contenuto nell'oggetto di } s_0[X, u])$$

288 — 289

cioè la totalità dei quozienti con numeratore in $s_0[X, u]$ e denominatore in $M(X)$. Dall'ipotesi suddetta, brevemente riprodotta con $s = \dfrac{s_0[x]}{M(x)} + \mathfrak{p}$, segue

$$(2) \qquad s = \frac{s_0[x_1, \dots, x_m, p_1, \dots, p_h]}{M(x_1, \dots, x_m)} + \mathfrak{p}^{n+1} \text{ con } n \text{ qualunque.}$$

II. Se $\mathfrak{p}_0 = \overset{h_0}{\underset{i=1}{\Sigma}} p_i{}^0 \cdot s_0$, procuriamo, che questi $p_i{}^0$ si trovino fra i polinomi $f_i(X)$, supponendo p. es. $f_i(X) = p_i{}^0$ per $i \leq h_0$. Ciò permette di assicurare che l'ideale

$$\overset{l}{\underset{i=1}{\Sigma}} f_i(X) \cdot \frac{s_0[X]}{M(X)}$$

è la totalità degli elementi $f(X) = \dfrac{a(X)}{b(X)}$ con $a(X) \in s_0[X]$, $b(X) \in M(X)$, soddisfacenti a $f(x) \subset \mathfrak{p}$. Infatti, si trova dapprima

$$a(X) \subset \overset{l}{\underset{i=1}{\Sigma}} a_i(X) \cdot f_i(X) + \mathfrak{p}[X] \qquad \text{con } a_i(X) \in s_0[X],$$

poichè le relazioni (1) definiscono $s/\mathfrak{p}$ sopra il corpo $s_0 + \mathfrak{p}/\mathfrak{p}$, e poi si osserverà che $a(X) - \overset{l}{\underset{i=1}{\Sigma}} a_i(X) \cdot f_i(X) \subset [\mathfrak{p} \cap s_0][X] = \mathfrak{p}_0[X]$ appartiene all'ideale $\overset{h_0}{\underset{i=1}{\Sigma}} f_i(X) \cdot s_0[X]$.

III. Si scelgano, supposto $h = \left(\dfrac{\mathfrak{p}^2}{\mathfrak{p}}\right)$ (ved. **195**),

$$f_i(X, u) = f_i(X_1, \dots, X_m, u_1, \dots, u_h) \in s_0[X, u] \qquad (i = l+1, \dots, l+r),$$

omogenei di gradi $n_i > 1$ rispetto agli argomenti $u_1, \dots, u_h$, in modo tale che $f_i(x_1, \dots, x_m, u_1, \dots, u_h) + \mathfrak{p}[u_1, \dots, u_h]$ $(i = l+1, \dots, l+r)$ costituiscano una base dell'ideale delle forme $s/\mathfrak{p}[u_1, \dots, u_h]$ (ved. **196**) tangenti lo zero.

IV. Designando con $\mathfrak{u}$ l'ideale $\Sigma u_i \cdot A$, costruiremo nell'anello individuale

$$A/\mathfrak{u}^\infty = \mathfrak{A}$$

$l + r$ elementi φ_i $(i = 1, \dots, l+r)$, le cui approssimazioni (ved. **269**)

$$(3) \qquad (\varphi_i)_n = f_i^{(n)}(X, u) + \mathfrak{u}^{n+1}$$

generano nel modo

$$(4) \qquad \mathfrak{f}^{(n)}(X, u) = \overset{l+r}{\underset{i=1}{\Sigma}} f_i^{(n)}(X, u) \cdot A + \mathfrak{u}^{n+1}$$

la totalità $\mathfrak{f}^{(n)}(X, u)$ degli elementi $f(X, u) \in A$ soddisfacenti a

$$f(x_1, \dots, x_m, p_1, \dots, p_h) \subset \mathfrak{p}^{n+1}.$$

289

V. Prendiamo $f_i^{(0)}(X, u) = f_i(X)$ per $i = 1, \ldots, l$ e

$$f_i^{(n)}(X, u) = 0 \ (n < n_i), \ f_i^{(n)}(X, u) = f_i(X, u) \ (n = n_i), \quad \text{per } i = i+1, \ldots, l+r$$

e supponiamo già costruite le approssimazioni (3) e dimostrata l'affermazione (4) per $n < N$, come certo si può dire per $N = 1$.

Siano $U_k\left(k = 1, \ldots, \binom{N+h-1}{h-1}\right)$ i monomi $u_1^{i_1} \ldots u_h^{i_h}$ di grado N in un qualsiasi ordine, e designino P_k i corrispondenti prodotti $p_1^{i_1} \ldots p_h^{i_h}$.

Poichè dall'ipotesi d'induzione segue $f_i^{(N-1)}(x, p) \subset \mathfrak{p}^N$, ci saranno elementi $a_{ik}(X) \in \dfrac{s_0[X]}{M(X)}$ siffatti, che $f_i^{(N-1)}(x, p) - \sum\limits_k a_{ik}(x) \cdot P_k \subset \mathfrak{p}^{N+1}$ cioè che $f_i^{(N-1)}(X, u) -$ $- \sum\limits_k a_{ik}(X) \cdot U_k \in f^{(N)}$. Se quindi poniamo

$$(5) \qquad f_i^{(N)}(X, u) = f_i^{(N-1)}(X, u) - \sum_k a_{ik}(X) \cdot U_k,$$

le approssimazioni $(\varphi_i)_N = f_i^{(N)}(X, u) + \mathfrak{u}^{N+1}$ sono contenute nelle corrispondenti $(\varphi_i)_{N-1}$.

Sia ora $f(X, u)$ un elemento qualunque di A soddisfacente a

$$(6) \qquad\qquad f(x, p) \subset \mathfrak{p}^{N+1}.$$

Da $f(x, p) \subset \mathfrak{p}^N$ concludiamo mediante l'ipotesi d'induzione che

$$f(X, u) = \sum_{i=1}^{l+r} f_i^{(N-1)}(X, u) \cdot b_i^{(N-1)}(X, u) + \sum_k b_k(X, u) \cdot U_k$$

con $b_i^{(N-1)}, b_k \in A$, oppure

$$(7) \qquad f(X, u) = \sum f_i^{(N)}(X, u) \cdot b_i^{(N-1)}(X, u) + \sum_k c_k(X, u) \cdot U_k$$

con $c_k \in A$, come risulta da (5).

L'ipotesi (6) e il fatto $f_i^{(N)}(x, p) \subset \mathfrak{p}^{N+1}$ inducono allora $\sum\limits_k c_k(x, p) \cdot P_k \subset$ $\subset \mathfrak{p}^{N+1}$, sicchè $\sum\limits_k c_k(x, 0) \cdot U_k + \mathfrak{p}[u] \in s/\mathfrak{p}[u_1, \ldots, u_h]$ è forma di grado N tangente lo zero. Si troveranno pertanto (ved. III) r elementi $g_i^{(N-n_i)}(X, u) \in A$, forme di gradi $N - n_i$ rispetto agli argomenti u, colle quali si scrive $\sum\limits_k c_k(x, 0) \cdot U_k \subset$ $\subset \sum\limits_{i>l} g_i^{(N-n_i)}(x, u) \cdot f_i(x, u) + \mathfrak{p}[u]$.

Essendo la differenza $\sum\limits_k c_k(X, 0) \cdot U_k - \sum g_i^{(N-n_i)}(X, u) \cdot f_i(X, u)$, riguardo agli argomenti u, polinomio omogeneo di grado N, i cui coefficienti si annullano mod $\mathfrak{p}$ dopo la sostituzione $X \to x$, essa ammette (ved. II) una rappresentazione $\sum\limits_k \left(\sum\limits_{i=1}^{l} e_{ik}(X) \cdot f_i(X)\right) U_k$ con $e_{ik}(X) \in \dfrac{s_0[X]}{M(X)}$, sicchè tenuto conto di $f_i(X, u) \subset f_i^{(N)}(X, u) + \mathfrak{u}$, si ottiene

$$\sum_k c_k(X, u) \cdot U_k \subset \sum_{i=1}^{l} f_i^{(N)}(X, u) \left(\sum_k e_{ik}(X) \cdot U_k\right) + \sum_{i>l} g_i^{(N-n_i)}(X, u) \cdot f_i^{(N)}(X, u) + \mathfrak{u}^{N+1}$$

cioè finalmente (ved. (7))

$$(8) \qquad f(X,\ u) \subset \sum_{i=1}^{l+r} f_i^{(N)}(X.\ u) \cdot b_i^{(N)}(X,\ u) + \mathfrak{u}^{N+1}$$

con

$$(9) \qquad \begin{aligned} b_i^{(N)}(X,\ u) &= b_i^{(N-1)}(X,\ u) + \sum_k e^{ik}(X) \cdot U_k \qquad (i \leq l) \\[2mm] b_i^{(N)}(X,\ u) &= b_i^{(N-1)}(X,\ u) + g_i^{(N-n_i)}(X,\ u) \qquad (i > l), \end{aligned}$$

il che verifica la (4) anche per $n = N$ e quindi generalmente.

VI. Avendo provato IV, conosciamo la struttura dell'anello $s/\mathfrak{p}^{n+1}$:

$$(10) \qquad s/\mathfrak{p}^{n+1} \cong \frac{s_0[X_1,\ ...,\ X_m,\ u_1,\ ...,\ u_n]}{M(X_1,\ ...,\ X_m)}\Big/\mathfrak{f}^{(n)} = A/\mathfrak{f}^{(n)}$$

con

$$\mathfrak{f}^{(n)} = \sum_{i=1}^{l+r} f_i^{(n)}(X,\ u) \cdot A + \mathfrak{u}^{n+1}.$$

VII. Siamo ormai in grado di indicare *le equazioni differenziali di $s/\mathfrak{p}^{n+1}$ relative a $s_0 + \mathfrak{p}^{n+1}/\mathfrak{p}^{n+1}$*.

Le equazioni differenziali di A si ottengono, aggiungendo alle equazioni

$$da(X,\ u) = \sum_{i=1}^{m} a_{X_i}(X,\ u) \cdot dX_i + \sum_{j=1}^{h} a_{u_j}(X,\ u) \cdot du_j + d_0 a(X,\ u),$$ (dove $a(X,\ u)$ è elemento qualunque di A e $d_0 a$ designa una combinazione lineare di differenziali di elementi di s_0) le sole relazioni

$$\begin{aligned} d(a_0 + b_0) - da_0 - db_0 &= 0 \\ d(a_0 \cdot b_0) - a_0 \cdot db_0 - b_0 \cdot da_0 &= 0, \end{aligned} \qquad (a_0,\ b_0 \in s_0)$$

poichè la totalità di queste equazioni garantisce la validità delle regole di differenziazione. Siccome secondo 287 le equazioni differenziali di $A/\mathfrak{f}^{(n)}$ si derivano da quelle di A, aggiungendo le relazioni $\mathfrak{f}^{(n)}(X,\ u) \equiv 0$, $d\mathfrak{f}^{(n)}(X,\ u) \equiv 0$, troviamo che (in conseguenza a (10) e (2))

$$\sum_{j=1}^{m} f_{ix_j}(x,\ p) \cdot dx_j + \sum_{k=1}^{h} f_{iu_k}(x,\ p) \cdot dp_k \equiv 0, \qquad (i = 1,\ 2,\ ...,\ l+r)$$

$$dq \equiv 0 \ (q \in \mathfrak{p}^{n+1}),\ da_0 \equiv 0 \ (a_0 \in s_0)$$

sono le equazioni differenziali di $s/\mathfrak{p}^{n+1}$ relative a $s_0 + \mathfrak{p}^{n+1}/\mathfrak{p}^{n+1}$, presciso da quelle esprimenti $s \cdot ds = \sum_{i=1}^{m} s \cdot dx_i + \sum_{k=1}^{h} s \cdot dp_k + s \cdot ds_0 + s \cdot d\mathfrak{p}^{n+1}$.

L'ideale

$$\mathfrak{d}_\nu \Big(\frac{s/\mathfrak{p}^{n+1}}{s_0 + \mathfrak{p}^{n+1}/\mathfrak{p}^{n+1}} \Big) + \mathfrak{p}^n$$

289

a cui si riferisce l'osservazione 288, è quindi generato da $\mathfrak{p}^n$ e dai determinanti di ordine $m + h - \nu$ presi dalla matrice

$$
\begin{array}{c}
\qquad\qquad k = 1, \dots, m \qquad k = 1, \dots, h \\[4pt]
\begin{array}{r}
i = 1 \\ 2 \\ \vdots \\ l \\ l+1 \\ \vdots \\ l+r
\end{array}
\left(
\begin{array}{c|c}
f_{i x_k}^{(n)}(x,\ p) & f_{i p_k}^{(n)}(x,\ p) \\[6pt]
\hline
f_{i r_k}^{(n)}(x,\ p) & f_{i p_k}^{(n)}(x,\ p)
\end{array}
\right)
\end{array}
$$

Da $f_i^{(n)}(X,\ u) \subset f_i(X,\ u) + \mathfrak{u}^2$ per $i > l$ e dal fatto, che $f_i(X,\ u)$ è omogeneo di grado > 1 rispetto a $u_1, \dots, u_h$ (ved. III), mentre per $i \le h_0$ si ha $f_i^{(0)}(X,\ u) = p_i^0$ (ved. II), segue, che la matrice suddetta coincide mod $\mathfrak{p}$ con la seguente:

$$
(11) \qquad
\begin{array}{c}
\qquad\qquad k = 1, \dots, m \qquad k = 1, \dots, h \\[4pt]
\begin{array}{r}
i = 1 \\ \vdots \\ h_0 \\ \vdots \\ l \\ l+1 \\ \vdots \\ l+r
\end{array}
\left(
\begin{array}{c|c}
\dfrac{0}{f_{i x_k}(x)} & f_{i p_k}^{(1)}(x,\ p) \\[10pt]
\hline
0 & 0
\end{array}
\right).
\end{array}
$$

Volendo conoscere il primo indice ν per cui

$$
\eth_\nu \left(\frac{s/\mathfrak{p}^2}{s_0 + \mathfrak{p}^2/\mathfrak{p}^2} \right) \text{ sia } = s + \mathfrak{p}^2/\mathfrak{p}^2,
$$

dobbiamo calcolare il rango $m + h - \nu$ di quella matrice mod $\mathfrak{p}$, il quale è almeno uguale alla somma dei ranghi mod $\mathfrak{p}$ delle matrici

$$
\begin{array}{cc}
\begin{array}{r}
\qquad k = 1, \dots, h \\[2pt]
\begin{array}{r} i = 1 \\ \vdots \\ h_0 \end{array}\ f_{i p_k}^{(1)}(x,\ p) = U,
\end{array}
&
\begin{array}{r}
\qquad k = 1, \dots, m \\[2pt]
\begin{array}{r} i = h_0 + 1 \\ \vdots \\ l \end{array}\ f_{i x_k}(x) = F,
\end{array}
\end{array}
$$

e d'altra parte soddisfa alla disuguaglianza

$$
(12) \qquad m + h - \nu \le l - h_0 + \text{rango } (U \bmod \mathfrak{p}).
$$

Partendo da relazioni $p_i^0 \subset \sum\limits_{k=1}^{h} a_{ik}(x) \cdot p_k + \mathfrak{p}^2$ $\left(\text{con } a_{ik}(X) \in \dfrac{s_0[X]}{M(X)}\right)$ conseguenze delle ipotesi I e II, possiamo prendere (ved. V)

$$
f_i^{(1)}(X,\ u) = p_i^0 - \sum\limits_{k=1}^{h} a_{ik}(X) \cdot u_k \text{ e quindi } U = (- a_{ik}(x)).
$$

289

Ora $\mathfrak{p}_0 \cdot s + \mathfrak{p}^2 = \overset{h_0}{\underset{i=1}{\Sigma}} p_i{}^0 \cdot s + \mathfrak{p}^2 = \overset{h_0}{\underset{i=1}{\Sigma}} \left(\overset{h}{\underset{k=1}{\Sigma}} a_{ik}(x \cdot p_k) \right) \cdot s + \mathfrak{p}^2$ mostra (ved. 257)

rango $(U \bmod \mathfrak{p}) = \left(\dfrac{\mathfrak{p}^2}{\mathfrak{p}_0 \cdot s + \mathfrak{p}^2} \right).$

Per calcolare il rango $(F \bmod \mathfrak{p})$ osserviamo, che di seguito alle premesse I le relazioni

$$\overset{m}{\underset{k=1}{\Sigma}} (f_{ix_k}(x) + \mathfrak{p}) \cdot d(x_k + \mathfrak{p}) \subset s/\mathfrak{p} \cdot d(s_0 + \mathfrak{p}/\mathfrak{p}) \qquad (i = 1, \ldots, l)$$

definiscono il modulo

$$s/\mathfrak{p} \cdot d(s/\mathfrak{p}) = \overset{m}{\underset{k=1}{\Sigma}} s/\mathfrak{p} \cdot d(x_k + \mathfrak{p}) + s/\mathfrak{p} \cdot d(s_0 + \mathfrak{p}/\mathfrak{p})$$

sopra $s/\mathfrak{p} \cdot d(s_0 + \mathfrak{p}/\mathfrak{p})$ (ved. 18), e che pertanto (ved. 19)

$$\dim \frac{s/\mathfrak{p}}{s_0 + \mathfrak{p}/\mathfrak{p}} + \text{insep.} \frac{s/\mathfrak{p}}{s_0 + \mathfrak{p}/\mathfrak{p}} = m - \text{rango} (F \bmod \mathfrak{p}),$$

il che fornisce

$$m + h - r \geq \left(\frac{\mathfrak{p}^2}{\mathfrak{p}_0 \cdot s + \mathfrak{p}^2} \right) + m - \left(\dim \frac{s/\mathfrak{p}}{s_0 + \mathfrak{p}/\mathfrak{p}} + \text{insep.} \frac{s/\mathfrak{p}}{s_0 + \mathfrak{p}/\mathfrak{p}} \right).$$

Tenendo conto di

$$\left(\frac{\mathfrak{p}^2}{\mathfrak{p}_0 \cdot s + \mathfrak{p}^2} \right) + \left(\frac{\mathfrak{p}_0 \cdot s + \mathfrak{p}^2}{\mathfrak{p}} \right) = \left(\frac{\mathfrak{p}^2}{\mathfrak{p}} \right) = h,$$

ne deduciamo mediante l'osservazione 228 il teorema

290. *Se $s/\mathfrak{p}$ è algebrico sopra $s_0 + \mathfrak{p}/\mathfrak{p}$ e gli ideali $\mathfrak{p}$, $\mathfrak{p}_0$ hanno basi finite, il primo indice ν per cui sia $\eth_\nu \left(\dfrac{s}{s_0} \right) = s$, soddisfa alle disuguaglianze*

$$\left(\frac{\mathfrak{p}_0 \cdot s + \mathfrak{p}^2}{\mathfrak{p}} \right) + \dim \frac{s/\mathfrak{p}}{s_0 + \mathfrak{p}/\mathfrak{p}} \leq \nu \leq \left(\frac{\mathfrak{p}_0 \cdot s + \mathfrak{p}^2}{\mathfrak{p}} \right) + \dim \frac{s/\mathfrak{p}}{s_0 + \mathfrak{p}/\mathfrak{p}} + \text{insep.} \frac{s/\mathfrak{p}}{s_0 + \mathfrak{p}/\mathfrak{p}}$$

(purchè i differenti esistano, il che certo avviene, quando $\mathfrak{p}$ sia estensione algebrica di $\mathfrak{p}_0$)

DIMOSTRAZIONE. – La seconda disuguaglianza è già dimostrata.

Quanto alla prima basta osservare, che il corpo $s/\mathfrak{p}$ può essere generato sopra $s_0 + \mathfrak{p}/\mathfrak{p}$ con

$$m = \dim \frac{s/\mathfrak{p}}{s_0 + \mathfrak{p}/\mathfrak{p}} + 1 + \text{insep.} \frac{s/\mathfrak{p}}{s_0 + \mathfrak{p}/\mathfrak{p}}$$

elementi $x_i + \mathfrak{p}$ (ved. 37) e che in conseguenza di questo si può trovare un sistema $f_i(X) \in s_0[X]$ $(i \leq l)$ soddisfacente alle premesse 289 II e costituito solamente con

$$l = h_0 + 1 + \text{insep.} \frac{s/\mathfrak{p}}{s_0 + \mathfrak{p}/\mathfrak{p}}$$

289 — 290

polinomi (ved. **295**). Introducendo questi valori di m, l in **289** (12), si ottiene la disuguaglianza da dimostrare.

291. Le considerazioni esposte in **289** sono preparate a dare un risultato più dettagliato di quello or ora enunciato sui differenti, che però presuppone la dimostrazione del lemma che segue:

(Valendosi delle denominazioni di **289**, si può dire che) *l'individualità* s^* *è isomorfa alla percezione*

$$\mathfrak{A}\Big/\sum_{i=1}^{l+r}\varphi_i(X,\,u)\cdot\mathfrak{A} \qquad di \qquad \mathfrak{A}=\frac{s_0[X,\,u]}{M(X)}\Big/\mathfrak{u}^\infty.$$

DIMOSTRAZIONE. - La sostituzione $X\to x$, $u\to p$ muta ogni elemento $\alpha(X,\,u)\in\mathfrak{A}$ definito da $(\alpha(X,\,u))_n=a_n(X,\,u)+\mathfrak{u}^{n+1}$ nell'elemento $\alpha(x,\,p)$ di s^* definito da $(\alpha(x,\,p))_n=a_n(x,\,p)+\mathfrak{p}^{n+1}$, stabilendo così un omomorfismo di $\mathfrak{A}$ su s^*, poichè di seguito a **289** (2) ogni elemento di s^* è in questo senso immagine di un elemento di $\mathfrak{A}$.

Sia $\alpha(X,\,u)$ un elemento del nucleo di questo omomorfismo, il che equivale a supporre $a_n(x,\,p)\subset\mathfrak{p}^{n+1}$ per ogni n.

Secondo **289** (4) vale allora

$$(*) \qquad a_N(X,\,u)\subset\sum_{i=1}^{l+r} f_i^{(N)}(X,\,u)\cdot b_i^{(N)}(X,\,u)+\mathfrak{u}^{N+1}$$

con

$$(**) \qquad b_i^{(N)}(X,\,u)=b_i^{(N-1)}(X,\,u)+\sum_k e_{ik}(X)\cdot U_k \qquad (i\le l)$$

$$b_i^{(N)}(X,\,u)=b_i^{(N-1)}(X,\,u)+g_i^{(N-n_i)}(X,\,u) \qquad (i> l)$$

poichè il fatto $a_N(X,\,u)\subset a_{N-1}(X,\,u)+\mathfrak{u}^N$ induce

$$a_N(X,\,u)\subset\sum f_i^{(N-1)}(X,\,u)\cdot b_i^{(N-1)}(X,\,u)+\mathfrak{u}^N$$

e permette pertanto di riprodurre la conclusione con la quale si dimostrava la formula ricorrente **289** (9).

Ponendo $n_i=0$ per $i\le l$ e $(\beta_i)_N=b_i^{N+n_i}(X,\,u)+\mathfrak{u}^{N+1}$ per ogni i e N, si garantiscono di seguito a $(**)$ le relazioni $(\beta_i)_N\subset(\beta_i)_{N-1}$ necessarie e sufficienti affinchè esistano elementi $\beta_i\in\mathfrak{A}$ con le approssimazioni $(\beta_i)_n$.

Siccome da $(**)$ segue

$$a_N(X,\,u)+\mathfrak{u}^{N+1}\subset\sum_{i=1}^{l+r} f_i^{(N)}(X,\,u)\cdot b_i^{(N+n_i)}(X,\,u)+\mathfrak{u}^{N+1}=\sum(\varphi_i)_N\,(\beta_i)_N,$$

avremo $\alpha(X,\,u)\in\sum_i\varphi_i(X,\,u)\cdot\mathfrak{A}$, c. d. d.

292. Designi d^* la differenziazione generica in una individualità s^*, cioè quella data dalla corrispondenza infinitesimale generica $[s^*,\,d^*s^*]$ di s^* (ved. 5), e sia $s_0\leftarrow s$. Di seguito a $\underset{i=1,\ldots,\infty}{\bigcap}\mathfrak{p}^{*i}=0$ (ved. **270**) l'ideale

$$\mathfrak{n}=\underset{i=1,\ldots,\infty}{\bigcap}\{s^*\cdot d^*s_0+\mathfrak{p}^{*i}[s^*,\,d^*s^*]\}$$

290 — 292

è contenuto in $s^* \cdot d^* s^*$, donde segue che il sotto-anello $s^* + \mathfrak{n}/\mathfrak{n}$ di $[s^*, d^* s^*]/\mathfrak{n}$ è isomorfo a s^*. Identificando ogni $\xi \in s^*$ con l'elemento corrispondente $\xi + \mathfrak{n}$ di quel sotto-anello, e scrivendo $\dfrac{d}{s_0}\,\xi$ invece di $d^*\xi + \mathfrak{n}$, si definisce una corrispondenza infinitesimale

$$\left[s^*, \frac{d}{s_0}\, s^* \right] = s^* + s^* \cdot \frac{d}{s_0}\, s^* \cong [s^*,\, d^* s^*]/\mathfrak{n}$$

di s^*, la cui differenziazione sarà distinta dalla generica, chiamandola *la differenziazione individuale* di s relativa a s_0. Se l's^*-modulo $s^* \cdot \dfrac{d}{s_0}\, s^*$ è finito, sicchè può applicarsi la teoria di FITTING, designeremo con

$$\mathfrak{d}_n{}^* \left(\frac{s}{s_0} \right)$$

l'n-esimo differente individuale di s (o $\mathfrak{p}$) relativo a s_0 (o $\mathfrak{p}_0$), cioè l'ideale in s^* generato dai determinanti di ordine $m-n$ della matrice (α_{ih}) di un sistema (di *equazioni differenziali individuali* relative a s_0)

$$\sum_{k=1}^{m} \alpha_{ik} \cdot \frac{d}{s_0}\, \xi_k = 0 \qquad\qquad (i = 1, \ldots)$$

di equazioni cioè, che definiscono $s^* \cdot \dfrac{d}{s_0}\, s^* = \overset{m}{\underset{k=1}{\Sigma}}\, s^* \cdot \dfrac{d}{s_0}\, \xi_k$.

293. *Le equazioni differenziali individuali relative a s_0 dell'anello s^* descritto in* **291** *sono*

$$\sum_{k=1}^{m} \frac{\partial \varphi_i(x, p)}{\partial x_k} \cdot \frac{d}{s_0}\, x_k + \sum_{j=1}^{h} \frac{\partial \varphi_i(x, p)}{\partial p_j}\, \frac{d}{s_0}\, p_j = 0 \qquad i = 1, \ldots, l+r).$$

DIMOSTRAZIONE. – Valendoci delle denominazioni usate in **289**, consideriamo s^* come immagine omomorfa di $\mathfrak{A} = \dfrac{s[X, u]}{M(X)}\Big/ \mathfrak{u}^{\infty}$ del tipo descritto in **291**.

I. Da ogni $a(X, u) \in \dfrac{s_0[X, u]}{M(X)}$ si ottengono gli elementi

$$a_{X_i}(X, u) = \frac{\partial a(X, u)}{\partial X_i}, \qquad a_{u_j}(X, u) = \frac{\partial a(X, u)}{\partial u_j}$$

dello stesso anello, calcolando le derivate parziali col solito procedimento, che ovviamente ha risultato unico, quando si considerano gli elementi di s_0 come costanti (in senso ovvio).

Questo procedimento è tale, che ogni elemento $\alpha(X, u) \in \mathfrak{A}$ definito da $(\alpha(X, u))_n = a_n(X, u) + \mathfrak{u}^{n+1}$ determina le approssimazioni

$$(*) \qquad (\alpha_{X_i}(X, u))_n = a_{nX_i}(X, u) + \mathfrak{u}^{n+1}, \qquad (\alpha_{u_j}(X, u))_n = a_{n+1,\, u_j}(X, u) + \mathfrak{u}^{n+1}$$

292 — 293

di elementi $\alpha_{X_i}(X, u)$, $\alpha_{u_i}(X, u)$ di $\mathfrak{A}$, poichè le relazioni $a_{n+1} - a_n \subset \mathfrak{u}^{n+1}$ inducono

$$a_{n+1 X_i} - a_{n X_i} \subset \mathfrak{u}^{n+1}, \quad a_{n+2 u_j} - a_{n+1 u_j} \subset \mathfrak{u}^{n+1}.$$

II. Designamo generalmente l'idea in s^* (ved. **269**) di un elemento di s col medesimo segno come questo elemento stesso.

Quindi, se $a_n(x, p) + \mathfrak{p}^{n+1}$ è la n-esima approssimazione di un elemento $\alpha(x, p) \in s^*$, avremo $(\alpha(x, p) - a_n(x, p))_n = \mathfrak{p}^{n+1}$ epperò

$$(**) \qquad \alpha(x, p) - a_n(x, p) \subset \mathfrak{p}^{n+1} \cdot s^* = (\mathfrak{p}^*)^{n+1} \qquad \text{(ved. 271)}$$

Similmente si derivano da $(*)$ le relazioni

$$\alpha_{x_i}(x, p) - a_{n\,x_i}(x, p) \subset \mathfrak{p}^{n+1} \cdot s^*, \quad \alpha_{p_j}(x, p) - a_{n\,p_j}(x, p) \subset \mathfrak{p}^n \cdot s^*,$$

le quali, tenuto conto della conseguenza $d^*\alpha(x, p) - d^*a_n(x, p) \subset \mathfrak{p}^n \cdot d^*s^*$ di $(**)$, insegnano

$$(\overset{*}{_{**}}) \qquad d^*\alpha(x, p) - \sum_i \alpha_{x_i}(x, p) \cdot d^*x_i - \sum_j \alpha_{p_j}(x, p) \cdot d^*p_j \subset s^* \cdot d^*s_0 + \mathfrak{p}^{*n} \cdot d^*s^*$$

di seguito a

$$d^*a_n(x, p) \subset \sum_i a_{n\,x_i}(x, p) \cdot d^*x_i + \sum_j a_{n\,p_j}(x, p) \cdot d^*p + s^* \cdot d^*s_0.$$

Passando alla differenziazione individuale $\dfrac{d}{s_0}$ definita in **292**, deduciamo da $(\overset{*}{_{**}})$ l'equazione

$$(+) \qquad \frac{d}{s_0}\alpha(x, p) = \sum_i \alpha_{x_i}(x, p) \cdot \frac{d}{s_0}x_i + \sum_j \alpha_{p_j}(x, p) \cdot \frac{d}{s_0}p_j.$$

Ciò dimostra

$$s^* \cdot \frac{d}{s_0} s^* = \sum_{k=1}^{m} s^* \cdot \frac{d}{s_0}x_k + \sum_{j=1}^{h} s^* \cdot \frac{d}{s_0}p_j$$

e le relazioni

$$(++) \qquad \sum_{k=1}^{m} \varphi_{i\,x_k}(x, p) \cdot \frac{d}{s_0}x_k + \sum_{j=1}^{h} \varphi_{i\,p_j}(x, p) \cdot \frac{d}{s_0}p_j = 0.$$

III. Per provare che queste $l + r$ equazioni definiscono il modulo $s^* \cdot \dfrac{d}{s_0} s^*$, osserviamo che le relazioni

$$(a + b)_Z(X, u) = a_Z(X, u) + b_Z(X, u), \qquad (a \cdot b)_Z = a \cdot b_Z + b \cdot a_Z \qquad (Z = X_i \text{ o } u_j)$$

inducono (mediante $(*)$) le relazioni

$$(\alpha + \beta)_z(x, p) = \alpha_z(x, p) + \beta_z(x, p)$$
$$(\alpha \cdot \beta)_z(x, p) = \alpha(x, p) \cdot \beta_z(x, p) + \beta(x, p) \cdot \alpha_z(x, p)$$

293

e quindi la validità delle regole di differenziazione

$$\frac{d}{s_0}(\alpha + \beta) = \frac{d}{s_0}\alpha + \frac{d}{s_0}\beta, \qquad \frac{d}{s_0}(\alpha \cdot \beta) = \alpha \cdot \frac{d}{s_0}\beta + \beta \cdot \frac{d}{s_0}\alpha,$$

se si definiscono i differenziali $\dfrac{d}{s_0}\alpha(x,\ p)$ delle « espressioni » $\alpha(x,\ p)$ con la formula (+).

Per due espressioni $\alpha(x,\ p)$ e $\beta(x,\ p)$, che rappresentano un medesimo elemento di s^*, sarà (ved. 291) $\alpha(X,\ u) - \beta(X,\ u) \subset \Sigma\varphi_i(X,\ u)\cdot \mathfrak{A}$, e le relazioni (++) servono allora appunto per garantire l'unicità $\dfrac{d}{s_0}\alpha(x,\ p) = \dfrac{d}{s_0}\beta(x,\ p)$ della forma pfaffiana associata dalla formula (+) a quell'elemento di s^*.

Riconosciuto ormai il sopra-anello $\left[s^*, \dfrac{d}{s_0}s^*\right] = s^* + s^* \cdot \dfrac{d}{s_0}s^*$, definito dalle relazioni (++) prese insieme con

$$\frac{d}{s_0}\alpha \cdot \frac{d}{s_0}\beta = 0 \qquad (\alpha,\ \beta \in s^*),$$

come corrispondenza infinitesimale di s^*, ci rimane a verificare

$$\left(\begin{smallmatrix}+\\+\\+\end{smallmatrix}\right) \qquad\qquad \bigcap_{n=1,\ldots,\infty} \left\{s^*\frac{d}{s_0}s_0 + \mathfrak{p}^{*n}\cdot\left[s^*, \frac{d}{s_0}s^*\right]\right\} = 0$$

(ved. 292), appoggiandoci su quelle relazioni.

Notiamo all'uopo che l'anello $\left[s^*, \dfrac{d}{s_0}s^*\right]$ è aspetto S con l'origine $\mathfrak{D} =$ $= \mathfrak{p}^* + s^*\dfrac{d}{s_0}s^*$, e cioè aspetto noetheriano, poichè (ved. 272) s^* è noetheriano e $\left[s^*, \dfrac{d}{s_0}s^*\right] = \left[s^*, \dfrac{d}{s_0}x_1, \ldots, \dfrac{d}{s_0}x_m, \dfrac{d}{s_0}p_1, \ldots, \dfrac{d}{s_0}p_h\right]$. Ne segue (ved. 92)

$$\bigcap_{n=1,\ldots,\infty} \mathfrak{D}^n = 0,$$

il che equivale a $\left(\begin{smallmatrix}+\\+\\+\end{smallmatrix}\right)$ di seguito a

$$\frac{d}{s_0}s_0 = 0, \quad \mathfrak{D}^n = \mathfrak{p}^{*n} + \mathfrak{p}^{*n-1}\cdot\frac{d}{s_0}s^*$$

e al fatto che il membro sinistro di $\left(\begin{smallmatrix}+\\+\\+\end{smallmatrix}\right)$ si decompone in

$$\bigcap_{n=1,\ldots,\infty} \mathfrak{p}^{*n} + \bigcap_{n=1,\ldots,\infty} \mathfrak{p}^{*n}\cdot\frac{d}{s_0}s^*.$$

293

294. *Se nel caso* $\mathfrak{p} \to \mathfrak{p}_0$ *il corpo* $s/\mathfrak{p}$ *è algebrico sopra* $s_0 + \mathfrak{p}/\mathfrak{p}$ *e gli ideali* $\mathfrak{p}, \mathfrak{p}_0$ *hanno basi finite, allora esistono i differenti individuali* $\mathfrak{d}_n{}^*\!\left(\dfrac{s}{s_0}\right)$ (ved. 292), *i quali risultano uguali a*

$$\mathfrak{d}_n{}^*\!\left(\frac{s}{s_0}\right) = \mathfrak{d}_n\!\left(\frac{s}{s_0}\right) \cdot s^*$$

purchè i differenti al membro destro altresì esistano.

DIMOSTRAZIONE. – Soddisfatte le premesse di **289, 291, 293**, possiamo valerci delle relazioni descritte in **293** per calcolare il differente $\mathfrak{d}_n{}^*\!\left(\dfrac{s}{s_0}\right)$ quale ideale generato dai determinanti di ordine $m + h - n$ della matrice

$$
\begin{array}{c}
\qquad\qquad k = 1, \dots, m \qquad j = 1, \dots, h \\[4pt]
\begin{matrix} i = 1 \\ \vdots \\ l + r \end{matrix} \qquad
\dfrac{\partial \varphi_i(x,\, p)}{\partial x_k} \qquad\qquad
\dfrac{\partial \varphi_i(x,\, p)}{\partial p_j} \, .
\end{array}
$$

D'altra parte ricaviamo da **289** VI, che il differente

$$\mathfrak{d}_n\!\left(\frac{s/\mathfrak{p}^{N+1}}{s_0 + \mathfrak{p}^{N+1}/\mathfrak{p}^{N+1}}\right)$$

considerato come ideale $\supset \mathfrak{p}^{N+1}$ in s, è generato da $\mathfrak{p}^{N+1}$ e dai determinanti di ordine $m + h - n$ della matrice

$$
\begin{array}{c}
\qquad\qquad k = 1, \dots, m \qquad j = 1, \dots, h \\[4pt]
\begin{matrix} i = 1 \\ \vdots \\ l + r \\ \vdots \end{matrix} \qquad
\dfrac{\partial f_i^{(N)}(x,\, p)}{\partial x_k} \qquad\qquad
\dfrac{\partial f_i^{(N)}(x,\, p)}{\partial p_j} \\[6pt]
\qquad\qquad \cdot\ \cdot\ \cdot\ \cdot\ \cdot\ \cdot\ \cdot\ \cdot\ \cdot\ \cdot
\end{array}
$$

dove i punti al di sotto sostituiscono elementi di $\mathfrak{p}^N$.

Ora da $(\varphi_i(X,\, u))_N = f_i^{(N)}(X,\, u) + u^{N+1}$ (ved. **289** (3)) si deduce

$$\frac{\partial f_i^{(N)}(x,\, p)}{\partial z} - \frac{\partial \varphi_i(x,\, p)}{\partial z} \subset \mathfrak{p}^N \cdot s^* \qquad\qquad (\text{per } z = x_k\ \ 0 = p.)$$

e quindi

$$\mathfrak{d}_n{}^*\!\left(\frac{s}{s_0}\right) + \mathfrak{p}^N \cdot s^* = \mathfrak{d}_n\!\left(\frac{s/\mathfrak{p}^{N+1}}{s_0 + \mathfrak{p}^{N+1}/\mathfrak{p}^{N+1}}\right) + \mathfrak{p}^N \cdot s^*,$$

294

dove il membro destro è, secondo **288**, uguale a

$$\delta_n\left(\frac{s}{s_0}\right) + \mathfrak{p}^N \cdot s^* = \delta_n\left(\frac{s}{s_0}\right) \cdot s^* + \mathfrak{p}^N \cdot s^*.$$

Basta finalmente applicare il lemma **236** per completare la dimostrazione.

295. Studiamo con maggiore ampiezza il caso che $\mathfrak{p}$ sia regolare, pur mantenendo le premesse di 289.

Siano r la dimensione e ι l'inseparabilità di $s/\mathfrak{p}$ relative a $s_0 + \mathfrak{p}/\mathfrak{p}$ e supponiamo $x_1, \ldots, x_{r+\iota} \in s$ siffatti, che i differenziali $d(x_i + \mathfrak{p})$ $(i = 1, \ldots, r + \iota)$ costituiscano una $s/\mathfrak{p}$-base di $s/\mathfrak{p} \cdot d(s/\mathfrak{p})$ mod $s/\mathfrak{p} \cdot d(s_0 + \mathfrak{p}/\mathfrak{p})$.

Trasportando i ragionamenti di **37** al caso presente e scegliendo la numerazione degli x_i in modo appropriato, si realizza la situazione seguente:

$k = (s_0 + \mathfrak{p}/\mathfrak{p}, \; x_1 + \mathfrak{p}, \ldots, x_r + \mathfrak{p})$ è r-dimensionale sopra $s_0 + \mathfrak{p}/\mathfrak{p}$,

$k_0 = (k, \; x_m + \mathfrak{p})$ con $m = r + \iota + 1$ e $x_m \in s$, è il massimo corpo separabile sopra k, intermedio fra k e $s/\mathfrak{p}$,

$s/\mathfrak{p} = (s_0 + \mathfrak{p}/\mathfrak{p}, \; x_1 + \mathfrak{p}, \ldots, x_m + \mathfrak{p})$.

Possiamo quindi prendere per $M(X)$ (ved. **289**) la totalità dei polinomi $s_0[X_1, \ldots, X_r]$ non appartenenti a $\mathfrak{p}_0[X_1, \ldots, X_r]$.

Definiamo successivamente i corpi intermedi k_λ $(\lambda = 1, \ldots, \iota)$, ponendo $k_1 = (k_0, \; x_{r+1} + \mathfrak{p})$, $k_2 = (k_1, \; x_{r+2} + \mathfrak{p})$, ecc. L'inseparabilità pura (ved. **25**) di k_λ relativa a k_0, e quindi a $k_{\lambda-1}$, permette di definire k_λ relativamente a $k_{\lambda-1}$ con una relazione del tipo

$$F_\lambda(x_1, \ldots, x_m) = x_{r+\lambda}^{p^{n_\lambda}} + g(x_1, \ldots, x_m) \subset \mathfrak{p}$$

dove p designa la caratteristica di $s/\mathfrak{p}$, e $g(X) \in \dfrac{s_0[X_1, \ldots, X_{r+\lambda-1}, X_m]}{M(X)}$. Dalla separabilità di k_0 sopra k segue similmente la possibilità di definire k_0 relativamente a k mediante un'equazione

$$F_0(x_1, \ldots, x_m) = x_m^{f_0} + \sum_{i=1}^{f_0} a_i(x) \cdot x_m^{f_0 - i} \subset \mathfrak{p} \qquad \text{con } a_i(X) \in \frac{s_0[X_1, \ldots, X_r]}{M(X)},$$

il cui membro sinistro soddisfa a

$$F_{0 x_m}(x_1, \ldots, x_m) \not\subset \mathfrak{p}.$$

Ammettendo allora ogni elemento $f(X) \in \dfrac{s_0[X_1, \ldots, X_m]}{M(X)} = \dfrac{s_0[X]}{M(X)}$ una rappresentazione

$$(*) \qquad f(X) = \sum_{i=0}^{\iota} G_\lambda(X) \cdot F_\lambda(X) + \sum_{\substack{n < f_0 \\ m_\lambda < p^{n_\lambda}}} a_{,, m_1 \ldots m_\iota}(X) \cdot X_m^n \cdot X_{1+r}^{m_1} \ldots X_{\iota+r}^{m_\iota}$$

con $a_{nm_1 \dots m_\iota}(X) \in \dfrac{s_0[X_1, \dots, X_r]}{M(X)}$, e essendo $f_0 \cdot \prod\limits_{\lambda=1} p^{n\lambda}$ il grado di $s/\mathfrak{p}$ relativo

a k, si conclude che $f(x_1, \dots, x_m) \subset \mathfrak{p}$ equivale a $a_{nm_1 \dots m_\iota}(X) \in \dfrac{\mathfrak{p}_0[X]}{M(X)}$, sicchè

$$\sum\limits_{\lambda=0} F_\lambda(X) \cdot \frac{s_0[X]}{M(X)} + \sum\limits_{i=1}^{h_0} p_i{}^0 \cdot \frac{s_0[X]}{M(X)} \qquad (\text{con } \sum\limits_{i=1}^{h_0} p_i{}^0 \cdot s_0 = \mathfrak{p}_0)$$

è la totalità degli elementi $f(X)$ soddisfacenti a $f(x) \subset \mathfrak{p}$.

Ponendo $f_i(X_1, \dots, X_m) = p_i{}^0$ $(i \leq h_0)$, $f_{i+1+\lambda}(X) = F_\lambda(X)$ e $h_0 + \iota + 1 = l$, si ottengono elementi $f_i \in \dfrac{s_0[X]}{M(X)}$, i quali, pur non essendo polinomi come avevamo supposto in **289 I**, soddisfano alla premessa **289 II**, che unicamente è essenziale per le conclusioni tratte in **289**, sicchè possiamo affermare l'esistenza di $h_0 + \iota + 1$ elementi

$$\varphi_i(X, u) \in \frac{s_0[X, u]}{M(X)} \Big/ u^\infty = \mathfrak{A} \text{ tali che } (\varphi_i)_0 = f_i(X), \ s^* = \mathfrak{A} / \sum \varphi_i(X, u)\mathfrak{A}$$

(ved. **291**). Ricorrendo alla loro costruzione descritta in **289 V**, vediamo subito, che tutti quelli $f_i^{(N)}(X, u)$ approssimanti i $\varphi_i(X, u)$ possono scegliersi come polinomi in $X_{r+1}, \dots, X_m$ di gradi limitati, e precisamente del tipo

$$(**) \qquad f_i^{(N)}(X, u) = f_i(X) + \sum\limits_{n < f_0, \, m_j < p^n{}_j} X_m^n \cdot X_{r+1}^{m_1} \dots X_{r+\iota}^{m_\iota} \cdot a_{inm_1 \dots m_\iota}^{(N)}(X, u),$$

dove i coefficienti $a_{inm_1 \dots m_\iota}^{(N)} \in \dfrac{s_0[X, u]}{M(X)}$ approssimano elementi $\alpha_{inm_1 \dots m_\iota} \in \mathfrak{A}$: $(\alpha_{inm_1 \dots m_\iota})_N = a_{inm_1 \dots m_\iota}^{(N)} + u^{N+1}$.

Invero, i termini $a_{ih}(X)$ della formula ricorrente **289 (5)** possono, di seguito a $(*)$, essere scelti dall'insieme

$$\sum\limits_{n < f_0, \, m_j < p^n{}_j} X_m^n \cdot X_{r+1}^{m_1} \dots X_{r+\iota}^{m_\iota} \cdot \frac{s_0[X_1, \dots, X_r]}{M(X)},$$

e, facendo così, si verificano le relazioni $a_{inm_1 \dots m_\iota}^{(N)} \subset a_{inm_1 \dots m_\iota}^{(N-1)} + u^N$ necessarie e sufficienti per l'esistenza degli $\alpha_{inm_1 \dots m_\iota}$.

Riassumendo questi risultati e le loro conseguenze riguardo al calcolo dei differenti, scrivendo y invece di x_m e z_i invece di $x_{r+\iota}$, usando nello stesso tempo un linguaggio più semplice, il cui senso preciso però sarà pienamente perspicuo.

296. *Sotto le ipotesi*

$$\mathfrak{p} \to \mathfrak{p}_0, \ s/\mathfrak{p} \ \textit{è algebrico sopra } s_0 + \mathfrak{p}/\mathfrak{p}, \ \mathfrak{p} = \sum\limits_{i=1}^{h} p_i \cdot s, \ \mathfrak{p}_0 = \sum\limits_{i=1}^{h_0} p_i{}^0 \cdot s_0,$$

$$\dim \frac{s/\mathfrak{p}}{s_0 + \mathfrak{p}/\mathfrak{p}} = r, \ \text{insep.} \ \frac{s/\mathfrak{p}}{s_0 + \mathfrak{p}/\mathfrak{p}} = \iota, \qquad \mathfrak{p} \ \textit{è regolare},$$

295 — 296

si trovano elementi x_i $(i \leq r)$, y, z_j $(j \leq \iota)$ di s e un aspetto s_r di base $[s_0, x_1, \ldots, x_r]$ e origine $\mathfrak{p}_r = \mathfrak{p}_0 \cdot s_r$ siffatti, che $s^* = [\mathfrak{A}, y, z_1, \ldots, z_\iota]$ è sopra-anello a base finita sopra l'anello $\mathfrak{A} \subset s^*$ degli $\alpha \in s^*$ approssimati da elementi di $[s_r, p_1, \ldots, p_h]$ con qualsiasi precisione.

La struttura dell'anello s^* è definita (in un senso che subito sarà precisato) *da $h_0 + 1 + \iota$ equazioni*

$$\Phi_i(x_1, \ldots, x_r, y, z_1 \ldots, z_\iota, p_1, \ldots, p_h) = p_i{}^0 + \ldots \ldots \ldots \ldots = 0$$

(*) $$\Phi_{h_0+1}(x_1, \ldots, x_r, y, z_1, \ldots, z_\iota, p_1, \ldots, p_h) = f(x_1, \ldots, x_r, y) + \ldots \ldots \ldots = 0$$

$$\Phi_{h_0+1+j}(x_1, \ldots, x_r, y, z_1, \ldots, z_\iota, p_1, \ldots, p_h) = f_j(x_1, \ldots, x_r, y, z_1, \ldots, z_j) + \ldots = 0$$

($i \leq h_0$, $j \leq \iota$, *dove* $f(x_1, \ldots, x_r, y) = y^{f_0} + a_1 \cdot y^{f_0-1} + \ldots + a_{f_0}$ *con* $a_i \in s_r$, $f_j(x_1, \ldots$ $\ldots, x_r, y, z_1, \ldots, z_j) \subset z_j{}^p + [s_r, y, z_1, \ldots, z_{j-1}]$, $f_y \subset\!\!\!| \, \mathfrak{p}$, $f_{j z_i} \subset \mathfrak{p}$ (*ved.* **289** VII), *e i punti indicano elementi di* $\mathfrak{p}^*$.

L'n-esimo differente individuale (*ved.* **292**) $\mathfrak{d}_n{}^*\!\left(\dfrac{s}{s_0}\right)$ *è l'ideale generato dai determinanti di ordine $r + 1 + \iota + h - n$ della matrice*

$$v = x_1, \ldots, x_r, y, z_1, \ldots, z_\iota, p_1, \ldots, p_h$$

$$\begin{matrix} i = 1 \\ \vdots \\ h_0 + 1 + \iota \end{matrix} \qquad \left(\dfrac{\partial \Phi_i(x, y, z, p)}{\partial v} \right)$$

L'affermazione che le relazioni (*) definiscono s^* significa questo: L'anello s^* risulta dall'anello individuale

$$\dfrac{s_0[X_1, \ldots, X_r, Y, Z_1, \ldots, Z_\iota, u_1, \ldots, u_h]}{M(X_1, \ldots, X_r)} \Big/ u^\infty \qquad (\text{dove } M(X) = s_0[X] \text{ senza } \mathfrak{p}_0[X])$$

mediante l'omomorfismo $X_i \to x_i$, $Y \to y$, $Z_j \to z_j$, $u_h \to p_h$, $a_0 \to a_0 \in s_0$, avente come nucleo l'ideale generato dagli elementi

$$\Phi_i(X_1, \ldots, X_r, Y, Z_1, \ldots, Z_\iota, u_1, \ldots, u_h) \qquad (i = 1, \ldots, h_0 + 1 + \iota).$$

297. *Se $\mathfrak{p} \to \mathfrak{p}_0$ sono perfette, sicchè $\mathfrak{p}_0 \cdot s = \mathfrak{p}^e$, e se di più $s/\mathfrak{p}$ è r-dimensionalmente algebrico sopra $s_0 + \mathfrak{p}/\mathfrak{p}$, si ha*

$$\mathfrak{d}_r{}^*\!\left(\dfrac{s}{s_0}\right) \subset \mathfrak{p}^{e-1} \cdot s^* \text{ sempre, e}$$

$$\mathfrak{d}_r{}^*\!\left(\dfrac{s}{s_0}\right) \subset \mathfrak{p}_0 \cdot s^*, \text{ se } s/\mathfrak{p} \text{ è inseparabile sopra } s_0 + \mathfrak{p}/\mathfrak{p}.$$

296 — 297

Invero, poichè la prima delle equazioni $\Phi_i = 0$ (ved. 296) assume la forma $p_1{}^0 - p_1{}^e \ldots = 0$, avremo (in un senso che si spiega da se):

$$v = x_1,\ldots, x_r, \quad y, \quad z_1,\ldots, z_\iota, \quad p_1$$

$$\left(\frac{\partial \Phi_i}{\partial v}\right) \subset \begin{matrix} i=1 \\ 2 \\ \vdots \\ 2+\iota \end{matrix} \left(\begin{array}{ccccc|c} \mathbf{p}^{*e} & \mathbf{p}^{*e} & \mathbf{p}^{*e} & \mathbf{p}^{*e} & \mathbf{p}^{*e} & \mathbf{p}^{*e-1} \\ \hline & & & & & s^* \\ & & A & & & s^* \\ & & & & & s^* \end{array} \right),$$

dove la matrice A ha mod $\mathbf{p}^*$ il rango 1 (ved. 289 VII).

298. Quanto al calcolo esplicito dei differenti individuali $\eth_n{}^*\left(\dfrac{s}{s_0}\right)$, nel caso or ora considerato, si raccomanda di riferire s^* al suo sotto-anello $s_r{}^*$.

I. Mantenendo le denominazioni di 296, avremo

$$(*) \qquad s = \sum_{n<f_0;\, m_j<p^n{}_j} s_r \cdot y^n \cdot z_1{}^{m_1} \ldots z_\iota{}^{m_\iota} + \mathbf{p} = \sum_{n<f_0,\, m_j<p^n{}_j,\, l<N} s_r \cdot y^n \cdot z_1{}^{m_1} \ldots z_\iota{}^{m_\iota} \cdot p_1{}^l + \mathbf{p}^N.$$

Ora, di seguito a $f_y(x, y) \subset\!\!\!|\!\!\!\equiv \mathbf{p}$, $f(x, y + p_1) \subset f(x, y) + p_1 \cdot f_y(x, y) + \mathbf{p}^2$ si può presupporre $f(x_1, \ldots, x_r, y) \subset\!\!\!|\!\!\!\equiv \mathbf{p}^2$, cioè $\mathbf{p} = f(x_1, \ldots, x_r, y) \cdot s$, il che permette di prendere $p_1 = f(x_1, \ldots, x_r, y)$. Da $(*)$ segue allora

$$(**) \qquad s = \sum_{n<f_0\cdot e,\, m_j<p^n{}_j} s_r \cdot y^n \cdot z_1{}^{m_1} \ldots z_\iota{}^{m_\iota} + \mathbf{p}_0 \cdot s.$$

Siccome $f_0 \cdot \prod_j p^n{}_j = f$ è il grado di $s/\mathbf{p}$ relativo a $s_r + \mathbf{p}/\mathbf{p}$, vale (ved. 258)

$$\left(\!\!\begin{smallmatrix} * \\ * \end{smallmatrix}\!\!\right) \qquad \left(\frac{\mathbf{p}_r \cdot s}{s}\right)_{s_r} = e \cdot f, \qquad \text{dato che } \mathbf{p}_0 \cdot s = \mathbf{p}_r \cdot s \text{ (ved. 296)}.$$

D'altra parte la prospettiva perfetta $\mathbf{p}_r \in V([s_0, x_1, \ldots, x_r])$ soddisfa a $\mathbf{p}_0 \cap \cap [s_0, x_1, \ldots, x_r] = \mathbf{p}_0 \cdot [s_0, x_1, \ldots, x_r] = \mathbf{p} \cap [s_0, x_1, \ldots, x_r]$ ed è pertanto (ved. 73) individuata da $\mathbf{p}$ in $[s_0, x_1, \ldots, x_r]$, sicchè si ha la situazione $\mathbf{p}_r \leftarrow \mathbf{p}$. Questo fatto e l'osservazione $\left(\!\!\begin{smallmatrix} * \\ * \end{smallmatrix}\!\!\right)$ mostrano, secondo 277,

$$s^* = \sum_{n<f_0\cdot e,\, m_j<p^n{}_j} s_r{}^* \cdot y^n \cdot z_1{}^{m_1} \ldots z_\iota{}^{m_\iota}$$

e la indipendenza lineare degli elementi

$$(+) \qquad y^n \cdot z_1{}^{m_1} \ldots z_\iota{}^{m_\iota} \qquad\qquad (n < e \cdot f_0,\ m_j < p^n{}_j)$$

sopra $s_r{}^*$. Ricordiamo che nel caso presente l'individualità $s_r{}^*$ è sotto-anello di s^* (ved. 275).

297 — 298

Valendoci delle approssimazioni

$$\Phi_{2+j}(X,\ Y,\ Z,\ u))_{e-1} = f_j(X.\ Y,\ Z) + \sum_{m=1}^{e-1} u_1{}^m \cdot f_{jm}(X,\ Y,\ Z) + \mathfrak{u}^e$$

e introducendo $p_1 = f(x,\ y)$, otteniamo elementi

$$f_j(x,\ y,\ z) + \sum_{m=1}^{e-1} (f(x,\ y))^m \cdot f_{jm}(x,\ y,\ z) \subset \mathfrak{p}^e \cdot s^* = \mathfrak{p}_0 \cdot s^* \qquad \text{(ved. 271)},$$

mentre si ha immediatamente $(f(x,\ y))^e \subset \mathfrak{p}_0 \cdot s^*$. Ciò fornisce, (scrivendo p_0 invece di $p_1{}^0$), $1 + \iota$ equazioni del tipo

$$(\psi_0(x,\ y,\ z) =)\ f(x_1,\ \dots,x_r,\ y)^e + p_0 \sum_{\substack{n < e \cdot f_0 \\ m_j < p^n j}} \alpha_{n m_1 \cdots m_\iota}(x_1,\ \dots,\ x_r) \cdot y^n \cdot z_1{}^{m_1} \cdot z_\iota{}^{m_\iota} = 0$$

$$(\psi_i(x,\ y,\ z) =)\ z_i{}^{p^n i} + \sum_{\substack{n < e \cdot f_0 \\ m_j < p^n j}} \beta_{i n m_1 \cdots m_\iota}(x_1,\ \dots,\ x_r) \cdot y^n \cdot z_1{}^{m_1} \dots z_\iota{}^{m_\iota} = 0$$

$(++)$

con $\alpha_{n m_1 \cdots m_\iota}(x_1,\ \dots x_r)$, $\beta_{i n m_1 \cdots m_\iota}(x_1,\ \dots,\ x_r) \in s_r{}^*$.

Dall'indipendenza lineare degli elementi $(+)$ e dalla forma delle $1 + \iota$ equazioni suddette segue subito, che ogni relazione $g(x,\ y,\ z) = 0$ con $g(x,\ Y,\ Z) \in s_r{}^*[Y.\ Z_1,\ \dots,\ Z_\iota]$ si deduce da quelle $(++)$ mediante le operazioni ideali (ved. 4).

II. Rammentiamo che l'immersione di elementi $\gamma(x) \in s_r{}^*$ in s^* consiste in ciò, che si prende in s^*

$$(\overset{+}{++}) \qquad\qquad (\gamma(x))_n = c_n(x) + \mathfrak{p}^{n+1} \qquad\qquad (c_n(x) \in s_r),$$

se $c_n(x) + \mathfrak{p}_r{}^{n+1}$ è la corrispondente approssimazione di $\gamma(x)$ in $s_r{}^*$.

La conseguenza

$$\frac{\partial c_{n+1}(x_1,\ \dots,\ x_r)}{\partial x_i} - \frac{\partial c_n(x_1,\ \dots,\ x_r)}{\partial x_i} \subset p_0{}^{n+1} \cdot s_r$$

di $c_{n+1}(x) - c_n(x) \subset p_0{}^{n+1} \cdot s_r$ (dove le derivate s'intendono in senso ovvio), mostra, che ponendo

$$(^0) \qquad\qquad \left(\frac{\partial \gamma(x_1,\ \dots,\ x_r)}{\partial x_i}\right)_n = \frac{\partial c_n(x_1,\ \dots,\ x_r)}{\partial x_i} + \mathfrak{p}_r{}^{n+1},$$

si definiscono elementi $\dfrac{\partial \gamma(x)}{\partial x_i} \in s_r{}^*$ in modo indipendente dalla scelta degli elementi $c_n(x)$ approssimanti $\gamma(x)$.

Siccome $(\overset{*}{**})$ induce (ved. 271) $\gamma(x) - c_n(x) \subset \mathfrak{p}^{n+1} \cdot s^*$ e quindi

$$\frac{d}{s_0}\gamma - \sum_{i=1}^{r} \frac{\partial c_n(x_1,\ \dots,\ x_r)}{\partial x_i} \frac{d}{s_0} x_i \subset \mathfrak{p}^n \cdot \frac{d}{s_0} s^*$$

298

dove $\dfrac{d}{s_0}$ designa la differenziazione individuale relativa a s_0, avremo

$$(\text{oo}) \qquad \frac{d}{s_0}\,\gamma(x_1,\ldots,x_r) = \sum_{i=1}^{r} \frac{\partial\gamma(x_1,\ldots,x_r)}{\partial x_i}\cdot\frac{d}{s_0}\,x_i\,.$$

Si verifica come in **293** III, che queste sole relazioni, pensate per ogni elemento $\gamma \in s_r{}^*$ garantiscono la validità delle regole di differenziazione per l'operazione $\dfrac{d}{s_0}$ definita da (oo) dentro l'anello $s_r{}^*$.

III. Poichè $s^* = [s_r{}^*, y, z_1,\ldots,z_\iota]$, ogni elemento $\alpha \in s^*$ è polinomio in $y, z_1,\ldots,z_\iota$: $\alpha = g(x_1,\ldots,x_r, y, z_1,\ldots,z_\iota)$ con $g(x_1,\ldots,x_r, Y, Z_1,\ldots,Z_\iota)\in s_r{}^*[Y, Z]$, e si ha necessariamente

$$(\text{o}^{\text{o}}\text{o}) \qquad \frac{d}{s_0}\,\alpha = \sum_{i=1}^{r}\frac{\partial g}{\partial x_i}\cdot\frac{d}{s_0}\,x_i + \frac{\partial g}{\partial y}\frac{d}{s_0}\,y + \sum_{j=1}^{\iota}\frac{\partial g}{\partial z_j}\frac{d}{s_0}\,z_j\,,$$

dove $\dfrac{\partial g}{\partial x_i}$ si ottiene dall'applicazione di (oo) ai coefficienti di quel polinomio,

mentre $\dfrac{\partial g}{\partial y}, \dfrac{\partial g}{\partial z_j}$ sono i risultati della sostituzione $Y \to y \ \ Z \to z$ nei polinomi $g_Y(x_1,\ldots,x_r, Y, Z_1,\ldots,Z_\iota)$, $g_{Z_j}(x_1,\ldots,x_r, Y, Z_1,\ldots,Z_\iota)$.

In particolare valgono le $1 + \iota$ relazioni

$$\sum_{i=r}\frac{\partial\psi_l}{\partial x_i}\frac{d}{s_0}\,x_i + \frac{\partial\psi_l}{\partial y}\frac{d}{s_0}\,y + \sum_{j\leq\iota}\frac{\partial\psi_l}{\partial z_j}\frac{d}{s_0}\,z_j = 0 \qquad\qquad (l = 0,\ldots,\iota)$$

le quali sono sufficienti a garantire la indipendenza della forma pfaffiana $\dfrac{d}{s_0}\,\alpha$, data da $(\text{o}^{\text{o}}\text{o})$, dalla scelta del polinomio g rappresentante α.

Soddisfatte le regole di differenziazione dall'operazione $\dfrac{d}{s_0}$ definita in s^* da $(\text{o}^{\text{o}}\text{o})$, possiamo affermare, ripetendo la conclusione di **293** III, che si tratta della differenziazione individuale di s relativa a s_0.

È chiaro ormai, che *i determinanti della matrice*

$$v = x_1,\ldots,x_r,\ y,\ z_1,\ldots,z_\iota$$

$$\begin{array}{c} l = 0 \\ 1 \\ \vdots \\ \iota \end{array} \qquad \frac{\partial\psi_l}{\partial v}$$

derivata dalle espressioni ψ_l definite in $(++)$, *forniscono i differenti individuali* $\mathfrak{d}_n{}^*\!\left(\dfrac{s}{s_0}\right)$.

Rileviamone un caso particolarmente importante:

298

DIMOSTRAZIONE. – I. Poichè (s^*) è finito sopra (s_0^*), l'elemento ξ soddisfa ad un'equazione $\psi(\xi) = \alpha_0 \cdot \xi^n + \alpha_1 \cdot \xi^{n-1} + \dots + \alpha_n = 0$ con $\alpha_i \in s_0^*$, $\alpha_0 \neq 0$, dove si può supporre $\alpha_m \subset\!\!\!\!| \ \mathfrak{p}_0^* = p_0 \cdot s_0^*$, $\alpha_i \subset \mathfrak{p}_0^*$ $(i < m)$.

Moltiplicando con $\alpha_m^{-1} (\subset s_0^*)$ otteniamo una relazione $\xi^m + \beta_i \cdot \xi^{m-1} + \dots \dots + \beta_m \subset p_0 \cdot [s_0^*, \xi]$, dalla quale si derivano, riducendo le potenze di ξ con esponente $\geq m$ mediante questa relazione stessa, altre relazioni del tipo

$$\xi^m + \gamma_1^{(N)} \cdot \xi^{m-1} + \dots + \xi_m^{(N)} \subset p_0^{N+1} \cdot [s_0^*, \xi] \quad (\gamma_i^{(N)} \in s_0^*) \quad \text{per ogni } N \geq 0.$$

Partendo da $\gamma_i^{(0)} = \beta_i$, si può procurare $\gamma_i^{(N+1)} - \gamma_i^{(N)} \subset \mathfrak{p}_0^{N+1} \cdot s_0^*$, sicchè esistono elementi $\gamma_i \in s_0^* \subset s^*$ con le approssimazioni $(\gamma_i)_N = (\gamma_i^{(N)})_N$, essendo $(\gamma_i^{(N+1)})_{N+1} \subset (\gamma_i^{(N+1)})_N \subset (\gamma_i^{(N)})_N + (\mathfrak{p}_0^{N+1} \cdot s_0^*)_N = (\gamma_i^{(N)})_N$. Allora $(\xi^m + \gamma_1 \cdot \xi^{m-1} + \dots \dots + \gamma_m)_N = (\xi^m + \gamma_1^{(N)} \cdot \xi^{m-1} + \dots + \gamma_m^{(N)})_N = \mathfrak{p}^{N+1}$, cioè $\xi^m + \gamma_1 \cdot \xi^{m-1} + \dots + \gamma_m = 0$.

II. Applicando questo procedimento all'equazione irriducibile $\psi(\xi) = 0$ soddisfatta da un elemento $\xi \in s^*$ che genera (s^*) sopra (s_0^*), troveremo che in questa equazione si può prendere $\alpha_0 = 1$. Secondo **100** vale allora

$$T_{\frac{(s^*)}{(s_0^*)}} \left(\frac{1}{\psi_\xi(\xi)} \cdot [s_0^*, \xi] \right) \subset s_0^* \quad \text{e quindi (ved. } 300) \frac{1}{\psi_\xi(\xi)} \cdot \mathfrak{d}_0^* \left(\frac{s}{s_0} \right) \subset s^*,$$

cioè $\mathfrak{d}_0^* \left(\dfrac{s}{s_0} \right) \subset \psi_\xi(\xi) \cdot s^*$.

Ponendo $\mathfrak{d}_0^* \left(\dfrac{s}{s_0} \right) = p^r \cdot s^*$ (con $p \cdot s = \mathfrak{p}$), possiamo affermare secondo **300** anche

$$T_{\frac{(s^*)}{(s_0^*)}} (p^{-r} \cdot [s_0^*, \xi]) \subset s_0^* \quad \text{e quindi (ved. } 100) \ p^{-r} \in \frac{[s_0^*, \xi]}{\psi_\xi(\xi)},$$

cioè $\psi_\xi(\xi) \subset p^r \cdot [s_0^*, \xi] \subset \mathfrak{d}_0^* \left(\dfrac{s}{s_0} \right)$ e finalmente $\mathfrak{d}_0^* \left(\dfrac{s}{s_0} \right) = \psi_\xi(\xi) \cdot s^*$.

III. Ogni $\varphi(X) \in s_0^*[X]$ annullato da ξ è divisibile con $\psi(X)$: $\varphi(X) = \psi(X) \cdot \chi(X)$ (con $\chi(X) \in s_0^*[X]$), e si ha $\varphi_\xi(\xi) = \psi_\xi(\xi) \cdot \chi(\xi) \subset \mathfrak{d}_0^* \left(\dfrac{s}{s_0} \right)$.

303. Se $\mathfrak{p}$ è prospettiva aritmetica di un corpo k, mentre $\mathfrak{p}_0$ designa la prospettiva individuata da $\mathfrak{p}$ nell'anello $[1]$ generato dall'elemento 1 di k, il primo indice r per cui sia $\mathfrak{d}_r(s) = \mathfrak{d}_r \left(\dfrac{s}{s_0} \right) = s$, è (ved. **290** e **32**): $r = h - \varepsilon +$ $+ \dim s/\mathfrak{p}$, dove h significa l'ampiezza di $\mathfrak{p}$ (ved. **195**) e $\varepsilon = 0$ o 1, secondochè la caratteristica di $s/\mathfrak{p}$ sia $\in \mathfrak{p}^2$ o no, qualora la si consideri come elemento di k. Applicando la disuguaglianza h

$$h \geq \operatorname{ord} \frac{0}{g} = \dim_a k - \dim_a s/\mathfrak{p} \qquad (\text{ved. } 234 \text{ e } 248),$$

302 — 303

nella quale vale il segno $=$ precisamente quando $\mathfrak{p}$ è regolare, troviamo

$$r \geq \dim_a k - \dim_a s/\mathfrak{p} + \dim s/\mathfrak{p} - \varepsilon.$$

Se $\operatorname{car} k = \operatorname{car} s/\mathfrak{p}$, si può sostituire alla differenza delle dimensioni aritmetiche quella delle dimensioni algebriche corrispondenti, e ε sarà 0, poichè la caratteristica di $s/\mathfrak{p}$, interpretata come elemento di k, è lo zero di k. In questo caso è quindi $r \geq \dim k$. Qualora però $\operatorname{car} k$ sia diversa da $\operatorname{car} s/\mathfrak{p}$, cioè $\operatorname{car} k = 0$, $\operatorname{car} s/\mathfrak{p} = p \neq 0$, si avrà $\dim s/\mathfrak{p} = \dim_a s/\mathfrak{p}$, $\dim_a k = \dim k + 1$, e pertanto $r \geq \dim k + 1$, se $p \subset \mathfrak{p}^2$, e $r \geq \dim k$, se $p \not\subset \mathfrak{p}^2$.

Dal fatto che il rango del modulo differenziale assoluto $k \cdot dk$ è uguale a $\dim k = n$ (ved. **32**), deriviamo ancora $\mathfrak{d}_n(k) = k$, $\mathfrak{d}_{n-1}(k) = 0$ e quindi $\mathfrak{d}_n(s) \neq 0$, $\mathfrak{d}_{n-1}(s) = 0$, essendo $\mathfrak{d}_m(k) = \mathfrak{d}_m(s) \cdot k$ (ved. **284**).

Dato che nelle disuguaglianze suddette, e cioè

$$r \geq n \quad \text{se} \quad \operatorname{car} k = \operatorname{car} s/\mathfrak{p} \quad \text{o} \quad \operatorname{car} k \neq \operatorname{car} s/\mathfrak{p} = p \not\subset \mathfrak{p}^2,$$

$$r \geq n + 1 \quad \text{se} \quad \operatorname{car} k \neq \operatorname{car} s/\mathfrak{p} = p \subset \mathfrak{p}^2,$$

vale la disuguaglianza precisamente quando $\mathfrak{p}$ sia singolare, cioè non-regolare, possiamo enunciare ormai il lemma di Mehner:

Per la regolarità di una prospettiva aritmetica $\mathfrak{p}$ di un corpo n-dimensionale k è necessario e sufficiente:

$$\mathfrak{d}_{n+1}(s) = s \quad se \quad \operatorname{car} k \neq \operatorname{car} s/\mathfrak{p} = p \subset \mathfrak{p}^2,$$

$$\mathfrak{d}_n(s) = s \quad in\ ogni\ altro\ caso.$$

304. Consideriamo ancora un caso importante per la geometria algebrica, e cioè quello in cui s sia aspetto di un corpo algebrico e n-dimensionale sopra un corpo fondamentale k_0 e abbia una base algebrica sopra k_0 sicchè esso può considerarsi come estensione dell'aspetto totale $s_0 = k_0$ di k_0. L'indice designato con r nel ragionamento precedente è adesso (ved. **290**): $r = h + {}$ $+ \dim \dfrac{\mathfrak{p}/\mathfrak{p}}{k_0 + \mathfrak{p}/\mathfrak{p}}$, purchè sia insep. $\dfrac{\mathfrak{p}/\mathfrak{p}}{k_0 + \mathfrak{p}/\mathfrak{p}} = 0$, e il teorema **249** fornisce in questo caso, tenuto conto di $h \geq \operatorname{ord} \dfrac{0}{\mathfrak{p}}$ (ved. **234**), la disuguaglianza $h \geq \dim \dfrac{k}{k_0} - \dim \dfrac{\mathfrak{p}/\mathfrak{p}}{k_0 + \mathfrak{p}/\mathfrak{p}}$ oppure $r \geq \dim \dfrac{k}{k_0}$, sicchè otteniamo il lemma di Zariski:

Per ogni prospettiva $\mathfrak{p}$, algebrica sopra un corpo k_0 con $s/\mathfrak{p}$ separabile sopra $k_0 + \mathfrak{p}/\mathfrak{p}$, il primo differente $\mathfrak{d}_r\!\left(\dfrac{s}{k_0}\right)$ uguale a s è di indice $r \geq \dim \dfrac{k}{k_0}$, ove si ha ugualità allora e soltanto allora che $\mathfrak{p}$ sia regolare.

$$\textbf{303} - \textbf{304}$$

§ 5. Molteplicità relative di una figura.

305. *L'anello $r[x]$ dei polinomi con coefficienti in un anello i-primario è $i[x]$-primario.*

DIMOSTRAZIONE: Sia $u \cdot v = 0$, $u = \sum_n a_n \cdot x^n$, $v = \sum_{n \geq q} b_n \cdot x^n$, a_n, $b_n \in r$, $b_q \neq 0$. Proveremo $u \in i[x]$, donde subito segue $u^l = 0$ per un certo l.

Supponiamo già verificato $a_n \subset i$ per $n < m$ (≥ 0), sicchè possiamo scrivere $u = -u_0 + u_1$ con $u_0 \in i[x]$ e $u_1 = a_m \cdot x^m + \dots$. Per r abbastanza grande sarà $(u_1 - u_0) \cdot \sum_{n=1}^{r} u_0^{r-n} \cdot u_1^{n-1} = u_1^r - u_0^r = u_1^r$, sicchè si deriva da $u \cdot v = 0$ l'equazione $u_1^r \cdot v = 0$ e quindi $a_m^r \cdot b_q = 0$, cioè $a_m \in i$.

306. *Dati un omomorfismo σ di un anello p r i m a r i o r con elemento uno e un sopra-anello p r i m a r i o R_0 di r, si può continuare quell'omomorfismo σ a un sopra-anello p r i m a r i o R di r siffatto, che $R^\sigma = R_0$ e l'elemento uno di r è anche elemento uno di R.*

DIMOSTRAZIONE – Associando a ogni elemento di R_0 non contenuto in r uno ed un solo segno in modo tale che elementi diversi abbiano segni diversi, formiamo con la totalità T di questi segni l'anello $r[T]$ dei polinomi con coefficienti in r e argomenti presi da T. Questi argomenti saranno indipendenti nel senso che un polinomio $f(x_1, \dots, x_m) \in r[x_1, \dots, x_m] \subset r[T]$ formato con $x_1, \dots, x_m \in T$ diversi è zero solamente, se tutti i suoi coefficienti sono zero.

Siccome un'equazione $f \cdot g = 0$, $f, g \in r[T]$ ha luogo già in un sotto-anello $r[x_1, \dots, x_m]$ di $r[T]$, si può applicare l'osservazione **305** e dedurne, che da $g \neq 0$ segue $f^l = 0$ per un certo l.

Da questo anello primario $R = r[T]$ risulta R_0 mediante la continuazione σ del dato omomorfismo σ, la quale associa a ogni elemento

$$\sum_{i_1, \dots, i_m} a_{i_1 \dots i_m} \cdot x_1^{i_1} \dots x_m^{i_m} \qquad (a_{i_1 \dots i_m} \in r, \quad x_1, \dots, x_m \text{ diversi} \in T)$$

di $r[T]$ l'elemento $\sum_{i_1, \dots, i_m} a_{i_1 \dots i_m} \cdot \xi_1^{i_1} \dots \xi_m^{i_m}$ di R_0, ove ξ_k designi quell'elemento, di cui x_k è il segno.

307. *Se la varietà V è chiusa sopra l'anello $A \subset S \in V$, ogni figura $\mathbb{P}$-primaria $\mathbb{Q}$ in V determina una varietà $V/\mathbb{Q}$ c h i u s a sopra l'anello $A + \mathbb{Q}(S)/\mathbb{Q}(S)$.*

DIMOSTRAZIONE. – Si tratta di dimostrare, che ogni aspetto $s_0 \supset A + + \mathbb{Q}(S)/\mathbb{Q}(S)$, compatibile con l'oggetto $S/\mathbb{Q}(S)$ della varietà $V/\mathbb{Q}$ (ved. **118** e **216**) ha estensione comune ad un aspetto $\in V/\mathbb{Q}$.

305 — 307

La compatibilità degli anelli s_0 e $S/\mathbb{Q}(S)$ significa, che questi si possono considerare come sotto-anelli di un medesimo anello primario $R_0 = [s_0,\ S/\mathbb{Q}(S)]$.

Secondo **306** l'anello R_0 si deriva da un sopra-anello primario R di S mediante un omomorfismo τ che dentro a S ha l'effetto $x^\tau = x + \mathbb{Q}(S)$ $(x \in S)$. Designi $\mathfrak{N}$ il nucleo di τ.

L immagine inversa $\mathfrak{p}_0^{\tau^{-1}} \supset \mathfrak{N} \supset \mathbb{Q}(S)$ dell'ideale primo $\mathfrak{p}_0$ è ideale primo nell'immagine inversa $s_0^{\tau^{-1}}$ di s_0, la quale a sua volta 'è anello primario (in quanto contenuta in un anello primario), e diversa da $\mathfrak{p}_0^{\tau^{-1}}$. Esiste quindi (ved. **72**) una prospettiva $\mathfrak{p}_1$ di base $s_0^{\tau^{-1}}$ e soddisfacente a $\mathfrak{p}_1 \cap s_0^{\tau^{-1}} = \mathfrak{p}_0^{\tau^{-1}} \supset \mathbb{Q}(S)$. Sia $\mathfrak{p}_2$ una estensione di $\mathfrak{p}_1$ con l'insieme $\mathfrak{P}$, l'esistenza della quale risulta da ciò, che l'ipotesi $1 \supset \mathfrak{p}_1 \cdot [s_1,\ \mathfrak{P}]$ (ved. **80**) condurrebbe a una relazione

$$1 = p_1 + \sum_{i=2}^{h} p_i \cdot P_i \ (p_k \in \mathfrak{p}_1,\ P_i \in \mathfrak{P}),$$ impossibile, perchè, scegliendo un esponente l tale, che $P_i^l \subset \mathbb{Q}(S)$, si troverebbe $(1 - p_1)^{hl} \subset \mathfrak{p}_1 \cdot \mathbb{Q}(S) \subset \mathfrak{p}_1$. Dallo stesso fatto, che una potenza di un qualunque elemento di $\mathfrak{P}$ appartiene a $\mathbb{Q}(S) \subset \mathfrak{p}_1 \subset \mathfrak{p}_2$, consegue $\mathfrak{P} \subset \mathfrak{p}_2$.

L'ipotesi $s_0 \supset A + \mathbb{Q}(S)/\mathbb{Q}(S)$, $S \supset A$, induce $A \subset s_0^{\tau^{-1}} \subset s_2$, sicchè la chiusura relativa della varietà V permette di indicare un aspetto $s \in V$ avente estensione S' comune a s_2. Dalla situazione $\mathfrak{p} \leftarrow \mathfrak{P}' \rightarrow \mathfrak{p}_2$ segue allora $\mathfrak{p} = \mathfrak{P}' \cap s \supset \mathfrak{p}_2 \cap s \supset \mathfrak{P} \cap s$, il che mostra (ved. **112**) $s \subset S$ o piuttosto $S \in V(s)$ (ved. **170**).

L'immagine s^τ è di seguito a $S \supset s \in V$ un aspetto $s^\tau = s + \mathbb{Q}(S)/\mathbb{Q}(S) \in V/\mathbb{Q}$ (ved. **216**). Per provare che questo s^τ ammette estensione comune al dato aspetto s_0, osserviamo dapprima, che l'ipotesi $1^\tau \subset \mathfrak{p}_0 \cdot s^\tau + \mathfrak{p}^\tau \cdot s_0$ equivale a $1 \subset \mathfrak{p}_0^{\tau^{-1}} \cdot s + \mathfrak{p} \cdot s_0^{\tau^{-1}} + \mathfrak{N}$ e conduce pertanto alla conclusione impossibile $1 \subset \mathfrak{P}'$, se si tiene conto di $\mathfrak{N} \subset \mathfrak{p}_0^{\tau^{-1}} \subset \mathfrak{p}_1 \subset \mathfrak{p}_2 \subset \mathfrak{P}'$ e di $\mathfrak{p} \subset \mathfrak{P}'$. Sapendo ormai, che l'ideale $\mathfrak{p}_0 \cdot s^\tau + \mathfrak{p}^\tau \cdot s_0$ nell'anello primario $[s_0,\ s^\tau]$ è diverso dall'anello intero, possiamo affermare (ved. **72**) l'esistenza di una prospettiva $\mathfrak{P}_0 \in V([s_0,\ s^\tau])$ tale, che l'ideale $\mathfrak{P}_0$ contiene $\mathfrak{p}_0$ e $\mathfrak{p}^\tau$ e soddisfa perciò alle condizioni $\mathfrak{P}_0 \cap s_0 = \mathfrak{p}_0$, $\mathfrak{P}_0 \cap s^\tau = \mathfrak{p}^\tau$ caratteristiche per le estensioni comuni a $\mathfrak{p}_0$ e $\mathfrak{p}^\tau$.

308. In riguardo a ulteriori applicazioni enunciamo come risultato accessorio della dimostrazione or ora terminata il lemma che segue:

La condizione necessaria e sufficiente perchè assegnati aspetti compatibili s_1, s_2 ammettano estensione comune, è $1 \subset\!\!\!| \ \mathfrak{p}_1 \cdot s_2 + \mathfrak{p}_2 \cdot s_1$.

Che questa condizione suffisce, si è dimostrato in **307** all'occasione delle prospettive $\mathfrak{p}_0$, $\mathfrak{p}^\tau$. Quanto alla sua necessità, osserviamo, che l'origine $\mathfrak{P}$ di una estensione comune di $\mathfrak{p}_1$ e $\mathfrak{p}_2$ contiene $\mathfrak{p}_1 \cdot s_2 + \mathfrak{p}_2 \cdot s_1$ ma non l'elemento 1.

309. *In un aspetto noetheriano s sia $\mathfrak{q}$ ideale $\mathfrak{p}$-primario e $\mathfrak{a} = \bigcap\limits_{i=1,\dots,h} \mathfrak{q}_i$ decomposizione di un ideale $\mathfrak{a}$ in ideali $\mathfrak{p}_i$-primari $\mathfrak{q}_i$ sotto la sola condizione*

307 — 309

219

che gli ideali primi $\mathfrak{p}_i$ $(i = 1, \dots, h)$ siano distinti fra di loro. Allora vale

$$\lim_{m \to \infty} \frac{1}{\left(\dfrac{\mathfrak{a} + \mathfrak{q}^m}{s}\right)} \sum_{i=1}^{k} \left(\frac{\mathfrak{q}_i + \mathfrak{q}^m}{s}\right) = 1.$$

Dimostrazione – Considerando tutti gli ideali $\mathfrak{c} \subset s$ come gli ideali $\mathfrak{c}(s)$ di figure $\mathfrak{c} = (\mathfrak{c})$ nella stella $V(s)$, supponiamo la numerazione degli ideali primi $\mathfrak{p}_i$ siffatta, che

$$\dim \frac{\mathfrak{a}}{\mathfrak{p}} = \dim \frac{\mathfrak{p}_k}{\mathfrak{p}} \quad (k \leq r), \qquad \dim \frac{\mathfrak{a}}{\mathfrak{p}} > \dim \frac{\mathfrak{p}_i}{\mathfrak{p}} \quad (i > r)$$

(ved. **230**) e quindi $\mathfrak{p}_i \mathrel{\not\subseteq} \mathfrak{p}_k$ $(h \geq i \neq k \leq r)$, sicchè esistono $p_i \in \mathfrak{p}_i$ soddisfacenti a $p_i \mathrel{\not\subseteq} \mathfrak{p}_k$. Per L abbastanza grande è allora $c_k = (\prod\limits_{i \neq k} p_i)^L \subset \bigcap\limits_{i \neq k} \mathfrak{q}_i$, $\mathrel{\not\subseteq} \mathfrak{p}_k$, epperò (ved. **230**)

$$\dim \frac{\left(\mathfrak{a} + \sum\limits_{k=1}^{r} c_k \cdot s\right)}{\mathfrak{p}} < \dim \frac{\mathfrak{a}}{\mathfrak{p}},$$

dato che ogni prospettiva $\mathfrak{p}'$ della figura $\left(\mathfrak{a} + \sum\limits_{k=1}^{r} c_k \cdot s\right)$ soddisfa a $\mathfrak{p}' \supset \mathfrak{a} +$ $+ \sum\limits_{k=1}^{r} c_k \cdot s \supset \mathfrak{a}$ e quindi a $\mathfrak{p}' \supset \mathfrak{p}_i$ per certo i, mentre $c_k \mathrel{\not\subseteq} \mathfrak{p}_k$, $c_k \subset \mathfrak{p}'$ mostra $\mathfrak{p}' \neq \mathfrak{p}_k$ $(k \leq r)$.

I. Se la sequenza irriducibile (ved. **208**)

$$\mathfrak{q}_k + \mathfrak{q}^m = \mathfrak{q}_{k0} \subset \mathfrak{q}_{k1} \dots \subset \mathfrak{q}_{k n_k} = s \qquad (\text{con } \mathfrak{q}_{ki} = \mathfrak{q}_{k,i-1} + q_{ki} \cdot s, \ \mathfrak{p} \cdot q_{ki} \subset \mathfrak{q}_{k,i-1})$$

misura $n_k = \left(\dfrac{\mathfrak{q}_k + \mathfrak{q}^m}{s}\right)$, gli ideali $\mathfrak{a}_{ki} = \mathfrak{a} + \mathfrak{q}^m + \sum\limits_{j<k} c_j \cdot s + c_k \cdot \mathfrak{q}_{ki}$ $(0 \leq i \leq n_k)$ staranno nella relazione $\mathfrak{a}_{ki} = \mathfrak{a}_{k,i-1} + c_k \cdot q_{ki} \cdot s$, sicchè $\left(\dfrac{\mathfrak{a}_{k,i-1}}{\mathfrak{a}_{k,i}}\right) \leq 1$ (ved. **209**), mentre $c_k \cdot \mathfrak{q}_{k0} \subset (\bigcap\limits_{i \neq k} \mathfrak{q}_i) \cdot [\mathfrak{q}_k + \mathfrak{q}^m] \subset \mathfrak{a} + \mathfrak{q}^m$ induce $\mathfrak{a}_{k0} = \mathfrak{a}_{k-1, n_{k-1}}$. Ne risulta

$$\left(\frac{\mathfrak{a} + \mathfrak{q}^m}{s}\right) = \left(\frac{\mathfrak{a}_{r n_r}}{s}\right) + \sum_{k=1}^{r} \left(\sum_{i=1}^{n_k} \left(\frac{\mathfrak{a}_{k,i-1}}{\mathfrak{a}_{k,i}}\right)\right) \leq \left(\frac{\mathfrak{a} + \sum\limits_{k=1}^{r} c_k \cdot s + \mathfrak{p}^{lm}}{s}\right) + \sum_{k=1}^{r} n_k,$$

se l'esponente l è tale che $\mathfrak{p}^l \subset \mathfrak{q}$.

Il primo termine al membro destro è il valore della funzione caratteristica (ved. **210**) della figura $\left(\mathfrak{a} + \sum\limits_{1}^{r} c_k \cdot s\right)$ per l'argomento $lm - 1$ e perciò,

309

purchè m sia abbastanza grande, un polinomio di grado

$$\dim \frac{\left(a + \sum\limits_{k=1}^{r} c_k \cdot s\right)}{p} < \dim \frac{a}{p},$$

mentre il membro destro della disuguaglianza $\left(\dfrac{a + q^m}{s}\right) \geq \left(\dfrac{a + p^m}{s}\right)$ è un polinomio di grado $\dim \dfrac{a}{p}$. Ciò mostra

$$(*) \qquad 1 \leq \lim_{m \to \infty} \frac{1}{\left(\dfrac{a + q^m}{s}\right)} \cdot \sum_{i=1}^{r} \left(\frac{q_i + q^m}{s}\right).$$

II. Applicando la relazione generale $\left(\dfrac{x \cap y}{s}\right) = \left(\dfrac{x}{s}\right) + \left(\dfrac{y}{s}\right) - \left(\dfrac{x + y}{s}\right)$ (ved. **211**) al caso di $x = b + q^m$, $y = c + q^m$, e tenendo conto di $[b + q^m] \cap [c + q^m] \supset \supset [b \cap c] + q^m$, otteniamo la formula

$$\left(\frac{[b \cap c] + q^m}{s}\right) \geq \left(\frac{b + q^m}{s}\right) + \left(\frac{c + q^m}{s}\right) - \left(\frac{b + c + q^m}{s}\right),$$

la quale fornisce

$$(**) \qquad \left(\frac{a_{i-1} + q^m}{s}\right) \geq \left(\frac{a_i + q^m}{s}\right) + \left(\frac{q_i + q^m}{s}\right) - \left(\frac{a_i + q_i + q^m}{s}\right) \qquad (i = 1, ..., h)$$

per gli ideali $a_0 = a$, $a_i = \bigcap\limits_{j > i} q_j$, $a_h = s$.

Da $c_k \sqsubseteq p_k$ segue

$$\dim \frac{(q_k + c_k \cdot s)}{p} < \dim \frac{p_k}{p} = \dim \frac{a}{p},$$

sicchè il membro destro della disuguaglianza

$$\left(\frac{a_k + q_k + q^m}{s}\right) \leq \left(\frac{c_k \cdot s + q_k + q^m}{s}\right) \leq \left(\frac{c_k \cdot s + q_k + p^{l \cdot m}}{s}\right)$$

derivantesi dal fatto $c_k \subset a_k$ è (per m abbastanza grande) polinomio di grado minore di quello del membro sinistro in

$$\left(\begin{smallmatrix}*\\**\end{smallmatrix}\right) \qquad \left(\frac{a + p^m}{s}\right) \leq \left(\frac{a + q^m}{s}\right).$$

Ciò dimostra l'equazione

$$(+) \qquad \lim_{m \to \infty} \frac{1}{\left(\dfrac{a + q^m}{s}\right)} \cdot \left(\frac{a_i + q_i + q^m}{s}\right) = 0$$

309

per $i \leq r$, mentre per $i > r$ la stessa equazione risulta dalla semplice osservazione

$$\dim \frac{a + q_i}{p} \leq \dim \frac{q_i}{p} = \dim \frac{p_i}{p} < \dim \frac{a}{p}$$

presa insieme con $\left(\genfrac{}{}{0pt}{}{*}{**}\right)$.

Sommando le disuguaglianze $(**)$, dopo averle divise con $\left(\dfrac{a + q^m}{s}\right)$, si trova, tenuto conto di $(+)$, la relazione

$$1 \geq \lim_{m \to \infty} \frac{1}{\left(\dfrac{a + q^m}{s}\right)} \cdot \sum_{i=1}^{h} \left(\frac{q_i + q^m}{s}\right),$$

la quale dimostra dal suo confronto col risultato $(*)$ l'uguaglianza desiderata provando nello stesso tempo

$(++)$
$$\lim_{m \to \infty} \frac{1}{\left(\dfrac{a + q^m}{s}\right)} \cdot \left(\frac{q_i + q^m}{s}\right) = 0 \text{ per } \dim \frac{p_i}{p} < \dim \frac{a}{p}.$$

310. *Sotto le premesse: s regolare di ord* $\dfrac{0}{p} = r + l$, $\mathbb{P} \in V(s)$, $s^\tau = s + \mathbb{P}/\mathbb{P}$ *aspetto regolare di* $S/\mathbb{P}$ (ved. **216**), $b = \mathbb{P} \cap s = \sum\limits_{i=1}^{l} b_i \cdot s$, $a = \sum\limits_{i=1}^{r} a_i \cdot s$, *vale*

$$\left(\frac{a + b^{n+1}}{s}\right) = \binom{n + l}{l} \cdot \left(\frac{a + b}{s}\right).$$

DIMOSTRAZIONE I. – Se $\left(\dfrac{a + b}{s}\right)$ è infinito, anche $\left(\dfrac{a + b^{n+1}}{s}\right) \geq \left(\dfrac{a + b}{s}\right)$ è infinito, e noi conveniamo di considerare allora l'equazione suddetta come soddisfatta.

Se $\left(\dfrac{a + b}{s}\right)$ è finito e $a \subset p$, si ha $p^h \subset a + b \subset p$ per certo h, il che mostra che la prospettiva p^τ derivata da p mediante l'omomorfismo $\tau \colon S \to S/\mathbb{P}$ (ved. **216**) è estrema in riguardo alla figura (a^τ) in $V(s)/\mathbb{P}$ (ved. **217**). Da $(a^\tau)(s^\tau) = a^\tau = \sum\limits_{i=1}^{r} a_i^\tau \cdot s^\tau$ possiamo quindi concludere (ved. **218** e **223**) che ord $\dfrac{\mathbb{P}}{p} = $ ord $\dfrac{\mathbb{P}^\tau}{p^\tau} \leq r$. Poichè similmente da $\mathbb{P} = [\mathbb{P} \cap s] \cdot S = \sum\limits_{i=1}^{l} b_i \cdot S$ si deduce, che l'ordine di $\mathbb{P}$ sotto la prospettiva totale, cioè ord $\dfrac{0}{\mathbb{P}}$ è $\leq l$, ricaviamo dall'ipotesi ord $\dfrac{0}{p} = r + l$ mediante la legge generale ord $\dfrac{0}{p} = $ ord $\dfrac{0}{\mathbb{P}} + $ ord $\dfrac{\mathbb{P}}{p}$ (ved. **245**) le uguaglianze

$$\text{ord} \frac{\mathbb{P}}{p} = r, \quad \text{ord} \frac{p}{\mathbb{P}} = l.$$

309 — 310

Supposta la prospettiva $\mathfrak{p}^\tau$ regolare, avremo quindi

$$\mathfrak{p} = \sum_{i=1}^{r} p_i \cdot s + \mathbb{D} \cap s = \sum_{i=1}^{r} p_i \cdot s + \sum_{j=1}^{l} b_j \cdot s.$$

II. Dimostreremo ora con induzione secondo m, che da

$$(*) \qquad \sum_{i=1}^{r} a_i \cdot e_i \subset \mathfrak{b}^{m+1} \qquad (e_i \in s)$$

segue una rappresentazione

$$(**) \qquad e_i \equiv \sum_{k=1}^{r} e_{ik} \cdot a_k \pmod{\mathfrak{b}^{m+1}}, \qquad e_{ik} + e_{ki} = 0, \ e_{ii} = 0, \quad (e_{ik} \in s).$$

$m = 0$: La regolarità di s^τ permette di applicare il teorema di Lasker (ved. **239**) all'equazione $\sum_{i=1}^{r} a_i^\tau \cdot e_i^\tau = 0$ e di concluderne le congruenze $e_i \equiv \sum f_{ik} \cdot a_k$, $f_{ik} + f_{ki} \equiv 0$, $f_{ii} \equiv 0$, dove basta sostituire $-f_{ik}$ a f_{ki} e 0 a f_{ii} per realizzare le equazioni $(**)$ nel caso di $m = 0$.

$m > 0$: Avendo già stabilito $(**)$ per moduli $\mathfrak{b}^n$ con $n \leq m$, possiamo partire da una rappresentazione $e_i \equiv \sum_{k=1}^{r} f_{ik} \cdot a_k \pmod{\mathfrak{b}^m}$, $f_{ik} \in s$, $f_{ik} + f_{ki} = 0$, $f_{ii} = 0$, equivalente a un sistema di equazioni

$$\left(\overset{*}{**}\right) \qquad e_i = \sum_{k=1}^{r} f_{ik} \cdot a_k + \sum_{j=1}^{M} g_{ij} \cdot B_j, \qquad f_{ik} + f_{ki} = 0, \ f_{ii} = 0,$$

dove B_j $(j = 1, \ldots, M)$ designamo gli $\binom{m+l-1}{l-1}$ prodotti $b_1^{i_1} \ldots b_l^{i_l}$ con $i_1 + \ldots \ldots + i_l = m$.

L'introduzione di $\left(\overset{*}{**}\right)$ in $(**)$ fornisce

$$(+) \qquad \sum_{j} \left(\sum_{i} a_i \cdot g_{ij} \right) \cdot B_j \subset \mathfrak{b}^{m+1} \qquad \text{e quindi} \qquad \sum_{i} a_i \cdot g_{ij} \subset \mathfrak{b}.$$

Invero, $b_1, \ldots, b_l$ costituiscono insieme con $p_1, \ldots, p_r$ una base minima dell'ideale $\mathfrak{p}$, e se non fossero $\subset \mathfrak{b}$ tutte le somme $\sum_{i} a_i \cdot g_{ij}$, si trarrebbe da $(+)$ una congruenza contradditoria al fatto, che $\mathfrak{p}$ è regolare.

Poichè secondo $(+)$ e l'ipotesi d'induzione si può scrivere $g_{ij} \equiv \sum_{k} g_{ijk} \cdot a_k$ $\pmod{\mathfrak{b}}$, con $g_{ijk} + g_{kji} = 0$, $g_{iji} = 0$, le equazioni $\left(\overset{*}{**}\right)$ conducono a una congruenza

$$e_i \equiv \sum_{k} \left(f_{ik} + \sum_{j} g_{ijk} \cdot B_j \right) \cdot a_k \pmod{\mathfrak{b}^{m+1}}$$

del tipo postulato.

310

III. Secondo 232 sarà $\left(\dfrac{\mathfrak{a}+\mathfrak{b}^{n+1}}{s}\right) \leq \left(\dfrac{n+l}{l}\right) \cdot \left(\dfrac{\mathfrak{a}+\mathfrak{b}}{s}\right)$.

Ricapitolando la dimostrazione 232, riconosciamo, che in questa formula vale il segno $<$ solamente, se per un grado m si verifica $\mathfrak{b}_{ij} = \mathfrak{b}_{ij-1}$ cioè $B_i \cdot c_j \subset \mathfrak{a} + \mathfrak{b}^{m+1} + \sum\limits_{k<i} B_k \cdot s + B_i \cdot c_{j-1}$ equivalente a una relazione

$$(\text{++}) \quad \sum\limits_{k} a_k \cdot e_k + \sum\limits_{h=1}^{i} g_h \cdot B_h \subset \mathfrak{b}^{m+1} \quad \text{con} \quad g_j \equiv c_j \;(\text{mod } c_{j-1}) \quad \text{e quindi} \quad c \not\sqsubseteq \mathfrak{a} + \mathfrak{b}.$$

Nel caso presente (ved. II) seguirebbe da (++) $e_k \equiv \sum\limits_{h} e_{kh} \cdot a_h \,(\text{mod } \mathfrak{b}^m)$ con $e_{kh} + e_{hk} = 0$, $e_{kk} = 0$, cioè $e_k = \sum\limits_{h} e_{kh} \cdot a_h + \sum\limits_{q} f_{kq} \cdot B_q$, sicchè (++) esprimerebbe $\sum\limits_{q} (\sum\limits_{k} a_k \cdot f_{kq}) \cdot B_q + \sum\limits_{h=1}^{j} g_h \cdot B_h \subset \mathfrak{b}^{m+1}$, il che domanderebbe, data la regolarità di $\mathfrak{p}$, (per analoga ragione come alla fine di II), che $g_j + \sum\limits_{k} a_k \cdot f_{kh} \subset \mathfrak{b}$, conclusione contradittoria al fatto suddetto che $g_j \not\sqsubseteq \mathfrak{a} + \mathfrak{b}$.

311. *Se $\mathfrak{q}$ è ideale $\mathfrak{p}$-primario nell'aspetto noetheriano s, mentre $\mathfrak{a}$, $\mathfrak{b}$ sono ideali qualunque in s, si conclude da* $\dim\dfrac{(\mathfrak{a}+\mathfrak{b})}{\mathfrak{p}} < \dim\dfrac{(\mathfrak{a}\cap\mathfrak{b})}{\mathfrak{p}}$ *che*

$$\lim\limits_{m\to\infty} \frac{\left(\dfrac{\mathfrak{a}\cap\mathfrak{b}+\mathfrak{q}^m}{s}\right)}{\left(\dfrac{\mathfrak{a}\cdot\mathfrak{b}+\mathfrak{q}^m}{s}\right)} = 1 = \lim\limits_{m\to\infty} \frac{\left(\dfrac{\mathfrak{a}\cap\mathfrak{b}+\mathfrak{q}^m}{s}\right)}{\left(\dfrac{\mathfrak{a}+\mathfrak{q}^m}{s}\right) + \left(\dfrac{\mathfrak{b}+\mathfrak{q}^m}{s}\right)}.$$

DIMOSTRAZIONE. – Secondo **194** e **230** è $\dim\dfrac{(\mathfrak{a}\cap\mathfrak{b})}{\mathfrak{p}} = \dim\dfrac{(\mathfrak{a}\cdot\mathfrak{b})}{\mathfrak{p}}\,(=n)$.

Sia $\mathfrak{a}\cap\mathfrak{b} = c\cap\mathfrak{d}$, $\mathfrak{a}\cdot\mathfrak{b} = c'\cap\mathfrak{d}'$ con $\dim\dfrac{(\mathfrak{d})}{\mathfrak{p}} < n$, $\dim\dfrac{(\mathfrak{d}')}{\mathfrak{p}} < n$, mentre i divisori primi $\mathfrak{p}_i$, $\mathfrak{p}_i'$ di $c = \cap\, \mathfrak{q}_i$, $c' = \cap\, \mathfrak{q}_j'$ (dove $\mathfrak{q}_i$ è supposto $\mathfrak{p}_i$-primario, $\mathfrak{q}_j'$ è $\mathfrak{p}_j'$-primario), siano tutti di $\dim\dfrac{(\mathfrak{p}_i)}{\mathfrak{p}} = \dim\dfrac{(\mathfrak{p}_j')}{\mathfrak{p}} = n$. Allora $\mathfrak{d}' \not\sqsubseteq \mathfrak{p}_i$, sicchè da $\mathfrak{d}' \cdot c' \subset \mathfrak{a}\cdot\mathfrak{b} \subset \mathfrak{a}\cap\mathfrak{b} \subset \mathfrak{q}_i$ si può concludere $c' \subset \mathfrak{q}_i$ e quindi $c' \subset c$. L'ipotesi $\dim\dfrac{(\mathfrak{a}+\mathfrak{b})}{\mathfrak{p}} < n$ induce $\mathfrak{a}+\mathfrak{b} \not\sqsubseteq \mathfrak{p}_j'$ per ogni j, e siccome anche $\mathfrak{d} \not\sqsubseteq \mathfrak{p}_j'$, si deriva da $\mathfrak{d} \cdot (\mathfrak{a}+\mathfrak{b}) \cdot c \subset (\mathfrak{a}+\mathfrak{b}) \cdot (\mathfrak{a}\cap\mathfrak{b}) \subset \mathfrak{a}\cdot\mathfrak{b} \subset c' \subset \mathfrak{q}_j'$ che $c \subset \mathfrak{q}_j'$, cioè $c \subset c'$ epperò $c = c'$.

Tenuto conto dell'osservazione (++), accessoria al teorema 309, troviamo l'equazione

$$\lim\limits_{m\to\infty} \frac{1}{\left(\dfrac{\mathfrak{a}\cap\mathfrak{b}+\mathfrak{q}^m}{s}\right)} \cdot \left(\dfrac{c+\mathfrak{q}^m}{s}\right) = 1 = \lim\limits_{m\to\infty} \frac{1}{\left(\dfrac{\mathfrak{a}\cdot\mathfrak{b}+\mathfrak{q}^m}{s}\right)} \cdot \left(\dfrac{c'+\mathfrak{q}^m}{s}\right)$$

310 – 311

equivalente a quella da dimostrare in primo luogo. Quanto all'altra, basta notare, che nel caso presente c è l'intersezione di tutti gli ideali primari $\mathfrak{q}'$ con $\dim \dfrac{(\mathfrak{q}')}{\mathfrak{p}} = n$, che partecipano alle decomposizioni noetheriane ridotte di $\mathfrak{a}$ o di $\mathfrak{b}$, e che per tale $\mathfrak{q}'$ le situazioni $\mathfrak{q}' \supset \mathfrak{a}$ e $\mathfrak{q}' \supset \mathfrak{b}$ si escludono l'una l'altra.

312. *In un aspetto noetheriano primario s vale*

$$\left(\frac{a \cdot b \cdot s + c}{s}\right) \leq \left(\frac{a \cdot s + c}{s}\right) + \left(\frac{b \cdot s + c}{s}\right)$$

per elementi a, b e un ideale c di s qualunque. Si ha l'uguaglianza, se $\mathfrak{p}$ è regolare di ordine n e c ha una base costituita da $n-1$ elementi.

DIMOSTRAZIONE. - I. Se $\left(\dfrac{a \cdot s + c}{s}\right)$ o $\left(\dfrac{b \cdot s + c}{s}\right)$ è infinito, tanto più sarà infinito il membro sinistro della disuguaglianza suddetta, che in questo caso considereremo come soddisfatta. Supposti però quei numeri finiti, siano $a \cdot s + c = \mathfrak{a}_0 \subset \mathfrak{a}_1 \subset \dots \subset \mathfrak{a}_\alpha = s$ con $\mathfrak{a}_i = \mathfrak{a}_{i-1} + a_i \cdot s$, $\mathfrak{p} \cdot a_i \subset \mathfrak{a}_{i-1}$, e $b \cdot s + c = \mathfrak{b}_0 \subset \mathfrak{b}_1 \subset \dots \subset \mathfrak{b}_\beta = s$ con $\mathfrak{b}_i = \mathfrak{b}_{i-1} + b_i \cdot s$, $\mathfrak{p} \cdot b_i \subset \mathfrak{b}_{i-1}$, sequenze irriducibili. (Ved. 208). Allora

$$a \cdot \mathfrak{b}_0 + c \subset a \cdot \mathfrak{b}_1 + c \subset \dots \subset a \cdot \mathfrak{b}_\beta + c = \mathfrak{a}_0 \subset \mathfrak{a}_1 \subset \dots \subset \mathfrak{a}_\alpha = s$$

è una sequenza $\mathfrak{c}_0 \subset \mathfrak{c}_1 \subset \dots \subset \mathfrak{c}_{\alpha+\beta} = s$, nella quale $\left(\dfrac{\mathfrak{c}_{i-1}}{\mathfrak{c}_i}\right) \leq 1$, essendo $\mathfrak{c}_i = \mathfrak{c}_{i-1} + x_i \cdot s$ con $x_i \cdot \mathfrak{p} \subset \mathfrak{c}_{i-1}$.

II. Ogni aspetto noetheriano primario s di $\dim \dfrac{0}{\mathfrak{p}} = n$ può estendersi con m elementi $t_1, \dots, t_m$ a un aspetto s_0 di $\dim \dfrac{0}{\mathfrak{p}_0} \geq n + m$.

Si costruisca all'uopo l'anello $A = s[t_1, \dots, t_m]$ dei polinomi con m argomenti liberi sopra s, nel quale gli ideali $\mathfrak{q}_i = \mathfrak{p} \cdot A + \sum_{k>i} t_k \cdot A$ $(i = 0, 1, \dots, m-1)$ sono primi, essendo $A/\mathfrak{q}_i$ isomorfo a $s/\mathfrak{p}[t_1, \dots, t_i]$.

Mediante una subordinazione (ved. 213) $\mathfrak{p} = \mathfrak{p}_0' < \dots < \mathfrak{p}'_n$ ($=$ totale) ci procuriamo ancora gli ideali primi $\mathfrak{q}_{m+i} = [\mathfrak{p}_i' \cap s] \cdot A$ $(i = 0, \dots, n)$, sicchè finalmente otteniamo una sequenza $\mathfrak{q}_0 \supset \mathfrak{q}_1 \supset \dots \supset \mathfrak{q}_{m-1} \supset \mathfrak{q}_m \supset \dots \supset \mathfrak{q}_{m+n}$ di $m+n+1$ ideali primi diversi in A che individuano (ved 72) altrettante prospettive $\mathfrak{p}_0 < \mathfrak{p}_1 < \dots < \mathfrak{p}_{m+n}$ nella varietà $V(A)$. Ne segue $\mathrm{ord} \dfrac{0}{\mathfrak{p}_0} \geq m + n$, mentre $\mathfrak{p}_0 \cap s = \mathfrak{p}_0 \cap A \cap s = \mathfrak{q}_0 \cap s = \mathfrak{p}$ caratterizza $\mathfrak{p}_0$ come estensione di $\mathfrak{p}$.

Nel caso di $\mathfrak{p}$ regolare avremo $\mathfrak{p} = \sum_{i=1}^{n} p_i \cdot s$ e quindi $\mathfrak{p}_0 = \sum_{i=1}^{n} p_i \cdot s + \sum_{k=1}^{m} t_k \cdot s$ il che mostra $\mathfrak{p}_0$ essere regolare di ordine $n + m$ (ved. 234).

311 — 312

III. Sia ora $c = \sum\limits_{i=2}^{n} c_i \cdot s$ e $\mathfrak{p}$ regolare di ord $\dfrac{0}{\mathfrak{p}} = n$, e prendiamo $m = n+1$ nella costruzione II, scrivendo t_0 invece di t_{n+1}.

In $A = s[t_0, t_1, \ldots, t_n]$ sono diversi da A e primi anche gli ideali

$$\mathfrak{t} = \sum_{i=0}^{n} t_i \cdot A, \quad \mathfrak{a} = (a - t_0) \cdot A + \sum_{i=2}^{n} (c_i - t_i) \cdot A, \quad \mathfrak{b} = (b - t_1) \cdot A + \sum_{i=2}^{n} (c_i - t_i) \cdot A$$

poichè $A/\mathfrak{t}$, $A/\mathfrak{a}$, $A/\mathfrak{b}$ sono isomorfi a s, $s[t_1]$, $s[t_0]$.

Possiamo supporre $a \cdot s + c \neq s$, poichè nel caso di $a \cdot s + c = b \cdot s + c = s$ l'uguaglianza da dimostrare è conseguenza di I. Allora $\mathfrak{a} \subset \mathfrak{p}_0$ e l'aspetto $S \in V(A)$ determinato da $\mathfrak{p} \cap A = \mathfrak{a}$ (ved. 72) contiene $s_0 \in V(A)$, sicchè $\mathfrak{p} \cap s_0$ (ved. 174) $= [\mathfrak{p} \cap A] \cdot s_0 = \mathfrak{a} \cdot s_0$ e quindi $\mathfrak{a} \cdot s_0 \cap A = \mathfrak{p} \cap A = \mathfrak{a} \not\supset b - t_1$. Ciò basta per garantire $\mathfrak{a}_0 + \mathfrak{b}_0 \neq \mathfrak{a}_0$ per gli ideali $\mathfrak{a}_0 = \mathfrak{a} \cdot s_0$, $\mathfrak{b}_0 = \mathfrak{b} \cdot s_0$ il che induce

$$(*) \qquad \dim \frac{(\mathfrak{a}_0 + \mathfrak{b}_0)}{\mathfrak{p}_0} < \dim \frac{(\mathfrak{a}_0)}{\mathfrak{p}_0} \leq \dim \frac{(\mathfrak{a}_0 \cap \mathfrak{b}_0)}{\mathfrak{p}_0},$$

dato che $\mathfrak{a}_0$ è ideale primo.

Osservando ora che

$$\mathfrak{a}_0 \cdot \mathfrak{b}_0 \subset \mathfrak{c}_0 = (a - t_0)(b - t_1) \cdot s_0 + \sum_{i=2}^{n} (c_i - t_i) \cdot s_0 \subset \mathfrak{a}_0 \cap \mathfrak{b}_0,$$

e che la situazione $(*)$ permette di applicare il teorema 311 al caso di $\mathfrak{a}_0$, $\mathfrak{b}_0$, s_0, $\mathfrak{c}_0 + \mathfrak{t} \cdot s_0$ invece di $\mathfrak{a}$, $\mathfrak{b}$, s, $\mathfrak{q}$, troviamo

$$\lim_{m \to \infty} \frac{\left(\dfrac{\mathfrak{a}_0 + \mathfrak{t}^m \cdot s_0}{s_0}\right) + \left(\dfrac{\mathfrak{b}_0 + \mathfrak{t}^m \cdot s_0}{s_0}\right)}{\left(\dfrac{\mathfrak{c}_0 + \mathfrak{t}^m \cdot s_0}{s}\right)} = 1,$$

dove s'introducano i valori

$$\left(\frac{\mathfrak{a}_0 + \mathfrak{t}^m \cdot s_0}{s_0}\right) = \left(\frac{m+n}{n+1}\right) \cdot \left(\frac{\mathfrak{a}_0 + \mathfrak{t} \cdot s_0}{s_0}\right), \quad \left(\frac{\mathfrak{b}_0 + \mathfrak{t}^m \cdot s_0}{s_0}\right) = \left(\frac{m+n}{n+1}\right) \cdot \left(\frac{\mathfrak{b}_0 + \mathfrak{t} \cdot s_0}{s_0}\right),$$

$$\left(\frac{\mathfrak{c}_0 + \mathfrak{t}^m \cdot s_0}{s_0}\right) = \left(\frac{m+n}{n+1}\right) \cdot \left(\frac{\mathfrak{c}_0 + \mathfrak{t} \cdot s_0}{s_0}\right)$$

ottenuti dall'applicazione del teorema 310. Tenuto conto delle conseguenze

$$\left(\frac{\mathfrak{a}_0 + \mathfrak{t} \cdot s_0}{s_0}\right) = \left(\frac{a \cdot s + c}{s}\right), \quad \left(\frac{\mathfrak{b}_0 + \mathfrak{t} \cdot s_0}{s_0}\right) = \left(\frac{b \cdot s + c}{s}\right), \quad \left(\frac{\mathfrak{c}_0 + \mathfrak{t} \cdot s_0}{s_0}\right) = \left(\frac{a \cdot b \cdot s + c}{s}\right)$$

di $s_0 = s + \mathfrak{t} \cdot s_0$, $\mathfrak{a}_0 + \mathfrak{t} \cdot s_0 = a \cdot s + c + \mathfrak{t} \cdot s_0$, ecc., si verifica ormai l'equazione da dimostrare.

312

313. *Se* $\mathfrak{a}$ *è ideale in un aspetto noetheriano s che estende un aspetto regolare s_0, i numeri razionali*

$$\frac{\left(\dfrac{\mathfrak{a} + \mathfrak{p}_0{}^n \cdot s}{s}\right)}{\left(\dfrac{\mathfrak{p}_0{}^n}{s_0}\right)}$$

tendono per $n \to \infty$ verso un numero i n t e r o non maggiore di $\left(\dfrac{\mathfrak{a} + \mathfrak{p}_0 \cdot s}{s}\right)$, *purchè questa lunghezza sia finita* (Teorema di SAMUEL).

DIMOSTRAZIONE. - Riprendiamo il ragionamento 232, ponendovi $\mathfrak{b} = \overset{l}{\underset{i=1}{\Sigma}} b_i \cdot s = \mathfrak{p}_0 \cdot s$ con $l =$ ampiezza di $\mathfrak{p}_0$, sicchè

$$(*) \qquad \left(\frac{\mathfrak{p}_0{}^{n+1}}{s}\right) = \binom{n+l}{l},$$

data la regolarità di $\mathfrak{p}_0$ (ved. 234).

Differenziamo i simboli $\mathfrak{b}_{ij}$, B_i, M usati in 232 con l'aggiunzione di un indice m che rammenti che l'ideale

$$\mathfrak{b}_{ij}^{(m)} = \mathfrak{a} + \mathfrak{b}^{m+1} + \underset{k<i}{\Sigma} B_k^{(m)} \cdot s + B_i^{(m)} \cdot c_j$$

è costruito con gli $M_m = \binom{m+l-1}{l-1}$ monomi $B_i^{(m)}$ di grado m, che per ogni m supporremo numerati secondo un ordine lessicografico prefissato.

Se nella formula

$$(**) \qquad \left(\frac{\mathfrak{a} + \mathfrak{b}^{m+1}}{\mathfrak{a} + \mathfrak{b}^m}\right) = \overset{N}{\underset{j=1}{\Sigma}} \overset{M_m}{\underset{i=1}{\Sigma}} \left(\frac{\mathfrak{b}_{i,j-1}^{(m)}}{\mathfrak{b}_{ij}^{(m)}}\right) \qquad \text{(ved. 232)}$$

uno dei termini sommati al membro destro non è 1, esso è 0, in quanto esso corrisponde a una coincidenza $\mathfrak{b}_{i,j-1}^{(m)} = \mathfrak{b}_{ij}^{(m)}$, equivalente a una situazione

$$(\overset{*}{**}) \qquad c_j \cdot B_i^{(m)} \subset \mathfrak{a} + \mathfrak{b}^{m+1} + \underset{k<i}{\Sigma} B_k^{(m)} \cdot s + B_i^{(m)} \cdot c_{j-1},$$

dalla quale si derivano, moltiplicandola coi $\binom{q+l-1}{l-1}$ monomi $B_r^{(q)}$ di grado q, altre relazioni

$$(+) \qquad c_j \cdot B_i^{(m)} \cdot B_r^{(q)} \subset \mathfrak{a} + \mathfrak{b}^{m+q+1} + \underset{k<i}{\Sigma} B_k^{(m)} \cdot B_r^{(q)} \cdot s + B_i^{(m)} \cdot B_r^{(q)} \cdot c_{j-1}$$

di simile carattere, perchè i monomi $B_1^{(m)} \cdot B_r^{(q)}$, $B_2^{(m)} \cdot B_r^{(q)}$,... con r fisso si presentano nell'ordine lessicografico presupposto.

313

Per ogni grado $m+q$ maggiore di m si realizza quindi per almeno $\binom{q+l-1}{l-1}$ valori dell'indice i la coincidenza $\mathbf{b}_{i,\,j-1}^{(m+q)} = \mathbf{b}_{ij}^{(m+q)}$, il che induce

$$\sum_{i=1}^{M_{m+q}} \left(\frac{\mathbf{b}_{i,\,j-1}^{(m+q)}}{\mathbf{b}_{ij}^{(m+q)}}\right) \leq \binom{m+q+l-1}{l-1} - \binom{q+l-1}{l-1} = \sum_{h=1}^{m}\binom{h+q+l-2}{l-2} \leq m\cdot\binom{m+q+l-2}{l-2}$$

Pertanto, designando con λ il numero degli elementi c_j per cui non mai capiti questa coincidenza $\mathbf{b}_{i,\,j-1}^{(n)} = \mathbf{b}_{ij}^{(n)}$, e scegliendo r così grande, che per ognuno degli $N-\lambda$ c_j rimanenti si trovi una relazione del tipo $\binom{*}{**}$ se $m=r$, potremo scrivere la disuguaglianza

$$\lambda\cdot\binom{n+l}{l} \leq \sum_{m=0}^{n}\left(\frac{\mathbf{a}+\mathbf{b}^{m+1}}{\mathbf{a}+\mathbf{b}^{m}}\right) \leq N\cdot\left(\frac{\mathbf{a}+\mathbf{b}^{r+1}}{s}\right) + \lambda\binom{n+l}{l} + (N-\lambda)\cdot\binom{n+l-1}{l-1}\cdot r,$$

dalla quale subito segue per mezzo di $(*)$, che il quoziente menzionato nel teorema suddetto converge verso λ.

314. Sotto l'ipotesi che l'aspetto s sia estensione noetheriana dell'aspetto regolare s_0, definiamo per ogni figura $\mathfrak{a}$ in una varietà V contenente s un simbolo

$$\frac{\mathfrak{a}}{\mathfrak{p}_0}(s)$$

che significhi il limite $\lim\limits_{n\to\infty}\left(\dfrac{\mathfrak{a}(s) + \mathfrak{p}_0{}^{n}\cdot s}{s}\right):\left(\dfrac{\mathfrak{p}_0{}^{n}}{s_0}\right)$ epperò un numero intero non-negativo

$$(*) \qquad\qquad \frac{\mathfrak{a}}{\mathfrak{p}_0}(s) \leq \left(\frac{\mathfrak{a}(s) + \mathfrak{p}_0\cdot s}{s}\right),$$

se questa lunghezza è finita, mentre altrimenti scriveremo $\dfrac{\mathfrak{a}}{\mathfrak{p}_0}(s) = \infty$ mediante un simbolo ∞, al quale s'imponga un certo senso postulando la validità delle regole: $\infty + \infty = \infty$, $\infty + x = \infty$, $x < \infty$ per x reale.

Chiameremo $\dfrac{\mathfrak{a}}{\mathfrak{p}_0}(s)$ *la molteplicità della figura* $\mathfrak{a}$ *in* $\mathfrak{p}$ *sopra* $\mathfrak{p}_0$.

Data la figura $\mathfrak{a}$ in una varietà V e la prospettiva regolare $\mathfrak{p}_0$, possiamo considerare la molteplicità di $\mathfrak{a}$ sopra $\mathfrak{p}_0$ come una funzione, il cui argomento percorre tutti gli aspetti noetheriani $s \in V$ che estendono s_0. Quando non importa a indicare questo argomento, quando p. es. una relazione fra tali funzioni vale per ogni s del tipo suddetto, preso come argomento comune a quelle funzioni, sarà lecito omettere l'indicazione a s e scrivere semplicemente $\dfrac{\mathfrak{a}}{\mathfrak{p}_0}$ invece di $\dfrac{\mathfrak{a}}{\mathfrak{p}_0}(s)$.

313 — 314

315. *La molteplicità di una riunione* $\mathfrak{a} = \underset{i=1,\dots,h}{\cap} \mathfrak{q}_i$ *di figure* $\mathfrak{p}_i$-*primarie* $\mathfrak{q}_i$ *appartenenti a figure prime* $\mathfrak{p}_i$ *tutte distinte fra di loro, è la somma delle molteplicità delle componenti* $\mathfrak{q}_i$:

$$(*) \qquad \frac{\mathfrak{a}}{\mathfrak{p}_0} = \overset{h}{\underset{i=1}{\Sigma}} \frac{\mathfrak{q}_i}{\mathfrak{p}_0}.$$

Dimostrazione. - I. Se $\dfrac{\mathfrak{a}}{\mathfrak{p}_0}(s) \neq \infty$, cioè quando $\left(\dfrac{\mathfrak{a}(s) + \mathfrak{p}_0 \cdot s}{s}\right)$ è finito, l'ideale $\mathfrak{a}(s) + \mathfrak{p}_0 \cdot s$, e tanto più gli ideali $\mathfrak{q}_i(s) + \mathfrak{p}_0 \cdot s$ sono $\mathfrak{p}$-primari, purchè sia $\mathfrak{a}(s) \neq s$, come è lecito supporre, essendo la $(*)$ evidente nel caso di $\mathfrak{a}(s) = s$.

Applicando il teorema **309** alla decomposizione $\mathfrak{a}(s) = \underset{i=1,\dots,h}{\cap} \mathfrak{q}_i(s)$ sotto la premessa di $\mathfrak{q} = \mathfrak{a}(s) + \mathfrak{p}_0 \cdot s$, troviamo

$$\lim_{n \to \infty} \frac{1}{\left(\dfrac{\mathfrak{a}(s) + \mathfrak{p}_0^n \cdot s}{s}\right)} \cdot \overset{h}{\underset{i=1}{\Sigma}} \left(\frac{\mathfrak{q}_i(s) + \mathfrak{p}_0^n \cdot s}{s}\right) = 1,$$

donde subito segue la relazione da dimostrare, data l'esistenza dei limiti

$$\lim_{n \to \infty} \left(\frac{\mathfrak{a}(s) + \mathfrak{p}_0^n \cdot s}{s}\right) : \left(\frac{\mathfrak{p}_0^n}{s_0}\right), \qquad \lim_{n \to \infty} \left(\frac{\mathfrak{q}_i(s) + \mathfrak{p}_0^n \cdot s}{s}\right) : \left(\frac{\mathfrak{p}_0^n}{s_0}\right).$$

II. Se tutte le lunghezze $\left(\dfrac{\mathfrak{q}_i(s) + \mathfrak{p}_0 \cdot s}{s}\right)$ sono finite, si troverà una potenza $\mathfrak{p}^l$ contenuta in tutti gli ideali $\mathfrak{q}_i(s) + \mathfrak{p}_0 \cdot s$, e $\mathfrak{a}(s) + \mathfrak{p}_0 \cdot s \supset \overset{h}{\underset{i=1}{\Pi}} (\mathfrak{q}_i(s) + \mathfrak{p}_0 \cdot s)$ conterrà $\mathfrak{p}^{lh}$, sicchè $\left(\dfrac{\mathfrak{a}(s) + \mathfrak{p}_0 \cdot s}{s}\right)$ sarà finito. Ciò basta per verificare la relazione $(*)$, appoggiandosi sulla convenzione fatta sul calcolo con il simbolo ∞, anche nel caso in cui intervengano in $(*)$ termini infiniti.

316. *Da* $\mathfrak{a} < \mathfrak{b}$, $\dim \dfrac{\mathfrak{a}}{\mathfrak{p}} < \dim \dfrac{\mathfrak{b}}{\mathfrak{p}}$, *segue* $\dfrac{\mathfrak{a}}{\mathfrak{p}_0}(s) = 0$, *se* $\dfrac{\mathfrak{b}}{\mathfrak{p}_0}(s)$ *è finito.*

Essendo $\left(\dfrac{\mathfrak{b}(s) + \mathfrak{p}_0 \cdot s}{s}\right)$ finito, sarà finito anche $\left(\dfrac{\mathfrak{a}(s) + \mathfrak{p}_0 \cdot s}{s}\right)$, sicchè vale $\mathfrak{a}(s) + \mathfrak{p}_0 \cdot s \supset \mathfrak{a}(s) + \mathfrak{p}^k$ per un certo k. Allora

$$\left(\frac{\mathfrak{a}(s) + \mathfrak{p}_0^n \cdot s}{s}\right) \leq \left(\frac{\mathfrak{a}(s) + \mathfrak{p}^{kn}}{s}\right) \leq \left(\frac{\mathfrak{b}(s) + \mathfrak{p}^{kn}}{s}\right) \leq \left(\frac{\mathfrak{b}(s) + \mathfrak{p}_0^{k \cdot n} \cdot s}{s}\right),$$

315 — 316

dove il membro secondo è per n abbastanza grande, polinomio di grado minore di quello del membro terzo, grado che non supera quello di $\left(\dfrac{\mathfrak{p}_0{}^n}{s_0}\right)$.

317. *La molteplicità di una figura $\mathbb{P}$-primaria $\mathbb{Q}$ è*

$$(*) \qquad \frac{\mathbb{Q}}{\mathfrak{p}_0} \leq \left(\frac{\mathbb{Q}(S)}{S}\right) \cdot \frac{\mathbb{P}}{\mathfrak{p}_0}$$

DIMOSTRAZIONE. – I. Se $x \in s$ e gli ideali $\mathfrak{b}$, $\mathfrak{c}$ in s soddisfano alla condizione $x \cdot \mathfrak{c} \subset \mathfrak{b}$, sarà

$$(**) \qquad \left(\frac{\mathfrak{b}}{\mathfrak{b} + x \cdot s}\right) \leq \left(\frac{\mathfrak{c}}{s}\right),$$

perchè da una sequenza irriducibile (ved. **208**) $\mathfrak{c} = \mathfrak{c}_0 \subset \mathfrak{c}_1 \subset \ldots \subset \mathfrak{c}_l = s$ si deriva una sequenza $\mathfrak{b} = \mathfrak{b} + x \cdot \mathfrak{c}_0 \subset \mathfrak{b} + x \cdot \mathfrak{c}_1 \subset \ldots \subset \mathfrak{b} + x \cdot \mathfrak{c}_l = \mathfrak{b} + x \cdot s$ con la proprietà $\left(\dfrac{\mathfrak{b} + x \cdot \mathfrak{c}_{i-1}}{\mathfrak{b} + x \cdot \mathfrak{c}_i}\right) \leq 1$, conseguenza di $\mathfrak{c}_i = \mathfrak{c}_{i-1} + c_i \cdot s$, $c_i \cdot \mathfrak{p} \subset \mathfrak{c}_i$.

II. Per un aspetto s non situato in S è $\mathbb{Q}(s) = \mathbb{P}(s) = s$ (ved. **177**) e quindi $\dfrac{\mathbb{Q}}{\mathfrak{p}_0}(s) = \dfrac{\mathbb{P}}{\mathfrak{p}_0}(s) = 0$ in accordo con la $(*)$.

Sia s noetheriano e $S \in V(s)$. Da una sequenza irriducibile

$$\mathbb{Q}(S) = \mathbb{Q}_0 \subset \mathbb{Q}_1 \subset \ldots \subset \mathbb{Q}_r = S$$

misurante $\left(\dfrac{\mathbb{Q}(S)}{S}\right) = r$, si deduce una sequenza $\mathbb{Q}_0 \cap s \subset \mathbb{Q}_1 \cap s \subset \ldots \subset \mathbb{Q}_r \cap s$ di cui ogni termine $\mathbb{Q}_i \cap s$ è ideale $\mathbb{Q}_i(s)$ di una figura $\mathbb{P}$-primaria $\mathbb{Q}_i$, (ved. **177**), dato che $\mathbb{P}'' \subset \mathbb{Q}_0 \subset \mathbb{Q}_i$ caratterizza l'ideale $\mathbb{Q}_i$ quale $\mathbb{P}$-primario.

Lasciando da parte il caso triviale di $\dfrac{\mathbb{P}}{\mathfrak{p}_0}(s) = \infty$, osserviamo, che la $(*)$ sarà dimostrata, se verifichiamo le disuguaglianze

$$\frac{\mathbb{Q}_{i-1}}{\mathfrak{p}_0}(s) \leq \frac{\mathbb{Q}_i}{\mathfrak{p}_0}(s) + \frac{\mathbb{P}}{\mathfrak{p}_0}(s) \qquad \text{per} \quad i = 1, \ldots, r.$$

III. Scelto, come è lecito supporre, l'elemento x_1 di $\mathbb{Q}_i(S) = \mathbb{Q}_{i-1}(S) + x_1 \cdot S$ dentro s, potremo scrivere $\mathbb{Q}_i(s) = \mathbb{Q}_{i-1}(s) + \sum\limits_{j=1}^{h} x_j \cdot s$ e derivare da $x_j \in \mathbb{Q}_{i-1}(s) \cdot S + x_1 \cdot S$ l'esistenza di un $z \in s$ con le proprietà $z \subset\!|\!= \mathbb{P}$, $z \cdot x_j \subset \mathbb{Q}_{i-1}(s) + x_1 \cdot s$, che c'importano per le loro conseguenze

$$x_j \cdot [\mathbb{P}(s) + z \cdot s + \mathfrak{p}_0{}^n \cdot s] \subset \mathbb{Q}_{i-1}(s) + x_1 \cdot s + \mathfrak{p}_0{}^n \cdot s.$$

316 — 317

Secondo I segue dall'ultima relazione:

$$(\overset{*}{**}) \qquad \left(\frac{\mathfrak{Q}_{i-1}(s) + \underset{k<l}{\Sigma}\, x_k \cdot s + \mathfrak{p}_0{}^n \cdot s}{\mathfrak{Q}_{i-1}(s) + \underset{k\leq l}{\Sigma}\, x_k \cdot s + \mathfrak{p}_0{}^n \cdot s} \right) \leq \left(\frac{\mathbb{P}(s) + z \cdot s + \mathfrak{p}_0{}^n \cdot s}{s} \right) \qquad (l>1)$$

mentre $x_1 \cdot \mathbb{P}(s) \subset \mathfrak{Q}_{i-1} \cap s = \mathfrak{Q}_{i-1}(s)$, conseguenza di $\left(\frac{\mathfrak{Q}_{i-1}}{\mathfrak{Q}_i} \right) = 1$, induce per la stessa ragione

$$(+) \qquad \left(\frac{\mathfrak{Q}_{i-1}(s) + \mathfrak{p}_0{}^n \cdot s}{\mathfrak{Q}_{i-1}(s) + x_1 \cdot s + \mathfrak{p}_0{}^n \cdot s} \right) \leq \left(\frac{\mathbb{P}(s) + \mathfrak{p}_0{}^n \cdot s}{s} \right).$$

L'addizione di tutte le relazioni $(+)$ e $(\overset{*}{**})$ fornisce (ved. **208** $(**)$)

$$(\mathrm{O}) \qquad \begin{aligned} & \left(\frac{\mathfrak{Q}_{i-1}(s) + \mathfrak{p}_0{}^n \cdot s}{s} \right) \leq \left(\frac{\mathfrak{Q}_i(s) + \mathfrak{p}_0{}^n \cdot s}{s} \right) + \\ & + \left(\frac{\mathbb{P}(s) + \mathfrak{p}_0{}^n \cdot s}{s} \right) + (h-1)\left(\frac{\mathbb{P}(s) + z \cdot s + \mathfrak{p}_0{}^n \cdot s}{s} \right). \end{aligned}$$

Dall'ipotesi che $\dfrac{\mathbb{P}}{\mathfrak{p}_0}(s) = \lim\limits_{n \to \infty} \left(\dfrac{\mathbb{P}(s) + \mathfrak{p}_0{}^n \cdot s}{s} \right) : \left(\dfrac{\mathfrak{p}_0{}^n}{s_0} \right)$ esista, si deduce, mediante le relazioni (O), scritte per $i=1,\dots,r$, l'esistenza dei simili limiti corrispondenti agli altri ideali, sicchè risulta da (O):

$$\frac{\mathfrak{Q}_{i-1}}{\mathfrak{p}_0}(s) \leq \frac{\mathfrak{Q}_i}{\mathfrak{p}_0}(s) + \frac{\mathbb{P}}{\mathfrak{p}_0}(s) + (h-1) \cdot \frac{\mathfrak{a}}{\mathfrak{p}_0}(s)$$

dove $\mathfrak{a}$ designa la figura in $V(s)$ con l'ideale $\mathfrak{a}(s) = \mathbb{P}(s) + z \cdot s$.

Ora $z \subset\!\!\!\!\not\,= \mathbb{P}$ mostra che $\dim\dfrac{\mathfrak{a}}{\mathfrak{p}} < \dim\dfrac{\mathbb{P}}{\mathfrak{p}}$, il che secondo **316** induce che l'ultimo termine nella disuguaglianza suddetta è 0.

318.

$$\frac{\mathfrak{a} \cap \mathfrak{b}}{\mathfrak{p}_0} + \frac{\mathfrak{a} + \mathfrak{b}}{\mathfrak{p}_0} \geq \frac{\mathfrak{a}}{\mathfrak{p}_0} + \frac{\mathfrak{b}}{\mathfrak{p}_0}.$$

Applicando la relazione

$$\left(\frac{\mathfrak{c} \cap \mathfrak{d}}{s} \right) + \left(\frac{\mathfrak{c} + \mathfrak{d}}{s} \right) = \left(\frac{\mathfrak{c}}{s} \right) + \left(\frac{\mathfrak{d}}{s} \right) \qquad \text{(ved. 211)}$$

al caso di $\mathfrak{c} = \mathfrak{a}(s) + \mathfrak{p}_0{}^n \cdot s$, $\mathfrak{d} = \mathfrak{b}(s) + \mathfrak{p}_0{}^n \cdot s$, e tenendo conto di $[\mathfrak{a}(s) + \mathfrak{p}_0{}^n \cdot s] \cap [\mathfrak{b}(s) + \mathfrak{p}_0{}^n \cdot s] \supset (\mathfrak{a} \cap \mathfrak{b})(s) + \mathfrak{p}_0{}^n \cdot s$, si ottiene una disuguaglianza, la quale

317 — 318

dopo la sua divisione con $\left(\dfrac{\mathfrak{p}_0{}^n}{s_0}\right)$ passa nel limite alla disuguaglianza da dimostrare, verificandola anche nel caso in cui almeno una delle moltiplicità al membro destro sia infinita.

319.

$$\frac{\mathfrak{a} \frown \mathfrak{b}}{\mathfrak{p}_0}(s) = \frac{\mathfrak{a} \cdot \mathfrak{b}}{\mathfrak{p}_0}(s) = \frac{\mathfrak{a}}{\mathfrak{p}_0}(s) + \frac{\mathfrak{b}}{\mathfrak{p}_0}(s)$$

se

(∗)
$$\dim \frac{\mathfrak{a} + \mathfrak{b}}{\mathfrak{p}} < \dim \frac{\mathfrak{a} \frown \mathfrak{b}}{\mathfrak{p}} \, .$$

DIMOSTRAZIONE. – Ponendo $\mathfrak{a}(s) = \mathfrak{c}_1(s) \frown \mathfrak{d}_1(s)$, $\mathfrak{b}(s) = \mathfrak{c}_2(s) \frown \mathfrak{d}_2(s)$, dove i divisori primi $\mathfrak{p}'(s)$ degli ideali $\mathfrak{c}_i(s)$ siano tutti quanti di $\dim \dfrac{\mathfrak{p}'}{\mathfrak{p}} = \dim \dfrac{\mathfrak{a} \frown \mathfrak{b}}{\mathfrak{p}} = n$, mentre $\dim \dfrac{\mathfrak{d}_i}{\mathfrak{p}}$ siano $< n$, potremo scrivere

$$\mathfrak{a}(s) \frown \mathfrak{b}(s) = \mathfrak{c}_1(s) \frown \mathfrak{c}_2(s) \frown \mathfrak{d}_3(s),$$
$$\mathfrak{a}(s) \cdot \mathfrak{b}(s) = \mathfrak{c}_1(s) \frown \mathfrak{c}_2(s) \frown \mathfrak{d}_4(s),$$
$$\text{con} \quad \dim \frac{\mathfrak{d}_i}{\mathfrak{p}} < n \quad (i = 3, 4)$$

valendoci di un risultato ottenuto (sotto la forma $\mathfrak{c} = \mathfrak{c}'$) in 311.

L'ipotesi (∗) induce che $\mathfrak{c}_1(s)$ e $\mathfrak{c}_2(s)$ non hanno alcun divisore primo comune, sicchè secondo **315** e **316** si calcola

$$\frac{\mathfrak{a} \frown \mathfrak{b}}{\mathfrak{p}_0}(s) = \frac{\mathfrak{a} \cdot \mathfrak{b}}{\mathfrak{p}_0}(s) = \frac{\mathfrak{c}_1}{\mathfrak{p}_0}(s) + \frac{\mathfrak{c}_2}{\mathfrak{p}_0}(s),$$

dove basta introdurre $\dfrac{\mathfrak{a}}{\mathfrak{p}_0}(s) = \dfrac{\mathfrak{c}_1}{\mathfrak{p}_0}(s)$, $\dfrac{\mathfrak{b}}{\mathfrak{p}_0}(s) = \dfrac{\mathfrak{c}_2}{\mathfrak{p}_0}(s)$, come altresì consegue da **315** e **316**, per verificare le relazioni suddette.

320. Se $\mathfrak{p}$ estende $\mathfrak{p}_0$, sempre sarà

(∗)
$$\left(\frac{\mathfrak{p}^2}{\mathfrak{p}_0 \cdot s + \mathfrak{p}^2}\right) \leq \left(\frac{\mathfrak{p}_0{}^2}{\mathfrak{p}_0}\right),$$

poichè il membro destro è il numero l degli elementi b_i in una base minima dell'ideale $\mathfrak{p}_0 = \overset{l}{\underset{i=1}{\Sigma}} b_i \cdot s_0$ (ved. **195**) e il membro sinistro non supera il numero degli elementi di una base relativa a $\mathfrak{p}^2$ dell'ideale $\mathfrak{p}_0 \cdot s + \mathfrak{p}^2 = \overset{l}{\underset{i=1}{\Sigma}} b_i \cdot s + \mathfrak{p}^2$.

Diremo, che l'estensione $\mathfrak{p} \rightarrow \mathfrak{p}_0$ è *senza diramazione*, allora e soltanto allora, che $\mathfrak{p}$ sia regolare e che in (∗) valga uguaglianza.

318 — 320

Potendosi prendere in questo caso quegli elementi b_i come elementi p_i $(i \leq l)$ di una base minima di $p = \sum_{i=1}^{l+r} p_i \cdot s$, l'ideale $p_0 \cdot s$ sarà primo e siccome anche $s/p_0 \cdot s$ è aspetto regolare, sono soddisfatte le premesse del teorema 310, che ci permette di affermare:

Se l'estensione $p \to p_0$ *della prospettiva regolare* p_0 *è senza diramazione e l'ideale* $a(s)$ *ha una base costituita da* $r = \left(\dfrac{p^2}{p}\right) - \left(\dfrac{p_0^2}{p_0}\right)$ *elementi, allora vale*

$$\frac{a}{p_0}(s) = \left(\frac{a(s) + p_0 \cdot s}{s}\right).$$

Infatti, in questo caso sarà

$$\left(\frac{a(s) + p_0^{n+1} \cdot s}{s}\right) = \binom{n+l}{l} \cdot \left(\frac{a(s) + p_0 \cdot s}{s}\right)$$

con $l = \left(\dfrac{p_0^2}{p_0}\right)$ e quindi $\left(\dfrac{p_0^{n+1}}{s_0}\right) = \binom{n+l}{l}$, mentre $\operatorname{ord}\dfrac{0}{p} = $ ampiezza di $p = \left(\dfrac{p^2}{p}\right) = r + l$.

321. *Se* $a(s)$ *è* $\mathbb{P}(s)$*-primario e* $p_0(\leftarrow p)$ *perfetta, allora*

$$\frac{a}{p_0}(s) = \left(\frac{a(s) + p_0 \cdot s}{s}\right) \quad o \quad = 0,$$

secondochè $p \neq \mathbb{P}(s)$ *o* $p = \mathbb{P}(s)$.

Dimostrazione. - Ponendo $p_0 = b \cdot s_0$, ci serviamo del ragionamento 313. Siccome nel caso presente $B_i = b^m$, ogni relazione del tipo 313 $\left(\overset{*}{_{**}}\right)$ assume la forma $b^m \cdot (c_j - c'_{j-1} - b \cdot e) \subset a(s)$ con $c'_{j-1} \in c_{j-1}$, $e \in s$. Essendo $a(s)$ $\mathbb{P}(s)$-primario e $(c_j - c'_{j-1} - b \cdot e) \not\subset a(s)$, perchè $a(s) + p_0 \cdot s = c_0 \subset c_1 \subset ... \subset c_N = s$ è una sequenza irriducibile, dovrà appartenere b epperò tutto l'ideale $p_0 \cdot s$ all'ideale primo $\mathbb{P}(s)$, sicchè per n abbastanza grande sarà $a(s) + p_0^n \cdot s = a(s)$ e quindi $\dfrac{a}{p_0}(s) = 0$, purchè non sia $\left(\dfrac{a(s) + p_0 \cdot s}{s}\right) = \infty$, in quale caso sarebbe anche $\dfrac{a}{p_0}(s) = \infty$. Ora, $a(s) + p_0 \cdot s \subset \mathbb{P}(s)$ mostra, che $\left(\dfrac{a(s) + p_0 \cdot s}{s}\right)$ non può essere finito che quando $\left(\dfrac{\mathbb{P}(s)}{s}\right)$ sia finito epperò $\mathbb{P}(s) = p$, dato che s è supposto noetheriano. Viceversa, $\mathbb{P}(s) = p$ induce $p_0 \cdot s \subset \mathbb{P}(s)$ e $\left(\dfrac{a(s) + p_0 \cdot s}{s}\right) < \infty$.

320 — 321

233

322. *Sotto le premesse:*

    V *varietà aritmetica primaria*

    $\downarrow$

    V_0 *varietà aritmetica contenente la prospettiva perfetta* $\mathfrak{p}_0$ *di* S_0

vale

$$(*) \qquad \underset{\mathfrak{p} \to \mathfrak{p}_0}{\Sigma} \frac{\mathfrak{a}}{\mathfrak{p}_0}(s) \cdot \mathrm{grado} \frac{s/\mathfrak{p}}{s_0 + \mathfrak{p}/\mathfrak{p}} = \underset{\mathfrak{p} \to \mathfrak{p}_0}{\Sigma} \left(\frac{\mathfrak{a}(S)}{S}\right) \cdot \mathrm{grado} \frac{S/\mathfrak{P}}{S_0 + \mathfrak{P}/\mathfrak{P}},$$

purchè ogni termine della somma al membro sinistro sia finito per la figura $\mathfrak{a}$ *in* V.

Dimostrazione. – I. Se un aspetto S' compatibile con l'oggetto (V) della varietà V contiene s_0, esso estende o s_0 o $S_0 = (s_0)$, secondochè $\mathfrak{P}' \cap s_0$ sia $= \mathfrak{p}_0$ o $= 0$ (ved. 94). Ad ogni modo esso estende un aspetto appartenente alla $V_0 \leftarrow V$ e ammette pertanto (ved. 250) una estensione comune ad un aspetto $S \in V$. Avendo con ciò dimostrato che V è varietà chiusa sopra l'anello $s_0 \subset (V)$ (ved. 118), possiamo affermare, che ogni figura $\mathfrak{P}$-primaria $\mathfrak{Q}$ in V soddisfacente alla condizione $S \supset s_0$ determina una varietà $V/\mathfrak{Q}$ chiusa sopra l'anello $s_0 + \mathfrak{Q}(S)/\mathfrak{Q}(S)$ (ved. 307).

II. Siccome ogni $s \in V$ ha una base aritmetica, l'anello s è noetheriano, sicchè nel caso di $s \to s_0$ si può scrivere (ved. 315)

$$(**) \qquad \frac{\mathfrak{a}}{\mathfrak{p}_0}(s) = \underset{\mathfrak{p}}{\Sigma} \frac{\mathfrak{Q}}{\mathfrak{p}_0}(s),$$

dove $\mathfrak{Q}$ percorre le figure $\mathfrak{P}$-primarie individuate in V (ved. 178) da quei componenti primari $\mathfrak{Q}_i(s)$ di una decomposizione noetheriana $\mathfrak{a}(s) = \underset{i}{\cap} \mathfrak{Q}_i(s)$, che soddisfano alla condizione

$$\dim \frac{\mathfrak{Q}}{\mathfrak{p}} = \dim \frac{\mathfrak{a}}{\mathfrak{p}} \qquad (\text{ved. } 316)$$

e sono pertanto estreme per la figura $\mathfrak{a}$ (ved. 187 e 230) sicchè

$$\left(\overset{*}{\underset{**}{}}\right) \qquad S \neq \mathfrak{a}(S) = \mathfrak{Q}(S).$$

Dall'ipotesi che i termini del membro sinistro in $(*)$ siano finiti segue, che anche le molteplicità $\frac{\mathfrak{Q}}{\mathfrak{p}_0}(s)$ sono finite.

Secondo **321** possiamo lasciare da parte le prospettive $\mathfrak{p} \to \mathfrak{p}_0$ per i quali $\mathfrak{a}(s)$ risulta $\mathfrak{p}$-primario o uguale a s. Per le rimanenti $\mathfrak{p} \to' \mathfrak{p}_0$ ogni termine $\frac{\mathfrak{Q}}{\mathfrak{p}_0}(s)$ nella somma $(**)$ uguaglia, secondo **321**, la lunghezza $\left(\dfrac{\mathfrak{Q}_i(s) + \mathfrak{p}_0 \cdot s}{s}\right)$,

322

la quale perciò altresì sarà finita. Dalla disuguaglianza

$$\left(\frac{\mathbb{Q}_i(s) + \mathfrak{p}^{n+1}}{s}\right) \leq \left(\frac{\mathbb{Q}_i(s) + \mathfrak{p}_0{}^{n+1} \cdot s}{s}\right) \leq \binom{n+1}{1} \cdot \left(\frac{\mathbb{Q}_i(s) + \mathfrak{p}_0 \cdot s}{s}\right)$$

che consegue dal fatto che $\mathfrak{p}_0 = p_0 \cdot s_0$ è ideale principale (ved. **232**), si deduce mediante il teorema **230**, che

$$\dim \frac{\mathbb{Q}}{\mathfrak{p}} = 1 \qquad \text{per ogni } \mathbb{Q}\text{'in } (**).$$

Secondo **248** sarà $1 = \dim \dfrac{\mathbb{Q}}{\mathfrak{p}} = \dim \dfrac{\mathbb{p}}{\mathfrak{p}} = \dim_a S/\mathbb{P} - \dim_a s/\mathfrak{p}$, mentre la ipotesi, che il grado di $s/\mathfrak{p}$ relativo a $s_0 + \mathfrak{p}/\mathfrak{p} \cong s_0/\mathfrak{p}_0$ sia finito induce per simile ragione $\dim_a s/\mathfrak{p} = \dim_a s_0/\mathfrak{p}_0 = \dim_a S_0/\mathbb{P}_0 - 1$, sicchè risulta

$$(+) \qquad \dim_a S/\mathbb{P} = \dim_a S_0/\mathbb{P}_0 = \dim_a S_0.$$

Ora $\mathbb{P} \cap s_0 = 0$, perchè l'unica (ved. **94**) altra possibilità $\mathbb{P} \cap s_0 = \mathfrak{p}_0$ esigerebbe, che $\mathbb{P}$ si trovi fra le prospettive colle quali si è formato il membro sinistro di $(*)$, il che a causa di

$$\dim \frac{S/\mathbb{P}}{s_0 + \mathbb{P}/\mathbb{P}} = \dim S/\mathbb{P} - \dim s_0/\mathfrak{p}_0 = \dim_a S/\mathbb{P} - \dim_a s_0/\mathfrak{p}_0 = 1$$

contradïrebbe alla premessa fatta sui termini di quel membro.

Da questo fatto $\mathbb{P} \cap s_0 = 0$ segue ormai che l'omomorfismo

$$\tau : S \to S/\mathbb{Q}$$

muta s_0 in un aspetto (ved. **216**) $s_0{}^\tau$, isomorfo a s_0 e quindi perfetto, del corpo $S_0{}^\tau$, sopra il quale l'oggetto primario S^τ ha la molteplicità (ved. **259**) $\left(\dfrac{\mathbb{Q}^\tau}{S^\tau}\right) = \left(\dfrac{\mathbb{Q}}{S}\right) = \left(\dfrac{\mathfrak{a}(S)}{S}\right)$ (ved. $\left(\begin{smallmatrix} * \\ * \end{smallmatrix}\right)$) e il

$$\text{grado } \frac{S^\tau}{S_0{}^\tau} = \text{grado } \frac{S/\mathbb{P}}{S_0 + \mathbb{P}/\mathbb{P}}, \text{ finito di seguito a } (+),$$

sicchè

$$(++) \qquad \text{rango } \frac{S^\tau}{S_0{}^\tau} = \left(\frac{\mathfrak{a}(S)}{S}\right) \cdot \text{grado } \frac{S/\mathbb{P}}{s_0 + \mathbb{P}/\mathbb{P}} \text{ è finito.}$$

III. L'insieme $\dfrac{V}{s_0}$, ovviamente varietà, degli aspetti $\in V$ che contengono s_0, è di seguito a $V \to V_0$ l'unione della completa estensione di $\mathfrak{p}_0$ in V (ved. **250**) e della completa estensione di $\mathbb{P}_0$ in V, dato che secondo I ogni $S' \supset s_0$ estende o s_0 o S_0.

Applicando il risultato I alla situazione

$$\left(\begin{smallmatrix}+\\+\end{smallmatrix}\right) \qquad \frac{V}{s_0} \to \frac{V_0}{s_0} = S_0 \cup s_0$$

troviamo, che $\dfrac{V}{s_0}/\mathbb{Q} = \left(\dfrac{V}{s_0}\right)^\tau \subset V^\tau$ è varietà chiusa sopra l'anello $s_0{}^\tau$. Se quindi una estensione s' di $s_0{}^\tau$ è compatibile con l'oggetto S^τ di V^τ che è anche quello di $\left(\dfrac{V}{s_0}\right)^\tau$, essa ammette la configurazione

$$s_0{}^\tau \gets s' \gets s'' \to s^\tau \in \left(\frac{V}{s_0}\right)^\tau \qquad \text{(ved. 118)}$$

dalla quale segue $s \to s_0$, perchè l'altra possibilità ammessa dalla situazione $\left(\begin{smallmatrix}+\\+\end{smallmatrix}\right)$, cioè $s \to S_0$, darebbe (ved. 265) $s^\tau \to S_0{}^\tau$ e con ciò la situazione $s_0{}^\tau \gets s'' \to S_0{}^\tau$ impossibile sopra la varietà $s_0{}^\tau \cup S_0{}^\tau$ (ved. 111). Il fatto $s \to s_0$ or ora constatato e l'osservazione 265 provano, che la totalità

$$\text{(o)} \qquad\qquad \bigcup_{\substack{s \to s_0 \\ S \supset s \in V}} s^\tau$$

soddisfa alle condizioni caratteristiche per l'estensione completa di $s_0{}^\tau$ in V^τ (ved. 250 e 256).

IV. Ciò permette di applicare il teorema 267 all'estensione (o) dell'aspetto perfetto $s_0{}^\tau$ e di dedurne la relazione

$$\sum_{\substack{s \to s_0 \\ S \supset s \in V}} \left(\frac{\mathfrak{p}_0{}^\tau \cdot s^\tau}{s^\tau}\right) \cdot \text{grado } \frac{s^\tau/\mathfrak{p}^\tau}{s_0{}^\tau + \mathfrak{p}^\tau/\mathfrak{p}^\tau} = \left(\frac{\mathfrak{a}(S)}{S}\right) \cdot \text{grado } \frac{S/\mathbb{P}}{S_0 + \mathbb{P}/\mathbb{P}}$$

nella quale si è tenuto conto di (++).

Poichè il nucleo dell'omomorfismo $s \to s^\tau$ indotto da τ in s è $\mathbb{Q} \cap s = \mathbb{Q}(s)$ (ved. 177), sarà

$$\left(\frac{\mathfrak{p}_0{}^\tau \cdot s^\tau}{s^\tau}\right) = \left(\frac{\mathbb{Q}(s) + \mathfrak{p}_0 \cdot s}{s}\right) \quad \text{e quindi} \quad = \frac{\mathbb{Q}}{\mathfrak{p}_0}(s) \qquad \text{(ved. 321 e II)}$$

mentre

$$\text{grado } \frac{s^\tau/\mathfrak{p}^\tau}{s_0{}^\tau + \mathfrak{p}^\tau/\mathfrak{p}} = \left(\frac{\mathfrak{p}^\tau}{s^\tau}\right)_{s_0{}^\tau} = \left(\frac{\mathfrak{p}}{s}\right)_{s_0} = \text{grado } \frac{s/\mathfrak{p}}{s_0 + \mathfrak{p}/\mathfrak{p}} \qquad \text{(ved. 259)}$$

segue da $\mathfrak{p} \supset \mathbb{P} \cap s \supset \mathbb{Q} \cap s = \mathbb{Q}(s)$ e dal fatto, che $s_0 \to s_0{}^\tau$ è isomorfismo (ved. II).

322

Sommando tutte le relazioni talmente semplificate

$$\sum_{\substack{s \to s_0 \\ S \supset s \in V}} \frac{\mathbb{Q}}{\mathfrak{p}_0}(s) \cdot \operatorname{grado} \frac{s/\mathfrak{p}}{s_0 + \mathfrak{p}/\mathfrak{p}} = \left(\frac{\mathfrak{a}(S)}{S}\right) \cdot \operatorname{grado} \frac{S/\mathbb{P}}{S_0 + \mathbb{P}/\mathbb{P}}$$

che si ottengono, facendo percorrere a $\mathbb{P}$ tutte le prospettive con le proprietà $\binom{*}{**}$ e $(+)$, troveremo per mezzo dell'equazione $(**)$ appunto la relazione $(*)$, qualora non ci sia che un numero finito di prospettive del tipo suddetto. Quando però ce ne sia un'infinità, anche il membro sinistro di $(*)$ avrà una infinità di termini ≥ 1, il che ci permette di considerare la $(*)$ soddisfatta anche in questo caso.

Notiamo finalmente, che per rendere la formula $(*)$ più simmetrica, si può scrivere $\dfrac{\mathfrak{a}}{\mathbb{P}_0}(S)$ invece di $\left(\dfrac{\mathfrak{a}(S)}{S}\right)$, essendo l'ideale $\mathbb{P}_0 \cdot S = 0$ (ved. **314**).

323. *Sotto le premesse:*

V varietà algebrica sopra il corpo k
$\downarrow$
V_0 varietà algebrica sopra k, contenente la prospettiva perfetta $\mathfrak{p}_0$ di S_0

vale

$$\sum_{\mathfrak{p} \to \mathfrak{p}_0} \frac{\mathfrak{a}}{\mathfrak{p}_0}(s) \cdot \operatorname{grado} \frac{s/\mathfrak{p}}{s_0 + \mathfrak{p}/\mathfrak{p}} = \sum_{\mathfrak{p} \to \mathfrak{p}_0} \left(\frac{\mathfrak{a}(S)}{S}\right) \cdot \operatorname{grado} \frac{S/\mathbb{P}}{S_0 + \mathbb{P}/\mathbb{P}}$$

purchè ogni termine della somma al membro sinistro sia finito per la figura $\mathfrak{a}$ in V, mentre per ogni termine al membro destro sia $S/\mathbb{P}$ separabile sopra $S_0 + \mathbb{P}/\mathbb{P}$.

DIMOSTRAZIONE. – La parte I della dimostrazione precedente rimane valida. Quanto alla parte II, si applicherà l'osservazione **249** invece della **248**, trovando così

$$1 = \dim \frac{\mathbb{Q}}{\mathfrak{p}} = \dim \frac{\mathbb{P}}{\mathfrak{p}} = \dim \frac{S/\mathbb{P}}{k + \mathbb{P}/\mathbb{P}} - \dim \frac{s/\mathfrak{p}}{k + \mathfrak{p}/\mathfrak{p}}$$

$$\dim \frac{s/\mathfrak{p}}{k + \mathfrak{p}/\mathfrak{p}} = \dim \frac{s_0/\mathfrak{p}_0}{k + \mathfrak{p}_0/\mathfrak{p}_0} = \dim \frac{S_0/\mathbb{P}_0}{k + \mathbb{P}_0/\mathbb{P}_0} - 1$$

e quindi

$$\dim \frac{S/\mathbb{P}}{k + \mathbb{P}/\mathbb{P}} = \dim \frac{S_0/\mathbb{P}_0}{k + \mathbb{P}_0/\mathbb{P}_0} = \dim \frac{S_0}{k}$$

invece di $(+)$ **322**.

Tutto il resto di II e III vale anche nel caso presente, mentre in IV si osserverà che la presupposta separabilità relativa di $S/\mathbb{P}$ giustifica le ulteriori conclusioni basate sul teorema **267**.

322 — 323

CAPITOLO VIII

DIVISORI

§ 1. Proprietà fondamentali.

324. Definizioni - Un *divisore* (sopra l'anello A) del corpo K è una funzione $\mathfrak{a}(S)$ che a ogni prospettiva perfetta $\mathfrak{P}$ (con $S \supset A$) di K associa un S-modulo $\neq 0$, K del corpo K.

Tale S-modulo ha necessariamente la forma

$$\mathfrak{a}(S) = a(S) \cdot S \qquad a(S) \in K,$$

perchè l'ipotesi $\mathfrak{a}(S) \neq K$ induce l'esistenza di un minimo $n = n(S)$ degli ordini degli elementi di $\mathfrak{a}(S)$ (ved. **93**), sicchè, scelto $a(S) \in \mathfrak{a}(S)$ di tale ordine, sarà per ogni $x \in \mathfrak{a}(S)$ il quoziente $x \cdot a(S)^{-1}$ un elemento di S.

Dato che $a(S)$ coincide, a meno di una unità dell'anello S, con la potenza p^n di un elemento p generante l'ideale $\mathfrak{P} = p \cdot S$, potremmo anche definire la nozione di divisore mediante la funzione $n(S)$ a valori interi definita dall'equazione

$$\mathfrak{a}(S) = \mathfrak{P}^{n(S)}$$

che deve intendersi nel senso esposto in **106**.

Designeremo in generale i divisori con lettere tedesche. L'S-modulo $\mathfrak{a}(S)$ associato a un divisore $\mathfrak{a}$ sarà detto *il componente di* $\mathfrak{a}$ *in* S (o in $\mathfrak{P}$), mentre quel numero intero $n(S)$ si dirà *l'ordine di* $\mathfrak{a}$ *in* $\mathfrak{P}$.

Come esempio importante di divisori citiamo i *divisori principali* (sopra A) caratterizzati dal fatto, che tutti i componenti $\mathfrak{a}(S)$ di tale divisore $\mathfrak{a}$ possono generarsi con un medesimo elemento x del corpo K:

$$\mathfrak{a}(S) = x \cdot S \qquad \text{per ogni } S (\supset A).$$

L'ordine di questo elemento in $\mathfrak{P}$ è allora anche l'ordine del divisore $\mathfrak{a}$ in $\mathfrak{P}$. Ammetteremo talvolta il simbolo dell'elemento generante un divisore principale anche come simbolo del divisore stesso.

325. Fra i divisori (sopra A) saranno distinti come *interi* (sopra A) proprio quelli soddisfacenti alle condizioni

$$\mathfrak{a}(S) \subset S \qquad \text{per ogni } S (\supset A)$$

Definendo per un corpo K la sua *varietà perfetta* (sopra A) come la totalità dei suoi aspetti chiusi e noetheriani (che contengono l'anello A), la quale

324 — 325

totalità secondo **128** diffatti è varietè, potremo stabilire una corrispondenza biunivoca fra le figure non-totali in tale varietà e i divisori di K interi (sopra A). Si considerino all'uopo i componenti $\mathfrak{a}(S)$ di un divisore intero (sopra A) come gli ideali di una figura, la quale di seguito alla condizione $\mathfrak{a}(S) \neq 0$ è non-totale (ved. **231**).

326. Ogni figura non-totale $\mathfrak{a}$ in una varietà V chiusa (sopra A) del corpo K individua un divisore, ugualmente designato con $\mathfrak{a}$, i cui componenti $\mathfrak{a}(S)$ si ottengono nel modo seguente: L'aspetto perfetto S contenente A) è, di seguito alla chiusura (sopra A) della varietà V, estensione di un (unico, secondo **111**), aspetto $s \in V$. perchè esso ammette estensione comune a tale aspetto, di base $[s, S]$ e quindi coincidente con l'aspetto chiuso S. L'ideale in s della figura $\mathfrak{a}$ in V genera in S un ideale $\mathfrak{a}(S)$, e questo

$$\mathfrak{a}(S) = \mathfrak{a}(s) \cdot S$$

sarà il componente in $\mathfrak{p}$ del divisore $\mathfrak{a}$.

327. I divisori (sopra A) di un corpo K costituiscono *il gruppo dei divisori* (sopra A), nel quale la moltiplicazione $\mathfrak{a} \cdot \mathfrak{b}$ di divisori $\mathfrak{a}$, $\mathfrak{b}$ si riduce, ponendo

$$(\mathfrak{a} \cdot \mathfrak{b})(S) = \mathfrak{a}(S \cdot \mathfrak{b}(S),$$

alla moltiplicazione dei loro componenti in quanto S-moduli.

È ovvio allora, che al prodotto $\mathfrak{a} \cdot \mathfrak{b}$ di figure non-totali in una varietà V chiusa (sopra A) di un corpo corrisponde (secondo **326**) il prodotto $\mathfrak{a} \cdot \mathfrak{b}$ dei divisori a esse associati, valendo $(\mathfrak{a} \cdot \mathfrak{b})(S) = \mathfrak{a}(S) \cdot \mathfrak{b}(S) = \mathfrak{a}(s) \cdot S \cdot \mathfrak{b}(s) \cdot$ $\cdot S = (\mathfrak{a} \cdot \mathfrak{b})(s) \cdot S$ (ved. **171**), se $S \to s \in V$.

328. L'intersezione $S_0 = S \cap K_0$ di un aspetto perfetto di K con un sotto-corpo K_0 di K è aspetto, perchè l'ideale $\mathfrak{p}_0 = \mathfrak{p} \cap K_0 \neq S_0$ è l'insieme degli elementi non-invertibili di S_0 (ved. **68**). Appartenendo per ogni $x_0 \in K_0$ o x_0 stesso o il suo inverso a $S_0 = S \cap K_0$, si ha $(S_0) = K_0$, sicchè S_0 è aspetto di K_0. Per mostrare che si tratta di un aspetto perfetto o totale, ci serviamo della funzione $n(x)$ che per ogni $x \in K$ diverso da 0 dà l'ordine di x nella prospettiva $\mathfrak{p}$ (ved. **93**).

Se $\mathfrak{a}_0$ è un qualunque ideale $\neq 0$, S_0 in S_0, ci sarà un elemento $a_0 \in \mathfrak{a}_0$ di ordine $n(a_0)$ positivo minimo, e per ogni $x_0 \in \mathfrak{a}_0$ diverso da 0 varrà $n(x_0 \cdot a_0^{-1}) = n(x_0) - n(a_0) \geq 0$, cioè $x_0 \cdot a_0^{-1} \subset S \cap K_0 = S_0$, sicchè $\mathfrak{a}_0 = a_0 \cdot S_0$ è ideale principale epperò S_0 perfetto, se non totale.

Quella $\mathfrak{p}_0$ è la sola prospettiva perfetta o totale di K_0, di cui $\mathfrak{p}$ sia estensione, perchè ogni altro aspetto $S_0' \to S$ dovrebbe essere contenuto in $S \cap K_0 = S_0$, il che esclude che esso sia perfetto (ved. **96**), oltre forse nel caso di $S_0 = K_0$, che però indurrebbe $\mathfrak{p}_0' = S_0' \cap \mathfrak{p} \subset S_0 \cap \mathfrak{p} = 0$ e quindi $S_0' = K_0 = S_0$.

$$325 - 328$$

Ne segue, che ogni divisore $\mathfrak{a}_0$ (sopra A_0) di K_0 individua un divisore (sopra A_0) di K per mezzo della postulazione

$$\mathfrak{a}_0(S) = \mathfrak{a}_0(S_0)\cdot S \quad \text{per} \quad S \to S_0 \neq K_0, \qquad \mathfrak{a}_0(S) = S \quad \text{per} \quad S \to K_0,$$

(divisore che sempre designeremo collo stesso segno di quello in K_0 che l'individua.)

Invero, $\mathfrak{a}_0(S) = K$ presupporrebbe $\mathfrak{a}_0(S_0) = K_0$, e $\mathfrak{a}_0(S) = 0$ si esclude a causa di $\mathfrak{a}_0(\dot{S}_0) \neq 0$.

Sarà lecito in generale di identificare questo divisore in K con quello in K_0 che l'individua, e di considerare pertanto il gruppo dei divisori (sopra A_0) di K_0 come sotto-gruppo del gruppo dei divisori (sopra A_0) di K.

329. Se K è sopracorpo finito di K_0, si definisce la *norma di un divisore* (sopra $A_0 \subset K_0$) $\mathfrak{a}$ del corpo K quale divisore (sopra A_0)

$$\mathfrak{a}_0 = N_{\frac{K}{\overline{K_0}}} \mathfrak{a}$$

ponendo

$$(*) \qquad \mathfrak{a}_0(S_0) = N_{\frac{K}{\overline{K_0}}} a \cdot S_0$$

mediante un elemento a di K siffatto, che

$$(**) \qquad \mathfrak{a}(S) = a \cdot S \quad \text{per ogni} \quad S \to S_0 .$$

Giustificheremo questa definizione nel caso abbastanza generale, in cui l'integrità relativa $I\!\left(\dfrac{K}{S_0}\right)$ ha S_0-base finita (ved. **103, 104**).

I. Essendo l'insieme $\bigcup_i \mathfrak{P}_i$ delle prospettive perfette di K che estendono $\mathfrak{P}_0$, finito (ved. **262, 263**), possiamo scegliere un intero positivo sì grande, che gli ordini $n_i = n(S_i)$ del divisore $\mathfrak{a}$ in quelle prospettive superino $-m$. Scelti degli elementi basi P_i, P_0 per gli ideali $\mathfrak{P}_i = P_i \cdot S_i$, $\mathfrak{P}_0 = P_0 \cdot S_0$, determiniamo secondo **97** un elemento b di $\bigcap\limits_{i=1,\ldots} S_i$ mediante le congruenze simultanee

$$b \equiv P_i^{n_i} \cdot P_0^m \qquad \mathrm{mod}\, P_0^m \cdot \mathfrak{P}_i^{n_i+1}$$

e ne formiamo $a = b \cdot P_0^{-m}$, che di seguito a quelle congruenze differisce da $P_i^{n_i}$ solamente con un fattore $\in 1 + \mathfrak{P}_i$ e costituisce pertanto una base comune a tutti i componenti $\mathfrak{a}(S_i) = a \cdot S_i$ $(i = 1, ..)$.

II. Per mostrare che ogni $a \in K$ soddisfacente alle condizioni $(**)$ fornisce lo stesso membro destro in $(*)$, osserviamo dapprima, che

$$\left(\overset{*}{\underset{*}{*}}\right) \qquad \bigcap\limits_{i=1,\ldots} S_i = I\!\left(\dfrac{K}{S_0}\right).$$

328 — 329

Dalla definizione 82 segue immediatamente $S_i \supset I\!\left(\dfrac{K}{S_0}\right) = A$.

Il fatto $A = I\!\left(\dfrac{K}{A}\right)$ (ved. 84) garantisce, che la varietà $V(A)$ è chiusa sopra A (ved. 119), sicchè vale (ved. 120)

$$\bigcap_{S \,\in\, V(A)} S \subset I\!\left(\frac{K}{A}\right) = A = I\!\left(\frac{K}{S_0}\right),$$

mentre da 125 e 127 derivasi, che ogni $S \in V(A)$ non–totale è perfetta estensione di S_0 epperò uno degli aspetti S_i.

Ora, se oltre a anche a' soddisfa alle condizioni $(**)$, il quoziente $e = a' \cdot a^{-1}$ e il suo inverso saranno elementi di $\left(\overset{*}{_{**}}\right)$. Dato che nell'anello $S_0[X]$ la decomposizione in fattori primi è unica a meno di unità, l'elemento e, integro sopra S_0, soddisferà a un'equazione irriducibile $e^n + a_1 \cdot e^{n-1} + \ldots + a_n = 0$ con $a_i \in S_0$, e siccome anche e^{-1} soddisfa a un'equazione del tipo suddetto, la quale non può essere che $(e^{-1})^n + \ldots + a_n^{-1} = 0$, il coefficiente a_n e quindi (ved. 60) anche $N_{\frac{K}{\overline{K_0}}} e$ è unità in S_0, donde segue $N_{\frac{K}{\overline{K_0}}} a' \cdot S_0 = N_{\frac{K}{\overline{K_0}}} a \cdot S_0$.

III. Se quindi $I\!\left(\dfrac{K}{S_0}\right)$ ha S_0–base finita per ogni aspetto perfetto S_0 di K_0, come accade p. es., quando K è separabile sopra K_0, sarà definita con $(*)$ e $(**)$ una operazione $N_{\frac{K}{\overline{K_0}}}$, che ovviamente è un omomorfismo del gruppo dei divisori di K nel gruppo dei divisori di K_0, mutante i divisori principali in divisori principali.

330. *Se* $I\!\left(\dfrac{K}{S_0}\right)$ *ha* S_0*–base finita e* $\mathfrak{a}(S_i) = \mathbb{P}_i^{\,n_i}$ $(i = 1, \ldots)$ *sono tutti i componenti del divisore* $\mathfrak{a}$ *sopra* S_0, *cioè soddisfacenti alla condizione* $S_i \rightarrow S_0$, *allora*

$$N_{\frac{K}{\overline{K_0}}} \mathfrak{a} \,(S_0) = \mathbb{P}_0^{\,\Sigma n_i \cdot f_i} \quad con \quad f_i = grado\, \frac{S_i/\mathbb{P}_i}{S_0 + \mathbb{P}_i/\mathbb{P}_i}.$$

Dimostrazione. – I. Sia S perfetta estensione di S_0 e $\mathbb{P} = p \cdot S$, $\mathbb{P}_0 \cdot S = \mathbb{P}^e$, $S = \overset{f}{\underset{i=1}{\Sigma}} z_i \cdot S_0 + \mathbb{P}$ con $f = \left(\dfrac{\mathbb{P}}{S}\right)_{S_0} = $ grado di $S/\mathbb{P}$ relativo a $S_0 + \mathbb{P}/\mathbb{P}$. Allora (ved. 277)

$$S^* = \underset{\substack{i \le f \\ j < e}}{\Sigma} z_i \cdot p^j \cdot S_0^*, \quad (S^*) = \underset{\substack{i \le f \\ j < e}}{\Sigma} z_i \cdot p^j \cdot (S_0^*)$$

poichè $\left(\dfrac{\mathbb{P}_0 \cdot S}{S}\right)_{S_0} = \left(\dfrac{\mathbb{P}_0 \cdot S}{S}\right) \cdot f$ (ved. 258). Ponendo

$$(*) \qquad p^e \cdot z_i \equiv p_0 \cdot \overset{f}{\underset{j=1}{\Sigma}} \alpha_{ij} \cdot z_j \qquad \mathrm{mod}\, p^{e+1} \cdot S^* \quad (\alpha_{ij} \in S_0^*),$$

329 — 330

241

si verifica, calcolando (secondo **59**) la norma relativa mediante la base

$$z_1, ..., z_f, \; p \cdot z_1, ..., p \cdot z_f, ..., p^{e-1} \cdot z_1, ..., p^{e-1} \cdot z_f$$

del corpo (S^*) sopra (S_0^*), la congruenza

$$N_{\substack{(S^*) \\ \overline{(S_0^*)}}} p \equiv \pm p_0' \,|\, \alpha_{ij} \,|\, \operatorname{mod} p^{e+1} \cdot S^* ,$$

dalla quale segue

$$(**) \qquad\qquad N_{\substack{(S^*) \\ \overline{(S_0^*)}}} p \cdot S_0^* = p_0' \cdot S_0^* ,$$

perchè dal fatto, che valgono anche le congruenze $p_0 \cdot z_i \equiv p^e \cdot \sum_j \beta_{ij} \cdot z_j \operatorname{mod} p^{e+1} \cdot S^*$ inverse alle $(*)$, si deriva $|\,\alpha_{ij}\,| \,\mathrel{\subset\!|\!=}\, \mathbb{P}_0^*$.

Se $a \in K$ ha in $\mathbb{P}$ l'ordine n, esso differisce da p^n per un fattore e, unità in $S \subset S^*$, sicchè $N_{\substack{(S^*) \\ \overline{(S_0^*)}}} e$ sarà unità in S_0^* e, secondo $(**)$,

$$N_{\substack{(S^*) \\ \overline{(S_0^*)}}} a \cdot S_0^* = p_0'^{\,f \cdot n} \cdot S_0^* .$$

II. Scelto ormai $A \in K$ in modo tale, che $\mathfrak{a}(S_i) = a \cdot S_i$ $(i = 1, ...)$, troveremo mediante la formula

$$N_{\substack{K \\ \overline{K_0}}} a = \prod_{i=1, ...} N_{\substack{(S_i^*) \\ \overline{(S_0^*)}}} a \qquad \text{(ved. 282)}$$

la relazione

$$N_{\substack{K \\ \overline{K_0}}} a \cdot S_0^* = p_0^{\,\Sigma n_i \cdot f_i} \cdot S_0^* ,$$

dalla quale segue, tenuto conto di $S_0^* \cap K_0 = S_0$ (ved. **274**), che il quoziente di $N_{\substack{K \\ \overline{K}}} a$ e $p_0^{\,\Sigma n_i \cdot f_i}$ è unità in S_0, come asserisce la formula da dimostrare.

331. *La classe di un divisore* $\mathfrak{b}$ è la totalità dei divisori $\mathfrak{a}$ *equivalenti* a $\mathfrak{b}$, cioè legati a esso da una relazione

$$\mathfrak{a} \equiv \mathfrak{b}$$

che significa: $\mathfrak{a} = \mathfrak{b} \cdot$ divisore principale.

Questa equivalenza, che talvolta si chiama equivalenza lineare per distinguerla da una equivalenza più ampia detta algebrica, è caso particolare della *omologia di divisori* fondantesi sulla nozione di *differenziale logaritmico di un divisore*.

Designi $K \cdot dK$ il K-modulo delle forme pfaffiane del corpo K, cioè la parte infinitesimale della corrispondenza infinitesimale semplice $K + K \cdot dK = [K, dK]$ (ved. **4**).

330 — 331

A ogni divisore $\mathfrak{a}$ di K associamo come il suo differenziale logaritmico in $\mathfrak{P}$ (in S) il sottomodulo di $K \cdot dK$

$$\frac{d\mathfrak{a}}{\mathfrak{a}}(S) = \frac{da}{a} + S \cdot dS$$

che si ottiene dal componente $\mathfrak{a}(S) = a \cdot S$ di $\mathfrak{a}$ in $\mathfrak{P}$ in modo indipendente dalla scelta dell'elemento base a. La totalità di questi moduli, presi per tutti gli aspetti perfetti S di K, è il differenziale logaritmico

$$\frac{d\mathfrak{a}}{\mathfrak{a}}$$

del divisore $\mathfrak{a}$.

Definendo la somma $\dfrac{d\mathfrak{a}}{\mathfrak{a}} + \dfrac{d\mathfrak{b}}{\mathfrak{b}}$ di tali differenziali quale totalità degli S–moduli

$$\left(\frac{d\mathfrak{a}}{\mathfrak{a}} + \frac{d\mathfrak{b}}{\mathfrak{b}}\right)(S) = \frac{d\mathfrak{a}}{\mathfrak{a}}(S) + \frac{d\mathfrak{b}}{\mathfrak{b}}(S).$$

otteniamo *il gruppo additivo dei differenziali logaritmici*, dato che quella somma coincide col differenziale logaritmico del divisore $\mathfrak{a} \cdot \mathfrak{b}$.

Invero, da $\mathfrak{a}(S) = a \cdot S$, $\mathfrak{b}(S) = b \cdot S$ segue

$$\frac{d(\mathfrak{a} \cdot \mathfrak{b})}{\mathfrak{a} \cdot \mathfrak{b}}(S) = \frac{d(a \cdot b)}{a \cdot b} + S \cdot dS = \frac{da}{a} + \frac{db}{b} + S \cdot dS = \frac{d\mathfrak{a}}{\mathfrak{a}}(S) + \frac{d\mathfrak{b}}{\mathfrak{b}}(S),$$

il che esprime

$$\frac{d(\mathfrak{a} \cdot \mathfrak{b})}{\mathfrak{a} \cdot \mathfrak{b}} = \frac{d\mathfrak{a}}{\mathfrak{a}} + \frac{d\mathfrak{b}}{\mathfrak{b}}.$$

L'omologia

$$\mathfrak{a} \curvearrowright \mathfrak{b}$$

fra divisori $\mathfrak{a}$, $\mathfrak{b}$ del corpo K significhi l'esistenza di un elemento θ di $K \cdot dK$ tale, che per ogni aspetto perfetto S di K valga

$$(*) \qquad \frac{d\mathfrak{a}}{\mathfrak{a}}(S) - \frac{d\mathfrak{b}}{\mathfrak{b}}(S) = \theta + S \cdot dS.$$

L'equivalenza $\mathfrak{a} \equiv \mathfrak{b}$ induce sempre l'omologia $\mathfrak{a} \curvearrowright \mathfrak{b}$, perchè esiste un elemento x di K soddisfacente a $\mathfrak{a} = x \cdot \mathfrak{b}$, cioè a $\mathfrak{a}(S) = x \cdot \mathfrak{b}(S)$ per ogni S, e con $\theta = \dfrac{dx}{x}$ si realizza la situazione $(*)$.

332. La totalità dei componenti $\mathfrak{a}(S)$ di un divisore $\mathfrak{a}$ appartenenti a aspetti S di base aritmetica (algebrica sopra l'anello A) sarà chiamata il *divisore aritmetico* (algebrico sopra A) $\mathfrak{a}$.

331 — 332

L' applicazione

$$(*) \qquad \text{divisore } \mathfrak{a} \to \text{divisore aritmetico (algebrico sopra } A) \text{ } \mathfrak{a}$$

è ovviamente un omomorfismo del gruppo dei divisori nel gruppo dei divisori aritmetici (algebrici sopra A), il quale muta i divisori principali in principali e induce pertanto un omomorfismo del gruppo delle classi di divisori nel gruppo delle classi di divisori aritmetici (algebrici sopra A).

La ristrezione del differenziale logaritmico $\dfrac{d\mathfrak{a}}{\mathfrak{a}}$ di un divisore $\mathfrak{a}$ in quanto insieme di S-moduli $\dfrac{d\mathfrak{a}}{\mathfrak{a}}(S)$, ai suoi componenti $\dfrac{d\mathfrak{a}}{\mathfrak{a}}(S)$ appártenenti agli aspetti S di basi aritmetiche (algebriche sopra A) è un omomorfismo

$$(**) \qquad \frac{d\mathfrak{a}}{\mathfrak{a}} \to \frac{d\mathfrak{a}}{\mathfrak{a}} \text{ aritmetico (algebrico sopra } A)$$

del gruppo additivo dei differenziali logaritmici sul gruppo dei differenziali logaritmici aritmetici (algebrici sopra A).

Generalmente si può dire, che un qualunque insieme T di aspetti perfetti di un corpo K dà luogo a ommorfismi

$$\mathfrak{a} \to \mathfrak{a} \text{ del tipo } T$$

$$\frac{d\mathfrak{a}}{\mathfrak{a}} \to \frac{d\mathfrak{a}}{\mathfrak{a}} \text{ del tipo } T$$

analoghi a $(*)$ e $(**)$, i quali significano semplicemente la ristrezione dei divisori o differenziali logaritmici ai loro componenti $\mathfrak{a}(S)$, risp. $\dfrac{d\mathfrak{a}}{\mathfrak{a}}(S)$ con S appartenenti all'insieme T.

§ 2. Divisori finiti.

333. Il legame fra divisori e figure darà luogo a un principio di selezione fra divisori, il quale nel caso di corpi di dimensione aritmetica 1 esprime la nota postulazione, che $\mathfrak{a}(S)$ sia $= S$ per quasi tutti gli aspetti perfetti S. La generalizzazione di questa classica condizione a maggiori dimensioni aritmetiche necessita talune osservazioni sulla costruzione di figure in una varietà. Premettiamo all'uopo il lemma:

334. *Se l'ideale* $\mathfrak{a}$ *nell'anello* A *ammette una decomposizione finita* $\mathfrak{a} = \bigcap_i \mathfrak{q}_i$ *in ideali* $[\mathfrak{P}_i \cap A]$*-primari* $\mathfrak{q}_i$ *(con* $S_i \in V(A)$*), allora vale per ogni* $S \in V(A)$

$$\mathfrak{a} \cdot S = \bigcap_{S_i \supset S} \mathfrak{q}_i \cdot S.$$

332 — 334

Infatti, ogni $x \in \bigcap_{S_i \supset S} \mathfrak{q}_i \cdot S$ è quoziente $x = \dfrac{q_i}{m}$ con $q_i \in \mathfrak{q}_i$ e denominatore $m \in A$, $m \subset\!\!\!|= \mathfrak{p}$, indipendente dall'indice i, sicchè

$$\bigcap_{S_i \supset S} \mathfrak{q}_i \cdot S \subset [\bigcap_{S_i \supset S} \mathfrak{q}_i] \cdot S.$$

La conseguenza $\mathfrak{p}_k \cap A \subset\!\!\!|= \mathfrak{p} \cap A$ di $S_k =\!|\supset S$ permette di trovare $p_k \in \mathfrak{p}_k \cap A$ con $p_k \subset\!\!\!|= \mathfrak{p}$, e per L abbastanza grande sarà

$$(\mathop{\Pi}_{S_k=|\supset S} p_k)^L \cdot \bigcap_{S_i \supset S} \mathfrak{q}_i \cdot S \subset [\bigcap_{S_k=|\supset S} \mathfrak{q}_k \cdot \bigcap_{S_i \supset S} \mathfrak{q}_i] \cdot S \subset \mathfrak{a} \cdot S,$$

il che mostra

$$\bigcap_{S_i \supset S} \mathfrak{q}_i \cdot S \subset \mathfrak{a} \cdot S,$$

mentre la situazione inversa è ovvia.

335. *Se l'anello noetheriano e primario A è tale che $V(A)$ è contenuta nella varietà V, allora ogni ideale $\mathfrak{a}$ in A individua una figura $(\mathfrak{a})$ in V, la quale è minima fra tutte le figure $\mathfrak{b}$ in V soddisfacenti alla condizione:*

$(*)$ $\qquad\qquad\qquad \mathfrak{b}(S) = \mathfrak{a} \cdot S \ \text{per ogni} \ S \in V(A).$

DIMOSTRAZIONE. - Sia $\mathfrak{a} = \bigcap_i \mathfrak{q}_i$ ove $\mathfrak{q}_i$ è $[\mathfrak{p}_i \cap A]$-primario, e designi $\mathfrak{Q}_i$ la figura in V individuata secondo 181 dall'ideale $\mathfrak{q}_i \cdot S_i$, il quale è $\mathfrak{p}_i$-primario a causa di $[\mathfrak{p}_i \cap A] \cdot S_i = \mathfrak{p}_i$ (ved. 175 e 174). Allora $\mathfrak{Q}_i(S) = S$ per $S \subset\!\!\!|= S_i$.

Per ogni $S \in V(A)$ contenuto in S_i l'ideale $\mathfrak{q}_i \cdot S$ è $[\mathfrak{p}_i \cap A] \cdot S$-primario (ved. 175) e la figura da esso individuata in V è $[\mathfrak{p}_i \cap A] \cdot S \cdot S_i$-primaria (ved. 182), cioè $\mathfrak{p}_i$-primaria con l'ideale $\mathfrak{q}_i \cdot S \cdot S_i = \mathfrak{q}_i \cdot S_i$ in S_i, sicchè essa coincide con $\mathfrak{Q}_i$ (ved. 179). Ne risulta $\mathfrak{Q}_i(S) = \mathfrak{q}_i \cdot S$ per $S \subset S_i$, $S \in V(A)$.

La figura $(\mathfrak{a}) = \bigcap_i \mathfrak{Q}_i$ soddisfa quindi alle condizioni

$$(\mathfrak{a})(S) = \bigcap_i \mathfrak{Q}_i(S) = \bigcap_{S_i \supset S} \mathfrak{q}_i \cdot S = \mathfrak{a} \cdot S \quad (\text{ved. } \mathbf{334})$$

per ogni $S \in V(A)$.

Se anche la figura $\mathfrak{b}$ in V soddisfa alle condizioni $(*)$, avremo

$$\mathfrak{b}(S_i) = \mathfrak{a} \cdot S_i \subset \mathfrak{Q}_i(S_i)$$

334 — 335

e quindi

$$\mathfrak{b}(S) \subset \mathfrak{b}(S_i) \cap S \subset \mathfrak{Q}_i(S_i) \cap S = \mathfrak{Q}_i(S) \quad \text{per} \quad S \subset S_i$$

$$\mathfrak{b}(S) \subset S = \mathfrak{Q}_i(S) \qquad\qquad \text{per} \quad S \not\subset S_i,$$

il che significa $\mathfrak{b} \geq \mathfrak{Q}_i$ epperò $\mathfrak{b} \geq \bigcap_i \mathfrak{Q}_i = (\mathfrak{a})$, c. d. d.

336. *Per ogni ideale* $\mathfrak{a}$ *nell'anello primario* $A \ni 1$ *vale*

$$(*) \qquad\qquad \bigcap_{S \in V(A)} \mathfrak{a} \cdot S = \mathfrak{a}.$$

DIMOSTRAZIONE (di KRULL). - Sia $x \in \bigcap_{S \in V(A)} \mathfrak{a} \cdot S$. La totalità $\mathfrak{y}$ degli elementi y di A con la proprietà $x \cdot y \subset \mathfrak{a}$ è ideale in A. Per S qualunque $\in V(A)$ sarà $x = \dfrac{a}{b}$ con $a \in \mathfrak{a}$, $b \in A$, $b \not\subset \mathfrak{P}$ e quindi $\mathfrak{y} \not\subset \mathfrak{P}$, perchè $b \in \mathfrak{y}$. Se fosse $\mathfrak{y} \neq A$, si troverebbe un ideale primo $\mathfrak{c} \supset \mathfrak{y}$, diverso da A e pertanto individuante una prospettiva $\mathfrak{P} \in V(A)$, per la quale varrebbe $\mathfrak{P} \supset \mathfrak{c} \supset \mathfrak{y}$. Da $\mathfrak{y} = A \ni 1$ segue ormai $x = x \cdot 1 \subset \mathfrak{a}$, cioè che il membro sinistro di $(*)$ è contenuto in $\mathfrak{a}$. La situazione inversa è ovvia.

337. Chiameremo *finita* una *figura* $\mathfrak{a}$ allora e soltanto allora, che essa sia unione $\mathfrak{a} = \bigcap_i \mathfrak{Q}_i$ di un numero finito di figure primarie $\mathfrak{Q}_i$.

Se l'anello primario $A \ni 1$ *è base di una varietà* $V(A) \subset V$, *ogni figura finita* $\mathfrak{a}$ *in* V *determina un ideale*

$$\mathfrak{b} = \bigcap_{S \in V(A)} \mathfrak{a}(S)$$

in A *quale unica base comune a tutti gli ideali* $\mathfrak{a}(S)$ *con* $S \in V(A)$.

DIMOSTRAZIONE. - Sia $\mathfrak{a} = \bigcap_i \mathfrak{Q}_i$ e $\mathfrak{Q}_i$ figura $\mathfrak{P}_i$-primaria. Da

$$\mathfrak{Q}_i(S) = \begin{cases} \mathfrak{Q}_i(S_i) \cap S & \text{per} \quad S \subset S_i \\ S & \text{per} \quad S \not\subset S_i \end{cases}$$

e $\bigcap_{S \in V(A)} S = A$ (ved. **336**) segue allora

$$\bigcap_{S \in V(A)} \mathfrak{Q}_i(S) = \begin{cases} \mathfrak{Q}_i(S_i) \cap A & \text{se} \quad S_i \in V(A), \\ A & \text{se} \quad S_i \not\subset V(A), \end{cases}$$

e quindi

$$\mathfrak{b} = \bigcap_{S \in V(A)} \mathfrak{a}(S) = \bigcap_{\substack{i=1,\dots \\ S \in V(A)}} \mathfrak{Q}_i(S) = A \bigcap_{S_i \in V(A)} \mathfrak{Q}_i(S_i).$$

335 — 337

Tenuto conto del fatto, che nel caso di $S_i \in V(A)$ l'ideale $\mathbb{Q}_i(S_i) \cap A$ è $[\mathbb{P}_i \cap A]$-primario (ved. 176), troveremo secondo 334

$$\mathfrak{b} \cdot S = \bigcap_{\substack{S_i \supset S \\ S_i \in V(A)}} [\mathbb{Q}_i(S_i) \cap A] \cdot S \quad \text{per ogni} \quad S \in V(A)$$

con $[\mathbb{Q}_i(S_i) \cap A] \cdot S = [\mathbb{Q}_i(S) \cap A] \cdot S = \mathbb{Q}_i(S)$ (ved. 174). Ne risulta

$$\mathfrak{b} \cdot S = \bigcap_{\substack{S_i \supset S \\ S_i \in V(A)}} \mathbb{Q}_i(S) \supset \bigcap_{S_i \supset S} \mathbb{Q}_i(S) = \mathfrak{a}(S) \quad \text{per ogni} \quad S \in V(A),$$

mentre la situazione inversa è ovvia.

Se anche l'ideale $\mathfrak{c}$ di A è base comune a tutti gli ideali $\mathfrak{a}(S)$ con $S \in V(A)$, si conclude da $\mathfrak{b} \cdot S = \mathfrak{c} \cdot S$ per ogni $S \in V(A)$, che $\mathfrak{c} = \bigcap_{S \in V(A)} \mathfrak{c} \cdot S = \bigcap_{S \in V(A)} \mathfrak{b} \cdot S = \mathfrak{b}$ (ved. 336).

338. Dal teorema precedente segue che ogni figura finita $\mathfrak{a}$ in una varietà aritmetica (algebrica sopra un corpo k) e primaria V determina in ognuno degli anelli basi $A_i \ni 1$, con cui può formarsi la varietà $V = \bigcup_i V(A_i)$, un ideale $\mathfrak{a}_i$ quale base comune agli ideali $\mathfrak{a}(S)$ con $S \in V(A_i)$. Chiameremo l'insieme $\mathfrak{a}_1, \mathfrak{a}_2, ..., \mathfrak{a}_h$ di questi ideali una *base della figura* $\mathfrak{a}$.

Se viceversa una figura $\mathfrak{a}$ in una varietà $V = \bigcup_{i=1,...,h} V(A_i)$ con basi $A_i \ni 1$ noetheriane e primarie può descriversi mediante un insieme $\mathfrak{a}_i$ ($i = 1, 2, ..., h$) di ideali $\mathfrak{a}_i$ in A_i nel modo che segue

$$\mathfrak{a}(S) = \mathfrak{a}_i \cdot S \quad \text{per ogni} \quad S \in V(A_i),$$

allora si tratta di una figura finita.

Sia infatti $\mathfrak{a}_i = \bigcap_j \mathfrak{q}_{ij}$ e $\mathfrak{q}_{ij}$ ideale $[\mathbb{P}_{ij} \cap A_i]$-primario. Mediante la costruzione descritta in **335** troveremo figure $(\mathfrak{a}_i) = \bigcap_j \mathbb{Q}_{ij}$ con le proprietà $(\mathfrak{a}_i) = \mathfrak{a}$ in $V(A_i)$, $(\mathfrak{a}_i) \leq \mathfrak{a}$ in V, dalle quali si deduce $\bigcap_i (\mathfrak{a}_i) \leq \mathfrak{a}$ in V e $\mathfrak{a} \leq \bigcap_i (\mathfrak{a}_i) = \bigcap_{i,j} \mathbb{Q}_{ij}$ in ogni $V(A_l)$ e quindi in V, cioè il carattere finito

$$\mathfrak{a} = \bigcap_{i,j} \mathbb{Q}_{ij}$$

della figura $\mathfrak{a}$.

339. Se $\mathfrak{a}_i$ ($i = 1, ..., h$) e $\mathfrak{b}_i$ ($i = 1, ..., h$) sono le basi delle figure finite $\mathfrak{a}$, $\mathfrak{b}$ in $V = \bigcup_i V(A_i)$, allora saranno $\mathfrak{a}_i + \mathfrak{b}_i$ ($i = 1, ..., h$) e $\mathfrak{a}_i \cdot \mathfrak{b}_i$ ($i = 1, ..., h$) le basi delle figure $\mathfrak{a} + \mathfrak{b}$ e $\mathfrak{a} \cdot \mathfrak{b}$, sicchè anche queste risultano finite (ved. 338). Che $\mathfrak{a} \cap \mathfrak{b}$ è finita, se $\mathfrak{a}$ e $\mathfrak{b}$ sono finite, è conseguenza immediata delle definizioni. (V è supposta primaria con $A_i \ni 1$ noetheriani).

337 — 339

340. Un *divisore* intero del corpo K dicesi *finito* (sopra il corpo k) allora e soltanto allora che esso si derivi (nel senso spiegato in **326**) da una figura finita in una varietà aritmetica (algebrica sopra k) del corpo K. Dimostreremo subito, che *il prodotto* $\mathfrak{a} \cdot \mathfrak{b}$ *di divisori interi finiti* (sopra k) $\mathfrak{a}$, $\mathfrak{b}$ *è divisore finito* (sopra k).

I. Sia $\mathfrak{a}$ *figura base* in V del divisore $\mathfrak{a}$, cioè una figura tale, che i componenti $\mathfrak{a}(S)$ del divisore $\mathfrak{a}$ si ottengono dagli ideali $\mathfrak{a}(s)$ di quella figura $\mathfrak{a}$ nel modo seguente: $\mathfrak{a}(S) = \mathfrak{a}(s) \cdot S$, se $S \to s \in V$ (ved. **326**).

Se la varietà V_1 dello stesso corpo K estende (ved. **250**) la V (sopra k, cioè soddisfa alla condizione **250** II almeno per $S \supset k$), la figura estensione $\mathfrak{a}$ della figura $\mathfrak{a}$ in V (ved. **255**) servirà altresì di base al divisore $\mathfrak{a}$. Infatti, V_1 è varietà chiusa (sopra k), perchè (ved. **252**) V è chiusa (sopra k) (ved. **326**), e l'aspetto perfetto $S(\supset k)$ di K sarà estensione di un aspetto $s_1 \in V_1$ (ved. **326**), il quale di seguito a $V_1 \to V$ trovasi nella situazione

$$
\begin{array}{c}
S \to s_1 \in V_1 \\
\downarrow \qquad \downarrow \\
S \to s \in V
\end{array}
\qquad \text{(ved. 250)}
$$

che mostra $\mathfrak{a}(s_1) = \mathfrak{a}(s) \cdot s_1$ e con ciò il sussistere della relazione $\mathfrak{a}(S) = \mathfrak{a}(s_1) \cdot S$, $S \to s_1 \in V_1$ caratterizzante la figura estensione $\mathfrak{a}$ come base del divisore $\mathfrak{a}$.

II. Supposto anche il divisore $\mathfrak{b}$ finito, ci sarà una figura finita $\mathfrak{b}$ in una varietà $V' = \underset{j}{\cup} V(B_j)$ (con $B_j \in 1$), che servirà di base al divisore $\mathfrak{b}$.

Se la varietà V considerata in I è $V = \underset{i}{\cup} V(A_i)$ (con $A_i \ni 1$), la sintesi delle due varietà sarà (ved. **117**) $(V, V') = \underset{i,j}{\cup} V(A_i, B_j)$ e quindi aritmetica (algebrica sopra k).

Dalla chiusura (relativa a k) di V e di V' seguono (ved. **253**) le situazioni $(V, V') \to V$ e $(V, V') \to V'$, sicchè secondo I l'estensione $\mathfrak{a}$ in (V, V') della figura $\mathfrak{a}$ in V è base del divisore $\mathfrak{a}$, mentre l'estensione $\mathfrak{b}$ in (V, V') della figura $\mathfrak{b}$ in V' è base del divisore $\mathfrak{b}$.

Dagli ideali $\mathfrak{a}_i$ in A_i costituenti una base della figura $\mathfrak{a}$ in V (ved. **338**) si derivano gli ideali $\mathfrak{a}_i \cdot B_j$ in $[A_i, B_j]$ costituenti una base della figura estensione $\mathfrak{a}$ in (V, V'). Invero, ogni $s' \in V([A_i, B_j])$ estende un $s \in V(A_i)$ (ved. **73**) e da $\mathfrak{a}(s) = \mathfrak{a}_i \cdot s$ segue $\mathfrak{a}(s') = \mathfrak{a}(s) \cdot s' = \mathfrak{a}_i \cdot s' = \mathfrak{a}_i \cdot B_j \cdot s'$.

Per analoga ragione costituiranno gli ideali $\mathfrak{b}_j \cdot A_i$ in $[A_i, B_j]$ una base della figura estensione $\mathfrak{b}$ in (V, V').

Essendo il prodotto delle figure estensioni $\mathfrak{a}$, $\mathfrak{b}$ figura avente come base l'insieme degli ideali $\mathfrak{a}_i \cdot B_j \cdot \mathfrak{b}_j \cdot A_i = \mathfrak{a}_i \cdot \mathfrak{b}_j$ in $A_i \cdot B_j$, esso è figura finita (ved. **338**), e siccome il divisore $\mathfrak{a} \cdot \mathfrak{b}$ ha questa figura come sua base (ved. **327**), anche esso risulta finito.

341. Un divisore non-intero di un corpo K dicesi finito (sopra k), allora e soltanto allora che esso sia quoziente di divisori interi finiti (sopra k).

340 — 341

Dalle considerazioni **340** segue che i divisori finiti (sopra k) di un corpo K costituiscono un sotto-gruppo del gruppo dei divisori (sopra k) di K.

342. Nel caso di un corpo aritmetico K con $\dim_a K = 1$ e $\operatorname{car} K = 0$ l'integrità $I(K) = I\left(\dfrac{K}{[1]}\right)$ è base di una varietà aritmetica chiusa V di K (ved. **129**), che del resto è la varietà perfetta di K (ved. **325**).

Ogni divisore intero $\mathfrak{a}$ di K può considerarsi come figura in questa varietà (ved. **325**), e questa figura è anche base del divisore $\mathfrak{a}$ nel senso spiegato in **340** I. Supposto $\mathfrak{a}$ finito, sia la figura finita $\mathfrak{a}$ nella varietà aritmetica V' base di questo divisore $\mathfrak{a}$. La figura estensione $\mathfrak{a}$ nella sintesi $(V', V) = V$ della V' con la V suddetta e allora altresì finita (ved. **340** II) e l'ideale

$$\bigcap_{S \in V} \mathfrak{a}(S) \quad \text{in } I(K),$$

cioè l'intersezione di tutti i componenti del divisore, sarà bàse comune a tutti gli ideali $\mathfrak{a}(S)$ della figura $\mathfrak{a}$ in V e quindi a tutti i componenti del divisore $\mathfrak{a}$.

Viceversa, ogni ideale $\mathfrak{a} \neq 0$ in $I(K)$ è secondo **338** base di una figura non-totale in V, la quale può interpretarsi secondo **325** come divisore intero, e cioè finito a causa del carattere noetheriano dell'anello base $I(K)$ della V.

Sussiste quindi corrispondenza biunivoca

$$(*) \qquad \text{divisore intero finito } \mathfrak{a} \to \text{ideale } \bigcap_{S \in V} \mathfrak{a}(S) \quad \text{in } I(K)$$

fra divisori interi finiti e ideali $\neq 0$ nell'integrità del corpo, corrispondenza, che muta il prodotto di divisori nel prodotto di ideali.

Fra i divisori interi si distinguono come *divisori primi* proprio quelli corrispondenti a figure prime non totali in $V = V(I(K))$. Per tale divisore un solo componente $\mathfrak{a}(S)$ sarà $\neq S$ e cioè $= \mathfrak{P}$, sicchè si conviene prendere il segno $\mathfrak{P}$ di questa prospettiva come segno del divisore.

L'ideale $\bigcap_{S' \in V} \mathfrak{P}(S')$ base di un divisore primo è l'ideale primo $\mathfrak{P} \cap I(K)$ è viceversa, a ogni ideale primo $\neq 0, \neq I(K)$ corrisponde un divisore primo.

Se $\mathfrak{a} = \bigcap_i \mathfrak{q}_i$ con ideali $[\mathfrak{P}_i \cap I(K)]$-primari $\mathfrak{q}_i$ è decomposizione noe-theriana dell'ideale base $\mathfrak{a}$ di un divisore intero finito $\mathfrak{a}$, sarà

$$\mathfrak{a}(S_i) = \mathfrak{q}_i \cdot S_i = \mathfrak{P}_i{}^{n_i} \quad \text{e del resto} \quad \mathfrak{a}(S) = S.$$

Ne risulta una decomposizione

$$(**) \qquad \mathfrak{a} = \prod_i \mathfrak{P}_i{}^{n_i}$$

del divisore $\mathfrak{a}$ in divisori primi, la quale induce per mezzo della corrispondenza biunivoca fra divisori interi finiti e ideali $\neq 0$ in $I(K)$ una decomposizione

$$\mathfrak{a} = \prod_i [\mathfrak{P}_i \cap I(K)]^{n_i}$$

341 — 342

dell'ideale $\mathfrak{a}$ in fattori primi. Essendo la decomposizione $(**)$ unica a causa dell'uguaglianza $n_i =$ ordine del divisore $\mathfrak{a}$ in $\mathfrak{P}_i$ (ved. 324), sarà unica anche la decomposizione dell'ideale $\mathfrak{a}$, data la possibilità di tradurre tale decomposizione nel linguaggio dei divisori.

343. Se $\mathfrak{a}$ è divisore intero di un corpo K finito e separabile sopra K_0, per ogni aspetto perfetto S di K sarà

$$(*) \qquad \underset{\overline{K_0}}{N_K}\mathfrak{a}(S) = (\underset{\overline{K_0}}{N_K}\mathfrak{a}(S_0)) \cdot S \subset \mathfrak{a}(S)$$

come subito segue da **330**. Il divisore intero $\underset{\overline{K_0}}{N_K}\mathfrak{a}$ in K individuato secondo **328** dal divisore $\underset{\overline{K_0}}{N_K}\mathfrak{a}$ definito dapprima in K_0, è di seguito a $(*)$ sempre divisibile con $\mathfrak{a}$ nel senso che

$$\mathfrak{a}^{-1} \cdot \underset{\overline{K_0}}{N_K}\mathfrak{a} \quad \text{è } \textit{divisore intero, se } \mathfrak{a} \text{ è intero.}$$

344. Riprendiamo le considerazioni **342** con lo scopo di estenderle al caso di divisori finiti qualunque.

Se il divisore finito $\mathfrak{a}$ di K è dato come quoziente $\mathfrak{b} \cdot \mathfrak{c}^{-1}$ dei divisori finiti interi $\mathfrak{b}$, $\mathfrak{c}$, il divisore $\mathfrak{d} = \mathfrak{a} \cdot \underset{(1)}{N_K}\mathfrak{c}$ risulta intero secondo **343**. Ora

$\underset{\overline{(1)}}{N_K}\mathfrak{c}(S) = c \cdot S$ con $c \in [1]$ fisso, donde segue $\underset{S' \epsilon V}{\bigcap} \mathfrak{d}(S') = \underset{S' \epsilon V}{\bigcap} c \cdot \mathfrak{a}(S') = c \cdot \underset{S' \epsilon V}{\bigcap} \mathfrak{a}(S')$,

sicchè, tenuto conto di $\mathfrak{d}(S) = S \cdot [\underset{S' \epsilon V}{\bigcap} \mathfrak{d}(S')]$, si ottiene $\mathfrak{a}(S) = c^{-1} \cdot \mathfrak{d}(S) =$

$= S \cdot [\underset{S' \epsilon V}{\bigcap} \mathfrak{a}(S')]$. La corrispondenza

$$\text{divisore finito } \mathfrak{a} \to I(K)\text{-modulo } \underset{S \epsilon V}{\bigcap} \mathfrak{a}(S)$$

fra divisori finiti e $I(K)$-moduli $\neq 0$ in K, che estende quella $(*)$ considerata in **342** solamente per divisori interi, è quindi univoca anche nel senso inverso:

$$I(K)\text{-modulo } \mathfrak{a} \to \text{divisore } \mathfrak{a} \text{ con } \mathfrak{a}(S) = \mathfrak{a} \cdot S$$

qualora essa si applichi soltanto a moduli $\mathfrak{a}$ in K, per i quali esiste un numero naturale c con la proprietà $c \cdot \mathfrak{a} \subset I(K)$. Essa stabilisce un isomorfismo fra il gruppo moltiplicativo di questi $I(K)$-moduli e il gruppo dei divisori finiti di K.

345. Nel caso di un corpo aritmetico K con $\dim_a K = 1$, $\operatorname{car} K = p \neq 0$ ogni aspetto di K contiene il corpo primo (1), sicchè lo studio dei divisori in questo caso può essere subordinato alla considerazione più generale dei divisori sopra k di un corpo K algebrico e 1- dimensionale sopra k.

La totalità degli aspetti chiusi di tale corpo K che contengono k,

342 — 345

è la varietà algebrica sopra k $V = V(A) \cup V(B)$ definita in 129. Ogni divisore finito sopra k di K ha figura base in questa varietà, e si definiscono i « *divisori primi* sopra k » quali divisori aventi come base una figura prima in V.

CAPITOLO IX

LA TOTALE INTEGRITÀ DI UN CORPO

§ 1. Elementi integri di un corpo.

346. Il problema dominante della geometria aritmetica è descrivere la struttura di un corpo — « riconoscere il corpo in sè » —, partendo dalla moltitudine dei suoi aspetti.

La via più diretta di elevarsi dall'accidentalità degli aspetti a un riconoscimento almeno parziale del corpo in sè sarebbe la formazione dell'anello $\cap S$ intersezione di tutti gli aspetti perfetti di un corpo.

Volendo determinare questa intersezione nel caso di un corpo aritmetico, premettiamo il lemma:

Ogni prospettiva aritmetica non-totale $\mathfrak{p}$ *di un sotto-corpo di un corpo aritmetico* K *può estendersi a una prospettiva aritmetica perfetta di* K.

DIMOSTRAZIONE. - Sia $K = (z_1, \dots, z_m)$ con $z_1 = 1$, e supponiamo (ved. 90) che $\mathfrak{p}$ ammetta estensione con $\dfrac{z_1}{z_i}, \dfrac{z_2}{z_i}, \dots, \dfrac{z_m}{z_i}$. Essendo tale estensione di seguito a $K = \left(\dfrac{z_1}{z_i}, \dfrac{z_2}{z_i}, \dots, \dfrac{z_m}{z_i} \right)$ prospettiva di K, sarà lecito di assumere che già $\mathfrak{p}$ sia prospettiva di K.

Sia $\mathfrak{p} = \sum\limits_{i=1}^{h} p_i \cdot s$ con numerazione siffatta, che $\mathfrak{p}$ ammette estensione $\mathfrak{P}_1$ con $\dfrac{p_2}{p_1}, \dots, \dfrac{p_h}{p_1}$ (ved. 90). Siccome ogni divisore primo dell'ideale $\mathfrak{p} \cdot A$ in $A = \left[s, \dfrac{p_2}{p_1}, \dots, \dfrac{p_h}{p_1} \right]$ individua (ved. 80) tale $\mathfrak{P}_1$, possiamo supporre che $\mathfrak{P}_1 \cap A$ sia divisore primo minimale di $\mathfrak{p} \cdot A = p_1 \cdot A$, al quale ideale principale si applica pertanto il teorema di KRULL (ved. 219): la minimalità di $\mathfrak{P}_1 \cap A$ induce (ved. 222) che $\mathfrak{P}_1$ è prospettiva estrema della figura $(p_1 \cdot S_1)$ in $V(S_1)$ e quindi immediata (ved. 125), cioè di ordine 1 sotto la prospettiva totale,

345 — 346

sicchè risulta (ved. **248**)

$$1 = \dim_a K - \dim_a S_1/\mathbb{P}_1.$$

Ponendo $\dim K = n$, $\dim S_1/\mathbb{P}_1 = \nu$, avremo $\nu = n - 1$, se $\operatorname{car} K = \operatorname{car} S_1/\mathbb{P}_1$, $\nu = n$, se $\operatorname{car} K \neq \operatorname{car} S_1/\mathbb{P}_1 = p$. Scelti $x_i \in S_1$ siffatti che i ν elementi $x_i + \mathbb{P}_1$ siano algebricamente indipendenti, si potrà trovare $x_{,,} \in S_1$ tale, che $x_1,..., x_n$ sono algebricamente indipendenti in K. L'ideale primo $\mathbb{P}_1 \cap [1, x_1,..., x_n]$ è allora principale e individua pertanto una prospettiva perfetta $\mathbb{P}_0 \in V([1, x_1, ..., x_n)]$ del corpo $K_0 = (x_1, ..., x_{,,})$, sopra il quale K è 0-dimensionale. Avendo l'integrità $I\!\left(\dfrac{K}{S_0}\right)$ S_0-base finita (ved. **103** e **104** e **266** III), ogni estensione $\mathbb{P}$ di $\mathbb{P}_1$ con $I\!\left(\dfrac{K}{S_0}\right)$ (ved. **83**) è prospettiva aritmetica, e cioè perfetta (ved. **263**). Essendo tale $\mathbb{P}$ anche estensione di $\mathfrak{p}$, essa è prospettiva del tipo desiderato.

Dal lemma or ora dimostrato segue, che *l'intersezione $\cap\, S$ di tutti gli aspetti perfetti aritmetici di un corpo aritmetico K è la sua integrità assoluta*:

$$\cap\, S = I(K).$$

Invero ogni aspetto perfetto di K contiene $I(K)$, perchè esso ammette estensione con questa integrità (ved. **83**), e viceversa, per ogni elemento $x \in K$ non-integro si troverà un aspetto perfetto aritmetico di K, che non lo contiene, Basta all'uopo partire da un aspetto $s'' \subset K$ non-estendibile con x (ved. **82**), di estenderlo con x^{-1} a una prospettiva $\mathfrak{p}'$ per la quale $x^{-1} \subset \mathfrak{p}'$ (ved. **89**) e di derivarne secondo **73** una prospettiva $\mathfrak{p} \leftarrow \mathfrak{p}$ di base $[1, x^{-1}]$. Secondo quel lemma esiste un aspetto perfetto aritmetico S di K, che estende s e perciò non contiene x, valendo $x^{-1} \subset \mathfrak{p} = \mathbb{P} \cap s$.

347. Prima di trarre le conseguenze del risultato suddetto, lo estenderemo al caso che si consideri un corpo K in riguardo a un dato suo sottocorpo k. Come la struttura assoluta di un corpo K deve ricercarsi mediante la totalità dei suoi aspetti perfetti, si fonderà la ricerca della struttura relativa di K sulla considerazione degli aspetti perfetti di K che contengono k.

L'intersezione $\underset{S \supset k}{\cap}\, S$ di tutti gli aspetti perfetti di un corpo K algebrico sopra k, che hanno basi algebriche sopra k, è l'integrità relativa $I\!\left(\dfrac{K}{k}\right)$, *cioè la totalità degli elementi di K che dipendono algebricamente da k.*

La dimostrazione di questo fatto differisce da quella data in **346** solamente con ciò, che essa si appoggia su un altro lemma e cioè questo:

Ogni aspetto non-totale s, di base algebrica sopra k e contenuto nel corpo, algebrico sopra k, K, può estendersi con un insieme finito di elementi a un aspetto perfetto di K.

346 — 347

Dimostrazione. - Premettendo all'uopo una estensione con un insieme finito di elementi generante K sopra k, si può assumere che $\mathfrak{p}$ sia prospettiva di K. Partendo da una base appropriata dell'ideale $\mathfrak{p} = \overset{h}{\underset{i=1}{\Sigma}} \; p_i \cdot s$, si estenda la $\mathfrak{p}$, supposta non–perfetta, a una prospettiva $\mathfrak{P}_1$ di base $\left[s, \dfrac{p_2}{p_1}, ..., \dfrac{p_h}{p_1} \right]$ e soddisfacente alla condizione

$$1 = \dim \frac{K}{k} - \dim \frac{S_1/\mathfrak{P}_1}{k + \mathfrak{P}_1/\mathfrak{P}_1} \qquad \text{(ved. 219 e 249)}.$$

Scelti $x_i \in S_1$ tali che $\dim \dfrac{(k, \, x_1, \, ..., \, x_n)}{k} = n = \dim \dfrac{K}{k}$ e

$$\dim \frac{(k + \mathfrak{P}_1/\mathfrak{P}_1, \, x_1 + \mathfrak{P}_1, \, ..., \, x_n + \mathfrak{P}_1)}{k + \mathfrak{P}_1/\mathfrak{P}_1} = n - 1,$$

la prospettiva $\mathfrak{P}_0$ di $K_0 = (k, \, x_1, \, ..., \, x_n)$, individuata da $\mathfrak{P}_1$ nell'anello $[k, \, x_1, \, ..., \, x_n]$ sarà perfetta, e l'estensione di $\mathfrak{P}_1$ con l'integrità di K relativa a S_0 fornirà una estensione di $\mathfrak{p}$ del tipo desiderato, perchè

$$I\left(\frac{K}{S_0} \right) = S_0 \cdot I\left(\frac{K}{[k, \, x_1, \, ..., \, x_n]} \right)$$

ha S_0–base finita secondo il teorema di F. K. Schmidt (ved. 108).

§ 2. Infinitesimali integri di un corpo.

348. I risultati **346** e **347** mostrano che in generale, cioè qualora non sia $\dim K = 0$ o $\dim \dfrac{K}{k} = 0$, gli anelli $\cap S$ ivi considerati non bastano alla ricerca della struttura di K (relativa a k).

Estendiamo pertanto il corpo K alla sua corrispondenza infinitesimale (ved. 6) $R = [K, \, d_1 K, \, d_2 K, \, d_3 K, ...] =$

$$K + \underset{i}{\Sigma} \, K \cdot d_i K + \underset{i<j}{\Sigma} \, K \cdot d_i K \cdot d_j K + \underset{i<j<l}{\Sigma} \, K \cdot d_i K \cdot d_j K \cdot d_l K + ...$$

che subito riconosceremo essere oggetto primario con l'aspetto

$$S + \underset{i}{\Sigma} \, S \cdot d_i S + \underset{i<j}{\Sigma} \, S \cdot d_i S \cdot d_j S + \underset{i<j<l}{\Sigma} \, S \cdot d_i S \cdot d_j S \cdot d_l S + ...$$

estensione di un qualsiasi aspetto S di K.

347 — 348

Sostituendo ormai all'intersezione $\cap S$ prima considerata la seguente:

$$\cap \left[S + \sum_i S \cdot d_i S + \sum_{i<j} S \cdot d_i S \cdot d_j S + \sum_{i<j<l} S \cdot d_i S \cdot d_j S \cdot d_l S + \dots \right] =$$

$$= \cap S + \sum_i \cap S \cdot d_i S + \sum_{i<j} \cap S \cdot d_i S \cdot d_j S + \dots ,$$

nella quale S percorre tutti gli aspetti perfetti di K (contenenti k), otteniamo in un modo unicamente determinato dal corpo K (relativo a k) i moduli

$$\cap S, \quad \cap S \cdot d_1 S, \quad \cap S \cdot d_1 S \cdot d_2 S, \quad \cap S \cdot d_1 S \cdot d_2 S \cdot d_3 S, \dots$$

che chiameremo *le integrità di K (relative a k) infinitesimali* di grado 0, 1, 2, 3, ecc.

Esse saranno designate con

$$I_0(K), \quad I_1(K), \quad I_2(K), \quad I_3(K), \dots$$

o con

$$I_0\left(\frac{K}{k}\right), \quad I_1\left(\frac{K}{k}\right), \quad I_2\left(\frac{K}{k}\right), \quad I_3\left(\frac{K}{k}\right), \dots$$

secondochè si tratti di integrità assolute o relative di K.

Gli elementi di $I_n(K)$ $\left(\text{di } I_n\left(\frac{K}{k}\right) \right)$ e soltanto questi verranno distinti col nome di *integri infinitesimali n-pli* di K (sopra k.)

Benchè non sia necessario è nondimeno utile presupporre che nel caso relativo i simboli d_1, d_2, ecc. significhino differenziazione generica r e l a t i v a a k (ved. 14). E ciò che sempre sottintenderemo qualora si consideri K come sopra-corpo di k.

349. Il fatto che le permutazioni π degli indici 1, 2, 3, ... dei simboli di differenziazione d_1, d_2, d_3, ... inducono automorfismi dell'anello $R = [K, d_1 K, d_2 K, d_3 K, ..]$ permette di definire il *prodotto esterno* $x \wedge y$ di elementi $x = \sum a \cdot d_1 b \dots d_p c \in K \cdot d_1 K \dots d_p K$, $y = \sum e \cdot d_1 f \dots d_q g \in K \cdot d_1 K \dots d_q K$ mediante una permutazione $\pi = \pi_{pq}$ avente l'effetto

$$\pi(1) = p + 1, \quad \pi(2) = p + 2, \dots, \quad \pi(q) = p + q$$

quale prodotto

$$x \cdot \pi y = \sum a \cdot e \cdot d_1 b \dots d_p c \cdot d_{p+1} f \dots d_{p+q} g \in K \cdot d_1 K \dots d_{p+q} K$$

calcolato in R.

Estendiamo questa moltiplicazione esterna a elementi qualunque del sotto-modulo $M = K + K \cdot d_1 K + K \cdot d_1 K \cdot d_2 K + K \cdot d_1 K \cdot d_2 K \cdot d_3 K + \dots$ di R, stabilendo che per $x = \sum_{p=0}^{m} x_p$, $y = \sum_{q=0}^{n} y_q$ con $x_p \in K \cdot d_1 K \dots d_p K$,

$y_q \in K \cdot d_1 K, \ldots, d_q K$ il prodotto esterno $x \wedge y$ si riduca nel modo

$$x \wedge y = \sum_{p,q} x_p \wedge y_q = \sum_{p,q} x_p \cdot \pi_{pq} y_q$$

a una somma di prodotti del tipo suddetto. È evidente allora, che il K-modulo M diventa così anello, in generale non-commutativo, che scriveremo

$$K + K \cdot dK + K \cdot dK \wedge dK + K \cdot dK \wedge [dK \wedge dK + \ldots = [K, dK],$$

omettendo gli indici di differenziazione e tenendo conto del fatto che $a \cdot d_1 b \cdot d_2 c \ldots d_n g = a \cdot db \wedge dc \ldots \wedge dg = a \wedge db \wedge dc \ldots \wedge dg$.

Da $x \in S \cdot d_1 S \ldots d_p S$ e $y \in S \cdot d_1 S \ldots d_q S$ segue $x \wedge y = x \cdot \pi y \in S \cdot d_1 S \ldots d_{p+q} S$. Se quindi x e y sono integri, anche $x \wedge y$ sarà integro, il che si esprime con le relazioni

$$(*) \qquad I_p(K) \wedge I_q(K) \subset I_{p+q}(K), \qquad I_p\left(\frac{K}{k}\right) \wedge I_q\left(\frac{K}{k}\right) \subset I_{p+q}\left(\frac{K}{k}\right)$$

Le integrità di un corpo possono pertanto essere raccolte in un solo sotto-anello $I_0(K) + I_1(K) + I_2(K) + I_3(K) + \ldots$, risp. $I_0\left(\frac{K}{k}\right) + I_1\left(\frac{K}{k}\right) + I_2\left(\frac{K}{k}\right) + I_3\left(\frac{K}{K}\right) + \ldots$ di $[K, dK]$.

I casi particolari

$$I_0(K) \cdot I_n(K) \subset I_n(K), \qquad I_0\left(\frac{K}{k}\right) \cdot I_n\left(\frac{K}{k}\right) \subset I_n\left(\frac{K}{k}\right)$$

delle relazioni (*) mostrano che le singole integrità sono $I_0(K)$-moduli, risp. $I_0\left(\frac{K}{k}\right)$-moduli.

350. Le permutazioni π_i $(i = 1, 2, \ldots, n!)$, che lasciano invarianti gli indici maggiori di n, hanno l'effetto di automorfismi nel K-modulo $K \cdot d_1 K \ldots d_n K = K \cdot (dK)^n$, in ogni S-modulo $S \cdot d_1 S \ldots d_n S = S \cdot (dS)^n$ derivato da un qualsiasi aspetto S di K, e quindi anche nelle integrità $I_n(K)$ e $I_n\left(\frac{K}{k}\right)$. Ne segue p. es. che la *simmetrisazione*

$$\sum_{i=1}^{n!} \pi_i x$$

e l'*antisimmetrisazione*

$$\sum_{i=1}^{n!} \chi(\pi_i) \cdot \pi_i x \qquad \text{(dove } \chi(\pi) = \pm 1 \text{ secondo la parità di } \pi)$$

mutano ogni integro x in un integro simmetrico, risp. antisimmetrico.

349 — 350

Un qualunque sistema di forme lineari $\overset{n!}{\underset{j=1}{\Sigma}} a_{ij}\pi_j (i = 1, 2, ...)$ a coefficienti interi razionali definise un *tipo di simmetria* nel modulo delle forme differenziali di grado n, se si stabilisce che l'appartenere di $x \in K \cdot (dK)^n$ a quel tipo significhi il soddisfare alle equazioni

$$\overset{n!}{\underset{j=1}{\Sigma}} a_{ij}\pi_j x = 0 \qquad (i = 1, 2, ...).$$

Rileviamo come il più importante tipo di simmetria l'*antisimmetria* definita dalle relazioni $x - \chi(\pi_i) \cdot \pi_i x = 0 \quad (i = 1, 2, ..., n!)$.

§ 3. Differenziali integri di un corpo.

351. Sia B un insieme, finito o no, di elementi del corpo $K(\supset k)$, i cui differenziali generici (sopra k) $d_1 x$ costituiscano una base linearmente indipendente di $K \cdot d_1 K = \underset{x \in B}{\Sigma} K \cdot d_1 x$. Vale allora anche $K \cdot d_i K = \underset{x \in B}{\Sigma} K \cdot d_i x$ e l'indipendenza lineare dei $d_i x$ ($x \in B$) per ogni altro indice i, e la corrispondenza infinitesimale $R = [K, d_1 K, d_2 K, ...]$ di K (relativa a k) sarà

$$(*) \qquad R = K + \underset{\substack{x \in B \\ i}}{\Sigma} K \cdot d_i x + \underset{\substack{x, y \in B \\ i < j}}{\Sigma} K \cdot d_i x \cdot d_j y + \underset{\substack{x, y, z \in B \\ i < j < l}}{\Sigma} K \cdot d_i x \cdot d_j y \cdot d_l z + ...$$

Considerando per ora gli elementi $d_i x$ ($i = 1, 2, 3, ..., x \in B$) come argomenti liberi di un anello P di polinomi a coefficienti in K, potremo dire che R risulta da P mediante un omomorfismo avente il nucleo

$$\underset{x, y \in B}{\Sigma} d_i x \cdot d_i y \cdot P$$

(ved. **4** e **5**) e che pertanto ogni elemento di R è uguale a una sola espressione del tipo indicato al membro destro di $(*)$.

352. La corrispondenza d i f f e r e n z i a l e S di K (ved. **9**) si deriva da R per mezzo di un omomorfismo avente il nucleo

$$\mathfrak{n} = \underset{x, y \in B}{\Sigma} (d_i x \cdot d_j y + d_i y \cdot d_j x) \cdot R,$$

al quale corrisponde in P l'ideale

$$\underset{x, y \in B}{\Sigma} d_i x \cdot d_i y \cdot P + \underset{x, y \in B}{\Sigma} (d_i x \cdot d_j y + d_i y \cdot d_j x) \cdot P.$$

Calcolare in R modulo $\mathfrak{n}$, equivale a introdurre l'antisimmetria espressa dalle congruenze

$$d_i x \cdot d_j y + d_i y \cdot d_j x \equiv 0 \qquad (x, y \in B),$$

350 — 352

le quali nel caso di $\operatorname{car} K \neq 2$ permettono di ridurre ogni elemento di R alla forma

$$(*) \qquad a + \sum_{n \geq 1} \; \sum_{i_1 < i_2 < \dots < i_n} \; \sum_{j_1 < j_2 < \dots < j_n} a^{j_1 j_2 \dots j_n}_{i_1 i_2 \dots i_n} \cdot d_{i_1} x_{j_1} \cdot d_{i_2} x_{j_2} \cdot d_{i_n} x_{j_n}, \quad (x_j \in B).$$

Nel caso di $\operatorname{car} K = 2$, si avrà simile forma ridotta che si distingue dalla suddetta solamente con ciò che si deve ammettere ugualità fra gli indici $j_1, \dots, j_n$.

Dimostreremo ora nel caso di $\operatorname{car} K \neq 2$, che una espressione ridotta del tipo $(*)$ non rappresenta un elemento di $\mathfrak{n}$, a meno che siano 0 tutti i suoi coefficienti a, $a^{j_1 \dots j_n}_{i_1 \dots i_n}$.

Data la libertà degli argomenti $d_i x$ in P, l'ipotesi $(*) \subset \mathfrak{n}$ si traduce in un sistema di equazioni valide in P:

$$(**) \qquad \Sigma' \, a^{j_1 \dots j_n}_{i_1 \dots i_n} \cdot d_{i_1} x_{j_1} \dots d_{i_n} x_{j_n} = \sum_{h,\, j} (d_{h_1} x_{j_1} \cdot d_{h_2} x_{j_2} + d_{h_1} x_{j_2} \cdot d_{h_2} x_{j_1}) \cdot$$

$$\cdot \, b^{j_1 \dots j_n \, h_1 \dots h_n}_{i_1 \dots i_n} \cdot d_{h_3} x_{j_3}, \dots d_{h_n} x_{j_n}$$

dove il segno Σ' indichi sommazione con ristrezione a $j_1 < j_2 < \dots < j_n$. Gli indici $h_1, \dots, h_n$ percorrono le permutazioni del sistema $i_1, \dots, i_n$ supposto fisso.

Possiamo limitarci alla considerazione dei termini al membro destro di $(**)$, dove $h_1, \dots, h_n$, e $j_1, \dots, j_n$ sono permutazioni $\sigma(1), \dots, \sigma(n)$, risp. $\tau(1), \dots, \tau(n)$ di $1, \dots, n$.

Scrivendo (σ, τ) invece di

$$b^{j_1 j_2 \dots j_n \; h_1 h_2 \dots h_n}_{1\,2 \dots n} + b^{j_1 j_2 \dots j_n \; h_2 h_1 \dots h_n}_{1\,2 \dots n} + b^{j_2 j_1 \dots j_n \; h_1 h_2 \dots h_n}_{1\,2 \dots n} + b^{j_2 j_1 \dots j_n \; h_2 h_1 \dots h_n}_{1\,2 \dots n}$$

sicchè sarà $(\sigma\rho, \tau) = (\sigma, \tau\rho) = (\sigma, \tau)$, se ρ è la trasposizione che cambia 1 in 2, troveremo

$$\sum_{\sigma} \sum_{i=1}^{N} (\sigma\tau_i, \tau_i) \cdot d_1 x_{\sigma(1)} \cdot d_2 x_{\sigma(2)} \dots d_n x_{\sigma(n)}$$

(τ_i percorre le $N = \dfrac{n!}{2}$ permutazioni pari) come l'insieme dei termini del membro destro in $(**)$ formati solamente con $d_i x_j$ $(i, j \leq n)$. Siccome al membro sinistro non intervengono termini det tipo $a \cdot d_1 x_{\sigma(1)} \cdot d_2 x_{\sigma(2)} \dots d_n x_{\sigma(n)}$ con $\sigma \neq 1$, debbono sussistere le relazioni

$$(+) \qquad \sum_{i=1}^{N} (\sigma\tau_i, \tau_i) = 0 \qquad (\sigma \neq 1),$$

mentre

$$a^{1 \dots n}_{1 \dots n} = \sum_{i=1}^{N} (\tau_i, \tau_i).$$

352

Nell'anello $R = \sum\limits_{\sigma \varepsilon G} [1]\sigma$ del gruppo G delle $n!$ permutazioni sia

$$\sigma\tau_i = \begin{cases} \sum a_{ij}(\sigma)\tau_j, & \text{se } \chi(\sigma) = 1, \text{ cioè } \sigma \text{ è pari,} \\[2mm] \sum a_{ij}(\sigma)\tau_j\rho, & \text{se } \chi(\sigma) = -1, \text{ cioè } \sigma \text{ è dispari.} \end{cases}$$

Le matrici $A(\sigma) = (a_{ij}(\sigma))$ che rappresentano il gruppo G nel senso $A(\sigma'\sigma) = A(\sigma)A(\sigma')$, soddisfano allora alla relazione

$$(\text{++}) \qquad\qquad \sum_{\sigma \varepsilon G} \chi(\sigma)A(\sigma) = 0.$$

Invero, se la matrice B al membro sinistro non fosse 0, si otterrebbe, formando

$$B \cdot \begin{pmatrix} \tau_1 \\ \vdots \\ \tau_N \end{pmatrix} = \begin{pmatrix} L_1 \\ \vdots \\ L_N \end{pmatrix},$$

almeno una forma lineare $L = L_\nu = \sum\limits_{i=1}^{N} \lambda_i\tau_i \neq 0$, la quale di seguito a $B \cdot A(\sigma) = X(\sigma)B$ avrebbe le proprietà

$$\sigma L = L \quad \text{per} \quad \chi(\sigma) = 1,$$

$$\sigma L = -L\rho \quad \text{per} \quad \chi(\sigma) = -1.$$

Ora dalla prima segue, prendendo $\sigma = \tau_i$ $(i = 1, \dots, N)$ che tutti i coefficienti λ_i debbono essere uguali fra di loro, sicchè $\rho L = -L\rho$ contraddice al fatto $\rho L = \rho(\sum\limits_i \lambda\tau_i) = \sum\limits_i \lambda\tau_i\rho = L\rho$, se non $L = 0$.

Dimostrate le relazioni

$$\sum_{\sigma \varepsilon G} \chi(\sigma)a_{ij}(\sigma) = 0 \qquad\qquad (i, j \leq N)$$

equivalenti a (++), ne ricaviamo

$$\sum_{\sigma \varepsilon G} \chi(\sigma) \sum_{i=1}^{N} (\sigma\tau_i, \tau_i) = \sum_{\sigma} \chi(\sigma) \sum_{i, j} a_{ij}(\sigma)(\tau_j, \tau_i) = 0,$$

il che mostra che dal sussistere di (+) consegue

$$\sum_{i=1}^{N} (\tau_i, \tau_i) = 0, \text{ cioè } a^{1\dots n}_{1\dots n} = 0,$$

c. d. d.

353. Ogni espressione

$$(*) \qquad dx \wedge dy + dy \wedge dx = d_1x \cdot d_2y + d_1y \cdot d_2x \qquad (x, y \in K)$$

e ogni prodotto esterno $X \wedge [dx \wedge dy + dy \wedge dx] \wedge Y$ con $X, Y \in M$ sono elementi dell'ideale $\mathfrak{n}$. Ne segue che l'ideale bilaterale

$$\mathfrak{d} = \sum_{x, y \in K} M \wedge [dx \wedge dy + dy \wedge dx] \wedge M$$

352 — 353

generato dalle espressioni (*) nell'anello $M = [K, dK] = \sum\limits_{n=0}^{\infty} K \cdot (dK)^n$ (ved. **349**) è contenuto in $\mathfrak{n}$. Dimostreremo nel caso di car $K \neq 2$ che

$$(**) \qquad\qquad \mathfrak{c} = \mathfrak{n} \cap M.$$

Sia

$$\left({}_{**}^{\;*}\right) \qquad a + \sum_{n \geq 1} \sum_{i_1 \dots i_n} a_{i_1 \dots i_n} \cdot dx_{i_1} \wedge \dots \wedge dx_{i_n} \qquad (a, \, a_{i_1 \dots i_n} \in K)$$

elemento qualunque di $\mathfrak{n} \cap M$, espresso mediante un sistema (finito) di elementi x_i appartenenti alla base B definita in **351**.

In ogni termine $a_{i_1 \dots i_r \, i_{r+1} \dots i_n} \cdot dx_{i_1} \wedge \dots \wedge dx_{i_r} \wedge dx_{i_{r+1}} \wedge \dots \wedge dx_{i_n}$ di $\left({}_{**}^{\;*}\right)$ si può invertire, con la sola addizione di un elemento di $\mathfrak{d}$, e cioè di

$$- a_{i_1 \dots i_r \, i_{r+1} \dots i_n} \cdot dx_{i_1} \wedge \dots \wedge (dx_{i_r} \wedge dx_{i_{r+1}} + dx_{i_{r+1}} \wedge dx_{i_r}) \wedge \dots \wedge dx_{i_n},$$

l'ordine di due fattori consecutivi, cambiando però il segno del coefficiente. Siccome ogni permutazione lascia effettuarsi con una serie di permutazioni di fattori consecutivi, l'elemento $\left({}_{**}^{\;*}\right)$ è congruo mod $\mathfrak{d}$ a uno del tipo ridotto nel senso spiegato in **352**. Dovendo questo appartenere a $\mathfrak{n} \cap M + \mathfrak{d} \subset \mathfrak{n}$, esso è 0, il che mostra $\left({}_{**}^{\;*}\right)$ essere elemento di $\mathfrak{d}$.

Da (**) segue $M + \mathfrak{n}/\mathfrak{n} \cong M/\mathfrak{d}$ con l'isomorfismo che sostituisce $m + \mathfrak{d}$ a $m + \mathfrak{n}$ (per $m \in M$).

L'anello $M/\mathfrak{d}$ è proprio quello che risulta dall'anello M, imponendogli la validità delle regole

$$(+) \qquad\qquad dx \wedge dy + dy \wedge dx \equiv 0 \qquad (x, \, y \in K).$$

Invero, l'ideale $\mathfrak{d}$ è costituito appunto colle espressioni atte a servire di membro sinistro in una relazione conseguente dalle (+).

Se l'insieme B è base nel senso spiegato in **351** e car $K \neq 2$, ogni elemento di $M/\mathfrak{d}$ può ridursi, con la sola applicazione delle regole (+) ai differenziali base dx $(x \in B)$, a un'espressione del tipo

$$a + \sum_{n \geq 1} \Sigma' \, a_{i_1 i_2 \dots i_n} \cdot dx_{i_1} \wedge dx_{i_2} \wedge \dots \wedge dx_{i_n},$$

dove Σ' designa sommazione sotto le condizioni $i_1 < i_2 \dots < i_n$. Questa espressione ridotta è unica di seguito a $\mathfrak{d} \subset \mathfrak{n}$ (ved. **352**). .

Quell'isomorfismo $M + \mathfrak{n}/\mathfrak{n} \cong M/\mathfrak{d}$, riferentesi dapprima a K–moduli, rimane valido, qualora si considerino i suoi membri come anelli a moltiplicazione esterna, postulando che

$$(x + \mathfrak{n}) \wedge (y + \mathfrak{n}) \text{ significhi } x \wedge y + \mathfrak{n}, \text{ se } x, \, y \in M.$$

Infatti, da $M \cap \mathfrak{n} = \mathfrak{d}$ e $\mathfrak{d} \wedge M \subset \mathfrak{d}$, $M \wedge \mathfrak{d} \subset \mathfrak{d}$ segue, che tanto $x \wedge y + \mathfrak{n}$ quanto $x \wedge y + \mathfrak{d}$ non dipendono dalla scelta di x in $x + \mathfrak{n}$ e di y in $y + \mathfrak{n}$.

Il fatto evidente, che l'ideale $\mathfrak{n}$ è invariante di fronte agli automorfismi π indotti dalle permutazioni π, permette di interpretare tale π anche come

353

automorfismo di $R/\mathfrak{n}$, ponendo $\pi(x + \mathfrak{n}) = \pi x + \mathfrak{n}$ (per $x \in R$). Al legame $R = \underset{\pi}{\Sigma}\, \pi M$ corrisponde quindi una simile relazione

$$R/\mathfrak{n} = \underset{\pi}{\Sigma}\, \pi(M + \mathfrak{n}/\mathfrak{n})$$

della corrispondenza differenziale al suo sotto-K-modulo $M + \mathfrak{n}/\mathfrak{n}$, la struttura del quale è ben conosciuta dalla sua interpretazione come anello isomorfo a $M/\mathfrak{d}$.

354. La decomposizione di R in K-moduli

$$R = \overset{\infty}{\underset{n=0}{\Sigma}}\ \underset{i_1<...<i_n}{\Sigma}\ K \cdot d_{i_1} \cdot K ... d_{i_n} K,$$

diretta nel senso che da $\underset{n}{\Sigma}\ \underset{i_1<...<i_n}{\Sigma}\ X_{i_1...i_n} = 0$, $X_{i_1...i_n} \in K \cdot d_{i_1} K ... d_{i_n} K$ segue $X_{i_1...i_n} = 0$, rimane diretta anche calcolando mod $\mathfrak{n}$. Infatti, questo ideale è somma di K-moduli

$$\underset{x,\,y \in K}{\Sigma}\ \underset{h_1...h_n}{\Sigma}\ (d_{h_1}x \cdot d_{h_2}y + d_{h_1}y \cdot d_{h_2}x) \cdot K \cdot d_{h_3}K ... d_{h_n}K \subset K \cdot d_{i_1}K ... d_{i_n}K \cap \mathfrak{n}$$

($h_1 .. h_n$ percorre le permutazioni di $i_1 ... i_n$), del quale fatto ci siamo del resto gia serviti in **352**.

Per poter effettuare i calcoli in $R/\mathfrak{n}$ basta quindi conoscere le relazioni moltiplicative che esprimono il prodotto di due elementi

$$u + \mathfrak{n} \in K \cdot d_{i_1}K ... d_{i_m}K + \mathfrak{n}/\mathfrak{n}, \qquad v + \mathfrak{n} \in K \cdot d_{j_1}K ... d_{j_n}K + \mathfrak{n}/\mathfrak{n}$$

come elemento di $K \cdot d_{i_1}K ... d_{i_m}K \cdot d_{j_1}K ... d_{j_n}K + \mathfrak{n}/\mathfrak{n}$.

Ora, presciso dal caso in cui $i_1, ..., i_m, j_1, ..., j_n$ non siano $m + n$ indici distinti, in qual caso $u \cdot v + \mathfrak{n}$ sarebbe lo zero $\mathfrak{n}$, questo prodotto si riduce per mezzo di permutazioni π, π' aventi gli effetti

$$\pi(i_1) = 1, ..., \pi(i_m) = m, \qquad \pi(j_1) = m + 1, ..., \pi(j_n) = m + n$$

$$\pi'(m + 1) = 1, \pi'(m + 2) = 2, ..., \pi'(m + n) = n$$

a $\pi(u \cdot v + \mathfrak{n}) = \pi(u + \mathfrak{n})_\bullet \cdot \pi(v + \mathfrak{n})$, che ammette l'interpretazione di un prodotto esterno $\pi(u + n) \wedge \pi'\pi(v + \mathfrak{n})$.

In tale senso si può dire, che i calcoli nell'anello $M + \mathfrak{n}/\mathfrak{n} \cong M/\mathfrak{d}$ danno una stretta concentrazione dei calcoli da eseguire nella corrispondenza differenziale $R/\mathfrak{n}$. (ved. **12**).

355. I legami fra R e M e fra $R/\mathfrak{n}$ e $M + \mathfrak{n}/\mathfrak{n}$ mostrano che questi anelli esterni offrono già tutto quello, che il passaggio da un corpo K di car $K \neq 2$ alle sue corrispondenze infinitesimale e differenziale può dare di essenziale allo studio della struttura di K.

353 — 355

L'uguale importanza degli anelli M e $M + \mathfrak{n}/\mathfrak{n} \cong M/\mathfrak{d}$ c'induce a indicare con la sola sostituzione del segno $\equiv$ al segno ordinario di ugualità e cioè senza allusione al modulo $\mathfrak{d}$ della congruenza, il passaggio dall'anello $M = [K, dK]$, che chiameremo semplicemente *l'anello infinitesimale di* K, all'anello $[K, dK]/\mathfrak{d}$ da chiamarsi *l'anello differenziale di* K.

Mentre gli elementi di $[K, dK]$ si diranno *infinitesimali di* K, di grado n o n-pli se essi appartengono a $K \cdot (dK)^n$, estenderemo la denominazione *differenziale di* K a tutti gli elementi dell'anello differenziale di K. Anche nel caso dei differenziali è lecito di parlare del loro grado o della loro molteplicità, purchè essi appartengano a un K-modulo $K \cdot (dK)^n + \mathfrak{n}/\mathfrak{n}$ senza essere $\equiv 0$. Infatti secondo **354** è diretta anche la decomposizione

$$[K,\, dK] \equiv K + K \cdot dK + K \cdot dK \wedge dK + K \cdot dK \wedge dK \wedge dK + \dots.$$

Per i gradi 0 e 1 non importano le distinzioni fra infinitesimali e differenziali e fra ugualità $=$ e congruenza $\equiv$. È più di una mera convenzione formale, se ammettiamo di considerare gli elementi di K come differenziali di grado 0.

356. L'importanza dell'anello differenziale sta nella possibilità di estendere l'operazione differenziazione, definita dapprima solamente per elementi di K, a tutti i differenziali.

L'isomorfismo σ_i di K, avente l'effetto $x^{\sigma_i} = x + d_i x$ $(x \in K)$ può secondo **10** venire esteso a un automorfismo σ_i dell'anello $R/\mathfrak{n}$, il che fornisce anche una estensione d_i dell'operazione d_i, ponendo

$$d_i X \equiv X^{\sigma_i} - X \qquad \text{per ogni } X \in R/\mathfrak{n}.$$

Di nuovo servirà l'anello differenziale a una concisa descrizione di operazioni nella corrispondenza differenziale.

Per un differenziale X di grado n definiamo $dX \equiv d_1(\pi X)$ mediante una permutazione π avente l'effetto $\pi(i) = i + 1$ per $i \leq n$, osservando, che questa definizione è d'accordo col senso $d_1 X$ già dato a dX nel caso di $X \in K$ (ved. **349**). Siccome ogni differenziale X è somma di differenziali omogenei X_n pienamente determinati da X e dal loro grado n, possiamo definire $dX \equiv \Sigma\, dX_n$, chiamando questo *il differenziale di* X. Sono evidenti allora le regole

$$d(X + Y) \equiv dY, \quad d(dX) \equiv 0.$$

Se $X \equiv a \cdot dx_1 \wedge \dots \wedge dx_p$ con $a \in K$, sarà $dX \equiv da \wedge dx_1 \wedge \dots \wedge dx_p$. Il prodotto di X con un simile differenziale $Y \equiv b \cdot dy_1 \wedge \dots \wedge dy_q$ ha quindi il differenziale $d(X \wedge Y) \equiv d(a \cdot b) \wedge dx_1 \wedge \dots \wedge dx_p \wedge dy_1 \wedge \dots \wedge dy_q \equiv dX \wedge Y + (-1)^p X \wedge dY$, sicchè generalmente vale la regola

$$d(X \wedge Y) \equiv dX \wedge Y + (-1)^p X \wedge dY, \qquad \text{purchè } X \text{ sia di grado } p.$$

355 — 356

357. In analogia alla definizione

$$I_n(K) = \bigcap_S S \cdot (dS)^n, \qquad \text{risp. } I_n\left(\frac{K}{k}\right) = \bigcap_{S \supset k} S \cdot (dS)^n$$

dell'integrità infinitesimale di K (sopra k) di grado n (ved. **348**), definiamo l'*integrità differenziale di K* (sopra k) di grado n quale intersezione

$$D_n(K) = \bigcap_S [S \cdot (d\dot{S})^n + \eth/\eth], \quad \text{risp. } D_n\left(\frac{K}{k}\right) = \bigcap_{S \supset k} [S \cdot (dS)^n + \eth/\eth],$$

nella quale S altresì .percorre tutti gli aspetti perfetti di K (contenenti k). Gli elementi di $D_n(K)$ $\left(\text{di } D_n\left(\frac{K}{k}\right)\right)$ saranno detti i *differenziali integri n-pli* di K (sopra k).

Secondo le osservazioni fatte alla fine di **355** sarà lecito di identificare $I_n(K) = D_n(K)$, $I_n\left(\frac{K}{k}\right) = D_n\left(\frac{K}{k}\right)$ per $n \leq 1$.

Valgono relazioni analoghe a quelle dimostrate in **349**:

$$D_p(K) \wedge D_q(K) \subset D_{p+q}(K), \qquad I_0(K) \cdot D_n(K) \subset D_n(K)$$

(e le altre riferentisi al caso relativo), alle quali deve aggiungersi la relazione

$$dD_n(K) \subset D_{n+1}(K), \qquad dD_n\left(\frac{K}{k}\right) \subset D_{n+1}\left(\frac{K}{k}\right)$$

conseguenza immediata del fatto

$$d(S + \eth/\eth) \subset dS + \eth/\eth.$$

All'anello graduato $I(K) = \sum_{n=0}^{\infty} I_n(K)$, risp. $I\left(\frac{K}{k}\right) = \sum_{n=0}^{\infty} I_n\left(\frac{K}{k}\right)$ (ved. **349**), che chiameremo *la totale integrità infinitesimale* (sopra k), corrisponde *la totale integrità differenziale di K* (sopra k)

$$D(K) = \sum_{n=0}^{\infty} D_n(K), \quad \text{risp. } D\left(\frac{K}{k}\right) = \sum_{n=0}^{\infty} D_n\left(\frac{K}{k}\right),$$

la quale è anello graduato ammettente differenziazione:

$$dD(K) \subset D(K), \quad dD\left(\frac{K}{k}\right) \subset D\left(\frac{K}{k}\right).$$

(Conveniamo di riservare d'ora innanzi i simboli $I(K)$, $I\left(\frac{K}{k}\right)$ alle totali integrità infinitesimali e di scrivere $I_0(K)$, $I_0\left(\frac{K}{k}\right)$ per le ordinarie integrità prima (ved. **82**) designate con quei simboli).

357

358. Da $[\bigcap_S S \cdot (dS)^n] + \mathfrak{d} \subset \bigcap_S [S \cdot (dS)^n + \mathfrak{d}]$ segue che ogni infinitesimale integro X di grado n individua un differenziale integro congruo a quello, sicchè si ottiene un omomorfismo dell'anello $I(K)$ $\left(\text{di } I\left(\dfrac{K}{k}\right)\right)$ nell' anello $D(K)$ $\left(\text{in } D\left(\dfrac{K}{k}\right)\right)$. In riguardo a questo legame fra differenziali e infinitesimali integri sono importanti gli infinitesimali antisimmetrici.

L'antisimmetria di un infinitesimale

$$X = \Sigma\, a_{i_1\ldots i_n} \cdot dx_{i_1} \wedge \ldots \wedge dx_{i_n} \,\vert = \Sigma\, a_{i_1\ldots i_n} \cdot d_1 x_{i_1} \ldots d_n x_{i_n}, \quad (x_i \in B),$$

espresso mediante una base B del tipo descritto in **351**, significa

$$\pi^{-1} X = \Sigma\, a_{i_1\ldots i_n} \cdot d_{\pi_{(1)}^{-1}} x_{i_1} \ldots d_{\pi_{(n)}^{-1}} x_{i_n} = \chi(\pi^{-1}) \cdot X \quad \text{(ved. 350)}$$

ed equivale pertanto all'antisimmetria

$$a_{i_1\ldots i_n} = \chi(\pi) \cdot a_{i_{\pi(1)}\ldots i_{\pi(n)}}$$

del «tensore» $a_{i_1\ldots i_n}$, data l'indipendenza lineare dei prodotti $d_1 x_{i_1} \ldots d_n x_{i_n}$ (ved. **351**). Ponendo quindi il determinante $\underset{\pi}{\Sigma}\, \chi(\pi) \cdot dx_{i_{\pi(1)}} \wedge \ldots \wedge dx_{i_{\pi(n)}} =$ $= \Sigma\, \chi(\pi) \cdot d_1 x_{i_{\pi(1)}} \ldots d_n x_{i_{\pi(n)}}$ uguale a $d(x_{i_1}, \ldots, x_{i_n})$, potremo contrarre l'espressione di X a

$$X = \Sigma'\, a_{i_1\ldots i_n} \cdot d(x_{i_1}, \ldots, x_{i_n}),$$

ove Σ' significa sommazione sotto le condizioni: $i_1 < \ldots < i_n$.

Dato un differenziale n–plo

$$(*) \qquad X \equiv \underset{i_1\ldots i_n}{\Sigma'}\, a_{i_1\ldots i_n} \cdot dx_{i_1} \wedge \ldots \wedge dx_{i_n},$$

ridotto, come indica il segno Σ' (ved. **353**), gli associamo l'infinitesimale antisimmetrico

$$Y = \underset{i_1\ldots i_n}{\Sigma'}\, a_{i_1\ldots i_n} \cdot d(x_{i_1}, \ldots, x_{i_n})$$

che di seguito a $X \equiv \chi(\pi). \underset{i_1\ldots i_n}{\Sigma'}\, a_{i_1\ldots i_n} \cdot dx_{i_{\pi(1)}} \wedge \ldots \wedge dx_{i_{\pi(n)}}$ è congruo a $n\,!\,X$. Non interessa quindi il caso di $\operatorname{car} K = 2$, qualora non sia $n = 1$.

Dimostreremo che, presciso dal caso di $\operatorname{car} K = 2$, $n > 1$, quell'infinitesimale Y è integro (sopra k), purchè X sia integro (sopra k).

Sia S aspetto perfetto (contenente k) qualunque e

$$X \equiv \Sigma\, e \cdot df_1 \wedge \ldots \wedge df_n \qquad\qquad (e, f_1, \ldots, f_n \in S).$$

Introducendo le espressioni $df = \underset{i}{\Sigma}\, \dfrac{\partial f}{\partial x_i} \cdot dx_i$ di df_1, ecc. mediante la base B, otteniamo

$$X \equiv \underset{i_1\ldots i_n}{\Sigma}\, \Sigma\, e \cdot \frac{\partial f_1}{\partial x_{i_1}} \ldots \frac{\partial f_n}{\partial x_{i_n}} \cdot dx_{i_1} \wedge \ldots \wedge dx_{i_n} \equiv \Sigma\, \underset{i_1\ldots i_n}{\Sigma'}\, e \cdot \frac{\partial(f_1, \ldots, f_n)}{\partial(x_{i_1}, \ldots, x_{i_n})} \cdot dx_{i_1} \wedge \ldots \wedge dx_{i_n}$$

358

34

e dal confronto di questa espressione col membro destro di (∗) risultano le equazioni

$$a_{i_1 \ldots i_n} = \Sigma \, e \cdot \frac{\partial(f_1, \ldots, f_n)}{\partial(x_{i_1}, \ldots, x_{i_n})},$$

giacchè un infinitesimale della forma ridotta non può appartenere a $\mathfrak{d}$ che quando esso è 0 (ved. **352** o **353**). Quelle espressioni per i coefficienti permettono di scrivere Y nella forma

$$Y = \Sigma \, \underset{i_1 \ldots i_n}{\Sigma'} \, e \cdot \frac{\partial(f_1, \ldots, f_n)}{\partial(x_{i_1}, \ldots, x_{i_n})} \cdot d(x_{i_1}, \ldots, x_{i_n}) =$$

$$= \Sigma \, \underset{\pi}{\Sigma} \, \underset{i_1 \ldots i_n}{\Sigma'} \, e \cdot \frac{\partial(f_1, \ldots, f_n)}{\partial(x_{i_1}, \ldots, x_{i_n})} \cdot \chi(\pi) \cdot d_1 x_{i_{\pi(1)}} \ldots d_n x_{i_{\pi(n)}} =$$

$$= \Sigma \, \underset{i_1 \ldots i_n}{\Sigma} \, e \cdot \frac{\partial(f_1, \ldots, f_n)}{\partial(x_{i_1}, \ldots, x_{i_n})} \cdot d_1 x_{i_1} \ldots d_n x_{i_n} = \Sigma \, \underset{\pi}{\Sigma} \, \chi(\pi) \cdot e \cdot df_{\pi(1)} \wedge \ldots \wedge df_{\pi(n)}$$

il che dimostra $Y \subset S \cdot (dS)^n$ e quindi l'integrità di Y.

Pur non potendo affermare che ogni differenziale integro sia congruo a un infinitesimale integro, siamo tuttavia riusciti a provare, che *l'n!-plo di ogni differenziale n-plo integro (sopra k) è congruo a un infinitesimale antisimmetrico integro (sopra k).*

§ 4. Calcolo delle integrità di un corpo.

359. La determinazione delle integrità di un corpo K si facilita, se K viene considerato come sopra-corpo finito e separabile di un corpo abbastanza semplice K_0.

Rammentiamo, che ogni aspetto perfetto di K determina un aspetto $S_0 = S \cap K_0$ di K_0 (ved. **328**) che nel caso presente, dove dim $\frac{K}{K_0} = 0$, non è totale (ved. **126**) e pertanto perfetto. Del resto $\mathbb{D}_0$ è l'unica prospettiva perfetta di K_0, della quale $\mathbb{D}$ sia estensione, perchè ogni tale aspetto è contenuto in $S \cap K_0$ e quindi uguale a $S \cap K_0$ (ved. **96**).

La separabilità di K sopra K_0 induce $\mathfrak{d}_0\left(\dfrac{S}{S_0}\right) \neq 0$ (ved. **285**), il che rende utile il lemma che segue:

360. *Se l'infinitesimale n-plo x soddisfa alla condizione*

$$x \subset S \cdot (dS)^n$$

e l'aspetto perfetto S ha base algebrica sopra $S_0 \leftarrow S$, allora vale

$$x \cdot \mathfrak{d}_0\left(\frac{S}{S_0}\right)^n \subset \mathfrak{d}_1\left(\frac{S}{S_0}\right)^n \cdot (dS_0)^n.$$

358 — 360

DIMOSTRAZIONE. - Sia $S \in V([S_0, x_1,..., x_m])$ e quindi $S \cdot dS = \sum_{i=1}^{m} S \cdot dx_i + S \cdot dS_0$. Il fatto che ogni ideale in S è principale, permette di scegliere una base $w_i + S \cdot dS_0$ $(i = 1, ... , m)$ di $S \cdot dS / S \cdot dS_0$ siffatta, che

$$c_i \cdot w_i \subset S \cdot dS_0 \quad \text{con} \quad c_i \in S, \quad c_{i+1} \subset c_i \cdot S \qquad (i = 1, ..., m)$$

costituiscano una S-base delle relazioni del tipo $\sum_{i=1}^{m} a_i \cdot w_i \subset S \cdot dS_0$ $(a_i \in S)$.

Allora (ved. **14**) $\eth_0 \left(\dfrac{S}{S_0}\right) = \left(\prod_{i=1}^{m} c_i\right) \cdot S$, $\eth_1 \left(\dfrac{S}{S_0}\right) = \left(\prod_{i=1}^{m-1} c_i\right) \cdot S$, e pertanto

$$(*) \qquad \eth_0 \left(\frac{S}{S_0}\right) \cdot dS \subset \eth_1 \left(\frac{S}{S_0}\right) \cdot dS_0 \,,$$

essendo $c_m \cdot dS \subset S \cdot dS_0$. Da $(*)$ e $x \subset S \cdot (dS)^n$ segue subito la relazione da dimostrare.

361. *Se il differenziale n-plo $x + \eth$ di un corpo K di caratteristica diversa da 2 soddisfa alla condizione*

$$x \subset S \cdot (dS)^n + \eth$$

e l'aspetto perfetto S ha base algebrica sopra $S_0 \leftarrow S$, allora vale

$$x \cdot \eth_0 \left(\frac{S}{S_0}\right) \subset \eth_n \left(\frac{S}{S_0}\right) \cdot (dS_0)^n + \eth.$$

DIMOSTRAZIONE. - Sia

$$(*) \qquad x \subset \Sigma e \cdot df_1 \wedge ... \wedge df_n + \eth \quad (\text{con } e, f_1, ... f_n \in S).$$

Adoperando la stessa base $w_i + S \cdot dS_0$ $(i = 1, ... , m)$ che ci ha servito nella dimostrazione precedente, possiamo introdurre le espressioni dei df_i quali elementi di $\sum_{i=1}^{m} S \cdot w_i + S \cdot dS_0$ e ridurre così il membro destro di $(*)$ a una espressione appartenente all'insieme

$$\sum_{r=0}^{n} \sum_{i_1 > ... > i_r} S \cdot w_{i_1} \wedge ... \wedge w_{i_r} \wedge (dS_0)^{n-r} + \eth,$$

dopo aver tenuto conto della congruenza $w_i \wedge w_j + w_j \wedge w_i \equiv 0$ e della sua conseguenza $w_i \wedge w_i \equiv 0$ valida perchè car $K \neq 2$.

Da $i_1 > ... > i_r$ segue $i_h \leq m - h + 1$ e quindi $c_{m-h+1} \subset c_{i_h} \cdot S$, sicchè

$$x \cdot \prod_{i=1}^{m} c_i \subset \left(\prod_{i=1}^{m-n} c_i\right) \cdot \sum_{r=0}^{n} \sum_{i_1 > ... > i_r} S \cdot c_{i_1} \cdot w_{i_1} \wedge ... \wedge c_{i_r} \cdot w_{i_r} \wedge (dS_0)^{n-r} + \eth \subset$$

$$\subset \eth_n \left(\frac{S}{S_0}\right) \cdot (dS_0)^n + \eth$$

360 — 361

come afferma la relazione da dimostrare, essendo $\delta_0\left(\dfrac{S}{S_0}\right) = \overset{m}{\underset{i=1}{\Pi}}\, c_i \cdot S$, $\delta_n\left(\dfrac{S}{S_0}\right) =$

$$= \overset{m-n}{\underset{i=1}{\Pi}}\, c_i \cdot S.$$

362. *Sotto le premesse:* 1) $S_0 \in V([1,\ x_1,\ \ldots,\ x_r])$ *aspetto perfetto del corpo* r-*dimensionale* $K_0 = (x_1, \ldots, x_r)$; 2) $K = (K_0,\ y)$ *definito dall' equazione* $f(y) =$ $= y^m + a_1 \cdot y^{m-1} + \ldots + a_m = 0$ $(a_i \in S_0)$; 3) *Per ogni aspetto perfetto* $S \to S_0$ *di* K *è* $S/\mathbb{P}$ *separabile sopra* $S_0 + \mathbb{P}/\mathbb{P}$,

     si conclude

$$da\ \ x \in \bigcap_{\substack{S \to S_0 \\ (S)=K,\, S\ \text{perfetto}}} S \cdot (dS)^n\ \ che\ \ x \cdot (f_y(y))^n \subset \left(\overset{r}{\underset{i=1}{\Sigma}}\, [S_0,\ y] \cdot dx_i\right)^n.$$

DIMOSTRAZIONE. – Se K è inseparabile sopra K_0, il teorema è trivialmente vero in conseguenza di $f_y(y) = 0$ (ved. **23**). Supponiamo perciò K separabile sopra K_0, il che secondo **359** garantisce che $\delta_0\left(\dfrac{S}{S_0}\right) \neq 0$ per ogni aspetto perfetto $S \to S_0$ di K. Tale S appartiene necessariamente alla varietà V di base $I\left(\dfrac{K}{S_0}\right)$. Invero, avendo questa integrità relativa (intesa nel senso definito in **82**) una S_0-base finita (ved. **103**), la prospettiva di base $I\left(\dfrac{K}{S_0}\right)$ individuata (ved. **73**) dall'estensione di $\mathbb{P}$ con $I\left(\dfrac{K}{S_0}\right)$ coincide con $\mathbb{P}$, essendo essa perfetta (ved. **125** e **127**).

Applicando il teorema **290**, troviamo $\delta_1\left(\dfrac{S}{S_0}\right) = S$, poichè da $\mathbb{P} \in V\left(I\left(\dfrac{K}{S_0}\right)\right) = V$ segue, che $S/\mathbb{P}$ è 0-dimensionale sopra $S_0 + \mathbb{P}/\mathbb{P}$, mentre $\left(\dfrac{\mathbb{P}_0 S + \mathbb{P}^z}{\mathbb{P}}\right) \leq 1$ e la premessa 3) garantisce la separabilità relativa di $S/\mathbb{P}$.

Secondo **360** sarà quindi $x \cdot \delta_0\left(\dfrac{S}{S_0}\right)^n \subset S \cdot (dS_0)^n = \left(\overset{r}{\underset{i=1}{\Sigma}}\, S \cdot dx_i\right)^n$, donde segue per x un'espressione

$$x = \underset{i_1 \ldots i_n}{\Sigma}\, c_{i_1 \ldots i_n} \cdot dx_{i_1} \wedge \ldots \wedge dx_{i_n}$$

con $c_{i_1 \ldots i_n} \in K$ unicamente determinati da x (ved. **351**), il che esige

$$(*) \qquad\qquad c_{i_1 \ldots i_n} \cdot \delta_0\left(\dfrac{S}{S_0}\right)^n \subset S\ \ per\ ogni\ \ S \to S_0\ di\ V.$$

Sia $d \in \underset{S \to S_0}{\bigcap}\, S$ base comune agli ideali $\delta_0\left(\dfrac{S}{S_0}\right)$ (ved. **329** I).

Dalla conseguenza:

$$c_{i_1 \ldots i_n} \cdot d^{n-1} \cdot \delta_0\left(\dfrac{S}{S_0}\right) \subset S\ \ per\ ogni\ \ S \to S_0\ in\ V$$

361 — 362

di (∗) si deriva allora

$$(**) \qquad c_{i_1 \ldots i_n} \cdot d^{n-1} \cdot f_\nu(y) \subset [S_0, \, y],$$

perchè il fatto, che quegli aspetti S costituiscono una completa estensione di S_0 (ved. 263 e 250 fine) permette di applicare il risultato 301.

Quando $n > 1$, si scriverà la conseguenza

$$(c_{i_1 \ldots i_n} \cdot f_\nu(y)) \cdot d^{n-2} \cdot \eth_0 \left(\frac{S}{S_0} \right) \subset S \quad \text{per ogni} \quad S \to S_0 \ \text{in} \ V,$$

di (∗∗) per poter applicare di nuovo lo stesso ragionamento, che poi insegna:

$$(c_{i_1 \ldots i_n} \cdot f_\nu(y)) \cdot d^{n-2} \cdot f_\nu(y) \subset [S_0, \, y].$$

Così proseguendo, qualora sia $n > 2$, si arriva finalmente alle relazioni $c_{i_1 \ldots i_n} \cdot (f_\nu(y))^n \subset [S_0, \, y]$, equivalenti a quella da dimostrare.

363. *Sotto le premesse:* 1) $S_0 \in V([1, \, x_1, \ldots, \, x_r])$ *aspetto perfetto del corpo r-dimensionale* $K_0 = (x_1, \ldots, \, x_r)$; 2) $K = (K_0, \, y)$ *definito dall'equazione* $f(y) = y^m + a_1 \cdot y^{m-1} + \ldots + a_m = 0$ $(a_i \in S_0)$; 3) *Per ogni aspetto perfetto* $S \to S_0$ *di K è* $S/\mathbb{P}$ *serarabile sopra* $S_0 + \mathbb{P}/\mathbb{P}$; 4) *car* $K \neq 2$,
 si conclude

$$da \quad x \in \bigcap_{\substack{S \to S_0 \\ (S)=K, \ S \text{ perfetto}}} [S \cdot (dS)^n + \eth] \quad che \quad x \cdot f_\nu(y) \subset (\Sigma \, [S_0, \, y] \cdot dx_i)^n + \eth.$$

Dimostrazione. – Soddisfatte le premesse 1), 2), 3) del teorema precedente, valgono conclusioni analoghe a quelle di **362**. Invece di **360** si applicherà **361**, che mostra $x \cdot \eth_0 \left(\frac{S}{S_0} \right) \subset S \cdot (dS_0)^n + \eth$, cioè

$$x \equiv \sum_{i_1 < \ldots < i_n} c_{i_1 \ldots i_n} \cdot dx_{i_1} \wedge \ldots \wedge dx_{i_n} \qquad\qquad (c_{i_1 \ldots i_n} \in K),$$

nella quale congruenza i coefficienti c sono unicamente determinati, essendo il membro destro di forma ridotta (ved. **353**), e soddisfano pertanto alle condizioni: $c_{i_1 \ldots i_n} \cdot \eth_0 \left(\frac{S}{S_0} \right) \subset S$ per ogni $S \to S_0$ in V. Le relazioni $f_\nu(y) \cdot c_{i_1 \ldots i_n} \subset \subset [S_0, \, y]$ equivalenti a quella da dimostrare seguono ormai immediatamente dal teorema **301**.

364. I teoremi **360** e **361** valgono anche nel caso che K e K_0 siano sopra-corpi di un medesimo corpo k e che si sostituiscano infinitesimali e differenziali relativi a k a quelli assoluti ivi considerati, supponendo nello stesso tempo che S_0 contenga k.

362 — 364

Ciò risulta subito dal fatto, che l'ipotesi $S_0 \supset k$ induce piena coincidenza delle equazioni definenti $S \cdot \dfrac{d}{k} S/S \cdot \dfrac{d}{k} S_0$ con quelle definenti $S \cdot dS/S \cdot dS_0$.

Per questa ragione si ottengono teoremi simili a quelli dimostrati in **362** e **363**, i quali differiscono da questi solamente con ciò, che si presuppone $S_0 \in V([k, x_1, \ldots, x_r])$ essere aspetto perfetto di un corpo $K_0 = (k, x_1, \ldots, x_r)$ r-dimensionale sopra k, e che i teoremi si riferiscono a infinitesimali e differenziali relativi invece di assoluti.

365. Per poter formulare dei criteri indipendenti dalla premessa 3) dei lemmi **362** e **363**, giova introdurre la nozione di divisore differente di un corpo K relativo a un sotto-corpo K_0.

Se K è corpo aritmetico o algebrico sopra un sotto-corpo k di K_0, si definisce per

$$(*) \qquad n \geq \dim \frac{K}{K_0} + \ \text{insep.} \ \frac{K}{K_0} = n_0$$

un divisore aritmetico, risp. algebrico sopra k (ved. **332**), chiamato *l'n-esimo divisore differente di K sopra K_0*, ponendo i suoi componenti uguali a

$$(**) \qquad \mathfrak{d}_{n\frac{K}{K_0}}(S) = \mathfrak{d}_n \left(\frac{S}{S_0} \right) \qquad \text{con } S_0 = S \cap K_0.$$

Questa definizione si giustifica, osservando che l'ipotesi, che S abbia base aritmetica o algebrica sopra k $(\subset S_0 = S \cap K_0)$, garantisce l'esistenza dei differenti relativi al membro destro di $(**)$, mentre la premessa $(*)$ procura, che $\mathfrak{d}_n \left(\dfrac{S}{S_0} \right) \cdot K = \mathfrak{d}_n \left(\dfrac{K}{K_0} \right)$ (ved. **15** o **284**) sia $\neq 0$.

Le relazioni $\mathfrak{d}_n \left(\dfrac{S}{S_0} \right) \subset \mathfrak{d}_{n+1} \left(\dfrac{S}{S_0} \right) \subset S$ mostrano, che non soltanto i divisori $\mathfrak{d}_{n\frac{K}{K_0}}$, ma anche i loro quozienti $\mathfrak{e}_{n\frac{K}{K_0}} = \mathfrak{d}_{n\frac{K}{K_0}} \cdot \mathfrak{d}^{-1}_{(n+1)\frac{K}{K_0}}$ $(n \geq n_0)$ sono interi. Questi divisori, che diremo *i divisori elementari di K sopra K_0*, stanno ai divisori differenti nelle relazioni

$$\left({}^{*}_{**} \right) \qquad \mathfrak{d}_{n\frac{K}{K_0}} = \prod_{q \geq n} \mathfrak{e}_{q\frac{K}{K_0}}$$

che devonsi intendere come simbolica sintesi delle relazioni

$$\mathfrak{d}_{n\frac{K}{K_0}}(S) = \prod_{q \geq n} \mathfrak{e}_{q\frac{K}{K_0}}(S),$$

nelle quali per ogni S certo non si tratta che di un prodotto finito al membro destro, dato che $\mathfrak{d}_q \left(\dfrac{S}{S_0} \right) = S$ per q abbastanza grande.

064 — 365

Nel caso, importante per lo scopo presente, che K sia finito e separabile sopra K_0, si potrebbero definire i divisori differenti, senza la ristrezione espressa dagli attributi «aritmetico» o «algebrico sopra k», perchè il fatto che l'integrità $I\left(\dfrac{K}{S_0}\right)$ è base di S e ha S_0-base finita garantisce sempre l'esistenza dei differenti $\eth_n\left(\dfrac{S}{S_0}\right)$, comunque sia l'aspetto perfetto S di K.

In questo caso esistono anche le norme relative (ved. **329**)

$$N_{\frac{K}{K^0}}(\eth_n{\tfrac{K}{K_0}}) = \eth_{nK}, \qquad N_{\frac{K}{K_0}}(\mathfrak{e}_n{\tfrac{K}{K_0}}) = \mathfrak{e}_{nK}$$

quali divisori interi di K_0, che chiameremo *i discriminanti di K relativi a K_0*, risp. *i divisori elementari di K_0 sotto K*. Essi stanno nelle relazioni

$$\eth_{nK} = \prod_{q \geq n} \mathfrak{e}_{qK},$$

conseguenze delle $\left(\substack{*\\**}\right)$.

Notiamo finalmente che i risultati **360** e **361** ammettono ormai la formulazione:

$$\text{Da}\quad x \in S \cdot (dS)^n \qquad segue \quad x \subset \mathfrak{e}_{0\frac{K}{K_0}}^{-n}(S) \cdot (dS_0)^n$$

(+)

$$\text{Da}\quad x \in S \cdot (dS)^n + \eth \qquad segue \quad x \subset \mathfrak{e}_{0\frac{K}{K_0}}^{-1}(S) \cdot (dS_0)^n + \eth.$$

366. *Sotto le premesse:* 1) $S_0 \in V([1, x_1, \dots, x_r])$ *aspetto perfetto del corpo r-dimensionale* $K_0 = (x_1, \dots, x_r)$; 2) $K = (K_0, y)$ *definito dall'equazione* $f(y) = y^m + a_1 \cdot y^{m-1} + \dots + a_m = 0$ $(a_i \in S_0)$, *valgono le conclusioni*:

I) $Da\ x \in \bigcap\limits_{\substack{S \to S_0 \\ (S)=K,\ S\ \text{perfetto}}} S \cdot (dS)^n\ segue\ x \cdot f_y(y) \cdot e_0{}^n \subset \left(\sum\limits_{i=1}^{r} [S_0, y] \cdot dx_i\right)^n$

II) $Da\ x \in \bigcap\limits_{\substack{S \to S_0 \\ (S)=K,\ S\ \text{perfetto}}} [S \cdot (dS)^n + \eth]\ e\ car\ K \neq 2\ segue$

$$x \cdot e_0 \cdot f_y(y) \subset \left(\sum_{i=1}^{r} [S_0, y] \cdot dx_i\right)^n + \eth,$$

dove e_0 designa un elemento generante il componente in S_0 del 0-esimo divisore elementare di K_0 sotto K.

DIMOSTRAZIONE. - Basta supporre $f_y(y) \neq 0$. Ponendo nel caso I come in **362** $x = \sum\limits_{i_1 \dots i_n} c_{i_1 \dots i_n} \cdot dx_{i_1} \wedge \dots \wedge dx_{i_n}$, si può affermare dapprima (ved. **365** fine)

$$c_{i_1 \dots i_n} \cdot (\mathfrak{e}_{0\frac{K}{K_0}}(S))^n \subset S,$$

365 — 366

donde si deduce applicando l'osservazione **343**,

$$(*) \qquad c_{i_1 \dots i_n} \cdot e_{0K}^n(S_0) = c_{i_1 \dots i_n} \cdot e_0^n \cdot S_0 \subset S \quad \text{per ogni } S \to S_0, \text{ perfetto.}$$

Ora sappiamo (ved. **362**) che questi aspetti S appartengono tutti quanti alla varietà V di base $I\left(\dfrac{K}{S_0}\right)$, sicchè secondo **336** la loro intersezione è uguale all'integrità $I\left(\dfrac{K}{S_0}\right)$, la quale a sua volta è contenuta in $(f_\nu(y))^{-1} \cdot [S_0, y]$ (ved. **102**). Le relazioni (∗) forniscono dunque:

$$c_{i_1 \dots i_n} \cdot e_0^n \cdot f_\nu(y) \subset [S_0, y],$$

come afferma la prima parte del teorema.

Nel caso II si partirà come in **363** da una forma ridotta

$$x \subset \sum_{i_1 < \dots < i_n} c_{i_1 \dots i_n} \cdot dx_{i_1} \wedge \dots \wedge dx_{i_n} + \delta,$$

della quale subito si constata la proprietà $c_{i_1 \dots i_n} \cdot e_{0\frac{K}{K_0}}(S) \subset S$, applicando la conclusione **365** (+) e tenendo conto dell'unicità dei coefficienti in una forma ridotta (ved. **353**). Di nuovo si passa alla norma del divisore e_{0K}, trovando così $c_{i_1 \dots i_n} \cdot e_0 \subset S$ per ogni $S \to S_0$ in V e quindi $c_{i_1 \dots i_n} \cdot e_0 f_\nu(y) \subset [\overset{\overline{K_0}}{S_0}, y]$, come afferma la seconda parte del teorema.

367. La relazione

$$\text{grado } \frac{K}{K_0} = \sum_{S \to S_0} \left(\frac{\mathbb{P}_0 \cdot S}{S} \right) \cdot \text{grado } \frac{S/\mathbb{P}}{S_0 + \mathbb{P}/\mathbb{P}} \qquad (\text{ved. } 267)$$

valida per gli aspetti S menzionati nella premessa 3) di **362** e **363**, mostra che il grado relativo di $S/\mathbb{P}$ non supera il grado di K sopra K_0. Se quindi uno dei corpi $S/\mathbb{P}$ è relativamente inseparabile, la caratteristica di $S/\mathbb{P}$, che allora divide il grado relativo di $S/\mathbb{P}$ (ved. **26**), deve essere minore o uguale al grado $\dfrac{K}{K_0}$. Possiamo pertanto assicurare, che *la premessa* 3) *dei teoremi* **362** *e* **363** *è soddisfatta per le prospettive* $\mathbb{P}$ *con* car $S/\mathbb{P} = p > $ *grado* $\dfrac{K}{K_0}$.

Un altro criterio utile nella ricerca, se sia soddisfatta quella premessa, è quello dato in **297**, il quale nel caso presente fornisce

$$(*) \qquad \delta_0\left(\frac{S}{S_0}\right) \subset \mathbb{P}_0 \cdot S$$

come condizione necessaria, affinchè $S/\mathbb{P}$ sia inseparabile sopra $S_0 + \mathbb{P}/\mathbb{P}$. Prendendo la norma del divisore differente $\delta_{0\frac{K}{K_0}}$ relativa al corpo K_0 (ved. **330**)

366 — 367

e osservando che nel caso di inseparabilità relativa di $S/\mathfrak{P}$ il grado relativo di questo corpo è almeno $p = \operatorname{car} S/\mathfrak{P}$, otteniamo il criterio: *Perchè $S/\mathfrak{P}$ di caratteristica p sia inseparabile sopra $S_0 + \mathfrak{P}/\mathfrak{P}$ è necessario, che il componente in S_0 del discriminante $\mathfrak{d}_{0K}$ sia divisibile con $\mathfrak{P}_0^{e \cdot p}$, se $\mathfrak{P}_0 \cdot S = \mathfrak{P}^e$.*

La condizione $(*)$ non è sufficiente per l'inseparabilità relativa di $S/\mathfrak{P}$, ma certo è sufficiente in tale riguardo la condizione

$$(**) \qquad\qquad \mathfrak{d}_1\!\left(\frac{S}{S_0}\right) \subset \mathfrak{P},$$

perchè dal teorema **290** segue nel caso presente

$$2 \leq \left(\frac{\mathfrak{P}_0 \cdot S + \mathfrak{P}^z}{\mathfrak{P}}\right) + \operatorname{insep.} \frac{S/\mathfrak{P}}{S_0 + \mathfrak{P}/\mathfrak{P}},$$

dove il primo termine al membro destro è ≤ 1, essendo $\mathfrak{P}$ ideale principale.

368. Volendo determinare le integrità infinitesimali o differenziali di un corpo aritmetico K di dimensione r, si sceglierà un suo sottocorpo $K_0 = (x_1, \ldots, x_r)$, sopra il quale K è separabile, il che riesce sempre (ved. **33**). Supposto allora $K = (K_0, y)$ definito dall'equazione

$$f(y) = f(x_1, \ldots, x_r, y) = y^m + a_1 \cdot y^{m-1} + \ldots + a_m = 0 \quad \text{con} \quad a_i \in [1, x_1, \ldots, x_r],$$

si considerino le prospettive perfette $\mathfrak{P}_0$ di base $[1, x_1, \ldots, x_r]$. Ogni elemento primo $p(x_1, \ldots, x_r)$ di questo anello, che non è unità, individua una prospettiva $\mathfrak{P}_0$ con la proprietà $\mathfrak{P}_0 = p(x_1, \ldots, x_r) \cdot S_0$.

Le prospettive $\mathfrak{P} \to \mathfrak{P}_0$ di base $[1, x_1, \ldots, x_r, y]$ saranno in generale perfette, dato che i differenti assoluti, calcolati mediante la sola equazione differenziale $f_y \cdot dy + \sum\limits_{i=1}^{r} f_{x_i} \cdot dx_i = 0$ di K (ved. **18**), sono

$$\mathfrak{d}_h(S) = 0 \ (h < r), \quad \mathfrak{d}_r(S) = f_y \cdot S + \sum\limits_{i=1}^{r} f_{x_i} \cdot S, \quad \mathfrak{d}_{r+1}(S) = S$$

e garantiscono pertanto, secondo il lemma **303**, che $\mathfrak{P}$ è regolare e quindi perfetta (ved. **127**), almeno che sia $\mathfrak{d}_r(S) = S$.

Chiamiamo *eccezionali* le prospettive $\mathfrak{P}_0$, per le quali esiste una estensione perfetta $\mathfrak{P}$, prospettiva di K, con $S/\mathfrak{P}$ inseparabile sopra $S_0 + \mathfrak{P}/\mathfrak{P}$. Sia $q(x_1, \ldots, x_r) \in [1, x_1, \ldots, x_r]$ un polinomio diverso da 0 e contenuto in $f_y(y) \cdot [1, x_1, \ldots, x_r, y]$, per es. il discriminante di $f(y)$ considerato come polinomio di y. Fra le prospettive $\mathfrak{P}_0$ individuate nel modo suddetto da elementi

367 — 368

271

primi $p(x_1, \ldots, x_r)$ sono eccezionali al più quelle, per le quali $p(x_1, \ldots, x_r)$ divide $q(x_1, \ldots, x_r)$.

Invero, se $p(x_1, \ldots, x_r)$ non è divisore di $q(x_1, \ldots, x_r)$, sarà $q(x_1, \ldots, x_r) \subseteq\!\!\!\!= \mathbb{P}_0$, poichè $\mathbb{P}_0 \cap [1, x_1, \ldots, x_r] = p(x_1, \ldots, x_r) \cdot [1, x_1, \ldots, x_r]$. Ora, $q(x_1, \ldots, x_r) \subseteq\!\!\!\!= \mathbb{P}_0$, induce $f_\nu(y) \subseteq\!\!\!\!= \mathbb{P}$ per le estensioni $\mathbb{P} \to \mathbb{P}_0$ di base $[1, x_1, \ldots, x_r, y]$, le quali, del resto, tutte quante sono regolari, cioè perfette, di seguito a $S = f_\nu(y) \cdot S \subset \mathfrak{d},(S) \subset S$ (ved. **303**), mentre lo stesso fatto $f_\nu(y) \subseteq\!\!\!\!= \mathbb{P}$ garantisce $\mathfrak{d}_0\!\left(\dfrac{S}{S_0}\right) = S$ e quindi la separabilità relativa di $S/\mathbb{P}$ (ved. **367**). Non ci sono altre prospettive perfette $\mathbb{P} \to \mathbb{P}_0$ di K fuori di quelle $\mathbb{P} \in V([1, x_1, \ldots, x_r, y])$, perchè l'estensione di una qualunque estensione perfetta $\mathbb{P}' \to \mathbb{P}_0$ con l'anello $[1, x_1, \ldots, x_r, y] \subset I\!\left(\dfrac{K}{S_0}\right)$ (ved. **83**) individua (ved. **73**) una prospettiva $\mathbb{P} \to \mathbb{P}_0$ di base $[1, x_1, \ldots, x_r, y]$ che necessariamente coincide con $\mathbb{P}'$, essendo essa perfetta.

Se $\mathbb{P}_0$ è non-eccezionale, si ha (ved. **362** e **363**)

$$(f_\nu(y))^n \cdot x \subset \left(\sum_{i=1}^{r} [S_0, y] \cdot dx_i \right)^n \text{ per ogni } x \in I_n(K),$$

$$f_\nu(y) \cdot x \subset \left(\sum_{i=1}^{r} [S_0, y] \cdot dx_i \right)^n + \mathfrak{d} \text{ per ogni } x \in D_n(K),$$

sicchè esistono per x, risp. $x + \mathfrak{d}$ espressioni dei tipi

$$(*) \qquad x = \sum_{i_1, \ldots, i_n} \; \sum_{j=0}^{m-1} \frac{a_{i_1 \ldots i_n j} \cdot y^j}{f_\nu(y)^n} \cdot dx_{i_1} \wedge \ldots \wedge dx_{i_n}$$

$$(**) \quad x + \mathfrak{d} = \sum_{i_1 < \ldots < i_n} \; \sum_{j=0}^{m-1} \frac{a_{i_1 \ldots i_n j} \cdot y^j}{f_\nu(y)} \cdot dx_{i_1} \wedge \ldots \wedge dx_{i_n} + \mathfrak{d} \quad (\text{car } K \neq 2)$$

con $a_{i_1 \ldots i_n j} \in K_0$ o piuttosto $\subset S_0$, siccome questi coefficienti sono unici (ved. **351** e **352**). Valendo questo per ogni $\mathbb{P}_0 =\!|\!\supset q(x_1, \ldots, x_r)$, si ottengono quei coefficïenti sotto forma di quozienti con numeratori in $[1, x_1, \ldots, x_r]$ e con denominatore composto solamente da fattori primi che dividono $q(x_1, \ldots, x_r)$. Nel caso di car $K = 0$ sappiamo di più (ved. **367**), che basta prendere un denominatore composto solamente da numeri primi $p \leq m = \text{grado}\, \dfrac{K}{K_0}$. Quanto all'esponente con cui entrano quei fattori primi nel denominatore, rammentiamo che

$$(\mathfrak{e}_{0K}(S_0))^n \cdot a_{i_1 \ldots i_n j} \subset S_0, \text{ risp. } \mathfrak{e}_{0K}(S_0) \cdot a_{i_1 \ldots i_n j} \subset S_0,$$

secondochè x sia infinitesimale o differenziale (ved. **366**).

Queste osservazioni bastano per poter enunciare il teorema che segue.

368

369. *Se il corpo* $K = (K_0, y)$ *è definito sopra il corpo* r-*dimensionale* $K_0 = (x_1, \dots, x_r)$ *dall'equazione*

$$f(y) = f(x_1, \dots, x_r, y) = y^m + a_1 \cdot y^{m-1} + \dots + a_m = 0 \quad con \quad a_i \in [1, x_1, \dots, x_r],$$

c'è un elemento $b \in [1, x_1, \dots, x_r]$ *diverso da* 0 *e tale che*

$$b^n \cdot f_y(y)^n \cdot I_n(\dot{K}) \subset \left(\sum_{i=1}^{r} [1, x_1, \dots, x_r, y] \cdot dx_i \right)^n$$

(*)

$$b \cdot f_y(y) \cdot D_n(K) \subset \left(\sum_{i=1}^{r} [1, x_1, \dots, x_r, y] \cdot dx_i \right)^n + \eth$$

(ved. **348** e **357**). *Questo* b *può essere scelto come prodotto di elementi primi* $p(x_1, \dots, x_r)$ *che dividono il discriminante* $q(x_1, \dots, x_r)$ *di* $f(y)$, *prendendo ogni* $p(x_1, \dots, x_r)$ *nella potenza uguale all'ordine del nullo-esimo divisore elementare* e_{0K} *di* $\dot{K_0}$ *sotto* K (*ved.* **365**) *nella prospettiva* $\mathbb{P}_0$ *determinata da* $\mathbb{P}_0 = p(x_1, \dots, x_r) \cdot S_0$. *Nel caso di car* $K = 0$ *basta scegliere* b *come prodotto di numeri primi* $mi \leq m$. *Ad ogni modo è sufficiente limitarsi a* $p(x_1, \dots, x_r)$ *siffatti, che quella* $\mathbb{P}_0$ *ammette una prospettiva perfetta* $\mathbb{P} \to \mathbb{P}_0$ *di* K *con* $S/\mathbb{P}$ *inseparabile sopra* $S_0 + \mathbb{P}/\mathbb{P}$. *Criteri per questa ricerca trovansi in* **367**.

370. Per illustrare la discussione suddetta, applichiamola al corpo $K = (x, y)$ di caratteristica 0 definito dall'equazione di FERMAT:

$$f(x, y) = x^m + y^m - 1 = 0, \qquad (m > 1)$$

considerandolo come sopra-corpo di $K_0 = (x)$.

La relazione $m \cdot f(x, y) - f_y(x, y) \cdot y = m \cdot (x^m - 1)$ permette di prendere $q(x) = m \cdot (x^m - 1)$ (ved. **368**), donde segue che il numero designato con b nel teorema precedente può essere preso come prodotto di numeri primi che dividono m, purchè non si possa prendere $b = 1$, come diffatti verificheremo.

Sia $\mathbb{P}_0 \in V([1, x])$ determinata da $\mathbb{P}_0 = p \cdot S_0$, ove p divide m. Ogni aspetto perfetto S di K che estende S_0 contiene $y \in I\left(\dfrac{K}{S_0}\right)$, quale elemento soddisfa alla congruenza $x^h + y^h - 1 \subset \mathbb{P}$, se $m = p^r \cdot h$, essendo $x^m + y^m - 1 \equiv (x^h + y^h - 1)^{p^r} \bmod \mathbb{P}$. Supposto h primo a p, concludiamo dal fatto, che $x^h + y^h - 1$, considerato come polinomio in x, y a coefficienti nel campo di GALOIS a p elementi, è irriducibile, la disuguaglianza

(*) $\qquad \qquad \text{grado } \dfrac{S/\mathbb{P}}{S_0 + \mathbb{P}/\mathbb{P}} \geq \text{grado } \dfrac{[S_0, y] + \mathbb{P}/\mathbb{P}}{S_0 + \mathbb{P}/\mathbb{P}} = h.$

Ponendo $x^h + y^h - 1 = u \ (\subset \mathbb{P})$, avremo $x^{hp^r} + (1 - x^h + u)^{p^r} - 1 = 0$, cioè

$$u^{p^r} + (1 - x^h)^{p^r} + x^{hp^r} - 1 + \sum_{q=1}^{p^r-1} \binom{p^r}{q} \cdot (1 - x^h)^q \cdot u^{p^r - q} = 0$$

369 — 370

273

oppure

$$(**) \qquad p \cdot \left(g(x) + \sum_{q=1}^{p^r-1} \frac{1}{p} \binom{p^r}{q} \right) \cdot (1 - x^h)^q \cdot u^{p^r-q} \Big) = - u^{p^r} \subset \mathbb{D}^{p^r},$$

dove

$$g(x) = \frac{(1 - x^h)^{p^r} + x^{hp^r} - 1}{p} = \sum_{q=1}^{p^r-1} (- 1)^q \cdot p^{-1} \cdot \binom{p^r}{q} x^{hq} + \frac{(- 1)^p + 1}{p} x^{hp^r} \, \mathrm{c}\!\!|\!\!\equiv \mathbb{D},$$

essendo $\mathbb{D} \cap [1, x] = p \cdot [1, x]$, ma $p^{-1} \cdot \binom{p^r}{p^{r-1}} = \prod_{1\leq l < p^{r-1}} \frac{p^r - l}{l} \equiv\!|\!\equiv 0 \bmod p.$

Segue quindi da $(**)$ che $p \subset \mathbb{D}^{p^r}$, cioè $\mathbb{D}_0 \cdot S \subset \mathbb{D}^{p^r}$ epperò $\left(\frac{\mathbb{D}_0 \cdot S}{S} \right) \geq p^r$, sicchè la relazione

$$hp^r = m = \mathrm{grado}\, \frac{K}{K_0} = \underset{\mathbb{p} \to \mathbb{p}_0}{\Sigma} \left(\frac{\mathbb{D}_0 \cdot S}{S} \right) \cdot \mathrm{grado}\, \frac{S/\mathbb{D}}{S_0 + \mathbb{D}/\mathbb{D}} \qquad \text{(ved. 267)}$$

non ammette che l'esistenza di una sola estensione perfetta $\mathbb{D}$ di $\mathbb{D}_0$, per la quale del resto deve valere in $(*)$ il segno di ugualità. Ciò mostra $S/\mathbb{D} = = [S_0, y] + \mathbb{D}/\mathbb{D}$ e con questo la separabilità relativa di $S/\mathbb{D}$.

Avendo dimostrato, che nessuno dei divisori primi di m individua nel modo $p \cdot S_0 = \mathbb{D}_0$ una prospettiva eccezionale (ved. **368**), è chiaro ormai, che si può prendere $b = 1$ e affermare secondo **369** le relazioni:

$$\binom{*}{**} \qquad I_1(K) \subset [1, x, y] \cdot \frac{dx}{m \cdot y^{m-1}}.$$

371. Se K è dato come sopra-corpo di k e ammette un corpo intermedio $K_0 = (k, x_1, ..., x_r)$, r-dimensionale sopra k e tale che K ne sia estensione separabile con un solo elemento y, allora si applicano gli stessi risultati **369** purchè si sostituiscano l'anello $[k, x_1, ..., x_r]$ all'anello $[1, x_1, ..., x_r]$ e le integrità relative $I_n\left(\frac{K}{k}\right)$, $D_n\left(\frac{K}{k}\right)$ a quelle assolute. Ne segue in particolare, che nel caso di car $K = 0$ si può prendere $b = 1$. Mentre in questo caso sempre esiste un corpo intermedio K_0 del tipo suddetto, non è lecito di supporre l'esistenza di tale corpo nel caso generale di car $K = p \neq 0$.

372. Siccome ogni infinitesimale o differenziale integro nel senso assoluto è integro sopra il corpo primo (ved. **348** e **357**), possiamo subordinare una parte della discussione sulla forma di tali infinitesimali o differenziali al caso più generale che si tratti di differenziali o infinitesimali integri sopra k di un corpo $K = (k, x_1, ..., x_r, y)$ definito da

$$f(y) = f(x_1, ..., x_r, y) = y^m + a_1 \cdot y^{m-1} + ... + a_m = 0 \quad (f_y(x_1, ..., x_r, y) \neq 0)$$

370 — 372

con $a_i \in [k, x_1, \dots, x_r]$ sopra il corpo $K_0 = (k, x_1, \dots, x_r)$ r-dimensionale sopra il corpo k.

Secondo **369** e **371** ogni infinitesimale ξ di K, integro sopra k e di grado n, ammette allora una rappresentazione

$$(*) \qquad \xi = \sum_{i_1, \dots, i_n} \frac{a_{i_1 \dots i_n}(x_1, \dots, x_r, y)}{(b \cdot f_y(y))^n} \cdot dx_{i_1} \wedge \dots \wedge dx_{i_n}$$

con $a_{i_1 \dots i_n} = \sum_{j < m} c_{i_1 \dots i_n j} \cdot y^j$, $c_{i_1 \dots i_n j} \in [k, x_1, \dots, x_r]$.

Volendo ottenere un limite per il grado del polinomio $c_{i_1 \dots i_n j}$ rispetto a uno degli x_i, sia rispetto a x_1, introduciamo

$$z_1 = x_1^{-1}, \; z_i = x_i \; (i > 1), \; w = y \cdot x_1^{-l} \qquad \text{invece di } x_1, \dots, x_r, y$$

come elementi generanti K sopra k, dopo aver scelto l si grande, che

$$x_1^{-lm} \cdot f(x_1, \dots, x_r, y) = g(z_1, \dots, z_r, w) = w^m + b_1 \cdot w^{m-1} + \dots + b_m$$

ha coefficienti $b_i \in [k, z_1, \dots, z_r]$. Essendo allora $g(z_1, \dots, z_r, w) = 0$ l'equazione che definisce $K = (K_0, w)$ sopra $K_0 = (k, z_1, \dots, z_r) = (k, x_1, \dots, x_r)$, sono soddisfatte le premesse del lemma **366** (modificato secondo **371**) in riguardo alla prospettiva $\mathbb{P}_0 \in V([k, z_1, \dots, z_r])$ definita da $\mathbb{P}_0 = x_1^{-1} \cdot S_0 = z_1 \cdot S_0$. Se quindi (ved. **365**)

$$e_{0K}(S_0) = N_{\frac{K}{K_0}} \frac{\delta_0}{\delta_1}(S_0) = e_0 \cdot S_0 \quad (\subset S_0),$$

sarà

$$(**) \qquad \xi \cdot e_0^n \cdot g_w(w) \subset \sum_{\substack{j < m \\ i_1, \dots, i_n}} \overset{\cdot}{S}_0 \cdot w^j \cdot dz_{i_1} \wedge \dots \wedge dz_{i_n} \cdot$$

Designi $q_{i_1 \dots i_n}$ quante volte si trova 1 in un dato sistema $i_1, \dots, i_n$ di indici. Tenuto conto di $x_1^{-lm} \cdot f_y(x_1, \dots, x_r, y) = g_w(z_1, \dots, z_r, w) \cdot x_1^{-l}$, otteniamo da $(*)$ l'espressione

$$\xi = \sum_{i_1, \dots, i_n} \frac{a_{i_1 \dots i_n}(x_1, \dots, x_r, y)}{b^n \cdot g_w(w)^n} \cdot z_1^{l \cdot (m-1) \cdot n} \cdot (-z_1)^{-2q_{i_1 \dots i_n}} \cdot dz_{i_1} \wedge \dots \wedge dz_{i_n}$$

la cui introduzione in $(**)$ fornisce, atteso che $g_w(w) \subset \sum S_0 \cdot w^j$ e $a_{i_1 \dots i_n}(x_1, \dots, x_r, y) = \sum_{j < m} c_{i_1 \dots i_n} \cdot z_1^{-jl} \cdot w^j$, una relazione

$$\left(\frac{e_0}{b} \right)^n \cdot \sum_{j < m} c_{i_1 \dots i_n j} \cdot z_1^{l \cdot (m-1) \cdot n - 2q_{i_1 \dots i_n} - jl} \cdot w^j \subset \sum_{j < m} S_0 \cdot w^j,$$

equivalente a

$$\left(\overset{*}{\underset{**}{}} \right) \qquad c_{i_1 \dots i_n j} \cdot z_1^{l \cdot (m-1) \cdot n - 2q_{i_1 \dots i_n} - jl} \cdot \left(\frac{e_0}{b} \right)^n \subset S_0$$

372

cioè alla limitazione

$$(+) \qquad l \cdot (m-1) \cdot n - 2q_{i_1 \dots i_n} - jl + n \cdot \text{ordine di } \frac{e_0}{b} \text{ in } \mathbb{P}_0 \qquad \text{(ved. 93)}$$

del grado di $c_{i_1 \dots i_n j}$ rispetto a $x_1 = z_1^{-1}$.

Notiamo che sempre e_0 e b^{-1} sono elementi di S_0 (ved. 369) sicchè l'ordine $\frac{e_0}{b}$ è ≥ 0.

Qualora si sappia che $\mathbb{P}_0$ è non-eccezionale (ved. 368), è applicabile il lemma 362 (modificato secondo 371) invece di 366, il che permette di prendere 1 invece di e_0 nei calcoli suddetti. Se di più car $K = 0$, basta scegliere $b = 1$ (ved. 371), il che semplifica il limite (+) in

$$(**) \qquad l \cdot (m-1) \cdot n - 2q_{i_1 \dots i_n} - jl.$$

373. Sotto le stesse premesse enunciate al principio di 372, però completate dall'ipotesi che car $K \neq 2$, sia

$$\xi \equiv \sum_{i_1 < \dots < i_n} \frac{a_{i_1 \dots i_n}(x_1, \dots, x_r, y)}{b \cdot f_y(y)} \cdot dx_{i_1} \wedge \dots \wedge dx_{i_n}$$

con $a_{i_1 \dots i_n} = \sum_{j < m} c_{i_1 \dots i_n j} \cdot y^j$, $c_{i_1 \dots i_n j} \in [k, x_1, \dots, x_r]$, l'espressione di un qualsiasi differenziale integro sopra k di grado n.

Con un calcolo simile a quello or ora effettuato otteniamo

$$c_{i_1 \dots i_n j} \cdot z_1^{l \cdot (m-1) - 2q_{i_1 \dots i_n} - jl} \cdot \frac{e_0}{b} \subset S_0$$

in analogia a $\left(\overset{*}{\underset{**}{}}\right)$. Dato che nel caso presente $q_{i_1 \dots i_n}$ non accetta che i valori 0 o 1, otteniamo per il grado di $c_{i_1 \dots i_n j}$ rispetto a x_1 le limitazioni

$$(*) \quad \begin{cases} l \cdot (m-j-1) + \text{ordine di } \frac{e_0}{b} \text{ in } \mathbb{P}_0 \text{ se } 1 < i_1 < \dots < i_n \\[2mm] l \cdot (m-j-1) - 2 + \text{ordine di } \frac{e_0}{b} \text{ in } \mathbb{P}_0 \text{ se } 1 = i_1 < \dots < i_n, \end{cases}$$

le quali nel caso di car $K = 0$ possono essere sostituite da

$$(**) \qquad l \cdot (m-j-1), \quad \text{risp.} \quad l \cdot (m-j-1) - 2.$$

Invece di limitare il grado di $c_{i_1 \dots i_n j}$ rispetto a uno degli argomenti $x_1, \dots, x_r$, possiamo anche derivare una disuguaglianza per il grado totale, cioè proiettivo, del polinomio $c_{i_1 \dots i_n j}$.

Premettiamo all'uopo il cambiamento proiettivo

$$\left(\overset{*}{\underset{**}{}}\right) \qquad x_1 = u_1^{-1}, \ x_i = u_i \cdot u_1^{-1} \ (i \neq 1), \ y = v \cdot u_1^{-l}$$

372 — 373

degli elementi generanti K sopra k. L'equazione definente $K = (K_0, v)$ sopra $K_0 = (k, x_1, \ldots, x_r) = (k, u_1, \ldots, u_r)$ è allora

$$g(u_1, \ldots, u_r, v) = u_1^{lm} \cdot f(x_1, \ldots, x_r, y) = v^m + b_1 \cdot v^{m-1} + \ldots + b_m = 0$$

con $b_i \in [k, u_1, \ldots, u_r]$, purchè l sia abbastanza grande, p. es. $= 1$, se il grado proiettivo del polinomio $f(X_1, \ldots, X_r, Y)$ a $r+1$ argomenti coincide col suo grado m relativo a Y.

Designi $\mathbb{D}_0$ la prospettiva $\in V([k, u_1, \ldots, u_r])$ definita da $\mathbb{D}_0 = u_1 \cdot S_0$, la quale subito si riconosce (ved. 75) essere indipendente dalla distinzione dell'indice 1 nella sostituzione $\binom{*}{**}$.

Applicando il lemma 366 (oppure 363, qualora $\mathbb{D}_0$ sia non-eccezionale), possiamo affermare

$$(+) \qquad e_0 \cdot \xi \cdot g_v(v) \subset \sum_{i_1 < \ldots < i_n} [S_0, v] \cdot du_{i_1} \wedge \ldots \wedge du_{i_n} + \eth$$

(dove si prenderà $e_0 = 1$ se $\mathbb{D}_0$ è non-eccezionale). Tenuto conto di $g_v(v) = u_1^{l(m-1)} \cdot f_v(y)$ e delle relazioni

$$dx_{i_1} \wedge \ldots \wedge dx_{i_n} \subset \begin{cases} -u_1^{-n-1} \cdot du_{i_1} \wedge \ldots \wedge du_{i_n} + \eth \qquad \text{per } 1 = i_1 < \ldots < i_n, \\ u_1^{-n} \cdot du_{i_1} \wedge \ldots \wedge du_{i_n} + du_1 \wedge \sum_{j_2 < \ldots < j_n} K \cdot du_{j_2} \wedge \ldots \wedge du_{j_n} + \eth \\ \qquad \text{per } 1 < i_1 < \ldots < i_n, \end{cases}$$

otteniamo per il membro sinistro di $(+)$ una espressione

$$\frac{e_0}{b} \cdot \sum_{\substack{1 < i_1 < \ldots < i_n \\ j < m}} u_1^{l \cdot (m-1) - j \cdot l - n} \cdot c_{i_1 \ldots i_n j} \cdot v^j \cdot du_{i_1} \wedge \ldots \wedge du_{i_n} +$$

$$+ du_1 \wedge \sum_{j_2 < \ldots < j_n} K \cdot du_{j_2} \wedge \ldots \wedge du_{j_n} + \eth,$$

sicchè $(+)$ conduce per $n < r$ alla relazione

$$c_{i_1 \ldots i_n j} \cdot u_1^{l \cdot (m-j-1)-n} \cdot \frac{e_0}{b} \subset S_0 \qquad \text{valida per } 1 < i_1 < \ldots < i_n$$

equivalente alla disuguaglianza

$$(++) \qquad \text{grado (proiettivo) di } c_{i_1 \ldots i_n j} \leq l \cdot (m - j - 1) - n + \text{ord} \frac{e_0}{b} \text{ in } \mathbb{D}_0,$$

la validità della quale non è più ristretta dall'ipotesi che 1 non si trovi fra i valori di $i_1, \ldots, i_n$, dato che $\mathbb{D}_0$ è indipendente dalla distinzione di 1 nelle formule $\binom{*}{**}$.

373

Nel caso di $n = r$ si ha semplicemente

$$\left(\tfrac{+}{++}\right) \quad \xi \equiv \frac{a(x_1, \dots, x_r, y)}{b \cdot f_\nu(y)} \, dx_1 \wedge \dots \wedge dx_r \quad (a = \sum_{j < m} c_j \cdot y^j \text{ con } c_j \in [k, x_1, \dots, x_r])$$

e $dx_1 \wedge \dots \wedge dx_r \equiv - u_1^{-r-1} \cdot du_1 \wedge \dots \wedge du_r$, sicchè (+) equivale a

$$\frac{e_0}{b} \cdot u_1^{l \cdot (m-1)-j \cdot l - r - 1} \cdot c_j \cdot v^j \cdot du_1 \wedge \dots \wedge du_r \subset [S_0, v] \cdot du_1 \wedge \dots \wedge du_r + \eth$$

oppure la disuguaglianza

$$(\text{o}) \qquad \text{grado } c_j \le l \cdot (m - j - 1) - r - 1 + \text{ord } \frac{e_0}{b} \text{ in } \mathbb{P}_0.$$

Quando si può prendere $l = 1$, come accade nel caso importante che m sia anche il grado totale del polinomio $f(X_1, \dots, X_r, Y)$, le disuguaglianze (++) e (o) equivalgono alle limitazioni

$$(\text{oo}) \qquad \text{grado totale di } a_{i_1 \dots i_n}(x_1, \dots, x_r, y) \le m - n - 1 + \text{ord} \frac{e_0}{b} \text{ in } \mathbb{P}_0$$

$$(\text{o}^\text{o}\text{o}) \qquad \text{grado totale di } a_{1 \dots r}(x_1, \dots, x_r, y) \le m - r - 2 + \text{ord} \frac{e_0}{b} \text{ in } \mathbb{P}_0$$

Applicheremo le disuguaglianze ora ottenute alla formulazione di taluni teoremi sulle integrità infinitesimali e differenziali assolute e relative.

374. PREMESSE. - $K_0 = (k, x_1, \dots, x_r)$ r-dimensionale sopra k, $K = (K_0, y)$ definito sopra K_0 dall'equazione

$$f(x_1, \dots, x_r, y) = y^m + a_1 \cdot y^{m-1} + \dots + a_m = 0 \text{ con } a_i \in [k, x_1, \dots, x_r].$$

l_h un numero intero ≥ 0 e $\ge (i^{-1} \cdot$ grado di a_i rispetto a $x_h)$ $(i = 1, \dots, m)$

l un numero intero ≥ 0 e $\ge (i^{-1} \cdot$ grado totale di $a_i)$ $(i = 1, \dots, m)$

$\mathbb{P}_h$ la prospettiva perfetta di K_0 determinata (ved. **96**) dalle proprietà

$$\mathbb{P}_h \supset x_h^{-1}, \qquad S_h \supset x_j (j \ne h), \qquad S_h \supset k,$$

$\mathbb{P}_0$ la prospettiva $\in V([k, x_1^{-1}, x_2 \cdot x_1^{-1}, \dots, x_r \cdot x_1^{-1}])$ con $\mathbb{P}_0 = x_1^{-1} \cdot S_0$

$\nu_i = $ ordine del divisore $N_{\frac{K}{\overline{K_0}}} \left(\eth_{0 \frac{K}{\overline{K_0}}} \cdot \eth^{-1}_{1 \frac{K}{\overline{K_0}}} \right.$ in $\mathbb{P}_i$, se $\mathbb{P}_i$ è eccezionale; $= 0,$

     se $\mathbb{P}_i$ non è eccezionale (ved. **368**) $(i = 0, 1, \dots, r)$

$b \in [k, x_1, \dots, x_r]$ siffatto, che per ogni prospettiva perfetta $\mathbb{P}$ di base $[k, x_1, \dots, x_r]$ sia $b \cdot S = N_{\frac{K}{\overline{K_0}}} \left(\eth_{0 \frac{K}{\overline{K_0}}} \cdot \eth^{-1}_{1 \frac{K}{\overline{K_0}}} \right)(S)$ o $= S$, secondochè $\mathbb{P}$ sia eccezionale o no.

β_h il grado di b rispetto a x_h

β_0 il grado totale di b

$q^h_{i_1 \dots i_n}$ indichi, quante volte si trova h fra $i_1, \dots, i_n$.

373 — 374

375. *Sotto le premesse* **374** *vale*:

$$(b \cdot f_\nu(y))^n \cdot I_{\cdot\cdot}\left(\frac{K}{k}\right) \subset \sum_{i_1 \ldots i_n} (\sum_{j_1 \ldots j_r, j} k \cdot x_1^{j_1} \ldots x_r^{j_r} \cdot y^j) \cdot dx_{i_1} \wedge \ldots \wedge dx_{i_n}$$

dove per ogni sistema $i_1, \ldots, i_n$ *la sommazione rispetto a* $j_1, \ldots, j_r, j$ *è limitata dalle disuguaglianze*

$$(*) \qquad j_h + j \cdot l_h \leq (l_h \cdot (m-1) + \beta_h + \nu_h) \cdot n - 2 q^h_{i_1 \ldots i_n}, \quad j < m.$$

Se di più car $K \neq 2$, *vale*

$$b \cdot f_\nu(y) \cdot D_n\left(\frac{K}{k}\right) \subset \sum_{i_1 < \ldots < i_n} (\sum_{j_1 \ldots j_r, j} k \cdot x_1^{j_1} \ldots x_r^{j_r} \cdot y^j) \cdot dx_{i_1} \wedge \ldots \wedge dx_{i_n} + \eth$$

dove la sommazione è limitata da

$$(**) \qquad j_1 + \ldots + j_r + j \cdot l \leq \begin{cases} l \cdot (m-1) - n \quad + \beta_0 + \nu_0, & j < m, \ se \ n < r, \\ l \cdot (m-1) - r - 1 + \beta_0 + \nu_0 & j < m, \ se \ n = r \end{cases}$$

DIMOSTRAZIONE. - Ponendo $z_h = x_h^{-1}$, $z_i = x_i (i \neq h)$, $w = y \cdot x_h^{-l_h}$ si ottiene

$$x_h^{-m l_h} \cdot f(x_1, \ldots, x_r, y) = (x_h^{-l_h} \cdot y)^m + \sum_{i=1}^m a_i \cdot x_h^{-i l_h} \cdot (x_h^{-l_h} \cdot y)^{m-i} = w^m +$$

$$+ \sum_{i=1}^m b_i \cdot w^{m-i} \quad \text{con } b_i = x_h^{-i l_h} \cdot a_i \in [k, z_1, \ldots, z_r],$$ poichè secondo la definizione di l_h il grado di a_i rispetto a x_h non supera $i \cdot l_h$. La sostituzione suddetta fornisce quindi in riguardo a x_h tutto quello che in **372** si è derivato in riguardo a x_1. La parte fatta da $\mathbb{P}_0$ in **372** spetta ormai a $\mathbb{P}_h$, e all'ideale $e_0 \cdot S_0$ si sostituirà $\mathbb{P}_h^{\nu_h} = N_K(\eth_{0\frac{K}{K_0}} \cdot \eth^{-1}_{1\frac{K}{K_0}}) (S_h)$ o S_h, secondochè $\mathbb{P}_h$ sia eccezionale o no. Tenendo anche conto di $b^{-1} \cdot S_h = \mathbb{P}_h^{\beta_h}$, si deriva da **372** (+) la disuguaglianza $(*)$. Quanto alla $(**)$, essa si deduce dalle disuguaglianze **373** (++) e (°), dopo aver osservato che l'ipotesi $i \cdot l \geq$ grado a_i $(i = 1, \ldots, m)$ procura che in $x_1^{-l m} \cdot f(x_1, \ldots, x_r, y) = (x_1^{-l} \cdot y)^m + \sum_{i=1}^m a_i \cdot x_1^{-il} \cdot (x_1^{-l} \cdot y)^{m-i}$ diventi $a_i \cdot x_1^{-il} \in [k, x_1^{-1}, x_2 \cdot x_1^{-1}, \ldots, x_r \cdot x_1^{-1}]$, come è presupposto in **373**.

376. Come esempio dell'applicazione del teorema or ora dimostrato notiamo:

Nel caso di un corpo $K = (k, x_1, \ldots, x_r)$ *di dimensione* r *sopra* k *tutte le integrità relative di grado* $n > 0$ *si riducono a* 0.

DIMOSTRAZIONE. - Questo caso si subordina alle premesse di **375**, ponendo $K = K_0 = (K_0, y)$ con $y = 0$. I numeri l, l_h diventano allora 0 e i divisori $\eth_{0\frac{K}{K_0}}$ e $\eth_{1\frac{K}{K_0}}$ sono tutti e due uguali al divisore 1. Per ogni sistema $i_1, \ldots, i_n$ si

375 — 376

36

ottiene, prendendo per es. $h = i_1$, una disuguaglianza $j_h \leq -2$ che esclude l'esistenza di un termine con $dx_{i_1} \wedge \ldots \wedge dx_{i_n}$ in un infinitesimale integro sopra k.

377. *Sotto le premesse* **374** *completate dall'ipotesi* $\operatorname{car} K = 0$ *vale:*

$$(f_\nu(y))^n \cdot I_n\left(\frac{K}{k}\right) \subset \sum_{i_1 \ldots i_n} \left(\sum_{j_1 \ldots j_r, j} k \cdot x_1{}^{j_1} \ldots x_r^{j_r} \cdot y^j \right) \cdot dx_{i_1} \wedge \ldots \wedge dx_{i_n}$$

dove per ogni sistema $i_1, \ldots, i_n$ *la sommazione rispetto a* $j_1, \ldots, j_r, j$ *è limitata dalle disuguaglianze*

$$(*) \qquad\qquad j_h + j \cdot l_h \leq l_h \cdot (m-1) \cdot n - 2q^h_{i_1 \ldots i_n}, \quad j < m,$$

mentre in

$$f_\nu(y) \cdot D_n\left(\frac{K}{k}\right) \subset \sum_{i_1 < \ldots < i_n} \left(\sum_{j_1 \ldots j_r, j} k \cdot x_1{}^{j_1} \ldots x_r^{j_r} \cdot y^j \right) \cdot dx_{i_1} \wedge \ldots \wedge dx_{i_n} + \delta$$

la sommazione è limitata da

$$(**) \qquad j_1 + \ldots + j_r + j \cdot l \leq \begin{cases} l \cdot (m-1) - n & , \ j < m, \ \text{se} \ n < r, \\ l \cdot (m-1) - r - 1, & j < m, \ \text{se} \ n = r. \end{cases}$$

Se m *è anche il grado totale del polinomio* $f(X_1, \ldots, X_r, Y)$, *si può prendere* $l = 1$.

Ciò risulta dal fatto, che $\operatorname{car} K = 0$ e $S_h \supset k$, $S_0 \supset k$ inducono $\operatorname{car} S_h/\mathbb{P}_h = \operatorname{car} S_0/\mathbb{P}_0 = 0$ e quindi la possibilità di prendere $\nu_h = \nu_0 = 0$, mentre **369** (modificato secondo **371**) giustifica la scelta $b = 1$.

378. *Le integrità assolute di un corpo* K *di* $\operatorname{car} K = 0$ *e del tipo descritto in* **369** *soddisfano alle relazioni*

$$(*) \qquad (b \cdot f_\nu(y))^n \cdot I_n(K) \subset \sum_{i_1 \ldots i_n} \left(\sum_{j_1 \ldots j_r, j} [1] \cdot x_1{}^{j_1} \ldots x_r^{j_r} \cdot y^j \right) \cdot dx_{i_1} \wedge \ldots \wedge dx_{i_n}$$

con sommazione limitata da $j_h + j \cdot l_h \leq l_h \cdot (m-1) \cdot n - 2q^h_{i_1 \ldots i_n}, \quad j < m$,

$$(**) \qquad b \cdot f_\nu(y) \cdot D_n(K) \subset \sum_{i_1 \ldots i_n} \left(\sum_{j_1 \ldots j_r, j} [1] \cdot x_1{}^{j_1} \ldots x_r^{j_r} \cdot y^j \right) \cdot dx_{i_1} \wedge \ldots \wedge dx_{i_n} + \delta$$

con sommazione limitata da

$$j_1 + \ldots + j_r + j \cdot l \leq l \cdot (m-1) - n \ \text{risp.} \leq l \cdot (m-1) - r - 1,$$

secondochè

$$n < r \quad o \quad = r, \quad e \quad j < m.$$

Il numero b *è quello descritto in* **369**, *mentre* $q^h_{i_1 \ldots i_n}$, l_h *e* l *sono definiti in* **374**. *In particolare* $l = 1$ *se* m *è anche il grado totale del polinomio* $f(X_1, \ldots, X_r, Y)$.

376 — 378

DIMOSTRAZIONE. – Ogni infinitesimale integro di grado n diventa dopo la moltiplicazione con $(b \cdot f_\nu(y))^n$ rappresentabile nella forma

$$\sum_{i_1 \dots i_r} \left(\sum_{\substack{j_1 \dots j_r \\ j < m}} a^{i_1 \dots i_n}_{j_1 \dots j_r j} \cdot x_1{}^{j_1} \dots x_r{}^{j_r} \cdot y^j \right) \cdot dx_{i_1} \wedge \dots \wedge dx_{i_n} \qquad a^{i_1 \dots i_n}_{j_1 \dots j_r j} \in [1]$$

(ved. 369), e il fatto che l'integrità assoluta $I_n(K)$ è contenuta nell'integrità $I_n\left(\dfrac{K}{k}\right)$ relativa al corpo primo $k = (1)$ permette di eguagliare questa espressione secondo 377 a una simile espressione, dove i coefficienti appartengono a k e sono 0 per tutti quegli indici per i quali non sono soddisfatte le disuguaglianze 377 (∗). L'unicità dei coefficienti in tali espressioni mostra allora che anche i corrispondenti $a^{i_1 \dots i_n}_{j_1 \dots j_r j}$ sono 0. Nello stesso modo si dimostra (∗∗).

Notiamo come esempio che *l'integrità* $I_1(K)$ *del corpo* $K = (x, y)$ *definito da* $x^m + y^m - 1 = 0$, $car\, K = 0$ *è contenuto nel modulo* $\displaystyle\sum_{i+j \leq m-3} [1] \cdot x^i \cdot y^j \dfrac{dx}{m \cdot y^{m-1}}$ (ved. 370, fine).

379. Se il grado del corpo aritmetico $K = (x_1, \dots, x_r, y)$ di $car\, 0$ è $g > 1$ (ved. 142), il risultato 378 è troppo grosso per servire alla determinazione delle integrità assolute di K. In questo caso ma anche nel caso di $g = 1$, qualora si tratti di determinare il numero designato con b, si raccomanda un altro procedimento che si appoggia su una diretta applicazione di 362 e 363 o piuttosto di una facile generalizzazione di questi lemmi.

Sia k il massimo sotto-corpo 0-dimensionale di K, (cioè l'integrità $I_0\left(\dfrac{K}{(1)}\right)$, ved. 142), e supponiamo $K = (k, x_1, \dots, x_r, y)$ definito sopra $K_0 = (k, x_1, \dots, x_r)$ da $f(x_1, \dots, x_r, y) = y^m + \displaystyle\sum_{i=1}^{m} a_i \cdot y^{m-i} = 0$ con $a_i \in [k, x_1, \dots, x_r]$. Avremo allora secondo 377 per ogni $\xi \in I_n(K)$ una relazione

$$\xi \cdot (f_\nu(x_1, \dots, x_r, y))^n = \sum_{i_1 \dots i_n} \left(\sum_{j_1 \dots j_r j} a^{i_1 \dots i_n}_{j_1 \dots j_r j} \cdot x_1{}^{j_1} \dots x_r{}^{j_r} \cdot y^j \right) \cdot dx_{i_1} \wedge \dots \wedge dx_{i_n},$$

per ogni $\xi \in D_n(K)$ una relazione

$$\xi \cdot f_\nu(x_1, \dots, x_r, y) = \sum_{i_1 < \dots < i_n} \left(\sum_{j_1 \dots j_r j} a^{i_1 \dots i_n}_{j_1 \dots j_r j} \cdot x_1{}^{j_1} \dots x_r{}^{j_r} \cdot y^j \right) \cdot dx_{i_1} \wedge \dots \wedge dx_{i_n} + \delta$$

con $a^{i_1 \dots i_n}_{j_1 \dots j_r j} \in k$ e sommazioni limitate da 377 (∗), risp. (∗∗).

Data una qualunque prospettiva perfetta $\mathfrak{p}$ di k e supponendo che i polinomi a_i in $f(x_1, \dots, x_r, y)$ appartengano a $\mathfrak{s}[x_1, \dots, x_r]$, dimostreremo che

$$(∗) \qquad\qquad a^{i_1 \dots i_n}_{j_1 \dots j_r j} \subset \mathfrak{s},$$

378 — 379

se per ogni estensione perfetta $S \to S_0$, $(S) = K$, della prospettiva $\mathfrak{P}_0$ definita da $\mathfrak{P}_0 \in V([s, x_1, ..., x_r])$, $\mathfrak{P}_0 = \mathfrak{p} \cdot S_0$, il corpo $S/\mathfrak{P}$ è separabile sopra $S_0 + \mathfrak{P}/\mathfrak{P}$.

Ciò risulta dalla possibilità evidente di trasportare le dimostrazioni 362 e 363 al caso presente un po' più generale, essendo il punto essenziale di quelle dimostrazioni l'applicabilità del lemma 301. Possiamo dunque affermare che

$$\xi \cdot (f_\nu(x_1, ..., x_r, y))^n \subset \sum_{i_1 ... i_n} (\sum_{j < m} S_0 \cdot y^j) \cdot dx_{i_1} \wedge ... \wedge dx_{i_n}$$

risp.

$$\xi \cdot f_\nu(x_1, ..., x_r, y) \subset \sum_{i_1 < ... < i_n} (\sum_{j < m} S_0 \cdot y^j) \cdot dx_{i_1} \wedge ... \wedge dx_{i_n} + \mathfrak{d},$$

donde diffatti segue

$$\sum_{j_1 ... j_r} a_{j_1 ... j_r}^{i_1 ... i_n} \cdot x_1^{j_1} ... x_r^{j_r} \subset S_0 \quad \text{e quindi } (*).$$

Rimane a discutere, quando $\mathfrak{P}_0$ diventi eccezionale nel senso che per una delle estensioni perfette $S \to S_0$, $(S) = K$, il corpo $S/\mathfrak{P}$ risulta inseparabile sopra $S_0 + \mathfrak{P}/\mathfrak{P}$. A questa ricerca serve la seguente costruzione che in molti casi fornisce tutte le estensioni perfette $S \to S_0$, $(S) = K$.

380. Sia

$$f(X_1, ..., X_r, Y) \equiv \prod_{\nu=1}^{t} (f_\nu(X_1, ..., X_r, Y))^{\lambda_\nu} \mod \mathfrak{p}[X_1, ..., X_r, Y]$$

la decomposizione del polinomio $f \in s[X_1, ..., X_r, Y]$ in fattori $f_\nu \in s[X_1, ..., X_r, Y]$ irriducibili $\mod \mathfrak{p}[X_1, ..., X_r, Y]$.

L'ideale $\mathfrak{p}[X_1, ..., X_r, Y] + f_\nu \cdot s[X_1, ..., X_r, Y] \neq s[X_1, ..., X_r, Y]$ è primo e contiene il nucleo $f \cdot s[X_1, ..., X_r, Y]$ dell'omomorfismo $s[X_1, ..., X_r, Y] \to \to [s, x_1, ..., x_r, y]$ indotto dalla sostituzione $X_i \to x_i$, $Y \to y$. Ne segue che anche $\mathfrak{p} \cdot [s, x_1, ..., x_r, y] + f_\nu(x_1, ..., x_r, y) \cdot [s, x_1, ..., x_r, y]$ è primo e individua pertanto (ved. 72) una prospettiva $\mathfrak{P}_\nu \in V([s, x_1, ..., x_r, y])$ che subito si riconosce essere estensione della $\mathfrak{P}_0 \in V([s, x_1, ..., x_r])$ definita da $\mathfrak{P}_0 = \mathfrak{p} \cdot S_0$. Siccome ogni estensione di $\mathfrak{P}_0$ con y ha la base $[s, x_1, ..., x_r, y]$ (ved. 76 e 75), non ci sono altre estensioni di $\mathfrak{P}_0$ con y che quelle $\mathfrak{P}_\nu$.

Dimostreremo che $\mathfrak{P}_\nu$ è perfetta, se

$$(*) \qquad f_\nu \cdot S_\nu + \sum_{i=1}^{r} f_{x_i} \cdot S_\nu = S_\nu.$$

Calcoliamo all'uopo i differenti assoluti $\mathfrak{d}_\lambda(S_\nu)$. Supposta, come è lecito, $\mathfrak{p} \in V([1, z_1, ..., z_h])$ e l'anello $[1, z_1, ..., z_h]$ definito dalle relazioni $g_l(z_1, ..., z_h) = 0$ $(l = 1, 2, ...)$, la prospettiva $\mathfrak{P}_\nu$ avrà (ved. 75) la base $A = [1, x_1, ..., x_r, y, z_1, ..., z_h]$ e l'equazione $f(x_1, ..., x_r, y)$ assume dopo la moltiplicazione con un elemento

$a_0 \in [1, z_1, ..., z_h]$ non appartenente a $\mathfrak{p}$ la forma $g(x_1, ..., x_r, y, z_1, ..., z_h) = 0$
con $g(X_1, ..., X_r, Y, Z_1, ..., Z_h) \in [1][X_1, ..., X_r, Y, Z_1, ..., Z_h]$.

Le relazioni

$(**)$
$$g(x_1, ..., x_r, y, z_1, ..., z_h) = 0$$
$$g_l(z_1, ..., z_h) \qquad\qquad = 0 \qquad (l = 1, 2, ...)$$

definiscono allora l'anello A nel senso, che ogni $F(X_1, ..., X_r, Y, Z_1, ..., Z_h)$
$\in [1][X_1, ..., X_r, Y, Z_1, ..., Z_h]$ annullato dalla sostituzione $X_i \to x_i$, $Y \to y$,
$Z_j \to z_j$ è legato ai membri sinistri di $(**)$ da una relazione

$$F(X, Y, Z) \cdot b(Z) = g(X, Y, Z) \cdot B(X, Y, Z) + \Sigma \, g_l(Z) \cdot B_l(X, Y, Z)$$

con $B, B_l \in [1][X_1, ..., X_r, Y, Z_1, ..., Z_h]$, $b \in [1][Z_1, ..., Z_h]$, $b(z_1, ..., z_h) \mathrel{c}\!\!\!= \mathfrak{p}$.

Ne segue che

$$\sum_{i=1}^{r} g_{x_i} \cdot dx_i + g_y \cdot dy + \sum_j g_{z_j} \cdot dz_j = 0$$
$$\sum_j g_{lz_j} \cdot dz_j = 0 \qquad (l = 1, 2, ...)$$

sono le equazioni differenziali di S_ν. Tenuto conto di $g_{x_i} = a_0 \cdot f_{x_i}$, $g_y = a_0 \cdot f_y$,
e di $a_0 \mathrel{c}\!\!\!= \mathfrak{p}$, troviamo che il differente $\mathfrak{d}_\lambda(S_\nu)$ è l'ideale generato in S_ν dai
determinanti di ordine $r + 1 + h - \lambda$ della matrice

$$\begin{pmatrix} f_{x_1} \cdots f_{x_r} \, f_y & \cdot & \cdot & \cdot & \cdot & \cdot \\ & & g_{1z_1} \cdots g_{1z_h} & & & \\ 0 & & \cdot & \cdot & \cdot & \cdot \\ & & \cdot & \cdot & \cdot & \cdot \end{pmatrix}$$

(ved. 14). Si osservi ora, che i determinanti di ordine h della matrice (g_{lz_j}) generano in s il differente $\mathfrak{d}_0(s)$, mentre i determinanti di ordine $h - 1$ forniscono $\mathfrak{d}_1(s) = s$, dato che $\mathfrak{p}$ è prospettiva perfetta e quindi regolare (ved. 303).
Otteniamo pertanto

$$\mathfrak{d}_r(S_\nu) = f_y \cdot \mathfrak{d}_0'(s) \cdot S_\nu + \sum_i f_{x_i} \cdot \mathfrak{d}_0(s) \cdot S_\nu$$

$$\mathfrak{d}_{r+1}(S_\nu) \supset \mathfrak{d}_0(s) \cdot S_\nu + f_y \cdot \mathfrak{d}_1(s) \cdot S_\nu + \sum_i f_{x_i} \cdot \mathfrak{d}_1(s) \cdot S_\nu =$$

$$\mathfrak{d}_0(s) \cdot S_\nu + f_y \cdot S_\nu + \sum_i f_{x_i} \cdot S_\nu ,$$

donde si deduce nel caso che valga l'uguualità $(*)$:

$\left({}^{*}_{**}\right)$ $\qquad \mathfrak{d}_r(S_\nu) = S_\nu$, se $\mathfrak{d}_0(s) = s$; $\qquad \mathfrak{d}_{r+1}(S_\nu) = S_\nu$, se $\mathfrak{d}_0(s) \subset \mathfrak{p}$.

380

Atteso che $\mathfrak{d}_0(s) \subset \mathfrak{p}$ o no, secondo chè la caratteristica p di $s/\mathfrak{p}$ sia $\subset \mathfrak{p}^2$ o no (ved. **290**), ricavamo mediante il lemma **303** da $\left(\,^*_*\,\right)$ che diffatti nel caso di (*) $\mathbb{P}_\nu$ è perfetta.

Può essere utile notare, che la condizione (*) è anche necessaria affinchè $\mathbb{P}_\nu$ sia perfetta almeno nel caso in cui $\mathfrak{d}_0(s) = s$. Invero, allora sarà car $s/\mathfrak{p} = = p \subset\!\!\!|\!= \mathfrak{p}^2$ e quindi $\mathfrak{d}_r(S_\nu) = S_\nu$ la condizione necessaria perchè $\mathbb{P}_\nu$ sia perfetta (ved. **303** e **248**).

381. La ricerca, se una data prospettiva $\mathbb{P}_0 \in V([s, x_1, \ldots, x_r])$ con $\mathbb{P}_0 = \mathfrak{p} \cdot S_0$ sia eccezionale nel senso suddetto (ved. **379**), può procedere ormai nel modo seguente:

Se per una estenzione perfetta $S \rightarrow S_0$, $(S) = K$, il corpo $S/\mathbb{P}$ è insepara-bile sopra $S_0 + \mathbb{P}/\mathbb{P}$, il grado relativo di $S/\mathbb{P}$ dev'essere $\geq p = $ car $s/\mathfrak{p}$ e nello stesso tempo $\leq m = $ grado $\dfrac{K}{K_0}$ (ved. **267**). Basta quindi supporre che car $s/\mathfrak{p} = p \leq m$.

Si tenti allora di trovare un elemento $\in [s, x_1, \ldots, x_r]$ non contenuto in $\mathfrak{p} \cdot [s, x_1, \ldots, x_r]$ ma appartenente all'ideale

$$f_y(x_1, \ldots, x_r, y) \cdot [s, x_1, \ldots, x_r, y] + \sum_{i=1}^{r} f_{x_i}(x_1, \ldots, x_r, y) \cdot [s, x_1, \ldots, x_r, y]$$

Se ciò riesce, si è sicuro, che ognuna delle prospettive $\mathbb{P}_\nu$ costruite in **380** è perfetta. Dimostreremo che non ci sono altre prospettive perfette con le pro-prietà $S \rightarrow S_0$, $(S) = K$.

L'aspetto S conterrà l'anello $A = [s, x_1, \ldots, x_r, y]$, poichè y è integro sopra $[s, x_1, \ldots, x_r]$ e S è chiusa. Esso estende pertanto (ved. **73**) un aspetto $S' \in V(A)$, il qualè alla volta sua estende S_0, come risulta dalle relazioni $\mathbb{P}' \cap [s, x_1, \ldots, x_r] = \mathbb{P} \cap A \cap [s, x_1, \ldots, x_r] = \mathbb{P} \cap [s, x_1, \ldots, x_r] = \mathfrak{p}[x_1, \ldots, x_r]$ che danno $S_0 \subset S'$, $\mathbb{P}_0 = \mathfrak{p} \cdot S_0 \subset \mathbb{P}' \cap S_0 \subset \mathbb{P}_0$ (ved. **65**). Potendosi quindi considerare S' come estensione di S_0 con y, esso dev'essere uno dei S_ν deter-minati in **380**. Ma questi sono supposti perfetti. Da $S \rightarrow S' = S_\nu$ segue quindi $S = S_\nu$.

La ricerca proposta si riduce così alla questione, se i corpi $S_\nu/\mathbb{P}_\nu$ siano separabili sopra $S_0 + \mathbb{P}_\nu/\mathbb{P}_\nu$ o no.

382. Consideriamo come esempio il corpo aritmetico $K = (\sqrt{-23}, x, y)$ definito da $f(x, y) = y^2 - x^3 - \sqrt{-23} = 0$, car $K = 0$.

Ogni differenziale integro ξ di grado 1 ha secondo **379** la forma

$$\xi = \frac{a \cdot dx}{2y} \quad \text{con } a \in k = (\sqrt{-23})$$

e magari $a \in s$ per ogni aspetto s di k con $2 \subset\!\!\!|\!= \mathfrak{p}$.

380 — 382

Se $\mathfrak{p} \supset 2$ e quindi si tratta di una delle prospettive

$$\mathfrak{p}_i \in V\left(\left[1, \frac{\sqrt{-23}+1}{2}\right]\right) \ (i = 1,\,2), \quad \text{con} \quad \mathfrak{p}_1 \supset \frac{\sqrt{-23}+1}{2}, \quad \mathfrak{p}_2 \supset \frac{\sqrt{-23}-1}{2},$$

si trova $f_x(x, y) \cdot [s, x, y] + f_y(x, y) \cdot [s, x, y] \supset f_x(x, y) = -3x^2 \subset\!\models \mathfrak{p}[s, x]$, il che secondo **381** garantisce, che tutte le estensioni perfette $S \to S_0$, $(S) = K$, di $S_0 \in V([s, x])$, $(\mathfrak{P}_0 = \mathfrak{p} \cdot S_0)$ hanno la base $[s, x, y]$. Ne risulta $S/\mathfrak{P} = (y + \mathfrak{P}, S_0 + \mathfrak{P}/\mathfrak{P})$ e quindi l'inseparabilità di $S/\mathfrak{P}$ sopra $S_0 + \mathfrak{P}/\mathfrak{P}$. Per l'ulteriore discussione della forma di ξ dobbiamo pertanto ricorrere al lemma **360** che di seguito a $\delta_0\left(\frac{S}{S_0}\right) = 2y \cdot S$ insegna $2y \cdot \xi \subset S \cdot dx$ cioè $a \subset S$ e finalmente $a \subset S \frown k = s$.

Sapendo ormai che a giace in tutti gli aspetti perfetti di k, possiamo affermare $a \subset I(k) = [1] + [1]\dfrac{\sqrt{-23}+1}{2}$ e pertanto

$$I_1(K) \subset [1] \cdot \frac{dx}{2y} + [1]\frac{\sqrt{-23}+1}{2} \cdot \frac{dx}{2y}$$

383. Se K è r-dimensionalmente algebrico e separabile sopra k, i suoi differenziali ξ relativi a k (oppure assoluti, se k è 0-dimensionalmente aritmetico) di grado r possono scriversi con un solo termine:

$$\xi \subset a \cdot dx_1 \wedge \ldots \wedge dx_r + \delta \qquad (a \in K)$$

dopo aver scelto $x_1, \ldots, x_r \in K$ con differenziali $dx_1, \ldots, dx_r$ linearmente indipendenti. Da ciò risulta l'importanza particolare dei differenziali r-pli in tale corpo. Ci proponiamo di verificare qualche identità utile nel calcolo con siffatti differenziali.

Siano $u_0, u_1, \ldots, u_{r+1} \in K$ legati sopra k da una relazione

$$(*) \qquad F(u_0, u_1, \ldots, u_{r+1}) = 0 \qquad \text{omogenea di grado } m,$$

mentre almeno una delle derivate $F_{u_i}(u_0, u_1, \ldots, u_{r+1})$ sia $\neq 0$. Con $c_i \in K$ qualunque, ma tali che $\Sigma c_i \cdot F_{u_i} \neq 0$, formiamo l'infinitesimale r-plo

$$\Delta(u_0, \ldots, u_{r+1}) = \begin{vmatrix} c_0 & c_1 & \cdot & \cdot & c_{r+1} \\ u_0 & u_1 & \cdot & \cdot & u_{r+1} \\ d_1 u_0 & d_1 u_1 & \cdot & \cdot & d_1 u_{r+1} \\ \cdot & \cdot & \cdot & \cdot & \cdot \\ d_r u_0 & d_r u_1 & \cdot & \cdot & d_r u_{r+1} \end{vmatrix} \cdot (\Sigma c_i \cdot F_{u_i})^{-1}$$

che subito riconosceremo essere indipendente dai c_i.

382 — 383

Volendo per es. dimostrare la indipendenza di Δ da c_0, osserviamo che nel caso di $F_{u_0} = 0$ valgono relazioni $\overset{r+1}{\underset{i=1}{\Sigma}} u_i \cdot F_{u_i} = 0$, $\overset{r+1}{\underset{i=1}{\Sigma}} d_j u_i \cdot F_{u_i} = 0$ $(j = 1, \ldots, r)$ che inducono l'annullarsi del minore appartenente a c_0, mentre per $F_{u_0} \neq 0$ quella indipendenza risulta dalla seguente forma di $F_{u_0} \cdot \Delta$:

$$
\begin{vmatrix}
\left(\overset{r+1}{\underset{i=0}{\Sigma}} c_i \cdot F_{u_i}\right) & c_1 & \cdot & \cdot \\
\left(\underset{i}{\Sigma} u_i \cdot F_{u_i}\right) & u_1 & \cdot & \cdot \\
\cdot & \cdot & \cdot & \cdot \\
\left(\underset{i}{\Sigma} d_r u_i \cdot F_{u_i}\right) & d_r u_1 & \cdot & \cdot
\end{vmatrix}
\cdot \left(\underset{i}{\Sigma} c_i \cdot F_{u_i}\right)^{-1} =
\begin{vmatrix}
1 & c_1 & \cdot & \cdot \\
0 & u_1 & \cdot & \cdot \\
0 & \cdot & \cdot & \cdot \\
0 & d_r u_1 & \cdot & \cdot
\end{vmatrix}
$$

Passando a nuovi elementi $v_0, v_1, \ldots, v_{r+1} \in K$ mediante una trasformazione affina $v_i = \overset{r+1}{\underset{j=0}{\Sigma}} a_{ij} \cdot u_j$ $(i = 0, 1, \ldots, r+1)$, $a_{ij} \in k$, $|a_{ij}| \neq 0$, e designando con $G(v_0, v_1, \ldots, v_{r+1}) = 0$ la trasformata della relazione $(*)$, avremo $\underset{j}{\Sigma} c_j \cdot F_{u_j} = \underset{i}{\Sigma} (\underset{j}{\Sigma} a_{ij} \cdot c_j) \cdot G_{v_i}$ e quindi $|a_{ij}| \cdot \Delta(u_0, u_1, \ldots, u_{r+1}) =$

$$
=
\begin{vmatrix}
\underset{j}{\Sigma} a_{0j} \cdot c_j & \underset{j}{\Sigma} a_{1j} \cdot c_j & \cdot & \cdot \\
v_0 & v_1 & \cdot & \cdot \\
d_1 v_0 & d_1 v_1 & \cdot & \cdot \\
\cdot & \cdot & \cdot & \cdot \\
d_r v_0 & \cdot & \cdot & \cdot
\end{vmatrix}
\cdot \left(\underset{i}{\Sigma} (\underset{j}{\Sigma} a_{ij} \cdot c_j) \cdot G_{v_i}\right)^{-1} = \Delta(v_0, v_1, \ldots, v_{r+1}).
$$

D'altra parte si osserverà l'omogeneità di $\Delta(u_0, u_1, \ldots, u_{r+1})$ espressa dalla relazione

$$
\Delta(z \cdot u_0, z \cdot u_1, \ldots, z \cdot u_{r+1}) = z^{r+2-m} \cdot \Delta(u_0, u_1, \ldots, u_{r+1})
$$

valida per $z \neq 0$, $\in K$, qualunque. Ne segue che il prodotto $u_0^{m-r-2} \cdot \Delta$ si esprime coi soli elementi $x_i = \dfrac{u_i}{u_0}$ $(i = 1, \ldots, r+1)$, per es. nella forma

$$
\frac{1}{f_{x_{r+1}}} \cdot
\begin{vmatrix}
d_1 x_1 & \cdot & \cdot & \cdot & d_1 x_r \\
\cdot & \cdot & \cdot & \cdot & \cdot \\
d_r x_1 & \cdot & \cdot & \cdot & d_r x_r
\end{vmatrix}
\equiv \frac{dx_1 \wedge \ldots \wedge dx_r}{f_{x_{r+1}}} \cdot r! \quad \text{(ved. 349)}
$$

dove f è definito da $F(u_0, u_1, \ldots, u_{r+1}) = u_0^m \cdot f(x_1, \ldots, x_{r+1})$. Ponendo anche $y_i = \dfrac{v_i}{v_0}$ $(i = 1, \ldots, r+1)$, $G(v_0, v_1, \ldots, v_{r+1}) = v_0^m \cdot g(y_1, \ldots, y_{r+1})$, si deriva da

$$
|a_{ij}| \cdot u_0^{m-r-2} \cdot \Delta(u_0, u_1, \ldots, u_{r+1}) = \left(\frac{u_0}{v_0}\right)^{m-r-2} \cdot v_0^{m-r-2} \Delta(v_0, v_1, \ldots, v_{r+1})
$$

383

la formula

$$(**) \qquad |a_{ij}| \cdot \frac{dx_1 \wedge \ldots \wedge dx_r}{f_{x_{r+1}}} \cdot r! \equiv \left(a_{00} + \sum_{j=1}^{r+1} a_{0j} \cdot x_j\right)^{r+2-m} \frac{dy_1 \wedge \ldots \wedge dy_r}{g_{y_{r+1}}} \cdot r!$$

quale conseguenza di

$$\left(\begin{smallmatrix} * \\ ** \end{smallmatrix}\right) \qquad y_i = \frac{a_{i0} + \sum\limits_{j=1}^{r+1} a_{ij} \cdot x_j}{a_{00} + \sum\limits_{j=1}^{r+1} a_{0j} \cdot x_j} \qquad (i = 1, \ldots, r+1).$$

Se ora $x_1, \ldots, x_{r+1}$ generano il corpo K sopra k e $f(x_1, \ldots, x_{r+1}) = 0$ definisce K sopra k, allora possiamo applicare la formula suddetta alla trasformazione dei differenziali r-pli relativamente integri. Effettuando una trasformazione proiettiva $\left(\begin{smallmatrix} * \\ ** \end{smallmatrix}\right)$ appropriata, si raggiunge, almeno nel caso di car $K = 0$, al quale vogliamo limitarci al momento, che la nuova equazione definente K: $g(y_1, \ldots, y_{r+1}) = 0$ ha anche rispetto a y_{r+1} il grado m, sicchè secondo **377** possiamo affermare:

$$D_r\left(\frac{K}{k}\right) \subset \sum_{j_1 + \ldots + j_r + j \leq m - r - 2} k \cdot y_1^{j_1} \ldots y_r^{j_r} \cdot y_{r+1}^{j} \cdot \frac{dy_1 \wedge \ldots \wedge dy_r}{g_{y_{r+1}}} + \eth.$$

Il fatto che il membro destro risulta secondo $(**)$ uguale a

$$\sum_{j_1 + \ldots + j_r + j \leq m - r - 2} k \cdot x_1^{j_1} \ldots x_r^{j_r} \cdot x_{r+1}^{j} \cdot \frac{dx_1 \wedge \ldots \wedge dx_r}{f_{x_{r+1}}} + \eth$$

conduce alla seguente generalizzazione di un risultato parziale enunciato in **377**:

Se $K = (k, x_1, \ldots, x_r, y)$ di car $K = 0$ è definito sopra k da un'equazione $f(x_1, \ldots, x_r, y) = 0$ di grado proiettivo m, allora vale:

$$D_r\left(\frac{K}{k}\right) \subset \sum_{j_1 + \ldots + j_r + j \leq m - r - 2} k \cdot x_1^{j_1} \ldots x_r^{j_r} \cdot y^{j} \cdot \frac{dx_1 \wedge \ldots \wedge dx_r}{f_y} + \eth,$$

dove il membro destro è invariante di fronte a cambiamenti proiettivi del sistema a $r + 1$ elementi generanti K sopra k.

384. Mentre la discussione finora compiuta non forniva che moduli comprendenti le integrità, presenta il teorema che segue dei moduli contenuti nelle integrità.

Se la varietà V del corpo $K \,(\supset k)$ è chiusa (sopra k), allora vale

$$\bigcap_{s \in V} s \cdot (ds)^n \subset I_n(K)\left(\text{risp. } I_n\left(\frac{K}{k}\right)\right), \qquad \bigcap_{s \in V} [s \cdot (ds)^n + \eth]/\eth \subset D_n(K)\left(\text{risp. } D_n\left(\frac{K}{k}\right)\right).$$

383 — 384

37

DIMOSTRAZIONE. – Sia S un qualunque aspetto perfetto di K (che contiene k). Siccome V è chiusa (sopra k), si può realizzare (ved. **118**) la situazione

$$S' \in V([s, \; S]) \qquad \text{(ved. 73)}$$

$$S \swarrow \; \searrow \; s \in V$$

nella quale risulta $S' = S$, giacchè $(s, S) = K$ e S è perfetto. Se quindi ξ appartiene a una delle due intersezioni suddette, esso giace anche in $S \cdot (dS)^n$, risp. $S \cdot (dS)^n + \mathfrak{d}$, come è caratteristico per gli infinitesimali o differenziali integri (sopra k).

385. Come esempio per l'applicazione di questo teorema dimostreremo, appoggiandoci sul fatto (dimostrato in **122**) che l'insieme

$$V = V([1, \; x, \; y]) \cap V([1, \; x^{-1}, \; x^{-1} \cdot y]) \cap V([1, \; y^{-1}, \; y^{-1} \cdot x])$$

è varietà chiusa del corpo $K = (x, y)$ già considerato in **370** e **378**, la relazione

$$(*) \qquad\qquad M = \sum_{i+j \leq m-3} [1] \cdot x^i \cdot y^j \cdot \frac{dx}{y^{m-1}} \subset I_1(K).$$

L'ugualità

$$\frac{dx}{y^{m-1}} = - \frac{dy}{x^{m-1}}$$

mostra dapprima $M \subset s \cdot ds$ per ogni $\mathfrak{p} \in V([1, \; x, \; y])$, perchè x e y non possono appartenere simultaneamente all'origine $\mathfrak{p}$ di tale prospettiva.

Ponendo $x^{-1} = u$, $x^{-1} \cdot y = v$ si trova

$$x^{m-3} \cdot \frac{dx}{y^{m-1}} = - \frac{du}{v^{m-1}} = - \frac{dv}{u^{m-1}}, \qquad v^m - u^m + 1 = 0,$$

il che verifica

$$M = \sum_{i+j \leq m-3} [1] \cdot u^i \cdot v^j \cdot \frac{du}{v^{m-1}} \subset s \cdot ds$$

per ogni $\mathfrak{p} \in V([1, \; x^{-1}, \; x^{-1} \cdot y])$; e nello stesso modo o piuttosto per ragione di simmetria segue $M \subset s \cdot ds$ per ogni $\mathfrak{p} \in V([1, \; y^{-1}, \; y^{-1} \cdot x])$.

386. L'applicazione del teorema **384** alla discussione delle integrità di un corpo K si semplifica e diventa più efficace, quando si presuppone la varietà V di K non soltantochiusa ma anche normale nel senso definito da ZARISKI.

384 — 386

Definizione. – Una varietà V di un corpo K dicesi normale allora e soltanto allora che ogni aspetto $s \in V$ sia noetheriano e integrità in K («integralmente chiuso in K»): $s = I_0\left(\dfrac{K}{s}\right)$. Essa si chiama *regolare* oppure *«senza singolarità»* proprio allora quando ogni aspetto $s \in V$ sia regolare (ved. **234**).

La regolarità di una varietà è caso particolare della normalità di varietà (ved. **237**).

L'importanza di tali varietà normali si fonda sulla validità del lemma che segue:

387. *Se l'anello noetheriano A è integralmente chiuso nel corpo $K = (A)$, esso è l'intersezione di tutti gli aspetti perfetti di base A.*

Questo lemma, dimostrato da Van der Waerden nel caso di $A = s$ regolare avente base algebrica sopra un corpo, è stato inquadrato da Krull nella teoria degli inversi di ideali sviluppata da Van der Waerden e Artin.

Dimostrazione. – I. Per ogni A-modulo $\mathfrak{a}$ in K designi $\mathfrak{a}^{-1}$ la totalità (A-modulo) degli elementi $x \in K$ con la proprietà $x \cdot \mathfrak{a} \subset A$.

Valgono allora le regole $\mathfrak{a} \cdot \mathfrak{a}^{-1} \subset A$, $\mathfrak{a}^{-1} \subset \mathfrak{b}^{-1}$, se $\mathfrak{a} \supset \mathfrak{b}$,

$$(\mathfrak{a} \cdot \mathfrak{c})^{-1} \subset (\mathfrak{b} \cdot \mathfrak{c})^{-1}, \text{ se } \mathfrak{a}^{-1} \subset \mathfrak{b}^{-1},$$

l'ultima delle quali si deduce da $(\mathfrak{a} \cdot \mathfrak{c})^{-1} \cdot \mathfrak{a} \cdot \mathfrak{c} \subset A$ nei passi: $(\mathfrak{a} \cdot \mathfrak{c})^{-1} \cdot \mathfrak{c} \subset \mathfrak{a}^{-1} \subset \mathfrak{b}^{-1}$, $(\mathfrak{a} \cdot \mathfrak{c})^{-1} \cdot \mathfrak{c} \cdot \mathfrak{b} \subset \mathfrak{b}^{-1} \cdot \mathfrak{b} \subset A$. Essa conduce alla conclusione:

$$(*) \qquad (\mathfrak{a} \cdot \mathfrak{b})^{-1} = (\mathfrak{a}_1 \cdot \mathfrak{b}_1)^{-1}, \qquad \text{se } \mathfrak{a}^{-1} = \mathfrak{a}_1^{-1}, \; \mathfrak{b}^{-1} = \mathfrak{b}_1^{-1}.$$

II. Se $x \in K$ soddisfa a una relazione $x \cdot \mathfrak{a} \subset \mathfrak{a}$, $\mathfrak{a}$ essendo ideale $\neq 0$, esso è integro sopra A e pertanto elemento di A.

Infatti, supposto $\mathfrak{a} = \sum\limits_{i=1}^{h} a_i \cdot A$, si stabiliscono equazioni $x \cdot a_i = \sum\limits_{j=1}^{h} c_{ij} \cdot a_j$ $(i = 1, \dots, h)$ con $c_{ij} \in A$, le quali inducono $|\delta_{ij} \cdot x - c_{ij}| = 0$.

III. Per ogni ideale $\mathfrak{a} \neq 0$ vale $(\mathfrak{a} \cdot \mathfrak{a}^{-1})^{-1} = A$. Invero, ogni elemento x di $(\mathfrak{a} \cdot \mathfrak{a}^{-1})^{-1}$ sta nelle relazioni $x \cdot \mathfrak{a}^{-1} \cdot \mathfrak{a} \subset A$, $x \cdot \mathfrak{a}^{-1} \subset \mathfrak{a}^{-1}$, $x \cdot a \cdot \mathfrak{a}^{-1} \subset a \cdot \mathfrak{a}^{-1}$, dove si scelga $a \in \mathfrak{a}$, $a \neq 0$ (per ottenere un ideale $a \cdot \mathfrak{a}^{-1}$). Applicando II, se ne deduce $x \subset A$, cioè $(\mathfrak{a} \cdot \mathfrak{a}^{-1})^{-1} \subset A$, mentre l'inversa situazione $(\mathfrak{a} \cdot \mathfrak{a}^{-1})^{-1} \supset A$ consegue da $\mathfrak{a} \cdot \mathfrak{a}^{-1} \subset A$.

IV. Per ogni ideale primo $\mathfrak{c}$ non-minimale, cioè contenente un ideale primo diverso da 0 e $\mathfrak{c}$, vale $\mathfrak{c}^{-1} = A$. Infatti $\mathfrak{b} \subset \mathfrak{c}$ induce $\mathfrak{b} \cdot \mathfrak{c}^{-1} \subset \mathfrak{c} \cdot \mathfrak{c}^{-1} \subset A$, sicchè $(\mathfrak{b} \cdot \mathfrak{c}^{-1}) \cdot \mathfrak{c} \subset \mathfrak{b}$, $\mathfrak{c} \not\subset \mathfrak{b}$ esige, se $\mathfrak{b}$ è primo, che $\mathfrak{b} \cdot \mathfrak{c}^{-1} \subset \mathfrak{b}$ e quindi (ved. II) $\mathfrak{c}^{-1} \subset A$ $(\subset \mathfrak{c}^{-1})$.

V. $\mathfrak{a}^{-1} = A$, se tutti i divisori primi $\mathfrak{c}_i$ (ved. **91**) dell'ideale $\mathfrak{a}$ sono non-minimali. Basta scegliere L sì grande, che $(\Pi_i \mathfrak{c}_i)^L$ cada in $\mathfrak{a}$ e dedurne

386 – 387

mediante la relazione (∗) $\mathfrak{a}^{-1} \subset ((\Pi_i \mathfrak{c}_i)^L)^{-1} = A \, (\subset \mathfrak{a}^{-1})$, tenendo conto di $\mathfrak{c}_i^{-1} = A^{-1} = A$ (ved. IV).

VI. Se l'ideale $\mathfrak{a}_2$ è del tipo presupposto in V, mentre $\mathfrak{a}_1$ è qualunque allora vale $(\mathfrak{a}_1 \cap \mathfrak{a}_2)^{-1} = \mathfrak{a}_1^{-1}$, giacchè $(\mathfrak{a}_1 \cap \mathfrak{a}_2)^{-1} \cdot \mathfrak{a}_1 \cdot \mathfrak{a}_2 \subset A$ induce $(\mathfrak{a}_1 \cap \mathfrak{a}_2)^{-1} \cdot \mathfrak{a}_1 \subset \mathfrak{a}_2^{-1} = A$ (ved. V) e quindi $(\mathfrak{a}_1 \cap \mathfrak{a}_2)^{-1} \subset \mathfrak{a}_1^{-1}$, mentre l'inversa situazione è ovvia.

VII. Gli ideali primi $\mathfrak{c} \neq 0$ minimali di A sono appunto quei che individuano (ved. 72) aspetti $S \in V(A)$ immediati (ved. 125). Infatti, $S' \in V(S)$ si traduce, tenuto conto di $S' \in V(A)$ (ved. 180) in $\mathbb{P}' \cap A \subset \mathbb{P} \cap A = \mathfrak{c}$.

Nel caso presente corrispondono quindi (ved. 125) gli ideali primi minimali biunivocamente agli aspetti perfetti di base A.

Da una decomposizione noetheriana ridotta $\mathfrak{a} = \bigcap_i \mathfrak{q}_i$ di un ideale $\mathfrak{a}$ si deriva secondo **334** per ogni S perfetto $\in V(A)$

$$\mathfrak{a} \cdot S = \mathfrak{q}_i \cdot S = \mathbb{P}^\alpha \quad \text{o} \quad \mathfrak{a} \cdot S = S,$$

secondochè uno degli ideali primari $\mathfrak{q}_i$ appartenga all'ideale primo $\mathbb{P} \cap A$ o no. Siccome nel primo caso si ricostruisce $\mathfrak{q}_i = \mathfrak{q}_i \cdot S \cap A = \mathfrak{a} \cdot S \cap A$, (come subito si verifica), possiamo affermare secondo VI che due ideali $\mathfrak{a}$, $\mathfrak{b}$ in A hanno lo stesso inverso, quando per ogni aspetto perfetto $S \in V(A)$ vale $\mathfrak{a} \cdot S = \mathfrak{b} \cdot S$.

VIII. Sia ora $x = \dfrac{a}{b}$ con a, $b \in A$ un elemento comune a tutti gli aspetti perfetti $S \in V(A)$.

Ponendo $a \cdot A = \mathfrak{a}$, $b \cdot A = \mathfrak{b}$, avremo per ogni tale S $\mathfrak{a} \cdot S = \mathbb{P}^\alpha$, $b \cdot S = \mathbb{P}^\beta$ con $\alpha \geq \beta$. Siano S_i $(i = 1, \ldots, m)$ tutti gli $S \in V(A)$ perfetti, per i quali o $\mathfrak{a} \cdot S \neq S$ o $\mathfrak{b} \cdot S \neq S$, e precisamente $a \cdot S_i = \mathbb{P}_i^{\alpha_i}$, $b \cdot S_i = \mathbb{P}_i^{\beta_i}$ $(\alpha_i \geq \beta_i \geq 0$, $\mathbb{P}_i^0 = S_i)$. Gli ideali $\mathfrak{a}_1 = \Pi_i(\mathbb{P}_i \cap A)^{\alpha_i} \subset \Pi_i(\mathbb{P}_i \cap A)^{\beta_i} = \mathfrak{b}_1$ stanno allora per ogni aspetto perfetto $S \in V(A)$ nelle relazioni $\mathfrak{a} \cdot S = \mathfrak{a}_1 \cdot S$, $\mathfrak{b} \cdot S = \mathfrak{b}_1 \cdot S$ che inducono secondo VII le ugualità $\mathfrak{a}^{-1} = \mathfrak{a}_1^{-1}$, $\mathfrak{b}^{-1} = \mathfrak{b}_1^{-1}$ e pertanto, essendo $\mathfrak{a}_1 \subset \mathfrak{b}_1$, la situazione $\mathfrak{a}^{-1} \supset \mathfrak{b}^{-1}$.

Ora il fatto che $\mathfrak{a} = a \cdot A$ è ideale principale permette di calcolare $(\mathfrak{a}^{-1})^{-1} = (a^{-1} \cdot A)^{-1} = a \cdot A = \mathfrak{a}$, sicchè la relazione $(\mathfrak{a}^{-1})^{-1} \subset (\mathfrak{b}^{-1})^{-1}$, dedotta dalla suddetta $\mathfrak{a}^{-1} \supset \mathfrak{b}^{-1}$, esprime $\mathfrak{a} \subset (\mathfrak{b}^{-1})^{-1}$, il che insegna $\mathfrak{a} \cdot \mathfrak{b}^{-1} \subset (\mathfrak{b}^{-1})^{-1} \cdot \mathfrak{b}^{-1} \subset A$ epperò $\dfrac{a}{b} \subset A$, c. d. d.

388. *Sotto le premesse:* $dim \dfrac{K}{k} + insep. \dfrac{K}{k} = r$; *s aspetto integralmente chiuso nel corpo* $(s) = K$; *c, $x_i \in s$ siffatti, che* $c \cdot ds \subset \sum\limits_{i=1}^{r} s \cdot dx_i$, *valgono le*

387 — 388

relazioni

$$c^n \cdot \bigcap_{\substack{S \in V(s) \\ S \text{ perfetto}}} S \cdot dS^n \subset \left(\sum_{i=1}^{r} s \cdot dx_i \right)^n,$$

$$c^n \cdot \bigcap_{\substack{S \in V(s) \\ S \text{ perfetto}}} [S \cdot dS^n + \mathfrak{d}] \subset \left(\sum_{i=1}^{r} s \cdot dx_i \right)^n + \mathfrak{d}, \quad \text{se} \quad \text{car } K \neq 2.$$

Dimostrazione. – Basta presupporre $c \neq 0$. Ogni elemento $\xi \subset \bigcap_S S \cdot dS^n$ ammette dopo la moltiplicazione con c^n una rappresentazione

$$(*) \qquad c^n \cdot \xi = \sum_{i_1 \ldots i_n} a_{i_1 \ldots i_n} \cdot dx_{i_1} \wedge \ldots \wedge dx_{i_n}$$

con $a_{i_1 \ldots i_n} \in K$ unicamente determinati (ved. 351). Valendo anche $c \cdot dS \subset \sum_{i=1}^{r} S \cdot dx_i$. per ogni $S \in V(s)$, avremo per ogni $S \in V(s)$ perfetto una relazione

$$(**) \qquad c^n \cdot \xi \subset \sum_{i_1 \ldots i_n} S \cdot dx_{i_n} \wedge \ldots \wedge dx_{i_n}$$

dal confronto delle quali con $(*)$ segue $a_{i_1 \ldots i_n} \subset \bigcap S = s$ (ved. 387).

Qualora si tratti di un elemento $\xi \subset \bigcap_S [S \cdot dS^n + \mathfrak{d}]$, valgono le stesse conclusioni, purchè si prendano le forme ridotte (ved. 352) ai membri destri di $(*)$ e di $(**)$.

389. *Se $\mathfrak{d}_r(s) = s$ per una prospettiva aritmetica $\mathfrak{p}$ di un corpo r-dimensionale K, allora vale $I_n(K) \subset s \cdot ds^n$, $D_n(K) \subset [s \cdot ds^n + \mathfrak{d}]/\mathfrak{d}$.*

Dimostrazione. – Mediante una base $[1, x_1, \ldots, x_m]$ della prospettiva $\mathfrak{p}$ si calcola $s \cdot ds = \sum_{i=1}^{m} s \cdot dx_i$. Sia $\sum_{j=1}^{m} a_{ij} \cdot dx_j = 0$ $(i = 1, \ldots)$ sistema base per le equazioni differenziali di s (ved. 14), e supponiamo per es. che il determinante·formato con le $m - r$ prime righe e le $m - r$ ultime colonne della matrice (a_{ij}) sia unità in s, come è lecito di supporre, dato che $\mathfrak{d}_r(s) = s$. Dalle equazioni suddette si deduce allora $s \cdot ds = \sum_{i=1}^{r} s \cdot dx_i$, il che permette di applicare l'osservazione 388, prendendovi $c = 1$. Invero, quella ipotesi $\mathfrak{d}_r(s) = s$ garantisce altresì (ved. 303), che s è regolare e pertanto integral·mente chiuso in (s) (ved. 237).

390. *Se $\mathfrak{d}_r\left(\dfrac{s}{k}\right) = s$ per una prospettiva $\mathfrak{p}$ algebrica sopra k di un corpo K r-dimensionale sopra k, mentre $s/\mathfrak{p}$ è separabile sopra $k + \mathfrak{p} \cdot \mathfrak{p}$, allora s è regolare e*

$$I_n\left(\frac{K}{k}\right) \subset s \cdot ds^n, \qquad D_n\left(\frac{K}{k}\right) \subset [s \cdot ds^n + \mathfrak{d}]/\mathfrak{d}.$$

388 — 390

Dimostrazione. - La regolarità di s segue dal lemma di Zariski (ved. **304**). L'aspetto s, in quanto regolare, è integralmente chiuso in $(s) = K$ (ved. **237**). D'altra parte si deduce dall'ipotesi $\mathfrak{d}_r\left(\dfrac{s}{k}\right) = s$, come in **389** l'esistenza di una s-base di $s \cdot ds$ costituita da r differenziali. Basta infine osservare che $\mathfrak{d}_r\left(\dfrac{K}{k}\right) = \mathfrak{d}_r\left(\dfrac{s}{k}\right) \cdot S = K$ (ved. **284**) garantisce la separabilità relativa di K (ved. **285**), per veder verificate tutte le premesse del teorema **388** con $c = 1$.

391. *Se una varietà V, algebrica e chiusa sopra k, di un corpo K di car $K = 0$ è senza singolarità*, (cioè costituita solamente di prospettive regolari), *allora sono*

$$I_n\left(\frac{K}{k}\right) = \bigcap_{s \in V} s \cdot ds^n, \qquad D_n\left(\frac{K}{k}\right) = \bigcap_{s \in V} [s \cdot ds^n + \mathfrak{d}]/\mathfrak{d}$$

Dimostrazione. - Secondo **384** i membri destri di queste relazioni sono contenuti nei rispettivi membri sinistri.

Siccome per ogni $s \in V$ le premesse $s \supset k \subset K$, car $K = 0$, inducono la separabilità di $s/\mathfrak{p}$ relativa a $k + \mathfrak{p}/\mathfrak{p}$, sarà $\mathfrak{d}_r\left(\dfrac{s}{k}\right) = s$ per ogni $s \in V$ (ved. **304**), se r è la dimensione di K sopra k. Soddisfatte le premesse di **390**, è dimostrato che anche i membri sinistri delle relazioni suddette sono contenuti nei rispettivi membri destri.

392. Il teorema precedente riduce la determinazione delle integrità relative di un corpo di caratteristica 0 al famoso problema della risoluzione delle singolarità di varietà algebriche.

L'ipotesi fondamentale di questo problema rimane valida anche nel caso delle varietà aritmetiche e precisamente nella formulazione che segue: *Data una varietà aritmetica V_0 di un corpo K, esiste sempre una varietà estensione $V \to V_0$ dello stesso oggetto K, aritmetica e r e g o l a r e, cioè costituita solamente di prospettive regolari.*

La conoscenza di una varietà regolare e chiusa di un corpo aritmetico K non fornisce però le integrità assolute di K sì direttamente come nel caso considerato in **391**, date le difficoltà che presentano le *prospettive ramificate*, cioè quelle $\mathfrak{p}$ regolari, per le quali l'ideale $\mathfrak{p}^2$ contiene un numero primo. La generale inevitabilità di siffatte prospettive sembra poter enunciarsi con la seguente generalizzazione di un teorema di Minkowski:

La r-esima differente $\mathfrak{d}_r V$ di una varietà aritmetica, chiusa e regolare di un corpo r-dimensionale è non-vuota, purchè non si tratti di un corpo razionale, cioè generabile sopra il corpo primo con tanti elementi, quanto indica la sua dimensione.

390 — 392

Dicendo che la figura $\eth_r V$ (ved. **284**) è non-vuota, vogliamo esprimere l'esistenza di almeno una prospettiva $\mathfrak{p} \in V$, per la quale $\eth_r V(s) = \eth_r(s) \subset \mathfrak{p}$. Queste prospettive che ovviamente sono appunto quelle chiamate da noi ramificate (ved. **303**), rendono la determinazione delle integrità assolute più difficile della mera risoluzione delle singolarità delle varietà aritmetiche chiuse.

393. Rileviamo però un caso di ramificazione in cui si presentano le stesse semplici condizioni come nel caso di s regolare non-ramificato:

Se per una prospettiva aritmetica regolare $\mathfrak{p}$ *di un corpo* r-*dimensionale* K *l'ideale* $\eth_r(s)$ *è principale, allora vale*

$$I_n(K) \subset \bigcap_s S \cdot dS^n = s \cdot ds^n \qquad (S \in V(s), \ S \text{ perfetto})$$

DIMOSTRAZIONE. – Supposto $s \in V([1, x_1, \ldots, x_m])$ sia $\sum_{j=1}^{m} a_{ij} \cdot dx_j = 0$ ($i = 1, 2, \ldots$) sistema base per le equazioni differenziali di s (ved. **14**). Siccome i minori di ordine $m-r$ della matrice (a_{ij}) generano l'ideale $\eth_r(s) = a \cdot s$, se ne troverà uno, sia quello con $i = 1, \ldots, m-r$, $j = r+1, \ldots, m$, che differisce dall'elemento a solamente con un fattore unità in s. Ponendolo uguale a $e \cdot a$ (con $e \in s$, $e^{-1} \in s$), possiamo stabilire un sistema di relazioni del tipo $a \cdot e \cdot dx_i = \sum_{j \leq r} b_{ij} \cdot dx_j$ ($i > r$), dove b_{ij}, in quanto determinanti di ordine $m-r$ di quella matrice, sono altresì divisibili con a, cioè della forma $a \cdot c_{ij}$ con $c_{ij} \in s$. La divisione di quelle relazioni con $a \cdot e$, lecita, perchè si considera $s \cdot ds$ come sotto-modulo di $K \cdot dK$, fornisce allora la relazione $s \cdot ds = \sum_{j \leq r} s \cdot dx_j$, che permette l'applicazione di **388** con $c = 1$.

394. ESEMPIO. – Per ogni aspetto $s \in V([1, x, y])$ del corpo K definito da $x^m + y^m - 1 = 0$ è $s \cdot ds = s \cdot dx + s \cdot dy$ come sotto-modulo di $K \cdot dK$ descritto dalla relazione $x^{m-1} \cdot dx + y^{m-1} \cdot dy = 0$, mentre $\eth_1(s) = m \cdot x^{m-1} \cdot s + m \cdot y^{m-1} \cdot s = m \cdot s$. L'osservazione precedente permette quindi di affermare $\xi \subset s \cdot ds$ per ogni infinitesimale $\xi \in I_1(K)$. Ora $s \cdot ds = s \cdot dx$ o $= s \cdot dy$, secondochè sia $y \subseteq \mathfrak{p}$ o $x \subseteq \mathfrak{p}$. Se quindi si scrive ξ nella forma

$$= c \cdot \frac{dx}{m \cdot y^{m-1}} = c \cdot \frac{dy}{m \cdot x^{m-1}} \qquad \left(c = \sum_{i+j \leq m-3} b_{ij} \cdot x^i \cdot y^j, \ b_{ij} \in [1]\right),$$

garantita col risultato **378** fine, sarà ad ogni modo $\dfrac{c}{m} \subset s$. Valendo questo per ogni $s \in V([1, x, y])$, quel quoziente apparterrà all'anello $[1, x, y]$ (ved. **336**). Ne segue subito $b_{ij} = m \cdot a_{ij}$ con $a_{ij} \in [1]$, e dal confronto di questo risultato

392 – 394

con quello trovato in **385** otteniamo

$$I_1(K) = \sum_{i+j \le m-3} [1] \cdot x^i \cdot y^j \cdot \frac{dx}{y^{m-1}}.$$

395. Prima di illustrare il calcolo delle integrità assolute con un esempio più difficile di quello or ora considerato, indichiamo le linee generali da proseguire in tale calcolo.

Partendo da una varietà aritmetica chiusa V del corpo K e da un sopra–modulo $M = \sum_{i=1}^{l} [1] \cdot \xi_i$ dell'integrità $I_n(K)$ (ottenuto per es. dall'applicazione del teorema **378** o delle osservazioni **379 – 381**), ci concentreremo sulle prospettive c r i t i c h e nel senso che non tutti gli infinitesimali ξ_i appartengono a $s \cdot ds^n$, giacchè in caso che non ce ne siano, si potrebbe affermare $I_n(K) = M$ (ved. :86).

Estenderemo la stella $V(s)$ di un aspetto eccezionale alla varietà proiettiva (ved. **124**)

$$V_s = \bigcup_{i=1,\dots,h} V\left[s, \frac{p_1}{p_i}, \dots, \frac{p_h}{p_i}\right]$$

generata da una base $p_1, \dots, p_h$ dell'ideale $\mathfrak{p}$. Essendo questa chiusa sopra s, essa sarà varietà estensione nel senso preciso definito in **250**, ma basta all'uopo presente che avremo la situazione descritta con $V_s \to V(s)$ (ved. **264**).

Infatti, per qualunque $S \to S_0 \in V(s)$ compatibile con $(s) = K$ si realizza di seguito alla chiusura suddetta di V_s la situazione

$$
\begin{array}{ccc}
 & S' & \\
\swarrow & & \searrow \\
S & & S'' \in V_s \\
 & \searrow & \\
 & S_0 \in V(s) &
\end{array}
$$

esatta dalla condizione **250** II, mentre ogni $\mathfrak{p}''' \in V_s$ individua (ved. **73**) in $V(s)$ una prospettiva, della quale essa è estensione, il che è appunto quello che esige la condizione **250** I.

Lasciando da parte la questione se l'insieme $\bar{V}$ ottenuto da V dopo la sostituzione di V_s al sotto–insieme $V(s)$ di V, sia varietà, constateremo semplicemente la situazione (transitiva) $\bar{V} \to V$, il che basta riguardo allo scopo presente, come risulta dalla seguente generalizzazione del teorema **386**:

396. *Se un insieme V di prospettive di un corpo K estende una varietà chiusa V_0 di K nel senso $V \to V_0$ definito in* **264**, *allora vale*

$$\bigcap_{s \in V} s \cdot ds^n \subset I_n(K), \qquad \bigcap_{s \in V} [s \cdot ds^n + \mathfrak{d}]/\mathfrak{d} \subset D_n(K).$$

394 — 396

Infatti, ogni aspetto perfetto S di K estende — come abbiamo dimostrato in **386** — un aspetto $s_0 \in V_0$, e la situazione $S \to s_0$ può, di seguito alla premessa $V \to V_0$, essere inquadrata in una configurazione

$$S' \in V([S, s])$$
$$S \qquad s \in V$$
$$s_0 \in V_0$$

dalla quale si deduce $S' = S$, poichè $(S') = (S)$ e S è perfetto. Vale quindi $s \subset S' = S$ epperò $s \cdot ds^n \subset S \cdot dS^n$, il che dimostra le relazioni suddette.

397. ESEMPIO. – Ogni infinitesimale semplice integro ξ del corpo $K = (x, y) = (\alpha, x, y)$ definito da

$$y^2 - x^3 - 2\alpha + 1 = 0, \qquad \alpha^2 - \alpha + 6 = 0, \qquad \mathrm{car}\, K = 0$$

è della forma

$$\xi = a \cdot \frac{dx}{2y} = a \cdot \frac{dy}{3x^2} \qquad a \in [1] + [1] \cdot \alpha \quad (\text{ved. } \mathbf{382}).$$

La sintesi (ved. **117**)

$$V = V([1, \alpha, x, y]) \cup V([1, \alpha, x^{-1}, y \cdot x^{-1}]) \cup V([1, \alpha, y^{-1}, x \cdot y^{-1}])$$

della varietà chiusa $V([1, \alpha])$ (ved. **119** e **118** fine) e della varietà chiusa (ved. **124**)

$$V([1, x, y]) \cup V([1, x^{-1}, y \cdot x^{-1}]) \cup V([1, y^{-1}, x \cdot y^{-1}])$$

è chiusa (ved. **121**).

Fra gli aspetti s di base $[1, \alpha, x, y]$ sono critici (ved. **395**) solamente quelli per i quali $2y \subset \mathfrak{p}$ e nello stesso tempo $3x^2 \subset \mathfrak{p}$. Ciò conduce a ricercare i casi

I. $\quad 2 \equiv 0, \quad x \equiv 0, \quad \alpha \cdot (\alpha - 1) \equiv 0 \quad \mathrm{mod}\ \mathfrak{p}$

II. $\quad 3 \equiv 0, \quad y \equiv 0, \quad \alpha \cdot (\alpha - 1) \equiv 0 \quad \mathrm{mod}\ \mathfrak{p}$

III. $23 \equiv 0, \quad x \equiv 0, \ y \equiv 0, \quad 2\alpha \equiv 1 \quad \mathrm{mod}\ \mathfrak{p}$

I. $\quad \alpha \equiv 0$. Da $2 \equiv 0$, $x \equiv 0$ segue $y \equiv 1$, e le equazioni

$$(*) \qquad (y - 1)^2 + 2 \cdot (y - 1) + 2 - 2 \cdot \alpha - x^3 = 0, \qquad \alpha = 6 \cdot (1 - \alpha)^{-1}$$

mostrano $2 \subset \mathfrak{p}^2$ e con ciò la regolarità di s, perchè $s \cdot ds = s \cdot dx + s \cdot dy$ induce $\mathfrak{d}_2(s) = s$ (ved. **303**). Siccome $s \ \mathrm{mod}(x \cdot s + (y - 1) \cdot s)$ non ha che 2 elementi incongrui, sarà $\mathfrak{p} = x \cdot s + (y - 1) \cdot s$.

$$\mathbf{396 - 397}$$

L'estensione della stella $V(s)$ con $z = \dfrac{y-1}{x}$ oppure con z^{-1} conduce a una varietà chiusa sopra s

$$V_s \subset V([1,\ \alpha,\ x,\ z]) \cap V([1,\ \alpha,\ y,\ z^{-1}]) \qquad \text{(ved. 75)}.$$

Poichè tutte le relazioni fra α, x, z sono conseguenze di

$$x^2 \cdot z^2 + 2 \cdot x \cdot z + 2 - 2\alpha - x^3 = 0, \qquad \alpha^2 - \alpha + 6 = 0,$$

possiamo concludere da $A = [1,\ \alpha,\ x,\ z] = [1,\ \alpha,\ z] + x \cdot A$, che l'ideale $x \cdot A + \alpha \cdot$
$\cdot A + 2 \cdot A$ è primo, sicchè esso individua una prospettiva perfetta $\mathfrak{p} \in V(A)$ con
$\mathfrak{p} = x \cdot S$, $2 \cdot S = \alpha \cdot S = \mathfrak{p}^2$, essendo $2 \cdot (1 + x \cdot z - \alpha) = x^2 \cdot (- z^2 + x)$.

Volendo sfruttare della condizione $\xi \subset S \cdot dS$, calcoliamo $S \cdot dS = S \cdot dx +$
$+ S \cdot dz$ mediante l'equazione differenziale $(2x+2zx^2) \cdot dz+(2z+2z^2 \cdot x - 3x^2) \cdot$
$\cdot dx = 0$, la quale di seguito a

$$x^2 = 2 \cdot (1 + xz - \alpha) \cdot (- z^2 + x)^{-1} = 2 \cdot (z^{-2} + ...) \qquad \text{(dove i punti sostituiscono}$$
$$\text{elementi di } \mathfrak{p})$$

fornisce

$$dx = x \cdot \left(\frac{z^2}{1 + z^3} + ... \right) \cdot dz, \quad S \cdot dS = S \cdot dz,$$

sicchè $\xi \subset S \cdot dS$ equivale a

$$\xi = a \cdot \frac{dx}{2y} = a \cdot \left(\frac{z^2}{1 + z^3} + ... \right) \cdot x \cdot \frac{dz}{2(1 + xz)} \subset S \cdot dz, \quad \text{cioè a} \quad a \subset x \cdot S = \mathfrak{p}.$$

Se quindi si pone $a = e + \alpha \cdot f$ con e, $f \in [1]$, sarà $e \equiv 0 \bmod 2$.

I. $\alpha \equiv 1$. Designamo ora con s l'aspetto di base $[1,\ \alpha,\ x,\ y]$ per il quale
$2 \equiv 0$, $x \equiv 0$, $\alpha \equiv 1$. Le equazioni $(y - 1)^2 + 2(y - 1) - x^3 = 2(\alpha - 1)$, $\alpha \cdot$
$\cdot (\alpha - 1) = - 6$ forniscono allora come nel caso precedente $\mathfrak{p} = x \cdot s + (y - 1) \cdot$
$\cdot s + 2 \cdot s$

Secondo il procedimento generale sbozzato in **395** estendiamo $V(s)$ alla
varietà proiettiva V_s generata sopra s da $u = \dfrac{y-1}{x}$, $v = \dfrac{2}{x}$ (ved. **124**).

Dall'equazione $u^2 \cdot v + u \cdot v^2 - 2 + 3 \cdot v^3 \cdot \alpha^{-1} = 0$ segue allora

$$(2uv + v^2) \cdot du + (u^2 + 2uv + 3^2 \cdot v^2 \cdot \alpha^{-1}) \cdot dv = 0$$

e quindi $\xi = a \cdot \dfrac{dx}{2y} = \dfrac{- a \cdot dv}{v^2 + 2uv} = \dfrac{a \cdot du}{u^2 + 2uv + 9\alpha^{-1} \cdot v^2}$.

Per ogni prospettiva $\mathfrak{p}' \in V([1,\ \alpha,\ u,\ v])$ oltre quella definita da $\mathfrak{p}' = u \cdot$
$\cdot s' + v \cdot s'$ sarà $\xi \subset s' \cdot ds'$. Lasciando da parte la discussione delle altre
prospettive nella varietà proiettiva V_s, estenderemo subito quella $\mathfrak{p}' \in V([1,\ \alpha,$

397

u, v]), la quale di seguito a $u \equiv 0$, $v \equiv 0$, $2 \subset \mathfrak{p}'^3$ è ramificata (ved. **392**) e pertanto regolare (ved. **303**). Tra le estensioni di $\mathfrak{p}'$ con $\dfrac{u}{v} = w$ si trova una prospettiva perfetta $\mathfrak{P} \in V([1, \alpha, v, w])$ e precisamente quella con $\mathfrak{P} = v \cdot S$, come mostrano le relazioni $[1, \alpha, v, w] = [1, \alpha, w] + v \cdot [1, \alpha, v, w]$, $2 = (w^2 + w + 3 \cdot \alpha^{-1}) \cdot v^3$, $1 - \alpha = 6 \cdot \alpha^{-1}$. L'equazione differenziale

$$3 \cdot v^2 \cdot (w^2 + w + 3 \cdot \alpha^{-1}) \cdot dv + v^3 \cdot (1 + 2w) \cdot dw = 0$$

dà $S \cdot dS = S \cdot dw$, sicchè la condizione

$$\xi = \frac{-a \cdot dv}{v^2 + 2v^2 w} = \frac{a \cdot dw}{3v \cdot (w^2 + w + 3\alpha^{-1})} \subset S \cdot dS = S \cdot dw$$

esige $a \subset v \cdot S = \mathfrak{P}$, il che di seguito a $a = e + \alpha \cdot f \equiv f \bmod \mathfrak{P}$ induce $f \equiv 0 \bmod 2$.

Sapendo ormai che $a = 2 \cdot b$ con $b \subset [1] + [1] \cdot \alpha$, possiamo sostituire al sopra-modulo

$$[1] \cdot \frac{dx}{2y} + [1] \cdot \frac{\alpha dx}{2y}$$

di $l_1(K)$, finora discusso, il più stretto

$$[1] \cdot \frac{dx}{y} + [1] \cdot \frac{\alpha dx}{y},$$

per il quale le prospettive del tipo I non sono più critiche.

II. $\alpha \equiv 0$. Designi ormai $\mathfrak{p}$ la prospettiva di base $[1, \alpha, x, y]$ definita da $3 \equiv 0$, $y \equiv 0$, $\alpha \equiv 0$ e quindi $x - 1 \equiv 0$, come risulta da

$$y^2 - (x-1)^3 = 3 \cdot (4 \cdot (1 - \alpha)^{-1} + (x-1) + (x-1)^2), \quad (1-\alpha) \cdot \alpha = 6$$

Essendo $\mathfrak{p} = (x-1) \cdot s + y \cdot s$ e $[1] \cdot \dfrac{dx}{y} + [1] \cdot \dfrac{\alpha dx}{y} = [1] \dfrac{2dy}{3x^2} + [1] \cdot \dfrac{2\alpha dy}{3x^2} \not\subset s \cdot$ $\cdot ds$, dovremo estendere $V(s)$ proiettivamente con $z = \dfrac{y}{x-1}$ (ved. **398**). Le equazioni $(x-1)^2(z^2 - (x-1)) = 3 \cdot (1 + \dots)$, $\xi = b \cdot \dfrac{dx}{y} = b \cdot \dfrac{2(x-1)dz}{3x^2 - 2(x-1)z^2} = $ $= b \cdot \dfrac{2dz}{-2z^2 + \dots} = b \cdot \dfrac{d(z^{-1})}{1 - \dfrac{3}{x-1} \cdot \dfrac{x^2}{2} \cdot z^{-2}}$ mostrano, che $\mathfrak{p}' \in V([s, z])$ con

$\mathfrak{p}' = (x-1) \cdot s' + z \cdot s'$ è la sola prospettiva critica (ved. **395**) in

$$V([s, z]) \smile V([s, z^{-1}]) \subset V([1, \alpha, x, z]) \smile V([1, \alpha, y, z^{-1}]) \qquad \text{(ved. **75**).}$$

Basta quindi di estendere la stella $V(s')$ di questo s' proiettivamente con

$$w = \frac{z}{x-1} = \frac{y}{(x-1)^2}.$$

397

Le relazioni $w^2 \cdot (x-1)^4 - x^3 - 2\alpha + 1 = 0$, $3 = (x-1)^3 \cdot (-1 + ...)$, $2w \cdot (x-1)^4 \cdot dw = (3x^2 - 4(x-1)^3 w^2) \cdot dx$, $2w \cdot (x-1) \cdot dw = (-x^2 - 4w^2 + ...) \cdot dx$ conducono a considerare la prospettiva perfetta $\mathbb{P} \in V([s', w])$ avente l'origine $\mathbb{P} = (x-1) \cdot S$, la quale di seguito a $S \cdot dS = S \cdot dx + S \cdot dw = S \cdot dw$ è critica per

$$\xi = b \cdot \frac{dx}{(x-1)^2 w} = b \cdot \frac{2 \cdot (x-1)^2 dw}{3x^2 - 4(x-1)^3 w^2},$$

perchè la condizione $\xi \subset S \cdot dS$ esige $b \cdot 2 \cdot (x-1)^2 \subset (3x^2 - 4(x-1)^3 \cdot w^2) \cdot S = (x-1)^3 \cdot S$ e quindi $b \subset \mathbb{P}$, cioè $b = e + \alpha \cdot f$ con $e, f \in [1]$, $e \equiv 0 \mod 3$.

II. $\alpha \equiv 1$. La prospettiva $\mathfrak{p} \in V([1, \alpha, x, y])$ con $3 \equiv 0$, $y \equiv 0$, $\alpha \equiv 1$ è regolare, come mostrano (ved. 303) le conseguenze $x + 1 \equiv 0$, $3 \subset \mathfrak{p}^2$ delle relazioni $y^2 - (x+1)^3 = 3 \cdot (-4\alpha^{-1} + (x+1) - (x+1)^2)$, $1 - \alpha = 6 \cdot \alpha^{-1}$.

Passando all'estensione proiettiva

$$(**) \qquad V([s, z]) \cup V([s, z^{-1}]) \subset V([1, \alpha, x, z]) \cup V([1, \alpha, y, z^{-1}])$$

di $V(s)$ generata da $z = \dfrac{y}{x+1}$, deduciamo da $(x+1)^2 \cdot (z^2 - (x+1)) = 3 \cdot (-1 + ...)$ e $2(x+1)^2 \cdot z \cdot dz + (2z^2 \cdot (x+1) - 3x^2) \cdot dx = 0$, come nel caso precedente che

$$\xi = b \cdot \frac{dx}{y} = \frac{b \cdot dx}{(x+1)z} = \frac{2(x+1) \cdot dz}{3x^2 - 2(x+1)z^2} = \frac{2 \cdot dz}{-2z^2 + \dfrac{3}{x+1} \cdot x^2} =$$

$$= \frac{2 \cdot d(z^{-1})}{2 - \dfrac{3}{x+1} \cdot x^2 z^{-2}} \subset s' \cdot ds'$$

per ogni $s' \in V([s, z]) \cup V([s, z^{-1}])$, in cui non $z \equiv 0$.

Estenderemo pertanto la stella $V(s')$ dell'aspetto $s' \in V([1, \alpha, x, z])$ definito da $\mathfrak{p}' = (x+1) \cdot s' + z \cdot s'$ con $w = \dfrac{z}{x+1} = \dfrac{y}{(x+1)^2}$.

Le relazioni $w^2(x+1)^4 - x^3 - 2\alpha + 1 = 0$, $(x+1)^3 \cdot (-1 + w \cdot (x+1)) = 3 \cdot (-1 + ...)$, $2w \cdot (x+1)^4 dw = (3x^2 - 4(x+1)^3 w^2) \cdot dx$, $2w(x+1)dw = (x^2 - w^2 + ...) \cdot dx$, mostrano che la prospettiva perfetta $\mathbb{P} \in V([1, \alpha, x, w])$ definita da $\mathbb{P} = (x+1) \cdot S$ è critica. Infatti,

$$\xi = b \cdot \frac{dx}{y} = b \cdot \frac{2dw}{(x+1) \cdot (x^2 - w^2 + ...)} \subset S \cdot dS = S \cdot dw$$

esige $b \subset (x+1) \cdot S = \mathbb{P}$ e pertanto $f \equiv 0 \mod 3$, a causa di $b = e + \alpha \cdot f \equiv f$.

Sapendo ormai

$$I_1(K) \subset [1] \frac{3 \cdot dx}{y} + [1] \frac{3\alpha \cdot dx}{y},$$

397

prenderemo il modulo dato dal membro destro come base dell'ulteriore discussione, il che di seguito a $\dfrac{3dx}{y} = \dfrac{2dy}{x^2}$ garantisce, che non ci sono più aspetti critici dei tipi I, II.

III. Sia $s \in V([1,\ \alpha,\ x,\ y])$ l'aspetto definito da $\mathfrak{p} \supset x \cdot s + y \cdot s$ che a causa di $-23 = (y^2 - x^3)^2 \subset \mathfrak{p}^4$ è regolare (ved. **303**).

L'estensione proiettiva di $V(s)$ a

$$V_s = V([s,\ z]) \cup V([s,\ z^{-1}]) \subset V([1,\ \alpha,\ x,\ z]) \cup V([1,\ \alpha,\ y,\ z]) \qquad \text{(ved. 75)}$$

con $z = \dfrac{y}{x}$ dirige attraverso le relazioni $x^2 \cdot (z^2 - x) = 2\alpha - 1$, $2z \cdot x \cdot dz =$

$= (3x - 2z^2) \cdot dx$, $\xi = c \cdot \dfrac{3dx}{y} = c \cdot \dfrac{6dz}{3x - 2z^2} = c \cdot \dfrac{6d(z^{-1})}{2 - 3x \cdot z^{-2}}$ l'attenzione sull'unica prospettiva critica in V_s, e cioè sulla $\mathfrak{p}' \in V_s$ con $z = 0$. Avendo questa l'origine $\mathfrak{p}' = x \cdot s' + z \cdot s'$, si è condotti a estendere la sua stella $V(s')$ proiettivamente con $u = \dfrac{x}{z}$ a

$$V_{s'} = V([s',\ u]) \cup V([s',\ u^{-1}]) \subset V([1,\ \alpha,\ z,\ u]) \cup V([1,\ \alpha,\ x,\ u^{-1}]) \qquad \text{(ved. 75)},$$

Dalle relazioni $x = z \cdot u$, $y = z^2 \cdot u$, $z^4 \cdot u^2 - z^3 \cdot u^3 = 2\alpha - 1$, $(4zu - 3u^2) \cdot$

$\cdot dz + (2z^2 - 3zu) \cdot du = 0$, $\xi = c \cdot \dfrac{6dz}{3x - 2z^2} = c \cdot \dfrac{6du}{4zu - 3u^2} = c \cdot \dfrac{6 \cdot d(u^{-1})}{3 - 4z \cdot u^{-1}}$

segue che

$(+)$ solamente $\mathfrak{p}'' \in V([1,\ \alpha,\ z,\ u])$ con $\mathfrak{p}'' = z \cdot s' + u \cdot s''$ è critica.

Estenderemo perciò $V(s'')$ proiettivamente con $v = \dfrac{u}{z}$ alla varietà

$$V_{s''} = V([s'',\ v]) \cup V([s'',\ v^{-1}]) \subset V([1,\ \alpha,\ z,\ v]) \cup V([1,\ \alpha,\ u,\ v^{-1}]) \qquad \text{(ved. 75)},$$

nella quale di seguito a $z^6 \cdot v^2 - z^6 \cdot v^3 = 2\alpha - 1$, $6(v - v^2)dz + z(2 - 3v)dv = 0$,

$(++)$ $\xi = c \cdot \dfrac{6dz}{3z^2v - 2z^2} = c \cdot \dfrac{dv}{z \cdot (v - v^2)} = c \cdot \dfrac{d(v^{-1})}{(1 - v^{-1}) \cdot u \cdot v^{-1}}$

si trova la prospettiva perfetta critica $\mathbb{P} \in V([1,\ \alpha,\ z,\ v])$ data da $\mathbb{P} = z \cdot S$. Invero, $\xi \subset S \cdot dS = S \cdot dz + S \cdot dv = S \cdot dv$ esige $c \subset z \cdot S = \mathbb{P}$, cioè $c \subset \mathbb{P} \cap$ $\cap (\alpha) = \sqrt{-23} \cdot s_0$, dove s_0 designi l'aspetto perfetto (ved. **328**) del corpo $k =$ $= (\alpha) = (\sqrt{-23})$ ottenuto come intersezione di S con k.

Da $c \in \sqrt{-23} \cdot s_0$ e $c \in [1] + [1] \cdot \alpha$ segue $c \in \sqrt{-23} \cdot I(k) = \sqrt{-23}([1] + [1] \cdot \alpha)$ e quindi

$$I_1(K) \subset \frac{3 \cdot \sqrt{-23} \cdot dx}{y} \cdot I(k).$$

397

Essendo il membro destro contenuto nell'insieme

$$\bigcap_{s \in M} s \cdot ds \quad \text{dove} \quad M = (V_{s'} \ \text{senza} \ V(s'')) \cup V_{s''}$$

come risulta da (+) e (++), se si tiene conto di $\sqrt{-23} = 2\alpha - 1 = z^6(v^2 - v^3) =$ $= u^6(v^{-4} - v^{-3})$, sarà $\dfrac{3 \cdot \sqrt{-23} \cdot dx}{y} \cdot I(k \subset S \cdot dS$ per ogni aspetto perfetto S che estende un aspetto fra $V([1, \alpha, x, y])$. Ciò segue dal fatto (ved. **264**) che $\dfrac{3 \cdot \sqrt{-23} \cdot dx}{y}$ è contenuto nell'insieme

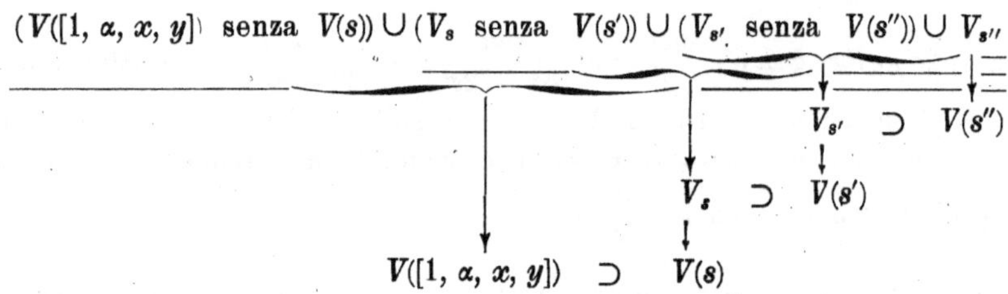

$$(V([1, \alpha, x, y]) \ \text{senza} \ V(s)) \cup (V_s \ \text{senza} \ V(s')) \cup (V_{s'} \ \text{senza} \ V(s'')) \cup V_{s''}$$

$$V_{s'} \supset V(s'')$$
$$V_s \supset V(s')$$
$$V([1, \alpha, x, y]) \supset V(s)$$

e da una generalizzazione del teorema **396** che merita essere formulata a parte in **398**.

IV. Dobbiamo ancora discutere le prospettive $\mathfrak{p} \in V$ non appartenenti a $V([1, \alpha, x, y])$.

Per tale s sarà $x^{-1} \subset \mathfrak{p}$ o $y^{-1} \subset \mathfrak{p}$, perchè altrimenti sarebbe $[1, \alpha, x, y] \subset s$, sicchè (ved. **73**) $\mathfrak{p}$ dovrebbe estendere una prospettiva $\in V([1, \alpha, x, y])$ e quindi (ved. **111**) appartenere a $V([1, \alpha, x, y])$.

Ora $x^{-1} \subset \mathfrak{p}$ induce $y^{-1} \subset \mathfrak{p}$ e viceversa, essendo $y^{-2} = x^{-3}(1 + \sqrt{-23} \cdot x^{-3})^{-1}$. Se fosse $y \cdot x^{-1} \subset s$, sarebbe $1 = (y \cdot x^{-1})^2 \cdot x^{-1} - \sqrt{-23} \cdot x^{-3} \subset \mathfrak{p}$. Quindi $s \in V([1, \alpha, y^{-1}, x \cdot y^{-1}])$. Ponendo $y^{-1} = u$, $x \cdot y^{-1} = v$, troveremo le relazioni

$$u - v^3 = \sqrt{-23} \cdot u^3, \quad -3v^2 \cdot dv = (3\sqrt{-23} \cdot u^2 - 1) \cdot du, \quad \frac{3\sqrt{-23} \cdot dx}{y} = \frac{2\sqrt{-23} \cdot dy}{x^2} =$$

$$= -\frac{2\sqrt{-23} \cdot du}{v^2} = \frac{6 \cdot \sqrt{-23} \cdot dv}{-1 + 3\sqrt{-23} \cdot u^2} \subset s \cdot ds, \quad \text{le quali dimostrano}$$

$$\frac{3 \cdot \sqrt{-23} \cdot dx}{y} \cdot I(k) \subset S \cdot dS$$

anche per quegli aspetti perfetti S, che estendono un $s \in V$ non contenuto in $V([1, \alpha, x, y])$.

V. Abbiamo provato con tutto ciò l'uguaglianza

$$I_1(K) = \frac{3 \cdot \sqrt{-23}}{y} \cdot dx \cdot I(k) \quad \text{dove} \quad k = (\sqrt{-23}).$$

397

Osserveremo la possibilità di distinguere

$$\pm \frac{3 \cdot \sqrt{-23}}{y} \cdot dx$$

fra tutti gli infinitesimali semplici integri del corpo K, essendo questi due infinitesimali gli unici elementi di $I_1(K)$ atti a formare una $I(k)$-base dell'integrità $I_1(K)$.

398. Per poter formulare brevemente il lemma di cui ci siamo serviti nella dimostrazione precedente (ved. **397** III fine), introduciamo la nozione « estensione perfetta » di un sistema V di prospettive di un medesimo corpo K, con quale termine intenderemo la totalità degli aspetti perfetti di K che estendono un aspetto appartenente al sistema V.

*Se due sistemi V, V_0 di prospettive di un medesimo corpo stanno nella relazione $V \to V_0$, (definita in **264**), allora coincidono le loro estensioni perfette.*

DIMOSTRAZIONE. - Siccome ogni S perfetto con $(S) = K$ che estende un $s \in V$, estende anche un aspetto appartenente a V_0, e cioè l'aspetto s_0 esteso da s (ved. **250** I), l'estensione perfetta di V è contenuta nell'estensione perfetta di V_0.

Sia S elemento qualunque dell'estensione perfetta di V_0, essendo per es. $S \to s_0 \in V_0$. Vale allora un diagramma

$$S = S' \in V([S,\, s])$$
$$S \quad\quad s \in V$$
$$s_0 \in V_0$$

da interpretare con le stesse conclusioni già usate nella dimostrazione **396**. Questo diagramma mostra che il dato aspetto perfetto S appartiene anche all'estensione perfetta di V, estendendo esso l'aspetto $s \in V$.

§ 5. Rango e classe di un'integrità.

399. Se V è varietà aritmetica di un corpo K, la totalità V' degli aspetti $s \in V$ contenenti il corpo primo (1) (e quindi nel caso di V' regolare la 0-esima integrità $k = I_0\left(\dfrac{K}{(1)}\right)$ di K sopra (1), ved. **83** e **237**) è varietà, essendo essa la sintesi ((1), V) di V con la varietà (1) costituita dal solo aspetto totale del corpo (1) (ved. **117**).

Se una varietà V aritmetica e chiusa di un corpo K di caratteristica 0 è siffatta, che la ((1), V) è senza singolarità, allora esiste un numero intero

397 — 399

razionale $c > 0$ *tale che*

$$\bigcap_{s \in V} s \cdot ds^n \subset I_n(K) \subset c^{-1} \cdot \bigcap_{s \in V} s \cdot ds^n .$$

DIMOSTRAZIONE. - I. Sia $\sum\limits_{j=1}^{m} a_{ij} \cdot dx_j = 0$ $(a_{ij} \in s)$ $(i = 1, 2, ...)$ sistema base per le equazioni differenziali di $s \in V$ $([1, x_1, ..., x_m])$, $s \in V$. Allora ogni determinante

$$\Delta = \begin{vmatrix} a_{i_1 j_1} & & a_{i_1 j_{m-r}} \\ \cdot & \cdot \;\; \cdot & \cdot \\ a_{i_{m-r} j_1} & & a_{i_{m-r} j_{m-r}} \end{vmatrix}$$

di ordine $m-r$ formato dalla matrice (a_{ij}) dà luogo a un sistema di equazioni $\Delta \cdot dx_l = \sum\limits_{h} c_{lh} \cdot dx_h$ $(c_{lh} \in s)$ esprimenti (se $\Delta \neq 0$) i differenziali dx_l con $l = j_1, ..., j_{m-r}$ mediante gli r rimanenti. Se quindi r designa la dimensione di K, si può concludere col teorema 388, che

$$(*) \qquad\qquad \Delta^n \cdot I_n(K) \subset s \cdot ds^n .$$

Sia ora b un elemento qualunque dell'ideale $\mathfrak{d}_r(s) = \sum\limits_{i=1}^{N} s \cdot \Delta_i$ generato dalla totalità Δ_i $(i = 1, 2, ..., N)$ dei determinanti di ordine $m-r$ della matrice (a_{ij}). Siccome $b = \sum\limits_{i=1}^{N} b_i \cdot \Delta_i$ con $b_i \in s$, ci sarà una relazione $b^{N \cdot n} = \sum\limits_{i=1}^{N} c_i \cdot \Delta_i^n$ $(c_i \in s)$, dalla quale segue, tenuto conto di (*),

$$b^{N \cdot n} \cdot I_n(K) \subset s \cdot ds^n .$$

II. L'ipotesi che $((1), V)$ sia senza singolarità, induce $\mathfrak{d}_r(S) = S$ per ogni $S \supset (1)$ in V (ved. **304**).

Sia $\mathfrak{d}_r(s) \neq s$ e quindi car $s/\mathfrak{p} = p \neq 0$. Siccome ogni aspetto $S \in V(s)$, l'origine del quale non contiene p, comprende il corpo primo (1), si ha $\mathfrak{d}_r(s) \cdot S = \mathfrak{d}_r(S) = S$ (ved. **284**) epperò (ved. **334**) $S = \mathfrak{d}_r(s) \cdot S = \bigcap\limits_{i=1,...,h} \mathfrak{q}_i \cdot S$, cioè $\mathfrak{q}_i \cdot S = S$, se $\mathfrak{d}_r(s) = \bigcap\limits_{i} \mathfrak{q}_i$ è decomposizione noetheriana di $\mathfrak{d}_r(s)$. Ora certo sarà $\mathfrak{q}_i \cdot S_i \neq S_i$, se $\mathfrak{q}_i$ è $[\mathfrak{P}_i \cap s]$-primario (ved. **175**). Ne segue $p \subset \mathfrak{P}_i$ $(i = 1, ..., h)$ e finalmente $p^L \subset \bigcap\limits_{i} \mathfrak{q}_i = \mathfrak{d}_r(s)$ per L abbastanza grande.

III. La r-esima differente $\mathfrak{d}_r V$ della varietà V è figura finita (ved. **337**), poichè la V è unione finita di varietà $V(A_i)$ aventi basi aritmetiche A_i e il differente $\mathfrak{d}_r(s)$ può essere generato dal differente $\mathfrak{d}_r\left(\dfrac{A}{[1]}\right)$ (ved. **15**), se $s \in V(A)$. Sia pertanto $\mathfrak{d}_r V = \bigcap\limits_{i=1,...,t} \mathfrak{Q}_i$, dove $\mathfrak{Q}_i$ è figura $\mathfrak{P}_i$-primaria. Per ogni tale $\mathfrak{P}_i$

è car $S_i/\mathbb{P}_i = p_i \neq 0$, una potenza $p_i{}^{n_i}$ di questa caratteristica essendo contenuta in $\mathfrak{d}_r(S_i)$ (ved. II). Dalla relazione (ved. 177)

$$\mathfrak{d}_r(s) = \cap \, \mathbb{Q}_i(s) = \cap \, \mathbb{Q}_i(S_i) \cap s \supset \cap \, \mathfrak{d}_r(S_i) \cap s,$$

valida per ogni $s \in V$, segue allora $q = \prod_i p_i{}^{n_i} \subset \mathfrak{d}_r(s)$ e quindi (ved. I) $q^{N \cdot n} \cdot I_n(K) \subset$ $\subset s \cdot ds^n$, dove N può essere scelto indipendentemente da s, prendendolo uguale al massimo fra i numeri N_i ($i = 1, \ldots$) dei determinanti base negli ideali $\mathfrak{d}_r\left(\dfrac{A_i}{[1]}\right)$.

Il numero $q^{N \cdot n} = c$ è quello di cui volevamo dimostrare l'esistenza.

Valgono le stesse conclusioni anche nel caso delle integrità differenziali, purchè si sostituisca dappertutto $s \cdot ds^n + \mathfrak{d}$ al modulo $s \cdot ds^n$.

400. *L'integrità assoluta di un corpo aritmetico K di caratteristica 0 e la sua integrità relativa al corpo primo stanno nelle relazioni*

$$I_n\left(\frac{K}{(1)}\right) = (1) \cdot I_n(K), \qquad D_n\left(\frac{K}{(1)}\right) = (1) \cdot D\,(K).$$

DIMOSTRAZIONE. – Appoggiandoci su una classica ipotesi, supponiamo trovata una varietà aritmetica chiusa $V = \cup \, V(A_i)$ di K siffatta, che la sua sintesi $(V, (1))$ (ved. 399) con il corpo primo sia senza singolarità.

I. Siano ξ un elemento qualunque di $I_n(K)$ e $A = [1, x_1, \ldots, x_m]$ una delle basi A_i. Se $f_i(x_1, \ldots, x_m) = 0$ ($i = 1, \ldots$) con $f_i(X_1, \ldots, X_m) \in [1][X_1, \ldots, X_m]$ sono le equazioni definenti K, allora le relazioni

$$\sum_{j=1}^{n} \frac{\partial f_i}{\partial x_j} \cdot dx_j = 0 \qquad (i = 1, \ldots)$$

costituiscono un sistema base per le equazioni differenziali dell'anello A e perciò anche per le equazioni differenziali di un qualsiasi $s \in V(A)$.

Ogni determinante Δ di ordine $m - r$ ($r = \dim K$) formato dalla matrice $\left(\dfrac{\partial f_i}{\partial x_j}\right)$ fornisce dopo l'applicazione del lemma **388** una equazione del tipo

$$(*) \qquad \Delta^n \cdot \xi = \sum_{j_1 \ldots j_n} a_{j_1 \ldots j_n} \cdot dx_{j_1} \wedge \ldots \wedge dx_{j_n},$$

ove gli indici del membro destro percorrono gli r valori che non si trovano fra gli indici delle $m - r$ colonne in $\left(\dfrac{\partial f_i}{\partial x_j}\right)$, dalle quali è tolto il determinante Δ.

Se $\Delta = 0$, si prenderanno $a_{j_1 \ldots j_n} = 0$. Se però $\Delta \neq 0$, gli r differenziali dx_j che intervengono nel membro destro di $(*)$ saranno linearmente indipen-

399 — 400

39

denti e secondo **388** si verifica $a_{j_1 \ldots j_n} \subseteq s$ per ogni $s \in V(A)$ che contiene il corpo primo. Ne segue (ved. **336**)

$$a_{j_1 \ldots j_k} \subseteq \bigcap_{s \in V([A, (1)])} s = [A, (1)] = [(1), x_1, \ldots, x_m].$$

Esiste quindi un numero naturale a tale, che

$$(**) \qquad a \cdot \Delta^n \cdot \xi \subset \left(\sum_{j=1}^{m} A \cdot dx_j \right)^n \subset A \cdot d\dot{A}^n.$$

Del resto possiamo scegliere a in modo tale che la relazione suddetta valga con lo stesso a per ognuno degli N determinanti Δ che costituiscono una base dell'ideale $\eth_r \left(\dfrac{A}{[1]} \right)$.

II. Siano Δ_i $(i = 1, \ldots, N)$ questi determinanti base. Siccome per ogni $s \in V([A, (1)])$ vale $\eth_r(s) = \eth_r \left(\dfrac{A}{[1]} \right) \cdot s = \sum_{i=1}^{N} \Delta_i \cdot s$, sarà

$$(^*_{**}) \qquad \sum_{i=1}^{N} \Delta_i \cdot [A, (1)] = [A, (1)] \supset 1.$$

.Invero, altrimenti ci sarebbe un ideale primo $\neq [A, (1)]$ in $[A, (1)]$, il quale conterrebbe il membro sinistro di $(^*_{**})$ e individuerebbe pertanto (ved. **72**) una prospettiva $\mathfrak{p} \in V([A, (1)])$ con $\eth_r(s) \subset \mathfrak{p}$.

Da $(^*_{**})$ segue l'esistenza di un numero naturale b contenuto in $\sum_{i=1}^{N} \Delta_i \cdot A$. Essendo allora $b^{N \cdot n} \subset \sum_{i} \Delta_i{}^n \cdot A$, si potrà dedurre da $(**)$ una relazione $c \cdot \xi \subset$ $\subset A \cdot dA^n$ con $c = a \cdot b^{N \cdot n}$.

Determinati i numeri naturali c_i nel modo or ora descritto per ciascuna delle varietà parziali $V(A_i)$ della V, sarà

$$\left(\prod_i c_i \right) \cdot \xi \subset \bigcap_i A_i \cdot dA_i{}^n \subset \bigcap_{s \in V} s \cdot ds^n \subset I_n(K) \qquad \text{(ved. **384**)}.$$

III. Avendo dimostrato con ciò che *ogni infinitesimale integro sopra il corpo primo diventa assolutamente integro dopo la moltiplicazione con un appropriato numero naturale*, possiamo concludere dall'esistenza di una base finita del (1)-modulo $I_n \left(\dfrac{K}{(1)} \right)$ (ved. **377**) che $I_n \left(\dfrac{K}{(1)} \right) \subset (1) \cdot I_n(K)$, mentre l'inverso è ovvio.

L'altra parte del teorema, la quale si riferisce alle integrità differenziali, si dimostra seguendo le stesse linee concettuali oppure come immediata conseguenza delle relazioni $n! \cdot D_n \left(\dfrac{K}{(1)} \right) \subset I_n \left(\dfrac{K}{(1)} \right) + \eth/\eth \subset D_n \left(\dfrac{K}{(1)} \right)$, $I_n(K) + \eth/\eth \subset$ $\subset D_n(K)$ dimostrate in **358**.

400

401. La 0-esima integrità $I_0(K)$ di un corpo aritmetico K è l'integrità totale $I(k)$ del corpo $k = I_0\left(\dfrac{K}{(1)}\right) = (1) \cdot I_0(K)$, cioè del massimo corpo 0-dimensionale contenuto in K.

Il fatto, che ognuna delle integrità $I_n(K)$, $D_n(K)$ $(n = 0, 1, 2, ...)$ è $I(k)$-modulo, dirige l'attenzione verso gli importanti risultati ottenuti da STEINITZ in questo campo.

402. *Dati degli elementi $a_i \in s_i$ qualunque negli aspetti perfetti $s_1, ..., s_h$ di un corpo aritmetico k di dimensione 0, le congruenze*

$$(*) \qquad x \equiv a_i \mod \mathfrak{p}_i{}^n \qquad (i = 1, ..., h)$$

ammettono una soluzione integra, cioè contenuta in $I(k)$.

DIMOSTRAZIONE. - Siano $\mathfrak{p}_i{}^0$ le prospettive del corpo primo (1), definite da $\mathfrak{p}_i{}^0 \leftarrow \mathfrak{p}_i$, e designino p_i i numeri primi corrispondenti.

Estendendo il sistema delle congruenze $(*)$ con l'aggiunzione di ulteriori congruenze, qualora $\mathfrak{p}_1, ..., \mathfrak{p}_h$ non sia già estensione perfetta del sistema $\mathfrak{p}_i{}^0$ $(i = 1, ..., h)$ (ved. **398**), si raggiunge che x diventa integro sopra $s_i{}^0$ $(i = 1, ..., h)$ (ved. **329**). Se tutti gli aspetti di (1), sopra i quali x non è integro, sono caratterizzati dai numeri primi p_j $(j > h)$, siamo sicuri che $p_i \neq p_j$ per $i \leq h < j$. Possiamo quindi scegliere un numero naturale c soddisfacente alle congruenze $c \equiv 1 \mod p_i{}^n$, $(i \leq h)$, $c \equiv 0 \mod p_j{}^N$ $(j > h)$, le quali per N abbastanza grande garantiscono $xc \subset s$ per ogni $s \in V(I(k))$, cioè $xc \subset I(k)$ (ved. **346**), mentre $xc \equiv x$ mod $\mathfrak{p}_i{}^n$ $(i \leq h)$ mostra che si può sostituire xc a x nella soluzione del problema.

403. *Data una matrice (a_{ij}) $(i = 1, ..., m, j = 1, ..., n)$ di rango ≥ 2 e costituita da elementi a_{ij} integri in un corpo aritmetico k di dimensione 0, si troveranno sempre elementi $x_i \in I(k)$ $(i = 1, ..., n)$ appartenenti a un dato ideale $\mathfrak{u} \subset I(k)$ e soddisfacenti alla condizione*

$$\sum_i \left(\sum_j a_{ij} \cdot x_j\right) \cdot I(k) = \sum_{i,j} a_{ij} \cdot \mathfrak{u}$$

(Teorema di STEINITZ).

DIMOSTRAZIONE. - 1. Sia $\mathfrak{p} \in V(I(k))$ qualunque e $\mathfrak{u} \cdot s = \mathfrak{p}^r$, $\sum_{i,j} a_{ij} \cdot s = \mathfrak{p}^e$ sicchè uno degli a_{ij}, sia a_{11}, non appartiene a $\mathfrak{p}^{e+1}$. Scelti $z_i \in I(k)$ $(i = 1, ..., n)$ in modo tale che $z_1 \subset \mathfrak{p}^r$, $c \models \mathfrak{p}^{r+1}$, $z_i \subset \mathfrak{p}^{r+1}$ $(i \neq 1)$, sarà

$$\sum_j a_{ij} \cdot z_j \subset \mathfrak{p}^{e+r} \; (i = 1, ..., m), \quad \sum_j a_{1j} \cdot z_j \; c \models \mathfrak{p}^{e+r+1}$$

401 — 403

e quindi

$$\sum_i (\sum_j a_{ij} \cdot z_j) \cdot s = \mathfrak{p}^{e+f} = \mathfrak{u} \cdot (\sum_{i,j} a_{ij} \cdot s).$$

La validità di questa relazione permane, facendo variare $z_1, \ldots, z_n$ mod $\mathfrak{p}^{f+1}$.

II. Dato un insieme finito $\mathfrak{p}_l$ $(l = 1, \ldots, N)$ di prospettive $\mathfrak{p} \in V(I(k))$, siano $z_1^{(l)}, \ldots, z_n^{(l)}$ degli elementi di $I(k)$, che riguardo a $\mathfrak{p}_l$ fanno la parte fatta da $z_1, \ldots, z_n$ riguardo alla $\mathfrak{p}$ considerata in I. Secondo **402** esistono $y_1, \ldots, y_n \in I(k)$ soddisfacenti alle congruenze $y_i \equiv z_i^{(l)}$ mod $\mathfrak{p}_l^{f_l+1}$, $(i \leq n, l \leq N)$, le quali garantiscono

$$\sum_i (\sum_j a_{ij} \cdot y_j) \cdot s = \mathfrak{u} \cdot (\sum_{i,j} a_{ij} \cdot s) \quad \text{per ogni} \quad s = s_l \ (l \leq N).$$

III. L'ipotesi sul rango di (a_{ij}) permette di presupporre per es. $a_{11} \cdot a_{22} - a_{12} \cdot a_{21} = d \neq 0$. Siccome gli elementi y_i non sono determinati che modulo l'ideale $(\prod_{l \leq N} \mathfrak{p}_l^{f_l+1}) \cap I(k) = \mathfrak{v}$, è lecito di supporre $\sum a_{2j} \cdot y_j \neq 0$. Scelto il sistema $\mathfrak{p}_l$ $(l \leq N)$ così completo, che esso comprenda tutte le $\mathfrak{p} \in V(I(k))$ soddisfacenti a una o più delle relazioni $a_{ij} \subset \mathfrak{p}$, $\mathfrak{u} \subset \mathfrak{p}$, $d \subset \mathfrak{p}$, designiamo con $\mathfrak{p}_l$ $(l > N)$ l'insieme finito, vuoto o no, delle $\mathfrak{p} \in V(I(k))$ con la proprietà $\sum_j a_{2j} \cdot y_j \subset \mathfrak{p}$, $\mathfrak{p} \neq \mathfrak{p}_l$ $(l \leq N)$.

Determinati gli integri v, w mediante le equazioni $a_{11} \cdot v + a_{12} \cdot w = d$, $a_{21} \cdot v + a_{22} \cdot w = 0$, e scelto $u \in I(k)$ sotto le condizioni $u \subset \mathfrak{p}_l^{f_l+1}$ $(l \leq N)$, $u \subset\!\!\!\!\!/\ \mathfrak{p}_l$ $(l > N)$, sarà $x_1 = y_1 + u \cdot v \cdot c \equiv y_1$, $x_2 = y_2 + u \cdot w \cdot c \equiv y_2$ mod $\mathfrak{v}$, qualora c sia integro, e ponendo $x_i = y_i$ per $i > 2$, diventerà

$$\sum_j a_{1j} \cdot x_j = \sum_j a_{1j} \cdot y_j + c \cdot u \cdot d \equiv 1 \text{ mod } \mathfrak{p}_l \ (l > N)$$

purchè soddisfi c a queste congruenze, risolubili secondo **402**, perchè $(u \cdot d)^{-1} \subset s_l$ $(l > N)$ di seguito alla premessa sul sistema $\mathfrak{p}_l$ $(l \leq N)$. Queste congruenze garantiscono $\sum a_{1j} \cdot x_j \subset\!\!\!\!\!/\ \mathfrak{p}_l$ $(l > N)$ e pertanto

$$(\sum_j a_{1j} \cdot x_j) \cdot s + (\sum_j a_{2j} \cdot x_j) \cdot s = s$$

per ogni $\mathfrak{p} \in V(I(k))$ diverso dalle $\mathfrak{p}_l$ con $l \leq N$. Invero, $\sum_j a_{2j} \cdot x_j = \sum_j a_{2j} \cdot y_j \subset \mathfrak{p} \neq \mathfrak{p}_l$ $(l = 1, \ldots, N)$ induce che $\mathfrak{p}$ coincide con una delle $\mathfrak{p}_l$ con $l > N$.

Valendo anche $\mathfrak{u} \cdot (\sum_{i,j} a_{ij} \cdot s) = s$ per ogni s diverso dagli $s_1, \ldots, s_N$, avremo (ved. II) $\sum_i (\sum_j a_{ij} \cdot x_j) \cdot s = (\sum_{i,j} a_{ij} \cdot \mathfrak{u}) \cdot s$ per ogni $s \in V(I(k))$, il che secondo **336** equivale a quel che volevasi dimostrare.

404. Se M designa una matrice in $I(k)$, cioè con elementi appartenenti all'anello $I(k)$, denoteremo con $\mathfrak{d}(M)$ l'ideale generato in $I(k)$ dai determinanti di ordine uguale al numero delle righe di M, presi da M.

403 — 404

Dimostreremo che nel caso che questo ordine m non superi $n-2$, n essendo il numero delle colonne di M, si può aggiungere a M una riga ulteriore $z_1, \ldots, z_n$ costituita da elementi z_j di un dato ideale $\mathfrak{u}$ in $I(k)$ e in maniera tale che per la nuova matrice M' risulti $\eth(M') = \eth(M) \cdot \mathfrak{u}$ (Steinitz).

Si considerino i determinanti di ordine $m+1$ di M' come forme lineari in $z_1, \ldots, z_n$ a coefficienti integri. Fra queste forme si trovano, quando $\eth(M) \neq 0$, almeno due linearmente indipendenti. Infatti, se per es. il determinante Δ formato dalle m prime righe e colonne è diverso da 0, si avranno determinanti dei tipi $\in \Delta \cdot z_{r+1} + \overset{r}{\underset{j=1}{\Sigma}} I(k) \cdot z_j$, $\in \Delta \cdot z_{r+2} + \overset{r}{\underset{j=1}{\Sigma}} I(k) \cdot z_j$. Questo fatto permette di applicare il teorema precedente al sistema di tutte le forme ottenute come determinanti di ordine $m+1$ di M', il che subito verifica l'affermazione suddetta.

405. *Se gli integri* $x_1, \ldots, x_m$ *generano l'ideale* $\overset{m}{\underset{i=1}{\Sigma}} x_i \cdot I(k) = I(k)$, *allora esiste una matrice quadrata* (x_{ij}) *in* $I(k)$ *con* $x_{1j} = x_j$, $|x_{ij}| = 1$.

Dimostrazione. – Secondo l'osservazione precedente si può costruire, con la successiva aggiunzione di nuove righe, una matrice $(x_{ij}) = M$ ($i \leq m-1$, $j \leq m$) avente le proprietà $x_{ij} \in I(k)$, $x_{1j} = x_j$, $\eth(M) = I(k)$. Il determinante della matrice ottenuta da M con l'aggiunzione di una m-esima riga $z_1, \ldots, z_m$ è una forma lineare $\overset{m}{\underset{j=1}{\Sigma}} c_j \cdot z_j$ con la proprietà $\overset{m}{\underset{j=1}{\Sigma}} c_j \cdot I(k) = I(k)$, la quale rende ovvia l'esistenza di valori $z_j = x_{mj} \in I(k)$ soddisfacenti alla condizione $\overset{m}{\underset{j=1}{\Sigma}} c_j \cdot x_{mj} = 1$.

406. Sia $\mathfrak{M} = \overset{m}{\underset{j=1}{\Sigma}} I(k) \cdot \omega_j$ un qualunque $I(k)$-modulo a base finita, e supponiamo che le relazioni

$$(*) \qquad \overset{m}{\underset{j=1}{\Sigma}} a_{ij} \cdot \omega_j = 0 \qquad (i = 1, \ldots, n) \quad (a_{ij} \in I(k))$$

siano base per tutte le relazioni valide in $\mathfrak{M}$ (ved. 98).

L'ideale $\eth_\nu(\mathfrak{M})$, generato in $I(k)$ dai determinanti di ordine $m - \nu$ della matrice (a_{ij}), se $\nu < m$, e uguale a $I(k)$, se $\nu \geq m$, non dipende allora nè dalla scelta della base $\omega_1, \ldots, \omega_m$, nè dalla scelta delle relazioni base $(*)$. È questo un importante teorema di Fitting dimostrato implicitamente in 14. Definiamo ormai, contrario a quel che fa Fitting, il *rango* del modulo $\mathfrak{M}$ come l'indice del primo ideale nella sequenza

$$(**) \qquad\qquad \eth_0(\mathfrak{M}) \subset \eth_1(\mathfrak{M}) \subset \eth_2(\mathfrak{M}) \subset \ldots$$

che sia $\neq 0$.

404 — 406

In riguardo all'applicazione al caso delle integrità è importante la *premessa, che in $\mathfrak{M}$ segua da $c \cdot \omega = 0$, $c \neq 0$, $\in I(k)$, sempre $\omega = 0$. Sotto questa premessa* dimostreremo, che $\mathfrak{M}$ *ammette una base costituita da $r+1$ elementi, r essendo il rango di $\mathfrak{M}$.*

Se tutti gli a_{ij} sono 0, il teorema è evidente conseguenza di $r = m$. Se però l'ideale $\sum_{i,j} a_{ij} \cdot I(k)$ è diverso da 0, esso è $I(k)$, poichè, data una qualunque prospettiva di base $I(k)$, si può sempre indicare una relazione $\sum b_j \cdot \omega_j = 0$, per la quale $\sum_j b_j \cdot I(k) \subseteq \mathfrak{p}$.

Sia infatti $\sum a_j \cdot \omega_j = 0$ una relazione, nella quale per es. $a_1 \neq 0$ abbia in $\mathfrak{p}$ un ordine non maggiore di quello degli altri coefficienti a_j sicchè vale $\dfrac{a_j}{a_1} \subset s$ $(j = 1, \dots, m)$. Determiniamo allora $c \in I(k)$ risolvendo secondo **402** le congruenze simultanee $c \equiv 1 \bmod \mathfrak{p}$, $c \equiv a_1 \bmod a_1 \cdot s'$ per ogni altro $\mathfrak{p}' \in V(I(k))$, le quali in realtà si riducono a un sistema finito di congruenze e garantiscono $\dfrac{c \cdot a_j}{a_1} \in I(k)$. La premessa suddetta permette allora di dedurre da $a_1 \cdot \sum_j \dfrac{c \cdot a_j}{a_1} \cdot \omega_j = 0$ la relazione $\sum_j \dfrac{c \cdot a_j}{a_1} \cdot \omega_j = 0$, nella quale il coefficiente di ω_1 è $c \subseteq \mathfrak{p}$.

Avendo dimostrato che $\sum_{i,j} a_{ij} \cdot I(k) = I(k)$, applicheremo il teorema **403** alle forme lineari $\sum_{i=1}^{n} x_i \cdot a_{ij}$ $(j = 1, \dots, m)$.

Dall'ipotesi, che il rango del modulo $\mathfrak{M}$ sia r, segue che il rango della matrice (a_{ij}) è $m - r$. Se quindi $m \geq r + 2$, possiamo determinare secondo **403** gli elementi $x_i \in I(k)$ in modo tale, che $\sum_j (\sum_i x_i \cdot a_{ij}) \cdot I(k) = I(k)$ e quindi vale una relazione $\sum a_j \cdot \omega_j = 0$, i cui coefficienti $a_j = \sum_i x_i \cdot a_{ij}$ sono atti (ved. **405**) a formare la prima riga di una matrice quadrata (c_{ij}) in $I(k)$ con determinante 1. Sostituendo ormai alla base $\omega_1, \dots, \omega_m$ di $\mathfrak{M}$ la nuova $\Omega_i = \sum_j c_{ij} \cdot \omega_j$ $(i = 1, \dots, m)$, otteniamo che vale una relazione $\Omega_1 = 0$, che mostra Ω_1 essere superfluo nella base di $\mathfrak{M}$.

Tale riduzione della base di $\mathfrak{M}$ può continuarsi finchè si trovi una base costituita da $r + 1$ o meno elementi.

407. Sia $\mathfrak{M} = \sum_{j=1}^{m} I(k) \cdot \omega_j$ un qualunque $I(k)$-modulo a base finita e di rango r. Ogni sistema di $m - r$ relazioni

$$(*) \qquad \sum_{j=1}^{m} a_{ij} \cdot \omega_j = 0, \quad (i = 1, \dots, m - r)$$

valido in $\mathfrak{M}$ determina un ideale $\mathfrak{a}$ in $I(k)$ generato da tutti i determinanti di ordine $m - r$ della matrice (a_{ij}), uguale a $\mathfrak{a} = I(k)$, se $m = r$.

406 — 407

Siccome l'ipotesi sul rango di $\mathfrak{M}$ procura, che nel caso di $\mathfrak{a} \neq 0$ ogni riga $a_1, \ldots, a_m$ corrispondente a una relazione $\Sigma_j a_j \cdot \omega_j = 0$ diventa combinazione lineare delle righe $a_{i1}, \ldots, a_{im}$ $(i = 1, \ldots, m - r)$ con coefficienti $\in k$, è certo, che la classe degli ideali $\mathfrak{a}$ diversi da 0 non dipende dalla scelta del sistema (*). Chiameremola *la classe del modulo* $\mathfrak{M}$, anticipando con ciò una altra sua proprietà d'invarianza che subito dimostreremo.

Aggiungendo alla base $\omega_1, \ldots, \omega_m$ un qualunque elemento ω_{m+1} di $\mathfrak{M}$, potremo, volendo calcolare la classe di $\mathfrak{M}$ mediante la nuova base $\omega_1, \ldots, \omega_{m+1}$ di $\mathfrak{M}$, prendere il sistema ottenuto dall'aggiunzione di una relazione $\sum\limits_{j=1}^{m} b_j \cdot \omega_j + \omega_{m+1} = 0$ al sistema (*). Ovviamente risulta allora lo stesso ideale $\mathfrak{a}$ come prima. Basta ripetere ormai il ragionamento **14 III**, per riconoscere la indipendenza della classe di $\mathfrak{M}$ anche dalla scelta della base del modulo.

408. Se un $I(k)$-modulo $\mathfrak{M}$ di rango r ha una base costituita da r elementi, la sua classe è principale. Supponendo, viceversa, che la classe di un $I(k)$-modulo $\mathfrak{M}$ di rango r sia principale, potremo trovare una base di $\mathfrak{M}$ costituita da r elementi, purchè il modulo soddisfi alla premessa enunciata in **406**.

Ad ogni modo esiste una base di $\mathfrak{M}$, che consiste di $r + 1$ elementi, sia ω_i $(i = 1, \ldots, r + 1)$. In ogni relazione $\sum\limits_{j=1}^{r+1} a_j \cdot \omega_j = 0$ sarà $\sum\limits_{j=1}^{r+1} a_j \cdot I(k)$, se non è 0, ideale principale $= a \cdot I(k)$. Vale allora anche la relazione ottenuta da questa con la divisione per a, e siccome $\sum\limits_{j=1}^{r+1} \dfrac{a_j}{a} \cdot I(k) = I(k)$, sarà lecito di prendere $\sum\limits_{j=1}^{r+1} \dfrac{a_j}{a} \cdot \omega_j$ come primo elemento Ω_1 di una nuova base Ω_i $(i = 1, \ldots, r + 1)$ di $\mathfrak{M}$ (ved. **405**), nella quale Ω_1 è superfluo.

409. *L'integrità assoluta di un corpo aritmetico K di caratteristica 0 e la sua integrità relativa al massimo corpo 0-dimensionale k in K stanno nelle relazioni*

$$I\left(\frac{K}{k}\right) = k \cdot I(K), \quad D\left(\frac{K}{k}\right) = k \cdot D(K).$$

DIMOSTRAZIONE. – Se un aspetto perfetto S di K contiene il corpo primo (1), esso contiene anche il corpo k, perchè $S \frown k$ è aspetto di k (ved. **328**) contenente (1) e quindi k (ved. **126**)

Soddisfacendo ogni $x \in k$ a un'equazione $f(x) = 0$ irriducibile in (1) $[X]$ il suo differenziale assoluto dx sarà $= 0$ di seguito a $f'(x) \cdot dx = 0$, il che mostra l'identità della differenziazione assoluta di K con quella relativa a k.

407 — 409

Questi due fatti inducono $I\left(\dfrac{K}{k}\right) = I\left(\dfrac{K}{(1)}\right)$, $D\left(\dfrac{K}{k}\right) = D\left(\dfrac{K}{(1)}\right)$ (ved. **348** e **357**). Basta ormai di tener conto del risultato **400**, per verificare subito le relazioni suddette.

410. Siccome si considerano le integrità $I_n(K)$, $D_n(K)$ come sotto-moduli di $K \cdot dK''$, risp. $K \cdot dK^n + \mathfrak{d}/\mathfrak{d}$, esse soddisfano alla premessa di **406**. Avendo esse anche $I(k)$-base finita (ved. **378**), potremo applicare a loro, e del resto altresì a ogni loro sotto-modulo (ved. **98**) caratterizzato da un tipo di simmetria (**350**), i risultati ottenuti in **406** — **408**.

Rileviamo anzitutto l'importanza dei ranghi di questi moduli, i quali di seguito all'osservazione **409** coincidono coi k-ranghi delle integrità $I_n\left(\dfrac{K}{k}\right)$, $D_n\left(\dfrac{K}{k}\right)$, risp. dei loro sotto-$k$-moduli di dato tipo di simmetria.

Definiamo il *genere n-dimensionale* di K quale k-rango dell'integrità differenziale $D_n\left(\dfrac{K}{k}\right)$, distinguendo fra questi generi come *genere geometrico* o semplicemente *genere* di K quello di massima dimensione $n = r = \dim K$. Questi generi coincidono (ved. **358**) coi k-ranghi dei sotto-moduli $D_n^1\left(\dfrac{K}{k}\right)$ di $I_n\left(\dfrac{K}{k}\right)$ costituiti con tutti gli infinitesimali $\in I_n\left(\dfrac{K}{k}\right)$ antisimmetrici (ved. **350**).

Altri caratteri importantissimi di K si ottengono dalla considerazione dei sotto-moduli $D_n^m(K)$ di $I_{mn}(K)$, oppure $D_n^m\left(\dfrac{K}{k}\right)$ di $I_{mn}\left(\dfrac{K}{k}\right)$, caratterizzati dal seguente tipo di simmetria (ved. **350**) dei loro infinitesimali: Antisimmetria rispetto a ognuno degli m sistemi di indici $hn + 1$, $hn + 2, \ldots$, $hn + n$ $(h = 0, 1, \ldots, m - 1)$, e simmetria riguardo alle permutazioni che scambiano questi sistemi senza perturbare la successione dei loro termini. Si tratta in sostanza degli infinitesimali che mediante una base indipendente di $K \cdot dK = \sum\limits_{i=1}^{r} K \cdot dx_i$ si esprimono come polinomi omogenei di grado m negli $\binom{r}{n}$ argomenti $d(x_{i_1}, \ldots, x_{i_n})$ $(i_1 < \ldots < i_n)$ (ved. **358**). Il rango di $D_n^m(K)$, cioè il k-rango del modulo $D_n^m\left(\dfrac{K}{k}\right)$, sarà detto *l'm-genere n-dimensionale di K*.

Come nel caso di $m = 1$, che fornisce i generi delle diverse dimensioni, distingueremo l'*m*-genere di massima dimensione r col nome «*m*-genere geometrico» o col più semplice «*m*-genere» di K. Per $n = \dim K$ si tratta diffatti dei *plurigeneri* scoperti da Castelnuovo e Enriques. Aggiungendo a questi classici plurigeneri quelli di dimensione $n < \dim K$, diamo alla nozione «plurigenere» una estensione indispensabile, come si potrebbe mostrare con esempi.

409 — **410**

411. Lasciando da parte la questione, quali altri tipi di simmetria meritino essere segnalati a causa della loro indispensabilità nella classificazione delle strutture di corpi, osserviamo finalmente, che ognuna delle integrità $I_n(K)$, $D_n(K)$, $D_n^m(K)$ individua (ved. 407), in quanto $I(k)$-modulo, una classe di ideali (o divisori) in k, che sarà detta *la classe dell'integrità*. Per es la classe dell'integrità $I_1(K)$ del corpo $K = (x, y)$ definito da $y^2 - x^3 - \sqrt{-23} = 0$ (ved. 397 *V*) è principale, benchè in $k = (\sqrt{-23})$ ci siano 3 classi di divisori.

La non-esistenza di elementi di ordine finito nel gruppo additivo dato da un'integrità, rende ovvio, che ognuna di quelle integrità ammette una base assoluta (cioè [1]-base) costituita con tanti elementi indipendenti, quanti indica il corrispondente rango moltiplicato col grado di k, che del resto abbiamo uguagliato al grado di K (ved. 142). Quanto al numero minimo degli elementi di una $I(k)$-base di un'integrità, possiamo affermare secondo **406** e **408**, che esso è uguale al corrispondente genere o lo supera con 1, secondo che la classe dell'integrità sia principale o no.

Concludiamo queste considerazioni con l'osservazione, che la definizione dei generi e plurigeneri si estende in modo evidente al caso che K sia considerato relativamente a un suo sotto-corpo k.

§ 6. Le integrità relative a un divisore.

412. Dato un divisore $\mathfrak{a}$ (sopra k) di un corpo K (sopra k), definiamo *l'integrità infinitesimale di K (sopra k) relativa al divisore* $\mathfrak{a}$

$$I\left(\frac{K}{\mathfrak{a}}\right) = \bigcap_S \mathfrak{a}^{-1}(S) \cdot [S, dS] \qquad \text{(S percorre tutti gli aspetti perfetti di K)}$$

risp.

$$I\left(\frac{K}{k \mid \mathfrak{a}}\right) = \bigcap_{S \supset k} \mathfrak{a}^{-1}(S) \cdot [S, dS] \qquad \text{(S percorre tutti gli aspetti perfetti contenenti k)}$$

e *l'integrità differenziale di K (sopra k) relativa al divisore* $\mathfrak{a}$

$$D\left(\frac{K}{\mathfrak{a}}\right) = \bigcap_S [\mathfrak{a}^{-1}(S) \cdot [S, dS] + \mathfrak{d}/\mathfrak{d}]$$

risp.

$$D\left(\frac{K}{k \mid \mathfrak{a}}\right) = \bigcap_{S \supset k} [\mathfrak{a}^{-1}(S) \cdot [S, dS] + \mathfrak{d}/\mathfrak{d}]$$

411 — 412

40

come intersezioni, le quali nel caso che $\mathfrak{a}$ sia il divisore 1 si riducono alle integrità assolute:

$$I\left(\frac{K}{1}\right) = I(K), \quad D\left(\frac{K}{1}\right) = D(K), \quad I\left(\frac{K}{k \mid 1}\right) = I\left(\frac{K}{k}\right), \quad D\left(\frac{K}{k \mid 1}\right) = D\left(\frac{K}{k}\right).$$

Sono evidenti le relazioni

$$(*) \qquad I\left(\frac{K}{\mathfrak{a}}\right) \wedge I\left(\frac{K}{\mathfrak{b}}\right) \subset I\left(\frac{K}{\mathfrak{a} \cdot \mathfrak{b}}\right), \qquad D\left(\frac{K}{\mathfrak{a}}\right) \wedge D\left(\frac{K}{\mathfrak{b}}\right) \subset D\left(\frac{K}{\mathfrak{a} \cdot \mathfrak{b}}\right)$$

e quelle simili riferentisi al caso che K sia considerato come sopracorpo di k.

Anche le integrità relative si spezzano in integrità relative omogenee di grado indicato dal loro indice:

$$I\left(\frac{K}{\mathfrak{a}}\right) = \overset{\infty}{\underset{n=0}{\Sigma}} I_n\left(\frac{K}{\mathfrak{a}}\right), \qquad D\left(\frac{K}{\mathfrak{a}}\right) = \overset{\infty}{\underset{n=0}{\Sigma}} D_n\left(\frac{K}{\mathfrak{a}}\right),$$

$$I\left(\frac{K}{k \mid \mathfrak{a}}\right) = \overset{\infty}{\underset{n=0}{\Sigma}} I_n\left(\frac{K}{k \mid \mathfrak{a}}\right), \qquad D\left(\frac{K}{k \mid \mathfrak{a}}\right) = \overset{\infty}{\underset{n=0}{\Sigma}} D_n\left(\frac{K}{k \mid \mathfrak{a}}\right),$$

dove p. es.

$$D_n\left(\frac{K}{k \mid \mathfrak{a}}\right) = \underset{S \supset k}{\cap} [\mathfrak{a}^{-1}(S) \cdot (dS)'' + \mathfrak{d}/\mathfrak{d}],$$

e queste decomposizioni sono dirette (ved. 354).

Le integrità relative a divisori equivalenti (sopra k) $\mathfrak{a}$, $\mathfrak{b}$ (ved. 331) sono, in quanto sotto-moduli degli anelli infinitesimale e differenziale, isomorfi l'una all'altra, perchè da $\mathfrak{b} = \mathfrak{a} \cdot x$ con $x \in K$ segue la relazione $x \cdot \mathfrak{b}^{-1}(S) = \mathfrak{a}^{-1}(S)$ che dà

$$x \cdot I\left(\frac{K}{x \cdot \mathfrak{a}}\right) = I\left(\frac{K}{\mathfrak{a}}\right), \qquad x \cdot D\left(\frac{K}{x \cdot \mathfrak{a}}\right) = D\left(\frac{K}{\mathfrak{a}}\right)$$

e simili equazioni riferentisi al caso di un corpo relativo.

Da questo isomorfismo risulta una moltitudine di *caratteri della classe di un divisore* $\mathfrak{a}$, e cioè

il rango del modulo degli $\in I_n\left(\frac{K}{\mathfrak{a}}\right)$ di dato tipo di simmetria,

il rango $[\mathfrak{a}]_n$ del modulo degli $\in D_n\left(\frac{K}{\mathfrak{a}}\right)$,

il k-rango del modulo degli $\in I_n\left(\frac{K}{k \mid \mathfrak{a}}\right)$ di dato tipo di simmetria,

il k-rango $\left[\dfrac{\mathfrak{a}}{k}\right]_n$ del modulo degli $\in D_n\left(\frac{K}{k \mid \mathfrak{a}}\right)$.

412

Si capisce che tali ranghi non hanno significato che quando il modulo corrispondente abbia base finita, il che rimane una questione aperta se $\mathfrak{a}$ non è divisore principale.

413. Nel caso di un corpo aritmetico k di car 0 e dim 0 l'integrità relativa $I\!\left(\dfrac{k}{\mathfrak{a}}\right)$ è identica all' $I(k)$-modulo $\underset{S}{\bigcap}\ \mathfrak{a}^{-1}(S)$ associato in **344** a un qualunque divisore finito $\mathfrak{a}^{-1}$ di k. Se quindi $\mathfrak{a}$, $\mathfrak{b}$ designano k-divisori finiti, le relazioni **412** (∗) assumono la forma precisa

$$I\!\left(\frac{k}{\mathfrak{a}}\right) \cdot I\!\left(\frac{k}{\mathfrak{b}}\right) = I\!\left(\frac{k}{\mathfrak{a}\cdot\mathfrak{b}}\right),$$

la quale rifletta l'isomorfismo stabilito in **344** fra il gruppo moltiplicativo di quegli $I(k)$-moduli e il gruppo dei divisori finiti in k.

414. L'intersezione $\underset{S\to s}{\bigcap} S$ di tutti gli aspetti perfetti S di un corpo aritmetico K che estendono un dato aspetto perfetto s di base aritmetica è questo s stesso, se (s) è il massimo corpo 0-dimensionale sopra (s) in K.

Invero, se $x \in K$ non appartiene all'aspetto chiuso s, esso non è nemmeno integro sopra s. Esiste quindi (ved. **82, 89, 73**) un'estensione $\mathfrak{p}' \in V([s,\ x^{-1}])$ di $\mathfrak{p}$ soddisfacente alla condizione $x^{-1} \subset \mathfrak{p}'$, e questa $\mathfrak{p}'$ può essere estesa (ved. **346**) a una prospettiva perfetta $\mathfrak{P}$ di K, per la quale $x^{-1} \subset \mathfrak{P}$ epperò $x \subsetneq S$.

415. Nel caso di un corpo aritmetico K di car 0, il cui massimo sottocorpo 0-dimensionale sia k, distingueremo quali *numerici* appunto quei divisori in K che nel senso definito in **328** estendono divisori di k. Per tale k-e K-divisore $\mathfrak{a}$ sarà

$$(*) \qquad\qquad I_0\!\left(\frac{K}{\mathfrak{a}}\right) = I\!\left(\frac{k}{\mathfrak{a}}\right),$$

perchè $I_0\!\left(\dfrac{K}{\mathfrak{a}}\right) = \underset{S,\,(S)=K}{\bigcap} \mathfrak{a}^{-1}(S) = \underset{s,\,(s)=k}{\bigcap} [\underset{S\to s}{\bigcap} \mathfrak{a}^{-1}(s)\cdot S] = \underset{s}{\bigcap} a(s)^{-1}[\underset{S\to s}{\bigcap} S] = \underset{s}{\bigcap} \mathfrak{a}^{-1}(s) =$

$= I_0\!\left(\dfrac{k}{\mathfrak{a}}\right) = I\!\left(\dfrac{k}{\mathfrak{a}}\right)$, ove $a(s)$ designa un elemento che genera l's-modulo $\mathfrak{a}(s)$.

Dall'uguaglianza (∗) deduciamo la relazione

$$I\!\left(\frac{k}{\mathfrak{a}}\right) \cdot I\!\left(\frac{K}{\mathfrak{b}}\right) = I_0\!\left(\frac{K}{\mathfrak{a}}\right) \cdot I\!\left(\frac{K}{\mathfrak{b}}\right) \subset I\!\left(\frac{K}{\mathfrak{a}\cdot\mathfrak{b}}\right) \quad \text{valida per } \mathfrak{a} \text{ numerico e } \mathfrak{b} \text{ qualunque.}$$

Applicandola ai divisori $\mathfrak{a}^{-1}$, $\mathfrak{a}\cdot\mathfrak{b}$ invece di $\mathfrak{a}$, $\mathfrak{b}$, troviamo $I\!\left(\dfrac{k}{\mathfrak{a}^{-1}}\right) \cdot I\!\left(\dfrac{K}{\mathfrak{a}\cdot\mathfrak{b}}\right) \subset$

412 — 415

$\subset I\left(\dfrac{K}{\mathfrak{b}}\right)$, il che di seguito al fatto $I\left(\dfrac{k}{\mathfrak{a}}\right) \cdot I\left(\dfrac{k}{\mathfrak{a}^{-1}}\right) = I(k)$ (ved. **413**) dimostra l'inverso della relazione suddetta e quindi l'equazione

$$I\left(\frac{K}{\mathfrak{a} \cdot \mathfrak{b}}\right) = I_0\left(\frac{K}{\mathfrak{a}}\right) \cdot I\left(\frac{K}{\mathfrak{b}}\right) = I\left(\frac{k}{\mathfrak{a}}\right) \cdot I\left(\frac{K}{\mathfrak{b}}\right)$$

valida per ogni divisore numerico $\mathfrak{a}$ e qualunque K-divisore $\mathfrak{b}$.

416. Ogni sistema di r differenziali (relativi a k) dx_i $(i = 1, \dots, r)$ di un corpo K aritmetico di dimensione r (algebrico sopra k con $\dim \dfrac{K}{k} + \text{insep.} \dfrac{K}{k} = r$) individua, purchè esso sia base di $K \cdot dK$, un divisore aritmetico (algebrico sopra k) (ved. **332**) $\mathfrak{c}$ dato da $\mathfrak{c}^{-1}(S) = $ totalità dei $z \in K$ soddisfacenti alla condizione $z \cdot d(x_1, \dots, x_r) \subset S \cdot dS^r$.

Ponendo $x_i = \dfrac{a_i}{b}$ con $a_i, b \in S$, si verifica $b^{2r} \subset \mathfrak{c}^{-1}(S)$ epperò $\mathfrak{c}^{-1}(S) \neq 0$, mentre l'esistenza di una base z_j $(j = 1, \dots, N)$ di S (relativa a k) garantisce $S \cdot dS^r = \underset{j_1 \dots j_r}{\Sigma} S \cdot dz_{j_1} \wedge \dots \wedge dz_{j_r} \neq \supset K \cdot d(x_1, \dots, x_r)$ e quindi $\mathfrak{c}^{-1}(S) \neq K$. Questo *divisore canonico* $\mathfrak{c} = \mathfrak{c}_x$ dipende dalla scelta degli elementi x. Se anche dy_i $(i = 1, \dots, r)$ è K-base di $K \cdot dK$, sarà

$$d(x_1, \dots, x_r) = \frac{\partial(x_1, \dots, x_r)}{\partial(y_1, \dots, y_r)} \cdot d(y_1, \dots, y_r),$$

sicchè il divisore canonico $\mathfrak{c}_y$ individuato dai dy è legato a quel $\mathfrak{c}_x$ dalla relazione

$$\mathfrak{c}_x = \mathfrak{c}_y \cdot \frac{\partial(x_1, \dots, x_r)}{\partial(y_1, \dots, y_r)},$$

che mostra *la classe canonica di K* (sopra k), cioè la classe dei divisori canonici, essere indipendente dalla scelta del sistema $dx_1, \dots, dx_r$.

Come in **99** si dimostra che per ogni aspetto perfetto aritmetico (algebrico sopra k) S di K il sotto-modulo $S \cdot dS$ di $K \cdot dK$ ha una S-base linearmente indipendente: $S \cdot dS = \overset{r}{\underset{j=1}{\Sigma}} S \cdot dz_j$. Ponendo $dx_i = \underset{j}{\Sigma} a_{ij} \cdot dz_j$ con $a_{ij} \in K$. si trova $d(x_1, \dots, x_r) = |a_{ij}| \cdot d(z_1, \dots, z_r)$ e quindi

$$\mathfrak{c}_x(S) = |a_{ij}| \cdot S,$$

come risulta dalla relazione generale

$$(*) \qquad S \cdot dS^{mr} \cap K \cdot d(x_1, \dots, x_r)^m = S \cdot d(z_1, \dots, z_r)^m,$$

415 — 416

314

conseguenza del fatto che ogni infinitesimale di K ammette una ed una sola espressione del tipo

$$**) \qquad b + \Sigma\, b_i \cdot dz_i + \underset{i,j}{\Sigma}\, b_{ij} \cdot dz_i \wedge dz_j + \underset{i,j,l}{\Sigma}\, b_{ijl} \cdot dz_i \wedge dz_j \wedge dz_l + \ldots$$

con $b,\ b_i,\ b_{ij},\ b_{ijl},\ \ldots \in K$.

Gli infinitesimali del tipo di simmetria D_r^m descritto in **411** hanno tutti quanti la forma $z \cdot d(x_1, \ldots, x_r)^m$ con $z \in K$, e la condizione

$$z \cdot d(x_1, \ldots, x_r)^m \subset \mathfrak{a}^{-1}(S) \cdot dS^{mr}$$

equivale per ogni S perfétto e aritmetrico (algebrico sopra k) alla seguente: $z \cdot \mathfrak{a}(S) \cdot \mathfrak{c}_c^m(S) \subset S$, comunque sia il divisore $\mathfrak{a}$, pure supposto aritmetico (algebrico sopra k). Ne seguono le relazioni generali

$$I_0\!\left(\frac{K}{\mathfrak{a} \cdot \mathfrak{c}_x^m}\right) \cdot d(x_1, \ldots, x_r)^m = D_r^m\!\left(\frac{K}{\mathfrak{a}}\right), \qquad I_0\!\left(\frac{K}{k \mid \mathfrak{a} \cdot \mathfrak{c}_x^m}\right) \cdot d(x_1, \ldots, x_r)^m = D_r^m\!\left(\frac{K}{k \mid \mathfrak{a}}\right).$$

Il k-rango dell'integrità

$$D_m^r\!\left(\frac{K}{k}\right) = D_r^m\!\left(\frac{K}{k \mid 1}\right)$$

corrispondente al divisore 1 è *l'm-genere* (geometrico) di K *relativo* a k.

Nasce l'interessante problema di trovare il legame del genere relativo così definito con quello che interviene nella formulazione del teorema di RIEMANN-ROCH trovata da F. K. SCHMIDT nel caso di $\dim \dfrac{K}{k} = 1$, insep. $\dfrac{K}{k} > 0$.

417. Dato un qualunque infinitesimale $\xi \in [K,\, dK]$ diverso dallo zero, si definisce *il divisore di* ξ quale divisore aritmetico (algebrico sopra k) χ postulando

$$\xi \subset \chi(S) \cdot [S,\, dS], \qquad \xi \,\mathfrak{c}\!\mid\!= \mathbb{P} \cdot \chi(S) \cdot [S,\, dS].$$

L'esistenza e l'unicità di tale divisore segue dal fatto che necessariamente

$$\chi(S) = b \cdot S + \underset{i}{\Sigma}\, b_i \cdot S + \underset{i,j}{\Sigma}\, b_{ij} \cdot S + \underset{i,j,l}{\Sigma}\, b_{ijl} \cdot S + \ldots,$$

se ξ è scritto nella forma **416** $(**)$.

Il divisore canonico $\mathfrak{c}_x$ è il divisore dell'infinitesimale $d(x_1, \ldots, x_r)$.

Nel caso di car $K \neq 2$ si definisce similmente *il divisore di un differenziale* diverso dallo zero.

416 — 417

§ 7. Le integrità di un sotto-corpo.

418. Dalla definizione (ved. 6) della corrispondenza infinitesimale $[K, d_1K, d_2K, ...]$ di un corpo K segue immediatamente, che la corrispondenza infinitesimale di un sotto-corpo K^0 di K risulta dal sotto-anello $[K^0, d_1{}^0K^0, d_2{}^0K^0, ...]$ della prima mediante un omomorfismo τ avente l'effetto $x^\tau = x$, $(d_ix)^\tau = d_i{}^0x$ per ogni $x \in K^0$. Si riconosce altresì subito che tale τ sarà isomorfismo precisamente allora che esso abbia in $K^0 \cdot dK^0$ l'effetto di un isomorfismo su $K^0 \cdot d^0K^0$.

Supponiamo ormai K algebrico e separabile sopra il corpo aritmetico K^0. Ponendo $K = (K^0, x_1, ..., x_m)$, avremo $K \cdot dK = \sum_{i=1}^{m} K \cdot dx_i + K \cdot dK^0$ e tutte le relazioni in $K \cdot dK$ saranno conseguenze (cioè K-combinazioni lineari) delle equazioni differenziali di K^0 scritte col simbolo d invece di d^0, e delle equazioni

$$(*) \qquad \sum_{j=1}^{m} \frac{\partial f_i}{\partial x_j} \cdot dx_j + \delta f = 0 \qquad (i = 1, ...)$$

risultanti dalle equazioni $f_i(x_1, ..., x_m) = 0$ che definiscono K sopra K^0, (ved. 17). Dalla separabilità di K sopra K^0 segue che il rango della matrice $\left(\dfrac{\partial f_i}{\partial x_j}\right)$ è $m - \dim \dfrac{K}{K^0}$. Se l'eliminazione dei dx_j dalle equazioni $(*)$ fornisse una relazione, la quale non già segue con K-combinazione lineare delle equazioni differenziali di K^0 (interpretate nel senso suddetto), si avrebbero in $K \cdot dK$ meno differenziali linearmente indipendenti quanto indica $\dim \dfrac{K}{K^0} + {} + \dim K^0$, numero che in realtà è proprio questo (ved. 32).

Lo stesso ragionamento rimane valido, se d e d^0 designano le differenziazioni di K, K^0 relative a un loro sotto-corpo comune k, sopra il quale K^0 è algebrico e separabile, mentre K è separabile sopra K^0. Possiamo quindi affermare:

Se $K \supset K^0$ sono corpi algebrici sopra k, soddisfacenti alle condizioni insep. $\dfrac{K}{K^0} = $ insep. $\dfrac{K^0}{k} = 0$, la differenziazione d di K sopra k può essere interpretata come continuazione della differenziazione di K^0 sopra k, che pertanto altresì può essere denotata con d. Sempre sottintenderemo quella interpretazione sotto le premesse suddette.

Conseguentemente identificheremo allora l'anello infinitesimale $[K^0, d^0K^0]$ di K^0 col sotto-anello $[K^0, dK^0]$ dell'anello infinitesimale $[K, dK]$ di K (ved. 355). Il fatto che l'ideale δ^0, generato nell'anello infinitesimale $[K^0, dK^0]$ di K^0 dalle espressioni $dx^0 \wedge dy^0 + dy^0 \wedge dx^0$, $(x^0, y^0 \in K^0)$, diventa sotto-insieme

418

dell'ideale corrispondente $\mathfrak{d}$ in $[K, dK]$ e cioè uguale a $\mathfrak{d} \cap [K^0, dK^0]$, come si dimostra nel caso di $\operatorname{car} K \neq 2$ con l'osservazione 352, permette di identificare per ogni $\xi^0 \in [K^0, dK^0]$ gli elementi

$$(\xi^0 + \mathfrak{d}^0) \in [K^0, dK^0] + \mathfrak{d}^0/\mathfrak{d}^0 \quad e \quad (\xi^0 + \mathfrak{d}) \in [K, dK] + \mathfrak{d}/\mathfrak{d}$$

l'uno coll'altro rendendo così l'anello differenziale di K^0 sotto–anello dell'anello differenziale di K, il che altresì sempre sottintenderemo sotto le premesse di separabilità suddette, se $\operatorname{car} K \neq 2$.

419. *Se K è algebrico e separabile sopra il corpo aritmetico K^0 e $\mathfrak{a}$ designa un divisore in K^0, allora vale*

$$I\!\left(\frac{K^0}{\mathfrak{a}}\right) \subset I\!\left(\frac{K}{\mathfrak{a}}\right), \quad e, \;\; se \;\; car \; K \neq 2, \;\; D\!\left(\frac{K^0}{\mathfrak{a}}\right) \subset D\!\left(\frac{K}{\mathfrak{a}}\right).$$

Invero, .ogni aspetto perfetto S di K estende un aspetto perfetto $S^0 = S \cap K^0$ di K^0 (ved. 328), sicchè il modulo $I\!\left(\dfrac{K^0}{\mathfrak{a}}\right)$ è contenuto in $\mathfrak{a}^{-1}(S) \cdot [S, dS] = \mathfrak{a}^{-1}(S^0) \cdot [S, dS]$, essendo esso sotto–insieme di $\mathfrak{a}^{-1}(S^0) \cdot [S^0, dS^0]$.

420. Se il corpo K è finito e separabile sopra K_0, possiamo associare a ogni divisore $\mathfrak{a}$ di K, quale sua *proiezione in K_0*, un divisore $\mathfrak{a}_0$ definito da

$$\mathfrak{a}_0(S_0) = \bigcap_{S \to S_0} \mathfrak{a}(S) \cap K_0.$$

Infatti, da $\mathfrak{a}(S) \doteq \mathfrak{p}^m \supset \mathfrak{p}_0^{|m|}$ e $\mathfrak{p}_0^{|m|} \cdot [\mathfrak{p}^m \cap K_0] \subset S \cap K_0 = S_0$ (ved. 328) segue $\mathfrak{p}_0^{|m|} \subset \mathfrak{a}(S) \cap K_0 \subset \mathfrak{p}_0^{-|m|} \neq K_0$, e il fatto, che c'è solamente un numero finito di estensioni perfette $S \to S_0$ (ved. 263), assicura l'esistenza di un massimo di quegli esponenti m.

Quando un divisore $\mathfrak{b}$ divide $\mathfrak{a}$ nel senso che $\mathfrak{a} = \mathfrak{b} \cdot \mathfrak{c}$ con $\mathfrak{c}$ intero, la sua proiezione $\mathfrak{b}_0$ divide la proiezione $\mathfrak{a}_0$ di $\mathfrak{a}$, essendo $\mathfrak{a}_0(S_0) \subset \bigcap_{S \to S_0} \mathfrak{b}(S) \cap K_0 = \mathfrak{b}_0(S_0)$.

Riuscirà importante in quel che segue la proiezione $\left(\mathfrak{d}_{0\frac{K}{K_0}}^{-1}\right)_0$ dell'inverso del divisore differente $\mathfrak{d}_{0\frac{K}{K_0}}$ (ved. 365), e cioè l'osservazione che

$$(*) \qquad \left(\mathfrak{d}_{0\frac{K}{K_0}}^{-1}\right)_0 (S_0) = S_0 \;\; se \;\; S_0 \supset (1) \;\; oppure \;\; se \;\; \operatorname{car} S_0/\mathfrak{p}_0 > \operatorname{grado} \frac{K}{K_0}.$$

Infatti, in tutti e due i casi sarà (ved. **299** e **294**) $\mathfrak{p}_0 = \mathfrak{p}^e$, $\mathfrak{d}_{0\frac{K}{K_0}}\!\left(\dfrac{S}{S_0}\right) =$

$= \mathbb{P}^{e-1}$, poichè le premesse suddette garantiscono la separabilità relativa di $S/\mathbb{P}$ e escludono, che il numero e, il quale non mai supera il grado $\dfrac{K}{K_0}$ (ved. 367), sia elemento di $\mathbb{P}$. Il calcolo

$$\mathbb{P}_0 \cdot \bigcap_{S \to S_0} \mathfrak{d}_{0\,\frac{K}{K_0}}^{-1}(S) \cap K_0 = \bigcap_{S \to S_0} \mathbb{P} \cap K_0 = \mathbb{P}_0$$

verifica allora (∗).

Nel caso in cui si consideri il differente $\mathfrak{d}_{0\,\frac{K}{K_0}}$ meramente come divisore sopra un sotto-corpo k di K_0 supposto di car 0 quella proiezione è il divisore 1.

421. *Se K è finito e separabile sopra il corpo aritmetico K_0, allora sarà*

(∗)
$$I_n\!\left(\frac{K}{\mathfrak{a}}\right) \cap [K_0,\ dK_0] \subset I_n\!\left(\frac{K_0}{\mathfrak{a}_0}\right),$$

(∗∗)
$$D_n\!\left(\frac{K}{\mathfrak{a}}\right) \cap [[K_0,\ dK_0] + \mathfrak{d}/\mathfrak{d}] \subset D_n\!\left(\frac{K_0}{\mathfrak{a}_0}\right), \quad (car\ K \neq 2)$$

dove $\mathfrak{a}_0^{-1}$ designa la proiezione in K_0 (ved. 420) del divisore $\mathfrak{a}^{-1} \cdot \mathfrak{d}_{0\,\frac{K}{K_0}}^{-n}$ nel caso (∗), *del divisore $\mathfrak{a}^{-1} \cdot \mathfrak{d}_{0\,\frac{K}{K_0}}^{-1}$ nel caso* (∗∗).

Dimostrazione. – Sia ξ elemento del membro sinistro di (∗), e designi $\mathbb{P}_0$ una qualunque prospettiva perfetta aritmetica di K_0. Essa può estendersi ad una o più prospettive aritmetiche perfette $\mathbb{P}$ (ved. 263), che dànno luogo alle relazioni $\xi \cdot \mathfrak{a}(S) \subset S \cdot dS^n$. Secondo **360** possiamo dedurne $\xi \cdot \mathfrak{a}(S) \cdot \mathfrak{d}_{0\,\frac{K}{K_0}}^{n}(S) \subset S \cdot dS_0{}^n$. Ora il fatto, che in S_0 ogni ideale è principale, induce che $\overline{S_0} \cdot dS_0$, considerato come sotto-modulo di $K_0 \cdot dK_0$, ha una S_0-base costituita con $r = \dim K_0$ elementi dx_i $(i = 1, \ldots, r)$. Ponendo $\xi = \sum_{i_1 \ldots i_n} a_{i_1 \ldots i_n} \cdot dx_{i_1} \wedge \ldots \wedge dx_{i_n}$ $(a_{i_1 \ldots i_n} \in K_0)$, possiamo concludere da

$$\left(\genfrac{}{}{0pt}{}{*}{**}\right) \qquad \xi \cdot \mathfrak{a}(S) \cdot \mathfrak{d}_{0\,\frac{K}{K_0}}^{n}(S) \subset \sum_{i_1, \ldots, i_n} S \cdot dx_{i_1} \wedge \ldots \wedge dx_{i_n}$$

e dall'unicità dei coefficienti $a_{i_1 \ldots i_n}$ (ved. **351**) che

(+)
$$a_{i_1 \ldots i_n} \subset K_0 \cap \mathfrak{a}^{-1}(S) \cdot \mathfrak{d}_{0\,\overline{K}}^{-n}(S) \quad \text{per ogni}\ S \to S_0$$

cioè $a_{i_1 \ldots i_n} \subset \mathfrak{a}_0^{-1}(S_0)$.

420 — 421

Lo stesso ragionamento, applicato a un differenziale ξ appartenente al membro sinistro di $(**)$, fornirebbe secondo **361** invece di $\left(\begin{smallmatrix}*\\**\end{smallmatrix}\right)$ la relazione più semplice

$$\xi \cdot \mathfrak{a}(S) \cdot \mathfrak{d}_0 \underline{\tfrac{K}{K_0}}(S) \subset \underset{i_1 < \dots < i_n}{\Sigma} S \cdot dx_{i_1} \wedge \dots \wedge dx_{i_n} + \mathfrak{d},$$

dalla quale segue (ved. **352**), che i coefficienti dell'espressione ridotta

$$\xi \equiv \underset{i_1 < \dots < i_n}{\Sigma} a_{i_1 \dots i_n} \cdot dx_{i_1} \wedge \dots \wedge dx_{i_n} \qquad (a_{i_1 \dots i_n} \in K_0)$$

soddisfano alle condizioni

$$a_{i_1 \dots i_n} \subset K_0 \underset{S \to S_0}{\cap} \mathfrak{a}^{-1}(S) \cdot \mathfrak{d}_0 \underline{\tfrac{K}{K_0}}^{-1}(S)$$

equivalenti a $a_{i_1 \dots i_n} \subset \mathfrak{a}_0^{-1}(S_0)$, se $\mathfrak{a}_0$ designa il divisore definito nell'enunciato del teorema da dimostrare.

422. *Il teorema* **421** *si estende alle corrispondenti integrità relative a un corpo* k, *sopra il quale* K_0 *sia algebrico e separabile. In particolare sarà*

$$I_n\!\left(\frac{K}{k}\right) \cap [K_0,\, dK_0] \subset I_n\!\left(\frac{K_0}{k}\right), \quad se \ \mathfrak{d}_0 \underline{\tfrac{K}{K_0}} = 1,$$

$$D_n\!\left(\frac{K}{k}\right) \cap [[K_0,\, dK_0] + \mathfrak{d}/\mathfrak{d}] \subset D_n\!\left(\frac{K_0}{k}\right), \quad se \ car\, k = 0.$$

La separabilità relativa a k permette di identificare i moduli $K_0 \cdot \dfrac{d}{k} K_0$

e $K_0 \cdot \dfrac{d_0}{k} K_0$ (ved. **418**). Scrivendo d per la differenziazione relativa comune a K e K_0, varranno tutte le conclusioni esposte in **421**. I casi particolari suddetti risultano dall'applicazione del risultato sulla proiezione di $\mathfrak{d}_0 \underline{\tfrac{K}{K_0}}^{-1}$ ottenuto in **420**.

§ 8. Generalizzazioni

423. L'idea di fondare le nozioni essenziali per la struttura di un corpo sulla totalità dei suoi aspetti perfetti, è divenuta efficace per l'intermedio delle corrispondenze infinitesimali e differenziali del corpo.

Altri mezzi importanti per la conoscenza di un corpo K in sè forniscono le sue *corrispondenze finitesimali*, cioè le composizioni

$$K^* = (K^{\sigma_0},\ K^{\sigma_1},\ \dots,\ K^{\sigma_m}) \qquad (\sigma_0 = 1)$$

del corpo K con sè stesso sopra un suo sotto–corpo k, soddisfacenti alla condizione

$$\dim \frac{K^*}{k} = (m + 1) \cdot \dim \frac{K}{k}.$$

421 — 423

41

Tali composizioni esistono sempre (ved. **42**), se K è algebrico sopra k, e a meno di isomorfismi sopra K non ne esistono che un numero finito (ved. **144**).

Dato il corpo K^* quale composito di esemplari di K, è data anche una selezione fra i suoi aspetti perfetti. Tenendo conto del fatto, che ogni aspetto perfetto S^* di K^* estende un aspetto $S^* \cap K^{\sigma_i}$ totale o perfetto di K^{σ_i} (ved. **328**), si è condotti a distinguere la totalità degli aspetti perfetti di K^0 aventi una base del tipo

$$[S_0{}^{\sigma_0},\ S_1{}^{\sigma_1}, \ldots, S_m{}^{\sigma_m}]$$

dove S_i designano aspetti perfetti o totali di K. È chiaro, che questo insieme, che chiameremo (ved. **128**) *la varietà perfetta* (sopra k, se si presuppone $S_i \supset k$) *della corrispondenza*, non comprende tutti gli aspetti perfetti del corpo K^*.

Se gli S_i sono di base algebrica sopra k, sarà (ved. **249**) $\dim \dfrac{S_i/\mathbb{P}_i}{k + \mathbb{P}_i/\mathbb{P}_i} =$

$= \dim \dfrac{K}{k} - 1$ oppure $= \dim \dfrac{K}{k}$, secondochè S_i sia perfetto o totale. Dalla conseguenza

$$\sum_{i=0}^{m} \dim\ \frac{S_i/\mathbb{P}_i}{k + \mathbb{P}_i/\mathbb{P}_i} \geq \dim\ \frac{S^*/\mathbb{P}^*}{k + \mathbb{P}^*/\mathbb{P}^*} = (m + 1) \cdot \dim \frac{K}{k} - 1$$

di

$$S^*/\mathbb{P}^* = ([S_0{}^{\sigma_0},\ S_1{}^{\sigma_1}, \ldots,\ S_m{}^{\sigma_m}] + \mathbb{P}^*/\mathbb{P}^*) = (S_0{}^{\sigma_0} + \mathbb{P}^*/\mathbb{P}^*, S_1{}^{\sigma_1} + \mathbb{P}^*/\mathbb{P}^*, \ldots, S_m{}^{\sigma_m} + \mathbb{P}^*/\mathbb{P}^*)$$

si deduce quindi, che almeno m degli aspetti S_i debbono essere totali.

Se k è il corpo primo e K è aritmetico di car 0, è importante anche il caso che l'ideale $\mathbb{P}^*$ contiene un numero primo p. Essendo allora anche $p \subset \mathbb{P}_i$, nessuno degli aspetti S_i sarà totale.

424. Nelle nuove costruzioni, rese possibili dalla selezione suddetta notiamo come esempio importante il seguente fondamento di una teoria dei corpi relativamente algebrici, 1-dimensionali e separabili.

Se K è tale soprà-corpo di k, lo comporremo con sè stesso sopra il massimo sotto-corpo $I_0\left(\dfrac{K}{k}\right)$ di K, finito sopra k. Tale composizione

$$K^* = (K,\ K^{\sigma})$$

è unica a meno di isomorfismi sopra K.

Gli aspetti S^* nella varietà, perfetta sopra k, V^* della corrispondenza (K, K^{σ}) si dividono in 3 specie corrispondenti alle possibilità che nella base $[S_0, S_1{}^{\sigma}]$ di S^* siano solamente S_0, solamente S_1, o tutti e due totali. Fra gli aspetti della terza specie si distingue *l'aspetto diagonale* dato da $S^* \in V([K, K^{\sigma}])$,

$$\mathbb{P}^* = \sum_{x \in K} (x^{\sigma} - x) \cdot S^*.$$

423 — 424

320

La teoria del corpo relativo K si fonderà allora sulla considerazione della classe

$$\bigcap_{S^* \in V^*} \left[\frac{dx \wedge dx^\sigma}{(x - x^\sigma)^2} + S^* \cdot dS_0 \wedge dS_1^\sigma \right] \qquad (S_0 = S^* \frown K, \ S_1^\sigma = S^* \frown K^\sigma)$$

di infinitesimali doppi, la quale subito si riconosce essere indipendente dalla scelta dell'elemento $x \in K$ supposto algebricamente indipendente sopra k.

Rimandando lo studio delle corrispondenze finitesimali a un'altra occasione, osservo semplicemente, che all'infinitesimale doppio suddetto, la cui esistenza è stata osservata al passaggio da WEIERSTRASS, si sostituirà nel caso più generale di un corpo K algebrico e separabile sopra k di dimensione n un'infinitesimale avente (in un senso da precisare a un'altra occasione) la singolarità

$$\frac{d(x_1, \ldots, x_n) \wedge d(x_1^{\sigma_1}, \ldots, x_n^{\sigma_1}) \wedge \ldots \wedge d(x_1^{\sigma_n}, \ldots, x_n^{\sigma_n})}{|x_i - x_i^{\sigma_j}|^{n+1}}$$

formato sotto la sola premessa che $d(x_1, \ldots, x_n)$ (ved. **358**) sia $\neq 0$.

425. La teoria dei corpi relativamente inseparabili non può evitare la considerazione di differenziali di ordine superiori a 1, come già mostrano classici risultati ottenuti in particolare da F. K. SCHMIDT per corpi relativamente 1-dimensionali.

Partendo da un'importante considerazione fattami da F. K. SCHMIDT sulla necessità dei differenziali superiori, darò in quel che segue all'idea delle corrispondenze infinitesimali e differenziali la sua più ampia estensione.

Sia K algebrico sopra k di $\dim \frac{K}{k} + \text{insep.} \frac{K}{k} = r$, e designi

$$A = [K, K^{\sigma_1}, \ldots, K^{\sigma_h}]$$

un anello generato da K e h esemplari isomorfi sopra k a K, il quale sia *generico* nel senso, che ogni altro anello $[K, K^{\tau_1}, \ldots, K^{\tau_h}]$ generato nel modo suddetto risulti da quell'A mediante un omomorfismo ρ avente l'effetto $x^\rho = x$ $(x^{\sigma_i})^\rho = x^{\tau_i}$, per $x \in K$, $i = 1, \ldots, h$. Tale anello A esiste ed è unico a meno di isomorfismi del tipo di ρ.

Le differenze $x_{\sigma_i} - x$ $(x \in K, \ i = 1, \ldots, h)$ generano in A un ideale primo, poichè esso è il nucleo di un omomorfismo di A sul corpo K, e questo ideale individua una prospettiva $\mathbb{P}$ di base A, la quale in conseguenza all'isomorfismo evidente

$$S/\mathbb{P}^2 \cong K + \sum_{i=1}^{h} K \cdot \frac{d_i}{k} K \qquad (\text{ved. } \mathbf{4} \text{ e } \mathbf{14})$$

è di ampiezza $h \cdot r$ (ved. **195**).

Se $K = (k, x_1, \ldots, x_m)$, si potrà prendere come base di $\mathbb{P}$ anche l'anello $[K, x_1^{\sigma_1}, \ldots, x_m^{\sigma_1}, \ldots, x_1^{\sigma_h}, \ldots, x_m^{\sigma_h}]$ algebrico sopra K.

$$\mathbf{424 - 425}$$

Ora l'esistenza di una composizione $(K, K^{\tau_1}, \ldots, K^{\tau_h})$ di K sopra k con sè stesso, avente sopra K la dimensione $h \cdot n$, se $n = \dim \dfrac{K}{k}$, (ved. 42), garantisce che c'è una prospettiva $\mathbb{P}^* \in V(A)$, e cioè quella individuata dal nucleo dell'omomorfismo di A sul sotto-anello $[K, K^{\tau_1}, \ldots, K^{\tau_h}]$ di quella composizione, quale prospettiva ha l'ordine $h \cdot n$ sopra $\mathbb{P}$ (ved. 249). Ne segue che il massimo del grado di subordinazione di $\mathbb{P}$ (ved. 230), che ovviamente non può superare $h \cdot n$, è precisamente $h \cdot n$. D'altra parte sappiamo che questo ordine di $\mathbb{P}$, cioè il grado della funzione caratteristica $\left(\dfrac{\mathbb{P}^{m+1}}{S} \right)$, non può mai superare l'ampiezza di $\mathbb{P}$ (ved. 231), che abbiamo visto essere uguale a $h \cdot r$.

La prospettiva $\mathbb{P}$ è quindi regolare (ved. 234) allora e soltanto allora che r sia uguale a n, cioè che K sia separabile sopra k.

L'inseparabilità $r-n$ è pertanto il primo numero in una sequenza

$$\left(\frac{\mathbb{P}^{m+1}}{S} \right) - \binom{m+n}{n} \qquad (m = 1, 2, \ldots) \qquad \text{(ved. 234)}$$

di numeri caratteristici per la singolarità della prospettiva $\mathbb{P}$ corrispondente al caso di $h = 1$. Il polinomio di grado n, al quale si riduce la differenza suddetta per m abbastanza grande, si può considerare quale *polinomio di inseparabilità* di K sopra k.

Mentre nel caso della relativa separabilità la considerazione degli anelli $S/\mathbb{P}^{m+1}$ sembra ridursi a quel che hanno già dato le corrispondenze infinitesimali, cioè gli anelli $S/\mathbb{P}^{2}$, sarà importante di generalizzare la nozione «integrità infinitesimale», sostituendo $S/\mathbb{P}^{m+1}$ a $S/\mathbb{P}^{2}$, nel caso di relativa inseparabilità.

Ognuno degli anelli $S/\mathbb{P}^{m+1}$, che si ottengono per m e h qualunque, è oggetto primario, il quale mediante l'identificazione di $x + \mathbb{P}^{m+1}$ $(x \in K)$ con x può venir interpretato come sopra-anello di K. Ponendo $x^{\sigma_i} - x + \mathbb{P}^{m+1} = \Delta_i x$ $(i = 1, 2, \ldots, h)$ e designando con $\Delta_i K$ la totalità degli $\Delta_i x$, potremo scrivere

$$S/\mathbb{P}^{m+1} = [K, \Delta_1 K, \Delta_2 K, \ldots, \Delta_h K].$$

L'introduzione delle integrità generalizzate

$$\bigcap_{\substack{(S)=K \\ S \text{ perfetto} \\ S \supset k}} [S, \Delta_1 S, \Delta_2 S, \ldots, \Delta_h S]$$

fornirà nuovi mezzi di riempire le lacune, che nel caso di relativa inseparabilità sono rimaste nell'aritmetica infinitesimale esposta in questo capitolo.

Termino con l'osservazione, che si dovrà prendere l'ideale

$$\sum_{\substack{i,j=0,1\ldots h \\ x \in K}} (x^{\sigma_i} - x^{\sigma_j}) \cdot A$$

425

322

invece di $\sum\limits_{\substack{i=1,\ldots,h \\ x \in K}} (x^{\sigma_i} - x) \cdot A$, qualora si voglia estendere la nozione di corrispondenza differenziale a differenziazioni di ordine superiore a 1.

Sarà di alto interesse di procedere sviluppando il corrispondente calcolo differenziale esteriore.

CAPITOLO X

FUNZIONI MODULARI ED IL CALCOLO ZETA

§ 1. Trasformazioni birazionali

426. *Ogni aspetto di un corpo K può chiudersi, cioè estendersi a un aspetto chiuso di K.*

DIMOSTRAZIONE. - La totalità degli aspetti di un medesimo corpo K è parzialmente ordinata mediante la relazione transitiva e riflessiva $S \to s$.

Dato un qualsiasi sistema γ di aspetti di K, semplicemente ordinato nel senso che due qualunque $S, S' \in \gamma$ stanno in una delle relazioni $S' \to S, \cdot S \to S'$, formiamo l'unione $\tilde{S} = \cup S$ di tutti gli aspetti $S \in \gamma$ e l'unione $\tilde{\mathbb{P}}$ di tutti gli ideali $\mathbb{P}$ corrispondenti. Siccome $S \to S'$ induce $S \supset S'$ e $\mathbb{P} \supset \mathbb{P}'$, l'insieme $\tilde{S}$ è un anello, mentre $\tilde{\mathbb{P}}$ è gruppo additivo in $\tilde{S}$. Per qualsiasi $p \in \tilde{\mathbb{P}}, x \in \tilde{S}$ sarà $p \in \mathbb{P}, x \in S'$ con $S, S' \in \gamma$ e quindi $p \cdot x \subset \mathbb{P} \cdot S' \subset \mathbb{P}' \cdot S' = \mathbb{P}'$ nel caso di $S \to S'$, e $p \cdot x \subset \mathbb{P} \cdot S' \subset \mathbb{P}$ nel caso di $S \to S'$. Ad ogni modo vale $p \cdot x \subset \tilde{\mathbb{P}}$, il che assicura che $\tilde{\mathbb{P}}$ è ideale in $\tilde{S}$. Un elemento $x \in \tilde{S}$ non appartenente a $\tilde{\mathbb{P}}$ non appartiene nemmeno ad alcuno degli ideali $\mathbb{P}$ uniti in $\tilde{\mathbb{P}}$, sicchè il suo inverso x^{-1} è contenuto in tutti gli $S \in \gamma$. Ciò dimostra che $\tilde{S}$ è aspetto (ved. **68**) con l'origine $\tilde{\mathbb{P}}$, e cioè estensione di ciascuno degli $S \in \gamma$, poichè $\tilde{\mathbb{P}} \cap S \supset \mathbb{P}$, mentre $S \subset \tilde{S}$ induce $\tilde{\mathbb{P}} \cap S \subset \mathbb{P}$ (ved. **65**).

Avendo provato con questo, che ogni sotto-insieme γ «semplicemente ordinato» della totalità degli aspetti di K ha un «limite superiore», e cioè quell'$\tilde{S}$, il quale esso stesso è aspetto di K, possiamo applicare il lemma di ZORN e concluderne per qualunque dato aspetto s di K l'esistenza di un $S \to s$ «massimale», cioè chiuso.

427. *Ogni aspetto s integralmente chiuso nel corpo $(s) = K$ è l'intersezione di tutte le sue estensioni S chiuse in K.*

DIMOSTRAZIONE. - Ovviamente $s \subset \cap S$. Viceversa, se $x \in K$ non appartiene a s, esso non è integro sopra s, sicchè esiste (ved. **82**) un aspetto s' intermedio fra s e K, non estendibile con x e quindi (ved. **89**) estendibile a un aspetto $s'' \in V([s', x^{-1}])$ soddisfacente a $x^{-1} \subset \mathfrak{p}''$. Secondo l'osservazione precedente esiste un aspetto chiuso $S \to s''$ di K, che di seguito a $x^{-1} \subset \mathfrak{p}'' \subset \mathbb{P}$ non ha l'elemento x.

425 — 427

428. Definizione. - Dicendo che all'aspetto s del corpo K corrisponde l'aspetto s' di K (mediante S), vogliamo esprimere, che s e s' ammettono estensione comune S, la quale del resto sempre può venir scelta dentro il corpo K (ved. 74) e magari come aspetto chiuso di K (ved. 426).

In una varietà V chiusa (sopra s) di K certamente corrisponde a un dato aspetto s di K almeno un aspetto $s' \in V$.

Se un aspetto s di K contiene uno degli aspetti che gli corrispondono in una varietà V di K, allora a s non corrisponde che un solo aspetto s' in V, e s estende questo s'.

Infatti, se a s corrisponde $s' \in V$ e s' è contenuto in s, allora individua s in $V(s') \subset V$ un aspetto $s'' \leftarrow s$ (ved. 73), e l'esistenza di una estensione S comune a s e s' mostra $s'' = s'$ e quindi $s \rightarrow s'$, essendo $V \ni s'' \leftarrow s \leftarrow S \rightarrow s'$ (ved. 111). Se anche $s''' \in V$ corrisponde a s e cioè mediante S', allora sarà $s' \leftarrow s \leftarrow S' \rightarrow s'''$, epperò $s''' = s'$.

429. *Ogni aspetto s integralmente chiuso nel corpo $(s) = K$ comprende l'intersezione di tutti gli aspetti che gli corrispondono in una data varietà V chiusa (sopra s).*

Dimostrazione. - Ogni estensione $S \rightarrow s$, chiusa in K, ha estensione comune a un $s' \in V$, la quale può essere supposta uguale a S, essendo questo aspetto chiuso. Ne segue che S contiene s' e tanto più l'intersezione A di tutti gli aspetti corrispondenti a s in V. Anche l'intersezione di tutti questi aspetti chiusi S comprende A, e questa intersezione è s, perchè s è supposto integralmente chiuso in K (ved. 427).

430. *Se a un aspetto s, integralmente chiuso nel corpo $(s) = K$, corrisponde in una varietà V chiusa (sopra s) di K solamente un insieme finito di aspetti, allora a s corrisponde in V un solo aspetto s', e s estende questo s'.*

La dimostrazione di questo teorema sarebbe immediata, se si potesse approfittare del lemma che segue:

L'intersezione $A = \bigcap\limits_{i=1,\dots,h} s_i$ di un numero finito di aspetti in una medesima varietà prima V è base comune a tutti questi aspetti s_i.

Seguendo un ragionamento esposto nel libro di Hodge - Pedoe si concluderebbe allora così:

Questa intersezione soddisfa alla condizione $V(A) \subset V$, poichè per una prospettiva $\mathfrak{p} \in V(A)$ non contenuta in V e quindi non contenuta nelle stelle $V(s_i)$, sarebbe $\mathfrak{p} \cap A \subsetneq \mathfrak{p}_i \cap A$, e col procedimento descritto in 238 si otterebbe un elemento $p \subset \mathfrak{p} \cap A$ non appartenente a $\mathfrak{p}_i$ $(i = 1, \dots h)$, mediante il quale si troverebbe la contradizione $p^{-1} \subset \bigcap\limits_i s_i = A \subset s$.

Supposto ormai che s_i $(i = 1, \dots, h)$ siano tutti gli aspetti che in V cor-

428 — 430

rispondono a s, si avrà secondo **429** la situazione $s \supset A \supset 1$, la quale garantisce (ved. **73**) l'esistenza di un aspetto $s' \in V(A) \subset V$, esteso da s e pertanto l'unico che corrisponda a s in V (ved. **428**).

Siccome manca ancora la dimostrazione del lemma suddetto, ricorreremo al seguente teorema di Northcott, generalizzazione di un teorema di A. Weil:

431. *Sotto le premesse:*

s noetheriano, (s^*) corpo, $s \leftarrow S \in V([s, x_1, \dots, x_m])$,

(S) sopra-corpo 0-dimensionale di (s),

esiste una composizione (s^*, S^σ) di (s^*) con (S) sopra (s) tale, che l'aspetto s^* ammette estensione comune a S^σ.

Dimostrazione. - Riprendiamo con $(S) = K_1$, $(s) = k$, $(s^*) = K$ le notazioni usate in **39**.

Nel caso presente, dove $\mathfrak{f}$ è ideale massimale in $A_0 = k[X]$, coincidono tutti gli ideali $\mathfrak{F}_i \cap A_0 \supset \mathfrak{f}$ con $\mathfrak{f}$, sicchè a ogni ideale primario $\mathfrak{Q}_i$ nella decomposizione noetheriana $\mathfrak{f} \cdot A = \mathfrak{f} \cdot K = \cap \, \mathfrak{Q}_i$ corrisponde una composizione $(K, K_1^{\sigma_i}) = (s^*, x_1^{\sigma_i}, \dots, x_m^{\sigma_i})$ sopra (s).

Supposto che nessuno degli S^{σ_i} ammetta estensione comune a s^*, si troverà per ogni indice i una relazione $1 \subset \mathfrak{p}^* \cdot S^{\sigma_i} + \mathbb{P}^{\sigma_i} \cdot s^*$, la quale si traduce in una relazione

$$p_i(x_1^{\sigma_i}, \dots, x_1^{\sigma_i}) + Q_i(x_1^{\sigma_i}, \dots, x_m^{\sigma_i}) + \sum_j \gamma_{ij} \cdot G_{ij}(x_1^{\sigma_i}, \dots, x_m^{\,i}) = 0$$

dove $p_i(X) \in \mathfrak{p}^*[X]$, $Q_i(X) \in s[X]$, $Q_i(x) = Q_i(x_1, \dots, x_m) \subset\!\!\!= \mathbb{P}$, $\gamma_{ij} \in s^*$, mentre $G_{ij}(X)$ sono elementi dell'ideale $\mathfrak{G}$ costituito con tutti i polinomi $G(X) \in s[X]$ soddisfacenti a $G(x) \subset \mathbb{P}$. Valgono pertanto le congruenze $p_i(X) + Q_i(X) + \sum_j \gamma_{ij} \cdot G_{ij}(X) \subset \mathfrak{F}_i$, che forniscono per L abbastanza grande

$$p(X) + Q(X) + \sum_j \gamma_j \cdot G_j(X) = \prod_i (p_i(X) Q_i(X) + \sum_j \gamma_{ij} \cdot G_{ij}(X))^L \subset \cap_i \mathfrak{Q}_i = \mathfrak{f} \cdot (s^*)$$

con $p(X) \in \mathfrak{p}^*[X]$, $Q(X) = \prod_i Q_i(X)^L \in s[X]$, $G_j(X) \in \mathfrak{G}$, $Q(x) \subset\!\!\!= \mathbb{P}$, $\gamma_j \in s^*$.

Sia dunque

$$(*) \qquad p(X) + Q(X) + \sum_j \gamma_j \cdot G_j(X) = \sum_l \beta_l \cdot f_l(X),$$

dove $\beta_l \in (s^*)$ e i polinomi $f_l(X) \in \mathfrak{f} \subset (s)[X]$ siano scelti linearmente indipendenti sopra (s) e con coefficienti in s. Uguagliando i coefficienti appartenenti agli stessi monomi in $X_1, \dots, X_m$ nei due membri dell'equazione $(*)$, risultano equazioni lineari nelle quali si considerino i β_l come incogniti. La indipendenza lineare dei polinomi $f_l(X)$ induce, che la soluzione di questo sistema di equazioni lineari è unica ed esprime pertanto i β_l linearmente mediante

430 — 431

elementi di s^* con fattori appartenenti al corpo (s). Ci importa solamente, che in conseguenza di questo esiste un elemento $c \in s$, $\neq 0$ tale, che tutti i prodotti $c \cdot \beta_l$ cadono in s^*.

Osserviamo ormai che l'individualità S^* di S contiene un sotto-anello omo-morfo a s^* mediante l'omomorfismo definito dall'associazione

$$a_n + \mathfrak{p}^{n+1} \to a_n + \mathbb{P}^{n+1} \qquad (a_n \in s)$$

delle approssimazioni (ved. 269). Dopo aver esteso questo omomorfismo al-l'anello $S^*[X]$ e applicatolo all'equazione che risulta da $(*)$ per mezzo della moltiplicazione con c, possiamo sostituire x_i a X_i con l'effetto di ottenere una equazione

$$c \cdot (p(x) + Q(x) + \sum_j \gamma_j \cdot G_j(x)) = 0$$

valida in S^*. Ne segue $c = 0$, poichè l'espressione in parentesi è invertibile in S^* a causa di $p(x) \subset \mathfrak{p} \cdot [s^*, x_1, \ldots, x_m] \subset \mathbb{P} \cdot S^* = \mathbb{P}^*$ (ved. 271).

Ma l'elemento c, diverso da zero in s, è altresì in S^*, perchè l'omo-morfismo suddetto ha dentro al sotto-anello s di S^* l'effetto dell'identità (ved. 269).

Questa contraddizione prova che almeno uno degli anelli S^{σ_i} ammette estensione comune a s^*.

432. *Sotto le premesse:*

     1) *s noetheriano, (s^*) corpo, $x_1, \ldots x_m \in (s)$,*

     2) *per ogni estensione S di s con $x_1, \ldots, x_m$ è* $dim \dfrac{S/\mathbb{P}}{s + \mathbb{P}/\mathbb{P}} = 0$,

non c'è che una sola tale estensione S. L'anello $[S, s^*] \subset (s^*)$ è aspetto e s^*-modulo a base finita (Teorema di Northcott).

Dimostrazione. - I. Applicheremo il teorema **431** alle estensioni $S \in V([s, x_1, \ldots, x_m])$ di s, tenendo conto della conseguenza $\sigma = 1$ di $(S) = (s)$. Ne ricaviamo l'esistenza di una estensione $S \leftarrow S' \to s^*$ avente la base $[s^*, S]$, epperò anche la base $[s^*, x_1, \ldots, x_m] = A^*$ (ved. **75**), e l'oggetto $(S') = (S, s^*) = (s, s^*) = (s^*)$ supposto corpo.

II. Le estensioni S di s con $x_1, \ldots, x_m$ corrispondono biunivocamente agli ideali primi $\mathfrak{c} \supset \mathfrak{p} \cdot A$, $\neq A$ in $A = [s, x_1, \ldots, x_m]$ legati a quelle per mezzo di $\mathbb{P} \cap A = \mathfrak{c}$ (ved. **80**). La premessa 2) induce $S/\mathbb{P} = (A + \mathbb{P}/\mathbb{P}) = A + \mathbb{P}/\mathbb{P} \cong A/\mathfrak{c}$ sicchè $A/\mathfrak{c}$ è corpo e quindi $\mathfrak{c}$ massimale in A. Tutte quelle estensioni $S \in V(A)$ corrispondono pertanto biunivocamente ai divisori primi (ved. **91**) dell'ideale $\mathfrak{p} \cdot A$.

Siccome ognuno x degli x_i soddisfa a congruenze $f_i(x) = x^r + \ldots \subset \mathfrak{c}_i$ con $f_i(X) \in s[X]$, vale anche una congruenza $f(x) = (\prod_i f_i(x))^L = x^R + \ldots \subset \mathfrak{p} \cdot A$, il

431 — 432.

che mostra che A ha s-base finita mod $\mathfrak{p} \cdot A$. Sia quindi $A = \overset{q}{\underset{i=1}{\Sigma}} s \cdot z_i +$
$+ \mathfrak{p} \cdot A = \overset{q}{\underset{i=1}{\Sigma}} s \cdot z_i + \mathfrak{p}^n \cdot A$ con n qualunque. Avendo già determinato per
un dato elemento $y \in A$ gli elementi $c_i^{(n)} \in s$ soddisfacenti a $y - \Sigma c_i^{(n)} z_i \subset \mathfrak{p}^{n+1} \cdot A$,
si scelgano $b_i^{(n+1)} \in \mathfrak{p}^{n+1}$ di maniera che $y - \underset{i}{\Sigma} c_i^{(n)} z_i - \underset{i}{\Sigma} b_i^{(n+1)} z_i \subset \mathfrak{p}^{n+2} \cdot A$
per definire $c_i^{(n+1)} = c_i^{(n)} + b_i^{(n+1)}$. Esistono allora elementi $\gamma_i \in s^*$ con le ap-
prossimazioni $(\gamma_i)_n = c_i^{(n)} + \mathfrak{p}^{n+1}$, e l'elemento $y - \Sigma \gamma_i \cdot z_i$ di $A^* = [A, s^*]$
appartiene a $\underset{n=1\ldots\infty}{\cap} \mathfrak{p}^n \cdot A^* \subset \underset{n=1\ldots\infty}{\cap} \mathfrak{P}'^n = 0$ (ved. 92 e 272), se S' è una delle
estensioni di s^* definite in I. Ne segue $A^* = [A, s^*] = \overset{q}{\underset{i=1}{\Sigma}} s^* \cdot z_i$.

III. Si può identificare A^* con l'anello individuale $\mathfrak{A} = A^*/(\mathfrak{p} \cdot A^*)^\infty$ nel
modo seguente.

Per un dato elemento α di $\mathfrak{A}$ si possono scrivere le sue approssimazioni
nella forma $(\alpha)_n = \underset{i}{\Sigma} \alpha_i^{(n)} \cdot z_i + \mathfrak{p}^{n+1} \cdot A^*$, dove di seguito a $A^* = \underset{i}{\Sigma} s^* \cdot z_i$ i coefficienti $\alpha_i^{(n)} \in s^*$ possono essere scelti sotto la condizione $\alpha_i^{(n+1)} \subset \alpha_i^{(n)} + \mathfrak{p}^{n+1} \cdot s^*$.
In s^* vale allora $(\alpha_i^{(n+1)})_{n+1} \subset (\alpha_i^{(n+1)})_n = (\alpha_i^{(n)})_n$ sicchè, ponendo $(\alpha_i)_n = (\alpha_i^{(n)})_n$,
si definisce un elemento $\alpha_i \in s^*$ (ved. 269) siffatto, che $(\alpha)_n = \underset{i}{\Sigma} \alpha_i \cdot z_i +$
$+ \mathfrak{p}^{n+1} \cdot A^*$ per ogni n.

L'omomorfismo di A^* in $\mathfrak{A}$ che a ogni $\alpha \in A^*$ associa l'elemento $\alpha \in \mathfrak{A}$
definito da $(\alpha_n) = \alpha + \mathfrak{p}^{n+1} \cdot A^*$ è quindi omomorfismo su $\mathfrak{A}$ e precisamente
isomorfismo, perchè $\alpha \subset \mathfrak{p}^{n+1} \cdot A^*$ per ogni n induce $\alpha = 0$. Questo isomorfismo servirà all'identificazione suddetta.

IV. Supposto ormai, che ci siano più di un divisore primo $\mathfrak{c}_i$ di $\mathfrak{p} \cdot A$,
troveremo in conseguenza di $\mathfrak{c}_1^N + (\underset{j>1}{\Pi} \mathfrak{c}_j)^N = A$, $(\underset{j\geq 1}{\Pi} \mathfrak{c}_j)^L \subset \mathfrak{p} \cdot A$ coppie di elementi $e^{(n)} \in \mathfrak{c}_1^{Ln+L}$, $f^{(n)} \in (\underset{j>1}{\Pi} \mathfrak{c}_j)^{Ln+L}$ siffatti che $e^{(n)} + f^{(n)} = 1$, $e^{(n)} \cdot f^{(n)} \subset \mathfrak{p}^{n+1} \cdot A$.
Le relazioni $e^{(n+1)} - e^{(n)} = f^{(n)} - f^{(n+1)} \subset \mathfrak{p}^{n+1} \cdot A$ mostrano che esistono ε,
$\varphi \in A^*$ definiti da $(\varepsilon)_n = e^{(n)} + \mathfrak{p}^{n+1} \cdot A^*$, $(\varphi)_n = f^{(n)} + \mathfrak{p}^{n+1} \cdot A^*$ e soddisfacenti
perciò a $\varepsilon + \varphi = 1$, $\varepsilon \cdot \varphi = 0$, $\varepsilon \neq 0$, $\varphi \neq 0$, (poichè per es. $\varepsilon = 0$ indurrebbe
$1 \subset f^{(0)} + \mathfrak{p} \cdot A^* \subset \mathfrak{c}_2 \cdot A^* \subset \mathfrak{P}'$ per una delle estensioni menzionate in I). Ma
ciò contraddice al fatto che A^* come sotto-anello del corpo (s^*) è senza divi-
sori dello zero.

V. Avendo $\mathfrak{p} \cdot A$ solamente un divisore primo, non c'è che una estensione
$S \in V(A)$ di s e $\mathfrak{p} \cdot A$ è $[\mathfrak{P} \cap A]$-primario.

Per una estensione $S' \in V(A^*)$ di s sarà quindi (ved. 74) $S' \to S$ e $\mathfrak{P}' \cap A^* =$
$= \mathfrak{P}' \cap A + \mathfrak{p} \cdot A^* = \mathfrak{P} \cap A + \mathfrak{p} \cdot A^*$ di seguito a $A^* = A + \mathfrak{p} \cdot A^*$, $\mathfrak{p} \cdot A^* \subset \mathfrak{P}'$.
Ne segue che essa è unica e pertanto (ved. 80) $\mathfrak{P}' \cap A^*$ è l'unico ideale
primo $\supset \mathfrak{p} \cdot A^*$ diverso da A^*.

VI. Volendo dimostrare $S' = A^*$, supponiamo $\eta \in A^*$, $\mathfrak{c} \not\subset \mathfrak{P}'$. Allora $\eta \cdot A^* +$
$+ \mathfrak{P}' \cap A^* = A^*$, epperò $\eta \cdot A^* + (\mathfrak{P}' \cap A^*)^N = A^*$ con N qualunque. Siccome
$(\mathfrak{P}' \cap A^*)^L \subset \mathfrak{p} \cdot A^*$ per L abbastanza grande, sarà anche $\eta \cdot A^* + \mathfrak{p}^{n+1} \cdot A^* = A^*$

432

per ogni n. Esiste dunque $\alpha_n \in A^*$ soddisfacente a $\eta \cdot \alpha_n \equiv 1 \bmod \mathfrak{p}^{n+1} \cdot A^*$ sicchè $\eta \cdot (\alpha_n - \alpha_{n+1}) \subset \mathfrak{p}^{n+1} \cdot A^*$, $\alpha_n - \alpha_{n+1} \subset \mathfrak{p}^{n+1} \cdot A^*$, essendo $\mathfrak{p}^{n+1} \cdot A^*$ $[\mathfrak{p}' \cap A^*]$-primario come $\mathfrak{p} \cdot A^*$. La relazione or ora ottenuta garantisce l'esistenza di $\alpha \in A^*$ definito dalle approssimazioni $(\alpha)_n = \alpha_n + \mathfrak{p}^{n+1} \cdot A^*$. Vale allora $\eta \cdot \alpha - 1 \subset \mathfrak{p}^{n+1} \cdot A^*$ per ogni n, cioè $\eta \cdot \alpha = 1$. Si applicherà ormai l'osservazione 68.

433. *Date le varietà aritmetiche (algebriche sopra k) $V(A)$, V del medesimo corpo K, si può assegnare un insieme finito di figure prime $\mathfrak{p}_i$ in $V(A)$ tale, che*

$$\mathfrak{p} \in V(A) \setminus V \qquad \text{equivale a} \quad V(A) \ni \mathfrak{p} \leq \bigcap_i \mathfrak{p}_i.$$

DIMOSTRAZIONE. – I. Se $\mathfrak{p} \in V(A) \cap V$, ci sarà un anello $B = [1, y_1, \ldots, y_n]$ tale che $\mathfrak{p} \in V(B) \subset V$ e gli elementi x_i di $A = [1, x_1, \ldots, x_m]$ ammettono una rappresentazione $x_i = \dfrac{b_i}{b}$ con b, $b_i \in B$, $b \not\subset \mathfrak{p}$, mentre viceversa $y_j = \dfrac{a_j}{a_0}$, $b = \dfrac{a}{a_0}$ con a, a_0, $a_j \in A$, $a_0 \not\subset \mathfrak{p}$. Allora ogni $s \in V(A)$ con $a \cdot a_0 \not\subset \mathfrak{p}$ contiene B, e di seguito a $b = a \cdot a_0^{-1} \not\subset \mathfrak{p}$ sarà $\mathfrak{p} \in V(B) \subset V$ (ved. 75). Ne segue che $\mathfrak{p} \in V(A) \setminus V$ induce $a \cdot a_0 \subset \mathfrak{p}$, sicchè le prospettive $\mathfrak{p} \in V(A) \setminus V$ subordinate a $\mathfrak{p}$ sono anche subordinate a una delle prospettive estreme $\mathfrak{p}_i (i = 1, 2, \ldots, h)$ della figura $\mathfrak{p} + \mathfrak{a}$ in $V(A)$, intersezione di $\mathfrak{p}$ con la figura $\mathfrak{a}$ definita da $\mathfrak{a}(s') = a \cdot a_0 \cdot s'$ per ogni $s' \in V(A)$. Tenuto conto di $a \cdot a_0 = b \cdot a_0^2 \not\subset \mathfrak{p}$, possiamo quindi affermare, che $\mathfrak{p} > \mathfrak{p} \in V(A) \setminus V$ induce $\mathfrak{p} \leq \bigcap_i \mathfrak{p}_i < \mathfrak{p}$.

II. Applicando questo procedimento dapprima alla prospettiva $\mathfrak{p}$ totale, si trova un insieme di prospettive $\mathfrak{p}_i \in V(A)$ non-totali con la proprietà, che $\mathfrak{p} \in V(A) \setminus V$ induce $\mathfrak{p} \leq \bigcap_i \mathfrak{p}_i$.

Se $\mathfrak{p}_j \not\subset V$, allora anche $\mathfrak{p} \not\subset V$ per ogni $\mathfrak{p} < \mathfrak{p}_j$ (ved. 110 II). Qualora però $\mathfrak{p}_j \subset V$, si applicherà di nuovo il procedimento I, partendo da $\mathfrak{p}_j$ invece di $\mathfrak{p}$. Trovata così una figura $\bigcap_l \mathfrak{p}_{jl} < \mathfrak{p}_j$ in $V(A)$ tale che $\mathfrak{p}_j > \mathfrak{p} \in V(A) \setminus V$ induce $\mathfrak{p} \leq \bigcap_l \mathfrak{p}_{jl}$, si sostituirà

$$\left(\bigcap_{i \neq j} \mathfrak{p}_i \right) \cap \left(\bigcap_l \mathfrak{p}_{jl} \right)$$

alla figura $\bigcap_i \mathfrak{p}_i$.

Proseguendo in questo modo, si giungerà finalmente a una figura del tipo descritto nel teorema.

La dimostrazione è simile nel caso di varietà algebriche sopra k.

434. *Dato un insieme finito di prospettive $\mathfrak{p}_l$ comuni alle varietà aritmetiche (algebriche sopra k) $V(A)$, V del corpo K, si troverà sempre un elemento $x \in K$ tale, che quelle $\mathfrak{p}_l$ appartengono a una medesima varietà $V([A, x])$ contenuta in V.*

DIMOSTRAZIONE. – Siano $\mathfrak{p}_i \in V(A)$ tali che $\mathfrak{p} \in V(A) \setminus V$ equivale a $V(A) \ni \mathfrak{p} \leq \bigcap_i \mathfrak{p}_i$ (ved. 433). Allora $\mathfrak{p}_j \not\leq \mathfrak{p}_i$ per ogni i e j, sicchè esistono secondo 238 degli

432 – 434

elementi P_i di $\mathbb{p}_i \cap A$ con $P_i \subset\!\!|\!= \mathfrak{p}_j \cap A$ $(j = 1, 2, ...)$. Prendendo $x = \prod_i P_i^{-1}$, troviamo che per tutte le prospettive $\mathfrak{p}$ di base $[A, x]$ vale $\prod_i P_i \subset\!\!|\!= \mathfrak{p}$, poichè altrimenti sarebbe $1 = x \cdot \prod_i P_i \subset \mathfrak{p}$. Quindi $\mathfrak{p} \in V([A, x])$ induce $\mathfrak{p} \in V(A)$ (ved. 75) e $\mathfrak{p} =\!|\!\supset \prod_i P_i \subset \bigcap_i \mathbb{p}_i(s)$, cioè $\mathfrak{p} \leq\!\!|\!\leq \bigcap_i \mathbb{p}_i$ che mostra $\mathfrak{p} \subset V$, mentre $x \subset s_j$ garantisce $\mathfrak{p}_j \in V([A, x])$.

435. *Se ad un aspetto noetheriano s con (s^*) corpo corrisponde in una varietà aritmetica (algebrica sopra un corpo $k \subset s$) V di (s) solamente un insieme finito di aspetti, allora ad s corrisponde in V un solo aspetto.*

Dimostrazione. - I. Se a s corrisponde $s' \in V([1, x_1, ... , x_m]) \subset V$ mediante $S \in V([s, s'])$ (ved. 428), allora sarà $\dim \dfrac{S/\mathbb{p}}{s + \mathbb{p}/\mathbb{p}} = 0$.

Infatti, essendo l'estensione S di s di base $A = [s, x_1, ... , x_m]$ (ved. 75), valgono le premesse del teorema 137. Se $S/\mathbb{p}$ non fosse 0-dimensionale sopra $s + \mathbb{p}/\mathbb{p}$, si potrebbe costruire col procedimento descritto in 137 un'infinità di prospettive $\mathbb{p}' \in V(A)$, scegliendo il polinomio ivi designato con f in modo appropriato (prendendo per es., se $x_1 + \mathbb{p}$ è algebricamente indipendente sopra $s + \mathbb{p}/\mathbb{p}$, un'infinità di polinomi $f(x_1) \in [1][x_1]$ irriducibili mod $\mathfrak{p}[x_1]$). Siccome ogni tale S' estende (ved. 73) un aspetto $s'' \in V([1, x_1, ... , x_m]) \subset V$, al dato s corrisponderebbe un'infinità di aspetti in V.

La stessa conclusione vale, quando V è algebrica sopra $k \subset s$.

II. Consideriamo ormai aspetti qualunque s_1, s_2 in V, corrispondenti a s mediante $S_1 \in V([s, s_1])$, risp. $S_2 \in V([s, s_2])$. Supposta la V aritmetica, troveremo basi $A_1 = [1, y_1, ... , y_q]$, $A_2 = [1, z_1, ... , z_r]$ di s_1, risp. s_2, siffatte, che $V(A_i) \subset V$.

Poichè s_1 e s_2 appartengono a una medesima varietà, la loro intersezione $s_1 \cap s_2$ sarà una loro base comune, sicchè si potrà scrivere

$$y_i = \frac{b_i}{b}, \quad z_j = \frac{c_j}{c} \text{ con } b, c, b_i, c_j \in s_1 \cap s_2, \; b \subset\!\!|\!= \mathfrak{p}_1, \; c \subset\!\!|\!= \mathfrak{p}_2$$

Ad ogni modo sarà (ved. 75) $A = [1, b, b_1, ... , b_q, c, c_1, ... , c_r]$ base comune a s_1 e s_2. Scelto $x \in (s)$ in modo tale che $s_i \in V([A, x])$ $(i = 1, 2)$ e $V([A, x]) \subset V$ (ved. 434), saranno S_i di base $[s, A, x]$ e quindi (ved. 73) estensioni di aspetti in $V([A, x]) \subset V$, sicchè ad essi come a ogni estensione $S \to s$ di base $[s, A, x]$ si applica l'osservazione fatta in I.

Soddisfatte le premesse di **432**, possiamo affermare che non c'è che una sola tale estensione $S \to s$, e siccome questa estende tanto s_1 quanto s_2, sarà $s_1 = s_2$, c. d. d. (ved. 111).

Si ragiona ugualmente nel caso di V algebrica sopra $k \subset s$.

434 — 435

436. Sia A anello intermedio fra un aspetto s e la sua integrità $I\left(\dfrac{K}{s}\right)$ nel corpo $K=(s)$, e supponiamo data una estensione s' di s con A. Proveremo che un qualunque aspetto $S \in V(s)$ ammette una estensione $S' \in V(s')$.

I. Nel caso di $A = [s,\, x] = \sum\limits_{\nu=0}^{n-1} s \cdot x^\nu$ sia $f(x) = x^n + a_1 \cdot x^{n-1} + \ldots + a_n = 0$ con $f(X) \in s[X]$) l'equazione definente A sopra s. Se

$$(*) \qquad\qquad f(X) \equiv \prod_{i=1}^{l} f_i(X)^{n_i} \quad \mathrm{mod}\ \mathbb{p}[X]$$

è la decomposizione in fattori $f_i(X) \in S[X]$ irriducibili mod $\mathbb{p}[X]$, l'intersezione dell'ideale primo $f_i(X) \cdot S[X] + \mathbb{p}[X]$ con $s[X]$ sarà un ideale primo $c_i(X) \supset$ $\supset f(X) \cdot s[X] + [\mathbb{p} \cap s] \cdot [s,\, X]$, che dopo la sostituzione $X \to x$ realizzante l'isomorfismo $s[X]/f(X) \cdot s[X] \cong [s,\, x]$ diventa un ideale primo c_i in $[s,\, x]$ contenente $[\mathbb{p} \cap s] \cdot [s,\, x]$. Siccome un elemento c di s non può appartenere a c_i che quando esso sia elemento di

$$f_i(X) \cdot S[X] + \mathbb{p}[X] + f(X) \cdot s[X] = \mathbb{p}[X] + f_i(X) \cdot S[X],$$

sarà $c_i \cap s \subset \mathbb{p} \cap s$, cioè $= \mathbb{p} \cap s$, sicchè c_i individua (ved. **73**) una estensione $\mathbb{p}_i \in V([s,\, x])$ di $\mathbb{p} \in V(s)$.

Da $(*)$ si deriva $\prod\limits_{i} c_i(X)^{n_i} \subset (f(X) \cdot S[X] + \mathbb{p}[X]) \cap s[X] = [\mathbb{p} \cap s][X] +$ $+ f(X) \cdot s[X]$, perchè $f(X) \cdot S[X] + \mathbb{p}[X] = \sum\limits_{\nu=0}^{n-1} \mathbb{p} \cdot X^\nu + f(X) \cdot S[X]$, $s[X] =$ $= \sum\limits_{\nu=0}^{n-1} s \cdot X^\nu + f(X) \cdot s[X]$. Applicando la sostituzione $X \to x$, otteniamo $\prod\limits_{i} c_i^{n_i} \subset$ $\subset [\mathbb{p} \cap s] \cdot [s,\, x] \subset \mathfrak{p} \cdot [s,\, x] \subset \mathfrak{p}'$, donde segue per almeno un c_i la situazione $\mathfrak{p}' \supset c_i = \mathbb{p}_i \cap [s,\, x]$, cioè $S_i \in V(s')$.

II. Se $A = [s,\, x_1,\, \ldots,\, x_m]$, si costruiranno mediante gli aspetti s_i individuati da s' in $V([s,\, x_1,\, \ldots,\, x_i])$ secondo I successivamente le coppie di aspetti $S_i,\, s_i$ soddisfacenti alle condizioni

$$S_i \in V(s_i), \quad S_i \to S_{i-1}, \quad s_i \to s_{i-1},$$

il che è possibile, dato che dopo ogni passo si ristabiliscono con $s_i \in V([s_{i-1},\, x_i])$ $x_i \in I\left(\dfrac{K}{s}\right)$ le premesse di I.

III. Osserviamo ormai, che generalmente la costruzione di S' sotto le condizioni $S' \to S$, $S' \in V(s')$ equivale all'estensione di S con s'. Invero, $S' \to S$, $S' \in V([S,\, s'])$ induce $S' \in V(s')$ (ved. **75**), poichè ogni elemento di $S \in V(s)$ è quoziente $\dfrac{a}{b}$ con $a,\, b \in s \subset s'$, $b \ \subset\!\!\!|\ \mathbb{p} \cap s = \mathbb{p}' \cap s$, cioè $b \ \subset\!\!\!|\ \mathbb{p}'$.

Volendo dimostrare la possibilità di tale estensione per A qua-

436

lunque, supponiamo il contrario, cioè il sussistere di una relazione $1 = \sum_{i=1}^{h} P_i \cdot b_i$ con $P_i \in \mathfrak{p}$, $b_i \in s'$ (ved. 80). Se $b_i = \dfrac{x_i}{x_0}$ con x_0, $x_i \in A$, $x_0 \subset\mid= \mathfrak{p}'$, questa relazione esprimerebbe anche l'impossibilità di estendere S con l'aspetto $s'' \in V([s, x_0, x_1, \ldots, x_h])$ individuato dall'ideale $\mathfrak{p}' \cap [s, x_0, x_1, \ldots, x_h]$, mentre abbiamo dimostrato in II appunto la possibilità di tale estensione.

437. *Se un aspetto s, supposto noetheriano, qualora $s/\mathfrak{p}$ sia finito, è integralmente chiuso nel corpo $(s) = K$ e ammette una estensione S_0 di base $[s, x_1, \ldots, x_m] \subset K$, $\neq s$, allora esiste anche una estensione $S \in V([s, x_1, \ldots, x_m])$ di s soddisfacente alle condizioni*

$$\dim \frac{S/\mathfrak{p}}{s + \mathfrak{p}/\mathfrak{p}} > 0, \qquad S \in V(S_0).$$

DIMOSTRAZIONE. - I. Sia dapprima $m = 1$, e supponiamo che $s/\mathfrak{p}$ abbia un'infinità di elementi. Siccome l'elemento $x = x_1$ non appartiene a s, esso non è nemmeno contenuto in $I\left(\dfrac{(s)}{s}\right) = s$. Esiste quindi (ved. 82) un aspetto s' intermedio fra s e (s) e non estendibile con x, il quale pertanto ammette una estensione con x^{-1} siffatta, che x^{-1} divenga $\equiv 0$ (ved. 89). Ne segue anche (ved. 74) l'esistenza di una estensione $s'' \in V([s, x^{-1}])$ di s nella quale $x^{-1} \subset \mathfrak{p}''$. Se s può estendersi con x, come supponiamo, certo sarà $x^{-1} \subset\mid= s$, perchè altrimenti sarebbe $x^{-1} \subset \mathfrak{p}'' \cap s = \mathfrak{p}$ e quindi $1 \equiv 0$ in quella estensione di s con x. Ora $x^{-1} \subset\mid= s$ permette di applicare a x^{-1} le stesse conclusioni di quelle applicate or ora a x. Troviamo così, che ogni volta quando s ammette un'estensione con un elemento $x \in (s)$ non contenuto in s, esso può anche estendersi in modo tale che $x = (x^{-1})^{-1}$ diventi $\equiv 0$. Siccome $x - c$ con c qualunque $\in s$ soddisfa alle stesse condizioni come x, esiste altresì una estensione di s con x nella quale $x \equiv c$. Da ciò segue subito che x non può soddisfare a una congruenza del tipo $f(x) = x^n + a_1 \cdot x^{n-1} + \ldots + a_n \subset \mathfrak{p} \cdot [s, x]$ ($a_i \in s$), poichè nel caso di $s/\mathfrak{p}$ infinito si può scegliere $c \in s$ in modo tale che $f(c) \subset\mid= \mathfrak{p}$. La non–esistenza di congruenze del tipo suddetto prova che $\mathfrak{p} \cdot [s, x]$ è ideale primo, il quale secondo 80 individua una estensione $S \to s$ dove $x + \mathfrak{p}$ è algebricamente indipendente sopra $s + \mathfrak{p}/\mathfrak{p}$. Poichè per la data estensione S_0 di s con x vale $\mathfrak{p}_0 \cap [s, x] \supset \mathfrak{p} \cdot [s, x] = \mathfrak{p} \cap [s, x]$, S appartiene alla stella $V(S_0)$ di S_0.

II. Il caso $m = 1$ e $s/\mathfrak{p}$ finito si riduce a quello or ora considerato, appoggiandosi sul fatto che generalmente $[A, t]$ è integralmente chiuso in (A, t), se $A \ni 1$ è noetheriano e integralmente chiuso in (A), mentre (A, t) è corpo 1-dimensionale sopra (A).

436 — 437

Da $I\left(\frac{(A,\,t)}{[A,\,t]}\right) \subset I\left(\frac{(A,\,t)}{[(A),\,t]}\right) = [(A),\,t]$ segue che per dimostrare $I\left(\frac{(A,\,t)}{[A,\,t]}\right) = [A,\,t]$ basta discutere la possibilità di un'equazione

$$(*) \qquad (f(t))^n + \sum_{i=1}^{n} a_i(t) \cdot (f(t))^{n-i} = 0 \text{ con } f(t) \in [(A),\,t],\ a_i(t) \in [A,\,t].$$

Le conseguenze $(f(t))^m \subset \sum_{i=0}^{n-1} [A,\,t] \cdot (f(t))^i$ $(m = 0,\ 1,\ 2,\ ...)$ di $(*)$ forniscono per il coefficiente c di $f(t) = c \cdot t^r + ...$, delle relazioni del tipo $c^m \subset \sum_{i=1}^{h} A \cdot b_i$ $(m = 0,\ 1,\ 2,\ ...)$, dove i b_i non dipendono da m. Ne segue (ved. 98) che $[A,\,c]$ come sotto-A-modulo di un A-modulo algebrico è algebrico: $[A,\,c] = \sum_{i=1}^{l} A \cdot g_i(c)$. Se m súpera i gradi dei polinomi $g_i(X) \in A[X]$, sussisterà un'equazione $c^m = \sum_{i=1}^{l} a_i \cdot g_i(c)$ $(a_i \in A)$ che qualifica c come integro sopra A e pertanto come elemento di A. Ciò permette di terminare la dimostrazione desiderata con induzione secondo il grado di $f(t)$, considerando $f(t) - c \cdot t^r$ invece di $f(t)$.

L'annunciata riduzione al caso I si effettua ormai così:

Estendendo (s), s e S_0 con t a un corpo $(s,\,t)$ 1-dimensionale sopra (s) risp. ad aspetti $\bar{s}$ e $\bar{S}_0$ definiti da $\bar{\mathfrak{p}} \cap [s,\,t] = \mathfrak{p} \cdot [s,\,t]$, $\bar{\mathfrak{P}}_0 \cap [S_0,\,t] = \mathfrak{P}_0 \cdot [S_0,\,t]$, troveremo $\bar{S}_0 \supset \bar{s}$ di seguito a $\bar{\mathfrak{P}}_0 \cap [s,\,t] = \mathfrak{P}_0 \cdot [S_0\,t] \cap [s,\,t] = \mathfrak{p} \cdot [s,\,t] = \mathfrak{p} \cap [s,\,t]$, e quindi $\bar{\mathfrak{P}}_0 \supset [\bar{\mathfrak{p}} \cap [s,\,t]] \cdot \bar{s} = \bar{\mathfrak{p}}$, cioè $\bar{S}_0 \to \bar{s}$, mentre la premessa $x \subset\!|\!\!= s$ induce $x \subset\!|\!\!= \bar{s}$. Da $S_0 \in V([s,\,x])$, $\bar{S}_0 \in V([S_0,\,t])$, $\mathfrak{P}_0 = \bar{\mathfrak{P}}_0 \cap S_0$ segue (ved. 75) $\bar{S}_0 \in V([s,\,x,\,t])$, sicchè $\bar{S}_0$ è estensione di $\bar{s}$ con x. Soddisfatte le premesse di I per $\bar{s}$, $\bar{S}_0$ invece di s, S_0 esiste una estensione $\bar{S} \in V(\bar{S}_0)$ di s siffatta, che $x + \bar{\mathfrak{P}}$ è algebricamente indipendente sopra $\bar{s} + \bar{\mathfrak{P}}/\bar{\mathfrak{P}}$ e che l'ideale $\bar{\mathfrak{P}} \cap [s,\,x] \subset \bar{\mathfrak{P}}_0 \cap [s,\,x] = \mathfrak{P}_0 \cap [s,\,x]$ individua (ved. 74) una prospettiva $\mathfrak{P} \leftarrow \bar{\mathfrak{P}}$ per la quale $S \in V(S_0)$ e $S \to s$. Siccome una congruenza $f(x) \subset \mathfrak{P}$ (con $f(X) \in s[X]$) fornirebbe $f(x) \subset \bar{\mathfrak{P}}$, anche $x + \mathfrak{P}$ è algebricamente indipendente sopra $s + \mathfrak{P}/\mathfrak{P}$.

III. Supponendo il teorema dimostrato per estensioni di s con meno di m elementi, e designando con $\mathfrak{P}_0'$ la prospettiva individuata (ved. 74) dalla data $\mathfrak{P}_0$ in $V(A)$ di base $A = [s,\,x_1,\,...,\,x_{m-1}]$, possiamo partire da una situazione

$$(**) \qquad \begin{array}{c} \mathfrak{P}_0 \in V([A,\,x_m]) \\ \downarrow \\ \mathfrak{P}_0' \leq \mathfrak{P}' \text{ in } V(A) \\ \swarrow\ \searrow \\ \mathfrak{p} \end{array} \qquad \text{con dim } \frac{S'/\mathfrak{P}'}{s + \mathfrak{P}'/\mathfrak{P}'} > 0,$$

se $A \neq s$, come è lecito di presupporre secondo I. e II.

Una qualunque estensione $\mathfrak{P}_0''$ di $\mathfrak{P}_0$ con l'integrità $I = I\left(\frac{K}{S_0'}\right) \subset I\left(\frac{K}{\bar{S}_0}\right)$

437

(ved. **83** e **76**) s'inquadra secondo **74** in una configurazione

$$\mathfrak{p}_0'' \in V([I,\ x_m])$$
$$V([A,\ x_m]) \ni \mathfrak{p}_0 \qquad \mathfrak{p}_0''' \in V(I)$$
$$V(A) \ni \mathfrak{p}_0' \leq \mathfrak{p}'.$$

La relazione evidente $I\left(\dfrac{(S)}{S}\right) = S \cdot I\left(\dfrac{(S)}{B}\right)$ valida per ogni aspetto S di base B, mostra $I\left(\dfrac{K}{S_0'''}\right) = S_0''' \cdot I\left(\dfrac{K}{I}\right) = S_0''' \cdot I = S_0'''$, e siccome $S_0'''/\mathfrak{p}_0'''$ risulta infinito, qualora I non abbia S_0'-base finita, saranno soddisfatte le premesse del teorema rispetto a S_0''' invece di s, sicchè secondo I. II. si costruisce $S'' \in V(S_0'')$ nella situazione

$$\mathfrak{p}_0'' \leq \mathfrak{p}''$$
$$\mathfrak{p}_0'''$$

dove $x_m + \mathfrak{p}''$ è algebricamente indipendente sopra $S_0''' + \mathfrak{p}''/\mathfrak{p}''$, purchè S_0'' sia $\neq S_0'''$. In questo caso la prospettiva $\mathfrak{p} \leftarrow \mathfrak{p}''$ individuata da $\mathfrak{p}''$ in $V(S_0)$ si troverà nella situazione

$$\mathfrak{p}_0'' \leq \mathfrak{p}''$$
$$\mathfrak{p}_0 \leq \mathfrak{p}$$
$$\mathfrak{p}_0'$$
$$\mathfrak{p}$$

e siccome una dipendenza algebrica $f(x_m) \subset \mathfrak{p}$ (con $F(X) \in S_0'[X]$) di $x_m + \mathfrak{p}$ indurrebbe una dipendenza algebrica $f(x_m) \subset \mathfrak{p}''$ di $x_m + \mathfrak{p}''$ che sappiamo non sussistere, sarà

$$\dim \frac{S/\mathfrak{p}}{s + \mathfrak{p}/\mathfrak{p}} \geq \dim \frac{S/\mathfrak{p}}{S_0' + \mathfrak{p}/\mathfrak{p}} > 0.$$

Rimane a discutere il caso di $S_0'' = S_0'''$, dove la situazione si semplifica in

$$\mathfrak{p}_0'' \in V(I)$$
$$\mathfrak{p}_0$$
$$\mathfrak{p}_0' \leq \mathfrak{p}'$$
$$\mathfrak{p}$$

Secondo **436** esiste $\mathfrak{p}''$ nella situazione

$$\mathfrak{p}_0'' \leq \mathfrak{p}''$$
$$\mathfrak{p}_0' \leq \mathfrak{p}'$$

437

la quale si completa in

$$\mathbb{P}_0'' \leq \mathbb{P}''$$
$$\mathbb{P}_0 \leq \mathbb{P}$$
$$\mathbb{P}_0' \leq \mathbb{P}'$$
$$\mathfrak{p}$$

dato che (ved. **111**) la prospettiva $\mathbb{P} \in V(S_0)$ individuata da $\mathbb{P}''$ estende una prospettiva $\in V(S_0')$ avente con $\mathbb{P}'$ l'estensione comune $\mathbb{P}''$.

Questa $\mathbb{P}$ soddisfa secondo (∗∗) alle condizioni prescritte

$$\mathbb{P}_0 \leq \mathbb{P}$$
$$\mathfrak{p}$$
$$\qquad\qquad \dim \frac{S/\mathbb{P}}{s + \mathbb{P}/\mathbb{P}} > 0.$$

438. Chiameremo un aspetto s (una prospettiva $\mathfrak{p}$) *normale* appunto allora che s sia noetheriano, integralmente chiuso in (s) e di individualità prima, cioè siffatto che (s^*) è corpo. Lasciamo da parte la discussione, effettuata da ZARISKI, in quali casi le condizioni suddette si riducano l'una alle altre, e ci contentiamo di osservare che le prospettive regolari sono normali (ved. **237** e **273**).

A un aspetto normale s ($\supset k$) di K corrisponde in una varietà V aritmetica (algebrica sopra k) di K o un infinità di aspetti o un solo aspetto esteso da s oppure nessun aspetto. L'ultima possibilità si esclude, se la varietà V è chiusa (sopra k).

Invero, il solo aspetto che a s corrisponde in V, se mai ce ne sia e non ce ne sia un'infinità di aspetti, (ved. **435**), è secondo **429** contenuto in s e pertanto (ved. **428**) esteso da s.

Distingueremo i casi suddetti chiamando un aspetto (una prospettiva $\mathfrak{p}$) *fondamentale* per la varietà V allora e soltanto allora che a s corrisponda in V un'infinità di aspetti.

439. *Se una prospettiva normale $\mathfrak{p}$ (con $s \supset k$) è fondamentale per la varietà aritmetica (algebrica sopra k) di $(s) = K$, allora ogni prospettiva $\mathfrak{p}'$ corrispondente a $\mathfrak{p}$ in V s'inquadra con $\mathfrak{p}$ in una situazione*

$$\mathbb{P}_1 \in V([s,\, s'])$$
$$\mathfrak{p} \leq \mathfrak{p}_1 \qquad \mathfrak{p}_1' \geq \mathfrak{p}'$$

dove anche $\mathfrak{p}_1$ è fondamentale, mentre la prospettiva $\mathbb{P}_1$ è immediata.
(Teorema di VAN DER WAERDEN)

DIMOSTRAZIONE. - I. L'aspetto $s' \in V$ appartenga alla varietà parziale $V(A) \subset V$ di base $A = [1, x_1, \ldots, x_m]$ (risp. $A = [k, x_1, \ldots, x_m]$), sicchè s cor-

437 — 439

risponde a s' mediante un aspetto $S' \in V([s,\, x_1,\, \dots,\, x_m])$ certo differente da s, perchè altrimenti sarebbe $s' \subset s$ epperò (ved. **428**) s' l'unico aspetto corrispondente a s supposto fondamentale.

Dall'esistenza di una estensione $S' \neq s$ di s con $x_1, \dots, x_m$ segue (ved. **437**) che esiste anche una estensione $S \in V([s,\, x_1,\, \dots,\, x_m])$ di s, per la quale $S/\mathbb{P}$ è almeno 1-dimensionale sopra $s + \mathbb{P}/\mathbb{P}$. Presupponendo dapprima, che il corpo $s/\mathfrak{p}$ abbia un'infinità di elementi, possiamo scegliere un'espressione lineare $\overset{m}{\underset{i=1}{\Sigma}}\, c_i \cdot x_i$ $(c_i \in s)$ siffatta, che le forme lineari

$$\overset{m}{\underset{i=1}{\Sigma}}\, (c_i + \mathfrak{p}/\mathfrak{p}) \cdot u_i\,, \qquad (1 + \mathfrak{p}/\mathfrak{p}) + \overset{m}{\underset{i=1}{\Sigma}}\, (c_i + \mathfrak{p}/\mathfrak{p}) \cdot u_i$$

siano tutte e due prime relativamente a un dato polinomio $s/\mathfrak{p}[u_1, \dots, u_m]$. Ciò dà la possibilità di costruire col procedimento esposto in **137** una estensione $S'' \in V([s,\, x_1,\, \dots,\, x_m])$ di s avente la proprietà

$$(*) \qquad\qquad c_0 + \overset{m}{\underset{i=1}{\Sigma}}\, c_i \cdot x_i \subset \mathbb{P}''$$

con $c_0 = 0$ oppure 1, come si vuole. Sceglieremo c_0 talmente che sia

$$(**) \qquad\qquad c_0 + \overset{m}{\underset{i=1}{\Sigma}}\, c_i \cdot x_i \not\subset \mathbb{P}'.$$

II. Il denominatore a_0 dei quozienti $\dfrac{a_i}{a_0}$ $(a_i,\, a_0 \in s)$ rappresentanti gli elementi x_i appartiene all'ideale $\mathfrak{p}$, perchè altrimenti varrebbe $x_i \in s$, $S' = s$. Ne segue $a_i = a_0 \cdot x_i \subset \mathfrak{p} \cdot S' \cap s \subset \mathbb{P}' \cap s = \mathfrak{p}$.

Passando a un anello $s[v] = s[v_0,\, v_1,\, \dots,\, v_m]$ con $m + 1$ argomenti liberi, poniamo $(\overset{m}{\underset{i=0}{\Sigma}}\, a_i \cdot v_i) \cdot s[v] = \mathfrak{a} \cap \mathfrak{a}(v)$, dove i divisori primi $\mathfrak{c}$ dell'ideale $\mathfrak{a}$ soddisfino alla condizione $\mathfrak{c} \cap s \neq 0$, mentre quelli di $\mathfrak{a}(v)$ abbiano tutti quanti la proprietà $\mathfrak{c} \cap s = 0$.

Dimostreremo

$$\left(\overset{*}{\underset{**}{}}\right) \qquad\qquad \mathfrak{a}(c) = \mathfrak{a}(c_0,\, c_1,\, \dots,\, c_m) \subset \mathfrak{p}.$$

Scelto $a \in \mathfrak{a} \cap s, \neq 0$, avremo per ogni $a(v) = a(v_0,\, v_1,\, \dots,\, v_m) \in \mathfrak{a}(v)$ una relazione $a \cdot a(v) = (\overset{m}{\underset{i=0}{\Sigma}}\, a_i \cdot v_i) \cdot f(v)$ con $f(v) \in s[v]$, la quale in $S''[v]$ ammette la formulazione $a \cdot a(v) = a_0 \cdot (v_0 + \overset{m}{\underset{i=1}{\Sigma}}\, x_i \cdot v_i) \cdot f(v)$ conducente alla conseguenza $a(-\overset{m}{\underset{i=1}{\Sigma}}\, x_i \cdot v_i,\, v_1, \dots,\, v_m) = 0$. Applicando qui la sostituzione $v_i \to c_i$ $(i = 0, 1, \dots, m)$, otteniamo, tenuto conto della congruenza $(*)$, la relazione $a(c) \subset \mathbb{P}'' \cap s = \mathfrak{p}$.

439

43

III. I divisori primi minimali dell'ideale principale

$$(\sum_{i=0}^{m} c_i \cdot a_i) \cdot [s, x_1, \ldots, x_m] \subset \mathfrak{a}(c) \cdot [s, x_1, \ldots, x_m] \subset \mathfrak{p} \cdot [s, x_1, \ldots, x_m] \subset \mathbb{P}'$$

individuano (ved. **219**) prospettive immediate, e fra queste se ne trova una, sia $\mathbb{P}_1$, contenuta nella stella $V(S')$.

Siano $\mathfrak{p}_1 \in V(s)$, $\mathfrak{p}'_1 \in V(A)$ le prospettive $\mathfrak{p}_1 \geq \mathfrak{p}$, $\mathfrak{p}'_1 \geq \mathfrak{p}'$ individuate da $\mathbb{P}_1$, e supponiamo che $\mathfrak{p}_1$ sia non-fondamentale per la varietà $V(A) \subset V$. Siccome $s_1 = s_1 \cdot I\left(\dfrac{K}{s}\right) = I\left(\dfrac{K}{s_1}\right)$ è integralmente chiuso in K, alle sue estensioni con $x_1, \ldots, x_m$ si applica il teorema **437**, il quale assicura (ved. **435** I.) che nel caso presente $x_i \subset s_1$ $(i = 1, \ldots, m)$. Da $\sum\limits_{i=0}^{m} a_i \cdot v_i \subset \mathfrak{a}(v)$ si deduce quindi in $s_1[v] = = s[v] \cdot s_1$ la relazione

$$(+) \qquad\qquad a_0 \cdot (v_0 + \sum_{i=1}^{m} x_i \cdot v_i) \subset \mathfrak{a}(v) \cdot s_1.$$

Ora, se $\mathfrak{a}(v) = \bigcap\limits_{i} \mathfrak{q}_i$ con ideali c_i-primari $\mathfrak{q}_i$, sarà $\mathfrak{a}(v) \cdot s_1 = \bigcap\limits_{i} \mathfrak{q}_i \cdot s_1$ con ideali $c_i \cdot s_1$-primari $\mathfrak{q}_i \cdot s_1$, e la premessa $c_i \cap s = 0$ induce $c_i \cdot s_1 \cap s = 0$. Risulta quindi da $(+)$ la relazione

$$v_0 + \sum_{i=1}^{m} x_i \cdot v_i \subset \mathfrak{a}(v) \cdot s_1$$

che a causa della congruenza $\left(\genfrac{}{}{0pt}{}{*}{**}\right)$ e di $\mathbb{P}_1 \to \mathfrak{p}_1$, $\mathbb{P}_1 \geq \mathbb{P}'$ fornisce $c_0 + \sum\limits^{m} x_i \cdot c_i \subset \mathfrak{a}(c) \cdot s_1 \subset \mathfrak{p} \cdot s_1 \subset \mathbb{P}_1$ oppure

$$c_0 + \sum_{i=1}^{m} x_i \cdot c_i \subset \mathbb{P}_1 \cap [s, x_1, \ldots, x_m] \subset \mathbb{P}'$$

contrario alla scelta $(**)$ dei c_i.

Verificato con ciò la fondamentalità della prospettiva $\mathfrak{p}_1$ trovantesi nella situazione $\mathfrak{p} \leq \mathfrak{p}_1 \leftarrow \mathbb{P}_1 \to \mathfrak{p}_1' \geq \mathfrak{p}'$, è dimostrato il teorema nel caso di $s/\mathfrak{p}$ infinito.

IV. Supposto ormai $s/\mathfrak{p}$ finito, estenderemo come in **437** II. gli aspetti s, s', S' con t ad aspetti $\bar{s}$, $\bar{s}'$, $\bar{S}'$ di un corpo (K, t) relativamente 1-dimensionale, stabilendo con

$$\bar{\mathfrak{p}} \cap [s, t] = \mathfrak{p} \cdot [s, t], \quad \bar{\mathfrak{p}}' \cap [s', t] = \mathfrak{p}' \cdot [s', t], \quad \bar{\mathbb{P}}' \cap [S', t] = \mathbb{P}' \cdot [S', t]$$

che t rimanga algebricamente indipendente in ciascuno dei soggetti $\bar{s}/\bar{\mathfrak{p}}$, $\bar{s}'/\bar{\mathfrak{p}}'$, $\bar{S}'/\bar{\mathbb{P}}'$. Da $\mathfrak{p} \leftarrow \mathbb{P}' \to \mathfrak{p}'$ segue allora (ved. **437** II.)

$$\bar{\mathfrak{p}} \leftarrow \bar{\mathbb{P}}' \to \bar{\mathfrak{p}}', \quad \bar{\mathbb{P}}' \in V([\bar{s}, x_1, \ldots, x_m]),$$

439

e questa configurazione s'inquadra, secondo quel che abbiamo già provato, in un'altra $\bar{\mathfrak{p}} \leq \bar{\mathfrak{p}}_1 \leftarrow \bar{\mathbb{P}}_1 \rightarrow \bar{\mathfrak{p}}_1' \geq \bar{\mathfrak{p}}'$, ($\bar{\mathbb{P}}_1$ immediata, $\in V([\bar{s}, x_1, \ldots, x_m])$), che si proietta, cercando le rispettive prospettive individuate in $V(s)$, $V([s, x_1, \ldots, x_m])$, $V(s')$ appunto in una configurazione del tipo desiderato.

Invero, si ottiene immediatamente una configurazione

$$
\begin{array}{ccccc}
\bar{\mathfrak{p}} \leq \bar{\mathfrak{p}}_1 & \leftarrow & \bar{\mathbb{P}}_1 & \rightarrow & \bar{\mathfrak{p}}_1' \geq \bar{\mathfrak{p}}' \\
\downarrow \quad \downarrow & & \downarrow & & \downarrow \quad \downarrow \\
\mathfrak{p} \leq \mathfrak{p}_1 & & \mathbb{P}_1 & & \mathfrak{p}_1' \geq \mathfrak{p}'
\end{array}
$$

nella quale sarà $\mathbb{P}_1 \cap s = \bar{\mathbb{P}}_1 \cap s = \bar{\mathfrak{p}}_1 \cap s = \mathfrak{p}_1 \cap s$, cioè $\mathbb{P}_1 \rightarrow \mathfrak{p}_1$ (ved. **73**), e $\mathbb{P}_1 \cap A = \bar{\mathbb{P}}_1 \cap A = \mathfrak{p}_1' \cap A = \mathfrak{p}_1' \cap A$, cioè $\mathbb{P}_1 \rightarrow \mathfrak{p}_1'$. L'esistenza di una prospettiva non-totale $\mathbb{P}_2 > \mathbb{P}_1$ condurrebbe dopo l'estensione con t a una situazione $\bar{\mathbb{P}}_2 > \bar{\mathbb{P}}_1$ contradditoria all'immediatezza di $\bar{\mathbb{P}}_1$.

V. Come risultato accessorio della dimostrazione precedente rileviamo che la prospettiva immediata $\mathbb{P}_1$ è stata scelta nella stella $V(S')$ della prospettiva $\mathbb{P}'$, mediante la quale $\mathfrak{p}'$ corrisponde a $\mathfrak{p}$.

440. Fra due varietà chiuse (sopra k) V, V' di un medesimo corpo K sussiste una *corrispondenza birazionale*, la quale ad ogni aspetto (prospettiva) nell'una varietà associa gli aspetti (le prospettive) ad esso (essa) corrispondenti nell'altra. I due lati di tale corrispondenza si chiamano *trasformazioni birazionali*, sia di V in V', sia di V' in V.

Per studiare questa corrispondenza birazionale giova intercalare la sintesi (V, V'), che sappiamo (ved. **121**) essere chiusa (sopra k) e situata come segue:

$$
\begin{array}{c}
(V, V') \\
\swarrow \qquad \searrow \\
V \qquad\qquad V'
\end{array}
\qquad\qquad \text{(ved. 253).}
$$

Estendendo ogni $S'' \in (V, V')$ solamente un aspetto $S \in V$, esso non ha estensione comune ad alcun altro aspetto in V (ved. **111**), il che mostra che quell'S è l'unico aspetto corrispondente a S'' nella trasformazione birazionale di (V, V') in V.

Se a $s \in V$ corrisponde $s' \in V'$, essendo per es. S''' una loro estensione comune, questo S''' estenderà (ved. **74**) un aspetto S' di base $[s, s']$, il quale a sua volta estende tanto s quanto s'. Ne segue che s' corrisponde a s mediante un aspetto appartenente alla sintesi (V, V'), sicchè la trasformazione birazionale di V in V' è il prodotto delle trasformazioni birazionali di V in (V, V') e di (V, V') in V'.

441. Supponiamo ormai che le due varietà V, V' siano aritmetiche (algebriche sopra k). La loro sintesi, in quanto data da $(V, V') = \bigcup_{i,j} V([A_i, B_j])$,

439 — 441

337

se $V = \bigcup_i V(A_i)$, $V' = \bigcup_j V(B_j)$, (ved. 117), sarà altresì aritmetica (algebrica sopra k).

Se tutte le prospettive in V e V' sono normali (ved. 438), *allora esiste in (V, V') un insieme finito di prospettive immediate $\mathbb{P}_i$ siffatte che $\mathbb{P} \leq \bigcap_i \mathbb{P}_i$ caratterizza le prospettive $\mathbb{P} \in (V, V')$ non contenute in V.*

DIMOSTRAZIONE. - I. Se $B_j = [1, x_1, ..., x_m]$ (risp. $= [k, x_1, ..., x_m]$) e $x_l = \dfrac{a_l}{a_0}$ con a_0, $a_l \in A_i$, allora ogni prospettiva $\mathfrak{p} \in V(A_i)$, per la quale sia $a_0 \subseteq \mathfrak{p}$, è anche di base $[A_i, B_j]$ e perciò contenuta in (V, V'). La figura $\mathfrak{a}_i$ individuata in (V, V') dall'ideale $a_0 \cdot [A_i, B_j]$ (ved. 335) conterrà pertanto tutte le figure prime $\mathbb{P}$ che designano prospettive $\mathbb{P} \in V([A_i, B_j])$ non contenute in V. Essendo le figure $\mathfrak{a}_{ij}$ finite, (ved. 337 e 335), anche la loro unione $\mathfrak{g} = \bigcap_{i,j} \mathfrak{a}_{ij}$ (ved. 171) sarà finita, e $\mathbb{P} \leq \mathfrak{g}$ è condizione necessaria, affinchè $\mathbb{P} \in (V, V')$ non si trovi già in V. Siano $\mathbb{P}^{(i)}$ $(i = 1, ..., h)$ tutte le prospettive immediate soddisfacenti alla condizione $\mathbb{P}^{(i)} \leq \mathfrak{g}$, omesse quelle che appartengono già alla V, e designi $\mathfrak{f}$ l'unione delle figure prime $\mathbb{P}^{(i)}$. Proveremo che $\mathbb{P} \leq \mathfrak{f}$ è condizione necessaria e sufficiente, affinchè $\mathbb{P} \in (V, V')$ non appartenga alla V.

II. Quando la prospettiva $\mathbb{P} \subseteq V$, essa estende (ved. 438) una prospettiva $\mathfrak{p}$ fondamentale per la (V, V'), sicchè secondo 439 V. si costruisce una configurazione

$$\begin{array}{ccc} \mathbb{P} \leq \mathbb{P}_1 & \text{in} & (V, V') \\ \downarrow \quad \downarrow & & \\ \mathfrak{p} \leq \mathfrak{p}_1 & \text{in} & V \end{array}$$

dove $\mathbb{P}_1$ è immediata, $\neq \mathfrak{p}_1$ e pertanto $\subseteq V$ (ved. 111). La figura $\mathbb{P}_1$ soddisfa quindi alla condizione $\mathbb{P}_1 \leq \mathfrak{g}$ e la prospettiva $\mathbb{P}_1$ dev'essere una delle $\mathbb{P}^{(i)}$, colle quali si è costruita la figura $\mathfrak{f}$. Ne risulta $\mathbb{P} \leq \mathbb{P}_1 \leq \mathfrak{f}$, il che prova $\mathbb{P} \leq \mathfrak{f}$ essere condizione necessaria per la situazione $\mathbb{P} \in (V, V')$, $\mathbb{P} \subseteq V$.

III. Viceversa $\mathbb{P} \leq \mathfrak{f}$ induce $\mathbb{P} \leq \mathbb{P}^{(i)}$ per almeno una delle figure $\mathbb{P}^{(i)}$, il che esclude la possibilità di $\mathbb{P} \subset V$, perchè allora anche $\mathbb{P}^{(i)} \in V(\mathcal{S}) \subset V$ sarebbe contenuta in V.

La condizione $\mathbb{P} \leq \mathfrak{f}$ è quindi anche sufficiente per la situazione $\mathbb{P} \in (V, V')$, $\mathbb{P} \subseteq V$.

442. La figura $\mathfrak{f}$ definita nella dimostrazione precedente sarà detta *la singolarità della trasformazione birazionale* di V in V', e la sua unione $\mathfrak{f} \cap \mathfrak{f}'$ con la singolarità $\mathfrak{f}'$ della trasformazione birazionale di V' in V si chiamerà *la singolarità della corrispondenza birazionale fra V e V'.*

La totalità delle prospettive $\mathfrak{p} \in (V, V')$ soddisfacenti alla condizione $\mathfrak{p} \leq \mathfrak{f} \cap \mathfrak{f}'$ è precisamente la varietà $V \cap (V, V') \cap V' = V \cap V'$ delle prospettive comune alle varietà V e V' e quindi anche alla (V, V').

441 — 442

443. Nel caso importante che le varietà $V,$ V' siano senza singolarità (ved. **391**), la ricerca della singolarità della corrispondenza birazionale fra V e V' si facilita col seguente lemma:

Se la prospettiva perfetta $\mathbb{P}$ *di un corpo* K *r-dimensionale (sopra k) estende una prospettiva aritmetica (algebrica sopra k) di* K *regolare* $\mathfrak{p}$, *allora vale per* $n \geq \nu + 1$:

$$D_{\nu}(K) \subset \mathbb{P}^{n-\nu-1} \cdot dS^n + \mathfrak{d}, \quad se \;\; \mathfrak{d}_r(s) \;\; \grave{e} \;\; ideale \;\; principale$$

$$D_n\left(\frac{K}{k}\right) \subset \mathbb{P}^{n-\nu-1} \cdot dS^n + \mathfrak{d}, \quad se \;\; s/\mathfrak{p} \;\; \grave{e} \;\; separabile \;\; sopra \;\; k + \mathfrak{p}/\mathfrak{p}$$

con $\nu = dim\; s/\mathfrak{p},\; risp. = dim\; \dfrac{s/\mathfrak{p}}{k + \mathfrak{p}/\mathfrak{p}}$, *purchè* K *sia di caratteristica* $\neq 2$.

DIMOSTRAZIONE. - Sia $[1, x_1, ..., x_m]$, risp. $[k, x_1, ..., x_m]$ base di $\mathfrak{p}$, e supponiamo la numerazione degli x_i siffatta che risulti

$$s \cdot ds = \sum_{i=1}^{\nu} s \cdot dx_i + s \cdot d\mathfrak{p} + \mathfrak{p} \cdot ds \quad \left(\text{dove } d \text{ abbrevia } \frac{d}{k} \text{ nel caso relativo}\right).$$

Atteso che $\mathfrak{p} \subset \mathbb{P} = P \cdot S$ se ne deduce allora $s \cdot ds \subset \sum_{i=1}^{\nu} s \cdot dx_i + S \cdot dP +$ $+ \mathbb{P} \cdot dS$, sicchè avremo, presupposto car $K \neq 2$ e $n \geq \nu + 1$,

$$(*) \qquad\qquad s \cdot ds^n \subset \mathbb{P}^{n-\nu-1} \cdot dS^n + \mathfrak{d}.$$

La regolarità di $\mathfrak{p}$ garantisce (ved. **390** e **393**) che

$$(**) \qquad D_n(K) \subset s \cdot ds^n + \mathfrak{d}, \quad \text{qualora } \mathfrak{d}_r(s) \text{ sia ideale principale,}$$

$$D_{\nu}\left(\frac{K}{k}\right) \subset s \cdot ds^n + \mathfrak{d}, \quad \text{poichè } \mathfrak{d}_r\left(\frac{s}{k}\right) = s \text{ (ved. } \mathbf{304}),$$

come afferma il teorema.

La stessa dimostrazione prova l'importante

COROLLARIO. - *Se* $\mathbb{P} = p \cdot S$ *con* p *numero primo, allora sarà anche*

$$D_n(K) \subset \mathbb{P}^{n-\nu} \cdot dS^n + \mathfrak{d}.$$

Invero, $p \subset\!\!\!\!\!| \; \mathbb{P}'$ esclude $p \subset \mathfrak{p}^2 = (\mathbb{P} \cap s)^2$ e induce pertanto (ved. **303**) $\mathfrak{d}_r(s) = s$ e quindi l'applicabilità di $(**)$, mentre a $(*)$ si sostituisce $s \cdot ds^n \subset$ $\subset \mathbb{P}^{n-\nu} \cdot dS^n + \mathfrak{d}$, tenuto conto che $dP = 0$.

443

444. Nel caso che *l'integrità canonica* $D_r(K)$ (ved. **357**) di un corpo r-dimensionale K sia diversa da zero, la ricerca delle prospettive immediate $\mathbb{P}_i \in (V, V')$ che compongono la singolarità $\mathfrak{f} \cap \mathfrak{f}' = \bigcap_i \mathbb{P}_i$ (ved. **441** e **442**) della corrispondenza birazionale fra date varietà aritmetiche, chiuse e regolari V, V' di K, può concentrarsi a un insieme finito di prospettive assegnabili fin da principio.

Si osserverà dapprima, che solamente le prospettive immediate $\mathbb{P}$ soddisfacenti alla condizione $\eth_r(S) \neq S$ (ved. **303**) possono essere non-perfette, dato che $\eth_r(S) = S$ induce che $\mathbb{P}$ è regolare e, in quanto immediata, perfetta. Le prospettive immediate $\mathbb{P}$ non-perfette appartengono quindi all'insieme finito di prospettive estreme (ved. **187**) della r-esima differente $\eth_r(V, V')$ (ved. **284**) della varietà aritmetica (V, V').

Prescindendo da questo insieme finito di prospettive, tutte le altre prospettive immediate $\mathbb{P} \leq \mathfrak{f} \cap \mathfrak{f}'$ si troveranno fra quelle che annullano nel senso

$$(*) \qquad\qquad D_r(K) \subset \mathbb{P} \cdot dS^r + \eth$$

l'integrità canonica.

Invero, siccome $\mathbb{P} \leq \mathfrak{f} \cap \mathfrak{f}'$ significa, che $\mathbb{P}$ estende effettivamente una prospettiva $\mathfrak{p}$ in V o in V', regolare secondo la nostra premessa, potremo applicare il teorema **443** oppure il suo corollario, secondo che $\operatorname{car} S/\mathbb{P}$ sia $= \operatorname{car} K$ oppure $= p \neq \operatorname{car} K$. Nel primo caso sarà $\nu = \dim s/\mathfrak{p} \leq \dim K - 2 = r - 2$ e $\eth_r(s) = s$, mentre nel secondo caso si terrà conto della conseguenza $\mathbb{P} = p \cdot S$ di $\eth_r(S) = S$ (ved. **303**) per poter applicare quel corollario.

Quanto all'insieme finito di prospettive immediate $\mathbb{P} \in (V, V')$ aventi $\eth_r(S) \neq S$, si può altresì valersi talvolta del teorema **441** nella loro discussione. Si estenderà all'uopo tale $\mathbb{P}$ a una prospettiva perfetta $\mathbb{P}'$ (ved. **346**) e si esaminerà, se risulti l'una o l'altra delle situazioni

$$D_r(K) \subset \mathbb{P}' \cdot dS'^r + \eth, \quad \eth_r(S') \neq S'.$$

Se tutte e due non valgono, si può affermare, che la figura prima $\mathbb{P}$ non appartiene alla singolarità $\mathfrak{f} \cap \mathfrak{f}'$.

Invero, $\eth^r(S') = S'$ induce $\eth_r(s) = s$ e esclude (ved. **303**) la possibilità di $\operatorname{car} K \neq \operatorname{car} S'/\mathbb{P}' = p \subset \mathbb{P}'^2$, sicchè secondo **443**, risp. il suo corollario, da $D_r(K) \mathrel{\not\subset} \mathbb{P}' \cdot dS'^r + \eth$ si deducono per ogni $\mathfrak{p} \in V$ oppure $\in V'$ esteso da $\mathbb{P}$, e quindi da $\mathbb{P}'$, le disuguaglianze

$$r - \dim s/\mathfrak{p} - 1 \leq 0, \text{ se } \operatorname{car} K = \operatorname{car} S/\mathbb{P},$$

$$r - \dim s/\mathfrak{p} \quad \leq 0, \text{ se } \operatorname{car} K \neq \operatorname{car} S/\mathbb{P} = p,$$

donde segue (ved. **248**), che la prospettiva regolare $\mathfrak{p}$ è immediata epperò perfetta, cioè uguale alla $\mathbb{P}$.

444

§ 2. Periodi integri.

445. Uno spazio topologico R assume *struttura analitica complessa n-dimensionale*, quando esso viene dotato di un *atlas* costruito con le regole che seguono:

I. R è somma di insiemi aperti, chiamati *domini*, ognuno dei quali è topologicamente applicato su una *carta* cioè un insieme aperto nello spazio $C \times C \times ... \times C = C^n$, prodotto topologico di n piani di Gauss.

II. Se $(x_1, x_2, ... , x_n)(U) = x(U)$ e $(y_1, y_2, ... , y_n)(V) = y(V)$ sono le carte dei domini U, V, allora le parti $x(U \cap V)$ e $y(U \cap V)$ di queste carte si corrispondono *biolomorfamente,* (cioè le *coordinate* $x_1(P), x_2(P), ... , x_n(P)$ di $P \in U \cap V$ sono funzioni olomorfe delle coordinate $y_1(P), y_2(P), ... , y_n(P)$ dello stesso punto e viceversa.

Adopereremo il termine «*Riemanniana 2n-dimensionale*» invece di «spazio connesso a struttura analitica complessa n-dimensionale».

446. Una forma differenziale esterna su una Riemanniana $2n$-dimensionale R dicesi infinitamente differenziabile, se essa in ogni dominio U, scritta come polinomio esterno dei differenziali dx_i, $d\bar{x}_i$ delle coordinate valide in U e delle loro coniugate complesse, ha coefficienti continui in U con tutte le loro derivate parziali. Fra queste forme che generano un anello $\Omega(R)$ distingueremo l'insieme $\Omega_0(R)$ di quelle, il cui sopporto (= minimo insieme chiuso in R, fuori del quale ogni coefficiente della forma è 0) è compatto.

Scrivendo $\int \omega$ senza indicazione ulteriore, sempre sottinderemo, che l'integrando sia elemento di $\Omega_0(R)$ di grado $2n$ e che l'integrazione si effetui su tutto lo spazio R con l'orientazione che rende

$$\left(\frac{i}{2}\right)^n \cdot \int_{U'} dx_1 \wedge d\bar{x}_1 \wedge dx_2 \wedge d\bar{x}_2 \wedge ... \wedge dx_n \wedge d\bar{x}_n \geq 0$$

(e cioè uguale al volume della parte $x(U')$ della carta $x(U)$)

447. Una forma $\omega \in \Omega(R)$ di grado p sarà detta *topologicamente integra* precisamente allora che essa sia chiusa (cioè $d\omega = 0$) e che esista un $(2n - p)$-ciclo γ tale che per ogni $\theta \in \Omega_0(R)$, chiuso, di grado $2n - p$, valga

$$\int \omega \wedge \theta = \int_\gamma \theta$$

In questo caso scriveremo $\omega \backsim \gamma$ («ω è omologa a γ»).

445 — 447

Se la forma $\omega' \in \Omega(R)$ di grado p è omologa alla ω nel senso

$$\omega \sim \omega' \longleftrightarrow \omega - \omega' \in d\Omega(R),$$

allora vale $\int \omega \wedge \theta - \int \omega' \wedge \theta \subset \int d\Omega(R) \wedge \theta = \int d(\Omega(R) \wedge \theta) = 0$ in conseguenza di $d\theta = 0$. Quindi

$$\omega \sim \omega', \quad \omega \sim \gamma \quad \text{induce} \quad \omega' \sim \gamma.$$

Se d'altra parte il ciclo γ' è omologo con divisione al ciclo γ, se cioè esiste un numero intero razionale $\lambda \neq 0$ tale, che $\lambda \cdot (\gamma - \gamma') \sim 0$, allora sarà $\int_\gamma \theta = \int_{\gamma'} \theta$, il che prova che

$$\text{da} \quad \omega \sim \gamma, \quad \lambda\gamma \sim \lambda\gamma' \quad (\lambda \text{ intero razionale} \neq 0) \text{ segue } \omega \sim \gamma'.$$

Le forme topologicamente integre di grado fisso p costituiscono un gruppo additivo $I^p(R)$, perchè $\omega \sim \gamma$, $\omega' \sim \gamma'$ inducono $\omega - \omega' \sim \gamma - \gamma'$.

Anche il prodotto di forme topologicamente integre è topologicamente integro, fatto che può addirittura servire a definire a meno di cicli divisori dello zero il prodotto (intersezione) di cicli γ, γ', stabilendo che

$$\text{da} \quad \omega \sim \gamma, \quad \omega' \sim \gamma' \quad \text{segua} \quad \omega \wedge \omega \sim \gamma \times \gamma'.$$

Rimandando per i dettagli alla tesi di De Rham, dove il legame fra forme differenziali e cicli topologici è ampiamente studiato, ci contenteremo d'illustrare la costruzione delle forme topologicamente integre nel caso di $n=1$.

448. Dato un cammino chiuso semplice γ in R, sceglieremo un cammino γ_1 che accompagna γ a destra in vicinanza abbastanza stretta. Costruita una funzione infinitamente differenziabile f nella parte Γ limitata da γ e γ_1 in modo tale che $f = 0$ su γ, $f = 1$ su γ_1, otterremo una forma $\omega \sim \gamma$, ponendo $\omega = df$ in Γ e $\omega = 0$ fuori di Γ. Attesa la possibilità di variare γ e γ_1 dentro la loro classe di omologia si realizza anche la differenziabilità infinita postulata da ω.

Se il cammino non è semplice, si deve decomporlo in cammini semplici, per ottenere una forma $\omega \sim \gamma$ quale somma di forme costruite nel modo suddetto.

Per due cammini γ, γ' segue da $\omega \sim \gamma$, $\omega' \sim \gamma'$ che l'integrale $\int \omega \wedge \omega'$ è il numero delle intersezioni di γ e γ' contate con $+1$ o -1, secondochè γ' passi dalla destra alla sinistra di γ o nel senso inverso.

Partendo nel caso di una superficie di Riemann compatta da un sistema γ_i $(i = 1, \dots, 2p)$ di retrosezioni canoniche, si ottiene nel modo suddetto un sistema di forme topologicamente integre $\omega_i \sim \gamma_i$ $(i = 1, \dots, 2p)$ con le proprietà

$$I^1(R) = \sum_{i=1}^{2p} [1] \cdot \omega_i + d\Omega^0(R),$$

$$\int \omega_i \wedge \omega_j = 0, \quad \int \omega_i \wedge \omega_{p+j} = \delta_{ij}, \quad \int \omega_{p+i} \wedge \omega_{p+j} = 0, \quad (i, j \leq p)$$

dove $\Omega^0(R)$ designa la totalità delle funzioni $\in \Omega(R)$.

447 — 448

Affinchè anche il sistema

$$\tilde{\omega}_i \sim \sum_j a_{ij} \cdot \omega_j + \sum_j b_{ij} \cdot \omega_{p+j}$$

$$\tilde{\omega}_{p+i} \sim \sum_j c_{ij} \cdot \omega_j + \sum_j d_{ij} \cdot \omega_{p+j}$$

sia base del tipo suddetto, è necessario e sufficiente, che le matrici a coefficienti interi razionali $(a_{ij}) = A$, $(b_{ij}) = B$, $(c_{ij}) = C$, $(d_{ij}) = D$ soddisfino alle relazioni

$$A \cdot B' = B \cdot A', \quad C \cdot D' = D \cdot C', \quad A \cdot D' - B \cdot C' = E,$$

che inducono

$$\begin{pmatrix} A & B \\ C & D \end{pmatrix} \cdot \begin{pmatrix} D' & -B' \\ -C' & A' \end{pmatrix} = \begin{pmatrix} E & 0 \\ 0 & E \end{pmatrix}$$

sicchè valgono anche le relazioni

$$A' \cdot C = C' \cdot A, \quad B' \cdot D = D' \cdot B, \quad A' \cdot D - C' \cdot B = E.$$

449. In una Riemanniana $2n$-dimensionale compatta R con q-esimo numero di BETTI uguale a r_q esistono r_q forme topologicamente integre ω_i^q che sopra il corpo O dei numeri complessi sono omologicamente indipendenti e costituiscono nel senso

$$I^q(R) = \sum_{i=1}^{r_q} [1] \cdot \omega_i^q + d\Omega^{q-1}(R)$$

una base dell'*integrità topologica* di R di grado q. (Generalmente designi $\Omega^q(R)$ la totalità delle forme $\in \Omega(R)$ di grado q).

Queste basi possono essere scelte in maniera che per $q \neq n$ vale

$$\int \omega_i^q \wedge \omega_j^{2n-q} = \delta_{ij} \qquad (i, j = 1, \dots, r_q)$$

mentre per $q = n$ dispari si può aggiungere

$$\int \omega_i^n \wedge \omega_j^n = 0, \quad \int \omega_i^n \wedge \omega_{p+j}^n = \delta_{ij}, \quad \int \omega_{p+i}^n \wedge \omega_{p+j}^n = 0 \quad (i, j \leq p),$$

dove p designa la metà del numero r_n che nel caso presente è pari.

Per n pari sarà ad ogni modo

$$\left| \int \omega_i^n \wedge \omega_j^n \right| \neq 0.$$

448 — 449

44

Notiamo ancora una conseguenza importante dei risultati di DE RHAM, e cioè il fatto che

$$C \cdot I^q(R) = \sum_{i=1}^{r_q} c \cdot \omega_i{}^q + d\Omega^{q-1}(R)$$

è la totalità delle forme chiuse di grado q in $\Omega(R)$.

450. La somma diretta

$$I(R) = \sum_{q=0}^{2n} I^q(R) \qquad (\text{con} \quad I^0(R) = [1])$$

è un anello che chiameremo la (totale) *integrità topologica* di R.

Se una Riemanniana è prodotto topologico di Riemanniane compatte R, R', la sua integrità topologica è l'anello generato dalle integrità topologiche dei suoi fattori.

La struttura analitica complessa di una Riemanniana R ammette in $\Omega(R)$ una distinzione più fine della suddivisione secondo i gradi delle forme.

Designando con $\Omega^{(r,\,s)}(R)$ la totalità delle forme $\in \Omega(R)$ del *tipo* (r, s), (cioè in ogni carta $x(U)$ di grado r rispetto ai dx_j, di grado s rispetto ai $d\bar{x}_j$), poniamo il problema di determinare le integrità parziali $I^{(r,\,s)}(R) = I(R) \cap \cap \Omega^{(r,\,s)}(R)$.

451. Lo spazio analitico $A(V)$ (ved. **148**) di una varietà prima V algebrica sopra C (ved. **110** e **123**) è l'aderenza di una Riemanniana che subito definiremo.

Premettiamo l'osservazione che *i punti analitici* (ved. **148**) *corrispondono biunivocamente alle prospettive caratterizzate da* $s = C + \mathfrak{p}$.

Invero, se la prospettiva $\mathfrak{p}$ porta il punto analitico P, allora è $(x - x(P))(P) = x(P) - (x(P))(P) = x(P) - x(P)$ e quindi $x - x(P) \subset \mathfrak{p}$ per ogni $x \in s$. Supposto viceversa $s = C + \mathfrak{p}$, ogni $x \in s$ sarà congruo mod $\mathfrak{p}$ a un solo numero complesso c_x, poichè da $c \in C, \neq 0, \subset \mathfrak{p}$ seguirebbe $c^{-1} \subset C \subset s$. Ponendo $x(P) = c_x$ si definisce un omomorfismo di s su C, che continua l'omomorfismo $s \to s/\mathfrak{p}$ con un isomorfismo di $s/\mathfrak{p}$ su C (dato dall'associazione di c_x a $x + \mathfrak{p}$). Il punto analitico P così definito (ved. **132**) è l'unico portato dall'aspetto s, perchè da $x - c_x \subset \mathfrak{p}$ segue $0 = (x - c_x)(Q) = x(Q) - c_x$ per ogni punto analitico Q portato da s.

Questa corrispondenza biunivoca fra punti analitici e certi aspetti giustifica a parlare in tali casi semplicemente del « punto $\mathfrak{p}$ » o del « punto s » invece del « punto analitico portato da $\mathfrak{p}$ (o da s) ».

452. *La totalità R dei punti analitici regolari* (cioè portati da prospettive regolari) *di una varietà V, prima, algebrica e n-dimensionale sopra C, diventa Riemanniana $2n$-dimensionale* col procedimento che segue:

449 — 452

I. Secondo il criterio **304** il punto P portato da $\mathfrak{p}$ è regolare precisamente allora che $\delta_n\!\left(\dfrac{s}{C}\right) = s$, cioè che il modulo differenziale relativo a C
$s \cdot ds$ può essere generato con n elementi.

Sia $x_1, \ldots, x_n$ un qualunque sistema di elementi di s siffatti che $s \cdot ds =$
$= \sum\limits_{i=1}^{n} s \cdot dx_i$ e che esso generi insieme con altri elementi $y_1, \ldots, y_m$, sopra C
la base di una varietà parziale

$$(*) \qquad\qquad V([C,\ x_1, \ldots,\ x_n,\ y_1, \ldots,\ y_m]) \subset V$$

contenente $\mathfrak{p}$. Dalle relazioni

$$f_i(x_1, \ldots,\ x_n,\ y_1, \ldots,\ y_m) = 0 \qquad (i = 1, \ldots,\ h;\ f_i(X,\ Y) \in C[X,\ Y])$$

che definiscono questa base come sopra-anello di C, risultano le equazioni

$$(**) \qquad\qquad df_i = \sum_j \frac{\partial f_i}{\partial x_j} \cdot dx_j + \sum_l \frac{\partial f_i}{\partial y_l} \cdot dy_l = 0 \qquad (i = 1, \ldots,\ h)$$

definenti il modulo $s \cdot ds$. Ne segue, che uno dei determinanti di ordine m
della matrice $\left(\dfrac{\partial f_i}{\partial y_l}\right)$ è $\not\equiv 0 \bmod \mathfrak{p}$. Supposto per es.

$$\left(\overset{*}{**}\right) \qquad\qquad \frac{\partial(f_1 \ldots f_m)}{\partial(y_1 \ldots y_m)} \subseteq \mathfrak{p} \qquad \text{cioè} \qquad \frac{\partial(f_1 \ldots f_m)}{\partial(y_1 \ldots y_m)}(P) \neq 0,$$

le equazioni

$$(+) \qquad\qquad f_i(x_1(Q), \ldots,\ x_n(Q),\ y_1(Q), \ldots,\ y_m(Q)) = 0 \qquad (i = 1, \ldots,\ m),$$

alle quali fra altre soddisfano i punti Q di un intorno di P nello spazio
analitico $A(V)$ di V (ved. **148, 133**), possono risolversi nel seguente modo

$$(++) \qquad\qquad y_l(Q) = \eta_l \in [[x_1(Q) - x_1(P), \ldots,\ x_n(Q) - x_n(P)]] \qquad \text{(ved. 154)},$$

e queste equazioni equivalgono alle $(+)$, purchè si considerino soltanto i
punti Q appartenenti a un intorno

$$U: \qquad |x_j(Q) - x_j(P)| < \rho, \quad |y_l(Q) - y_l(P)| < \sigma \qquad (j = 1, \ldots,\ n;\ l = 1, \ldots,\ m)$$

con ρ, σ abbastanza piccoli.

Ma con $(+)$ sono anche soddisfatte le altre equazioni

$$f_i(x_1(Q), \ldots,\ x_n(Q),\ y_1(Q), \ldots,\ y_m(Q)) = 0 \qquad (i > m),$$

che insieme colle $(+)$ sono le condizioni necessarie e sufficienti affinchè
$x_1(Q), \ldots,\ x_n(Q),\ y_1(Q), \ldots,\ y_m(Q)$ siano le coordinate di un punto analitico Q
di $(*)$. Invero, scelti i numeri ρ, σ così piccoli, che per $Q \in U$ rimanga
$\dfrac{\partial(f_1 \ldots f_m)}{\partial(y_1 \ldots y_m)}(Q) \neq 0$, si deducono da $(**)$, tennto conto di $\delta_{n-1}\!\left(\dfrac{s}{C}\right) = 0$ e di $\left(\overset{*}{**}\right)$,

452

delle relazioni $df_k \subset \sum_{i=1}^{m} s \cdot df_i$ $(k > m)$, che esprimono la costanza di $f_k(x_1(Q), \ldots$
$\ldots, x_n(Q), \eta_1, \ldots, \eta_l)$ considerata come funzione di Q e quindi l'annullarsi di queste espressioni annullate per $Q = P$.

Associando allora al punto Q di U il punto $x_1(Q), x_2(Q), \ldots, x_n(Q)$ dello spazio C^n (ved. 445), si definisce un omeomorfismo di U su una carta $x(U)$.

In riguardo a quel che segue importa notare che in ogni punto P' (portato da $\mathfrak{p}'$) di U vale $s' \cdot ds' = \sum_{i=1}^{n} s' \cdot dx_i$, donde si deducono con lo stesso ragionamento suddetto delle relazioni del tipo

$$y_l(Q) = \eta_l \in [[x_1(Q) - x_1(P'), \ldots, x_n(Q) - x_n(P')]]$$

valide in un intorno $U' \subset U$ di P'.

II. Sia P' $(= P$ oppure $\neq P)$ un punto di U, portato da $\mathfrak{p}'$ con $s' \cdot ds' =$
$= \sum_{i=1}^{n} s' \cdot dz_i (= \sum_{i=1}^{n} s' \cdot dx_i)$ e $\mathfrak{p}' \in V([C, z_1, \ldots, z_n, w_1, \ldots, w_r]) \subset V$.

Siccome secondo 161 vale anche $\mathfrak{p}' \subset V([C, x_1, \ldots, x_n, y_1, \ldots, y_m, z_1, \ldots, z_n, w_1, \ldots, w_r]) \subset V$, troveremo (ved. I fine) tanto delle relazioni del tipo

$$z_l(Q) = \zeta_l \in [[x_1(Q) - x_1(P'), \ldots, x_n(Q) - x_n(P')]] \qquad (l = 1, \ldots, n)$$

valide in un intorno $U' \subset U$ di P', quanto delle relazioni

$$x_l(Q) = \xi_l \in [[z_1(Q) - z_1(P'), \ldots, z_n(Q) - z_n(P')]] \qquad (l = 1, \ldots, n)$$

valide in un intorno di P' che possiamo supporre uguale a U'.

Ciò dimostra, che una carta $z(W)$, costruita nel modo descritto in I. partendo da un punto P'' $(\subset U$ o no) invece di P, da $z_1, \ldots, z_n$ invece di $x_1, \ldots, x_n$, da $w_1, \ldots, w_r$ invece di $y_1, \ldots, y_m$, starà nella sua parte $z(U \cap W)$ in corrispondenza biolomorfa con $x(U \cap W)$.

Il sotto-insieme R dello spazio $A(V)$ ha ottenuto così struttura analitica complessa $2n$-dimensionale.

III. Rimane a provare la connessione di R, che necessariamente sarà $2n$-dimensionale.

Sia $V' = V([C, x_1, \ldots, x_m])$ una varietà parziale della V. Possiamo presupporre (ved. 150) che in $K = (C, x_1, \ldots, x_m)$ siano x_{n+i} integri sopra il sotto-anello $[C, x_1, \ldots, x_n]$. Se allora $f_i(x_{n+i}, x_1, \ldots, x_n) = 0$ sono le equazioni irriducibili soddisfatte dagli x_{n+i} e $q(x_1, \ldots, x_n)$ designa il prodotto dei discriminanti di queste equazioni, ogni punto $\mathfrak{p}$ che non annulla $q(x_1, \ldots, x_n)$, sarà in R, dato che $\delta_n\left(\dfrac{s}{C}\right) = s$ (e $s \cdot ds = \sum_{i=1}^{n} s \cdot dx_i$) in conseguenza di $\mathfrak{p} = \supset \prod_{i=1}^{m-n} \dfrac{\partial f_i}{\partial x_{n+i}} \subset \delta_n\left(\dfrac{s}{C}\right)$.

Riprendendo le considerazioni e le notazioni di 150 ecc., riferite però al corpo C invece di (1), possiamo presupporre che il polinomio $f(x_1, \ldots, x_n)$

452

introdotto in **154** sia divisibile con $q(x_1, \ldots, x_n)$. Nel caso presente la decomposizione (**155** $\binom{*}{*}$) si riduce a

$$\left(\begin{smallmatrix}+\\+\\+\end{smallmatrix}\right) \qquad \Phi(x,\ y \mid u) = \Phi_1(x,\ y \mid u) = \prod_{\nu=1}^{h} \left(\sum_{j=n+1}^{m} u_j \cdot (y_j - \xi_j^{(\nu)}) \right)$$

e Φ è irriducibile in $C[x,\ y,\ u]$ (ved. **156**). Le continuazioni analitiche $\xi_j^{(\nu)}w$ (ved. **155**) delle serie di potenze $\xi_j^{(\nu)} \in [[x_1 - a_1, \ldots, x_n - a_n]]$ (ved. **154**) lungo cammini $w: x_1(s), \ldots, x_n(s)$ in $'C^n$ (ved. **154**) forniscono punti $Q \in A(V')$ (definiti da $x_i(Q) = x_i(1)$, $(i \le n)$, $x_j(Q) = $ primo coefficiente di $\xi_j^{(\nu)}w$, $(j > n)$) appartenenti all'insieme R. Il fatto (conseguente da $\Phi = \Phi_1$) che queste continuazioni analitiche mutano uno in qualunque altro degli h fattori di $\left(\begin{smallmatrix}+\\+\\+\end{smallmatrix}\right)$, mostra che la parte R' di $R \cap A(V')$ situata sopra $'C^n$ è connessa. Un qualsiasi altro punto $P' \in R \cap A(V')$ può allora congiungersi (ved. **159** I) a un punto di R' con un cammino costituito con punti di R' oltre forse P'. Ne segue che $R \cap A(V')$ è connesso.

Se ormai $V = \cup V(B_i)$ con anelli B_i algebrici sopra C, saranno $2n$-dimensionalmente connessi i tre spazi (ved. **161**) $R \cap A(V(B_i)) \supset R \cap A(V([B_i, B_j])) \subset \subset R \cap A(V(B_j))$ e pertanto anche R (ved. **162**).

453. *La totalità $R(V)$ dei punti portati dalle prospettive regolari in una varietà aritmètica V di un corpo n-dimensionale K è prodotto topologico di $g(= grado\ K)$ Riemanniane $2n$-dimensionali coniugate.*

DIMOSTRAZIONE. - Siccome un aspetto regolare è integralmente chiuso (ved. **237**), esso contiene il corpo $k = I_0\left(\dfrac{K}{(1)}\right)$, qualora esso contenga il corpo primo. Ne segue (ved. **138**), che basta considerare la varietà parziale $(k,\ V)$ di V per ottenere il sotto-insieme $R(V)$ dello spazio $S(V)$. Sia $(k,\ V) = \underset{j}{\cup} V(B_j)$ con basi B_j anelli algebrici sopra k. Le prospettive regolari $\mathfrak{p}$ che appartengono a una di queste varietà parziali $V(B_j)$, sia per es. a $V(B_1) = V([k, x_1, \ldots, x_m])$, sono caratterizzate da $\eth_n\left(\dfrac{s}{k}\right) = \eth_n(s) = s$ (ved. **304**) Se le equazioni $f_j(x_1, \ldots, x_m) = 0$ $(j = 1, \ldots, h; f_j(X) \in k[X])$ definiscono l'anello B_1 sopra k, allora le equazioni $f_j^{\tau_i}(x_1^{\tau_i}, \ldots, x_m^{\tau_i}) = 0$ $(j = 1, \ldots, h)$ che ne risultano applicando ai coefficienti di $f_j(X)$ l'isomorfismo τ_i, definiscono la base $[C, B_1^{\tau_i}]$ di una delle varietà parziali di $(C,\ V^{\tau_i}) = \underset{i}{\cup} V([C, B_j^{\tau_i}])$ (ved. **163**) perchè a causa di $I_0\left(\dfrac{K^{\tau_i}}{k^{\tau_i}}\right) = k^{\tau_i}$ l'ideale $\underset{j}{\Sigma}\, C[X] \cdot f_j^{\tau_i}(X)$ è primo come $\Sigma\, k^{\tau_i}[X] \cdot f_j^{\tau_i}(X)$ (ved. **453**).

La regolarità di un punto P_i dello spazio analitico di base $[C, B_1^{\tau_i}]$ si esprime quindi coll'essere $\neq 0$ un determinante di ordine $m - n$ della matrice

$$\left(\frac{\partial f_j^{\tau_i}(x_1^{\tau_i}, \ldots, x_m^{\tau_i})}{\partial x_l^{\tau_i}}(P_i) \right),$$

452 — 453

la quale coincide con la matrice

$$(*) \qquad \left(\frac{\partial f_j(x_1, \dots, x_m)}{\partial x_l} \right)$$

calcolata nel punto $P \in S(V)$ da identificare secondo **164** con P_i. Essendo quindi uno dei determinanti di ordine $m - n$ di $(*)$ diverso da 0, la prospettiva che porta P è regolare e perciò $P \in R(V)$.

Abbiamo dimostrato con questo, che la Riemanniana $R_i \subset A((C,\ V^{\tau_i}))$ derivata col procedimento descritto in **452** dallo spazio $A((C,\ V^{\tau_i}))$, è contenuta in $R(V) \subset S(V)$.

Partendo, viceversa, da un punto $P \in R(V)$, e supponendo P portato da $\mathfrak{p} \in V([k,\ x_1, \dots,\ x_m])$, troveremo col ragionamento suddetto, letto nel senso inverso, che il punto P_i al quale il punto P può essere identificato secondo **164**, è altresì regolare e appartiene pertanto, se $P_i \in A((C,\ V^{\tau_i}))$, a R_i.

Basta finalmente tener in mente, che le parti $A((C,\ V^{\tau_i}))$ di $S(V)$ non hanno punti comuni (ved. **166**), per terminare la dimostrazione.

454. Nella dimostrazione precedente ci siamo valsi di un lemma che merita essere considerato a parte:

Se l'ideale $\mathfrak{f}$ *in* $k[X_1, \dots,\ X_m]$ *è primo e il corpo* k *è di caratteristica* 0 *e* 0*-dimensionalmente chiuso nel corpo* $K_1 = (k, x_1, \dots, x_m)$ *definito dalle relazioni* $f(x_1, \dots,\ x_m) = 0$ $(f[X] \in \mathfrak{f})$, *allora l'ideale* $\mathfrak{f} \cdot K$ *in* $K[X]$ *è primo, comunque sia scelto il sopra-corpo* K *di* k.

Dimostrazione. - Applicando una sostituzione lineare possiamo presupporre, che sia $\dim \dfrac{K_1}{k} = n$, $\dim \dfrac{K_1}{(k, x_1, \dots, x_n)} = 0$ e $K_1 = (k, x_1, \dots, x_{n+1})$ definito da $f(x_1, \dots,\ x_{n+1}) = 0$, se non $m = n$, nel qual caso il lemma è ovvio. Valgono allora delle congruenze

$$(*) \quad X_j \cdot g(X_1, \dots, X_n) - h_j(X_1, \dots, X_{n+1}) \subset \mathfrak{f},\ (n < j \leq m) \text{ con } g(X), h_j(X) \in k[X] \text{ e } g(X) \neq 0.$$

Sia (K, K_1^σ) una composizione di K con K_1 sopra k, n-dimensionale sopra K (ved. **42**). Siccome $f(X_1, \dots,\ X_{n+1})$ rimane irriducibile in $K[X_1, \dots,\ X_{n+1}]$ (ved. **145**), il corpo $(K, K_1^\sigma) = (K, x_1^\sigma, \dots,\ x_{n+1}^\sigma)$ è definito sopra K dall'equazione $f(x_1^\sigma, \dots,\ x_{n+1}^\sigma) = 0$.

Se ora $G(X_1, \dots,\ X_m)$ è un qualunque polinomio corrispondente a una relazione $G(x_1^\sigma, \dots,\ x_m^\sigma) = 0$, per N abbastanza grande l'espressione $g^N \cdot G$ potrà ridursi mod $\mathfrak{f} \cdot K$, tenuto conto delle congruenze $(*)$, a un polinomio $h(X_1, \dots,\ X_{n+1})$, il quale in conseguenza di $h(x_1^\sigma, \dots,\ x_{n+1}^\sigma) = 0$ sarà divisibile per $f(X_1, \dots,\ X_{n+1})$ e perciò contenuto in $\mathfrak{f} \cdot K$.

Vale quindi una relazione $g(X_1, \dots,\ X_n)^N \cdot G(X_1, \dots,\ X_m) = F(X_1, \dots,\ X_m) \in \mathfrak{f} \cdot K$. Siano α_i $(i = 1, \dots,\ r)$ elementi di K, linearmente indipendenti sopra k, che

453 — 454

permettono di scrivere $F = \overset{r}{\underset{i=1}{\Sigma}} \alpha_i \cdot f_i$, $G = \overset{r}{\underset{i=1}{\Sigma}} \alpha_i \cdot g_i$ con $f_i \in \mathfrak{f}$, $g_i \in k[X]$. La

relazione $\overset{r}{\underset{i=1}{\Sigma}} \alpha_i \cdot g^N \cdot g_i = \overset{r}{\underset{i=1}{\Sigma}} \alpha_i \cdot f_i$ si spezza allora nelle equazioni

$$(**) \qquad g(X_1, \dots, X_n)^N \cdot g_i(X_1, \dots, X_m) = f_i(X_1, \dots, X_m) \qquad (i = 1, \dots, r);$$

perchè altrimenti, se per es. il coefficiente a_i di un medesimo monomio X in $g^N \cdot g_i$ fosse diverso dal coefficiente b_i di X in f_i, si avrebbe la dipendenza lineare $\overset{r}{\underset{i=1}{\Sigma}} a_i \cdot \alpha_i = \overset{r}{\underset{i=1}{\Sigma}} b \cdot \alpha_i$, esclusa dalle premesse.

Il fatto $g \subset\!\!\!\not\subset \mathfrak{f}$ permette ormai di concludere da $(**)$ che $g_i \subset \mathfrak{f}$, cioè $G \in \mathfrak{f} \cdot K$, c. d. d.

455. Parlando di una *Riemanniana di un corpo* aritmetico K, sempre sottinderemo, che si tratti di una Riemanniana del tipo descritto in **453**. Ogni Riemanniana R_1 di K appartiene pertanto a un sistema R_i ($i = 1, \dots, g = $ grado K) di *Riemanniane coniugate* determinate dalla decomposizione $R(V) = \underset{i}{\bigcup} R_i$. Tale Riemanniana sarà compatta allora (ved. **139**) e soltanto allora, che la varietà V sia chiusa e regolare sopra (1) (sicchè ogni $s \in V$ contenente (1) sia regolare). Dovremo talvolta fare l'ipotesi che esista tale varietà chiusa senza singolarità.

Nel caso di un corpo aritmetico 1-dimensionale K limiteremo l'uso del termine « Riemanniana di K » alle superficie di RIEMANN compatte, le quali corrispondono alla *varietà assoluta* di K, cioè alla totalità degli aspetti chiusi di K che contengono il corpo primo (ved. **129**)

Adopereremo il segno $R_i(V)$ per esprimere che si tratta di una Riemanniana che è uno dei componenti connessi, nei quali si spezza lo spazio $R(V) = \underset{i=1,\dots,g}{\bigcup} R_i(V)$ definito in **453** in relazione a una varietà V di K, algebrica sopra il corpo primo.

456. *Un differenziale q-plo ω, integro sopra (1), di un corpo K individua in una Riemanniana $R_i(V)$ di K una forma differenziale ω olomorfa.*

DIMOSTRAZIONE. - Sia $P \in R_i(V)$ portato da $\mathfrak{p} \in V$ e $s \cdot ds = \overset{n}{\underset{i=1}{\Sigma}} s \cdot dx_i$. Allora $x_1(Q), \dots, x_n(Q)$ forniscono, se Q varia in un intorno U di P su $R_i(V)$, una carta $x(U)$ di $R_i(V)$. Da $\omega \in D_q\left(\dfrac{K}{(1)}\right)$ segue (ved. **390**) $\omega \subset s \cdot ds^q + \mathfrak{d}$, cioè

$$\omega \equiv \underset{i_1 \dots i_q}{\Sigma} a_{i_1 \dots i_q} \cdot dx_{i_1} \wedge \dots \wedge dx_{i_q},$$

dove $a_{i_1 \dots i_q} \in s$ possono venire fissati dall'essere antisimmetrici.

454 — 456

Se anche $s \cdot ds = \sum_{i=1}^{n} s \cdot dy_i$, si ottiene una simile espressione

$$\omega \equiv \sum_{j_1 \dots j_q} b_{j_1 \dots j_q} \cdot dy_{j_1} \wedge \dots \wedge dy_{j_q},$$

dove i nuovi coefficienti $b_{j_1 \dots j_q} = \sum_{i_1 \dots i_q} a_{i_1 \dots i_q} \cdot \dfrac{\partial x_{i_1}}{\partial y_{j_1}} \dots \dfrac{\partial x_{i_q}}{\partial y_{j_q}}$ risultano dagli $a_{i_1 \dots i_q}$ proprio nella stessa maniera come nella trasformazione di una forma differenziale. Ne segue l'unicità del procedimento che associa al differenziale ω la forma differenziale

$$\sum_{i_1 \dots i_q} a_{i_1 \dots i_q}(Q) \cdot dx_{i_1} \wedge \dots \wedge dx_{i_q}$$

come espressione nella carta $x(U)$ di una forma differenziale sulla $R_i(V)$. Da $a_{i_1 \dots i_q} \in s$ si deduce $a_{i_1 \dots i_q}(Q) \in [[x_1(Q) - x_1(P), \dots, x_n(Q) - x_n(P)]]$ per un intorno U di P.

Designeremo questa forma olomorfa su $R_i(V)$ generalmente con lo stesso segno del differenziale $\in I\left(\dfrac{K}{(1)}\right)$, dal quale essa si deriva.

457. Nell'anello differenziale $[K, dK]/\mathfrak{d}$ di un corpo aritmetico n-dimensionale K con $K \cdot dK = \sum_{i=1}^{n} K \cdot dx_i$ è definita (ved. **356**) una operazione d avente l'effetto

$$d\left(\sum_{i_1 \dots i_q} a_{i_1 \dots i_q} \cdot dx_{i_1} \wedge \dots \wedge dx_{i_q} \right) \equiv \sum_{i_1 \dots i_q} da_{i_1 \dots i_q} \wedge dx_{i_1} \wedge \dots \wedge dx_{i_q}.$$

Se per un momento designiamo la forma differenziale individuata da un differenziale $\omega \in [K, dK]/\mathfrak{d}$ in una Riemanniana (ved. **456**) con $\bar{\omega}$, avremo la relazione $\overline{d\omega} = d\bar{\omega}$, la quale di nuovo giustifica la nostra convenzione di scrivere semplicemente ω invece di $\bar{\omega}$.

458. Sia R una Riemanniana compatta $2n$-dimensionale, e designi Θ una forma differenziale n-pla olomorfa su R, sicchè necessariamente sarà $d\Theta = 0$.

Partendo da una base ω_i ($i = 1, \dots, r_n$) dell'integrità topologica $I^n(R) = \sum_{i=1}^{r_n} [1] \cdot \omega_i + d\Omega^{n-1}(R)$ di grado n (ved. **449**), possiamo stabilire una omologia

$$(*) \qquad \Theta \sim \sum_{k} \lambda_k \cdot \omega_k,$$

dove i coefficienti $\lambda_k \in C$ si determinano mediante i « periodi » π_i di Θ per mezzo delle equazioni seguenti

$$(**) \qquad \pi_i = \int \omega_i \wedge \Theta = \sum_{k} \lambda_k \cdot \int \omega_i \wedge \omega_k \qquad (i = 1, \dots, r_n),$$

456 — 458

350

perchè il determinante della matrice intera razionale $(\int \omega_i \wedge \omega_k)$ è diverso da 0.

Se $\bar{\Theta}$ designa la coniugata complessa della Θ, avremo la disuguaglianza $(-1)^{\binom{n}{2}} \cdot i^n \int \Theta \wedge \bar{\Theta} > 0$, se $\Theta \neq 0$ (ved. **446**), la quale esprime in conseguenza di (*) che $(-1)^{\binom{n}{2}} \cdot i^n \sum_{k,l} \lambda_k \cdot \bar{\lambda}_l \int \omega_k \wedge \omega_l > 0$. Tenuto conto del fatto che la matrice $(i^n \int \omega_k \wedge \omega_l)$ è hermitiana con determinante $\neq 0$, possiamo concludere dalla disuguaglianza suddetta e da (**), che almeno uno dei periodi π_i dev'essere $\neq 0$. Abbiamo dimostrato con ciò il teorema di Hodge: *Se tutti i periodi di una forma differenziale n-pla olomorfa su una Riemanniana 2n-dimensionale compatta sono 0, la forma stessa è 0.*

459. L'omomorfismo τ di un aspetto S di un corpo K sul corpo $S/\mathbb{P}$ si estende a un omomorfismo τ dell'anello $[S, dS] + \mathfrak{d}/\mathfrak{d} \subset [K, dK]/\mathfrak{d}$ sull'anello

$$[S, dS] + \mathfrak{d}/\mathbb{P} \cdot [S, dS] + d\mathbb{P} \cdot [S, dS] + \mathfrak{d}$$

da interpretare come l'anello differenziale $[S^\tau, dS^\tau]/\mathfrak{d}^\tau$ del corpo $S^\tau = S/\mathbb{P}$, stabilendo che per $x \in S$ qualunque $dx + \mathbb{P} \cdot [S, dS] + d\mathbb{P} \cdot [S, dS] + \mathfrak{d}$ s'interpreti come $d(x^\tau)$.

Supponiamo ormai S appartenga a una varietà algebrica, chiusa e regolare sopra il corpo primo (1) di car 0.

Siccome un differenziale θ di K, integro sopra (1), appartiene a tutti gli anelli $[s, ds] + \mathfrak{d}/\mathfrak{d}$ (ved. **390**), la sua immagine θ^τ sotto quell'omomorfismo τ appartiene a tutti gli anelli

$$[s, ds] + \mathfrak{d} + \mathbb{P} \cdot [S, dS] + d\mathbb{P} \cdot [S, dS]/\mathfrak{d} + \mathbb{P} \cdot [S, dS] + d\mathbb{P} \cdot [S, dS] = [s^\tau, ds^\tau] + \mathfrak{d}^\tau/\mathfrak{d}^\tau$$

purchè s designi un aspetto subordinato a S nella varietà suddetta V. Ora la totalità degli aspetti s^τ (ved. **216**) risultanti da questi s è una varietà $V/\mathbb{P}$ (ved. **216**), algebrica e chiusa (ved. **307**) sopra il corpo primo (1^τ) di S, sicchè (ved. **384**) da $\theta^\tau \subset [s^\tau, ds^\tau] + \mathfrak{d}^\tau/\mathfrak{d}^\tau$ segue l'integrità di θ^τ relativa a (1^τ).

460. Valendoci della classica ipotesi, che ogni corpo aritmetico ammetta una varietà chiusa, algebrica e regolare sopra il suo corpo primo proveremo il teorema seguente:

Ogni differenziale integro di un corpo aritmetico K di car $K = 0$ è chiuso, cioè $dI(K) = 0$.

Dimostrazione. - Sia V varietà di K, chiusa, algebrica e regolare sopra (1), e designi θ un differenziale q-plo, integro sopra (1). Supposto $d\theta \neq 0$, scegliamo una prospettiva $\mathbb{P} \in V$ tale, che l'omomorfismo τ definito in **459**, muti $d\theta$ in $(d\theta)^\tau = d\theta^\tau \neq 0$.

458 — 460

Per verificare l'esistenza di tale $\mathbb{P}$, scriviamo, partendo da una K-base dx_i $(i = 1, ..., n)$ di $K \cdot dK$, il differenziale $d\theta$ nella forma

$$d\theta \equiv \sum_{i_1, ..., i_{q+1}} a_{i_1 ... i_{q+1}} \cdot dx_{i_1} \wedge ... \wedge dx_{i_{q+1}} \text{ con coefficienti antisimmetrici,}$$

dove uno dei coefficienti, sia per es. $a_{12...q+1}$, sarà $= a \neq 0$.

Possiamo presupporre che $x_1, ..., x_n$ appartengano alla base $B = [(1), x_1, ..., x_m]$ di una varietà parziale $V(B)$ di V e che x_j $(j > n)$ siano integri sopra $[(1), x_1, ..., x_n]$ (ved. **150**). Esiste un polinomio $f(x_1, ..., x_n) \in [(1), x_1, ..., x_n]$ diverso da 0 e tale che $f \subset a \cdot B$ e $f \cdot dx_j \subset \sum_{i=1}^{n} B \cdot dx_i$ per $j > n$. Scelti i numeri razionali r_j di maniera che $f(x_1, ..., x_{q+1}, r_{q+2}, ..., r_n)$ sia $\neq 0$, costruiamo (ved. **335**) una figura $\mathfrak{a}$ in V soddisfacente alle condizioni $\mathfrak{a}(s) = \sum_{j=q+1}^{n} (x_j - r_j) \cdot s$, per ogni $s \in V(B)$. Fra le figure prime (ved. **186**) $\mathbb{P}$ in $V(B)$ di questa $\mathfrak{a}$ ce ne sono di ordine $\leq n - q - 1$ sotto la prospettiva totale (ved. **223**), sicchè $\dim S/\mathbb{P}$ risulta (ved. **249**) $\geq n - (n - q - 1)$. D'altra parte segue dalle relazioni fra $x_1, ..., x_m$ che questa dimensione è $\leq q + 1$ e quindi $= q + 1$. Per tale $\mathbb{P}$ sarà $dx_1^\tau \wedge ... \wedge dx_{q+1}^\tau \not\equiv 0$ a causa della conseguenza $S^\tau \cdot dS^\tau = \sum_{i=1}^{q+1} S^\tau \cdot dx_i^\tau$ di $f \not\subset \mathbb{P}$. Siccome $f \subset a \cdot B$ garantisce anche $a = a_{1...q+1} \not\subset \mathbb{P}$, otteniamo così un differenziale $(d\theta)^\tau \equiv d\theta^\tau \equiv a^\tau \cdot dx_1^\tau \wedge ... \wedge dx_{q+1}^\tau \not\equiv 0$, il cui grado uguaglia la dimensione del corpo S^τ.

Ora essendo $d\theta$ integro sopra (1) come θ (ved. **357**), la sua immagine $d\theta^\tau$ è integra sopra (1^τ) (ved. **459**), e su una Riemanniana compatta di S^τ ogni suo periodo $\int \omega \wedge d\theta^\tau = \pm \int d(\omega \wedge \theta^\tau)$ è 0, il che secondo **458** esigerebbe $d\theta^\tau = 0$. Questa contraddizione alla costruzione suddetta porta che $d\theta \equiv 0$.

461. Siccome ogni differenziale q-plo integro θ di un corpo aritmetico n-dimensionale K è chiuso, ad esso si applica il procedimento di integrazione esposto in **447 - 450**.

Date una Riemanniana compatta R di K e una $(2n - q)$-forma topologicamente integra ω, se ne deriva un numero complesso $\int \omega \wedge \theta$ detto il *periodo di θ relativo a ω*.

Alla geometria aritmetica importano i *periodi integri*, cioè quelli dei differenziali assolutamente integri.

Sia θ_j^q $(j = 1, ..., l_q)$ una base del gruppo additivo $I_q(K)$, linearmente indipendente, sicchè $l_q = g \cdot p_q =$ grado $K \cdot$ genere q-dimensionale di K (ved. **410** e **411**).

460 — 461

Facendo variare la $(2n-q)$-forma topologicamente integra ω^{2n-q}, sia sulla medesima Riemanniana, sia facendo variare anche questa, si ottiene un insieme di *vettori periodi*

$$\int \omega^{2n-q} \wedge \theta_1{}^q, \quad \int \omega^{2n-q} \wedge \theta_2{}^q, \quad \dots, \quad \int \omega^{2n-q} \wedge \theta_l{}^q, \qquad (l = l_q)$$

che prenderemo come elementi base di un gruppo additivo. Il fatto che le Riemanniane di un corpo aritmetico di grado g si aggruppano in sistemi di g Riemanniane coniugate $R_i(V)$ $(i = 1, \dots, g)$ (ved. **455**), permette di suddividere quel modulo, in modo indipendente dalla scelta della base $\theta_j{}^q$, in g sotto-gruppi da chiamare i g *q-esimi moduli coniugati* di K.

Cambiando la base di $I_q(K)$, ogni elemento di questi moduli subisce, in quanto matrice a una riga e l_q colonne, la moltiplicazione a destra con una medesima matrice unimodulare.

Per riconoscere il legame fra le nuove nozioni e quelle classiche, esamineremo il loro significato nel caso di $q = 0$.

Siccome ogni 0-ciclo γ di una Riemanniana R di K è omologo a un multiplo intero razionale mP di un 0-ciclo dato da un qualsiasi punto $P \in R$, le forme topologicamente integre ω di grado $2n$ si ottengono (ved. **447**), postulando $\int_\gamma \omega \wedge \theta = \int \theta = m \cdot \theta(P)$ per ogni 0-forma chiusa, cioè per ogni costante θ. Ne segue $\int \omega \in [1]$ per le $2n$-forme topologicamente integre, sicchè i 0-esimi moduli coniugate di K si riducono ai gruppi ciclici generati da uno dei g vettori complessi

$$\begin{matrix}
\alpha_1(p_1) & \alpha_2(p_1) \dots & \alpha_g(p_1) \\
\alpha_1(p_2) & \alpha_2(p_2) \dots & \alpha_g(p_2) \\
\cdot \quad \cdot \quad \cdot & \cdot \quad \cdot \quad \cdot & \cdot \quad \cdot \\
\alpha_1(p_g) & \alpha_2(p_g) \dots & \alpha_g(p_g)
\end{matrix}$$

dove $\alpha_1, \alpha_2, \dots, \alpha_g$ designa una base di $I_0(K)$, mentre $p_1, p_2, \dots, p_g$ rappresentano i g punti di $k = I_0\left(\dfrac{K}{(1)}\right)$, ai quali sono sovrapposti i punti delle g Riemanniane coniugate $R_i(V)$ $(i = 1, \dots, g)$ (ved. **135**).

Lasciamo aperta la questione, se i q-esimi moduli di un corpo aritmetico K abbiano basi finite, rimandando la sua risposta affermativa a un'ulteriore ricerca, che dovrà, appoggiandosi sulle considerazioni introduttorie di questo capitolo, dimostrare, che già le forme topologicamente integre di un medesimo sistema di Riemanniane compatte coniugate bastano per ottenere basi dei q-esimi moduli di K.

461

§ 3. Funzioni modulari.

462. Nasce il problema di derivare dai moduli di un corpo aritmetico numeri e funzioni importanti per la classificazione dei corpi.

Come primo modello di tali costruzioni è da considerare il *discriminante* di un corpo aritmetico K che secondo quel che abbiamo visto or ora, può essere definito mediante i periodi basi $\int \omega_i \wedge \alpha_j = \alpha_j(p_i)$ (ved. **461**) dei differenziali integri di grado 0, ponendolo uguale a

$$\left| \int \omega_i \wedge \alpha_j \right|^2 .$$

463. Gli ulteriori sviluppi in quest'indirizzo dovranno prendere come modello principale delle loro costruzioni la definizione delle funzioni modulari generali dovuta a Siegel.

Sia R una superficie di Riemann compatta di genere p. Chiamando *canonica* ogni base ω_i dell'integrità topologica $\Gamma^1(R) = \overset{2p}{\underset{i=1}{\Sigma}} [1] \cdot \omega_i + d\Omega^0(R)$ soddisfacente alle relazioni

$$\int \omega_i \wedge \omega_j = 0, \quad \int \omega_i \wedge \omega_{p+j} = \delta_{ij}, \quad \int \omega_{p+i} \wedge \omega_{p+j} = 0 \quad (i, j \leq p)$$

diremo *equivalenti* due basi canoniche ω_i e $\tilde{\omega}_i$ allora e soltanto allora che sussistano omologie del tipo

$$\tilde{\omega}_i \sim \overset{p}{\underset{j=1}{\Sigma}} a_{ij} \cdot \omega_j \quad (i \leq p) \quad |a_{ij}| = \pm 1.$$

Se Θ_i $(i = 1, ..., p)$ sono differenziali abeliani di 1ª specie linearmente indipendenti sulla R, il determinante

$$\left| \int \omega_i \wedge \Theta_j \right| = \begin{vmatrix} \int \omega_1 \wedge \Theta_1 & \int \omega_1 \wedge \Theta_2 & \dots & \int \omega_1 \wedge \Theta_p \\ \int \omega_2 \wedge \Theta_1 & \int \omega_2 \wedge \Theta_2 & \dots & \int \omega_2 \wedge \Theta_p \\ \dots & \dots & \dots & \dots \\ \int \omega_p \wedge \Theta_1 & \int \omega_p \wedge \Theta_2 & \dots & \int \omega_p \wedge \Theta_p \end{vmatrix}$$

rimane invariante a meno di un fattore ± 1, quando si passa da una base canonica a un'altra equivalente. Se quindi si estendono le somme

$$g_m(\Theta_1, .., \Theta_p) = \Sigma \left| \int \omega_i \wedge \Theta_j \right|^{-2m}, \quad \psi(\Theta_1, ..., \Theta_p \mid t) = \Sigma \left| \left| \int \omega_i \wedge \Theta_j \right| \right|^{-t},$$

462 — 463

(dove m designa un numero naturale e t una variabile complessa) a tutte le basi canoniche ω_i $(i = 1, ..., 2p)$ non-equivalenti, si ottengono, purchè si abbia convergenza delle serie infinite suddette, caratteri della Riemanniana dipendenti solamente dagli argomenti nominati nei loro simboli. Le condizioni precise della convergenza assoluta di quelle serie sono $2m > p + 1$, risp. parte reale $\Re(t)$ di t maggiore di $p + 1$, come ha dimostrato Hel Braun.

464. Nel caso di un corpo aritmetico K di car 0 e di grado 1 risultano così immediatamente caratteri g_m, $\psi(t)$ del corpo K stesso, se si prendono per $\Theta_1, ..., \Theta_p$ gli elementi base dell'integrità assoluta $D_1(K) \equiv \sum_{i=1}^{p} [1] \cdot \Theta_i$. Invero, le somme suddette dipendono sotto queste condizioni nemmeno della scelta di questa base.

La somiglianza dei termini della serie g_m alla potenza d^{-m} del discriminante di K e il sussistere di relazioni algebriche fra i numeri g_m trovate da Siegel, giustificheranno forse di chiamare i numeri g_m i *discriminanti 1-dimensionali di K*.

Quanto alla funzione $\psi(t)$, essa fa pensare a un legame profondo con le funzioni zeta che fra poco definiremo in generale.

465. La costruzione suddetta è stata generalizzata al caso di grado $K = g > 1$ da Häuslein.

Se $\omega_1^{(\nu)}, ..., \omega_{2p}^{(\nu)}$ $(\nu = 1, ..., g)$ sono basi canoniche nelle Riemanniane coniugate R_ν di K e Θ_i $(i = 1, ..., p \cdot g)$ è base dell'integrità $D_1(K)$, allora il determinante della matrice Ω formata dalle matrici parziali

$$\left(\begin{array}{cccc} \int \omega_1^{(\nu)} \wedge \Theta_1 & \int \omega_1^{(\nu)} \wedge \Theta_2 & \cdots & \int \omega_1^{(\nu)} \wedge \Theta_{p \cdot g} \\ \int \omega_2^{(\nu)} \wedge \Theta_1 & \int \omega_2^{(\nu)} \wedge \Theta_2 & \cdots & \int \omega_2^{(\nu)} \wedge \Theta_{p \cdot g} \\ \cdots & \cdots & \cdots & \cdots \\ \int \omega_p^{(\nu)} \wedge \Theta_1 & \int \omega_p^{(\nu)} \wedge \Theta_2 & \cdots & \int \omega_p^{(\nu)} \wedge \Theta_{p \cdot g} \end{array} \right)$$

rimane invariante a meno di un fattore ± 1 di fronte a un cambiamento della base di $D_1(K)$ e al passaggio a basi canoniche equivalenti.

I discriminanti 1-dimensionali g_m di K e la funzione modulare $\psi(t)$ si definiscono allora come le serie

$$g_m = \Sigma \, |\Omega|^{-2m}, \quad \psi(t) = \Sigma \, \|\Omega\|^{-t}$$

da estendere a tutte le basi canoniche non-equivalenti nelle Riemanniane R_ν. La convergenza assoluta di queste serie per $2m > p + 1$, risp. $\Re(t) > p + 1$

463 — 465

si dimostra, esprimendo i differenziali Θ_i mediante una k-base ϑ_l $(l=1,\dots,p)$ dell'integrità $D_1\!\left(\dfrac{K}{k}\right)=D_1\!\left(\dfrac{K}{(1)}\right)=\overset{p}{\underset{l=1}{\Sigma}}\,k\cdot\vartheta_l$ relativa al corpo $k=I_0\!\left(\dfrac{K}{(1)}\right)$ (ved. **409**).

Designando con p_ν $(\nu=1,\dots,g)$ i g punti di k, ai quali sono sovrapposte le g Riemanniane R_ν di K, possiamo dedurre da $\Theta_j=\overset{p}{\underset{l=1}{\Sigma}}\,\vartheta_l\cdot\alpha_{lj}$ $(j=1,\dots,pg)$ le relazioni $\int\omega_i^{(\nu)}\wedge\Theta_j=\overset{p}{\underset{l=1}{\Sigma}}\,\alpha_{lj}(p_\nu)\cdot\int\omega_i^{(\nu)}\wedge\vartheta_l$, mediante le quali la matrice Ω si trasforma nel prodotto della matrice

$$
\begin{pmatrix}
\left(\displaystyle\int\omega_i^{(1)}\wedge\vartheta_j\right) & 0 & 0 \\[2ex]
0 & \left(\displaystyle\int\omega_i^{(2)}\wedge\vartheta_j\right) & 0 \\[2ex]
\cdots & \cdots & \cdots \\[2ex]
0 & 0 & \left(\displaystyle\int\omega_i^{(g)}\wedge\vartheta_j\right)
\end{pmatrix}
$$

a sinistra con una matrice quadratica A formata dalle matrici parziali

$$
\begin{pmatrix}
\alpha_{11}(p_\nu) & \alpha_{12}(p_\nu) & \alpha_{1\,pg}(p_\nu) \\[1ex]
\alpha_{21}(p_\nu) & \alpha_{22}(p_\nu) & \alpha_{2\,pg}(p_\nu) \\[1ex]
\cdots & \cdots & \cdots \\[1ex]
\alpha_{p1}(p_\nu) & \alpha_{p2}(p_\nu) & \alpha_{p\,pg}(p_\nu)
\end{pmatrix}
$$

a destra. Ne segue non soltanto la convergenza delle serie suddette ma anche la decomposizione

$$
g_m=|A|^{-2m}\cdot\overset{g}{\underset{\nu=1}{\Pi}}\,g_m(\vartheta_1^{(\nu)},\dots,\vartheta_p^{(\nu)}),\qquad \psi(t)=\|A\|^{-t}\cdot\overset{g}{\underset{\nu=1}{\Pi}}\,\psi(\vartheta_1^{(\nu)},\dots,\vartheta_p^{(\nu)}\mid t)
$$

dove contrariamente alla convenzione fatta in **456** abbiamo aggiunto l'indice superiore ν per distinguere le forme individuate da un medesimo ϑ_i nelle diverse Riemanniane R_ν di K (ved. **469**).

466. Un altro procedimento per costruire funzioni modulari che ha il vantaggio di rimanere valido per dim $K=n$ qualunque, sarà preparato dalle osservazioni seguenti.

I. Se $f(x_1,\dots,x_n)$ e $g(x_1,\dots,x_n)$ con $g(a_1,\dots,a_n)=0$ sono funzioni olomorfe in un campo $|x_i-a_i|<r_i$ $(i=1,\dots,n)$, allora l'integrale

$$
\int f(x_1,\dots,x_n)\cdot\overline{f(x_1,\dots,x_n)}\cdot dx_1\wedge d\bar{x}_1\wedge\dots\wedge dx_n\wedge d\bar{x}_n
$$

465 — 466

esteso al campo definito da $|x_i - a_i| < \frac{1}{2} r_i$ $(i = 1, ..., n)$, $|g(x_1, ..., x_n)| < \varepsilon$ $(\varepsilon > 0)$, tende con $\varepsilon \to 0$ a zero.

II. Sia Θ differenziale n-plo integro sopra il corpo primo (1) di un corpo aritmetico K n-dimensionale.

Data una figura finita, non-totale $\mathfrak{a}$ (ved. **337**) in una varietà V di K, chiusa, regolare e algebrica sopra (1), interpreteremo l'integrale $\int \Theta \wedge \bar{\Theta}$ esteso su una delle Riemanniane R_ν in cui si spezza lo spazio $S(V)$ (ved. **453**), come limite

$$(*) \qquad \int_{R_\nu} \Theta \wedge \bar{\Theta} = \lim_{\varepsilon \to 0} \int_{R_\nu(\varepsilon)} \Theta \wedge \bar{\Theta}$$

di integrali estesi su campi $R_\nu(\varepsilon) \subset R_\nu$ privi di punti della figura $\mathfrak{a}$ (cioè privi da punti portati da prospettive di $\mathfrak{a}$).

III. Supposta la V regolare e algebrica sopra (1), essa è algebrica sopra $k = I_0\left(\dfrac{K}{(1)}\right)$ (ved. **237**). Sia $V = V(A) \cup V(B) \cup ... \cup V(C)$ con $A = [k, x_1, ..., x_m]$, $B = [k, y_1, ..., y_q], ... , C = [k, z_1, ..., z_r]$. La Riemanniana R_ν sovrapposta al punto p_ν di k si decompone allora (ved. **139** IV) in parti chiuse $A_\nu, B_\nu, ... , C_\nu$ definite da disuguaglianze

$$P \in A_\nu \longleftrightarrow |x_i(P)| \leq M \quad (i = 1, ..., m), \qquad P \in B_\nu \longleftrightarrow |y_j(P)| \leq M \quad (j = 1, ..., q)$$

$$..., \quad P \in C_\nu \longleftrightarrow |z_l(P)| \leq M \quad (l = 1, ..., r).$$

IV. Esistono (ved. **337**) elementi $a \in A$, $b \in B, ... , c \in C$ diversi dallo zero e tali che $a \cdot s \subset \mathfrak{a}(s)$ per ogni $s \in V(A)$, $b \cdot s \subset \mathfrak{a}(s)$ per ogni $s \in V(B), ... , c \cdot s \subset \mathfrak{a}(s)$ per ogni $s \in V(C)$. Designando con $A_\nu(\varepsilon)$ l'insieme dei punti P di A_ν soddisfacenti alla disuguaglianza $|a(P)| \geq \varepsilon$, e con $B_\nu(\varepsilon), ... , C_\nu(\varepsilon)$ gli insiemi analoghi costruiti da $B_\nu, ... , C_\nu$ mediante gli elementi $b, ... , c$, definiamo $R_\nu(\varepsilon) = A_\nu(\varepsilon) \cup \cup B_\nu(\varepsilon) \cup ... \cup C_\nu(\varepsilon)$.

Questo insieme chiuso non incontra la figura $\mathfrak{a}$, poichè in un punto $P \in R_\nu(\varepsilon)$, sia $P \in A_\nu(\varepsilon)$, è $a(P) \neq 0$, sicchè, se $\mathfrak{p}$ designa la prospettiva che porta P, sarà $a \subset\!\!\!\!\!| \ \mathfrak{p}$ e quindi $\mathfrak{a}(s) \supset a \cdot s = s$, cioè $\mathfrak{p} \not\leq \mathfrak{a}$.

V. L'insieme A_ν^0 dei punti $P \in A_\nu$ che annullano a è compatto, essendo esso chiuso nella Riemanniana compatta R_ν. A ogni $P \in A_\nu^0$ può essere associato un intorno U' di P tale (ved. **452** I), che un medesimo n-plo fra $x_1, ..., x_m$, sia $x_1, ..., x_n$, fornisce una carta $(x_1, ..., x_n)(U')$ di R, sopra la quale (cioè per $Q \in U'$) le funzioni $a(Q)$, $x_i(Q)$ $(i = 1, ..., m)$ e il coefficiente f della forma $f \cdot dx_1 \wedge ... \wedge dx_n$ individuata da Θ (ved. **456**) sono olomorfe. Applicando l'osservazione I si troverà un intorno $U \subset U'$ siffatto, che $\int \Theta \wedge \bar{\Theta}$ esteso sulla parte $|a(Q)| < \varepsilon$ di U tende a zero per $\varepsilon \to 0$. Dalla compattezza di A_ν^0 segue

466

$A_\nu{}^0 = \bigcup_i U_i$, dove U_i $(i = 1, \ldots, N)$ designano intorni del tipo U suddetto. Essendo $a(Q)$ continuo in A_ν e diverso da 0 nell'insieme chiuso $A_\nu \setminus \bigcup_i U_i$, esso soddisfa a una disuguaglianza $|a(Q)| > \varepsilon_0$ (> 0) per $Q \in A_\nu \setminus \bigcup_i U_i$. Quindi $A_\nu(\varepsilon) \supset A_\nu \setminus \bigcup_i U_i$ se $\varepsilon < \varepsilon_0$ e perciò

$$\lim_{\varepsilon \to 0} \left| \int_{A_\nu \setminus A_\nu(\varepsilon)} \Theta \wedge \bar{\Theta} \right| \le \lim_{\varepsilon \to 0} \sum_i \int_{U_i(\varepsilon)} \Theta \wedge \bar{\Theta} = 0 ,$$

dove $U_i(\varepsilon)$ designa la parte $|a(Q)| < \varepsilon$ di U_i. Basta osservare finalmente che lo stesso ragionamento si applica alle altre parti $B_\nu(\varepsilon), \ldots, C_\nu(\varepsilon)$ di $R_\nu(\varepsilon)$, per verificare

$$\lim_{\varepsilon \to 0} \int_{R_\nu \setminus R_\nu(\varepsilon)} \Theta \wedge \bar{\Theta} = 0,$$

e con ciò la relazione (∗).

467. Data una varietà V chiusa, regolare e algebrica sopra (1) di un corpo n-dimensionale K di grado g e di car 0, possiamo associare a ogni differenziale $\Theta \in D_n\left(\dfrac{K}{(1)}\right)$ g numeri $i^{n^2} \int_{R_\nu} \Theta \wedge \bar{\Theta}$ $(\ge 0$, ved. **446**) ottenuti con integrazione sulle g Riemanniane R_ν in cui si spezza lo spazio della V. Dimostreremo che questi numeri non dipendono dalla scelta della varietà V.

Se anche la varietà V' di K è algebrica, chiusa e regolare sopra (1), essa coincide con la V in tutte le prospettive non subordinate o uguali a un insieme finito di prospettive $\mathfrak{p}_i$ in V (ved. **442**).

Se quindi costruiamo in relazione alla figura $\mathfrak{a} = \bigcap_i \mathfrak{p}_i$ in V col metodo or ora sviluppato un insieme $R_\nu(\varepsilon)$ nella Riemanniana R_ν, questo può essere identificato a un insieme nella Riemanniana $R_\nu' \subset R(V')$ sovrapposta al medesimo punto di $k = I_0\left(\dfrac{K}{(1)}\right)$ come R_ν. Ne segue

$$i^{n^2} \cdot \int_{R'_\nu} \Theta \wedge \bar{\Theta} \ge \lim_{\varepsilon \to 0} i^{n^2} \cdot \int_{R_\nu(\varepsilon)} \Theta \wedge \bar{\Theta} = i^{n^2} \cdot \int_{R_\nu} \Theta \wedge \bar{\Theta} \qquad \text{(ved. \textbf{466})}$$

e quindi l'uguaglianza $i^{n^2} \cdot \int_{R'_\nu} \Theta \wedge \bar{\Theta} = i^{n^2} \cdot \int_{R_\nu} \Theta \wedge \bar{\Theta}$, data la possibilità di scambiare le parti fatte da V e V'.

468. Partendo da una base indipendente Θ_i dell'integrità canonica

$$D_n(K) = \sum_{i=1}^{l} [1] \cdot \Theta_i \qquad (l = p_n \cdot g,\ p_n = \text{genere geometrico di } K)$$

466 — 468

di un corpo aritmetico n-dimensionale di car 0 e grado g, costruiamo g forme hermitiane non-negative (ved. **446**)

$$F_\nu(x_1, \dots, x_l) = i^{n^2} \cdot \int_{R_\nu} \big(\sum_j x_j \cdot \Theta_j \big) \wedge \big(\sum_k \bar{x}_k \cdot \bar{\Theta}_k \big)$$

con integrazione su g Riemanniane coniugate compatte del corpo K.

Siccome i valori di questi integrali non dipendono dalla scelta di queste Riemanniane (ved. **467**), si ottengono così g forme determinate dal corpo stesso a meno di sostituzioni unimodulari razionali.

Per riconoscere la dipendenza di queste forme dai moduli del corpo K, ci varremo di basi $\omega_\lambda^{(\nu)}$ delle integrità topologiche

$$I^n(R_\nu) = \sum_{\lambda=1}^{r_\nu} [1] \cdot \omega_\lambda^{(\nu)} + d\Omega^{n-1}(R_\nu) \qquad \text{(ved. \textbf{449})},$$

tenendo conto del fatto che la matrice $\big(\int \omega_\lambda^{(\nu)} \wedge \omega_\mu^{(\nu)} \big) = (a_{\lambda\mu}^{(\nu)})$ con r_ν righe e colonne ha il determinante ± 1.

Secondo DE RHAM (ved. **449**) sussistono omologie

$$\Theta_j \sim \sum_{\mu=1}^{r_\nu} \omega_\mu^{(\nu)} \cdot b_{\mu j}^{(\nu)} \quad \text{su } R_\nu,$$

dove i coefficienti complessi $b_{\mu j}^{(\nu)}$ si determinano per mezzo delle equazioni

$$\pi_{\lambda j}^{(\nu)} = \int_{R_\nu} \omega_\lambda^{(\nu)} \wedge \Theta_j = \sum_{\mu=1}^{r_\nu} a_{\lambda\mu}^{(\nu)} \cdot b_{\mu j}^{(\nu)}$$

come combinazioni lineari a coefficienti interi razionali

$$b_{\lambda j}^{(\nu)} = \sum_{\mu=1}^{r_\nu} m_{\lambda\mu}^{(\nu)} \cdot \pi_{\mu j}^{(\nu)} \qquad (m_{\lambda\mu}^{(\nu)} \in [1],\ |m_{\lambda\mu}^{(\nu)}| = \pm 1)$$

dei periodi, sicchè risulta

$$i^{n^2} \int \Theta_j \wedge \bar{\Theta}_k = i^{n^2} \cdot \sum_\mu b_{\mu j}^{(\nu)} \cdot \int \omega_\mu^{(\nu)} \wedge \bar{\Theta}_k = i^{n^2} \cdot \sum_\mu b_{\mu j}^{(\nu)} \cdot \bar{\pi}_{\mu k}^{(\nu)} = i^{n^2} \cdot \sum_{\lambda, \mu} m_{\mu\lambda}^{(\nu)} \cdot \pi_{\lambda j}^{(\nu)} \cdot \bar{\pi}_{\mu k}^{(k)}.$$

Nel caso di n impari si può presupporre la matrice $(a_{\lambda\mu}^{(\nu)})$ della forma $\begin{pmatrix} 0 & E \\ -E & 0 \end{pmatrix}$ e quindi anche $(m_{\lambda\mu}^{(\nu)}) = \begin{pmatrix} 0 & -E \\ E & 0 \end{pmatrix}$. Il coefficiente di $x_j \cdot \bar{x}_k$ nella forma $F_\nu(x_1, \dots, x_l)$ diventa allora

$$c_{j\bar{k}}^{(\nu)} = i \cdot \sum_{\lambda=1}^{\frac{1}{2} r_\nu} \big(\pi_{\lambda j}^{(\nu)} \cdot \bar{\pi}_{\frac{1}{2} r_\nu + \lambda, k}^{(\nu)} - \pi_{\frac{1}{2} r_\nu + \lambda, j}^{(\nu)} \cdot \bar{\pi}_{\lambda j}^{(\nu)} \big).$$

469. Per l'ulteriore discussione delle forme hermitiane associate a un corpo aritmetico occorre dimostrare un lemma già tacitamente applicato in

468 — 469

46

464 e **465** nel confondere il genere geometrico di K, cioè il k-rango di $D_1(K)$ col genere delle Riemanniane di K, cioè col C-rango dell'integrità $D_1\left(\frac{(C, K^{\tau_i})}{C}\right)$ delle realizzazioni analitiche di K.

Sotto le premesse: K algebrico e n-dimensionale sopra $k = I_0\left(\frac{K}{k}\right)$ di car 0, C corpo 0-dimensionalmente chiuso sopra k, (K, C) corpo n-dimensionale sopra C, si può identificare $D_m\left(\frac{(K, C)}{C}\right)$ coll'estensione di $D_m\left(\frac{K}{k}\right)$ a un C-modulo:

$$D_m\left(\frac{(K, C)}{C}\right) = C \cdot D_m\left(\frac{K}{k}\right), \text{ senza diminuzione del rango.}$$

DIMOSTRAZIONE. – I. Se l'equazione $f(x_1, \ldots, x_n, y) = 0$ definisce $K = (k, x_1, \ldots, x_n, y)$ sopra k, essa altresì definisce (K, C) sopra C (ved. **145**). Ne segue la possibilità di interpretare $K \cdot \frac{d}{k} K$ come sotto-modulo di $(K, C) \cdot$ $\cdot \frac{d}{C}(K, C)$, il che esprimeremo scrivendo semplicemente d per tutte e due specie di differenzazione.

Secondo **377** può costruirsi un sistema di infinitesimali $\Theta_h \in K \cdot dK^m$ $(h = 1, \ldots, N)$ tali che

$$(*) \qquad D_m\left(\frac{K}{k}\right) \subset \sum_{h=1}^{N} k \cdot \Theta_h + \delta$$

e nello stesso tempo

$$(**) \qquad D_m\left(\frac{(K, C)}{C}\right) \subset \sum_{h=1}^{N} C \cdot \Theta_h + \delta' \qquad (\text{con } \delta' = \delta \cdot (K, C))$$

II. Se $z_i \in K$ $(i = 1, \ldots, h)$ sono linearmente indipendenti sopra k, essi altresì sono linearmente indipendenti sopra C.

Invero, sia $\sum_i \gamma_i \cdot z_i = 0$ con $\gamma_i \in C$. Ponendo $z_i = \dfrac{f_i(x_1, \ldots, x_n, y)}{g(x_1, \ldots, x_n)}$ con $f_i(X_1, \ldots, X_n, Y) \in k[X_1, \ldots, X_n, Y]$ di grado minore di quello di $f(X_1, \ldots, X_n, Y)$ rispetto a Y, $g(X_1, \ldots, X_n) \in k[X_1, \ldots, X_n]$, la relazione suddetta si traduce (ved. I) nella congruenza $\sum_i \gamma_i \cdot f_i(X_1, \ldots, X_n, Y) \equiv 0 \mod f(X_1, \ldots, X_n, Y)$ epperò nella uguaglianza $\sum_i \gamma_i \cdot f_i(X_1, \ldots, X_n, Y) = 0$ equivalente a un sistema di equazioni lineari omogenee in $\gamma_1, \ldots, \gamma_h$ a coefficienti in k. Siccome questo sistema ha in k solamente la soluzione $\gamma_i = 0$ $(i = 1, \ldots, h)$, esso induce l'annullarsi di tutti i γ_i, anche qualora si ammetta $\gamma_i \in C$.

III. Applichiamo ormai la relazione

$$\left(\begin{smallmatrix} * \\ * \end{smallmatrix}\!\!*\right) \qquad D_m\left(\frac{K}{k}\right) = \cap \, [s \cdot ds^m + \delta]/\delta \qquad (\text{ved. } \mathbf{391})$$

469

valida sotto l'ipotesi che s percorra tutti gli aspetti in una varietà V di K, algebrica, chiusa e regolare sopra k.

La sintesi $V' = (C, V)$ di V con la varietà C (che si costituisce dalla sola prospettiva totale di C), è algebrica e chiusa sopra C (ved. 121).

Ogni $s' \in V'$ estende un aspetto $s \in V$. Supposto s di base $[k, x_1, \ldots, x_l]$, sarà $s \cdot ds = \overset{l}{\underset{i=1}{\Sigma}} s \cdot dx_i$, e siccome la regolarità di s equivale a $\eth_n\!\left(\dfrac{s}{k}\right) = s$ (ved. 304), la numerazione degli x_i può essere scelta in maniera tale che risulti $s \cdot ds = \overset{n}{\underset{i=1}{\Sigma}} s \cdot dx_i$. Le stesse equazioni differenziali che permettono questa riduzione della base di $s \cdot ds$, valgono anche in $s' \cdot ds'$ e inducono pertanto $s' \cdot ds' = \overset{n}{\underset{i=1}{\Sigma}} s' \cdot dx_i$. Ne segue $\eth_n\!\left(\dfrac{s'}{C}\right) = s'$ e quindi la regolarità di V'.

La relazione

$$D_m\left(\frac{(K,\, C)}{C}\right) = \underset{s' \varepsilon\, V'}{\cap} [s' \cdot ds'^m + \eth']/\eth'$$

analoga alla $(^*_{**})$ scriveremo nella forma

$$D_m\left(\frac{(K,\, C)}{C}\right) = \underset{s \varepsilon\, V}{\cap}\ D_m(s), \quad \text{dove} \quad D_m(s) = \underset{s' \varepsilon\, V([s,\, C])}{\cap} [s' \cdot ds'^m + \eth']/\eth'.$$

Supposto $s \cdot ds = \overset{n}{\underset{i=1}{\Sigma}} s \cdot dx_i$ come prima, sarà $s' \cdot ds' = \overset{n}{\underset{i=1}{\Sigma}} s' \cdot dx_i$ per ogni ogni $s' \in V([s, C])$, sicchè, ponendo

$$\Theta_h \equiv \underset{i_1 < \ldots < i_m}{\overset{n}{\Sigma}} a^{(h)}_{i_1 \ldots i_m} \cdot dx_{i_1} \wedge \ldots \wedge dx_{i_m} \qquad (a^{(h)}_{i_1 \ldots i_m} \in K),$$

otterremo (ved. 352) le condizioni

$$(+) \qquad \overset{N}{\underset{h=1}{\Sigma}} \lambda_h \cdot a^{(h)}_{i_1 \ldots i_m} \subset \underset{s' \varepsilon\, V([s,\, C])}{\cap} s' = [s,\, C] \qquad (\text{ved. 336})$$

equivalenti alla postulazione $\overset{N}{\underset{h=1}{\Sigma}} \lambda_h \cdot \Theta_h \subset D_m(s)$.

IV. La totalità dei C-vettori $\{\lambda_1, \ldots, \lambda_N\}$ soddisfacenti a $(+)$ è C-modulo. Se i vettori $\{\lambda^{(\nu)}_1, \ldots, \lambda^{(\nu)}_N\}$ $(\nu = 1, \ldots, r)$ costituiscono una C-base di questo modulo, allora sussisteranno delle relazioni

$$\overset{N}{\underset{h=1}{\Sigma}} \lambda^{(\nu)}_h \cdot a^{(h)}_{i_1 \ldots i_m} = \overset{L}{\underset{j=1}{\Sigma}} \rho^{(\nu)}_j \cdot b^{(j)}_{i_1 \ldots i_m} \qquad \left(\begin{array}{l} \nu = 1, \ldots, r, \\ 1 \leq i_1 < i_2 < \ldots < i_m \leq n \end{array}\right)$$

con $\rho_j^{(\nu)} \in C$, $b^{(j)}_{i_1 \ldots i_m} \in s$. Le condizioni $(+)$ equivalgono pertanto alla risolubilità in C del sistema di equazioni lineari omogenee

$$(++) \qquad \overset{N}{\underset{h=1}{\Sigma}} \lambda_h \cdot a^{(h)}_{i_1 \ldots i_m} = \overset{L}{\underset{j=1}{\Sigma}} \rho_j \cdot b^{(j)}_{i_1 \ldots i_m} \qquad (1 \leq i_1 < i_2 < \ldots < i_m \leq n)$$

con gli ignoti $\lambda_1, \ldots, \lambda_N, \rho_1, \ldots, \rho_L$.

469

Scelti per $i_1, \ldots, i_m$ fisso (il che ci permette di omettere per ora questi indici) gli elementi a_q $(q = 1, \ldots, t)$ fra $a^{(h)}$ $(h = 1, \ldots, N)$ e b_q $(q = 1, \ldots, u)$ fra $b^{(j)}$ $(j = 1, \ldots, L)$ in modo tale che questi $t + u$ elementi di K siano linearmente indipendenti sopra k, mentre sussistano delle relazioni del tipo

$$a^{(h)} = \sum_{q=1}^{t} \alpha_q^{(h)} \cdot a_q, \qquad b^{(j)} = \sum_{q=1}^{t} \beta_q^{(j)} \cdot a_q + \sum_{q=1}^{u} \gamma_q^{(j)} \cdot b_q$$

con $\alpha, \beta, \gamma \in k$, l'equazione (++) corrispondente agli indici $i_1, \ldots, i_m$ suddetti si spezza (ved. II) nelle seguenti relazioni

$$\left(\begin{smallmatrix}+\\+\,+\end{smallmatrix}\right) \qquad \sum_{h=1}^{N} \lambda_h \cdot \alpha_q^{(h)} = \sum_{j=1}^{L} \rho_j \cdot \beta_q^{(j)} \qquad (q = 1, \ldots, t),$$

$$0 \quad = \sum_{j=1}^{L} \rho_j \cdot \gamma_q^{(j)} \qquad (q = 1, \ldots, u),$$

le quali nella loro totalità, cioè per tutti i sistemi di valori degli indici $i_1, \ldots, i_m$, equivalgono al sistema (++).

Con questo procedimento le condizioni (+) si traducono in un sistema lineare omogeneo in $\lambda_1, \ldots, \lambda_N$ a coefficienti in k.

La totalità di questi sistemi ottenuti, facendo percorrere ad s tutti gli aspetti in V, dà le condizioni necessarie e sufficienti affinchè $\sum_h \lambda_h \cdot \Theta_{h,i}^i + \delta'$ sia differenziale integro sopra C.

È noto che il C-modulo delle soluzioni $\lambda_1, \ldots, \lambda_N$ comuni a quei sistemi ha C-base $\lambda_1^{(\nu)}, \ldots, \lambda_N^{(\nu)}$ $(\nu = 1, \ldots, p)$ linearmente indipendente sopra C con $\lambda_i^{(\nu)} \in k$. Mediante questi coefficienti formiamo i differenziali

$$\vartheta_\nu \equiv \sum_{h=1}^{N} \lambda_h^{(\nu)} \cdot \Theta_h \qquad (\nu = 1, \ldots, p)$$

Siccome per $s \in V$ fisso e $\lambda_h = \lambda_h^{(\nu)}$ $(h = 1, \ldots, N)$ le equazioni $\left(\begin{smallmatrix}+\\+\,+\end{smallmatrix}\right)$ ammettono una soluzione $\rho_j = \rho_j^{(\nu)} \in k$, le equazioni (++) esprimono $\sum_h \lambda_h^{(\nu)} \cdot a_{i_1 \ldots i_m}^{(h)} \subset s$ e pertanto $\vartheta_\nu \subset s \cdot ds^m + \delta$. Ne segue

$$\sum_{\nu=1}^{p} k \cdot \vartheta_\nu + \delta/\delta \subset D_m\left(\frac{K}{k}\right),$$

mentre è chiaro dal procedimento suddetto, che

$$D_m\left(\frac{(K, C)}{C}\right) = \sum_{\nu=1}^{p} C \cdot \vartheta_\nu + \delta'/\delta'.$$

V. Secondo (∗) ogni elemento di $D_m\left(\dfrac{K}{k}\right)$ è della forma $\sum_h \lambda_h \cdot \Theta_h + \delta$ $(\lambda_h \in k)$ e caratterizzato dalle relazioni

$$(°) \qquad \sum_h \lambda_h \cdot a_{i_1 \ldots i_m}^h \subset s \qquad (1 \leq i_1 < \ldots < i_m \leq n),$$

conseguenze di $\left(\begin{smallmatrix}*\\*\,*\end{smallmatrix}\right)$.

469

Siccome i k-vettori $\{\lambda_1, \dots, \lambda_N\}$ soddisfacenti a $(^{\circ})$ sono anche soluzioni di $(+)$, il sistema $(^{\circ})$ equivale alla possibilità di risolvere le equazioni $(++)$ con $\lambda_h \in k$, $\rho_j \in k$. L'eliminazione di $\rho_1, \dots, \rho_L$ da queste equazioni conduce allo stesso sistema di equazioni lineari omogenee in $\lambda_1, \dots, \lambda_N$ di quello che ci ha servito al calcolo di $D_m\!\left(\dfrac{(K,\ C)}{C}\right)$. Ne segue

$$D_m\!\left(\frac{K}{k}\right) = \sum_{\nu=1}^{p} k \cdot \vartheta_\nu + \eth/\eth$$

e quindi

$$D_m\!\left(\frac{(K,\ C)}{C}\right) = C \cdot D_m\!\left(\frac{K}{k}\right),$$

dopo aver identificato $\Theta + \eth \in K \cdot dK^m + \eth/\eth$ a $\Theta + \eth' \in (K,\ C) \cdot d(K,\ C)^m + \eth'/\eth'$.

VI. Se fra $\vartheta_1, \dots, \vartheta_p$ sussiste una relazione lineare $\sum\limits_{\nu=1}^{p} \mu_\nu \cdot \vartheta_\nu \subset \eth'$ con $\mu_\nu \in C$, questa si traduce, ponendo $\vartheta_\nu \equiv \sum\limits_{i_1 < \dots < i_m} c_{i_1 \dots i_m}^{(\nu)} \cdot dx_{i_1} \wedge \dots \wedge dx_{i_m}$ con $c_{i_1 \dots i_m} \in K$, nelle relazioni $\sum\limits_\nu \mu_\nu \cdot c_{i_1 \dots i_m}^{(\nu)} = 0$ che per mezzo di conclusioni simili a quelle usate in IV si spezzano in relazioni lineari omogenee in $\mu_1, \dots, \mu_p$ a coefficienti in k. Soddisfatte queste relazioni da elementi di C non tutti nulli, esse saranno anche soddisfatte da elementi di k non tutti nulli. Quindi $\vartheta_1, \dots, \vartheta_p$ dipendono linearmente sopra k mod $\eth$ allora e soltanto allora che essi dipendano linearmente sopra C mod $\eth'$.

C. d. d.

470. Ritornando alle considerazioni **468**, formiamo con numeri positivi t_ν la somma $F(x_1, \dots, x_l) = \sum t_\nu \cdot F_\nu(x_1, \dots, x_l)$ che verificheremo essere forma positiva definita.

Espressi con una k-base indipendente ϑ_j $(j = 1, \dots, p_n)$ di $D_n\!\left(\dfrac{K}{k}\right) = k \cdot D_n(K)$, dove $k = I_0\!\left(\dfrac{K}{(1)}\right)$, siano $\Theta_i = \sum\limits_j \alpha_{ij} \cdot \vartheta_j$ $(\alpha_{ij} \in k)$. Se p_ν designa il punto di k situato sotto la Riemanniana R_ν, avremo $F = \sum\limits_\nu t_\nu \int\limits_{R_\nu} \vartheta^{(\nu)} \wedge \bar{\vartheta}^{(\nu)}$ ove $\vartheta^{(\nu)}$ denota la forma $\sum\limits_j \left(\sum\limits_i x_i \cdot \alpha_{ij}(p_\nu)\right) \cdot \vartheta_j$ sulla R_ν.

Un sistema di numeri complessi $x_1, \dots, x_l$ che annulla la forma F deve annullare anche $\vartheta^{(\nu)}$ e perciò soddisfare alle equazioni

$$(*) \qquad \sum_{i=1}^{l} x_i \cdot \alpha_{ij}(p_\nu) = 0 \qquad (j = 1, \dots, p_n; \ \nu = 1, \dots, g).$$

Invero, se (C, K^τ) è la realizzazione analitica di K corrispondente nel senso $R_\nu = A(C, V^\tau)$ alla Riemanniana R_ν (ved. **453**), avremo secondo **469** $D_n\!\left(\dfrac{(C,\ K^\tau)}{C}\right) = C \cdot D_n\!\left(\dfrac{K^\tau}{k^\tau}\right)$, il che implica la indipendenza lineare sopra C delle forme individuate da $\vartheta_1, \dots, \vartheta_{p_n}$ nella R_ν.

469 — 470

Ponendo $k = (x)$ possiamo scrivere α_{ij} come polinomio $\overset{g-1}{\underset{\lambda=0}{\Sigma}} a_{ij\lambda} \cdot \alpha^\lambda$ con $a_{ij\lambda} \in (1)$, e il fatto che i $g \cdot p_n$ differenziali Θ_i sono linearmente indipendenti sopra (1) induce, che il determinante della matrice $(a_{ij\lambda})$, dove $i = 1, ..., p_n \cdot g$ distinguono le righe e $j = 1, ..., p_n$; $\lambda = 0, 1, ..., g-1$ distinguono le colonne, è diverso dallo 0. Le conseguenze $\overset{g-1}{\underset{\lambda=0}{\Sigma}} (\underset{i}{\Sigma} x_i \cdot a_{ij\lambda}) \cdot \alpha^\lambda(p_\nu) = 0$ $(\nu = 1, ..., g)$ di $(*)$ esigono $\underset{i}{\Sigma} x_i \cdot a_{ij\lambda} = 0$ e quindi $x_i = 0$, c. d. d.

471. Il determinante $|c_{j\bar{k}}|$ della forma hermitiana $F(x_1, ..., x_l) = \Sigma c_{j\bar{k}} \cdot x_j \cdot \bar{x}_k$ è un numero positivo dipendente solamente dal corpo K e dai numeri t_i.

Prendendo per es. $t_1 = t_2 = ... = t_g = 1$, otteniamo un numero positivo caratteristico per il corpo K che sembra essere notevole, dato che nel caso di $n = 0$ esso si riduce al valore assoluto del discriminante di K. Invero, in questo caso è $F(x_1, ..., x_g) = \underset{\nu}{\Sigma} (\underset{j,k}{\Sigma} x_j \cdot \Theta_j(p_\nu) \cdot \bar{x}_k \cdot \bar{\Theta}_k(p_\nu))$.

472. Poichè la forma $F(x_1, ..., x_l) = \Sigma F_\nu(x_1, ..., x_l)$ è definita, essa permette la distinzione di forme differenziali mediante un procedimento di mediazione contenente un parametro complesso t, che fa pensare a simili procedimenti della teoria delle funzioni zeta.

Se la parte reale $\mathfrak{R}(t)$ di t supera $\dfrac{l+1}{2}$, la sommazione

$$\underset{m_1, ..., m_l}{\Sigma} \frac{\overset{l}{\underset{j=1}{\Sigma}} m_j \cdot \Theta_j}{F(m_1, ..., m_l)^t},$$

estesa a tutti i $m_j \in [1]$ soddisfacenti alla condizione $\underset{j}{\Sigma} m_j \cdot [1] = [1]$, fornisce su ciascuna delle Riemanniane R_ν una forma differenziale n-pla di 1^a specie dipendente solamente dal corpo K e dal valore di t.

Similmente si costruisce un differenziale reale $2n$-plo sulle Riemanniane R_ν con la mediazione

$$(*) \qquad i^{n^2} \cdot \underset{m_1, ..., m_l}{\Sigma} \frac{\underset{j}{\Sigma} m_j \cdot \Theta_j \wedge \underset{k}{\Sigma} m_k \cdot \bar{\Theta}_k}{F(m_1, ..., m_l)^t}, \qquad \mathfrak{R}(t) > \frac{l}{2} + 1,$$

effettuata sotto le stesse condizioni di sommazione come prima.

La sua integrazione, estesa allo spazio totale $S(V) = \underset{\nu}{\cup} R_\nu$ è indipendente dalla scelta della varietà V (ved. **467**) e fornisce dunque una funzione

$$\underset{m_1, ..., m_l}{\Sigma} \frac{1}{F(m_1, ..., m_l)^t} \qquad \mathfrak{R}(t) > \frac{l}{2}$$

propria al corpo K.

Ponendo la forma data da $(*)$ nella Riemanniana R_ν uguale a

470 — 472

$i^n \cdot G \cdot dz_1 \wedge d\bar{z}_1 \wedge \ldots \wedge dz_n \wedge d\bar{z}_n$, se $(z_1, \ldots, z_n)(U)$ è una carta di R_ν, la forma esterna

$$i \cdot \sum_{j,k} \frac{\partial^2 \log G}{\partial z_j \partial \bar{z}_k} \cdot dz_j \wedge d\bar{z}_k = \omega(t)$$

è indipendente dalla scelta delle coordinate e quindi atta a definire una metrica hermitiana sulle Riemanniane, purchè la forma hermitiana ordinaria ad essa corrispondente sia definita.

473. La formazione generale di *numeri, funzioni, differenziali modulari,* cioè numeri, funzioni, differenziali derivati dai moduli di un corpo aritmetico, presuppone una fine conoscenza delle integrità topologiche e del loro legame colle integrità aritmetiche, come essa si trova nei profondi risultati ottenuti da LEFSCHETZ e HODGE.

Per indicare la direzione nella quale si dovranno cercare quei legami, aggiungiamo ancora una parola sul caso di $n = 1$.

Il fatto che il C-rango di $D_1\left(\dfrac{(K^{\tau_\nu},\, C)}{C}\right)$ è uguale al genere p delle Riemanniane R_ν di K induce che tutte le g Riemanniane sono omeomorfe.

Nasce la questione, se generalmente Riemanniane coniugate siano omeomorfe?

Come nel caso di $n = 1$ le matrici

$$\begin{pmatrix} \int \omega_1^{(\nu)} \wedge \Theta_1 & \int \omega_1^{(\nu)} \wedge \Theta_2 & \int \omega_1^{(\nu)} \wedge \Theta_{gp} \\ \int \omega_2^{(\nu)} \wedge \Theta_1 & \int \omega_2^{(\nu)} \wedge \Theta_2 & \int \omega_2^{(\nu)} \wedge \Theta_{gp} \\ \cdots & \cdots & \cdots \\ \int \omega_{2p}^{(\nu)} \wedge \Theta_1 & \int \omega_{2p}^{(\nu)} \wedge \Theta_2 & \int \omega_{2p}^{(\nu)} \wedge \Theta_{gp} \end{pmatrix} = A_\nu,$$

formate dai vettori periodi generatori dei primi moduli coniugati di K (ved. 461), possono comporsi, insieme colle loro coniugate complesse, a formare una matrice quadrata

$$\begin{pmatrix} A_1 & \bar{A}_1 \\ A_2 & \bar{A}_2 \\ \cdot & \cdot \\ A_g & \bar{A}_g \end{pmatrix}$$

il cui determinante è un numero $\neq 0$ dato da K stesso a meno di un fattore ± 1, così dipenderà anche per $\dim K > 1$ la formazione di invarianti modulari da armonie prestabilite nel campo algebrico-topologico.

472 — 473

Quanto al non-annullarsi del determinante suddetto, osserviamo che il contrario indurrebbe l'esistenza di $2l = 2gp$ numeri complessi x_i, y_i non tutti 0 e siffatti, che

$$\int \omega_j^{(\nu)} \wedge \left(\sum_i (x_i \cdot \Theta_i + y_i \cdot \bar{\Theta}_i) \right) = 0 \qquad \left(\begin{matrix} j = 1, \ldots, 2p \\ \nu = 1, \ldots, g \end{matrix} \right).$$

Siccome ne segue, che $\sum_i (x_i \cdot \Theta_i + y_i \cdot \bar{\Theta}_i)$ è in R_ν una 1-forma armonica « senza periodi », questa forma deve essere identicamente 0 in R_ν.

Introducendo come in **470** una base ϑ_j linearmente indipendente sopra $k = I_0\left(\frac{K_i}{(1)} \right)$, e quindi anche sopra C in R_ν, concludiamo da

$$\sum_j \sum_i (x_i \cdot \alpha_{ij}(p_\nu) \cdot \vartheta_j + y_i \cdot \overline{\alpha_{ij}(p_\nu)} \cdot \bar{\vartheta}_j) = 0 \qquad \text{in} \qquad R_\nu,$$

tenuto conto dell'indipendenza lineare complessa delle $2p$ forme armoniche ϑ_j, $\bar{\vartheta}_j$, che sussistono le relazioni lineari $\sum_i x_i \cdot \alpha_{ij}(p_\nu) = 0$, $\sum_i y_i \cdot \overline{\alpha_{ij}(p_\nu)} = 0$ $j = 1, \ldots, p$; $\nu = 1, \ldots, g$) contraddittorie alla premessa, che non tutti gli x_i, y_i siano 0 (ved. **470**).

§ 4. Il calcolo zeta.

474. Mentre la costruzione di invarianti modulari si appoggia sull'integrazione classica applicabile soltanto nel caso di corpi di car 0, si presenta nella nozione generale di funzione zeta una nuova specie d'integrazione di indole strettamente aritmetica.

Per ogni figura $\mathfrak{a}$ in una varietà aritmetica definiremo una funzione analitica $\zeta(\mathfrak{a} \mid t)$, la cui derivata logaritmica rispetto alla variabile complessa t assume tanto per la sua rappresentazione come valore medio quanto per le relazioni additive fra tali funzioni, il significato integrale aritmetico.

475. *Se $\mathfrak{a}$ è ideale nell' aspetto s con soggetto $s/\mathfrak{p}$ a $N\mathfrak{p}$ elementi, allora $s/\mathfrak{a}$ ha*

$$N\mathfrak{p}^{\left(\frac{\mathfrak{a}}{s} \right)} \text{ elementi.}$$

DIMOSTRAZIONE. – Il teorema è vero per $\left(\frac{\mathfrak{a}}{s} \right) = 0$. Sia $\left(\frac{\mathfrak{a}}{s} \right) = n$ (ved. **208**) e supponiamo il teorema (evidente per $\mathfrak{a} = s$) già dimostrato per ideali $\mathfrak{b}$ con $\left(\frac{\mathfrak{b}}{s} \right) < n$. Scelto $\mathfrak{b}$ in guisa che $\left(\frac{\mathfrak{a}}{\mathfrak{b}} \right) = 1$, sarà (ved. **257**) $\mathfrak{b} = \mathfrak{a} + b \cdot s$ con $b \cdot \mathfrak{p} \subset \mathfrak{a}$, $b \subset \neq \mathfrak{a}$. Allora ogni elemento $x + \mathfrak{b}$ di $s/\mathfrak{b}$ contiene, in quanto insieme di elementi di s, precisamente $N\mathfrak{p}$

473 — 475

elementi di $s/\mathfrak{a}$. Invero, $x + b \cdot c + \mathfrak{a} = x + b \cdot c' + \mathfrak{a}$ equivale a $c - c' \subset \mathfrak{p}$. Siccome secondo l'ipotesi d'induzione ci sono $N\mathfrak{p}^{n-1}$ elementi di $s/\mathfrak{b}$, l'anello $s/\mathfrak{a}$ ha $N\mathfrak{p} \cdot N\mathfrak{p}^{n-1}$ elementi, c. d. d.

476. Definizione. - La *norma di una figura* $\mathfrak{a}$ in una varietà aritmetica V è

$$N\mathfrak{a} = \prod_{s\,e\,V} \text{(numero degli elementi di } s/\mathfrak{a}(s)).$$

Questo prodotto infinito avrà un senso, omettendo i fattori 1 provenienti dagli aspetti s che non sono aspetti della figura (ved. 169), e stabilendo, che $N\mathfrak{a}$ sia $+\infty$, quando il numero dei fattori rimanenti o un singolo fattore risultino infiniti. Prescindendo dalla figura vuota, la quale ha la norma 1, si può dire che la norma di una figura è il prodotto dei numeri degli elementi di tutti i suoi aspetti.

Chiameremo *figure elementari* proprio quelle, la norma delle quali è finita.

L'ideale $\mathfrak{a}(s)$ di una figura elementare $\mathfrak{a}$ è s o $\mathfrak{p}$-primario, poichè $\left(\dfrac{\mathfrak{a}(s)}{s}\right) < \infty$ induce $\mathfrak{p}^m \subset \mathfrak{a}(s)$ per m abbastanza grande. Se una prospettiva $\mathfrak{p}$ di una figura elementare non fosse di massima subordinazione, se cioè ci fosse una prospettiva $\mathfrak{p}' < \mathfrak{p}$, allora sarebbe (ved. 248) $\dim_a s'/\mathfrak{p}' < \dim_a s/\mathfrak{p}$ e quindi $s/\mathfrak{p}$ infinito. Ne segue che ogni prospettiva $\mathfrak{p}_i$ di una figura elementare $\mathfrak{a}$ dà luogo a definire figure elementari $\mathfrak{p}_i$-primarie $\mathfrak{q}_i$ ponendo

$$\mathfrak{q}_i(s) = \begin{cases} \mathfrak{a}(s) & \text{se} \quad s = s_i \\ s & \text{se} \quad s \neq s_i, \end{cases}$$

le quali sono le componenti primarie di $\mathfrak{a} = \bigcap_i \mathfrak{q}_i$.

Se $\mathfrak{a}$ e $\mathfrak{b}$ sono figure elementari $\mathfrak{p}$-primarie, anche $\mathfrak{a} \cap \mathfrak{b}$ e $\mathfrak{a} + \mathfrak{b}$ sono tali e le loro norme stanno nella relazione

(*) $$N(\mathfrak{a} \cap \mathfrak{b}) \cdot N(\mathfrak{a} + \mathfrak{b}) = N\mathfrak{a} \cdot N\mathfrak{b},$$

che consegue da

$$\left(\frac{\mathfrak{a}(s) \cap \mathfrak{b}(s)}{s}\right) = \left(\frac{\mathfrak{a}(s)}{s}\right) + \left(\frac{\mathfrak{b}(s)}{s}\right) - \left(\frac{\mathfrak{a}(s) + \mathfrak{b}(s)}{s}\right) \quad \text{(ved. 211)},$$

tenuto conto della formula $N\mathfrak{c} = N\mathfrak{p}^{\left(\frac{\mathfrak{c}(s)}{s}\right)}$ valida per figure $\mathfrak{p}$-primarie elementari $\mathfrak{c}$ (ved. 475).

Siano $\mathfrak{a}$, $\mathfrak{b}$ figure elementari qualunque e $\mathfrak{p}_i$ $(i = 1, ..., h)$ tutte le prospettive della loro unione $\mathfrak{a} \cap \mathfrak{b}$, sicchè valgono delle decomposizioni $\mathfrak{a} = \bigcap \mathfrak{q}_i$, $\mathfrak{b} = \bigcap \mathfrak{q}_i'$ in figure $\mathfrak{q}_i$, $\mathfrak{q}_i'$ $\mathfrak{p}_i$-primarie o vuote.

475 — 476

Applicando la formula $N(\mathfrak{q}_i \frown \mathfrak{q}_i') \cdot N(\mathfrak{q}_i + \mathfrak{q}_i') = N\mathfrak{q}_i \cdot N\mathfrak{q}_i'$, già dimostrata, ai fattori nelle decomposizioni evidenti $N\mathfrak{a} = \prod_i N\mathfrak{q}_i$, $N\mathfrak{b} = \prod_i N\mathfrak{q}_i'$, $N(\mathfrak{a} \frown \mathfrak{b}) = \prod_i N(\mathfrak{q}_i \frown \mathfrak{q}_i')$, $N(\mathfrak{a} + \mathfrak{b}) = \prod_i N(\mathfrak{q}_i + \mathfrak{q}_i')$, si verifica la validità generale della relazione (∗).

477. La *misura di una figura elementare* $\mathfrak{a}$ è definita da

$$m(\mathfrak{a}) = \log N\mathfrak{a}.$$

Questa definizione si giustifica osservando, che essa attribuisce alla figura vuota la misura 0, a ogni altra figura elementare una misura positiva, e che essa esprime in conseguenza di 476 (∗) la misura di una figura composta $\mathfrak{a} \frown \mathfrak{b}$ come la somma delle misure delle componenti $\mathfrak{a}$, $\mathfrak{b}$, diminuita dalla misura della loro intersezione $\mathfrak{a} + \mathfrak{b}$:

$$m(\mathfrak{a} \frown \mathfrak{b}) = m(\mathfrak{a}) + m(\mathfrak{b}) - m(\mathfrak{a} + \mathfrak{b})$$

478. A ogni figura $\mathfrak{a}$ in una varietà aritmetica V associamo, almeno formalmente, la somma

(∗)
$$\zeta(\mathfrak{a} \mid t) = \sum_{\mathfrak{b} \leq \mathfrak{a}} \frac{1}{N\mathfrak{b}^t}$$

estesa a tutte le figure $\mathfrak{b}$ contenute in $\mathfrak{a}$. Il singolo termine in questa somma è 0, se $N\mathfrak{b} = \infty$, sicchè si tratta solamente di una sommazione estesa a tutte le figure elementari contenute in $\mathfrak{a}$.

Definendo la *dimensione aritmetica di una figura* $\mathfrak{a}$ come la massima $\dim_a S/\mathfrak{P}$ raggiunta dalle prospettive $\mathfrak{P}$ di $\mathfrak{a}$, enunciamo *l'ipotesi*:
La serie $\zeta(\mathfrak{a} \mid t)$ di una figura finita (ved. 337) $\mathfrak{a}$ *converge per* $\Re(t) > \dim_a \mathfrak{a}$.

Essa induce l'esistenza della *funzione zeta* $\zeta(\mathfrak{a} \mid t)$ per ogni figura in una varietà aritmetica, come mostra il ragionamento seguente:

Se $\zeta(\mathfrak{a} \mid t)$ converge per $\Re(t) > t_0$, allora esiste $\zeta(\mathfrak{b} \mid t)$ anche per ogni figura $\mathfrak{b}$ contenuta nella $\mathfrak{a}$, perchè ovviamente

(∗∗)
$$\zeta(\mathfrak{a} \mid t) \geq \zeta(\mathfrak{b} \mid t), \quad \text{se} \quad \mathfrak{a} \geq \mathfrak{b} \quad \text{e} \quad t > t_0.$$

Ora, essendo la figura totale $\mathfrak{t}$ (ved. 231) di una varietà aritmetica V sempre finita, la sua funzione zeta è definita almeno per $\Re(t) > \dim_a \mathfrak{t}$, la quale dimensione definiremo anche come la *dimensione aritmetica della varietà* V. Dalla disuguaglianza (∗∗) segue quindi:

La serie $\zeta(\mathfrak{a} \mid t)$ di una figura qualunque $\mathfrak{a}$ in una varietà aritmetica V converge almeno per $\Re(t) > \dim_a V$.

476 — 478

368

479. Se le figure $\mathfrak{a}$, $\mathfrak{b}$ nella varietà aritmetica V non s'incontrano, se cioè esse non hanno prospettive comune, (fatto equivalente all'essere vuota della figura intersezione $\mathfrak{a} + \mathfrak{b}$), allora per ogni coppia $\mathfrak{a}_1$, $\mathfrak{b}_1$ di figure elementari contenute in $\mathfrak{a}$, risp. $\mathfrak{b}$, la norma $N(\mathfrak{a}_1 \frown \mathfrak{b}_1)$ sarà uguale al prodotto $N\mathfrak{a}_1 \cdot N\mathfrak{b}_1$ (ved. 476). Ora ogni figura elementare $\mathfrak{c} \leq \mathfrak{a} \frown \mathfrak{b}$ si decompone in $\mathfrak{c} = \mathfrak{a}_1 \frown \mathfrak{b}_1$ con $\mathfrak{a}_1$, $\mathfrak{b}_1$ del tipo suddetto. Ne segue

$$(*) \qquad \zeta(\mathfrak{a} \frown \mathfrak{b} \mid t) = \sum_{\mathfrak{a}_1 \leq \mathfrak{a}, \, \mathfrak{b}_1 \leq \mathfrak{b}} N(\mathfrak{a}_1 \frown \mathfrak{b}_1)^{-t} = \sum_{\mathfrak{a}_1 \leq \mathfrak{a}} N\mathfrak{a}_1^{-t} \cdot \sum_{\mathfrak{b}_1 \leq \mathfrak{b}} N\mathfrak{b}_1^{-t},$$

cioè

$$\zeta(\mathfrak{a} \frown \mathfrak{b} \mid t) = \zeta(\mathfrak{a} \mid t) \cdot \zeta(\mathfrak{b} \mid t), \quad \text{se } \mathfrak{a} \text{ e } \mathfrak{b} \text{ non s'incontrano.}$$

Se però $\mathfrak{a}$ e $\mathfrak{b}$ hanno prospettive comune, si può solamente constatare $N(\mathfrak{a}_1 \frown \mathfrak{b}_1) \leq N\mathfrak{a}_1 \cdot N\mathfrak{b}_1$ (ved. 476) e anche la prima delle equazioni $(*)$ cade in difetto a causa delle prospettive comuni alle figure $\mathfrak{a}$ e $\mathfrak{b}$.

Nasce così il problema di considerare il quoziente

$$\frac{\zeta(\mathfrak{a} \frown \mathfrak{b} \mid t)}{\zeta(\mathfrak{a} \mid t) \cdot \zeta(\mathfrak{b} \mid t)}$$

in relazione all'intersezione $\mathfrak{a} + \mathfrak{b}$ delle figure.

480. La derivata logaritmica

$$\frac{\zeta'}{\zeta}(\mathfrak{a} \mid t) = \frac{\sum_{\mathfrak{b} \leq \mathfrak{a}} N\mathfrak{b}^{-t} \cdot m(\mathfrak{b})}{\sum_{\mathfrak{b} \leq \mathfrak{a}} N\mathfrak{b}^{-t}}$$

assume il carattere di un valore medio delle misure $m(\mathfrak{b})$, qualora si associ a ogni figura elementare $\mathfrak{a}$ il peso

$$N\mathfrak{a}^{-t} = e^{-t \cdot m(\mathfrak{a})}$$

dipendente solamente dalla sua misura $m(\mathfrak{a})$ e dalla «*condizione*» t.

Supposto t maggiore di un numero positivo t_0 dato con le condizioni di convergenza della serie $\zeta(\mathfrak{a} \mid t)$, la *misura media* $\frac{\zeta'}{\zeta}(\mathfrak{a} \mid t)$ sarà positiva, purchè $\mathfrak{a}$ non sia vuota, in qual caso sarebbe $\zeta(\mathfrak{a} \mid t) = 1$.

La misura media dell'unione $\mathfrak{a} \frown \mathfrak{b}$ di due figure $\mathfrak{a}$, $\mathfrak{b}$ non incontrantisi risulta uguale alla somma delle misure medie delle figure componenti:

$$\frac{\zeta'}{\zeta}(\mathfrak{a} \frown \mathfrak{b} \mid t) = \frac{\zeta'}{\zeta}(\mathfrak{a} \mid t) + \frac{\zeta'}{\zeta}(\mathfrak{b} \mid t), \quad \text{se } \mathfrak{a} + \mathfrak{b} \text{ è vuota.}$$

479 — 480

Se però $\mathfrak{a}$ e $\mathfrak{b}$ hanno prospettive comune, la differenza fra i membri di questa equazione merita di attenzione speciale, potendo essa considerarsi come una misura dell'intensità di unione delle figure $\mathfrak{a}$, $\mathfrak{b}$ sotto la condizione t.

481. La funzione zeta della figura totale di una varietà V sarà detta *la funzione zeta della varietà* e designata con

$$\zeta_V(t)$$

Dimostrata la sua esistenza, sarà dimostrata anche l'esistenza della funzione zeta per ogni altra figura nella varietà (ved. **478**).

Nel caso che si possa distinguere fra le varietà chiuse aritmetiche regolari di un corpo K una varietà «assoluta» V, come certo capita, quando K è di dimensione aritmetica 1, la funzione zeta di tale varietà è caratteristica per il corpo stesso, sicchè si parla anche della funzione zeta del corpo, designandola con $\zeta_K(t)$.

Calcoliamòla nel caso di $\dim_a K = 1$.

Tale corpo non ha che una sola varietà aritmetica, chiusa e regolare e cioè la totalità V delle prospettive chiuse di K (ved. **130** e **129**). Se infatti ci fosse un'altra varietà V' del tipo suddetto, in questa mancherebbe almeno una prospettiva perfetta $\mathfrak{p}$ di K, ma supposta la V' chiusa, essa dovrebbe contenere una prospettiva $\mathfrak{p}'$, perfetta, poichè regolare, la quale avrebbe estensione comune alla $\mathfrak{p}$ e coinciderebbe pertanto con questa.

Siccome le sole figure $\mathfrak{p}$-primarie elementari nella V sono le potenze $\mathfrak{p}^m$ con le norme $N\mathfrak{p}^m$, tutte le figure elementari in V sono del tipo

$$\mathfrak{p}_1^{m_1} \cap \mathfrak{p}_2^{m_2} \cap \ldots \cap \mathfrak{p}_h^{m_h} = \mathfrak{p}_1^{m_1} \cdot \mathfrak{p}_2^{m_2} \cdot \ldots \cdot \mathfrak{p}_h^{m_h}$$

e $\zeta_V(t) = \zeta_K(t)$ risulta uguale a

$$\sum_{\mathfrak{p} \in V} \sum_{m \geq 0} (N\mathfrak{p}^{-t})^m = \prod_{\mathfrak{p} \in V} \frac{1}{1 - N\mathfrak{p}^{-t}} \, ,$$

cioè alla funzione classica esplorata nei suoi tratti essenziali da Euler, Riemann Dirichlet, Dedekind, Hecke, risp. da Artin, F. K. Schmidt, Hasse e André Weil.

482. La funzione zeta di una figura $\mathfrak{a}$ contenuta in una figura $\mathfrak{p}$-primaria $\mathfrak{Q}$ in una varietà V coincide con la funzione zeta della figura $\mathfrak{a}/\mathfrak{Q}$ nella varietà $V/\mathfrak{Q}$ (ved. **216** e **217**).

Invero, l'omomorfismo $\tau: S \to S/\mathfrak{Q}$ stabilisce (ved. **217**) una corrispondenza biunivoca fra le figure $\mathfrak{b} \leq \mathfrak{a} (\leq \mathfrak{Q})$ e le figure $\mathfrak{b}^\tau \leq \mathfrak{a}^\tau = \mathfrak{a}/\mathfrak{Q}$, la quale mantiene anche le norme, inducendo quell'omorfismo un isomorfismo di $s/\mathfrak{b}(s)$ su $s^\tau/\mathfrak{b}^\tau(s^\tau)$.

480 — 482

483. Dedicheremo queste ultime pagine alle funzioni zeta di talune figure in *superficie aritmetiche*, cioè in varietà di dimensione aritmetica 2, perchè in questi esempi si mostra già il germe di un calcolo zeta con la tendenza indicata in **474.**

Sia V una varietà aritmetica, chiusa e regolare di un corpo K di $\dim_a K = 2$. Le figure prime in tale varietà sono *punti aritmetici*, cioè figure $\mathfrak{p}$ con $\dim_a s/\mathfrak{p} = 0$, oppure *curve aritmetiche*, cioè figure $\mathbb{P}$ con $\dim_a S/\mathbb{P} = 1$.

In un punto aritmetico $\mathfrak{p}$ è $\mathfrak{p} = u \cdot s + v \cdot s$ (ved. **248** e **234**). Diremo, che la curva aritmetica $\mathbb{P}$ *passa semplicemente per* $\mathfrak{p}$, precisamente allora, che il cono tangente di $\mathbb{P}$ in $\mathfrak{p}$ (ved. **197**) sia una «retta semplice», cioè che l'ideale $\overline{\mathbb{P}(s)}$ sia generato da una forma lineare. Ciò equivale alla possibilità di generare l'ideale $\mathfrak{p}$ con un elemento p di $\mathbb{P}(s) = \mathbb{P} \cap s$ e un altro elemento $q \subset\!\mid= \mathbb{P}$. Quel p genera allora anche $\mathbb{P} = p \cdot S$, perchè $p \cdot s$, in quanto ideale primo in s, diverso da $\mathfrak{p}$. ma contenuto in $\mathfrak{p}$, individua una prospettiva $\mathbb{P}' > \mathfrak{p}$ che di seguito alla conseguenza $\mathbb{P}' \geq \mathbb{P}^s_a$ di $\mathbb{P}' \cap s \subset \mathbb{P} \cap s$ coincide con $\mathbb{P}$. Osservando, che in tal caso la prospettiva $\mathfrak{p}^\tau$ di $S^\tau = S/\mathbb{P}$ (ved. **216**) è perfetta, poichè $\mathfrak{p}^\tau = q^\tau \cdot s^\tau$, riconosciamo che, se la curva aritmetica $\mathbb{P}$ è senza singolarità, cioè passa semplicemente per ogni suo punto. la sua funzione zeta è nello stesso tempo la funzione zeta del corpo $S/\mathbb{P}$:

$$\zeta(\mathbb{P} \mid t) = \zeta_{S/\mathfrak{p}}(t).$$

Invero, la varietà $V/\mathbb{P}$ è chiusa (ved. **307**).

484. Siano $\mathbb{P}$, $\mathbb{Q}$ curve aritmetiche senza singolarità nella superficie aritmetica regolare chiusa V, le quali siano senza curve comuni e s'intersechino al più semplicemente, cioè in modo tale, che da $\mathfrak{p} \leq \mathbb{P} + \mathbb{Q}$ segue $\mathfrak{p} = \mathbb{P}(s) + \mathbb{Q}(s)$.

Per calcolare $\zeta(\mathbb{P} \cap \mathbb{Q} \mid t)$ dobbiamo determinare le figure $\mathfrak{p}$-primarie elementari $c \leq \mathbb{P} \cap \mathbb{Q}$. Associando a tale figura c i numeri α, β definiti da $p^{\alpha+1} \subset c(s)$, $p^\alpha \subset\!\mid= c(s)$, $q^{\beta+1} \subset c(s)$, $q^\beta \subset\!\mid= c(s)$, se $\mathbb{P}(s) = p \cdot s$, $\mathbb{Q}(s) = q \cdot s$ e quindi $\mathfrak{p} = p \cdot s + q \cdot s$, troveremo, tenuto conto di $(\mathbb{P} \cap \mathbb{Q})(s) = p \cdot q \cdot s$, che l'ideale $c(s)$ è di una delle due forme

$$(*) \qquad p \cdot q \cdot s + p^{\alpha+1} \cdot s + q^{\beta+1} \cdot s,$$

$$(**) \qquad p \cdot q \cdot s + p^{\alpha+1} \cdot s + q^{\beta+1} \cdot s + (p^\alpha + c \cdot q^\beta) \cdot s \qquad (\text{con } c \subset\!\mid= \mathfrak{p}).$$

Invero, ogni elemento di $c(s)$ può essere ridotto mod $(*)$ a un'espressione $a \cdot p^\alpha + b \cdot q^\beta$, altresì contenuta in $(*)$, qualora non siano $a \subset\!\mid= \mathfrak{p}$, $b \subset\!\mid= \mathfrak{p}$, e d'altra parte è chiaro che due espressioni del tipo $p^\alpha + c \cdot q^\beta$ in $c(s)$ sono congrue mod $(*)$, purchè esse appartengano a $c(s)$.

Per il calcolo di $Nc = N\mathfrak{p}^{\left(\frac{c(s)}{s}\right)}$ si segnala la formula

$$(+) \qquad \left(\frac{c(s)}{s}\right) = \sum_{l=0}^{\infty} (l + 1 - \varphi(\overline{c(s)},\, l)) \qquad (\text{ved. } \mathbf{210} \, (\textstyle{+\atop{+\,+}})),$$

483 — 484

nella quale $\varphi(\overline{c(s)}, l)$ designa il rango dell'$s/\mathfrak{p}$-modulo delle forme tangenti c in $\mathfrak{p}$ di grado l. I valori di $\varphi(\overline{c(s)}, l)$ sono nel caso di $c(s)_j^i = (*)$:

	$(2\leq\alpha<\beta)$	$(2\leq\alpha=\beta)$	$(1=\alpha<\beta)$	$(1=\alpha=\beta)$	$(0=\alpha<\beta)$	$(0=\alpha=\beta)$
per $l=0$	0	0	0	0	0	0
per $l=1$	0	0	0	0	1	2
per $2\leq l\leq\alpha$	$l-1$	$l-1$	—	—	—	—
per $\alpha<l\leq\beta$ $(2\leq l)$	l	—	l	—	l	—
per $\beta<l$ $(2\leq l)$	$l+1$	$l+1$	$l+1$	$l+1$	$l+1$	$l+1$

nel caso di $c(s) = (**)$:

	$(2\leq\alpha<\beta)$	$(2\leq\alpha=\beta)$	$(1=\alpha<\beta)$	$(1=\alpha=\beta)$	$\alpha=0$ impossibile
per $l=0$	0	0	0	0	
per $l=1$	0	0	1	1	
per $2\leq l<\alpha$	$l-1$	$l-1$	—	—	
per $\alpha\leq l\leq\beta$ $(2\leq l)$	l	l	l	—	
per $\beta<l$ $(2\leq l)$	$l+1$	$l+1$	$l+1$	$l+1$.	

Nel primo caso risulta $Nc = N\mathfrak{p}^{1+\alpha+\beta}$ e per dati α, β non c'è che una figura c. Nel secondo caso risulta $Nc = N\mathfrak{p}^{\alpha+\beta}$ e per dati α, β ci sono $N\mathfrak{p}-1$ figure c.

Oltre le figure elementari primarie or ora considerate sono da discutere anche quelle appartenenti a un punto aritmetico $\mathfrak{p}$, per il quale passa solamente una delle curve $\mathbb{P}$, $\mathbb{Q}$, sia $\mathbb{P}$. Ponendo in questo caso $\mathbb{P}(s) = p \cdot s$, $\mathfrak{p} = p \cdot s + q \cdot s$, possiamo distinguere le figure $\mathfrak{p}$-primarie $c \leq \mathbb{P} \cap \mathbb{Q}$ col primo esponente m per il quale sia $q^m \subset c(s)$. Allora $c(s) = p \cdot s + q^m \cdot s$ e $Nc = N\mathfrak{p}^m$.

Il contributo di una figura elementare $c \cap c' \cap \ldots$ composta dalle figure $\mathfrak{p}$-primaria c, $\mathfrak{p}'$-primaria c', ecc. è

$$(++) \qquad\qquad Nc^{-t} \cdot Nc'^{-t} \ldots$$

sicchè risulta

$$\zeta(\mathbb{P} \cap \mathbb{Q} \mid t) = \prod_{\mathfrak{p}\in V}(1 + \sum_{\mathfrak{p}\leq c<\mathfrak{p}^\infty} Nc^{-t}) \qquad (c \leq \mathbb{P} \cap \mathbb{Q}),$$

la convergenza essendo presupposta. (Con $\mathfrak{p} \leq c < \mathfrak{p}^\infty$ vogliamo esprimere

484

l'esistenza di un esponente m tale che $\mathfrak{p} \leq c \leq \mathfrak{p}^m$, cioè l'essere $\mathfrak{p}$-primaria della figura c). La discussione suddetta fornisce per $1 + \Sigma\, Nc^{-t}$:

$$1 + \sum_{m=1}^{\infty} N\mathfrak{p}^{-tm} = (1 - N\mathfrak{p}^{-t})^{-1}, \text{ se } \mathfrak{p} < \mathfrak{P}, \ \mathfrak{p} <\!\!\!< \mathfrak{Q} \text{ o } \mathfrak{p} < \mathfrak{Q}, \ \mathfrak{p} <\!\!\!< \mathfrak{P};$$

$$1 + \sum_{\alpha, \beta = 0}^{\infty} N\mathfrak{p}^{-(1+\alpha+\beta)t} + (N\mathfrak{p} - 1) \cdot \sum_{\alpha, \beta = 1}^{\infty} N\mathfrak{p}^{-(\alpha+\beta)t} =$$

$$1 + N\mathfrak{p}^{-t} \cdot (1 - N\mathfrak{p}^{-t})^{-2} + (N\mathfrak{p} - 1) \cdot N\mathfrak{p}^{-2t} \cdot (1 - N\mathfrak{p}^{-t})^{-2} =$$

$$(1 - N\mathfrak{p}^{-t} + N\mathfrak{p}^{1-2t}) \cdot (1 - N\mathfrak{p}^{-t})^{-2}, \text{ se } \mathfrak{p} < \mathfrak{P}, \ \mathfrak{p} < \mathfrak{Q}.$$

Ne segue

$$\zeta(\mathfrak{P} \frown \mathfrak{Q} \mid t) = \prod_{\mathfrak{p} < \mathfrak{P}} (1 - N\mathfrak{p}^{-t}) \cdot \prod_{\mathfrak{p} < \mathfrak{Q}} (1 - N\mathfrak{p}^{-t}) \cdot \prod_{\mathfrak{p} \leq \mathfrak{P}+\mathfrak{Q}} (1 - N\mathfrak{p}^{-t} + N\mathfrak{p}^{1-2t})$$

e quindi (ved. 481 e 483)

$$\left(\genfrac{}{}{0pt}{}{+}{+}\right) \qquad \zeta(\mathfrak{P} \frown \mathfrak{Q} \mid t) = \zeta(\mathfrak{P} \mid t) \cdot \zeta(\mathfrak{Q} \mid t) \cdot \prod_{\mathfrak{p} \leq \mathfrak{P}+\mathfrak{Q}} (1 - N\mathfrak{p}^{-t} + N\mathfrak{p}^{1-2t}).$$

Del resto

$$\zeta(\mathfrak{P} + \mathfrak{Q} \mid t) = \prod_{\mathfrak{p} \leq \mathfrak{P}+\mathfrak{Q}} (1 + N\mathfrak{p}^{-t}).$$

485. L'intuizione che la derivata logaritmica della funzione zeta sia da concepire come un integrale aritmetico, subisce un primo esame nella ricerca di relazioni moltiplicative fra funzioni zeta. Mi sembra pertanto notevole che anche la funzione $\zeta(\mathfrak{P}^n \mid t)$ sta in una relazione moltiplicativa con i valori della funzione zeta della semplice curva $\mathfrak{P}$.

Manterremo in quel che segue la premessa che $\mathfrak{P}$ sia curva aritmetica senza singolarità nella superficie aritmetica regolare chiusa V.

486. Sia $\mathfrak{p} < \mathfrak{P}$ e $\mathfrak{P}(s) = p \cdot s$, $\mathfrak{p} = p \cdot s + q \cdot s$ e designi c una figura $\mathfrak{p}$-primaria contenuta in $\mathfrak{P}^n$.

Seguendo un metodo sviluppato da G. Lustig nella sua dissertazione, associamo alla figura c una sequenza di numeri $\nu_i = \nu_i(c \mid \mathfrak{P})$ definiti da

$$(+) \qquad \nu_i(c \mid \mathfrak{P}) = \left(\frac{(c + \mathfrak{P}^{i+1})(s)}{(c + \mathfrak{P}^i)(s)}\right) = \left(\frac{c(s) + p^{i+1} \cdot s}{c(s) + p^i \cdot s}\right).$$

Siccome nella somma

$$\sum_{m=0}^{\infty} \left(\frac{c(s) + p^{i+1} \cdot s + p^i \cdot q^{m+1} \cdot s}{c(s) + p^{i+1} \cdot s + p^i \cdot q^m \cdot s}\right) = \left(\frac{c(s) + p^{i+1} \cdot s}{c(s) + p^i \cdot s}\right) \quad (< \infty)$$

ogni termine è ≤ 1 (ved. 209), il numero ν_i è il minimo fra gli esponenti m soddisfacenti alla condizione $p^i \cdot q^m \subset c(s) + p^{i+1} \cdot s + p^i \cdot q^{m+1} \cdot s$ equivalente

484 — 486

a $p^i \cdot q^m \subset \mathfrak{C}(s) + p^{i+1} \cdot s$. Questo fatto

$(*)$ $$p^i \cdot q^m \subset \mathfrak{C}(s) + p^{i+1} \cdot s \longleftrightarrow m \geq \nu_i(\mathfrak{C} \mid \mathfrak{P})$$

induce

$(**)$ $$\nu_i(\mathfrak{C} \mid \mathfrak{P}) \geq \nu_{i+1}(\mathfrak{C} \mid \mathfrak{P}),$$

perchè $p^{i+1} \cdot q^{\nu_i} \subset \mathfrak{C}(s) + p^{i+2} \cdot s$.

Dalla premessa $\mathfrak{C} < \mathfrak{P}^n$ segue $p^n \cdot q^0 \subset \mathfrak{P}^n(s) \subset \mathfrak{C}(s)$ e quindi

$$\nu_n(\mathfrak{C} \mid \mathfrak{P}) = 0.$$

487. Insieme alla figura $\mathfrak{C}$ consideriamo la successione

$$\mathfrak{C} = \mathfrak{C}_0 < \mathfrak{C}_1 < \mathfrak{C}_2 < \dots < \mathfrak{C}_n = \mathfrak{P}^n$$

di figure $\mathfrak{C}_i = \mathfrak{C} \frown \mathfrak{P}^i$.

Da $(*)$ si deduce l'esistenza di un elemento $c \in \mathfrak{C}(s)$ soddisfacente a un'equazione $p^i \cdot q^{\nu_i} = c - p^{i+1} \cdot a_i$ $(a_i \in s)$, che mostra che l'elemente $c_i = p^i \cdot q^{\nu_i} + p^{i+1} \cdot a_i$ appartiene e $\mathfrak{C}_i(s)$, ma non a $\mathfrak{C}_{i+1}(s)$. D'altra parte ogni elemento x di $\mathfrak{C}_i(s)$ che non appartiene a $\mathfrak{C}_{i+1}(s)$ è della forma $x = p^i \cdot (q^m \cdot a + p \cdot b)$ con $a, b \in s$, $a \not\subset \mathfrak{p}$, dove m in conseguenza di $p^i \cdot q^m = a^{-1} \cdot x - p^{i+1} \cdot b \cdot a^{-1} \subset \mathfrak{C}(s) + p^{i+1} \cdot s$ è uguale a o maggiore di ν_i. Ne segue $x - c_i \cdot q^{m-\nu_i} \cdot a \subset \mathfrak{C}(s) \frown \mathfrak{P}^{i+1}(s) = \mathfrak{C}_{i+1}(s)$, il che dimostra

$$\mathfrak{C}_i(s) = c_i \cdot s + \mathfrak{C}_{i+1}(s) \quad \text{con} \quad c_i = p^i \cdot q^{\nu_i} + p^{i+1} \cdot a_i \qquad (a_i \in s).$$

488. Data una successione monotona

$$0 = \nu_n \leq \nu_{n-1} \leq \dots \leq \nu_1 \leq \nu_0$$

di numeri interi ν_i, esiste, come ha mostrato LUSTIG, sempre una figura $\mathfrak{p}$-primaria $\mathfrak{C}$ coi caratteri $\nu_i(\mathfrak{C} \mid \mathfrak{P}) = \nu_i$ $(i = 0, 1, \dots, n)$.

DIMOSTRAZIONE. - L'esistenza di $\mathfrak{C}$ equivale all'esistenza di una successione di ideali

$(*)$ $$p^n \cdot s = \mathfrak{C}_n \subset \mathfrak{C}_{n-1} \subset \dots \subset \mathfrak{C}_1 \subset \mathfrak{C}_0$$

in s legati dalle relazioni

$(**)$ $$\mathfrak{C}_{i+1} = \mathfrak{C}_i \frown p^{i+1} \cdot s$$

$\binom{*}{**}$ $$\mathfrak{C}_i = \mathfrak{C}_{i+1} + c_i \cdot s \text{ con } c_i = p^i \cdot q^{\nu_i} + p^{i+1} \cdot a_i, \qquad (a_i \in s).$$

Invero, da $(**)$ segue $\mathfrak{C}_i = \mathfrak{C}_0 \frown p^i \cdot s$, e $\binom{*}{**}$ induce, tenuto conto di $p^i \cdot s \frown [\mathfrak{C}_0 + p^{i+1} \cdot s] = [\mathfrak{C}_0 \frown p^i \cdot s] + p^{i+1} \cdot s = p^i \cdot q^{\nu_i} \cdot s + p^{i+1} \cdot s$, l'uguaglianza

$$\left(\frac{\mathfrak{C}_0 + p^{i+1}s}{\mathfrak{C}_0 + p^i \cdot s} \right) = \left(\frac{\mathfrak{C}_0 + p^{i+1} \cdot s}{[\mathfrak{C}_0 + p^{i+1} \cdot s] + p^i \cdot s} \right) = \left(\frac{p^i \cdot s \frown [\mathfrak{C}_0 + p^{i+1} \cdot s]}{p^i \cdot s} \right) = \nu_i \text{ (ved. 211)}$$

486 — 488

sicchè $\mathfrak{c}(s) = \mathfrak{c}_0 \supset p^n \cdot s + (q^{v_0} + p \cdot a_1) \cdot s$, $\mathfrak{c}(s') = s'$ $(s' \neq s)$ definisce una figura $\mathfrak{p}$-primaria $\mathfrak{c}$ coi caratteri v_i $(\mathfrak{c} \mid \mathfrak{p})$ prescritti.

Viceversa segue dall'esistenza di una tale figura $\mathfrak{c}$ l'esistenza di ideali $\mathfrak{c}_i = \mathfrak{c}(s) \cap p^i \cdot s$ soddisfacenti alle condizioni $(**)$, $\binom{*}{**}$ (ved. **487**).

II. Partendo da $\mathfrak{c}_n = p^n \cdot s$, costruiremo successivamente gli ideali della successione $(*)$.

Supponiamo già scelti gli ideali $\mathfrak{c}_i$ $(i > m)$ sotto le condizioni $(**)$, $\binom{*}{**}$. Si tratta di scegliere $c_m = p^m \cdot q^{v_m} + p^{m+1} \cdot a_m$ $(a_m \in s)$ in modo tale che

$(+)$
$$[\mathfrak{c}_{m+1} + c_m \cdot s] \cap p^{m+1} \cdot s = \mathfrak{c}_{m+1}.$$

Allora

$(++)$
$$c_m \cdot p \subset \mathfrak{c}_{m+1},$$

e viceversa, soddisfatta questa relazione, varrà anche $(+)$. Invero, ogni elemento del membro sinistro in $(+)$, scritto nella forma $p^{m+1} \cdot a = c'_{m+1} + c_m \cdot b$ con $c'_{m+1} \in \mathfrak{c}_{m+1}$, a, $b \in s$, conduce alla congruenza $p \cdot s \supset (q^{v_m} + p \cdot a_m) \cdot b$ che esige $b \subset p \cdot s$, sicchè, se $(++)$ è soddisfatto, quell'elemento $c'_{m+1} + c_m \cdot b$ appartiene a $\mathfrak{c}_{m+1}$.

L'esistenza di elementi $c_m = p^m \cdot q^{v_m} + p^{m+1} \cdot a_m$ soddisfacenti a $(++)$ segue dalla possibilità di prendere $c_m = p^{-1} \cdot c_{m+1} \cdot q^{v_m - v_{m+1}}$. Ne concludiamo che $(++)$ equivale a $p \cdot (c_m - p^{-1} \cdot c_{m+1} \cdot q^{v_m - v_{m+1}}) \subset \mathfrak{c}_{m+1}$ e quindi a

$\binom{+}{++}$
$$p \cdot (c_m - p^{-1} \cdot c_{m+1} \cdot q^{v_m - v_{m+1}}) \subset \mathfrak{c}_{m+2},$$

poichè il membro sinistro è $p^{m+2} \cdot (a_m - q^{v_m - v_{m+1}} \cdot a_{m+1}) \subset \mathfrak{c}_{m+1} \cap p^{m+2} \cdot s = \mathfrak{c}_{m+2}$.

Volendo giudicare per quale scelta di c_m risultino gli stessi ideali, deriviamo da $\mathfrak{c}_{m+1} + (p^m \cdot q^{v_m} + p^{m+1} \cdot a_m) \cdot s = \mathfrak{c}_{m+1} + (p^m \cdot q^{v_m} + p^{m+1} \cdot a'_m) \cdot s$ che l'elemento $b \in s$ in

$(^\circ)$
$$p^m \cdot q^{v_m} + p^{m+1} \cdot a_m - (p^m \cdot q^{v_m} + p^{m+1} \cdot a'_m) \cdot b \subset \mathfrak{c}_{m+1}$$

soddisfa a $(1 - b) \cdot p^m \cdot q^{v_m} \subset p^{m+1} \cdot s$ e perciò alla congruenza $1 - b \subset p \cdot s$, la quale semplifica $(^\circ)$ a causa di $p \cdot (p^m \cdot q^{v_m} + p^{m+1} \cdot a'_m) \subset \mathfrak{c}_{m+1}$ in

$$p^m \cdot q^{v_m} + p^{m+1} \cdot a_m \equiv p^m \cdot q^{v_m} + p^{m+1} \cdot a'_m \mod \mathfrak{c}_{m+1}.$$

III. Secondo $\binom{+}{++}$ l'elemento c_m può essere scelto arbitrariamente nell'insieme

$(^{\circ\circ})$
$$c_{m+1} \cdot p^{-1} \cdot q^{v_m - v_{m+1}} + p^{-1} \cdot \mathfrak{c}_{m+2},$$

e ci sono tanti ideali diversi $\mathfrak{c}_m = \mathfrak{c}_{m+1} + c_m \cdot s$ quante ci sono classi $x + \mathfrak{c}_{m+1}$ in $(^{\circ\circ})$.

Con un ragionamento simile a quello usato in **475** si dimostra con induzione secondo $\left(\dfrac{\mathfrak{a}}{\mathfrak{b}}\right)$, che per due ideali $\mathfrak{a} \subset \mathfrak{b} \subset s$ il numero delle classi $x + \mathfrak{a}$ contenute in una medesima classe $x + \mathfrak{b}$ è

$$N\mathfrak{p}^{\left(\frac{\mathfrak{a}}{\mathfrak{b}}\right)}.$$

488

Nel caso presente, dove $\mathfrak{a} = c_{m+1} \subset p^{-1} \cdot c_{m+2} = \mathfrak{b}$, risulta quindi

$$N\mathfrak{p}^r \quad \text{con} \quad r = \left(\frac{c_{m+1}}{\mathfrak{p}^{-1} \cdot c_{m+2}} \right)$$

come numero degli ideali diversi c_m.

IV. Rimane a calcolare questo numero r. Siccome per ideali $\mathfrak{a}$, $\mathfrak{b}$ in s sempre $\mathfrak{a} \subset \mathfrak{b}$, $\mathfrak{a} \neq \mathfrak{b}$, induce $p \cdot \mathfrak{a} \subset p \cdot \mathfrak{b}$, $p \cdot \mathfrak{a} \neq p \cdot \mathfrak{b}$, e viceversa, vale

$$r = \left(\frac{c_{m+1}}{p^{-1} \cdot c_{m+2}} \right) = \left(\frac{p \cdot c_{m+1}}{c_{m+2}} \right) = \left(\frac{p \cdot c_{m+1}}{p^{m+2} \cdot s} \right) - \left(\frac{c_{m+2}}{p^{m+2} \cdot s} \right) = \left(\frac{c_{m+1}}{p^{m+1} \cdot s} \right) - \left(\frac{c_{m+2}}{p^{m+2} \cdot s} \right),$$

(ved. 208 (*)), perchè $\left(\dfrac{p \cdot c_{m+1}}{p^{m+2} \cdot s} \right) = \left(\dfrac{p^{-m-1} \cdot c_{m+1}}{s} \right)$ è finito di seguito a $p^{-m-1} \cdot$
$\cdot c_{m+1} \supset (q^{\nu_{m+1}} + p \cdot a_{m+1}) \cdot s + p^{n-m-1} \cdot s$. Applicando la regola 211, troviamo

$$\left(\frac{c_{m+2}}{p^{m+2} \cdot s} \right) = \left(\frac{c_{m+1} \cap p^{m+2} \cdot s}{p^{m+2} \cdot s} \right) = \left(\frac{c_{m+1}}{c_{m+1} + p^{m+2} \cdot s} \right),$$

e perciò $r = \left(\dfrac{c_{m+1}}{p^{m+1} \cdot s} \right) - \left(\dfrac{c_{m+1}}{c_{m+1} + p^{m+2} \cdot s} \right)$

oppure (ved. 208 (**))

$$r = \left(\frac{c_{m+1} + p^{m+2} \cdot s}{p^{m+1} \cdot s} \right) = \left(\frac{q^{\nu_{m+1}} \cdot p^{m+1} \cdot s + p^{m+2} \cdot s}{p^{m+1} \cdot s} \right) = \nu_{m+1} .$$

V. Partendo da $c_n = p^n \cdot s$, si può scegliere c_{n-1} in $N\mathfrak{p}^{\nu_n} (= 1)$ diversi modi, poi c_{n-2} in $N\mathfrak{p}^{\nu_{n-1}}$ diversi modi, ecc. finalmente c_0 in $N\mathfrak{p}^{\nu_1}$ diversi modi, sicchè esistono precisamente

$$N\mathfrak{p}^{\nu_1 + \nu_2 + \dots + \nu_{n-1}}$$

successioni (*) e quindi altrettante figure $\mathfrak{p}$-primarie c coi caratteri $\nu_i(c \mid \mathfrak{p}) = \nu_i$.

Questo risultato di Lustig conduce subito all'espressione di $\zeta(\mathfrak{p}^n \mid t)$.

489. *Se $\mathfrak{p}$ è curva aritmetica senza singolarità nella superficie aritmetica, chiusa e regolare V, allora*

$$(*) \qquad \zeta(\mathfrak{p}^n \mid t) = \prod_{m=1}^{n} \zeta(\mathfrak{p} \mid mt - m + 1)$$

Dimostrazione. – Come in 484 sarà

$$\zeta(\mathfrak{p}^n \mid t) = \prod_{p < \mathfrak{p}} (1 + \sum_{p \leq c < p^\infty} Nc^{-t}) \qquad (c \leq \mathfrak{p}^n).$$

488 — 489

Per le figure $\mathfrak{p}$-primarie elementari c si possono prescrivere arbitraria-mente $\nu_i(c \mid \mathfrak{p}) = \nu_i$ $(i = 0, 1, \ldots, n)$ sotto le condizioni $0 = \nu_n \leq \nu_{n-1} \leq \ldots \leq \nu_1 \leq \nu_0$ e per ogni tale c, è

$$Nc = N\mathfrak{p}^{\nu_0 + \nu_1 + \cdots + \nu_{n-1}} \qquad \text{(ved. 486 (+))}.$$

Siccome ci sono $N\mathfrak{p}^{\nu_1 + \cdots + \nu_{n-1}}$ tali figure (ved. **488** V), sarà

$$(**) \qquad 1 + \sum_{\mathfrak{p} \leq c < \mathfrak{p}^\infty} Nc^{-t} = 1 + \sum_{\nu_0 \geq \nu_1 \geq \ldots \geq \nu_{n-1}} \frac{N\mathfrak{p}^{\nu_1 + \cdots + \nu_{n-1}}}{N\mathfrak{p}^{(\nu_0 + \nu_1 + \cdots + \nu_{n-1}) \cdot t}}$$

Ponendo $\nu_0 = \mu_1 + \mu_2 \ldots + \mu_n$, $\nu_1 = \mu_2 + \ldots + \mu_n$, $\ldots$, $\nu_{n-1} = \mu_n$, il termine generale di questa serie diventa

$$N\mathfrak{p}^{-t\mu_1} \cdot N\mathfrak{p}^{-(2t-1)\mu_2} \ldots N\mathfrak{p}^{-(nt-n+1)\mu_n} \,.$$

Il fatto che μ_1, μ_2, $\ldots$, μ_n assumono indipendentemente l'uno dall'altro tutti i valori ≥ 0, permette quindi di ridurre $(**)$ al prodotto

$$\left({}^*_{**}\right) \qquad \frac{1}{1 - N\mathfrak{p}^{-t}} \cdot \frac{1}{1 - N\mathfrak{p}^{1-2t}} \cdot \ldots \cdot \frac{1}{1 - N\mathfrak{p}^{n-1-nt}} \,,$$

donde si deduce, applicando la formula

$$(+) \qquad \zeta'(\mathfrak{p} \mid t) = \zeta_{S/\mathfrak{p}}(t) = \prod_{\mathfrak{p} < \mathfrak{p}} \frac{1}{1 - N\mathfrak{p}^{-t}} \quad \text{(ved. 481 e 483)},$$

l'equazione da dimostrare.

490. Se un insieme M di figure in una varietà aritmetica V soddisfa alla condizione che da $c \in M$, $c' < c$ segue $c' \in M$, allora la somma

$$\zeta_M(t) = \sum_{c \in M} Nc^{-t}$$

supposta convergente per $t > t_0$, è maggiorante per le funzioni $\zeta(\mathfrak{a} \mid t)$ delle figure $\mathfrak{a} \in M$ nel senso che $\zeta(\mathfrak{a} \mid t) \leq \zeta_M(t)$ per $t > t_0$.

Fra tali *serie zeta generalizzate* importano: la serie

$$1 + \sum_{\mathfrak{p} \leq c < \mathfrak{p}^\infty} Nc^{-t} = \sum_{c < \mathfrak{p}^\infty} Nc^{-t} = \zeta(\mathfrak{p}^\infty \mid t)$$

estesa a tutte le figure $\mathfrak{p}$-primarie elementari c e alla figura vuota, e la serie

$$\sum_{c < \mathfrak{p}^\infty} Nc^{-t} = \zeta(\mathfrak{p}^\infty \mid t),$$

nella quale c percorre tutte le figure c contenute in almeno una potenza della curva aritmetica $\mathfrak{p}$.

489 — 490

Se $\mathfrak{p}$ è punto aritmetico regolare di una superficie aritmetica, allora sarà

$$(*)\qquad \zeta(\mathfrak{p}^\infty \mid t) = \prod_{m=1}^{\infty} \frac{1}{1 - N\mathfrak{p}^{m-1-mt}} \quad \text{per } \mathfrak{R}(t) > 1,$$

come subito si verifica, scegliendo una qualunque curva aritmetica $\mathfrak{P}$ passante semplicemente per $\mathfrak{p}$ e osservando che

$$\zeta(\mathfrak{p}^\infty \mid t) = \lim_{n \to \infty} (1 + \sum_{\mathfrak{p} \le c < \mathfrak{p}^n} Nc^{-t}) \; \text{e} \; \sum_{m=1}^{\infty} N\mathfrak{p}^{m-1-mt} \text{ converge per } t > 1.$$

Anche nel caso di una curva aritmetica $\mathfrak{P}$ senza singolarità in una superficie aritmetica chiusa regolare possiamo calcolare $\zeta(\mathfrak{P}^\infty \mid t)$. Per mezzo del risultato **489** troveremo

$$(**)\qquad \zeta(\mathfrak{P}^\infty \mid t) = \prod_{m=1}^{\infty} \zeta(\mathfrak{P} \mid mt - m + 1) \qquad \text{per } \mathfrak{R}(t) > 1,$$

tenuto conto della seguente discussione della convergenza:

Nel caso di car $S/\mathfrak{P} = 0$ è $\zeta(\mathfrak{P} \mid t) = 1 + \sum_{n=2}^{\infty} a_n \cdot n^{-t}$ $(a_n \ge 0)$ e quindi

$$\sum_{m=1}^{\infty} (\sum_{n=2}^{\infty} a_n \cdot n^{m-1-mt}) = \sum_{n=2}^{\infty} a_n \cdot n^{-t} \cdot (1 - n^{1-t})^{-1} \text{ per } t > 1.$$

Se car $S/\mathfrak{P} = p \ne 0$ e $q = p^l$ designa il numero degli elementi algebricamente dipendenti in $S/\mathfrak{P}$, la funzione $\zeta(\mathfrak{P} \mid t)$ è

$$\left(\overset{*}{\underset{*}{*}}\right)\qquad \zeta(\mathfrak{P} \mid t) = \frac{\prod_{\nu=1}^{2\pi} (1 - \eta_\nu q^{-t})}{(1 - q^{-t}) \cdot (1 - q^{1-t})} \qquad (\pi = \text{genere } S/\mathfrak{P})$$

con $|\eta_\nu| = \sqrt{q}$, come ha generalmente dimostrato Andrè Weil. Da questa espressione segue subito la convergenza del prodotto infinito in $(**)$ per $\mathfrak{R}(t) > 1$.

491. In una superficie aritmetica V di (un corpo K di) car 0 ogni numero primo p individua una figura (p) cogli ideali $(p)(s) = p \cdot s$ per ogni $s \in V$. Le prospettive estreme $\mathfrak{P}$ di questa figura sono immediate (ved. **219**) e perciò di $\dim_a S/\mathfrak{P} = \dim S/\mathfrak{P} = 1$ (ved. **248**). Per mezzo della differente $\delta_1 V$ della superficie proveremo che *nel caso di V regolare la figura (p) è per quasi tutti i numeri primi p prodotto di curve aritmetiche irriducibili non-intersecantisi e senza singolarità.*

Le prospettive $\mathfrak{P}$ di $\delta_1 V$ sono tutte quante di car $S/\mathfrak{P} \ne 0$ (ved. **303**). Essendo la figura $\delta_1 V$ finita, essa non ha che un insieme finito di prospettive estreme $\mathfrak{P}$, sicchè basta escludere un insieme finito di numeri primi p per poter garantire pei rimanenti che $\delta_1(s) = s$, se car $s/\mathfrak{p} = p$.

490 — 491

In ogni prospettiva $\mathfrak{p}$ di una figura (p) non-intersecante $\delta_1 V$ l'ideale $(p)(s) = p \cdot s$ è primo, giacchè $p \subset|_{\,-} \mathfrak{p}^2$ (ved. 303). In un punto aritmetico $\mathfrak{p}$ di (p) coincide quindi $(p)(s)$ con l'ideale $\mathbb{P}(s) = \mathbb{P} \cap s$ della curve aritmetica irriducibile $\mathbb{P}$ ($=$ figura p r i m a di $\dim_a S/\mathbb{P} = 1$) data dalla prospettiva perfetta $\mathbb{P} \in V(s)$ con $\mathbb{P} = p \cdot S$. Questa $\mathbb{P}$ è l'unica prospettiva estrema di (p) nella stella $V(s)$. Se quindi $\mathbb{P}_i$ $(i = 1, \dots, h)$ designano le prospettive estreme di (p), sarà $(p) = \bigcap_i \mathbb{P}_i = \prod_i \mathbb{P}_i$, c.d.d.

492. Supposta la superficie V regolare e chiusa, essa estende la varietà assoluta $V_0 = V(I(k))$ del corpo $k = I_0\left(\dfrac{K}{(1)}\right)$.

Invero. ogni $s \in V$ contiene l'integrità $I(k)$ (ved. **237**), il che permette di interpretare la V come sintesi (V_0, V) (ved. **117**), la quale secondo **253** estende V_0.

La figura (p) in V è l'estensione della figura (p) similmente definita in V_0 (ved. **255**). Dalla decomposizione

$$(p) = \mathbb{P}_1 \cdot \mathbb{P}_2 \cdot \dots \cdot \mathbb{P}_h \quad \text{in} \quad V_0$$

della figura (p) in V_0 in figure prime $\mathbb{P}_i$ risulta già una decomposizione della figura estensione (p) nel prodotto delle estensioni $\mathbb{P}_i$. Dimostreremo che, prescindendo da un insieme finito di numeri primi p, le figure estensioni $\mathbb{P}_i$ sono prime, ma a questa dimostrazione occorre premettere due lemmi utili anche in altre occasioni.

493. *Se $f(x_1, \dots, x_m) = 0$ definisce il corpo $K = \{(k, x_1, \dots, x_m)$ sopra $k = I_0\left(\dfrac{K}{(1)}\right)$ e $f(X_1, \dots, X_m) \in I(k)[X_1, \dots, X_m]$, questo polinomio rimane irriducibile anche mod $\mathfrak{c}$ per quasi tutti gli ideali primi $\mathfrak{c}$ in $I(k)$.* (Lemma di Deuring).

DIMOSTRAZIONE. - Sia $f(X) = \displaystyle\sum_{i_1 + \dots + i_m \leq N} a_{i_1 \dots i_m} \cdot X_1^{i_1} \dots X_m^{i_m}$ $\quad (a_{i_1 \dots i_m} \in I(k))$. Calcolando il prodotto

$$\sum_{i_1 + \dots + i_m \leq M} B_{i_1 \dots i_m} \cdot X_1^{i_1} \cdot \dots \cdot X_m^{i_m} \cdot \sum_{j_1 + \dots + j_m \leq N-M} C_{j_1 \dots j_m} \cdot X_1^{j_1} \cdot \dots X_m^{j_m} \cdot$$

per $M \,(\neq 0, N)$ fisso, e uguagliandolo monomio per monomio a $f(X)$, otteniamo un sistema γ_M di equazioni

$$(*) \qquad \sum_{j_1 \leq i_1, \dots, j_m \leq i_m} B_{j_1 \dots j_m} \cdot C_{i_1 - j_1 \dots i_m - j_m} - a_{i_1 \dots i_m} = 0 \qquad (i_1 + \dots + i_m \leq N).$$

L'ideale generato dai membri sinistri di queste equazioni in $k[B, C]$ contiene 1, perchè altrimenti il sistema γ_M ammetterebbe una soluzione in un sopra-corpo di k, la quale corrisponderebbe a una decomposizione

491 — 493

propria di $f(X)$, impossibile secondo **145**. Ne segue che l'ideale generato dai membri sinistri di $(*)$ in $I(k)[B, C]$ contiene un ideale $\mathfrak{a}_M \subset I(k)$ diverso da 0. Modulo ogni ideale primo $\mathfrak{c}$ in $I(k)$ che non divide $\mathfrak{a}_1 \cdot \ldots \cdot \mathfrak{a}_{N-1}$, il polinomio $f(X)$ rimane irriducibile.

494. *Le prospettive immediate contenute in una varietà aritmetica V sono quasi tutte contenute in una qualsiasi sua varietà parziale $V(A)$ di base aritmetica A.*

DIMOSTRAZIONE. – Se $A = [1, x_1, \ldots, x_m]$ e B è anello aritmetico soddisfacente alla condizione $V(B) \subset V$, allora $x_i = \dfrac{b_i}{b}$ con b, $b_i \in B$, sicchè tutte le prospettive $\mathfrak{P} \in V(B)$ con $b \mathrel{\subset\!\!\!\mid} \mathfrak{P}$ sono già contenute in $V([A, B]) \subset V(A)$ (ved. **161**). Siccome non c'è che un insieme finito di prospettive immediate $\mathfrak{P}$ con la proprietà $\mathfrak{P} \supset b$, quasi tutte le prospettive immediate in $V(B)$ sono già in $V(A)$. Applicando questa osservazione a tutte le varietà parziali $V(B_i)$ in $V = \cup\, V(B_i)$, segue l'affermazione suddetta.

495. *Sotto le premesse di* **492** *per quasi tutti i numeri primi p le figure prime $\mathfrak{P}_i$, nelle quali si decompone la figura*

$$(p) = \mathfrak{P}_1 \cdot \mathfrak{P}_2 \cdot \ldots \cdot \mathfrak{P}_h \quad in \quad V_0 = V(I(k)),$$

si estendono a figure prime $\mathfrak{P}_i$ in V.

DIMOSTRAZIONE. – Sia $A = [I(k), x_1, \ldots, x_m]$ e $V(A) \subset V$. Operando all'occorrenza una sostituzione unimodulare possiamo presupporre che nel corpo K di V valgano relazioni del tipo

$$(*) \qquad x_i \cdot g(x_1) - g_i(x_1, x_2) = 0, \quad f(x_1, x_2) = c \cdot x_2{}^n + \ldots = 0, \quad c_i \neq 0,$$

$(f(X_1, X_2)$ irrid. in $k[X_1, X_2]$; $f(X_1, X_2)$, $g(X_1)$, $g_i(X_1, X_2) \in I(k)[X_1, X_2])$,

e che ciascuno dei prodotti $c \cdot x_i$ sia integro sopra $[I(k), x_1]$.

Per quasi tutti i numeri primi p sono soddisfatte le condizioni che seguono:

1) p non è caratteristica di $S/\mathfrak{P}$ per le prospettive immediate $\mathfrak{P} \in V$ non contenute in $V(A)$ (ved. **494**);

2) $c \cdot g(X_1) \mathrel{\subset\!\!\!\mid} \mathfrak{c}_i[X_1]$ $(i = 1, \ldots, h;\ \mathfrak{c}_i = \mathfrak{P}_i \cap I(k))$;

3) $f(X_1, X_2)$ è irriducibile mod $\mathfrak{c}_i$ $(i = 1, \ldots, h)$ (ved. **493**);

4) La figura (p) in V non incontra la differente $\mathfrak{d}_1 V$ (ved. **491**).

Supponiamo che p soddisfi a queste premesse e che $\mathfrak{P} \in V$ estenda una delle prospettive $\mathfrak{P}_i \in V(I(k))$, sia $\mathfrak{P}_1$, in modo tale che $\dim S/\mathfrak{P} = 1$.

Da 2) segue, che ogni polinomio $r(X_1) \in I(k)[X_1]$ soddisfacente alla condizione $r(x_1) \subset \mathfrak{P}$ è in $\mathfrak{c}_1[X_1]$.

493 — 495

L'anello R dei quozienti $\frac{a}{b}$ con $a \in A$; $b \in [I(k), x_1]$, $c = c_1 \cdot [I(k), x_1]$ è quindi base comune a tutte le estensioni «1-dimensionali» di $\mathbb{p}_1$.

Con le relazioni (∗) si trova per ogni $z \in \mathbb{p} \cap A$ un'equazione

$$c^N \cdot g(x_1)^N \cdot z = h(x_1, x_2) \text{ con } h(X_1, X_2) \in I(k)[X_1, X_2] \text{ di grado} < n \text{ rispetto a } X_2 .$$

Sia $r(X_1) = H(X_1, X_2) \cdot h(X_1, X_2) + F(X_1, X_2) \cdot f(X_1, X_2)$ il risultante di h, f considerati come polinomi di X_2, dove il grado di H rispetto a X_2 può essere supposto $< n$. Da $h(x_1, x_2) \subset \mathbb{p}$ segue $r(x_1) \subset \mathbb{p}$ e quindi $r(X_1) \in c_1[X_1]$. L'irriducibilità mod c_1 di $f(X_1, X_2)$ esige perciò, che $h(X_1, X_2) \in c_1[X_1, X_2]$, il che prova $z \subset c_1 \cdot R$, cioè $\mathbb{p} \cap A \subset c_1 \cdot R$. Siccome ogni elemento di $\mathbb{p} \cap R$ è quoziente di un elemento di $\mathbb{p} \cap A$, diviso per un elemento di $[I(k), x_1]$ non appartenente a $c_1 \cdot [I(k), x_1]$, anche $\mathbb{p} \cap R \subset c_1 \cdot R$, mentre la situazione inversa segue da $\mathbb{p} \rightarrow \mathbb{p}_1$. Il fatto che l'ideale $\mathbb{p} \cap R = c_1 \cdot R$ è unicamente determinato da $c_1 = \mathbb{p}_1 \cap I(k)$ induce che l'estensione 1-dimensionale $\mathbb{p} \rightarrow \mathbb{p}_1$ è unica.

La premessa 4) garantisce che la figura (p) in V è prodotto delle sue figure prime 1-dimensionali, cioè, nel caso presente, delle figure $\mathbb{p}$ corrispondenti biunivocamente alle figure $\mathbb{p}_i$ in V_0.

496. *Una curva aritmetica irriducibile* $\mathbb{p}$ *in una superficie aritmetica regolare* V *passa semplicemente per quasi ogni suo punto* (ved. **483**).

DIMOSTRAZIONE. - Sia $\mathfrak{p}$ un punto di $\mathbb{p}$ e $s/\mathfrak{p} = (x + \mathfrak{p})$ definito da $\varphi(x) = x^h + \ldots \subset \mathfrak{p}$, $(\varphi(X) \in [1][X])$. Allora $s = [1, x] + \mathfrak{p} = [1, x] + u \cdot s + v \cdot s$ e perciò $s \cdot ds = s \cdot du + s \cdot dv$.

I differenti $\delta_\nu(s^\tau)$ dell'aspetto s^τ di $S^\tau = S/\mathbb{p}$ (ved. **216**) si calcolano mediante le equazioni che definiscono $s^\tau \cdot ds^\tau = s^\tau \cdot du^\tau + s^\tau \cdot dv^\tau$. Essendo s^τ isomorfo a $s/\mathbb{p}(s)$, i suoi differenti $\delta_\nu(s^\tau)$ si ottengono applicando τ agli ideali generati dai determinanti di ordine $2-\nu$ della matrice colle righe a, b corrispondenti ai differenziali $a \cdot du + b \cdot dv$ di elementi di $\mathbb{p} \cap s$.

Se car $S/\mathbb{p} = 0$ e quindi dim $S/\mathbb{p} = 0$, il differente $\delta_0(s^\tau)$ è s^τ per quasi tutte le prospettive $\mathfrak{p}^\tau$ di S^τ (ved. **285**). Poichè il differenziale di un elemento $z \subset \mathfrak{p}^2$ è della forma $a \cdot du + b \cdot dv$ con a, $b \subset \mathfrak{p}$ e quindi risulta $\delta_0(s^\tau) \subset \mathfrak{p}^\tau$, se $\mathbb{p} \cap s \subset \mathfrak{p}^2$, per quasi tutti i punti $\mathfrak{p} < \mathbb{p}$ è $\mathbb{p} \cap s = \mathfrak{p}^2$, il che significa (ved. **483**), che $\mathbb{p}$ passa semplicemente per $\mathfrak{p}$.

Se car $S/\mathbb{p} = p$ e quindi dim $S/\mathbb{p} = 1$, lo stesso risultato si verifica per mezzo del differente $\delta_1(s^\tau)$.

497. L'esistenza della funzione zeta totale $\zeta_V(t)$ di una superficie aritmetica regolare e chiusa V dipende dalla convergenza del prodotto

$$(\ast) \qquad \prod_{\mathfrak{p}} (1 + \sum_{\mathfrak{p} \leq c < \mathfrak{p}\infty} Nc^{-t}) = \prod_{\mathfrak{p}} \zeta(\mathfrak{p}^\infty \mid t)$$

esteso a tutti i punti aritmetici $\mathfrak{p}$ di V (ved. **484**(++) e **490**).

495 — 497

Si tratta quindi di conoscere la totalità dei punti aritmetici di V.

I. Nel caso di una superficie di car 0, che dapprima considereremo, si presta una prima subdivisione di quella totalità col *fascio* delle curve (p). Le potenze sufficientemente alte $(p)^n$ della figura (p) contengono una qualsiasi figura $\mathfrak{p}$–primaria elementare con car $s/\mathfrak{p} = p$. Se quindi s'introducono le funzioni zeta generalizzate

$$\zeta((p)^\infty \mid t) = \lim_{n \to \infty} \zeta((p)^n \mid t),$$

la ricerca del prodotto (∗) si riduce a quella del prodotto

$$\prod_{\dot{p}} \zeta((p)^\infty \mid t)$$

esteso a tutti i numeri primi, quale prodotto, come vedremo, difatti rappresenta la funzione $\zeta_V(t)$ per $\Re(t) > 2$.

Designi P l'insieme dei numeri primi soddisfacenti alle condizioni 1) — 4) enunciate in **495**. Se $p \in P$, vale $(p)^n = \mathbb{P}_1^n \cdot \mathbb{P}_2^n \cdot \ldots \cdot \mathbb{P}_h^n$ (ved. **495**) con curve $\mathbb{P}_i$ non intersecantisi e senza singolarità (ved. **491**), sicchè risulta (ved. **479**) $\zeta((p)^n \mid t) = \prod_i \zeta(\mathbb{P}_i^n \mid t)$ e

$$\zeta((p)^\infty \mid t) = \prod_i \zeta(\mathbb{P}_i^\infty \mid t) = \prod_i \prod_{m=1}^{\infty} \zeta(\mathbb{P}_i \mid mt - m + 1) \qquad \text{per } t > 1$$

(ved. **490**(∗∗)), dove $\zeta(\mathbb{P}_i \mid t)$ sono date da espressioni del tipo $\binom{*}{**}$ in **490**. Ora importa notare, che i generi dei corpi $S/\mathbb{P}$ considerati in **495** hanno un limite che dipende solamente dal grado (totale) del polinomio $f(X_1, X_2)$ (ved. **375**). L'espressione $\binom{*}{**}$ della funzioni $\zeta(\mathbb{P}_i \mid t)$ fa quindi vedere, che per $t > 2$ la convergenza di $\prod_{p \in P} \zeta((p)^\infty \mid t)$ è data con quella delle serie infinite $\sum_{p \in P} p^{\frac{t}{2} - t}$, $\sum_{p \in P} p^{-t}, \sum_{p \in P} p^{1-t}$.

II. Se una curva aritmetica $\mathbb{P}$ passa semplicemente per il punto $\mathfrak{p}$ (ved. **483**), esiste $u \in \mathbb{P} \frown s$ tale che $\mathfrak{p} = u \cdot s + v \cdot s$. Ne segue che $u \cdot s$ è ideale primo, contenuto in $\mathbb{P} \frown s$ e pertanto uguale a $\mathbb{P} \frown s$. Se $\mathbb{P}'$ è un'altra curva passante per $\mathfrak{p}$, certo $u \not\sqsubseteq \mathbb{P}'$, perchè altrimenti $\mathbb{P} \frown s \subset \mathbb{P}' \frown s$ indurrebbe $\mathbb{P}' < \mathbb{P}$. Sia $\mathbb{Q}$ figura $\mathbb{P}$–primaria. Siccome la prospettiva $\mathbb{P}$ è perfetta l'ideale $\mathbb{Q}(S)$ è una potenza $\mathbb{P}^n$. Dividendo un qualunque elemento di $\mathbb{Q}(s)$ per u^n, risulta un elemento comune a tutti gli aspetti perfetti nella stella $V(s)$ e quindi giacente in s (ved. **387**). Ciò dimostra $\mathbb{Q}(s) \subset (\mathbb{P} \frown s)^n \subset \mathbb{Q}(S) \frown s = \mathbb{Q}(s)$.

III. Essendo la figura $\mathfrak{f} = \prod_{p \sqsubseteq |= P} (p)$ finita, essa ammette una decomposizione $\mathfrak{f} = \mathfrak{b} \bigcap_{i=1,\ldots,r} \mathbb{Q}_i$, dove $\mathbb{Q}_i$ sia $\mathbb{P}_i$–primaria di dim $S_i/\mathbb{P}_i = 1$, mentre $\mathfrak{b}$ designa una figura elementare. Sia $\mathbb{Q}_i = \mathbb{P}_i^{n_i}$.

497

L'insieme γ dei punti aritmetici $\mathfrak{p}$ pei quali o una delle curve $\mathbb{P}_i$ passa non-semplicemente o più di una curva $\mathbb{P}_i$ passano, è finito (ved. **496**). In un punto $\mathfrak{p} \subset\!\!\!|\!=\gamma$ di $\mathfrak{f}$ con car $s/\mathfrak{p} = p$ vale $\mathbb{P}_i = u_i \cdot s$, $\mathfrak{f}(s) = p \cdot s$, sicchè $p \cdot \Pi u_i^{-n_i}$ è contenuto in ogni aspetto perfetto in $V(s)$ e pertanto in s. Ne segue $\mathfrak{f}(s) = \Pi\limits_{i} u_i^{n_i} \cdot a \cdot s$, dove $a \in s$ dev'essere unità in s in conseguenza alla premessa sulle prospettive estreme di $\mathfrak{f}$ (ved. **219**). Valendo quindi $\mathfrak{f}(s) = (\Pi\limits_{i} \mathbb{P}_i^{n_i})(s)$, la prospettiva $\mathfrak{p}$ è inessenziale per la figura $\mathfrak{f}$ (ved. **187**), la quale pertanto è uguale a

$$(**) \qquad \mathfrak{f} = \Pi\limits_{p \,\subset|= P} (p) = a \cap \Pi\limits_{i=1}^{r} \mathbb{P}_i^{n_i},$$

dove la figura elementare a non ha che prospettive $\mathfrak{p} \in \gamma$.

IV. Con questi mezzi completeremo il calcolo della funzione $\zeta_V(t)$, determinando il prodotto

$$\left(\substack{* \\ **}\right) \qquad \Pi\limits_{p \,\subset|= P} \zeta((p)^\infty \,|\, t) = \lim\limits_{n \to \infty} \zeta(\mathfrak{f}^n \,|\, t).$$

Siccome $\mathfrak{f}^n = a_n \cap \Pi\limits_{i} \mathbb{P}_i^{nn_i}$ con figura elementare a_n « attorno a punti $\mathfrak{p} \in \gamma$ » (cioè le prospettive della quale appartengono all'insieme γ) troveremo, applicando il ragionamento **489**, la formula

$$\zeta(\mathfrak{f}^n \,|\, t) = \Pi\limits_{\mathfrak{p}\in\gamma} (1 + \sum\limits_{\substack{\mathfrak{p}\leq c<\mathfrak{p}^\infty \\ c\leq \mathfrak{f}^n}} N c^{-t}) \cdot \Pi\limits_{i=1}^{r} \Pi\limits_{\substack{\mathfrak{p}<\mathbb{P}_i \\ \mathfrak{p}\,\subset|=\gamma}} \Pi\limits_{m=1}^{nn_i} \frac{1}{1 - N\mathfrak{p}^{m-1-mt}}$$

valida per $t > 1$. A questo punto giova introdurre la funzione

$$\zeta_i(t) = \zeta_{S_i/\mathbb{P}_i}(t) \cdot \Pi\limits_{\mathfrak{p}\,\in\gamma_i} (1 - N\mathfrak{p}^{-t})$$

ottenuta dal prodotto infinito rappresentante la funzione zeta del corpo $S_i/\mathbb{P}_i$ (ved. **481**), omettendo un insieme finito γ_i di suoi fattori definito in questo modo: Nella varietà $V/\mathbb{P}_i$ di $S_i/\mathbb{P}_i$ (ved. **216**) corrispondono ai punti $\mathfrak{p} \in \gamma$ di $\mathbb{P}_i$ prospettive, l'estensione completa delle quali (ved. **250** fine) nella varietà perfetta (ved. **325**) di $S_i/\mathbb{P}_i$ è l'insieme γ_i.

Per mezzo di questa funzione possiamo uguagliare l'ultimo prodotto doppio nell'espressione di $\zeta(\mathfrak{f}^n \,|\, t)$ a $\Pi\limits_{m=1}^{nn_i} \zeta_i(mt - m + 1)$, sicchè, tenuto conto del fatto, che i primi fattori in quell'espressione tendono con $n \to \infty$ alle funzioni $\zeta(\mathfrak{p}^\infty \,|\, t)$, troviamo per $\left(\substack{* \\ **}\right)$ il prodotto infinito

$$\Pi\limits_{\mathfrak{p}\in\gamma} \zeta(\mathfrak{p}^\infty \,|\, t) \cdot \Pi\limits_{i=1}^{r} \Pi\limits_{m=1}^{\infty} \zeta_i(mt - m + 1)$$

convergente per $t > 1$ (ved. **490**).

497

49

Questo risultato, preso insieme con quello ottenuto in I, verifica l'esistenza della funzione $\zeta_V(t)$ per $\mathfrak{R}(t) > 2$, la quale è stata dimostrata per la prima volta da Lustig.

Se la varietà V non è chiusa, il calcolo suddetto si modifica per questo, che con γ_i deve intendersi l'insieme finito risultante da quello prima designato con γ_i aggiungendo le prospettive perfette di $S_i/\mathbb{P}_i$ che non trovansi in $V/\mathbb{P}_i$ (ved. 307).

V. Nel caso di una superficie aritmetica regolare e chiusa V di (un corpo K di) caratteristica p non è distinto a priori un fascio come quello delle curve (p) nel caso di car 0.

Si scelga allora un qualunque elemento $x \in K$ non-costante, cioè algebricamente indipendente, e si sostituisca nei ragionamenti analoghi a quelli suddetti al fascio delle curve (p) il fascio delle curve $x = \text{cost.}$, e cioè nel senso precisato in quel che segue.

498. La sintesi $V' = (V, V_0)$ della varietà V con la varietà chiusa $V_0 = V([1, x]) \cup V([1, x^{-1}])$ (ved. 124) sta nella relazione $V \leftarrow V' \rightarrow V_0$ (ved. 253). Sia A un anello aritmetico tale che $V(A) \subset V$. Se $x = \dfrac{a}{a_0}$ con $a, a_0 \in A$, allora tutte le prospettive $\mathbb{P}' \in V([A, x]) \subset V'$ con $a_0 \sqsubset \mathbb{P}'$ appartengono alla V, essendo A una loro base (ved. 75). Ne segue (ved. 494) che le prospettive immediate $\mathbb{P}' \in V'$ non contenute in V costituiscono un insieme finito, sia $\mathbb{P}_i'$ $(i = 1, \ldots, h)$.

Dalla regolarità della superficie V segue che tutte le prospettive immediate in V sono perfette e trovansi perciò in V'. Una prospettiva $\mathfrak{p} \in V$, $\sqsubset V'$ è fondamentale per la varietà V' nel senso del teorema 439, il quale afferma che esiste $\mathfrak{p}_1 \geq \mathfrak{p}$, altresì fondamentale per la V', e estendibile a una prospettiva immediata $\mathbb{P}'$ in V'. Ma essendo la $\mathfrak{p}_1$ fondamentale per la V', essa è di dim $s_1/\mathfrak{p}_1 = 0$ e quindi uguale alla $\mathfrak{p}$ (ved. 248), il che verifica $\mathfrak{p} \leftarrow \mathbb{P}'$ e con ciò la coincidenza di $\mathbb{P}'$ con una delle h prospettive $\mathbb{P}_i'$, mentre $\mathfrak{p}$ deve essere una delle h prospettive $\mathfrak{p}_i$ di dim $s_i/\mathfrak{p}_i = 0$ determinate da $\mathfrak{p}_i \leftarrow \mathbb{P}_i'$.

Da $S_i' \in V([s_i, x])$, risp. $\in V([s_i, x^{-1}])$, e dim $s_i + \mathbb{P}_i'/\mathbb{P}_i' = 0$ segue l'indipendenza algebrica di $x + \mathbb{P}_i'$. La proiezione $\mathbb{P}_0 \leftarrow \mathbb{P}_i'$ di $\mathbb{P}_i'$ in V_0 è quindi la prospettiva totale del corpo (x). Ne concluderemo che $\mathfrak{p}_i$ ha estensione comune a una qualsiasi prospettiva $\mathfrak{p}_0 \in V_0$. Se per es. $\mathfrak{p}_0 \in V([1, x])$ è non-totale, allora $\mathfrak{p}_0 = p_0 \cdot s_0$ con $p_0 \in [1, x]$, e l'ideale $\mathfrak{p}_i \cdot [s_i, x] + p_0 \cdot [s_i, x] \subset \mathbb{P}_i' \cap [s_i, x] + p_0 \cdot [s_i, x]$ è diverso dall'anello intero $[s_i, x]$, sicchè esso è contenuto nell'origine di una prospettiva $\in V'$ che estende tanto $\mathfrak{p}_i$ quanto $\mathfrak{p}_0$.

In analogia a 428 definiamo una corrispondenza fra V e V_0, stabilendo che a $\mathfrak{p} \in V$ corrispondano precisamente le prospettive $\mathfrak{p}_0 \in V_0$ che ammettono estensione comune alla $\mathfrak{p}$. Interpretandola come una corrispondenza fra figure possiamo riassumere le osservazioni suddette con questo.

497 — 498

Sulla superficie V esiste un insieme finito di punti aritmetici $\mathfrak{p}_i$ $(i = 1,..., h)$ *fondamentali rispetto al corpo* (x) nel senso che a ogni punto $\mathfrak{p}$ diverso dai $\mathfrak{p}_i$ corrisponde precisamente un punto $\mathfrak{p}_0 \in V_0$ (e cioè quello che proietta $\mathfrak{p}$ in V_0), mentre a un punto $\mathfrak{p}_i$ corrispondono tutti i punti di V_0.

Un dato punto $\mathfrak{p}_0 \in V_0$ corrisponde oltre ai punti fondamentali solamente a punti aventi la proiezione $\mathfrak{p}_0$, i quali pertanto sono figure prime della figura estensione $\mathfrak{p}_0$ in V' della figura $\mathfrak{p}_0$ in V_0 (ved. 255).

Viceversa, a ogni punto aritmetico $\mathfrak{p}$ della figura $\mathfrak{p}_0$ in $V \cap V'$ (cioè della figura $\mathfrak{p}_0$ in V' ristretta ai suoi ideali negli aspetti appartenenti alla varietà $V \cap V'$ che del resto è la varietà V priva delle prospettive fondamentali $\mathfrak{p}_i$) corrisponde il punto $\mathfrak{p}_0 \in V_0$. Invero, $s \subset S \to s_0$ induce che la proiezione $s_0' \to s$ è contenuta in s_0 (ved. 254) e pertanto uguale a s_0.

Da queste osservazioni si deduce la seguente subdivisione della totalità dei punti aritmetici della superficie V:

1) i punti fondamentali $\mathfrak{p}_i$ $(i = 1, ... , h)$

2) le figure $\mathfrak{p}_0$ in $V \cap V'$, estensioni dei punti aritmetici $\mathfrak{p}_0$ della varietà perfetta (della «curva aritmetica») V_0.

Sotto la premessa (del resto solamente inessenzialmente ristrettiva) che il corpo K della varietà V sia separabile sopra il corpo (x), si presta la differente relativa $\delta_1 \dfrac{V'}{V_0}$ come il mezzo appropriato alla discussione delle figure $\mathfrak{p}_0$ in $V \cap V'$.

In questo caso $\delta_1 \dfrac{V'}{V_0}$ è la prima differente non-totale (ved. 285) e per ogni punto $\mathfrak{p}$ di $V \cap V'$ sarà

$$\delta_1\left(\frac{s}{s_0}\right) \subset \mathfrak{p} \quad \text{equivalente a} \quad \left(\frac{\mathfrak{p}_0 \cdot s + \mathfrak{p}^2}{\mathfrak{p}}\right) > 1, \quad \text{cioè a} \quad \mathfrak{p}_0 \cdot s \subset \mathfrak{p}^2$$

(ved. 290). In analogia alla decomposizione 497 (**) sussiste una rappresentazione $\mathfrak{p}_0 = \mathfrak{a} \cap \prod\limits_{i=1}^{r} \mathfrak{P}_i^{n_i}$ in $V \cap V'$, dove $\mathfrak{a}$ designa una figura elementare attorno a punti che sono o singolari per una delle curve componenti $\mathfrak{P}_i$ o comuni a due o più di queste curve aritmetiche. (Si potrebbe d'altronde dimostrare che qui come in 497 (**) $\mathfrak{a}$ è superflua). Fuori dei punti or ora nominati risulta $\mathfrak{p}_0 \cdot s \subset \mathfrak{p}^2$ solamente allora che $\mathfrak{p}$ sia punto di una componente $\mathfrak{P}_i$ multipla nel senso che n_i sia > 1.

Osserviamo ancora senza dimostrazione che le figure prime 1-dimensionali della differente $\delta_1 \dfrac{V'}{V_0}$ in $V \cap V'$ si proiettano in punti di V_0 (cioè non nella curva totale). Per quasi tutti i punti $\mathfrak{p}_0$ di V_0 la loro estensione $\mathfrak{p}_0$ in $V \cap V'$ è senza singolarità.

L'esistenza della funzione zeta totale $\zeta_V(t)$ per $\mathfrak{R}(t) > 2$, altresì dimostrata per la prima volta da Lustig, seguirebbe facilmente dalla discussione suddetta

498

con simili ragionamenti di quelli esposti in **497**. Ciò che ci ha fatto insistere su questa discussione del fascio di figure determinato da un sotto-corpo (x) del corpo di una superficie aritmetica ha piuttosto un altro scopo, e cioè quello di far vedere, come nell'indipendenza della funzione zeta totale dalla scelta del sottocorpo (x), usato per il suo calcolo, si presenta un mezzo di stabilire una relazione d'invarianza fra i caratteri di un fascio, la quale sembra avere importanza simile a quella dell'invariante di ZEUTHEN-SEGRE.

499. La funzione zeta totale non è la sola *zeta-invariante* di una varietà aritmetica. Anzi, ci sono altre figure più semplici ancora, le quali altresì sono date con la varietà stessa e quindi appropriate a trattare il programma or ora sbozzato.

Fra queste figure distinte sono importanti oltre le differenti della varietà, che sono figure finite, le seguenti figure da chiamare *quasi-totali*, perchè esse passano per ogni punto aritmetico della varietà V.

1) La figura $\mathfrak{v} = \bigcap_{\mathfrak{p} \in V} \mathfrak{p}$ unione di tutti i punti aritmetici della varietà, e le sue potenze.

2) La figura $\mathfrak{b} = \Pi(p)$ prodotto di tutte le figure (p) che nel caso delle varietà V di car 0 possono essere associate ai diversi numeri primi p, stabilendo che $(p)(s)$ sia $= p \cdot s$ per ogni $s \in V$ (ved. **491**).

3) La classe delle figure $\mathfrak{w}_n$ che meritano essere chiamate *campi vetto riali* di ordine n, perchè esse hanno attorno a ogni punto aritmetico $\mathfrak{p} \in V$ il carattere di un *vettore di lunghezza* n nel senso che in ogni punto $\mathfrak{p}$ la funzione caratteristica della figura ha il valore $m + 1$ per $m < n$, e $n + 1$ per $m \geq n$ (ved. **210**).

La funzione zeta di $\mathfrak{v}$ è

$$\zeta(\mathfrak{v} \mid t) = \Pi \, (1 + N\mathfrak{p}^{-t}),$$

e nel caso delle superficie regolari risulta

$$\zeta(\mathfrak{v}^2 \mid t) = \Pi \, (1 + N\mathfrak{p}^{-t} + (N\mathfrak{p} + 1) \cdot N\mathfrak{p}^{-2t} + N\mathfrak{p}^{-3t}).$$

La funzione $\zeta(\mathfrak{b} \mid t)$ di una superficie aritmetica è stata considerata già più di venti anni fa da HASSE ed è intanto divenuta l'oggetto di tutta una serie di ricerche principalmente iniziate da una ipotesi promettente trovata da ANDRÉ WEIL, calcolando esplicitamente la funzione di HASSE in casi particolari. Quanto a queste ricerche rimandiamo al rapporto di DEURING, chi lui stesso ha essenzialmente partecipato a queste ricerche.

Le funzioni che A. WEIL ha associate alle varietà aritmetiche di caratteristica $p \neq 0$ di qualunque dimensioni sono i limiti

$$\lim_{n \to \infty} \zeta(\mathfrak{w}_n \mid t) = \Pi_{\mathfrak{p} \in V} \frac{1}{1 - N\mathfrak{p}^{-t}}$$

498 — 499

delle funzioni zeta

$$\zeta(\mathfrak{w}_n \mid t) = \prod_{\mathfrak{p}\,\in\,V} \frac{1 - N\mathfrak{p}^{-(n+1)t}}{1 - N\mathfrak{p}^{-t}}$$

dei campi vettoriali. Chi sa se la parte fatta dalla caratteristica di EULER-POINCARÉ nelle idee di WEIL su questa funzione non trovi la sua ragione profonda nell'interpretazione vettoriale suddetta.

500. Il problema, particolarmente studiato da LAMPRECHT, di ascendere dalle funzioni zeta totali delle varietà aritmetiche di un corpo K a una funzione zeta del corpo stesso, è intimamente legato al problema di distinguere fra le varietà chiuse e regolari di un corpo una più densa nel senso, che a nessuna delle sue figure prime possa corrispondere in un'altra varietà aritmetica, chiusa e regolare di K una figura di dimensione aritmetica minore.

Seguendo le idee sviluppate in un simile argomento della teoria delle superficie algebriche da CASTELNUOVO e ENRIQUES, si dovrà a proposito ricorrere al teorema **443** e al suo corollario.

La ricerca di invarianti birazionali derivabili dalle funzioni zeta non mancherà di esaminare i limiti

$$\lim_{\substack{t>n \\ t\to n}} (t\text{-}n) \cdot \zeta(\mathfrak{a} \mid t), \quad \lim_{\substack{t>n \\ t\to n}} (t\text{-}n) \cdot \frac{\zeta'}{\zeta}(\mathfrak{a} \mid t) \qquad (n = \dim_a \mathfrak{a})$$

Ritengo per es. che non sia accidentale che il fattore che nella formula **484** $\left(\frac{+}{++}\right)$ corrisponde alla figura 0-dimensionale $\mathbb{P} + \mathbb{Q}$, assume per $t = 0$ il valore $N(\mathbb{P} + \mathbb{Q})$, mentre esso per $t = 1$ si riduce a 1.

Pensando al fondamentale legame che nel caso della dimensione aritmetica 1 sussiste fra la funzione zeta di un corpo e le classi di equivalenza fra i suoi divisori, si è condotti a presumere nella teoria generale delle serie di equivalenza e quindi in una parte centrale dell'opera di FRANCESCO SEVERI, il mezzo predestinato a svelare l'essenza delle funzioni zeta.

$$[M] = \text{anello} \cdot \text{generato da } M$$

(63)
$$(M) = \text{oggetto generato da } M$$

(63)
$$\begin{array}{cccc} (S) & \supset & S & \longrightarrow & S/\mathfrak{P} \\ \text{oggetto} & & \text{aspetto} & \text{prospettiva} & \text{soggetto} \end{array}$$

(71)
$$\left. \begin{array}{l} S \supset A = [A] \\ S = \dfrac{A}{A \setminus \mathfrak{P}} \end{array} \right\} \longleftrightarrow S \geqslant A \longleftrightarrow S \in V(A) \longleftrightarrow \mathfrak{P} \in V(A)$$

(214)
$$S \geqslant s \longleftrightarrow \mathfrak{P} \geqslant \mathfrak{p}$$

(180)
$$S \geqslant s,\ s \geqslant A \longrightarrow S \geqslant A$$

(75)
$$\left. \begin{array}{l} S \geqslant A \\ [B] = B \subset A \subset \dfrac{B}{B \setminus \mathfrak{P}} \end{array} \right\} \longrightarrow S \geqslant B$$

(65)
$$S \supset s \longrightarrow \left\{ \begin{array}{l} \mathfrak{P} \cap s \subset \mathfrak{p} \\ \text{oppure} \\ s \subset \bigcap_{m=1,2,\ldots\infty} \mathfrak{P}^m \end{array} \right.$$

(66)
$$\left. \begin{array}{l} S \supset s \\ \mathfrak{P} \cap s = \mathfrak{p} \end{array} \right\} \longleftrightarrow S \to s \longleftrightarrow \mathfrak{P} \to \mathfrak{p}$$

(76)
$$S \text{ estende } s \text{ con } M \longleftrightarrow s \leftarrow S \geqslant [s,\ M]$$

$$(80) \qquad \left.\begin{array}{l} [s,\,M]\ \text{primario} \\ \\ s\ \text{può estendersi con}\ M \end{array}\right\} \longleftrightarrow\ \mathfrak{p}\cdot[s,\,M]\ \square\ 1$$

$$(80) \qquad \left.\begin{array}{l} [s,\,M]\ \text{primario} \\ \\ \mathfrak{p}\subset\mathfrak{c}\ \text{ideale primo}\ \neq\ [s,\,M] \end{array}\right\} \longleftrightarrow\ \left\{\begin{array}{c} \text{Esiste}\ S\geqslant[s,\,M] \\ \downarrow \\ s \end{array}\right.\ \text{con}\ \mathfrak{c}=\mathbb{P}\frown[s,\,M]$$

$$\left.\begin{array}{l} [s_1,\,s_2]\ \text{primario} \\ \mathfrak{p}_1\cdot s_2+\mathfrak{p}_2\cdot s_1\ \square\ 1 \end{array}\right\} \longleftrightarrow\ \left\{\begin{array}{c} \text{Esiste} \qquad S \\ \swarrow \quad \searrow \\ s_1 \qquad\quad s_2 \end{array}\right.$$

$$(73) \qquad \left.\begin{array}{l} [A]=A\subset S \\ A\ \mathfrak{c}\models\mathbb{P} \end{array}\right\} \longrightarrow\ \text{Esiste}\ \begin{array}{c} S \\ \downarrow \\ S_0\geqslant A \end{array}$$

$$(74) \qquad \left.\begin{array}{l} [A]=A\subset S \\ \downarrow \\ A\supset s \end{array}\right\} \longrightarrow\ \text{Esiste}\ \begin{array}{c} S \\ \downarrow \\ S_0\geqslant A \\ \downarrow \\ s \end{array}$$

$$(110) \qquad V\ \text{è varietà}\ \longleftrightarrow\ \left\{\begin{array}{l} \text{Da}\ S\geqslant s\in V\ \text{segue}\ S\in V \\ \text{Da}\ s_1,\,s_2\in V\ \text{segue}\ s_1\geqslant s_1\frown s_2 \end{array}\right.$$

$$(V)=\text{oggetto di}\ V=\text{oggetto degli}\ s\in V$$

$$(118) \qquad \left.\begin{array}{l} V\ \text{è varietà chiusa} \\ (\text{sopra}\ A) \end{array}\right\} \longleftrightarrow\ \left\{\begin{array}{l} V\ \text{è varietà primaria e per}\ s\ \text{qualunque} \\ \text{con}\ [s,\,(V)]\ \text{primario (e}\ s\supset A)\ \text{esiste} \\ s\leftarrow S\rightarrow s'\in V \end{array}\right.$$

$$(111) \qquad \left.\begin{array}{l} S\rightarrow s\in V \\ S\rightarrow s'\in V \end{array}\right\} \longrightarrow s=s'$$

$$(161) \qquad \left.\begin{array}{l} V(A)\subset V \\ V(B)\subset V \\ 1\in A\frown B \end{array}\right\} \longrightarrow V([A,\,B])=V(A)\frown V(B)\subset V$$

$$W = \text{sistema di prospettive di un oggetto } (W) \text{ primario}$$

$$(264) \qquad W \to W_0 \longleftrightarrow \begin{cases} \text{I) Ogni } s \in W \text{ estende almeno un } s_0 \in W_0 \\ \text{II) } S_0 \to s_0 \in W_0 \\ \quad [S_0, \; (W)] \text{ primario} \end{cases} \left\{ \text{induce} \right\} \begin{cases} S \to s \in W \\ \downarrow \\ S_0 \to s_0 \in W_0 \end{cases}$$

$$(264) \qquad \left. \begin{array}{l} W \to W_1 \\ W_1 \to W_0 \end{array} \right\} \longrightarrow W \to W_0$$

$$(256) \qquad W_1 \to W_0 \longleftrightarrow \begin{cases} W \to W_0 \\ \text{Ogni } s \in W \text{ estende solamente un } s_0 \in W_0 \end{cases}$$

$$(111) \qquad \left. \begin{array}{l} W \to V \\ V \text{ varietà} \end{array} \right\} \longrightarrow W \to V$$

$$(428) \qquad \text{A } s \text{ corrisponde } s' \text{ in } V \longleftrightarrow \text{Esiste } \quad \overset{\displaystyle S}{\swarrow \; \searrow} \atop {s \qquad s' \in V}$$

$$\mathfrak{a} \text{ è figura in } V \longleftrightarrow \begin{cases} \text{A ogni } s \in V \text{ è associato un ideale } \mathfrak{a}(s) \text{ in } s. \\ \text{Da } S \geqslant s \text{ segue } \mathfrak{a}(S) = \mathfrak{a}(s) \cdot S \end{cases}$$

$$\mathfrak{a} \geqslant \mathfrak{b} \longleftrightarrow \mathfrak{a}(s) \subset \mathfrak{b}(s) \text{ per ogni } s \in V$$

$$(230) \qquad \operatorname{ord} \frac{\mathfrak{a}}{\mathfrak{p}} = n \longleftrightarrow \begin{cases} \text{Esiste } \mathfrak{p} < \mathbb{P}_1 < \dots < \mathbb{P}_n \leqslant \mathfrak{a}, \\ \text{Da } \mathfrak{p} < \mathbb{P}_1 < \dots < \mathbb{P}_l \leqslant \mathfrak{a} \text{ segue } l \leqslant n \end{cases}$$

$$(230) \qquad \operatorname{ord} \frac{\mathfrak{a}}{\mathfrak{p}} = \text{grado del polinomio} \left(\frac{\mathfrak{a}(s) + \mathfrak{p}^{m+1}}{s} \right) \text{ di } m$$

$$(231) \qquad \text{ampiezza } \mathfrak{p} = \left(\frac{\mathfrak{p}^2}{s} \right) - 1 \geqslant \operatorname{ord} \mathfrak{p} = \operatorname{ord} \frac{\mathfrak{a}}{\mathfrak{p}} \text{ con } \mathfrak{a} \text{ totale}$$

$$(234) \qquad s \text{ regolare} \longleftrightarrow \mathfrak{p} \text{ regolare} \longleftrightarrow \text{ampiezza } \mathfrak{p} = \operatorname{ord} \mathfrak{p}$$

Se car $(s) = \operatorname{car} s/\mathfrak{p}$ oppure car $s/\mathfrak{p} \subseteqq \mathfrak{p}^2$:

$$(303) \qquad \mathfrak{p} \text{ (aritmetica) è regolare} \longleftrightarrow \text{Il primo differente } \mathfrak{d}_n(s) \neq 0 \text{ è } s.$$

Se car $(s) \neq$ car $s/\mathfrak{p} \subset \mathfrak{p}^2$:

(303) $\mathfrak{p}$ (aritmetica) è regolare $\longleftrightarrow$ il secondo differente $\mathfrak{d}_n(s) \neq 0$ è s.

Se $s/\mathfrak{p}$ è separabile sopra $k + \mathfrak{p}/\mathfrak{p}$:

(304) $\mathfrak{p}$ (algebrica sopra k) è regolare $\longleftrightarrow$ il primo differente $\mathfrak{d}_n\left(\dfrac{s}{k}\right) \neq 0$ è s.

Se $s/\mathfrak{p}$ è algebrico sopra $s_0 + \mathfrak{p}/\mathfrak{p}$ e gli ideali $\mathfrak{p}$, $\mathfrak{p}_0$ hanno basi finite:

$$
(290) \qquad
\left.
\begin{aligned}
\mathfrak{d}_{n-1}\left(\tfrac{s}{s_0}\right) &\subset \mathfrak{p} \\[2mm]
\mathfrak{d}_n\left(\tfrac{s}{s_0}\right) &= s
\end{aligned}
\right\}
\;\longrightarrow\;
\left\{
\begin{aligned}
& m \leqslant n \leqslant m \dotplus \text{insep.} \; \frac{s/\mathfrak{p}}{s_0 + \mathfrak{p}/\mathfrak{p}} \\[2mm]
& \text{con } m = \left(\frac{\mathfrak{p}_0 \cdot s + \mathfrak{p}^2}{\mathfrak{p}}\right) + \dim \frac{s/\mathfrak{p}}{s_0 + \mathfrak{p}/\mathfrak{p}}
\end{aligned}
\right.
$$

$$
(248) \qquad S \geqslant s \geqslant A \text{ aritmetico } \longrightarrow \text{ord} \frac{\mathbb{P}}{\mathfrak{p}} = \dim_a S/\mathbb{P} - \dim_a s/\mathfrak{p}
$$

$$
(249) \qquad S \geqslant s \geqslant A \text{ algebrico sopra } k \dashrightarrow \text{ord} \frac{\mathbb{P}}{\mathfrak{p}} = \dim \frac{S/\mathbb{P}}{k + \mathbb{P}/\mathbb{P}} - \dim \frac{s/\mathfrak{p}}{k + \mathfrak{p}/\mathfrak{p}}
$$

INDICE DELLE NOZIONI

TIP. AZZOGUIDI - VIA GARIBALDI, 3 · BOLOGNA - 1958

L E O N A R D   R O T H

QUESTIONI DI RAZIONALITA' E VARIETA' GRUPPALI

ROMA - Istituto Matematico dell'Università, 1957

<u>QUESTIONI DI RAZIONALITA' E VARIETA' GRUPPALI</u>

DI

<u>LEONARD ROTH</u>

PREFAZIONE

Il presente lavoro, che è basato su un corso di Lezioni tenute a Varenna (Villa Monastero) durante il mese di Maggio 1957, è diviso in due parti. La prima parte, che è dedicata a questioni di razionalità per le varietà algebriche, conserva più o meno la sua forma originale, e potrebbe servire come introduzione alla teoria generale che il lettore troverà esposta nella monografia [1] ; per complementi ed esempi in proposito si potrebbero utilmente consultare i corsi [m , n] di Lezioni date a Genova negli anni 1955-1956.

La seconda parte, che tratta delle varietà algebriche dotate di gruppi continui finiti di automorfismi, dà una visione abbastanza completa dei vari argomenti, molti dei quali sono qui per la prima volta riuniti ed esposti in maniera sistematica. Però, come apparirà in seguito, quasi tutti i risultati fondamentali in questo campo dipendono da concetti e metodi derivanti dalla teoria delle funzioni di più variabili complesse; c'è quindi da augurarsi che la materia, la quale è di carattere schiettamente geometrico, riceva presto una rielaborazione più adeguata alla sua natura.

La bibliografia posta alla fine non pretende di essere completa; altri lavori rilevanti si troveranno menzionati nelle monografie e nei trattati qui citati.

L. Roth

INTRODUZIONE

Incominciamo con la seguente osservazione: quasi tutti i problemi che formano gli argomenti di queste Lezioni possono venir illustrati sopra un solo esempio molto semplice, e precisamente la curva piana di terz'ordine.

Sia $f(x,y,z) = 0$ l'equazione di una cubica piana C irriducibile. Anzitutto supponiamo che C abbia un punto doppio D ; allora C ammette una rappresentazione parametrica razionale

$$(1) \qquad x:y:z = f_1(t) : f_2(t) : f_3(t)$$

la quale si ottiene considerando il fascio $A + tB = 0$ di rette - curve aggiunte di ordine uno - passanti per D . Ora va notato che tale rappresentazione gode delle seguenti proprietà :

a) Essa viene effettuata operando nel campo K di razionalità definito dai coefficienti della forma f ; difatti, essendo D l'unico punto comune a tutte le prime polari di C , le sue coordinate si possono calcolare razionalmente in K .

Al contrario, nel caso di una conica f = 0 , anch'essa una curva razionale, la determinazione di un suo punto P , necessario per ottenere una rappresentazione di tipo (1), ci obbliga ad uscire - almeno in generale - dal relativo campo K : ad esempio, la conica $x^2 + y^2 + z^2 = 0$ non contiene nessun punto reale.

b) La rappresentazione è <u>birazionale</u>, e cioè la corrispondenza tra punti di C e valori di C è algebrica e biunivoca.

Riassumendo, possiamo quindi dire che mentre la cubica è birazionale nel campo K , la conica è birazionale nell'estensione K(P) di K che si ottiene aggiungendo a K l'irrazionalità da cui dipende la determinazione del punto P .

Più generalmente possiamo contemplare una rappresentazione parametrica (1) di una curva C tale che al punto generico di C corrisponda un gruppo di n (>1) valori distinti di t : in quel caso diciamo che essa

L. Roth

è <u>unirazionale</u>, ed allora C viene rappresentata sopra un'involuzione I_n ,
di ordine n , sopra una retta su cui t è coordinata. Nasce così <u>a priori</u>
una distinzione tra curve birazionali e curve unirazionali; però un classico teorema di Luroth (1875) afferma che <u>ogni curva unirazionale in</u> K
<u>risulta anche birazionale in</u> K . Come vedremo in seguito, per le varietà
superiori la distinzione è fondamentale.

Supponiamo in secondo luogo che f = 0 denoti l'equazione di
una cubica C' non singolare; allora essa può venir ridotta alla forma
normale

$$y^2 z = 4x^3 - g_2 xz^2 - g_3 z^3 \ , $$

dalla quale risulta che ammette la rappresentazione parametrica

(2) $$x:y:z \ = \ p(u): \ p'(u): \ 1 \ , $$

essendo p(u) la funzione ellittica di Weierstrass associata agli invarianti g_2, g_3 . Ma con ciò non è detto che C' non ammetta una rappresentazione parametrica di tipo (1); però il fatto che C' risulta <u>irrazionale</u> in
qualunque estensione di K si dimostra geometricamente ricorrendo al concetto di <u>serie canonica</u> d'una curva algebrica.

Tale serie è assolutamente invariante di fronte alle trasformazioni birazionali; ora, mentre la serie canonica di C è virtuale, quella
di C' è effettiva di ordine zero: in altri termini, il <u>genere</u> di C è
zero e quello di C' è uno. Aggiungiamo in proposito che una dimostrazione
autonoma dell'irrazionalità di C' , questione di natura schiettamente aritmetica, non è stata data finora.

Passiamo ora ad un altro campo dei nostri studi; ed osserviamo
dapprima che se, nelle (1), facciamo la posizione

$$t \ = \ (at' + b)/(ct' + d) \ , $$

con a,b,c,d costanti arbitrarie, la curva C viene trasformata birazionalmente in sè ; quindi, variando tali costanti si vede che C ammette
<u>un gruppo continuo permutabile di automorfismi</u>; inoltre tale gruppo è <u>al-
gebrico e finito</u> (precisamente ∞^3). Ogni trasformazione del gruppo am-

L. Roth

mette qualche punto fisso.

Il caso di C' è più complicato ed interessante; dalla teoria delle funzioni ellittiche segue che se C' è a modulo generale, ammette due e soltanto due tipi di automorfismi, quelli di **prima specie**, dati da

$$(3) \qquad u' = u + a \quad (\text{mod. periodi}),$$

e quelli di **seconda specie**, rappresentati da

$$(4) \qquad u' = -u + b \; (\text{mod. periodi}).$$

L'insieme delle trasformazioni (3) costituisce un gruppo continuo ∞^1 permutabile che è **completamente e semplicemente transitivo** (cfr. n.15) e quindi privo di punti fissi. Quelle di seconda specie formano solamente una schiera continua ∞^1, ma le (3) e (4) prese insieme dànno un **gruppo misto**. Se invece C' è armonica od equianarmonica, essa ammette in più delle trasformazioni **singolari**; però quelle non costituiscono gruppi e ammettono sempre dei punti fissi.

Notiamo infine che, come dimostreremo, le curve razionali ed ellittiche sono addirittura **caratterizzate** dalle rispettive proprietà gruppali già descritte; in altre parole i valori $p = 0$, 1 assunti dal genere d'una curva algebrica sono caratteristici per tali proprietà.

Questo, in breve, è il nostro materiale sperimentale. Tutti i concetti, ed anche vari dei risultati, verranno gradualmente estesi in seguito alle varietà algebriche di dimensione superiore; in particolare la parte concernente le proprietà gruppali assumerà una forma notevolmente semplice ed armoniosa.

L. Roth

PARTE PRIMA

QUESTIONI DI RAZIONALITA'

1. <u>Generalità: esempi</u>. Consideriamo una varietà V_d , algebrica ed irriducibile, di uno spazio proiettivo complesso S_r $(r > d)$, data come intersezione completa di un certo numero di forme; e sia K il <u>campo
di razionalità</u> definito dai coefficienti di tali forme. Allora diremo che
V_d è <u>unirazionale in</u> K se, rimanendo in K , si può trovare per V_d una
rappresentazione parametrica razionale

(1) $$\rho\, x_i = f_i(a_1, a_2 \ldots, a_d) \qquad (i = 0, 1, \ldots, r)$$

ove le x_i sono coordinate omogenee di S_r e le f_i sono funzioni razionali a coefficienti in K , di d parametri essenziali.

In generale, ad un punto di V_d corrisponde un gruppo di $n(\geqslant 1)$
valori distinti di (a_i), sicché V_d viene rappresentata sopra una involuzione I_n di S_r . Ma può darsi che le (1) si possano invertire <u>razional-
mente</u> in K (e cioè senza introdurre nuove irrazionalità) in modo da esprimere ciascun parametro a_i come funzione razionale delle x_i ; in quel
caso - che è appunto il caso $n = 1$ - diremo che V_d è <u>birazionale in K</u> .

Illustriamo questi concetti sopra alcuni esempi che saranno
importanti pel seguito. Anzitutto, <u>ogni monoide</u> (forma di ordine m con
unico punto multiplo di ordine m-1) è <u>birazionale in</u> K ; il caso tipico
della cubica piana nodale è stata considerata nell'Introduzione. Quindi <u>la
superficie quartica di Steiner è anch'essa birazionale in K</u> .

Ora le due nozioni definite sopra sono evidentemente invarianti
di fronte alle trasformazioni birazionali effettuate in K che non introducano elementi eccezionali; ne consegue che la <u>superficie di Veronese è birazionale in</u> K , in quanto si proietta genericamente dal suo spazio normale S_5 in una superficie di Steiner.

In secondo luogo osserviamo che <u>una</u> V_d <u>che sia unirazionale
in K ed ivi rappresentabile sopra una involuzione</u> I_n , <u>può essere rappre-</u>

L. Roth

sentabile sopra una $I_{n'}$, __con__ n' $<$ n , __in qualche estensione__ K' __di__ K ,
ad esempio nel campo K(W) ottenuto aggiungendo a K le irrazionalità da
cui dipende la determinazione di una certa sottovarietà W di V ; in particolare possiamo avere n' = 1. E una varietà V_d che non sia birazionale
o neanche unirazionale in K può risultare birazionale in qualche estensione di K : ad esempio, la forma quadrica generale di dimensione qualunque,
non è birazionale in K , ma lo è in K(P), ove P è il punto generico della quadrica.

Più interessante è il caso della __superficie__ cubica __generale__ di
S_3 . Dimostreremo dapprima che (i) una tale superficie F __è unirazionale__
__in__ K(P) __ed ivi rappresentabile sopra un'involuzione__ I_6 . Difatti, dato
il punto P; resta determinata razionalmente in K(P) la cubica   C intersezione di F con il piano tangente in P ; e tale cubica, avendo P come punto doppio, è birazionale in K(P). Ora, se Q è il punto generico di
C , il piano tangente in Q ed F sega F secondo una cubica birazionale
in K(Q), e cioè in K(P). E siccome sei di questi piani passano per il punto A generico di F (corrispondenti alle intersezioni di C con la quadrica polare di A rispetto ad F), risulta che così otteniamo una rappresentazione unirazionale di F immagine di un'involuzione piana di sest'ordine.

Con lo stesso metodo si dimostra che (ii) essendo $\underline{1}$ una retta
qualsiasi di F , F è __unirazionale in__ K(1) __ed ivi rappresentabile sopra__
una I_2 . Infatti i piani tangenti nei vari punti P di $\underline{1}$ segano F ,
fuori di $\underline{1}$, secondo coniche, ognuna delle quali è birazionale nel relativo campo K(P), e cioè in K($\underline{1}$) . E due di tali piani passano per il punto
A di F .

Infine, date due rette sghembe 1,m, di F, si vede subito che
F __risulta birazionale__ in K(1,m); basta all'uopo considerare la congruenza
lineare di rette appoggiate ad 1 ed m .

I risultati (i) ed (ii) si estendono immediatamente alla for-
ma cubica generale $V_d (d \geqslant 3)$, e rientrano come casi molto particolari del
seguente teorema $\left[56\right]$:

L. Roth

Dato su V_d un sistema birazionale ∞^{d-k} di varietà V_k , di indice $\nu \geqslant 1$, tale che V_k è unirazionale in $K(S_h)$ $(h \geqslant 0)$; se possiamo determinare razionalmente, sulla V_k generica, uno spazio S_h , allora V_d è unirazionale. E se $\nu = 1$, e V_k è birazionale in $K(S_h)$, allora V_d è birazionale.

2. Sulle varietà intersezioni complete di forme. Come abbiamo già accennato, la forma cubica V_{r-1}^3 generale di S_r è sempre unirazionale (per un'altra dimostrazione vedi n.4). Passando alle forme di ordine superiore notiamo anzitutto il seguente risulato di Morin [34] : la forma quartica V_{r-1}^4 generale di S_r è unirazionale per ogni $r \geqslant 7$, e cioè non appena contenga qualche piano. In un secondo tempo Morin [35] ha stabilito un risultato analogo per la forma quintica, ed infine è pervenuto al teorema [37] : una forma V_{r-1}^n generale di S_r è sempre unirazionale in qualche estensione del relativo campo K purchè r sia sufficientemente elevato rispetto ad n . Il metodo di Morin consiste nel determinare su V_{r-1}^n uno spazio lineare di dimensione abbastanza elevata; però va notato che il risultato ha carattere esistenziale in quanto non dà l'ordine della involuzione immagine di V_{r-1}^n , e per di più pare soggetto a delle ipotesi molto restrittive.

Seguendo gli stessi metodi Predonzan [44] ha poi dimostrato che una varietà intersezione completa di un numero qualunque di forme generali in posizione generica, è sempre unirazionale purchè lo spazio ambiente abbia dimensione sufficientemente elevata.

Nel caso dell'intersezione completa di quadriche possiamo dare dei risultati più precisi:

i) La varietà V_r intersezione completa di m ($\geqslant 2$) quadriche è birazionale se contiene qualche S_{m-1} [28] . Difatti, un S_m passante per tale S_{m-1} sega ciascuna delle m quadriche secondo un S_{m-1} residuo, e questi m S_{m-1} hanno in comune un solo punto, indi V_r risulta birazionale in $K(S_{m-1})$.
ii) La stessa varietà V_r è unirazionale e rappresentabile sopra una I_{2m-2} di S_r non appena contenga qualche S_{m-2} [46] ; la dimostrazione poggia

L. Roth

sul teorema di Enriques (n.4).

Come abbiamo visto, tutte le precedenti indagini si basano sull'esistenza di qualche spazio lineare, di dimensione conveniente, contenuto nella varietà data. Però con altri metodi possiamo talvolta ottenere dei risultati più significativi; ad esempio Morin [38] , sfruttando l'esistenza di superficie quartiche monoidali, ha dimostrato che anche la forma quartica generale di S_6 è unirazionale.

E' interessante notare che l'intero complesso di ricerche in questo campo ha avuto origine nel problema della forma quartica generale di S_4 . Presumibilmente tale forma non è birazionale, e si ha ragione di credere che non sia nemmeno unirazionale. Però i tentativi [23], [24] di Fano di stabilire la non birazionalità hanno sollevato altre questioni difficili che, almeno per ora, sono rimaste senza risposta.

3. <u>I tipi normali di Noether</u>. Dimostriamo ora il seguente teorema di Noether [39] : <u>ogni curva</u> C^n <u>razionale non singolare è trasformabile birazionalmente in</u> K <u>in una cubica sghemba, se</u> n <u>è dispari; ed è trasformabile birazionalmente in</u> K <u>in una conica, se</u> n <u>è pari. Quindi</u> C^n <u>è birazionale in</u> K <u>oppure in</u> $K(P)$ <u>secondoché</u> n <u>è dispari o pari.</u>

Sia D^n la proiezione generica piana di C^n; allora, le curve aggiunte di ordine $n-2$, che passano semplicemente per $i\binom{n-1}{2}$ nodi di D^n segano su D^n , fuori dei nodi, una serie lineare g_{n-2}^{n-2} i cui gruppi si ottengono nel campo K di D^n, che è anche quello di C^n, in quanto nelle condizioni di passaggio di una curva per tutti i nodi di D^n le coordinate di tali nodi compaiono simmetricamente. L'immagine proiettiva della g_{n-2}^{n-2} è quindi una C^{n-2} razionale di S_{n-2} , trasformata birazionale in K di C^n. Se $n > 3$, ripetiamo il procedimento: se n è dispari, si arriva ad una C^3 sghemba, che si proietta in K in una cubica piana nodale, la quale è birazionale in K $(n.1)$, mentre se n è pari, si arriva ad una conica, che è birazionale in $K(P)$.

L'importanza di questo risultato sta nel fatto che, data una superficie V_2 contenente un fascio, razionale o no, di curve C^n, possiamo

L. Roth

trasformare V_2 birazionalmente in W_2 in modo che il fascio di curve C abbia come immagine birazionale un fascio di cubiche sghembe o coniche. Ed analogamente per una V_d che contenga una _congruenza_ (sistema ∞^{d-1} di indice uno) di curve C^n.

Osserviamo infine che _l'ipotesi della non singolarità di_ C^n _è superflua_; difatti, in base ad un risultato di B. Segre [62], se V_d contiene una congruenza Γ di curve razionali la cui curva generica sia singolare, possiamo sempre trovare una trasformata birazionale V'_d di V_d contenente una congruenza Γ', immagine birazionale di Γ, di curve razionali di cui il membro generico sia privo di singolarità (un teorema analogo vale per congruenze di curve di genere qualsiasi).

4. _Il teorema di Enriques._ Una conseguenza dei precedenti risultati è il seguente teorema di Enriques [16] : _se_ V_d _contiene una congruenza birazionale di curve razionali dotata di una_ V_{d-1} _n-secante birazionale, la quale sia semplice per_ V_d , _allora_ V_d _è unirazionale e rappresentabile sopra una involuzione_ I_n _di_ S_d.

Anzitutto fissiamo una rappresentazione parametrica birazionale per V_{d-1} , in modo che le coordinate del suo punto P generico vengono espresse in funzioni razionali di $d-1$ parametri essenziali $a_1, a_2, \ldots, a_{d-1}$. Ora per P passa una e una curva C di Γ la quale - in base alla trasformazione di Segre - può supporsi non singolare; e per di più C è razionalmente determinata da P . E siccome C è certamente birazionale in $K(P)$, possiamo determinare per essa una rappresentazione parametrica birazionale in modo che le coordinate del suo punto Q generico - che è anche il punto generico di V_d - vengon espresse in funzioni razionali di $a_1, a_2, \ldots, a_{d-1}$ e di un altro parametro a_d . Evidentemente, ad un dato gruppo di parametri $(a_1, a_2, \ldots, a_d)$ corrisponde un sol punto Q ; ma poichè C è n-secante V_{d-1}, al punto Q corrispondono n gruppi $(a_1, a_2, \ldots, a_d)$. Questo, in sostanza, è il risultato di Enriques; consideriamo ora alcune semplici estensioni del teorema insieme a varie applicazioni di esse.

(i) In primo luogo è ovvio che il ragionamento adoperato vale anche nel

L. Roth

caso in cui la V_{d-1} plurisecante sia <u>unirazionale</u> anziché birazionale. Se la rappresentazione mediante i parametri $a_1, a_2, \ldots, a_{d-1}$ corrisponde ad una involuzione I_m di S_{d-1}, allora ne consegue che V_d è unirazionale e rappresentabile sopra una involuzione di ordine mn.

(ii) Supponiamo invece che la congruenza Γ sia n-secante una varietà V_r ($0 \leqslant r < d-1$) che sia birazionale e semplice per V_d ; supponiamo inoltre che la C generica non abbia contatti con V_r . Applichiamo una <u>dilatazione</u> a base V_r , e cioè una trasformazione birazionale di V_d mediante il sistema lineare di forme, di un ordine convenientemente elevato, passanti semplicemente per V_r; in tale guisa V_d viene trasformata in una W_d su cui l'intorno di V_r è rappresentato da una W_{d-1} generata da una congruenza di spazi lineari, che risulta birazionale, essendo in corrispondenza birazionale coi punti di V_r ; quindi anche W_{d-1} risulta birazionale. La congruenza Γ a sua volta viene rappresentata da una congruenza Γ' birazionale di curve razionali n-secanti W_{d-1}. E pertanto W_d (e quindi V_d) risulta unirazionale e rappresentabile sopra una involuzione di ordine n.

(iii) Il caso in cui V_r sia solamente unirazionale viene trattato in maniera analoga; difatti, mediante una dilatazione a base V_r, si riduce subito a (i).

Consideriamo una forma cubica V_d^3 generale di S_{d+1} ($d \geqslant 3$); i piani passanti per una sua retta generica $\underline{1}$ segano su V_d^3, fuori di $\underline{1}$, una congruenza birazionale di coniche, per cui l'intorno di $\underline{1}$ rappresenta una V_{d-1} bisecante birazionale. Quindi, in base a (ii), V_d^3 risulta unirazionale e rappresentabile sopra una I_2 .

Se - come si presume - V_d^3 non è birazionale, quest'ultimo risultato non può venir migliorato.

(iv) Per ottenere un'ampia generalizzazione del Teorema di Enriques basta sostituire la congruenza Γ di curve razionali con una congruenza $\{V_k\}$ birazionale di varietà V_k tale che V_k sia birazionale od unirazionale in K oppure in K(P), ove il simbolo K è relativo a V_k ; allora, se inoltre V_d contiene una varietà V_{d-k} birazionale e semplice la quale sia n-secante la congruenza $\{V_k\}$, segue che V_d è unirazionale e rappresentabile sopra una I_n .

L. Roth

Ulteriori estensioni di questo risultato possono venir stabilite come sopra; rimandiamo il lettore alla Nota $\begin{bmatrix}56\end{bmatrix}$.

Consideriamo una forma quartica V_d^4 generale; se $d \geqslant 6$, V_d^4 contiene sempre dei piani $\begin{bmatrix}43\end{bmatrix}$. Allora, gli spazi S_3 passanti per uno - diciamolo α - di essi segano su V_d^4 , fuori di α , una congruenza birazionale $\left\{V_2\right\}$ di superficie cubiche V_2 le quali sono trisecanti una retta $\underline{l}$ qualsiasi di α . Applicando una dilatazione a base $\underline{l}$, e ricordando (n.1) che V_2 è unirazionale in $K(P)$, risulta che V_d^4 è unirazionale.

5. <u>Le superficie razionali; tipi normali di Enriques</u>. Abbiamo fatto cenno, nell'Introduzione, al Teorema di Luroth secondo cui ogni curva unirazionale è anche birazionale. Ora, per le superficie sussiste un risultato analogo, dovuto a Castelnuovo (vedi n.9); <u>ogni superficie unirazionale in K è birazionale in qualche estensione</u> K' <u>di</u> K . E' un fatto notevole che, mentre la dimostrazione del teorema di Luroth non esce dall'ambito dell'algebra classica, quella del teorema di Castelnuovo - come vedremo in seguito - poggia esclusivamente su concetti e metodi geometrici che non hanno nulla a che vedere con l'algebra. Comunque, in base a quel teorema, possiamo sempre parlare di superficie <u>razionale</u> qualora la natura specifica della rappresentazione parametrica, ossia l'estensione K' , non abbia interesse.

Consideriamo ora una superficie razionale F^n non singolare, rappresentata sul piano mediante il sistema $|C|$ lineare di curve di un certo ordine m e genere p . La proiezione generica di F su S_3 sarà una superficie G dotata di singolarità <u>ordinarie</u> (curva doppia nodale, con punti tripli e punti cuspidali, ecc.). Consideriamo tutte le superficie di ordine n-3 che passano semplicemente per la curva doppia di G (superficie <u>aggiunte</u> di ordine n-3); tali superficie, se esistono effettivamente, segano su G, fuori della curva doppia, un sistema lineare completo di curve, <u>aggiunte</u> alle sezioni piane di G; che nella rappresentazione piana ha per immagine il sistema $|C'|$ aggiunto a $|C|$. Se $p \geqslant 2$, il sistema $|C'|$ riesce effettivo e di ordine positivo, e sega su ogni C la serie canonica g_{2p-2}^{p-1}

L. Roth

completa.

  Ora va notato che, se $p > 2$ e C non è iperellittica, la serie g^{p-1}_{2p-2} risulta <u>semplice</u>, e cioè non è composta con nessun'altra serie; e per di più non possiede mai <u>coppie neutre</u> tali che il passaggio di un gruppo canonico per un dato punto implichi il passaggio per qualche altro punto. Se invece C è iperellittica con $p > 2$, la serie canonica è composta con l'unica serie g^1_2 esistente su C .

  Da quest'ultimo risultato segue che se $p > 3$, il sistema $|C'|$ è atto a rappresentare una superficie F' la quale, quando C non è iperellittica, è birazionalmente e semplicemente equivalente ad F ; quando invece C è iperellittica, F' risulta modello doppio di F . Ad ogni modo, F' è o non singolare oppure dotata di singolarità ordinarie. E siccome il sistema di superficie, di qualunque ordine, aggiunte a G , è determinabile nel campo K di G (e cioè di F) ne discende che la <u>riduzione di F a F'</u> <u>viene effettuata in</u> K .

  Ora applichiamo, se occorra, le precedenti considerazioni a F', considerando cioè il sistema $|C''|$ aggiunto a $|C'|$; e così via. In ogni caso la serie di sistemi $|C|$, $|C'|$, $|C''|$ ... e quella delle superficie F, F', F''' debbono aver termine. Un'analisi completa della situazione è stata fatta da Castelnuovo in un'appendice alla Memoria $[12]$ di Enriques, con i seguenti risultati:

<u>Le superficie razionali non singolari possono essere classificate in quattro</u> <u>famiglie, a seconda che il processo di aggiunzione successiva, applicato al-</u> <u>le loro sezioni iperpiane, conduce ad una rappresentazione birazionale in</u> <u>K sopra</u>

1. <u>Una superficie a curve sezioni razionali.</u>

2. <u>Una superficie a curve sezioni ellittiche oppure un piano doppio con</u> <u>quartica di diramazione.</u>

3. <u>Una superficie a curve sezioni iperellittiche.</u>

4. <u>Un cono quadrico doppio con sestica di diramazione.</u>

  Aggiungiamo che, volendo evitare i modelli doppi, possiamo tornare ai penutlimi membri delle corrispondenti serie: al piano doppio si può sostituire la superficie F^2 rappresentata sul piano mediante sestiche con

L. Roth

7 punti base doppi, ed al cono doppio possiamo sostituire la superficie F^9 rappresentata dalle curve di nona ordine con 8 punti base tripli.

Una seconda osservazione importante: ogni superficie di terza famiglia contiene un fascio razionale di coniche determinabili in K , ed ogni superficie di quarta famiglia contiene un fascio razionale di curve ellittiche determinabili in K .

Partendo da questi risultati Enriques [13] procede a determinare, nei singoli casi, le varie estensioni K' di K che sembrano necessarie per ottenere le relative rappresentazioni birazionali piane. Però a noi importa ugualmente trovare le rappresentazioni unirazionali delle nostre superficie, qui daremo solamente un esempio in proposito, rimandando il lettore alla monografia [1] per una discussione completa.

(a) Le superficie F^n della prima famiglia sono rigate razionali oppure, se n = 4, superficie di Veronese. Come abbiamo già visto, quest'ultima è birazionale in K ; e dalle note proprietà delle curve razionali risulta che le <u>rimanenti superficie</u> F^n <u>sono birazionali in K o in</u> K(P) secondochè n è dispari o pari.

(b) Ogni superficie razionale a curve sezioni ellittiche è una superficie F^n di Del Pezzo $(3 \leqslant n \leqslant 9)$. Abbiamo visto che F^3 è unirazionale in K(P) ed ivi rappresentabile su I_6 . Ora se F^4 viene proiettata da un suo punto P , si ottiene una superficie F^3 su cui è data una retta p , immagine dell'intorno di P ; quindi, in base al n.1 . F^4 <u>è unirazionale in</u> K(P) <u>ed ivi rappresentabile su</u> I_2 .

(c) Da uno studio numerativo della superficie F^5 risulta che essa possiede un solo punto triplo apparente, il che vuol dire che possiamo determinare in K una coppia di punti P, Q della superficie. Proiettando F^5, supposta situata nel suo spazio normale S_5 , da P,Q si ottiene una F^3 su cui è data una coppia di rette sghembe p,q immagini di P,Q ; allora F^5 <u>risulta birazionale in</u> K .

Segue quindi che F^6 <u>è birazionale in</u> K(P), in quanto si proietta da P in F^5 .

(d) Dalla rappresentazione piana di F^7, mediante cubiche con due punti base, risulta che essa contiene tre rette, una incidente alle altre due. Quel-

L. Roth

la retta è quindi determinabile in K ; e dalla rappresentazione piana si vede subito che da essa F^7 si proietta in una superficie di Veronese. Quindi F^7 <u>è birazionale in</u> K .

6. <u>Il problema dell'unisecante</u>. Consideriamo anzitutto una varietà V_d $(d \geqslant 2)$ che contenga una congruenza irriducibile Γ di curve razionali C il cui membro generico - in base alla trasformazione di Segre (n.3) - possiamo supporre essere non singolare. Applicando il processo di riduzione di Noether a C , otteniamo una varietà V_d' , trasformata birazionale di V_d, contenete una congruenza Γ' , immagine birazionale di Γ , di coniche o cubiche sghembe, secondoche l'ordine di C è pari o dispari. In quest'ultimo caso possiamo sempre costruire una varietà W_{d-1}' unisecante Γ' e quindi, in corrispondenza con essa, una W_{d-1} unisecante Γ ; pertanto, <u>se le curve</u> C <u>sono di ordine dispari</u>, V_d <u>può trasformarsi birazionalmente in una varietà generata da una congruenza di rette che è immagine birazionale di</u> Γ . Evidentemente, <u>se</u> Γ <u>è birazionale</u>, V_d <u>è birazionalmente equivalente ad uno spazio lineare</u> S_d <u>in cui</u> Γ <u>è rappresentata da una stella di rette.</u>

Nel caso in cui C sia di ordine pari le cose vanno ben diversamente: difatti - come vedremo - se $d > 2$, in generale Γ non ammette <u>nessuna</u> varietà unisecante; non solo, ma <u>nessun'altra congruenza di curve razionali giacente su</u> V_d <u>può ammetterla.</u>

Nel caso particolare $d = 2$, si tratta d'una superficie V_2 contenente un fascio, razionale od irrazionale, di curve razionali; ed allora classici risultati di Noether e Clebsch da una parte, e di Painlevé e Enriques dall'altra, ci assicurano che in ambedue i casi l'unisecante esiste sempre e che quindi V_2 può trasformarsi birazionalmente in una rigata, razionale od irrazionale. Per la storia dettagliata di questi sviluppi, e per alcune notizie critiche relative ad essi, rimandiamo il lettore a [1] qui basta notare che attualmente i metodi geometrici ed analitici dei pionieri vengon sostituiti con delle semplici considerazioni di natura algebrica, e che il caso della congruenza di coniche è stato generalizzato suc-

L. Roth

cessivamente alle varietà quadriche da Conforto [7] ed alle ipersuperficie da Baldassarri [2] per dare infine il seguente risultato generale di B. Segre [65] :

Sia $\sum$ un sistema ∞^d algebrico ed irriducibile di varietà definito sopra un campo K qualsiasi di costanti; e supponiamo che la V generica stia in uno spazio S_r (fisso o variabile), in cui sia ottenibile quale intersezione completa di un certo numero k ($\geqslant$ 1) di forme, di ordini $n_1, n_2, \ldots, n_k$ ($\geqslant$ 2). Allora, se $r \geqslant n_1^d + n_2^d + \ldots + n_k^d$, il sistema $\sum$ ammette una varietà unisecante in qualche estensione K' di K .

La dimostrazione di questo teorema trovasi riprodotta in [e]; daremo varie applicazioni di esso nel seguente paragrafo.

7. **Sulle** V_3 **che contengano sistemi di superficie razionali.**
Sia V una varietà tre-dimensionale, priva di singolarità, e contenente un sistema, di data dimensione, di superficie razionali il cui membro generico sia non singolare; allora, poggiando sul processo di riduzione di Enriques (n.5), possiamo trasformare V birazionalmente in una varietà W contenente un sistema, immagine birazionale del sistema dato, di superficie che appartengono ad una delle quattro famiglie già elencate. Qui ci limiteremo ad illustrare, sopra qualche esempio, le varie conclusioni che possono trarsi dai risultati del n.5.
(i) Dimostriamo dapprima che, se V contiene un fascio, di genere $p \geqslant 0$, di superficie razionali della prima famiglia, essa è birazionalmente equivalente ad una varietà generata da un fascio, di genere p , di piani. Difatti possiamo trasformare V birazionalmente in una varietà W contenente un fascio, di genere p , di superficie a curve sezioni razionali; allora, sopra una sezione iperpiana di W , abbiamo un fascio , di genere p, di curve razionali, il quale in base al n.6, ammette una curva unisecante. Ora ogni superficie della prima famiglia è birazionale in $K(P)$, indi il risultato.
(ii) Una simile conclusione vale nel caso in cui il fascio è costituito da superficie della **seconda** famiglia, **purchè queste ultime siano birazionali**

L. Roth

<u>in K</u> : ad esempio, superficie di Del Pezzo di ordine 5 o 7.

(iii) Supponiamo che V contenga un fascio razionale di superficie cubiche; allora, in base alla disuguaglianza di Segre (n.6), esiste una curva -
necessariamente razionale - unisecante il fascio. Quindi, poggiando sul-
l'estensione (i) del teorema di Enriques (.n.4), si deduce che V è unirazionale e rappresentabile su una I_6 .

Supponiamo invece che il fascio unirazionale sia costituito da
superficie quartiche di Del Pezzo; se - come assumeremo - la superficie
generica è non singolare, deve stare nel suo spazio normale S_4 . Quindi,
in base alla stessa disuguaglianza, il fascio ammette qualche curva unisecante, ed allora (n.5) V risulta unirazionale e rappresentabile su I_2.

(iv) Passando ora al caso di una <u>rete</u> di superficie razionali, osserviamo
che se il membro generico della rete è unirazionale o birazionale in K(P),
allora V pure è unirazionale o birazionale rispettivamente; difatti, le
superficie del sistema passanti per un punto P assegnato di V formano
un fascio razionale il quale fornisce senz'altro la detta rappresentazione.
Il punto P può anche essere considerato come curva unisecante infinitesimale.

Come secondo esempio, prendiamo il caso di una rete di superficie
della <u>terza famiglia</u>, le quali - come abbiamo detto - contengono ciascuna
un fascio razionale di coniche determinabili in K. Allora, purchè il sistema caratteristico della rete non sia composto di tali coniche, per il
punto P generico di V passano ∞^1 di esse, costituenti un aggregato
razionale e quindi generanti una superficie razionale R . Se |F| denota
un fascio razionale di superficie estratto dalla rete, le suddette coniche
in esso contenute formano una congruenza birazionale plurisecante R ; quindi, in forza del teorema di Enriques, V risulta unirazionale.

(v) In quest'ordine di idee il risultato più significativo è il seguente
teorema di Fano [25] : <u>ogni V_3 a superficie sezioni razionali o è birazionale oppure è birazionalmente equivalente alla forma cubica generale di</u>
S_4 . La dimostrazione di Fano è stata molto semplificata da Morin, che arriva allo stesso tempo ad una classificazione proiettiva delle varietà

L. Roth

(cfr. [36]). Daremo qui qualche cenno di dimostrazione del risultato principale.

Anzitutto supponiamo, come è lecito [76] , che la varietà V sia non singolare: applicando ripetutamente al membro generico del sistema delle sezioni iperpiane il processo di riduzione di Enriques, dopo un numero finito di operazioni otterremo una trasformata birazionale di V appartenente ad uno dei seguenti tipi :

a) varietà V_3 a curve sezioni razionali, ellittiche od iperellittiche.

b) varietà V_3^8 o V_3^9 le cui rispettive sezioni sono le superficie F^8, F^9 del n.5 .

Nel caso a) la birazionalità di V_3 discende subito da classiche ricerche [11] di Enriques; nei casi rimanenti possiamo dimostrare che la V_3 è intersezione parziale di altre due varietà e quindi che una sua proiezione conveniente risulta birazionale.

(vi) Vari dei risultati precedenti si estendono facilmente alle varietà di dimensione superiore; diamo qualche esempio in proposito. Sia $V_d (d > 3)$ una varietà contenente una <u>congruenza birazionale</u> $\{F^5\}$ di superficie F^5 di Del Pezzo; allora, ragionando come al n.5, possiamo trasformare la generica F^5 (in K) in un piano; quindi V_d è birazionalmente equivalente ad una varietà generata da una congruenza birazionale di piani.

Supponiamo invece che la congruenza birazionale sia costituita da superficie cubiche di S_3 oppure da superficie quartiche di Del Pezzo di S_4 ; in ambedue i casi la disuguaglianza di Segre ci dice che il sistema delle superficie ammette una varietà V_{d-2} unisecante; pertanto V_d risulta unirazionale e rappresentabile su una I_6 di S_d nel primo caso e su una I_2 di S_d nel secondo.

8. <u>Il problema di aggiunzione per le superficie</u>. Una parte notevole della teoria delle superficie algebriche è costituita da quel complesso di ricerche che tratta del problema di <u>aggiunzione successiva</u>. Qui avremo occasione di considerare anche la questione analoga nel caso delle varietà superiori. Per spiegare la natura di tali problemi ed i risultati

L. Roth

conseguiti in questo campo, bisogna fare alcuni richiami di geometria invariantiva.

Abbiamo già parlato del sistema $|C'|$ aggiunto al sistema $|C|$ delle sezioni d'una superficie razionale. Tale concetto si estende subito ad una superficie F qualsiasi, che supporremo sempre o non singolare oppure dotata di singolarità ordinarie; difatti, se $|C|$ è un suo sistema il quale soddisfaccia a certe condizioni di generalità, allora riesce ben definito il sistema $|C'|$ aggiunto ad esso, che sega ogni C secondo gruppi canonici.

Si dimostra poi che, essendo $|D|$ un qualsiasi altro sistema generale, sussiste l'equivalenza lineare $D' - D \equiv C' - C$. In forza a questa la curva $C' - C$ risulta un invariante di F ; tale curva, che può riuscire effettiva o virtuale, chiamasi <u>curva canonica</u> di F . La dimensione del sistema completo $|C' - C|$, qualora sia effettivo, viene denotata con $p_g - 1$, ove p_g è il <u>genere geometrico</u> di F ; in caso contrario si scrive $p_g = 0$. Il sistema $|i(C' - C)|$, ove i è un intero positivo, si chiama sistema i-<u>canonico</u> o <u>pluricanonico di indice</u> i, e la dimensione del sistema completo viene denotata con $p_i - 1$, ove p_i è lo i-<u>genere</u> di F . I caratteri p_g e p_i sono invarianti assoluti di F ; e va osservato che, se $p_g = 0$, può darsi che p_i sia positivo per qualche valore di i , nel qual caso risulta positivo anche p_{ri} $(r = 1,2,...)$.

Supponendo ora che F sia situata in S_3 e di ordine n , si può dimostrare che $p_g - 1$ è la dimensione del sistema completo delle <u>superficie aggiunte</u> di ordine n-4 , passanti semplicemente per la curva doppia di F ; indi segue senza difficoltà che p_g non è altro che il numero degli <u>integrali doppi</u> linearmente indipendenti e di <u>prima specie</u>, e cioè ovunque finiti su F .

Il genere della curva canonica virtuale chamasi <u>genere lineare</u> di F e si denota con $p^{(1)}$; possiamo dimostrare che il grado virtuale del sistema canonico è uguale a $p^{(1)} - 1$.

Accanto agli invarianti geometrici p_g, p_i vi è luogo a considerare anche alcuni <u>invarianti numerici</u>, assoluti o relativi, di questi ul-

L. Roth

timi, che in generale rimangono immutati solamente per trasformazioni birazionali di F che non   introducano elementi eccezionali, parleremo
più tardi. Per ora segnaliamo il fatto inaspettato che pure _la dimensione_
virtuale del sistema canonico, calcolata in base ad una notissima formula
di postulazione per le superficie aggiunte, risulta invariante assoluto;
essa si denota con $p_a - 1$, ove p_a è il _genere aritmetico_ di F . La differenza $q = p_g - p_a$, che è sempre non negativa, si chiama _irregolarità_
di F ; e si dimostra che essa rappresenta il numero degli _integrali sempli-_
ci di prima specie attaccati ad F . La superficie chiamasi regolare se, e
soltanto se, $p_g = p_a$.

Una distinzione puramente geometrica tra superficie regolari ed
irregolari viene fornita dal _teorema di Picard: la deficienza della serie_
(canonica) segata su C _dal sistema completo_ $|C'|$ _è sempre uguale a_ q .
Una dimostrazione di tipo classico, basata solamente su proprietà di sistemi
lineari, è stata data da Godeaux [29] . Dal teorema di Picard discende che
la dimensione del sistema completo $|C'|$ è $p_a + \pi - 1$, essendo π il ge-
nere di C .

L'equivalenza $D' - D \equiv C' - C$ ci permette di definire formalmen-
te il sistema aggiunto ad un sistema $|D|$ qualsiasi, non generale o magari
riducibile. Così, ad esempio, se esiste $|C'|$ quale sistema effettivo di or-
dine positivo, il secondo aggiunto $|C''|$ viene dato dall'equivalenza
$C'' - C' \equiv C' - C$, indi $C'' - C = 2(C' - C)$. Analogamente, la curva $C^{(i)}$
aggiunta di indice _i_ è data da

$$C^{(i)} - C = i(C' - C).$$

Dopo questi preliminari veniamo al problema centrale. Supponia-
mo che, a partire da un sistema $|C|$ generale di F , la successione $|C'|$,
$|C''|$,... di sistemi effettivi e di ordine positivo termini con $|C^{(i)}|$.
Allora due possibilità si presentano : in base al teorema di Picard, se F
è regolare, $C^{(i)}$ dev'essere razionale od ellittica oppure - se risulta riducibile - sarà la somma di un certo numero di tali curve. Però se F è
irregolare l'aggiunzione può estinguersi anche perchè la dimensione virtuale

I. Roth

di $\left| C^{(i+1)} \right|$ risulta negativa.

Nel primo caso si arriva a costruire su F un fascio razionale di curve razionali, e pertanto F risulta razionale; nel secondo si dimostra dapprima che F contiene un fascio irrazionale di curve, e poi che tali curve sono razionali. Quindi F è razionale o riferibile ad una rigata irrazionale. Ma si vede facilmente che su tali superficie l'aggiunzione ha sempre termine (cfr. n.10). Allora sussiste il seguente teorema di Castelnuovo e Enriques [6] : _le superficie su cui l'aggiunzione si estingue sono tutte razionali o riferibili a rigate irrazionali: ed inversamente._

Osserviamo che, indipendentemente da questo risultato, l'ipotesi dell'estinguersi dell'aggiunzione porta all'_annullarsi dei generi_ p_g e p_i (i = 2,3,...). Difatti, se per esempio p_i fosse positivo, sarebbe effettiva la curva $i(C' - C)$ e quindi anche la curva $C^{(i)}$ e tutti i suoi multipli positivi, sicchè l'aggiunzione non potrebbe aver termine.

Le superficie razionali e quelle rigate possono venir caratterizzate anche da questo punto di vista, ed in maniera molto precisa :

1) Castelnuovo [c] ha dimostrato che _una superficie è razionale se, e solamente se,_ $p_a = p_2 = 0$. Difatti dalla condizione $p_2 = 0$ segue $p_g = 0$, ed allora si può dimostrare che sulla data superficie l'aggiunzione si estingue.

2) Si deve ad Enriques [f] il teorema : _una superficie è riferibile a rigata (razionale od irrazionale) se, e soltanto se,_ $p_{12} = 0$. Però quest'ultimo risultato attende sempre una dimostrazione autonoma e diretta.

9. _Sulla razionalità delle involuzioni piane._ Abbiamo accennato nell'Introduzione al teorema di Luroth secondo cui ogni curva unirazionale è anche birazionale. Per le superficie sussiste un risultato analogo, dovuto a Castelnuovo [c] : _ogni superficie che sia unirazionale in_ K _risulta birazionale in qualche estensione di_ K . Oppure, in altri termini: _ogni involuzione piana è razionale._

Sia F una superficie che ammetta una rappresentazione parametrica della forma $x_i = f_i(\alpha, \beta)$ (i = 1,2,...), ove le f_i sono fun-

L. Roth

zioni razionali dei parametri essenziali α e β ; allora F viene rappresentata su un piano π mediante una involuzione I_n di un certo ordine n , ossia sussiste una corrispondenza (1, n) tra punti di F e quelli di π . Tale corrispondenza è dotata di una <u>curva di coincidenze</u>, eventualmente riducibile, e con componenti che corrispondano a varie specie di coincidenze, semplici o multiplici.

La dimostrazione del Teorema di Castelnuovo poggia sulle seguenti proprietà :

I. F è regolare.

II. Su F l'operazione di aggiunzione successiva ha sempre termine.

Per quanto concerne I , osserviamo che, se F ammettesse qualche integrale semplice di prima specie, questo verrebbe trasformato mediante le sostituzioni $x_i = f_i(\alpha, \beta)$ in integrale di funzione razionale, che non potrebbe essere ovunque finito su F .

La proprietà II è conseguenza immediata di un Lemma importante il quale, a sua volta, discende dalla definizione di curve aggiunte mediante il concetto di <u>curva jacobiana</u> (vedi n.39): <u>la trasformata di una curva aggiunta su</u> F , <u>sommata alla curva di coincidenze, costituisce una curva aggiunta su</u> π .

In base a questi risultati F dev'essere birazionale (n.8).

10. <u>Generalità sulle varietà a tre dimensioni.</u> Passiamo ora a considerare una varietà V a tre dimensioni, non singolare oppure - se sta in S_4 - dotata di sole singolarità ordinarie; per uno studio più dettagliato delle questioni che qui tratteremo molto sommariamente rimandiamo il lettore alla monografia [1] .

Incominceremo coll'osservare che la teoria dei sistemi aggiunti e dei sistemi canonici e pluricanonici è del tutto analoga e quella del n.8 , ove i sistemi lineari di curve vengon ora sostituiti con sistemi lineari di superficie; così arriviamo a definire il <u>genere geometrico</u> P_g e quindi i <u>plurigeneri</u> P_i . Anche il <u>genere aritmetico</u> P_a , che si lascia definire come al n.8 , risulta invariante assoluto di V . La differenza

L. Roth

$P_g - P_a$ chiamasi <u>irregolarità tridimensionale</u> di V ; ma contrariamente a quello che avviene nel caso delle superficie, essa può risultare anche negativa, come si vedrà dall'esempio dato in seguito.

Un altro invariante assoluto di V è l'<u>irregolarità superficiale</u> q , che rappresenta il <u>numero degli integrali semplici</u> di prima specie inerenti a V ; si può dimostrare che qualsiasi superficie <u>generica</u> di V , e cioè superficie variabile in un sistema ∞^2 , a curva caratteristica irriducibile, ha precisamente l'irregolarità q . La v si chiama <u>completamente regolare</u> se, e soltanto se, $P_g = P_a$ e q = 0 .

Notiamo inoltre che P_g non è altro che il <u>numero degli integrali tripli di prima specie</u> associati a V ; e che, denotando con g_i(i = 1,2,3) il numero degli integrali i-pli di prima specie, sussiste l'importante formula

$$P_a = g_1 - g_2 + g_3 .$$

Segue che, in ogni caso, <u>il carattere</u> $P_g - P_a + q$ <u>risulta non negativo.</u>

Illustriamo queste cose sopra un esempio dovuto a Severi [68] ; consideriamo il prodotto V = F $\times$ C di una superficie F di generi p_g, p_a ed una curva C di genere p . Dalle definizioni trascendenti sopra date discende subito che $g_3 = P_g = p_g p$, $g_2 = p_g + (p_g - p_a)p$,

$$q = g_1 = (p_g - p_a) + p ,$$

indi $P_a = (p_a + 1)(p - 1) + 1$.

Risulta ora che <u>il prodotto</u> V <u>è completamente regolare se, e soltanto se,</u> $p_g = p_a = p = 0$. Difatti, perchè sia q = 0 , è necessario e sufficiente che siano $p_g = p_a$, p = 0, indi $P_g = 0$. Ed allora $P_a = P_g$ se, e soltanto se, $p_a = 0$.

Molto importanti pel seguito sono le proprietà geometriche del prodotto. Osserviamo che V contiene un fascio, birazionalmente equivalente a C , di superficie birazionalmente equivalenti ad F ; ogni tale superficie si ottiene fissando un punto P di C e facendo variare il coniugato Q su F ; analogamente V contiene una congruenza, birazionalmente equi-

L. Roth

valente ad F , di curve birazionalmente equivalenti a C ; ed ogni superficie del fascio è unisecante la congruenza. Inversamente, se una varietà V_3 contiene una congruenza di curve dotata di superficie unisecante, allora si lascia trasformare birazionalmente nel prodotto d'una curva ed una superficie. In particolare il cono che proietta una data superficie F da un punto esterno è birazionalmente equivalente al prodotto d'una superficie F ed una curva razionale.

Consideriamo ora il caso più generale di una <u>varietà V generata da una congruenza</u> ⌈ <u>di curve razionali</u> C ; e dimostriamo che <u>su</u> V <u>l'aggiunzione successiva ha sempre termine</u>. Supponiamo, per semplicità di discorso, che ⌈ non possegga punti base; e possiamo anche supporre (n.3) che la generica C sia non singolare. Sia A una superficie qualunque appartenente a ⌈ e quindi contenente un fascio, razionale od irrazionale, di curve C ; allora una sua aggiunta A' – necessariamente virtuale – sega ogni curva di tale fascio secondo un gruppo canonico, e cioè un gruppo virtuale di –2 punti. Ne consegue che per <u>tutte</u> le curve C di ⌈ il numero [CA] vale – 2 .

Se ora consideriamo una superficie B , non appartenente a ⌈ , dall'equivalenza lineare B' – B ≡ A' – A discende che [CB'] = [CB] – 2 . Quindi, quando si passa da una superficie ad una sua aggiunta, il numero delle intersezioni con una curva C viene diminuito, sicchè il procedimento di aggiunzione successiva deve terminare. Risulta inoltre che <u>il genere geometrico e tutti i plurigeneri di</u> V <u>sono nulli</u>.

Secondo le ipotesi fatte, V può essere completamente regolare o no. Il caso particolare in cui ⌈ ammetta qualche superficie unisecante è stato discusso sopra, ma evidentemente quel ragionamento non si applica al caso generale. Notiamo però il risultato [50] : <u>se la congruenza</u> ⌈ <u>è birazionale, allora</u> V <u>è completamente regolare</u>.

11. <u>Sulle involuzioni irrazionali dello spazio</u>. Supponiamo ora che V sia unirazionale, e vediamo fino a che punto possiamo seguire la via tracciata da Castelnuovo nel caso analogo delle superficie.

L. Roth

(i) Anzitutto è chiaro che V dev'essere superficialmente regolare.

(ii) In secondo luogo, si vede subito che su V l'aggiunzione si estingue,
indi $P_g = P_i = 0$. Ne consegue che V è completamente regolare; difatti,
ragionando come al (i) si deduce che non solo g_1 ma anche g_2 e g_3 sono
nulli, e pertanto $P_a = 0$ (n.10). Aggiungiamo in proposito che non conosciamo per ora una dimostrazione algebro-geometrica di quest'ultimo risultato.

(iii) Nel caso delle superficie il prossimo passo sarebbe la costruzione
di un fascio - razionale, in base a (i) - di curve razionali. Però non sappiamo se una V unirazionale debba necessariamente contenere qualche congruenza di curve razionali; anzi, si presume che così non sia. Comunque possiamo dimostrare che, se V contiene una congruenza siffatta, questa dev'es-
sere birazionale. Ciò discende dal seguente teorema di Fano $\begin{bmatrix} 26 \end{bmatrix}$: se V
contiene una congruenza irrazionale di curve razionali, allora non può essere
unirazionale (nè, tanto meno, birazionale). Supponiamo, se possibile, che
V sia unirazionale e rappresentabile sopra una involuzione I di S_3 ; allora tale involuzione può essere semplice oppure composta con un'altra involuzione. Secondariamente, quando un punto di V varia sopra una curva C
della congruenza Γ , il gruppo di punti omologhi di I descrive una curva che può essere irriducibile o no. Però in ogni caso, siccome Γ ha
l'indice uno, il sistema di curve C' corrispondenti a Γ deve costituire
una congruenza Γ' , e Γ viene rappresentata semplicemente o multiplamente su Γ' .

Se π è una piano generico di S_3 , per ogni punto P' di π
passa una ed una sola curva C' di Γ' la quale sega $\widetilde{\pi}$ secondo un gruppo
di punti che, con la variazione di P', genera una involuzione piana; e que-
sta, a norma di n.9, è birazionale. Quindi l'insieme delle curve C' , e
quindi anche quello delle C , che è semplicemente o multiplamente rappresentato su esso, è birazionale, contro l'ipotesi.

Evidentemente il risultato non dipende dall'ipotesi della razionalità delle curve C .

(iv) Supponendo ora che esista su V la congruenza Γ di curve razionali
e procedendo per analogia, bisognerebbe costruirne una superficie unisecante.

L. Roth

Però, come vedremo, in generale una tale unisecante non esiste; non solo,
ma V non conterrà nessuna congruenza di curve razionali dotata di unisecante. Questi risultati seguono dalla proposizione : <u>una</u> V_3 <u>che sia unirazionale in un dato campo</u> K <u>in generale non è birazionale in nessuna e-
stensione di</u> K . Quindi <u>esistono involuzioni irrazionali nello spazio</u> S_3.

12. <u>Il fenomeno della divisione : forme di Enriques.</u> Allo
scopo di dimostrare l'asserto bisogna scoprire qualche carattere geometrico atto a distinguere tra varietà birazionali e quelle unirazionali. Un primo tentativo si potrebbe fare partendo dal teorema di Castelnuovo (n.8)
secondo cui è birazionale ogni superficie regolare a bigenere nullo; <u>a for-
tiori,</u> è quindi birazionale ogni superficie avente nulli tutti i generi e
plurigeneri. Però vedremo in seguito che questo risultato non ci gioverebbe,
in quanto <u>esistono delle</u> V_3 <u>completamente regolari, a generi e plurigeneri
nulli, le quali non sono birazionali e neanche unirazionali.</u>

Un concetto essenzialmente diverso, che ci fornirà lo strumento
adeguato al caso, viene dato dalla <u>teoria della base</u>, dovuta a Severi [67] ;
questa è stata stabilita prima con mezzi trascendenti, poi con quelli topologici. Tuttavia, volendo rimanere nell'ambito della geometria algebrica
classica, non faremo nessun appello a tale teoria, ma partiremo invece da
un idea da essa suggerita. E ci converrà considerare dapprima il caso delle
superficie giacchè ci indicherà la via da seguire nel caso generale.

Sia F una superficie di S_3 , dotata di sole singolarità or-
dinarie, e sia $|C|$ un fascio lineare di curve di F . Può darsi che esista
una curva C_1 di F che sia sottomultipla secondo m ($\geqslant$ 2) di C , e cioè
soddisfacente all'equivalenza lineare $mC_1 \equiv C$; in quel caso diremo che C_1
è <u>divisore</u> di C . Allora, se esistono due curve C_1, C_2 di F tali che
$mC_1 \equiv C$, $mC_2 \equiv C$, mentre C_1 e C_2 sono <u>isolate</u>, cioè non appartenenti a
nessun fascio (razionale od irrazionale), diremo che su F sussiste <u>il fenomeno della divisione.</u>

Va notato che questa proprietà della superficie è assolutamente
invariante di fronte ad ogni trasformazione birazionale che muti F in una
superficie che sia o non singolare oppure sia dotata di sole singolarità or-

L. Roth

dinarie.

Consideriamo in primo luogo il caso del piano : se $|C|$ è un fascio di curve piane, dotato di punti base qualsiasi (semplici ed eventualmente multipli di varie specie) e contenente le due curve mC_1 e mC_2 , segue che C_1 e C_2 debbono avere lo stesso comportamento nei punti base del fascio e che conseguentemente appartengono ad un fascio lineare $C_1 + \lambda C_2 = 0$. Quindi sul piano il fenomeno della divisione <u>non</u> sussiste. E se su una superficie sussiste questo fenomeno, <u>essa non può essere birazionale.</u>

Prendiamo ora in esame la <u>superficie di Enriques</u>, e precisamente la superficie F^6 sestica di S_3 che passa doppiamente per gli spigoli di un tetraedro. Essendo $x_i = 0$ $(i = 1,2,3,4)$ le equazioni delle quattro facce di quest'ultimo, troviamo che l'equazione di F^6 può scriversi sotto la forma

$$(1) \qquad x_1 x_2 x_3 x_4 f_2 (x_1, x_2, x_3, x_4) + g_2(x_2 x_3 x_4,\ x_3 x_1 x_4,\ x_1 x_2 x_4,\ x_1 x_2 x_3) = 0 ,$$

ove f_2 e g_2 denotano forme quadratiche nei rispettivi argomenti $[f]$.

Consideriamo il fascio (di quartiche ellittiche) segato su F^6, fuori delle rette doppie, dal fascio $x_1 x_2 = \lambda\, x_3 x_4$ di quadriche passanti per due coppie di spigoli opposti; e sia C_1, C_2 la terza coppia di tali spigoli, rappresentati dalle rispettive equazioni $x_1 = x_2 = 0$; $x_3 = x_4 = 0$. Siccome il fascio di quadriche comprende due coppie di piani, di cui una coppia passa per C_1 e l'altra per C_2 , segue che $2C_1 \equiv 2C_2$. Ora le curve C_1 e C_2 sono certo isolate, poichè in caso contrario dovrebbero appartenere ad un fascio di coniche, ed allora F^6 sarebbe a plurigeneri nulli (cfr. n.10); mentre il bigenere di F^6 è uguale ad uno, in virtù del fatto che il tetraedro stesso è una superficie quartica (riducibile) biaggiunta ad F^6, e cioè sega su F^6, fuori delle rette doppie, una curva bicanonica (che risulta di ordine zero).

Tutte le precedenti considerazioni si applicano subito alle varietà di dimensione superiore, in particolare le V_3 . Fissiamo la nostra attenzione sulla forma V^6 di S_4, che chiameremo "di Enriques", avente per sezione iperpiana generica la F^6 già esaminata. Tale V^6 possiede

L. Roth

sei piani doppi, intersezioni a due a due di quattro iperpiani (passanti per un punto O) e quattro rette triple, intersezioni a tre a tre degli stessi iperpiani. Assumendo tali iperpiani con le equazioni $x_i = 0$, come dianzi, vediamo che l'equazione di V^6, in coordinate omogenee $x_1 x_2, \ldots, x_5$ può scriversi sotto la forma

$$(2) \qquad x_1 x_2 x_3 x_4 (x_5^2 + x_5 f_1 + f_2) + g_2 = 0 ,$$

ove f_1 è una forma lineare in x_i e f_2 e g_2 sono definite come sopra.

Pertanto il punto O risulta quadruplo per V^6, la quale è quindi dotata di sole singolarità ordinarie.

Dimostriamo ora che su V^6 sussiste il fenomeno della divisione. Consideriamo all'uopo il fascio di coni quadrici

$$(3) \qquad x_1 x_2 = \lambda \, x_3 x_4 ,$$

che passa per due coppie di piani doppi opposti (aventi cioè il solo punto O a comune) di V^6. Sostituendo dalla (3) nella (2) e togliendo un fattore, vediamo che tale fascio sega su V^6 , fuori dei piani doppi, un fascio $|C|$ di superficie quartiche di Del Pezzo, ciascuna delle quali è intersezione completa di due quadriche. Se denotiamo con C_1 , C_2 la terza coppia di piani doppi, allora risulta come sopra che $2C_1 \equiv 2C_2$. Ora le superficie C_1 , C_2 sono isolate poichè altrimenti un iperpiano generico le segherebbe secondo due curve appartenenti ad un fascio, il che - come abbiamo visto - non è possibile. E pertanto V^6 non può essere birazionale.

Dimostriamo ora, in base al teorema di Enriques (n.4), che V^6 è unirazionale e rappresentabile sopra una involuzione I_4 di S_3 . Anzitutto osserviamo che, per un punto semplice qualsiasi di V^6 passa uno ed un solo piano segante C_1 e C_2 secondo rette passanti per O ; l'intersezione residua di tale piano con V^6 è una conica, generalmente irriducibile. Su V^6 v'è dunque una congruenza birazionale di coniche; evidentemente sono segate su V dal sistema di piani

$$(4) \qquad x_1 = \mu x_2 , \quad x_3 = \nu x_4 ,$$

ove μ e ν sono parametri. E siccome tali coniche segano la superficie

L. Roth

generica del fascio $|C|$ secondo un gruppo di quattro punti, segue l'asserto.

Riassumendo, <u>esistono delle involuzioni irrazionali</u> (<u>e precisamente di ordine quattro</u>) <u>nello spazio</u> S_3 . E il teorema di Castelnuovo sulle involuzioni piane non si estende agli spazi di dimensione superiore.

Ne consegue inoltre che V^6 <u>non contiene nessuna congruenza di curve razionali dotata di unisecante</u>. Difatti, se esistesse una tale congruenza (necessariamente birazionale, in forza al n.11) V^6 sarebbe birazionale.

13. <u>Ulteriori sviluppi</u>. Dai risultati precedenti discende che nemmeno il teorema di Castelnuovo sulle superficie razionali (n.8) si estende alle varietà di dimensione superiore; infatti, V^6 è completamente regolare a generi e plurigeneri nulli, eppure non è birazionale. Ma possiamo andare oltre, facendo vedere che tali condizioni non bastano a garantire l'unirazionalità; e che, precisamente, <u>esistono delle</u> V_3 <u>completamente regolari, a generi e plurigeneri nulli, le quali non sono unirazionali.</u>

Consideriamo il cono W^6 di S_4 che proietta da un punto esterno una superficie F^6 di Enriques; sotto l'aspetto della goemetria astratta tale varietà non è altro che il prodotto della F^6 ed una curva razionale e quindi, in base al n.10, essa risulta completamente regolare a generi e plurigeneri nulli. E poichè contiene una congruenza irrazionale di curve, non è unirazionale (n.11).

Un'altra conseguenza interessante, che non ha analogia nella teoria delle superficie, è la seguente. Facendo variare i coefficienti nella (2) otteniamo un sistema lineare di forme; evidentemente questo contiene dei coni W^6 "di Enriques", rappresentati da una equazione di tipi (1), che si ottengono sopprimendo i termini che contengono x_5 . E abbiamo visto che tali coni, pur essendo completamente regolari a generi e plurigeneri nulli, non sono unirazionali. Si tratta quindi <u>di un sistema lineare di forme, il</u> <u>cui elemento generico è unirazionale, contenente tuttavia delle forme particolari completamente regolari a generi e plurigeneri nulli, ma non unirazio-</u>

L. Roth

<u>nali</u> .

Osserviamo infine che, essendo il punto O quadruplo per la forma V^6, essa si proietta doppiamente da O sopra l'iperpiano $x_5 = 0$; la relativa superficie di diramazione, che ha l'equazione

$$x_1 x_2 x_3 x_4 \left\{ x_1 x_2 x_3 x_4 (f_1^2 - 4f_2) - 4g_2 \right\} = 0 \ ,$$

evidentemente consta di una superficie di Enriques insieme al suo tetraedro associato. <u>Esistono quindi degli spazi</u> S_3 <u>doppi i quali sono unirazionali ma non birazionali.</u>

I metodi e risultati sopra esposti si estendono immediatamente alle varietà V_r (> 3). Consideriamo ora il cono che proietta la forma V^6 da un S_{r-4} oppure - il che è lo stesso - il prodotto di V^6 ed uno spazio S_{r-3} . Tale prodotto V_r è ovviamente unirazionale e riferibile ad una involuzione I_4 di S_r ; ma d'altra parte, in base ai risultati precedenti, su essa sussiste il fenomeno della divisione. Allora, <u>esistono delle involuzioni irrazionali (e precisamente di ordine quattro) in ogni spazio di dimensione superiore a due.</u>

14. <u>Il divisore di una varietà.</u> I precedenti risultati compaiono per la prima volta nella Nota [47] , ove si troveranno altri esempi di varietà unirazionali ma non birazionali : però la nostra esposizione elementare è di [55] . Tuttavia, volendo fare appello alla teoria della base possiamo definire non solo una proprietà invariante ma anche un carattere numerico invariante, collegato al concetto della divisione, come ora spiegheremo.

Sia V_d una varietà algebrica, sempre non singolare o dotata di sole singolarità ordinarie, allora è una prima conseguenza del teorema della base che ogni ipersuperficie V_{d-1} di V_d ammette soltanto un numero finito di divisori di fronte all'equivalenza, lineare od algebrica che sia, secondochè V_d è superficialmente regolare o no. E considerando tutte le ipersuperficie di V_d , segue pure che ve ne sono alcune per cui quel numero raggiunge un certo massimo. Tale numero, che si chiama il <u>divisore</u> σ di V_d , è ovviamente un invariante assoluto, in contrasto col numero

L. Roth

base stesso, che è solamente invariante relativo.

Adoperando dei mezzi topologici Lefschetz $\left[j\right]$ ha stabilito i seguenti teoremi :

I. Il divisore di V_d è uguale a quello della sua sezione iperpiana generica.

II. Il divisore di un prodotto di due o più varietà, tutte non singolari, è uguale al prodotto dei divisori di tutti i fattori.

Ora è classico il risultato che la superficie di Enriques ha divisore 2 ; quindi, in base al teorema I anche la forma di Enriques ha divisore 2 . E dal teorema II discende che anche il cono W^6 di Enriques, considerato come varietà non singolare, ha divisore 2 . Pertanto <u>nemmeno il carattere</u> σ <u>serve a distinguere tra la varietà</u> V^6 <u>unirazionale e</u> il cono W^6 non unirazionale.

Sempre poggiando sul teorema I si potrebbero trovare esempi di varietà unirazionali e birazionalmente distinte tra loro; oppure di varietà regolari e non unirazionali. Ad esempio, la superficie di Enriques rientra come caso particolare in una famiglia di superficie regolari, a genere geometrico nullo, e a divisore $\sigma = 2^s$ $(s = 1,2,\ldots)$ $\left[27\right]$. E siccome tutti i prodotti di tali superficie con una curva razionale sono a divisori diversi, risulta che <u>esiste una serie semplicemente infinita di</u> V_3 <u>birazionalmente distinte, completamente regolari ed a generi e plurigeneri nulli, che non sono unirazionali.</u>

L. Roth

PARTE SECONDA

LE VARIETA' GRUPPALI

15. _Generalità_. Sia V_d (d $\geqslant$ 1) una varietà algebrica che in generale - almeno per quanto concerne gli sviluppi puramente teorici - conviene assumere non singolare o dotata di singolarità ordinarie. E supponiamo che V_d ammetta un _gruppo continuo finito_, nel senso di Lie, di trasformazioni birazionali in sè (_automorfismi_). Circa tale gruppo faremo le seguenti ipotesi che resteranno ferme in tutta la nostra esposizione.

Anzitutto il gruppo sarà _algebrico_; e più precisamente l'insieme delle sue trasformazioni avrà per immagine una varietà algebrica irriducibile r-dimensionale (r $\geqslant$ 1). In secondo luogo supporremo in generale che il gruppo sia _permutabile_ [(1)](abeliano). Denoteremo un tale gruppo col simbolo G_r (o G) e con T una sua trasformazione; e diremo per brevità che ogni V_d dotata di G_r è una _varietà gruppale_.

Accanto ai gruppi continui talvolta avremo occasione di considerare anche _schiere continue_ di automorfismi le quali non siano contenute in nessun gruppo finito. Per una trattazionae dei gruppi continui nonchè delle serie continue, specialmente dal punto di vista delle relative _trasformazioni infinitesimali_, che occupano un posto importante nello sviluppo analitico della teoria, rimandiamo il lettore al lavoro [b] di Bianchi.

Aggiungiamo che esistono dei gruppi G_r contenenti non soltanto dei _sottogruppi_ G_s di dimensione s $\leqslant$ r ma anche delle serie continue di trasformazioni non formanti sottogruppi di G_r .

Passiamo a considerare alcune classi di gruppi che si presenteranno nel seguito. In primo luogo sorge la distinzione tra gruppi _transitivi_ e quelli _intransitivi_. Il gruppo G_r dicesi _transitivo_ su V_d se, dati due punti P , Q generici di V_d, esiste almeno una trasformazione T che porti P in Q ; il che evidentemente esige che sia r $\geqslant$ d . G_r chiamasi _com-_

[(1)] In caso contrario possiamo sempre considerare un sottogruppo permutabile.

L. Roth

pletamente transitivo se P e Q possono essere punti qualunque di V_d ; in caso contrario G_r è generalmente transitivo, ed allora esistono delle sottovarietà invarianti, eventualmente di dimensioni diverse.

Nel caso $r = d$, che – come vedremo – è di grande importanza, si dice più precisamente che G_r è semplicemente transitivo se esiste una sola T che muti P in Q ; multiplamente transitivo se ne esiste più d'una.

Supponiamo invece che G_r sia intransitivo; allora il punto P generico viene trasportato dalle T lungo una sottovarietà V_k ($k < d$) di V_d . L'insieme di tali V_k , che chiamansi traiettorie di G_r , costituisce una congruenza $\{V_k\}$, eventualmente dotata di punti base (che risultano invarianti per G_r). Il problema di classificare i gruppi intransitivi viene complicato dalle varie possibilità che qui si presentano: ad esempio, l'isomorfismo tra punti di V_k ed operazioni di G_r può essere semplice o multiplo, e nel primo caso G_r può essere completamente o generalmente transitivo su V_k . E V_k può benissimo contenere ∞^h trasformazioni di G_r , ove $h > k$.

Un'altra divisione dei gruppi G_r in due categorie è quella dei gruppi integrabili e non integrabili. Il gruppo G_r chiamasi integrabile quando contiene una successione di sottogruppi G_i ($i = r-1, r-2, \ldots, 2, 1$) tali che ogni G_i sia contenuto come sottogruppo invariante in G_{i+1} . Si può dimostrare che ogni gruppo continuo finito e non integrabile dipende da almeno tre parametri essenziali.

Qualora si debba considerare dei gruppi algebrici in generale, questi possono corrispondere a varietà riducibili; in tali casi giova il seguente criterio :

Un gruppo algebrico che contenga infinite trasformazioni di un gruppo G_r o è un gruppo continuo finito oppure – nel caso che risulti riducibile – è un gruppo misto che consta di un numero finito di schiere continue di ugual dimensione, una almeno delle quali – contenente l'identicità – forma da sola un gruppo continuo finito.

Questo teorema si trova dimostrato nel trattato [g] (p.250)

L. Roth

pel caso di un gruppo G_r di proiettività, ma il ragionamento ha carattere generale. Sia G il gruppo algebrico, ed accanto ad esso consideriamo la varietà V immagine di G, che ha dimensione uguale a quella di G. Anzitutto osserviamo che ad ogni trasformazione T di G corrisponde un automorfismo di V, e che l'insieme di tali automorfismi costituisce un gruppo $\mathcal{G}$ che opera transitivamente sui punti di V. Ne consegue che, se V è irriducibile, la proposizione è stabilita; se invece V risulta riducibile, con componenti V', V'',..., queste ultime debbono avere tutte la stessa dimensione in quanto sono trasformate l'una dell'altra mediante il gruppo $\mathcal{G}$.

In secondo luogo è chiaro che una almeno di tali componenti, per esempio V', deve contenere il punto I, immagine della trasformazione identica in G. L'insieme dei punti di V' corrisponde ad un gruppo continuo finito G' contenuto in G; difatti una trasformazione generica di G' porta I in un punto generico di V', non giacente su V'',..., e quindi lascia invariata V', onde segue facilmente la prima parte del teorema. La altre componenti di V, le quali in generale non contengono I, corrispondono ciascuna ad una schiera continua avente la stessa dimensione di G'.

16. <u>Sui gruppi proiettivi</u>. I primi studi sulle varietà gruppali trattano - come del resto è naturale - dei gruppi di <u>proiettività</u> (auto-collineazioni) delle curve. E' ovviamente vantaggioso, quando sarà possibile, ricondurre il problema di determinare gli automorfismi di una varietà V_d a quello delle proiettività di una sua trasformata birazionale; per le varietà superficialmente regolari questo si può sempre fare, in base al seguente teorema di Fano $[26]$:

<u>Se una varietà</u> V_d , <u>dotata di un gruppo</u> G , <u>è superficialmente regolare, si può sempre trovare una trasformata birazionale di</u> V_d <u>sulla quale il gruppo immagine di</u> G <u>risulti proiettivo.</u>

Consideriamo su V_d un qualunque sistema lineare $|V_{d-1}|$, irriducibile semplice ed ampio quanto si vuole, ed applichiamo ad esso tutte le trasformazioni di G. Siccome V_d è superficialmente regolare, il sistema

L. Roth

continuo così ottenuto deve essere totalmente contenuto in un sistema lineare $[32]$; e tale sistema lineare è invariante per le operazioni di G. Per di più, poichè esso continee $|V_{d-1}|$, è atto a rappresentare le sezioni iperpiane di una varietà V'_d , immagine birazionale di V_d , la quale gode della proprietà richiesta.

Nel caso $d = 1$, questo teorema ci permette di studiare gli automorfismi di una curva razionale ma non quelli di una curva di genere positivo.

Anche per le varietà irregolari è spesso possibile effettuare una riduzione analoga. Se V_d ammette un gruppo G allora il suo sistema canonico $|X_{d-1}|$, supposto effettivo, deve risultare invariante per G ; e se è semplice e ∞^{d+1} almeno, può rappresentare le sezioni iperpiane di una V'_d immagine birazionale (<u>modello canonico semplice</u>) di V_d , sulla quale G viene rappresentato da un gruppo proiettivo. Se invece $|X_{d-1}|$ non può servire a tale scopo, può darsi che esista qualche <u>modello pluricanonico</u> di V_d a cui si applica il precedente ragionamento. Però tale immagine V'_d può benissimo possedere delle singolarità non ordinarie.

17. <u>Il caso delle curve</u>. I metodi già esposti ci permettono di discutere in modo esauriente il caso classico $d = 1$. E' noto che le curve razionali ed ellittiche ammettono rispettivamente dei gruppi G_3 e G_1 (vedi l'Introduzione); ora questi risultati possono venir precisati ed invertiti come indicheremo, rimandando il lettore al trattato $[8]$ per ulteriori dettagli.

Anzitutto vale il teorema: <u>tutte le curve algebriche che ammettano infinite trasformazioni proiettive sono razionali.</u>

Si dimostra che una curva C di ordine n e genere $p > 0$ non può ammettere che un numero finito di proiettività. Supponiamo che C stia in uno spazio S_r ; allora, se essa è non singolare, il numero degli iperpiani iperosculatori è $n(r + 1) + r(r + 1)(p - 1) \gg n(r + 1)$, e si vede facilmente che tale numero non può diventare infinito.

Nel caso in cui C possegga dei punti multipli, si considera

L. Roth

una sua trasformata birazionale ottenuta mediante le forme di S_r di un
ordine conveniente soggette a passare per tali punti.

Osserviamo che l'ipotesi dell'algebricità di C è essenziale;
difatti esistono delle curve trascendenti (curve di Klein-Lie) dotate di
gruppi ∞^1 continui di proiettività. Però sussiste il teorema : <u>ogni
curva che ammetta un gruppo continuo di</u> ∞^r $(r \geqslant 1)$ <u>proiettività è algebrica e razionale.</u>

D'ora innanzi sarà sottinteso che parliamo sempre di curve C
algebriche. Allora il primo teorema può essere enunciato sotto forma invariantiva : <u>ogni curva dotata di un gruppo</u> G <u>che lasci transitivamente
invariante una qualunque serie lineare semplice, di dimensione</u> $\geqslant 1$, <u>conte-
nuta in essa, è razionale.</u>

Secondo le ipotesi fatte, l'effetto di G è quello di permutare
i gruppi della serie tra loro; e la serie stessa non è composta con una involuzione. Allora, prendendo un multiplo conveniente della serie possiamo
sostituire la curva C con un modello C' birazionale su cui G viene
rappresentato da un gruppo G' di proiettività. Il teorema è valido anche
nel caso in cui la serie sia composta con una involuzione <u>razionale</u> : cfr.
n.22.

Con gli stessi metodi viene stabilito il teorema di Schwarz-Klein:
<u>una curva di genere</u> $p \geqslant 1$ <u>non può ammettere che un numero finito di auto-
morfismi.</u>

Se la curva non è iperellittica, la sua curva canonica è modello semplice, e pertanto, in base al n.16, il risultato è immediato.
Se essa è iperellittica, con $p \geqslant 2$, basta considerare la curva bicanonica e, se $p = 2$, la curva tricanonica. In ogni caso il modello, essendo
non razionale, non potrebbe ammettere un'infinità di trasformazioni.

Aggiungiamo qualche altra osservazione in proposito. Una curva
di genere $p = 2$ possiede in generale un solo automorfismo generato dalla
unica serie g_2^1 in essa contenuta; l'esistenza di altre trasformazioni dipende da quella di proiettività del gruppo dei sei punti di diramazione
sulla retta doppia che è la relativa curva canonica. Infine possiamo dimo-

L. Roth

strare che una curva di genere $p > 2$ non ammette, in generale, nessun automorfismo.

Il caso $p = 1$, che viene escluso da tutte le considerazioni precedenti, costituisce un'effettiva eccezione. Difatti, assumendo per modello una cubica piana generale con mezzi trascendenti possiamo stabilire il seguente risultato: ogni curva ellittica ammette un unico gruppo G_1 (e non un gruppo più ampio) di automorfismi, che è completamente e semplicemente transitivo e costituito da trasformazioni di prima specie.

Il fatto che G_1 non lascia invariante nessuna serie lineare g_n^r sulla curva C può anche dedursi come segue. Denotando con u l'integrale di prima specie associata a C , sappiamo che i valori di u nei punti di un gruppo di g_n^r deve soddisfare ad una relazione $u_1 + u_2 + ... + u_n \equiv$ cost. Ora una trasformazione $u' = u + a$ muta la serie in sè se, e soltanto se, $na \equiv 0$, e cioè per un numero finito (n^2) di valori di a.

18. **Le superficie gruppali: il lemma di Painlevé**. E' facile vedere che ogni superficie razionale ammette varie specie di gruppi G_r corrispondenti ai gruppi continui di trasformazioni cremoniane del piano, la cui classificazione devesi a Fano [18] . Anche le superficie riferibili a rigate irrazionali ammettono gruppi siffatti, sebbene di dimensione minore. Difatti, una tale superficie F è birazionalmente equivalente al prodotto di una retta R ed una curva C di genere $p > 0$; quindi, in base al teorema di Schwarz-Klein (n.17), nel caso $p > 1$, F può ammettere soli dei gruppi intransitivi le cui traiettorie sono costituite dalle "Generatrici" (curve razionali del fascio, di genere p, su F). Però nel caso $p = 1$, F possiede anche dei gruppi, generalmente transitivi, le cui curve invarianti nascono dai punti fissi di gruppi proiettivi operanti su R .

I primi studi importanti sulle superficie gruppali sono dovuti a Picard e soprattutto a Painlevé che, nelle Lezioni di Stoccolma [k] ha gettato le basi per una teoria generale. poco dopo il quadro è stato completato dalle ricerche di Enriques e Fano sulle superficie do-

438

L. Roth

tate di gruppi proiettivi (vedi n.22).

Consideriamo da prima una superficie F che ammetta un gruppo _intransitivo_ e precisamente un G_1 _razionale_. Le traiettorie di G_1 formano un fascio $\{C\}$, razionale od irrazionale; e siccome, in base al n.6 tale fascio possiede sempre qualche unisecante, segue che : _Ogni superficie dotata di un G_1 razionale è birazionale o riferibile a rigata._

Questo risultato è stato conseguito da Painlevé con ricorso alla teoria delle funzioni; però il suo metodo, per quanto superato da ulteriori sviluppi, conserva sempre un certo interesse perchè contiene un corollario importante che finora non si è riusciti a stabilire con mezzi algebrici. Ed ecco in che cosa consiste. Sulla C generica le trasformazioni di G_1 avranno due punti uniti, generalmente distinti. Se essi coincidono, il luogo di tali punti fornisce l'unisecante richiesta. Nel caso generale l'analisi di Painlevé dimostra che _il luogo dei punti uniti sulle traiettorie si scinde in due curve unisecanti il fascio._ Questo risultato, che ci sarà utile in seguito, chiameremo _lemma di Painlevé._

19. _Le superficie ellittiche._ In tutti i casi la superficie F ammetta un gruppo G_1 le traiettorie, essendo dotate di ∞^1 automorfismi, debbono formare un fascio di curve razionali od ellittiche. Passiamo ora alla seconda alternativa: evidentemente le trasformazioni sulla generica traiettoria C del fascio $\{C\}$ sono di prima specie e quindi non possiedono nessun punto fisso; e la corrispondenza tra operazioni di G_1 e punti di C risulta univoca. Ma c'è qui un fenomeno inaspettato: benchè tutte le traiettorie siano birazionalmente equivalenti, in generale il fascio $\{C\}$ contiene un certo numero di curve riducibili ciascuna delle quali consta di una curva ellittica multipla.

Questa classe di superficie, chiamata _ellittica_, è stata menzionata da Picard $[41]$ e discussa da Painlevé $[k]$, ma le prime ricerche importanti in merito devonsi ad Enriques (vedi $[f]$). E siccome essa è caso particolare delle _varietà pseudo-abeliane_ che esamineremo più tardi

L. Roth

(n.32) per ora ci contenteremo di dare qualche notizia circa le sue proprietà principali.

Anzitutto si può dimostrare che la superficie ellittica F contiene un fascio ellittico $\left\{K\right\}$ di curve K , tutte irriducibili e dello stesso genere $\pi > 0$ (il caso $\pi = 0$ conduce alle rigate ellittiche). Il numero (CK) , che si chiama **determinante** di F, è un carattere importante della superficie. Il sistema canonico, insieme ai sistemi pluricanonici; sono tutti composti col fascio $\left\{C\right\}$, come del resto era prevedibile. La presenza dei due fasci $\left\{C\right\}$ e $\left\{K\right\}$ **caratterizza** le superficie ellittiche.

Per quanto concerne gli invarianti, notiamo che il genere P_g è uguale a quello del fascio $\left\{C\right\}$, mentre il genere $p_a = -1$.

La classificazione ed effettiva costruzione di tutti i tipi per cui $\pi \le 4$ sono state compiute successivamente da Enriques, Campedelli, Conforto-Gherardelli e Scafati ($\left[\, f \, , \, 5 \, , \, 8 \, , \, 58 \, , \, 59\right]$).

20. **Superficie di Picard e superficie quasi-abeliane.** Passiamo ora ai gruppi G_2 transitivi, e supponiamo dapprima che G_2 sia **completamente** transitivo sulla superficie F . Allora si può dimostrare con Picard $\left[41\right]$ che F ammette una rappresentazione parametrica mediante funzioni iperellittiche(o abeliane di genere due) di due variabili u,v indipendenti. F chiamasi **superficie di Picard** (**superficie iperellittica o abeliana di rango uno**); e il gruppo G_2 viene dato dalle trasformazioni di **prima specie,** u' = u + a , v' = v + b , e pertanto G_2 risulta anche **semplicemente** transitivo.

Il punto di partenza delle ricerche di Picard è la trasformazione infinitesiamle di G_2 ; da essa ricava due integrali u,v semplici ed un integrale $\iint dudv$ doppio, tutti di prima specie. Risulta che q = 2, $p_g = 1$; e in virtù della completa transitività di G_2 la curva canonica di F deve aver l'ordine zero. Dai precedenti risultati segue che $p_a = -1$. Si può dimostrare che queste ultime **proprietà** servono a **caratterizzare** la superficie di Picard. Tale superficie rientra nella ca-

L. Roth

tegoria delle varietà di Picard che verranno esaminate al n.29.

Supponiamo in secondo luogo che G_2 sia soltanto <u>generalmente</u> <u>te</u> transitivo su F . In tal caso ci sarà almeno un punto I oppure una curva C invariante, e quindi possiamo estrarre da G_2 un sottogruppo algebrico G_1 fissando un punto nell'intorno di I ovvero un punto di C . E siccome G_1 è razionale, F risulta razionale o riferibile a rigata: però in questo secondo caso la rigata dev'essere ellittica, altrimenti G_2 non potrebbe essere transitivo (cfr. n.18).

Osserviamo che la superficie così ottenuta è birazionalmente equivalente al prodotto di due rette oppure di una retta ed una curva ellittica, ed è quindi rappresentabile parametricamente mediante funzioni razionali od ellittiche, e cioè funzioni iperellittiche degeneri. Per questo motivo la superficie viene chiamata <u>quasi-abeliana</u>.

Riassumendo: <u>ogni superficie dotata di un gruppo</u> G_2 <u>transitivo è abeliana</u> (<u>di rango uno</u>) <u>o quasi-abeliana, a seconda che</u> G_2 <u>è completamente o generalmente transitivo; e nel primo caso risulta anche semplicemente transitivo.</u>

21. <u>Sui gruppi</u> $G_r (r \rangle 2)$. I casi rimanenti, per cui $r \rangle 2$, non presentano difficoltà. Se il gruppo G_r operante su F è intransitivo le sue traiettorie, essendo dotate di ∞^r automorfismi, debbono essere razionali. Se invece G_r è transitivo, lo sarà generalmente (n.20), ed in tal caso possiamo procedere come sopra. In conclusione, <u>ogni superficie che ammetta un gruppo</u> G_r , <u>con</u> $r \rangle 2$, <u>è razionale o riferibile a rigata.</u>

Vedremo più tardi che il complesso dei risultati concernenti le varietà gruppali di dimensione qualsiasi è perfettamente analogo a quello già ottenuto nel caso delle superficie.

22. <u>Sulle superficie con gruppi che lasciano invariante un sistema lineare.</u> Devesi ad Enriques e Fano [18] il teorema : <u>ogni superficie dotata di un gruppo continuo proiettivo è razionale o riferibile a rigata.</u>

L. Roth

Tale risultato è incluso nella seguente proposizione generale, dovuta
ad Enriques [f] : <u>E' razionale o riferibile a rigata ogni superficie
dotata di un gruppo continuo finito(non necessariamente permutabile) che
lasci transitivamente invariante un sistema lineare, ∞^1 almeno, di
curve il quale non sia composto con un fascio irrazionale.</u>

Indichiamo i passi principali della dimostrazione. Sia $|L|$
il sistema lineare di curve sulla superficie F ; ed incominciamo col caso di un
fascio. Allora possiamo sempre supporre che le curve L siano permutate
dal gruppo G secondo un gruppo ∞^1, poichè altrimenti basterebbe sostituire G col sottogruppo che lasci ferme delle curve particolari di
$|L|$.

a) Se G è intransitivo, ogni sua traiettoria è segata da $|L|$ secondo
i gruppi di una serie od involuzione razionale e perciò risulta razionale
(n.17).

b) Se G è transitivo, le curve del fascio $|L|$, essendo dotate di ∞^1
automorfismi, sono a priori razionali od ellittiche. Però facendo appello
alla teoria delle superficie ellittiche (n.19) si esclude facilmente questa
seconda alternativa.

c) Supponiamo ora che $|L|$ abbia dimensione $r > 1$; allora le trasfor-
mazioni di G operano sulle curve di $|L|$ come proiettività di uno spazio
S_r , formanti un gruppo G'. Consideriamo tutte le trasformazioni di G'
permutabili con una, T' , di esse; queste costituiscono un sottogruppo
che lascia fermi gli stessi punti uniti di T' e quindi anche una retta,
non tutta costituita da punti uniti. E siccome quest'ultima corrisponde
ad un fascio lineare di $|L|$, si ricade nel primo caso.

Questo teorema mette bene in evidenza un fatto che è già e-
merso dalla precedente classificazione, e cioè: <u>le uniche superficie gruppali che possano avere qualche curva pluricanonica effettiva e non nulla
sono superficie ellittiche.</u> Difatti, se una superficie F , dotata di un
gruppo G , avesse un sistema pluricanonico $|K|$ irriducibile e di dimen-
sione $r > 1$, tale sistema dovrebbe essere invariante per G . Ma in base al teorema precedente, non può essere transitivamente invariante, e

L. Roth

d'altra parte le curve K , essendo ∞^2 almeno, non possono essere traiettorie di G . Quindi se esiste un sistema $|K|$, di dimensione r $\geqslant$ 1 , esso dev'essere composto con le traiettorie - necessariamente ellittiche - di G , e pertanto F è una superficie ellittica.

Va notato che anche una superficie ellittica può avere curve pluricanoniche tutte nulle; tale è il caso $\overline{\pi}$ = 1 del n.19. E l'unico caso restante di una superficie gruppale con curva pluricanonica effettiva è quello della superficie di Picard ove, in forza alla completa transitività di G , tale curva deve aver l'ordine zero.

23. <u>Sui gruppi discontinui di automorfismi</u>. Vale la pena di dare uno sguardo al problema dei gruppi discontinui infiniti in quanto, pur non facendo parte del nostro programma, esso è strettamente collegato con le considerazioni precedenti.

Sia F una superficie dotata di un gruppo Γ discontinuo, di ordine infinito, di automorfismi il quale non sia contenuto in nessun gruppo continuo finito. Allora F può benissimo avere una curva canonica effettiva di ordine zero; in tal caso è regolare con generi e plurigeneri uno, perchè se fosse irregolare sarebbe una superficie di Picard. Oppure tutti i sistemi pluricanonici di F debbono essere composti con un fascio (razionale od irrazionale) di curve ellittiche, poichè si può dimostrare che altrimenti esisterebbe qualche sistema pluricanonico irriducibile di dimensione 2 almeno, ed allora il gruppo Γ sarebbe subordinato ad un gruppo continuo G . Sussiste quindi il seguente teorema di Enriques [15] : <u>ogni superficie dotata di un gruppo discontinuo infinito di automorfismi è regolare a generi e plurigeneri uno oppure contiene un fascio di curve ellittiche.</u>

Che ambedue i casi possano effettivamente presentarsi viene dimostrato sopra esempi. Il primo caso in particolare si presta ad interessanti applicazioni della teoria delle forme quadratiche (per la bibliografia vedi [p]).

L. Roth

24. **Sulle** V_3 **gruppali**. Il caso piu semplice di V_3 gruppale è ovviamente quello dello spazio S_3 . I gruppi continui di trasformazioni cremoniane dello spazio S_3 sono stati classificati in vari lavori [21], [17] di Enriques e Fano che comprendono anche lo studio dei gruppi proiettivi. In particolare devesi a loro l'importante risultato : <u>ogni gruppo</u> G_r <u>proiettivo di uno spazio</u> S_R $(r > 1, R > 1)$ <u>contiene dei sottogruppi</u> ∞^1 <u>razionali</u>.

In un altro complesso di ricerche Fano [19],[20] ha determinato le V_3 che ammettano dei gruppi G_r proiettivi con $r = 3,4$; i risultati così ottenuti sono per la maggior parte espressi dal teorema: <u>ogni</u> V_3 <u>dotata di un gruppo continuo transitivo di proiettività è birazionale</u>. La dimostrazione di questo teorema di Fano [22] trovasi riprodotta nella monografia [1] .

Il problema generale delle V_3 gruppali richiede per la sua soluzione completa uno studio preliminare non solo delle curve e superficie gruppali ma anche delle V_3 abeliane (di Picard) e quasi abeliane. I metodi finora adoperati a tali fine in questi ultimi due casi sono di carattere trascendente e si prestano ugualmente bene al caso delle V_d qualunque. Però in vista del loro maggiore interesse ci proponiamo di passare in rivista i risultati principali concernenti le V_3 , rimandando (ove occorra) ai numeri successivi per le relative dimostrazioni.

25. **Gruppi ad un parametro**. In questo caso possono presentarsi due eventualità: le traiettorie del gruppo G_1 sono a) curve razionali, b) curve ellittiche.

Nel caso a) dimostriamo [30] che V_3 <u>è birazionalmente equivalente ad una varietà rigata, generata da una congruenza di rette</u>.

Tale risultato discende subito dal lemma di Painlevé (n. 18). Infatti, il gruppo di trasformazioni subordinato da G_1 sulla traiettoria generica C possiede due punti uniti, distinti o coincidenti. Nel secondo caso il luogo del punto unito al variare di C nella congruenza $\{C\}$ è una superficie unisecante mediante la quale possiamo trasformare le C in una congruenza di rette.

L. Roth

Se invece i punti uniti sono distinti, il loro luogo è una superficie F bisecante $\{C\}$. Consideriamo ora la superficie C' immagine di $\{C\}$; ad una curva $\mathcal{D}$ di C' corrisponde su V_3 una superficie D appartenente a $\{C\}$, ed in base al lemma di Painlevé, su D il luogo dei punti uniti di G_1 è spezzato in due curve, giacenti su F . Scegliamo su C' un sistema lineare $|\mathcal{E}|$ irriducibile ad ampio quanto si vuole, e quindi di grado positivo; ad esso corrisponde un sistema lineare $|E|$ di superficie che sega F secondo un sistema lineare, di grado positivo, di curve tutte spezzate. Per un noto teorema di Bertini ciò è impossibile se F è irriducibile; quindi F si spezza in due componenti ciascuna unisecante $\{C\}$, sicchè anche in questo caso V_3 risulta riferibile a rigata (in particolare, cono).

Questo teorema mette in evidenza una differenza fondamentale tra le superficie e le varietà V_d $(d > 2)$; nel caso delle superficie, l'ipotesi dell'esistenza di un G_1 razionale è perfettamente equivalente a quella dell'esistenza di un sistema di indice 1, di curve razionali, in quanto l'unisecante si può costruire sempre. Ma per le V_d la prima ipotesi è più forte: come abbiamo già visto, in generale una congruenza di curve razionali su una V_d non ammette unisecanti.

Nel caso b) che è analogo a quello delle superficie ellittiche, c'è una congruenza $\{C\}$ di curve ellittiche i cui membri irriducibili sono birazionalmente equivalenti; però esiste un insieme, eventualmente vuoto, di traiettorie sottomultiple delle C : tali traiettorie possono essere isolate oppure possono generare delle superficie, in numero finito.

Si può dimostrare che la varietà V_3 contiene <u>un fascio ellittico</u> $\{D\}$ di superficie che sono trasformate birazionali l'una dell'altra mediante G_1 ; su ogni D le curve C segano gruppi di punti di una involuzione I_d le cui coincidenze nascono delle curve sottomultiple di C. Il numero <u>d</u> chiamasi <u>determinante</u> della <u>varietà ellittica</u> V_3 .

La V_3 ellittica è caso particolare della varietà pseudoabeliane che studieremo più tardi. Per essa si presentano vari problemi di rappresentazione e di classificazione che sono strettamente collegati

L. Roth

con la teoria delle involuzioni sopra la superficie D ; per una introduzione a tale teoria nonchè per esempi e complementi rimandiamo il lettore a $[48]$.

26. <u>Gruppi a due parametri</u>. Se V_3 ammette un gruppo G_2 , allora le sue traiettorie possono essere a) curve razionali, b) superficie
razionali, c) superficie riferibili a rigate ellittiche, d) superficie di
Picard.

Nel caso a) ogni traiettoria è sostegno di ∞^2 trasformazioni di G_2 ; le operazioni di G_2 che lasciano fermo un punto generico
di V_3 formano un gruppo ∞^1 razionale sicchè, in base al n.25 V_3 è
trasformabile in una rigata (o cono).

Alla stessa conclusione si perviene nel caso c) osservando
che le operazioni di G_2 che lasciano invariate le ∞^2 curve razionali,
generatrici delle traiettorie, formano un sottogruppo ∞^1 razionale.

Nel caso b) dimostriamo che V_3 è <u>birazionalmente equivalente ad una varietà luogo di ∞^1 piani</u> $[30, 31]$. Consideriamo una
traiettoria generica A ; ogni trasformazione di essa nasce da un numero
finito di automorfismi di V . Supponiamo che A sia trasformata birazionalmente nel prodotto A' di due rette r, r' ; allora il gruppo G_2' su
A' , immagine di G_2 , contiene un sottogruppo corrispondente a quelle
trasformazioni che danno l'identità su r' ; tale sottogruppo è equivalente ad un gruppo operando su r ed è quindi ∞^1 razionale.

Ora le trasformazioni corrispondenti su A nascono da un
gruppo ∞^1 algebrico operante su V_3 . Se questo è riducibile, esso contiene almeno un gruppo G_1 (n.15) che determina una congruenza di traiettorie su V_3 , mediante la quale possiamo trasformare V_3 in un cono.

Poichè per ipotesi G_2 è permutabile, ogni suo sottogruppo,
e quindi G_1 in particolare, è <u>invariante</u>. Quindi la congruenza di generatrici del cono è invariante per G_2 , ogni trasformazione del quale definisce una trasformazione birazionale operando su esse, ed allora la sezione iperpiana generica del cono è invariante per un sottogruppo di G_2 . Ap-

L. Roth

plicando le stesse considerazioni a questa sezione, il cono può venir trasformato birazionalmente nel prodotto di un piano e qualche altra curva, il che dimostra l'asserto.

Veniamo ora al caso d) in cui V_3 possieda un fascio $\{C\}$ (razionale od irrazionale) di superficie di Picard. Evidentemente G_2 risulta completamente (e quindi semplicemente) transitivo sulla superficie C, altrimenti - in base al n.20 - C sarebbe razionale o riferibile a rigata. La corrispondenza tra operazioni di G^2, che sono trasformazioni di prima specie su C, e punti di C è biunivoca. Supporremo che sia senza elementi eccezionali, nel qual caso C è non singolare e priva di curve eccezionali. Mentre tutte le traiettorie sono birazionalmente equivalenti, il fascio $\{C\}$ contiene in generale un certo numero di membri riducibili ciascun dei quali consta di una superficie di Picard multipla.

Possiamo costruire su V_3 una congruenza $\{D\}$ di curve D trasformate l'una dell'altra mediante G_2; tale congruenza sega C secondo gruppi di una involuzione I_d che è priva di coincidenze e generata da un gruppo di trasformazioni di prima specie; allora, come vedremo, I_d dev'essere picardiana, cioè rappresentabile con i punti di una superficie di Picard. Il numero $\underline{d}$ chiamasi determinante di V_3, a cui diamo il nome di varietà iperellettica.

Per le proprietà principali di questa varietà rimandiamo al lavoro $[49]$. Qui osserviamo semplicemente che, se le curve D sono razionali, V_3 può trasformarsi birazionalmente in un cono, analogamente a quello che avviene nel caso delle superficie ellittiche le quali hanno molte somiglianze con queste varietà.

27. Gruppi a tre parametri. In questo caso si presentano le seguenti eventualità : (i) il gruppo G_3 è intransitivo (ii) il gruppo G_3 è completamente transitivo (iii) G_3 è generalmente transitivo.
(i) Se G_3 ammette traiettorie, queste possono essere o curve razionali o superficie razionali oppure superficie riferibili a rigate ellittiche. In ogni caso i metodi adoperati in precedenza mostrano che la V_3 dotata

L. Roth

di un tale G_3 è birazionalmente equivalente ad una varietà luogo di una congruenza di rette o di un fascio di piani (varietà rigata).

(ii) Nel secondo caso V_3 dev'essere una varietà di Picard e le operazioni di G_3 sono trasformazioni di prima specie su V_3 (vedi n.29).

(iii) Nel terzo caso V_3 è una varietà quasi-abeliana; dal n.31 discende che V_3 è birazionale oppure è birazionalmente equivalente al prodotto di una curva ellittica ed un piano, o di una superficie di Picard ed una retta, secondochè l'irregolarità superficiale di V_3 vale 0, 1 o 2.

In conclusione possiamo affermare che <u>ogni</u> V_3 <u>dotata di un gruppo G_3 è una varietà di Picard se, e soltanto se, G_3 è completamente transitivo; in ogni altro caso</u> V_3 <u>è trasformabile birazionalmente in una varietà rigata.</u>

Apparirà in seguito che i metodi generali che verranno introdotti ci permetteranno di esaurire presto i casi dei gruppi G_r $(r \geqslant 3)$. In base a un tale esame possiamo enunciare il seguente teorema : <u>ogni</u> V_3 <u>dotata di un gruppo G_r $(r \geqslant 1)$ è ellittica, iperellittica, picardiana, oppure è birazionalmente equivalente ad una varietà rigata.</u>

L'interesse principale di questo risultato sta nel fatto che dà un quadro quasi completo della situazione generale per una V_d gruppale di dimensione qualunque.

28. <u>Un teorema di Fano. Schiere continue di automorfismi.</u> Dimostriamo ora il seguente teorema di Fano $[26]$: <u>una V_3 completamente regolare che ammetta un gruppo G_r o è birazionale o non è neppure unirazionale.</u>

Anzitutto, siccome V_3 è superficialmente regolare sappiamo (n.16) che G_r è semplicemente isomorfo ad un gruppo proiettivo e quindi, in base al n.24, contiene dei gruppi ∞^1 razionali le cui traiettorie possiedono delle superficie unisecanti. Allora V_3 è birazionalmente equivalente al prodotto di una superficie F ed una curva razionale C ; e poichè V_3 è completamente regolare, F dev'essere regolare con $p_g = p_a = 0$ (n.10). Ora vi sono due possibilità: se il bigenere di F è

L. Roth

nullo, F risulta razionale (n.8) e pertanto anche V_3 è birazionale.
Ma se il bigenere è positivo F è irrazionale e quindi, in base ad un
altro teorema di Fano (n.11), V_3 risulta irrazionale.

Segue come corollario che una V_3 unirazionale ma non birazionale può ammettere automorfismi ed anche schiere continue di automorfismi,
ma <u>non</u> gruppi continui finiti di tali trasformazioni. Questo risultato
non ha analog.a nella teoria delle curve e delle superficie.

Se V_3 è una varietà dotata di una tale schiera, le trasformate di un punto generico possono muoversi lungo una curva od una superficie oppure possono invedere V_3 . Consideriamo la prima possibilità :
allora V_3 contiene una congruenza di curve che a priori potrebbero
essere razionali od ellittiche. Ma è facile vedere che questa seconda
alternativa è esclusa [30] ; difatti in quel caso ogni superficie appartenente alla congruenza $\left\{C\right\}$ delle curve ellittiche C sarebbe una
superficie ellittica (n.19). Su una tale superficie F una tale trasformazione di prima specie, data su una C , determinerebbe una trasformazione, ed una sola, su ogni curva del fascio giacente su F. Scegliamo ora
un fascio di superficie F contenenti la data C ; ogni trasformazione
del gruppo ellittico su C definisce un'unica trasformazione su tutte le
curve di $\left\{C\right\}$, indi V_3 risulta invariante per un gruppo ∞^1 continuo, contro l'ipotesi.

Per quanto riguarda il primo caso possiamo dimostrare <u>che o-
gni</u> V_3 <u>che contenga una congruenza di curve razionali ammette una schiera discontinua di automorfismi</u>. Difatti V_3 può trasformarsi birazionalmente in una varietà W_3 contenente una congruenza di coniche; allora
un iperpiano dello spazio ambiente di W_3 determina sulla conica generica
una coppia di punti e quindi una trasformazione involutoria di cui questi
sono i punti uniti. La schiera di automorfismi è costituita da tali involuzioni insieme ai loro prodotti.

Consideriamo ad esempio la forma cubica generale V_3^3 di S_4;
le coniche giacenti nei singoli piani passanti per una sua retta fissa
formano una congruenza mediante la quale possiamo generare una tale schiera

L. Roth

discontinua. Ma non sappiamo se essa sia contenuta in qualche gruppo continuo finito. Abbiamo visto (n.4) che V_3^3 è unirazionale e rappresentabile sopra una I_2 ; se si potesse dimostrare che V_3^3 non ammette nessun gruppo continuo finito allora seguirebbe senz'altro che la forma è irrazionale. Per il problema della V_3^3 rimandiamo a [s] .

Nel caso della forma V_3^6 di Enriques (n.12) possiamo dire di più; in base al teorema di Fano, V_3^6 <u>non può ammettere nessun gruppo continuo finito</u> di automorfismi. Partendo da una delle sue congruenze di coniche possiamo definire una schiera discontinua di automorfismi la quale non sarà contenuta in nessun gruppo continuo finito.

Consideriamo infine il caso in cui una varietà V_3 ammetta <u>un gruppo discontinuo infinito</u> di automorfismi (che non sia contenuto in nessuna schiera còntinua). Qui, come dianzi, le trasformate di un punto generico di V_3 possono muoversi lungo una curva od una superficie o possono invedere V_3 . In base ai risultati precedenti, se esiste una congruenza di "traiettorie" queste non possono essere curve razionali, ma possono essere ellittiche: un semplice esempio di una tale V_3 è fornito dal prodotto di una curva di genere maggiore di uno ed una superficie dotata di un gruppo discontinuo infinito (n.23).

La teoria degli automorfismi di tali superficie è intimamente associata a quella delle forme quadratiche che ammettano gruppi di trasformazioni lineari in sè stesse: ciò risulta immediatamente dalla teoria della base. Analogamente il problema delle V_3 dotate di gruppi discontinui di automorfismi è collegato con la teoria delle forme cubiche e le loro trasformazioni lineari (vedi [45] per vari esempi in proposito):

Finora ci siamo limitati a considerare problemi concernenti gli automorfismi di varietà a dimensione non superiore a tre : per poter passare alla teoria delle varietà a dimensione qualunque occorre uno studio preliminare della varietà di Picard generale ed anche di quelle forme degeneri di esse che chiamasi varietà quasi-abeliane. Nei numeri successivi daremo i risultati principali di tale studio, con qualche cenno di dimostrazione, rimandando ai trattati [d,r] per ulteriori dettagli nonchè

L. Roth

per notizie storiche e bibliografiche in merito.

29. <u>Sulle varietà di Picard</u>. Consideriamo una funzione $f(u_1, u_2, \ldots, u_p)$ delle variabili complesse $u_i (i = 1, 2, \ldots, p)$ che sia meromorfa al finito; allora, se esistono p costanti $\omega_i (i = 1, 2, \ldots, p)$ non tutte nulle e tali che

$$f(u_1 + \omega_1, u_2 + \omega_2, \ldots, u_p + \omega_p) = f(u_1, u_2, \ldots, u_p),$$

si dice che $(\omega_1, \omega_2, \ldots, \omega_p)$ è un <u>periodo</u> di f. La funzione f chiamasi <u>abeliana di genere</u> p se dipende effettivamente dalle p variabili u_i (e non da $p' > p$ loro combinazioni lineari) e se ammette $2p$ periodi (e non meno) linearmente indipendenti. Dal fatto evidente che ogni combinazione lineare di periodi è sempre un periodo risulta - come nella teoria delle funzioni ellittiche - che possiamo costruire un sistema di <u>periodi primitivi</u>. La matrice

$$(1) \qquad \omega = \begin{pmatrix} \omega_{11} & \omega_{12} & \ldots\ldots\ldots & \omega_{1,2p} \\ \omega_{21} & \omega_{22} & \ldots\ldots\ldots & \omega_{2,2p} \\ & & \ldots\ldots\ldots\ldots \\ \omega_{p1} & \omega_{p2} & \ldots\ldots\ldots & \omega_{p,2p} \end{pmatrix}$$

di tali periodi chiamasi <u>matrice di Riemann</u> associata alla funzione f. I suoi elementi soddisfano a certe condizioni che qui non importa constatare vice-versa, ogni matrice soddisfacente a queste condizioni è la matrice di Riemann di un <u>corpo</u> di funzioni abeliane.

Accanto al sistema di periodi primitivi abbiamo un <u>parallelepipedo fondamentale</u> ad esso corrispondente. In seguito tutte le trasformazioni delle variabili che considereremo verranno intese <u>modulo i periodi primitivi</u> definiti dalla (1).

E' importante osservare che ogni matrice di Riemann può venir ridotta alla <u>forma canonica</u>

$$(2) \qquad \begin{pmatrix} 2\pi i/d_1 & 0 & 0 & \ldots & 0 & \omega_{11} & \omega_{12} & \ldots & \omega_{1p} \\ 0 & 2\pi i/d_2 & 0 & \ldots & 0 & \omega_{21} & \omega_{22} & \ldots & \omega_{2p} \\ 0 & 0 & \ldots\ldots & 2\pi i/d_p & \omega_{p1} & \omega_{p2} & \ldots & \omega_{pp} \end{pmatrix}$$

L. Roth

Qui i numeri $d_1, d_2, \ldots, d_p$ sono interi positivi tali che $d_1 = 1$ e che ogni d_s divide il successore d_{s+1} : essi si chiamano __divisori__ della matrice (2) .

Una varietà irriducibile W_p chiamasi __varietà abeliana di genere__ p se ammette una rappresentazione parametrica mediante funzioni __f__ di un dato corpo. Si può dimostrare che W_p è __una varietà algebrica:__ al suo punto generico corrisponde un certo numero $r \, (\geqslant 1)$ di punti del parallelepipedo fondamentale che si dice __rango__ di W_p. Nel caso $r = 1$, W_p chiamasi una __varietà di Picard__, e verrà sempre denotata col simbolo V_p ; i numeri d_i della matrice associata (2) sono i __divisori__ di V_p.

Sono di speciale importanza due varietà di Picard a divisori unitari. Anzitutto vi è la __varietà di Jacobi__ che rappresenta i gruppi di p punti non ordinati di una curva irriducibile di genere p . Ed in secondo luogo, partendo invece da una curva riducibile che consti di p curve ellittiche abbiamo una varietà di Jacobi immagine del __prodotto di__ p __curve ellittiche.__

Tornando alla varietà di Picard di tipo generale, si può dimostrare che esiste sempre per esso __un modello proiettivo non singolare__ che sia in __corrispondenza biunivoca e senza eccezioni__ con il parallelepipedo fondamentale. Tale modello V_p sarà sempre inteso in seguito. E' importante notare, in vista di future applicazioni, che V_p __è topologicamente equivalente ad un toro generalizzato__ (definito dalle u_i).

Segue dalla definizione che V_p ammette due tipi di automorfismo, dati rispettivamente dalle equazioni

$$(3) \qquad u_i' = u_i + a_i \qquad\qquad (i = 1, 2, \ldots, p)$$

$$(4) \qquad u_i' = u_i + b_i \qquad\qquad (i = 1, 2, \ldots, p)$$

ove a_i e b_i sono costanti arbitrarie. Evidentemente le __trasformazioni__ (3), dette di __prima specie__, formano un G_p completamente e semplicemente transitivo. Invece le trasformazioni (4), di __seconda specie__, non costituiscono un gruppo, ma l'insieme delle trasformazioni delle due specie formano un gruppo misto a p parametri. Inoltre osserviamo che __ogni sottogruppo__

452

L. Roth

di trasformazioni di prima specie è privo di punti fissi.

Se V_p è a moduli generali, non ammette altri automorfismi che quelli sopra; però in casi particolari può essere dotata di altri tipi di automorfismi, detti trasformazioni singolari. Ma tali trasformazioni non costituiscono mai gruppi G_r .

Tra questi casi particolari vi è una classe importante di varietà che ora descriveremo. Si può dimostrare che una varietà di Picard a moduli generali non contiene nessuna sottovarietà di Picard V_q $(1 \leq q \leq p-1)$; e che se una V_p contiene qualche V_q essa contiene una congruenza $\{V_q\}$ di tali varietà : tale congruenza è picardiana, è cioè rappresentabile con i punti di una V_{p-q} . A pari tempo V_p contiene una congruenza picardiana $\{V_{p-q}\}$ di varietà V_{p-q} di Picard. Una V_p dotata di queste congruenze verrà chiamata speciale di tipo q (oppure p-q). Osserviamo che una tale varietà di Picard potrebbe venir ulteriormente specializzata fino al punto di diventare un prodotto di p curve ellittiche.

Notiamo ora la seguente proposizione fondamentale: ogni varietà algebrica non singolare a p dimensioni che ammetta un gruppo G_p completamente transitivo è una varietà di Picard; il gruppo G_p è costituito da trasformazioni di prima specie e risulta semplicemente transitivo sulla varietà.

La dimostrazione data da Picard [42] prende le mosse dalla trasformazione infinitesimale di G_p, dalla quale deduce l'esistenza di p integrali semplici di prima specie e quindi una rappresentazione parametrica globale della varietà mediante funzioni abeliane di rango uno. Invece la dimostrazione esposta nel trattato [d] di Conforto si basa su concetti di natura algebrica, facendo vedere che il gruppo G_p è simile a quello delle traslazioni.

Passando ora ad altre questioni di carattere trascendente osserviamo dapprima che V_p possiede una ipersuperficie canonica effettiva di ordine zero. Difatti discende subito dalla (3) che V_p ammette un integrale $\iint \ldots du_1 du_2 \ldots du_p$ di prima specie, ed un solo, indi $P_g = 1$. Ma d'altra parte, in vista della completa transitività del gruppo G_p , la

L. Roth

ipersuperficie canonica di V_p non potrebbe essere di ordine positivo.

Più generalmente dimostriamo che <u>il numero</u> g_i <u>degli integrali</u> <u>i-pli di prima specie</u> $(i = 1,2,\ldots,p)$ <u>è uguale a</u> $\binom{p}{i}$. Per calcolare g_i si può ricorrere a qualunque modello topologico conveniente di V_p ; prendiamo il prodotto di p curve ellittiche ciascuna delle quali possiede un integrale semplice di prima specie: indi l'asserto.

Segue subito da questo risultato che <u>il genere aritmetico di</u> V_p <u>vale</u> $(-1)^{p-1}$; difatti il genere aritmetico P_a viene dato dalla formula di Kodaira $[32]$, $P_a = g_p - g_{p-1} + \ldots + (-1)^{p-1} g_1$.

Concludiamo questa sezione accennando ad un complesso di ricerche sulle varietà di Picard definite sopra un corpo qualunque. Da queste risulta che varie delle proprietà già stabilite nel caso classico valgono pure sotto ipotesi motlo più generali. Per una rassegna ed anche una bibliografia relative a questo argomento, rimandiamo il lettore alla conferenza $[4]$ di Barsotti.

30. <u>Le involuzioni sopra una varietà di Picard</u>. Lo studio delle involuzioni su V_p è di importanza capitale nella teoria in quanto (i) ogni varietà abeliana di rango r è immagine di una involuzione di ordine $\underline{r}$ sopra una V_p e (ii) ogni varietà di Picard e divisori $d_2,d_3,\ldots$ è immagine di una involuzione di ordine $d_2 d_3 \cdots$ sopra una V_p a divisori uno. A noi interessa particolarmente la teoria delle <u>involuzioni picardiane</u> sopra una data varietà V_p ; essa è basata sul seguente teorema di Andreotti $[1]$ la quale generalizza classici risultati per le curve e superficie : <u>Ogni varietà di irregolarità superficiale</u> p , <u>immagine du una involuzione</u> <u>sopra</u> V_p , <u>è essa stessa una varietà di Picard, e l'involuzione su</u> V_p <u>si</u> <u>genera con un gruppo di trasformazioni di prima specie.</u>

Indichiamo come dianzi con u_i , ω gli integrali semplici di prima specie e la matrice di V_p , e con U_i , Ω i caratteri analoghi della varietà V_p^* immagine della involuzione. Allora, in virtù della corrispondenza tra V_p e V_p^* valgono le equazioni

$$(1) \qquad U_i(y) \equiv \sum_1^p \lambda_{ih}\, u_h(x) + c_i \qquad (\bmod\ \omega\ )\ (i = 1,2,\ldots,p).$$

L. Roth

E sussistono pure le relazioni di Hurwitz

$$(2) \qquad \sum_{1}^{p} \lambda_{ih} \, \omega_{hr} = \sum_{} \alpha_{rs} \, \Omega_{is} \qquad (i = 1,2,\ldots,p \, ; \, r = 1,2,\ldots,2p).$$

Ora poichè il determinante delle λ_{ih} è non nullo, possiamo sostituire gli integrali u_i con gli integrali $v_i = \sum \lambda_{ih} u_h$; allora le (1), (2) diventano rispettivamente

$$(3) \qquad U_i(y) \qquad v_i(x) + c_i \, ; \qquad (4) \qquad \omega_{ir} = \sum_{1}^{2p} \alpha_{rs} \, \Omega_{is} \, ,$$

ove $\omega = (\omega_{rs})$ indica la matrice dei periodi degli integrali v_i .

Effettuando una trasformazione dei periodi primitivi di Ω e di ω possiamo far sì che (α_{rs}), che in tal guisa viene moltiplicata a destra e a sinistra per matrici unimodulari, si riduca alla forma diagonale canonica. Quindi le (4) assumono la forma

$$(5) \qquad \omega_{ir} = \nu_r \, \Omega_{ir} \qquad (i = 1,2,\ldots,p; \, r = 1,2,\ldots,2p),$$

ove le ν_r denotano interi positivi ciascuno dei quali divide il successore. Ed allora l'involuzione su V_p è generata dal gruppo di trasformazioni

$$(6) \qquad U_i(y) = U_i(x) + \sum_{1}^{2p} \mu_r \, \frac{\omega_{ir}}{\nu_r}$$

ove le μ_r sono numeri interi, il che dimostra l'asserto.

Vale la pena di notare una proposizione generale concernente le varietà abeliane sebbene non ne abbiamo bisogno in seguito. Anzitutto osserviamo che, siccome i plurigeneri di V_p sono tutti uguali ad uno, dalla corrispondenza tra una varietà abeliana W_p e V_p discende che <u>tutti i plurigeneri di</u> W_p <u>sono</u> $\leqslant 1$. Allora possiamo dimostrare che <u>se</u> W_p <u>ha qualche plurigenere maggiore di zero, l'involuzione corrispondente su</u> V_p <u>può essere generata da un gruppo finito di automorfismi di</u> V_p . Difatti, segue da questa ipotesi che l'involuzione possiede al più ∞^{p-2} coincidenze [53] ed allora, secondo il metodo trascendente-topologico dovuto a Bagnera e De Franchis e adoperato da Andreotti [1] , l'involuzione I_n si genera con un gruppo di ordine n di automorfismi.

Tornando al caso delle involuzioni picardiane dimostriamo che

L. Roth

il gruppo di automorfismi rappresentato dalle (6) è ciclico o abeliano a base k $(2 \leq k \leq 2p)$. Dobbiamo determinare la natura della rappresentazione del gruppo $\mathcal{G}$ in parola nello spazio reale delle coordinate $(z_1, z_2, \ldots, z_{2p})$, ove $v_s = z_s + iz_{p+s}$ $(s = 1, \ldots, p)$. A tale uopo basta considerare il caso in cui la matrice ω assuma la forma (E_r / iE_r), ove E_r è una matrice unitaria. Allora le (6) diventano

$$v'_s = v_s + \frac{\mu_s}{\nu_s} + \frac{i\mu_{p+s}}{\nu_{p+s}} \qquad (s = 1, 2, \ldots, p)$$

Quindi il gruppo $\mathcal{G}$ è simile a quello delle traslazioni dato da

$$(7) \qquad z'_s = z_s + \frac{\mu_s}{\nu_s} \qquad (\text{mod } 1) \qquad (s = 1, 2, \ldots, 2p),$$

ove ciascuno dei numeri interi positivi $\nu_1, \nu_2, \ldots, \nu_{2p}$ divide il successore. Se denotiamo con k il numero delle ν_s che siano maggiori di uno, segue che $\mathcal{G}$ può rappresentarsi come prodotto diretto di k gruppi ciclici $(1 \leq k \leq 2p)$. Il fatto che gli interi ν_s possono essere scelti ad arbitrio, purchè soddisfino alla condizione constatata, è una semplice conseguenza della teoria delle matrici di Riemann.

Da questo risultato, che generalizza un teorema di Chisini $[8]$ sulle curve ellittiche, possiamo dedurre una rappresentazione analitica di una involuzione picardiana qualunque sopra V_p. In base al n.29, possiamo sempre supporre che l'immagine V_p^* della involuzione sia una forma dello spazio S_{p+1} dotata di singolarità ordinarie, e che abbia l'equazione, in coordinate omogenee, $F(x_1, x_2, \ldots, x_{p+1}) = 0$. Allora, denotando con I_n l'involuzione ciclica determinata su V_p da uno qualsiasi dei gruppi fattori di $\mathcal{G}$, si vede che I_n è rappresentabile con le equazioni

$$u^n = G(x_1, x_2, \ldots, x_{p+1}) , \qquad F(x_1, x_2, \ldots, x_{p+1}) = 0 ,$$

ove il polinomio G è scelto in modo che l'involuzione così ottenuta sia irriducibile e priva di coincidenze.

Da questo risultato possiamo dedurre la natura della rappresentazione analitica di V_p sopra il modello multiplo V_p^*. Essendo $n_1, n_2, \ldots, n_k$ i rispettivi ordini delle involuzioni cicliche che formano

L. Roth

la base per $\mathcal{G}$ (sicchè ciascun n_s divide n_{s+1}), allora ne consegue che V_p è rappresentabile nel campo di razionalità definita dagli elementi

$$\left\{ x_1, x_2, \ldots, x_{p+1} \; ; \; G_1^{1/n_1}, \; G_2^{1/n_2}, \ldots, \; G_k^{1/n_k} \right\}$$

ove $G_1, G_2, \ldots, G_k$ sono polinomi in $x_1, x_2, \ldots$, convenientemente scelti ed ove $F(x_1, x_2, \ldots, x_{p+1}) = 0$. In particolare possiamo rappresentare V_p mediante le equazioni

$$(8) \qquad u = G^{1/n_1} + G_2^{1/n_2} + \ldots + G_k^{1/n_k} , \qquad F = 0 .$$

Le condizioni che debbono venir imposte ai polinomi G_s sono analoghe a quelle date nel caso $p = 1$ (per cui vedi $[g]$).

31. **Le varietà quasi-abeliane.** Passiamo a considerare una varietà V_π ($\pi > 1$) dotata di un gruppo G_π che sia solamente **generalmente** transitivo su essa : tale ipotesi implica l'esistenza di una o più sottovarietà invarianti per G_π . La teoria trascendente su cui poggia lo studio di V_π si inizia con la ricerca $[40]$ di Painlevé sulle funzioni meromorfe di più variabili che ammettano un teorema algebrico di addizione; tale ricerca invero è limitata al caso $\pi = 2$, ma l'autore osserva che i risultati da lui ottenuti si estendono subito al caso generale. In definitiva, le funzioni di cui si tratta sono funzioni abeliane di genere π oppure sono casi degeneri di esse, e cioè funzioni dotate di meno di 2π periodi, comprese le funzioni razionali. Secondo la terminologia di Severi $[r]$, a cui si deve l'applicazione geometrica gruppale della teoria, tali funzioni chiamansi quasi-abeliane: e con ogni matrice quasi-abeliana di periodi viene associata un corpo di funzioni quasi-abeliane.

Indichiamo qui i risultati principali di Painlevé e di Severi. Anzitutto osserviamo, con Painlevé, che dalla trasformazione infinitesimale del gruppo G_π possiamo dedurre l'esistenza di π integrali u_i semplici e funzionalmente indipendenti . Ora se queste fossero tutte di prima specie, V_π sarebbe addirittura una varietà di Picard ed allora G_π risulterebbe completamente transitivo, contro l'ipotesi. Supponendo quindi che vi siano $p(< \pi)$ integrali semplici di prima specie, i rimanenti integra-

L. Roth

li saranno di seconda o di terza specie. L'inversione simultanea delle u_i fornisce una rappresentazione parametrica di V_{π} mediante funzioni quasi-abeliane di un corpo. Si dimostra poi che V_{π} risulta di <u>rango uno</u> (nel senso del n.29) rispetto alla regione fondamentale dei periodi che è forma limite del parallelepipedo primitivo considerato dianzi; però nel caso attuale la corrispondenza tra punti di V_{π} e valori di u_i ammette delle eccezioni. La varietà V_{π} , di irregolarità superficiale p , chiamasi <u>varietà quasi-abeliana</u>; nel seguito considereremo sempre un suo modello non singolare, che verrà denotata col simbolo V_{π} .

Ora una prima conseguenza dell'operazione di inversione è che <u>se</u> p = 0, V_{π} <u>è birazionale</u>. Nel caso p > 0 si considerano i punti di indeterminazione per gli integrali di seconda e terza specie; questi formano una varietà algebrica pura a $\pi - 2$ dimensioni. Sia $E_{\pi-2}$ una sua componente; allora un automorfismo non identico di G_{π} trasforma $E_{\pi-2}$ in una varietà $E_{\pi-1}$ generata da una congruenza di curve razionali C , e l'insieme di operazioni di G_{π} ci dà un sistema irriducibile $\infty^{\pi-1}$ di tali varietà, le cui curve C associate costituiscono una <u>congruenza invariante</u> per G_{π} ;

Da quest'ultimo risultato segue che V_{π} è birazionalmente equivalente al prodotto di una curva razionale ed una varietà quasi-abeliana $V_{\pi-1}$. Per $\pi = 3$, la cosa è stata dimostrata al n.25 poggiando sul lemma di Painlevé; il teorema generale viene conseguito ora per induzione rispetto a π .

Applicando lo stesso ragionamento a $V_{\pi-1}$, si vede che $V_{\pi-1}$ è trasformabile nel prodotto di un piano ed una varietà quasi-abeliana $V_{\pi-2}$. Procedendo in tal modo si arriva infine ad un fattore V_p con un gruppo G_p e con p integrali semplici di prima specie, cioè una varietà di Picard. Così viene dimostrato il seguente teorema di Severi [r] : <u>Ogni varietà quasi-abeliana</u> V_{π} <u>di irregolarità superficiale</u> p ($< \pi$) <u>è birazionalmente equivalente al prodotto di uno spazio lineare di dimensione</u> π - p <u>ed una varietà di Picard</u> V_p .

Viceversa, <u>ogni tal prodotto è quasi-abeliano con irregolarità</u>

458

L. Roth

<u>superficiale</u> p . Difatti, il relativo gruppo $G_{\overline{\pi}}$ viene costruito fissando un qualsiasi gruppo $G_{\overline{\pi}-p}$ transitivo entro il fattore $S_{\overline{\pi}-p}$ del prodotto ed associando ad esso il gruppo G_p di trasformazioni di prima specie di V_p .

In vista di sviluppi ulteriori diremo che la varietà $V_{\overline{\pi}}$ è <u>quasi-abeliana di tipo</u> p $(0 < p < \overline{\pi})$ (cfr. n.32).

E' interessante notare che l'ipotesi di transitività <u>generale</u> del gruppo $G_{\overline{\pi}}$ porta con sè <u>l'esistenza di una infinità di gruppi continui</u>, in contrasto con quel che avviene nel caso delle varietà di Picard; e per di più, che tra tali gruppi ve ne sono di dimensione maggiore di $\overline{\pi}$.

Altra conseguenza del teorema : $V_{\overline{\pi}}$ <u>ammette una rappresenta-zione parametrica mediante funzioni abeliane</u> (di rango uno) <u>di genere</u> p $<\overline{\pi}$, <u>e funzioni razionali di</u> $\overline{\pi}$ - p <u>variabili</u>. E così si vede di nuovo che $V_{\overline{\pi}}$ è una varietà di rango uno. Risulta pure che $V_{\overline{\pi}}$ è una varietà <u>impropriamente abeliana</u> in quanto ammette una rappresentazione analitica mediante funzioni abeliane di genere meno di $\overline{\pi}$.

32. <u>Sulle varietà pseudo-abeliane.</u> Le proprietà delle varietà picardiane e quasi-abeliane rilevate nei numeri precedenti ci forniscono tutti gli strumenti necessari per classificare le varietà gruppali. Difatti, il caso dei gruppi transitivi ormai non richiede che qualche osservazione complementare; in quanto ai gruppi intransitivi, apparirà che l'unico caso che offra qualcosa di nuovo è quello che ora esamineremo, in cui le traiettorie siano varietà di Picard.

Consideriamo una varietà (non singolare) W_p che ammetta un gruppo G_q $(1 \leq q \leq p-1)$. Le traiettorie di G_q costituiscono una congruenza $\{V_q\}$ di varietà V_q , in generale irriducibili. Supponiamo che G_q sia completamente transitivo su V_q , e di più, che V_q rappresenti biunivocamente e senza eccezioni le operazioni di G_q ; allora risulta che V_q è una varietà di Picard nella forma normale definita al n.29, e che gli automorfismi di G_q sono trasformazioni di prima specie su V_q .

Chiameremo W_p una <u>varietà pseudo-abeliana di tipo</u> q ; tale

L. Roth

varietà, che comprende la classe delle superficie ellittiche (p = 2), è stata considerata per la prima volta da Dantoni [10] , sotto forma non completamente generale, per quanto concerne gli integrali semplici di prima specie e questioni coolegate con essi. La presente esposizione è basata sui lavori [51,54] .

Abbiamo visto che, in base alle nostre ipotesi, la V_q generica è non singolare. Vedremo poi che, come ipotesi di generalità, possiamo supporre che ogni elemento irriducibile della congruenza $\left\{V_q\right\}$ sia anch'esso non singolare. Ma vedremo pure che in generale tale congruenza conterrà un certo aggregato di membri riducibili ciascuno dei quali consta di una varietà di Picard contata un certo numero di volte.

Incominciamo col dimostrare che W_p contiene una congruenza picardiana $\left\{V_{p-q}\right\}$ di varietà V_{p-q} trasformate l'una dell'altra mediante G_q . Il metodo qui seguito è una ovvia estensione di quello adoperato da Enriques nel caso delle superficie ellittiche; invece di serie lineari su una curva faremo uso del concetto di serie (di punti) a circolazione lineare nulla $[t]$ su V_q . Una tale serie viene data, in termini dei parametri u_i di V_q , da equazioni della forma

$$(1) \qquad u_i^{(1)} + u_i^{(2)} + \ldots + u_i^{(m)} = c_i \qquad (i = 1,2,\ldots,q) ,$$

ove le c_i sono costanti. In particolare, ogni serie d'intersezione di V_q con le forme di un dato ordine dello spazio ambiente è rappresentabile in questa maniera.

Consideriamo una tale serie d'intersezione su V_q ; ad un gruppo qualsiasi di questa serie corrisponde un gruppo unico della serie analoga su ogni altra varietà V_q' irriducibile di $\left\{V_q\right\}$. Ora segue dalle (1) che esiste un certo numero η di trasformazioni di prima specie che lascino ogni tal serie invariante e che trasformino V_q birazionalmente in V_q' . Ad ogni punto P di V_q possiamo quindi far corrispondere un sol gruppo di n punti di V_q' , mentre ad ogni punto P' di V_q' corrisponde un sol gruppo di n punti di V_q , tale che P (o P') appartenga ad un unico gruppo di tali punti. Quando V_q' varia in $\left\{V_q\right\}$, il gruppo descrive una

L. Roth

varietà a p-q dimensioni, eventualmente riducibile. Se risulta irriducibile, denotiamola con V_{p-q} , altrimenti sia V_{p-q} una sua componente. Allora le trasformate di V_{p-q} mediante G_q formano una congruenza $\left\{V_{p-q}\right\}$
che sega V_q secondo gruppi di una involuzione I_d di un certo ordine
d $\geqslant$ 1 ; tale involuzione è evidentemente priva di coincidenze e di più è generata da trasformazioni di prima specie, e pertanto risulta picardiana.
Supporremo che la V_{p-q} generica sia non singolare indi - come vedremo -
ogni V_{p-q} è non singolare.

Il numero $\left[V_q\,V_{p-q}\right]$ = d , che chiamasi __determinante__ di W_p
è un carattere importante della varietà. Osserviamo ora che __la congruenza__
$\left\{V_q\right\}$ __sega ogni__ V_{p-q} __secondo gruppi di una involuzione__ J_d __che è gene-__
__rabile con un gruppo__ $\mathcal{G}_d$, __di ordine__ d __di automorfismi di__ V_{p-q} ; __tale__
__gruppo__ $\mathcal{G}_d$ __è ciclico o abeliano a base__ k $(2 \leqslant k \leqslant 2q)$.

Difatti il gruppo $\mathcal{G}_d$ consta di quelle trasformazioni di
G_d che lascino invariante ogni V_{p-q} ; la seconda asserzione è conseguenza
immediata del teorema del n.30 .

Questo risultato è di grande importanza per la classificazione
delle varietà pseudo-abeliane. Un primo passo in tale studio è quello di
determinare tutte quelle varietà V_{p-q} che ammettano gruppi di automorfismi di tipi $\mathcal{G}_d$.

33. __Rappresentazione di__ W_p __sopra la varietà__ W_p^* . Nel caso
d = 1 , le congruenze $\left\{V_q\right\}$, $\left\{V_{p-q}\right\}$ sono birazionalmente equivalenti a
V_{p-q} e V_q rispettivamente, e quindi possiamo rappresentare W_p sul
prodotto $V_q \times V_{p-q}$; in base alle ipotesi fatte, tale rappresentazione è
priva di elementi eccezionali.

Nel caso d $\geqslant$ 1 , costruiamo dapprima la varietà $W_p^* = V_q^* \times V_{p-q}^*$,
ove V_q^* e V_{p-q}^* sono birazionalmente equivalenti, senza eccezioni, a
$\left\{V_{p-q}\right\}$ e $\left\{V_q\right\}$ rispettivamente; tale varietà contiene due congruenze le
quali possiamo denotare, senza rischio di ambiguità, con $\left\{V_q^*\right\}$ e $\left\{V_{p-q}^*\right\}$
ove le V_q^* sono le traiettorie del gruppo di automorfismi su W_p^* . Ora
facciamo corrispondere a punto generico di W_p^* il gruppo di d punti

L. Roth

$(V_q\, V_{p-q})$; in tal modo W_p viene rappresentata sulla varietà d-pla W_p^*.

In questa rappresentazione V_q corrisponde ad una varietà d-pla V_q^* di Picard, e siccome l'involuzione segata su V_q da $\{V_{p-q}\}$ è priva di coincidenze la corrispondenza risulta senza punti di diramazione.. Ne consegue che o manca su W_p^* la varietà di diramazione oppure tale varietà deve constare di un certo numero di varietà irriducibili appartenenti alla congruenza $\{V_q^*\}$. Tali varietà, che supporremo essere non singolari, possono avere qualsiasi dimensione tra q e $p-1$ inclusi, e quelle di dimensione q saranno delle V_q^* isolate. Ad ogni varietà – diciamola $V_{q,s}^*$ – generatrice di una componente (s-1)-pla della varietà di diramazione corrisponde una $V_{q,s}$ che risulta elemento (s-1)-plo della varietà di coincidenze su W_p. Sussiste quindi l'equivalenza algebrica $sV_{q,s} \equiv V_q$; qui i numeri $s\ (2 \leqslant s \leqslant d)$ <u>a priori</u> possono essere divisori qualunque di d

Evidentemente ogni varietà $V_{q,s}$ è una traiettoria del gruppo G_q e pertanto è una varietà di Picard; essa è rappresentata sopra la varietà d/s-pla $V_{q,s}^*$ senza diramazione.

Denoteremo con $(s-1)\, B_h^{(s)}\ (q \leqslant h \leqslant p-1)$ una componente (s-1)-pla tipica della varietà di coincidenze su W_p. Tale varietà, che supporremo essere non singolare, appartiene alla congruenza $\{V_q\}$, ed è ovviamente pseudo-abeliana di tipo q .

Una congruenza notevole di questo fatto è la seguente: mentre avviene che in generale le varietà $B_h^{(s)}$ sono algebricamente isolate, può darsi che esistano due varietà $B_h^{(s)}$, $B_h'^{(s)}$, corrispondenti allo stesso valore di s , tali che sia $sB_h^{(s)} = sB_h'^{(s)}$. In quel caso il divisore σ_h di W_p risulta maggiore di uno, e cioè W_p <u>è dotata di torsione</u> (cfr. n.14).

La rappresentazione analitica di W_p viene effettuata in base al teorema del n.30. Supponiamo che la varietà V_{p-q}^* immagine della congruenza $\{V_q\}$, stia nello spazio S_{p-q+1} e che sia rappresentata dalla equazione $f(y_1, y_2, \ldots, y_{p-q+1}) = 0$; allora segue dall'equazione (8) del n.30 che W_p è rappresentabile con le equazioni

$$u = (G_1 g_1)^{1/n_1} + (G_2 g_2)^{1/n_2} + \ldots + (G_k g_k)^{1/n_k}, \quad F = 0, \quad f = 0,$$

462

L. Roth

ove $g_1, g_2, \ldots, g_k$ sono polinomi nelle variabili y_i . Questo risultato è una semplice estensione della rappresentazione, ormai classica, delle superficie ellittiche.

Vediamo ora come possiamo ottenere dei limiti inferiori per i numeri i_h ($h = 1, 2, \ldots, p$) degli integrali h-pli di prima specie di W_p. Anzitutto, poichè W_p^* è una trasformata razionale di W_p , segue che tra i_h ed i caratteri i_h^* corrispondenti di W_p^* sussistono le disuguaglianze

$$i_h^* \leqslant i_h \qquad (h = 1, 2, \ldots, p) .$$

In secondo luogo, i numeri i_h per il prodotto $W_h^* = V_q^* \times V_{p-q}^*$ vengono dati dalla formula pressochè ovvia

$$i_h^* = \sum_{j=0}^{h} i_j (V_q^*) \, i_{h-j} (V_{p-q}^*) \quad ,$$

ove i simboli senza significato vanno omessi.

Ora siccome V_q^* è una varietà di Picard, sappiamo che $i_h = \binom{q}{h}$ (n.29); quindi risulta che

$$i_h \;\geqslant\; \sum_{j=0}^{h} \binom{q}{h} \, i_{h-j} (V_{p-q}^*) .$$

Ponendo $h = 1$, troviamo in particolare che l'irregolarità superficiale di W_p soddisfa alla

$$i_1 \;\geqslant\; q + i_1 (V_{p-q}^*) .$$

Seguendo il ragionamento di Dantoni $[10]$, si può dimostrare che qui vale il segno di uguaglianza.

Abbiamo visto che ogni varietà pseudo-abeliana W_p contiene in più della congruenza $\{V_q\}$ di traiettorie una congruenza complementare $\{V_{p-q}\}$. Osserviamo che sussiste la proposizione inversa: ogni varietà W_p che contenga due congruenze $\{V_q\}$, $\{V_{p-q}\}$ specificate come sopra è pseudo-abeliana di tipo q . Difatti una tale varietà deve ammettere la rappresentazione analitica che abbiamo stabilita dianzi e quindi ammette anche il gruppo G_q

34. Alcuni esempi. Varie delle varietà considerate nei numeri

L. Roth

precedenti appartengono a classi semplici di varietà pseudo-abeliane, in particolare quelli di determinante uno. Prima di tutto notiamo le varietà __quasi-abeliane__; esse contengono una congruenza birazionale $\left\{V_q\right\}$ ed una congruenza complementare di varietà birazionali che, per di più, sono birazionali in $K(P)$ (cfr. n.1).

Una seconda classe importante è quella per cui il modello multiplo W_p^* risulti quasi-abeliano; essa comprende l'intera famiglia di superficie ellittiche a genere geometrico nullo, che é stata oggetto di numerosi studi. Strettamente analogo a quest'ultima è la categoria (per cui $q = p-1$) di varietà W_p contenenti fasci razionali di traiettorie.

In terzo luogo notiamo la classe di varietà V_p di Picard che abbiamo denominate __speciali di tipo q__ (n.29): una tale varietà contiene due congruenze picardiane $\left\{V_q\right\}$, $\left\{V_{p-q}\right\}$ e il relativo gruppo G_p ammette due sistemi di imprimitività. In questo caso il determinante è il __divisore__ di V_p .

La V_p speciale a determinante d viene rappresentata, senza elementi di diramazione, sopra una varietà di Picard $V_q \times V_{p-q}$. Più generalmente, possiamo costruire una varietà di Picard della forma $V_{q_1} \times V_{q_2} \times V_{q_3}$,...., ove V_{q_1} , V_{q_2},... sono tutte varietà di Picard; una tale V_p^* contiene varie congruenze picardiane ed il suo gruppo G_p ammette altrettanti sistemi di imprimitività. E più generalmente ancora, una varietà di Picard di simile struttura ma a divisori maggiori di uno può venir rappresentata, senza elementi di diramazione, sopra un prodotto multiplo V_p^*.

In maniera del tutto analoga possiamo costruire delle varietà pseudo-abeliane speciali di indici $(q_1,q_2,\ldots,q_r)$ essendo data una partizione qualsiasi del carattere q : $q = q_1 + q_2 +\ldots+ q_r$. Consideriamo la varietà $W_p^* = V_{q_1}^* \times V_{q_2}^* \times \cdots V_{q_r}^* \times V_{p-q}^*$, ove $V_{q_1}^*$, $V_{q_2}^*$,..., $V_{q_r}^*$ sono varietà di Picard e V_{p-q}^* è una varietà irriducibile qualunque. Allora la varietà W_p rappresentata nella maniera consueta sopra la W_p^* d-pla è pseudo-abeliana; essa contiene r congruenze $\left\{V_{q_i}\right\}$ $(i = 1,2,\ldots,r)$ di varietà di Picard, ciascuna delle quali è generata dalle traiettorie di un sottogruppo invariante del gruppo G_q . Evidentemente ogni tal congruen-

L. Roth

za è d-secante la sua congruenza complementare $\left\{V_{p-q_i}\right\}$.

Si potrebbe concepire una classe ancora più ampia di varietà pseudo-abeliane speciali per cui i numeri $\left[V_{q_i} \; V_{p-q_i}\right]$ d'intersezione non fossero tutti uguali. Ma la costruzione di tali varietà darebbe luogo a difficili problemi di esistenza concernenti le varietà di Picard a divisori assegnati.

Abbiamo visto che varie sottoclassi di varietà di Picard rientrano nella categoria di varietà pseudo-abeliane. Ora vedremo che a questa categoria appartengono anche certe specie di varietà abeliane. Ricordiamo (n.30) che ogni varietà abeliana W_p (non di Picard) è immagine di qualche involuzione irriducibile I_n sopra una V_p di Picard; e che se W_p ha qualche plurigenere maggiore di zero (e quindi uguale ad uno) I_n può essere generata con un gruppo di ordine n di automorfismi di V_p . Nel caso in cui W_p abbia irregolarità superficiale q $(0 < q < p)$ si può dimostrare che le sostituzioni del gruppo generatore sono della forma

$$(1) \qquad u_i' = u_i + a_i \qquad\qquad (i = 1,2,\ldots,q)$$

$$(2) \qquad u_j' = \mathcal{E}_j \, u_j + b_j \qquad\qquad (j = q+1, q+2,\ldots,p) \; ,$$

ove le $\mathcal{E}_j$ sono radici dell'unità diverse da uno, e a_i, b_j sono certe costanti.

Segue immediatamente che I_n ammette un gruppo G_q di trasformazioni di prima specie; quindi <u>ogni varietà W_p abeliana di irregolarità superficiale q $(0 < q < p)$ che abbia qualche plurigenere maggiore di zero è pseudo-abeliana di tipo q.</u>

Evidentemente la congruenza $\left\{V_q\right\}$ su W_p deve corrispondere ad una congruenza di varietà $\overline{V}_q$ su V_p. Quindi, dalla teoria delle varietà di Picard discende che $\left\{\overline{V}_q\right\}$ dev'essere picardiana ed i suoi elementi varietà di Picard: in altri termini, V_p <u>è speciale di tipo q</u> . La congruenza complementare $\left\{V_{p-q}\right\}$ su W_p è immagine della congruenza complementare su V_p.

E' chiaro inoltre che la congruenza $\left\{V_q\right\}$ è necessariamente abeliana; quindi le coordinate del punto P^* generico della varietà W_p^* associata a W_p sono esprimibili in funzioni razionali delle coordinate di

L. Roth

due punti, giacenti rispettivamente su varietà abeliane di generi q e
p-q , sicchè le coordinate del punto P generico di W_p sono esprimibili
in funzioni algebriche di tali funzioni abeliane. In conclusione [52] ,
<u>Ogni varietà abeliana</u> W_p <u>di irregolarità superficiale</u> q (0 < q < p) <u>che</u>
<u>abbia qualche plurigenere maggiore di zero è rappresentabile parametrica-</u>
<u>mente mediante funzioni algebriche di certe funzioni abeliane di genere</u> q
<u>ed altre funzioni abeliane di genere</u> p-q.

In virtù di questo risultato W_p chiamasi <u>varietà impropriamen-</u>
<u>te abeliana</u>. In certi casi la congruenza $\{V_q\}$ può risultare impropriamente
abeliana ed allora i generi delle funzioni abeliane richieste per la rappresentazione parametrica possono venir abbassati.

Per altri risultati inerenti all'argomento, nonchè per notizie
bibliografiche, rimandiamo il lettore a [52, 1] .

Per concludere questa sezione vogliamo dare uno sguardo ai problemi di classificazione delle varietà pseudo-abeliane. Essi possono presentarsi sotto vari aspetti il più importante dei quali è il seguente :
<u>dati i caratteri appropriati della varietà</u> V_{p-q} , <u>determinare tutte le</u> W_p
<u>birazionalmente distinte</u>. Come abbiamo già accennato, il punto di partenza
nella ricerca è il fatto che V_{p-q} deve ammettere un gruppo $\mathcal{G}$ (di ordine d) di automorfismi che sia o ciclico od abeliano a base k $(2 \leq k \leq 2q)$;
questo gruppo $\mathcal{G}$ genera una involuzione j_d le cui coincidenze si distri-
buiscono su varie varietà le quali sono segate su V_{p-q} dalle varietà $B_h^{(s)}$
del n.33.

Dal punto di vista analitico dobbiamo determinare le V_{p-q} che,
con le notazioni del n.33, ammettano una rappresentazione della forma

$$u = (g_1)^{1/n_1} + (g_2)^{1/n_2} + \ldots + (g_k)^{1/n_k}, \quad f = 0 .$$

Il caso più semplice è quello in cui le congruenza $\{V_q\}$ di traiettorie sia <u>birazionale</u>; allora possiamo modificare la precedente rappresentazione analitica di W_p; assumendo $(y_1, y_2, \ldots, y_{p-q})$ come coordinate non
omogenee nello spazio S_{p-q} immagine della $\{V_q\}$, le equazioni di W_p diventano

L. Roth

$$u = (G_1 g_1)^{1/n_1} + (G_2 g_2)^{1/n_2} + \ldots + (G_k g_k)^{1/n_k}, \qquad F = 0 ,$$

ove i polinomi G_i e F sono definiti come dianzi.

In questo caso V_{p-q} , contenendo una involuzione j_d birazionale, si lascia rappresentare sopra uno S_{p-q} d-plo, e quindi il problema di classificazione viene collegato con la teoria degli spazi lineari multipli.

L. Roth

35. Digressione sulle varietà para-abeliane. Consideriamo una varietà U_p che contenga una congruenza $\left\{V_q\right\}$ i cui elementi irriducibili siano varietà di Picard che siano birazionalmente equivalenti e nella solita forma normale; e supponiamo inoltre che U_p contenga una seconda congruenza $\left\{V_{p-q}\right\}$ - necessariamente abeliana - tale che i suoi elementi irriducibili siano non singolari e birazionalmente equivalenti. Allora possiamo rappresentare U_p su un prodotto multiplo $U_p^* = V_q^* \times V_{p-q}^*$, ove V_q^* e V_{p-q}^* sono birazionalmente equivalenti a $\left\{V_{p-q}\right\}$ e $\left\{V_q\right\}$ rispettivamente. Ora facciamo l'ipotesi che la varietà di diramazione su U_p^* sia interamente generata da varietà corrispondenti a membri delle congruenze $\left\{V_q\right\}$ e $\left\{V_{p-q}\right\}$, e che la corrispondenza tra U_p e U_p^* non possegga altri elementi eccezionali. In quel caso adoperando la nomenclatura di Enriques [f] nel caso $p = 2$, diremo che U_p è una <u>varietà para-abeliana di tipo</u> q . E' chiaro anzitutto che in generale U_p non ammette il gruppo G_q di automorfismi che caratterizza la varietà pseudo-abeliana W_p di tipo q ; però per quanto riguarda gli integrali di prima specie ed altre proprietà di cui parleremo in seguito, vi sono delle somiglianze notevoli tra U_p e W_p (vedi n.46).

Qui vogliamo solamente rilevare che, benchè U_p non ammetta il gruppo continuo G_q , può in certe circostanze possedere una schiera ∞^q discontinua di automorfismi; tale schiera può sussistere nel caso in cui l'involuzione segata della congruenza $\left\{V_{p-q}\right\}$ su V_q sia generabile con un gruppo di <u>trasformazioni singolari</u> di V_q (n.30), l'esistenza del quale esige che V_q sia a moduli particolari.

Varietà di quest'ultima specie sono ancora più affini alle varietà pseudo-abeliane; per altre notizie in merito rimandiamo a $[53],[57]$.

36. <u>Classificazione generale delle varietà gruppali</u>. Tornando al tema principale, siamo ora in grado di dimostrare il seguente teorema $[31]$:

<u>Ogni varietà gruppale è picardiana o pseudo-abeliana oppure è trasformabile birazionalmente in una varietà luogo di una congruenza di spazi lineari</u>

L. Roth

(<u>varietà rigata</u>).

Qui ed in tutto il seguito, ove si tratti della teoria di e-
quivalenza, sia lineare sia razionale, oppure ove si faccia appello a risultati di carattere trasc dente, per poter applicare tale teoria dobbiamo supporre che la nostra varietà sia non singolare; inoltre, qualora si
debba considerare congruenze di sottovarietà su essa, faremo l'ipotesi che
l'elemento generico di ogni tal congruenza sia non singolare oppure che possiamo trovare un modello birazionale della varietà su cui l'elemento generico della congruenza corrispondente sia non singolare. Per ora non sappiamo se tale ipotesi sia in generale restrittiva.

Consideriamo una varietà V_d dotata di un gruppo G_r; e supponiamo dapprima che G_r sia <u>transitivo</u>. Se $r = d$, sappiamo che V_d de-
v'essere picardiana o quasi-abeliana. Nel caso $r > d$, possiamo sempre
trovare d integrali semplici per V_d e procedere come nel caso quasi-
abeliano; quindi, se V_d non è picardiana, è birazionalmente equivalente
al prodotto di qualche spazio lineare S_t ed una varietà V_{d-t}.

Se invece G_r è <u>intransitivo</u>, le traiettorie del gruppo debbono essere picardiane o quasi-abeliane (in particolare birazionali) di
dimensione $r' \leqslant r$. Quando sono picardiane, G_r risulta completamente (ed
anche semplicemente) transitivo su esse, ed allora V_d è pseudo-abeliana
di tipo r .

Nel caso in cui le traiettorie siano quasi-abeliane, il gruppo
determinato sulla generica traiettoria A avrà una certa dimensione r''
$(r' \leqslant r'' \leqslant r)$. Supponiamo in primo luogo che $r'' = r$, nel qual caso ogni
automorfismo di A corrisponde ad un numero finito di automorfismi di V_d.
Allora, in base al n.31, A è birazionalmente equivalente al prodotto
$A' = V_p \times S_{r'-p}$ $(0 \leqslant p < r')$. Considerando il gruppo operante su A' osserviamo che esso contiene un sottogruppo corrispondente a quegli automorfismi che determinano la trasformazione identica su V_d; tale sottogruppo
quindi agisce su $S_{r'-p}$ ed allora, in base al n.24, contiene un sottogruppo ∞^1 razionale.

Ora gli automorfismi di A corrispondenti a tale sottogruppo

L. Roth

hanno origine in un gruppo algebrico ∞^1 operante su V_d . Se questo è riducibile, in base al teorema del n.15 consta di un numero finito di componenti una almeno delle quali è un G_1 razionale. Invece se è irriducibile, gli automorfismi formano un tale G_1.

Per costruire una varietà unisecante le traiettorie di G_1 procediamo per induzione rispetto alla dimensione d , poggiando sul lemma di Painlevé, come ai nn.25, 31. Così V_d viene trasformata birazionalmente in un cono (prodotto di una retta ed una V_{d-1}).

Ricordiamo ora che il gruppo G_r da cui siamo partiti è permutabile per ipotesi; quindi ogni suo sottogruppo, ed in particolare G_1 , è invariante. Ne consegue che la congruenza delle generatrici del cono è invariante per G_r , ogni automorfismo di cui definisce una trasformazione birazionale operante sulle curve come elementi. Allora la sezione iperpiana generica del cono risulta invariante per un gruppo corrispondente ad uno operante sulle generatrici.

Applichiamo ora lo stesso ragionamento alla sezione iperpiana del cono; così V_d viene trasformata birazionalmente nel prodotto di un piano ed una V_{d-2}. Continuando in tal modo riusciamo ad esprimere V_d quale prodotto di uno spazio lineare con un fattore che eventualmente non ammetta nessun gruppo continuo; in particolare quest'ultimo fattore può benissimo mancare.

Consideriamo ora il caso $r'' < r$; allora la trasformazione identica sulla traiettoria A corrisponde a $\infty^{r-r''}$ automorfismi di V_d ; questi costituiscono un gruppo algebrico che risulta oppure contiene un gruppo continuo di dimensione $r - r''$, le cui traiettorie formano una congruenza della quale il sistema $\{A\}$ è composto. Tali traiettorie sono quasi-abeliane in virtù del fatto che quelle che stanno su A sono totalmente invarianti pel gruppo.

Se il gruppo determinato su una di esse ha dimensione $r - r''$, possiamo trovare un sottogruppo ∞^1 invariante di G_r e procedere come dianzi. Se invece tale gruppo ha dimensione minore di $r - r''$, possiamo sempre dedurne un gruppo di dimensione ancora minore, e così via; dopo un

L. Roth

numero finito di operazioni otteniamo un gruppo per V_d tale che il gruppo determinato sulle sue traiettorie abbia dimensione uguale a quella di esse; oppure troviamo una congruenza di traiettorie costituita da curve invarianti per un gruppo di dimensione $\varphi > 1$. Allora tali curve debbono essere razionali. Scegliendo quegli automorfismi che lascino invariato un punto generico di una di esse, otteniamo un sottogruppo continuo di dimensione $\varphi - 1$; e così proseguendo, possiamo infine trovare un sottogruppo ∞^1 razionale.

In conclusione, anche nel caso $r'' < r$ possiamo sempre ottenere un gruppo ∞^1 razionale mediante il quale V_d può trasformarsi birazionalmente in un cono; e così il teorema è completamente stabilito.

37. <u>Deduzioni e complementi</u>. Il teorema dle n.36, che generalizza un ben noto risultato concernente le superficie (n.21) ci dice che le varietà gruppali si dividono in poche famiglie, facilmente definibili. Possiamo pervenire ad ulteriori precisazioni facendo delle ipotesi opportune. Anzitutto, se il gruppo G_r è <u>multiplamente</u> transitivo su V_d , V_d è senz'altro quasi-abeliana (in particolare, birazionale); analogamente, se G_r possiede delle traiettorie su cui opera in maniera multiplamente transitiva, segue che queste ultime sono quasi-abeliane.

Anche la proprietà delle superficie gruppali stabilita al n.22 si estende subito alle varietà superiori: <u>ogni varietà</u> V_d $(d \geqslant 2)$ <u>dotata di un gruppo</u> G_r <u>che lasci transitivamente invariante un sistema lineare,</u> ∞^1 <u>almeno, di ipersuperficie il quale non sia composto con nessuna congruenza di sottovarietà di dimensione</u> $\geqslant 1$, <u>è birazionalmente equivalente ad una varietà rigata.</u>

Sia $| L_{d-1} |$ il sistema lineare i cui elementi sono permutati mediante le operazioni di G_r ; allora è ovvio che V_d non è picardiana se G_r rappresenta il gruppo totale di trasformazioni di prima specie; nel caso eventuale di un sottogruppo si potrebbe pensare V_d come varietà pseudo-abeliana di qualche tipo q (> 0). Ad ogni modo, se V_d fosse pseudo-abeliana di tipo q , essa conterrebb una congruenza picardiana $\{ V_{d-q} \}$, complementare a quella $\{ V_q \}$ delle traiettorie, che risulterebbe transitivamente

L. Roth

invariante per G_r (n.32). E siccome per ipotesi $\left| L_{d-1} \right|$ non potrebbe essere composto con $\left\{ V_{d-q} \right\}$, $\left| L_{d-1} \right|$ segherebbe su ogni V_q un sistema $\left| L_{q-1} \right|$ che sarebbe transitivamente invariante per G_r; il che è ancora impossibile; indi l'asserto.

Il secondo teorema del n.22 si estende pure alle V_d : ogni V_d gruppale che abbia qualche plurigenere maggiore di zero è picardiana o pseudoabeliana; e se possiede qualche sistema pluricanonico effettivo di ordine positivo essa è pseudo-abeliana.

La dimostrazione di questo risultato poggia sul seguente lemma : se V_d contiene una congruenza $\left\{ V_h \right\}$ di varietà a plurigeneri nulli, allora tutti i plurigeneri di V_d sono nulli anch'essi.

Supponiamo dapprima che sia $d = h+1$, sicchè $\left\{ V_h \right\}$ sarà un fascio razionale od irrazionale, di ipersuperficie. Allora, se il sistema i-canonico di V_d fosse effettivo (anche nullo) sarebbe effettivo anche il sistema i-canonico di V_h , contro l'ipotesi. Sia ora $d = h+2$, e consideriamo un fascio razionale di ipersuperficie appartenente alla congruenza $\left\{ V_h \right\}$; in base al precedente risultato, anche in questo caso V_d deve avere la proprietà richiesta. Ed analogamente per $d = h+3, h+4, \ldots\ldots$

Ora sappiamo che tutte le V_d gruppali all'infuori di quelle picardiane e pseudo-abeliane contengono congruenze di varietà birazionali e quindi a plurigeneri nulli; indi la prima parte del teorema. La seconda parte è conseguenza del fatto che le varietà di Picard hanno tutti i sistemi pluricanonici effettivi ma nulli.

Osserviamo infine che la proposizione inversa non è sempre vera: difatti esistono delle varietà pseudo-abeliane le cui varietà pluricanoniche sono tutte virtuali.

Fino a questo punto ci siamo limitati a considerare i sistemi canonici classici e cioè sistemi lineari invarianti di ipersuperficie. Nelle sezioni successive studieremo altri sistemi invarianti di sottovarietà con speciale riguardo alle loro applicazioni alla teoria delle varietà picardiane e pseudo-abeliane. Vedremo infatti che possiamo definire, su una data V_d, varietà canoniche X_h di ogni dimensione h da 0 a d-1. Strumento essenziale a tale scopo è il concetto di equivalenza razionale ,

L. Roth

dovuto a Severi $\lceil q \rceil$, a cui è dedicato il seguente paragrafo.

38. <u>L'Equivalenza razionale</u>. E' un fatto notevole che l'equivalenza razionale,l'equivalenza razionale nonchè ogni altro tipo di equivalenza su una data V_d possono
essere considerate molto succintamente da un punto di vista gruppale ($\lceil 69,$
$71 \rceil$). Difatti, la totalità delle varietà pure, effettive e virtuali, di u-
na data dimensione h $(0 \leq h \leq d-1)$ costituisce un gruppo G abeliano rispetto all'operazione di somma, ed ogni sottogruppo H di G conduce ad
una relazione di equivalenza, ove si considerino equivalenti due varietà differenti per un elemento di H . Notiamo pure che anche i segni $+$ e $-$ che possiamo associare ad una V_h sono suscettibili ad una importante interpretazione topologica, in quanto la riemanniana di V_h è sempre orientabile.

Nel caso attuale il sottogruppo H che determina il tipo di
equivalenza (<u>equivalenza razionale</u>) che dobbiamo considerare viene precisato
dalla seguente definizione $\lceil 70 \rceil$: <u>due varietà</u> A, B <u>effettive o virtuali</u> ,
<u>di qualunque dimensione</u> h $(0 \leq h \leq d-1)$ <u>diconsi razionalmente equivalenti</u>
<u>quando esiste una varietà, effettiva ò virtuale,</u> C <u>di dimensione</u> h <u>tale</u>
<u>che le varietà</u> $A + C$, $B + C$ <u>appartengano allo stesso sistema razionale</u>
(<u>birazionale od unirazionale</u>).

Evidentemente per $h = d-1$ tale nozione si riduce a quella del-
l'equivalenza lineare. Ma non appena sia $h < d-1$ tale riduzione è in generale impossibile. Consideriamo ad esempio una superficie F di S_3 algebrica ma non sviluppabile; un fascio generico di piani contiene un certo numero m (> 0) di piani tangenti ad F , e quindi nasce una corrispondenza
algebrica e biunivoca tra le rette di S_3 · ed i gruppi di contatti dei piani
tangenti. Ora l'aggregato di tali rette è certamente birazionale, essendo in
corrispondenza birazionale coi punti della grassmanniana V_4^2 di S_5 . Ma
siccome non si può rappresentare V_4^2 birazionalmente su S_4 senza l'inter-
vento di elementi eccezionali segue che la varietà di gruppi di contatti <u>non</u>
è lineare.

L'insieme di varietà razionalmente equivalenti chiamasi, per $h > 0$,
<u>sistema di equivalenza razionale</u> : nel caso $h = 0$, <u>serie</u> di equivalenza.

L. Roth

In tutto il seguito, quando si parla di varietà equivalenti, sarà sempre intesa l'equivalenza razionale.

In generale è facile vedere se una data V_h, definita mediante certe condizioni geometriche, varia entro qualche sistema o serie di equivalenza, come è avvenuto nel caso del gruppo jacobiano di punti considerato sopra. Diamo alcuni altri esempi in proposito. Se su F prendiamo un sistema $|C|$ di curve, ∞^2 almeno, allora la serie di gruppi caratteristici (C^2) è una serie di equivalenza, essendo birazionalmente equivalente alla varietà $|C| \times |C|$ di Segre, prodotto di due spazi lineari. Analogamente, se α e β son due gruppi di punti di F ciascuno dei quali è variabile in una serie di equivalenza, anche i gruppi $\alpha + \beta$ e $\alpha - \beta$ variano in serie di equivalenza. Più generalmente, una somma algebrica di gruppi $\alpha \pm \beta \pm \gamma \pm \ldots$, in numero finito, ma non necessariamente distinti, variabili ciascuno in una serie di equivalenza, descrive una serie di equivalenza in quanto è unirazionale il prodotto di più varietà se ognuna di esse è unirazionale.

Per la teoria generale dei sistemi di equivalenza il lettore potrà consultare il trattato [q] di Severi. La relazione [e] di Conforto dà uno sguardo d'insieme ai risultati conseguiti ed ai problemi ancora insoluti (a tutt'oggi).

39. <u>Varietà jacobiane e varietà canoniche.</u> Naturalmente, tra i vari sistemi $\left\{V_h\right\}$ di equivalenza di varietà V_h su V_d, il posto più importante è occupato dai <u>sistemi invarianti</u>. Possiamo definire, per ogni valore di h ($0 \leq h \leq d-2$), un sistema $\left\{X_h\right\}$ di varietà X_h, effettive o virtuali, che ha molta analogia col sistema canonico di ipersuperficie, e che verrà chiamato <u>sistema canonico di dimensione</u> h, mentre i suoi elementi si diranno <u>varietà canoniche h-dimensionali</u>. Tali sistemi risultano invarianti per trasformazioni birazionali di V_d che non introducano elementi eccezionali.

La teoria di questi sistemi può essere costruita partendo da diverse definizioni che attualmente non è facile conciliare l'una con l'altra. La prima presentazione che vogliamo considerare si basa sul concetto

L. Roth

di **varietà jacobiana** : ad essa è dedicato il presente paragrafo.

Denoteremo sempre con $|S|$, $|S_1|$, $|S_2|$ ecc. sistemi lineari di ipersuperficie di V_d ; inoltre supporremo - almeno per ora - che ogni tal sistema $|S|$ sia variabile in un sistema lineare ∞^r $(r > 0)$ il cui elemento generico sia non singolare, e che ogni suo sottosistema ∞^{h+1} $(0 \leqslant h < r)$ ammetta una varietà jacobiana $J_h(S)$, luogo dei suoi punti doppi, la quale sia pura e h-dimensionale. Un sistema lineare soddisfacente a queste condizioni chiamasi **generale**.

Ciò premesso, sia $|S|$ un fascio razionale (generale) di V_d, con gruppo jacobiano δ ; allora si può dimostrare mediante una induzione rispetto a d , che la serie di gruppi di punti definita dall'equivalenza (classica nel caso $d=1$)

$$(1) \qquad X_o(V_d) \equiv \delta - 2X_o(S) - X_o(S^2)$$

risulta indipendente dalla scelta di S. Essa chiamasi **serie di Severi** di V_d. L'ordine $[X_o(V_d)]$ di tale serie è precisamente $I + (-1)^d 2d$, ove I denota l'**invariante di Zeuthen-Segre** di V_d.

La dimostrazione di questo risultato è dovuta essenzialmente a C.Segre; però la sua detenzione alle varietà X_h con $h > 0$ è tutt'altro che immediata. Il primo passo verso tale estensione devesi a B.Segre che nella Memoria $[60]$ sulle V_3 ha stabilito l'esistenza della curva canonica $X_1(V_3)$; in un secondo tempo Eger e Todd $[72,74]$, seguendo il pensiero di B.Segre hanno saputa definire i sistemi $\{X_h(V_d)\}$ nel caso più generale. Riproduciamo qui i loro risultati principali.

Sempre poggiando sulla nozione della jacobiana ma però facendo uso di certi operatori simbolici, Eger e Todd pervengono all'equivalenza fondamentale

$$(2) \qquad X_h(V_d) = A_h(S) - X_h(S) \qquad (1 \leqslant h \leqslant d-1)$$

ove $X_{d-1}(S) = S$ e $A_h(S)$ denota una **varietà aggiunta** ad S , la quale sega su S una sua varietà canonica $X_{h-1}(S)$.

Dalle (1),(2) discende la formula

L. Roth

$$(3) \qquad J_h(S) = \sum_{\nu=0}^{k+2} \binom{h+2}{i} \chi_h(S^i)$$

ove $S^0 = V_d$, e $S^i (i > 0)$ ha il solito significato.

Osserviamo intanto che, una volta stabilita l'invarianza dei sistemi canonici, le precedenti equivalenze possono servire a definire le varietà aggiunte e varietà jacobiane di un sistema lineare qualunque, anche di dimensione zero.

Dalla (3) B.Segre $\lceil 63 \rceil$ deduce agevolmente il seguente teorema : <u>fissato un qualunque intero</u> s > d - h , <u>e scelte ad arbitrio</u> s <u>iper-superficie generali</u> $S_1, S_2, \ldots, S_s$, <u>risulta</u>

$$(4) \qquad \chi_h(V_d) = \sum J_h(S_i) - \sum J_h(S_i + S_j) + \sum J_h(S_i + S_j + S_l) - \ldots$$

$$+ \ldots (-1)^{s-1} J_h(S_1 + S_2 + \ldots + S_s) \; ,$$

<u>ove le somme vanno rispettivamente estese a tutte le combinazioni semplici delle</u> S_i .

L'importanza della (4) sta nel fatto che fornisce una definizione puramente geometrica delle varietà canoniche sarebbe interessante poter stabilire una teoria autonoma su queste basi; a tale scopo bisognerebbe mostrare che il secondo membro della (4) non dipende dalla scelta delle S_i ed inoltre che la varietà $\chi_h(V_d)$ così definita soddisfa alla legge (2) di aggiunzione.

Notiamo infine un altro risultato dovuto a Todd $\lceil 73 \rceil$ che viene stabilito con i mezzi qui esposti: <u>le varietà canoniche del prodotto</u> $V_a \times V_b$, <u>ove</u> V_a <u>e</u> V_b <u>sono qualunque varietà non singolari, sono date dalla formula</u>

$$(5) \qquad \chi_h(V_a \times V_b) = \sum_{i=0}^{h} \chi_i(V_a) \chi_{h-i}(V_b) \qquad\qquad (h = 0,1,\ldots)$$

<u>ove vengono omessi tutti i termini per cui</u> $i > a$ <u>oppure</u> $h-i > b$.

Questo risultato può essere esteso subito al caso di un prodotto di un numero (finito) qualunque di fattori non singolari.

40. <u>L'anello di equivalenza e le successioni di varietà</u>. Come abbiamo osservato al n.38, l'insieme delle varietà pure di dimensione asse-

L. Roth

gnata sopra una data varietà V (di dimensione v) forma un gruppo abeliano di fronte alle operazioni di somma e di differenza. Da ciò segue che l'insieme di tutte le sottovarietà, effettive o virtuali, pure od impure, costituisce un gruppo Γ abeliano che è somma diretta di $v+1$ gruppi abeliani Γ^i $(i = 0,1,\ldots,v)$ di cui Γ^v è il gruppo ciclico formato dai multipli interi di V .

Ora mediante il concetto di moltiplicazione su V , la quale notoriamente corrisponde all'intersezione delle sue sottovarietà, si può passare dal gruppo Γ all'<u>anello di equivalenza</u> di V ; l'anello A_V così definito, che è ovviamente commutativo, consta di tutte le sottovarietà di V , e la sua unità e V stessa. Questo concetto, che devesi a Todd $[75]$ è stato ampiamente sviluppato nella Memoria $[63]$ di B. Segre, insieme ad altre nozioni fondamentali tra cui occupa un posto importante <u>l'algebra delle successioni</u> che passiamo a descrivere.

Sia P una sottovarietà di V , irriducibile non singolare e di dimensione $p > 0$; su P avremo da considerare delle successioni di elementi (puri, effettivi o virtuali, ed eventualmente nulli) $P_0, P_1, \ldots, P_p$ del relativo anello di equivalenza A_p , soddisfacenti alla condizione che le dimensioni di quegli elementi valgano rispettivamente $p, p-1, \ldots, 0$, e che il primo P_0 di essi coincida con l'unità P di A_p . Una successione siffatta chiamasi <u>successione di sostegno</u> P .

Giova talora estendere quest'ultima completandola a destra con un'infinità di zeri così ottenendo una successione infinita

$$\{P\} = P_0, P_1, \ldots,$$

i cui elementi P_i siano oggetti alle sole condizioni

$$P_0 = P , \quad \dim P_i = p - i \quad (i = 1,2,\ldots)$$

ove ogni elemento di dimensione negativa si assuma uguale allo zero.

Alla successione $\{P\}$ si può coordinare la serie di potenze formali

$$\left[\{P\} , x \right] = P_0 + P_1 x + P_2 x^2 + \ldots..$$

L. Roth

Date due succéssioni $\{P\}$, $\{P'\}$ aventi lo stesso sostegno P , possiamo definire una nuova successione di sostegno P , prodotto di quelle due, assumendo

$$\left[\{P\} \cdot \{P'\} , x \right] = \left[\{P\} , x\right] \cdot \left[\{P'\} , x\right] .$$

Ne consegue che una qualsiasi successione $\{P\}$ di sostegno P ammette in $\mathcal{A}_p$ una _inversa_ $\{P'\}^{-1}$, ancora di sostegno P , che si denota con $\{\tilde{P}\}$, e che è tale che

$$\left[\{\tilde{P}\} , x\right] = \left[\{P\} , x\right]^{-1} .$$

Un'altra successione importante associata a $\{P\}$ è l'_alternante_ $\{\bar{P}\}$, tale che $\bar{P}_i = (-1)^i P_i$ $(i = 0,1,\ldots)$. Evidentemente

$$\left[\{\bar{P}\},x\right] = \left[\{P\} , -x\right] .$$

Consideriamo ora s ($\geqslant 2$) varietà M^i, di rispettive dimensioni m_i $(i = 1,2,\ldots,s)$ passanti in modo generico per P ; allora, se

$$p \geqslant m_i + m_2 +\ldots+ m_s - (s-1)v ,$$

l'intersezione delle M^i residua a P consta di una varietà Q di dimensione regolare $q = m_1 + m_2 +\ldots+ m_s - (s-1)v$ che verrà denotata con

$$Q = (M^1 M^2 \ldots M^s)_V^P .$$

Tale simbolo si definirà anche nel caso escluso in cui sia $q < 0$, assumendolo uguale allo zero.

Scegliamo l'intero s nell'intervallo $v - p \leqslant s \leqslant v$, in corrispondenza al quale assumiamo $t = s + p - v$. Prese inoltre in V comunque s ipersuperficie passanti genericamente per P :

$$A^1, A^2,\ldots, A^s ,$$

poniamo $V^s = V$ e denotiamo con $V_i^s = V_i^s(A)$ la somma dei prodotti di tali ipersuperficie combinate ad i ad i senza ripetizione $(i = 1,2,\ldots,s)$. Possiamo allora definire la successione delle varietà $P_{V,i}$ col porre

$$(A^1 A^2 \ldots A^s)_V - (A^1 A^2 \ldots A^s)_V^P = \sum_{i=0}^{t} P_{V,i} \, V_{t-1}^s(A).$$

L. Roth

Le equazioni così date per s = v-p , v-p+1,.... determinano successivamente - e in modo unico - le varietà $P_{V,o}$ (= P), $P_{V,1}$,... quali elementi di $\mathcal{A}_V$
Risulta pure che $P_{V,i}$ è una varietà pura di dimensione p - i, contenuta in P . Ora si può dimostrare che la successione $\left\{ P_V \right\}$ = $P_{V,o}$, $P_{V,1}$,... non dipende dalla scelta delle ipersuperficie A ; e che, più precisamente, essa non è che l'alternante della successione delle varietà caratteristiche di P in V . Chiamasi successione covariante relativa a P (o di sostegno P) in V , la covarianza sussistendo sia di fronte alle trasformazioni birazionali senza eccezioni di V , che alla variazione di P su V entro ad un sistema di equivalenza.

41. **Varietà diagonali e successioni canoniche.** Data una qualunque varietà V^1, irriducibile e non singolare, si consderi il prodotto di V per se stessa :

$$V = V^1 \times V^2 ,$$

ove V^2 denoti una copia di V^1; e su V si consideri la varietà diagonale V^{12}, e cioè il luogo di coppie di punti coniugati su V^1 e V^2 rispettivamente. Tale varietà risulta anch'essa una copia di V^1, priva di singolarità.

Ciò premesso, modificando le precedenti notazioni riprendiamo la varietà V del n.40, pensata come varietà diagonale entro le varietà prodotto V V ; allora si può dimostrare che la successione

$$\left\{ V^* \right\} = \left\{ \overset{\smile}{V} \right\}$$

è costituita da varietà V_i^* pure (effettive o virtuali) di dimensione v-i (i = 1,2,...,v) che sono invarianti di V . La varietà V_i^* chiamasi la i-**ma** varietà canonica oppure la varietà canonica di dimensione v-i.

Questa è la definizione delle varietà canoniche secondo B.Segre [63] ; il fatto che risulta equivalente alla definizione di Todd e Eger (n.39) viene stabilito in due tempi; prima nel caso in cui V sia uno spazio lineare, e poi - nel caso generale - applicando certe proposizioni di B.Segre concernenti la varietà V considerata come immersa in qualche spazio lineare. E' interessante notare che la proprietà di aggiunzione delle varietà canoniche segue facilmente dalla definizione attuale senza ricorso ai concet-

L. Roth

ti del n.39.

In particolare, per $i = v$ la presente definizione fornisce

$$V_v^{*} = (-1)^v \tilde{V}_v = (-1)^v \tilde{V}_{V \times V, v}$$

da cui si deduce facilmente che

$$V_v^{*} = (-1)^v (V^2)_{V \times V}$$

ove V^2 denota, come al solito, la seconda potenza di V. In altri termini, un gruppo canonico (di Severi), a prescindere dal segno, risulta equivalente ad un gruppo caratteristico di V pensata come varietà diagonale entro la varietà $V \times V$.

42. <u>Definizione topologica delle varietà canoniche</u>. Nella memoria [64] B.Segre dà una definizione puramente topologica della successione canonica di una varietà; tale risultato viene stabilito combinando i metodi del n.41 con l'operazione di <u>dilatazione</u> che abbiamo già avuto occasione di impiegare nel n.4. Ecco in breve di cosa si trata.

Consideriamo due varietà P' e V' di dimensioni p e v ($p < v-1$) le quali siano entrambe effettive, irriducibili e non singolari, e tali che P' giaccia su V'. Resta allora definita - a meno di una trasformazione birazionale <u>regolare</u> (e cioè senza eccezioni) - una varietà V, ottenibile da V' mediante una <u>dilatazione</u> T <u>di base</u> P', la quale dilaterà P' in una ipersuperficie(eccezionale) P di V, luogo di ∞^p varietà Q - trasformate dei singoli punti Q' di P' - ciascuna delle Q potendo supporsi ridotta ad uno spazio lineare di dimensione $v - p - 1$. La trasformazione T^{-1} inversa della T, che <u>contrae</u> P in P', non ammette nessun punto fondamentale su V; essa muta ogni sottovarietà M (effettiva o virtuale) di V in una ben determinata sottovarietà di V', avente in generale dimensione uguale a quella di M, ma che può risultare di dimensione inferiore se M giace in P. Denoteremo con M' la varietà trasformata di M mediante T.

Le suddette considerazioni si trasportano subito, con ovvie varianti, al caso ($p = v-1$) in cui P' sia una ipersuperficie di V'; allora

L. Roth

T risulta birazionale senza eccezioni.

Ciò premesso, si può dimostrare il seguente teorema: <u>la successione covariante di</u> P' <u>in</u> V' <u>è data dalle equivalenze</u>

$$P'_{V',i} = (-1)^{v-p+i-1} (P^{v-p+i})'_V \qquad (i = 0,1,\ldots,p)$$

Ora queste rivelano che tale successione è suscettibile ad una interpetazio-
ne <u>puramente topologica</u>. Quindi tornando a considerare la varietà V del
n.41 pensata come varietà diagonale sul prodotto $V \times V$, e identificandola
con la varietà P', otteniamo subito la richiesta definizione topologica
delle varietà canoniche di V.

Aggiungiamo che un panorama generale della teoria di tali varietà,
anche sotto vari altri aspetti che qui non interessano, trovasi nella monografia [a] . Per ulteriori risultati concernenti le dilatazioni il lettore
può consultare la Memoria [66] .

43. <u>Prime applicazioni</u>. Come ora vedremo, i diversi concetti di
varietà canoniche trovano numerose applicazioni nella teoria delle varietà
gruppali.

(a) Anzitutto, diamo <u>una nuova equivalenza per le teorie di Severi</u> di V
che ci sarà molto utile in seguito. Supponiamo che V contenga un fascio
irrazionale $\left\{ S \right\}$ di ipersuperficie S , di genere ϱ ($>$ 0), ed inoltre che
il fascio sia generale, e cioè che la sua varietà jacobiana consti di un
gruppo δ di punti ognuno doi quali sia punto doppio nodale di qualche ipersuperficie S . Allora possiamo costruire un fascio lineare, i cui membri
sono composti con quelli di $\left\{ S \right\}$, al quale è applicabile la formula (1)
del n.39; ne consegue che un gruppo della serie di Severi viene dato dal-
'equivalenza

$$1) \qquad X_o(V) = \delta + 2 (\varrho - 1) X_o(S) .$$

a (1) generalizza un classico risultato di Castelnuovo e di Enriques [6]
concernente i fasci irrazionali di curve. Più tardi avremo occasione di ge-
eralizzare un altro loro risultato che ci permetterà di calcolare la serie
i Severi partendo da certi fasci non generali.

L. Roth

(b) In relazione alle varietà canoniche X_h di una varietà V_d vi è luogo a considerare certi caratteri numerici che chiamansi <u>invarianti canonici</u> di V_d; questi sono i numeri $\left[X_{i_1} X_{i_2} \ldots X_{i_r}\right]$ d'intersezione dei vari sistemi $\left\{X_h\right\}$, ove $i_1, i_2, \ldots$ soddisfano alla condizione $i_1 + i_2 + \ldots + i_r = (r-1)d$. E' stato dimostrato da Todd $[73]$, sotto una ipotesi di lavoro non ancora giustificata geometricamente, che il carattere $P_a + (-1)^d$, ove P_a denota il genere aritmetico di V_d , è esprimibile quale funzione omogenea lineare, a coefficienti costanti positivi, degli invarianti canonici; ed egli ha trovato la forma esplicita di tale funzione per $d \leqslant 6$. Il risultato generale è stato poi ottenuto da Hirzebruch $[h]$ senza fare appello ad alcuna ipotesi, ma poggiando su potenti metodi topologici. Va pure notato che la teoria degli invarianti canonici è collegata a quella delle forme differenziali di prima specie attaccate a V_d.

Consideriamo, a titolo di illustrazione, gli importanti casi $d = 2,3$. Per $d = 2$, si hanno due invarianti del tipo suddetto, e precisamente il grado $p^{(1)} - 1$ virtuale del sistema canonico (n.8) e l'ordine $I + 4$ della serie di Severi. La relativa relazione di Todd-Hirzebruch non è altro che la classica <u>equazione di Noether</u> ($[f,t]$),

$$2) \qquad \left\{p^{(1)} - 1\right\} + \left\{I + 4\right\} = 12(p_a + 1) .$$

Nel caso $d = 3$, abbiamo tre invarianti : $\left[X_0\right]$, $\left[X_1 X_2\right]$ e $\left[X_2^3\right]$ cui il primo e il terzo rappresentano rispettivamente l'ordine $I - 6$ della serie di Severi ed il grado virtuale Ω_0 del sistema $\left|X_2\right|$. Ora in base ad un calcolo di B.Segre $[60]$, $\left[X_1 X_2\right] = 12(\Omega_2 - \Omega_1 + \Omega_0 + 2)$, ove Ω_1 e Ω_2 denotano rispettivamente il genere curvilineo virtuale e il genere aritmetico del sistema $\left|X_2\right|$. Risulta poi che la corrispondente relazione di Todd-Hirzebruch riducesi alla ben nota equazione di Severi $[68]$,

$$2P_a = \Omega_0 - \Omega_1 + \Omega_2 + 4 .$$

Evidentemente tale equazione è difatti indipendente dall'invariante I .

Consideriamo ora due varietà V e V^*, ambedue irriducibili e d-dimensionali e prive di singolarità, in corrispondenza $(n,1)$; allora V^* ha per

L. Roth

immagine una involuzione I_n su V , dotata di una certa varietà di coincidenze, mentre V viene rappresentata sulla varietà n-pla V^* con una certa varietà di diramazione. Una tale corrispondenza potrebbe presentare degli elementi eccezionali di vari tipi; però qui ci limiteremo al caso bi-regolare, in cui manchino addirittura tutti questi elementi ed in cui sia il luogo delle coincidenze sia la varietà di diramazione risultino pure di dimensione $d-1$ e tali che le loro componenti siano non singolari ed a due a due sghembe. Sotto queste ipotesi possiamo denotare tali varietà con i simboli

$$\sum (s - 1)C^{(s)} \qquad , \qquad \sum (s - 1)C^{*(s)}$$

rispettivamente; qui ogni numero s dev'essere un divisore di n . Ciò premesso, dimostriamo che, nel caso di una corrispondenza biregolare, le varietà canoniche soddisfano alle equivalenze

$$(4) \qquad X_h(V) \qquad \tilde{X}_h(V^*) + \sum (s - 1)X_h(C^*) \qquad (h = 0,1,\ldots,d-1)$$

ove il simbolo $\tilde{X}_h(V^*)$ denota la trasformata di $X_h(V^*)$.

Questo risultato [54] è una semplice conseguenza dell'equazione (4) del n.39. Difatti, se S_i^* rappresenta una qualunque ipersuperficie generale di V^*, con ipersuperficie corrispondente S_i , la varietà $J_h(S_i)$ consta della trasformata di $J_i(S_i^*)$ insieme alla varietà composta $\sum (s - 1)J_h(S_i C^{(s)})$. Ne consegue che anche S_i è generale; quindi, applicando il risultato del n.39 ad un numero conveniente di ipersuperficie generali quali S_i^*, otteniamo la (4).

In particolare, segue che, se la corrispondenza tra V e V^* è priva di coincidenze, allora i sistemi $\left\{X_h(V)\right\}$ sono le trasformate dei sistemi corrispondenti $\left\{X_h(V^*)\right\}$. E per di più, ogni invariante canonico di V risulta uguale all'analogo invariante di V^* moltiplicato per n . Allora, in base alla relazione di Todd-Hirzebruch, i generi aritmetici di V e V^* sono legati dalla relazione

$$(5) \qquad P_a + (-1)^d = n \left\{ P_a^* + (-1)^d \right\}$$

Nel caso $d = 2$, i precedenti risultati sono classici, e rien-

L. Roth

trano come casi particolari di una teoria più generale di corrispondenza
che contempla non solo altre specié di diramazioni ma anche dei punti fondamentali (vedi $[f]$). Anche per d = 3 , equivalenze analoghe alla (4) sono
state stabilite sotto ipotesi abbastanza generali ($[61]$). Però mentre è
ben noto il comportamente della serie di Severi e del sistema canonico di
una superficie di fronte a trasformazioni birazionali,nel caso d $>$ 2 una
simile teoria è per ora appena abbozzata e presenta delle difficoltà notevoli.

44. **Il caso delle varietà abeliane**. Riprendiamo ora il modello
V_p della varietà di Picard definita nel n.29; e dimostriamo che <u>tutte le
varietà canoniche di</u> V_p <u>sono effettive e di ordine zero</u>. Questo risultato
fondamentale discende facilmente dal fatto (n.42) che tali varietà sono invarianti topologici di V_p. Ora abbiamo visto nel n.29 che la varietà V_p
a moduli generali è topologicamente equivalente al toro generalizzato e
quindi al prodotto di p curve ellittiche; e d'altra parte sappiamo, in ba
se alla estensione della formula (5) del n.39, che tutte le varietà canoniche
di un tal prodotto sono effettive e di ordine zero.

Per un'altra dimostrazione di questo teorema, che poggia sulla
definizione del n.41, vedi $[3]$.

Consideriamo, in secondo luogo, una qualsiasi varietà abeliana
W_p (non di Picard) che sia immagine di una involuzione I_n su V_p; dalla
corrispondenza tra V_p e W_p segue che <u>i caratteri</u> g_i <u>di</u> W_p (n.29) <u>soddi-
sfano alle disuguaglianze</u> $g_i \leqslant \binom{p}{i}$ (i = 1,2,...,p). E considerando la stessa
corrispondenza e definendo la varietà canonica $X_{p-1}(W_p)$, come dianzi, mediante la varietà jacobiana, risulta subito che <u>le ipersuperficie canoniche e pluricanoniche pure di</u> W_p , <u>se effettive</u>, <u>sono tutte di ordine zero</u>: sicchè il
genere geometrico e i plurigeneri sono tutti $\leqslant$ 1 .

Una classe notevole di varietà W_p è quella (diciamola W_p') per
cui I_n sia <u>priva di coincidenze</u>; in tale caso W_p' chiamasi <u>abeliana di prima specie</u>. In base ai risultati del n.43, segue che <u>tutte le varietà canoniche</u>

L. Roth

<u>di</u> W_p' <u>sono effettive o virtuali di ordine zero, onde tutti gli invarianti</u> <u>canonici sono nulli, ed il genere aritmetico è uguale a</u> $(-1)^{p-1}$. E siccome W_p' possiede una ipersuperficie canonica di ordine zero, risulta che I_n è generabile con un gruppo $\mathcal{G}_n$ di automorfismi dato dalle equazioni (1),(2) del n.34. Quindi W_p' <u>è superficialmente irregolare</u> (con irregolarità $q < p$); difatti, se fosse $q = 0$, tutte le sostituzioni generatrici di I_n sarebbero della forma (2), ed allora I_n ammetterebbe certo delle coincidenze.

Nel caso delle varietà abeliane di altre specie, per cui la relativa involuzione I_n ammetta delle coincidenze, non è possibile – almeno per ora – enunciare risultati di carattere generale riguardanti le varietà $X_h (h < p - 1)$. L'analisi completa delle varie possibilità è stata effettuata nel solo caso $p = 2$ (superficie iperellittiche) con l'impiego di mezzi trascendenti (vedi $[d,q]$).

45. <u>Sui sistemi canonici delle varietà pseudo-abeliane.</u> Consideriamo una varietà pseudo-abeliana W_p di tipo q $(1 \leq q \leq p - 1)$ e con relativo gruppo G_q (n.32); siccome i sistemi $\left\{ X_h(W_p) \right\}$ debbono essere invarianti per G_q è chiaro che se non sono nulli, saranno composti con la congruenza $\left\{ V_q \right\}$ delle traiettorie di G_q ; e che sono certamente nulli per $h < q$. Una dimostrazione di questo teorema, indipendente da considerazioni gruppali, è stata data in $[51]$; più precisamente mostreremo ($[54]$) che <u>i sistemi</u> $\left\{ X_h(W_p) \right\}$ <u>sono tutti effettivi di ordine zero se</u> $h < q$, <u>mentre per</u> $h \geqslant q$ <u>sono dati dalle equivalenze</u>

$$(1) \qquad X_h(W_p) = \bar{X}_h(W_p^*) + \sum (s - 1) X_h(B_k^{(s)}) \quad (h = q, q+1, \ldots, p-1)$$

ove i simboli sono definiti come al n.33, ed inoltre ogni varietà $X_h(W_p)$ passa $(s - 1)$ volte per ogni varietà $B_k^{(s)}$ per cui $h > k$, mentre i termini senza significato vengono omessi.

La dimostrazione poggia sul seguente lemma:

<u>Sia</u> $|S|$ <u>un fascio irriducibile sopra una varietà non singolare</u> V_d , <u>che</u> <u>sia dotato di varietà base</u> S^2 <u>semplice ed irriducibile; e sia S una iper-</u> <u>superficie di</u> $|S|$ la cui <u>unica</u> singolarità sia una varietà $V_r (1 \leq r \leq d-2)$ s-<u>pla</u>

L. Roth

che sia non singolare e che non incontri S^2 ; <u>allora il contributo di</u> S_o <u>al numero</u> $\left[X_o(V_d) \right]$, <u>calcolato mediante</u> $|S|$, <u>è</u> $(s - 1) \left[X_o(V_r) \right]$.

Questo risultato è stabilito per induzione rispetto a <u>d</u> e <u>r</u> esattamente come nel caso classico $(d = 2 , r = 1)$ e cioè considerando il luogo di contatti del fascio $|S|$ con un secondo fascio $|T|$ generale nel senso definito. Con procedimento del tutto analogo esso può estendersi ad uno o più dei casi in cui (i) S_o contenga un numero finito di varietà analoghe a V_r, eventualmente di dimensioni e di molteplicità diverse, purchè tali varietà siano a due a due sghembe tra loro (ii) $r = d - 1$ e cioè S_o consti di una V_{d-1} contata s volte (iii) il fascio razionale $|S|$ sia sostituito con un fascio $\{S\}$ irrazionale (naturalmente privo di punti base) soddisfacente ad ipotesi simili a quelle precedenti.

La prima parte del teorema viene ora stabilita mediante induzione rispetto a p e h. Supponendo dapprima che sia vero per tutti i valori di p minori della dimensione di W_p, consideriamo un fascio $|S|$ appartenente alla congruenza $\{V_q\}$ di traiettorie oppure – quando $q = p - 1$ – il fascio $\{V_{p-1}\}$ stesso; nel caso attuale bisogna modificare alquanto, in maniera ovvia, la nozione di generalità precedentemente definita. Allora, poichè la varietà S e S^2 sono ambedue pseudo-abeliane di tipo q , segue dall'ipotesi induttiva che i gruppi $X_o(S)$ e $X_o(S^2)$ hanno ordine zero. Per dimostrare che il numero virtuale δ della (1) del n.39 oppure della (1) del n.43 risulta zero osserviamo che, nel caso attuale, invece di membri nodati di un fascio, avremo un certo numero di ipersuperficie dotate di varietà multiple, soddisfacenti alle condizioni del lemma, che sono o varietà di Picard o varietà pseudo-abeliane di dimensione minore di p . In ogni caso, quindi, il gruppo $X_o(W_p)$ è effettivo e di ordine zero, onde il risultato vale per $h = 0$.

Nel caso $h > 0$, poggiamo sull'equivalenza (2) del n.39; osserviamo che, sempre in virtù dell'ipotesi induttiva, le varietà aggiunte $A_h(S)$ debbono appartenere anch'esse alla congruenza $\{V_q\}$ e pertanto sono pseudo-abeliane di tipo q oppure, eventualmente, picardiane.

Questo metodo stabilisce che, per $h < q$, il sistema $\{X_h(W_p)\}$ è effettivo ed ha l'ordine zero mentre, per $h \geq q$, esso appartiene a $\{V_q\}$, oppure ha l'ordine zero. Per dimostrare la seconda parte del nostro teorema,

L. Roth

consideriamo la corrispondenza tra W_p e la varietà W_p^{*} del n.33; se tale corrispondenza è biregolare la (1) non è altro che la formula (4) del n.43. Per valutare l'espressione $X_h(W_p^{*})$ si ricorre alla (5) del n.39, ricordando che il fattore V_q^{*} è picardiano sicchè $X_h(V_q^{*})$ risulta effettiva è nulla per $h < q$; allora abbiamo che $X_h(W_p^{*}) = V_q^{*} \times X_{h-q}(V_{p-q}^{*})$.

Nel caso in cui la corrispondenza non sia biregolare, il termine $\bar{X}_h(W_p^{*})$ rimane immutato, ma per il resto bisogna procedere diversamente. Supponendo che sia $q < p - 1$, consideriamo una ipersuperficie S della congruenza $\{V_q\}$ che sia generale secondo il nuovo significato; allora ogni varietà $J_h(S)$ $(h \geqslant q)$ appartiene necessariamente a $\{V_q\}$, e se S contiene una varietà multipla $sV_{q,s}$ (n.33), tale varietà risulterà componente $(s - 1)$-pla di $J_q(S)$. Ora ogni sistema lineare $|S|$ di dimensione ρ sega una varietà $B_k^{(s)}$ secondo un sistema lineare di dimensione uguale a ρ ; quindi, assumendo un numero conveniente di sistemi quali $|S|$ ed applicando la (4) del n.39, otteniamo la (1).

Ne consegue che <u>tutti gli invarianti canonici di</u> W_p <u>sono nulli</u>; difatti, siccome tutte le varietà $X_h(W_p)$ appartengono a $\{V_q\}$ oppure sono di ordine zero, i vari numeri di intersezione di tali varietà debbono risultare nulli. Allora, in base alla relazione di Todd-Hirzebruch, <u>il genere aritmetico di</u> W_p <u>è uguale a</u> $(-1)^{p-1}$.

Abbiamo così visto che sia la varietà V_p di Picard sia la varietà pseudo-abeliana W_p hanno il genere aritmetico uguale a $(-1)^{p-1}$. Per calcolare i generi aritmetici delle rimanenti varietà gruppali elencate nel n.36 bisogna ricorrere ad una formula che generalizzi alle V_d un risultato dato nel n.10. Consideriamo una V_d prodotto di due varietà V_r, V_s non singolari di generi aritmetici rispettivi P_a' e P_a'' ; allora si può dimostrare che il genere aritmetico P_a di V_d viene espresso dalla formula

$$(2) \qquad P_a + (-1)^d = \left\{ P_a' + (-1)^r \right\} \left\{ P_a'' + (-1)^s \right\} .$$

tale risultato può essere stabilito con mezzi classici oppure con l'aiuto della topologia ($[h, 1]$).

Ebbene, abbiamo dimostrato (n.36) che ogni varietà V_d gruppale

L. Roth

che non sia nè picardiana nè pseudo-abeliana è birazionalmente equivalente
ad una varietà rigata; e siccome quest'ultima contiene una congruenza di spazi lineari S_r $(1 \leq r \leq d-1)$ - necessariamente dotata di varietà V_{d-r} unisecante - essa può trasformarsi birazionalmente in prodotto della forma $S_r \times V_{d-r}$.
Ora il fattore S_r ha genere aritmetico nullo; quindi in base alla formula
precedente il genere P_a di V_d è dato da

$$ P_a + (-1)^d = (-1)^r \left\{ P'_a + (-1)^{d-r} \right\} , $$

ove P'_a denota il genere aritmetico di V_{d-r}.

Ad esempio, nel caso di una V_d quasi-abeliana (non birazionale)
troviamo che $P_a = (-1)^{d-1}$, d'accordo col fatto che V_d è anche pseudo-abeliana (di determinante uno).

46. **Esempi.** Nel caso $p = 2$, e cioè delle superficie ellittiche
i precedenti risultati ci dicono che (i) la serie di Severi ha l'ordine zero
(ii) il sistema canonico è composto col fascio delle traiettorie e contiene
ogni curva $V_{1,s}$ come componente $(s - 1)$-pla, e pertanto il genere lineare
$P^{(1)} = 1$; quindi, in base alla relazione di Noether (n .43) $p_a = -1$.

Va notato che esiste una sottoclasse di superficie ellittiche
aventi curva canonica virtuale di ordine zero; tali superficie risultano
anche iperellittiche e, più precisamente, impropriamente abeliane (n.34).
Esse appartengono pure alla classe di varietà abeliane di prima specie menzionate nel n.44.

Passando al caso $p = 3$, abbiamo da considerare due specie
principali di W_3 pseudo-abeliane: la varietà ellittica ($q = 1$) e la varietà iperellittica ($q = 2$) (nn.25,26). In ambedue i casi il sistema $\left\{ X_o(W_3) \right\}$
ha l'ordine zero. Se $q = 2$, anche il sistema $\left\{ X_1(W_3) \right\}$ ha l'ordine zero
mentre il sistema $\left| X_2(W_3) \right|$ risulta composto col fascio delle traiettorie,
che sono superficie di Picard; e vi saranno in generale componentiɔfisse
della forma $(s - 1)B_2^{(s)}$.

Nel caso $q = 1$ più generale abbiamo un certo numero di super-
ficie $B_2^{(s)}$, ciascuna luogo di ∞^1 curve $V_{1,s}$, ed anche un certo numero
ii tali curve - diciamole $B_1^{(s)}$ - che sono isolate. La (1) del n.45 mostra

L. Roth

che la curva $X_1(W_3)$ consta della trasformata di $X_1(W_3^*)$ insieme alle curve $(s-1) X_1(B_2^{(s)})$ e $(s-1)B_1^{(s)}$; essa è quindi virtualmente ellittica. La superficie $X_2(W_3)$, anch'essa virtualmente ellittica, posiede come componenti le superficie $(s-1)B_2^{(s)}$ e passa $(s-1)$ volte per ogni curva $B_1^{(s)}$.

In conclusione, se $p=3$, i caratteri numerici del sistema $|X_2(W_3)|$ hanno sempre i rispettivi valori $\Omega_o = 0$, $\Omega_1 = 1$, $\Omega_2 = -1$, e pertanto, in base alla relazione di Severi (n.43), $P_a = 1$.

Anche in questo caso sarebbe interessante di esaminare varie sottoclassi di W_3, e specialmente di pervenire ad una classificazione completa delle W_3 impropriamente abeliane.

Come abbiamo già accennato, una famiglia importante di superficie ellittiche è costituita da quelle aventi genere $P_g = 0$; inversamente si può dimostrare ([f]) che ogni superficie per cui $P_g = 0$, $P_a = -1$ è ellittica, propriamente o impropriamente (e cioè riferibile ad una rigata ellittica). Per tale famiglia il fascio delle traiettorie risulta razionale e quindi la superficie associata W_2^* è una rigata ellittica.

Il caso analogo, per $p > 2$, è quello in cui la congruenza $\{V_q\}$ sia birazionale e di <u>ordine invariantivo uno</u>, e cioè birazionalmente equivalente, senza eccezioni, ad uno spazio S_{p-q}^*. Allora, essendo W_p^* della forma $V_q^* \times S_{p-q}^*$ essa risulta quasi-abeliana di tipo q (n.31). In questo caso è facile ottenere le equivalenze per le varietà $X_h(W_p)$; difatti il problema dipende semplicemente dalla determinazione, già effettuata da B. Segre [63] , delle varietà canoniche di una forma di S_{p-q}^*. Le suddette equivalenze trovansi in [54] .

Tornando ora al teorema del n.45, osserviamo che la proprietà delle varietà pseudo-abeliane ivi stabilita si estende parzialmente anche alle varietà <u>para-abeliane</u> del n.35. Consideriamo una varietà U_p para-abeliana di tipo q , e cioè contenente una congruenza $\{V_q\}$ di varietà picardiane i cui elementi irriducibili siano tutti birazionalmente equivalenti della solita forma normale; però qui non è detto che gli eventuali elementi riducibili siano sempre varietà picardiane multiple. Nel caso attuale sussiste il seguente teorema ([53]) :

L. Roth

<u>Tutti i sistemi canonici</u> $X_h(U_p)$ (h = p - q, p - q + 1,..., p - 1) <u>apparten-</u>
<u>gono alla congruenza</u> $\left\{V_q\right\}$ <u>oppure sono di ordine zero.</u>

Nel caso p = 2 (in cui la superficie contenga un fascio di curve
ellittiche) il risultato è immediato; facendo l'ipotesi che esso valga per
tutte le varietà para-abeliane di dimensione minore di p, lo stabiliremo
successivamente per q = p - 1, p - 2,..., 1.

Anzitutto, se q = p - 1, U_p contiene un fascio, razionale od
irrazionale, di varietà picardiane V_{p-1} per cui - come già sappiamo - tutti
i sistemi canonici sono nulli. Allora, poggiando sulle solite considerazioni
e sulle equivalenze del n.39, vediamo che il sistema $\left| X_{p-1} \right|$ dev'essere com-
posto con tale fascio ed anche che tutti i sistemi $\left\{X_h(U_p)\right\}$ (h = 1,2,...,p - 2)
sono di ordine zero. Però, le ipersuperficie riducibili del fascio in gene-
rale faranno un contributo non nullo al numero $\left[X_o(U_p)\right]$ e quindi in generale tale carattere risulterà non nullo.

Sia ora q = p - 2; e sia S una ipersuperficie appartenente al-
la congruenza $\left\{V_q\right\}$. In base al risultato già stabilito, la varietà $X_h(S)$
appartiene a $\left\{V_q\right\}$ se h = p - 2, e ha l'ordine zero se h = 1,2,...,p-3;
quindi anche la varietà $X_h(U_p)$ gode di una proprietà analoga.

Nel caso q = p - 3 si considera di nuovo una ipersuperficie S
della congruenza $\left\{V_q\right\}$ a cui si applicano i precedenti risultati; e così via.

Sorge ora la domanda: può sussistere una simile proprietà, sotto
ipotesi opportune, per $h < p - q$? Nel caso p = 2 ciò è impossibile in quanto (n.47) se $X_o(U_2)$ è nulla, U_2 dev'essere ellittica o picardiana. Però
per $p \geqslant 3$ si può dimostrare ($[53]$) che <u>se la congruenza</u> $\left\{V_q\right\}$ <u>contiene</u>
<u>solamente</u> ∞^i <u>varietà riducibili, ove</u> $i \geqslant p - q$, <u>allora le varietà</u> $X_h(U_p)$
(h $\geqslant$ i + 1) <u>appartengono a</u> $\left\{V_q\right\}$ <u>oppure sono di ordine zero.</u> Anche questo
risultato viene stabilito mediante induzione (rispetto a <u>i</u>).

Osserviamo che le proprietà delle varietà pseudo-abeliane e para-
abeliane discusse sopra vanno messe in rapporto con quella della varietà di
Picard di aver nulle <u>tutte</u> le varietà canoniche. Segnaliamo infine una classe di varietà para-abeliane che somiglia ancora più strettamente a quella
pseudo-abeliana. Consideriamo la varietà U_p che si lascia rappresentare

L. Roth

multiplamente e senza diramazioni sulla varietà ciclica $U_q^{*} \times U_{p-q}^{*}$, ove U_q^{*} denota una varietà abeliana di prima specie (n.44). Poichè in questo caso tutte le varietà $X_h(U_q^{*})$ sono di ordine zero, segue che anche le varietà $X_h(U_p)$ $(h < q)$ sono di ordine zero; però in contrasto col caso pseudo-abeliano, tali varietà possono essere o effettive o virtuali. Certe varietà U_p di questa categoria ammettono delle serie ∞^Q di automorfismi non formanti gruppi (cfr. n.35).

47. **Alcuni problemi di caratterizzazione.** Incominciamo col riassumere alcuni risultati concernenti le superficie gruppali. Sia F una superficie gruppale irregolare che - come tutte le superficie considerate in seguito - supporremo sempre <u>priva di singolarità e di curve eccezionali di prima specie</u>. Allora, se F è riferibile ad una rigata di genere p ($>$ 0), discende dalla (1) del n.43 che $X_o(F)$ è di ordine $4(1 - p)$; e d'altra parte, come sappiamo, $p_a = -p$. Se invece F è ellittica, $X_o(F)$ è di ordine zero mentre $p_a = - 1$; ed in base al n.20 le stesse conclusioni valgono nel caso di una F picardiana.

Ora ci si domanda se i valori degli invarianti I o p_a così trovati possano servire a caratterizzare le superficie F. Una prima risposta, dovuta ad Enriques $\left[f \right]$, è la seguente: <u>tutte le superficie gruppali irregolari sono caratterizzate dalla condizione $p_a < 0$, e quelle ellittiche (propriamente od impropriamente) e picardiane dalla condizione $p_a = - 1$.</u>

La dimostrazione del teorema offerta da Enriques fa appello a tutto un complesso di risultati di cui segnaliamo i principali. Anzitutto per una superficie non riferibile a rigata, abbiamo sempre $p^{(1)} \geq 1$. Più generalmente, se la superficie non possiede nessun fascio irrazionale di curve, $p_g < 2p_a + 4$ (disuguaglianza di Castelnuovo). In terzo luogo si poggia sulla relazione di Noether (n.43) a cui va aggiunta la condizione che per una superficie contenente un fascio irrazionale ma non riferibile a rigata, $I + 4 \geq 0$ (disuguaglianza di Godeaux-Campedelli). Inoltre la dimostrazione richiede una analisi particolareggiata delle superficie aventi $p_g = 0$, $p_a = -1$; però tale esame potrebbe forse venir abbreviato con l'impiego di mezzi trascendenti-

L. Roth

topologici recenti (cfr. [3]).

E' chiaro che il teorema di Enriques conduce alle seguenti conclusioni : (i) se $p_a < -1$ - nel qual caso la superficie è notoriamente riferibile a rigata ([f]) - allora I + 4 < 0 , e (ii) se $p_a = -1$, I + 4 = 0.
Sorge quindi la domanda se la precedente proposizione possa venir invertita.
La risposta affermativa devesi a Dantoni [9] : le superficie con serie di
Severi di ordine negativo sono tutte e sole quelle riferibili a rigate di
genere p > 1. E le superficie con serie di Severi di ordine zero sono tutte
e quelle ellittiche e picardiane.

Per di più si dimostra che se la serie di Severi è di ordine zero è necessariamente la serie nulla. Ed abbiamo il seguente corollario: se
la serie di Severi e il sistema canonico sono ambedue effettivi e nulli, allora la superficie è picardiana.

Il punto di partenza di Dantoni è la formula di Picard-Alexander
([j, t]) : $\rho + \rho_o = I + 4(p_g - p_a) + 2$, ove ρ e ρ_o denotano rispettivamente il numero base e il numero dei cicli bidimensionali indipendenti e trascendenti della superficie f . Inoltre la dimostrazione poggia sulla disuguaglianza $\rho_o \geq 2p_g$, che Severi ha dedotta dal teorema di Hodge
([t]); e si deve ricorrere di nuovo alla proprietà caratteristica delle superficie aventi $p_a = -1$. La suddetta ricerca si basa sulla prima definizione
- data da Severi nel 1932 - della serie $\{ X_o(f) \}$, a cui non abbiamo finora accennato, e che è come segue : sia u un integrale semplice di prima specie di f , e consideriamo un gruppo jacobiano del fascio di curve u = cost.;
se tale gruppo consta di un numero finito di punti, questo risulta un gruppo
della serie di Severi.

Sarebbe importante trovare delle dimostrazioni dirette e - possi-
bilmente - algebro-geometriche di tutti questi teoremi. Comunque, passando
alle varietà V_d , possiamo chiederci se essi si estendano, almeno in parte,
al caso d > 2. Devesi a Severi la seguente congettura in merito: se tutte le
varietà $X_h(V_d)$ sono effettive e nulle, allora V_d è picardiana. E nella rassegna [e] di Conforto viene posta, in analogia con i precedenti risultati,
la questione se il fatto di aver nulle una o più delle varietà $X_h(V_d)$ implichi

L. Roth

necessariamente l'esistenza di un gruppo G_r , di una certa dimensione r
operante su V_d.

Ora una prima difficoltà che si affaccia in questa ricerca è quella che riguarda le varietà eccezionali. Nel caso d = 2 abbiamo preso le
mosse da un modello f privo di curve eccezionali di prima specie, le quali
sono sempre eliminabili mediante trasformazioni birazional'; e, come sappiamo, su una superficie non riferibile a rigata, tutte le curve eccezionali
sono di prima specie. Nel caso d > 2 manca per ora una teoria analoga; e
siccome le varietà $X_h(V_d)$ sono solamente invarianti relativi e, per di più,
non sappiamo quale influenza abbia su loro i diversi tipi di varietà eccezionali, la questione non può venir posta su basi sicure.

Osserviamo in secondo luogo che discende dalla formula di Picard-
Alexander che una <u>qualunque</u> superficie non singolare avente serie di Severi
di ordine zero è necessariamente irregolare; e questo è il risultato fondamentale nella dimostrazione. Ma una tale proprietà, che sarebbe il punto di
partenza anche nel caso d > 2, non vale incondizionatamente in quel caso,
come ha rilevato Todd col seguente esempio. Consideriamo la V_3 birazionale
rappresentabile su S_3 mediante il sistema di superficie quartiche passanti
per una sestica di genere tre; applicando la (1) del n.39 al fascio di superficie avente per immagine un fascio di piani di S_3, troviamo che $\left\{X_0(V_3)\right\}$
è di ordine zero.

Intanto possiamo domandare se sarà possibile caratterizzare le
varietà pseudo-abeliane, ed in particolare quelle picardiane, con altri mezzi. Dimostriamo qui il seguente risultato [51] in proposito : <u>E' picardiana ogni varietà V_d di irregolarità superficiale d , dotata di ipersuperficie canonica (pura) effettiva e nulla, che non contenga alcuna congruenza di sottovarietà di irregolarità d</u> .

Qui "congruenza" comprende anche "fascio" (di ipersuperficie);
ed "irregolarità" significa l'irregolarità superficiale della congruenza oppure il genere del fascio, secondo il caso.

Consideriamo la rappresentazione di V_d sulla sua varietà W_d
di Picard-Castelnuovo ([n]) immagine di ∞^d sistemi lineari disequivalen-

493

L. Roth

i |A| contenuti in un sistema continuo completo $\{A\}$. Siccome, per ipotesi, V_d non contiene nessuna congruenza di irregolarità d , si vede subito che V_d e W_d sono in corrispondenza (n,1), ove n $\geqslant$ 1. Ora se in tale corrispondenza vi fossero elementi di diramazione - di qualunque carattere - allora, in base al n.39 , V_d sarebbe dotata di ipersuperficie canonica effettiva di ordine positivo, contro l'ipotesi. E segue facilmente dalle considerazioni del n.30 che una varietà rappresentabile senza diramazioni sopra una varietà di Picard multipla è anch'essa una varietà di Picard; il che dimostra l'asserto.

48. <u>Schema principale</u>. I principali risultati concernenti le V_d gruppali sono esibiti nel seguente diagramma; ove va tenuto presente che il segno $\Longrightarrow$ denota implicazione logica, mentre la freccia $\longrightarrow$ significa equivalenza birazionale.

Di tutte le V_d qui elencate, sole quelle pseudo-abeliane possono aver un sistema $|iX_{d-1}|$ i-canonico effettivo di ordine positivo per qualche valore (e quindi per una infinità di valori) di i. Tutte le altre V_d, all'infuori delle varietà picardiane, sono prive di sistemi pluricanonici effettivi.

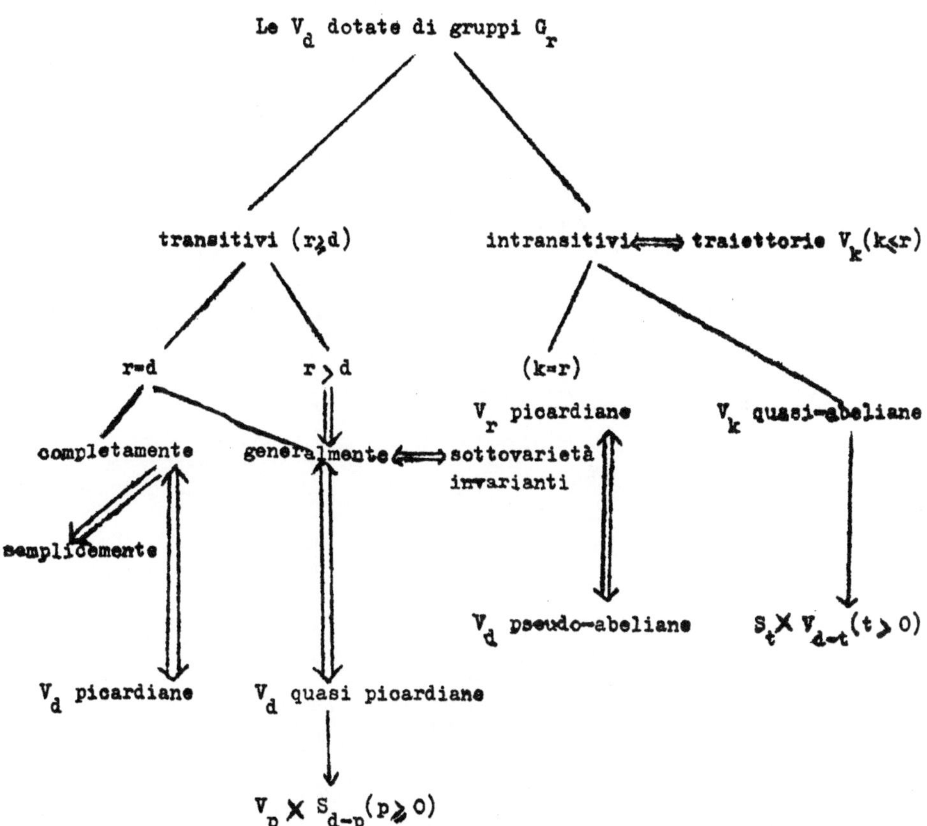
Le V_d dotate di gruppi G_r
transitivi $(r \gtrless d)$
intransitivi $\Longleftrightarrow$ traiettorie $V_k (k \leqslant r)$
$r = d$
$r > d$
$(k = r)$
V_r picardiane
V_k quasi-abeliane
completamente
generalmente $\Longleftrightarrow$ sottovarietà invarianti
semplicemente
V_d pseudo-abeliane
$S_t \times V_{d-t} (t > 0)$
V_d picardiane
V_d quasi picardiane
$V_p \times S_{d-p} (p \gtrless 0)$

L. Roth

BIBLIOGRAFIA

I.   Monografie e Trattati

a) M.BALDASSARRI, Algebraic Varieties (Berlin, 1956).

b) L.BIANCHI, Lezioni sulla teoria dei gruppi continui finiti di trasfor-
           mazioni (Bologna, 1928).

c) G.CASTELNUOVO, Memorie Scelte (Bologna, 1937).

(Per un elenco completo dei lavori vedi Rend. Acc. Lincei (8) 14 (1953), 23).

d) F.CONFORTO, Abelsche Funktionen und algebraische Geometrie (Berlin, 1956).

e) F.CONFORTO, Lo stato attuale della teoria dei sistemi di equivalenza,
           Atti Congresso U.M.I. (Roma, 1945).

f) F.ENRIQUES, Le superficie algebriche (Bologna, 1949).

g) F.ENRIQUES - O.CHISINI, Teoria geometrica delle equazioni, III
           (Bologna, 1924).

h) F.HIRZEBRUCH, Neue topologische Methoden in der algebraischen
           Geometrie (Berlin, 1956).

j) S.LEFSCHETZ, L'Analysis situs et la géometrie algébrique(Paris, 1924,1950).

k) P.PAINLEVE', Leçons sur la théorie analytique des équations dif-
           férentielles (Paris, 1897).

l) L.ROTH, Algebraic Threefolds (with special regard to problem of ra-
           tionality) (Berlin, 1955).

m) L.ROTH, Saggi di geometria algebrica classica (Genova, 1955).

n) L.ROTH, Sistemi canonici ed anticanonici (Genova, 1956).

p) B.SEGRE, Arithmetical questions on algebraic varieties (London, 1951).

q) F.SEVERI, Serie, sistemi d'equivalenza (Roma, 1942).

r) F.SEVERI, Funzioni quasi-abeliane (Roma, 1947).

s) V.SNYDER, The problem of the cubic variety in S_4; Bull.Amer.Math.
           Soc., 35 (1929), 607.

t) O.ZARISKI, Algebraic Surfaces (Berlin, 1935).

II.   Memorie e Note

1. A.ANDREOTTI, Acta Ac. Pont. Sci., 14 (1952), 107.

2. M.BALDASSARRI, Rend. Sem. Mat. Padova, 19 (1950), 1.

3. M.BALDASSARRI, Annali di Mat., (4) 42 (1956), 227.

4. I.BARSOTTI, Bull. Amer. Math. Soc., 62 (1956), 519.

5. L.CAMPEDELLI, Rend. Sem. Mat. Padova, 6 (1953), 57.

6. G.CASTELNUOVO - F.ENRIQUES, Annali di Mat., (3) 6 (1901), 165.

7. F.CONFORTO, Rend. Acc. Italia, (7) 2 (1941), 268.

8. F.CONFORTO - F.GHERARDELLI, Annali di Mat., (4) 33 (1952), 273.

9. G.DANTONI, Atti Acc. Italia, 14 (1943), 39.

10..G.DANTONI, Annali di Mat., (4) 24 (1945), 177.

11. F.ENRIQUES, Math. Annalen, 46 (1895), 179.

12. F.ENRIQUES, Mem. Acc. XL, 10 (1896), 201.

13. F.ENRIQUES, Math. Annalen, 49 (1897), 1.

14. F.ENRIQUES, Math. Annalen, 52 (1899), 449.

15. F.ENRIQUES, Rend. Acc. Lincei, (5) 15 (1906), 665.

16. F.ENRIQUES, Annali di Mat., (3) 20 (1913), 109.

17. F.ENRIQUES - G.FANO, Annali di Mat., (2) 26 (1897), 59.

18. G.FANO, Rend. Palermo, 10 (1896), 16.

19. G.FANO, Mem. Acc. Torino, (2) 46 (1896), 187.

20. G.FANO, Atti Ist. Veneto, (7) 7 (1896), 1069.

21. G.FANO, Rend. Acc. Lincei, (5) 7 (1898), 332.

22. G.FANO, Rend. Acc. Lincei, (5) 8 (1899), 562.

23. G.FANO, Atti Acc. Torino, 43 (1908), 973.

24. G.FANO, Atti Acc. Torino, 50 (1915), 1067.

25. G.FANO, Annali di Mat., (3) 24 (1915), 49.

26. G.FANO, Rend. Acc. Lincei, (6) 15 (1932), 3.

27. F.GAETA, Rend. Acc. XL, (4) 2 (1951), 1.

28. L.GAUTHIER, Bull. Soc. Roy. Liège, 13 (1944), 191.

29. L.GODEAUX, Rend. Acc. Lincei, (8) 19 (1955), 265.

30. R.HALL, Journ. Lond. Math. Soc., 29 (1954), 419.

31. R.HALL, Journ. Lond. Math. Soc., 30 (1955), 507.

32. K.KODAIRA, Annals of Math., 60 (1954), 28.

33. S.LEFSCHETZ, Trans. Amer. Math. Soc., 22 (1921), 327; 407.

34. U.MORIN, Rend. Acc. Lincei, (6) 24 (1936), 191.

35. U.MORIN, Rend. Acc. Lincei, (6) 27 (1938), 330.

36. U.MORIN, Annali di Mat., (4) 18 (1939), 147.

37. U.MORIN, Atti Congresso U.M.I. (Bologna, 1940).

38. U.MORIN, Rend. Sem. Mat. Padova, 21 (1952), 298.

39. M.NOETHER, Math. Annalen, 3 (1871), 161.

40. P.PAINLEVE', Acta Math., 27 (1903), 1.

41. E.PICARD, Journ. de Math., (4) 5 (1889), 135.

42. E.PICARD, Rend. Palermo, 9 (1895), 244.

43. A.PREDONZAN, Rend. Acc. Lincei, (8) 5 (1948), 238.

44. A.PREDONZAN, Rend. Sem. Mat. Padova, 18 (1949), 163.

45. L.ROTH, Annali di Mat., (4) 27 (1948), 115.

46. L.ROTH, Rend. Acc. Lincei, (8) 10 (1951), 19.

47. L.ROTH, Rend. Acc. Lincei, (8) 12 (1952), 265.

48. L.ROTH, Rend. Palermo, (2) 2 (1953), 141.

49. L.ROTH, Proc. Camb. Phil. Soc. 49 (1953), 397.

50. L.ROTH, Rend. Acc. Lincei, (8) 15 (1953), 376.

51. L.ROTH, Proc. Camb. Phil. Soc., 50 (1954), 360.

52. L.ROTH, Rend. Sem. Mat. Padova, 23 (1954), 277.

53. L.ROTH, Rend. di Mat., (5) 13 (1954), 30.

54. L.ROTH, Annali di Mat., (4) 38 (1955), 281.

55. L.ROTH, Rend. Sem. Mat. Torino, 14 (1955), 105.

56. L.ROTH, Rend. Sem. Mat. Milano, 26 (1955), 1.

57. L.ROTH, Rend. Sem. Mat. Padova, 27 (1957), 1.

58. M.SCAFATI, Rend. di Mat., (5) 14 (1955), 289.

59. M.SCAFATI, Rend. di Palermo, (2) 4 (1955), 367.

60. B.SEGRE, Mem. Acc. Italia, 5 (1934), 479.

61. B.SEGRE, Mem. Ac. Roy. Belgique, (2) 14 (1936), 1.

62. B.SEGRE, Rend. Acc. Lincei, (8) 3 (1947), 411.

63. B.SEGRE, Annali di Mat., (4) 35 (1953), 1.

64. B.SEGRE, Annali di Mat., (4) 37 (1954), 139.

65. B.SEGRE, Rend. di Mat., (5) 13 (1954), 75.

66. B.SEGRE, Annali di Mat., (4) 43 (1957), 1.

67. F.SEVERI, Math. Annalen, 62 (1906), 194.

68. F.SEVERI, Rend. Palermo, 28 (1909), 33.

69. F.SEVERI, Comm. Math. Helvetici, 21 (1948), 189.

70. F.SEVERI, Rend. Acc. Lincei, (8) 18 (1955), 443.

71. J.A.TODD, Annals od Math., 35 (1934), 702.

72. J.A.TODD, Proc. Lond. Math. Soc., (2) 43 (1937), 127.

73. J.A.TODD, Proc. Lond. Math. Soc., (2) 43 (1937), 190.

74. J.A.TODD, Proc. Lond. Math. Soc., (2) 45 (1939), 410.

75. J.A.TODD, Proc. Lond. Math. Soc., (2) 46 (1940), 199.

76. O.ZARISKI, Annals of Math., (2) 45 (1944), 472.

L. Roth

INDICE

L. Roth.

L. Roth

AGGIUNTE E CORREZIONI

Pag.2, riga 22: invece di "valori di C" leggi "valori di t".

Pag.10, ultima riga: V_d è rappresentabile sopra una I_n nel caso in oui V_k sia birazionale in K oppure in K(P). Se V_k è solamente unirazionale l'ordine della involuzione immagine in V_d viene aumentato.

Pag.12, penultima riga: invece di "penultimi" leggi "penultimi".

Pag.14, riga 9: invece di "contenete" leggi "contenente".

Pag. 22, riga 8: invece di "v" leggi "V".

Pag.28, riga 24: invece di "Faciendo" leggi "Facendo".

Pag.31, riga 15: invece di "trattazionae" leggi "trattazione".

Pag.32, riga 30: invece di "identicità" leggi "identità".

Pag.33, riga 17: invece di "La" leggi "Le".

Pag.34, riga 3: invece di "oontinee" leggi "contiene".

Pag.37, riga 18: dopo "oasi" leggi "in oui".

Pag.42, riga 17: invece di "tali" leggi "tale".

Pag.45, riga 8: invece di "G^2" leggi "G_2"/

Pag.47, riga 10: invece di "invedere" leggi "invadere".

Pag.49, riga 3: invece di "variebili" leggi "variabili".

    riga 17: avanti "vice-versa" metti due punti.

Pag.50, riga 36: invece di "$u_i' = u_i + b$" leggi "$u_i' = -u_i + b_i$".

Pag.52, riga 13: invece di "motlo" leggi "molto".

Pag.60, riga 21: invece di "congruenza" leggi "conseguenza".

    riga 24: invece di " = " leggi " $\equiv$ " .

Pag.73, riga 18: invece di "detenzione" leggi "estensione".

    riga 22: invece di "saputa" leggi "saputo".

Pag.74, riga 15: dopo "canoniche" metti due punti.

Pag.77, riga 12: invece di "consderi" leggi "consideri".

    riga 20: invece di " V V " leggi " V $\times$ V ".

Pag.78, riga 14: invece di "trata" leggi "tratta".

Pag.79, riga 17: invece di "le teorie" leggi "la serie".

Pag.81, riga 14: manca il segno $\equiv$ di equivalenza.

L. Roth

Pag.90, penultima riga: in rapporto alla rassegna di Conforto sulla
teoria di equivalenza va segnalato un recente resoconto storico-cri-
tico di Todd, Bol.Soc.Mat. Mexicana, 1957.
Pag.91, riga 21: altri controesempi si costruiscono facilmente poggiando
sulle formule di corrispondenza di Pannelli, Rend.Acc.Lincei (5) 23
$(1914)_2$, 561.

B. SEGRE

INTORNO ALLA GEOMETRIA SOPRA UN CORPO DI CARATTERISTICA

$p \neq 0$, CON PARTICOLARE RIGUARDO AL CASO $p = 2$.

ROMA - Istituto Matematico dell'Università , 1957

Conferenza di chiusura

tenuta da

BENIAMINO SEGRE

INTORNO ALLA GEOMETRIA SOPRA UN CORPO DI CARATTERISTICA

$p \neq 0$, CON PARTICOLARE RIGUARDO AL CASO $p = 2$.

La nota affermazione del filosofo inglese Bertrand Russel - a prima vista paradossale - secondo cui nelle discipline matematiche non si sa mai di cosa si parli, nè se ciò di cui si parla è vero, risponde invece ad un atteggiamento caratteristico della matematica moderna, riassumibile nella tendenza all'astrattizzazione e all'assiomatizzazione. Tale tendenza importa di fatto un'estrema arbitrarietà degli enti che intervengono nei ragionamenti, nonchè delle leggi - o assiomi - cui questi debbono soddisfare, sicchè ad uno stesso ente possono venire attribuite "interpretazioni concrete" diverse, mentre i risultati vengono ad assumere validità relativamente soltanto agli assiomi ammessi.

Analoga tendenza si riscontra, del resto, non soltanto nella matematica pura, ma anche nella fisica moderna, ove lo schema astratto di ogni dato fenomeno è tutt'altro che definitivo, dipendendo da premesse e da punti di vista soggetti ai mutamenti che ulteriori esperienze e studi teorici via via suggeriscono; senza contare che - secondo quanto è stato fra l'altro messo in luce in un recente convegno di fisici teorici a Princeton - si è tuttora ben lungi da una spiegazione coerente dei diversi fenomeni, le relative teorie essendo fra loro slegate ed alle volte contrastanti.

Una ragione di tali difficoltà può essere dovuta a ciò che gli enti matematici con i quali si opera in fisica sono i numeri reali (ad esempio nella considerazione di coordinate di punti o di componenti di vettori), mentre gli enti che di fatto intervengono nelle esperienze sono numeri razionali, ossia - in ultima analisi - numeri interi, i quali conservano significato in un qualunque corpo numerico. Sicchè non è da escludere che in un futuro più o meno prossimo la fisica trovi opportuno di costruire i suoi schemi, non più poggiando sulla nozione di numero reale, bensì operando su elemen-

B. Segre

ti tratti da altri corpi.

Di qui l'opportunità di approfondire lo studio degli spazi sopra un corpo qualsiasi, oltre all'indubbio interesse che tale studio presenta dal punto di vista matematico. In esso conviene limitarsi per ora - come noi qui faremo - alla considerazione di corpi commutativi, o campi; ciò per ovvie ragioni di semplicità e anche perchè le attuali conoscenze su questi ultimi sono in uno stadio assai più avanzato rispetto a quelle sugli altri corpi.

Ad ogni corpo γ , come è ben noto, resta associato un intero $p \geqslant 0$, la _caratteristica_ [1] , relativamente alla quale sono da distinguere due casi: $p = 0$ e p numero primo (intero positivo).

Il primo caso non differisce sostanzialmente da quello del campo complesso, in quanto - a norma di un notevole _principio di Lefschetz_ - tutte le proprietà algebrico-geometriche valide sopra il campo complesso continuano a sussistere per un qualunque corpo (commutativo) di caratteristica zero.

Una trattazione sistematica esauriente della _geometria sopra campi di caratteristica_ $p \geqslant 2$ non è stata ancora fatta, sebbene questo caso (ad esclusione sovente del caso $p = 2$) appaia non di rado in recenti esposizioni di geometria algebrica, quali ad es. il trattato di Chevalley[2]; questo però si limita alle curve e pecca per eccessiva astrattezza, trascurando completamente l'aspetto più propriamente geometrico delle questioni relative agli enti considerati.

Nella presente esposizione - riassuntiva di ricerche in parte finora inedite - ci occupiamo del caso $p \neq 0$, per il quale è opportuno distinguere ulteriormente due sottocasi: $p = 2$ e $p > 2$.

Una particolarità importante (da sola implicante che il corpo γ considerato risulti commutativo e di caratteristica $p \neq 0$) si ha supponendo

---

[1] Cfr., ad es., B.SEGRE, _Lezioni di Geometria Moderna_, Vol.I (Bologna, Zanichelli, 1948), pag.38.

[2] C.CHEVALLEY. _Introduction to the theory of algebraic functions of one variable_ (New-York, Amer. Math. Soc., 1951).

B. Segre

γ finito, e quindi di ordine $q = p^h$, con h intero positivo, ed isomorfo ad un campo di Galois (cfr. B.Segre, op.cit., pag.44 e § 12): corrispondentemente ad essa, si ottiene la geometria degli spazi finiti (proiettivi, affini ecc.). Questa, in base a quanto detto all'inizio, assume speciale significato in vista di eventuali applicazioni alle teorie quantistiche della fisica. Dal lato filosofico, la considerazione di detti spazi riporta alla critica eleatica, in quanto il concetto di continuo esula da essi nel modo più assoluto, e non è fra l'altro in contrasto con le vedute espresse da Eddington, il quale si è proposto di calcolare teoricamente il numero (finito) dei protoni ed elettroni che compongono l'universo.[1]

Com'è noto (cfr. B.Segre, op.cit., p.173), i punti di una retta in uno spazio proiettivo sopra un corpo γ d'ordine q finito (brevemente: uno spazio d'ordine q) sono in numero di $q + 1$, ossia tanti quanti gli elementi dell'insieme che si ottiene aggregando al corpo il valore ∞. Di conseguenza, i punti di un piano, S_2, sono in numero di $q^2 + q + 1$ e, più generalmente, quelli di un S_n sono in numero di $N_n = 1 + q + q^2 + \ldots + q^n$.

Un risultato classico, relativo alle equazioni quadratiche sui corpi finiti d'ordine q, può venire enunciato dicendo che :

In un piano finito d'ordine q ogni conica irriducibile (luogo cioè dei punti le cui coordinate soddisfano ad un'equazione di secondo grado, con coefficienti in γ, irriducibile in γ ed in ogni estensione di γ) contiene sempre esattamente q+1 punti (aventi coordinate in γ).

La dimostrazione che di solito viene data per questo risultato è diversa nei due casi $p = 2$ o $p > 2$. Noi qui ne esporremo una, semplicissima, valida in entrambi i casi.

Entro un S_n, le quadriche (luoghi cioè dei punti soddisfacenti ad un'equazione di secondo grado) costituiscono un sistema lineare di dimensione $M_n = n(n+3)/2$, e si possono perciò assimilare a punti di un S_{M_n} : il loro numero è quindi di N_{M_n}. Nel caso più semplice $n = 1$, esse non sono che le

____

[1] A.S.EDDINGTON, Fundamental theory (Cambridge, The University Press, 1946), Appendix.

B. Segre

coppie di punti della retta S_1 , e si possono suddividere in tre categorie :
coppie di punti coincidenti, in numero di $q + 1$, coppie di punti distinti
appartenenti al corpo γ , in numero di $\binom{q+1}{2} = q(q+1)/2$, coppie di punti
coniugati in un'estensione quadratica di γ , il cui numero si ottiene per
differenza da $N_2 = 1 + q + q^2$ ed è dunque $q(q-1)/2$.

Nel piano, n=2 , le coniche costituiscono un sistema lineare di
dimensione 5 , ed il numero di quelle irriducibili si ottiene per differenza
fra N_5 ed il numero delle coniche degeneri. Queste sono le coppie di rette
coincidenti, le coppie di rette distinte appartenenti al corpo γ , le coppie di rette complesse coniugate in un'estensione quadratica di γ , ed i rispettivi numeri si ottengono subito in base a ciò che precede e valgono
$1 + q + q^2$, $(1+q+q^2) q(q+1)/2$, $(1+q+q^2) q (q-1)/2$. Ne consegue che le
coniche irriducibili di S_2 sono in numero di $q^5 - q^2$.

D'altro canto, considerata in S_2 una qualunque conica non degenere, possono _a priori_ presentarsi soltanto due casi : I) La conica <u>contiene
almeno un punto P appartenente al corpo γ</u> , e allora ne possiede $q + 1$,
poichè le $q+1$ rette del fascio di centro P punteggiano biunivocamente la
conica in γ ; in questo caso la conica si dirà di <u>prima specie</u>. II) La conica
è priva di punti in γ , ed allora la si dirà di <u>seconda specie</u>. Il numero
delle coniche di prima specie può venir facilmente valutato computando il
numero delle quintuple di punti del piano, di cui mai tre allineati, e tenendo conto che una data conica di prima specie contiene $\binom{q+1}{5}$ quintuple
siffatte. Si trova così che il numero suddetto vale $q^5 - q^2$, sicchè le <u>co-
niche non degeneri di un piano sono tutte di prima specie</u>, onde l'asserto.

Al risultato testè stabilito si può dare un enunciato diverso, che
la mette sotto luce più espressiva, quando si introduca la nozione di <u>k-arco</u>,
denotando così un gruppo di k punti del piano di cui mai tre siano allineati.
Si può allora asserire che <u>una conica irriducibile è sempre un (q+1)-arco.</u>
G. Järnefelt e P. Kustaanheimo [1] avevano posto la questione di vedere se

---

[1] G. JARNEFELT, e P.KUSTAANHEIMO, <u>An observation on finite geometrics</u>, Atti
XI Congresso mat. Scandinavo (Trondheim 1949), 166-182.

B. Segre

tale teorema potesse venire invertito, ossia se ogni (q+1)-arco dovesse necessariamente risultare una conica. Ebbene, si può rispondere a ciò in senso
affermativo se (e soltanto so) $p \neq 2$[1], contrariamente a quanto era stato
da altri ritenuto. La dimostrazione di quest'ultimo teorema poggia essenzialmente sull'estensione ai (q+1)-archi del noto risultato, valido per le coniche, che un triangolo iscritto ed il relativo trilatero circoscritto risultano sempre fra loro omologici.

Si può inoltre stabilire che per $p \neq 2$ non esiste nessun q-arco
completo [2], ovvero che ogni q-arco è contenuto in un (q+1)-arco, cioè in
una conica; ed il (q+1)-mo punto da aggregarsi al q-arco onde ottenere una
conica è da questo univocamente determinato, non appena si supponga $q > 3$.
Un teorema analogo non vale per i(q-1)-archi; ed il problema della caratterizzazione dei (q-1)-archi completi rimane tuttavia aperto.

Fin qui si è supposto il corpo γ di caratteristica $p \neq 2$. Nel
seguito ci occuperemo invece del caso $p = 2$, sicchè - supposto ancora γ
d'ordine q finito - avremo $q = 2^h$. Si vede subito che in un piano sopra un
campo siffatto vi sono dei (q+2)-archi, in quanto le tangenti ad una conica
concorrono tutte in un punto (nucleo)non situato su di essa, sicchè aggregando questo ai (q+1)punti della conica si ottiene un (q+2)-arco; inoltre, q+2
è il massimo valore di k per cui esista qualche k-arco nel piano. Il risultato inverso, se cioè ogni (q+2)-arco si ottenga aggregando il nucleo ai punti di una conica, vale per $h = 1,2,3$, non però per $h = 5$ od $h > 7$; i due
casi restanti, ossia $h = 4$ od $h = 6$, sono a tutt'oggi dubbi. Va inoltre
rilevato che, mentre per $h = 1,2$ quale nucleo può venire assunto uno qualsiasi dei q+2 punti del (q+2)-arco, tale proprietà più non sussiste per $h = 3$.

Un altro risultato nel medesimo ordine di idee è il seguente.

Per $p = 2$ non esiste nessun (q+1)-arco completo, ossia ogni
(q+1)-arco può venir completato in un (q+2)-arco con l'aggregargli un punto
(da esso univocamente determinato).

---

[1] B.SEGRE. Ovals in a finite projective plane, Canad.Math.Journal,7(1955),414-4

[2] Un k-arco si dice completo se non esiste nessun (k+1)-arco che lo contenga.

.∕.

B. Segre

Molte sono le questioni tuttora aperte, suggerite da ciò che precede; taluna di esse potrà forse venire utilmente investigata con l'uso delle macchine calcolatrici elettroniche. In tali questioni si constata che il caso $p = 2$ è di solito ben diverso, e sovente assai più difficile, del caso $p > 2$. Nello studio del primo caso va tenuto presente che, l'essere $p = 2$, implica — come mostreremo — alcuni fatti notevoli non aventi l'analogo nell'altro caso, e ciò tanto nell'eventualità che il corpo γ sia finito, quanto in quella di γ infinito.[1]

Anzitutto, $p = 2$ si traduce nella $2 = 0$, cioè $1 = -1$; sicchè, per ogni elemento a di γ, risulta $a = -a$. Da ciò segue che, fissati sopra una retta tre punti distinti A, B, C, il punto D tale che $(A\,B\,C\,D) = -1$, essendo $1 = -1$, viene a coincidere con C, onde si deduce che : p = 2 equivale a ciò che i punti diagonali di uno, e quindi di ogni, quadrangolo piano completo siano allineati, la retta di quelli dicendosi la retta diagonale del quadrangolo. Inoltre, considerata una proiettività fra rette sovrapposte, è noto che la sua caratteristica (birapporto della quaterna formata da una qualunque coppia di punti corrispondenti e dai punti uniti) è $+1$ se la proiettività è parabolica e -1 se questa è involutoria; pertanto il caso p = 2 è anche caratterizzato da ciò che una, e quindi ogni, proiettività involutoria sia parabolica, e viceversa.

Un risultato più generale è che, considerata sopra una retta una qualunque corrispondenza algebrica involutoria, di indici (α, α), mentre, a norma del principio di corrispondenza, essa per $p = 0$ ha 2α punti uniti in un'opportuna estensione di γ, per $p = 2$ essa ha soltanto α generalmente distinti.

Consideriamo ora una retta sopra un campo di caratteristica due e su di essa quattro punti distinti: M, N, O, P ; l'involuzione determinata da due coppie estratte dalla quaterna fissata, essendo una proiettività pa-

---

Per il risultato citato ed altri ad esso affini, v. B.SEGRE, Curve razionali normali e k-archi negli spazi finiti, Ann.di Mat.,(4) 39(1955),357-379, teorema I'

[1] Per i risultati che ora esporremo, cfr. B.SEGRE, Intorno alla geometria sopra un corpo di caratteristica due, Revue de la Facultè des Sciences de l'Uni-

./.

B. Segre

rabolica, ha un solo punto unito, T , che si dimostra essere definito; indipendentemente dall'ordine dei quattro punti, e che prende il nome di punto
associato alla quaterna M N O P .

Fissiamo in un piano sopra un campo di caratteristica due un quadrai
golo completo di vertici A,B,C,D ; esso - a norma di quanto detto poc'anzi -
possiede una retta diagonale, ℓ , congiungente i tre punti diagonali M,N,P ,
del dato quadrangolo. Si dimostra che ℓ è il luogo dei nuclei delle coniche
del fascio di punti A,B,C,D , ossia che ogni conica irriducibile di tale fascio - avendo il nucleo O su ℓ - tocca ℓ in un punto T ; questo è precisamente il punto associato, su ℓ , ad O,M,N,P , onde si trae che P è altresì il punto associato, sulla conica, alla quaterna A,B,C,D . Al variare della conica nel fascio, i punti O,P variano su ℓ , risultando fra loro omologhi in una corrispondenza algebrica biunivoca non identica, dotata tuttavia
in tre punti uniti distinti: M,N,P ; quindi per p = 2, una corrispondenza biunivoca algebrica sopra una retta non è necessariamente proiettiva.

Passando a considerare le curve piane d'ordine superiore, si presenta il problema della ricerca dei flessi di una cubica. Mentre nel caso classico questo si risolve ricorrendo alla hessiana, la quale è anch'essa una cubica e sega la cubica data - fuori dei suoi eventuali punti multipli - precisamente nei richiesti punti di flesso, per p = 2 la hessiana sempre coincide
con la cubica data, oppure è indeterminata, onde tale metodo più non può venire applicato. Tuttavia si può provare che - anche se p = 2 - i flessi (in γ
o in un'estensione di γ) sono generalmente in numero di 9 e punti base di
un fascio di cubiche, detto fascio sizigetico. In tal fascio vi è una sola cubica equianarmonica, e non quattro, come nel caso classico, l'anarmonicità
di una curva potendo venir caratterizzata con l'indeterminatezza dell'hessiana;
tale cubica è l'elemento associato alle quattro cubiche degeneri del fascio,
ciascuna spezzata in tre rette (formanti i quattro trilateri dei flessi).

____

versité d'Istambul; 21 (1956), 97-123 .

B. Segre

Passando alle <u>quartiche piane</u>, esse per $p = 2$ posseggono generalmente 7 bitangenti, con 14 punti di contatto formanti un'elegante configurazione; ma vi sono casi con meno di 7 bitangenti, od anche con infinite bitangenti.

Per quanto concerne la <u>teoria generale delle curve piane</u>, il problema fondamentale dell'estensione delle formule di Plücker porta a risultati inaspettatamente diversi da quelli classici. Più precisamente, un analogo della prima di quelle formule si può ancora ottenere col principio di corrispondenza o con la teoria delle curve polari, che ora debbono però venire opportunamente modificate; la formula classica $\nu = n(n-1)$ (ν classe, n ordine), per $p = 2$ va per es. corrispondentemente sostituita colla $\nu = n(n-1)/2$. Inoltre, per estendere le altre formule, bisogna ricorrere a metodi nuovi, e di tipo diverso secondochè n è pari o dispari, la seconda eventualità implicando che la curva risulti componente della propria hessiana.

Un'altra notevole differenza col caso classico è che il <u>principio di dualità</u> non è più applicabile nello studio delle curve di un piano di caratteristica due, in quanto l'inviluppo delle rette tangenti ad una curva siffatta non coincide generalmente con la curva stessa. Ciò dipende dalle seguenti proprietà di geometria differenziale. Se consideriamo un arco di curva L e in un punto semplice P di questo la relativa tangente ℓ , al variare di P su L la retta ℓ varia descrivendo un ente, Λ , duale di L . Se $p = 2$, ℓ risulta elemento semplice di Λ non soltanto, come accade nel caso classico, se il numero μ delle intersezioni di ℓ ed L in P è 2, ma anche se $\mu = 3$; sicchè, per dualità, ad un flesso non corrisponde più una cuspide, ma un punto semplice. Inoltre il punto caratteristico O di ℓ come elemento dell'inviluppo Λ coincide con P , punto di contatto di ℓ con L , se, e soltanto se, la molteplicità μ di intersezione suddetta è <u>dispari</u>. Pertanto i due punti O e P risultano <u>distinti</u> se μ è pari, ciò che ha luogo per il punto P generico di una curva L generale (pel quale si ha $\mu = 2$); al variare di P su L il punto O descrive una <u>curva derivata</u>, generalmente distinta dalla L ed a questa associata in modo proiettivamente covariante. La considerazione delle curve derivate è di grande importanza nello studio delle curve piane

B. Segre

per p = 2, e non ha l'analogo nel caso classico (e neppure per p $\gt$ 2).

Per quanto concerne la geometria delle curve e varietà in spazi superiori di caratteristica due, i risultati sono ancora piuttosto incompleti. Diamo un breve sguardo ai casi più semplici. In un S_3 sopra un corpo, finito o no, di caratteristica due si possono definire nel modo solito le cubiche sghembe irriducibili; ma - mentre nel caso classico la rigata sviluppabile circoscritta ad una curva siffatta risulta del 4° ordine - ora essa è una schiera rigata (ricoprente una superficie del 2° ordine). Vale anche il teorema inverso, apparentemente paradossale. Precisamente, fissata una schiera rigata, le rette di essa sono le tangenti di ∞^3 cubiche sghembe, che formano un sistema lineare e sono fra loro a due a due bitangenti o, in particolare, iperosculanti.

Per quanto concerne le quartiche sghembe di I^a e di 2^a specie, rispettivamente di genere 1 e 0 , osserviamo che le prime sono intersezioni complete di due quadriche; ma mentre nel caso classico nel fascio da questo individuato vi sono 4 coni, per p = 2 di coni ve n'è in generale soltanto due, essendovene uno solo se, e soltanto se, la quartica è equianarmonica. Ogni cono quadrico irriducibile possiede una retta-nucleo, che è la retta comune a tutti i piani tangenti al cono stesso. In relazione ad una qualunque quartica di I^a specie non equianarmonica, restano quindi definite intrinsecamente due rette, sghembe fra loro, nuclei dei due coni passanti per essa. Le tangenti alla quartica, che nel caso classico formano una rigata d'ordine 8, per p = 2 generano una rigata del 4° ordine, di cui quelle rette sono direttrici doppie. Mentre la più generale rigata di questo tipo (cioè con due direttrici doppie) non è circoscritta a nessuna quartica, la rigata suddetta (la quale può venire caratterizzata mediante semplici proprietà proiettive) è luogo delle tangenti - non di una sola, ma - di ∞^1 quartiche di I^a specie, le quali costituiscono su essa un fascio lineare privo di punti base. Analoghe proprietà sussistono per le quartiche di I^a specie equianarmoniche.

Passando infine a considerare alcuni risultati di geometria di caratteristica due sopra le curve algebriche, possiamo notare che, essendo sulla retta ogni proiettività involutoria parabolica, ogni g_2^1 sopra una curva razionale (o di genere 0) ammette uno ed un solo punto doppio. Invece, sopra una curva di genere 1, una g_2^1 (che nel caso classico ammette 4 punti doppi distinti) possiede ora soltanto due punti doppi, tranne nel caso equi-anarmonico in cui essa na ha uno solo.